U0771661

 储能科学与工程新兴领域"十四五"高等教育教材
国家教材建设重点研究基地（储能科学与工程教材研究）重点成果

Fundamentals of Thermofluid Science in Energy Storage

储能热流科学基础

主编　陶文铨

参编　李增耀　陶于兵　李　平

中国教育出版传媒集团

高等教育出版社·北京

内容提要

　　本书是教育部战略性新兴领域"十四五"高等教育教材体系建设项目成果,是储能科学与工程新兴领域高等教育系列教材之一。本书是围绕"双碳"目标建设需要、总结储能科学与工程专业建设及热流科学教学改革成果编写而成的,是我国第一本将工程热力学、流体力学及传热学三门课程内容融合的教材。

　　本书共 14 章,包括热力学基本定律、热力过程、黏性流体运动、热量传递、换热器、典型流体机械、热力循环、热流问题数值模拟基础等内容。本书综合运用理论分析、实验研究和数值模拟的方法,注重学生的科学和工程思维能力培养,旨在培养学生建立相应的物理与数学模型和计算热力过程、热力循环、流动阻力、热量传递的能力。同时,本书还提供丰富的数字化资源以供学生拓展学习。

　　本书可作为高等学校能源动力、航空航天、化工、机械、环境、电子等领域的教材或教学参考书,也可供有关科技工作者参考。

图书在版编目（CIP）数据

　　储能热流科学基础 / 陶文铨主编. -- 北京 : 高等教育出版社，2025. 8. -- ISBN 978-7-04-064105-9

　Ⅰ. TK02

　　中国国家版本馆 CIP 数据核字第 2025LE3620 号

Chuneng Reliu Kexue Jichu

策划编辑	宋　晓	责任编辑	周　正	封面设计	李树龙	版式设计	李彩丽
责任绘图	黄云燕	责任校对	胡美萍	责任印制	张益豪		

出版发行	高等教育出版社	网　　址	http://www.hep.edu.cn
社　　址	北京市西城区德外大街 4 号		http://www.hep.com.cn
邮政编码	100120	网上订购	http://www.hepmall.com.cn
印　　刷	北京中科印刷有限公司		http://www.hepmall.com
开　　本	787 mm × 1092 mm　1/16		http://www.hepmall.cn
印　　张	44.75		
字　　数	1130 千字	版　　次	2025 年 8 月第 1 版
购书热线	010-58581118	印　　次	2025 年 8 月第 1 次印刷
咨询电话	400-810-0598	定　　价	96.00 元

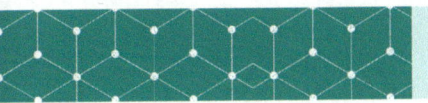

储能热流科学基础

主编　陶文铨

计算机访问：

1　计算机访问https://abooks.hep.com.cn/1268551。

2　注册并登录，进入"个人中心"，点击"绑定防伪码"，输入图书封底防伪码（20位密码，刮开涂层可见），完成课程绑定。

3　在"个人中心"→"我的学习"中选择本书，开始学习。

手机访问：

1　手机微信扫描下方二维码。

2　注册并登录后，点击"扫码"按钮，使用"扫码绑图书"功能或者输入图书封底防伪码（20位密码，刮开涂层可见），完成课程绑定。

3　在"个人中心"→"我的图书"中选择本书，开始学习。

　受硬件限制，部分内容无法在手机端显示，请按提示通过计算机访问学习。

　如有使用问题，请直接在页面点击答疑图标进行问题咨询。

扫描二维码
访问新形态教材网

总　序

能源是经济的命脉，能源安全事关经济社会发展全局，积极发展清洁能源，是立足新发展阶段、贯彻新发展理念、构建新发展格局、推动高质量发展的重要举措。

目前，我国正加快经济社会的全面绿色转型，其中能源的绿色转型是基础和关键。储能技术是建设新型电力系统、推动能源绿色低碳转型、实现"双碳"目标的战略支撑，已经成为发展新质生产力的新动能。储能技术是将能量通过物理或化学手段储存起来，并在需要时以特定形式释放和使用的技术。其核心价值是在时间和空间两个维度上，实现能量的灵活存取，从而优化能源系统的供需动态。储能技术作为新能源发展的核心支撑在促进能源生产消费、开放共享、灵活交易、协同发展，推动能源革命和能源新业态发展等方面发挥着至关重要的作用。创新突破的储能技术将成为带动全球能源格局革命性、颠覆性变化的重要引领技术，世界主要发达国家纷纷加强储能人才培养和技术储备，大力发展储能产业，抢占能源战略突破的制高点。

2020 年 1 月，教育部、国家发展和改革委员会、国家能源局联合发布了《储能技术专业学科发展行动计划（2020—2024 年）》，对储能相关学科建设、多学科人才交叉培养、产教融合等多方面提出了一系列推进举措。2020 年 3 月，教育部批准西安交通大学在国内率先创办储能科学与工程专业，西安交通大学委托我负责专业的筹建，我们组建了多学科交叉的专业建设团队，编写了全国首部《储能科学与工程本科专业知识体系与课程设置》，获批国家首批储能技术产教融合创新平台，构建了实施学科交叉、机制创新、产教融合的储能高端人才培养新模式。截至目前，全国共有 105 所高校设置了储能科学与工程专业，有 7 所大学先后获批建设国家储能技术产教融合创新平台。

由于储能科学与工程专业具有较强的综合性、系统性、应用性和学科交叉性，所以对储能技术人才的培养要求很高。从我国储能人才现状来看，不仅领军人才、复合型创新人才紧缺，骨干工程人才和基础人才的存量也严重不足，人才短缺已经严重制约储能技术的创新、产业发展和升级。开展储能科学与工程新兴领域专业的研究与建设，加快培养储能领域"高精尖缺"人才，增强产业关键核心技术攻关和自主创新能力，以产-教-研-学-用融合发展推动储能技术和产业高质量发展，是我国有关高校进行储能科学与工程专业建设的核心任务。

2021 年 6 月，教育部发布了《关于推荐新兴领域教材研究与实践项目的通知》，推进布局未来战略性新兴领域人才培养，深化新工科建设。我牵头申报了"储能科学与工程新兴领域基础教材的研究与建设"项目。该项目于 2021 年 10 月获批，经过历时近 1 年的深入工作，于 2022 年 7 月通过教育部组织的专家评估，项目完成质量和水平获评优秀。

为了完善储能科学与工程专业的教材体系，加强储能人才培养和技术储备，根据教育部 2023 年 3 月发布的《关于组织开展战略性新兴领域"十四五"高等教育教材体系建设工作的通知》，2023 年 4 月，由西安交通大学牵头，联合上海交通大学、哈尔滨工业大学、天津大学、南京航空航天大学、武汉理工大学、中国石油大学（北京）、南方科技大学、东南大学的 11 名院士以及多位专家学者，在已有工作的基础上，申报了教育部战略性新兴领域"十四五"高等教育教材体系建设（储能科学与工程）项目，并于同年 11 月获批。项目在深入调研国内外储能领域教材建设现状的基础上，结合储能科学与工程专业学科交叉性强、基础知识广泛、实践要求高等特点，策划并编写了储能科学与工程新兴领域"十四五"高等教育系列教材。申报项目时规划的 16 种教材的名称与主编信息如下。

序号	教材名称	主编		主编单位
1	储能导论	何雅玲	院士	西安交通大学
2	储能热流科学基础	陶文铨	院士	西安交通大学
3	电力系统与储能	王锡凡	院士	西安交通大学
4	热能储存与转化利用	宣益民	院士	南京航空航天大学
5	储能功能材料	韩杰才	院士	哈尔滨工业大学
6	氢能技术	张清杰	院士	武汉理工大学
7	氢储能零碳智慧能源系统与经济性	管晓宏	院士	西安交通大学
8	储能与综合能源系统	黄　震	院士	上海交通大学
9	液流电池长时储能	徐春明	院士	中国石油大学（北京）
10	储能化学基础与应用	赵天寿	院士	南方科技大学
11	电力储能系统控制与保护	王成山	院士	天津大学
12	储能系统设计与应用	别朝红	教授	西安交通大学
13	储能系统并网技术	刘进军	教授	西安交通大学
14	储能电池基础	肖　睿	教授	东南大学
15	可再生能源利用与存储技术	廖　强	教授	重庆大学
16	储能半导体器件	徐友龙	教授	西安交通大学

储能科学与工程涉及的知识浩若星辰大海。本系列教材希望能给读者一个关于储能科学与工程的比较完整的知识框架，使读者掌握一个基本完善的知识体系。本系列教材各具特色，涉及储能科学与工程的各个方面，倾注了各位主编和参编专家、学者的心血，可以满足相关读者对储能科学与工程不同方面知识的学习要求。

作为教育部战略性新兴领域"十四五"高等教育教材体系建设（储能科学与工程）项目的负责人和《储能导论》的主编，我谨代表项目建设团队向支持系列教材顺利出版的教育部、国家发展和改革委员会、国家能源局等各领导部门，向参与系列教材编写的各位专家学者，向负责系列教材出版的高等教育出版社、中国电力出版社等单位的领导、编辑，一并表示衷心的感谢，并致以崇高的敬意。惟愿本系列教材的出版，能有益于培养读者宽广扎实的专业基础知识、过硬的分析及创新能力，为我国培养储能科学与工程高精尖专业人才提供重要支撑，不负所托！

盼望各位读者朋友对本系列教材的不足之处提出宝贵意见，以期不断完善，你们的意见和建议是我们不断进步的动力！

中国科学院院士

储能科学与工程项目负责人

2025 年 4 月

前　言

当前,我国确立了 2030—2060 的"双碳"目标,提出了要构建以新能源为主体的新型电力系统。而新能源的间隙性,使得储能技术成为国家构建新型电力系统、达成"双碳"目标的重要技术保障。同时,人工智能技术的发展对教材及教学本身也提出了新的命题。加快建设体现时代精神、融汇产学共识、凸显数字赋能、具有战略性新兴领域特色的高等教育专业教材体系迫在眉睫。《储能热流科学基础》是储能科学与工程新兴领域"十四五"高等教育系列教材之一,为了适应上述形势的发展,本书编写时在以下几方面作了努力。

1. 将工程热力学、流体力学及传热学的基础知识进行了有机融合的尝试

目前,国内还没有有机地融合工程热力学、流体力学及传热学基础内容的教材;国外虽已有几本同样编写主旨的教材,但内容割裂感还是很明显,有的出版时间较早,无法适应当前利用新能源、储能及实现双碳目标的需要。因此,如何有机地融合三个领域的基本知识是我们编写本书时首要解决的问题。本书尝试按照"热力过程、黏性流体运动基础、热量传递、热力循环、流体机械、热流问题的数值模拟基础"这一主线来组织教材内容,力求较好地融工程热力学、流体力学及传热学的基础知识于一体。在流体力学和传热学中,相似原理与量纲分析部分是重复比较多的内容,本书中以流体部分为主介绍此内容,同时在对流传热部分补充了必要的关于按照相似原理来整理实验数据的介绍,显著减少了重复。

2. 在如何结合储能科学与工程专业的需要精选三个分支领域的教学内容方面做了努力

热流科学的知识在储能科学与工程专业中有重要的应用,对于一般的能源动力类专业按照三门课程开设,总学时在 150 以上,如何结合储能科学与工程专业的需要对教学内容做必要的精选成了教材编写的另一个重要问题。本书结合西安交通大学首个储能科学与工程专业的教学实践,在流体力学部分对于理想流体动力学,在工程热力学部分对于实际气体及一般热力学关系式,在传热部分对于非稳态导热的分析解及气体辐射的计算等,做了削枝强干的处理,使得总学时可控制在 60 左右,这样的选择是否合适还有待于在教学实践中进一步检验。

3. 以扩展素材及标准规范等培养学生的科学与工程思维

在编写中有机地、潜移默化地引入思政内容,是本书编者们一贯追求的目标。本书以二维码的形式提供了多个拓展阅读材料,涵盖了一些热流科学问题的往事、今生及未来;同时结合内容分别对多位储能领域的著名科学家做了简要介绍;在第 1 章中强调了解题步骤、有效数字、标准规范等,并在各章例题中根据问题情况实施了所建议的解题步骤。这些内容与实践,不仅能拓宽学生的知识面、激发学生的学习兴趣,更能使学生能从多方面接受热爱科学、热爱祖国、陶冶情操

和严密科学思维的教育及训练。

4. 以某典型压缩空气储能案例进行热流科学基础问题的实训

本书以国家重点研发计划"西北村镇分布式压缩空气储能及微网安全供能关键技术研究与示范"项目涉及的先进绝热压缩空气储能（AA-CAES）系统为典型案例进行相关工程热力学、流体力学及传热学的基础知识的组织与实训。该系统包括压缩储能、导热油加热、膨胀释能、余热利用四个过程，涉及热力过程、空气及导热油的流动与传热、热力系统设计等热流科学基础问题。案例介绍的最后提供了大作业的实训，不仅能使学生对压缩空气储能有一定的了解，更重要的是结合压缩空气储能掌握热力过程与循环、流动阻力、热量传递的计算方法。

本书编写分工如下：李增耀负责第 1 章和第 8~11 章，陶于兵负责第 2~4、13 章及附录，李平负责第 5~7、12 章及索引，陶文铨负责第 14 章、课程大作业及全书的通稿工作。

本书的编写从一开始就得到教育部战略性新兴领域"十四五"高等教育教材体系建设储能科学与工程项目组的全力支持与指导，西安交通大学国家储能技术产教融合创新平台主任何雅玲院士对本书融合三门课程的编写宗旨予以肯定与支持，本书编者参与了西安交通大学创建的我国首个储能专业的不同教学环节，为编者提供了储能专业的教学实践机会。北京理工大学李明佳教授提供了"西北村镇分布式压缩空气储能及微网安全供能关键技术研究与示范"项目的有关资料。上海交通大学童钧耕教授仔细审阅了初稿，提出了不少宝贵意见，显著地提高了本书的质量。本书的编写始终在高等教育出版社宋晓编审的协助下进行，西安交通大学工程热物理专业研究生全泓斌协助进行计算习题的编写。对于他们的支持、帮助在此一并表示衷心感谢。

作为我国第一本将工程热力学、流体力学及传热学三课融合的教材，本书编者虽然做出了自己的努力，但限于我们的水平与阅历，本书内容是否能满足储能科学与工程专业的需要，在内容梳理、选用与融合方面可能存在不足，在新形态教材的建设方面需要做进一步的改进与提高。我们热切地期待着广大读者的批评指正，编者邮箱：lizengy@ mail.xjtu.edu.cn。

编者

2024 年 9 月于西安交通大学

目　录

主要符号表

英文字母

a	热扩散率,m^2/s;声速,m/s;加速度,m/s^2
A	面积,m^2
A_c	截面积,m^2
b	宽度,m
c	比热容,$J/(kg \cdot K)$;光速,m/s
c_f	范宁(Fanning)摩擦系数
c_p	比定压热容,$J/(kg \cdot K)$
c_V	比定容热容,$J/(kg \cdot K)$
c_1	第一辐射常量,$W \cdot m^2$
c_2	第二辐射常量,$m \cdot K$
C	线性比例系数;阀门流通能力,m^3/h
C_D	平板阻力系数
C_m	摩尔热容,$J/(mol \cdot K)$
d	直径,m;耗汽率,$kg/(kW \cdot h)$
d_{cr}	临界热绝缘直径,m
D	扩散系数,m^2/s
D_h	当量直径,m
E	能量,J;辐射力,W/m^2
E_v	体积模量,Pa
E_λ	光谱辐射力,W/m^3
f	达西(Darcy)摩擦系数
F	力,N
F_B	质量力,N
F_S	表面力,N
g	重力加速度,m/s^2
G	投入辐射,W/m^2;气体质量,kg
h	表面传热系数,$W/(m^2 \cdot K)$;流体的比焓,J/kg
h_b	动叶栅中的能量损失,kJ/kg
h_{c_2}	余速损失,kJ/kg
h_j	局部损失,m
h_L	沿程损失,m

h_{LT}	水力损失,m
h_n	静叶栅中的能量损失,kJ/kg
H	焓,J;高度,m;边界层形状因子;扬程,m
H_t	理论扬程,m
I	有效能损失,J;电流,A;定向辐射强度,$W/(m^2 \cdot sr)$
j	传热因子
j_k	科氏加速度,m/s^2
J	有效辐射,W/m^2;电流密度,A/m^2
k	总传热系数,$W/(m^2 \cdot K)$;系统的动量,kg/s
K_v	流量系数,m^3/h
l	长度,m
m	质量,kg
M	摩尔质量,kg/mol
M_r	相对分子质量
n	多变指数;转速,r/min
N_u	轮周功率,kW
p	压力,Pa
p_a	大气压强,Pa
P	功率,W;周长,m
q	热流密度,W/m^2
q_m	质量流量,kg/s
q_V	体积流量,m^3/s
Q	热量,J;点源(点汇)强度,m^3/s
r	汽化潜热,J/kg;半径,m;单位面积热阻,$K \cdot m^2/W$
r_f	污垢热阻,$K \cdot m^2/W$
R	摩尔气体常数,$J/(mol \cdot K)$;总面积热阻,K/W;电阻,Ω;阀门可调比
R_g	气体常数,$J/(kg \cdot K)$
s	程长,m
S	熵,J/k;压降比
t	摄氏温度,℃
Δt	温度梯度,℃/m
T	热力学温度,K;力矩,$N \cdot m$
u	速度,m/s;比热力学能,J/kg
U	热力学能,J;电位差,V
v	速度,m/s;比体积,m^3/kg
V	体积,m^3;电位,V
w	速度,m/s
W	功,J
x	笛卡儿坐标,m;干度

y	笛卡儿坐标,m
z	笛卡儿坐标,m;高度,m

希腊字母

Δ	管壁粗糙度,m
Φ	热流量,W;速度势函数
Γ	速度环量,点涡强度,m^2/s
Π	重力势函数,J/kg;无量纲组合量
Θ	无量纲过余温度
Σ	应力张量,N/m^2
Ω	立体角,sr;反动度
Ψ	流函数
α	体胀系数,K^{-1};动能修正系数
β	肋化系数;体积密度,m^2/m^3
δ	厚度,m;边界层厚度,m
ε	制冷系数;压缩比;发射率;换热器效能
ε'	制热系数
ε_C	逆卡诺循环的制冷系数
ε_λ	光谱发射率
ε_ν	涡黏性系数
γ	比热容比
η	效率
η_C	卡诺循环的热效率
$\eta_{C,s}$	压气机的绝热效率
η_f	肋效率
η_t	热效率
η_T	燃气轮机的相对内效率
η_u	轮周效率
κ	比热比;定熵指数
λ	定容增压比;导热系数,$W/(m \cdot K)$;波长,m 或 μm;速度系数
λ_{eff}	等效导热系数,$W/(m \cdot K)$
μ	动力黏度,$Pa \cdot s$
ν	运动黏度,m^2/s
π	循环增压比
θ	动量损失厚度,m
ρ	密度,kg/m^3;定压预胀比;反射比;电阻率,$\Omega \cdot m$
ρ_λ	光谱发射比
σ	回热度;斯特藩-玻耳兹曼(Stefan-Boltzman)常量,$W/(m^2 \cdot K^4)$; 表面张力,N/m

σ_n	正应力，N/m^2
τ	时间，s；循环增温比；透射比
τ_c	时间常数，s
τ_n	切应力，N/m^2
τ_λ	光谱透射比
ω	旋转角速度，rad/s
ξ	热量利用系数
ξ_b	动叶栅的能量损失系数
ξ_{c2}	余速能量损失系数
ξ_n	静叶栅的能量损失系数
ψ	动叶片速度系数；对数平均温差修正系数
ζ	局部损失系数

相似特征数

Bi	毕渥（Biot）数
Eu	欧拉（Euler）数
Fo	傅里叶（Fourier）数
Fr	弗劳德（Froude）数
Ga	伽利略（Galileo）数
Gr	格拉晓夫（Grashof）数
Ja	雅各布（Jakob）数
Kn	克努森（Knudsen）数
Le	刘易斯（Lewis）数
Ma	马赫（Mach）数
Nu	努塞尔（Nusselt）数
Pe	佩克莱（Peclet）数
Pr	普朗特（Prandtl）数
Ra	瑞利（Rayleigh）数
Re	雷诺（Reynolds）数
Sc	施密特（Schmidt）数
Sh	舍伍德（Sherwood）数
St	斯坦顿（Stanton）数
We	韦伯（Weber）数

第 **1** 章
绪论

1.1 能量的利用

1.1.1 能量概述

能量表示物理系统做功的本领,可分为机械能、热能、电能、光能、电磁能、化学能、生物能等,这些不同形式的能量之间可以通过物理效应或化学反应而相互转化。按照能量的来源划分,可以分为来自地球之外的能源(如宇宙射线、太阳能等)、地球本身蕴藏的能源(如核燃料、地热能)和地球与其他天体相互作用的能源(如潮汐能等)。煤炭、石油、天然气、水能、风能、生物质能、波浪能、海洋温差能等这些人类已经成熟利用的能源都是间接地来自地球之外的能源。按照能源的使用程度和技术成熟度划分,能源可分为常规能源和新能源。常规能源是指开发利用时间长、技术成熟、大量生产并广泛使用的能源(如煤炭、石油、天然气、水能等);新能源是指开发利用较少或正在研究开发之中的能源(如太阳能、风能、地热能、生物质能、海洋能等)。

能源中除了水能、风能、海洋能等是以机械能形式提供的能源,其他能源则主要以热能的形式或转化为热能的形式供人类利用。例如,煤炭、石油、天然气等通过燃烧的方式把化学能转化为热能;太阳能通过辐射吸收的方式转化为热能;原子核能通过裂变和聚变的方式释放出热能。可以说,能源的利用在很大程度上说就是热能的利用。

质子交换膜燃料电池简介

热能(thermal energy)是热力学能(thermodynamic energy)的简称。热力学能是物质内部由于分子热运动和分子间相互作用而具有的能量,又称内能(internal energy)。运动是物质存在的基本属性,任何物质都具有热力学能。

锂电池介绍

热能的利用大致可分为直接利用和动力利用两种方式。热能的直接利用主要是加热物体,如中草药等的烘干、居住环境的采暖、钢铁冶炼的加热、化工合成分解的加热等。热能的动力利用是通过热机把热能转化为机械能,或者进一步转化为电能,提供人类生产和生活必需的动力。燃料电池是一种把燃料所具有的化学能直接转化为电能的装置,这种方式不再需要经过热能的转化,因此效率较高。

化石燃料燃烧生成的主要产物是二氧化碳和水,这就导致了自工业革命以来地球大气中二氧化碳的浓度从约 260 ppm 上升到约 480 ppm,引发了严重的温室效应,使得地球近层大气温度明显上升。2015 年 12 月 12 日,《联合国气候变化框架公约》近 200 个缔约方一致同意通过《巴黎协定》,中国承诺的国家自主决定贡献为二氧化碳排放 2030 年左右达到峰值并争取尽早达峰、单位 GDP 二氧化碳排放比 2005 年下降 60%~65%,非化石能源占一次能源消费比重达到 20% 左右,森林蓄积量比 2005 年增加 45 亿立方米左右等。中国再次宣布将提高国家自主贡献力度,二氧化碳排放力争于 2030 年前达到峰值,努力争取 2060 年前实现碳中和。随着中国经济的快速增长,针对我国单位 GDP 能源消耗高、二氧化碳排放多的特点,在《中华人民共和国国民经济和社会发展第十四个五年规划和 2035 年远景目标纲要》中明确提出"能源资源配置更加合理、利用效率大幅提高,单位国内生产总值能源消耗和二氧化碳排放分别降低 13.5%、18%"。为落实"双碳"目标,我国为全球绿色低碳转型提供中国方案。

1.1.2　能量转化装置

热能与机械能之间的转化,必须借助一定的装置才能实现,这类装置称为能量转化装置。通过燃料燃烧(或太阳能、地热能、原子能等)得到热能,并利用热能得到动力的整套设备,称为热能动力装置。常见的热能动力装置可以分为燃气动力装置和蒸汽动力装置两大类,其中燃气动力装置包括内燃机和燃气轮机装置。另外,还有一类能量转化装置,即通过消耗外部机械功(或电能、热能等),以实现热能由低温物体向高温物体转移的能量转化装置,称为制冷/热泵装置。

1. 热能动力装置

热能动力装置是实现热能向机械能转化的装置。例如,火电站、核电站、太阳能光热电站以及早期的蒸汽动力火车、轮船等,采用的均是蒸汽动力装置;大型轮船、小型汽车、摩托车等交通工具均采用的是内燃机装置;而大多数飞行器、燃气电站等均采用的是燃气轮机装置。

蒸汽动力装置主要由锅炉、汽轮机、冷凝器和水泵构成。液态水经过水泵压缩后进入锅炉管道,吸收燃料在锅炉内燃烧释放的热量生成过热水蒸气;过热水蒸气进入汽轮机进行膨胀做功,推动叶片转动,通过转轴对外输出机械能;做功后的水蒸气称为乏汽,进入冷凝器被冷却成液态水,完成一个工作周期。在下一个工作周期内,冷凝水经过水泵压缩后,重复上述过程。核电站蒸汽动力装置和上述普通蒸汽动力装置类似,主要区别是用核反应堆取代了锅炉,通过核反应释放的热量加热水工质,产生蒸汽。太阳能光热电站则是采用太阳能聚光集热装置代替锅炉,通过太阳能加热水工质,产生蒸汽。

内燃机主要为活塞-气缸结构,根据燃料的不同分为汽油机与柴油机。内燃机的工作过程如下:气缸吸入燃料和空气的混合物,并进行压缩;压缩到一定程度后气缸内的燃料和空气进行燃烧,燃料的化学能转化为热能,使得燃气的温度、压力急剧升高;高温高压的燃气膨胀做功,推动活塞通过曲柄连杆结构将功传递给发动机曲轴上的飞轮,实现热能向机械能转化;飞轮转动带动曲轴,向外输出功的同时,完成活塞逆向运动,将气缸内做功的废气排到大气中,并带走一部分热能,完成一个工作周期。下一个工作周期燃料和空气再次被吸入气缸,然后重复上述过程,周而复始,实现连续的对外做功。

燃气轮机装置主要由压缩机、燃烧室、燃气轮机构成。压缩机从外界环境中吸入一定量的空气,并压缩到一定压力和温度后,排入燃烧室;在燃烧室内压缩后的空气和燃料混合燃烧,将燃料的化学能转化为热能,使得燃气的温度、压力急剧升高;高温高压燃气进入燃气轮机内膨胀做功,推动燃气轮机的叶片转动,通过转轴向外界输出机械能;做功后的废气排入大气中,并带走一部分热能,完成一个工作周期。下一个工作周期重复上述过程,实现连续的热能向机械能的转化。

可见,所有的热能动力装置具有共同特征:都有工作介质,工作介质都经历压缩、吸热、膨胀做功-放热过程,并且该过程不断循环,才能将热能连续不断地转化为机械能。

2. 制冷/热泵装置

制冷/热泵装置是通过消耗外部机械功(或电能、热能等其他形式的能量),实现热能由低温物体向高温物体转移的装置,如冰箱、空调、热泵热水器等。

最常见的制冷装置是压缩蒸气制冷装置,主要由压缩机、冷凝器、膨胀阀(毛细管)和蒸发器构成。电能驱动压缩机将从蒸发器出来的制冷剂蒸气压缩到高温、高压状态,然后进入冷凝器;在冷凝器内,制冷剂蒸汽向外界环境放热,被冷凝成液体;经过膨胀阀节流后,压力、温度降低到所需的温度,进入蒸发器;在蒸发器内,制冷剂吸收需要被冷却对象的热量发生气化,重新变成制冷剂蒸汽,完成一个工作周期。通过消耗电功,借助制冷剂,经历压缩、放热、膨胀、吸热过程,热能从需要被冷却的低温物体向高温物体转移。

3. 两类能量转化装置的基本过程

基于上述分析,可以总结出两类能量转化装置的基本过程。对于热能动力装置,工质借助循环不断从高温热源取热,将其中一部分转化为机械能,剩下的一部分释放给低温热源;对制冷/热泵装置,工质借助循环通过消耗外部机械功(或其他形式的能量),使热能由低温热源向高温热源转移,且所消耗的机械功同样转化为热能释放给高温热源。

这两类能量转化装置涉及工作介质的流动、热量传递及转化过程都是热流科学的研究内容。

1.2 能量的储存

储能(energy storage)是指通过介质或设备把能量存储起来,在需要时再释放的过程。由于可再生能源太阳能和风能的间隙性,为充分利用太阳能和风能,消除弃光、弃风的现象,储能技术起了十分重要的作用。对可再生能源的研究和开发,寻求提高能源利用率的先进方法,已成为全球共同关注的首要问题。2022 年 6 月 1 日,国家发展改革委、国家能源局等 9 部门联合印发《"十四五"可再生能源发展规划》。该规划提出,2035 年我国将基本实现社会主义现代化,碳排放达峰后稳中有降,在 2030 年非化石能源消费占比达到 25% 左右和风电、太阳能发电总装机容量达到 12 亿千瓦以上的基础上,上述指标均进一步提高,基本建成清洁低碳、安全高效的能源体系。为了实现规划的上述目标,就需要大力发展储能产业。

按照能量储存方式,储能可分为物理储能、化学储能、电磁储能 3 类。其中,物理储能主要包括储热、抽水蓄能、压缩空气储能、压缩二氧化碳储能、飞轮储能等;化学储能主要包括铅酸电池、锂离子电池、钠硫电池、液流电池等;电磁储能主要包括超级电容器储能、超导储能。

储能过程既有能量的直接储存,又有能量的转化储存,大都涉及热力过程、工质流动、热量传递等基础热流科学问题。

1.3 连续介质假设

连续介质假设是力学中的基本假设之一,最早由瑞士著名科学家欧拉于 1753 年提出。该假设认为真实的流体和固体所占的空间充满着连续的无空隙的"质点"。所谓质点,是指微观上充分大、宏观上充分小的微团,它所具有的宏观物理量(如质量、速度、压力、温度等)满足一切应该遵循的物理定律如质量守恒定律、牛顿运动定律、热力学定律等。"微观上充分大"是指该微团的尺度和微观粒子运动的尺度相比应足够大,使得微团中包含大量的微观粒子,从而对微团进行统计平均后能得到确定的物理量;"宏观上充分小"是指微团的尺度和所研究的问题的特征尺度相比要充分小,使得微团的平均物理量可视作在微团内均匀不变,从而把该微团近似看成几何上的一个点。从时间来看,对于进行统计平均的时间它还要求微观上充分长、宏观上充分短。"微观上充分长"是指进行统计平均的时间应足够长,使得在这段时间内,微观的过程(如粒子间的碰撞)已进行了很多次,能够由统计平均得到确定的值;"宏观上充分短"是指统计平均的时间与所研究问题的特征时间相比可以看成一个瞬间。

连续介质假设在一般情况下是成立的。例如,对于气体,只要被研究对象的几何尺度远大于分子间的平均自由程,就可以把气体看作连续介质[1]。一个标准大气压、室温下的空气分子的平均自由程约为 $0.07~\mu m(1~\mu m = 10^{-6}~m)$。由此可见,除非研究微米级别几何尺寸或高空稀薄气体中热流问题,常规尺度下的气体都满足这一假定。在最近 20 余年中,微纳机电系统(micro-/nano-electromechanical system,MEMS/NEMS)技术得到了迅速发展,其中涉及的尺寸达到微米/纳米级别,发生在这样大小的器件中的热流输运问题就常不能采用连续介质的假定。本书所涉及的时间尺度远大于物体内的微观粒子在经受扰动后恢复平衡状态所需的时间,后者的数值一般很小,大多数工程问题在时间上都能满足这一假定。但是对于超短脉冲激光技术,激光脉冲可以到飞秒$(1~fs = 10^{-15}~s)$级别,就无法满足这一条件。

微观上,与热有关的微观粒子有分子(molecule)、电子(electron)、声子(phonon)、光子(photon),它们统称能量载子或载能子(energy carriers)。关于能量载子的输运行为,是微尺度热流科学的研究热点,感兴趣的读者可查阅相关论著[2]。

1.4 基 本 量 纲

量纲(dimension)是物理量的基本属性,反映了物理量所属的种类。例如,测量物体的长度,可以用米、分米、厘米、毫米、微米等为单位,这些单位属于同一个种类,即物体的长度,称它们具有长度的量纲。为了定量地表述一个物理量,首先需要确定其量纲,然后选定每个量纲的单位。例如,一个物体运动速度为 5 m/s,速度单位包含长度量纲及时间量纲,长度单位取米,时间单位取秒,速度就是 5m/s;如果长度与时间的单位改变,其数值就不再是 5,但是量纲不变。物理学研究多种复杂的物理现象与物理量,某些复杂物理量的量纲可以用简单物理量的量纲来表示。为了准确地描述这些关系,物理量可分为基本量和导出量。

基本量是指具有独立量纲的物理量;导出量是指其量纲可以表示为基本量量纲组合的物理

量。一切导出量均可从基本量中导出,由此建立了整个物理量之间函数关系,这种函数关系通常称为量制。以给定量制中基本量量纲的幂的乘积表示某量量纲的表达式,称为量纲式或量纲积,它定性地表达了导出量与基本量的关系。

在物理学发展的历史上,先后曾建立过各种不同的量制,如 CGS 量制、静电量制、高斯量制等。1971 年之后,国际上普遍采用了国际单位制(简称 SI),选定了由 7 个基本量构成的量制,导出量均可用这 7 个基本量导出。7 个基本量的量纲分别用长度 L、质量 M、时间 T、电流 I、热力学温度 Θ、物质的量 N 和发光强度 J 表示(见表 1-1),则任一导出量 x 的量纲为

$$\dim(x) = L^a M^b T^c I^d \Theta^e N^f J^g \tag{1-1}$$

式(1-1)中,$\dim(x)$ 表示物理量 x 的量纲。例如,力的单位为帕(Pa),可以表示为千克米二次方秒($kg \cdot m \cdot s^{-2}$),若用 F 表示力,则 $\dim(F) = MLT^{-2}$。

表 1-1　国际单位制基本量

物理量	量纲	单位名称	单位符号
长度	L	米	m
质量	M	千克	kg
时间	T	秒	s
电流	I	安[培]	A
热力学温度	Θ	开[尔文]	K
物质的量	N	摩[尔]	mol
发光强度	J	坎[德拉]	cd

1.5　解　题　流　程

知识的掌握需通过解决实际问题来实现,而解决这些问题,特别是求解复杂的问题,建议读者在适用的情况下遵循以下步骤。

(1) 问题描述。用自己的语言简单描述问题的主要信息以及需要计算或确定哪些量,这可以帮助读者在解决问题前对问题有准确的理解。

(2) 问题分析。分析问题涉及的概念和物理定律(如存在哪些热量传递方式、这些热量传递方式属于哪个环节等),明确问题的影响因素(包括几何参数、物性参数、已知条件等),理清主要因素和次要因素;建议绘制相关示意图或草图,并在图上列出相关信息。图不必复杂详尽,但它应该能刻画问题的关键特征。

(3) 合理假设或简化。做出合理的假设或简化,以便获得一定条件下的解;补充必需但没明确给出的参数或条件,如环境温度和压力、求解区域等。

(4) 计算或求解。写出问题的数学描述(这将在后续部分详细介绍),将已知条件代入方程来计算未知量。需要注意变量的单位和有效数字,单位采用国际单位制。

(5) 讨论。确认解的合理性,评估假设或简化的有效性,指明解的意义及适应性。

以上步骤是解决工程问题的一般流程,但步骤顺序及多少将视问题情况而定。

1.6　标准与规范

《国家标准化发展纲要》提出:"标准是经济活动和社会发展的技术支撑,是国家基础性制度的重要方面。标准化在推进国家治理体系和治理能力现代化中发挥着基础性、引领性作用。新时代推动高质量发展、全面建设社会主义现代化国家,迫切需要进一步加强标准化工作。"要"优化标准化治理结构,增强标准化治理效能,提升标准国际化水平,加快构建推动高质量发展的标准体系,助力高技术创新,促进高水平开放,引领高质量发展,为全面建成社会主义现代化强国、实现中华民族伟大复兴的中国梦提供有力支撑"。该纲要从推动标准化与科技创新互动发展、提升产业标准化水平、完善绿色发展标准化保障、加快城乡建设和社会建设标准化进程、提升标准化对外开放水平、推动标准化改革创新、夯实标准化发展基础共 7 个方面提出了总体部署。

2020 年 1 月 17 日,教育部、国家发展和改革委员会和国家能源局印发了《储能技术专业学科发展行动计划(2020—2024 年)》,旨在加快培养储能领域"高精尖缺"人才,增强产业关键核心技术攻关和自主创新能力,以产教融合发展推动储能产业高质量发展。

储能系统、器件和设备,从设计、示范到最终的产品,都是以标准和规范为指导。标准包括国家标准、行业标准、地方标准、团体标准、企业标准、国际标准、国外标准,相关信息可查阅全国标准信息公共服务平台。

1.7　精确度、准确度与有效数字

工程计算中必然涉及各种数据,这些数据与测量的准确度和精确度有关。我们把通过直读获得的准确数字称为可靠数字;把通过估读得到的那部分数字称为存疑数字;把测量结果中能够反映被测量大小的带有一位存疑数字的全部数字称为有效数字。有效数字的一致性是在整个计算过程中需要保持的规则,相关的科学规则被称为不确定性的传递,这在实验测试或研究中非常重要。所以,我们必须知道数据正确使用的 3 个原则:准确度(accuracy)、精确度(precision)和有效数字(significant figure)。

(1)准确度可以用准确性误差来衡量,准确性误差是读数和真值的差。通常,一组测量值的准确度是指平均读数与真实值的接近程度。准确度通常与可重复的固定误差(系统误差)相关。

(2)精确度是指某一测量值与平均测量值的接近程度。通常,一组测量值的精确度是指仪器的分辨率和可重复性,与不可重复的随机误差有关。

精确度和
准确度

(3)在工程计算中,有效数字十分重要,但也容易被忽视。一个数字的最低有效位意味着测量或计算的精确度,如 1.23(3 位有效数字)中最低有效位 3 是一个估值,表明 1.23 这个结果实际上处于 1.22 和 1.24 这个范围内,小数点后再延伸更多的数位是没有意义甚至是错误的。当数字以指数形式表示时是最容易确定有效位数的,如表 1-2 所示。当对多个参数进行计算时,最终结果的精确度应与问题中最不精确的参数保持一致。例如,体积 $V = 3.14 \ \text{m}^3$、密度 $\rho = 1.291 \ \text{kg/m}^3$,则 $\rho V = 3.14 \ \text{m}^3 \times 1.291 \ \text{kg/m}^3 = 4.053 \ 74 \ \text{kg}$,那么质量应为

$m = \rho V = 4.05$ kg；只有当体积 $V = 3.140\ 00$ m^3、密度 $\rho = 1.291\ 00$ kg/m^3 时，结果 4.053 84 kg 才是有意义的。当进行复杂计算时，中间计算过程中可以多取一位有效数字以减小截断误差，但最终结果需要四舍五入处理。需要注意的是，当数字的有效数位不确定时，建议取 3 位有效数字来计算或处理。

表 1-2　有 效 数 字

数字	指数形式	有效位数
0.059 6	5.96×10^{-2}	3
0.596	5.96×10^{-1}	3
596	5.96×10^{2}	3
5 960	5.96×10^{3}	3
5 960	5.960×10^{3}	4

参考文献

[1] 陈熙. 动力论及其在传热与流动研究中的应用 [M]. 北京:清华大学出版社,1996.
[2] KAVIANY M. Heat transfer physics [M]. New York:Cambridge University Press,2008.

第 2 章
热流科学的基本概念及工质热力性质

2.1 热力系统

2.1.1 热力系统的定义

能量转化装置往往由多个设备组成,每个设备又含有一定质量或体积的某种物质。这些实现能量传递、转化与存储的物质,统称为工质(working substance)。在进行能量转化过程研究时,首先需选定一个合适的分析对象,然后分析该对象和周围物体之间的相互作用。这种根据研究需要,人为分割出来作为分析对象的有限物质系统,就称为热力系统,简称热力系或系统(thermodynamic system)。如图 2-1 所示,系统之外的、与系统发生相互作用的物体统称为外界(surroundings),系统与外界的分界面称为边界(boundary)。边界是系统和外界共有的分界面,且边界不具有质量、也不占据任何体积,系统与外界的相互作用必须通过边界。由于系统的选择具有人为性,由此产生的边界也具有任意性。边界可以是真实存在的,也可以是假想的;边界可以是固定的,也可以是运动的。

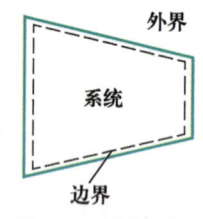

图 2-1 系统、外界和边界示意图

边界的特征

2.1.2 热力系统的分类

热力系统选定后,边界和外界也相应产生,然后需要进一步分析在边界上发生的、系统与外界的相互作用。本书研究的系统与外界的相互作用可以分为 3 类:质量交换、热量交换和功量交换。质量交换是指有工质通过边界进入或离开系统;热量交换是指有热量通过边界进入或离开系统;功量交换是指外界通过边界对系统做功或系统通过边界对外界做功。根据系统与外界的相互作用不同,系统可以分为不同的种类。

根据系统与外界是否有质量交换,可以把系统分为闭口系统(closed system)和开口系统(open system)。一个热力系统若与外界没有质量交换,则该系统为闭口系统(简称闭口系)。由于闭口系统与外界没有质量交换,系统内工质的质量保持不变,因此也称为控制质量系。一个热力系统若与外界有质量交换,则为开口系统(简称开口系)。由于开口系统中工质占据的空间

（体积）往往保持不变,通常也称为控制体积系。区分闭口系统和开口系统的关键是看在边界上有没有质量交换,而不是系统内部工质的质量是否发生变化。例如,一个热力系统,通过边界进入该系统的质量和离开系统的质量相等,尽管该系统内工质的质量保持不变,但是由于在边界上有质量交换,仍然是开口系统。

一个热力系统若与外界没有热量交换,则为绝热系统（简称绝热系,adiabatic system）。一个热力系统若与外界没有功量交换,则为绝功系统（简称绝功系）。当一个热力系统与外界既没有质量交换,也没有热量交换和功量交换时,该系统称为孤立系统（简称孤立系,isolated system）。孤立系统中的所有作用都发生在系统内部,系统与外界没有任何相互作用,即该系统是完全孤立存在的。

开口系、闭口系、绝热系工程示例

研究热能与机械能之间的相互转换规律的科学分支称为工程热力学（engineering thermodynamics）,所涉及的工质往往是可压缩物质（气体或蒸汽）,与外界交换的功也往往是体积变化功（压缩功或膨胀功）。这类由可压缩物质构成、不存在化学反应且与外界交换的功只有体积变化功的系统,称为简单可压缩系统（simple compressible system）。工程热力学讨论的系统大多都属于简单可压缩系统。

2.2　热力学状态与状态参数

2.2.1　状态与状态参数的定义

工质在能量转化装置中需要经历一系列过程才能完成能量的传递与转化,在这些过程中,工质的宏观物理状况随时在发生变化。工质在某一瞬时所呈现的宏观物理状况,称为工质的热力学状态（thermodynamic state）,简称状态。随着工质经历不同的过程,必然会呈现出不同的状态,为了对不同的状态进行描述,需要用到一些特定的宏观物理量。这种用来描述工质状态的宏观物理量称为状态参数（state parameters）,如压力、温度、体积等。状态参数发生变化,那么工质所处的状态必然发生变化;反过来,工质的状态变化也可以通过状态参数的变化得以体现。因此,热力学状态是状态参数的单值函数,一旦状态确定,对应的状态参数也就确定了;反之,一旦状态参数确定,对应的状态也就确定了。由此可见,工质的状态参数只取决于工质所处的状态,与达到这一状态的途径无关,具有数学上点函数的特征。状态参数的变化量只取决于初、终状态,与所经历的途径无关;状态参数可以全微分,且沿着闭合路线的环积分等于零。

2.2.2　平衡状态

一个热力系统如果在不受外界影响的条件下,其状态能够始终保持不变（状态参数不随时间变化）,此时的状态称为平衡状态（equilibrium state）。平衡状态要求系统内以及系统与外界之间没有不平衡势差（驱动力差）,即所有的势差都要消失。这就意味着所有相关的平衡都要达到,才能实现平衡状态。热力系统的平衡主要包括热平衡、力平衡、相平衡和化学平衡。只有当这些平衡都实现了,才能获得平衡状态。例如,当系统各部分之间没有温差（温差趋于0）时,系统就处于热平衡状态;当系统各部分之间没有压力差(压力差趋于 0)时,系统就处于力平衡状态;当系统各部分之间没有化学势差(化学势差趋于 0),系统就处于相平衡和化学平衡。可见,势差的消失是平衡的条件,也是平衡的本质。因此,系统内外一切势差趋于 0 是实现平衡状态的充要条件。

处于平衡状态的系统,只要不受外界影响,就可以一直保持平衡状态;处于不平衡状态的系统,只要不受外界影响,最终都会趋于平衡状态。对于处于平衡状态的气体(或液体),如果忽略重力场的影响,那么系统内各处的性质均匀一致,各处的压力、温度、比体积都相同。但是,如果考虑重力场的作用,不同高度处的比体积和压力是不同的,但是对于热力学系统来说,高度差不会太大,这种影响通常可以忽略。因此,在分析热力系统是否处于平衡状态时,通常可以忽略重力场的影响。

系统平衡、均匀与稳定

对于气液两相并存的热力平衡系统,气相和液相的比体积不同,所以整个系统是非均匀的。因此,均匀并非系统处于平衡状态的必要条件。此外,在一定的外界作用下,系统的状态也可以保持不变,即达到稳定,但是由于有外界影响的存在,此时系统处于非平衡状态。

2.2.3 常用的状态参数

在平衡状态下,工质的状态参数不随时间变化,可以用确定的状态参数进行描述。用来描述工质状态的常用状态参数主要有 6 个,即:压力 p、温度 T、体积 V、热力学能 U、焓 H 和熵 S。根据状态参数是否与系统内物质的量(质量)有关,可以把状态参数分为强度量和广延量。其中,强度量是指与系统内所含物质的量无关的量,如温度、压力等;广延量是指与系统内所含物质的量有关的量,如体积、热力学能、焓和熵等。但是,广延量的比参数(单位质量或单位物质的量的广延量)与系统内物质的量无关,具有强度量的特性,如比体积、比热力学能、比焓、比熵等。热力学中广延量用大写字母表示,如体积 V、热力学能 U、焓 H 和熵 S 等;广延量的比参数用小写字母表示,如比体积 v、比热力学能 u、比焓 h 和比熵 s 等。

在热力学常用的 6 个状态参数中,由于压力、温度、比体积可以直接用仪器进行简单测量而获得,因此应用最广泛,被称为基本状态参数。其他状态参数可以利用基本状态参数,经过一定计算过程获得。

1. 密度与比体积

密度(density)是物理学上常用的一个强度量,它表示单位体积内所含物质的质量,即

$$\rho = \frac{m}{V} \tag{2-1}$$

式中:ρ 为物质的密度,kg/m^3;m 为物质的质量,kg;V 为物质的体积,m^3。

密度的倒数即为比体积(specific volume),它表示单位质量的物质所占有的体积,即

$$v = \frac{V}{m} = \frac{1}{\rho} \tag{2-2}$$

式中,v 为物质的比体积,m^3/kg。

可见,密度和比体积互为倒数,只能选用其中一个来描述工质的状态,在热力学中通常采用比体积 v,而不是密度 ρ。

2. 压力

单位面积上所承受的垂直作用力称为压力(pressure),也就是物理学上常说的压强,即

$$p = \frac{F}{A} \tag{2-3}$$

式中:p 为压力,Pa 或 N/m^2;F 为垂直作用力,N;A 为力的作用面积,m^2。

从微观上看,气体的压力,是气体内大量微观粒子(分子)频繁撞击器壁形成的平均效果,其表达式为

$$p = \frac{2}{3} n_0 \bar{\varepsilon}_k \tag{2-4}$$

式中:n_0 为分子数密度,m^{-3};$\bar{\varepsilon}_k$ 为分子的平均平动动能,J。

压力的国际单位为帕斯卡(简称帕),符号为 Pa,它表示 1 m^2 面积上垂直作用 1 N 的力,即

$$1 \ Pa = 1 \ N/m^2$$

在工程应用中,Pa 的单位往往太小,通常采用千帕(kPa)、兆帕(MPa)或巴(bar)。

$$1 \ kPa = 1 \ 000 \ Pa$$

$$1 \ MPa = 10^6 \ Pa = 10^3 \ kPa$$

$$1 \ bar = 10^5 \ Pa = 100 \ kPa = 0.1 \ MPa$$

此外,在工程上,还可能遇到压力的其他单位,如标准大气压(atm)、毫米汞柱(mmHg)、毫米水柱(mmH_2O)。

$$1 \ atm = 101 \ 325 \ Pa = 101.325 \ kPa = 1.013 \ 25 \ bar$$

$$1 \ mmH_2O = 10^3 \ kg/m^3 \times 9.806 \ N/kg \times 10^{-3} \ m = 9.806 \ N/m^2 = 9.806 \ Pa$$

$$1 \ mmHg = 13.6 \times 10^3 \ kg/m^3 \times 9.806 \ N/kg \times 10^{-3} \ m = 133.3 \ Pa$$

压力可以通过一定的仪器直接测量,测量工质压力的仪器称为压力计,常见的有 U 形管压力计和弹簧管压力计。某一确定位置的真实压力称为绝对压力或真实压力(p),该压力是相对于绝对真空(压力为 0)而测得的。而实际测量压力的压力计,通常在环境压力下工作,所以其测得的压力是工质的绝对压力与环境压力(p_b)之差。当真实压力大于环境压力时,该差值为正值,称为表压力(p_g),相应的压力测量仪器称为压力表;当真实压力小于环境压力时,该差值为负值,其绝对值称为真空度(p_v),相应的压力测量仪器称为真空计。

U 形管压力计与弹簧管压力计

当待测空间的绝对压力大于环境压力时(图 2-2a),绝对压力可表示为

$$p = p_b + p_g \tag{2-5}$$

当待测空间的绝对压力小于环境压力时(图 2-2b),绝对压力可表示为

$$p = p_b - p_v \tag{2-6}$$

作为工质状态参数的压力是指绝对压力,而不是压力计测得的相对压力。当用压力计测得工质的压力后,必须考虑环境压力才能得到工质的绝对压力。环境压力是指压力测量时压力计所在环境的压力,不一定是大气压力,关键看压力计是工作在大气环境下,还是处于某一额外的承压空间。

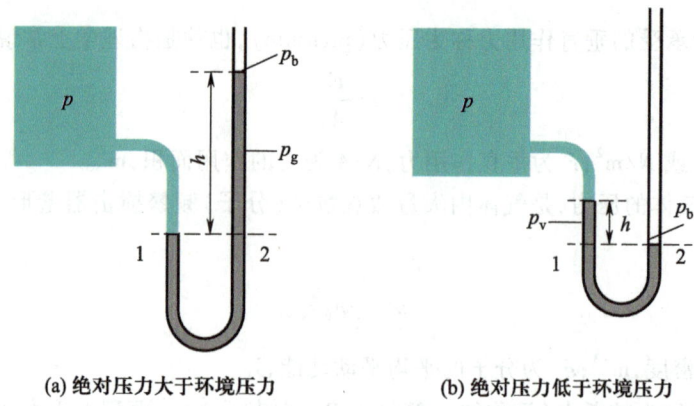

(a) 绝对压力大于环境压力   (b) 绝对压力低于环境压力

图 2-2   绝对压力的测量

[例题 2-1]   如图 2-3 所示，有 A、B 两个空间，通过一个 U 形管连通，U 形管内汞柱高度差 $H=300$ mm，为了测量 A、B 两个空间的压力，分别装有压力表 A、B，其中压力表 B 读数为 0.25 MPa。已知压力表 A、B 均工作在大气环境下，大气压为 $p_b=0.1$ MPa。求 A 空间的压力 p_A 及压力表 A 的读数 p_{eA}。

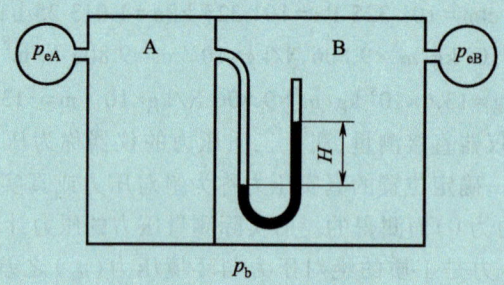

图 2-3   例题 2-1 附图

解：由题意可知，压力表测得的压力为表压力；且均处于大气环境下，相应的环境压力即为大气压力。因此，可以获得 B 空间的真实压力：

$$p_B = p_b + p_{eB} = 0.1 \text{ MPa} + 0.25 \text{ MPa} = 0.35 \text{ MPa}$$

对于 U 形管，其工作在 B 空间内，因此其环境压力为 B 空间的真实压力，且通过两端液面的高度差可以看出，A 空间的压力高于 B 空间的压力。因此，可得 A 空间的压力：

$$p_A = \gamma H + p_B = (133.32 \times 300) \times 10^{-6} \text{ MPa} + 0.35 \text{ MPa} = 0.39 \text{ MPa}$$

因此压力表 A 的读数为

$$p_{eA} = p_A - p_b = 0.39 \text{ MPa} - 0.1 \text{ MPa} = 0.29 \text{ MPa}$$

讨论：环境压力是指压力测量仪表所在空间的压力，并不一定是大气压力。实际使用的压力测量仪表，测得的通常都是表压力或真空度，需要知道仪表所在的环境压力，才能获得待测空间的真实压力。

3. 温度

温度(temperature)是日常生活中经常接触的物理量,习惯上把温度作为物体冷热程度的度量。例如,当天气炎热时,我们说气温很高;但天气寒冷时,我们说气温很低。那么,当冷热程度不同的两个物体相互接触会发生什么呢?例如,饮水机的一个出口是开水,另一个出口是冷水,当我们想要温水时,会习惯性先接一部分热水,再接一部分冷水。热水和冷水混合后,热水温度降低、冷水温度升高,最后达到均匀的冷热程度。这就意味着,当两个冷热程度不同的物体相互接触时,热量会从热物体传递到冷物体,并最终达到相同的温度,此时热量传递过程结束,两个物体达到热平衡状态。因此,在热力学上,把温度当成系统间达到热平衡的判据,当两个或多个系统具有相同的温度时,这些系统就处于热平衡状态;反过来,当多个系统处于热平衡时,必然具有相同的温度。

从微观上看,温度是物质分子不规则热运动激烈程度的宏观表现。分子热运动越剧烈,其温度就越高;反过来,温度越高,其无规则热运动也越剧烈。对于气体,它是大量分子平移动能平均值的度量。

$$\frac{3}{2}kT = \frac{m\overline{\varpi}^2}{2} \tag{2-7}$$

式中:T 为热力学温度,K;k 为玻尔兹曼常数,J/K;$\overline{\varpi}$ 为分子运动的均方根速度,m/s;m 为物质的质量,kg。

既然温度是系统间达到平衡的判据,那么如果热力系统 A 和 B 处于热平衡($T_A = T_B$),而热力系统 B 又与 C 处于热平衡($T_B = T_C$),那么热力系统 A 与 C 必然也处于热平衡($T_A = T_C$)。也就是说,两个热力系统中任一个都与第三个系统处于热平衡,那么这两个热力系统必然也处于热平衡,这就是热力学第零定律。它是温度测量有效性的理论基础,通过用温度计代替第三个物体,热力学第零定律可以重新表述为:当两个物体具有相同的温度读数时,则两个物体处于热平衡状态,不论它们是否互相接触。热力学第零定律由英国物理学家福勒(Ralph Howard Fowler,1889—1944)于 1931 年首次提出并命名,比热力学第一定律和热力学第二定律的提出晚了 80 多年,但是它是温度测量的理论基础,应该先于热力学第一定律和热力学第二定律,因此命名为热力学第零定律。

为了对温度进行具体测量,必须先建立温标(temperature scale),即温度的数值表示法。现有的温标主要分为经验温标和热力学温标(绝对温标)两类。其中,经验温标基于所选测温物质的某一物理性质(体积、压力、电阻等)随温度变化的特性,在确定参考点的基础上,按照一定的分度方法获得。例如,摄氏温标,基于液体的体积、金属的电阻等物理性质随温度变化的特性,以一个大气压下水的冰点为 0 ℃、沸点为 100 ℃,通过线性分度方法获得,摄氏温标的温度单位为℃。由于经验温标依赖于所选测温物质及其属性,当采用不同的测温物质或选用不同的物理属性作为测温标志时,除了设定的基准点,其他温度的测定值往往存在一定偏差,从而使得经验温标不能作为温度测量的标准。

热力学温标(thermodynamic temperature scale)是建立在热力学第二定律基础上的一种与测温物质特性无关的理想温标,是目前世界通用的度量温度的标准。热力学温标中温度的单位为开尔文(K),以英国开尔文勋爵(William Thomson,又称 Lord Kelvin,1824—1907)的名字命名。它把水的三相点(气、液、固三相共存的状态点)的温度作为单一基准,并规定为 273.16 K。这样水的冰点温度为 273.15 K,沸点为 373.15 K,冰点到沸点的温度间隔为 100 K。而摄氏温标中水的冰点为 0 ℃、沸点为 100 ℃，从冰点到沸点的温度间隔为 100 ℃和热力学温标中的温度间隔相同。由此，可以得到热力学温标与摄氏温标的关系为

$$\{t\}_{℃} = \{T\}_{K} - 273.15 \quad [①]$$
(2-8)

式中：t 为摄氏温度，℃；T 为热力学温度，K。

4. 热力学能

在热力学中，把内动能、内位能，以及维持分子结构的化学能、原子核内部的原子能等，这些物质内部微观粒子具有的能量的总和，称为热力学能，简称内能或热能，用 U 表示。在工程热力学中，主要的研究对象都是简单可压缩系统，此时可以不考虑化学变化，则热力学能仅包含内动能和内位能，即

$$U = U_k + U_p = f_1(T) + f_2(T, V) = f(T, V)$$
(2-9)

可见，热力学能是状态参数，单位为 J 或 kJ，它是一个广延量；比热力学能用 u 表示，单位为 J/kg 或 kJ/kg。在工程热力学中，往往关注的不是热力学能的绝对值，而是某一过程中热力学能的变化量，即 ΔU。

由状态参数的特性可知，对于任意过程，有

$$\Delta U_{1-2} = U_2 - U_1$$
(2-10)

对于热力循环，有

$$\oint dU = 0$$
(2-11)

5. 焓

在处理流动问题时，工质流入和流出系统时除了携带热力学能，还携带另一种能量即推动功，用 W_p 表示。

$$W_p = pV$$
(2-12)

推动功是随着工质流入或流出系统而进入或离开系统的能量，只有在工质流动时才有意义，对于静止的工质虽然也有一定的状态参数 p 和 V，但它们的乘积不代表推动功。工质在流动时总是从后方获得推动功，而对前方做推动功。进、出口推动功的代数和，称为流动功，用 W_f 表示。流动功可理解为在工质流动过程中，系统与外界由于物质交换而传递的机械功。

流动功与
推动功

工质从状态 1 流入系统，从状态 2 流出系统时，系统与外界交换的流动功为

$$W_f = W_{p2} - W_{p1} = p_2 V_2 - p_1 V_1$$
(2-13)

当流入和流出系统的工质质量相同时，单位质量工质的流动功可表示为

$$w_f = w_{p2} - w_{p1} = p_2 v_2 - p_1 v_1$$
(2-14)

在开口系统中，工质流入或流出系统时总是同时携带热力学能和推动功。为了简化开口系统中工质携带能量的表达式，通常把热力学能和推动功之和定义为焓（enthalpy），用 H 表示，单位为 J 或 kJ。

$$H = U + pV$$
(2-15)

1 kg 工质的焓，称为比焓（specific enthalpy），用 h 表示，单位为 J/kg 或 kJ/kg。

$$h = u + pv$$
(2-16)

从比焓的定义式(2-16)可以看出，它取决于状态参数热力学能、压力和比体积，因此比焓也

---

① 这是国家标准 GB/T 3101—1993 中规定的数值方程式的表示方法：$\{t\}_{℃}$ 中的下标表示温度以℃为单位。

是一个状态参数,具备状态参数的特性,即

$$\Delta h_{1\text{-}2} = h_2 - h_1 = \int_1^2 \mathrm{d}h \tag{2-17}$$

$$\oint \mathrm{d}h = 0 \tag{2-18}$$

6. 熵

熵(entropy)是可逆过程中的热量与对应温度的比值(关于熵的详细介绍参见第 4 章),其定义式为

$$\mathrm{d}s = \frac{\delta q_{\mathrm{re}}}{T} \tag{2-19}$$

式中:$\mathrm{d}s$ 为一个微元可逆热力过程中工质比熵的变化量,J/(kg·K);δq_{re} 为在此微元可逆热力过程中工质与外界交换的热量,J/kg;T 为交换热量时工质的温度,K。这里的 δ 表示所用的 q_{re} 为一微小量,并不是全微分计算符号。

熵是一个状态参数,其变化量只取决于热力过程的初、末状态,与达到末状态的途径无关。也就是说,工质从状态 1 变化到状态 2,其熵的变化量始终为 $\Delta s = s_2 - s_1$。但是只有当工质可逆地从状态 1 变化到状态 2 时,其熵的变化量才可以用 $\int_1^2 \frac{\delta q_{\mathrm{re}}}{T}$ 来计算。若是不可逆过程,则 $\int_1^2 \frac{\delta q}{T}$ 并不代表过程中工质熵的变化量。

2.2.4 状态方程式及状态坐标图

虽然常用的状态参数有 6 个,但是在确定一个平衡状态时,并不需要给定所有的状态参数。当给定一定数目的独立状态参数后,其他的状态参数可以通过一定的计算推导而获得。那么确定一个平衡状态,需要几个独立状态参数呢?

由状态公理(state postulate)可知,对于组成一定的物质系统,若系统与外界存在 n 种功的作用,则决定该系统平衡态的独立状态参数数目为 $n+1$ 个,即

状态公理

$$N = n + 1 \tag{2-20}$$

式中:N 为系统独立状态参数的数目;n 为系统与外界交换功形式的数目;后面的 1 表示考虑系统与外界除了交换功,还交换热量。

对于工程热力学研究的简单可压缩系统来说,由于系统与外界仅交换容积变化功一种形式的功,因此独立状态参数数目为 2。那么 3 个基本状态参数(p、T、v)之间必然满足一定的关系。反映基本状态参数 p、T、v 之间关系的函数表达式称为状态方程式(equation of state),即

$$v = v(p, T) \tag{2-21}$$

$$p = p(T, v) \tag{2-22}$$

$$T = T(p, v) \tag{2-23}$$

或者统一表示为

$$f(p, T, v) = 0 \tag{2-24}$$

以任意两个独立的状态参数作为坐标轴可以构成一个平面图,该平面图即为状态坐标图。热力学中常用的状态坐标图有 $p\text{-}v$ 图、$T\text{-}s$ 图、$h\text{-}s$ 图、$\lg p\text{-}h$ 图等。状态坐标图中任一点都对应

两个确定的独立状态参数,即一个确定的平衡状态;反过来,任一个平衡状态都可以用状态坐标图上的一个确定点来表示。例如,压力为 p_1、比体积为 v_1 的状态,可用图 2-4a 中的点 1 表示;图中的点 2 代表压力为 p_2、比体积为 v_2 的平衡状态。若系统的温度为 T_1、熵为 s_1,则系统的状态可由图 2-4b 中的点 1 表示;图中的点 2 代表温度为 T_2、熵为 s_2 的平衡状态。

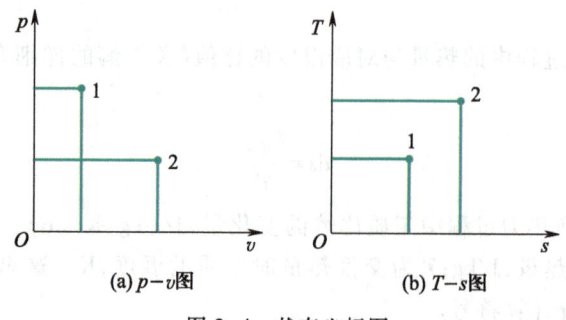

(a) $p-v$ 图   (b) $T-s$ 图

图 2-4　状态坐标图

需要指出的是,状态坐标图中只表示平衡状态,对于非平衡状态,由于系统内不同位置具有不同的状态参数,且状态参数随时发生变化,无法在状态坐标图中进行表示。简单可压缩系只有两个独立的状态参数,因此,$p-v$ 图上的任一点都可以在 $T-s$ 图中找到相应的点;反之亦然,即不同状态坐标图上的状态点一一对应。

2.3　可逆过程的功量和热量

2.3.1　准平衡过程与可逆过程

对于处于平衡状态的系统,可以用一组确切的状态参数(如 p、T)进行描述。但是平衡状态由于状态参数不发生变化,它是"死态",无法实现能量转化,热能与机械能之间的相互转换必须借助于工质状态的变化才能实现。系统从一个平衡状态向另一个平衡状态的变化过程称为热力过程。但是一旦发生热力过程,必然要打破原有的平衡状态,使系统处于非平衡状态,此时则无法用一组确切的状态参数进行描述。为了解决平衡状态和热力过程之间的矛盾,热力学中引入了准平衡过程(准静态过程)。

虽然发生热力过程时,必然打破原有的平衡状态,但如果过程进行得非常缓慢,而工质在平衡被破坏后自动恢复平衡所需的时间(弛豫时间)又非常短,这样工质有足够时间来恢复新的平衡,使得系统随时都不会显著偏离平衡状态。这样在无限小势差推动下,由一系列连续的平衡状态构成的热力过程,就称为准平衡过程(quasi-equilibrium process)。例如,图 2-5 所示的气缸内气体的压缩过程,其初态 1 为平衡状态,即气缸内工质处于热平衡和力平衡状态。首先在活塞式气缸内施加一个非常小的力,推动活塞向左运动,气缸内的工质体积缩小、压力升高,很快达到一个新的平衡状态;然后再施加一个非常小的力,推动活塞继续向左运动,气缸内气体的体积进一步缩小、压力再次升高,并很快达到一个新的平衡态。这个过程逐步进行,最终达到终态 2,那么气缸内工质经历的热力过程 1-2,就是一个准平衡过程。

准平衡过程既能保证系统随时处于平衡状态，又能实现工质状态的变化；既可以用确切的状态参数进行描述，又能够实现能量转化，有效解决了平衡和变化的矛盾关系。准平衡过程是由一系列连续的平衡态组成的热力过程，因此，在状态坐标图中可以用连续的曲线表示该热力过程。从理论分析的角度来看，准平衡过程要求破坏平衡状态的一切不平衡势差应无限小（趋于0），只有这样才能严格保证系统随时都无限接近于平衡状态。但是这在工程上是无法接受的，工程上认为只要破坏平衡状态所需的时间（外部作用时间）远大于系统恢复平衡所需的时间（弛豫时间），就认为该过程是准平衡过程。一般来说，工程中的大部分热力过程都可以认为是准平衡过程，但是对于一些突然发生的热力过程，往往就不是准平衡过程了。

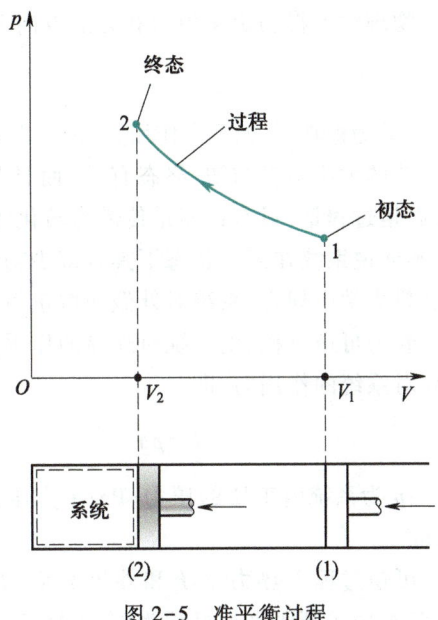

图 2-5　准平衡过程

准平衡过程仅着眼于工质内部的平衡，要求工质始终不能明显偏离平衡态，并没有考虑工质与外界的相互作用（如摩擦、电阻、磁阻等作用）产生的耗散。因此，当研究涉及系统与外界的功量和热量交换，即涉及热力过程能量传递与转化的问题时，准平衡过程的分析计算会很复杂，这时就需要引出可逆过程的概念。如果系统完成某一热力过程后，再沿原来的路径逆向进行时，能使系统和外界都返回原来状态而不留下任何变化，这一过程称为可逆过程（reversible process）。若不满足上述条件，则为不可逆过程。可逆过程要求热力过程必须是准平衡过程且过程中没有任何耗散效应。所谓的耗散效应（dissipative effect），是指有序能通过摩擦、电阻、磁阻等变成无序能的现象。也就是说，没有耗散效应的准平衡过程即为可逆过程。一个可逆过程必然是准平衡过程，但准平衡过程不一定是可逆过程。准平衡过程与可逆过程的区别就在于有无耗散效应。

建立可逆过程概念的意义在于：①可逆过程中系统与外界交换的功量和热量都可以通过系统参数来计算，而无须考虑复杂的外界情况，从而使问题得到简化；②可逆过程中没有任何不可逆损失，可以作为实际过程中能量传递与转化效果评价的标准和极限；③实际的热力过程，都或多或少存在各种不可逆因素，都是不可逆过程，但是可以先当作可逆过程进行分析，再引入一些经验系数加以修正，便可得到实际的工作性能。

总之，可逆过程是一切实际过程的最理想过程，研究可逆过程可以为能量转化装置的性能提升提供最高目标，具有重要的理论和实际意义。

2.3.2　可逆过程的功量

功量和热量是热力过程中系统与外界交换的不同形式的能量。功量是系统与外界之间在力差的推动下，通过宏观有序（有规则）运动方式传递的能量。也就是说，系统和外界的功量交换，总是和宏观位移有关。功量用 W 表示，单位为 J（焦耳）或 kJ（千焦）；分别用 W 和 w 表示 m kg 工质及 1 kg 工质和外界交换的功量。

物理学上将功定义为力和力的方向上位移的乘积,即

$$\delta W = F dx \tag{2-25}$$

式中:W 为做功量,J;F 为作用力,N;x 为力的方向上的位移,m。

功的大小不仅与初、终态有关,而且与过程进行的性质、路径等有关。因此,功不是状态参数,而是过程量,只有在能量传递与转化的过程中才有意义,一旦过程结束也就失去了意义。因此,不能说系统在某一状态下具有多少功量,只能说系统在一个热力过程中和外界交换了多少功量。热力学中规定,系统对外做功取正值,外界对系统做功取负值。

若为可逆过程,则系统对外界的作用力应该等于外界对系统的作用力,即

$$F = pA \tag{2-26}$$

式中:p 为系统内工质的压力,Pa;A 为压力作用的面积,m^2。

可逆过程中热力系统和外界交换的功量(以活塞-气缸内的膨胀做功过程为例,如图2-6所示),可表示为

$$\delta W_{re} = pAdx = pdV \tag{2-27}$$

式中:下标 re 代表可逆过程;p 为气缸内工质的压力,Pa;A 为活塞横截面积,m^2;x 为活塞运动的距离,m;V 为气缸内工质的体积,m^3。

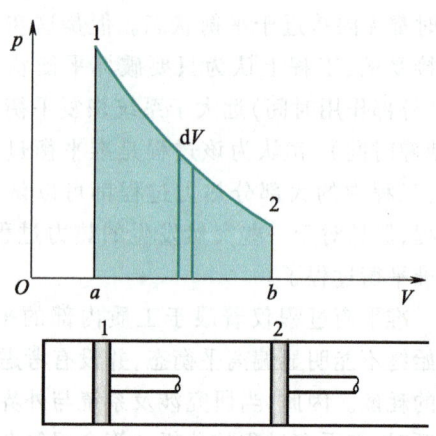

图 2-6 可逆过程的功量在 p-V 图上的表示

整个可逆膨胀过程 1-2(从状态 1 连续变化到状态 2)的总膨胀功为

$$W_{re} = \int_1^2 p dV \tag{2-28}$$

可见,只要知道膨胀过程 1-2 中压力与体积之间的函数关系式,$p=f(V)$,即可通过积分获得可逆过程 1-2 的膨胀功,而不需要关注外界的作用。根据定积分性质,积分值代表膨胀功,在 p-V 图上可用过程线与横坐标围成的面积 1-2-b-a-1 来表示,因此通常把 p-V 图也称为示功图。

单位质量工质的做功量,即为比功,单位为J/kg,可逆过程的比功可表示为

$$\delta w_{re} = \frac{1}{m} \delta W = \frac{1}{m} p dV = p dv \tag{2-29}$$

$$w_{re} = \int_1^2 p dv \tag{2-30}$$

通常把工质膨胀过程所做的功称为膨胀功,而压缩过程所消耗的功称为压缩功。膨胀功和压缩功均与工质的体积变化有关,又统称为体积变化功。可逆过程的体积变化功仅与压力随体积的变化关系有关,与容器的形状、外力的作用形式等无关,只要工质的体积发生变化,且是可逆过程,都可以用式(2-30)来计算体积变化功,功的大小都可以用 p-V 图中过程线和横坐标围成的面积表示。

功的数值不仅取决于工质的初态和终态,而且和过程经历的途径有关。例如,如图 2-7 所示,工质均从初态 1 变化到终态 2,但是经历的途径不同(1-A-2、1-B-2 和 1-C-2),显然相应的压缩功的大小也不一样。从 1-A-2 的过程,对应的压缩功为图 2-7 中 1-a-b-2-A-1 所围成的面积;从 1-B-2 的过程,对应的压缩功为图 2-7 中 1-a-b-2-B-1 所围成的面积;而从 1-C-2 的过程,对应的压缩功为图 2-7 中 1-a-b-2-C-1 所围成的面积。

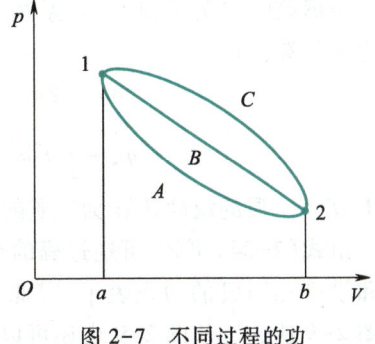

图 2-7　不同过程的功

[例题 2-2]　1 kg 某种气态工质,从初态 1 可逆膨胀到达终态 2 的过程中分别遵循:(1) $p = av + c$,(2) $pv = b$ 的变化过程,其中 a、b、c 为常数。求:两个过程中各做功多少,并将所做的功表示在 p-v 图上。

解:由题意可知,所求的功为体积变化功(膨胀功),且是可逆过程,则

(1) $w_{1-2} = \int_1^2 p \mathrm{d}v = \int_1^2 (av + c)\mathrm{d}v = \dfrac{a}{2}(v_2^2 - v_1^2) + c(v_2 - v_1)$

在图 2-8 中,可用面积 1A2MN1(图中的竖直线阴影部分)表示。

(2) $w_{1-2} = \int_1^2 p \mathrm{d}v = \int_1^2 \dfrac{b}{v}\mathrm{d}v = b\ln\dfrac{v_2}{v_1}$

在图 2-8 中,可用面积 1B2MN1(图中斜线阴影部分)表示。

讨论:上述两个过程,工质的初态和终态都相同,但中间经历的途径不同,对应的体积变化功也不同,再次证明了功的过程量特征。

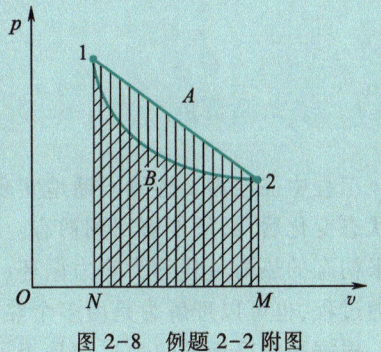

图 2-8　例题 2-2 附图

2.3.3　可逆过程的热量

热量是系统与外界之间在温差的推动下,通过微观粒子无序运动的方式与外界交换的能量,用 Q 表示,单位为 J 或 kJ。分别用 Q 和 q 表示 m kg 工质及 1 kg 工质和外界交换的热量。和功量一样,热量也是过程量,只有在能量传递过程中才有意义。不能说系统在某一状态下具有多少热量,只能说系统在一个热力过程中和外界交换了多少热量。热力学中规定,外界向系统传热(工质从外界吸热),则热量为正值;系统向外界传热(工质向外界放热),则热量为负值。

物理学上通常通过物质的比热容和温度变化来计算热量,即

$$\delta Q = mc\mathrm{d}T \tag{2-31}$$

$$Q = \int_1^2 mc\mathrm{d}T \tag{2-32}$$

式中:Q 为工质吸收和释放的热量,J;m 为工质的质量,kg;c 为工质的比热容,J/(kg·K);T 为工质的温度,K。

根据熵的定义式(2-19),系统经历可逆过程时与外界交换的热量,可通过系统内工质熵的变化来计算,即

$$\delta q_{re} = T\mathrm{d}s \tag{2-33}$$

$$q_{re} = \int_1^2 T\mathrm{d}s \tag{2-34}$$

式中:T为工质的温度,K;s为工质的比熵,J/(kg·K)。

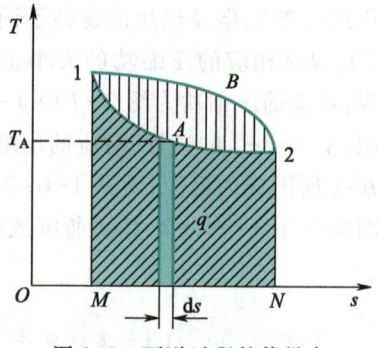

由式(2-34)可知,可逆过程的热量可由T-s图中过程线和横坐标围成的面积表示,因此T-s图也称为示热图,如图2-9所示。从图2-9中还可以看出,热量具有过程量的特征,从相同的初态1可逆变化到相同的终态2,分别经历1-A-2和1-B-2两个不同的过程,与外界交换的热量也不同。过程1-A-2,与外界交换的热量为面积1A2NM1;而过程1-B-2,与外界交换的热量为面积1B2NM1。

图2-9 可逆过程的热量在
T-s图上的表示

2.4 热力循环

2.4.1 热力循环的分类

工程中往往需要连续不断地实现热能和机械能之间的相互转化,这就要求工质经历了一系列状态变化后,必须能够回到初态。工质从某一初态出发,经历一系列热力状态变化后,又回到原来初态的热力过程称为热力循环(thermodynamic cycle),简称循环。热力循环是一个自封闭的热力过程,也可以理解为是由多个热力过程串联而形成的封闭的总热力过程。

根据构成循环的热力过程是否可逆,热力循环可分为可逆循环和不可逆循环。可逆循环要求构成循环的所有热力过程必须都是可逆的;构成热力循环的所有热力过程中只要有一个(或多个)是不可逆过程,则该循环即为不可逆循环。

根据循环实现的功能,可以把循环分为正循环和逆循环。正循环是实现热能向机械能转化的循环,也称为热能动力循环,简称动力循环(power cycle)。所有的正循环在坐标图中均沿着顺时针方向进行,如图2-10所示。在图2-10a所示的示功图中,过程1-2-3中工质的体积膨胀对外做膨胀功,为正值,其大小可用面积123nm1表示;过程3-4-1中工质的体积缩小消耗压缩功,为负值,其大小可用面积341mn3表示。循环的净功量(w_{net})为循环对外做功量与耗功量的代数和,见式(2-35),在示功图中为循环过程线所围成的面积12341(正值)。在图2-10b所示的示热图中,过程5-6-7中工质的熵增加,说明热量为正值,即工质从外界吸热,吸热量大小可用面积567qp5表示;过程7-8-5中工质的熵减小,说明热量为负值,即工质向外界放热,放热量大小可用面积785pq7表示。循环的净热量为工质的吸热量与放热量的代数和,见式(2-36),即示热图中循环过程线所围成的面积(正值)。因此,正循环的净效果表现为从外界吸收热量(净热量),并将之转变为功(净功量)向外界输出。

$$w_{net} = \oint \delta w \tag{2-35}$$

$$q_{net} = \oint \delta q \qquad (2\text{-}36)$$

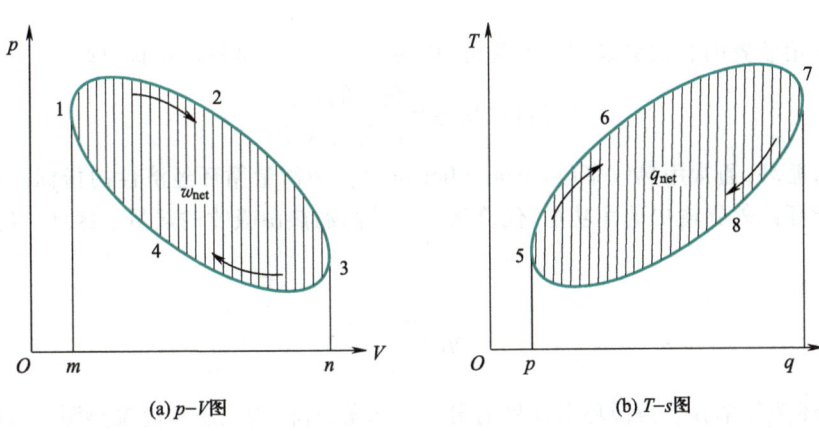

(a) $p\text{-}V$图   (b) $T\text{-}s$图

图 2-10   正循环

逆循环是实现热量从低温向高温传递的循环,通常需要消耗机械能(机械能向热能转化),也称为制冷循环(refrigeration cycle)或热泵循环(heat pump cycle),所有逆循环在坐标图中均沿着逆时针方向进行,如图 2-11 所示。在图 2-11a 所示的示功图中,过程 1-4-3 中工质的体积膨胀对外做膨胀功,为正值,其大小可用面积 143nm1 表示;过程 3-2-1 中工质的体积缩小消耗压缩功,为负值,其大小可用面积 321mn3 表示;循环的净功量为图中循环过程线所围成的面积 14321(负值)。在图 2-11b 所示的示热图中,过程 5-8-7 中工质的熵增加,说明热量为正值,即工质从外界吸热,吸热量大小可用面积 587qp5 表示;过程 7-6-5 中工质的熵减小,说明热量为负值,即工质向外界放热,放热量的大小可用面积 765pq7 表示;循环的净热量为示热图中循环过程线所围成的面积(负值)。因此,逆循环的净效果表现为消耗外界的功量(净功量),并将之转化为热(净热量)向外界输出。

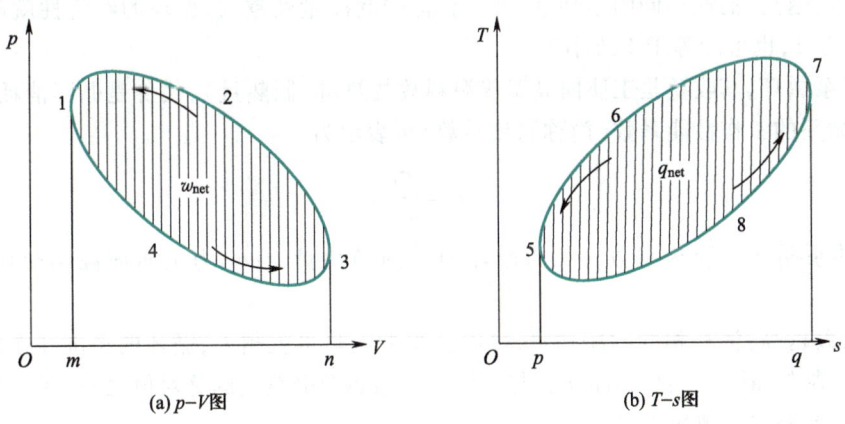

(a) $p\text{-}V$图   (b) $T\text{-}s$图

图 2-11   逆循环示意图

无论是正循环还是逆循环,根据能量守恒可知,循环的净功量必然等于循环的净热量,即

$$w_{net} = q_{net} \qquad (2\text{-}37)$$

2.4.2　热力循环的经济性评价指标

工程中常用装置的收益除以相应的代价,作为评价装置经济性的指标,即

$$经济性指标 = \frac{获得的收益}{花费的代价} \tag{2-38}$$

对于动力循环,通常用热效率(thermal efficiency)作为衡量循环经济性的指标。由于动力循环的收益是循环向外界输出的净功量,代价是工质从高温热源吸收的热量。因此,其热效率可表示为

$$\eta_t = \frac{w_{net}}{q_1} \tag{2-39}$$

式中:η_t 为循环热效率;w_{net} 为循环向外界输出的净功量,J;q_1 为工质从高温热源吸收的热量,J。

循环热效率越高表示工质吸收相同热量时,向外界输出的净功量越大,循环的经济性越好。式(2-39)是分析动力循环(正循环)经济性的基本公式,适用于所有的动力循环,不论可逆还是不可逆。由于动力循环中总有一个向低温热源放热的过程,因此其净功量必然小于吸热量,即动力循环的热效率总是小于 1。

对于逆循环,一般用性能系数(coefficient of performance,COP)来表示循环的经济性。制冷循环的收益是工质从低温热源吸收的热量(制冷量),代价是循环消耗的净功量。因此,制冷循环的性能系数(简称制冷系数)可表示为

$$\varepsilon = \frac{q_2}{w_{net}} \tag{2-40}$$

式中:ε 为制冷循环的制冷系数;w_{net} 为循环消耗的净功量,J;q_2 为工质从低温热源吸收的热量,J。

制冷系数越高,消耗相同的净功量,可以获得的制冷量就越大,循环的经济性就越好。制冷系数可能大于 1,也可能等于 1 或小于 1。

对于热泵循环,其收益是工质向高温热源释放的热量(制热量),代价是循环消耗的净功量。因此,热泵循环的工作性能系数(简称制热系数)可表示为

$$\varepsilon' = \frac{q_1}{w_{net}} \tag{2-41}$$

式中:ε' 为热泵循环的制热系数;w_{net} 为循环消耗的净功量,J;q_1 为工质向高温热源释放的热量,J。

制热系数越高,消耗相同的净功量,可以获得的制热量就越大,循环的经济性就越好。由能量守恒可知,制热量等于循环的净功量与工作从低温热源吸热量的绝对值之和,其必然大于循环的净功量,因此制热系数恒大于 1。

2.5 理想气体及其混合物的热力性质

2.5.1 理想气体状态方程式

理想气体(ideal gas)是一种实际上不存在的假想气体,是对实际气体的一种简化模型。微观上,理想气体分子被看作是弹性的(发生碰撞时为完全弹性碰撞)、不占空间体积的质点,且分子间无相互作用力。基于上述两点假设,气体分子的运动规律可以得到极大简化,不但可以定性分析某些热力学现象,而且可定量导出状态参数间的简单函数关系。

宏观上,理想气体是指处于压力趋于零、比体积趋于无穷大时的极限状态的气体。此时,不仅气体分子本身体积远小于其活动空间,其自身占据的体积可以忽略,而且分子间的平均距离也很大,分子间的作用力极其微弱,也基本可以忽略,故气体状态可近似为理想气体状态。工程中常见的氧气、氮气、氢气、氦气、一氧化碳及其混合气体,如空气、烟气、燃气等工质,在常温常压下都远离液体状态,均可作为理想气体处理。不符合上述两点假设的气态物质称为实际气体。例如,火电厂动力装置中使用的水蒸气、制冷/热泵装置中使用的制冷剂蒸气等,都是典型的实际气体。

理想气体状态方程(ideal gas equation of state)可表示为

$$pv = R_g T \tag{2-42}$$

$$pV = m R_g T \tag{2-43}$$

$$pV_m = RT \tag{2-44}$$

$$pV = nRT \tag{2-45}$$

以上 4 个公式分别是 $1\,kg$、$m\,kg$、$1\,mol$ 和 $n\,mol$ 理想气体的物态方程。

式中:p 为压力,Pa;v 为比体积,m^3/kg;T 为热力学温度,K;R_g 为气体常数(gas constant),$J/(kg \cdot K)$;V_m 为气体的摩尔体积,m^3/mol;R 为摩尔气体常数,$J/(mol \cdot K)$;n 为气体的物质的量,mol。随着分子动理论的发展,可以从理论上推导理想气体的状态方程。

分子动理论

根据阿伏伽德罗定律可知,摩尔气体常数 R 对于一切气体都有相同的值,即 $R = 8.314\,5\,J/(mol \cdot K)$,因此,$R$ 也被称为通用气体常数(universal gas constant)。气体常数 R_g 与通用气体常数 R 的关系为

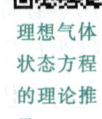

理想气体状态方程的理论推导

$$R_g = \frac{R}{M} \tag{2-46}$$

式中,M 为气体的摩尔质量,kg/mol。

由于不同气体摩尔质量不同,因此气体常数 R_g 是一个与气体种类有关的常数。例如,空气的摩尔质量为 $28.96 \times 10^{-3}\,kg/mol$,其气体常数为 $0.287\,kJ/(kg \cdot K)$。

[例题 2-3] 某体积为 $1\,m^3$ 的容器内,装有压力为 $500\,kPa$、温度为 $20\,℃$ 的空气,容器上安装有安全阀,确保容器内工质的压力不超过 $500\,kPa$。现加热使容器中的空气温度升至 $50\,℃$,

求该过程的加热量。已知空气的比定压热容为 1.004 kJ/(kg·K)，气体常数为 0.287 kJ/(kg·K)。

解：由题意可知，加热过程中容器通过安全阀排气，来保证内部压力始终保持在 500 kPa，则容器内工质的压力和体积保持不变，但质量逐渐减少。

根据理想气体状态方程可得容器内空气的质量为

$$m = \frac{pV}{R_g T}$$

则加热量为

$$Q = \int_{T_1}^{T_2} m c_p \mathrm{d}T = \int_{T_1}^{T_2} \frac{pV}{R_g T} c_p \mathrm{d}T = \frac{pV}{R_g} c_p \int_{T_1}^{T_2} \frac{1}{T} \mathrm{d}T = \frac{pV}{R_g} c_p \ln \frac{T_2}{T_1}$$

代入数据可得

$$Q = \frac{500 \times 10^3 \ \mathrm{Pa} \times 1 \ \mathrm{m}^3}{0.287 \ \mathrm{kJ/(kg \cdot K)}} \times 1.004 \ \mathrm{kJ/(kg \cdot K)} \times \ln \frac{(273+50) \ \mathrm{K}}{(273+20) \ \mathrm{K}} = 170.5 \ \mathrm{kJ}$$

讨论：当热力过程中工质的质量出现变化时，通常把这类问题称为变质量热力学问题，此时可以借助理想气体状态方程将工质的质量表示成状态参数的关系式，然后通过状态参数的计算获得问题的解。

2.5.2　理想气体的比热容

1. 比热容

在准平衡过程中，物质温度升高 1 K（或 1 ℃）所吸收的热量称为热容，用 C 表示，单位为 J/K。其定义式为

$$C = \frac{\delta Q}{\mathrm{d}T} \tag{2-47}$$

单位质量物质的热容称为质量热容，简称比热容（specific heat capacity），用 c 表示，单位为 J/(kg·K)。它是指 1 kg 的物质温度升高 1 K（或 1 ℃）所吸收的热量。1 mol 物质的热容，称为摩尔热容，用 C_m 表示，单位为 J/(mol·K)。两者之间的关系为

$$C_m = Mc \tag{2-48}$$

式中，M 为物质的摩尔质量，kg/mol。

热量是过程量，因此比热容也是过程量，不同过程的比热容具有不同的值。其中定容过程的比热容称为比定容热容（specific heat capacity at constant volume），用 c_V 表示；定压过程的比热容称为比定压热容（specific heat capacity at constant pressure），用 c_p 表示。在热力学中最常用，它们是计算比热力学能 u 和比焓 h 必需的物理量。

根据热力学第一定律的闭口系统能量方程和稳定流动系统能量方程（详见第 3 章相关内容），比定容热容 c_V 和比定压热容 c_p 可进一步表示为

$$c_V = \left(\frac{\delta q}{\mathrm{d}T} \right)_V = \left(\frac{\mathrm{d}u + p\mathrm{d}v}{\mathrm{d}T} \right)_V = \left(\frac{\partial u}{\partial T} \right)_V \tag{2-49}$$

$$c_p = \left(\frac{\delta q}{\mathrm{d}T} \right)_p = \left(\frac{\mathrm{d}h - v\mathrm{d}p}{\mathrm{d}T} \right)_p = \left(\frac{\partial h}{\partial T} \right)_p \tag{2-50}$$

式(2-49)和式(2-50)由 c_V 和 c_p 的定义直接导出,适用于一切工质。另外,可以看出,c_V 和 c_p 分别是状态参数 u 对 T 和状态参数 h 对 T 的偏导数,因此它们都是状态参数。

2. 理想气体比热容及迈耶公式

理想气体分子间无相互作用力,不存在内位能,故热力学能只包括内动能。内动能是温度的单值函数,因此理想气体的比热力学能也是温度的单值函数,即 $u = f(T)$。另外,根据比焓的定义式 $h = u + pv$ 可知,对于理想气体,有 $h = u + R_g T$。可见,理想气体的比焓也是温度的单值函数,即 $h = f'(T)$。因此,对于理想气体,其比定容热容和比定压热容的定义式(2-49)和式(2-50)可进一步表示为

$$c_V = \frac{\mathrm{d}u}{\mathrm{d}T} \tag{2-51}$$

$$c_p = \frac{\mathrm{d}h}{\mathrm{d}T} \tag{2-52}$$

由式(2-51)和式(2-52)可知,对于理想气体,c_V 和 c_p 也都仅是温度的单值函数。

将 $h = u + R_g T$ 代入式(2-52),可以得到理想气体 c_V 和 c_p 之间的关系,即

$$c_p - c_V = R_g \tag{2-53}$$

式(2-53)说明,相同温度下理想气体的 c_p 总是大于 c_V,其差值恒等于气体常数 R_g。

式(2-53)两侧同乘以摩尔质量 M,有

$$C_{p,\mathrm{m}} - C_{V,\mathrm{m}} = R \tag{2-54}$$

式(2-53)和式(2-54)称为迈耶公式(Meyer formula)。

c_p 和 c_V 比值称为比热容比(heat capacity ratio),用 γ 表示,即

$$\gamma = \frac{c_p}{c_V} = \frac{C_{p,\mathrm{m}}}{C_{V,\mathrm{m}}} \tag{2-55}$$

将比热容比代入式(2-53),可得

$$c_p = \frac{\gamma}{\gamma - 1} R_g \tag{2-56}$$

$$c_V = \frac{1}{\gamma - 1} R_g \tag{2-57}$$

附录2给出了低压时一些常用气体的比定压热容、比定容热容和比热容比的值,具体可参阅参考文献[1]。

3. 理想气体的真实比热容

由于理想气体的比定容热容和比定压热容都仅是温度的单值函数,在实验测量比热容时,通常将其拟合成关于温度的多项式的形式。

$$c = a_0 + a_1 T + a_2 T^2 + a_3 T^3 + \cdots$$

式中,系数 a_0、a_1、a_2 等为与气体的种类有关的常数;T 为气体的温度,K。由上式计算得到的比热容称为真实比热容。

附录3给出了一些气体在理想气体状态时的比定压热容与温度的经验关系式(具体可参阅文献[2])。

$$c_p = c_0 + c_1 \theta + c_2 \theta^2 + c_3 \theta^3 \tag{2-58}$$

式中,$\theta = T/1\,000$,单位为 K;系数 $c_0 \sim c_3$ 由一定温度范围内比定压热容的实验数据拟合得到。比

定容热容可根据比定压热容的值,通过迈耶公式求取。

在定压过程或定容过程中,单位质量气体由温度 T_1 升高到 T_2 的吸热量可分别表示为

$$q_p = \int_{T_1}^{T_2} c_p \mathrm{d}T \tag{2-59}$$

$$q_V = \int_{T_1}^{T_2} c_V \mathrm{d}T \tag{2-60}$$

4. 理想气体的平均比热容表

为了方便工程计算,通常先计算给定温度范围内的平均比热容,然后将其编制成平均比热容表。任意温度区间 (t_1, t_2) 内的平均比热容定义为

$$c \Big|_{t_1}^{t_2} = \frac{q \Big|_{t_1}^{t_2}}{t_2 - t_1} = \frac{\int_{t_1}^{t_2} c \mathrm{d}t}{t_2 - t_1} \tag{2-61}$$

由式(2-61)可知,气体温度从 t_1 升高到 t_2 所吸收的热量,应该等于该温度区间的平均比热容乘以相应的温度变化量 $(t_2 - t_1)$。

平均比热容的定义式(2-61)中有温度 t_1 和 t_2 两个变量,制表会非常复杂。考虑到在相同热力过程中,工质温度从 t_1 变化到 t_2 所吸收的热量应该等于工质从 0 ℃ 升高到 t_2 所吸收的热量减去工质从 0 ℃ 升高到 t_1 所吸收的热量,即

$$q \Big|_{t_1}^{t_2} = q \Big|_{0\,℃}^{t_2} - q \Big|_{0\,℃}^{t_1} = c \Big|_{0\,℃}^{t_2} (t_2 - 0) - c \Big|_{0\,℃}^{t_1} (t_1 - 0) = c \Big|_{0\,℃}^{t_2} t_2 - c \Big|_{0\,℃}^{t_1} t_1 \tag{2-62}$$

因此,任意温度区间 (t_1, t_2) 内的平均比热容可表示为

$$c \Big|_{t_1}^{t_2} = \frac{q \Big|_{t_1}^{t_2}}{t_2 - t_1} = \frac{q \Big|_{0\,℃}^{t_2} - q \Big|_{0\,℃}^{t_1}}{t_2 - t_1} = \frac{c \Big|_{0\,℃}^{t_2} t_2 - c \Big|_{0\,℃}^{t_1} t_1}{t_2 - t_1} \tag{2-63}$$

据此,只需要获得从 0 ℃ 到任意终态温度 t 的平均比热容,并以 t 为变量编制成平均比热容表,通过查表即可简便计算任意温度区间 (t_1, t_2) 内的平均比热容。

附录4给出了理想气体的平均比定压热容,具体可参阅参考文献[3]。

5. 理想气体的平均比热容直线关系式

当精度要求不高时,工程上有时也将比热容近似为温度的直线关系式,即在真实比热容的多项式中仅取到温度的一次方项。

$$c = a + bt \tag{2-64}$$

按比热容的直线关系,任意温度区间 (t_1, t_2) 的平均比热容可表示为

$$c \Big|_{t_1}^{t_2} = \frac{q \Big|_{t_1}^{t_2}}{t_2 - t_1} = \frac{\int_{t_1}^{t_2} c \mathrm{d}t}{t_2 - t_1} = \frac{\int_{t_1}^{t_2} (a + bt) \mathrm{d}t}{t_2 - t_1} = a + \frac{b}{2}(t_2 + t_1) \tag{2-65}$$

式(2-65)即为平均比热容的直线关系式,利用平均比热容的直线关系式可以简便计算任意温度区间内的平均比热容。

附录5给出了理想气体的平均比热容直线关系式[3],其形式为

$$c \Big|_{t_1}^{t_2} = a + b't \tag{2-66}$$

式中:$b' = b/2$;$t = t_1 + t_2$,℃。

6. 理想气体的定值比热容

工程上,当气体温度在室温附近且温度变化范围不大时,或者计算精度要求不高时,可近似

将比热容视为定值,称为定值比热容。由分子动理论可知,1 mol 理想气体的内动能,即热力学能可表示为

$$U = E_k = \frac{i}{2}RT \tag{2-67}$$

式中:i 为分子运动的自由度;R 为通用气体常数;T 为气体的温度。由此可以得出理想气体的摩尔定容热容、摩尔定压热容和比热容比为

$$C_{V,m} = \frac{i}{2}R \tag{2-68}$$

$$C_{p,m} = \frac{i+2}{2}R \tag{2-69}$$

$$\gamma = \frac{i+2}{i} \tag{2-70}$$

对于单原子气体,其分子只有空间 3 个方向的平移运动,自由度 $i=3$;对于双原子气体,其分子不仅有平移运动,还有绕垂直与分子连线的两个轴的转动,自由度 $i=5$。对于多原子气体,其平动和转动的自由度数为 5(直线型分子)或 6(非直线型分子),但考虑到随原子数增多分子振动的影响增加,若不考虑振动,则误差较大。适当考虑振动,对实验数据进行修正后取 $i=7$,此时 i 不代表分子运动的自由度。由此,可得理想气体的定值比热容,如表 2-1 所示。

表 2-1　理想气体的定值比热容和比热比

	单原子气体($i=3$)	双原子气体($i=5$)	多原子气体($i=7$)
$C_{V,m}/[J/(mol\cdot K)]$	$3R/2$	$5R/2$	$7R/2$
$C_{p,m}/[J/(mol\cdot K)]$	$5R/2$	$7R/2$	$9R/2$
$c_V/[J/(kg\cdot K)]$	$3R_g/2$	$5R_g/2$	$7R_g/2$
$c_p/[J/(kg\cdot K)]$	$5R_g/2$	$7R_g/2$	$9R_g/2$
$\gamma = C_{p,m}/C_{V,m}$	1.67	1.4	1.29

[例题 2-4]　在某压缩空气储能系统中,压缩空气在再热器中定压吸热,温度从 150 ℃ 上升至 350 ℃。空气视为理想气体,请分别按真实比热容、平均比热容表、平均比热容直线关系式和定值比热容 4 种方法,计算 1 kg 空气在该升温过程中的吸热量。

解:由题意可知,空气在再热器中的吸热过程为一个定压过程,需要用到比定压热容来计算过程的热量。

(1) 按真实比热容计算。由附录 3 查得空气的比定压热容关系式为

$$c_p = 1.05 - 0.365 \times 10^{-3}T + 0.85 \times 10^{-6}T^2 - 0.39 \times 10^{-9}T^3$$

1 kg 空气的吸热量为

$$q_p = \int_{T_1}^{T_2} c_p dT = \int_{423\ K}^{623\ K} (1.05 - 0.365 \times 10^{-3}T + 0.85 \times 10^{-6}T^2 - 0.39 \times 10^{-9}T^3) dT = 207.32\ kJ/kg$$

(2) 按平均比热容表计算。由附录 4 查得,$t=100$ ℃,$c_p = 1.006\ kJ/(kg\cdot K)$;$t=200$ ℃,$c_p = 1.012\ kJ/(kg\cdot K)$;$t=300$ ℃,$c_p = 1.019\ kJ/(kg\cdot K)$;$t=400$ ℃,$c_p = 1.028\ kJ/(kg\cdot K)$。

平均比定压热容为

$$c_p\Big|_{0\,℃}^{150\,℃}=(1.012-1.006)\text{ kJ}/(\text{kg}\cdot\text{K})\times\frac{50\,℃}{100\,℃}+1.006\text{ kJ}/(\text{kg}\cdot\text{K})=1.009\text{ kJ}/(\text{kg}\cdot\text{K})$$

$$c_p\Big|_{0\,℃}^{350\,℃}=(1.028-1.019)\text{ kJ}/(\text{kg}\cdot\text{K})\times\frac{50\,℃}{100\,℃}+1.019\text{ kJ}/(\text{kg}\cdot\text{K})=1.023\,5\text{ kJ}/(\text{kg}\cdot\text{K})$$

1 kg 空气的吸热量为

$$q_p=c_p\Big|_{0\,℃}^{350\,℃}t_2-c_p\Big|_{0\,℃}^{150\,℃}t_1=1.023\,5\text{ kJ}/(\text{kg}\cdot\text{K})\times350\,℃-1.009\text{ kJ}/(\text{kg}\cdot\text{K})\times150\,℃=206.88\text{ kJ/kg}$$

（3）按平均比热容直线关系式。由附录 5 查得,空气的平均比定压热容直线关系式为

$$\{c_p\}_{\text{kJ}/(\text{kg}\cdot\text{K})}=0.995\,6+0.000\,093\,\{t\}_℃$$

将 $t_1+t_2=500\,℃$ 代入,可得平均比定压热容为

$$c_p\Big|_{150\,℃}^{350\,℃}=1.042\,1\text{ kJ}/(\text{kg}\cdot\text{K})$$

1 kg 空气的吸热量为

$$q_p=c_p\Big|_{150\,℃}^{350\,℃}(t_2-t_1)=1.042\,1\text{ kJ}/(\text{kg}\cdot\text{K})\times(350\,℃-150\,℃)=208.42\text{ kJ/kg}$$

（4）按定值比热容计算。空气可视作双原子分子,因此其比定压热容为

$$c_p=\frac{i+2}{2}R_g=\frac{7}{2}\times0.287\text{ J}/(\text{kg}\cdot\text{K})\approx1.004\text{ J}/(\text{kg}\cdot\text{K})$$

1 kg 空气的吸热量为

$$q_p=c_p(T_2-T_1)=1.004\text{ kJ}/(\text{kg}\cdot\text{K})\times(623-423)\text{ K}=200.8\text{ kJ/kg}$$

讨论:真实比热容关系式是根据大量实验数据拟合得到的比热容真实值,因此其计算结果最接近真实吸热量;利用平均比热容表和平均比热容直线关系式进行计算,计算结果与真实值之间会存在一定偏差,但当温度变化范围不大时,相对偏差非常小,本例中的偏差仅为 -0.21% 和 0.53%;采用定值比热容计算最简便,但相对偏差也较大,本例中的相对偏差为 3.14%。在工程应用中,当气体温度变化范围不大或计算精度要求不高时,可以采用定值比热容来简化计算。

2.5.3　理想气体的热力学能、焓和熵

根据理想气体比热容的定义式（2-51）和式（2-52）,可得

$$\mathrm{d}u=c_V\mathrm{d}T \tag{2-71}$$

$$\mathrm{d}h=c_p\mathrm{d}T \tag{2-72}$$

式（2-71）和式（2-72）即为理想气体在微元过程中比热力学能和比焓的变化量的计算公式。它们表明在理想气体的热力过程中,比热力学能和比焓的变化只取决于初、终态温度,与其他状态参数和过程性质无关。因此,当理想气体发生任意过程时,其比热力学能和比焓的变化量均可表示为

$$\Delta u=\int_{T_1}^{T_2}c_V\mathrm{d}T=c_V\Big|_{T_1}^{T_2}(T_2-T_1) \tag{2-73}$$

$$\Delta h=\int_{T_1}^{T_2}c_p\mathrm{d}T=c_p\Big|_{T_1}^{T_2}(T_2-T_1) \tag{2-74}$$

式中:$c_v\big|_{T_1}^{T_2}$为温度 T_1 和 T_2 之间的平均比定容热容;$c_p\big|_{T_1}^{T_2}$为温度 T_1 和 T_2 之间的平均比定压热容。当温度变化较小时,可取定值比热容。

理想气体熵变的计算公式可根据熵的定义式、热力学第一定律能量方程、理想气体状态方程和迈耶公式推导得到。将热力学第一定律的能量方程代入熵的定义式,可得

$$ds = \frac{\delta q_{re}}{T} = \frac{du + pdv}{T} = \frac{c_v dT + pdv}{T} \tag{2-75}$$

$$ds = \frac{\delta q_{re}}{T} = \frac{dh - vdp}{T} = \frac{c_p dT - vdp}{T} \tag{2-76}$$

再结合理想气体状态方程和迈耶公式,可得

$$ds = c_v \frac{dT}{T} + R_g \frac{dv}{v} \tag{2-77}$$

$$ds = c_p \frac{dT}{T} - R_g \frac{dp}{p} \tag{2-78}$$

$$ds = c_p \frac{dv}{v} + c_v \frac{dp}{p} \tag{2-79}$$

对以上式(2-77)~式(2-79)积分,可得任意热力过程中理想气体熵变的表达式(取定值比热容),即

$$\Delta s = c_v \ln \frac{T_2}{T_1} + R_g \ln \frac{v_2}{v_1} \tag{2-80}$$

$$\Delta s = c_p \ln \frac{T_2}{T_1} - R_g \ln \frac{p_2}{p_1} \tag{2-81}$$

$$\Delta s = c_p \ln \frac{v_2}{v_1} + c_v \ln \frac{p_2}{p_1} \tag{2-82}$$

2.5.4 理想气体混合物的热力性质

1. 分压力和分体积

前面关于理性气体热力性质的介绍,都是基于单一气体的。工程上,常遇到的气体往往不是单一气体,而是气体混合物。例如,空气是由氮气、氧气及少量的二氧化碳、水蒸气和惰性气体等组成的混合物;内燃机、燃气轮机装置中的燃气[①],它的主要组分是 N_2、CO_2、H_2O、O_2,有时还有少量的 CO、NO_x、SO_2 等。若各组成气体全部处在理想气体状态,则其混合物也处在理想气体状态,遵循理想气体状态方程 $pV = nRT$,且具有理想气体的一切特性,此时的混合物称为理想气体混合物。

理想气体分子可被看作是弹性的、不占空间体积的质点,且分子间无相互作用力,因此,理想气体混合物各组分的分子活动不因存在其他组分而受到影响,而与各组分单独在混合物的体积中活动一样。各组分的分子撞击容器壁面形成的压力称为各组分的分压力,它等于各组分在混

---

① 内燃机、燃气轮机装置中的燃气为其燃烧产物。

合物的温度 T 下单独占据混合物的体积 V 时所呈现的压力。如图 2-12 所示，p_1、p_2、p_3…分别为组分 1、组分 2、组分 3…的分压力。混合物的总压力是混合物的全部分子撞击容器壁形成的总效果，其值等于各组分的分压力之和，即

$$p = \sum_i p_i \tag{2-83}$$

式(2-83)在 1801 年被道尔顿(Dalton)的实验所证实，称为道尔顿分压力定律。从严格意义上说，道尔顿分压力定律只适用于理想气体，但对于实际气体，当压力不太高、温度不太低时，也近似适用。

各组分的状态方程为

$$p_i V = n_i RT \tag{2-84}$$

混合物的状态方程为

$$pV = nRT \tag{2-85}$$

上述两式相除，可得

$$\frac{p_i}{p} = \frac{n_i}{n} = x_i \tag{2-86}$$

式中，x_i 为摩尔分数。

$$p_i = x_i p \tag{2-87}$$

式(2-87)表明，理想气体混合物各组分的分压力等于其摩尔分数与总压力的乘积。分压力 p_i 是计算各组分其他热力参数(如熵)所依据的基本参数之一。

如图 2-13 所示，温度为 T、压力为 p 的混合物占有的体积 V，称为混合物的总体积。当各组分气体单独存在并具有混合物的温度 T 和压力 p 时所具有的体积，称为各组分的分体积，用 V_i 表示。例如，图 2-13 中的 V_1、V_2、V_3…V_i，分别为组分 1、组分 2、组分 3、…、组分 i 的分体积。

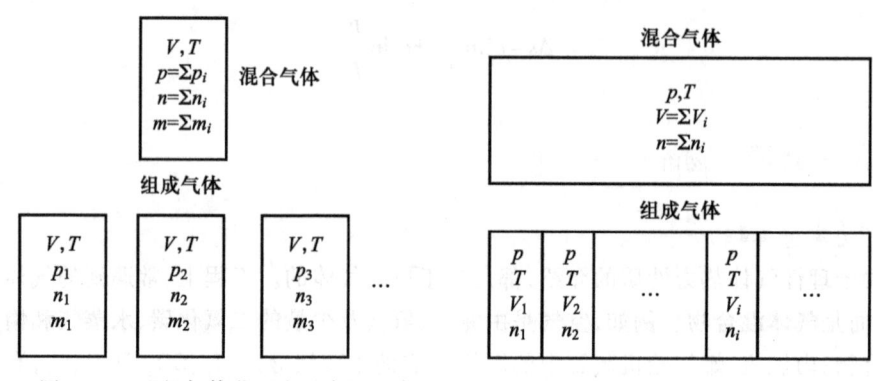

图 2-12　理想气体分压力示意图　　　图 2-13　理想气体分体积示意图

各组分的状态方程可表示为 $pV_i = n_i RT$，对各组分气体的状态方程两边相加求和，可得

$$p \sum_i V_i = RT \sum_i n_i \tag{2-88}$$

对比混合物的状态方程 $pV = nRT$，可得

$$V = \sum_i V_i \tag{2-89}$$

式(2-89)称为亚美格(Amagat)分体积定律，即理想气体混合物的总体积等于各组分气体的

分体积之和。显然,分体积定律也只适用于理想气体。

2. 理想气体混合物的成分

混合物的热力性质决定于各组分的热力性质和所占的比例。混合物中各组分的含量占总量的百分数,称为混合物的成分。依据计量单位不同,混合物的成分有 3 种表示法:质量分数、摩尔分数和体积分数。

混合物中第 i 组分的质量 m_i 与混合物总质量 m 之比,称为该组分的质量分数,以 w_i 表示,即

$$w_i = \frac{m_i}{m} \tag{2-90}$$

由质量守恒定律可知, $m = \sum_i m_i$ 。因此,理想气体混合物各组分的质量分数之和等于 1,即

$$\sum_i w_i = 1 \tag{2-91}$$

混合物中第 i 组分的物质的量 n_i 与混合物的总物质的量 n 之比,称为该组分的物质的量分数,也称摩尔分数,以 x_i 表示,即

$$x_i = \frac{n_i}{n} \tag{2-92}$$

各组分的物质的量之和就是混合物的总物质的量,即 $\sum n_i = n$ 。因此,理想气体混合物各组分的物质的量分数之和等于 1,即

$$\sum_i x_i = 1 \tag{2-93}$$

混合物中第 i 组分的分体积 V_i 与混合物总体积 V 之比,称为该组分的体积分数,以 φ_i 表示,即

$$\varphi_i = \frac{V_i}{V} \tag{2-94}$$

根据分体积的概念,各组分气体的分体积之和等于混合物总体积,即 $\sum_i V_i = V$ 。因此,理想气体混合物各组分的体积分数之和等于 1,即

$$\sum_i \varphi_i = 1 \tag{2-95}$$

体积分数在数值上与物质的量分数相等,因为对于理想气体混合物有

$$V = \frac{nRT}{p}$$

而对于各组分气体有

$$V_i = \frac{n_i RT}{p}$$

二式相比得到

$$\frac{V_i}{V} = \frac{n_i}{n}$$

即

$$\varphi_i = x_i \tag{2-96}$$

综上所述,混合气体成分的 3 种表示法,实际上只有质量分数和物质的量分数(或体积分

数)两种,它们之间的关系如下。

$$w_i = \frac{m_i}{\sum\limits_i m_i} = \frac{n_i M_i}{\sum\limits_i n_i M_i} = \frac{n_i M_i / n}{\sum\limits_i n_i M_i / n} = \frac{x_i M_i}{\sum\limits_i x_i M_i} \tag{2-97}$$

$$x_i = \frac{n_i}{\sum\limits_i n_i} = \frac{m_i / M_i}{\sum\limits_i m_i / M_i} = \frac{m_i / (m M_i)}{\sum\limits_i m_i / (m M_i)} = \frac{w_i / M_i}{\sum\limits_i w_i / M_i} \tag{2-98}$$

3. 理想气体混合物的平均摩尔质量和平均气体常数

理想气体混合物可以假想为某种单一气体,遵循理想气体状态方程,但应用状态方程时必须先确定混合物的气体常数。混合物由摩尔质量各不相同的多种气体组成,为了便于计算,取混合气体的总质量与混合气体的总物质的量之比为混合气体的平均摩尔质量或折合摩尔质量,以 M_{eq} 表示。

$$M_{eq} = \frac{\sum\limits_i m_i}{\sum\limits_i n_i} = \frac{m}{n} \tag{2-99}$$

式中:m_i 为各组分的质量;n_i 为各组分的物质的量;m 为混合物的总质量;n 为混合物的总物质的量。

当混合物的成分已知时,平均摩尔质量即可确定。若已知物质的量分数,则

$$M_{eq} = \frac{\sum\limits_i m_i}{n} = \frac{\sum\limits_i n_i M_i}{n} = \sum\limits_i x_i M_i \tag{2-100}$$

若已知质量分数,则

$$M_{eq} = \frac{m}{\sum\limits_i n_i} = \frac{m}{\sum\limits_i \dfrac{m_i}{M_i}} = \frac{1}{\sum\limits_i \dfrac{w_i}{M_i}} \tag{2-101}$$

求得 M_{eq} 后,可按下式求取混合气体的气体常数。

$$R_{g,eq} = \frac{R}{M_{eq}} \tag{2-102}$$

式中:R 为摩尔气体常数;$R_{g,eq}$ 为理想气体混合物的气体常数,常称为平均气体常数或折合气体常数。

[例题 2-5] 某固体火箭发动机排出的废气主要组分有 CO_2、CO、H_2O、N_2 和 HCl,废气中所有组分均视为理想气体。已知各组分气体的体积分数分别为 $\varphi_{CO_2} = 10.02\%$、$\varphi_{CO} = 0.91\%$、$\varphi_{H_2O} = 12.43\%$、$\varphi_{N_2} = 54.37\%$ 和 $\varphi_{HCl} = 22.27\%$。试求:(1) 各组分气体的质量分数 w_i;(2) 废气的平均摩尔质量 M_{eq} 和平均气体常数 $R_{g,eq}$。

解:(1) 质量分数。

由式(2-97)可知,$w_i = \dfrac{m_i}{\sum\limits_i m_i} = \dfrac{n_i M_i}{\sum\limits_i n_i M_i} = \dfrac{n_i M_i / n}{\sum\limits_i n_i M_i / n} = \dfrac{x_i M_i}{\sum\limits_i x_i M_i}$,其中 $x_i = \varphi_i$。代入数据,可得

$$w_{CO_2} = \frac{\varphi_{CO_2} M_{CO_2}}{\sum\limits_{i} x_i M_i} = \frac{10.02\% \times 44 \text{ g/mol}}{(10.02\% \times 44 + 0.91\% \times 28 + 12.34\% \times 18 + 54.37\% \times 28 + 22.27\% \times 36) \text{ g/mol}}$$

$$= \frac{4.409}{4.409 + 0.255 + 2.221 + 15.224 + 8.017} = 14.64\%$$

$$w_{CO} = \frac{\varphi_{CO} M_{CO}}{\sum\limits_{i} x_i M_i} = \frac{0.91\% \times 28 \text{ g/mol}}{(10.02\% \times 44 + 0.91\% \times 28 + 12.34\% \times 18 + 54.37\% \times 28 + 22.27\% \times 36) \text{ g/mol}}$$

$$= \frac{0.255}{4.409 + 0.255 + 2.221 + 15.224 + 8.017} = 0.85\%$$

$$w_{H_2O} = \frac{\varphi_{H_2O} M_{H_2O}}{\sum\limits_{i} x_i M_i} = \frac{12.34\% \times 18 \text{ g/mol}}{(10.02\% \times 44 + 0.91\% \times 28 + 12.34\% \times 18 + 54.37\% \times 28 + 22.27\% \times 36) \text{ g/mol}}$$

$$= \frac{2.221}{4.409 + 0.255 + 2.221 + 15.224 + 8.017} = 7.37\%$$

$$w_{N_2} = \frac{\varphi_{N_2} M_{N_2}}{\sum\limits_{i} x_i M_i} = \frac{54.37\% \times 28 \text{ g/mol}}{(10.02\% \times 44 + 0.91\% \times 28 + 12.34\% \times 18 + 54.37\% \times 28 + 22.27\% \times 36) \text{ g/mol}}$$

$$= \frac{15.224}{4.409 + 0.255 + 2.221 + 15.224 + 8.017} = 50.53\%$$

$$w_{HCl} = \frac{\varphi_{HCl} M_{HCl}}{\sum\limits_{i} x_i M_i} = \frac{22.27\% \times 36 \text{ g/mol}}{(10.02\% \times 44 + 0.91\% \times 28 + 12.34\% \times 18 + 54.37\% \times 28 + 22.27\% \times 36) \text{ g/mol}}$$

$$= \frac{8.017}{4.409 + 0.255 + 2.221 + 15.224 + 8.017} = 26.61\%$$

（2）平均摩尔质量和平均气体常数。

$$M_{eq} = \sum\limits_{i} x_i M_i = 10.02\% \times 44 \text{ g/mol} + 0.91\% \times 28 \text{ g/mol} + 12.34\% \times 18 \text{ g/mol} +$$

$$54.37\% \times 28 \text{ g/mol} + 22.27\% \times 36 \text{ g/mol}$$

$$= 30.126 \text{ g/mol}$$

$$R_{g,eq} = \frac{R}{M_{eq}} = \frac{8.314\ 5 \text{ J/(mol·K)}}{30.126 \text{ g/mol}} = 0.276 \text{ kJ/(kg·K)}$$

讨论：在理想气体混合物中，只要已知各组分的摩尔质量，就可以通过体积分数（或物质的量分数）来计算质量分数；反之，也可通过质量分数来计算体积分数。由于质量分数和体积分数（物质的量分数）之间的转换，需要用到各组分的摩尔质量，因此体积分数高的组分，其质量分数未必高。例如，例题[2-5]中的 H_2O，其体积分数为 12.43%，高于 CO_2 的体积分数 10.02%；但其质量分数为 7.34%，反而低于 CO_2 的质量分数 14.64%。

4. 理想气体混合物的比热容、热力学能、焓和熵

根据比热容的定义，混合气体的比热容应为使单位质量的混合气体的各组分气体温度升高 1 K（或 1 ℃）所需热量之和。假设 1 kg 理想气体混合物中有 w_i kg 的第 i 种组分，则理想气体混

合物的比热容为

$$c = \sum_i c_i w_i \tag{2-103}$$

同理,理想气体混合物的摩尔热容为

$$C_m = \sum_i C_{m,i} x_i \tag{2-104}$$

理想气体混合物的比定压热容和比定容热容之间同样遵循迈耶公式。

理想气体混合物符合理想气体假设,各组分气体分子的运动不受其他组分气体的影响。所以理想气体混合物的热力学能和焓分别等于各组分气体的热力学能和焓之和,即

$$U = \sum_i U_i = \sum_i m_i u_i \tag{2-105}$$

$$u = \frac{\sum_i m_i u_i}{m} = \sum_i w_i u_i \tag{2-106}$$

$$H = \sum_i H_i = \sum_i m_i h_i \tag{2-107}$$

$$h = \frac{\sum_i m_i h_i}{m} = \sum_i w_i h_i \tag{2-108}$$

理想气体混合物的各组分都是理想气体,所以当理想气体混合物的组分给定时,理想气体混合物的热力学能和焓也只是温度的函数。混合气体在进行热力过程时,若成分无变化,则其比热力学能和比焓的变化为

$$du = \sum_i w_i du_i = \sum_i w_i c_{V,i} dT \tag{2-109}$$

$$dh = \sum_i w_i dh_i = \sum_i w_i c_{p,i} dT \tag{2-110}$$

理想气体混合物的熵等于各组分气体熵的总和,即

$$S = \sum_i S_i = \sum_i m_i s_i \tag{2-111}$$

$$s = \frac{\sum_i m_i s_i}{m} = \sum_i w_i s_i \tag{2-112}$$

需要指出的是,熵不仅是温度的函数,还与压力有关,所以上式中各组分气体的熵 s_i 是温度 T 与各组分气体分压力 p_i 的函数,即

$$s_i = f(T, p_i)$$

在成分无变化的混合气体的微元热力过程中,第 i 组分熵的变化为

$$ds_i = c_{p,i} \frac{dT}{T} - R_{g,i} \frac{dp_i}{p_i} \tag{2-113}$$

若已知质量分数,则 1 kg 混合气体熵的变化为

$$ds = \sum_i w_i ds_i = \sum_i w_i c_{p,i} \frac{dT}{T} - \sum_i w_i R_{g,i} \frac{dp_i}{p_i} \qquad (2-114)$$

若已知物质的量分数,则 1 mol 混合气体熵的变化为

$$dS_m = \sum_i x_i C_{p,m,i} \frac{dT}{T} - \sum_i x_i R \frac{dp_i}{p_i} \qquad (2-115)$$

2.6 水和水蒸气的热力性质

能量转化装置中使用的工质,在很多情况下都不是理想气体,而是实际流体。例如,蒸汽动力装置中的工质(水和水蒸气)、制冷/热泵循环中的工质(制冷剂和制冷剂蒸气)等。实际流体不满足理想气体假设,因此前面介绍的理想气体状态方程式,以及理想气体热力学能、焓、熵的计算公式均不适用于实际流体状态参数的计算。虽然借助于实际流体状态方程及热力学能、焓、熵的热力学一般关系式可以精确计算实际流体的状态参数,但其计算过程较为复杂,很难在一般的工程实际中使用。在精确计算的基础上,编制的实际气体热力性质图表,成为解决实际流体性质计算的一种常用的方法。本节将重点介绍水和水蒸气的热力性质表及其应用,其他实际流体的热力性质可采用类似的图表获得。

2.6.1 饱和状态

能量转化装置中经常出现工质的气液相变,其中物质由液体转化为气体的过程称为汽化(vaporization);反之,物质由气体转化为液体的过程称为液化(liquefaction),又称凝结。汽化又分为蒸发(evaporation)和沸腾(boiling)两种。蒸发是指发生在气液自由界面的汽化过程;沸腾是指发生在液体内部以气泡形式进行的汽化过程。

如图 2-14 所示,在一个封闭的容器中,水处于气液两相共存的状态。从分子动理论的角度看,在气液自由界面处,存在分子脱离液体的汽化过程,同时伴有气体分子回到液体的液化过程。在一定的温度(或者压力)下,分子脱离液体的数量和分子回到液体的数量会达到相等,整个系统处于动态平衡。从宏观上看,此时系统处于热力学平衡状态。这种物质的气相和液相共存并处于热力学平衡的状态,称为饱和状态(saturation state)。处于饱和状态的液体

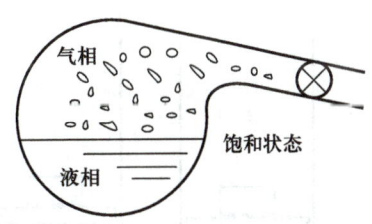

图 2-14 气、液两相平衡示意图

称为饱和液体(saturated liquid),处于饱和状态的气体称为饱和蒸汽(saturated steam),饱和液体与饱和蒸汽的混合物称为湿饱和蒸汽(wet saturated steam)。物质处于饱和状态时的状态参数称为饱和状态参数。当气液两相共存的温度(或者压力)发生变化,如温度升高,液体分子转化为气体分子的速度将大于气体分子转化为液体分子的速度,汽化过程占优势,气液自由界面下降。但随着气体分子的增多,体系的压力随之增大,使得气体分子回到液体的速度增大,最终分子脱离液体的数量和分子回到液体的数量会达到一个新的平衡,即系统处于一个新的平衡态。

饱和温度与饱和压力是一一对应的,饱和压力与饱和温度的关系可用相图(p-T 图)表示。在数学上是一个单调递增函数,可以表示为

$$p_s = f(T_s) \quad 或 \quad T_s = f(p_s) \tag{2-116}$$

式中,下标 s 表示饱和状态。

为了表示湿饱和蒸汽的状态,引入干度(quality)的概念。干度是指湿饱和蒸汽中饱和蒸汽所占有的质量百分比,可表示为

$$x = \frac{m_g}{m_g + m_l} \tag{2-117}$$

式中:x 为干度;m_g 为气液两相中饱和蒸汽的质量,kg;m_l 为气液两相中饱和液体的质量,kg。显然,当干度 $x = 0$ 时,全部是饱和液体;当干度 $x = 1$ 时,全部是饱和蒸汽。

2.6.2　水的定压加热汽化过程

如图 2-15 所示,一定的压力下在密封的活塞-气缸中缓慢加热水,使之发生定压汽化过程。一开始,水处于过冷液体状态,称为过冷水(或未饱和水),此时水的温度小于该压力对应的饱和温度,如图 2-15a 所示。当加热到一定程度时,水中出现第一个无限小的气泡,此时处于饱和液体状态,称为饱和水(饱和液体),如图 2-15b 所示。继续加热,水越来越少,水蒸气越来越多并聚集在上部,形成明显的气液分界面,此时处于气液共存状态,称为湿饱和蒸汽,如图 2-15c 所示。继续加热到一定程度,最后一个无限小液滴消失,此时处于饱和蒸汽状态,称为干饱和蒸汽,如图 2-15d 所示。在水由饱和液体变为饱和蒸汽的过程中,温度始终保持不变。继续加热,则蒸汽的温度升高,此时处于过热蒸汽状态,称为过热蒸汽。过热蒸汽的温度大于该压力对应的饱和温度,如图 2-15e 所示。通常把相同压力下,饱和液体与未饱和液体的温度差称为过冷度,即 $t_s - t$;把过热蒸汽与饱和蒸汽的温度差称为过热度,即 $t - t_s$。

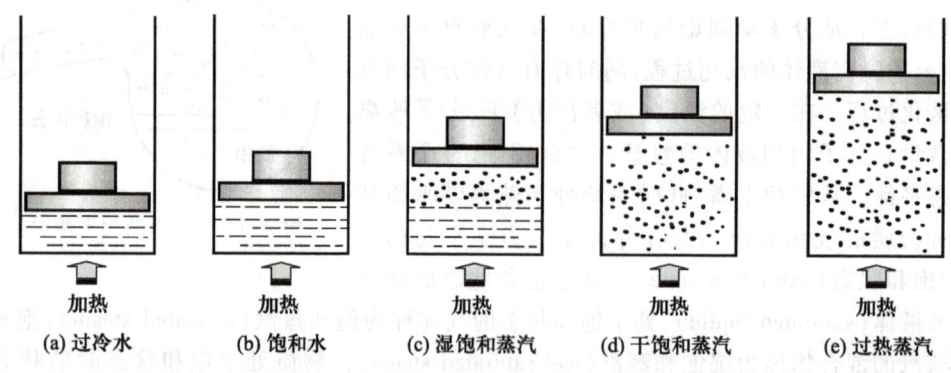

图 2-15　水在定压加热下的汽化过程状态变化

可见,水在定压汽化过程中,共经历了 5 种状态,即过冷水、饱和水、湿饱和蒸汽、干饱和蒸汽和过热蒸汽。为了更加清晰地表示水定压汽化过程状态的变化,把其描述在 p-v 图和 T-s 图上,如图 2-16 和图 2-17 所示。

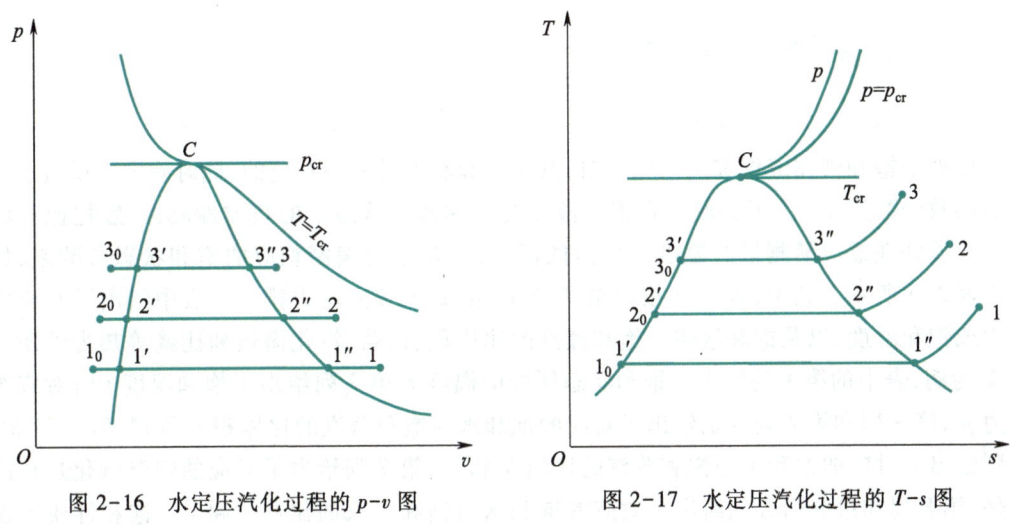

图 2-16　水定压汽化过程的 p-v 图　　　　　图 2-17　水定压汽化过程的 T-s 图

在图 2-16 中,定压加热汽化过程是一条水平线。在压力 p_1 下,过冷水从 1_0 点开始加热,相继变为饱和水 $1'$ 点、饱和蒸汽 $1''$ 点和过热蒸汽 1 点,形成 1_0-$1'$-$1''$-1 的定压线,一般用上标"$'$"表示饱和水,上标"$''$"表示饱和蒸汽。改变压力,可获得一系列定压加热汽化过程线,如 2_0-$2'$-$2''$-2、3_0-$3'$-$3''$-3 所示。把不同压力下表示饱和水状态与饱和蒸汽状态的状态点分别连接起来,可获得两条饱和线,分别位于图中的左侧和右侧,左侧的饱和线称为饱和液体线,右侧的饱和线称为饱和蒸汽线。两条饱和线的交点为临界点,用 C 表示,此时工质的压力即为临界压力。

水定压汽化过程的状态变化表示在 T-s 图上,如图 2-17 中的定压线 1_0-$1'$-$1''$-1、2_0-$2'$-$2''$-2 和 3_0-$3'$-$3''$-3 所示。液相区定压线 1_0-$1'$、2_0-$2'$ 和 3_0-$3'$ 几乎与饱和线重叠,图示已无法明显区分。在气液两相共存区,由于饱和温度与饱和压力一一对应,定压线与定温线重合,都是一水平线。把不同压力下表示饱和水状态与饱和蒸汽状态的状态点分别连接起来,形成饱和水线、饱和蒸汽线,图中左边的为饱和水线,右边的为饱和蒸汽线,两条饱和线的交点仍然是临界点。

临界点温度和压力是流体发生定温气液相变与定压气液相变的最大温度和最大压力值。水的临界温度、临界压力和临界比体积分别为 647.1 K、22.064 MPa 和 0.003 106 m^3/kg。当温度或压力超过临界温度或者临界压力时,流体在定温或定压下不可能发生气液相变。通常把温度和压力超过临界温度和临界压力的流体称为超临界流体(supercritical fluid)。

总结起来,水的特性在 p-v 图和 T-s 图上呈现一个点、两条线、3 个区域、5 种状态。一个点是指临界点,两条线是指饱和水线与饱和蒸汽线,它们交汇于临界点。两条饱和线把坐标图分为 3 个区域,即过冷水(液相区)、湿饱和蒸汽区(气液两相共存区)和过热蒸汽区(气相区)。3 个区域加两条饱和线,共呈现 5 种状态,即过冷水(未饱和水)、饱和水、湿饱和蒸汽、干饱和蒸汽和过热蒸汽。

2.6.3　水和水蒸气的热力性质表

1. 饱和水与饱和蒸汽热力性质表

　　工质处于饱和液体或饱和蒸汽状态时,其压力和温度是一一对应的,此时确定工质状态的独立状态参数个数为 1。为了获取水在饱和液体与饱和蒸汽状态下的热力性质,一般把饱和状态的热力性质处理成容易测量的温度或压力的函数,并基于此编制相应的饱和状态参数表,如表 2-2 和表 2-3 所示。其中,表 2-2 按照温度排序,表 2-3 按照压力排序。表中给出了对应的饱和压力或饱和温度,以及饱和液体与饱和蒸汽的比体积、比焓、汽化潜热和比熵等热力性质。以表 2-2 为例,表中的第 1 列给出了饱和状态所处的温度 t,第 2 列给出了饱和温度 t 所对应的饱和压力 p_s,第 3 列和第 4 列分别给出了对应的饱和水与饱和蒸汽的比体积 v' 和 v'',第 5 列和第 6 列分别给出了对应的饱和水与饱和蒸汽的比焓 h' 和 h'',第 7 列给出了对应的定温汽化过程的汽化潜热,第 8 列和第 9 列分别给出了对应的饱和水与饱和蒸汽的比熵 s' 和 s''。饱和性质表没有给出比热力学能,可根据 $u=h-pv$ 计算得到。

表 2-2　饱和水与饱和蒸汽热力性质(按照温度排序)

$t/$ ℃	$p_s/$ kPa	$v'/$ (m³/kg)	$v''/$ (m³/kg)	$h'/$ (kJ/kg)	$h''/$ (kJ/kg)	$r/$ (kJ/kg)	$s'/$ [kJ/(kg·K)]	$s''/$ [kJ/(kg·K)]
0.01	0.611 66	0.001 000 2	205.99	0.000 611 78	2 500.9	2 500.9	0.000 00	9.155 5
20	2.339 3	0.001 001 8	57.757	83.914	2 537.4	2 453.5	0.296 48	8.666 0
40	7.384 9	0.001 007 9	19.515	167.53	2 573.5	2 406.0	0.572 40	8.255 5
60	19.946	0.001 017 1	7.667 2	251.18	2 608.8	2 357.7	0.831 29	7.908 1
80	47.414	0.001 029 1	3.405 2	335.01	2 643.0	2 308.0	1.075 6	7.611 1
100	101.42	0.001 043 5	1.671 8	419.17	2 675.6	2 256.4	1.307 2	7.354 1
120	198.67	0.001 060 3	0.891 21	503.81	2 705.9	2 202.1	1.527 9	7.129 1
140	361.54	0.001 079 8	0.508 45	589.16	2 733.4	2 144.3	1.739 2	6.929 3
160	618.23	0.001 102 0	0.306 78	675.47	2 757.4	2 082.0	1.942 6	6.749 1
180	1 002.8	0.001 127 4	0.193 84	763.05	2 777.2	2 014.2	2.139 2	6.584 0
200	1 554.9	0.001 156 5	0.127 21	852.27	2 792.0	1 939.7	2.330 5	6.430 2
220	2 319.6	0.001 190 2	0.086 092	943.58	2 800.9	1 857.4	2.517 7	6.284 0
240	3 346.9	0.001 229 5	0.059 705	1 037.6	2 803.0	1 765.4	2.702 0	6.142 3
260	4 692.3	0.001 276 1	0.042 173	1 135.0	2 796.6	1 661.6	2.884 9	6.001 6
280	6 416.6	0.001 332 8	0.030 153	1 236.9	2 779.9	1 543.0	3.068 5	5.857 9
300	8 587.9	0.001 404 2	0.021 660	1 345.0	2 749.6	1 404.6	3.255 2	5.705 9
320	11 284	0.001 499 0	0.015 471	1 462.2	2 700.6	1 238.4	3.449 4	5.537 2
340	14 601	0.001 637 6	0.010 781	1 594.5	2 621.8	1 027.3	3.660 1	5.335 6
360	18 666	0.001 895 4	0.006 949 3	1 761.7	2 481.5	719.83	3.916 7	5.053 6
373.95	22 064	0.003 105 6	0.003 105 6	2 084.3	2 084.3	0	4.407 0	4.407 0

注:数据来自 NIST(National Institute of Standards and Technology)的 REFPROP 10.0 程序。

表 2-3　饱和水与饱和蒸汽热力性质（按照压力排序）

p/ kPa	t_s/ ℃	v'/ (m³/kg)	v''/ (m³/kg)	h'/ (kJ/kg)	h''/ (kJ/kg)	r/ (kJ/kg)	s'/ [kJ/(kg·K)]	s''/ [kJ/(kg·K)]
0.61166	0.01	0.001 000 2	205.99	0.000 611 78	2 500.9	2 500.9	0.000 00	9.155 5
10	45.806	0.001 010 3	14.670	191.81	2 583.9	2 392.1	0.649 20	8.148 8
20	60.058	0.001 017 2	7.648 0	251.42	2 608.9	2 357.5	0.832 02	7.907 2
30	69.095	0.001 022 2	5.228 4	289.27	2 624.5	2 335.3	0.944 07	7.767 5
40	75.857	0.001 026 4	3.993 0	317.62	2 636.1	2 318.4	1.026 1	7.669 0
50	81.317	0.001 029 9	3.240 0	340.54	2 645.2	2 304.7	1.091 2	7.593 0
60	85.926	0.001 033 1	2.731 7	359.91	2 652.9	2 292.9	1.145 4	7.531 1
70	89.932	0.001 035 9	2.364 8	376.75	2 659.4	2 282.7	1.192 1	7.479 0
80	93.486	0.001 038 5	2.087 1	391.71	2 665.2	2 273.5	1.233 0	7.433 9
90	96.687	0.001 040 9	1.869 4	405.20	2 670.3	2 265.1	1.269 6	7.394 3
100	99.606	0.001 043 2	1.693 9	417.50	2 674.9	2 257.4	1.302 8	7.358 8
200	120.21	0.001 060 5	0.885 68	504.70	2 706.2	2 201.5	1.530 2	7.126 9
400	143.61	0.001 083 6	0.462 38	604.65	2 738.1	2 133.4	1.776 5	6.895 5
600	158.83	0.001 100 6	0.315 58	670.38	2 756.1	2 085.8	1.930 8	6.759 2
800	170.41	0.001 114 8	0.240 34	720.86	2 768.3	2 047.4	2.045 7	6.661 6
1 000	179.88	0.001 127 2	0.194 36	762.52	2 777.1	2 014.6	2.138 1	6.585 0
2 000	212.38	0.001 176 7	0.099 585	908.50	2 798.3	1 889.8	2.446 8	6.339 0
4 000	250.35	0.001 252 6	0.049 776	1 087.5	2 800.8	1 713.3	2.796 8	6.069 6
6 000	275.58	0.001 319 3	0.032 448	1 213.9	2 784.6	1 570.7	3.027 8	5.890 1
8 000	295.01	0.001 384 7	0.023 526	1 317.3	2 758.7	1 441.4	3.208 1	5.745 0
10 000	311.00	0.001 452 6	0.018 030	1 408.1	2 725.5	1 317.4	3.360 6	5.616 0
12 000	324.68	0.001 526 3	0.014 264	1 491.5	2 685.4	1 194.0	3.496 7	5.493 9
14 000	336.67	0.001 609 7	0.011 485	1 571.0	2 637.9	1 066.9	3.623 2	5.372 7
16 000	347.35	0.001 709 4	0.009 308 8	1 649.7	2 580.8	931.10	3.745 7	5.246 3
18 000	356.99	0.001 839 8	0.007 501 7	1 732.1	2 509.8	777.74	3.871 8	5.106 1
20 000	365.75	0.002 040 0	0.005 865 2	1 827.2	2 412.3	585.13	4.015 6	4.931 4
22 064	373.95	0.003 105 6	0.003 105 6	2 084.3	2 084.3	0	4.407 0	4.407 0

注：数据来自 NIST 的 REFPROP 10.0 程序。

　　附录 6、7 节选了部分饱和水与饱和蒸汽热力性质[4]，其中附录 6 按照温度排序，附录 7 按照压力排序。借助饱和水与饱和蒸汽热力性质表，不仅可以直接查找饱和水与饱和蒸汽的状态参数，而且可以计算湿饱和蒸汽的状态参数。当用于确定饱和水和保证蒸汽的状态参数时，只需要知道饱和压力或饱和温度 1 个状态参数。当用于确定湿饱和蒸汽的状态参数时,除了需要知道饱和压力或饱和温度,还需要用到干度。湿饱和蒸汽的状态参数(比体积、比热力学能、比焓和比熵)可以表示为

$$v_x = (1-x)v' + xv'' \tag{2-118}$$

$$u_x = (1-x)u' + xu'' \tag{2-119}$$

$$h_x = (1-x)h' + xh'' \tag{2-120}$$

$$s_x = (1-x)s' + xs'' \tag{2-121}$$

式中:下标 x 代表湿饱和蒸汽的状态参数;上标"'"代表饱和水的状态参数;上标"''"代表饱和蒸汽的状态参数。根据上述公式,也可以从湿饱和蒸汽与饱和状态的状态参数来计算干度,即

$$x = \frac{v-v'}{v''-v'} \tag{2-122}$$

$$x = \frac{u-u'}{u''-u'} \tag{2-123}$$

$$x = \frac{h-h'}{h''-h'} \tag{2-124}$$

$$x = \frac{s-s'}{s''-s'} \tag{2-125}$$

[例题 2-6]　1 kg 饱和水在 100 kPa 下进行汽化,试求气液相变过程比体积和比焓的变化情况。

解:(1) 比体积的变化情况。由表 2-3 查得,饱和水与饱和蒸汽在 100 kPa 的比体积分别为

$$v' = 0.001\ 043\ 2\ \text{m}^3/\text{kg}, \quad v'' = 1.693\ 9\ \text{m}^3/\text{kg}$$

当饱和水发生气液相变时,比体积的变化为

$$\Delta v = v'' - v' = 1.693\ 9\ \text{m}^3/\text{kg} - 0.001\ 043\ 2\ \text{m}^3/\text{kg} = 1.693\ \text{m}^3/\text{kg}$$

$$\delta_v = \frac{v''}{v'} = \frac{1.693\ 9\ \text{m}^3/\text{kg}}{0.001\ 043\ 2\ \text{m}^3/\text{kg}} = 1\ 624$$

所以,水在 100 kPa 下发生气液相变时,比体积增加了 1.693 m³/kg,增加到 1 624 倍。

(2) 比焓的变化情况。由表 2-3 查得,饱和水与饱和蒸汽在 100 kPa 下的比焓分别为

$$h' = 417.50\ \text{kJ/kg}, h'' = 2\ 674.9\ \text{kJ/kg}$$

当饱和水发生气液相变时,比焓的变化为

$$\Delta h = r = h'' - h' = 2\ 674.9\ \text{kJ/kg} - 417.50\ \text{kJ/kg} = 2\ 257\ \text{kJ/kg}$$

$$\delta_h = \frac{h''}{h'} = \frac{2\ 674.9\ \text{kJ/kg}}{417.50\ \text{kJ/kg}} = 6.407$$

所以,水在 100 kPa 下发生气液相变时,比焓增加了 2 257 kJ/kg,增加到 6.407 倍。

讨论:工质在发生相变的过程中,其状态参数发生剧烈变化,例如例题 2-6 中的比体积,增加到 1 623 倍,比焓增加到约 6.4 倍。因此,在查表的过程中,如果需要线性插值时,必须确保在同一相区进行插值,否则会引起很大偏差。

[例题 2-7]　温度为 200 ℃、比焓为 2 580 kJ/kg 的水处于什么状态？试求该状态的比体积、比熵和比热力学能。

解：(1) 所处状态。由表 2-2 查得，饱和水与饱和蒸汽在 200 ℃ 时的比焓分别为

$$h' = 852.27 \text{ kJ/kg}, \quad h'' = 2\,792.0 \text{ kJ/kg}$$

因为 $h' < h = 2\,600$ kJ/kg $< h''$，所以此时的状态为湿饱和蒸汽。

(2) 状态参数。湿饱和蒸汽的干度为

$$x = \frac{h-h'}{h''-h'} = \frac{2\,580 \text{ kJ/kg} - 852.27 \text{ kJ/kg}}{2\,792.0 \text{ kJ/kg} - 852.27 \text{ kJ/kg}} = \frac{1\,727.73 \text{ kJ/kg}}{1\,939.73 \text{ kJ/kg}} = 0.890\,7$$

由表 2-2 查得，饱和水与饱和蒸汽在 200 ℃ 时的状态参数为

$$p_s = 1\,554.9 \text{ kPa}, v' = 0.001\,156\,5 \text{ m}^3/\text{kg}, v'' = 0.127\,21 \text{ m}^3/\text{kg},$$
$$s' = 2.330\,5 \text{ kJ/(kg·K)}, s'' = 6.430\,2 \text{ kJ/(kg·K)}$$

湿饱和蒸汽的比体积、比熵和比热力学能分别为

$$v_x = (1-x)v' + xv'' = (1-0.890\,7) \times 0.001\,156\,5 \text{ m}^3/\text{kg} + 0.890\,7 \times 0.127\,21 \text{ m}^3/\text{kg} = 0.113\,4 \text{ m}^3/\text{kg}$$

$$s_x = (1-x)s' + xs'' = (1-0.890\,7) \times 2.330\,5 \text{ kJ/(kg·K)} + 0.890\,7 \times 6.430\,2 \text{ kJ/(kg·K)}$$
$$= 5.982 \text{ kJ/(kg·K)}$$

$$u_x = h_x - p_s v_x = 2\,580 \text{ kJ/kg} - 1\,554.9 \times 10^3 \text{ Pa} \times 0.1134 \text{ m}^3/\text{kg} \times 10^{-3} = 2\,404 \text{ kJ/kg}$$

讨论：在同一压力或同一温度下，未饱和液体的比焓（比体积、比熵）<饱和液体的比焓（比体积、比熵）<湿饱和蒸汽的比焓（比体积、比熵）<干饱和蒸汽的比焓（比体积、比熵）<过热蒸汽的比焓（比体积、比熵）。因此，可以根据工质的状态参数（比体积、比焓或比熵），来判断工质所处的状态。

2. 未饱和水与过热蒸汽热力性质表

未饱和水与过热蒸汽属于单相区，此时确定工质状态的独立状态参数个数为 2。一般把单相区热力性质处理成容易测量的温度和压力的函数，并以此制作单相区的热力性质表，如表 2-4 所示。在表 2-4 中，第 1 行给出了压力 p，第 2 行给出了该压力下饱和水与饱和蒸汽的热力性质；第 1 列给出了温度 t，第 2～4 列分别给出了一定温度、压力下的比体积 v、比焓 h 和比熵 s，后面各列以此类推。比热力学能可根据 $u = h - pv$ 计算得到。表中的"粗黑线"是工质处于气相或液相的分割线。

表 2-4　未饱和水与过热蒸汽热力性质表

p	0.5 MPa			1 MPa			2 MPa		
饱和状态参数	$t_s = 151.83$ $v' = 0.001\,092\,5$　$v'' = 0.374\,81$ $h' = 640.09$　$h'' = 2\,748.1$ $s' = 1.860\,4$　$s'' = 6.820\,7$			$t_s = 179.88$ $v' = 0.001\,127\,2$　$v'' = 0.194\,36$ $h' = 762.52$　$h'' = 2\,777.1$ $s' = 2.138\,1$　$s'' = 6.585\,0$			$t_s = 212.38$ $v' = 0.001\,176\,7$　$v'' = 0.099\,585$ $h' = 908.50$　$h'' = 2\,798.3$ $s' = 2.446\,8$　$s'' = 6.339\,0$		
$t/$ ℃	$v/$ (m³/kg)	$h/$ (kJ/kg)	$s/$ [kJ/ (kg·K)]	$v/$ (m³/kg)	$h/$ (kJ/kg)	$s/$ [kJ/ (kg·K)]	$v/$ (m³/kg)	$h/$ (kJ/kg)	$s/$ [kJ/ (kg·K)]
60	0.001 016 9	251.58	0.831 04	0.001 016 7	252.00	0.830 77	0.001 016 2	252.84	0.830 24
80	0.001 028 8	335.37	1.075 3	0.001 028 6	335.77	1.075 0	0.001 028 1	336.57	1.074 3

续表

p	0.5 MPa			1 MPa			2 MPa		
饱和状态参数	$t_s = 151.83$ $v' = 0.001\ 092\ 5$　$v'' = 0.374\ 81$ $h' = 640.09$　　$h'' = 2\ 748.1$ $s' = 1.860\ 4$　　$s'' = 6.820\ 7$			$t_s = 179.88$ $v' = 0.001\ 127\ 2$　$v'' = 0.194\ 36$ $h' = 762.52$　　$h'' = 2\ 777.1$ $s' = 2.138\ 1$　　$s'' = 6.585\ 0$			$t_s = 212.38$ $v' = 0.001\ 176\ 7$　$v'' = 0.099\ 585$ $h' = 908.50$　　$h'' = 2\ 798.3$ $s' = 2.446\ 8$　　$s'' = 6.339\ 0$		
$t/$ ℃	$v/$ (m³/kg)	$h/$ (kJ/kg)	$s/[$kJ/ (kg·K)$]$	$v/$ (m³/kg)	$h/$ (kJ/kg)	$s/[$kJ/ (kg·K)$]$	$v/$ (m³/kg)	$h/$ (kJ/kg)	$s/[$kJ/ (kg·K)$]$
100	0.001 043 3	419.47	1.306 9	0.001 043 0	419.84	1.306 5	0.001 042 5	420.59	1.305 7
120	0.001 060 2	504.02	1.527 6	0.001 059 9	504.38	1.527 2	0.001 059 3	505.08	1.526 3
140	0.001 0797	589.25	1.739 1	0.001 079 4	589.58	1.738 6	0.001 078 7	590.22	1.737 5
160	0.383 66	2 767.4	6.865 6	0.001 101 7	675.70	1.942 1	0.001 101 0	676.28	1.940 9
180	0.404 66	2 812.4	6.967 3	0.194 44	2 777.4	6.585 7	0.001 126 6	763.56	2.137 9
200	0.425 03	2 855.8	7.061 0	0.206 02	2 828.3	6.695 5	0.001 156 1	852.45	2.329 8
220	0.445 00	2 898.3	7.148 9	0.216 98	2 875.5	6.793 4	0.102 18	2 821.6	6.386 7
240	0.464 67	2 940.2	7.232 2	0.227 56	2 920.9	6.883 6	0.108 50	2 877.2	6.497 3
260	0.484 14	2 981.8	7.311 7	0.237 88	2 965.1	6.968 1	0.114 41	2 928.5	6.595 2
280	0.503 44	3 023.2	7.388 0	0.248 01	3 008.6	7.048 2	0.120 05	2 977.1	6.684 9
300	0.522 61	3 064.6	7.461 4	0.257 99	3 051.6	7.124 6	0.125 51	3 024.2	6.768 4
320	0.541 69	3 105.9	7.532 3	0.267 86	3 094.4	7.197 9	0.130 82	3 070.1	6.847 2
340	0.560 68	3 147.3	7.601 0	0.277 64	3 136.9	7.268 5	0.136 03	3 115.3	6.922 1
360	0.579 61	3 188.9	7.667 7	0.287 35	3 179.4	7.336 7	0.141 15	3 159.9	6.993 7

注：数据来自 NIST 的 REFPROP 10.0 程序。

　　附录 8 节选了部分未饱和水与过热蒸汽热力性质[4]，借助于未饱和水与过热蒸汽热力性质表，可根据已知的温度和压力两个独立状态参数，查找确定其他的状态参数。

　　附录 9、10 给出了部分氨制冷工质的热力性质[5]，附录 11~13 还给出了部分氟利昂制冷工质的热力性质[6]，其用法与上面介绍的水和水蒸气的热力性质表类似，读者可自行查阅。

水及水蒸气的热力性质图

　　利用实际流体的热力性质表求取状态参数虽然直观、便捷，但是需要大量间隔较小的数据点组成的数据库，由于数据点不连续，需要用到内插值的方法，而内插取值也会带来一些计算偏差。另外，如果已知的状态参数不是压力和温度，如已知比焓和比熵，采用内插计算也十分烦琐。为了计算方便，工程中常采用实际流体的热力性质图来获取实际流体的状态参数，代表性的有水和水蒸气的热力性质图（h–s 图）、制冷剂的热力性质图（lg p–h 图）等。

思考题

2-1 闭口系也称为控制质量系,其内部工质的质量保持不变,那么系统内工质质量保持不变的热力系,一定是闭口系吗? 为什么?

2-2 压力是状态参数,那么表压力和真空度也是状态参数吗?

2-3 理想气体的宏观和微观解释是什么? 在工程实践中,哪些工质可以近似认为是理想气体?

2-4 对于简单可压缩系统,已知两个独立参数可确定工质的状态。但理想气体的热力学能和焓是温度的单值函数,与压力、比体积无关,前后是否矛盾,如何理解?

2-5 根据熵的定义式,对于可逆过程有 $ds = \dfrac{\delta q_{re}}{T}$。此外,热量还可以通过比热容来计算,即 $\delta q = cdT$。据此,有人得出 $ds = \dfrac{cdT}{T}$,并认为对于理想气体熵也是温度的单值函数。请判断该说法是否正确? 为什么?

2-6 水在刚性容器中处于湿饱和蒸汽状态,那么增大压力,是否一定会变为液体? 为什么?

2-7 工质热力性质计算时基准点的选择不同是否会影响热力性质的绝对值? 又是否会影响两个状态间的热力性质的变化值?

习题

2-1 某天然气储罐,为了监控其内部的压力,在储罐上装有 U 形管水银压力计。当压力计读数为 $H = 1.0$ m 时,求储罐中天然气的压力。已知大气压力为 101 kPa,水银的密度为 13 600 kg/m³,重力加速度 $g = 9.81$ m/s²。

2-2 已知某气体储罐内的气体压力为 200 kPa。如果当地大气压力为 101 kPa,那么安装在储罐上的压力计的读数是多少? 压力计读出的压力是表压力还是真空度?

2-3 一个垂直的无摩擦活塞-气缸装置(图 2-18),内部含有一定的气体。活塞质量为 3.2 kg,横截面面积为 35 cm²。活塞上方的压缩弹簧对活塞施加 150 N 的力。如果大气压力为 95 kPa,重力加速度 $g = 9.81$ m/s²,那么气缸内气体的压力为多少?

2-4 一个含有两种互不相容液体的 U 形管测压计(图 2-19)。已知大气压力为 100 kPa,一种液体的比重 $SG_1 = 13.55$(比重为液体相对于水的相对密度,水的密度取 1 000 kg/m³),待测空间空气压力为 69 kPa,求另一种液体

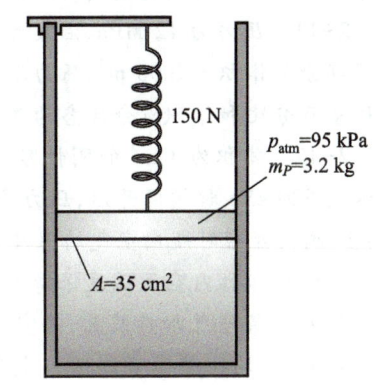

图 2-18 习题 2-3 附图

的比重 SG_2。已知重力加速度 $g=9.81\ \mathrm{m/s^2}$。

2-5　活塞-气缸结构中装有 2 kg 的气体工质，并经历一个从 $p_1=250\ \mathrm{kPa}$ 和 $V_1=0.5\ \mathrm{m^3}$ 开始，到 $p_2=100\ \mathrm{kPa}$ 结束的可逆膨胀过程。已知在此过程中，压力和比体积之间的关系为 $pv^{1.4}=$ 常数。试确定终态比体积及该过程中所做的膨胀功，并在示功图上表示该过程的功。

2-6　一个压缩空气储能装置，将空气从 $p_1=500\ \mathrm{kPa}$、$v_1=0.8\ \mathrm{m^3/kg}$ 可逆压缩到 $p_2=10\ \mathrm{MPa}$。假设在压缩过程中，压力和比体积之间的关系为 $pv=$ 常数。试确定压缩前与压缩后空气的比体积之比及该过程消耗的压缩功。

2-7　刚性容器内装有 1 kg 的气体工质，并经历一个从 $T_1=300\ \mathrm{K}$ 和 $s_1=1.5\ \mathrm{kJ/(kg\cdot K)}$ 开始到 $T_2=$

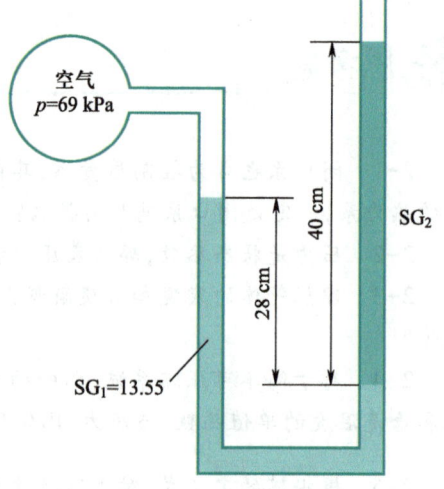

图 2-19　习题 2-4 附图

600 K 结束的可逆吸热过程。已知在此过程中，工质的温度和熵之间的关系为 $\mathrm{d}s=0.717\times\dfrac{\mathrm{d}T}{T}$。试确定终态熵及该过程中工质所吸收的热量，并在示热图上表示该过程的热量。

2-8　一个显热储热装置内有 5 kg 储热工质，其储热过程中工质的温度从 25 ℃ 升高到 90 ℃。已知储热工质比热容为 4.2 J/(g·K)，求该储热过程中共储存了多少热量？假设该储热过程为可逆过程，该过程中工质熵的变化量为多少？

2-9　太阳光热电站采用太阳能集热器代替传统火电站的锅炉，已知工质在太阳能集热器内的吸热功率为 10 MW，在冷凝器中的放热功率为 6.8 MW，求该电站的发电功率及热效率。如果太阳能集热器的热效率为 90%，其他条件不变，此时整个太阳能光热电站的发电功率和热效率又是多少？

2-10　压气机每分钟将 0.2 m³ 的环境空气压入储气罐。储气罐的初始温度为 17 ℃，开始充气时储气罐的压力表读数为 50 kPa，储气罐的体积为 9.5 m³，问需要多少时间，压气机可使储气罐中空气的绝对压力达到 700 kPa、温度达到 50 ℃。环境空气温度为 17 ℃，压力为 100 kPa。

2-11　压力为 12 MPa、温度为 50 ℃、体积为 1 m³ 的某理想气体流经吸附物时被部分吸附，余下部分的体积为 0.06 m³，压力不变，但温度升高到 80 ℃。试问吸附物吸收的气体占原有气体的质量百分比和体积百分比各为多少？

2-12　体积为 1 m³ 的刚性容器内存有 500 kPa、20 ℃ 的空气。容器上有一排气阀门，当压力达到 520 kPa 时阀门开启，压力降到 500 kPa 时关闭。若由外界加热的原因导致阀门开启，试求：① 阀门开启时瓶内空气的温度为多少？② 阀门开闭一次期间容器内空气流失多少？假设排气过程中容器内空气温度保持不变。

2-13　某空气加热装置，将空气从 150 ℃ 定压加热到 350 ℃。请分别按真实比热容、平均比热容表、平均比热容直线关系式和定值比热容 4 种方法，计算 1 kg 空气在该升温过程中的吸热量、热力学能变化量、焓的变化量及熵的变化量。

2-14　将 0.1 kmol 的 CO_2 由 120 ℃ 定容加热到 800 ℃，试分别用定值摩尔热容、平均摩尔热容表计算其热力学能、焓的变化及加热量。

2-15 将 1 kg 氮气由 $t_1 = 30\ ℃$ 定压加热到 $t_2 = 400\ ℃$,试分别用定值比热容、平均比热容表计算其热力学能和焓的变化。

2-16 1 kg CO_2 由 800 kPa、900 ℃ 膨胀到 120 kPa、600 ℃。CO_2 按理想气体处理,试利用定值比热容求其热力学能、焓和熵的变化量。

2-17 将 CO_2 充灌到体积为 3 m^3 的刚性储气罐内,初态时储气罐内气体表压力 $p_{e1} = 30$ kPa,终态时表压力 $p_{e2} = 300$ kPa,温度由 $t_1 = 5\ ℃$ 升高到 $t_2 = 70\ ℃$。试求被充灌进储气罐的 CO_2 的质量及过程中工质热力学能、焓和熵的变化量。CO_2 当理想气体处理,取定值比热容,当地大气压力为 $p_0 = 100$ kPa。

2-18 由 4 种气体组成的混合气体,各组元的物质的量分别为 $n_{O_2} = 0.02$ kmol、$n_{N_2} = 0.66$ kmol、$n_{CO_2} = 0.09$ kmol、$n_{H_2O} = 0.03$ kmol。求:(1) 混合气体的体积分数;(2) 在 400 kPa 和 127 ℃ 下混合气体的比体积。

2-19 某发动机以煤气和空气的混合气体为工质。混合时取煤气与空气的质量比为 1∶8。煤气的体积分数为 $\varphi_{O_2} = 7\%$、$\varphi_{H_2} = 48\%$、$\varphi_{CH_4} = 40\%$ 和 $\varphi_{N_2} = 5\%$,空气的质量成分为 $w_{N_2} = 0.768$ 和 $w_{O_2} = 0.232$。试求煤气和空气混合物的质量分数与折合气体常数,并求在压力为 120 kPa 和温度 100 ℃ 时 10 m^3 混合气体的质量。

2-20 混合气体的体积分数为 $\varphi_{O_2} = 0.14$、$\varphi_{N_2} = 0.25$ 和 $\varphi_{CO} = 0.61$。要使 N_2 的分压力为 120 kPa,问混合气体的压力应为多少? 此时 CO 的分压力是多少?

2-21 水在锅炉内从 2 MPa、60 ℃ 被定压加热到 320 ℃。求该过程中 1kg 水的热力学能、焓和熵的变化量。

2-22 利用水蒸气的热力性质表,确定水在下列各状态时的焓和熵值,并指明水所处的状态:

(1) $t = 60\ ℃$,$v = 0.001\ 017\ 1\ m^3/kg$;

(2) $t = 200\ ℃$,$x = 0.8$;

(3) $p = 0.5$ MPa,$t = 170\ ℃$;

(4) $p = 0.5$ MPa,$v = 0.545\ m^3/kg$。

2-23 已知水蒸气的压力为 $p = 0.5$ MPa、比体积为 0.35 m^3/kg,请确定水蒸气所处的状态及其焓和熵值。

2-24 封闭在刚性容器中的水蒸气,初态的压力为 1 MPa、温度为 200 ℃,加热后终态的温度变为 400 ℃。试求终态时水的热力学能、焓和熵。

2-25 封闭在刚性容器中的 NH_3,初态的温度为 -30 ℃、干度为 0.8,加热后终态的温度变为 50 ℃。试求终态时氨的热力学能、焓和熵。

2-26 容器内有 3 kg,压力为 300 kPa、温度为 100 ℃ 的氟利昂 134a 过热蒸气,现将其定压冷却成干度为 0.75 的湿蒸气,求该过程中氟利昂 134a 的热力学能、焓和熵的变化量。

📅 参考文献

[1] MORAN M J,SHAPIRO H N. Fundamentals of engineering thermodynamics[M]. 3rd ed. New York:John Wiley & Sons Inc.,1995.

［2］SONNTAG R E,BORGNAKKE C,WYLEN G J V. Fundamentals of thermodynamics［M］. 6th ed. New York：John Wiley & Sons Inc.,2003.

［3］沈维道,童钧耕. 工程热力学［M］. 5 版. 北京：高等教育出版社,2016.

［4］严家騄,余晓福,王永青,等. 水和水蒸气的热力性质图表［M］. 4 版. 北京：高等教育出版社,2021.

［5］BORGNAKKE C,SONNTAG R E. Thermodynamic and transport properties［M］. New York：John Wiley & Sons Inc.,1997.

［6］朱明善,韩礼钟,李立,等. 绿色环保制冷剂 HFC-134a 热物理性质［M］. 北京：科学出版社,1995.

第3章
热力学第一定律及基本热力过程

3.1　热力学第一定律的实质及一般关系式

3.1.1　系统的总能

物质除了具有热力学能,还因其有一定宏观运动速度而具有宏观动能(E_k),其处于宏观力场中而具有宏观势能(E_p)。

$$E_k = \frac{1}{2}mc_f^2 \qquad\qquad (3-1)$$

$$E_p = mgz \qquad\qquad (3-2)$$

宏观动能和宏观势能都是由物体的机械运动所具有的能量,因此都属于机械能。由于宏观动能和宏观势能都与外部参考系有关,通常把它们称为外部储存能。相对应地把热力学能称为内部储存能。外部储存能和内部储存能之和称为系统的总能,用E表示。

$$E = U + E_k + E_p \qquad\qquad (3-3)$$

$$e = u + e_k + e_p \qquad\qquad (3-4)$$

3.1.2　热力学第一定律的实质

能量守恒与转化定律是自然界普遍的基本定律之一,它指出:自然界中一切物质都具有能量,能量有各种不同的形式,它可以从一个物体或系统传递到另一物体或系统,也能够从一种形式转化为另一种形式;在能量传递与转化过程中,能量既不能被创造,也不能被消灭,其总量保持不变。将这一定律应用到涉及热现象的能量转化过程中,即为热力学第一定律,它确定了能量传递与转化的过程中,能量在数量上的守恒关系。

热力学第一定律可以表述为:热可以转化为功,功也可以转化为热;一定的热消失时,必然伴随产生相应量的功;消耗一定量的功时,必然出现与之对应量的热。或者说热是能量的一种,当热能转化为机械能或机械能转化为热能时,它们之间的比值是一定的。

根据热力学第一定律,为了得到机械能必须花费热能或其他形式的能量。因此,热力学第一定律也可以表述为:第一类永动机是不可能制造成功的。热力学第一定律是人类在实践中的经

热功当量 第一类永
实验 动机

验总结,它不能用数学或其他理论来证明,但焦耳的热功当量实验和瓦特蒸汽机的成功,以及后续章节学到的各种能量转化装置都证实了热力学第一定律的正确性。

3.1.3 热力学第一定律的一般关系式

热力学第一定律是热力学的基本定律,它适用于任意工质和任意热力过程。工程热力学中主要关注热能和机械能的相互转化过程,热能和机械能的转化过程,总是伴随着能量的传递和交换。这种交换不但包括功量和热量的交换,而且包括因工质流进、流出系统而引起的能量交换。当用热力学第一定律分析具体问题时,需要写出参与过程的能量的平衡方程式。根据能量守恒原则,对于任意系统(图3-1)可以得到热力学第一定律一般关系式,即

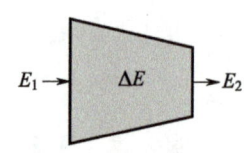

图 3-1 热力学第一定律
一般关系式示意图

$$\text{进入系统的能量}(E_1)-\text{离开系统的能量}(E_2)=\text{系统储存能量的增量}(\Delta E) \qquad (3-5)$$

3.2 闭口系统能量方程式

3.2.1 热力学第一定律的一般数学表达式

对于任意热力系统,从一般关系式出发可以写出热力学第一定律的一般数学表达式。考察图3-2所示的一个任意热力系统,在微元时间段内有质量为 δm_1 的工质流进系统,携带的能量为 $\delta m_1 e_1$;同时有质量为 δm_2 的工质流出系统,携带的能量为 $\delta m_2 e_2$;系统从外界吸热 δQ,对外做功 δW。在该微元时间段内,进入系统的能量为 $\delta m_1 e_1+\delta Q$,离开系统的能量为 $\delta m_2 e_2+\delta W$,系统储存能量的增量为 $\mathrm{d}E_{sy}$。根据热力学第一定律的一般关系式,可得

$$(e_1\delta m_1+\delta Q)-(e_2\delta m_2+\delta W)=\mathrm{d}E_{sy}$$

整理后,可得

$$\delta Q=\mathrm{d}E_{sy}+(e_2\delta m_2-e_1\delta m_1)+\delta W \qquad (3-6)$$

积分形式为

$$Q=\Delta E_{sy}+\int(e_2\delta m_2-e_1\delta m_1)+W \qquad (3-7)$$

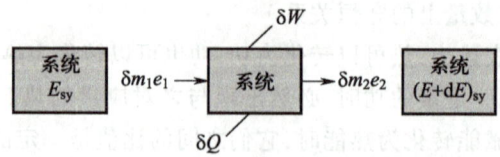

图 3-2 热力学第一定律一般数学表达式推理图

式（3-6）和式（3-7）即为热力学第一定律的一般数学表达式，它适用于任意系统、任意工质、任意热力过程。

3.2.2 闭口系统能量方程式

考察图 3-3 所示的气缸活塞结构，选气缸内的工质为热力系统，分析其在状态变化过程中，与外界的能量交换情况。由于系统与外界没有质量交换，因此是一个闭口系统。工质吸收热量 Q，对外做功 W，系统从状态 1 变化到状态 2。

由于闭口系统与外界不存在质量交换，因此式（3-7）可简化为

$$Q = \Delta E_{sy} + W \qquad (3-8)$$

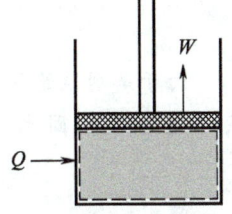

图 3-3 闭口系统能量方程分析示意图

考虑到此类系统通常在热力过程中宏观动能和宏观位能都不发生明显变化，因此可以忽略动能和位能的变化，则系统总储存能的增量（ΔE_{sy}）即为热力学能的增量（ΔU）。此时，式（3-8）可进一步简化为

$$Q = \Delta U + W \qquad (3-9)$$

式中：Q 为闭口系统与外界交换的热量，系统吸热为正、放热为负；W 为系统与外界交换的功量，系统对外做功为正、外界对系统做功为负；ΔU 为热力过程中系统热力学能的变化量，它等于系统在终态（状态 2）时的热力学能减去初态（状态 1）时的热力学能，即 $\Delta U = U_2 - U_1$。

式（3-9）即为热力学第一定律用于闭口系统时的能量方程式，简称闭口系统能量方程式，它是热力学第一定律的基本能量方程式。它表明，工质从外界吸收的热量，一部分用于增加工质的热力学能，储存于工质内部；另一部分转换成功向外界输出。也就是说，在闭口系统发生状态变化的过程中，能量中转变为机械能的部分为 $Q - \Delta U$。

对于微元过程，闭口系统能量方程式的微分形式为

$$\delta Q = \mathrm{d}U + \delta W \qquad (3-10)$$

对于单位质量（1 kg）工质，则有

$$q = \Delta u + w \qquad (3-11)$$

$$\delta q = \mathrm{d}u + \delta w \qquad (3-12)$$

式（3-9）~式（3-12）均是闭口系统能量方程式的不同形式，是直接从热力学第一定律的一般关系式推导获得的，在推导过程中对过程是否可逆、工质是理想气体还是实际气体，没有做任何限制。因此，它们适用于闭口系统的任意工质、任意热力过程。但是为了有确定的初、终态状态参数，要求工质在初态和终态时必须是平衡状态。

对于可逆过程，将可逆过程体积变化功和热量的计算表达式代入式（3-12），可得

$$\delta q_{re} = T\mathrm{d}s = \mathrm{d}u + p\mathrm{d}v \qquad (3-13)$$

对于热力循环，由于热力学能是状态参数，环积分为零，因此

$$\oint \delta q = \oint \delta w \qquad (3-14)$$

即闭口系统完成一个循环后，系统与外界交换的净热量（q_{net}）等于系统与外界交换的净功量（w_{net}）。

[例题 3-1] 一刚性绝热容器被隔板分成 A、B 两部分空间,A 部分充满理想气体,B 部分为真空,如图 3-4 所示。如抽去隔板,气体发生自由膨胀,达到新的热力平衡时,分析该过程中热力学能的变化量 ΔU。

解:选取研究对象。选取整个刚性绝热容器(A 和 B 空间一起)作为研究对象,显然是一个闭口系。列出闭口系能量方程

$$Q = \Delta U + W$$

由于是刚性绝热容器,系统与外界不存在热量和体积变化功的交换,因此

$$Q = 0, \quad W = 0$$

故 $\qquad \Delta U = 0$

即该过程中系统的热力学能不变。

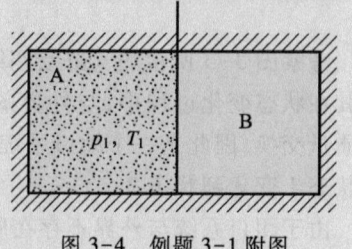

图 3-4 例题 3-1 附图

讨论:解决涉及热现象的能量传递和转化问题的第一步,也是关键的一步是正确、合理地选取研究对象(系统)。系统不同不但与外界交换的功、热不同,而且不合理地选取研究对象还可能导致问题难以求解。本例中如果选择 A 或 B 部分空间作为研究对象,将会造成问题的复杂化。当代入数据时,必须注意热量和功量的符号问题。气体的自由膨胀过程是典型的非平衡过程,但只要初、终态是平衡态,能量方程式仍然适用。

[例题 3-2] 如图 3-5 所示,一刚性绝热容器内储有水蒸气,通过电热器向蒸汽输入 80 kJ 的能量,问水蒸气的热力学能变化多少?

解:方法一,选取容器内的水蒸气和电加热器一起作为研究对象,该系统为闭口系统。列出闭口系统能量方程式为

$$Q = \Delta U + W$$

考虑到边界是刚性绝热容器,与外界不存在热量和体积变化功的交换,因此系统与外界之间仅有电功的交换,能量方程可简化为

$$\Delta U = -W$$

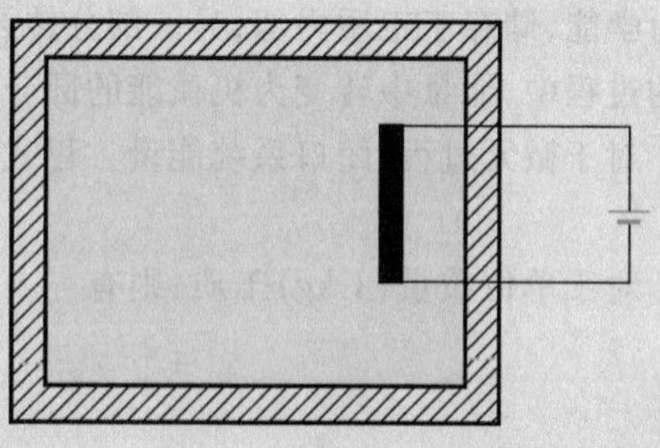

图 3-5 例题 3-2 附图

代入数据,并考虑到 $W = -80$ kJ,可得

$$\Delta U = 80 \text{ kJ}$$

方法二,选取容器内的水蒸气作为研究对象,系统仍然是闭口系统。列出能量方程式为

$$Q = \Delta U + W$$

由于容器是刚性绝热的,通过容器壁面与外界不存在热量和体积变化功的交换。但是,此时电加热器相当于外界,因此在电加热器与系统的界面存在热量交换。故

$$\Delta U = Q$$

由于热量是电加热器给系统的,是系统从外界吸热,因此为正值,即 $Q = 80$ kJ。

代入数据可得

$$\Delta U = 80 \text{ kJ}$$

讨论：本例再次证明了，解决涉及热现象的能量传递和转化问题时，首先必须正确合理地选取系统（研究对象）。系统不同不但与外界交换的功、热不同，能量方程的形式也会有所不同。本例题中电热器输入的 80 kJ 的能量，在方法一中是做功量，且是外界对系统做功，取负值；在方法二中是热量，系统从外界吸热，取正值。例题 3-1 的工质是理想气体，本例中的工质是水蒸气，都使用了共同的能量方程，说明了闭口系能量方程式适用于任何工质的特性。

3.3 稳定流动系统能量方程式及其分析与讨论

3.3.1 开口系统能量方程式

考察图 3-6 所示的开口系统，在微元时间段内，质量为 δm_1 的工质从入口流进系统（状态 1），同时质量为 δm_2 的工质从出口流出系统（状态 2）。该过程中系统从外界吸热 δQ，对外做功 δW_s。在该微元过程中，系统的储存的能量增加 $\mathrm{d}E_{CV}$。其中，W_s 为轴功，是指系统通过叶轮机械的轴与外界交换的功。

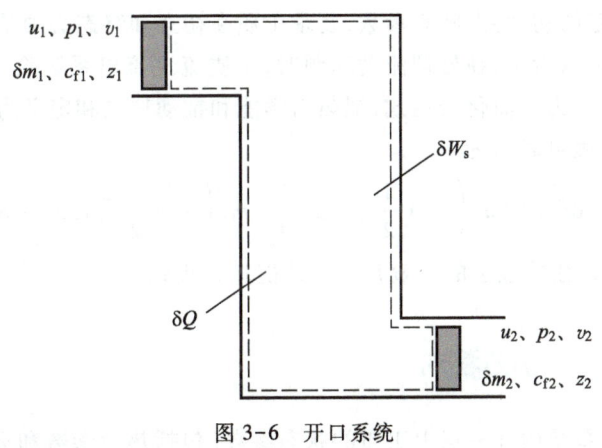

图 3-6 开口系统

分析该系统的能量平衡，可知：

（1）进入系统的能量 工质流进系统携带的总储存能（热力学能、宏观动能、宏观位能）、因流动携带的推动功和系统从外界吸收的热量，即

$$\delta m_1\left(u_1+\frac{1}{2}c_{f1}^2+gz_1\right)+\delta m_1 p_1 v_1+\delta Q$$

（2）离开系统的能量 工质流出系统携带的总储存能（热力学能、宏观动能、宏观位能）、因流动携带的推动功和系统对外做功，即

$$\delta m_2\left(u_2+\frac{1}{2}c_{f2}^2+gz_2\right)+\delta m_2 p_2 v_2+\delta W_s$$

系统储存能量的增量 $\mathrm{d}E_{CV}$ 可由热力学第一定律的一般关系式得到：

$$\delta m_1 \left(u_1 + \frac{1}{2}c_{f1}^2 + gz_1 \right) + p_1 dV_1 + \delta Q - \delta m_2 \left(u_2 + \frac{1}{2}c_{f2}^2 + gz_2 \right) - \delta m_2 p_2 v_2 - \delta W_s = dE_{CV}$$

整理可得

$$\delta Q = dE_{CV} + \delta m_2 \left(u_2 + p_2 v_2 + \frac{1}{2}c_{f2}^2 + gz_2 \right) - \delta m_1 \left(u_1 + p_1 v_1 + \frac{1}{2}c_{f1}^2 + gz_1 \right) + \delta W_s \quad (3-15)$$

当存在 i 股工质流进,j 股工质流出时,式(3-15)可写成

$$\delta Q = dE_{CV} + \sum_j \delta m_j \left(u + pv + \frac{1}{2}c_f^2 + gz \right)_j - \sum_i \delta m_i \left(u + pv + \frac{1}{2}c_f^2 + gz \right)_i + \delta W_s$$

$$(3-16)$$

在式(3-16)的两端均除以微元段的时间 $d\tau$,则可得单位时间内系统的能量变化关系,即能量变化率的表达式为

$$\Phi = \frac{dE_{CV}}{d\tau} + \sum_j q_{mj} \left(u + pv + \frac{1}{2}c_f^2 + gz \right)_j - \sum_i q_{mi} \left(u + pv + \frac{1}{2}c_f^2 + gz \right)_i + P_s \quad (3-17)$$

式中,Φ、q_m 和 P_s 分别为热流率、质量流率和轴功率。

式(3-15)~式(3-17)均为一般开口系统的能量方程式,适用于开口系统的任意工质、任意热力过程。为了有确定的初、终态状态参数,要求工质在初态和终态必须是平衡状态。从一般开口系统的能量方程式可以看出,在处理流动问题时,工质流进流出系统除了携带自身的储存能,还要携带推动功。因此,为了简化表达式,把热力学能和推动功之和定义为焓。引入状态参数焓以后,开口系统能量方程可表示为

$$\delta Q = dE_{CV} + \delta m_2 \left(h_2 + \frac{1}{2}c_{f2}^2 + gz_2 \right) - \delta m_1 \left(h_1 + \frac{1}{2}c_{f1}^2 + gz_1 \right) + \delta W_s \quad (3-18)$$

式(3-18)即为以状态参数焓表示的一般开口系统能量方程式。

3.3.2 稳定流动系统能量方程式

在开口系统中,当系统内任一点上工质的状态参数(包括热力参数和运动参数)均不随时间变化的流动,称为稳定流动;反之,则为不稳定流动或瞬变流动。热力装置在正常运行工况或设计工况下,其内部的流动通常都可以看作稳定流动。

一维稳定
流动

根据稳定流动的定义,可知实现稳定流动,必须满足如下条件:①系统进出口工质的状态不随时间变化;②系统与外界的物质相互作用不随时间变化,即流进系统和流出系统的工质质量流率相等且不随时间变化,即 $q_{m1} = q_{m2} = Ac_f/v = $ 常数;③系统与外界的能量相互作用不随时间变化,即 $\delta q/d\tau = $ 常数,$\delta w/d\tau = $ 常数,$dE_{sy} = 0$。

发生稳定流动过程的开口系统,称为稳定流动开口系统,简称稳定流动系统。将开口系统能量方程式(3-18)应用于稳定流动系统时,根据稳定流动的特点,能量方程式可简化为

$$\delta Q = \delta m \left(h_2 + \frac{1}{2}c_{f2}^2 + gz_2 \right) - \delta m \left(h_1 + \frac{1}{2}c_{f1}^2 + gz_1 \right) + \delta W_s$$

两边同除以 δm 可得

$$q = \left(h_2 + \frac{1}{2}c_{f2}^2 + gz_2 \right) - \left(h_1 + \frac{1}{2}c_{f1}^2 + gz_1 \right) + w_s$$

合并化简后可得

$$q = (h_2 - h_1) + \frac{1}{2}(c_{f2}^2 - c_{f1}^2) + g(z_2 - z_1) + w_s$$

即

$$q = \Delta h + \frac{1}{2}\Delta c_f^2 + g\Delta z + w_s \tag{3-19}$$

对于微元过程,其微分形式为

$$\delta q = dh + \frac{1}{2}dc_f^2 + gdz + \delta w_s \tag{3-20}$$

当有 m kg 的工质流进系统时,能量方程可表示为

$$Q = \Delta H + \frac{1}{2}m\Delta c_f^2 + mg\Delta z + W_s \tag{3-21}$$

或表示成微分形式,即

$$\delta Q = dH + \frac{1}{2}mdc_f^2 + mgdz + \delta W_s \tag{3-22}$$

式(3-19)~式(3-22)即为热力学第一定律的稳定流动系统能量方程式。它们适用于任意工质、任意稳定流动过程,式中的变化量是指出口截面参数相对于进口截面参数的变化量。只要是稳定流动系统,不论系统内部过程是否可逆、是否平衡,工质是理想气体还是实际气体,稳定流动系统能量方程式都适用。工程中的大多数流动都可以处理成稳定流动,因此稳定流动系统能量方程式具有重要的工程应用价值。

3.3.3 稳定流动系统能量方程式的分析与讨论

将焓的定义式 $h = u + pv$ 代入稳定流动系统能量方程式(3-19),可得

$$q - \Delta u = \Delta(pv) + \frac{1}{2}\Delta c_f^2 + g\Delta z + w_s \tag{3-23}$$

式中:等号左边即为工质的体积变化功 w;等号右边第一项是维持工质流动所需的流动功,第二项是工质进出口宏观动能的变化量,第三项是工质进出口宏观位能的变化量,第四项是装置对外输出的轴功。可见,在稳定流动系统中,由热能转变而来的机械功的总和等于工质所做膨胀功。在稳定流动系统中,工质所做体积变化功(膨胀功)是隐含的,其表现为一部分用于维持工质流动的流动功,一部分用于增加工质的宏观动能和宏观位能,其余部分用于对外输出轴功。

由式(3-23)的分析可知,在稳定流动系统中,工质所做膨胀功中有一部分是维持工质流动所必须消耗的(流动功),剩下部分(动能差、位能差和轴功)是技术上可以加以利用的。这些技术上可以利用的功,称为技术功,用 w_t 表示,即

$$w_t = w - w_f = \frac{1}{2}\Delta c_f^2 + g\Delta z + w_s \tag{3-24}$$

对于可逆过程,有

$$w_t = w - w_f = \int p dv - \int d(pv) = -\int v dp \tag{3-25}$$

对于微元可逆过程,有

$$\delta w_t = -v dp \tag{3-26}$$

可逆过程的技术功,在 p-v 示功图上,可用过程线和左边纵坐标围成的面积表示,如图 3-7 中阴影部分面积所示。

引入技术功后,稳定流动系统能量方程式可简化为

$$q = \Delta h + w_t \tag{3-27}$$

$$\delta q = dh + \delta w_t \tag{3-28}$$

$$Q = \Delta H + W_t \tag{3-29}$$

$$\delta Q = dH + \delta W_t \tag{3-30}$$

如果是稳定流动系统的可逆过程,能量方程式可进一步表示为

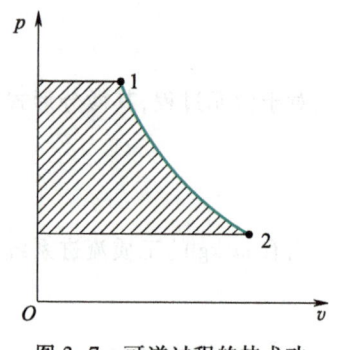

图 3-7 可逆过程的技术功

$$q_{re} = \int T ds = \Delta h - \int v dp \tag{3-31}$$

$$\delta q_{re} = T ds = dh - v dp \tag{3-32}$$

在使用稳定流动系统能量方程式时,需要注意方程式中的热量、功量,不仅有数值,还有符号。系统从外界吸热则热量为正,系统向外界放热则热量为负;系统对外做功则功量为正,外界对系统做功则功量为负。

应当指出的是,工质所做的功并不都是有用功。凡是可以用来提升重物、驱动机器的功统称为有用功;反之,则称为无用功。轴功全部都是有用功,而闭口系统工质的膨胀功则不全是有用功。例如,垂直气缸中工质膨胀举起重物时,工质做功的一部分用以排斥大气,剩下部分的功才是有用功。用 W_A 表示有用功,W_r 表示排斥大气耗功,则有 $W_A = W - W_r = \int_1^2 p dV - p_0(V_2 - V_1)$。

3.4 稳定流动系统能量方程式的应用

热力学第一定律的能量方程式可用于分析任何一种热力装置中的能量传递和转化。在应用能量方程式分析具体问题时,应当根据具体问题的特点对问题进行简化,抓住主要矛盾加以分析讨论。由于工程中热力装置内的流动大多可以处理成稳定流动,下面将介绍稳定流动系统能量方程式在不同热力装置中的应用情况。

3.4.1　喷管和扩压管

喷管和扩压管是工程中常用的热力装置,如图3-8所示。喷管工作目的是以工质压力降低为代价实现流速升高;而扩压管相反,其工作目的是以工质的流速降低为代价实现压力升高。喷管、扩压管这类装置的工作特点如下:①工质流经装置时,进出口的位能差很小,可以忽略不计;②工质在装置内不对外做功;③装置长度较小、流速较快,与外界的热量交换可以忽略不计。因此,稳定流动系统能量方程式用于喷管、扩压管时,可简化为

$$\Delta h+\frac{1}{2}\Delta c_\mathrm{f}^2=0 \tag{3-33}$$

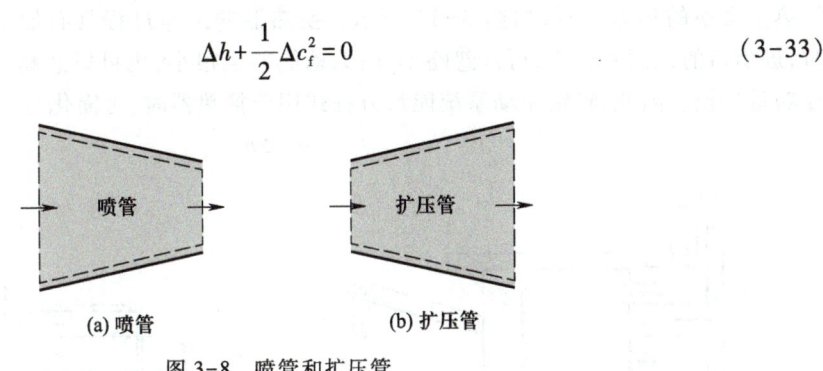

(a) 喷管　　　　　　　　　　　(b) 扩压管

图 3-8　喷管和扩压管

3.4.2　叶轮式装置

叶轮式装置是典型的稳定流动系统,常见的叶轮式装置包括叶轮式耗功装置(压气机或水泵)和叶轮式动力装置(燃气轮机或汽轮机)。某叶轮式装置结构如图3-9所示。叶轮式装置工作过程具有如下特点:①工质流经装置时,进出口的位能差很小,可以忽略不计;②动能差相对于焓差也很小,也可以忽略不计;③流道长度有限,流速又比较快,与外界的热量交换可以忽略不计。因此,稳定流动系统能量方程式用于叶轮式装置时,可简化为

$$\Delta h+w_\mathrm{s}=0 \tag{3-34}$$

由于动能差和位能差可以忽略不计,轴功即为技术功。对于叶轮式耗功装置,轴功为负值,意味着流经装置后,工质的焓增加;对于叶轮式做功装置,轴功为正值,意味着流经装置后,工质的焓降低。

图 3-9　某叶轮式装置结构

3.4.3　活塞式装置

活塞式装置是工程中常见的另一类动力装置,包括活塞式耗功装置(压缩机或压气机)和活塞式做功装置(膨胀机),其结构如图3-10所示。其工作过程也可以处理成稳定流动过程,且具

有如下特点：①工质流经装置时，进出口的位能差很小，可以忽略不计；②动能差也很小，也可以忽略不计；③工质流动过程中与外界有一定热量交换。因此，稳定流动系统能量方程式用于活塞式装置时，可简化为

$$q = \Delta h + w_s \tag{3-35}$$

3.4.4 换热器

换热器是工程中典型的稳定流动装置，如锅炉、冷凝器、蒸发器、回热器等，它是实现工质之间热量交换的热力装置，如图3-11所示。换热器的工作过程具有如下特点：①工质流经装置时，进出口的位能差很小，可以忽略不计；②动能差也很小，也可以忽略不计；③系统与外界不存在功量交换。因此，稳定流动系统能量方程式用于换热器时，可简化为

$$q = \Delta h \tag{3-36}$$

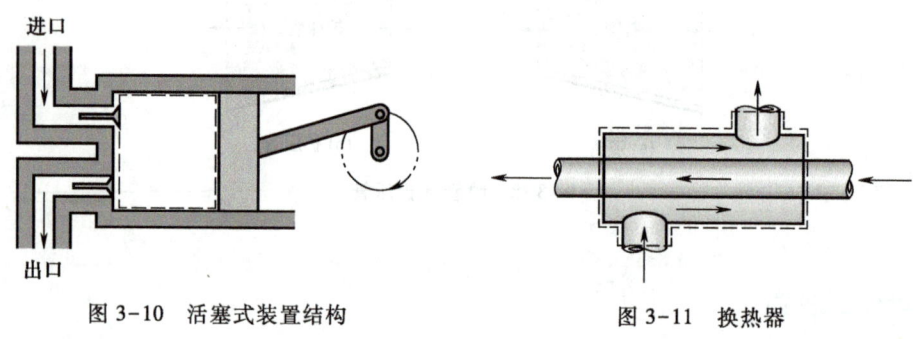

图 3-10 活塞式装置结构　　　　图 3-11 换热器

3.4.5 节流装置

阀门、流量孔板等也是工程中常用的设备，其典型特征是在工质流道内，存在流动截面面积突然缩小的截面，如图3-12所示。当工质流动时，由于流动截面面积突然缩小而产生的压力下降的现象，称为节流。在节流过程中，工质与外界交换的热量可以忽略不计，故节流可视为绝热节流。节流过程具有如下特征：①节流处，由于摩擦、涡流等，是一个典型的非平衡过程，但是在节流前后的截面（如图中的1、2截面）上，工质处于平衡状态；②节流前后工质的动能差、位能差可以忽略不计；③节流过程不对外做功；④节流过程中工质与外界的热量交换可以忽略不计。因此，稳定流动系统能量方程式用于节流装置时，可简化为

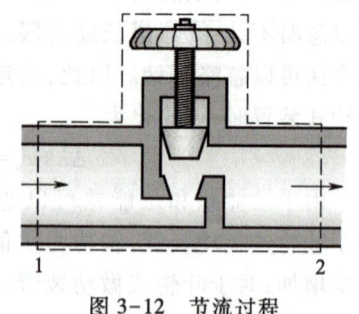

图 3-12 节流过程

$$\Delta h = 0 \tag{3-37}$$

[例题 3-3]　如图 3-13 所示,某汽轮机进口的新蒸汽参数为:$p_1 = 9.0$ MPa,$t_1 = 500$ ℃,$h_1 = 3\,386.8$ kJ/kg,$c_{f1} = 50$ m/s;出口参数为:$p_2 = 4$ kPa,$h_2 = 2\,226.9$ kJ/kg,$c_{f2} = 140$ m/s。若蒸汽进口高度比出口高度高 12 m,1 kg 蒸汽经汽轮机散热损失为 15 kJ。试求:(1) 单位质量蒸汽流经汽轮机对外输出的功;(2) 不计进出口动能差,对输出功的影响;(3) 不计进出口位能差,对输出功的影响;(4) 不计散热损失,对输出功的影响;(5) 若蒸汽流量为 220 t/h,汽轮机功率有多大?

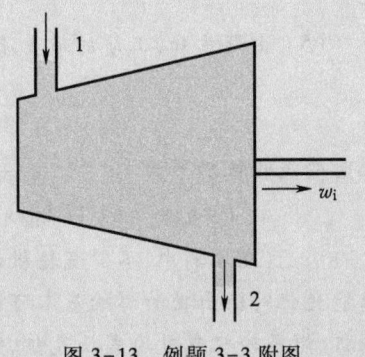

图 3-13　例题 3-3 附图

解:(1) 第一步,选取研究对象。选取汽轮机进出口及壁面所围成的空间为研究对象,则系统为稳定流动系统。

第二步,列出能量方程式。稳定流动系统的能量方程式为

$$q = \Delta h + \frac{1}{2}\Delta c_f^2 + g\Delta z + w_s$$

第三步,根据系统的特点,结合题意对能量方程式进行简化。在本例中,流速变化、高度差、换热都给定了,不能忽略,不用对能量方程进行简化,因此有

$$w_s = q - \Delta h - \frac{1}{2}\Delta c_f^2 - g\Delta z$$

第四步,代入数据(考虑功量、热量的符号),进行求解。代入数据后,可得

$$w_s = (-15 \text{ kJ/kg}) - (2\,226.9 - 3\,386.8)\text{kJ/kg} -$$

$$\frac{1}{2}\times[(140 \text{ m/s})^2 - (50 \text{ m/s})^2]\times 10^{-3} - 9.8 \text{ m/s}^2\times(-12 \text{ m})\times 10^{-3}$$

$$= 1.136\times 10^3 \text{ kJ/kg}$$

(2) 由题意可得,忽略动能变化引起的对外输出功的变化为

$$|\Delta w_{s1}| = \frac{1}{2}\Delta c_f^2 = \frac{1}{2}\times[(140 \text{ m/s})^2 - (50 \text{ m/s})^2]\times 10^{-3} = 8.55 \text{ kJ/kg}$$

则不计进出口动能变化引起的输出功的相对变化为

$$\delta_1 = \frac{|\Delta w_{s1}|}{w_s} = \frac{8.55 \text{ kJ/kg}}{1.136\times 10^3 \text{ kJ/kg}} = 0.75\%$$

(3) 由题意可得,忽略位能变化引起的对外输出功的变化为

$$|\Delta w_{s2}| = g|\Delta z| = 9.8 \text{ m/s}^2\times 12 \text{ m}\times 10^{-3} = 0.118 \text{ kJ/kg}$$

则不计进出口位能差引起的输出功的相对变化为

$$\delta_2 = \frac{|\Delta w_{s2}|}{w_s} = \frac{0.118 \text{ kJ/kg}}{1.136\times 10^3 \text{ kJ/kg}} = 0.01\%$$

(4) 由题意可得,忽略散热损失引起的对外输出功的变化为

$$|\Delta w_{s3}| = |q| = 15 \text{ kJ/kg}$$

则不计散热损失引起的输出功的相对变化为

$$\delta_3 = \frac{|\Delta w_{s3}|}{w_s} = \frac{15 \text{ kJ/kg}}{1.136 \times 10^3 \text{ kJ/kg}} = 1.32\%$$

（5）由题意知,工质的质量流量为 220 t/h,即

$$q_m = \frac{220 \text{t/h} \times 10^3 \text{kg/t}}{3\,600 \text{ s/h}} = 61.11 \text{ kg/s}$$

此时的汽轮机功率为

$$P = q_m w_s = 61.11 \text{ kg/s} \times 1.136 \times 10^3 \text{ kJ/kg} = 6.94 \times 10^4 \text{ kJ/s} = 6.94 \times 10^4 \text{ kW}$$

讨论:在本例中,尽管汽轮机进出口工质的速度、进出口高度变化较大,但计算表明动能和位能变化对输出功的影响基本可以忽略不计,散热的影响也很小。因此,对于叶轮式装置(汽轮机、燃气轮机或叶轮式压气机、水泵等),可以将动能变化、位能变化及散热都忽略,能量方程简化为 $w_s = -\Delta h = h_1 - h_2$。

[例题 3-4] 空气在一活塞式压气机中被压缩,如图 3-14 所示。空气进口参数为:$p_1 = 0.1$ MPa,$v_1 = 0.86$ m³/kg;空气的出口参数为:$p_2 = 0.8$ MPa,$v_2 = 0.18$ m³/kg。假定在压缩过程中 1 kg 空气的热力学能增加 150 kJ,同时向外放出热量 50 kJ。试求:(1) 压缩过程中对 1 kg 空气所做的功;(2) 每生产 1 kg 压缩空气所需的功;(3) 若该压气机每分钟生产 15 kg 压缩空气,带动此压气机要用多大功率的电动机?

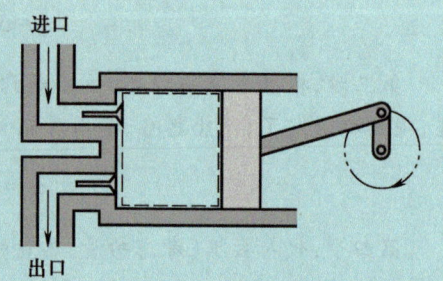

图 3-14 例题 3-4 附图

解:活塞式压气机的工作过程包括进气、压缩和排气 3 个工作过程。

（1）在压缩过程中,进、排气阀均关闭,取如图 3-14 所示虚线所围的空间为热力系,显然是闭口系统,系统与外界交换的功为体积变化功(压缩功)。则能量方程式为

$$q = \Delta u + w$$

系统和外界存在热量、功量交换,能量方程式不能简化。直接代入数据,并考虑热量和功量的符号,可得

$$w = q - \Delta u = -50 \text{ kJ/kg} - 150 \text{ kJ/kg} = -200 \text{ kJ/kg}$$

（2）若生产 1 kg 压缩空气,则应当考虑进气、压缩和排气完整工作过程。仍然选气缸内的工质作为研究对象,此时系统是一个开口系统。严格地讲,该系统不是稳定流动系统,因为各点参数在作周期性变化。但考察不同周期的同一时刻,各点参数却是相同的,每个周期进气、排气参数和质量均不变,与外界交换的能量也相同,满足实现稳定流动系统的 3 个条件。因此,可将压气机的生产过程抽象为气体连续不断流入气缸,受压缩后,连续排出气缸的稳定流动过程,即所选系统可视为稳定流动系统。

列出稳定流动系统能量方程式为

$$q = \Delta h + \frac{1}{2}\Delta c_i^2 + g\Delta z + w_s$$

由题意可知,系统的动能、位能变化可以忽略不计,因此能量方程可简化为

$$q = \Delta h + w_s$$

即

$$w_t = w_s = q - \Delta h = q - \Delta u - \Delta(pv)$$

代入数据可得

$$\begin{aligned}
w_s &= q - \Delta u - \Delta(pv) \\
&= -50 \text{ kJ/kg} - 150 \text{ kJ/kg} - (0.8 \times 10^3 \text{ kPa} \times 0.18 \text{ m}^3/\text{kg} - 0.1 \times 10^3 \text{ kPa} \times 0.86 \text{ m}^3/\text{kg}) \\
&= -258 \text{ kJ/kg}
\end{aligned}$$

(3) 由题意可知,空气的质量流量为 15 kg/min,即

$$q_m = \frac{15 \text{ kg/min}}{60 \text{ s/min}} = 0.25 \text{ kg/s}$$

所以带动此压气机要用的电动机的功率为

$$P = q_m |w_t| = 0.25 \text{ kg/s} \times 258 \text{ kJ/kg} = 64.5 \text{ kW}$$

讨论:区分所求功的类型(体积变化功、技术功还是轴功)是本章的一个难点。闭口系统的功,一般是指体积变化功;开口系统中的功,一般是指技术功。如果忽略动能差和位能差,技术功即为轴功。

[例题 3-5] 工程和生活中常遇到充气问题,如图 3-15 所示。若容器 A 为刚性绝热容器,体积为 1 m³。初态时容器内为真空,打开阀门充气,使容器内压力升高到 $p_2 = 4$ MPa 时截止。若工质为空气,其热力学能与温度的关系式为 $\{u\}_{\text{kJ/kg}} = 0.72\{T\}_{\text{K}}$,求容器 A 内达到平衡后的温度 T_2 及充入气体质量 m。

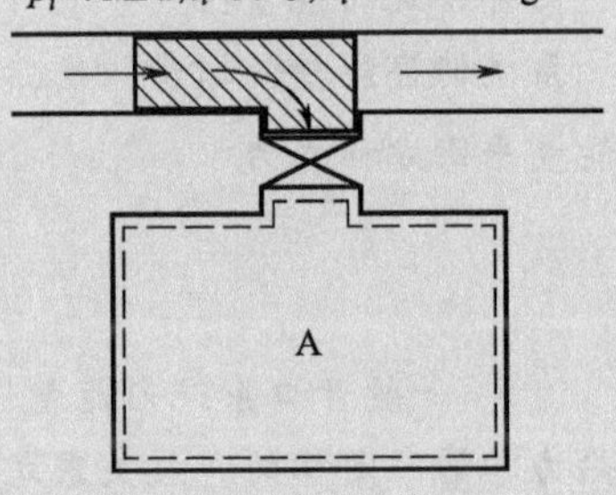

解:选取研究对象。选取容器 A 内部空间为研究对象,则系统是一般开口系统。

$p_i = 4$ MPa, $t_i = 30°C$, $h_i = 305.3$ kJ/kg

图 3-15 例题 3-5 附图

方法一:列出一般开口系统的能量方程式。

$$\delta Q = dE_{\text{CV}} + \delta m_2 \left(h_2 + \frac{1}{2}c_{f2}^2 + gz_2 \right) - \delta m_1 \left(h_1 + \frac{1}{2}c_{f1}^2 + gz_1 \right) + \delta W_s$$

对能量方程进行简化。容器为刚性绝热容器,且只有工质流进,没有流出,即

$$\delta Q = 0, \quad \delta W_i = 0, \quad \delta m_2 = 0$$

此外,宏观动能和宏观位能变化可忽略不计,因此能量方程式可简化为

$$dE_{\text{CV}} = h_i \delta m_i$$

充气过程中容器内工质的宏观动能、宏观位能均可忽略不计,因此,系统的总储存能即为系统的热力学能,上式可写为

$$dU_{\text{CV}} = h_i \delta m_i$$

对上式进行积分,并考虑到输气管道中工质的状态不变,即 h_i 为常数,可得

$$U_2 - U_1 = m_2 u_2 - m_1 u_1 = m_i h_i$$

充气前容器内为真空,即 $m_1 = 0$;充气后的容器内工质的质量等于充入气体的质量,即 $m_2 = m_i$。因此,上式可写为

$$m_1 u_2 = m_i h_i$$

即

$$u_2 = h_i$$

将 $h_i = 305.3 \text{ kJ/kg}$,代入可得

$$u_2 = 305.3 \text{ kJ/kg}$$

则容器 A 内达到平衡后温度 T_2 为

$$T_2 = \frac{u_2}{0.72 \text{ kJ/(kg·K)}} = \frac{305.3 \text{ kJ/kg}}{0.72 \text{ kJ/(kg·K)}} = 424.03 \text{ K}$$

由理想气体状态方程可得充入空气的质量为

$$m = \frac{pV}{R_g T} = \frac{4 \times 10^6 \text{ Pa} \times 1 \text{ m}^3}{287 \text{ J/(kg·K)} \times 424.03 \text{ K}} = 32.87 \text{ kg}$$

方法二:对于一般开口系统的能量传递和转化过程分析,也可以从热力学第一定律的一般关系式出发进行求解,通过分析进入系统的能量、离开系统的能量及系统储存能量的增量,来构建能量平衡方程式。对于本例有

进入系统的能量:$h_i \delta m_i$

离开系统的能量:0

系统储存能量的增量:$dE_{CV} = \Delta U = U_2 - U_1 = u_2 \delta m_i$

则能量平衡方程式为

$$h_i \delta m_i - 0 = u_2 \delta m_i$$

即

$$u_2 = h_i$$

讨论:一般开口系统内能量传递和转化情况,可以采用一般开口系统能量方程,也可以采用热力学第一定律的一般关系式进行求解,在某些条件下,后者会更方便。工质流进或流出系统时,工质携带的能量用焓表示;当工质静止以后,其储存的能量用热力学能表示。在本例中,充气管道内工质的温度为 30 ℃,而充气结束后容器内工质的温度高达 424.03 K(150.88 ℃),这是由于工质流进系统时所携带的推动功转换成热力学能。

通过例题 3-1~例题 3-5 可以总结出,应用能量方程式分析具体问题时的步骤如下。

(1)确定研究对象,即热力系统。

(2)根据选择的研究对象的特点列出相应的能量方程式。

(3)针对具体问题,分析系统与外界的相互作用,作出合适假设,简化能量方程式。

(4)代入数据,求解未知量。

(5)对分析过程和结果进行讨论,得出一些有益的启示和结论。

3.5　理想气体基本热力过程

在工程实际中,实施热力过程的主要目的有两个:一是达到预期的状态变化;二是实现预期

的能量转化。例如,压气机中的压缩过程,是为了把工质的压力从压力较低的状态提高到所需的压力较高的状态,获得高压气体;燃气轮机中的膨胀过程,是为了把燃气的热能转化为功。因此,热力过程分析的主要任务有两个:一是确定过程中状态参数的变化规律;二是计算过程中能量转化与传递情况。能量转化是通过工质的状态变化得以实现的,由于实际热力过程往往是复杂和不可逆的,工质的各个状态参数都在发生变化,不易于掌握规律。为了便于分析各种热力过程,寻找固有规律,本节将介绍工质的基本热力过程。在工程热力学中,把某个状态参数保持不变的可逆过程,称为基本热力过程。常见的基本热力过程包括定容过程、定压过程、定温过程和可逆绝热(定熵)过程。

分析理想气体热力过程的一般方法和步骤如下。

(1)列出过程方程式,建立初、终状态参数间的关系式。过程方程式是以基本状态参数 p、v、T 来表征过程特点的方程式。通过过程方程式和理想气体状态方程式联合求解,可建立初、终状态的基本状态参数之间的函数关系式,用以确定未知状态参数。

(2)在 $p-v$ 图和 $T-s$ 图上绘出过程曲线。根据过程曲线可定性地了解过程中参数的变化情况和功量、热量的正负,有助于过程的分析和计算。

(3)计算热力过程的热力学能、焓和熵的变化量,即 Δu、Δh 和 Δs。通过理想气体热力学能、焓和熵的计算公式,并结合过程热点,计算热力过程中热力能、焓和熵的变化量。

(4)求取过程的热量、膨胀功和技术功。闭口系统与外界交换的功通常为体积变化功 w,开口系统与外界交换的功通常为技术功 w_t。

3.5.1 定容过程

定容过程是指比体积保持不变的可逆过程,如内燃机气缸中工质的燃烧过程。

1. 过程方程式及状态参数关系式

定容过程的过程方程式为

$$v=定值 \quad 或 \quad dv=0 \tag{3-38}$$

初、终状态参数间的关系可根据过程方程和状态方程得出

$$\frac{p_2}{p_1}=\frac{T_2}{T_1} \tag{3-39}$$

定容过程中理想气体的压力和温度成正比。

2. $p-v$ 图和 $T-s$ 图

将定容过程表示在 $p-v$ 图和 $T-s$ 图上,如图 3-16 所示。$p-v$ 图上的定容过程线是一条与 v 坐标轴垂直的直线,其中过程 1-2 为定容升压过程,过程 1-2' 为定容降压过程。对于定容过程,由于 $v_2=v_1$,因此体积变化功为零。

在 $T-s$ 图上定容过程线是一条斜率为正的曲线,其斜率为 T/c_V,可推导如下。

将热力学第一定律闭口系统能量方程式用于理想气体的可逆过程时,有

$$Tds=c_V dT+pdv$$

对于定容过程,$dv=0$,故

$$\left(\frac{\partial T}{\partial s}\right)_v=\frac{T}{c_V} \tag{3-40}$$

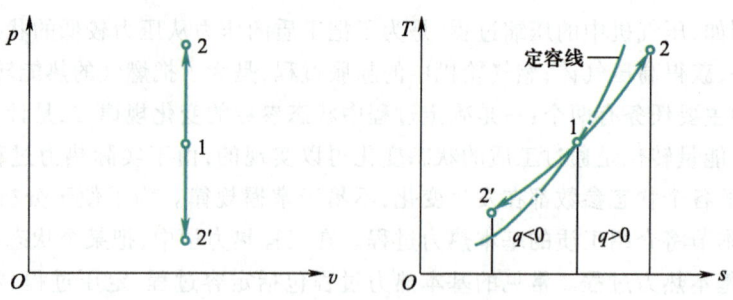

图 3-16 定容过程的 $p-v$ 图和 $T-s$ 图

可见,在 $T-s$ 图上定容过程线是斜率为 T/c_V 的曲线,且斜率随温度升高而增大,即 $T-s$ 图上的定容线随温度升高越来越陡。对于过程 1-2,由于 $s_2 > s_1$,$T-s$ 图上过程线下的面积为正;对于过程 1-2′,与之相反。因此,过程 1-2 为定容吸热升温升压过程,过程 1-2′ 为定容放热降温降压过程。

3. 热力学能、焓和熵变化量的计算

当取定值比热容时,定容过程热力学能、焓和熵的变化量为

$$\Delta u = c_V \Delta T \tag{3-41}$$

$$\Delta h = c_p \Delta T \tag{3-42}$$

$$\Delta s = c_V \ln \frac{T_2}{T_1} = c_V \ln \frac{p_2}{p_1} \tag{3-43}$$

当需要求 Δu、Δh 和 Δs 的精确值时,可利用 T_1、T_2 间的平均比热容进行计算。

4. 热量、膨胀功和技术功的计算

过程的膨胀功为

$$w = \int_1^2 p \, dv = 0 \tag{3-44}$$

过程的热量为

$$q = \Delta u + w = \Delta u = c_V \Delta T \tag{3-45}$$

式(3-45)说明,定容过程中气体吸入的热量全部转化为气体的热力学能。

过程的技术功为

$$w_t = -\int_1^2 v \, dp = v(p_1 - p_2) \tag{3-46}$$

3.5.2 定压过程

定压过程是压力保持不变的可逆过程。工程中使用的换热器、燃烧器等设备中工质的工作过程都可以近似看作是定压过程。

1. 过程方程式及状态参数关系式

定压过程的过程方程式为

$$p = 定值 \quad 或 \quad dp = 0 \tag{3-47}$$

状态方程和过程方程联立,可得定压过程中,初、终状态参数间的关系式为

$$\frac{v_2}{v_1} = \frac{T_2}{T_1} \qquad (3-48)$$

在定压过程中,理想气体的比体积和温度成正比。

2. p–v 图和 T–s 图

定压过程在坐标图上的表示,如图 3-17 所示。定压过程线在 p–v 图上是平行于 v 轴的水平线,其中过程 1-2 为定压膨胀做功过程,过程 1-2′ 为定压压缩耗功过程。在 T–s 图上定压过程是一条斜率为正的曲线,其斜率为 T/c_p,可推导如下。

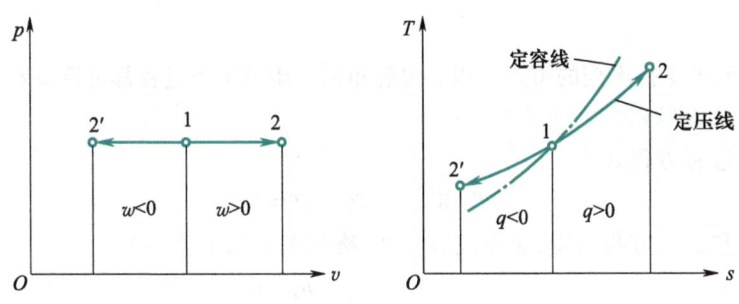

图 3-17　定压过程的 p–v 图和 T–s 图

将热力学第一定律应用于理想气体的可逆过程,有

$$T\mathrm{d}s = c_p\mathrm{d}T - v\mathrm{d}p$$

因为 $\mathrm{d}p = 0$,所以

$$\left(\frac{\partial T}{\partial s}\right)_p = \frac{T}{c_p} \qquad (3-49)$$

可见,在 T–s 图上定压线是斜率为 T/c_p 的曲线,且斜率随温度升高而增大。因为 $c_p > c_v$,所以在 T–s 图上定容线比定压线更陡。对于过程 1-2,由于 $v_2 > v_1$、$s_2 > s_1$,过程线下的面积为正;对于过程 1-2′,与之相反。所以,过程 1-2 为定压吸热升温的膨胀做功过程,过程 1-2′ 为定压放热降温的压缩耗功过程。

3. 热力学能、焓和熵变化量的计算

当选取定值比热容时,定压过程的热力学能、焓和熵的变化量为

$$\Delta u = c_V \Delta T \qquad (3-50)$$

$$\Delta h = c_p \Delta T \qquad (3-51)$$

$$\Delta s = c_p \ln \frac{T_2}{T_1} = c_p \ln \frac{v_2}{v_1} \qquad (3-52)$$

对于精确计算,以上各式中 c_V 和 c_p 可以采用平均比热容。

4. 热量、膨胀功和技术功的计算

定压过程的膨胀功为

$$w = \int_1^2 p\mathrm{d}v = p(v_2 - v_1) = R_{\mathrm{g}}(T_2 - T_1) \qquad (3-53)$$

定压过程的热量为

$$q = \Delta u + w = \Delta u + \Delta(pv) = \Delta h = c_p \Delta T \qquad (3-54)$$

式(3-54)说明,定压过程中气体吸入的热量等于气体焓的增量。

定压过程的技术功为

$$w_t = -\int_1^2 v\mathrm{d}p = 0 \tag{3-55}$$

由式(3-53)可见,定压流动中膨胀功等于流动功,所以定压流动过程对外无技术功输出。例如,锅炉中水蒸气的定压加热过程,水蒸气吸热膨胀所做的膨胀功全部用于维持流动所需的流动功,所以锅炉对外不输出功量。在工程实际中,各种换热器的情况都如此。

3.5.3 定温过程

定温过程是温度保持不变的可逆过程。恒温箱内工质的工作过程都可近似看作是定温过程。

1. 过程方程式及状态参数关系式

定温过程的过程方程式为

$$T = 定值 \quad 或 \quad \mathrm{d}T = 0 \tag{3-56}$$

由状态方程和过程方程可得,定温过程中初、终状态之间的关系为

$$p_1 v_1 = p_2 v_2 \quad 或 \quad \frac{p_2}{p_1} = \frac{v_1}{v_2} \tag{3-57}$$

在定温过程中,理想气体的压力与比体积成反比。

2. $p\text{-}v$ 图和 $T\text{-}s$ 图

定温过程在 $p\text{-}v$ 图和 $T\text{-}s$ 图上的表示,如图 3-18 所示。在 $T\text{-}s$ 图上,定温线是平行于 s 轴的水平线;在 $p\text{-}v$ 图上是一条斜率为负的曲线,其斜率可根据 $pv=$ 定值的关系式得到

$$\frac{\mathrm{d}p}{\mathrm{d}v} = -\frac{p}{v} \tag{3-58}$$

可见,在 $p\text{-}v$ 图上定温线是等轴双曲线。在 $p\text{-}v$ 图和 $T\text{-}s$ 图上,对于过程 1-2, $v_2>v_1$、$s_2>s_1$,过程线下的面积为正;对于过程 1-2′,与之相反。所以,过程 1-2 为定温吸热降压的膨胀做功过程,过程 1-2′为定温放热升压的压缩耗功过程。

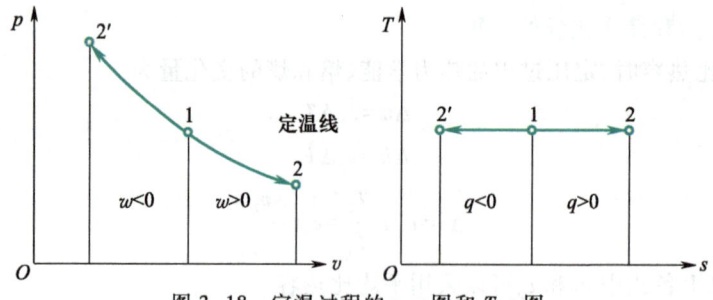

图 3-18 定温过程的 $p\text{-}v$ 图和 $T\text{-}s$ 图

3. 热力学能、焓和熵变化量的计算

当取定值比热容时,定温过程的热力学能、焓和熵的变化量为

$$\Delta u = 0 \tag{3-59}$$

$$\Delta h = 0 \tag{3-60}$$

$$\Delta s = R_g \ln \frac{v_2}{v_1} = R_g \ln \frac{p_1}{p_2} \tag{3-61}$$

4. 热量、膨胀功和技术功的计算

定温过程的膨胀功为

$$w = \int_1^2 p\,\mathrm{d}v = \int_1^2 pv\,\frac{\mathrm{d}v}{v} = pv\ln\frac{v_2}{v_1} = R_g T\ln\frac{p_1}{p_2} \tag{3-62}$$

过程的热量为

$$q = T\Delta s = R_g T\ln\frac{v_2}{v_1} = R_g T\ln\frac{p_1}{p_2} \tag{3-63}$$

在定温过程中，$\Delta u = 0$，所以过程吸收的热量全部用于做膨胀功。

过程的技术功为

$$w_t = -\int_1^2 v\,\mathrm{d}p = -\int_1^2 pv\,\frac{\mathrm{d}p}{p} = -\int_1^2 R_g T\,\frac{\mathrm{d}p}{p} = R_g T\ln\frac{p_1}{p_2} \tag{3-64}$$

对比式（3-62）~式（3-64）可以发现，在定温过程中，

$$w_t = w = q$$

即定温过程的技术功和膨胀功相等，都等于过程的吸热量。在 p-v 图上过程曲线与横轴所围的面积和过程曲线与纵轴所围的面积相等，都等于 T-s 图上过程曲线与横轴所围的面积。

3.5.4　可逆绝热过程

在热力系统状态变化的任何微元过程中，系统与外界都不交换热量的过程称为绝热过程，即过程中每一时刻均有 $\delta q = 0$。当然，整个过程与外界交换的热量也为零。在工程实践中，虽然工质无法与外界完全隔热，但当实际过程进行得很快、工质换热量相对极少时，可近似地看作绝热过程。例如，内燃机气缸内工质的膨胀或压缩过程，叶轮式压缩机中气体的压缩过程，燃气轮机内气体的膨胀过程等，都可近似看作绝热过程。

根据熵的定义，$\mathrm{d}s = \delta q_{re}/T$，在可逆绝热过程中，$\delta q = 0$，故有 $\mathrm{d}s = 0$，即熵为定值。因此，可逆绝热过程又称为定熵过程。

1. 过程方程式及状态参数关系式

对于定熵过程，其熵变为零，即

$$\mathrm{d}s = c_p\,\frac{\mathrm{d}v}{v} + c_V\,\frac{\mathrm{d}p}{p} = 0$$

整理可得

$$\frac{\mathrm{d}p}{p} = -\frac{c_p}{c_V}\,\frac{\mathrm{d}v}{v}$$

将比热容比 $\gamma = c_p/c_V$ 代入可得

$$\gamma\,\frac{\mathrm{d}v}{v} + \frac{\mathrm{d}p}{p} = 0$$

若取定值比热容，则比热比 γ 为定值，上式积分为

$$\gamma\ln v + \ln p = 定值$$

即

$$pv^\gamma = 定值 \tag{3-65}$$

可见，定熵过程的过程方程为指数方程，其中的指数称为定熵指数，通常用 κ 表示。理想气

体的定熵指数等于比热容比 γ，所以式(3-65)又可以表示为

$$pv^{\kappa} = 定值 \tag{3-66}$$

式(3-66)即为定熵过程的过程方程式，它的适用范围为取定值比热容的理想气体的可逆绝热过程。

由理想气体状态方程和定熵过程的过程方程可得，初、终态状态参数之间的关系式为

$$\frac{p_2}{p_1} = \left(\frac{v_1}{v_2}\right)^{\kappa} \tag{3-67}$$

$$\frac{T_2}{T_1} = \left(\frac{v_1}{v_2}\right)^{\kappa-1} \tag{3-68}$$

$$\frac{T_2}{T_1} = \left(\frac{p_2}{p_1}\right)^{\frac{\kappa-1}{\kappa}} \tag{3-69}$$

2. $p-v$ 图和 $T-s$ 图

定熵过程在 $p-v$ 图和 $T-s$ 图上的表示，如图 3-19 所示。在 $T-s$ 图上定熵过程线是垂直于 s 轴的直线，在 $p-v$ 图上是不等边双曲线。根据定熵过程的过程方程式，可得 $p-v$ 图上定熵线的斜率为

$$\frac{\mathrm{d}p}{\mathrm{d}v} = -\kappa \frac{p}{v} \tag{3-70}$$

与 $p-v$ 图上的定温线相比，由于 $\kappa > 1$，因此在 $p-v$ 图上定熵线比定温线陡。

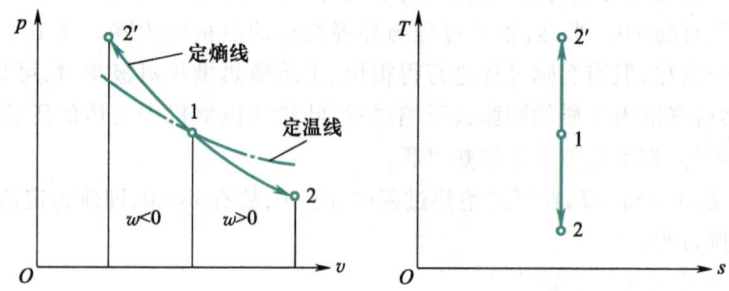

图 3-19 定熵过程的 $p-v$ 图和 $T-s$ 图

由 $p-v$ 图和 $T-s$ 图上过程线的走向和过程线下面积的正负可知，过程 1-2 为气体的可逆绝热降温降压的膨胀做功过程，过程 1-2' 为可逆绝热升温升压的压缩耗功过程。

3. 热力学能、焓和熵变化量的计算

在定熵过程中，工质的热力学能、焓和熵变化量的计算式如下：

$$\Delta u = c_V \Delta T \tag{3-71}$$

$$\Delta h = c_p \Delta T \tag{3-72}$$

$$\Delta s = 0 \tag{3-73}$$

4. 热量、膨胀功和技术功的计算

定熵过程的膨胀功为

$$w = \int_1^2 p\mathrm{d}v = \int_1^2 pv^{\kappa} \frac{\mathrm{d}v}{v^{\kappa}} = pv^{\kappa} \int_1^2 \frac{\mathrm{d}v}{v^{\kappa}} = \frac{1}{\kappa - 1}(p_1 v_1 - p_2 v_2)$$

$$= \frac{1}{\kappa - 1} R_g (T_1 - T_2)$$

$$= \frac{1}{\kappa - 1} R_g T_1 \left[1 - \left(\frac{p_2}{p_1} \right)^{\frac{\kappa-1}{\kappa}} \right]$$

$$= \frac{1}{\kappa - 1} p_1 v_1 \left[1 - \left(\frac{p_2}{p_1} \right)^{\frac{\kappa-1}{\kappa}} \right] \tag{3-74}$$

或者根据热力学第一定律闭口系统能量方程式 $q = \Delta u + w$，可以得到定熵过程的膨胀功如下：

$$w = -\Delta u = c_V (T_1 - T_2) \tag{3-75}$$

式（3-75）表明，绝热过程（不论是否可逆）中工质所做的膨胀功，全部来自工质自身热力学能的减少量。

过程的热量为

$$q = 0 \tag{3-76}$$

过程的技术功为

$$w_t = -\int_1^2 v \mathrm{d}p = \int_1^2 \kappa p \mathrm{d}v = \kappa w \tag{3-77}$$

可见，在绝热可逆过程中，工质的技术功是体积变化功的 κ 倍。

根据热力学第一定律稳定流动系统能量方程式 $q = \Delta h + w_t$，也可以得到定熵过程的技术功如下：

$$w_t = -\Delta h = c_p (T_1 - T_2) \tag{3-78}$$

式（3-78）表明，在绝热流动过程（不论是否可逆）中，工质所做的技术功等于焓值的减少量。

3.5.5　可逆多变过程

工程实际中的热力过程多种多样，许多过程与上述 4 种基本热力过程差别较大，无法用上述基本热力过程的过程方程进行描述。但在这些过程中，状态参数仍按一定规律变化，其过程方程式可通过实验测量热力过程中基本状态参数 p、v、T 的数据，并整理得到。

1. 过程方程式及状态参数关系式

这类过程的过程方程式可表示为

$$pv^n = 定值 \tag{3-79}$$

式中，n 为常数。这样的可逆过程称为多变过程，n 称为多变指数，可通过实验数据拟合得到。

状态方程和过程方程联立可得，可逆多变过程中初、终态之间的关系式为

$$\frac{p_2}{p_1} = \left(\frac{v_1}{v_2} \right)^n \tag{3-80}$$

$$\frac{T_2}{T_1} = \left(\frac{v_1}{v_2} \right)^{n-1} \tag{3-81}$$

$$\frac{T_2}{T_1} = \left(\frac{p_2}{p_1} \right)^{\frac{n-1}{n}} \tag{3-82}$$

在同一个可逆多变过程中 n 保持不变，而在不同多变过程中 n 有不同值。复杂的实际过程

往往要用几个多变过程来近似描述。例如,活塞式压气机的压缩过程中,气体和气缸壁温度均升高。当重新吸入新鲜气体进行压缩时,开始时因气缸壁温度高于气体温度,所以是吸热压缩。随着压缩的进行,气体温度升高,在气体温度与气缸壁温度相等的一瞬间为绝热压缩,之后气体温度高于气缸壁温度,变为放热压缩。所以,整个压缩过程无法用一个 n 不变的多变过程描述,但可近似看作由几个分过程组成,各分过程的多变指数 n 各不相同,但在每一分过程中 n 保持不变。若整个过程的 n 变化不大,则可取 n 的平均值并将整个过程作为一个多变过程处理。

当多变指数取特定的值时,多变过程将表现为某个基本热力过程。例如,当 $n=0$ 时,$p=$ 定值,为定压过程;当 $n=1$ 时,$pv=$ 定值,为定温过程;当 $n=\kappa$ 时,$pv^{\kappa}=$ 定值,为定熵过程;当 $n=\pm\infty$ 时,$1/n=0$,$p^{1/n}v=$ 定值,即 $v=$ 定值,为定容过程。因此,可以认为4种基本热力过程是多变过程的4个特例。

2. p-v 图和 T-s 图

对多变过程的过程方程求微分可得到 p-v 图上多变过程线的斜率,即

$$\frac{\mathrm{d}p}{\mathrm{d}v}=-\frac{np}{v} \tag{3-83}$$

当 $n=0$ 时,$\mathrm{d}p/\mathrm{d}v=0$,过程线为一水平线;当 $n\to\pm\infty$ 时,$\mathrm{d}p/\mathrm{d}v\to\mp\infty$,过程线为一竖直线。因而,当 n 从 $-\infty$ 逐渐增大到 0 时,在 p-v 图上多变过程线由竖直线按顺时针方向逐渐变为水平线;当 n 从 0 逐渐增大到 $+\infty$ 时,多变过程线由水平线按顺时针方向逐渐变为竖直线。工程实践中多变过程的 n 均为正值。

将从同一初态出发的4种基本热力过程描绘在同一坐标图上,如图3-20所示。在图3-20中,过程的终态2分别加了下标 v、p、T 和 s,分别表示定容、定压、定温和定熵过程的终态。4种基本热力过程将 p-v 图和 T-s 图划分成 Ⅰ、Ⅱ、Ⅲ、Ⅳ 和 Ⅰ′、Ⅱ′、Ⅲ′、Ⅳ′ 共8个区域。在区域 Ⅰ 和 Ⅰ′ 中,过程指数 n 为负,不加讨论。根据过程指数的大小,可以确定从相同初态出发的多变过程线的具体位置。

当 $n=0$ 时,过程线与定压线重合;当 $0<n<1$ 时,过程线在区域 Ⅱ 或 Ⅱ′ 内;当 $n=1$ 时,过程线与定温线重合;当 $1<n<\kappa$ 时,过程线在区域 Ⅲ 或 Ⅲ′ 内;当 $n=\kappa$ 时,过程线与定熵线重合;当 $\kappa<n<+\infty$ 时,过程线在区域 Ⅳ 或 Ⅳ′ 内;当 $n\to+\infty$ 时,过程线与定容线重合。

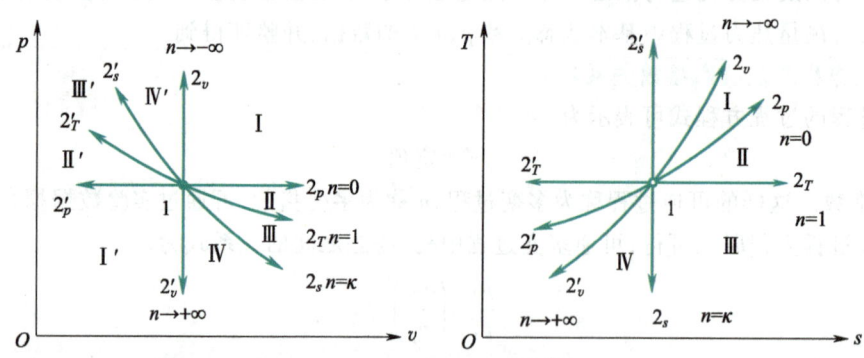

图3-20 多变过程的 p-v 图和 T-s 图

3. 热力学能、焓和熵变化量的计算

多变过程的热力学能、焓和熵变化量的计算公式为

$$\Delta u=c_{V}\Delta T \tag{3-84}$$

$$\Delta h=c_{p}\Delta T \tag{3-85}$$

$$\Delta s = c_V \ln \frac{T_2}{T_1} + R_g \ln \frac{v_2}{v_1} = c_p \ln \frac{T_2}{T_1} - R_g \ln \frac{p_2}{p_1} = c_p \ln \frac{v_2}{v_1} + c_V \ln \frac{p_2}{p_1} \tag{3-86}$$

4. 热量、膨胀功和技术功的计算

多变过程的膨胀功为

$$w = \frac{1}{n-1}(p_1 v_1 - p_2 v_2) = \frac{1}{n-1} R_g (T_1 - T_2)$$

$$= \frac{1}{n-1} R_g T_1 \left[1 - \left(\frac{p_2}{p_1} \right)^{\frac{n-1}{n}} \right] = \frac{1}{n-1} p_1 v_1 \left[1 - \left(\frac{p_2}{p_1} \right)^{\frac{n-1}{n}} \right] \tag{3-87}$$

多变过程的技术功为

$$w_t = -\int_1^2 v \mathrm{d}p = \int_1^2 np \mathrm{d}v = nw \tag{3-88}$$

多变过程的热量为

$$q = \Delta u + w = c_V(T_2 - T_1) + \frac{1}{n-1} R_g(T_1 - T_2) \tag{3-89}$$

将 $R_g = (\kappa - 1)c_V$ 代入可得

$$q = c_V(T_2 - T_1) - c_V \frac{\kappa - 1}{n-1}(T_2 - T_1) = \frac{n-\kappa}{n-1} c_V(T_2 - T_1) = c_n(T_2 - T_1) \tag{3-90}$$

其中

$$c_n = \frac{n-\kappa}{n-1} c_V \tag{3-91}$$

多变过程
状态参数
变化及能
量转化规
律

称为理想气体多变过程的比热容。

表 3-1 列出了理想气体各种可逆过程的计算公式,供复习时参考。建议初学者重点掌握运用热力学第一定律、理想气体状态方程及一些基本概念和定义式,自行推导和整理这些计算公式的过程。

表 3-1 理想气体各种可逆过程计算公式(定值比热容)

	定容过程 $n=\infty$	定压过程 $n=0$	定温过程 $n=1$	定熵过程 $n=\kappa$	多变过程 n
过程特征	$v=$定值	$p=$定值	$T=$定值	$s=$定值	—
T、p、v 关系式	$\dfrac{T_1}{p_1} = \dfrac{T_2}{p_2}$	$\dfrac{T_1}{v_1} = \dfrac{T_2}{v_2}$	$p_1 v_1 = p_2 v_2$	$p_1 v_1^\kappa = p_2 v_2^\kappa$ $T_1 v_1^{\kappa-1} = T_2 v_2^{\kappa-1}$ $T_1 p_1^{-\frac{\kappa-1}{\kappa}} = T_2 p_2^{-\frac{\kappa-1}{\kappa}}$	$p_1 v_1^n = p_2 v_2^n$ $T_1 v_1^{n-1} = T_2 v_2^{n-1}$ $T_1 p_1^{-\frac{n-1}{n}} = T_2 p_2^{-\frac{n-1}{n}}$
Δu	$c_V(T_2 - T_1)$	$c_V(T_2 - T_1)$	0	$c_V(T_2 - T_1)$	$c_V(T_2 - T_1)$
Δh	$c_p(T_2 - T_1)$	$c_p(T_2 - T_1)$	0	$c_p(T_2 - T_1)$	$c_p(T_2 - T_1)$
Δs	$c_V \ln \dfrac{T_2}{T_1}$	$c_p \ln \dfrac{T_2}{T_1}$	$\dfrac{q}{T}$ $R_g \ln \dfrac{v_2}{v_1}$ $R_g \ln \dfrac{p_1}{p_2}$	0	$c_V \ln \dfrac{T_2}{T_1} + R_g \ln \dfrac{v_2}{v_1}$ $c_p \ln \dfrac{T_2}{T_1} - R_g \ln \dfrac{p_2}{p_1}$ $c_p \ln \dfrac{v_2}{v_1} + c_V \ln \dfrac{p_2}{p_1}$

续表

	定容过程 $n = \infty$	定压过程 $n = 0$	定温过程 $n = 1$	定熵过程 $n = \kappa$	多变过程 n
比热容 c	$c_V = \dfrac{R_g}{\kappa - 1}$	$c_p = \dfrac{\kappa R_g}{\kappa - 1}$	∞	0	$\dfrac{n - \kappa}{n - 1} c_V$
膨胀功 $w = \displaystyle\int_1^2 p\,dv$	0	$p(v_2 - v_1)$ $R_g(T_2 - T_1)$	$R_g T \ln\dfrac{v_2}{v_1}$ $R_g T \ln\dfrac{p_1}{p_2}$	$-\Delta u$ $\dfrac{R_g}{\kappa - 1}(T_1 - T_2)$ $\dfrac{R_g T_1}{\kappa - 1}\left[1 - \left(\dfrac{p_2}{p_1}\right)^{\frac{\kappa - 1}{\kappa}}\right]$	$\dfrac{R_g}{n - 1}(T_1 - T_2)$ $\dfrac{R_g T_1}{n - 1}\left[1 - \left(\dfrac{p_2}{p_1}\right)^{\frac{n - 1}{n}}\right]$
技术功 $w = -\displaystyle\int_1^2 v\,dp$	$v(p_1 - p_2)$	0	$w_t = w$	$-\Delta h$ $\dfrac{\kappa R_g}{\kappa - 1}(T_1 - T_2)$ $\dfrac{\kappa R_g T_1}{\kappa - 1}\left[1 - \left(\dfrac{p_2}{p_1}\right)^{\frac{\kappa - 1}{\kappa}}\right]$ $w_t = \kappa w$	$\dfrac{n R_g}{n - 1}(T_1 - T_2)$ $\dfrac{n R_g T_1}{n - 1}\left[1 - \left(\dfrac{p_2}{p_1}\right)^{\frac{n - 1}{n}}\right]$ $w_t = n w$
过程热量 q	Δu	Δh	$T(s_2 - s_1)$ $q = w = w_t$	0	$\dfrac{n - \kappa}{n - 1} c_V (T_2 - T_1)$

[例题 3-6]　在 T-s 图上用面积表示某理想气体可逆过程 1-2(图 3-21)的焓变化量 Δh 和技术功 w_t。

解:(1) 理想气体的焓差可表示为

$$\Delta h = h_2 - h_1 = c_p(T_2 - T_1)$$

类似于定压过程的热量,只要在温度 T_1 和 T_2 之间构造一个定压过程,即可用该定压过程的热量表示焓差。

在图 3-21 中,通过点 2 作定温线,与通过点 1 的定压线相交于点 3,则有

$$\Delta h = h_2 - h_1 = c_p(T_2 - T_1) = c_p(T_3 - T_1)$$

理想气体可逆过程 1-2 的焓变化量即为定压过程 1-3

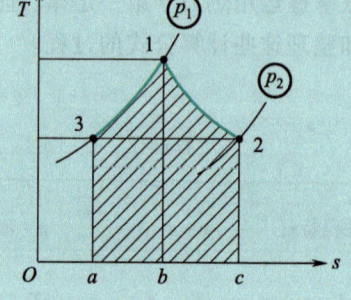

图 3-21　例题 3-6 附图

的热量。T-s 图上过程线下的面积可以表示过程的热量,所以图中面积 S_{1ba31},即为过程 1-3 的热量,也就是过程 1-2 的焓变化量。由于在过程 1-3 中,工质的熵减小,因此热量为负值,说明过程 1-2 中工质的焓减小,即 $\Delta h = -S_{1ba31}$。

(2) 根据热力学第一定律稳定流动系统能量方程式 $q = \Delta h + w_t$,可得过程的技术功为

$$w_t = q - \Delta h = q - (h_2 - h_1)$$

热量 q 可用过程线下和横坐标围成的面积表示,由于过程中工质的熵增加,因此热量为正值,即 $q = S_{12cb1}$。

焓差 Δh 见上面(1)的推导,其等于过程 1-3 的热量,即 $\Delta h = -S_{1ba31}$。所以

$$w_t = q - \Delta h = S_{12cb1} + S_{1ba31} = S_{12ca31}$$

图中面积"12ca31"即为过程 1-2 的技术功。

讨论:$T-s$ 图为示热图,图中过程线和横坐标围成的面积表示热量。当需要在 $T-s$ 图上表示理想气体可逆过程的焓变化量、热力学能变化量、技术功、膨胀功时,需要先将这些量在数值上转化为某一过程的热量,然后在 $T-s$ 图上表示出该过程的热量即可。关于热力学变化量和膨胀功的表示,读者可自行尝试。

[例题 3-7]　如图 3-22 所示,刚性绝热气缸被活塞分为体积相同的 A 和 B 两部分,其中各装有同种理想气体 1 kg,活塞可无摩擦移动且绝热。初时活塞两边的压力、温度都相同,分别为 0.2 MPa 和 20 ℃,现利用 A 部分中的加热器对腔内的气体缓慢加热,则活塞向右缓慢移动,直至 $p_{A_2} = p_{B_2} = 0.4$ MPa。缸内气体按理想气体处理,假设气体的比热容为定值,$c_p = 1.01$ kJ/(kg·K)、$c_V = 0.72$ kJ/(kg·K)。试求:

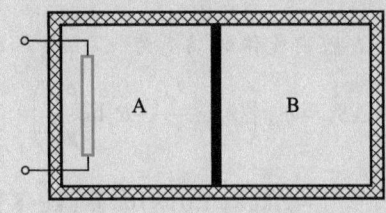

图 3-22　例题 3-7 附图

(1) A、B 腔内气体的终态体积各是多少?

(2) A、B 腔内气体的终态温度各是多少?

(3) 过程中供给 A 腔内气体的热量是多少?

(4) A、B 腔内气体的熵变各是多少?

(5) 在 $p-v$ 图、$T-s$ 图上,表示出 A、B 腔内气体经历的过程。

解:因为 B 腔气体进行的是缓慢的绝热过程,且活塞无摩擦,所以可以认为是定熵过程。A 腔内的气体经历的是吸热膨胀的可逆多变过程。由题意可知

$$R_g = c_p - c_V = 1.01 - 0.72 = 0.29 \text{ kJ/(kg·K)}$$

$$\kappa = \frac{c_p}{c_V} = \frac{1.01 \text{ kJ/(kg·K)}}{0.72 \text{ kJ/(kg·K)}} = 1.403$$

$$V_{A_1} = V_{B_1} = \frac{m_B R_g T_{B_1}}{p_{B_1}} = \frac{1 \text{ kg} \times 290 \text{ J/(kg·K)} \times 293 \text{ K}}{0.2 \times 10^6 \text{ Pa}} = 0.424\ 9 \text{ m}^3$$

(1) A、B 腔内气体的终态体积分别为

$$V_{B_2} = V_{B_1} \left(\frac{p_{B_1}}{p_{B_2}} \right)^{\frac{1}{\kappa}} = 0.424\ 9 \text{ m}^3 \times \left(\frac{0.2 \text{ MPa}}{0.4 \text{ MPa}} \right)^{\frac{1}{1.403}} = 0.259\ 2 \text{ m}^3$$

$$V_{A_2} = 2V_{A_1} - V_{B_2} = 2 \times 0.424\ 9 \text{ m}^3 - 0.259\ 2 \text{ m}^3 = 0.590\ 6 \text{ m}^3$$

(2) A、B 腔内气体的终态温度分别为

$$T_{B_2} = T_{B_1} \left(\frac{p_{B_2}}{p_{B_1}} \right)^{\frac{\kappa-1}{\kappa}} = 293 \text{ K} \times \left(\frac{0.4 \text{ MPa}}{0.2 \text{ MPa}} \right)^{\frac{1.403-1}{1.403}} = 357.5 \text{ K} = 84.5 \text{ ℃}$$

$$T_{A_2} = \frac{p_{A_2} V_{A_2}}{m_A R_g} = \frac{0.4 \times 10^6 \text{ Pa} \times 0.590\ 6 \text{ m}^3}{1 \text{ kg} \times 290 \text{ J/(kg·K)}} = 814.6 \text{ K} = 541.5 \ ℃$$

（3）取气缸内的整个气体为闭口系统，气体经历的过程不对外做功，由闭口系统能量方程可知，过程中供给 A 腔内气体的热量为

$$Q = \Delta U = \Delta U_A + \Delta U_B$$
$$= m_A c_V (T_{A_2} - T_{A_1}) + m_B c_V (T_{B_2} - T_{B_1})$$
$$= 1 \text{ kg} \times 0.72 \text{ kJ/(kg·K)} \times (814.6 \text{ K} - 293 \text{ K}) + 1 \text{ kg} \times 0.72 \text{ kJ/(kg·K)} \times (357.5 \text{ K} - 293 \text{ K})$$
$$= 421.85 \text{ kJ}$$

（4）B 腔内气体为可逆绝热压缩过程，所以 B 腔内气体的熵变为

$$\Delta S_B = 0$$

A 腔内气体的熵变为

$$\Delta S_A = m_A \left(c_p \ln \frac{T_{A_2}}{T_{A_1}} - R_g \ln \frac{p_{A_2}}{p_{A_1}} \right)$$

$$= 1 \text{ kg} \times \left[1.01 \times 10^3 \text{ J/(kg·K)} \times \ln \frac{814.6 \text{ K}}{293 \text{ K}} - 290 \text{ J/(kg·K)} \times \ln \frac{0.4 \text{ K}}{0.2 \text{ K}} \right] = 831.7 \text{ J/K}$$

（5）A、B 腔内气体经过的过程表示在 $p\text{-}v$ 图、$T\text{-}s$ 图，如图 3-23 所示。

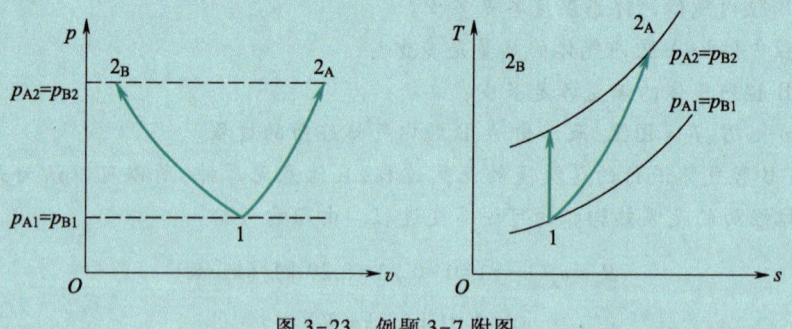

图 3-23　例题 3-7 附图

讨论： 例题 3-7 说明在解决实际工程问题时，分析清楚所讨论的过程的特点是很关键的。本例就是抓住 B 腔内气体进行的是定熵过程这一特点，从定熵过程状态参数之间的关系及能量转化特点入手，使问题得以解决。

3.6　实际流体的基本热力过程及不可逆绝热节流过程

　　实际流体热力过程分析的任务和理想气体一样，也是确定过程中状态参数的变化规律，并计算过程中的能量转化情况。实际流体的基本热力过程和理想气体一样，也都是指可逆过程，具体包括定容过程、定压过程、定温过程和定熵过程。

3.6.1　定容过程

实际流体的定容过程,也是比体积保持不变的热力过程。在工程实际中,刚性气瓶中密封的流体变化、不可压缩流体的状态变化都可以认为是定容过程。

图 3-24 所示为水蒸气的定容过程,若已知初态的两个独立状态参数,如压力 p_1、温度 T_1,以及终态的状态参数 p_2,则利用水和水蒸气的热力性质图表可求得初态时其他状态参数(比体积、热力学能、焓和熵)。根据定容过程的特征 $v_2 = v_1$,再利用水和水蒸气的热力性质图表,由终态的压力 p_2 和比体积 v_2 求得终态的其他状态参数。通过终、初态状态参数相减,即可确定过程中状态参数的变化量。

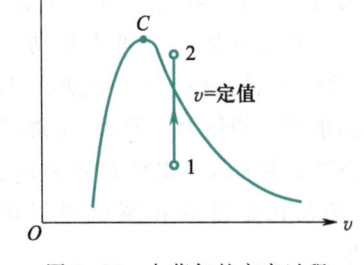

图 3-24　水蒸气的定容过程

$$\Delta u = u_2 - u_1, \quad \Delta h = h_2 - h_1, \quad \Delta s = s_2 - s_1$$

定容过程热力系统与外界交换的功量和热量为

$$w = \int_1^2 p \mathrm{d}v = 0 \tag{3-92}$$

$$w_t = -\int_1^2 v \mathrm{d}p = v_1(p_1 - p_2) \tag{3-93}$$

$$q = \Delta u = u_2 - u_1 \tag{3-94}$$

3.6.2　定压过程

实际流体在定压过程中,其压力保持不变。在工程实际中,换热器、冷凝器、锅炉等常见热工设备中工质稳定流动过程,如果不考虑流动阻力时,均可视为定压过程。

图 3-25 所示为水蒸气的定压过程。若定压过程初态的状态参数压力 p_1、干度 x 和终态的温度 T_2 已知,则利用水和水蒸气的热力性质图表可求得初态的比体积 v_1、比热力学能 u_1、比焓 h_1、比熵 s_1 等。根据定压过程的特征 $p_2 = p_1$,再利用水和水蒸气的热力性质图表,由终态的温度 T_2 和压力 p_2 求得终态的比体积 v_2、比热力学能 u_2、比焓 h_2、比熵 s_2 等。通过终、初态状态参数相减就可以确定过程中状态参数的变化量。

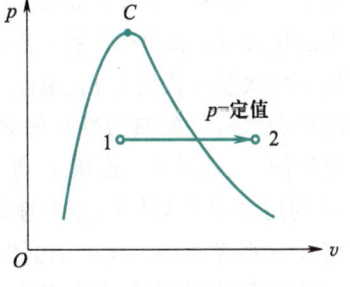

图 3-25　水蒸气的定压过程

$$\Delta u = u_2 - u_1, \quad \Delta h = h_2 - h_1, \quad \Delta s = s_2 - s_1$$

定压过程热力系统与外界交换的功量和热量为

$$w = \int_1^2 p \mathrm{d}v = p_1(v_2 - v_1) \tag{3-95}$$

$$w_t = -\int_1^2 v \mathrm{d}p = 0 \tag{3-96}$$

$$q = \Delta h = h_2 - h_1 \tag{3-97}$$

3.6.3 定温过程

实际流体在定温过程中,温度保持不变。在工程实际中,纯质的蒸发、冷凝等相变过程均可视为定温过程。

图 3-26 所示为水蒸气定温过程。若定温过程初态的状态参数压力 p_1、温度 T_1 和终态的压力 p_2 已知,则利用水和水蒸气的热力性质图表可求得初态的比体积 v_1、比热力学能 u_1、比焓 h_1、比熵 s_1 等。根据定温过程的特征 $T_2 = T_1$,再利用水和水蒸气的热力性质表,由终态的压力 p_2 和温度 T_2 求得终态的比体积 v_2、比热力学能 u_2、比焓 h_2、比熵 s_2 等。通过终、初态状态参数相减就可以确定过程中状态参数的变化量。

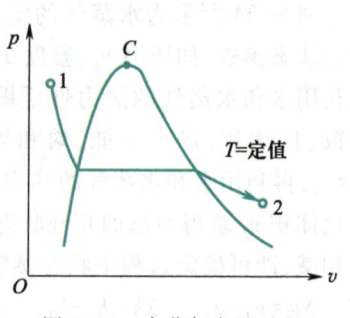

图 3-26 水蒸气定温过程

$$\Delta u = u_2 - u_1, \quad \Delta h = h_2 - h_1, \quad \Delta s = s_2 - s_1$$

定温过程热力系统与外界交换的功量和热量为

$$w = q - \Delta u = T\Delta s - \Delta u = T(s_2 - s_1) - (u_2 - u_1) \tag{3-98}$$

$$w_t = q - \Delta h = T\Delta s - \Delta h = T(s_2 - s_1) - (h_2 - h_1) \tag{3-99}$$

$$q = \int_1^2 T \mathrm{d}s = T_1(s_2 - s_1) \tag{3-100}$$

3.6.4 定熵过程

实际流体在定熵过程中,其熵保持不变。在工程实际中,汽轮机、燃气轮机和叶轮式压缩机等常见热工设备中工质稳定流动过程,如果忽略摩擦等不可逆因素的影响,均可视为定熵过程。图 3-27 所示为水蒸气定熵过程。若定熵过程初态的状态参数压力 p_1、温度 T_1 和终态的压力 p_2 已知,则利用水和水蒸气的热力性质图表可求得初态的比体积 v_1、比热力学能 u_1、比焓 h_1、比熵 s_1 等。根据定熵过程的特征 $s_2 = s_1$,再利用水和水蒸气的热力性质图表,由终态的压力 p_2 和比熵 s_2 求得终态的温度 T_2、比体积 v_2、比热力学能 u_2、比焓 h_2

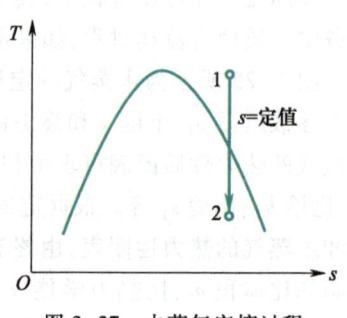

图 3-27 水蒸气定熵过程

等。通过终、初态状态参数相减就可以确定过程中状态参数的变化量。

$$\Delta u = u_2 - u_1, \quad \Delta h = h_2 - h_1, \quad \Delta s = s_2 - s_1 = 0$$

定熵过程热力系统与外界交换的功量和热量为

$$w = q - \Delta u = -\Delta u = u_1 - u_2 \tag{3-101}$$

$$w_t = q - \Delta h = -\Delta h = h_1 - h_2 \tag{3-102}$$

$$q = 0 \tag{3-103}$$

3.6.5 不可逆绝热节流过程

在工程实际中,毛细管、膨胀阀、阀门等装置中工质的稳定流动过程,如果忽略与外界换热,均可视为绝热节流过程,这是一个典型的不可逆过程。

图 3-28 所示为制冷剂在膨胀阀(毛细管内)的绝热节流过程。若绝热节流过程初态的状态参数压力 p_1、温度 T_1 和终态的压力 p_2 已知,则利用制冷剂的热力性质图表可求出初态的比体积 v_1、比热力学能 u_1、比焓 h_1、比熵 s_1 等。根据节流过程的特征 $h_2 = h_1$,再利用制冷剂的热力性质图表,由终态的压力 p_2 和比焓 h_2 求出终态的温度 T_2、比体积 v_2、比热力学能 u_2、比熵 s_2 等。通过终态和初态状态参数的差就可以确定过程中状态参数的变化。

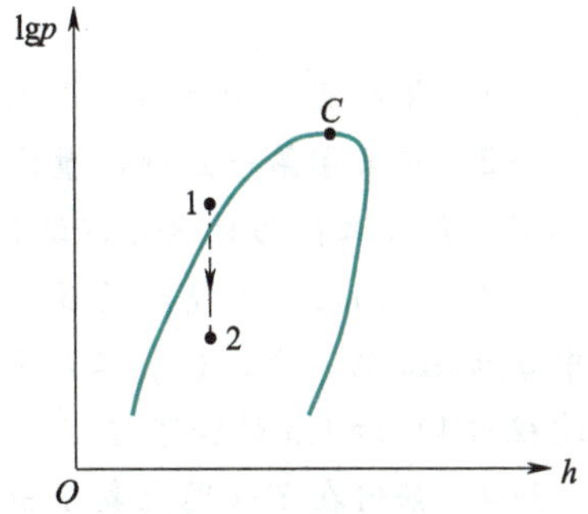

图 3-28 制冷剂在膨胀阀(毛细管内)的绝热节流过程

绝热节流过程热力系统与外界交换的功量和热量为

$$w = q - \Delta u = -\Delta u = u_1 - u_2 \tag{3-104}$$

$$w_t = 0 \tag{3-105}$$

$$q = 0 \tag{3-106}$$

[例题 3-8] 水在锅炉中从状态 1(10 MPa、160 ℃)定压加热到状态 2(600 ℃),然后在汽轮机中定熵膨胀到状态 3(5 kPa),试求锅炉中的加热量和汽轮机所做的功。

解:(1) 确定状态参数

由未饱和水与过热蒸汽热力性质表可得,

$p_1 = 10$ MPa、$t_1 = 160$ ℃ 时, $h_1 = 681.16$ kJ/kg, $s_1 = 1.931\ 9$ kJ/(kg·K)

$p_2 = p_1 = 10$ MPa、$t_2 = 600$ ℃ 时, $h_2 = 3\ 622.5$ kJ/kg, $s_2 = 6.899\ 2$ kJ/(kg·K)

由饱和水与饱和蒸汽热力性质表,可得 $p_3 = 0.005$ MPa 时

$h_3' = 137.8$ kJ/kg, $h_3'' = 2\ 561.6$ kJ/kg, $s_3' = 0.476\ 3$ kJ/(kg·K), $s_3'' = 8.396\ 0$ kJ/(kg·K)

再由 $s_3 = s_2 = 6.632\ 9$ kJ/(kg·K) 可得

$$x_3 = \frac{s_3 - s_3'}{s_3'' - s_3'} = \frac{6.899\ 2\ \text{kJ/(kg·K)} - 0.476\ 3\ \text{kJ/(kg·K)}}{8.396\ 0\ \text{kJ/(kg·K)} - 0.476\ 3\ \text{kJ/(kg·K)}} = 0.81$$

$h_3 = h_3' + (h_3'' - h_3')x_2 = 137.8$ kJ/kg + (2 561.6 kJ/kg − 137.8 kJ/kg) × 0.81 = 2 101.08 kJ/kg

(2) 锅炉中的加热量

$$q = h_2 - h_1 = 3\ 622.5\ \text{kJ/kg} - 681.16\ \text{kJ/kg} = 2\ 941.34\ \text{kJ/kg}$$

(3) 定熵过程汽轮机所做的功量

$$w_t = -(h_3 - h_2) = -(2\ 101.08\ \text{kJ/kg} - 3\ 622.5\ \text{kJ/kg}) = 1\ 521.42\ \text{kJ/kg}$$

讨论:对于实际流体的热力过程分析,关键之处在于根据已知的状态参数和过程特征,确定未知的初、终态状态参数。初学者务必做到非常熟练地借助实际流体热力性质图表,从已知状态参数出发,查找和计算未知状态参数。

🛠 思考题

3-1   体积变化功、流动功、轴功和技术功之间有何区别与联系？

3-2   热力学第一定律能量方程用于喷管、叶轮式装置、活塞式装置、换热器、节流装置时的简化形式是什么？为什么可以这样简化？

3-3   将满足下列要求的多变过程表示在 p-v 图和 T-s 图上（工质为理想气体），并判断过程中 q、w、Δu 的正负。(1) 工质升压升温，又放热；(2) 工质膨胀降温，又放热；(3) $n=1.6$ 的压缩过程；(4) $n=1.3$ 的膨胀过程。

3-4   如何在 T-s 图上表示出理想气体任意两个状态间的热力学能变化 Δu、焓的变化 Δh 及膨胀功？

3-5   试在 p-v 示功图上，用面积表示任一可逆过程的体积变化功和技术功。

3-6   在 T-s 图上定性画出实际流体的定压线和理想气体的定压线，并比较它们的异同。

3-7   理想气体任何过程的比热力学能和比焓变化可以表示为 $\Delta u=c_V\Delta T$、$\Delta h=c_p\Delta T$。请问实际流体任何过程的比热力学能和比焓变化也可以这样表示吗？当实际流体的比热力学能和比焓变化表示为 $\Delta u=c_V\Delta T$、$\Delta h=c_p\Delta T$ 时的适用条件是什么？

3-8   当理想气体经历定容或定压过程时，吸放热量可根据过程中气体的比热容乘以温差计算。然而，定温过程中气体的温度不变，如定温膨胀过程，该过程的吸放热量应如何计算？

3-9   制冷剂在毛细管中的流动可视为绝热节流，根据式（3-104）制冷剂做体积变化功，这个功体现在哪里？

⚛ 习题

3-1   一活塞气缸结构，初始时刻内部存有体积为 0.1 m³、压力为 200 kPa 的压缩空气。经历一个定压膨胀过程后，体积变化到 0.12 m³，该过程中热力学能的变化量为 0.25 kJ，并从外界吸收热量。已知当地的大气压力为 100 kPa。求：在该膨胀过程中，单位质量空气所做膨胀功及从外界吸收的热量。

3-2   一质量为 2 500 kg 的汽车沿坡度为 30°的山坡下行，车速为 200 m/s。在距山脚 100 m 处开始制动，且在山脚处刚好停住。若不计其他力和温度变化，重力加速度为 9.8 m/s²，求因制动而产生的热量。

3-3   某封闭系统沿 a-c-b 途径由状态 a 变化到 b（见图 3-29），吸入热量为 90 kJ，对外做功 40 kJ，试问：(1) 系统从 a 经 d 至 b，若对外做功 10 kJ，则吸收热量是多少？(2) 系统由 b 经曲线 b-a 所示过程返回 a，若外界对系统做功 23 kJ，吸收热量为多少？(3) 设 $U_a=5$ kJ，$U_d=45$ kJ，那么过程 a-d 和 d-b 中系统吸收热量各为多少？

3-4   在某闭口系统中，1 kg 空气由 $p_1=5$ MPa、$t_1=$

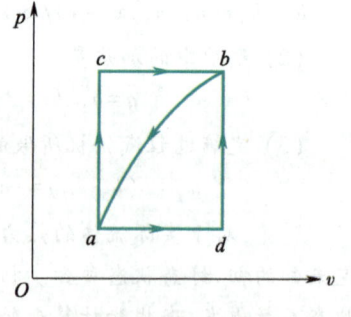

图 3-29　习题 3-3 附图

500 ℃膨胀到 $p_2 = 1$ MPa、$t_2 = 500$ ℃，该过程吸收热量357 kJ，对外做膨胀功 357 kJ。接着又从终态被压缩到初态，放出热量 590 kJ。试求：(1) 膨胀过程空气热力学能的增量；(2) 压缩过程空气热力学能的增量；(3) 压缩过程外界消耗了多少功？

3-5　一刚性容器左端受热，其他部分绝热(见图 3-30)。容器内有一刚性绝热活塞，忽略活塞与容器壁的摩擦。已知从左端吸收热量 20 kJ，同时活塞移动对 B 腔做功 10 kJ。求：(1) B 腔中气体热力学能变化；(2) A 腔和 B 腔总热力学能变化。

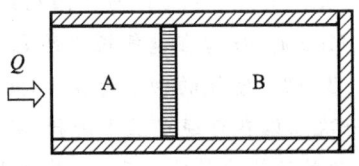

图 3-30　习题 3-5 附图

3-6　某抽水蓄能装置，通过水泵将水从下水库抽到高度差为 45 m 的上水库。假设水的流量为 0.03 m^3/s、密度为 1 000 kg/m^3，忽略该过程中的能量损失。求：(1) 输送单位质量水时，水泵的耗功量；(2) 水泵的功率。

3-7　某压缩空气储能装置，已知空气在压气机进口状态为 $p_1 = 0.1$ MPa、$v_1 = 0.8$ m^3/kg；在压气机的出口状态为 $p_2 = 10$ MPa、$v_2 = 0.02$ m^3/kg。已知空气的比定压热容为 $c_p = 1.004$ kJ/(kg·K)，假设压缩过程中每千克空气向外散热 50 kJ。试求：(1) 生产 1 kg 压缩气体所消耗的功；(2) 若希望实现储能功率 100 kW，则空气的质量流量为多少？

3-8　某活塞式氮气压气机，压缩前后氮气的参数分别为：$p_1 = 0.1$ MPa、$v_1 = 0.68$ m^3/kg；$p_2 = 1.0$ MPa、$v_2 = 0.18$ m^3/kg。假设在压缩过程中每千克氮气向外放出热量 66 kJ，压气机每分钟生产压缩氮气 12 kg。已知氮气的比热容，$c_p = 1.039$ kJ/(kg·K)，$c_V = 0.743$ kJ/(kg·K)。试求：(1) 压缩过程对每千克氮气所做的功；(2) 生产每千克压缩氮气所需的功；(3) 带动此压气机至少要多大的电动机？

3-9　在压气机内空气从 0.1 MPa、300 K 被压缩到 0.5 MPa、500 K，压气机耗功率为 10 kW，散热损失为 5 kJ/kg。忽略动能差和位能差，空气当理想气体处理，其比定压热容为 $c_p = 1.004$ kJ/(kg·K)。求：(1) 压缩机内空气的质量流量；(2) 若忽略散热损失，则空气的质量流量为多少？

3-10　某蒸汽动力装置，蒸汽的质量流量为 40 t/h，汽轮机进口处压力为 9 MPa，进口比焓为 3 440 kJ/kg，汽轮机出口压力为 4 kPa，出口比焓为 2 240 kJ/kg，汽轮机对环境放热为 8 000 kJ/h。试求：(1) 单位质量蒸汽经汽轮机对外输出功；(2) 汽轮机的功率；(3) 忽略汽轮机对环境放热，对汽轮机输出功的影响；(4) 若进出口蒸汽流速分别为 60 m/s 和 140 m/s，动能变化对汽轮机输出功的影响；(5) 若汽轮机进出口高度差为 12 m，位能变化对汽轮机输出功的影响。

3-11　进入冷凝器的乏汽压力为 $p = 0.005$ MPa，比焓 $h_1 = 2$ 500 kJ/kg，冷凝器出口为相同压力下的水，比焓 $h_2 = 137.77$ kJ/kg，蒸汽流量为 22 t/h。进入冷凝器的冷却水温度为 $t_1' = 17$ ℃，冷却水出口温度为 $t_2' = 30$ ℃，水的比热容为 4.2 kJ/(kg·K)。试求冷却水流量。

3-12　2 kg 某种理想气体，从 $p_1 = 551.6$ kPa、$t_1 = 60$ ℃定容加热至 $p_2 = 1$ 655 kPa，加热量为 105.5 kJ，同时过程中用搅拌器进行了搅拌。已知：$R_g = 377$ J/(kg·K)、$\gamma = 1.25$。求：(1) 终态温度 t_2；(2) 搅拌器输入的功量；(3) 气体热力学能和焓的变化量。

3-13　1.5 kg 某种理想气体，从初态 $p_1 = 586$ kPa 和 $t_1 = 27$ ℃，经可逆定温过程到达状态 2，过程中放出热量 317 kJ。该气体的 $c_p = 2.2$ kJ/(kg·K)、$c_V = 1.7$ kJ/(kg·K)。求：(1) 过程初、终态的体积 V_1、V_2 和过程终了的压力 p_2；(2) 过程中所做的功量 W；(3) 过程中的 ΔS 和 ΔH。

3-14 容积为 0.04 m^3 的储气罐内储有氧气,压力为 $p_1 = 15$ MPa,温度为 $t_1 = 20$ ℃,环境温度也是 20 ℃。迅速开启阀门,储气罐内氧气经历定熵过程达到 $p_2 = 7.5$ MPa 后,迅速关闭阀门。一段时间后储气罐内氧气温度恢复到 20 ℃。求:(1) 此时氧气的压力 p_3 和阀门开启前后储气罐内氧气的质量;(2) 如果阀门缓慢打开,保持储气罐内氧气温度始终是 20 ℃,当压力降为 3.5 MPa 时,残留在储气罐内的氧气质量又为多少?

3-15 空气的初态为 $p_1 = 150$ kPa、$t_1 = 27$ ℃,今压缩 2 kg 空气,使其体积变为原来的 1/4。若一次压缩在可逆定温下进行,另一次在可逆绝热下进行,求这两种情况下的终态参数、过程热量、功量及热力学能的变化,并画出 $p-v$ 图比较两种压缩过程功量的大小。

3-16 1 kg 一氧化碳经历一个膨胀过程,过程 3 个状态点的参数分别为 $t_1 = 450$ ℃和 $v_1 = 0.036\ 5\ m^3/kg$、$p_2 = 3.0$ MPa 和 $t_2 = 367$ ℃、$p_3 = 300$ kPa 和 $v_3 = 0.427\ 3\ m^3/kg$。此过程是不是一个多变过程?如果是多变过程,多变指数 n(取 3 位有效数字)是多少?(一氧化碳的 $R_g = 0.297$ kJ/(kg·K))

3-17 1 kg 空气,初态 $p_1 = 1$ MPa、$t_1 = 500$ ℃,在气缸中可逆定容放热到 $p_2 = 500$ kPa,然后可逆绝热压缩到 $t_3 = 500$ ℃,再经可逆定温过程回到初态。求各过程的功量、热量、热力学能的变化、焓的变化和熵的变化各为多少?

3-18 1 kg 水蒸气从初态压力为 3 MPa,温度为 300 ℃,定熵膨胀到 0.004 MPa。求该过程的膨胀功和技术功。

3-19 1 kg 水在锅炉内从 3 MPa、20 ℃,被定压加热到 300 ℃,求该过程中水吸收的热量。

3-20 高温的热水经过换热器把热量传递给低温的冷水。冷、热水在各自的管道中流动,流量均为 1 kg/s,冷水的压力为 0.1 MPa,热水的压力为 1 MPa,冷水进口状态 1 的温度为 20 ℃,热水进口状态 1′的温度为 60 ℃,热水出口状态 2′的温度为 25 ℃。试求冷水出口状态 2 的温度。

3-21 制冷剂氨(NH_3)在压缩机中被定熵压缩,初态温度为 -10 ℃、压力为 100 kPa,终态压力为 500 kPa。试求终态的温度和压缩机所消耗的功。

3-22 冷库多用氨作为制冷工质,假设一个冷库用的氨制冷循环的蒸发温度为 -25 ℃、冷凝温度为 25 ℃。利用氨的热力性质表,试求氨在蒸发器和冷凝器中发生气液相变的蒸发压力与冷凝压力。若氨在冷凝器入口温度为 120 ℃(压力为 25 ℃对应的冷凝压力),试问此时氨处于什么状态,比焓和比熵各是多少?

3-23 制冷剂氨在冷凝器中从初态温度为 90 ℃、压力为 500 kPa,定压冷却到终态饱和液体状态。试求该过程中氨的热力学能、焓和熵变化量及热量。

3-24 氟利昂 R134a 在蒸发器中从温度为 -5 ℃、干度为 0.2,定温吸热至干度为 0.95。试求该过程中氟利昂 R134a 的热力学能、焓和熵变化量及热量。

第**4**章
热力学第二定律

4.1 热力学第二定律概述

4.1.1 热力过程的方向性

热力过程都必须遵从热力学第一定律,但是满足热力学第一定律的过程未必一定能够自动发生。日常生活和工程实践告诉我们,自然界中发生的一切热力过程都具有方向性。

1. 功-热转化问题

如图 4-1 所示,利用转轴输入一定量的功,带动叶轮旋转搅拌容器内的流体。由于实际流体存在黏性阻力,通过摩擦作用输入的功全部转化为热能,使流体温度升高或向环境释放热量;反之,给容器内的液体加热,是不可能自发地推动叶轮转动对外输出功的。可见,功可以通过摩擦自发地(无条件地)、百分之百地转换为热;但是热不能自发转化成功。也就是说,从热能向功(机械能)转化的过程是不能自动发生的。

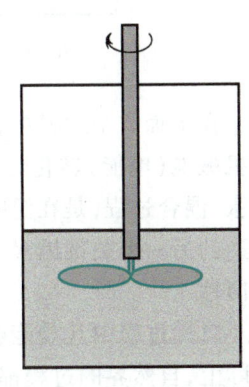

图 4-1 功-热转化示意图

2. 电-热转化问题

如图 4-2 所示,在一个纯电阻电路中,只要通入电能,电能就可以通过电阻全部转化为热能;反之,给电阻加热,是不可能将热量自发地转化为电能的。可见,电能可以通过电阻自发地、百分之百地转化为热;但是热能个能自发地转化为电能。也就是说,从热能向电能转化的过程是不能自动发生的。

3. 温差传热问题

如图 4-3 所示,两个温度不同的物体 A 和 B($T_A > T_B$)相互接触,热量可以自发地从高温物体 A 传递到低温物体 B;但是不能自发地从低温物体 B 传递到高温物体 A。也就是说,热量从低温物体向高温物体传递的过程是不能自动发生的。

图 4-2 电-热转化示意图

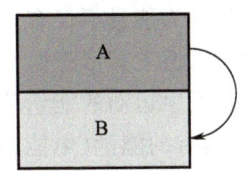

图 4-3 温差传热示意图

4. 自由膨胀问题

如图 4-4 所示,一个刚性绝热容器被刚性隔板分成 A 和 B 两个空间,其中 A 空间充满气体,B 空间为真空。若抽去隔板,则 A 空间的气体自发地进行膨胀,最终均匀充满整个容器。但是其反过程不可能自动发生。

5. 混合问题

如图 4-5 所示,一个刚性绝热容器被刚性隔板分成 A 和 B 两个空间,其中 A 空间充满氮气,B 空间充满氧气。若抽去隔板,则 A 和 B 空间内气体会自发地进行混合,最终均匀充满整个容器。但是其反过程也是不可能自动发生的。

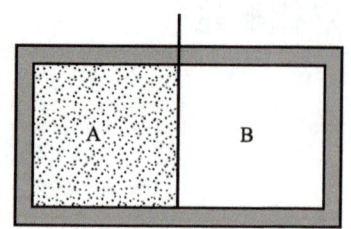 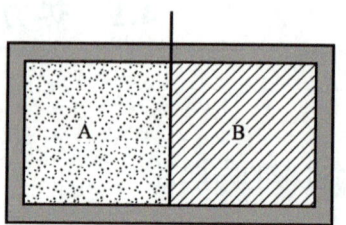

图 4-4　自由膨胀示意图　　　　　图 4-5　混合过程示意图

在上面 5 个示例中,功-热转化过程、电-热转化过程中由于存在摩阻和电阻的耗散效应,使得机械能(电能)转化为热能,耗散效应是引起过程不可逆的一个关键因素。而温差传热、自由膨胀、混合过程,是在温差、力差、化学势差等作用下进行的,有限势差的存在是引起热力过程不可逆的另一个关键因素。除上述几个比较典型的例子之外,还有许多示例可以说明热力过程的方向性。

自然过程中凡是能够独立、无条件地自动进行的过程称为自发过程;反之称为非自发过程。实际上,自然界的过程都是不可逆的,不可逆过程必然存在方向性,要想使不可逆过程逆行,就必须付出某种代价,即提供一定补充条件。因此,自发过程的逆过程往往都是非自发过程,热力过程的方向性也可以说是自发过程具有方向性。热力过程的方向性说明:在自然界中,热力过程若要发生,必然遵循热力学第一定律,但满足热力学第一定律的热力过程未必都能自动发生。

在涉及热力过程的方向性时,只是说自发过程可以自动发生,非自发过程不能自动发生,并不是说非自发过程不能发生。若满足一定的附加条件,非自发过程也是可以发生的。事实上,许多实际过程都是非自发过程。例如,火电厂可以实现将热能转化为电能,制冷空调装置可以实现将热能从低温传递到高温。但这一非自发过程的发生,必须付出某种代价作为补偿,火电厂是以向低温热源(环境)释放热量作为补偿,制冷空调是以消耗机械能(电能)作为补偿。

如果能量转化过程中无热能介入,过程就无所谓方向性,只有涉及热现象的能量转化过程才有方向性。例如,真空环境下钟摆的动能和势能可以自由地相互转化,不存在方向性。热力过程之所以具有方向性,是因为能量不仅有"量"的多少,还有"质"的高低。能量是物质运动的度量,物质的运动有多种多样,但就其形态而论,不外乎是有序运动和无序运动两类。度量有序运动的能量称为有序能,度量无序运动的能量称为无序能。例如,宏观整体运动具有的能量(机械能)及大量电子定向运动具有的能量(电能)都是有序能;而物质因内部分子杂乱无章的热运动而具有的能量则是无序能。热能属于无序能,而机械能、电能属于有序能。有序能的品质高于无序能。有序能可以自发地、完全地转化为无序能,相反的转化却是有条件的、不完全的。因此,有热能参与的能量传递与转化过程,就有无序能与有序能之间的相互转化问题,也就带来了热力过程的方向性问题。

热力学第二定律就是热力过程方向性的描述,研究热力过程的方向性,以及由此而引起的非自发过程的补偿条件和补偿限度是热力学第二定律的任务,即找出判断任何热力过程进行的方向、条件和限度的一般判据,进而阐明热力过程的方向、条件和限度问题。

4.1.2 热力学第二定律的表述

热力学第二定律是热力过程具有方向性这一客观规律的反映。由于自然界中热力过程方向性现象具有多样性,因此热力学第二定律的表述也有多种。但它们反映的是同一个规律,因此各种表述有内在联系,是统一和等效的。下面介绍两种经典的热力学第二定律的表述。

克劳修斯从热量传递方向性的角度,将热力学第二定律表述为:不可能把热量从低温物体传向高温物体而不引起其他变化。

开尔文从热功转化的角度,将热力学第二定律表述为:不可能从单一热源取热,使之完全变为功而不引起其他变化。

如果能从单一热源取热,使之完全转化为功而不引起其他变化,人们就可以制造一种以环境为单一热源的机器,使机器从环境中吸热对外做功。由于环境中的能量是无穷无尽的,这样的机器就可以永远工作下去,这就是"第二类永动机"。它虽然不违背热力学第一定律,但显然违背热力学第二定律的开尔文表述,因此热力学第二定律也可以表述为:第二类永动机是不可能制造成功的。

第二类永动机与麦克斯韦妖

热力学第二定律虽然有不同的表述,但是它们都反映了热力过程具有方向性这一共同实质,因而是等效的。可以采用反证法进行等效性证明,即假设各种表述中有一种不成立,则必然导致其他表述也被推翻。

热力学第二定律表述等效性的证明

通过前述几个具有方向性的热力过程的例子,不难发现不可逆过程都具有方向性,如果是可逆过程,就没有方向性问题。因此可以说,热力过程的方向性在于热力过程的不可逆性,正是由于自然界中不存在没有不可逆因素的可逆过程,因此才有热力过程方向性问题。反映热力过程方向性的热力学第二定律的各种表述是等效的,说明所有不可逆过程的不可逆性的属性也是等效的,实质是相同的。这样就可以用一个统一的热力学参数来描述所有不可逆过程的共同特性,并作为热力过程方向性的判据。

4.2　卡诺循环和卡诺定理

热力学第二定律的各种表述仅仅是现象和经验的总结,是感性和实践的认识。卡诺循环的提出和卡诺定理的证明,推动了热力学第二定律从感性和实践的认识向理性和抽象概念的发展。热力学第二定律告诉我们,单一热源的热机是不可能实现的,最简单的热机必须至少有两个热源。那么,具有两个热源的热机的热效率最高极限是多少呢?卡诺循环和卡诺定理解决了这一问题,并且指出了改进循环提高热效率的途径和原则。同时,卡诺循环和卡诺定理是导出热力过程方向性判据的基础。因此,卡诺循环和卡诺定理具有深刻、广泛的理论与实践意义。

4.2.1 卡诺循环

卡诺循环是工作在温度分别为 T_1 和 T_2 的两个恒温热源之间的可逆正循环,由两个可逆定温和两个可逆绝热(定熵)过程所构成。当工质为理想气体时,卡诺循环的 $p-v$ 图和 $T-s$ 图,如图4-6中 $a-b-c-d-a$ 所示。其中,过程 $d-a$ 为定熵压缩过程,过程 $a-b$ 为定温吸热过程,过程 $b-c$ 为定熵膨胀做功过程,过程 $c-d$ 为定温放热过程。

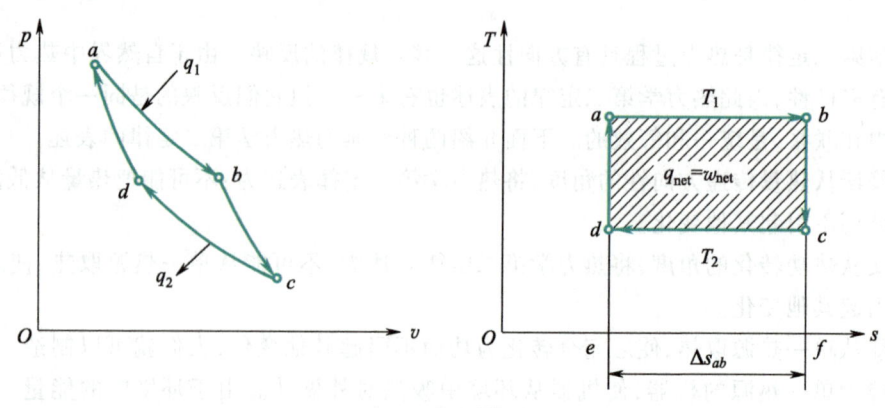

图4-6 卡诺循环

循环吸热量为

$$q_1 = T_1 \Delta s_{ab} \tag{4-1}$$

循环放热量(取绝对值)为

$$q_2 = T_2 \left| \Delta s_{cd} \right| = T_2 \Delta s_{ab} \tag{4-2}$$

循环的热效率为

$$\eta_c = 1 - \frac{q_2}{q_1} = 1 - \frac{T_2 \Delta s_{ab}}{T_1 \Delta s_{ab}} = 1 - \frac{T_2}{T_1} \tag{4-3}$$

通过上述分析,可以看出,①卡诺循环的热效率只取决于两个恒温热源的温度(工质的吸热和放热温度),与工质无关;②提高高温热源温度或降低低温热源温度,均可以提高卡诺循环热效率;③卡诺循环的热效率恒小于1,因为 $T_2 = 0$ 或 $T_1 = \infty$ 均不可能实现;④当 $T_1 = T_2$ 时,循环的热效率为0,它证明了从单一热源取热的第二类永动机不可能成功。

虽然实际循环由于多种限制因素,不可能完全实现卡诺循环,但是卡诺循环指明了一切热机提高热效率的方向:尽可能提高工质的吸热温度,降低工质的放热温度。

4.2.2 逆卡诺循环

卡诺循环是可逆循环,如果使循环沿卡诺循环相反的方向进行,就称为逆卡诺循环,如图4-7中 $a-d-c-b-a$ 所示。由于使用目的的不同,逆卡诺循环可分为逆卡诺制冷循环和逆卡诺热泵循环。

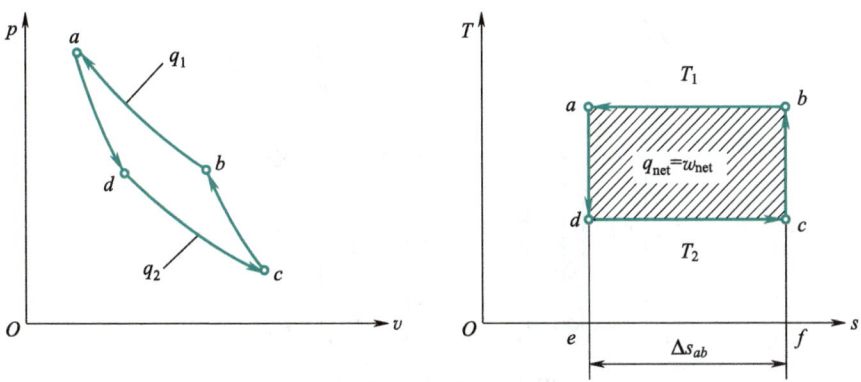

图 4-7 逆卡诺循环

逆卡诺制冷循环的制冷系数为

$$\varepsilon_{c} = \frac{q_2}{w_{net}} = \frac{q_2}{q_1 - q_2} = \frac{T_2 \Delta s_{ab}}{T_1 \Delta s_{ab} - T_2 \Delta s_{ab}} = \frac{T_2}{T_1 - T_2} \tag{4-4}$$

逆卡诺热泵循环的制热系数为

$$\varepsilon_{c}' = \frac{q_1}{w_{net}} = \frac{q_1}{q_1 - q_2} = \frac{T_1 \Delta s_{ab}}{T_1 \Delta s_{ab} - T_2 \Delta s_{ab}} = \frac{T_1}{T_1 - T_2} \tag{4-5}$$

从上面的分析可以看出,逆卡诺循环的制冷系数或制热系数也仅与两个恒温热源的温度(工质的吸热和放热温度)有关,高温热源的温度越低、低温热源的温度越高,则循环的制冷或制热系数越高。

4.2.3 概括性卡诺循环

卡诺循环是两个恒温热源间最简单的可逆循环,除卡诺循环之外,两个恒温热源间还可以有其他可逆循环,概括性卡诺循环就是其中之一,如图 4-8 中循环 $a-b-c-d-a$ 所示,它由两个定温和两个多变过程构成。工质从温度为 T_1 的高温热源吸热的过程($a-b$)和向温度为 T_2 的低温热源放热的过程($c-d$)依然是定温过程。而从 $b-c$ 和从 $d-a$ 的温度变化过程不再是绝热可逆过程,而是伴随着放热($b-c$)和吸热($d-a$)的多变过程。为了实现可逆,要求两个多变过程既不向热源放热,也不从热源吸热,只是工质之间相互交换热量。这种利用工质放出的热量,来加热工质本身的方法称为回热。为了实现可逆回热过程,要求在任意温度 T 处工质放热量 δQ_i 和工质吸热量 δQ_j 相等,这样就可以设置无穷多个回热器,使过程 $b-c$ 在温度 T 下的放热和过程 $d-a$ 在温度 T 下的吸热在同一个回热器中进行,实现工质间的等温换热,从而实现整个循环的可逆。该循环仍然只有温度分别为 T_1 和 T_2 的两个热源,仍然是通过两个可逆定温过程与热源交换热量。其循环热效率为

$$\eta_t = 1 - \frac{q_2}{q_1} = 1 - \frac{T_2 \Delta s_{ab}}{T_1 \Delta s_{ab}} = 1 - \frac{T_2}{T_1} = \eta_c \tag{4-6}$$

显然,概括性卡诺循环与卡诺循环等效,其热效率等于同温限间的卡诺循环的热效率。在概括性卡诺循环中一个重要的措施是采用回热,采用回热的循环称为回热循环,因此,概括性卡诺

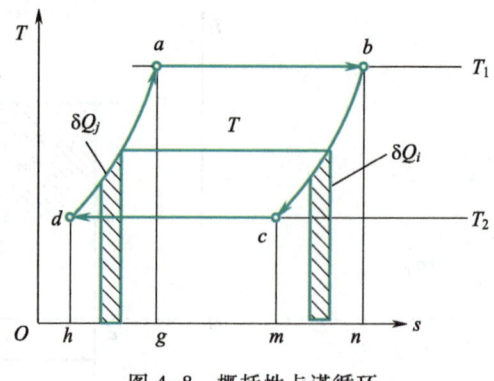

图 4-8 概括性卡诺循环

循环又被称为两个恒温热源间的极限回热循环。在以后的学习中还可以看出,回热是提高动力循环能量利用经济性的一个重要措施。

4.2.4 多热源可逆循环

在实际循环中,热源往往并非恒温,其温度是不断变化的,参见图 4-9 中的变热源可逆循环 $e\text{-}h\text{-}g\text{-}l\text{-}e$。该循环中高温热源的温度从 T_e 经 T_h 连续变化到 T_g,低温热源温度从 T_g 经 T_l 连续变化到 T_e。由于是可逆循环,工质温度在吸热和放热过程中也在连续变化,并随时保持与热源温度相等。变温热源可逆循环可看作是由温度相差无限小的无穷多个恒温热源组成的可逆循环,即多热源可逆循环。

多热源可逆循环的热效率为

$$\eta_t = 1 - \frac{Q_2}{Q_1} = 1 - \frac{A_{elgnme}}{A_{ehgnme}}$$

工作在相同温限 $T_H = T_h$、$T_L = T_l$ 之间的卡诺循环的热效率为

$$\eta_C = 1 - \frac{Q_2'}{Q_1'} = 1 - \frac{A_{DCnmD}}{A_{ABnmA}}$$

由于 $Q_1' > Q_1$、$Q_2' < Q_2$,可得出 $\eta_C > \eta_t$。

为了便于分析和比较,对多热源可逆循环引入平均吸热温度和平均放热温度的概念。所谓平均吸热温度(或平均放热温度),是工质在变温吸热(或放热)过程中温度变化的积分平均值。

图 4-9 中工质在变温吸热过程 $e\text{-}g$ 中的吸热量为

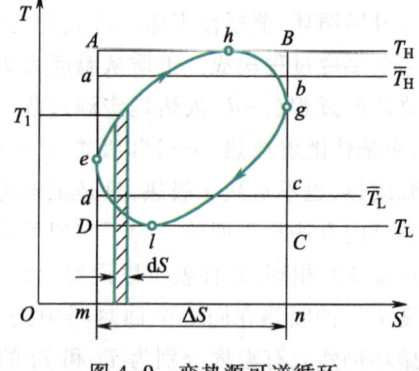

图 4-9 变热源可逆循环

$$Q_1 = \int_e^g T \mathrm{d}S$$

假设有一定温吸热过程 $a\text{-}b$,使该过程的吸热量与变温吸热过程的吸热量 Q_1 相同,且熵变相等,则该定温吸热过程的温度即为变温吸热过程的平均吸热温度 $\overline{T}_H$,也即多热源循环的平均

吸热温度。显然,有

$$\overline{T}_{H} = \frac{Q_1}{\Delta S} = \frac{\int_e^g T\mathrm{d}S}{\Delta S} \tag{4-7}$$

同理,工质的平均放热温度为

$$\overline{T}_{L} = \frac{Q_2}{\Delta S} = \frac{\int_e^g T\mathrm{d}S}{\Delta S} \tag{4-8}$$

引入平均吸热和平均放热温度后,变温热源可逆循环的热效率可用平均温度来表示,即

$$\eta_{t} = 1 - \frac{Q_2}{Q_1} = 1 - \frac{\overline{T}_{L}\Delta S}{\overline{T}_{H}\Delta S} = 1 - \frac{\overline{T}_{L}}{\overline{T}_{H}} \tag{4-9}$$

从式(4-9)可以看出,对于任何可逆循环,工质平均吸热温度 $\overline{T}_{H}$ 越高,平均放热温度 $\overline{T}_{L}$ 越低,则循环热效率越高。因此,对于实际的变温热源可逆循环,提高工质的平均吸热温度 $\overline{T}_{H}$ 和降低工质的平均放热温度 $\overline{T}_{L}$,是提高其热效率的有效措施。平均温度概念的引入,使得两个任意可逆循环热效率的比较十分方便,在作定性比较时往往无须做热效率的定量计算,仅比较两个循环的平均吸热温度和平均放热温度即可判定。

4.2.5 卡诺定理

通过上面的分析可以看出,卡诺循环与概括性卡诺循环具有相同的热效率。那么,在相同温度的高温热源和低温热源之间工作的一切可逆循环,其热效率是否都相同? 如果是不可逆循环,其热效率又会怎么样? 这些问题将由卡诺定理来回答。

卡诺定理一:在相同温度的高温热源和相同温度的低温热源之间工作的一切可逆循环,其热效率都相等,与循环的构成及工质的种类无关。

卡诺定理二:在相同温度的高温热源和相同温度的低温热源之间工作的一切不可逆循环,其热效率必小于可逆循环的热效率。

下面采用反证法证明卡诺定理一。

如图 4-10a 所示,设有在相同温度的高温热源(T_1)和相同温度的低温热源(T_2)之间工作的可逆热机 A 和 B,从高温热源吸取相同的热量 Q_1,分别对外做功 W_A 和 W_B,向低温热源放出热量 Q_{2A} 和 Q_{2B}。它们的热效率 η_A 和 η_B 分别为

$$\eta_A = \frac{W_A}{Q_1} = 1 - \frac{Q_{2A}}{Q_1}$$

$$\eta_B = \frac{W_B}{Q_1} = 1 - \frac{Q_{2B}}{Q_1}$$

现要证明 $\eta_A = \eta_B$,只要证明 $\eta_A > \eta_B$ 和 $\eta_A < \eta_B$ 均不成立,那么 η_A 必然等于 η_B。采用反证法,先假设 $\eta_A > \eta_B$。由于 $\eta_A > \eta_B$、Q_1 相同,因此,$W_A > W_B$、$Q_{2A} < Q_{2B}$,且 $W_A - W_B = Q_{2B} - Q_{2A}$。A 和 B 均为可逆热机,现使 B 机逆转,变为可逆制冷机。由可逆过程的性质可知,B 机逆转后的效果为消耗外界输入功 W_B(由热机 A 提供),从低温热源吸收热量 Q_{2B},向高温热源放出热量 Q_1,如图 4-10b 所示。

当可逆热机 A 与可逆制冷机 B 联合运行一个循环后:①A 和 B 的工质恢复到原态,没有留

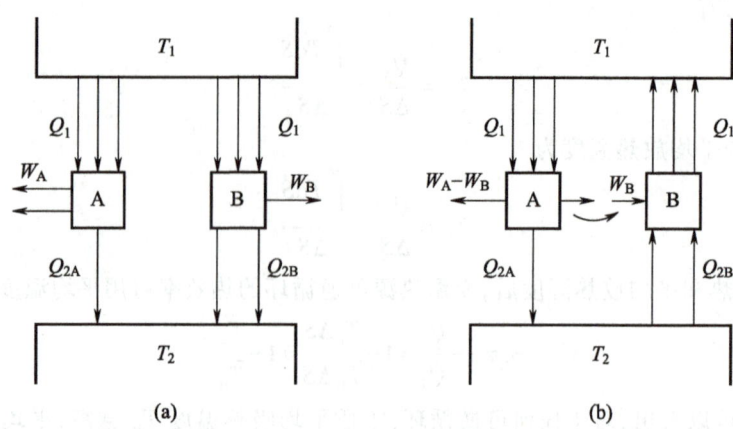

图 4-10 卡诺定理一的证明

下任何变化;②热机 A 从高温热源吸收热量 Q_1、制冷机 B 向高温热源释放热力 Q_1,高温热源也没有变化;③热机 A 向低温热源释放热量 Q_{2A}、制冷机 B 从低温吸收热量 Q_{2B},低温热源失去热量 $Q_{2B}-Q_{2A}$;④功源收获功 $W_A-W_B=Q_{2B}-Q_{2A}$。因此,其总效果相当于从低温热源取热 $Q_{2B}-Q_{2A}$,并使之全部转化为功 W_A-W_B,而没有引起其他变化。显然,这一结论违背了热力学第二定律的开尔文表述。因此,$\eta_A>\eta_B$ 的假设不成立。

同理,可证 $\eta_A<\eta_B$ 也不成立。因此,η_A 必然等于 η_B。

利用同样的方法可以证明卡诺定理二。

卡诺定理二的证明

由卡诺定理一可知,在相同温度(T_1)的高温热源和相同温度(T_2)的低温热源之间工作的所有可逆循环,其热效率都相等,而卡诺循环也是这些可逆循环之一,因此两个恒温热源间一切可逆循环的热效率均可表示为

$$\eta_{t,re}=\eta_c=1-\frac{T_2}{T_1} \tag{4-10}$$

而与循环的构成和采用的工质无关。

由卡诺定理二可知,在相同温限(T_1 和 T_2)间工作的一切不可逆循环,其热效率必然小于同温限间卡诺循环的热效率,即

$$\eta_{t,ir}<\eta_c=1-\frac{T_2}{T_1} \tag{4-11}$$

卡诺定理具有重要的实用和理论价值:①从理论上给出了热机工作(热转变为功)的极限,即其热效率必须小于等于相同温限间卡诺循环的热效率;②指明了提高热机效率的途径,即提高高温热源温度、降低低温热源温度以及尽可能减小不可逆因素。

[例题 4-1] 欲设计一热机,使之能从温度为 1 000 K 的高温热源吸热 2 000 kJ,并向温度为 300 K 的低温热源放热 810 kJ,如图 4-11 所示。(1) 此循环能否实现?(2) 若把此热机当制冷机用,从低温热源吸热 810 kJ,能否向高温热源放热 1 200 kJ?欲使之从低温热源吸热 810 kJ,至少需耗多少功?

解：(1) 根据卡诺定理，两个热源间的一切热力循环的热效率必小于等于相同温限间卡诺循环的热效率。相应的卡诺循环的热效率为

$$\eta_c = 1 - \frac{T_2}{T_1} = 1 - \frac{300\ \text{K}}{1\ 000\ \text{K}} = 70\%$$

而欲设计循环的热效率为

$$\eta_t = \frac{W}{Q_1} = 1 - \frac{|Q_2|}{Q_1} = 1 - \frac{810\ \text{kJ}}{2\ 000\ \text{kJ}} = 59.5\%$$

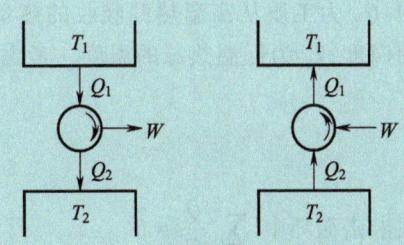

图 4-11　例题 4-1 附图

显然，　　　　　　　　　$\eta_t < \eta_c$

故该热机循环可以实现，且是不可逆循环。

(2) 相同温限间逆卡诺循环的制冷系数为

$$\varepsilon_c = \frac{T_2}{T_1 - T_2} = \frac{300\ \text{K}}{1\ 000\ \text{K} - 300\ \text{K}} = \frac{3}{7} = 0.43$$

而欲设计循环的制冷系数为

$$\varepsilon = \frac{|Q_2|}{|Q_1| - |Q_2|} = \frac{810\ \text{kJ}}{1\ 200\ \text{kJ} - 810\ \text{kJ}} = 2.08$$

显然，　　　　　　　　　$\varepsilon > \varepsilon_c$

故该制冷循环不能实现。要想该循环能够实现，必须确保循环的制冷系数小于等于相同温限间逆卡诺循环的制冷系数。因此，最小消耗的功必须满足

$$\varepsilon = \frac{|Q_2|}{W} = \varepsilon_c = 0.43$$

解得　　　　　　　　　　$W = 1\ 890\ \text{kJ}$

讨论：卡诺定理给出了判断热力循环能否实现的理论依据，即热力循环要想能够实现，其热效率（或制冷系数、制热系数）必须小于、极限情况下等于相同温限间卡诺循环（或逆卡诺循环）的热效率（或制冷系数、制热系数）；否则，循环是不可能实现的。

4.3　熵、热力学第二定律的数学表达式

4.3.1　状态参数熵的导出

熵是与热力学第二定律密切相关的状态参数，下面根据卡诺循环导出状态参数熵。对于卡诺循环有

$$\eta_c = 1 - \frac{Q_2}{Q_1} = 1 - \frac{T_2}{T_1}$$

得

$$\frac{Q_1}{T_1} = \frac{Q_2}{T_2}$$

即

$$\frac{Q_1}{T_1} - \frac{Q_2}{T_2} = 0$$

式中：Q_1 为工质从高温热源吸收的热量；Q_2 为工质向低温热源释放热量的绝对值；T_1 为高温热源的温度；T_2 为低温热源的温度。考虑到热量的符号，放热量应当为 $-Q_2$。因此，上式可改写成

$$\frac{Q_1}{T_1} + \frac{Q_2}{T_2} = 0 \tag{4-12}$$

即在卡诺循环中 $\sum \dfrac{Q}{T} = 0$。

对于图 4-12 所示任意可逆循环，可以用无数条可逆绝热过程线把循环分割成无数个微元循环。对于每个微元循环（如图中的 a-b-c-d-a），由于两条绝热可逆过程线无限接近，可以认为是由两个定温过程和两个可逆绝热过程构成的微元卡诺循环。若微元卡诺循环的热源和冷源的温度分别为 T_{r1} 和 T_{r2}，工质在循环中的吸热量和放热量分别为 δQ_1 和 δQ_2，则有

$$\frac{\delta Q_1}{T_{r1}} + \frac{\delta Q_2}{T_{r2}} = 0 \tag{4-13}$$

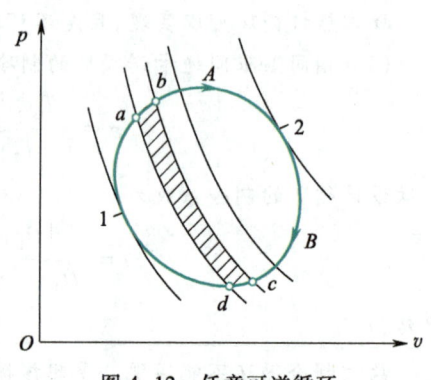

图 4-12　任意可逆循环

对构成循环 1-A-2-B-1 的所有微元卡诺循环积分求和，可得

$$\int_{1A2} \frac{\delta Q_1}{T_{r1}} + \int_{2B1} \frac{\delta Q_2}{T_{r2}} = 0 \tag{4-14}$$

式中：δQ_1 和 δQ_2 分别为微元可逆过程中工质和热源交换的热量（代数值），可以统一用 δQ_{re}（下标 re 代表可逆过程）表示；T_{r1} 和 T_{r2} 均为传热时热源的温度，可统一用 T_r 表示，由于是可逆循环，工质的温度应该与相应的热源温度相同，因此也可用工质的温度 T 表示热源温度。这样式(4-14)可写为

$$\int_{1A2} \frac{\delta Q_{re}}{T} + \int_{2B1} \frac{\delta Q_{re}}{T} = 0 \tag{4-15}$$

即

$$\oint \frac{\delta Q_{re}}{T} = 0 \tag{4-16}$$

可见，在可逆过程中，$\dfrac{\delta Q}{T}$ 的积分与路径无关，且环积分为零。因此，根据状态参数的特性，可以断定可逆过程的 $\dfrac{\delta Q}{T}$ 一定是某一状态参数的全微分，取名为熵，用 S 表示。因此有

$$\mathrm{d}S = \frac{\delta Q_{re}}{T} \tag{4-17}$$

式中：δQ_{re} 为可逆过程的热量；T 为热源或工质的温度。

比熵为

$$ds = \frac{\delta q_{re}}{T} \tag{4-18}$$

任意可逆过程 1-2 的熵变及比熵变为

$$\Delta S = S_2 - S_1 = \int_1^2 \frac{\delta Q_{re}}{T} \tag{4-19}$$

$$\Delta s = s_2 - s_1 = \int_1^2 \frac{\delta q_{re}}{T} \tag{4-20}$$

4.3.2 热力学第二定律的数学表达式

熵与热力学概率

1. 克劳修斯不等式

通过前面的分析,可以看出对于任意可逆循环,有

$$\oint \frac{\delta Q_{re}}{T} = 0$$

那么,对于含有不可逆过程的不可逆循环呢? 考察图 4-13 中的不可逆循环 1-A-2-B-1,其中虚线表示循环中的不可逆过程。利用前述推导状态参数熵的方法,用无数条可逆绝热过程线将循环分成无穷多个微元循环。

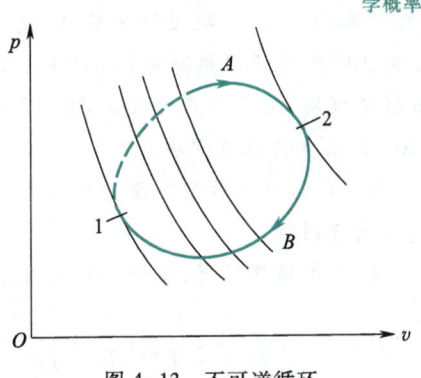

图 4-13 不可逆循环

对其中每个不可逆微元循环,根据卡诺定理,可知其热效率 η_t 小于同温限间的卡诺循环的热效率,即

$$\eta_t = 1 - \frac{\delta Q_2}{\delta Q_1} < \eta_c = 1 - \frac{T_{r2}}{T_{r1}}$$

故而有

$$\frac{\delta Q_1}{T_{r1}} - \frac{\delta Q_2}{T_{r2}} < 0$$

考虑到 δQ_2 为工质放热,则有

$$\frac{\delta Q_1}{T_{r1}} + \frac{\delta Q_2}{T_{r2}} < 0$$

同理,对每个可逆微元循环,有

$$\frac{\delta Q_1}{T_{r1}} + \frac{\delta Q_2}{T_{r2}} = 0$$

对包括可逆与不可逆的所有微元循环进行积分求和,有

$$\int_{1A2} \frac{\delta Q_1}{T_{r1}} + \int_{2B1} \frac{\delta Q_2}{T_{r2}} < 0 \tag{4-21}$$

即

$$\oint \frac{\delta Q}{T_r} < 0 \tag{4-22}$$

将式(4-22)与式(4-16)相结合得

$$\oint \frac{\delta Q}{T_r} \leqslant 0 \tag{4-23}$$

式(4-23)即为克劳修斯不等式。式中，δQ 为工质与热源交换的热量，系统吸热为正、放热为负；T_r 为热源的温度；$\oint \dfrac{\delta Q}{T_r}$ 称为克劳修斯积分。

克劳修斯不等式可以作为判断循环是否能够实现以及是否可逆的数学表达式：①当 $\oint \dfrac{\delta Q}{T_r} > 0$ 时，该循环不能实现；②当 $\oint \dfrac{\delta Q}{T_r} = 0$ 时，该循环可以实现，且是可逆循环；③当 $\oint \dfrac{\delta Q}{T_r} < 0$ 时，该循环可以实现，且是不可逆循环。正是因为克劳修斯不等式具有这样的功能，所以它可以作为热力学第二定律的数学表达式之一。

[例题 4-2] 欲设计一热机，使之能从温度为 1 000 K 的高温热源吸热 2 000 kJ，并向温度为 300 K 的低温热源放热 810 kJ，如图 4-11 所示。(1) 此循环能否实现？(2) 若把此热机当制冷机用，从低温热源吸热 810 kJ，能否向高温热源放热 1 200 kJ？欲使之从低温热源吸热 810 kJ，至少需耗多少功？

解：前面通过卡诺定理对热力循环能否实现进行了分析与判断，这里将采用克劳修斯不等式来进行判断。

(1) 由题意可得，该循环的克劳修斯积分为

$$\oint \frac{\delta Q}{T_r} = \frac{Q_1}{T_1} + \frac{Q_2}{T_2} = \frac{2\ 000\ \text{kJ}}{1\ 000\ \text{K}} - \frac{810\ \text{kJ}}{300\ \text{K}} = -0.7\ \text{kJ/K} < 0$$

所以，该循环可以实现，且是不可逆循环。

(2) 制冷循环的克劳修斯积分为

$$\oint \frac{\delta Q}{T_r} = \frac{Q_1}{T_1} + \frac{Q_2}{T_2} = -\frac{1\ 200\ \text{kJ}}{1\ 000\ \text{K}} + \frac{810\ \text{kJ}}{300\ \text{K}} = -1.2\ \text{kJ/K} + 2.7\ \text{kJ/K} = 1.5\ \text{kJ/K} > 0$$

因此，该循环不能实现。

要想实现该制冷循环必须保证循环的克劳修斯积分小于 0，极限情况下等于 0。因此，需要消耗的功必须满足

$$\oint \frac{\delta Q}{T_r} = \frac{Q_1}{T_1} + \frac{Q_2}{T_2} \leqslant 0$$

根据热力学第一定律

$$|Q_1| = |Q_2| + |W|$$

则

$$-\frac{810+W}{1\ 000} + \frac{810}{300} \leqslant 0$$

解得

$$W \geqslant 1\ 890\ \text{kJ}$$

讨论：利用克劳修斯不等式判断热力循环能否实现时，和采用卡诺定理一样，热量的符号是站在工质（热力循环）的角度进行判断的，工质吸热热量为正、工质放热热量为负。克劳修斯积分中相应的温度是指热源的温度，不一定是工质的温度，当循环可逆时，热源的温度等于工质的温度；当循环不可逆时，热源的温度可能不等于工质的温度。

2. 不可逆过程熵变的表达式

可逆过程的熵变 $\Delta s = s_2 - s_1 = \int_1^2 \dfrac{\delta q_{re}}{T}$，不可逆过程的熵变会是怎样呢？为了分析不可逆过程熵的变化，考察图 4-14 所示的不可逆过程 $1-A-2$。为了利用上面导出的克劳修斯不等式进行分析，在图中附加一个可逆过程 $2-B-1$，构成一个不可逆循环 $1-A-2-B-1$。根据克劳修斯不等式，有

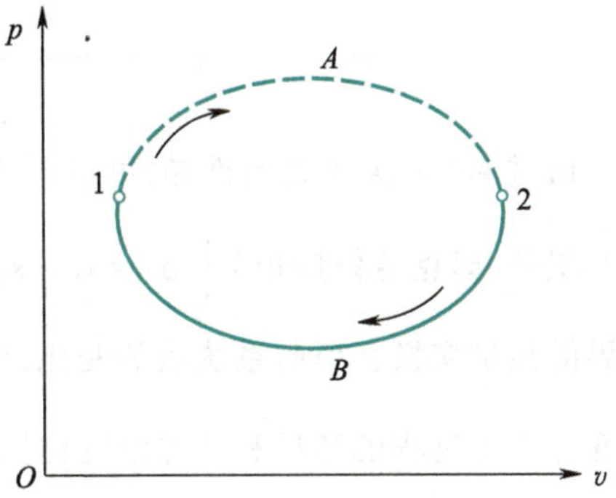

$$\int_{1A2} \frac{\delta Q}{T_r} + \int_{2B1} \frac{\delta Q}{T_r} < 0$$

即

$$\int_{1A2} \frac{\delta Q}{T_r} < -\int_{2B1} \frac{\delta Q}{T_r}$$

考虑到积分方向，上式可改写为

$$\int_{1A2} \frac{\delta Q}{T_r} < \int_{1B2} \frac{\delta Q}{T_r}$$

由于过程 $1-B-2$ 是可逆过程，因此，有

$$S_2 - S_1 = \int_{1B2} \frac{\delta Q}{T_r}$$

图 4-14　不可逆过程

代入上式可得

$$S_2 - S_1 > \int_{1A2} \frac{\delta Q}{T_r} \tag{4-24}$$

对于以微元过程，则有

$$\mathrm{d}S > \frac{\delta Q}{T_r} \tag{4-25}$$

可见，对于不可逆过程，其熵变大于 $\int \dfrac{\delta Q}{T_r}$。考虑到在可逆过程中，熵变等于 $\int \dfrac{\delta Q}{T_r}$。因此，对于任意热力过程，有

$$S_2 - S_1 \geqslant \int_1^2 \frac{\delta Q}{T_r} \tag{4-26}$$

$$\mathrm{d}S \geqslant \frac{\delta Q}{T_r} \tag{4-27}$$

对于单位质量工质的任意热力过程，有

$$s_2 - s_1 \geqslant \int_1^2 \frac{\delta q}{T_r} \tag{4-28}$$

$$\mathrm{d}s \geqslant \frac{\delta q}{T_r} \tag{4-29}$$

式（4-27）或式（4-29）可以作为判断热力过程是否能够实现以及是否可逆的表达式：

①当一个热力过程的熵变小于 $\int \dfrac{\delta Q}{T_r}$ 时，该热力过程不能实现；②当一个热力过程的熵变等于 $\int \dfrac{\delta Q}{T_r}$ 时，该热力过程可以实现，且是可逆过程；③当一个热力过程的熵变大于 $\int \dfrac{\delta Q}{T_r}$ 时，该热力过程可以实现，且是不可逆过程。鉴于此，它们也是热力学第二定律的数学表达式之一。

由于循环是特殊的热力过程,即封闭的热力过程,因此上述公式也适用于热力循环。对于循环,由于熵变 $\Delta s = 0$,因此有 $\oint \dfrac{\delta q}{T_{\mathrm{r}}} \leqslant 0$,即为克劳修斯不等式。

4.4 熵 方 程

通过 4.3 节关于熵的推导,可以看出可逆过程中系统的熵变等于过程的热量和热源温度比值的积分,即克劳修斯积分 $\left(\Delta s = s_2 - s_1 = \displaystyle\int_1^2 \dfrac{\delta q_{\mathrm{re}}}{T} \right)$,而与功量的交换无关。这一现象说明系统和外界的热量交换会引起系统熵的变化,而功量交换不会引起熵的变化。在不可逆过程中,系统熵的变化大于过程的热量和热源温度比值的积分 $\left(\Delta s = s_2 - s_1 > \displaystyle\int_1^2 \dfrac{\delta q}{T_{\mathrm{r}}} \right)$,说明除了热量交换还有其他因素会引起系统熵的变化,即不可逆因素。本节将在 4.3 节的基础上,导出各种热力系统的熵方程,进一步揭示过程不可逆性、方向性与熵的内在关联。

4.4.1 闭口系统熵方程

对于闭口系统,在熵变表达式(4-27)的右边加一项,使不等号变为等号,即

$$dS = \frac{\delta Q}{T_{\mathrm{r}}} + \delta S_{\mathrm{g}} = \delta S_{\mathrm{f},Q} + \delta S_{\mathrm{g}} \tag{4-30}$$

式中:$\delta S_{\mathrm{f},Q} = \dfrac{\delta Q}{T_{\mathrm{r}}}$ 为热熵流,是由系统与外界交换热量引起的系统熵变,系统吸热为正、系统放热为负;δS_{g} 为熵产,是由不可逆因素造成的系统熵的增加,是不可逆因素大小的度量,熵产只能为正,极限情况(可逆过程)熵产为零。

式(4-30)即闭口系统熵方程,也是热力学第二定律的数学表达式之一。它表明引起闭口系统熵变的原因有两个:一是系统与外界热量交换引起的热熵流;另一个是不可逆因素引起的熵产。热熵流与热量交换情况有关,可以是正,可以是负,也可以为零;熵产恒大于等于零。

对于闭口系统绝热过程,系统与外界的热量交换为零,故热熵流为零,系统的熵变仅取决于不可逆因素引起的熵产,即

$$dS_{\mathrm{ad}} = \delta S_{\mathrm{g}} \geqslant 0 \tag{4-31}$$

当过程可逆时,取等号;当过程不可逆时,取大于号。可见,对于闭口系统绝热过程,当过程可逆时,系统的熵不变;当过程不可逆时,系统的熵必然增加。

4.4.2 开口系统熵方程

在闭口系统中,系统与外界没有物质交换,系统的熵变只取决于热熵流和熵产。对于开口系统,系统和外界存在物质交换,而熵是一个广延性参数和物质的量有关,因此系统与外界交换物质也会引起系统熵的变化。考察图 4-15 所示的开口系统熵方程模型,初始时刻系统的熵为 S,

在微元时间段内，外界向系统输入质量 δm_1，系统向外界输出质量 δm_2，系统与温度为 T_r 的热源交换热量 δQ，与外界交换功量 δW。该微元时间段内系统的熵变为

$$dS = s_1\delta m_1 - s_2\delta m_2 + \delta S_{f,Q} + \delta S_g = \delta S_{f,m} + \delta S_{f,Q} + \delta S_g \tag{4-32}$$

式中：$\delta S_{f,m} = s_1\delta m_1 - s_2\delta m_2$ 为系统与外界质量交换引起的熵变，称为质熵流，它等于随工质流进系统的熵减去随工质流出系统的熵，可以是正，可以是负，也可以是零；s_1 和 s_2 分别为进口和出口截面上工质的比熵；$\delta S_{f,Q}$ 为热熵流；δS_g 为熵产。

式（4-32）即为开口系统熵方程，它表明引起开口系统熵变的原因有 3 个：系统与外界质量交换引起的质熵流、系统与外界热量交换引起的热熵流和不可逆因素引起的熵产。

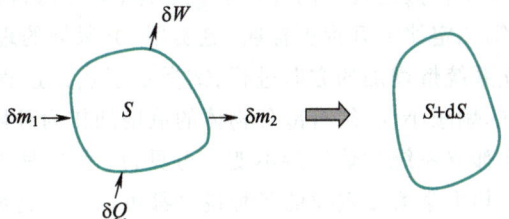

图 4-15　开口系统熵方程模型

对于稳定流动开口系统，因为是稳定流动，所以系统内熵的变化量为零，且流进系统的质量等于流出系统的质量，其熵方程可简化

$$(s_2 - s_1)\delta m = \delta S_{f,Q} + \delta S_g \tag{4-33}$$

或

$$s_2 - s_1 = s_{f,Q} + s_g \tag{4-34}$$

可见，对于稳定流动系统，其进出口的熵变和闭口系统的熵变一样，也等于热熵流加熵产。因此，把闭口系统的熵方程作为热力学第二定律的数学表达式之一。

对于绝热的稳定流动系统，则有

$$s_2 - s_1 = s_g \geqslant 0 \tag{4-35}$$

式（4-35）表明，在可逆绝热的稳定流动系统中，系统进出口截面上工质的比熵保持不变；在不可逆绝热的稳定流动系统中，出口截面上工质的比熵必然大于进口截面上工质的比熵，两者的差值即为不可逆因素引起的熵产。

4.5　孤立系统熵增原理

4.5.1　孤立系统熵增原理概述

由 4.4 节的熵方程可知，一般开口系统的熵变包括 3 项：热熵流、质熵流和熵产。对于孤立系统，系统与外界既没有质量交换，也没有热量交换，因此不存在热熵流和质熵流，孤立系统的熵变仅有不可逆因素引起的熵产，即

$$dS_{iso} = \delta S_g \geqslant 0 \tag{4-36}$$

式中：dS_{iso} 为孤立系统的熵变，下标 iso 代表孤立系统；δS_g 为熵产。等号适用于可逆过程，大于号

适用于不可逆过程。

式(4-36)表明,孤立系统内发生不可逆变化时,孤立系统的熵增大,极限情况(发生可逆变化)时系统的熵保持不变,任何使孤立系统熵减小的过程都不可能发生。简言之,孤立系统的熵只能增加,不能减少,极限情况(可逆过程)保持不变。这一结论即为孤立系统熵增原理,简称熵增原理。

需要注意的是,熵增原理只适用于孤立系统。至于非孤立系统,或者孤立系统中某个子系统,它们在热力过程中可以吸热也可以放热、质量也可能发生变化,所以它们的熵可能增大、可能不变,也可能减小。

孤立系统熵增原理揭示了自然过程方向性的客观规律,即任何自发过程都是使孤立系统熵增加的过程。它把热力学第二定律上升到更普遍、更实用、更深刻的理论高度:①阐明了热力过程进行的方向,即沿着孤立系统熵增加的方向进行;②揭示了热力过程进行的条件,即孤立系统的热力过程中有部分物体的熵减小,必须有部分物体的熵增加作为补偿条件;③指出了热力过程进行的限度,即极限情况下孤立系统的熵保持不变。可见,熵增原理全面、透彻地揭示了热过程进行的方向、条件和限度。热力学第二定律的各种说法都可以归结为熵增原理,在应用中又总能将任何系统与相关物体、相关环境一起归入一个孤立系统,所以一般认为孤立系统熵增原理的表达式,即式(4-36)是热力学第二定律最基本、最常用的数学表达式。

4.5.2 孤立系统熵变的计算

熵增原理仅适用于孤立系统,因此在使用熵增原理时必须构造合适的孤立系统。将要考察的系统和与之有相互作用(热量交换、质量交换和功量交换)的外界作为一个大系统统一考虑,即构成了孤立系统。可见,孤立系统往往包含多个子系统,而孤立系统的熵变等于各子系统熵变的代数和,即

$$\Delta S_{iso} = \sum \Delta s \qquad (4-37)$$

因此,计算孤立系统的熵变,必须先计算各子系统的熵变。下面将讨论常见系统熵变的计算。

1. 工质的熵变

对于理想气体任意过程 1-2,其熵变为

$$\Delta s_{12} = \int_1^2 c_V \frac{dT}{T} + R_g \ln \frac{v_2}{v_1} = \int_1^2 c_p \frac{dT}{T} - R_g \ln \frac{p_2}{p_1} = \int_1^2 c_p \frac{dv}{v} + \int_1^2 c_V \frac{dp}{p}$$

对于实际气体任意过程 1-2,其熵变为

$$\Delta s_{12} = s_2 - s_1$$

式中,s_1 和 s_2 可通过查图或查表获得。

对于固体或液体,其压力和体积通常可认为不变,且比定压热容和比定容热容相等,因此,其任意过程 1-2 的熵变可表示为

$$\Delta s_{12} = \int_1^2 c \frac{dT}{T}$$

2. 热机的熵变

热机的熵变其实就是循环中工质的熵变,由于熵是状态参数,工质经历一个循环后恢复到初

态,其熵不会发生变化。因此,热机的熵变为

$$\Delta s = \oint \mathrm{d}s = 0$$

3. 热源的熵变

热源与外界仅有热量交换,其熵变仅有热熵流一项。因此,任意过程 1-2 中热源的熵变为

$$\Delta s_{12} = \int_1^2 \frac{\delta q}{T_\mathrm{r}}$$

4. 功源的熵变

功源与外界仅有功量交换,而功量进出系统不会引起熵变。因此,任意过程 1-2 中功源的熵变为

$$\Delta s_{12} = 0$$

[例题 4-3] 欲设计一热机,使之能从温度为 1 000 K 的高温热源吸热 2 000 kJ,并向温度为 300 K 的低温热源放热 810 kJ,如图 4-11 所示。(1) 此热机循环能否实现?(2) 若把此热机当制冷机用,从低温热源吸热 810 kJ,能否可能向高温热源放热 1 200 kJ? 欲使之从低温热源吸热 810 kJ,至少需耗多少功?

解:前面通过卡诺定理、克劳修斯不等式对热力循环能否实现进行了分析与判断,这里将采用孤立系统熵增原理来进行判断。

(1) 将高温热源、低温热源、热机和功源放在一起,构成孤立系统,则孤立系统的熵变为高温热源的熵变(ΔS_H)、低温热源的熵变(ΔS_L)、热机的熵变(ΔS_E)和功源的熵变(ΔS_W)的代数和,即

$$\Delta S_\mathrm{iso} = \Delta S_\mathrm{H} + \Delta S_\mathrm{L} + \Delta S_\mathrm{E} + \Delta S_\mathrm{W}$$

$$= \frac{Q_1}{T_1} + \frac{Q_2}{T_2} + 0 + 0$$

$$= -\frac{2\ 000\ \mathrm{kJ}}{1\ 000\ \mathrm{K}} + \frac{810\ \mathrm{kJ}}{300\ \mathrm{K}}$$

$$= 0.7\ \mathrm{kJ/K} > 0$$

可见,该循环满足孤立系统熵增原理,故可以实现,且为不可逆循环。

(2) 仍然将高温热源、低温热源、制冷机和功源放在一起,构成孤立系统,则孤立系统的熵变为

$$\Delta S_\mathrm{iso} = \Delta S_\mathrm{H} + \Delta S_\mathrm{L} + \Delta S_\mathrm{R} + \Delta S_\mathrm{W}$$

$$= \frac{Q_1}{T_1} + \frac{Q_2}{T_2} + 0 + 0$$

$$= \frac{1\ 200\ \mathrm{kJ}}{1\ 000\ \mathrm{K}} - \frac{810\ \mathrm{kJ}}{300\ \mathrm{K}}$$

$$= -1.5\ \mathrm{kJ/K} < 0$$

可见,该循环不满足孤立系统熵增原理,故不能实现。

要想实现该制冷循环,必须满足孤立系统熵增原理,即

$$\Delta S_{iso} = \Delta S_H + \Delta S_L + \Delta S_R + \Delta S_W = \frac{Q_1}{T_1} + \frac{Q_2}{T_2} + 0 + 0 \geqslant 0$$

根据热力学第一定律， $$|Q_1| = |Q_2| + |W|$$

因此

$$\Delta S_{iso} = \frac{810 + |W|}{1\ 000} - \frac{810}{300} \geqslant 0$$

解得 $$W \geqslant 1\ 890\ \text{kJ}$$

讨论：例题4-1~例题4-3分别采用卡诺定理、克劳修斯不等式和孤立系统熵增原理对循环能否实现进行了分析与判断，不同的是：①卡诺定理是从循环效率的角度出发，指出一切循环的效率均小于或等于同温限间卡诺循环的热效率；②克劳修斯不等式是站在工质的角度，来确定热量的正、负号，工质吸热为正，放热为负，而对应的温度为热源的温度；③孤立系统熵增原理是站在各子系统的角度，来确定热量的正、负号，热源放出热量其值为负，冷源吸收热量其值为正，对应的温度仍为热源或冷源的温度。

4.6 熵 的 应 用

根据熵的定义式可知，系统熵的变化表征了可逆过程中系统与外界热交换的方向和大小。熵本身又是描述所有不可逆过程共同特性的状态参数，可以作为过程不可逆性的度量。自然界中发生的一切过程都是不可逆的，而不可逆性又会造成系统的工作性能降低。因此，熵在热力学理论计算及实际过程的性能分析与评价等方面具有重要的作用。

4.6.1 可逆过程热量计算

由熵的定义式可得

$$\delta q_{re} = T ds \qquad\qquad (4-38)$$

式中：δq_{re} 为微元可逆过程的热量；T 为微元过程对应的温度；ds 为微元过程的熵变。对于微元过程的热量进行积分，即可得到整个可逆过程中系统与外界交换的热量。

$$q_{re} = \int T ds \qquad\qquad (4-39)$$

式（4-39）不仅可以用来计算可逆过程中系统和外界交换的热量的大小，而且可用于判断热量的方向。当 $ds > 0$ 时，热量为正，说明系统从外界吸热；当 $ds < 0$ 时，热量为负，说明系统向外界放热；当 $ds = 0$ 时，热量为零，说明系统是一个绝热系，与外界没有热量交换。

4.6.2 过程方向性判据

由孤立系统熵增原理（$dS_{iso} = \delta S_g \geqslant 0$）可知，孤立系统中的任意热力过程必须沿着孤立系统熵增加的方向进行，极限情况（发生可逆过程）系统的熵保持不变，使孤立系统的熵减小的热力

过程不可能发生。因此,孤立系统的熵变可以用来判断热力过程的方向。对于任意热力过程:

当 $dS_{iso} > 0$ 时,该过程不仅可以实现,而且是不可逆过程;当 $dS_{iso} = 0$ 时,该过程不仅可以实现,而且是可逆过程;当 $dS_{iso} < 0$ 时,该过程不可能实现。

[例题 4-4] 已知 A、B、C 3 个热源的温度分别为 500 K、400 K、300 K,有可逆机在这 3 个热源间工作。若可逆机从热源 A 净吸入 3 000 kJ 热量,输出净功 400 kJ,试求可逆机与 B、C 两个热源交换的热量,并指明其方向。

解:由于是可逆热机,根据孤立系统熵增原理等式 $\Delta S_{iso} = 0$ 成立,同时由热力学第一定律可列出能量平衡式。因未知量数和可列方程数一致,均为 2 个方程,故该题有定解。先假设热机从热源 B 吸热、向热源 C 放热,如图 4-16 所示。如果解得热量为正,说明实际的热量方向与假设一致;如果解得热量为负,说明实际的热量方向与假设方向相反。

由热力学第一定律可得

$$Q_A + Q_B = Q_C + W$$

由热力学第二定律熵增原理可得

$$\Delta S_{iso} = \frac{-Q_A}{T_A} - \frac{Q_B}{T_B} + \frac{Q_c}{T_c} = 0$$

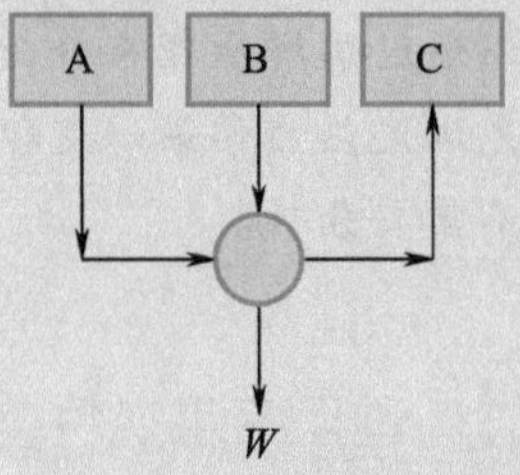

代入数据

$$3\ 000\ \text{kJ} + Q_B = Q_c + 400\ \text{kJ}$$

$$-\frac{3\ 000\ \text{kJ}}{500\ \text{K}} - \frac{Q_B}{400\ \text{K}} + \frac{Q_c}{300\ \text{K}} = 0$$

图 4-16 例题 4-4 附图

解得

$$Q_B = -3\ 200\ \text{kJ}$$

$$Q_C = -600\ \text{kJ}$$

即可逆热机向 B 热源放热 3 200 kJ,从 C 热源吸热 600 kJ。

讨论:热力学第二定律是关于热力过程方向性的基本定律,任何热力过程的发生都必须满足热力学基本定律。对于任一个已经发生的热力过程,当不知道系统与外界交换的热量和功量的具体方向时,可以先假设一个方向,然后通过热力学第二定律分析,来确定热量和功量的真实方向。

[例题 4-5] 图 4-17 所示为用于生产冷空气的设计方案,问生产 1 kg 冷空气至少要给装置多少热量? 空气可视为理想气体,其比定压热容 $c_p = 1.0$ kJ/kg。

解:由热力学第一定律可得稳定流动系统的能量平衡式为

$$q_H + c_p T_3 = q_L + c_p T_4$$

即

$$q_L = q_H + c_p(T_3 - T_4)$$

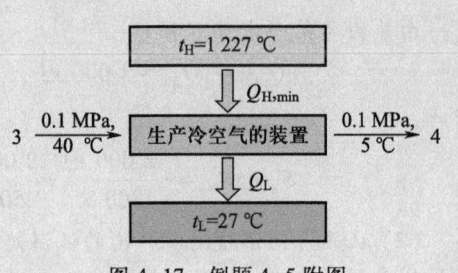

图 4-17 例题 4-5 附图

由热力学第二定律可知,当系统内进行的过程为可逆过程时,需要的加热量最小。选取整个装置(高温热源、低温热源、工质)作为孤立系统,由孤立系统熵增原理可得

$$\Delta S_{iso} = \Delta S_H + \Delta S_L + \Delta S_{air} = 0$$

即

$$\Delta S_{iso} = -\frac{q_{H,min}}{T_1} + \frac{q_{H,min} + c_p(T_3 - T_4)}{T_2} + c_p \ln\frac{T_4}{T_3} = 0$$

代入数据可得

$$-\frac{q_{H,min}}{1\ 500\ K} + \frac{q_{H,min} + 1\ kJ/(kg\cdot K) \times (313-278)\ K}{300\ K} + 1.0\ kJ/(kg\cdot K)\ln\frac{278\ K}{313\ K} = 0$$

解得

$$q_{H,min} = 0.718\ kJ/kg$$

即生产1 kg冷空气至少需要给加热装置0.718 kJ的热量。

讨论:热力过程的方向、条件和限度(极值)问题,都是热力学第二定律的研究内容,也都可以通过熵增原理来分析。需要指出的是,当采用热力学第二定律分析热力问题时,该问题必须先满足热力学第一定律。若一个热力过程不满足热力学第一定律,则该过程不可能发生,也就不需要分析。

4.6.3 过程不可逆性度量

不可逆因素的存在必然引起熵产,不可逆性越大,熵产就越大,能量利用的经济性就越差。因此,可以将熵产作为过程不可逆性大小的度量,通过分析能量利用系统中各环节的熵产情况,找出能量利用的薄弱环节,即找出熵产最大的环节,进而加以改进,这就是熵分析方法。通过熵产分析可以抓住主要矛盾,有效地提高整个能量利用系统的经济性。

[例题4-6] 有一个温度为800 K的高温热源,分别向温度为500 K的低温热源A和温度为750 K的低温热源B各放热2 000 kJ,如图4-18所示。试确定哪个放热过程的不可逆性更大?

解:(1)从热源向温度为500 K的低温热源A的传热过程分析,将高温热源、低温热源A放在一起构成孤立系统,由孤立系统熵增原理可知,系统的熵增即为熵产。

$$S_g = \Delta S_{iso} = \frac{Q_{rA}}{T_r} + \frac{Q_A}{T_A}$$

由热力学第一定律可知

$$|Q_{rA}| = |Q_A| = 2\ 000\ kJ$$

因此,

$$S_g = \Delta S_{iso} = -\frac{2\ 000\ kJ}{800\ K} + \frac{2\ 000\ kJ}{500\ K} = -2.5\ kJ/K + 4\ kJ/K = 1.5\ kJ/K$$

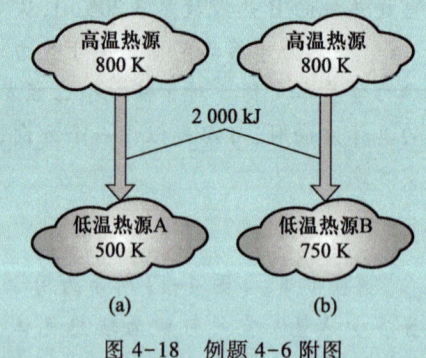

图4-18 例题4-6附图

(2)从热源向温度为750 K的低温热源B的传热过程分析,将高温热源、低温热源B放在一起构成孤立系统,由孤立系统熵增原理可知

$$S_{g} = \Delta S_{iso} = \frac{Q_{rB}}{T_{r}} + \frac{Q_{B}}{T_{B}}$$

由热力学第一定律可知

$$|Q_{rB}| = |Q_{B}| = 2\,000 \text{ kJ}$$

因此，

$$S_{g} = \Delta S_{iso} = -\frac{2\,000 \text{ kJ}}{800 \text{ K}} + \frac{2\,000 \text{ kJ}}{750 \text{ K}} = -2.5 \text{ kJ/K} + 2.67 \text{ kJ/K} = 0.17 \text{ kJ/K}$$

可见，向低温热源 A 放热时的熵产大于向低温热源 B 放热时的熵产，因此向低温热源 A 放热过程的不可逆性更大。

讨论：熵产是过程不可逆性大小的度量，过程的熵产越大，则不可逆性越大。当应用孤立系统熵增原理时，必须先构造孤立系统，然后将孤立系统各子系统的熵变进行代数求和，结果即为孤立系统的熵增，也就是不可逆因素引起的熵产。孤立系统熵增原理表达式中热量的符号，是站在各子系统角度进行判断的。本例中高温热源放出热量，所以热量为负；低温热源吸收热量，所以热量为正。

[例题 4-7] 冬季为了维持房间温度在 20 ℃，需要对其进行供暖，方案 1 是采用电加热供暖，方案 2 是采用 80 ℃ 的热水供暖，如图 4-19 所示。请分析哪种供暖措施经济性更高？假设供热量为 100 kJ，房间和热水可以看作恒温热源，电加热器可以看作功源。

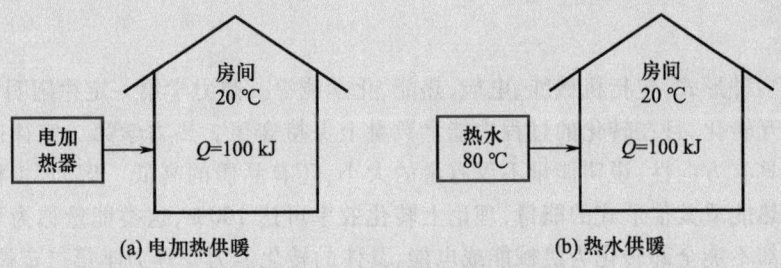

图 4-19 例题 4-7 附图

解：(1) 采用电加热供暖，可以将电加热器和房间构成孤立系统。
由热力学第一定律可得

$$|W| = |Q| = 100 \text{ kJ}$$

由孤立系统熵增原理可得

$$S_{g} = \Delta S_{iso} = \frac{Q}{T} + 0 = \frac{100 \text{ kJ}}{(20+273.15) \text{ K}} = 0.34 \text{ kJ/K}$$

(2) 采用热水供暖，将热水和房间构成孤立系统。由热力学第一定律可得

$$|Q_{W}| = |Q| = 100 \text{ kJ}$$

由孤立系统熵增原理可得

$$S_g = \Delta S_{iso} = \frac{Q}{T} + \frac{Q_W}{T_W}$$

$$= \frac{100 \text{ kJ}}{(20+273.15) \text{ K}} - \frac{100 \text{ kJ}}{(80+273.15) \text{ K}}$$

$$= 0.341 \text{ kJ/K} - 0.283 \text{ kJ/K}$$

$$= 0.058 \text{ kJ/K}$$

显然,热水供暖比电加热供暖的熵产更小,能量利用的经济性更高。

讨论:能量不仅有数量大小,还有品质高低。不可逆因素的存在,必然引起热力过程中能量品质降低,即能量利用经济性降低。在本例中,方案1采用电加热供暖,电能直接转化为热能,造成能量品质显著降低,相应的熵产也较高,说明能量利用的经济性较差;而方案2采用热水供暖,虽然由于不可逆传热也有熵产,但其数值远低于电加热供暖,说明其经济性更高。可见,要想实现能量的高效合理利用,必须尽量减小能量利用过程中的不可逆性,即减小能量利用过程的熵产。

4.7 㶲及㶲损失

4.7.1 㶲简介

能量具有多种形式,包括机械能、电能、热能、化学能等。热力学第一定律阐明了不同形式能量之间可以相互转化,且在转化的过程中能量数量上保持守恒。热力学第二定律阐明了能量在转化的过程中具有方向性,说明能量不仅有量的大小,还有品质的高低。例如,机械能和电能可以全部转化为热能或其他形式的能量,理论上转化效率可达100%,这类能量称为可无限转化的能量。而热能却不能全部转化为机械能或电能,具体的转化能力受热力学第二定律限制,因此热能也称为可有限转化的能量,热能的品质低于机械能或电能。此外,热能转化为机械能的能力还和热能对应的热源温度有关,因此热能自身也有品质的高低。例如,环境温度的热能,在环境条件下不具备转化为机械能的能力,称为不可转化的能量。

在给定环境条件下,任意形式的能量中,理论上最大可能转化为有用功的那部分能量称为该能量的㶲或有效能,这就是㶲的一般性定义。或者,热力系只与环境相互作用,从任意状态(与环境不平衡的状态)可逆地变化到与环境相平衡的状态时,做的最大有用功称为该热力系的㶲。在给定环境条件下,能量中不能转化为有用功的那部分能量称为能量的㶲或无效能。因此,任何形式的能量都可以看成是由㶲(E_x)和㶲(A_n)所组成的,即

$$E = E_x + A_n \tag{4-40}$$

㶲反映了能量的做功能力,能量中㶲越大,能量的做功能力越大,能量的品质越高。例如,在可无限转化的能量(机械能、电能等)中,$E_x = E$,$A_n = 0$;在环境介质的热能中,$E_x = 0$,$A_n = E$。

㶲是一个既能反映能量数量,又能反映能量品质的物理量,㶲参数的引出为热力系统经济性评价提供了新方法——㶲分析法。该方法实现了热力学第一定律和热力学第二定律的有机结

合,比基于热力学第一定律的能量分析法更科学、更合理。㶲分析法以㶲效率来衡量热力系统或热力装置的技术完善程度或热力学完善度。㶲效率定义为

$$\eta_{e_x} = \frac{E_{x,u}}{E_{x,p}} \tag{4-41}$$

式中:$E_{x,u}$为系统的收益㶲;$E_{x,p}$为系统的代价㶲;η_{e_x}为系统的㶲效率。㶲效率越接近于 1,表示系统或装置的热力学完善度越好,㶲损失越小,即能量利用得越合理。

4.7.2 能量的㶲

1. 热量㶲

在温度为T_0的环境条件下,系统所提供的热量中能够转化为有用功的最大值,称为该热量的㶲,简称热量㶲,用$E_{x,Q}$表示。

如果系统在传递热量的过程中,温度T保持不变,以环境温度T_0为低温热源,以热力系统吸收或释放热量Q时相应的温度T为高温热源,构造一个卡诺热机,则该热机所能输出的功即为热量Q所能做的最大有用功,即热量的㶲。此时热量的㶲和炻可分别表示为

$$E_{x,Q} = \left(1 - \frac{T_0}{T}\right)Q = Q - T_0\frac{Q}{T} \tag{4-42}$$

$$A_{n,Q} = T_0\frac{Q}{T} \tag{4-43}$$

由于是可逆过程且热源温度保持不变,因此$\frac{Q}{T} = \Delta S$,则热量的㶲和炻可分别表示为

$$E_{x,Q} = Q - T_0\Delta S \tag{4-44}$$
$$A_{n,Q} = T_0\Delta S \tag{4-45}$$

如果系统在传递热量的过程中,温度发生变化,那么可将该过程划分成许多微元段,并以环境温度T_0为低温热源,以热力系统吸收或释放热量δQ时相应的温度T为高温热源,构造一个微元卡诺热机。该热机所能输出的功即为热量δQ所能做的最大有用功,可表示为

$$\delta E_{x,Q} = \left(1 - \frac{T_0}{T}\right)\delta Q \tag{4-46}$$

对整个过程进行积分,则可得整个吸热或放热过程中所传递的总热量的㶲和炻为

$$E_{x,Q} = \int\left(1 - \frac{T_0}{T}\right)\delta Q = Q - T_0\int\frac{\delta Q}{T} = Q - T_0\Delta S \tag{4-47}$$

$$A_n = Q - E_{x,Q} = T_0\int\frac{\delta Q}{T} = T_0\Delta S \tag{4-48}$$

热量㶲和热量炻与热量一样都是过程量,且均可表示在$T\text{-}S$图中,如图 4-20 所示。

由式(4-42)或式(4-47)可知,①热量㶲不仅与热量Q有关,还与热量相应的系统温度T及环境温度T_0有关,当环境温度给定后,一定的热量Q对应的系统温度越高,热量㶲就越大,热量的品质也就越高;②热量和热量㶲的方向始终相同,即系统释放热量则同时释放热量㶲,反之系统吸收热量则同时吸收热量㶲;③在数值上,热量㶲恒小于热量本身,因此热量的品质低于机械能或电能。

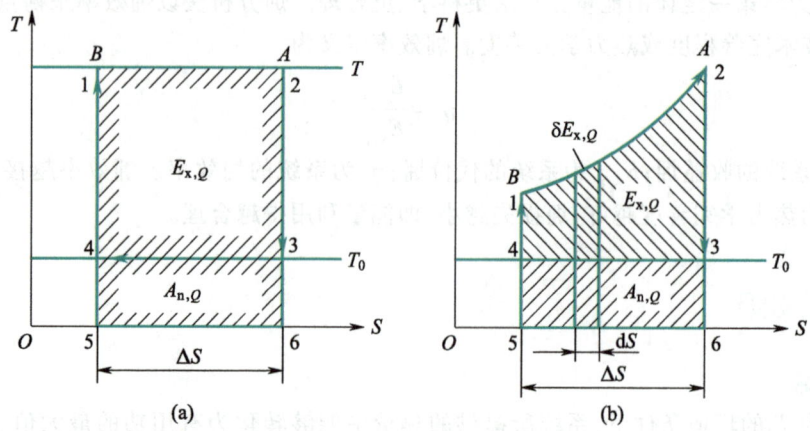

图 4-20　热量㶲和热量㶲在 T-S 图上的表示

2. 冷量㶲

在工程习惯上，将工质与高于环境温度的热源（$T>T_0$）交换的热量称为热量，而将工质与低于环境温度的热源（$T<T_0$）交换的热量称为冷量，即冷量是系统在低于环境温度下与外界交换的热量。当工质交换冷量 Q_c 时，做的最大有用功称为冷量的㶲，简称冷量㶲，用 E_{x,Q_c} 表示。

为了计算冷量㶲，可以假想一个以环境温度 T_0 为热源、以系统温度 T 为冷源的可逆热机，当它从热源吸收冷量 δQ，向冷源放热 δQ_c 时，所能做的最大有用功，即为冷量的㶲。冷量㶲可表示为

$$\delta E_{x,Q_c} = \left(1 - \frac{T}{T_0}\right)\delta Q \tag{4-49}$$

根据能量守恒，该热机从热源吸收的热量应等于对外做的功和向冷源释放热量之和，即

$$\delta Q = \delta Q_c + \delta E_{x,Q_c} \tag{4-50}$$

将式（4-50）代入式（4-49），并化简可得

$$\delta E_{x,Q_c} = \left(\frac{T_0}{T} - 1\right)\delta Q_c \tag{4-51}$$

当交换全部冷量 Q_c 时，所能做的最大有用功，即冷量 Q_c 的㶲为

$$E_{x,Q_c} = \int_1^2 \left(\frac{T_0}{T} - 1\right)\delta Q_c = T_0 \Delta S - Q_c \tag{4-52}$$

冷量 Q_c 的㶲为热机从环境吸收的热量 Q，由于是可逆热机，因此

$$A_{n,Q_c} = Q = T_0 \Delta S \tag{4-53}$$

冷量㶲和㶲仍然是过程量，其在 T-S 图上的表示，如图 4-21 所示。从上述推导过程可以知道，冷量和冷量㶲的符号始终相反，即在热力过程中，系统放出冷量，则得到冷量㶲；反过来，系统吸收冷量，则放出冷量㶲。此外，在数值上，冷量㶲可能小于冷量，也可能等于冷量，甚至大于冷量，这和冷量对应的温度有关。

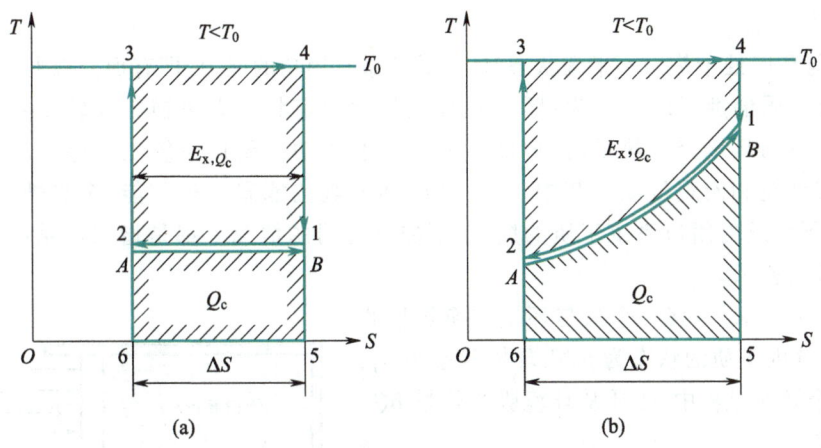

图 4-21 冷量㶲和㶲在 T-S 图上的表示

从上面的讨论可以看出,热量㶲与热量的温度密切相关,因此热能的合理利用,必须考虑热能的品质(温度),避免出现"高能低用"的现象。

[例题 4-8] 某显热储热装置内有 100 kg 储热工质,在储热过程中工质的温度从 127 ℃ 升高到 527 ℃。已知储热工质的比热容 $c = 1.5 \times 10^3$ J/(kg·K),环境温度为 27 ℃,试求该储热装置的储热量及所储存热量中的㶲和㶲。

解:由题意可知,该储热过程中工质的温度从初态的 $T_1 = 127 + 273 = 400$ K,连续变化到终态的 $T_2 = 527 + 273 = 800$ K。装置的储热量为

$$Q = mc\Delta T = 100 \text{ kg} \times 1.5 \times 10^3 \text{ J/(kg·K)} \times (800 - 400) \text{ K} = 6 \times 10^7 \text{ J} = 60 \text{ MJ}$$

由于储热过程中工质的温度从 T_1 变化到 T_2,属于变温系统。取某一微元段的储热量为 $\delta Q = mc\text{d}T$,则对应的热量㶲为

$$\delta E_{\text{x},Q} = \left(1 - \frac{T_0}{T}\right)\delta Q$$

所以该微元过程储存的热量㶲为

$$\delta E_{\text{x},Q} = \left(1 - \frac{T_0}{T}\right) mc\text{d}T$$

整个储热过程中储存的热量㶲为

$$E_{\text{x},Q} = \int_{T_1}^{T_2} \left(1 - \frac{T_0}{T}\right) mc\text{d}T = mc\left(T_2 - T_1 - T_0 \ln\frac{T_2}{T_1}\right)$$

代入数据可得

$$E_{\text{x},Q} = 100 \text{ kg} \times 1.5 \times 10^3 \text{ J/(kg·K)} \times \left(800 \text{ K} - 400 \text{ K} - 300 \text{ K} \times \ln\frac{800 \text{ K}}{400 \text{ K}}\right) = 28.8 \text{ MJ}$$

储存热量的㶲为

$$A_{\text{n}} = Q - E_{\text{x},Q} = 60 \text{ MJ} - 28.8 \text{ MJ} = 31.2 \text{ MJ}$$

讨论:虽然储热结束时工质的温度高达 800 K,但是由于初始温度较低,造成所储存的热量㶲较少,仅占热量的 48%。如果采用相变储热,储热过程中工质的温度一直维持在相变温度 800 K,储存同样多的热量,那么其储存的热量㶲为 37.5 MJ,占热量的 62.5%。

3. 热力学能㶲

当系统与环境处于热力不平衡状态时,均具备做有用功的能力,即有㶲。根据㶲的一般性定义,闭口系统工质的㶲可以定义为:闭口系统从任意给定状态以可逆方式转变到与环境相平衡的状态,并只与环境交换热量时,所能做的最大有用功。闭口系统工质储存的能量包括热力学能、宏观动能和宏观位能。其中,宏观动能和宏观位能属于机械能,全是㶲,这里不进行讨论。一般所谈及的闭口系统工质的㶲,在不加以说明的情况下都是指闭口系统工质的热力学能㶲,用 $E_{x,U}$ 表示。

如图 4-22 所示,考察一个只与环境交换热量的闭口系统,系统内工质的状态为 p、T,环境状态为 p_0、T_0。假设一个微元过程中,工质从环境吸收热量 δQ,对外做功 δW。

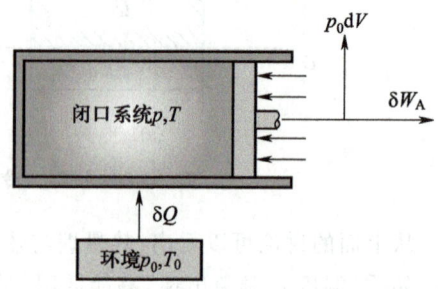

图 4-22 导出闭口工质㶲的示意图

由热力学第一定律可知

$$\delta Q = \mathrm{d}U + \delta W$$

工质体积膨胀所做的体积变化功 δW,包括有用功 δW_A 和克服外界大气压力所消耗的功 $p_0 \mathrm{d}V$,即

$$\delta W = \delta W_A + p_0 \mathrm{d}V$$

故闭口系统能量方程可写成

$$\delta Q = \mathrm{d}U + \delta W_A + p_0 \mathrm{d}V \tag{4-54}$$

将闭口系统和与它交换热量的环境放在一起构造一个孤立系统,根据热力学第二定律,在可逆条件下有

$$\mathrm{d}S_{\mathrm{iso}} = \frac{\delta Q}{T} + \frac{\delta Q_0}{T_0} = 0 \tag{4-55}$$

式中:$\dfrac{\delta Q}{T}$ 为工质的熵变,即 $\mathrm{d}S$;$\dfrac{\delta Q_0}{T_0}$ 为环境的熵变,且 $\delta Q_0 = -\delta Q$。因此有

$$\delta Q = T_0 \mathrm{d}S$$

将 δQ 的表达式代入闭口系统能量方程式(4-54),可得

$$T_0 \mathrm{d}S = \mathrm{d}U + \delta W_{A,\max} + p_0 \mathrm{d}V \tag{4-56}$$

整理可得

$$\delta W_{A,\max} = -\mathrm{d}U + T_0 \mathrm{d}S - p_0 \mathrm{d}V \tag{4-57}$$

由给定状态到环境状态进行积分,可得闭口系统从给定状态变化到环境状态所能做的最大有用功,即为闭口系统工质的㶲(热力学能㶲)。

$$E_{x,U} = W_{A,\max} = (U - U_0) + p_0(V - V_0) - T_0(S - S_0) \tag{4-58}$$

热力学能㶌为

$$A_{n,U} = U - E_{x,U} = U_0 - p_0(V - V_0) + T_0(S - S_0) \tag{4-59}$$

比热力学能㶲和㶌为

$$e_{x,U} = (u - u_0) + p_0(v - v_0) - T_0(s - s_0) \tag{4-60}$$

$$a_{n,U} = u_0 - p_0(v - v_0) + T_0(s - s_0) \tag{4-61}$$

从式(4-58)或式(4-60)可以看出,工质的热力学能㶲不仅与工质的状态有关,还与环境状态有关。当环境状态给定时,可以认为工质的热力学能㶲是工质的状态参数。在任意热力过程

中,初终态热力学能㶲的变化量为

$$\Delta E_{x,U} = E_{x,U2} - E_{x,U1} = (U_2 - U_1) + p_0(V_2 - V_1) - T_0(S_2 - S_1) \tag{4-62}$$

闭口系统由状态 1 可逆变化到状态 2 的过程中,只与环境交换热量时,系统所能做的最大有用功,即为工质热力学能㶲的减少量,因此

$$W_{1-2,\max} = E_{x,U1} - E_{x,U2} = (U_1 - U_2) + p_0(V_1 - V_2) - T_0(S_1 - S_2) = -\Delta E_{x,U} \tag{4-63}$$

[例题 4-9] 一个体积为 100 m³ 的压缩空气储罐,内部储存空气的压力为 10 MPa,温度为 300 K。当环境温度为 300 K、压力为 100 kPa 时,试计算压缩空气所能做的最大有用功。空气当理想气体处理,已知空气的气体常数为 0.287 kJ/(kg·K),比定容热容 $c_V = 0.717$ kJ/(kg·K)。

解:由题意可得,压缩空气储罐内压缩空气的质量为

$$m = \frac{pV}{R_g T} = \frac{10 \times 10^6\ \text{Pa} \times 100\ \text{m}^3}{287\ \text{J/(kg·K)} \times 300\ \text{K}} = 1.16 \times 10^4\ \text{kg}$$

该压缩空气所能做的最大有用功,即为工质的热力学能㶲。

$$W_{A,\max} = E_{x,U} = (U - U_0) + p_0(V - V_0) - T_0(S - S_0)$$

由于工质温度与环境温度相同,因此

$$U - U_0 = 0$$

$$p_0(V - V_0) = p_0\left(\frac{mR_g T}{p} - \frac{mR_g T_0}{p_0}\right) = mR_g T_0\left(\frac{p_0}{p} - 1\right)$$

$$T_0(S - S_0) = mT_0\left(c_p \ln\frac{T}{T_0} - R_g \ln\frac{p}{p_0}\right) = -mR_g T_0 \ln\frac{p}{p_0}$$

所以,工质的热力学能㶲为

$$W_{A,\max} = E_{x,U} = mR_g T_0\left(\frac{p_0}{p} - 1\right) + mR_g T_0 \ln\frac{p}{p_0} = mR_g T_0\left(\frac{p_0}{p} + \ln\frac{p}{p_0} - 1\right)$$

代入数据可得

$$W_{A,\max} = mR_g T_0\left(\frac{p_0}{p} + \ln\frac{p}{p_0} - 1\right)$$

$$= 1.16 \times 10^4\ \text{kg} \times 287\ \text{J/(kg·K)} \times 300\ \text{K} \times \left(\frac{100 \times 10^3\ \text{Pa}}{10 \times 10^6\ \text{Pa}} + \ln\frac{10 \times 10^6\ \text{Pa}}{100 \times 10^3\ \text{Pa}} - 1\right)$$

$$= 3\ 590.7\ \text{MJ}$$

讨论:该压缩空气储罐内储存工质的最大做功能力为 3 590.7 MJ,即理论上利用该装置内的压缩空气可获得 3 590.7 MJ 的有用功。同时,从计算中可以发现,工质的压力越高($p > p_0$ 时),或工质的压力越低($p < p_0$ 时),其与环境的不平衡势差就越大,工质的做功能力也越大。

4. 焓㶲

在工程实际中,大量的热力装置都属于稳定流动开口系统,当稳定流动系统与环境处于热力不平衡状态时,工质也具有做功能力。开口系统中工质所携带的能量包括焓、动能和位能。动能和位能均属于机械能,本身就是㶲,这里不加讨论。因此,稳定流动工质的㶲,通常是指工质的焓㶲,用 $E_{x,H}$ 表示。根据㶲的一般性定义,可以把稳定流动系统工质的㶲定义为:稳定流动工质从任一给定状态流经开口系统,以可逆的方式变化到与环境相平衡的状态,并且只与环境交换热量

时，所能做的最大有用功。

如图 4-23 所示，一个稳定流动系统，工质从进口状态 p、T、S、H，经可逆过程变化到出口状态（环境状态）p_0、T_0、S_0、H_0。流动过程中工质仅与环境交换热量，动能变化和位能变化可忽略。

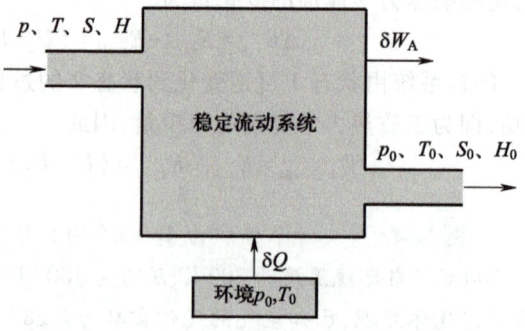

假设一个微元状态变化过程中，从环境吸热 δQ，对外做有用功 δW_A。根据热力学第一定律，稳定流动系统的能量方程为

图 4-23　推导稳定流动工质㶲的示意图

$$\delta Q = \mathrm{d}H + \delta W_A$$

将此稳定流动系统和与它交换热量的环境放在一起构造一个孤立系统，根据热力学第二定律，在可逆条件下有

$$\mathrm{d}S_{\mathrm{iso}} = \frac{\delta Q}{T} + \frac{\delta Q_0}{T_0} = 0$$

式中：$\dfrac{\delta Q}{T}$ 为工质的熵变，即 $\mathrm{d}S$；$\dfrac{\delta Q_0}{T_0}$ 为环境的熵变，且 $\delta Q_0 = -\delta Q$。因此有

$$\delta Q = T_0 \mathrm{d}S$$

将上述表达式代入稳定流动系统能量方程，可得该微元过程的最大有用功为

$$\delta W_{A,\max} = -\mathrm{d}H + T_0 \mathrm{d}S \tag{4-64}$$

从给定的入口状态积分到出口环境状态，可得整个稳定流动系统所能做的最大有用功，即稳定流动系统工质的㶲为

$$E_{x,H} = W_{A,\max} = H - H_0 - T_0(S - S_0) \tag{4-65}$$

稳定流动系统工质的㶲为

$$A_{n,H} = H - E_{x,H} = H_0 + T_0(S - S_0) \tag{4-66}$$

单位质量稳定流动工质的㶲和㶲分别为

$$e_{x,H} = h - h_0 - T_0(s - s_0) \tag{4-67}$$

$$a_{n,H} = h_0 + T_0(s - s_0) \tag{4-68}$$

当环境状态给定时，焓㶲只取决于工质的状态，故焓㶲也是状态参数。从状态 1 变化到状态 2 时，焓㶲的变化量只取决于状态 1 和状态 2 的焓㶲，与路径和方法无关，即

$$\Delta e_{x,H} = e_{x,H_2} - e_{x,H_1} = h_2 - h_1 - T_0(s_2 - s_1) \tag{4-69}$$

[例题 4-10]　温度 $T_1 = 800\ \mathrm{K}$，压力 $p_1 = 5\ \mathrm{MPa}$ 的压缩空气进入燃气轮机，在燃气轮机内绝热膨胀到环境状态后流出燃气轮机。已知环境温度 $T_0 = 300\ \mathrm{K}$，压力 $p_0 = 100\ \mathrm{kPa}$，试计算单位质量压缩空气流经燃气轮机所能做的最大有用功。空气当理想气体处理，其气体常数 $R_g = 0.287\ \mathrm{kJ/(kg \cdot K)}$，比定压热容 $c_p = 1.004\ \mathrm{kJ/(kg \cdot K)}$。

解：由题意可知，在环境状态给定时，稳定流动工质所能做的最大有用功应为工质的焓㶲，即

$$w_{A,\max} = e_{x,H} = h_1 - h_0 - T_0(s_1 - s_0)$$

由理想气体焓变及熵变的计算表达式，可知

$$h_1 - h_0 = c_p(T_1 - T_0)$$

$$(s_1 - s_0) = c_p \ln \frac{T_1}{T_0} - R_g \ln \frac{p_1}{p_0}$$

故有

$$w_{A,\max} = c_p(T_1 - T_0) - T_0 \left(c_p \ln \frac{T_1}{T_0} - R_g \ln \frac{p_1}{p_0} \right)$$

代入数据可得

$$w_{A,\max} = 1.004\ \text{kJ/(kg·K)} \times (800\ \text{K} - 300\ \text{K}) - 300\ \text{K} \times$$

$$\left(1.004\ \text{kJ/(kg·K)} \times \ln \frac{800\ \text{K}}{300\ \text{K}} - 0.287\ \text{kJ/(kg·K)} \times \ln \frac{5 \times 10^6\ \text{Pa}}{100 \times 10^3\ \text{Pa}} \right)$$

$$= 502\ \text{kJ/kg} - 300\ \text{K} \times (0.986 - 1.123)\ \text{kJ/(kg·K)}$$

$$= 543.1\ \text{kJ/kg}$$

讨论：本例中工质从入口状态变化到环境状态，而环境状态工质的焓㶲为零，所以工质所能做的最大有用功即为工质在入口状态的焓㶲e_{x,H_1}。如果出口不是环境状态而是给定的状态 2，那么该过程中工质所能做的最大有用功需要通过 $w_{A,\max,1-2} = -\Delta e_{x,H} = e_{x,H_1} - e_{x,H_2}$ 来计算。

4.7.3　㶲损失与能量贬值原理

1. 熵产与㶲损失

由㶲的一般性定义可知，系统的㶲是系统只与环境相互作用时，从任意与环境不平衡的状态可逆地变化到与环境相平衡的状态时，所能做的最大有用功。在同样的给定条件下，系统在确定的初终状态之间变化时，经历不可逆过程所能做的有用功必然小于最大有用功，两者的差值即为㶲损失或有效能损失，用 I 表示。

㶲损失是由于不可逆因素的存在，引起的做功能力损失，这种损失不是系统能量数量上的减少，而是能量品质的降低。这种由不可逆因素引起的能量品质降低，称为能量的贬值。过程的不可逆性越大，熵产越多，㶲损失就越多，能量贬值也就越严重。因此，㶲损失也可作为热力过程不可逆程度的一个度量，且㶲损失与熵产或孤立系统熵增之间必然存在一定的联系。

下面以典型的有限温差传热这一不可逆过程为例，来导出㶲损失与熵产或孤立系统熵增之间的关系。考察如图 4-24 所示，温度分别为 T_1 和 T_2 的两个热源（$T_1 > T_2$）之间的自由传热过程，假设传热量为 Q，则该过程中高温热源放出热量 Q，而低温热源吸收热量也为 Q，能量在数量上保持守恒。

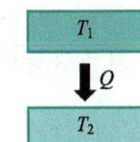

图 4-24　有限温差传热示意图

根据热量㶲的定义,可知高温热源放出的热量 Q 中的热量㶲为

$$E_{x,Q_1} = \left(1 - \frac{T_0}{T_1}\right)Q \tag{4-70}$$

而低温热源吸收的热量 Q 中的热量㶲为

$$E_{x,Q_2} = \left(1 - \frac{T_0}{T_2}\right)Q \tag{4-71}$$

则该不可逆传热过程引起的㶲损失为

$$I = E_{x,Q_1} - E_{x,Q_2} = \left(1 - \frac{T_0}{T_1}\right)Q - \left(1 - \frac{T_0}{T_2}\right)Q = T_0\left(\frac{1}{T_2} - \frac{1}{T_1}\right)Q \tag{4-72}$$

同时为了考察该不可逆传热过程的熵产(孤立系统熵增),将两个热源放在一起构造一个孤立系统,由孤立系统熵增原理可得

$$\Delta S_g = \Delta S_{iso} = \Delta S_1 + \Delta S_2 = -\frac{Q}{T_1} + \frac{Q}{T_2} = \left(\frac{1}{T_2} - \frac{1}{T_1}\right)Q \tag{4-73}$$

联立式(4-72)和式(4-73),可得

$$I = T_0\Delta S_{iso} = T_0\Delta S_g \tag{4-74}$$

上式称为古伊-斯托多拉(Gouy-Stodola)公式简称 G-S 公式,虽然是从不可逆传热这一特例推导出的,但它是一个普适公式,对任何不可逆系统都适用,可以用来计算任何不可逆因素引起的㶲损失。

2. 能量贬值原理

通过前面的分析可以发现,现实中的一切不可逆因素,一方面会引起孤立系统熵增(熵产),另一方面也会引起系统㶲损失,且所有不可逆因素引起的㶲损失都可以通过 G-S 公式来计算。根据孤立系统熵增原理,孤立系统发生任意热力过程时,其熵变总是大于零(极限情况下,等于零),那么相应的㶲损失也总是大于零(极限情况下,等于零)。

因此,孤立系统进行任意热力过程时,孤立系统的㶲只会减少,不会增多,极限情况下㶲保持不变,这就是能量贬值原理(或㶲减原理)。所以,㶲和熵一样可以作为热力过程方向性的判据,即孤立系统发生任意热力过程必须满足

$$dE_{x,iso} \leqslant 0 \tag{4-75}$$

[例题 4-11] 将 1 kg 空气从 $p_1 = 0.1$ MPa、$t_1 = 250$ ℃ 定压冷却到 $t_2 = 80$ ℃,已知环境温度为 27 ℃。求:(1) 单位质量空气放出的热量及热量㶲;(2) 如果将热量全部释放给温度为 80 ℃ 的恒温热源,该过程㶲损失;(3) 将上述热量㶲及放热过程㶲损失表示在 $T-s$ 图上。

解:(1) 单位质量空气放出的热量。

$$q = c_p(T_2 - T_1) = 1.004 \text{ kJ/(kg·K)} \times (353 \text{ K} - 523 \text{ K}) = -170.68 \text{ kJ/kg}$$

放出热量中的热量㶲

$$e_{x,Q_1} = \int_{T_1}^{T_2}\left(1 - \frac{T_0}{T}\right)\delta q = \int_{T_1}^{T_2}c_p\left(1 - \frac{T_0}{T}\right)dT = c_p(T_2 - T_1) - c_pT_0\ln\frac{T_2}{T_1}$$

$$= 1.004 \text{ kJ/(kg·K)} \times (353 \text{ K} - 523 \text{ K}) - 1.004 \text{ kJ/(kg·K)} \times 300 \text{ K} \times \ln\frac{353 \text{ K}}{523 \text{ K}}$$

$$= -52.27 \text{ kJ/kg}$$

（2）将热量全部释放给温度 80 ℃ 的恒温热源时，低温热源吸收热量获得的热量㶲为

$$e_{x,Q_2} = \left(1 - \frac{T_0}{T}\right)(-q) = \left(1 - \frac{300 \text{ K}}{353 \text{ K}}\right) \times 170.68 \text{ kJ/kg} = 25.63 \text{ kJ/kg}$$

该过程中的㶲损失为

$$i = |e_{x,Q_1}| - e_{x,Q_2} = 52.27 \text{ kJ/kg} - 25.63 \text{ kJ/kg} = 26.64 \text{ kJ/kg}$$

或者取空气与热源组成孤立系统，通过孤立系统熵增原理来计算。

$$\Delta s_{\text{iso}} = \Delta s_1 + \Delta s_2 = c_p \ln \frac{T_2}{T_1} + \frac{c_p(T_1 - T_2)}{T_2}$$

$$= 1\ 004 \text{ J/(kg·K)} \times \ln \frac{353 \text{ K}}{523 \text{ K}} + \frac{1\ 004 \text{ J/(kg·K)} \times (523 \text{ K} - 353 \text{ K})}{353 \text{ K}}$$

$$= 88.81 \text{ J/(kg·K)}$$

则㶲损失为

$$i = T_0 \Delta s_{\text{iso}} = 300 \text{ K} \times 88.81 \text{ J/(kg·K)} = 26.64 \times 10^3 \text{ J/kg}$$

$$= 26.64 \text{ kJ/kg}$$

（3）热量㶲及放热过程㶲损失表示在 $T\text{-}s$ 图上，如图 4-25 所示。其中热量㶲为面积 1-2-3-4-1，㶲损失为面积 4-5-6-7-4。

讨论：热量具有方向性，热量㶲也具有方向性，本例第 (1) 问中，由于工质释放热量，相应的热量和热量㶲均为负值。在某些情况下，㶲损失可以通过㶲的定义来计算，也可以通过 G-S 公式来计算，且 G-S 公式具有更好的普适性。

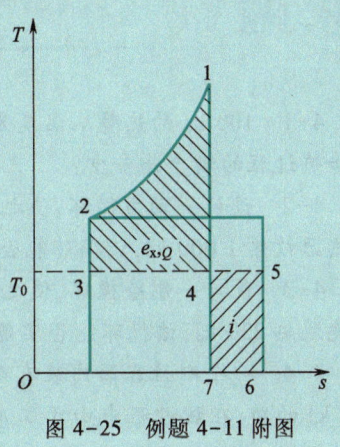

图 4-25　例题 4-11 附图

思考题

4-1　自发过程是不可逆过程，那么非自发过程是可逆过程，这一说法是否正确？为什么？

4-2　在相同热源之间工作的两个循环，一个采用理想气体工质，另一个采用实际气体工质，那么理想气体循环的热效率必大于实际气体循环的热效率吗？

4-3　工质从状态 1 到状态 2 可以经历多种可逆过程，在这些可逆过程中 $\int_1^2 \delta Q/T$ 的积分是否相同，为什么？

4-4　可逆过程的熵变可以用 $\Delta S = \int_1^2 \delta Q_{\text{re}}/T$ 来计算，熵又是状态参数，是否意味着不可逆过程的熵变也可以这样计算？为什么？

4-5　下列说法是否正确？

（1）不可逆过程 ΔS 永远大于可逆过程 ΔS。

（2）使系统熵增大的过程必为不可逆过程。

（3）使系统熵产增大的过程必为不可逆过程。

（4）系统的吸热过程必为熵增大的过程。

（5）系统经历放热过程熵必然减少。

（6）系统经历了一可逆过程后，其终态熵大于初态熵，则该过程一定为吸热过程。

4-6　工质从状态 1 分别经历可逆和不可逆过程连续变化到状态 2，则不可逆过程的熵变必然大于可逆过程，这一说法是否正确？为什么？

4-7　一个温度低于环境温度的低温系统，吸收一定热量后，系统的㶲会增加还是减少？为什么？

4-8　有人说系统在可逆过程中，从与环境不平衡状态变化到与环境平衡的状态所能做的功，即为系统的㶲，这种说法对不对？为什么？

⚛ 习题

4-1　100 kJ 的热量从温度为 1 000 K 的高温热源传递给温度为 500 K 的低温热源，该不可逆传热过程的熵产是多少？

4-2　设计一动力循环，使之从温度为 800 K 的高温热源吸热 2 000 kJ，向温度为 300 K 的低温热源放热 1 000 kJ，该循环能否实现？

4-3　设计一制冷循环，使之从温度为 250 K 的低温热源吸热 100 kJ，并向温度为 300 K 的环境放热 230 kJ，该循环能否实现？

4-4　一个刚性容器内装有 40 ℃的某理想气体（见图 4-26）。现通过叶轮机械向内部输入 200 kJ 的功，在该过程中由于工质向温度为 30 ℃的环境释放热量，工质的温度保持不变。求：（1）该过程中工质的熵变；（2）该过程的熵产。

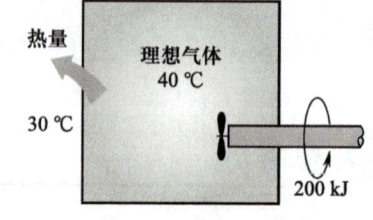

图 4-26　习题 4-4 附图

4-5　5 kg 水初始时刻与温度为 295 K 的大气处于热平衡状态，现用一台制冷机在 5 kg 水与大气之间工作，使得水定压冷却到 280 K。试求制冷机所需消耗的最小功是多少？

4-6　闭口系统中工质在某一热力过程中从温度为 300 K 的热源吸取热量 600 kJ，已知该过程中工质熵变为 5 kJ/K，此过程是否可行？是否可逆？

4-7　某高温水箱内水的初温为 T_1，冷源温度为 T_2。现有一热机在高温水箱和冷源间工作，直至水箱内水的温度降至 T_2 为止。若热机从高温水箱中吸取的热量为 Q_1，水的质量为 m，比热容为 c，试证明此热机所能输出的最大功为 $W_{max} = Q_1 - T_2 mc \ln \dfrac{T_1}{T_2}$。

4-8　某动力循环中工质从温度为 $T_1 = 2\,000$ K 的热源吸热 Q_1，并向温度为 $T_2 = 300$ K 的冷源放热 Q_2。在下列条件下：（1）$Q_1 = 1\,500$ J，$Q_2 = 800$ J；（2）$Q_1 = 2\,000$ J，净功 $W_{net} = 1\,800$ J。试分别采用卡诺定律、克劳修斯不等式及孤立系统熵增原理确定该动力循环能否实现？是否可逆？

4-9　将一块 600 ℃的钢块（热容 $C = 240$ J/K）在绝热油槽中缓慢冷却。油的初温为 25 ℃，热容为 $C_{oi} = 8\,000$ J/K，试求该过程钢块和油达到热平衡后，两者之间不等温传热引起的熵产。

4-10   单位质量气体在气缸中被压缩,压缩功为 188 kJ/kg,气体的热力学能增加为 80 kJ/kg,熵变化为 -0.280 kJ/(kg·K),压缩过程中气体与温度为 20 ℃ 的环境交换热量,试确定每压缩 1 kg 气体时的熵产。

4-11   两个质量 m 相等、比热容 c 相同且为定值的物体 A 和 B,初温分别为 T_A 和 T_B。用它们作为热源和冷源,使可逆机在其间工作,直到两个物体温度相等为止。(1)试证明平衡时的温度为 $T_m = \sqrt{T_A T_B}$;(2)求可逆机做出的总功量;(3)如果两个物体直接接触进行热交换,直至温度相等,求此时的平衡温度及两个物体的总熵增。

4-12   同一物质的 A、B 两个物体,物体 B 的质量为 m,物体 A 的质量是物体 B 质量的两倍,设两个物体的初温分别为 T_A、T_B,且 $T_A > T_B$,物体的比热容 c 为常数。若在两个物体之间设置一可逆热机,试导出此可逆热机能够做的最大功?

4-13   欲设计一个空气制冷装置,假设空气的入口状态为 $p_1 = 0.6$ MPa、$t_1 = 21$ ℃,在出口处一半质量的空气变为 $p_2 = 0.1$ MPa、$t_2 = 82$ ℃ 的热空气,另一半质量的空气变为 $p_3 = 0.1$ MPa、$t_3 = -40$ ℃ 的冷空气。若装置与外界绝热,空气视为理想气体,且 $c_p = 1.004$ kJ/(kg·K)、$R_g = 0.287$ kJ/(kg·K),试论证该装置能否实现?

4-14   将 $p_1 = 0.1$ MPa、$t_1 = 250$ ℃ 的空气定压冷却到 $t_2 = 80$ ℃,假设冷却过程中热量释放给温度为 27 ℃ 的环境,求该冷却过程的熵产。

4-15   一刚性绝热容器由隔板分成 A、B 两部分,各有 1 kg 的空气,其中 $p_A = 500$ kPa,$T_A = 600$ K,$p_B = 300$ kPa,$T_B = 800$ K(见图 4-27)。现将隔板抽去,求该混合过程的熵产。

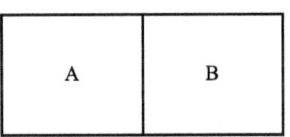

图 4-27   习题 4-15 附图

4-16   有人声称设计了一套热设备,可将 60 ℃ 热水的 20% 变成 90 ℃ 的高温热水,其余 80% 热水由于将热量传递给温度为 15 ℃ 的环境,最终水温也降到 15 ℃。该装置能不能实现?为什么?如果能够实现,那么 60 ℃ 热水变成 90 ℃ 高温水的极限比率为多少?

4-17   空气加热器从温度为 90 ℃ 的恒温热源吸热,将空气由环境温度 10 ℃,定压加热到 50 ℃,试计算单位质量空气的吸热量、熵变及过程的熵产。已知空气的 $c_p = 1.004$ kJ/(kg·K),$R_g = 0.287$ kJ/(kg·K)。

4-18   空气在定压下从 900 K 放热到 350 K,求:(1)该过程的热力学能变化量、放热量及所做的体积变化功;(2)若热量释放给温度为 300 K 的环境,该不可逆过程中的熵产。

4-19   温度为 800 K、压力为 5.5 MPa 的燃气进入燃气轮机,在燃气轮机内绝热膨胀后流出燃气轮机。在燃气轮机出口测得两组参数:一组压力为 1.0 MPa,温度为 485 K;另一组压力为 0.7 MPa,温度为 495 K。燃气当理想气体处理,取空气的热力性质。试回答:(1)哪组参数正确?(2)此过程是否可逆?(3)若不可逆,则熵产为多少?

4-20   一烟气余热回收方案,如图 4-28 所示。设烟气的比热容为 $c_p = 1.4$ kJ/(kg·K),$c_V = 1.0$ kJ/(kg·K)。试求:(1)烟气传给热机的热量 Q_1;(2)热机释放给环境的最小热量 Q_2;(3)热机输出的最大功 W。

4-21   一可逆热机完成循环时与 4 个恒温热源 A、B、C、D 交换热量,并输出功(图 4-29)。已知 $Q_A = 500$ kJ,$W_{net} = 150$ kJ,B 和 C 热源的熵变相等。试求:(1)热机和 B、C、D 交换的热量;(2)4 个热源各自的熵变量。

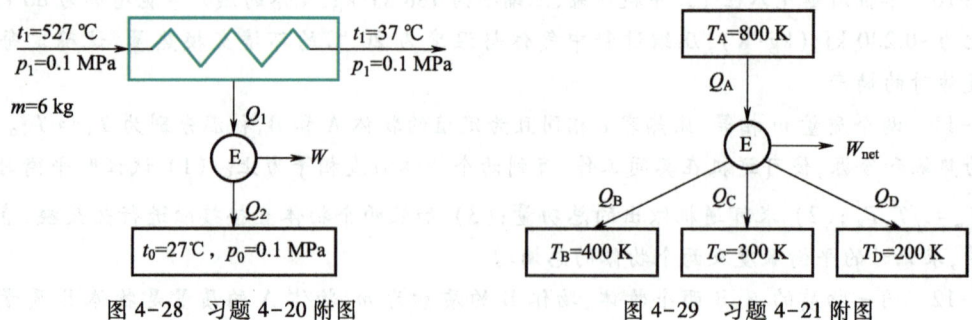

图 4-28　习题 4-20 附图　　　　　　图 4-29　习题 4-21 附图

4-22　有人想设计一个分离系统,使高压氮气经过该系统后分成一股高温气流和另一股低温气流,参数如图 4-30 所示。已知氮气的 $c_p = 1.046\ \text{kJ/(kg·K)}$,$R_g = 0.297\ \text{kJ/(kg·K)}$)。试问:(1) 用热力学第一定律和热力学第二定律论证该系统能否实现? (2) 若有可能实现,最低的入口压力可以多大(其他参数不变)?

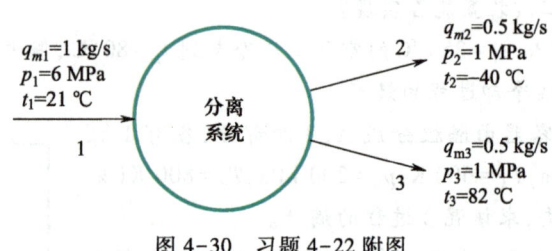

图 4-30　习题 4-22 附图

4-23　利用稳定供应的 0.69 MPa、26.8 ℃的空气源和 -196 ℃的冷源,生产 0.138 MPa、-162.1 ℃、质量流量 $q_m = 20\ \text{kg/s}$ 的空气流,如图 4-31 所示。试:(1) 求冷却器每秒的放热量 Q;(2) 判断该方案能否实现。

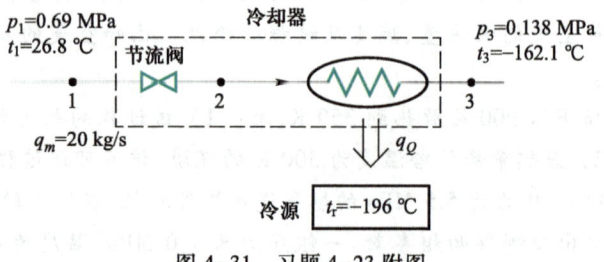

图 4-31　习题 4-23 附图

4-24　有两股压力相同的空气流,一股气流温度 $t_1 = 400$ ℃,流量 $q_{m1} = 160\ \text{kg/h}$;另一股气流温度 $t_2 = 150$ ℃,流量 $q_{m2} = 280\ \text{kg/h}$。令两股气流先绝热等压混合,然后用温度 $t_r = 500$ ℃的热源将此混合气体等压加热至 $t_4 = 450$ ℃以满足生产工艺需求。已知空气的 $R_g = 0.287\ \text{kJ/(kg·K)}$,$c_p = 1.004\ \text{kJ/(kg·K)}$。试计算:(1) 绝热混合后的气流温度;(2) 绝热混合过程的熵变;(3) 混合气流加热至 t_4 所需加热功率;(4) 加热过程不等温传热引起的熵产。

4-25　垂直放置的气缸活塞系统内含有 50 kg、20 ℃的水,外界通过螺旋桨向系统输入功为 $W_s = 1\,000\ \text{kJ}$,同时温度为 373 K 的热源向系统内的水传热 100 kJ,如图 4-32 所示。若加热过程中水维持定压,且水的比热容取定值,$c_w = 4.187\ \text{kJ/(kg·K)}$,环境温度为 $T_0 = 293\ \text{K}$、$p_0 =$

0.1 MPa。试求：(1) 水的终温；(2) 水的熵变；(3) 热源熵变；(4) 过程中做功能力损失。

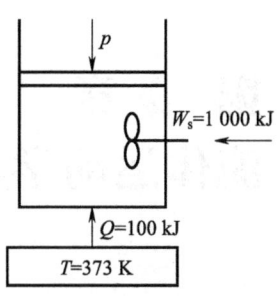

图 4-32　习题 4-25 附图

4-26　一储热装置内有 100 kg、温度为 80 ℃ 的热水。放置一段时间后由于热损失，水的温度降低到 60 ℃。求该过程中水的热损失及㶲损失（环境温度为 27 ℃）。

4-27　一个体积为 200 m³ 的压缩空气储罐，内部工质的压力为 8 MPa，温度为 500 K。放置一段时间后，由于温度降低到 350 K，当环境温度为 300 K、压力为 100 kPa 时，求：(1) 压缩空气初态和终态的热力学能㶲；(2) 如果热量散给温度为 320 K 的恒温热源，该过程的㶲损失。

4-28　温度 $T_1 = 350$ K、压力 $p_1 = 0.2$ MPa 的空气进入压气机，被绝热压缩到出口状态 $T_2 = 500$ K、$p_2 = 1.0$ MPa。求工质进口及出口状态的焓㶲。已知环境温度 $T_0 = 300$ K，压力 $p_0 = 100$ kPa。

第 **5** 章
流体运动学与动力学

5.1　流体运动概述

5.1.1　描述流体运动的两种方法

　　根据连续介质假设,流体由无穷多的流体质点组成,流体质点间存在相对运动和相互作用。流体力学中描述流体运动的方法有两种,即拉格朗日法(Lagrangian method)和欧拉法(Eulerian method)。拉格朗日法着眼于流体质点,设法描述出每个流体质点自始至终的运动过程,即它们的位置随时间的变化规律,获得了所有流体质点的运动规律,则整个流体运动的状态也就明确了。欧拉法和拉格朗日法不同,欧拉法的着眼点为空间点,不同时刻经过空间同一点的流体质点是不同的,因此空间点的流体速度在不同时刻也是不相同的。如果空间每点的流体运动都已明确,那么整个流体的运动状况也就确定了。

粒子追踪
和病毒近
距离飞沫
传播

　　当以拉格朗日法描述流体运动时,首先必须对不同的流体质点予以区分。通常采用初始时刻流体质点的坐标作为区分不同流体质点的标志。设初始时刻 $t=t_0$ 时,流体质点的坐标是 (a,b,c),采用 a、b、c 3 个数的组合即可区分不同的流体质点。于是,流体质点的位置矢量可表示为

$$\boldsymbol{r}=\boldsymbol{r}\,(a,b,c,t) \tag{5-1}$$

　　在笛卡儿坐标系(Cartesian coordinates)中有

$$\begin{cases} x=x(a,b,c,t) \\ y=y(a,b,c,t) \\ z=z(a,b,c,t) \end{cases} \tag{5-2}$$

式中,变量 a、b、c、t 称为拉格朗日变数。在式(5-2)中,如果固定 a、b、c,而令 t 改变,就得到某一确定流体质点随时间的运动规律;如果固定时间 t 而令 a、b、c 改变,就得到同一时刻不同流体质点的位置分布。

　　当以欧拉法描述流体运动时,在固定空间点上看到的只是不同流体质点的运动变化,无法像拉格朗日法那样直接获得同一个流体质点前后的详细历史、每个流体质点的位置随时间的变化规律,但在固定空间点上很容易测出不同时刻经过该点的流体质点的速度,因此在欧拉法中采用速度矢量来描写空间一点上流体运动的变化。

$$\boldsymbol{V}=\boldsymbol{V}\,(\boldsymbol{r},t) \tag{5-3}$$

　　在直角坐标系中速度矢量在 x、y、z 坐标上的分量分别为

$$\begin{cases} \boldsymbol{u}=\boldsymbol{u}(x,y,z,t) \\ \boldsymbol{v}=\boldsymbol{v}(x,y,z,t) \\ \boldsymbol{w}=\boldsymbol{w}(x,y,z,t) \end{cases} \tag{5-4}$$

要完全描写运动流体的状况还需要给定空间点上的状态函数,如压强(pressure)、密度、温度等的变化。

$$\begin{cases} p=p(x,y,z,t) \\ \rho=\rho(x,y,z,t) \\ T=T(x,y,z,t) \end{cases} \tag{5-5}$$

式中,x、y、z、t 称为欧拉变数。当 x、y、z 固定,t 改变时,式(5-4)的函数代表空间中某固定点上速度随时间的变化;当 t 固定,x、y、z 改变时,它代表的是某一时刻速度在空间的分布规律。当采用欧拉法时,速度、温度、密度等物理量均是空间位置和时间的函数,于是就得到了空间区域的场,即速度场、温度场、密度场等。因此,采用欧拉法描述流体运动时,可以广泛利用场论的知识。而且,除部分需要追踪颗粒运动轨迹等应用场景之外,实际工程问题,通常只要知道了空间点上的参数分布就能得到合理解决,因此欧拉方法在流体力学中得到了广泛应用。

如果流场内每点的物理量都不随时间 t 而变化,就称为定常场;否则称为非定常场。定常场的数学表示为

$$\frac{\partial X}{\partial t}=0 \quad \text{或} \quad X=X(x,y,z) \tag{5-6}$$

式中,X 为任意流动物理量。

如果某一时刻流场内各个空间点上的物理量都相等,就称为均匀场;否则称为非均匀场。均匀场的数学表示为

$$\frac{\partial X}{\partial x}=0, \quad \frac{\partial X}{\partial y}=0, \quad \frac{\partial X}{\partial z}=0 \quad \text{或} \quad X=X(t) \tag{5-7}$$

式中,X 为任意流动物理量。利用梯度(gradient)的概念,均匀场在数学上也可表示为

$$\boldsymbol{\nabla} X=\boldsymbol{i}\frac{\partial X}{\partial x}+\boldsymbol{j}\frac{\partial X}{\partial y}+\boldsymbol{k}\frac{\partial X}{\partial z}=\boldsymbol{0} \tag{5-8}$$

依据流动物理量与坐标的依赖关系,可分为一维、二维或三维流动。式(5-4)所表示的速度场是 3 个坐标和时间的函数,可以称为非定常的三维流动。不是所有的流动都是三维的,如在长均直圆管内远离管道进口的定常流动(steady flow),其速度场用柱坐标表示为

$$u=u_{\max}\left[1-\left(\frac{r}{r_0}\right)^2\right]$$

式中,r_0 为圆管半径,速度只是一个坐标 r 的函数,而与 x 和 θ 无关,称为一维流动(见图 5-1)。

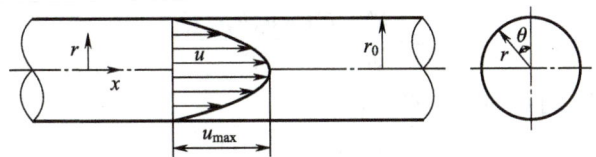

图 5-1　均直圆管内的一维流动

图 5-2 给出了二维流动的例子。一个渐扩通道由上、下两块平板组成,在 z 方向平板假设为无限长,于是在垂直于 z 轴的任意平面内速度场相同,速度场只是 x 和 y 两个坐标的函数,而与 z 无关,流动是二维的。

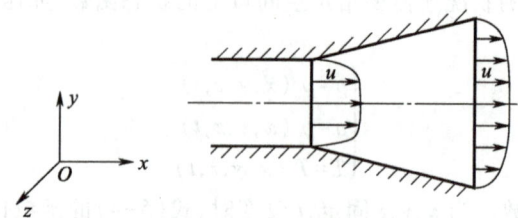

图 5-2 二维流动

工程实际中遇到的绝大多数流动都是三维流动,而考虑参数变化的主要趋势,则往往可将三维流动简化成二维流动或一维流动问题,如图 5-2 所示的二维流动可以简化成图 5-3 所示的一维流动,假设在通道的任意横截面上速度都是均匀分布的,速度仅是 x 的函数。

值得说明的是,以上仅根据速度场所依赖的空间坐标个数来划分流动的元数,严谨的流动划分时还可要求其他流动参数,如密度、压强等与速度包含相同的坐标变量及个数。例如,对于一维流动,速度、密度和压强等也要都是同一个变量的函数。

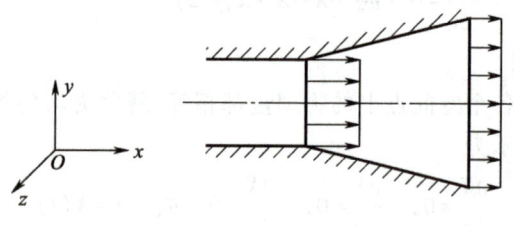

图 5-3 一维流动

5.1.2 物质导数

在拉格朗日法中流体质点运动位置的径矢可写为

$$\boldsymbol{r} = \boldsymbol{r}(a, b, c, t)$$

流体质点的速度和加速度(acceleration)可分别用径矢 $\boldsymbol{r}$ 对时间的一阶和二阶偏导数(partial derivative)来表示,即

$$\boldsymbol{V} = \frac{\partial \boldsymbol{r}(a, b, c, t)}{\partial t}$$

$$\boldsymbol{a} = \frac{\partial \boldsymbol{V}}{\partial t} = \frac{\partial^2 \boldsymbol{r}(a, b, c, t)}{\partial t^2} \tag{5-9}$$

而在欧拉法中只给出了空间点上的速度,即

$$\boldsymbol{V} = \boldsymbol{V}(x, y, z, t)$$

这一速度对时间的偏导数并不是流体质点的加速度,而只是某一空间点上的速度对时间的变化率。那么在欧拉法中如何表示流体质点的加速度呢?

假设某流体质点 t 时刻处于点 (x,y,z)，其速度为 $\boldsymbol{V}=\boldsymbol{V}(x,y,z,t)$，该质点在 $t+\delta t$ 时刻运动到了邻近点 $(x+\delta x,y+\delta y,z+\delta z)$，其速度变为 $\boldsymbol{V}=\boldsymbol{V}(x+\delta x,y+\delta y,z+\delta z,t+\delta t)$，则这一流体质点的加速度 $\boldsymbol{a}$ 可计算如下

$$\boldsymbol{a}=\lim_{\delta t\to 0}\frac{\boldsymbol{V}(x+\delta x,y+\delta y,z+\delta z,t+\delta t)-\boldsymbol{V}(x,y,z,t)}{\delta t}$$

将 $\boldsymbol{V}(x+\delta x,y+\delta y,z+\delta z,t+\delta t)$ 对 (x,y,z) 点和 t 时刻做泰勒级数展开，并略去高阶无穷小量。

$$\boldsymbol{V}(x+\delta x,y+\delta y,z+\delta z,t+\delta t)=\boldsymbol{V}(x,y,z,t)+\frac{\partial \boldsymbol{V}}{\partial t}\delta t+\frac{\partial \boldsymbol{V}}{\partial x}\delta x+\frac{\partial \boldsymbol{V}}{\partial y}\delta y+\frac{\partial \boldsymbol{V}}{\partial z}\delta z$$

于是

$$\boldsymbol{a}=\lim_{\delta t\to 0}\frac{\boldsymbol{V}(x,y,z,t)+\dfrac{\partial \boldsymbol{V}}{\partial t}\delta t+\dfrac{\partial \boldsymbol{V}}{\partial x}\delta x+\dfrac{\partial \boldsymbol{V}}{\partial y}\delta y+\dfrac{\partial \boldsymbol{V}}{\partial z}\delta z-\boldsymbol{V}(x,y,z,t)}{\delta t}$$

$$=\lim_{\delta t\to 0}\left(\frac{\partial \boldsymbol{V}}{\partial t}+\frac{\partial \boldsymbol{V}}{\partial x}\frac{\delta x}{\delta t}+\frac{\partial \boldsymbol{V}}{\partial y}\frac{\delta y}{\delta t}+\frac{\partial \boldsymbol{V}}{\partial z}\frac{\delta z}{\delta t}\right)$$

考虑到 $\lim\limits_{\delta t\to 0}\dfrac{\delta x}{\delta t}=u,\lim\limits_{\delta t\to 0}\dfrac{\delta y}{\delta t}=v,\lim\limits_{\delta t\to 0}\dfrac{\delta z}{\delta t}=w$，有

$$\boldsymbol{a}=\frac{\partial \boldsymbol{V}}{\partial t}+u\frac{\partial \boldsymbol{V}}{\partial x}+v\frac{\partial \boldsymbol{V}}{\partial y}+w\frac{\partial \boldsymbol{V}}{\partial z}$$

上式等号右边第一项 $\dfrac{\partial \boldsymbol{V}}{\partial t}$，是某一空间点上的速度随时间的变化率，它是由场的非定常性引起的，称为局部导数（local derivative）。后 3 项 $u\dfrac{\partial \boldsymbol{V}}{\partial x}+v\dfrac{\partial \boldsymbol{V}}{\partial y}+w\dfrac{\partial \boldsymbol{V}}{\partial z}$ 代表由于场的不均匀性引起的速度变化率，称为位变导数或对流导数（convective derivative）。总的速度变化率，即加速度就是局部导数和对流导数之和，称为物质导数（material derivative，或质点导数，随体导数）。在流体力学中使用一个专门的符号来表示它，即

$$\frac{D\boldsymbol{V}}{Dt}=\frac{\partial \boldsymbol{V}}{\partial t}+u\frac{\partial \boldsymbol{V}}{\partial x}+v\frac{\partial \boldsymbol{V}}{\partial y}+w\frac{\partial \boldsymbol{V}}{\partial z} \tag{5-10}$$

在直角坐标系中其分量为

$$\begin{cases}\dfrac{Du}{Dt}=\dfrac{\partial u}{\partial t}+u\dfrac{\partial u}{\partial x}+v\dfrac{\partial u}{\partial y}+w\dfrac{\partial u}{\partial z}\\[2mm]\dfrac{Dv}{Dt}=\dfrac{\partial v}{\partial t}+u\dfrac{\partial v}{\partial x}+v\dfrac{\partial v}{\partial y}+w\dfrac{\partial v}{\partial z}\\[2mm]\dfrac{Dw}{Dt}=\dfrac{\partial w}{\partial t}+u\dfrac{\partial w}{\partial x}+v\dfrac{\partial w}{\partial y}+w\dfrac{\partial w}{\partial z}\end{cases} \tag{5-11}$$

式（5-10）常缩写成如下形式。

$$\frac{D\boldsymbol{V}}{Dt}=\frac{\partial \boldsymbol{V}}{\partial t}+(\boldsymbol{V}\cdot\nabla)\boldsymbol{V} \tag{5-12}$$

物质导数运算符 $\dfrac{D(\ )}{Dt}$ 可表示为

$$\frac{D(\ )}{Dt}=\frac{\partial(\ )}{\partial t}+(\boldsymbol{V}\cdot\nabla)(\ ) \tag{5-13}$$

式中，$(\boldsymbol{V}\cdot\nabla)(\ )=u\dfrac{\partial(\ )}{\partial x}+v\dfrac{\partial(\ )}{\partial y}+w\dfrac{\partial(\ )}{\partial z}$，可看作是速度矢量 $\boldsymbol{V}=u\boldsymbol{i}+v\boldsymbol{j}+w\boldsymbol{k}$ 和梯度运算符 $\nabla(\ )=\boldsymbol{i}\dfrac{\partial(\ )}{\partial x}+\boldsymbol{j}\dfrac{\partial(\ )}{\partial y}+\boldsymbol{k}\dfrac{\partial(\ )}{\partial z}$ 的点积。

物质导数不仅可以用来表示质点加速度，还可以用来表示任意矢量或标量对时间的变化率。例如，某一流体质点的温度对时间的变化率为

$$\frac{DT}{Dt}=\frac{\partial T}{\partial t}+u\frac{\partial T}{\partial x}+v\frac{\partial T}{\partial y}+w\frac{\partial T}{\partial z}=\frac{\partial T}{\partial t}+(\boldsymbol{V}\cdot\nabla)T \qquad (5\text{-}14)$$

上述将物质导数分为局部导数和位变导数之和的方法对于任何矢量 $\boldsymbol{a}$ 和任何标量 X 都是成立的。

$$\frac{D\boldsymbol{a}}{Dt}=\frac{\partial\boldsymbol{a}}{\partial t}+(\boldsymbol{V}\cdot\nabla)\boldsymbol{a} \qquad (5\text{-}15)$$

$$\frac{DX}{Dt}=\frac{\partial X}{\partial t}+(\boldsymbol{V}\cdot\nabla)X \qquad (5\text{-}16)$$

5.1.3　迹线、流线和染色线

迹线、流线和染色线示例

迹线（pathline）是流体质点在空间运动时所描绘出来的曲线。迹线给出了同一质点在不同时刻的空间位置和速度方向。

如果流体运动速度已经给出，即 $\boldsymbol{V}=\boldsymbol{V}(\boldsymbol{r},t)$，那么迹线方程可通过求解下列微分方程组（differential equation）而得到

$$\frac{\mathrm{d}x}{\mathrm{d}t}=u(x,y,z,t),\quad \frac{\mathrm{d}y}{\mathrm{d}t}=v(x,y,z,t),\quad \frac{\mathrm{d}z}{\mathrm{d}t}=w(x,y,z,t)$$

或

$$\frac{\mathrm{d}x}{u(x,y,z,t)}=\frac{\mathrm{d}y}{v(x,y,z,t)}=\frac{\mathrm{d}z}{w(x,y,z,t)}=\mathrm{d}t \qquad (5\text{-}17)$$

式中，t 是自变量，x、y、z 都是 t 的函数。积分后在所得到的表达式中消去时间 t 后即得到迹线的方程。

流线是某一瞬时场内一条想象的曲线，该曲线上各点的速度方向和曲线在该点的切线方向重合。流线是在同一时刻由不同流体质点所组成的曲线，它给出该时刻不同流体质点的运动方向。

假设 $\mathrm{d}\boldsymbol{l}=\mathrm{d}x\boldsymbol{i}+\mathrm{d}y\boldsymbol{j}+\mathrm{d}z\boldsymbol{k}$ 是流线上某点的线元，而 $\boldsymbol{V}=u\boldsymbol{i}+v\boldsymbol{j}+w\boldsymbol{k}$ 是该点的速度矢量。根据流线定义，$\mathrm{d}\boldsymbol{l}$ 和 $\boldsymbol{V}$ 相互平行，于是

$$\mathrm{d}\boldsymbol{l}\times\boldsymbol{V}=0$$

由上式可得

$$\frac{\mathrm{d}x}{u(x,y,z,t)}=\frac{\mathrm{d}y}{v(x,y,z,t)}=\frac{\mathrm{d}z}{w(x,y,z,t)} \qquad (5\text{-}18)$$

这就是 t 时刻的流线应该满足的微分方程，t 在积分时可做常数处理。

[例题5-1] 假设有一平面流场,其速度表达式为 $u = x+t, v = -y+t, w = 0$,求 $t = 0$ 时,过点 $(-1,-1)$ 的流线和迹线。

分析:流线表示某一时刻流体中不同流体质点的速度方向,而迹线则描述了流体质子随时间的运动轨迹。

假设:① 流体不可压缩,流场均匀;② 速度场连续可微。

解:(1) 流线的微分方程为

$$\frac{\mathrm{d}x}{x+t} = \frac{\mathrm{d}y}{-y+t}$$

式中,t 是参数,积分得

$$(x+t)(-y+t) = c$$

以 $t = 0$ 时,$x = y = -1$ 代入上式,可确定积分常数 $c = -1$,所以所求流线方程为

$$xy = 1$$

这是一条双曲线,据题意所求流线应是第三象限的分支曲线(图5-4a)。

(2) 迹线应满足的方程为

$$\frac{\mathrm{d}x}{\mathrm{d}t} = x+t, \qquad \frac{\mathrm{d}y}{\mathrm{d}t} = -y+t$$

这里 t 是自变量,以上两个方程的解分别为

$$x = c_1 \mathrm{e}^t - t - 1, \qquad y = c_2 \mathrm{e}^{-t} + t - 1$$

以 $t = 0$ 时,$x = y = -1$ 代入得 $c_1 = c_2 = 0$,消去 t 后得

$$x + y = -2$$

这是一条直线(图5-4b)。

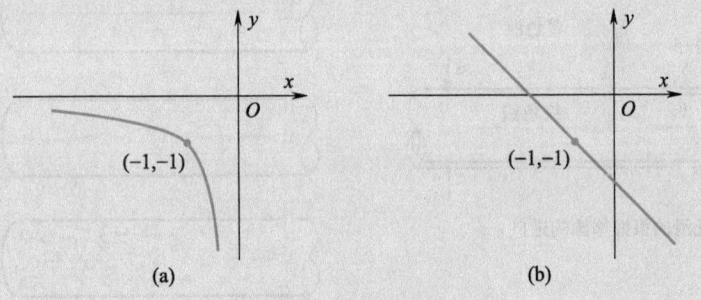

图5-4 流线和迹线

讨论:流线是瞬时的,它描述了某一特定时刻流体中某点的速度方向,而迹线不是瞬时的,它描述了流体质点随时间的运动轨迹。由此例可见,在非定常流动时,迹线和流线一般是不相重合的。在定常流动中,流线和迹线可以重合。这种差异对于理解和预测流体质点的运动轨迹非常重要,尤其是在设计流体机械和分析流体动力学问题时。

在实验研究中,可采用流场显示技术直观展示流场结构。例如,可在液体流场中的固定点处连续不断地注入有色液体,从而在流场中形成纤细的色线,在气体中则可以加烟形成烟线,这些色线或烟线的形状和结构可以反映流场的结构与流动的特点。上述色线或烟线即为染色线,或

者称为脉线(streak line)。可见,染色线是将在一段时间内相继经过流场中同一空间点的流体质点在某一瞬时(观察瞬时)连接起来得到的一条曲线,也是同一时刻这些不同流体质点的连线。

在非定常流动(unsteady flow)中,迹线、流线和染色线一般是不重合的。在定常流动条件下,通过流场同一点的所有流体质点都沿同一条曲线运动,迹线与染色线重合;在同一瞬时,这些流体质点又都与它们的共同迹线相切,迹线和染色线也是流线,而且流动与时间 t 无关,流线不随时间而改变。因此,在定常流动中,迹线、流线和染色线三线重合[1]。

5.1.4   流动的两种状态

1883 年,英国科学家雷诺第一个把通道内的流动区分为两种流态:层流(laminar flow)和湍流(turbulent flow,也称紊流)[2]。雷诺所用的实验装置如图 5-5 所示。让水以平均速度 $\overline{V}$ 沿直径为 d 的圆管流动,与水密度相近的着色液沿一细管加进水管轴线处。当水流量很小时,着色液在水流中保持为一条直线,不与周围的水相混,这表示水质点只做沿管轴线的直线运动,而无横向运动,可以认为此时水在管内是做分层流动的,各层间互不干扰、互不相混。当中等流量时,管内的着色液线开始呈现波纹状。这表示此时流体质点有了与主流方向垂直的横向

运动,可以从这一层运动至另一层。而当水流量较大时,着色液线一进入管内就剧烈波动,发生断裂,混在很多小旋涡中,随机地扩散到整个管子截面。此时管内的水在向前流动时,处于完全无规则的乱流状态。以上描述的第一种和第三种流动状态分别称为层流和湍流,第二种状态则是从层流向湍流的过渡状态,分别表示在图 5-5(b)中。

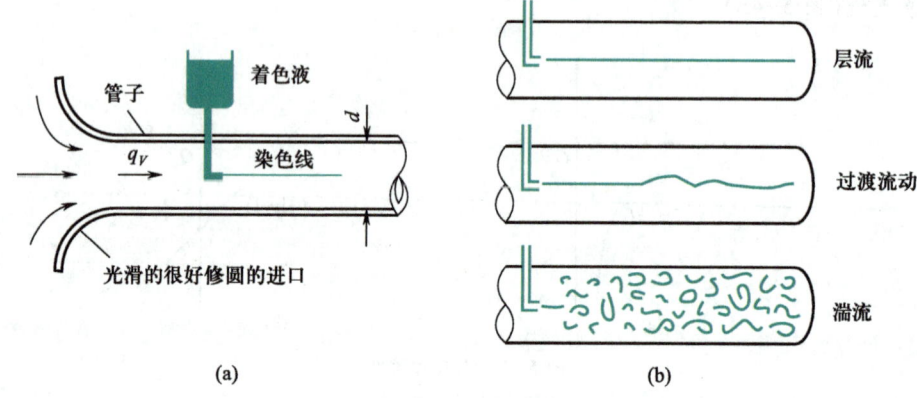

(a)   (b)

图 5-5   雷诺实验装置

图 5-6 所示为管内点 A 沿轴向的速度随时间的变化。可以看出,层流时水流只有沿轴向的速度分量;湍流时主流方向仍然沿着轴向,却是不稳定和随机的。同时测量发现,在垂直于管子轴线的方向上也存在不规则脉动的速度分量。正是这种三维的随机速度脉动导致了着色液线的波动和整个管截面的扩散。

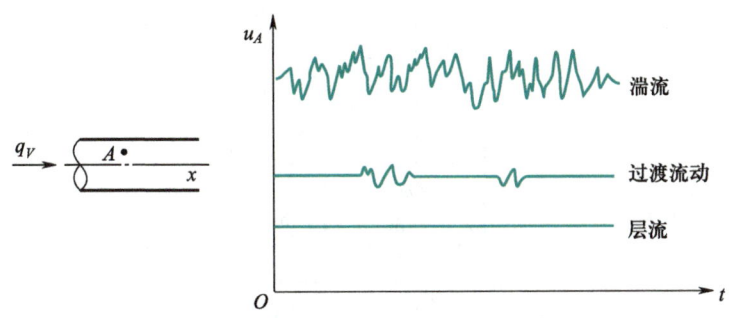

图 5-6 湍流和层流的速度变化

上文中所提到的"水流量很小""中等流量""水流量较大"等说法需明确其定量化指标。决定管内流动状态的因素不单是水流的平均速度、管径 d，所用液体的密度 ρ 和黏性 μ 也有着重要的影响。实验和理论研究表明，决定管内流动状态的判据是由这些物理量组成的一个量纲为一的准则数——雷诺数（Reynolds number），$Re=\rho\overline{V}d/\mu$。当雷诺数小时，流动呈现为层流；当雷诺数增大到一定数值时，层流就转变为湍流。需要明确的是，层流向湍流转变的临界雷诺数（critical Reynolds number）不是一个常数。临界雷诺数的实际大小随实验的外部条件，如液体在进口处的扰动大小、圆管入口处的形状及管壁粗糙度（roughness）等的变化而变化。通常在工程应用中可以认为当 $Re<2\ 100$ 时，圆管内的流动是层流；当 $Re>4\ 000$ 时，圆管的流动是湍流；当 Re 处于两者之间时，则可能处于由层流向湍流转变的过渡状态。

奥斯本·
雷诺

5.2 微分形式的控制方程组

5.2.1 微分形式的连续方程

在流场内取一个固定不动的平行六面体微元控制体（control volume），控制体的边长分别为 δx、δy、δz，六面体中心的密度为 ρ，沿 3 个坐标轴的速度分量分别为 u、v、w，如图 5-7 所示。假设微元控制体内无源无汇，根据质量守恒定律，下述关系式成立

控制体内流体质量增长率+通过界面流出控制体的质量流量 = 0

微元控制体内流体的质量等于 ρ 和其体积 $\delta x\delta y\delta z$ 的乘积，因此控制体内流体质量增长率为

$$\frac{\partial \rho}{\partial t}\delta x\delta y\delta z$$

经由界面流出控制体的质量流量可以通过分别考虑沿 3 个坐标轴方向的流动而求得。首先考虑沿 x 方向的流动。在六面体中心通过垂直于 x 轴方向的单位面积的质量流量为 ρu，运用泰勒级数展开并忽略高阶无穷小量，可分别求得通过微元体左、右两个表面的相应值分别为

$$\rho u-\frac{\partial(\rho u)}{\partial x}\frac{\delta x}{2} \quad \text{和} \quad \rho u+\frac{\partial(\rho u)}{\partial x}\frac{\delta x}{2}$$

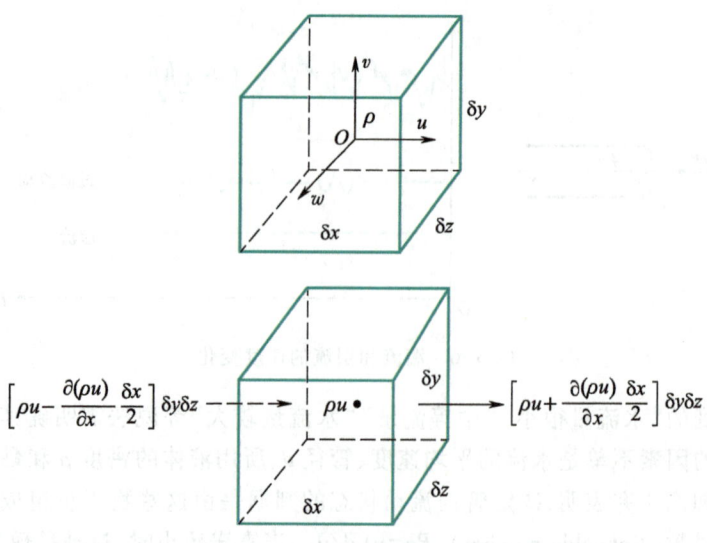

图 5-7 微元控制体的质量平衡

上两项分别乘以流通面积 $\delta y \delta z$，即为通过左、右两个表面的质量流量。于是，沿 x 方向流出六面体的流体质量为

$$\left[\rho u+\frac{\partial(\rho u)}{\partial x}\frac{\delta x}{2}\right]\delta y\delta z-\left[\rho u-\frac{\partial(\rho u)}{\partial x}\frac{\delta x}{2}\right]\delta y\delta z=\frac{\partial(\rho u)}{\partial x}\delta x\delta y\delta z$$

重复同样的推导过程，可以求得沿 y 轴方向和 z 轴方向流出六面体的流体质量流量分别为

$$\frac{\partial(\rho v)}{\partial y}\delta x\delta y\delta z \quad \text{和} \quad \frac{\partial(\rho w)}{\partial z}\delta x\delta y\delta z$$

这样通过界面流出上述微元控制体的质量流量等于

$$\left[\frac{\partial(\rho u)}{\partial x}+\frac{\partial(\rho v)}{\partial y}+\frac{\partial(\rho w)}{\partial z}\right]\delta x\delta y\delta z$$

上面分别求出了控制体内流体质量的增长率及流出控制体的质量流量，于是对于该微元控制体的质量守恒定律可表示为

$$\frac{\partial \rho}{\partial t}\delta x\delta y\delta z+\left[\frac{\partial(\rho u)}{\partial x}+\frac{\partial(\rho v)}{\partial y}+\frac{\partial(\rho w)}{\partial z}\right]\delta x\delta y\delta z=0$$

化简上式得

$$\frac{\partial \rho}{\partial t}+\frac{\partial(\rho u)}{\partial x}+\frac{\partial(\rho v)}{\partial y}+\frac{\partial(\rho w)}{\partial z}=0 \qquad (5-19)$$

式(5-19)即为微分形式的连续方程(continuity equation)，是流体力学的基本方程之一，它适用于可压缩和不可压缩流体，也适用于定常流动和非定常流动。把式(5-19)等号左边后 3 项展开，引用对 ρ 的随体导数的概念，该方程可改写为

$$\frac{D\rho}{Dt}+\rho\left(\frac{\partial u}{\partial x}+\frac{\partial v}{\partial y}+\frac{\partial w}{\partial z}\right)=0 \qquad (5-20)$$

对任一矢量 $\boldsymbol{a}=a_x\boldsymbol{i}+a_y\boldsymbol{j}+a_z\boldsymbol{k}$ 都可定义它的散度(divergence)为

$$\nabla \cdot \boldsymbol{a} = \frac{\partial a_x}{\partial x} + \frac{\partial a_y}{\partial y} + \frac{\partial a_z}{\partial z} \tag{5-21}$$

这样式(5-19)和式(5-20)便可用散度表示为

$$\frac{\partial \rho}{\partial t} + \nabla \cdot (\rho \boldsymbol{V}) = 0 \tag{5-22}$$

$$\frac{D\rho}{Dt} + \rho \nabla \cdot \boldsymbol{V} = 0 \tag{5-23}$$

式中：$\frac{\partial \rho}{\partial t}$ 为单位体积控制体内质量的变化率；$\rho \boldsymbol{V} = \rho u \boldsymbol{i} + \rho v \boldsymbol{j} + \rho w \boldsymbol{k}$ 可看作流过单位面积的质量流量，

它的散度 $\nabla \cdot (\rho \boldsymbol{V}) = \frac{\partial(\rho u)}{\partial x} + \frac{\partial(\rho v)}{\partial y} + \frac{\partial(\rho w)}{\partial z}$ 由上述推导过程可知，表示流出单位体积控制体的质

量流量。

对于定常密度场 $\frac{\partial \rho}{\partial t} = 0$，式(5-22)可简化为

$$\nabla \cdot (\rho \boldsymbol{V}) = 0 \quad 或 \quad \frac{\partial(\rho u)}{\partial x} + \frac{\partial(\rho v)}{\partial y} + \frac{\partial(\rho w)}{\partial z} = 0 \tag{5-24}$$

对于不可压缩流体 $\frac{D\rho}{Dt} = 0$，式(5-23)可简化为

$$\nabla \cdot \boldsymbol{V} = 0 \quad 或 \quad \frac{\partial u}{\partial x} + \frac{\partial v}{\partial y} + \frac{\partial w}{\partial z} = 0 \tag{5-25}$$

这里式(5-25)对于定常流动和非定常流动都是适用的。

柱坐标和球坐标下的连续方程可通过选取恰当形状的微元控制体，采用和本节类似的推导过程推出，这里仅给出结果。

柱坐标系(cylindrical coordinates)：

$$\frac{\partial \rho}{\partial t} + \frac{1}{r} \frac{\partial(r\rho V_r)}{\partial r} + \frac{1}{r} \frac{\partial(\rho V_\theta)}{\partial \theta} + \frac{\partial(\rho V_z)}{\partial z} = 0 \tag{5-26}$$

对于定常流动和不可压缩流体，式(5-26)可分别简化为

$$\frac{1}{r} \frac{\partial(r\rho V_r)}{\partial r} + \frac{1}{r} \frac{\partial(\rho V_\theta)}{\partial \theta} + \frac{\partial(\rho V_z)}{\partial z} = 0 \tag{5-27}$$

$$\frac{1}{r} \frac{\partial(r V_r)}{\partial r} + \frac{1}{r} \frac{\partial V_\theta}{\partial \theta} + \frac{\partial V_z}{\partial z} = 0 \tag{5-28}$$

球坐标系(spherical coordinates)：

$$\frac{\partial \rho}{\partial t} + \frac{1}{r^2} \frac{\partial}{\partial r}(r^2 \rho V_r) + \frac{1}{r\sin \theta} \frac{\partial}{\partial \theta}(\rho V_\theta \sin \theta) + \frac{1}{r\sin \theta} \frac{\partial}{\partial \lambda}(\rho V_\lambda) = 0 \tag{5-29}$$

对于定常流动和不可压缩流体，式(5-29)可分别简化为

$$\frac{1}{r^2} \frac{\partial}{\partial r}(r^2 \rho V_r) + \frac{1}{r\sin \theta} \frac{\partial}{\partial \theta}(\rho V_\theta \sin \theta) + \frac{1}{r\sin \theta} \frac{\partial}{\partial \lambda}(\rho V_\lambda) = 0 \tag{5-30}$$

$$\frac{1}{r^2} \frac{\partial}{\partial r}(r^2 V_r) + \frac{1}{r\sin \theta} \frac{\partial}{\partial \theta}(V_\theta \sin \theta) + \frac{1}{r\sin \theta} \frac{\partial V_\lambda}{\partial \lambda} = 0 \tag{5-31}$$

柱坐标系和球坐标系如图 5-8 所示。

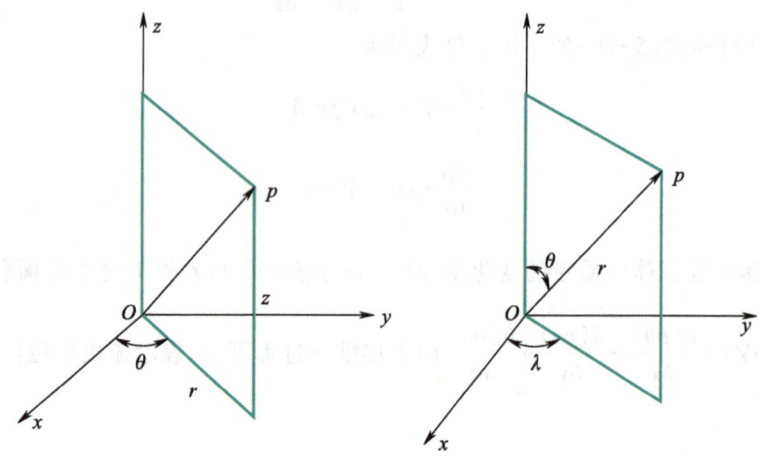

图 5-8　柱坐标系和球坐标系

[例题 5-2]　（1）设不可压缩流体在 xOy 平面内流动，速度沿 x 轴方向分量 $u = Ax$（A 为常数），求速度在 y 轴方向的分量 v。（2）如果不可压缩流体做平面辐射状流动，已知 $V_r = f(r)$、$V_\theta = 0$，求 $f(r)$ 的表达式。

分析：流体的连续性方程是求解速度分量的关键，根据给定的速度分量，可以通过列积分方程求解。

假设：（1）定常流动，密度恒定；（2）平面流动，没有 z 方向速度分量。

解：（1）对不可压缩流动（incompressible flow）$\dfrac{D\rho}{Dt} = 0$，由式（4-51）并考虑到 z 轴方向速度分量 $w = 0$，则有

$$\frac{\partial u}{\partial x} + \frac{\partial v}{\partial y} = 0$$

$$\frac{\partial v}{\partial y} = -\frac{\partial u}{\partial x} = -\frac{\partial(Ax)}{\partial x} = -A$$

$$v = \int -A\,dy + f(x) = -Ay + f(x)$$

若流动是非定常的，上式中函数 $f(x)$ 则应为 $f(x,t)$。而函数 $f()$ 的形式可任取，因此 v 有无穷多个解。若取 $f(x) = 0$，则

$$v = -Ay$$

（2）取柱坐标系，对于不可压缩流体，且考虑到 $V_z = V_\theta = 0$。

由式（4-54）可知，V_r 应满足

$$\frac{1}{r}\frac{\partial}{\partial r}(rV_r) = 0$$

对 r 积分得

$$rV_r = c$$

于是

$$V_r = f(r) = \frac{c}{r}$$

由上式可知，流体质点的速度 V_r 与其距原点的距离 r 成反比。

讨论：不可压缩流体的连续性方程是流体力学中的一个基本方程，它确保了质量守恒。（1）中速度沿 x 轴方向分量 $u=Ax$ 和沿 y 轴方向分量 $v=-Ay$ 表明，如果流体沿 x 轴方向加速，那么它在 y 轴方向上将产生一个垂直于 x 轴的流动分量。（2）中流体质点的速度与其距原点的距离成反比，这种流动模式在流体力学中称为"源流"或"汇流"，在实际应用中，如喷水池的水流或风暴的风场分布，都可以观察到这种现象。

5.2.2 黏性流体中的应力

在黏性流体（viscous fluid）中，由于流体具有黏性，流体中力的作用面上除正应力之外还存在切应力，因此总的应力不垂直于它的作用面。一般来说，在同一点取不同方位的作用面，作用于其上的应力的大小和方向也是不同的。如图 5-9 所示，在点 C 取微元面积 δA，记作用于其上的正应力和切应力分别为 σ_n 和 τ_n，这里下标 n 表示 δA 的法向单位矢量（unit vector）$\boldsymbol{n}$ 的方向，$\boldsymbol{n}$ 方向不同，上述应力也不同。应注意到，这里所谓的应力，是指单位面积的受力，而 δA 面积上的作用力则等于应力和 δA 的乘积。

科恩达效应-流体黏性作用

若取 $\boldsymbol{n}$ 的方向为 x 轴正向，则法向应力为 σ_{xx}，而将 yOz 平面上的切向应力分解成相互垂直的两个分量，分别指向 y 轴和 z 轴正向，记为 τ_{xy}、τ_{xz}。这里习惯上采用双下标表示法，第一个下标表示作用面的法线方向，第二个下标则表示应力分量的指向（图 5-10）。

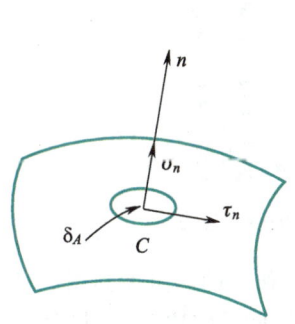

图 5-9 正应力和切应力

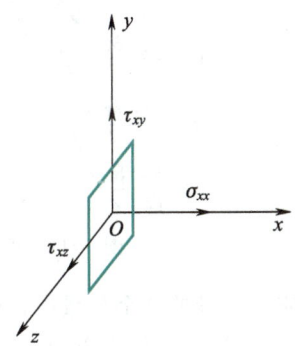

图 5-10 法向方向沿 x 轴正向的平面上的应力

若取 $\boldsymbol{n}$ 的方向为 y 轴正向，则垂直于 y 轴的作用面上的 3 个应力分量分别记作 σ_{yy}、τ_{yx}、τ_{yz}；若取 $\boldsymbol{n}$ 的方向为 z 轴正向，则垂直于 z 轴的作用面上 3 个应力分量分别为 σ_{zz}、τ_{zx}、τ_{zy}。

过空间一点可以作无穷多个平面，由于平面方位不同，作用于其上的应力也不同，那么在空间任一点似乎可以得到无穷多个不同的应力分量。实际上可以证明，过一点作 3 个相互垂直的平面，则过该点的任意方位平面上的应力分量都可用这 3 个平面上的 9 个应力分量来表示，若取这 3 个平面分别平行于 3 个坐标平面，则这 9 个分量为

$$\begin{bmatrix} \sigma_{xx} & \tau_{xy} & \tau_{xz} \\ \tau_{yx} & \sigma_{yy} & \tau_{yz} \\ \tau_{zx} & \tau_{zy} & \sigma_{zz} \end{bmatrix} \tag{5-32}$$

数学上称这 9 个分量组成 1 个二阶张量,即应力张量(stress tensor)。

在流场中取一个正六面体的流体微团,其边长分别为 δx、δy、δz(图 5-11)。假设流体微团中心的应力张量如式(5-32)所示,则六面体上、下、前、后、左、右 6 个表面上的应力分量可分别用上述 9 个分量及它们沿坐标轴的导数来表示(图 5-11)。应力正方向的表示规则为:当一个表面的外法线方向和坐标轴的正方向一致时,该表面上所有应力分量的正方向都分别和相应坐标轴正方向一致;当表面的外法线方向和坐标轴负方向一致时,该表面上所有应力分量的正方向都分别和相应坐标轴负方向一致。

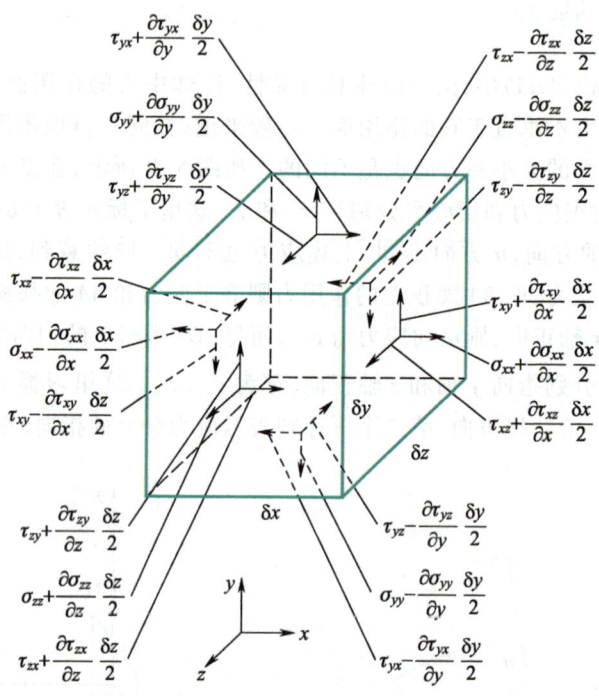

图 5-11　正六面体流体微元的表面应力

实际上,在应力张量的 9 个分量中,只有 6 个是相互独立的。考虑到图 5-11 所示微元体各表面上的作用力对通过六面体中心的 y 轴的力矩,根据达朗贝尔原理,这些力矩之和应为零。因为六面体的质量力(包括惯性力)和表面力(surface force)相比是高阶无穷小,所以可以忽略不计,只需要考虑表面力的作用。可以认为各个表面上的应力都是均匀分布的,因此合力作用点分别在各表面中心。上、下两个表面合力作用线通过 y 轴,故此两个表面上的表面力对 y 轴无力矩。前、后、左、右 4 个表面的应力分量中的法向应力都分别与 y 轴垂直,而切向应力中又有 4 个与 y 轴平行,在求矩中也无须计及它们的作用。所以只需考虑另外 4 个切向应力分量(它们的作用线分别与 x 轴和 z 轴平行)的作用。

$$\left(\tau_{zx}+\frac{\partial \tau_{zx}}{\partial z}\frac{\delta z}{2}\right)\delta x \delta y \frac{\delta z}{2}+\left(\tau_{zx}-\frac{\partial \tau_{zx}}{\partial z}\frac{\delta z}{2}\right)\delta x \delta y \frac{\delta z}{2}-\left(\tau_{xz}+\frac{\partial \tau_{xz}}{\partial z}\frac{\delta z}{2}\right)\delta y \delta z \frac{\delta x}{2}-\left(\tau_{xz}-\frac{\partial \tau_{xz}}{\partial z}\frac{\delta z}{2}\right)\delta y \delta z \frac{\delta x}{2}=0$$

化简得

$$\tau_{zx} = \tau_{xz} \tag{5-33}$$

同样可证

$$\tau_{xy} = \tau_{yx} , \quad \tau_{yz} = \tau_{zy} \tag{5-34}$$

可见,应力张量 9 个分量中的 6 个切应力分量两两对应相等,因此 9 个分量中只有 6 个是独立的,即 3 个法向应力分量和 3 个切向应力分量。

下面求六面体表面力的合力。先对所有作用在 x 方向的表面力求和,即

$$\delta F_{Sx} = \left(\sigma_{xx} + \frac{\partial \sigma_{xx}}{\partial x} \frac{\delta x}{2} \right) \delta y \delta z - \left(\sigma_{xx} - \frac{\partial \sigma_{xx}}{\partial x} \frac{\delta x}{2} \right) \delta y \delta z + \left(\tau_{yx} + \frac{\partial \tau_{yx}}{\partial y} \frac{\delta y}{2} \right) \delta x \delta z -$$

$$\left(\tau_{yx} - \frac{\partial \tau_{yx}}{\partial y} \frac{\delta y}{2} \right) \delta x \delta z + \left(\tau_{zx} + \frac{\partial \tau_{zx}}{\partial z} \frac{\delta z}{2} \right) \delta x \delta y - \left(\tau_{zx} - \frac{\partial \tau_{zx}}{\partial z} \frac{\delta z}{2} \right) \delta x \delta y$$

化简得

$$\delta F_{Sx} = \left(\frac{\partial \sigma_{xx}}{\partial x} + \frac{\partial \tau_{yx}}{\partial y} + \frac{\partial \tau_{zx}}{\partial z} \right) \delta x \delta y \delta z \tag{5-35}$$

同样可求得在 y 方向和 z 方向的表面力合力分别为

$$\delta F_{Sy} = \left(\frac{\partial \tau_{xy}}{\partial x} + \frac{\partial \sigma_{yy}}{\partial y} + \frac{\partial \tau_{zy}}{\partial z} \right) \delta x \delta y \delta z \tag{5-36}$$

$$\delta F_{Sz} = \left(\frac{\partial \tau_{xz}}{\partial x} + \frac{\partial \tau_{yz}}{\partial y} + \frac{\partial \sigma_{zz}}{\partial z} \right) \delta x \delta y \delta z \tag{5-37}$$

于是表面力的合力可表示为

$$\delta \boldsymbol{F}_S = \delta F_{Sx} \boldsymbol{i} + \delta F_{Sy} \boldsymbol{j} + \delta F_{Sz} \boldsymbol{k} \tag{5-38}$$

5.2.3 微分形式的动量方程

在流场中任取一正六面体流体微团,如图 5-11 所示。假设流体微团质量为 δm,速度 $\boldsymbol{V} = u\boldsymbol{i} + v\boldsymbol{j} + w\boldsymbol{k}$,所受的外力为 $\delta \boldsymbol{F}$,则动量定理(theorem of momentum)可表示为

$$\delta \boldsymbol{F} = \frac{D}{Dt}(\boldsymbol{V} \delta m)$$

考虑到 δm 为常数,于是

$$\delta \boldsymbol{F} = \delta m \frac{D\boldsymbol{V}}{Dt} \tag{5-39}$$

式(5-39)也可看作是对一个流体微团的牛顿第二定理,力 $\delta \boldsymbol{F}$ 包括表面力 $\delta \boldsymbol{F}_S$ 和质量力 $\delta \boldsymbol{F}_B$。

$$\delta \boldsymbol{F} = \delta \boldsymbol{F}_S + \delta \boldsymbol{F}_B \tag{5-40}$$

$\dfrac{D\boldsymbol{V}}{Dt}$ 是流体微团的加速度,即

$$\frac{D\boldsymbol{V}}{Dt} = \frac{\partial \boldsymbol{V}}{\partial t} + u \frac{\partial \boldsymbol{V}}{\partial x} + v \frac{\partial \boldsymbol{V}}{\partial y} + w \frac{\partial \boldsymbol{V}}{\partial z} \tag{5-41}$$

式(5-41)在坐标轴方向的分量已在式(5-11)中给出。$\delta \boldsymbol{F}_S$ 已由式(5-35)~式(5-38)给出。假设流体所受质量力只有重力,则

$$\delta F_B = \rho g \delta x \delta y \delta z \tag{5-42}$$

式中，g 为重力加速度（acceleration of gravity）。

$$g = g_x i + g_y j + g_z k \tag{5-43}$$

流体微团质量为

$$\delta m = \rho \delta x \delta y \delta z \tag{5-44}$$

将 δF、$\dfrac{DV}{Dt}$ 及 δm 的表达式代入式（5-39），并加以整理得

$$\rho \left(\frac{\partial u}{\partial t} + u \frac{\partial u}{\partial x} + v \frac{\partial u}{\partial y} + w \frac{\partial u}{\partial z} \right) = \rho g_x + \frac{\partial \sigma_{xx}}{\partial x} + \frac{\partial \tau_{yx}}{\partial y} + \frac{\partial \tau_{zx}}{\partial z}$$

$$\rho \left(\frac{\partial v}{\partial t} + u \frac{\partial v}{\partial x} + v \frac{\partial v}{\partial y} + w \frac{\partial v}{\partial z} \right) = \rho g_y + \frac{\partial \tau_{xy}}{\partial x} + \frac{\partial \sigma_{yy}}{\partial y} + \frac{\partial \tau_{zy}}{\partial z}$$

$$\rho \left(\frac{\partial w}{\partial t} + u \frac{\partial w}{\partial x} + v \frac{\partial w}{\partial y} + w \frac{\partial w}{\partial z} \right) = \rho g_z + \frac{\partial \tau_{xz}}{\partial x} + \frac{\partial \tau_{yz}}{\partial y} + \frac{\partial \sigma_{zz}}{\partial z} \tag{5-45}$$

式（5-45）即为微分形式的动量方程，或者称为运动方程。

对于在工程中遇到的大多数流体，式（5-45）中的应力分量可以用流体的变形速率（deformation rate）及物性表示如下

$$\sigma_{xx} = -p - \frac{2}{3} \mu \nabla \cdot V + 2\mu \frac{\partial u}{\partial x}$$

$$\sigma_{yy} = -p - \frac{2}{3} \mu \nabla \cdot V + 2\mu \frac{\partial v}{\partial y}$$

$$\sigma_{zz} = -p - \frac{2}{3} \mu \nabla \cdot V + 2\mu \frac{\partial w}{\partial z}$$

$$\tau_{xy} = \tau_{yx} = \mu \left(\frac{\partial v}{\partial x} + \frac{\partial u}{\partial y} \right) \tag{5-46}$$

$$\tau_{yz} = \tau_{zy} = \mu \left(\frac{\partial w}{\partial y} + \frac{\partial v}{\partial z} \right)$$

$$\tau_{zx} = \tau_{xz} = \mu \left(\frac{\partial u}{\partial z} + \frac{\partial w}{\partial x} \right)$$

上述表示应力和变形速度关系的方程式，称为本构方程（constitutive equation），它的推导可参阅有关流体力学书籍。p 是压强，这里定义为 3 个法向应力平均值的负值，即 $p = -\dfrac{1}{3}(\sigma_{xx} + \sigma_{yy} + \sigma_{zz})$。应力和应变速率之间的关系满足式（5-46）的流体称为牛顿流体（Newtonian fluid），如空气、水等都是牛顿流体。但也有一些其应力和应变速率之间的关系不能用式（5-46）来描述，这类流体称为非牛顿流体（non-Newtonian fluid），如油漆、颜料、橡胶、血液、高分子聚合物的熔体或溶液，以及某些混合物。对这些流体的流动和传热特性的研究同样具有重要的工程实际意义。本节仅限于研究牛顿流体。

将式（5-46）代入式（5-45）得

$$\left\{\begin{array}{l}\rho\dfrac{Du}{Dt}=\rho g_x-\dfrac{\partial p}{\partial x}+\dfrac{\partial}{\partial x}\left[\mu\left(2\dfrac{\partial u}{\partial x}-\dfrac{2}{3}\nabla\cdot\boldsymbol{V}\right)\right]+\dfrac{\partial}{\partial y}\left[\mu\left(\dfrac{\partial u}{\partial y}+\dfrac{\partial v}{\partial x}\right)\right]+\dfrac{\partial}{\partial z}\left[\mu\left(\dfrac{\partial w}{\partial x}+\dfrac{\partial u}{\partial z}\right)\right]\\[3mm]\rho\dfrac{Dv}{Dt}=\rho g_y-\dfrac{\partial p}{\partial y}+\dfrac{\partial}{\partial x}\left[\mu\left(\dfrac{\partial u}{\partial y}+\dfrac{\partial v}{\partial x}\right)\right]+\dfrac{\partial}{\partial y}\left[\mu\left(2\dfrac{\partial v}{\partial y}-\dfrac{2}{3}\nabla\cdot\boldsymbol{V}\right)\right]+\dfrac{\partial}{\partial z}\left[\mu\left(\dfrac{\partial v}{\partial z}+\dfrac{\partial w}{\partial y}\right)\right]\\[3mm]\rho\dfrac{Dw}{Dt}=\rho g_z-\dfrac{\partial p}{\partial z}+\dfrac{\partial}{\partial x}\left[\mu\left(\dfrac{\partial w}{\partial x}+\dfrac{\partial u}{\partial z}\right)\right]+\dfrac{\partial}{\partial y}\left[\mu\left(\dfrac{\partial v}{\partial z}+\dfrac{\partial w}{\partial y}\right)\right]+\dfrac{\partial}{\partial z}\left[\mu\left(2\dfrac{\partial w}{\partial z}-\dfrac{2}{3}\nabla\cdot\boldsymbol{V}\right)\right]\end{array}\right.\tag{5-47}$$

式(5-47)称为纳维-斯托克斯方程(Navier-Stokes equation),简称 N-S 方程。
对于不可压缩流体,且其动力黏度 μ 可看作常数时,式(5-47)可简化为

克劳德·
路易斯·
玛丽·亨
利·纳维

$$\left\{\begin{array}{l}\rho\dfrac{Du}{Dt}=\rho g_x-\dfrac{\partial p}{\partial x}+\mu\left(\dfrac{\partial^2 u}{\partial x^2}+\dfrac{\partial^2 u}{\partial y^2}+\dfrac{\partial^2 u}{\partial z^2}\right)\\[3mm]\rho\dfrac{Dv}{Dt}=\rho g_y-\dfrac{\partial p}{\partial y}+\mu\left(\dfrac{\partial^2 v}{\partial x^2}+\dfrac{\partial^2 v}{\partial y^2}+\dfrac{\partial^2 v}{\partial z^2}\right)\\[3mm]\rho\dfrac{Dw}{Dt}=\rho g_z-\dfrac{\partial p}{\partial z}+\mu\left(\dfrac{\partial^2 w}{\partial x^2}+\dfrac{\partial^2 w}{\partial y^2}+\dfrac{\partial^2 w}{\partial z^2}\right)\end{array}\right.\tag{5-48}$$

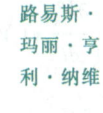

乔治·加
布里埃尔·
斯托克斯

在化简过程中已经注意到对于不可压缩流体 $\nabla\cdot\boldsymbol{V}=\dfrac{\partial u}{\partial x}+\dfrac{\partial v}{\partial y}+\dfrac{\partial w}{\partial z}=0$。引入拉普拉斯算子 $\nabla^2=\dfrac{\partial^2}{\partial x^2}+\dfrac{\partial^2}{\partial y^2}+\dfrac{\partial^2}{\partial z^2}$,则式(5-48)各方程右边第三项可分别表示为 $\nabla^2 u$、$\nabla^2 v$、$\nabla^2 w$。

式(5-48)的 3 个方程可用矢量形式统一表示为

$$\rho\frac{D\boldsymbol{V}}{Dt}=\rho\boldsymbol{g}-\nabla p+\mu\nabla^2\boldsymbol{V}\tag{5-49}$$

式中,压强梯度 $\nabla p=\dfrac{\partial p}{\partial x}\boldsymbol{i}+\dfrac{\partial p}{\partial y}\boldsymbol{j}+\dfrac{\partial p}{\partial z}\boldsymbol{k}$,$\nabla^2\boldsymbol{V}=\nabla^2(u\boldsymbol{i})+\nabla^2(v\boldsymbol{j})+\nabla^2(w\boldsymbol{k})=\nabla^2 u\boldsymbol{i}+\nabla^2 v\boldsymbol{j}+\nabla^2 w\boldsymbol{k}$。

对于不可压缩流体的流动需求解的未知数有 4 个,即 u、v、w、p。运动方程式(5-48)和连续方程式(5-19)也有 4 个方程,对于不可压缩流体流动来说,形成一个封闭的方程组。但方程式(5-48)是非线性的二阶偏微分方程,目前只在极少数情形下可以得到精确解,而对绝大多数流动问题还无法求出解析解。对少数情形的准确解,和实验测量结果相比是完全符合的。这里还需指出为了求解某一具体流动问题,除方程式(5-48)、式(5-49)之外,还需给出具体的流动问题的初始条件和边界条件。

在某些实际问题中,利用柱坐标或球坐标较为方便。柱坐标下的纳维-斯托克斯方程为

$$\left\{\begin{array}{l}\dfrac{\partial V_r}{\partial t}+(\boldsymbol{V}\cdot\nabla)V_r-\dfrac{V_\theta^2}{r}=g_x-\dfrac{1}{\rho}\dfrac{\partial p}{\partial r}+\nu\left(\nabla^2 V_r-\dfrac{2}{r^2}\dfrac{\partial V_\theta}{\partial\theta}-\dfrac{V_r}{r^2}\right)\\[3mm]\dfrac{\partial V_\theta}{\partial t}+(\boldsymbol{V}\cdot\nabla)V_\theta+\dfrac{V_r V_\theta}{r}=g_\theta-\dfrac{1}{\rho r}\dfrac{\partial p}{\partial\theta}+\nu\left(\nabla^2 V_\theta+\dfrac{2}{r^2}\dfrac{\partial V_r}{\partial\theta}-\dfrac{V_\theta}{r^2}\right)\\[3mm]\dfrac{\partial V_z}{\partial t}+(\boldsymbol{V}\cdot\nabla)V_z=g_z-\dfrac{1}{\rho}\dfrac{\partial p}{\partial z}+\nu\nabla^2 V_z\end{array}\right.\tag{5-50}$$

式中，$(\boldsymbol{V}\cdot\boldsymbol{\nabla})^2(\ ) = V_r\dfrac{\partial(\ )}{\partial r} + \dfrac{V_\theta}{r}\dfrac{\partial(\ )}{\partial\theta} + V_z\dfrac{\partial(\ )}{\partial z}$，拉普拉斯算子在柱坐标下表达式为

$$\boldsymbol{\nabla}^2(\ ) = \frac{1}{r}\frac{\partial}{\partial r}\left[r\frac{\partial(\ )}{\partial r}\right] + \frac{1}{r^2}\frac{\partial(\ )}{\partial\theta^2} + \frac{\partial^2(\ )}{\partial z^2}$$

球坐标下纳维-斯托克斯方程为

$$\begin{cases} \dfrac{\partial V_r}{\partial t} + (\boldsymbol{V}\cdot\boldsymbol{\nabla})V_r - \dfrac{V_\theta^2 + V_\lambda^2}{r} = g_r - \dfrac{1}{\rho}\dfrac{\partial p}{\partial r} + \nu\left[\boldsymbol{\nabla}^2 V_r - \dfrac{2}{r^2}\dfrac{\partial V_\theta}{\partial\theta} - \dfrac{2}{r^2\sin\theta}\dfrac{\partial V_\lambda}{\partial\lambda}\right) - \dfrac{2V_r}{r^2} - \dfrac{2\cot\theta}{r^2}V_\theta\right] \\[3mm] \dfrac{\partial V_\theta}{\partial t} + (\boldsymbol{V}\cdot\boldsymbol{\nabla})V_\theta + \dfrac{V_r V_\theta}{r} - \dfrac{V_\lambda^2\cot\theta}{r} = g_\theta - \dfrac{1}{\rho r}\dfrac{\partial p}{\partial\theta} + \nu\left[\boldsymbol{\nabla}^2 V_\theta - \dfrac{2\cos\theta}{r^2\sin^2\theta}\dfrac{\partial V_\lambda}{\partial\lambda} + \dfrac{2}{r^2}\dfrac{\partial V_r}{\partial\theta} - \dfrac{V_\theta}{r^2\sin^2\theta}\right] \\[3mm] \dfrac{\partial V_\lambda}{\partial t} + (\boldsymbol{V}\cdot\boldsymbol{\nabla})V_\lambda + \dfrac{V_r V_\lambda}{r} + \dfrac{V_\theta V_\lambda\cot\theta}{r} = g_\lambda - \dfrac{1}{\rho r\sin\theta}\dfrac{\partial p}{\partial\lambda} + \nu\left[\boldsymbol{\nabla}^2 V_\lambda + \dfrac{2}{r^2\sin\theta}\dfrac{\partial V_r}{\partial\lambda} + \dfrac{2\cos\theta}{r^2\sin^2\theta}\dfrac{\partial V_\theta}{\partial\lambda} - \dfrac{V_\theta}{r^2\sin^2\theta}\right] \end{cases}$$

式中，$(\boldsymbol{V}\cdot\boldsymbol{\nabla})^2(\ ) = V_r\dfrac{\partial(\ )}{\partial r} + \dfrac{V_\theta}{r}\dfrac{\partial(\ )}{\partial\theta} + \dfrac{V_\lambda}{r\sin\theta}\dfrac{\partial(\ )}{\partial\lambda}$，拉普拉斯算子在球坐标下表达式为

$$\boldsymbol{\nabla}^2(\ ) = \frac{1}{r^2}\frac{\partial}{\partial r}\left[r^2\frac{\partial(\ )}{\partial r}\right] + \frac{1}{r^2\sin}\frac{\partial}{\partial\theta}\left[\sin\theta\frac{\partial(\ )}{\partial\theta}\right] + \frac{1}{r^2\sin^2\theta}\frac{\partial^2(\ )}{\partial\lambda^2}$$

柱坐标系和球坐标系的坐标选取已在图5-8中给出。

5.2.4　理想流体欧拉运动方程和欧拉平衡方程

1. 欧拉方程

在忽略黏性影响的无黏流动，认为流体的黏性系数为零，称为理想流体。实际上，任何一种流体都具有黏性，但决定一个具体的流动是黏性流动还是无黏流动，不能单纯看流体黏性的大小。考虑密度为 ρ、动力黏度为 μ 的流体以速度 $\boldsymbol{V}$ 绕流一个线性尺寸为 L 的物体，这样的流动称为外流，其流动的雷诺数为 $Re = \rho\overline{V}L/\mu$，则一个流动可视为无黏流动的必要条件（不是充分条件）是 $Re \gg 1$。

若雷诺数很小，如灰尘微粒在空气中沉降，液滴或气泡在高黏性流体中缓慢运动等，则黏性影响范围要远大于被绕流物体的线性尺寸，此时整个流动必须作为黏性流动来处理[3]。另一类黏性流动是流体在管道或通道内的流动，称为内流，如输油和输气管道、城市水网中的流动，以及河流、灌溉渠道中的流动等流体黏性会引起显著的机械能损失，必须使用水泵、油泵等或依赖于重力势能（gravity potential energy）以克服黏性摩擦力，驱动流体流动。然而，对于气流在喷管（nozzle）和喷气发动机（jet engine）的进气道中的流动等，由于流道较短，也可以忽略黏性影响而作为理想流体流动来处理。

对于理想流体 $\mu = 0$，在质量力只有重力的情况下，不可压缩流体的 N-S 方程 [见式（5-49）] 可简化为欧拉运动方程，即

$$\rho\frac{D\boldsymbol{V}}{Dt} = \rho\boldsymbol{g} - \boldsymbol{\nabla} p \tag{5-51}$$

利用物质导数表示式，式（5-51）可写为

$$\frac{\partial\boldsymbol{V}}{\partial t} + (\boldsymbol{V}\cdot\boldsymbol{\nabla})\boldsymbol{V} = \boldsymbol{g} - \frac{1}{\rho}\boldsymbol{\nabla} p$$

上式中左侧是流体质点的加速度,右侧则是作用于单位质量流体的表面力和质量力(重力)之和。密度 ρ 只出现在压力(pressure)项的分母中,这意味着为了获得相同的加速度,密度高的流体与密度低的流体相比,需要更高的压强梯度。当压强梯度为零时($\nabla p = 0$),如在真空中,一滴水与一滴水银将以相同的加速度 g 运动,而与它们的密度无关。

直角坐标系中压强梯度可写为

$$\nabla p = \frac{\partial p}{\partial x}\boldsymbol{i} + \frac{\partial p}{\partial y}\boldsymbol{j} + \frac{\partial p}{\partial z}\boldsymbol{k}$$

重力加速度沿坐标轴可分解为

$$\boldsymbol{g} = g_x\boldsymbol{i} + g_y\boldsymbol{j} + g_z\boldsymbol{k}$$

则欧拉运动方程在 x、y 和 z 方向的分量式可分别表示为

$$\begin{cases} \dfrac{Du}{Dt} = g_x - \dfrac{1}{\rho}\dfrac{\partial p}{\partial x} \\[2mm] \dfrac{Dv}{Dt} = g_y - \dfrac{1}{\rho}\dfrac{\partial p}{\partial y} \\[2mm] \dfrac{Dw}{Dt} = g_z - \dfrac{1}{\rho}\dfrac{\partial p}{\partial z} \end{cases}$$

当流体静止时($\boldsymbol{V} = 0$),欧拉运动方程蜕化为欧拉平衡方程,即

$$\boldsymbol{g} - \frac{1}{\rho}\nabla p = 0 \tag{5-52}$$

对于所受质量力只有重力的静止流体,取 z 坐标垂直向上,则式(5-52)可改写为

$$-g\boldsymbol{k} - \frac{1}{\rho}\nabla p = 0 \tag{5-53}$$

上式在 3 个坐标轴方向的分量式分别为

$$\frac{\partial p}{\partial x} = 0, \quad \frac{\partial p}{\partial y} = 0, \quad \frac{\partial p}{\partial z} = -\rho g \tag{5-54}$$

由式(5-54)可以看出,压强 p 不随 x 和 y 坐标变化,只是坐标 z 的函数。于是,式(5-54)最后一个方程可由偏微分形式改写为常微分形式

$$\frac{\mathrm{d}p}{\mathrm{d}z} = -\rho g \tag{5-55}$$

式(5-55)是关于静止流体内压强变化的基本方程。该方程表明,在静止流体中沿铅直方向的压强梯度是负的,即当在流体中垂直向上移动时,流体压强减少;当垂直向下移动时,流体压强增加。在绝大多数工程问题中,重力加速度随高度的变化可以忽略不计。为了积分式(5-55)从而求出静止流体内的压强分布,需要首先知道流体密度 ρ 在空间的变化规律。

2. 不可压缩流体

如果研究的对象是液体,密度的变化可以忽略。即使在很大的高度范围内,也可以认为液体的密度为常数[4]。于是,式(5-55)可以在高度 z_1 和 z_2 间直接积分(图5-12)。

$$\int_{p_1}^{p_2}\mathrm{d}p = -\rho g \int_{z_1}^{z_2}\mathrm{d}z$$

结果为

$$p_2 - p_1 = -\rho g(z_2 - z_1)$$

令 $h = z_2 - z_1$，则

$$p_1 = p_2 + \rho g h \qquad (5\text{-}56)$$

式（5-56）表示在静止的均质不可压缩流体中，液体压强和液体深度 h 成正比。在图 5-12 中，若 z_2 与自由表面等高度，则 $p_2 = p_a$，即 p_2 等于当地大气压强 p_a。由式（5-56）可知

$$p = p_a + \rho g h \qquad (5\text{-}57)$$

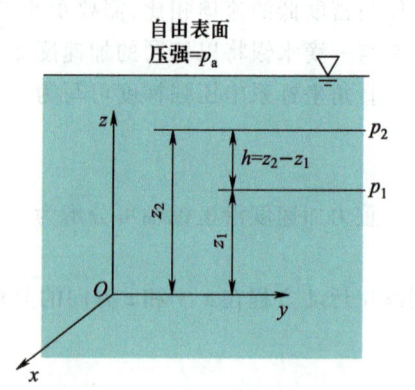

图 5-12   液体内的压强变化

式中，p 为液体内某深度处的压强，可以看作从自由面到该深度处一段密度为 ρ、高度为 h，且具有单位面积底面的垂直液柱在该处产生的正压力，因此也常常用液柱高 h 来表示压强大小，习惯上称 h 为水头。例如，9.806×10^4 Pa 工程大气压可用 735.7 mm 水银柱（水银密度 $\rho = 1.36 \times 10^4$ kg/m³），或者 10 m 水柱（水密度 $\rho = 999$ kg/m³）来表示。

假设在静止流体中的某点的压强，如自由面上的压强有 δp_a 的变化，则对式（5-57）两边取微分（做微分运算时，把 h 看作常数）得

$$\delta p = \delta p_a \qquad (5\text{-}58)$$

即静止流体中各点上的压强也都相应发生了 δp_a 的变化，δp_a 的压强变化瞬时传至静止流体内各点，这就是帕斯卡（Pascal）原理。水压机就是根据帕斯卡原理制成的。如图 5-13 所示，在一个充满液体（如油）的连通容器的两端有大小不同的两个活塞，面积分别为 A_1 和 A_2。在活塞 A_1 上施加力 F_1，则单位面积受力即压强为 $p = \dfrac{F_1}{A_1}$。根据帕斯卡原理，此压强立即传至流体内各点，活塞 A_2 各点上所受到的压强也为 p，于是活塞 A_2 上受到的总压力为

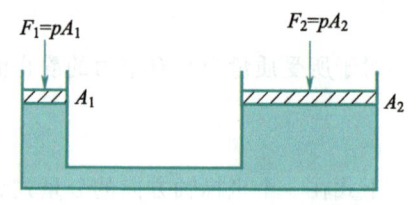

图 5-13   水压机原理图

$$F_2 = p A_2 = F_1 \frac{A_2}{A_1}$$

帕斯卡原理与万吨水压机

由此可见，A_2 上受到的力 F_2 是 F_1 的 $\dfrac{A_2}{A_1}$ 倍，截面面积比 $\dfrac{A_2}{A_1}$ 越大，两个活塞受力比 $\dfrac{F_2}{F_1}$ 也越大。这样，就可以通过扩大截面面积比，在小活塞上作用一个较小的力，而在大活塞上产生一个较大的力。

[例题 5-3]   如图 5-14 所示，油箱底部有一层 0.09 m 厚的水，油层高为 0.5 m。求油水界面和油箱底部的压强（分别用 p_a 和毫米水柱表示压强），已知水的密度 $\rho_水 = 1\,000$ kg/m³，油的密度 $\rho_油 = 680$ kg/m³。

分析:压强的计算涉及流体静力学原理,特别是流体静压力的分布,计算基于流体的密度、重力加速度及流体的高度。

假设:(1) 流体处于静止状态;(2) 流体不可压缩,且密度均匀;(3) 重力加速度是常数,即 $g = 9.8 \text{ m/s}^2$;(4) 油和水之间界面清晰,不混合。

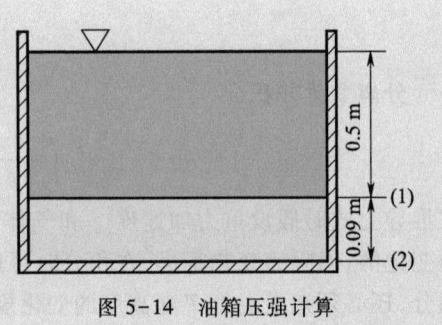

图 5-14　油箱压强计算

解:(1) 油水界面压强

$$p_1 = p_a + \rho_{油} \, g h_{油} = p_a + 680 \text{ kg/m}^3 \times 9.8 \text{ m/s}^2 \times 0.5 \text{ m}$$

$$= p_a + 3\,332 \text{ Pa}$$

通常测量压强是以大气压强为基准的,即测量当地压强高于大气压强的值,称为表压强(gauge pressure)。若以表压强表示,则

$$p_1 = 3\,332 \text{ Pa}$$

以毫米汞柱表示有

$$\frac{p_1}{\rho_{水} \, g} = \frac{3\,332 \text{ Pa}}{1\,000 \text{ kg/m}^3 \times 9.8 \text{ m/s}^2} = 0.34 \text{ m} = 340 \text{ mm}$$

(2) 油箱底部压强以表压强表示

$$p_2 = p_1 + \rho_{水} \, g h_{水} = 3\,332 \text{ Pa} + 1\,000 \text{ kg/m}^3 \times 9.8 \text{ m/s}^2 \times 0.09 \text{ m} = 4\,214 \text{ Pa}$$

以毫米水柱表示有

$$\frac{p_2}{\rho_{水} \, g} = \frac{4\,214 \text{ Pa}}{1\,000 \text{ kg/m}^3 \times 9.8 \text{ m/s}^2} = 0.43 \text{ m} = 430 \text{ mm}$$

讨论:通常测量压强是以大气压强为基准的,即测量的是相对于大气压强的表压强。绝对压强(absolute pressure)则是表压强加上大气压强。压强的单位转换在工程和科学研究中非常重要。在本例中,压强从 p_a 转换为毫米水柱,有助于理解压强的实际意义,尤其是在工程应用中。类似计算在石油工业、化工储存及环境工程等领域都有实际应用。例如,在设计油罐或水塔时,了解不同层的压力分布对于确保结构的安全性和功能性、预测流体泄漏风险以及评估结构的承载能力等方面至关重要。

3. 可压缩流体

对于气体,如空气、氧气、氮气等,其压强和温度的变化将会引起密度的显著变化。因此,在积分式(5-55)时,必须先知道密度的变化规律。值得注意的是,气体的密度和液体相比是比较小的,如在海平面上,当温度 $T = 288 \text{ K}$ 时,空气密度 $\rho = 1.225 \text{ kg/m}^3$,而在相同条件下,水的密度 $\rho = 999 \text{ kg/m}^3$。正因为气体的密度相对较小,根据式(5-55),其在铅直方向的压强梯度也相对较小,可以认为在数十米到上百米的高度范围内压强基本保持为常数。因此,如果所研究的问题涉及的高度变化较小,如在通常的工业容器和管道系统中,高度对气体压强变化的影响可以忽略,压强取为常数[5]。

当高度变化范围比较大时,如有数千米的高度差,就必须考虑气体密度的变化。利用完全气体状态方程(热力学中的理想气体状态方程)

$$p = \rho R_g T$$

式(5-55)可以改写为

$$\frac{\mathrm{d}p}{\mathrm{d}z} = -\frac{gp}{R_g T}$$

分离变量并积分

$$\int_{p_1}^{p_2} \frac{\mathrm{d}p}{p} = \ln \frac{p_2}{p_1} = -\frac{g}{R_g} \int_{z_1}^{z_2} \frac{\mathrm{d}z}{T} \tag{5-59}$$

在推导上式时假设重力加速度 g 和气体常量（gas constant）R_g 为常量。其实 g 是随着高度变化而变化的，但因为变化很小，在积分时可以取它在高度 z_1 到 z_2 间的平均值。为完成式（5-59）的积分，还必须知道温度 T 随高度的变化规律。如果在 z_1 和 z_2 间温度保持常量 T_0（等温条件），那么积分式（5-59）得到

$$p_2 = p_1 \exp\left[-\frac{g(z_2 - z_1)}{R_g T_0} \right] \tag{5-60}$$

压强与亨利定律

对于大气来说，从海平面一直到 11 km 高度是所谓的对流层（troposphere）。对流层的温度随高度增加线性地减少，可用公式表示为

$$T = T_0 - \beta z \tag{5-61}$$

其中，$T_0 = 288$ K；$\beta = 0.006\ 5$ K，易算出 $z = 11$ km 处温度 $T_{11} = 216.5$ K。11 km 以上是温度不变的同温层（stratosphere），温度均等于 216.5 K。因此，式（5-60）可认为是同温层内压强随高度变化的表达式。对流层的关系式则可以将式（5-61）代入式（5-59）积分求得。

4. 绝对压强、计示压强和真空压强

在测量压强时，相对于不同的基准就会有不同的测量值。以完全真空状态为零压强计量的压强称为绝对压强，而以当地大气压强作为基准计量的压强称为计示压强。

计示压强[①] = 绝对压强 - 大气压强

绝对压强总是正的；而计示压强则可能为正，也可能为负。当绝对压强大于当地大气压强时，计示压强是正的，也称为表压强，以 p_m 表示；而当绝对压强低于当地大气压强时，计示压强则是负的。当计示压强为负时，用真空压强（vacuum pressure，用 p_v 表示）或真空度来表示。

真空压强 = 大气压强 - 绝对压强

真空压强是计示压强的负值。例如，绝对压强是 0.5×10^5 Pa，而当地压强为 1.01×10^5 Pa，以计示压强表示为 -0.51×10^5 Pa，而真空压强为 0.51×10^5 Pa。绝对压强、计示压强和真空压强三者间的相互关系如图 5-15 所示。

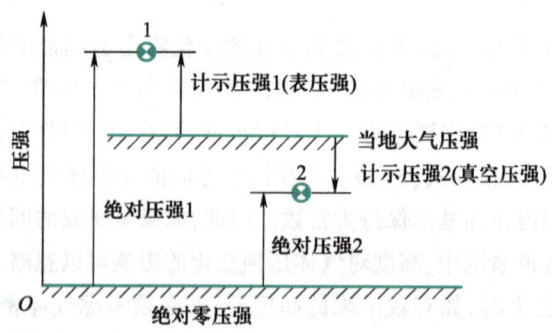

图 5-15   绝对压强、计示压强和真空压强三者间的相互关系

---

① 热力学中习惯表述的表压力，即为计示压强。

通常压强表的读数给出的是计示压强,而在做工程计算中有时需要知道绝对压强,如在运用完全气体状态方程(equation of state of perfect gas)时必须采用绝对压强值,这就需要知道当时当地的大气压强[6]。大气压强随当地经纬度、海拔高度及季节、时间的不同而不同,因此需要实时实地测量。大气压强在实验室里可用水银气压计(barometer)测量。水银气压计的基本结构是一个倒插在水银槽内的垂直玻璃管,玻璃管顶端封闭,底端敞开。由于大气压强的作用,水银在玻璃管内上升至一定高度,水银柱顶部玻璃管内的空间里只存在水银蒸汽,如图 5-16 所示。假设水银蒸汽压强为 p_v,则由式(5-56)可知

$$p_a = \rho g h + p_v \tag{5-62}$$

式中,ρ 为水银密度。由于 p_v 很小(当温度为 20 ℃时,p_v 约为 0.159 Pa),因此可以忽略。于是,有

$$p_a \approx \rho g h \tag{5-63}$$

习惯上用毫米水银柱来表示大气压强,如 1 标准大气压 1.013×10^5 Pa,可用 760 mm 高水银柱来表示。

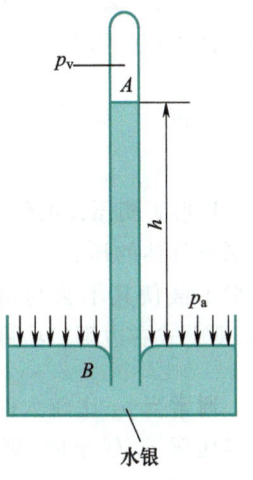

图 5-16 水银气压计

5. 液柱式测压计

压强是重要的流场参数,已经发展了多种压强测量技术和测量仪器来测量流体压强。液柱式测压计(manometer)是压强测量的标准方法之一,它的基本原理是以式(5-56)为依据的。

1) 单管式测压计

最简单的液柱式测压计由一根细长玻璃管组成,玻璃管一端直接连在需要测量压强的容器上,另一端与大气相通,如图 5-17 所示。玻璃管内液体柱高度为 h_1 为液柱上自由表面到点①所在水平面的铅垂距离),则点 A 的表压强可表示为

$$p_A = \rho g h_1$$

式中,ρ 为容器内液体的密度。由于点 A 和点①位于同一水平面上,$p_A = p_1$。这里考虑的是表压强,可不计及大气压强 p_a 的影响。

用单管式测压计测量压强简单、准确,其缺点是只能用来测量液体压强,而不能测量气体压强。而且容器内压强必须大于大气压强(否则空气会被抽吸进容器内部),同时被测压强要相对较小,以保证玻璃管内液柱不会太高。

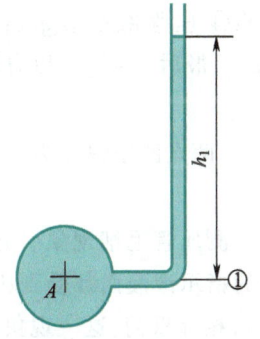

图 5-17 单管式测压计

2) U 形管测压计

U 形管测压计(见图 5-18)克服了上述单管式测压计的缺点。U 形管内的液体称为指示液。U 形管测压计压强计算较单管式测压计复杂,特别是当多个 U 形管并联(pipes in parallel)使用时,其计算主要遵循以下两条准则。

(1)在连通的同一种静止液体中,若两点高度相同,则它们的压强相等;

(2)当沿着液柱向上移动时,压强减小;当向下移动时,压强增大。

在图 5-18 中,点 A 和点①高度相同,且同在密度为 ρ_1 的静止液体中,所以 $p_A = p_1$。同样 $p_2 = p_3$。在同一种连通的静止液体中,在同一水平面上的点都具有相同的压强,组成水平等压面。

为计算点 A 压强可以从点 A 出发,沿 U 形管绕行到另一端:点 A 和点①压强相等;当从点

①向下移动到点②时,压强增大了 $\rho_1 g h_1$,当从点③移动到自由表面时,点②与点③为等压面,压强减少了 $\rho_2 g h_2$;液柱自由表面表压强为零。上述过程可表示为

$$p_A + \rho_1 g h_1 - \rho_2 g h_2 = 0$$

移项后得

$$p_A = \rho_2 g h_2 - \rho_1 g h_1$$

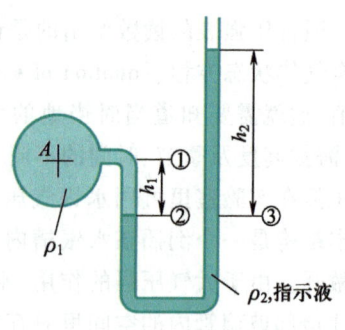

图 5-18　U 形管测压计

U 形管测压计的优点是它既可以测量液体的压强,也可以测量气体的压强。在测量液体压强时,应注意选择恰当的指示液使其不会与被测液体相掺混。若被测流体是气体,则上式右边第二项可以忽略

$$p_A = \rho_2 g h_2$$

通常当 p_A 比较大时,应选择密度大的指示液,如水银;而当压强 p_A 较小时,则应选密度较小的指示液,如水或酒精。这样指示液液柱高度 h_2 可以不太大,也不过于小,便于准确测量。

U 形管测压计也可用来测量真空压强,还可用来测量两点间的压强差。如图 5-19 所示,U 形管两端分别连接在两个容器上。为求得 A 和 B 两点的压强差,可以从点 A 出发沿着 U 形管向右支管绕行。首先 $p_A = p_1$,当从点①向下移动到点②,压强增加了 $\rho_1 g h_1$;点②压强 $p_2 = p_3$;当从点③向上移动到点④压强减少 $\rho_2 g h_2$;从点④移动到点⑤,压强再减少 $\rho_3 g h_3$,最后 $p_5 = p_B$。以方程形式写出上述过程,即

$$p_A + \rho_1 g h_1 - \rho_2 g h_2 - \rho_3 g h_3 = p_B$$

于是,两点的压强差为

$$p_A - p_B = \rho_2 g h_2 + \rho_3 g h_3 - \rho_1 g h_1$$

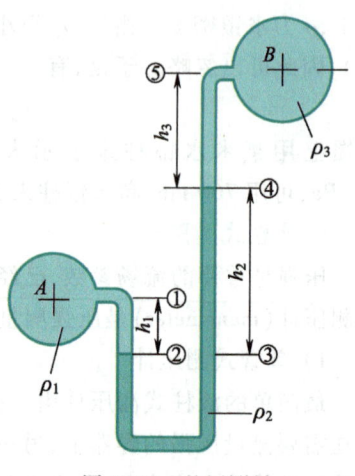

图 5-19　差压测量

测压管毛细现象引起的液面升高或降低可能导致液柱高度读数误差。在 U 形管内,由于两端的指示液液面都受到相同的毛细管现象影响[假设相同的表面张力(surface tension)系数和管径],相互抵消,这一现象可不予考虑。当采用较大内径的测压管时,毛细管作用引起的液面高度变化也可以忽略。在高精度测量过程中,还需注意温度对液体密度的影响。

3)倾斜管测压计

对于微小压强的测量,可以采用倾斜管测压计(图 5-20)。在图 5-20 中,倾斜管一端和容器相接,另一端与大气相通,测压管倾角为 θ,点 A 的表压强可表示为

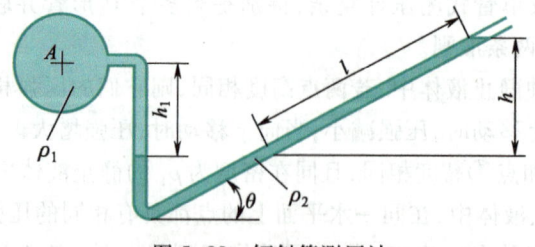

图 5-20　倾斜管测压计

$$p_A + \rho_1 g h_1 - \rho_2 g l \sin\theta = 0$$

或可写为

$$p_A = \rho_2 g l \sin\theta - \rho_1 g h_1$$

倾斜管测压计通常用来测量气体压强,于是上式右边第二项可以忽略。

$$p_A = \rho_2 g l \sin\theta$$

由图中几何关系可得

$$\frac{l}{h} = \frac{1}{\sin\theta}$$

和容器内压强相应的是倾斜管内指示液的垂直高度 h,而沿着倾斜管测量的距离 l 比 h 放大了 $\dfrac{1}{\sin\theta}$,如 $\theta = 30°$,则 $\dfrac{l}{h} = 2$;θ 越小,l 越长,从而提高了读数和压强测量的精度。

[**例题 5-4**] 如图 5-21 所示,储油箱内油的相对密度为 0.90,油箱顶部封存有部分压缩空气,U 形管测压计内指示液为水银,其相对密度为 13.6。求压缩空气压强 $p_{空气}$(表压)。已知 $h_1 = 1.20$ m,$h_2 = 0.20$ m,$h_3 = 0.30$ m。

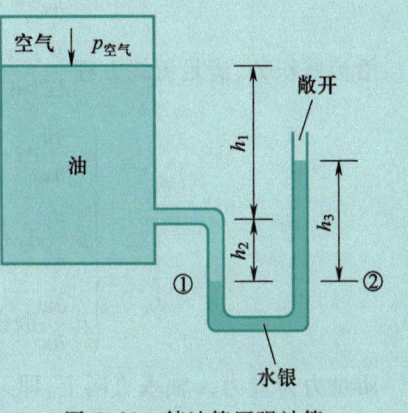

图 5-21 储油箱压强计算

分析:流体静力学问题,压强的计算需要考虑油和水银的静压力,以及它们对压缩空气压强的影响。在 U 形管的同一水平面上,压强是相等的,可以建立压强平衡方程。

假设:(1) 流体处于静止状态;(2) 流体不可压缩,且密度均匀;(3) 重力加速度是常数,即 $g = 9.8$ m/s²;(4) 油和水之间界面清晰,不混合。

解:为了求得 $p_{空气}$,可以从油箱顶部开始,沿 U 形管绕行一周到右支管开口处。注意,点①和点②在同一水平面上,且处在同一静止液体中,因此 $p_1 = p_2$。当向下移动时,压强增加;当向上移动时,压强减少。在右支管顶部自由液面处表压强为零,于是

$$p_{空气} + \rho_{油}(h_1 + h_2)g - \rho_{水银}h_3 g = 0$$

$$p_{空气} = \rho_{水银}h_3 g - \rho_{油}(h_1 + h_2)g$$

$$= 13.6 \times 1\,000 \text{ kg/m}^3 \times 0.30 \text{ m} \times 9.8 \text{ m/s}^2 - 0.90 \times 1\,000 \text{ kg/m}^3 \times (1.20 \text{ m} + 0.20 \text{ m}) \times 9.8 \text{ m/s}^2$$

$$= 2.76 \times 10^4 \text{ Pa}$$

讨论:在 U 形管中,压强随着深度的增加而增加。因此,当从油箱顶部沿 U 形管绕行到右支管开口处时,压强的变化可以通过液体的密度、重力加速度和高度来计算。这种类型的计算在工程和环境科学中非常重要,特别是在涉及压力容器、油库和化工设备的设计与安全评估时。

5.2.5 理想流体沿流线的伯努利方程

对于理想不可压缩流动,需要联立求解欧拉方程(Euler equation)和连续方程,待求的变量有

4个,即速度 u、v、w 和压强 p(假设密度 ρ 为常数),它们都是 x、y、z 和 t 的函数;欧拉方程的 3 个

伯努利方程的应用

分量方程与连续方程一起组成封闭方程组。对于非定常的三维流动,上述方程组的求解是非常困难的,但在特殊情形下,欧拉方程可以积分而得出一个标量方程,称为伯努利方程(Bernoulli equation)。

对于定常流动,物质导数可表示为

$$\frac{DV}{Dt} = u\frac{\partial V}{\partial x} + v\frac{\partial V}{\partial y} + w\frac{\partial V}{\partial z}$$

由欧拉方程沿流线可得

$$\begin{cases} u\dfrac{\partial u}{\partial x}\mathrm{d}x + v\dfrac{\partial u}{\partial y}\mathrm{d}x + w\dfrac{\partial u}{\partial z}\mathrm{d}x = g\mathrm{d}x - \dfrac{1}{\rho}\dfrac{\partial p}{\partial x}\mathrm{d}x \\[2mm] u\dfrac{\partial v}{\partial x}\mathrm{d}y + v\dfrac{\partial v}{\partial y}\mathrm{d}y + w\dfrac{\partial v}{\partial z}\mathrm{d}y = g\mathrm{d}y - \dfrac{1}{\rho}\dfrac{\partial p}{\partial y}\mathrm{d}y \\[2mm] u\dfrac{\partial w}{\partial x}\mathrm{d}z + v\dfrac{\partial w}{\partial y}\mathrm{d}z + w\dfrac{\partial w}{\partial z}\mathrm{d}z = g\mathrm{d}z - \dfrac{1}{\rho}\dfrac{\partial p}{\partial z}\mathrm{d}z \end{cases}$$

沿流线积分,满足流线方程 $\dfrac{u}{\mathrm{d}x} = \dfrac{v}{\mathrm{d}y} = \dfrac{w}{\mathrm{d}z}$,则有

$$\begin{cases} u\dfrac{\partial u}{\partial x}\mathrm{d}x + v\dfrac{\partial u}{\partial y}\mathrm{d}x + w\dfrac{\partial u}{\partial z}\mathrm{d}x = u\mathrm{d}u = \mathrm{d}\left(\dfrac{u^2}{2}\right) \\[2mm] u\dfrac{\partial v}{\partial x}\mathrm{d}y + v\dfrac{\partial v}{\partial y}\mathrm{d}y + w\dfrac{\partial v}{\partial z}\mathrm{d}y = v\mathrm{d}v = \mathrm{d}\left(\dfrac{v^2}{2}\right) \\[2mm] u\dfrac{\partial w}{\partial x}\mathrm{d}z + v\dfrac{\partial w}{\partial y}\mathrm{d}z + w\dfrac{\partial w}{\partial z}\mathrm{d}z = w\mathrm{d}w = \mathrm{d}\left(\dfrac{w^2}{2}\right) \end{cases}$$

质量力为重力,z 轴垂直向上,即 x、y 轴方向分量为 0,则方程整理可得

$$\mathrm{d}\left(\frac{V^2}{2}\right) + g\mathrm{d}z + \frac{\mathrm{d}p}{\rho} = 0$$

积分可得

$$\frac{V^2}{2} + gz + \frac{p}{\rho} = C \tag{5-64}$$

称为理想不可压缩流体在定常流动及重力作用条件下沿流线的伯努利方程,它是欧拉方程的积分形式[7]。式(5-64)中左侧的 3 项之和沿同一条流线保持不变,称 C 为伯努利常数。对于不同的流线,伯努利常数具有不同的数值。式(5-64)可以直接推广到截面上流动参数分布均匀的管道流动。对于平均意义下的一维流动,V 取截面上的平均速度,p 与 z 则取截面几何中心处的相应值。

沿同一条流线,C 为常数,故对于一条流线上的任意两点 1 和 2,伯努利方程可表示为

$$\frac{V_1^2}{2} + gz_1 + \frac{p_1}{\rho} = \frac{V_2^2}{2} + gz_2 + \frac{p_2}{\rho} \tag{5-65}$$

或

$$\frac{V_2^2}{2} - \frac{V_1^2}{2} = \frac{p_1 - p_2}{\rho} + g(z_1 - z_2) \tag{5-66}$$

或

$$\frac{V_2^2}{2} - \frac{V_1^2}{2} + g(z_2 - z_1) = \frac{p_1 - p_2}{\rho} \tag{5-67}$$

对于形如式(5-66)的伯努利方程,表示单位质量流体沿流线流动时,重力和压力所做的功等于该流体动能的增量,即动能原理。对于形如式(5-67)的伯努利方程,表示压力沿流线对单位质量流体所做的功(移动功)等于该流体动能与势能的增量。

$-\dfrac{\mathrm{d}p}{\rho}$表示作用在单位质量流体上的压力沿流线移动$\mathrm{d}l$时(压强由$p$变为$p+\mathrm{d}p$)所做的功,若流体质点从压强为$p_1$的点处沿流线移动至压强为$p_2$的点处,则压力对单位质量流体所做的功等于$\displaystyle\int_{p_1}^{p_2} -\frac{\mathrm{d}p}{\rho} = \frac{p_1 - p_2}{\rho}(\rho = C)$。因此,伯努利方程中$\dfrac{p}{\rho}$相当于压力对单位质量流体沿流线相对于$p=0$的点做的功,$gz$相当于重力对单位质量流体沿流线相对于$z=0$的点做的功,$\dfrac{V^2}{2}$表示单位质量流体具有的功能。这里所讲的压力做功和重力做功,是指它相对于某一状态的做功能力。从另一角度看,gz可看作在重力场中单位质量流体从位置$z=0$上升到z过程中克服重力所做的功,因此具有的重力势能。同样,$\dfrac{p}{\rho}$可看作单位质量流体从状态$p=0$至状态p克服压力所做的功,也可以理解为流体相对于$p=0$的状态所蕴含的能量,这种能量称为压力能,压力能与流体受压缩后所获得的弹性势能不同。伯努利方程即为:在重力场中,当理想不可压缩流体定常流动时,单位质量流体沿流线的重力势能、压力能和动能之和为常数,反映了机械能转化与守恒规律[8]。

对于气体的低速流动(可视为不可压缩流动),重力的作用可忽略不计;或者沿流线位置高度z不变,在此情况下伯努利方程为

$$p + \frac{1}{2}\rho V^2 = C' \tag{5-68}$$

式中:p为静压①;$\dfrac{1}{2}\rho V^2$为动压;等式右端的常数常用p_0表示,它对应于流线上速度为零的点的压强值,称为滞止压强或总压强。式(5-68)表明沿一条流线静压与动压之和等于常数,或者说沿一条流线总压保持常数。

式(5-64)两端同时除以重力加速度g,则得

$$\frac{V^2}{2g} + z + \frac{p}{\rho g} = H \tag{5-69}$$

式中:等号左边从左往右各项分别表示单位质量流体所具有的动能、重力势能和压力能,该形式具有明显的几何意义,方程式各项都具有长度量纲;H表示单位质量流体的总机械能;z表示流体质点的位置高度,称为位势头,$\dfrac{p}{\rho g}$相当的高度称为静压头,$\dfrac{V^2}{2g}$相当的高度称为速度头,H称为总能头。式(5-69)表明,流线上一点处的总能头H,等于位势头z、静压头$\dfrac{p}{\rho g}$和速度头$\dfrac{V^2}{2g}$之和,而且

---

① 热力学中涉及的气体压力通常为静压。

沿一条流线总能头保持不变。图 5-22 表示了沿管道速度头、静压头及位势头之间的变化关系。假设管道中充满了流动的液体,沿管道侧壁上连接了若干测压管,测压管轴线与管壁垂直,由于管内的压强与外界压强(如当地大气压)不同,流体将沿测压管上升(或下降)高度 $\dfrac{p}{\rho g}$,如果取 $O\text{-}O$ 为水平基准面,z 为管道中心的几何高度,$\dfrac{V^2}{2g}$ 折合的高度与 $\dfrac{p}{\rho g}$ 和 z 三者加在一起,沿管道为一水平线。

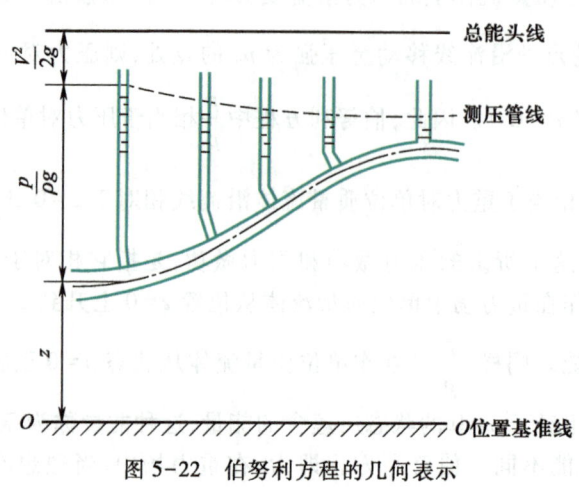

图 5-22 　伯努利方程的几何表示

5.3　积分形式的控制方程组

5.3.1　雷诺输运定理

在流体力学中,系统是指某一确定流体质点集合的总体。系统的边界把系统和外界分开。系统随流体运动而运动,其边界形状和所包围空间的大小随运动而变化。在系统的边界上,没有流体流出或流进,即系统与外界没有质量交换,因此系统始终由同一些流体质点组成。

引入系统的概念,实际上就是采用拉格朗日观点来描述流体的运动。但在大多数流体力学的实际问题中,对个别流体质点或流体团的运动及其属性并不感兴趣,感兴趣的是流体对流场中的物体或空间中某体积的作用和影响,如飞机飞行中,关心的是机翼上的压强分布。因此,在处理流体力学问题时往往采用欧拉观点更为方便,相应地,便需要引入控制体的概念。

控制体是指流场中某一确定的空间区域,控制体的边界面称为控制面。控制面上可以有质量交换,即有流体流进或流出,因此占据控制体的流体质点是随时间而改变的。在下文中用 CV 表示控制体,用 CS 表示控制面。

通常总是应用物理定律于一个系统,如动量定理

$$F = \frac{\mathrm{d}k}{\mathrm{d}t}$$

式中:F 为外界作用于系统的合力;k 为系统的动量,对一个流体力学系统来说,需要通过积分运算求得, $k = \int_{\tau} \rho V \mathrm{d}\tau$,其中 τ 是系统所占据的体积。由于系统不断改变其位置、形状和大小,组成系统的流体质点的密度和速度随时间改变其值,因此系统的动量也在变化,求其对时间的变化率 $\dfrac{\mathrm{d}k}{\mathrm{d}t} = \dfrac{\mathrm{d}}{\mathrm{d}t}\int_{\tau} \rho V \mathrm{d}\tau$,其实是求一个系统体积分的物质导数。本小节的任务是基于流体质点的物质导数的欧拉变量表达式,寻求体积分的物质导数在控制体中的表达式,即如何用欧拉变量来表示体积分的物质导数。雷诺输运定理(Reynolds' transport theorem)是解决这一问题的工具[9]。

图 5-23a 给出了一系统在 t 时刻的位置,其分界面用实线表示,假设一静止的控制体,其大小和形状不随时间变化,在 t 时刻它的控制面 CS 正好和系统边界面重合,图中用虚线表示。δt 时间后,系统运动到新的位置,如图 5-23b 所示,此时系统占据区域 II 和区域 III,而在控制体 CV 则仍由区域 I 和区域 II 组成。区域 I 中的流体可以看作在 δt 时间内经由控制体左半部分控制面 CS_{I} 流入控制体的,而区域 III 中的流体可以看作在 δt 时间内经由控制体右半部分控制面 CS_{III} 从控制体中流出的。假设 $\phi(r,t)$ 是流场内定义的单位体积流体的物理分布函数(ϕ 可以是标量,也可以是矢量),在系统体积 τ 内做积分可求出系统所包含的总物理量,即

$$N = \int_{\tau} \phi \mathrm{d}\tau \qquad (5-70)$$

式中:ϕ 可以代表不同的物理量,如 ϕ 表示单位体积流体的质量即密度,则 N 为系统的总质量;ϕ 表示单位体积流体的动量或动能,即 ρV 或 $\dfrac{1}{2}\rho V^2$,则 N 为系统的总动量或总动能,等等。

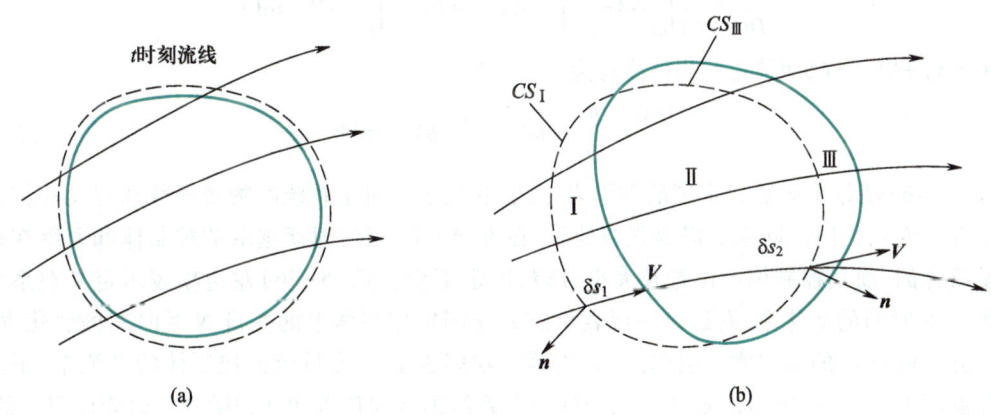

图 5-23 雷诺输运定理推导示意图

根据物质导数的定义

$$\frac{DN}{Dt} = \lim_{\delta t \to 0} \frac{N_{\mathrm{sys}}(t+\delta t) - N_{\mathrm{sys}}(t)}{\delta t} \qquad (5-71)$$

式中,下标 sys 表示求 N 的积分是在系统内进行的。由图 5-23(b)可知

$$N_{\mathrm{sys}}(t+\delta t) = N_{CV}(t+\delta t) - N_{\mathrm{I}}(t+\delta t) + N_{\mathrm{III}}(t+\delta t)$$
$$N_{\mathrm{sys}}(t) = N_{CV}(t)$$

上两式中,下标 CV 表示求 N 的积分在控制体体积内进行。将以上两式代入式(5-71)并加以整理得

$$\frac{DN}{Dt} = \lim_{\delta t \to 0} \frac{N_{\text{sys}}(t+\delta t) - N_{CV}(t)}{\delta t} - \lim_{\delta t \to 0} \frac{N_{\text{I}}(t+\delta t)}{\delta t} + \lim_{\delta t \to 0} \frac{N_{\text{III}}(t+\delta t)}{\delta t} \tag{5-72}$$

上式右边第一项即

$$\frac{\partial N_{CV}}{\partial t} = \frac{\partial}{\partial t} \int_{CV} \phi \mathrm{d}\tau \tag{5-73}$$

第二项中的 $N_{\text{I}}(t+\delta t)$ 应等于 δt 时间内经由控制面 CS_{I} 流入控制体的流体所携带的物理量 N。δt 时间内经过微元面积 δS_{I} 流入的流体体积[见图 5-23(b)],即

$$\delta\tau = -\boldsymbol{V} \cdot \boldsymbol{n} \delta S_{\text{I}} \delta t$$

注意,在 CS_{I} 上速度矢量和控制面外法线单位矢量 $\boldsymbol{n}$ 的夹角大于 $90°$,因此计算流进控制体的微元体积 $\delta\tau$ 时,$\boldsymbol{V} \cdot \boldsymbol{n}$ 前应加负号,于是

$$-\lim_{\delta t \to 0} \frac{N_{\text{I}}(t+\delta t)}{\delta t} = -\lim_{\delta t \to 0} \frac{1}{\delta t} \int_{\text{I}(t+\delta)} \phi \mathrm{d}\tau = -\lim_{\delta t \to 0} \frac{1}{\delta t} \int_{CS_{\text{I}}} -\phi \boldsymbol{V} \cdot \boldsymbol{n} \mathrm{d}A \delta t = \int_{CS_{\text{I}}} \phi \boldsymbol{V} \cdot \boldsymbol{n} \mathrm{d}A \tag{5-74}$$

同理可推得

$$\lim_{\delta t \to 0} \frac{N_{\text{III}}(t+\delta t)}{\delta t} = \int_{CS_{\text{III}}} \phi \boldsymbol{V} \cdot \boldsymbol{n} \mathrm{d}A \tag{5-75}$$

注意,在控制面 CS_{III} 上 $\boldsymbol{V}$ 和 $\boldsymbol{n}$ 夹角小于 $90°$。将式(5-73)~式(5-75)代入式(5-72)得

$$\frac{DN}{Dt} = \frac{\partial}{\partial t} \int_{CV} \phi \mathrm{d}\tau + \int_{CS_{\text{I}}} \phi \boldsymbol{V} \cdot \boldsymbol{n} \mathrm{d}A + \int_{CS_{\text{III}}} \phi \boldsymbol{V} \cdot \boldsymbol{n} \mathrm{d}A$$

由 $CS_{\text{I}} + CS_{\text{III}} = CS$ 可知,上式可简写为

$$\frac{DN}{Dt} = \frac{\partial}{\partial t} \int_{CV} \phi \mathrm{d}\tau + \int_{CS} \phi \boldsymbol{V} \cdot \boldsymbol{n} \mathrm{d}A \tag{5-76}$$

式(5-76)便是雷诺输运定理的数学表达式,它提供了对于系统的物质导数和定义在控制体上的物理量变化之间的联系。需要强调的是,在推导式(5-76)时所选取的控制体和系统在初始瞬时是重合的,而且控制体的位置及大小、形状固定不变。式(5-76)左边项表示定义在系统上的变量 N 对时间的变化率;右边第一项表示定义在固定控制体上的变量 N 对时间的变化率,它是由于分布函数 ϕ 的非定常性引起的;右边第二项则表示 N 变量流出控制体的净流率,积分在整个控制面上进行,此项是由 ϕ 的不均匀性以及系统的空间位置和体积随时间改变而引起的。

5.3.2　积分形式的连续方程

在流场内取一系统,其体积为 τ,则系统内的流体质量为

$$m = \int_{\tau} \rho \mathrm{d}\tau$$

根据质量守恒定律

$$\frac{Dm}{Dt} = 0$$

在式(5-76)中,如果取 $N=m$,那么单位体积的质量 $\phi=\rho$,于是有

$$\frac{\partial}{\partial t}\int_{CV}\rho\mathrm{d}\tau + \int_{CS}\rho\boldsymbol{V}\cdot\boldsymbol{n}\mathrm{d}A = 0 \tag{5-77}$$

式中:$\boldsymbol{V}$ 为相对于控制体的流体速度,或者说是相对于固连于控制体的参考坐标系的流体速度;$\boldsymbol{n}$ 为控制面 CS 的外法线单位矢量。式(5-77)第一项表示控制体内的流体质量变化率,第二项表示流出控制体的质量流率。这里所取的控制体 CV 在初始瞬间与上述系统重合。式(5-77)表示单位时间内控制体内流体质量的增量与流出控制体的流体质量之和等于零。

对于均质不可压缩流体,ρ 为常数,式(5-77)中的 ρ 可移出积分号以外,其第一项

$$\frac{\partial}{\partial t}\int_{CV}\rho\mathrm{d}\tau = \frac{\partial}{\partial t}\left[\rho\int_{CV}\mathrm{d}\tau\right] = \frac{\partial}{\partial t}(\rho\tau)$$

因为控制体体积固定不变,τ 为常数,所以上式等于零。则式(5-77)变为

$$\int_{CS}\boldsymbol{V}\cdot\boldsymbol{n}\mathrm{d}A = 0 \tag{5-78}$$

注意到在推导式(5-78)时并没有对流动做定常或非定常的限制,因此上述均质不可压缩流体连续方程,对定常流动和非定常流动都适用。

对于定常流动(可压缩或不可压缩),则 $\rho=\rho(x,y,z)$,密度不随时间变化,因此式(5-77)第一项 $\frac{\partial}{\partial t}\int_{CV}\rho\mathrm{d}\tau = 0$,于是式(5-77)变为

$$\int_{CS}\rho\boldsymbol{V}\cdot\boldsymbol{n}\mathrm{d}A = 0 \tag{5-79}$$

求上述面积分时应注意,当流体流出控制体时,$\boldsymbol{V}$ 和 $\boldsymbol{n}$ 间夹角小于90°,矢量点积 $\boldsymbol{V}\cdot\boldsymbol{n}$ 为正,对应于流出面积上的积分值大于0;当流体流进控制体时,矢量点积 $\boldsymbol{V}\cdot\boldsymbol{n}$ 为负,对应于流进面积上的积分值小于0。

如果流体仅在控制面的有限个区域流出或流进,那么上述面积分仅需分别在这些区域进行

$$\int_{CS}\rho\boldsymbol{V}\cdot\boldsymbol{n}\mathrm{d}A = \sum q_m = 0 \tag{5-80}$$

其中,q_m 是进口或出口区域的质量流量。若流体密度 ρ 和速度 $\boldsymbol{V}$ 在进口或出口处均匀分布,且流速方向与开口面积垂直,则

$$q_m = \pm|\rho VA| \tag{5-81}$$

上式中流体流出控制体时取正,流进时取负。

[例题 5-5]　一高度为 H 的水箱,横截面面积为 A,进水通道1和出水通道2的横截面面积、水流速度分别为 A_1、V_1 和 A_2、V_2。假设水均匀垂直流进流出通道,容器内水的深度为 h,水密度 ρ_w 可做常数处理。液面上方为空气,密度为 ρ_a。求深度 h 随时间的变化率。

分析:非定常流动问题涉及连续方程和控制体积分析,水箱中的水深度随时间变化,容器内包含两种流体,需要考虑进水和出水的流量,空气可压缩,但总质量在变化过程中保持不变。

假设:(1) 水流均匀垂直流进和流出;(2) 忽略流动损失和壁面效应;(3) 水箱进水、出水通道横截面面积即为进、出水流的横截面面积。

解:取控制体包围整个水箱(如图 5-24 中虚线所示)除两个通道①和②之外,控制体其余部分均无流体穿过。对所取控制体写出连续方程,即

$$\frac{\partial}{\partial t}\int_{cv}\rho\mathrm{d}\tau + \int_{cs}\rho\mathbf{V}\cdot\mathbf{n}\mathrm{d}A = 0$$

上式第一项

$$\frac{\partial}{\partial t}\int_{cv}\rho\mathrm{d}\tau = \frac{\partial}{\partial t}(\rho_w Ah) + \frac{\partial}{\partial t}\left[\rho_a A(H-h)\right] = \rho_w A\frac{\mathrm{d}h}{\mathrm{d}t}$$

其中,因空气总质量不变,即 $\rho_a A(H-h)$ 为常量,对
时间导数为零,h 仅是时间 t 的函数,对时间偏导
数可改写为全导数。

上式第二项

$$\int_{cs}\rho\mathbf{V}\cdot\mathbf{n}\mathrm{d}A = \rho_w V_2 A_2 - \rho_w V_1 A_1$$

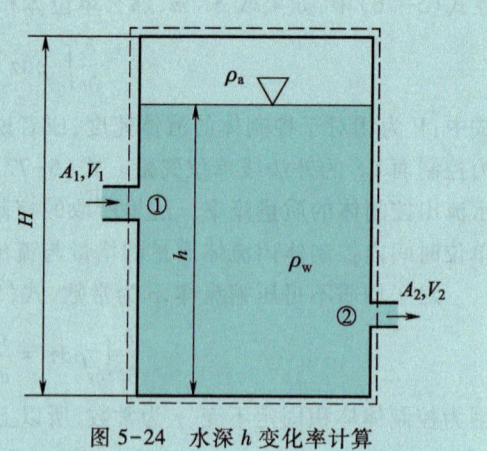

图 5-24   水深 h 变化率计算

于是连续方程为

$$\rho_w A\frac{\mathrm{d}h}{\mathrm{d}t} + \rho_w(V_2 A_2 - V_1 A_1) = 0$$

$$\frac{\mathrm{d}h}{\mathrm{d}t} = \frac{V_1 A_1 - V_2 A_2}{A}$$

可知进水量大于出水量时 $\dfrac{\mathrm{d}h}{\mathrm{d}t} > 0$;反之,$\dfrac{\mathrm{d}h}{\mathrm{d}t} < 0$。

讨论:选择整个水箱作为控制体积,除了两个通道,控制体积的其余部分没有流体穿过,这
种选择可以简化问题的分析。这类问题在水文学、环境工程和水利工程中有广泛应用,特别是
在设计水库、水塔和水处理系统时,工程中的情况更为复杂,可能需要考虑水流的湍流效应、水
箱的形状变化、水的蒸发以及温度变化对水密度的影响。

5.3.3   积分形式的动量方程

在一个惯性参考坐标系中,对系统的动量定理可写为

$$\frac{D\mathbf{k}}{Dt} = \mathbf{F} \tag{5-82}$$

式中:$\mathbf{k} = \displaystyle\int_{\tau}\rho\mathbf{V}\mathrm{d}\tau$ 是系统的总动量,积分在系统体积 τ 内进行;$\mathbf{F}$ 是作用在系统上的合力,包括质
量力 $\mathbf{F}_B$ 和表面力 $\mathbf{F}_S$。

$$\mathbf{F} = \mathbf{F}_B + \mathbf{F}_S \tag{5-83}$$

令式(5-76)的 $N = \mathbf{k}$,则 $\phi = \rho\mathbf{V}$,于是

$$\frac{D\mathbf{k}}{Dt} = \frac{\partial}{\partial t}\int_{cv}\rho\mathbf{V}\mathrm{d}\tau + \int_{cs}\rho\mathbf{V}\mathbf{V}\cdot\mathbf{n}\mathrm{d}A \tag{5-84}$$

在推导式(5-76)的过程中,假定初始时刻控制体和系统重合,因此作用在系统上的外力也可以
认为作用于控制体上,则

$$\mathbf{F}_{sys} = \mathbf{F}_{CV}$$

这里所取的控制体是静止的,设参考坐标系固结在控制体上,所有的速度都是相对这一惯性参考

坐标系测量的。综合以上各式

$$F = F_B + F_S = \frac{\partial}{\partial t}\int_{CV} \rho V \mathrm{d}\tau + \int_{CS} \rho V V \cdot n \mathrm{d}A \qquad (5-85)$$

式中:F 是控制体外的流体或固体及外力场作用在控制体内的外力合力,包括质量力和表面力(这里考虑的质量力为重力,表面力则包括表面正应力和切应力);V 是相对于控制体的速度,等式右边第二项中 $\rho V V \cdot n \mathrm{d}A$ 是通过面积微元 $\mathrm{d}A$ 的动量流率,是一个矢量,而积分在整个控制面上进行。式(5-85)的物理意义是作用在静止控制体上的所有外力之和等于该控制体内的流体总动量的时间变化率与通过控制面的净动量流率之和。

式(5-85)在直角坐标系 3 个坐标方向的分量分别为

$$\begin{cases} F_x = F_{Bx} + F_{Sx} = \dfrac{\partial}{\partial t}\displaystyle\int_{CV} \rho u \mathrm{d}\tau + \displaystyle\int_{CS} \rho u V \cdot n \mathrm{d}A \\[2mm] F_y = F_{By} + F_{Sy} = \dfrac{\partial}{\partial t}\displaystyle\int_{CV} \rho v \mathrm{d}\tau + \displaystyle\int_{CS} \rho v V \cdot n \mathrm{d}A \\[2mm] F_z = F_{Bz} + F_{Sz} = \dfrac{\partial}{\partial t}\displaystyle\int_{CV} \rho w \mathrm{d}\tau + \displaystyle\int_{CS} \rho w V \cdot n \mathrm{d}A \end{cases} \qquad (5-86)$$

在应用式(5-86)时应注意,外力合力分量 F_x、F_y、F_z,以及速度分量 u、v、w 可能为正,也可能为负,取决于坐标轴方向的选择,当它们沿着坐标轴正向时为正;反之,为负。另外,方程右边第二项中的矢量点积 $V \cdot n \mathrm{d}A$ 也存在正、负号的问题。一个简单的判别方法是:当流体流进控制体时,$V \cdot n$ 取负号;当流出控制体时,取正号。应该特别提醒的是,方程中的动量流率项,如 $u V \cdot n$,实际上是两个标量 $\rho V \cdot n$ 和 u 之积,每个标量都有正、负号问题,建议在确定通过控制面某区域的动量流率正、负时分两步走:先确定 $\rho V \cdot n$ 的正负;再确定速度分量 u、v、w 的正负。

气球放气和水火箭飞行

[例题 5-6] 水流过一段 90° 的渐缩弯管(bend)(见图 5-25),进口截面绝对压强 $p_1 = 221$ kPa,横截面面积 $A_1 = 0.01$ m^2,出口截面面积 $A_2 = 0.002\,5$ m^2,速度 $V_2 = 16$ m/s,压强则为大气压强 $p_a = 101$ kPa。流动是定常的,忽略质量力和摩擦力,求对弯头的支撑力。水密度 $\rho = 999$ kg/m^3。

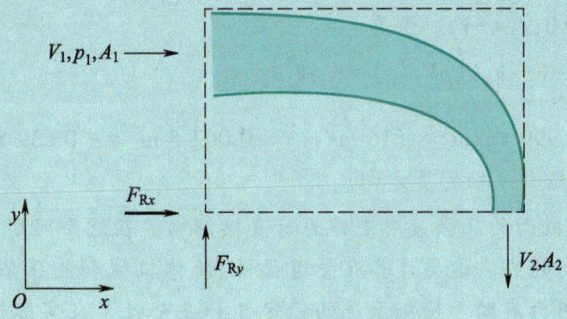

图 5-25 弯管受力计算

分析: 定常流动问题涉及连续性方程和动量方程。流体计算压强可取表压强,大气压强对控制体的作用则可不予考虑。由于忽略质量力和摩擦力,控制体所受外力只计 F_{Rx}、F_{Ry} 及 A_1 上的表压强 $p_1 - p_a$,A_2 上的表压强为零。

假设: (1) 定常流动;(2) 水流在弯头的进出口截面上速度均匀分布。

解: 取控制体如图 5-25 中虚线所示,控制体包含弯管和其中的液体。控制面有一进口 A_1,一出口 A_2。对弯头的支撑力分别为 F_{Rx}、F_{Ry}。

(1) 定常流动连续方程

$$\int_{CS} \rho \boldsymbol{V} \cdot \boldsymbol{n} \mathrm{d}A = 0$$

假设水速在进、出口截面 A_1、A_2 上均匀分布

$$\int_{CS} \rho \boldsymbol{V} \cdot \boldsymbol{n} \mathrm{d}A = -\rho V_1 A_1 + \rho V_2 A_2 = 0$$

$$V_1 = V_2 \frac{A_2}{A_1} = 16 \text{ m/s} \times \frac{0.002\,5 \text{ m}^2}{0.01 \text{ m}^2} = 4 \text{ m/s}$$

(2) 定常流动动量方程

$$F = \int_{CS} \boldsymbol{V} \rho \boldsymbol{V} \cdot \boldsymbol{n} \mathrm{d}A$$

x 轴方向分量方程为

$$F_x = \int_{CS} u \rho \boldsymbol{V} \cdot \boldsymbol{n} \mathrm{d}A$$

考虑到 $F_x = (p_1 - p_a)A_1 + F_{Rx}$,$u_1 = V_1$,$u_2 = 0$,上式可写为

$$(p_1 - p_a)A_1 + F_{Rx} = \int_{A_1} V_1(-\rho V_1 \mathrm{d}A) = -\rho V_1^2 A_1$$

$$\begin{aligned} F_{Rx} &= -(p_1 - p_a)A_1 - \rho V_1^2 A_1 \\ &= -(2.21 \times 10^5 \text{ Pa} - 1.01 \times 10^5 \text{ Pa}) \times 0.01 \text{ m}^2 - 999 \text{ kg/m}^3 \times (4 \text{ m/s})^2 \times 0.01 \text{ m}^2 \\ &= -1.36 \times 10^3 \text{ N} \end{aligned}$$

F_{Rx} 实际方向应该指向 x 轴的负方向。

y 轴方向动量分量方程为

$$F_y = \int_{CS} v \rho \boldsymbol{V} \cdot \boldsymbol{n} \mathrm{d}A$$

式中:$F_y = F_{Ry}$;$v_1 = 0$;$v_2 = -V_2$。于是

$$F_{Ry} = \int_{A_2} (-V_2)(\rho V_2 \mathrm{d}A) = -\rho V_2^2 A_2$$

$$= -999 \text{ kg/m}^3 \times (16 \text{ m/s})^2 \times 0.002\,5 \text{ m}^2 = -0.639 \times 10^3 \text{ N}$$

F_{Ry} 实际方向应该指向 y 轴的负方向。

讨论: 进口和出口截面的压强差对支撑力有直接影响。在这个问题中,压强差导致弯头受到一个指向 x 轴负方向的力。这类计算在管道设计、流体机械和液压系统中非常重要。了解流体对管道元件的作用力有助于确保系统的稳定性和安全性。在实际情况下,可能需要考虑摩擦力、湍流效应、流体黏性和压缩性、管道的弯曲和收缩等因素,这些都可能影响流体的流动特性和作用力。

[例题 5-7] 通过一漏斗将沙子装上一水平传送带(图 5-26),传送带的水平速度为 $V_b =$ 0.9 m/s。沙子从漏斗垂直下落的速度为 $V_s = 1.5$ m/s,其质量流量为 230 kg/s。初始时刻传送带是空载的,如果忽略驱动系统和滚子的摩擦力,求当开始装沙时,传送带所受的拉力 F。

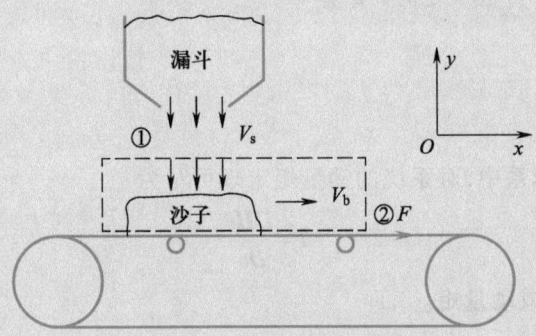

图 5-26 沙子传送带

分析:沙子通过漏斗装上水平传送带,显然这是一非定常过程,涉及动量定理在非定常流动问题中的应用。通过控制体的选择,可以将问题简化为动量的变化。

假设:(1) 沙子从漏斗下落的过程视为垂直方向上的自由落体,忽略空气阻力;(2) 漏斗出口处沙子速度均匀分布;(3) 忽略驱动系统和滚子的摩擦力;(4) 初始时刻传送带空载。

解:取控制体如图 5-26 中虚线所示,控制面有一进口①,一出口②。x 轴方向动量方程为

$$F_x = \frac{\partial}{\partial t}\int_{CV} u\rho \mathrm{d}\tau + \int_{cs} u\rho \boldsymbol{V} \cdot \boldsymbol{n}\mathrm{d}A$$

式中,$F_x = F$,质量力在 x 轴方向无分力。假设在进口①速度分布均匀,已知传送带上的沙子以速度 V_b 移动,则

$$F = \frac{\partial}{\partial t}\int_{CV} \rho u\mathrm{d}\tau + u_1(-\rho V_1 A_1) + u_2(\rho V_2 A_2)$$

由于 $u_1 = 0$,出口处尚无沙流 $u_2 = 0$,$\int_{CV}\rho u\mathrm{d}\tau = V_b\int_{CV}\rho\mathrm{d}\tau = V_b M_s$,其中 M_s 为控制体内,即传送带上沙子的质量,于是

$$F = \frac{\partial}{\partial t}(V_b M_s) = M_s\frac{\partial V_b}{\partial t} + V_b\frac{\partial M_s}{\partial t} = V_b\frac{\partial M_s}{\partial t} \tag{5-87}$$

控制体连续方程

$$\frac{\partial}{\partial t}\int_{CV}\rho\mathrm{d}\tau + \int_{cs}\rho \boldsymbol{V}\cdot\boldsymbol{n}\mathrm{d}A = 0$$

$$\frac{\partial}{\partial t}\int_{CV}\rho\mathrm{d}\tau = \frac{\partial M_s}{\partial t} = -\int_{cs}\rho \boldsymbol{V}\cdot\boldsymbol{n}\mathrm{d}A = -\int_{S_1} -\rho V_s\mathrm{d}A = \rho V_s A_1 \tag{5-88}$$

综合式(5-87)和式(5-88)得

$$F = V_b\rho V_s A_1 = 0.9 \text{ m/s}\times 230 \text{ kg/s} = 207 \text{ N}$$

讨论：结果显示，拉力与沙子的质量流量和传送带的速度成正比。类似问题在工业生产中非常常见，如在物料输送、包装和自动化生产线中。了解传送带的受力情况，对于设计高效、安全的物料输送系统至关重要。在复杂的情况下，可能需要考虑沙子的非均匀分布、漏斗的形状、空气阻力以及沙子与传送带之间的摩擦等因素。

5.3.4 动量矩方程

在一个惯性参考坐标系中，对系统的动量矩定理可写为

$$T = \frac{DH}{Dt} \tag{5-89}$$

式中，H 为系统的角动量或动量矩。

$$H = \int_{\tau} r \times V\rho\,\mathrm{d}\tau \tag{5-90}$$

式（5-90）中积分在系统体积 τ 内进行，r 是所取体积元 $\delta\tau$ 相对于坐标系原点的位置矢量。T 是外界作用于系统的力矩，它包括由表面力产生的力矩 $r \times F_s$、由质量力（重力）产生的力矩 $\int_{\tau} r \times g\rho\,\mathrm{d}\tau$ 和转轴上产生的力矩 $T_{轴}$。

$$T = r \times F_s + \int_{\tau} r \times g\rho\,\mathrm{d}\tau + T_{轴} \tag{5-91}$$

在式（5-76）中若取 $N = H$，则 $\phi = r \times V\rho$。于是

$$\frac{DH}{Dt} = \frac{\partial}{\partial t}\int_{CV} r \times V\rho\,\mathrm{d}\tau + \int_{CS} r \times V\rho V \cdot n\,\mathrm{d}A$$

在推导式（5-76）时，假设初始时刻控制体和系统重合，因此作用在系统上的外力矩也可认为作用在控制体上，则

$$T_{CV} = T_{sys}$$

于是，对于静止的控制体

$$T = \frac{\partial}{\partial t}\int_{CV} r \times V\rho\,\mathrm{d}\tau + \int_{CS} r \times V\rho V \cdot n\,\mathrm{d}A \tag{5-92}$$

作为一种近似，忽略由于表面力和对称质量力所产生的力矩，对于定常流动，式（5-92）简化为

$$T_{轴} = \int_{CS} r \times V\rho V \cdot n\,\mathrm{d}A \tag{5-93}$$

上式右边对整个控制面求积分。若流体仅在有限区域穿过控制面，而且流动参数在这些区域均匀分布，则式（5-93）右边变为通过这些表面区域的质量流量与 $r \times V$ 的乘积的矢量和。

在分析旋转流体机械时，往往仅应用式（5-93）沿转轴方向的分量方程，为方便计算可取坐标系 z 轴与流体机械的转轴相重合。如果叶轮进、出口截面处流动是均匀的，并考虑到只有与旋转半径 r 垂直的速度分量才会产生转矩，于是沿转轴的标量形式的动量矩方程可写为

$$T_{轴} = (r_2 V_{\theta 2} - r_1 V_{\theta 1})q_m \tag{5-94}$$

式中，q_m 为通过进口或出口截面的质量流量；$V_{\theta 1}$、$V_{\theta 2}$ 分别为流体在进、出口截面处的绝对速度沿叶轮切向的分量；r_1 与 r_2 分别为 $V_{\theta 1}$ 与 $V_{\theta 2}$ 至转轴的距离。式（5-94）中各量的正、负确定方法如下。

（1）$V_{\theta1}$ 和 $V_{\theta2}$，当它们和叶轮转动方向相同时为正；反之，为负。

（2）$T_{轴}$，与叶轮转动方向相同时为正；反之，为负。这样对于泵、风扇、鼓风机或压缩机等向流体注入能量的原动机来说，$T_{轴}>0$，而对于涡轮机等从流体中吸取能量的流体机械，$T_{轴}<0$。

传递给叶轮的功率等于施加在转轴上的转矩 $T_{轴}$ 和叶轮旋转角速度 ω 的乘积，即

$$P = T_{轴}\,\omega = \omega\,(r_2 V_{\theta2} - r_1 V_{\theta1})\,q_m \tag{5-95}$$

令 $u=\omega r$，则上式可简化为

$$P = (u_2 V_{\theta2} - u_1 V_{\theta1})\,q_m \tag{5-96}$$

上式两边同除以 $q_m g$，则得到单位重量流体通过叶轮后获得的能量，即增加的能头 Δh，

$$\Delta h = \frac{P}{q_m g} = \frac{1}{g}(u_2 V_{\theta2} - u_1 V_{\theta1}) \tag{5-97}$$

注意，这里 Δh 的量纲是长度。

龙卷风的形成

[例题 5-8]　从洒水器（图 5-27）的下方注入一股高压水流，上行至旋转管处分为两股，各沿旋转臂流动，至末端后经喷嘴沿切向喷出。假设水流量为 $q_V = 1\,000$ mL/s，并保持恒定，每个喷嘴出口面积都是 $A_2 = 30$ mm^2，旋转轴到喷嘴中心线的半径是 $r_2 = 200$ mm。

（1）求需施加多大的阻力矩方能保持洒水器不转？

（2）求当洒水器以恒定角速度 500 r/min 旋转时的阻力矩。

（3）假设阻力矩为零，求洒水器的旋转角速度。

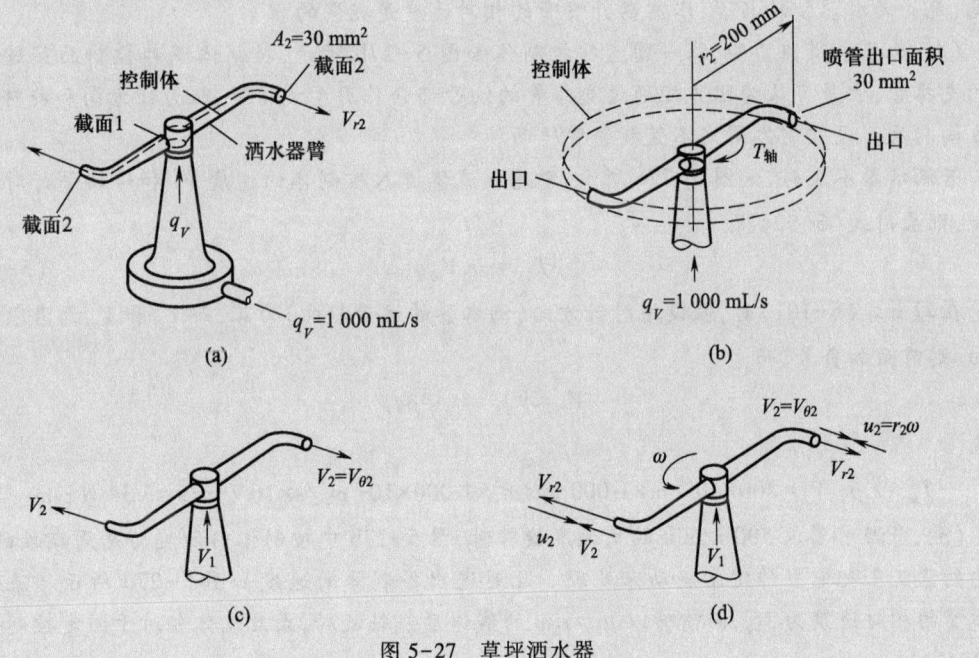

图 5-27　草坪洒水器

分析：本例讨论了草坪洒水器的旋转机制。通过对控制体的分析可以确定水流离开喷嘴的速度，保持洒水器不旋转所需的阻力矩可通过考虑水流对旋转臂的动量矩来计算。当洒水器以恒定角速度旋转时，阻力矩的计算需要考虑喷嘴的旋转速度对流体绝对速度的影响。

当阻力矩为零时,洒水器可以达到的最大旋转角速度有限。

假设:(1) 水流恒定;(2) 不可压缩;(3) 稳态问题。

解:(1) 首先求水离开喷嘴时的速度,取控制体如图 5-27a 所示。控制体紧贴旋转臂内壁,包括了旋转臂内的液体。控制体不发生变形,但随同旋转臂旋转。因为水流量 q_V 保持为常数,相对于控制体的流动是定常的。应用相对于运动控制体(moving control volume)的连续方程为

$$\frac{\partial}{\partial t}\int_{cv}\rho\,\mathrm{d}V + \int_{cs}\rho\boldsymbol{V}_r\cdot\boldsymbol{n}\,\mathrm{d}A = 0$$

由于是定常流动上式中等号左边第一项为零,第二项中 $\boldsymbol{V}_r$ 是相对于旋转控制体的速度。

$$\int_{cs}\rho\boldsymbol{V}_r\cdot\boldsymbol{n}\,\mathrm{d}A = -q_{min} + q_{mout} = 0 \tag{5-98}$$

$$q_{min} = \rho q_V,\quad q_{mout} = 2A_2\rho V_{r2}$$

于是

$$V_{r2} = \frac{q_V}{2A_2} = \frac{1\,000\times10^{-6}\,\mathrm{m^3/s}}{2\times30\times10^{-6}\,\mathrm{m^2}} = 16.7\ \mathrm{m/s} \tag{5-99}$$

式中,V_{r2} 为水流相对于运动喷嘴的速度。

当旋转臂静止不动时,相对于喷嘴的速度即为绝对速度。

$$V_{r2} = V_2 \tag{5-100}$$

可见,无论洒水器旋转与否,水流离开喷嘴的相对速度是相同的。

(2) 为了求得阻力矩,取一圆盘状控制体如图 5-27b 所示,控制体下部控制面穿过旋转臂的支撑管,于是可认为阻力矩通过支撑管的切开部分作用于旋转臂,阻力矩方向和旋转臂转动方向相反。设控制体固定不随旋转臂转动。

若洒水器不旋转,如图 5-27c 所示,考虑到流体进入控制体的速度 V_1 和转轴平行对转轴无矩,则应用式(5-92)得

$$-T_{轴} = -r_2 V_{\theta 2} q_m \tag{5-101}$$

在写出式(5-101)时,假设逆时针方向(洒水器的运动趋向)为正,而 $T_{轴}$ 和 $V_{\theta 2}$ 都沿顺时针方向,则前面加负号,而

$$V_{\theta 2} = V_2,\quad q_m = \rho q_V$$

因此

$$T_{轴} = r_2 \rho q_V V_2 = 200\times10^{-3}\ \mathrm{m}\times1\,000\ \mathrm{kg/m^3}\times1\,000\times10^{-6}\,\mathrm{m^3/s}\times16.7\ \mathrm{m/s} = 3.34\ \mathrm{N\cdot m}$$

(3) 当洒水器以 500 r/min 的角速度旋转时,图 5-27b 中控制体内的流动是周期性的,在平均的意义上把它当作定常流来处理。此时进出控制体的速度如图 5-27d 所示。流体对于喷嘴的相对速度为 V_{r2},而喷嘴以 $u_2 = r_2\omega$ 的线速度绕轴旋转,因此流体相对于固定控制体的绝对速度为

$$V_2 = V_{\theta 2} = V_{r2} - r_2\omega$$

应用式(5-94),并考虑到进口速度 V_1 对轴的矩

$$T_{轴} = r_2(V_{r2} - r_2\omega)\rho q_V$$

$$= 200 \times 10^{-3} \text{ m} \times \left[16.7 \text{ m/s} - 200 \times 10^{-3} \text{ m} \times \left(\frac{500}{60} \times 2\pi \right) \text{ rad/s} \right] \times 1\ 000 \text{ kg/m}^3 \times 1\ 000 \times 10^{-6} \text{ m}^3/\text{s}$$

$$= 1.25 \text{ N} \cdot \text{m} \tag{5-102}$$

（4）当阻力矩为零时,洒水器旋转臂旋转速度将达到最大值。由式(5-102)可知

$$0 = r_2 (V_{r2} - r_2 \omega) \rho q_V$$

于是

$$\omega = \frac{V_{r2}}{r_2} = \frac{16.7 \text{ m/s}}{200 \times 10^{-3} \text{ m}} = 83.51 \text{ rad/s}$$

$$\omega = \frac{83.5 \times 60}{2\pi} \text{ r/min} = 797 \text{ r/min}$$

由以上计算可知,洒水器旋转时的阻力矩小于保持洒水器静止不动时所需的阻力矩。而当阻力矩为零时,最大转速是一个有限值。

费曼洒水器问题

讨论:此例题展示了流体力学原理在实际工程问题中的应用,特别是在设计和分析旋转机械时的重要性。洒水器旋转时的阻力矩小于保持洒水器静止不动时所需的阻力矩,这是因为旋转时流体的动量分布与静止时不同。

5.4 平面流动

5.4.1 平面势流

本小节主要介绍定常平面无旋流动,此时流动参数仅是两个空间变量的函数,如果某一平面指定为坐标平面,坐标平面内任一点的两个坐标便能唯一地确定该点的流动参数。一种情况是轴对称流动问题,流动完全可由轴截面的情况确定;另一种情况是与坐标平面平行的任一平面的流动情况完全与坐标平面内的流动相同,这样的流动也称为平面流动[10]。

对于不可压缩流体,不管流动是否定常,平面流动的连续方程可由连续方程的一般形式简化得出

$$\frac{\partial u}{\partial x} + \frac{\partial v}{\partial y} = 0 \tag{5-103}$$

对于理想不可压缩流体的定常平面流动,质量力一般不予考虑,其运动方程可以从欧拉方程的一般形式简化得出

$$\begin{cases} u \dfrac{\partial u}{\partial x} + v \dfrac{\partial u}{\partial y} = -\dfrac{1}{\rho} \dfrac{\partial p}{\partial x} \\ u \dfrac{\partial v}{\partial x} + v \dfrac{\partial v}{\partial y} = -\dfrac{1}{\rho} \dfrac{\partial p}{\partial y} \end{cases} \tag{5-104}$$

对于理想不可压缩流体的定常平面流动,流线均在坐标平面内,在不考虑质量力的情况下,沿流线的伯努利方程简化为

$$p+\frac{1}{2}\rho V^2 = C \tag{5-105}$$

在无旋流动条件下,即$\frac{\partial v}{\partial x}-\frac{\partial u}{\partial y}\equiv 0$,对运动方程积分还可得无旋流(势流)的伯努利方程。式(5-104)的第一式两边减去$\frac{\partial}{\partial x}\left(\frac{V^2}{2}\right)$,注意到$V^2=u^2+v^2$,得

$$u\frac{\partial u}{\partial x}+v\frac{\partial u}{\partial y}-\left(u\frac{\partial u}{\partial x}+v\frac{\partial v}{\partial x}\right)=-\frac{1}{\rho}\frac{\partial p}{\partial x}-\frac{\partial}{\partial x}\left(\frac{V^2}{2}\right)$$

$$v\left(\frac{\partial u}{\partial y}-\frac{\partial v}{\partial x}\right)=-\frac{1}{\rho}\frac{\partial p}{\partial x}-\frac{\partial}{\partial x}\left(\frac{V^2}{2}\right)$$

利用无旋条件,上式成为

$$0=-\frac{1}{\rho}\frac{\partial p}{\partial x}-\frac{\partial}{\partial x}\left(\frac{V^2}{2}\right) \tag{5-106}$$

类似地,式(5-104)的第二项两边减去$\frac{\partial}{\partial y}\left(\frac{V^2}{2}\right)$,得

$$0=-\frac{1}{\rho}\frac{\partial p}{\partial y}-\frac{\partial}{\partial y}\left(\frac{V^2}{2}\right) \tag{5-107}$$

在流场中任意取一曲线l,曲线上微段$\mathrm{d}l$在x、y方向对应的分量为$\mathrm{d}x$、$\mathrm{d}y$,式(5-106)乘$\mathrm{d}x$与式(5-107)乘$\mathrm{d}y$相加,得

$$0=-\frac{1}{\rho}\left(\frac{\partial p}{\partial x}\mathrm{d}x+\frac{\partial p}{\partial x}\mathrm{d}y\right)-\left[\frac{\partial}{\partial x}\left(\frac{V^2}{2}\right)\mathrm{d}x+\frac{\partial}{\partial y}\left(\frac{V^2}{2}\right)\mathrm{d}y\right]$$

即

$$\frac{\mathrm{d}p}{\rho}+\mathrm{d}\left(\frac{V^2}{2}\right)=0$$

上式沿l积分,得

$$\frac{p}{\rho}+\frac{V^2}{2}=C \quad\text{或}\quad p+\frac{1}{2}\rho V^2 = C' \tag{5-108}$$

达朗贝尔
佯谬

上式称为理想不可压缩流体定常平面无旋流动的伯努利方程。由于曲线l是任意选取的,因此积分常数在全流场为同一值。式(5-108)与式(5-105)不同之点在于:式(5-105)只适用于同一条流线,它与流动是否有旋为无关;而式(5-108)是在流动无旋条件下得到的,适用于整个流场。

5.4.2　流函数和速度势函数

1. 流函数

图5-28所示为一平面流场。图中点A表示流场中的一个固定点,点P表示流场中的任一点,点A与点P可用任意曲线$\overset{\frown}{AQP}$和$\overset{\frown}{ARP}$相连。对于不可压缩流体的平面流动,单位时间经过曲线$\overset{\frown}{AQP}$进入区域$AQPRA$的流体体积,必定等于从曲线$\overset{\frown}{ARP}$流出的流体体积,不管曲线$\overset{\frown}{AQP}$的形状怎样变化,通过它的体积流量总与通过曲线$\overset{\frown}{ARP}$的体积流量相等。换言之,通过曲线$\overset{\frown}{ARP}$的体积流量仅取决于点A与点P的位置。由于点A为取定

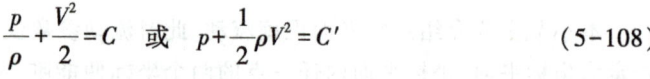

图5-28　平面流场

的参考点,如果点 A 为流场固体边界上的一点,那么通过曲线 $\overset{\frown}{ARP}$ 的体积流量就成为点 P 位置的函数,这一函数称为流函数,用 Ψ 表示。不失一般性,将点 A 的 Ψ 值取为零,则点 P 的流函数 Ψ 值就表示通过连接点 A 和点 P 的任意曲线的体积流量,通过曲线 $\overset{\frown}{QP}$ 的体积流量,可以用 P、Q 两点流函数的差值表示。

假设点 P' 为通过点 P 的流线上的另一点,如图 5-29 所示。由流线的定义可知,流体不能穿越流线 $\overset{\frown}{PP'}$,所以通过连接点 A 与点 P' 的任意曲线的体积流量必定与通过曲线 $\overset{\frown}{AP}$ 的体积流量相等,即点 P 与点 P' 的流函数 Ψ 值相等,点 P' 是过点 P 流线上的任意点,故沿一条流线流函数 Ψ 等于常量。

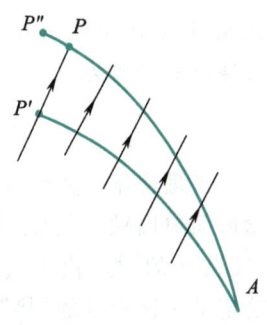

图 5-29　通过曲线的流量

现考虑流动平面上的另一点 P'' 位于过点 P 流线的垂线上,$P''P$ 为一很小距离 δn,且 $\overset{\frown}{P''A} > \overset{\frown}{PA}$(图 5-29)。通过曲线 $\overset{\frown}{AP''}$ 的体积流量大于通过曲线 $\overset{\frown}{AP}$ 的体积流量,由于流体通过微元线段 $P''P$ 的平均速度为 $\overline{V}$(其方向为过 P 点的流线方向),因此 $\delta\Psi = \overline{V}\delta n$。当 $\delta n \to 0$ 时,点 P 的速度值可表示为

$$V = \frac{\partial \Psi}{\partial N} \tag{5-109}$$

式(5-109)表明,若用流函数 Ψ 的相等增量表示一系列的流线,流线间的距离越小,则对应的速度越大。同时表明,流函数 Ψ 加上任一常量 C 并不影响速度值,也不影响两点间流函数 Ψ 的差值。因此,点 A 的位置并不是实质性的,常常根据需要指定一条流线令其 $\Psi = 0$,该流线称为零流线。为了确定流动速度的方向,需要做一些规定。通常的习惯是:如果沿线段前进时,从左手边流向右手边的流量为正,相应的速度方向规定为正方向。也就是说,沿线段前进的方向顺时针旋转 $90°$,即为速度的正方向。

利用式(5-109)和速度方向的规定,可得出直角坐标系和极坐标系中速度分量与流函数的关系。

$$u = \frac{\partial \Psi}{\partial y}, \quad v = -\frac{\partial \Psi}{\partial x} \tag{5-110a}$$

$$V_r = \frac{\partial \Psi}{r\partial \theta}, \quad V_\theta = -\frac{\partial \Psi}{\partial r} \tag{5-110b}$$

以上定义流函数时,仅从不可压缩流体平面流动的运动学角度考虑,建立了体积流量与点之间对应的函数关系。对于三元流动,不能建立起流量与点的对应函数关系,因此三元流动不存在流函数。附带指出,对于不可压缩流体的轴对称流动和二维定常可压缩流动(compressible flow),也可以建立起流量与点的对应关系,因此也有流函数存在,这些内容已超出本书范围,不再深入讨论。

2. 速度势函数

平面流场中取一参考点 A,$\overset{\frown}{ABP}$ 表示沿点 A 至流场中任一点 P 所连成的某条曲线。若过点 A 和点 P 另外连接一条曲线 $\overset{\frown}{ACP}$,则 $\overset{\frown}{ABPCA}$ 构成一封闭周线(见图 5-30)。对于无旋流动,由斯托克斯定理可知,沿封闭周线 $\overset{\frown}{ABPCA}$ 的速度环量等于零,即

$$\int_{ABPCA} V_l \mathrm{d}l = \int_{ABP} V_l \mathrm{d}l + \int_{PCA} V_l \mathrm{d}l = \int_{ABP} V_l \mathrm{d}l - \int_{ACP} V_l \mathrm{d}l = 0$$

因此

$$\int_{ABP} V_l \mathrm{d}l = \int_{ACP} V_l \mathrm{d}l$$

可见,线积分 $\int_A^P V_l \mathrm{d}l$ 的值与 A 点至 P 点的路径无关。式中:$\mathrm{d}l$ 表示连接点 A 与点 P 的任意曲线的微元;V_l 表示速度沿 $\mathrm{d}l$ 方向速度分量。也就是说,积分值仅取决于点 P 相对于点 A 的位置。定义速度势函数为

$$\Phi = \int_A^P V_l \mathrm{d}l \qquad (5\text{-}111)$$

为了理解速度势函数的概念,有必要对力学或其他学科中"势"的概念做简单回顾。例如,重力场中的两点 P 和 P',通常点 P 取在地面上,设点 P' 的"势"高于点 P,把质点从点 P 移动到点 P' 克服重力所做的功定义为这两点的"势"之差。

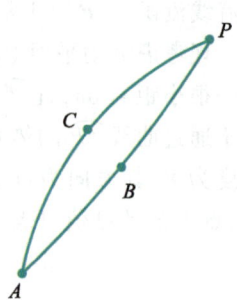

图 5-30 沿曲线的速度环量

$$\Pi = -\int_P^{P'} g_l \mathrm{d}l$$

式中:g_l 表示重力加速度(单位质量物质受到的重力)沿 $\mathrm{d}l$ 方向的分量;$\mathrm{d}l$ 为连接点 P 与点 P' 的曲线微元;Π 为重力势函数。显然,这种情况下所做的功量与做功的路径无关。这一矢量函数的线积分与路径无关的特征是有势场才具有的特征。从有势场的数学特征出发,把式(5-111)式定义的量称为速度势函数。这里不同的是,重力势函数具有物理意义,它表示单位质量物质所具有的重力势能,而速度势函数仅是一个数学量,没有对应的物理意义。由式(5-111)可得

$$\delta\Phi = V_l \delta l \qquad (5\text{-}112)$$

或

$$V_l = \frac{\partial \Phi}{\partial l} \qquad (5\text{-}113)$$

由以上两式可见,速度势函数加上任意常数 C 既不影响两点间 Φ 的差值,也不影响速度势函数的方向导数,因此速度势函数为零的点的位置可以任意选择。如果选取的微元线段 δl 与流线垂直,在该微元方向上速度分量为零,故 $\delta\Phi = 0$。因此,在与流线垂直的曲线上,速度势函数为常量。速度势函数等于常量的曲线称为等势线。无旋流动有速度势函数存在,因此又称为势流。速度势函数提供了表示速度的又一种方法,在直角坐标系内

$$u = \frac{\partial \Phi}{\partial x}, \qquad v = \frac{\partial \Phi}{\partial y} \qquad (5\text{-}114)$$

在极坐标系内

$$V_r = \frac{\partial \Phi}{\partial r}, \qquad V_\theta = \frac{\partial \Phi}{r \partial \theta} \qquad (5\text{-}115)$$

也可以表示为矢量形式,即

$$\boldsymbol{V} = \mathrm{grad}\,\Phi \qquad (5\text{-}116)$$

速度势函数是在无旋流动条件下,由速度沿两点间曲线的线积分(速度环量)与路径无关引入的,二维无旋流动存在速度势函数,同样,三元无旋流动也存在速度势函数。在不可压缩流体的二维流动中,不管流动是否有旋都存在流函数。

[例题 5-9] 已知一速度场 $u=x-4y,v=-y-4x$，该速度分布可否表示不可压缩流体的平面流动？若可以表示不可压缩流体的平面流动，求出流函数的表达式。流动是否为势流？若是势流，求出速度势函数。

分析：本例题给定了速度分布情况下不可压缩流体的平面流动问题，以及如何确定流函数和判断流动是否为势流。速度势函数可以通过与求流函数相同的方法求得，或者通过积分路径（图 5-31）的选择来简化计算过程。

假设：（1）不可压缩；（2）稳态问题。

解：不可压缩流体平面流动的连续方程为

$$\frac{\partial u}{\partial x}+\frac{\partial v}{\partial y}=0$$

由已知的速度分布 $u=x-4y,v=-y-4x$，得

$$\frac{\partial u}{\partial x}=1, \quad \frac{\partial v}{\partial y}=-1$$

可见，速度分布满足连续方程，故可表示不可压缩流体的平面流动，流动存在流函数。利用流函数与速度之间的关系式（5-110a），有

$$u=\frac{\partial \Psi}{\partial y}=x-4y \tag{5-117}$$

$$v=-\frac{\partial \Psi}{\partial x}=-(y+4x) \tag{5-118}$$

由式（5-117）得

$$\Psi=\int \frac{\partial \Psi}{\partial y}dy+f(x)=\int(x-4y)dy+f(x)=xy-2y^2+f(x) \tag{5-119}$$

为了确定函数 $f(x)$，上式对 Ψ 求偏导数，并令其等于 $-v$。

$$\frac{\partial \Psi}{\partial x}=y+f'(x)=-v=y+4x$$

可见，$f'(x)=4x$，故

$$f(x)=\int 4xdx=2x^2+c$$

将上式代入式（5-119）得

$$\Psi=2x^2+xy-2y^2+c$$

式中，积分常数 c 对流函数的差值及速度均无影响，也可以略去不计。

判断流动是否为势流，可以有两种方法。一种方法是直接由速度场求旋度（curl），看其是否为零。

$$\frac{\partial v}{\partial x}-\frac{\partial u}{\partial y}=\frac{\partial}{\partial x}(-y-4x)-\frac{\partial}{\partial y}(x-4y)=-4-(-4)=0$$

可见，流动为势流。另一种方法是看流函数是否满足拉普拉斯方程（Laplace equation）。

$$\frac{\partial^2 \Psi}{\partial x^2} = \frac{\partial}{\partial x}(-v) = \frac{\partial}{\partial x}(y+4x) = 4$$

$$\frac{\partial^2 \Psi}{\partial y^2} = \frac{\partial}{\partial y}(u) = \frac{\partial}{\partial y}(x-4y) = -4$$

$$\frac{\partial^2 \Psi}{\partial x^2} + \frac{\partial^2 \Psi}{\partial y^2} = 4-4 = 0$$

流函数满足拉普拉斯方程,流动为势流。求速度势函数可采用与求流函数相同的方法,也可采用另一种方法。因为 $\mathrm{d}\Phi = \frac{\partial \Phi}{\partial x}\mathrm{d}x + \frac{\partial \Phi}{\partial y}\mathrm{d}y$ 表示全微分,其积分与选取的路径无关。设在坐标原点 $(0,0)$ 对应的 $\Phi_0 = 0$,平面中任一点 (x,y) 处的速度势函数为 $\Phi(x,y)$,选取积分路径为 $(0,0) \rightarrow (x,0) \rightarrow (x,y)$,如图 5-31 所示。注意到 x 轴上,$y=0$,$\mathrm{d}y=0$,与 y 轴平行的线段上,故

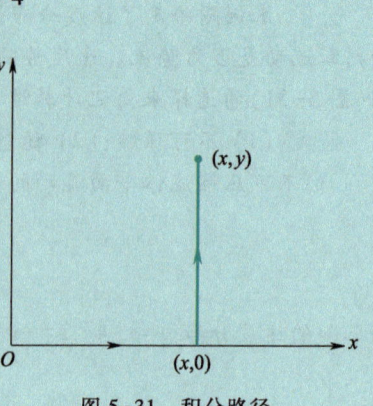

图 5-31 积分路径

$$\Phi = \int_l \mathrm{d}\Phi = \int_l \left(\frac{\partial \Phi}{\partial x}\mathrm{d}x + \frac{\partial \Phi}{\partial y}\mathrm{d}y \right) = \int_0^x x\,\mathrm{d}x + \int_0^y (-y-4x)\,\mathrm{d}y = \frac{x^2}{2} - \frac{y^2}{2} - 4xy$$

这种方法也可以用来求流函数。

讨论:流函数满足拉普拉斯方程,进一步确认了流动是势流。流动的势流特性意味着流体中不存在涡旋,这是理想流体流动的一个重要特征。在实际应用中,势流模型常用于分析理想化流动情况,如绕过无限长圆柱的流动。

5.4.3 基本平面势流及其叠加

马格努斯效应

对于不可压缩流体的定常平面势流,在给定边界条件下直接求解速度势函数 Φ 或流函数 Ψ 的拉普拉斯方程,在数学上仍有相当大的难度。由于拉普拉斯方程是线性齐次方程,因此允许解线性叠加。也就是说,如果 Φ_1,Φ_2,$\cdots$,Φ_n 是拉普拉斯方程的解,那么 $K_1\Phi_1 + K_2\Phi_2 + \cdots + K_n\Phi_n$ 仍然是拉普拉斯方程的解,K_1,K_2,$\cdots$,K_n 为任意不为零的常数。满足拉普拉斯方程的函数称为调和函数,一些简单的调和函数在物理上可以表示一些简单的势流,这就启发人们用一些简单的平面势流适当地线性组合来表示复杂的平面势流。

1. 均匀直线流动

若一势流的速度势函数为

$$\Phi = ax + by \tag{5-120}$$

式中,a、b 均为常数。由速度与速度势函数的关系可得

$$u = \frac{\partial \Phi}{\partial x} = a$$

$$v = \frac{\partial \Phi}{\partial y} = b$$

其合速度为

$$V = \sqrt{u^2 + v^2} = \sqrt{a^2 + b^2}$$

假设速度与 x 轴正方向的夹角为 α，则

$$\alpha = \arctan\left(\frac{v}{u}\right) = \arctan\left(\frac{b}{a}\right)$$

由以上诸式可知，全流场内速度的大小和方向均为常值，故可表示均匀直线流动。该流动的流函数为

$$\Psi = \int \frac{\partial \Psi}{\partial x} dx + \frac{\partial \Psi}{\partial y} dy = \int -v dx + u dy = -bx + ay + c \qquad (5-121)$$

图 5-32 所示为均匀直线流动的流网。若流动平行于 x 轴且以 $u = a$ 做等速直线运动，则对应的速度势函数和流函数为

$$\begin{cases} \Phi = ax \\ \Psi = ay \end{cases} \qquad (5-122)$$

或者用极坐标 (r, θ) 表示为

$$\begin{cases} \Phi = ar\cos\theta \\ \Psi = ar\sin\theta \end{cases} \qquad (5-123)$$

均匀直线流动中速度处处相等，根据势流的伯努利方程，可知其压强也处处相等。

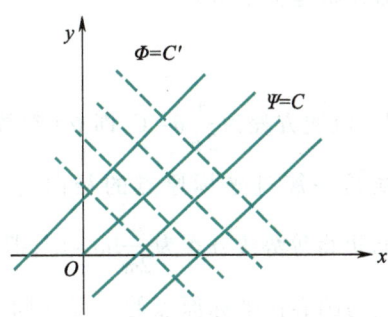

图 5-32 均匀直线流动的流网

2. 点源与点汇

若一势流的速度势函数为

$$\Phi = \frac{A}{2\pi} \ln \sqrt{x^2 + y^2} \qquad (5-124)$$

式中，A 为常量。上式也可用极坐标表示为

$$\Phi = \frac{A}{2\pi} \ln r \qquad (5-125)$$

因此，速度分量为

$$\begin{cases} u = \dfrac{\partial \Phi}{\partial x} = \dfrac{A}{2\pi} \dfrac{x}{x^2 + y^2} \\ v = \dfrac{\partial \Phi}{\partial y} = \dfrac{A}{2\pi} \dfrac{y}{x^2 + y^2} \end{cases} \qquad (5-126)$$

或

$$\begin{cases} V_r = \dfrac{\partial \Phi}{\partial r} = \dfrac{A}{2\pi r} \\ V_\theta = \dfrac{\partial \Phi}{r \partial \theta} = 0 \end{cases} \qquad (5-127)$$

利用柯西-黎曼条件可求出流函数，即

$$\Psi = \int \frac{\partial \Psi}{\partial y} dy + f(x) = \int \frac{\partial \Phi}{\partial x} dy + f(x) = \int \frac{A}{2\pi} \frac{x dy}{x^2 + y^2} + f(x) = \frac{A}{2\pi} \arctan\left(\frac{y}{x}\right) + f(x)$$

为了确定上式中的任意函数 $f(x)$，将上式对 x 求偏导数，得

$$\frac{\partial \Psi}{\partial x} = -\frac{A}{2\pi}\frac{y}{x^2+y^2} + f'(x)$$

因为 $\frac{\partial \Psi}{\partial x} = -\frac{\partial \Phi}{\partial y}$，比较上式及式（5-126）可得

$$f'(x) = 0$$

所以 $f(x) = C$，流函数中的任意常数不影响速度场，可令其等于零。于是，流函数表示为

$$\Psi = \frac{A}{2\pi}\arctan\left(\frac{y}{x}\right) \tag{5-128}$$

或者用极坐标表示为

$$\Psi = \frac{A}{2\pi}\theta \tag{5-129}$$

于是，流线方程为 $\frac{A}{2\pi}\theta = C$，即 $\theta =$ 常数。由此可知，流线是一簇过坐标原点的径向射线。由式（5-125）可得等势线方程为 $\frac{A}{2\pi}\ln r = C'$，即 $r =$ 常数，故等势线为圆心在坐标原点的一系列同心圆，如图5-33所示。

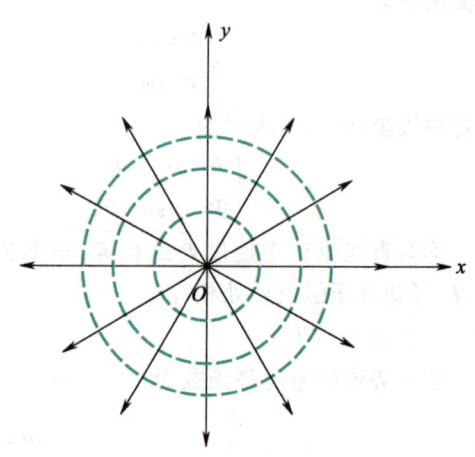

图5-33　点源（汇）

由式（5-127）可知，若 $A > 0$，则 $V = V_r > 0$，即速度方向与极坐标 r 正方向相同，流体从坐标原点沿一簇射线向外流出，这种流动称为点源；若 $A < 0$，则 $V_r < 0$，流体从四面八方沿径向直线流入坐标原点，这种流动称为点汇。

下面讨论常量 A 所表示的物理意义。通过任一半径为 r 的圆周（垂直纸面方向为单位高度）流体的体积流量为 $Q = 2\pi r V_r$，由式（5-127）可知，$2\pi r V_r = A$，所以 $A = Q$。若规定流出圆周的体积流量 Q 为正，则对于点源的情况，A 取 $+Q$；对于点汇的情况，A 取 $-Q$，Q 称为点源（汇）的强度。因此，位于坐标原点的点源或点汇流动，其速度势函数、流函数和速度分布，可以合在一起表示为

$$\begin{cases} \Phi = \pm\dfrac{Q}{2\pi}\ln r \\[2mm] \Psi = \pm\dfrac{Q}{2\pi}\theta \\[2mm] V_r = \pm\dfrac{Q}{2\pi r} \end{cases} \tag{5-130}$$

式中，正号对应点源，负号对应点汇。从式（5-130）中可以看出，当 $r \to 0$ 时，$V_r \to \infty$，且在该点速度的方向不唯一，因此点源（汇）所在的点是流场中的奇点。

点源（汇）的压强场可利用势流的伯努利方程 $p + \frac{1}{2}\rho V^2 =$ 常量求得，式中常量可利用无穷远处的边界条件来确定，在无穷远处，即 $r \to \infty$、$V = 0$、$p = p_\infty$，因此该常量等于 p_∞。于是

$$p = p_\infty - \frac{1}{2}\rho V^2 = p_\infty - \frac{\rho Q^2}{8\pi^2 r^2} \qquad (5\text{-}131)$$

图 5-34 所示为点源(汇)的压强分布。在物理上，压强不可能达到负值。故点源(汇)表示的流动是一种理论上的流动。

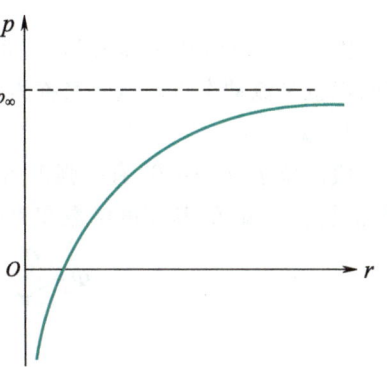

图 5-34 点源(汇)的压强分布

3. 点涡

若一势流的速度函数和流函数为

$$\Phi = \frac{A}{2\pi}\theta \qquad (5\text{-}132)$$

$$\Psi = -\frac{A}{2\pi}\ln r \qquad (5\text{-}133)$$

式中，A 为常量。该势流的流线方程为

$$\Psi = -\frac{A}{2\pi}\ln r = C \qquad (5\text{-}134)$$

因此，流线为圆心位于坐标原点的同心圆簇。利用速度与速度势函数或流函数的关系，可得流场中任一点的速度分量为

$$\begin{cases} V_r = \dfrac{\partial \Phi}{\partial r} = \dfrac{\partial \Psi}{r\partial \theta} = 0 \\[2mm] V_\theta = \dfrac{\partial \Phi}{r\partial \theta} = -\dfrac{\partial \Psi}{\partial r} = \dfrac{A}{2\pi r} \end{cases} \qquad (5\text{-}135)$$

若 $A>0$，则 $V_\theta>0$，即 V_θ 指向 θ 增大的方向，流动为逆时针方向的圆周运动；若 $A<0$，则 $V_\theta<0$，流动为顺时针方向的圆周运动，这种流动称为点涡流动，如图 5-35 所示。

下面讨论 A 所表示的物理意义。沿一流线计算速度环量 $\Gamma = \oint_l V_l \mathrm{d}l$，因为 $V_l = \dfrac{A}{2\pi r}$，$\mathrm{d}l = r\mathrm{d}\theta$，所以 $\Gamma = \int_0^{2\pi} \dfrac{A}{2\pi r} r\mathrm{d}\theta = A$。在点涡流动中常量 A 等于任一包围点涡的封闭周线上的速度环量 Γ，Γ 也称为点涡强度。习惯上，沿封闭周线逆时针方向计算的环量规定为正值，因此，对于逆时针方向运动的点涡流动，A 取 $+\Gamma$；对于顺时针方向运动的点涡流动，A 取 $-\Gamma$。位于坐标原点的点涡流动，其速度势函数、流函数和速度分布又可表示为

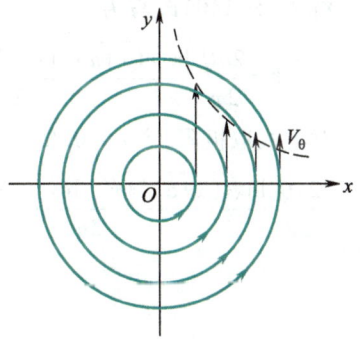

图 5-35 点涡流动

$$\Phi = \pm\frac{\Gamma}{2\pi}\theta \qquad (5\text{-}136)$$

$$\Psi = \pm\frac{\Gamma}{2\pi}\ln r \qquad (5\text{-}137)$$

$$V_\theta = \pm\frac{\Gamma}{2\pi r} \qquad (5\text{-}138)$$

以上各式前写在上、下的符号分别对应逆时针方向和顺时针方向的点涡流动。

由势流的伯努利方程可得点涡流动的压强分布为

$$p = p_\infty - \frac{1}{2}\rho V^2 = p_\infty - \frac{\rho \Gamma^2}{8\pi^2 r^2} \tag{5-139}$$

由式(5-138)和式(5-139)可得,若 $r \to \infty$,则 $V \to \infty$, $p \to -\infty$,这是不可能实现的,故点涡所在的点也是流动奇点。点涡又称为数学涡或自由涡。

4. 偶极流

假设位于点$(-a,0)$有一强度为$+Q$的点源,位于点$(a,0)$有一强度为$-Q$的点汇,由这一对源、汇复合的流场,其速度函数和流函数分别为

$$\Phi = \frac{Q}{2\pi}(\ln\sqrt{(x+a)^2+y^2} - \ln\sqrt{(x-a)^2+y^2}) \tag{5-140}$$

$$\Psi = \frac{Q}{2\pi}(\theta_1 - \theta_2) = -\frac{Q}{2\pi}\alpha \tag{5-141}$$

式中:θ_1 为从点源至流场中任一点 P 所做的极半径与 x 轴的夹角;θ_2 为从点汇至流场中任一点 P 所做的极半径与 x 轴的夹角;α 为两极半径之间的夹角,如图 5-36 所示。当点源和点汇彼此靠近,它们之间的距离为 $2a \to 0$ 时,即点源与点汇同时向坐标原点逼近,使 $2aQ = M$ 保持常量,这样得到的流动称为偶极流,M 称为偶极强度或偶极矩,并规定在逼近过程中汇指向源的方向为偶极轴的正方向。

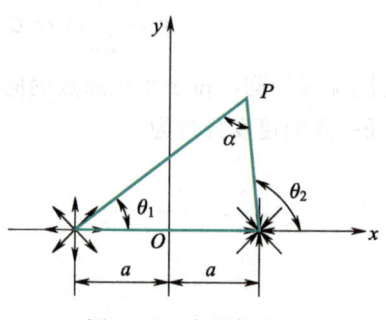

图 5-36 点源与点汇

将式(5-140)改写为

$$\Phi = \frac{2aQ}{2\pi} \frac{\ln\sqrt{(x+a)^2+y^2} - \ln\sqrt{(x-a)^2+y^2}}{2a}$$

对上式取极限,令 $a \to 0$、$Q \to \infty$ 时,$2aQ = M$,则

$$\lim_{\substack{2a \to 0 \\ Q \to \infty}} \frac{2aQ}{2\pi} \frac{\ln\sqrt{(x+a)^2+y^2} - \ln\sqrt{(x-a)^2+y^2}}{2a} = \frac{M}{2\pi} \lim_{2a \to 0} \frac{\ln\sqrt{(x+a)^2+y^2} - \ln\sqrt{(x-a)^2+y^2}}{2a}$$

$$= \frac{M}{2\pi} \frac{\partial}{\partial x} \ln\sqrt{x^2+y^2} \tag{5-142}$$

$$= \frac{M}{2\pi} \frac{x}{x^2+y^2}$$

类似地,可得到偶极流的流函数为

$$\Psi = -\frac{M}{2\pi} \frac{y}{x^2+y^2} \tag{5-143}$$

式(5-142)和式(5-143)分别表示位于坐标原点、强度为 M、指向负 x 轴方向的偶极流的速度势函数和流函数。

偶极流的流线方程为

$$-\frac{M}{2\pi} \frac{y}{x^2+y^2} = C$$

上式可改写为

$$x^2 + \left(y + \frac{M}{4\pi C}\right)^2 = \left(\frac{M}{4\pi C}\right)^2 \tag{5-144}$$

显然,流线是一簇圆心在 $\left(0, -\dfrac{M}{4\pi C}\right)$、半径为 $\left|\dfrac{M}{4\pi C}\right|$ 的圆簇(图 5-37),由式(5-144)可见,对于任意常数 C,所有的圆均过坐标原点(0,0)。也就是说,流线均在原点与 x 轴相切,流体由偶极流中心沿负 x 轴流出,经不同半径的圆周又流进偶极流中心。

偶极流的等势线方程为

$$\frac{M}{2\pi} \frac{x}{x^2+y^2} = C'$$

上式可改写为

$$\left(x - \frac{M}{4\pi C'}\right)^2 + y^2 = \left(\frac{M}{4\pi C'}\right)^2 \tag{5-145}$$

可见,等势线是一族圆心在 $\left(\dfrac{M}{4\pi C'}, 0\right)$、半径为 $\left|\dfrac{M}{4\pi C'}\right|$ 的圆簇(见图 5-37)。

偶极流的速度场为

$$\begin{cases} u = \dfrac{\partial \Phi}{\partial x} = \dfrac{M}{2\pi} \dfrac{y^2 - x^2}{(x^2+y^2)^2} \\[3mm] v = \dfrac{\partial \Phi}{\partial y} = -\dfrac{M}{2\pi} \dfrac{2xy}{(x^2+y^2)^2} \end{cases} \tag{5-146}$$

或

$$\begin{cases} V_r = \dfrac{\partial \Phi}{\partial r} = \dfrac{\partial}{\partial r}\left(\dfrac{M}{2\pi} \dfrac{\cos\theta}{r}\right) = -\dfrac{M}{2\pi r^2}\cos\theta \\[3mm] V_\theta = \dfrac{\partial \Phi}{r\partial\theta} = \dfrac{\partial}{r\partial\theta}\left(\dfrac{M}{2\pi} \dfrac{\cos\theta}{r}\right) = -\dfrac{M}{2\pi r^2}\sin\theta \end{cases} \tag{5-147}$$

因此

$$V = \sqrt{u^2+v^2} = \sqrt{V_r^2+V_\theta^2} = \frac{M}{2\pi r^2} \tag{5-148}$$

当 $r \to 0$、$V \to \infty$ 时,因此偶极流中心所在的点也是流动奇点。

偶极流的压强场为

$$p = p_\infty - \frac{\rho M^2}{8\pi^2 r^4} \tag{5-149}$$

偶极流也是一种理论意义上的流动。

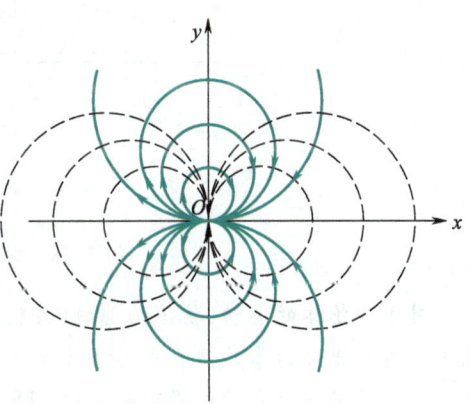

图 5-37　偶极流

[例题 5-10]　位于坐标原点强度为 Q 的点源,与速度 $u = u_\infty$ 且平行于 x 轴的均匀直线流动叠加,试求复合流动表示绕什么样物体的流动?

分析:本例题分析了均匀直线流动与点源叠加的复合流动情况,可结合均匀直线流动及点源的速度势函数、流函数以及滞止点的概念进行解题。

假设：(1) 定常,不可压缩；(2) 二维无黏流动；(3) 速度在滞止点为零。

解：复合流动的速度势函数与流函数分别为

$$\Phi = u_\infty r\cos\theta + \frac{Q}{2\pi}\ln r \tag{5-150}$$

$$\Psi = u_\infty r\sin\theta + \frac{Q}{2\pi}\theta \tag{5-151}$$

流线方程为

$$u_\infty r\sin\theta + \frac{Q}{2\pi}\theta = C \tag{5-152}$$

据此画出的流线如图5-38所示。势流的速度场为

$$\begin{cases} V_r = \dfrac{\partial\Phi}{\partial r} = u_\infty\cos\theta + \dfrac{Q}{2\pi r} \\[3mm] V_\theta = \dfrac{\partial\Phi}{r\partial\theta} = -u_\infty\sin\theta \end{cases} \tag{5-153}$$

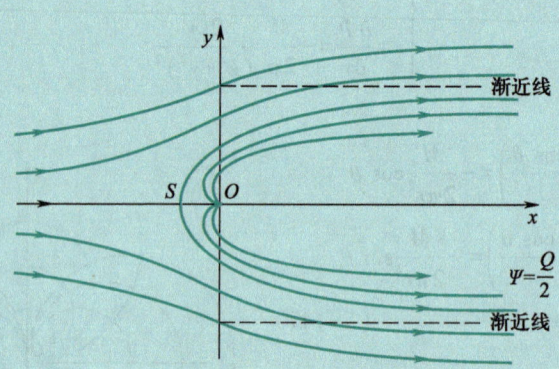

图5-38 均匀直线流动与点源叠加

对于绕物体的流动,物体的型线(外轮廓线)必是一条流线,当流动沿物体表面分流时,分流线只能在速度为零的滞止点与物体型线相交,因此表示物体型线的流线特征是其上存在滞止点。现确定滞止点的位置。令式(5-153)表示的速度为零,得

$$\begin{cases} u_\infty\cos\theta + \dfrac{Q}{2\pi r} = 0 \\[3mm] -u_\infty\sin\theta = 0 \end{cases}$$

由此解得

$$\begin{cases} \theta = \pi \\[2mm] r = \dfrac{Q}{2\pi u_\infty} \end{cases} \tag{5-154}$$

滞止点在图5-38中以S表示。将滞止点坐标代入式(5-151),得出过滞止点流线的流函数值。

$$\Psi = u_\infty \frac{Q}{2\pi u_\infty}\sin(\pi) + \frac{Q}{2\pi}(\pi) = \frac{Q}{2} \tag{5-155}$$

故表示物体型线的流线方程为

$$u_\infty r\sin\theta + \frac{Q}{2\pi}\theta = \frac{Q}{2} \tag{5-156}$$

由上式可得

$$\theta = \frac{\pi}{2}, \quad \theta = \frac{3\pi}{2}\text{时}, \quad r = \frac{Q}{4u_\infty}$$

$$\theta = 0, \quad r \to \infty, \quad \text{但} \ r\sin\theta = y = \frac{Q}{2u_\infty}$$

通过以上分析可知,由点源与均匀直线流动叠加可以表示绕一半无穷长物体的绕流,该半物体在靠近头部 $\theta = \frac{\pi}{2}$ 及 $\theta = \frac{3\pi}{2}$ 两点间的宽度为 $\frac{Q}{2u_\infty}$,随着 z 的增加宽度也逐渐增加,极限宽度为 $\frac{Q}{u_\infty}$。

讨论:点源与均匀直线流动叠加的模型可以模拟绕某一物体的绕流情况,这对理解物体在流体中运动时的流体动力特性非常有用,尤其是在航空、船舶设计和管道流动分析中。

[例题 5-11] 试分析重叠放置在坐标原点的点源与顺时针方向的点涡组成的复合流场。

分析:本例题探讨了点源和点涡组成的复合流场的特性。点源和点涡是理想化的流体动力学模型,它们在流体中产生不同的流动模式。点源产生向外或向内的流动,而点涡产生旋转的流动。

假设:(1) 点源和点涡无限小;(2) 二维;(3) 不可压缩;(4) 稳态。

解:设点源的强度为 Q,点涡的强度为 $-\Gamma$。复合流场的速度势函数与流函数分别为

$$\Phi = \frac{Q}{2\pi}\ln r - \frac{\Gamma}{2\pi}\theta \tag{5-157}$$

$$\Psi = \frac{Q}{2\pi}\theta + \frac{\Gamma}{2\pi}\ln r \tag{5-158}$$

复合流动的流线方程为

$$\frac{Q}{2\pi}\theta + \frac{\Gamma}{2\pi}\ln r = C \tag{5-159}$$

由上式得

$$r = \mathrm{e}^{\frac{2\pi C}{\Gamma} - \frac{Q}{\Gamma}\theta} = K\mathrm{e}^{-\frac{Q}{\Gamma}\theta} \tag{5-160}$$

式中,$K = \mathrm{e}^{\frac{2\pi C}{\Gamma}}$,随 C 取不同的值而变。式(5-160)表示一簇对数螺旋线,如图 5-39 所示。

流动的速度场为

$$V_r = \frac{\partial \Phi}{\partial r} = \frac{Q}{2\pi r} \tag{5-161}$$

$$V_\theta = \frac{\partial \Phi}{r \partial \theta} = -\frac{\Gamma}{2\pi r} \tag{5-162}$$

$$V = \sqrt{V_r^2 + V_\theta^2} = \frac{1}{2\pi r}\sqrt{Q^2 + \Gamma^2} \tag{5-163}$$

假设速度与径向射线的夹角为 α,则

$$\alpha = \arctan\left(\frac{V_\theta}{V_r}\right) = \arctan\left(-\frac{r}{Q}\right) = C（常数）$$

在图 5-39 中圆周 1 和圆周 2 之间的区域内,速度从 V_1 减小到 V_2,则压强从 p_1 增加到 p_2。对于圆周 1 和圆周 2,其速度满足

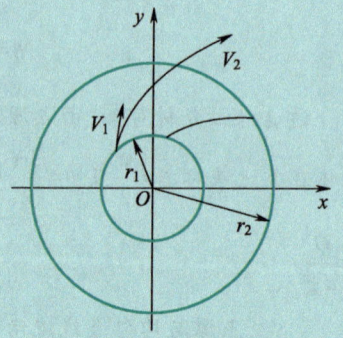

$$(V_\theta r)_1 = (V_\theta r)_2$$

这种流动可以表示流体机械中无叶扩压器内的流动。

讨论:在图 5-39 中,圆周 1 和圆周 2 之间的区域内,速度从 V_1 减小到 V_2,这与压强的变化有关,压强从 p_1 增加到 p_2,符合伯努利原理。对于圆周 1 和圆周 2,速度的连续性条件表明这两个圆周上切向速度相等。需要注意的是,实际流体中可能存在黏性效应和其他复杂因素,这可能会影响流动的精确。

图 5-39　点源与点涡叠加

⚙ 思考题

5-1　试从力学观点分析液体和气体有何异同? 举例说明在空气中与水中相同与不同的流体力学现象。

5-2　对水流流向问题有如下一些说法:水一定是从高处向低处流,水一定从压强大的地方向压强小的地方流,水一定从流速大的地方向流速小的地方流,这些说法是否正确?

5-3　陨星下坠时在天空划过的白线是什么线? 烟囱里冒出的烟是什么线? 在某点向流场中不断添加有色颗粒,这些有色颗粒随流体一起运动,由这些颗粒所组成的曲线是什么线?

5-4　试结合伯努利定理,解释等地铁时为什么要站在黄线外? 航运时为什么不适合两船并排或相向而行?"香蕉球"为什么会在空中沿弧线飞行?

5-5　用水管浇地时,用大拇指堵住水管口的一部分,为什么水就能喷很远?

⚛ 习题

5-1　某流场速度为 $\mathbf{V} = 3yz^2\mathbf{i} + xz\mathbf{j} + y\mathbf{k}$,求直角坐标系 3 个方向的加速度分量的表达式。

5-2　求下列各流场的流线和迹线。

(1) $u = ax + t^2$, $v = -ay - t^2$, $w = 0$, a 为常数,求流线和迹线。

（2）$u=x^2-y^2,v=-2xy,w=0$,求通过空间点$(1,1,1)$的一条流线。

（3）$u=y,v=-a^2x,w=0$,a为常数,求流线。

5-3 （1）已知一流体质点,迹线由下列方程给出$x=2+0.01\sqrt{t^5},y=2+0.01\sqrt{t^5},z=2$。问此质点运动到横坐标$x=8$时,它的加速度是多少?

（2）已知速度场分布为$u=yzt,v=zxt,w=0$。问当$t=10$时,质点在点$(2,5,3)$处的加速度是多少?

5-4 多大的管道可以在层流状态下输送流量为$5.67\times10^{-3}\,\mathrm{m^3/s}$的中质柴油($\nu=6.08\times10^{-6}\,\mathrm{m^2/s}$)?

5-5 分别确定水($\nu=1.13\times10^{-6}\,\mathrm{m^2/s}$)和重质柴油($\nu=205\times10^{-6}\,\mathrm{m^2/s}$)以$1.067\,\mathrm{m/s}$的速度在直径为$305\,\mathrm{mm}$的管道中流动时的流动状态。

5-6 一不可压缩流体的流动,x轴方向的速度分量是$u=ax^2+by$,z轴方向的速度分量是零,求y轴方向的速度分量v,其中a与b为常数。已知$y=0$时,$v=0$。

5-7 有一二维、定常不可压缩流动,x轴方向的速度分量为$u=\mathrm{e}^{-x}\cosh y+1$,求$y$轴方向的速度分量$v$,设$y=0$时,$v=0$。

5-8 设某一流体流场为$u=2y+3z,v=3z+x,w=2x+4y$。该流体的动力黏度$\mu=0.008\,\mathrm{Pa\cdot s}$,求其切应力。

5-9 如图5-40所示,两无限大平行平板间充分发展层流流场可表示为$\dfrac{u}{u_{\max}}=1-\left(\dfrac{y}{h}\right)^2$,试求沿$x$轴方向单位体积流体所受到的切应力。已知$u_{\max}=3\,\mathrm{m/s}$,$h=40\,\mathrm{mm}$,流体$\mu=1.002\times10^{-3}\,\mathrm{Pa\cdot s}$。计算其最大值。

5-10 如图5-41所示,封闭容器中盛有$\rho=800\,\mathrm{kg/m^3}$的油,$h_1=300\,\mathrm{mm}$,油下面为水,$h_2=500\,\mathrm{mm}$,测压管中水银液位读数$h=400\,\mathrm{mm}$,求封闭容器中油面上的压强$p$的大小。

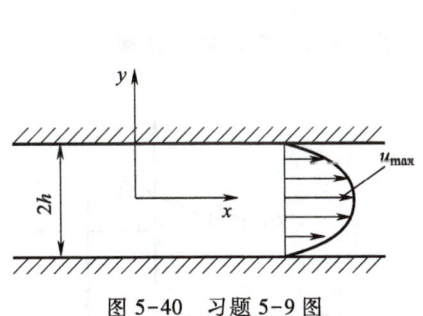

图5-40 习题5-9图

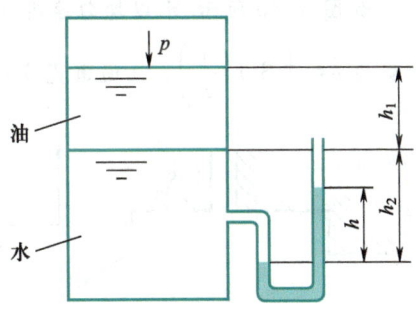

图5-41 习题5-10图

5-11 有一微压计,其结构如图5-42所示。斜管与水平面夹角为$30°$,斜管的开口端与大气相通,微压计容器内的液体是酒精,其密度$\rho=843\,\mathrm{kg/m^3}$,求$l=30\,\mathrm{cm}$时容器内压强$p_0$。

5-12 水流流过水平放置的渐缩管道,已知在管径$d_1=15\,\mathrm{cm}$的截面处压强为$3.9\times10^5\,\mathrm{Pa}$,在管径$d_2=7.5\,\mathrm{cm}$的另一截面处压强为$1.029\times10^5\,\mathrm{Pa}$,试求通过管

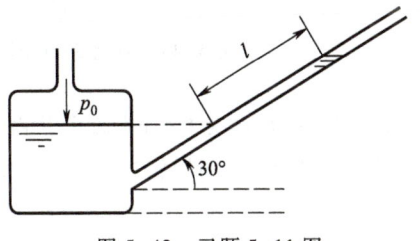

图5-42 习题5-11图

道的体积流量。

5-13　潜艇水平运动时,与装置在艇前的皮托管相连的 U 形管中水银柱高度差为 17 cm,海水的密度为 1 026 kg/m³,皮托管的速度校正系数 $C_v = 0.98$,试求潜艇的航速。

5-14　如图 5-43 所示,供应汽水加热器的水流过水平放置的文丘里管,A 处直径为 10 cm,B 处直径为 7 cm,已知 A 处水流平均流速为 4.5 m/s,试计算 A、B 两个截面的压强差。压差使控制活塞起作用,活塞在直径为 20 cm 的缸体内水平运动,若忽略摩擦力和连杆面积,求作用在活塞上的力为多大?

5-15　如图 5-44 所示,已知流场 $V = -axi + byj + ck$,式中:$a = b = 1$ s⁻¹;$c = 1$ m/s。写出阴影面积中一微元面的矢量表示式,并在阴影面积上求下述积分。

(1) $\int V \cdot dA$;(2) $\int V(V \cdot dA)$ 。

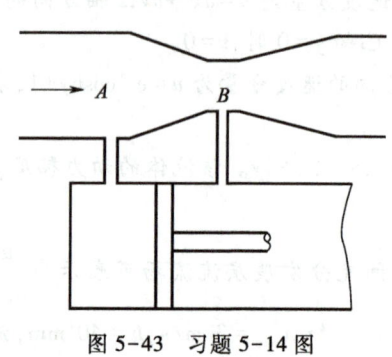
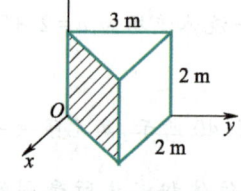

图 5-43　习题 5-14 图　　　　图 5-44　习题 5-15 图

5-16　如图 5-45 所示,一流体流进流出一方形容器,设定常流动 $\rho = 1\,050$ kg/m³,$A_1 = 0.05$ m²,$A_2 = 0.01$ m²,$A_3 = 0.06$ m²,$V_1 = 4i$ m/s,$V_2 = -8j$ m/s,求 V_3。

5-17　如图 5-46 所示,水以均匀速度 u 流进一二维通道,由于通道弯曲了 90°,在出口端,速度分布变为 $v = c\left(3.5 - \dfrac{x}{h}\right)$。设通道宽度 h 为常数,求常数 c。假设定常流动。

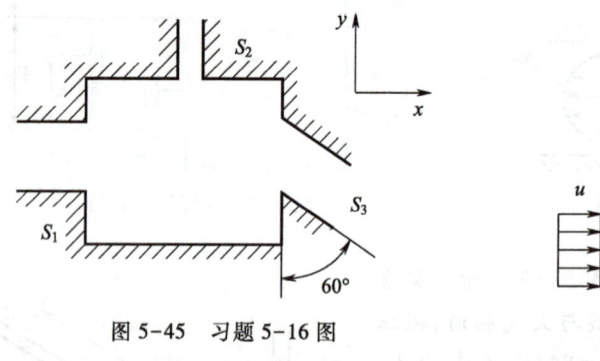
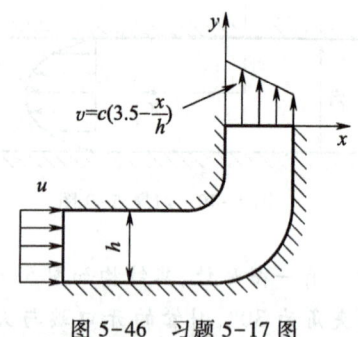

图 5-45　习题 5-16 图　　　　图 5-46　习题 5-17 图

5-18　一容积为 0.5 m³ 的容器内装有压缩空气。阀门打开后空气以 300 m/s 的速度流出,出口面积 130 mm²。设通过出口的空气温度是 -15 ℃,绝对压力为 350 kPa。求此时容器内空气密度的变化率。

5-19　如图 5-47 所示,有一水流从喷管喷出,其速度为 v,撞在平板上后平板以速度 V =

0.6 m/s 沿射流方向移动。射流直径为 $d=24$ cm，流量为 $q_V=0.2$ m³/s，求水流对平板做功功率。

5-20　如图 5-48 所示，水流经一段垂直管后沿半圆面排出。距供水管轴线半径距离 0.3 m 处，平面射流厚度为 30 mm，水速为 15 m/s。求：(1) 水的体积流量；(2) 喷管在 y 轴方向受力。

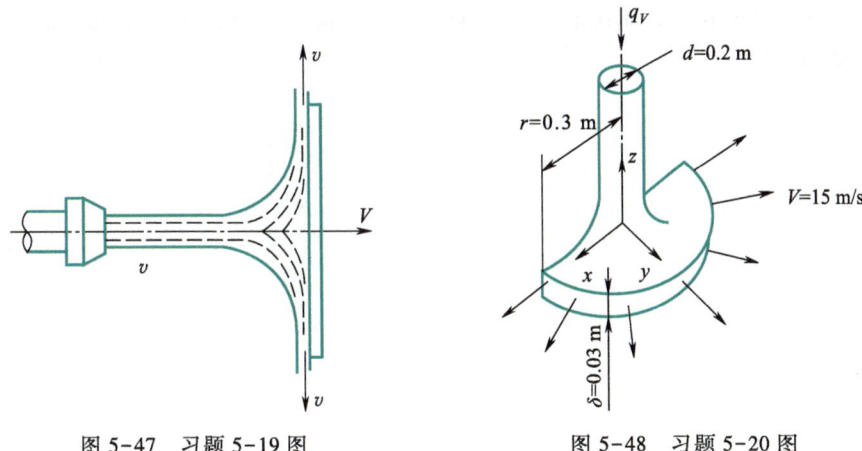

图 5-47　习题 5-19 图　　　　　图 5-48　习题 5-20 图

5-21　一平面流场的速度分布为 $V=Ax^2y^2\boldsymbol{i}-Bxy^3\boldsymbol{j}$，式中 $A=3$ m⁻³·s⁻¹，$B=2$ m⁻³·s⁻¹。(1) 该流动是否存在流函数？若存在，求出流函数；(2) 该流动是否存在速度势函数？若存在，求出速度势函数。

5-22　求下列流动的流函数：(1) 速度为 5 m/s 且平行于 x 轴正方向的均匀流动；(2) 速度为 10 m/s 且平行于 y 轴正方向的均匀流动；(3) 由(1)和(2)组合的合成流动。

5-23　点源位于点 $(-1,0)$，点汇位于点 $(1,0)$，源与汇的强度均为 20 m²/s。(1) 计算坐标原点处速度。(2) 计算通过点 $(0,4)$ 的流线的 Ψ 值，并计算该点的速度。

5-24　函数 $\varPhi=0.04x^3+axy^2+by^3$ 表示某一平面势流的速度势函数，试确定系数 a、b 的值。若流体的密度为 1 300 kg/m³，求原点 $(0,0)$ 与点 $(3,4)$ 两点间的压强差。

5-25　强度为 20 m²/s 的点源位于点 $(-1,0)$，强度为 40 m²/s 的点汇位于点 $(2,0)$。已知复合流场在坐标原点处的压强为 100 N/m²，流体密度为 1.8 kg/m³，求在点 $(0,1)$ 和点 $(1,1)$ 处的速度值与压强值。

📅 参考文献

[1] 景思睿,张鸣远. 流体力学[M]. 西安:西安交通大学出版社,2001:47-48,55-72.

[2] 江宏俊. 流体力学:上册[M]. 北京:高等教育出版社,1985:107-113.

[3] SPURK J H, AKSEL N. Fluid mechanics [M]. 3rd Edition. Cham:Springer International Publishing, 2020: 114-116.

[4] 王洪伟. 我所理解的流体力学[M]. 北京:国防工业出版社,2014:42-45.

[5] MUNSON B R, OKIISH T H. Fundamentals of fluid mechanics [M]. 7th Edition. Hoboken, NJ:John Wiley & Sons,2013:41-46.

[6] 张也影. 流体力学[M]. 2 版. 北京:高等教育出版社,2006:65-73.

[7] KUNDU P K,COHEN I M. Fluid mechanics [M]. 6th Edition. London:Academic Press:Elsevier,2016:128-133.

[8] 张兆顺,崔桂香. 流体力学[M]. 北京:清华大学出版社,2015:65-67.

[9] CENGEL Y A, CIMBALA J M. Fluid mechanics:fundamentals and applications [M]. 4th Edition. New York: McGraw-Hill Education,2018:164-172.

[10] FOX R W,MCDONALD A T,MITCHELL J W. Fluid mechanics [M]. 10th Edition. Hoboken:John Wiley & Sons,2020:189-199.

第6章 相似原理与量纲分析

科学试验既是发展理论的依据,又是检验理论的准绳,解决科学和工程技术问题往往离不开试验手段的配合。流体力学中还有许多实际问题,目前尚不能通过解析的方法来解决,一些情况是流动现象的全部机理还不很清楚,难以建立起相应的物理数学模型;另一些情况是虽然已建立了描述流动规律的数学物理方程,但是求解偏微分方程组十分困难,因此只能依靠试验方法去寻求流动过程的规律性。另外,一些新发展的理论和数值计算结果也要有一定的试验数据作为检验。试验总是在某种条件下的流动过程中进行的,如何把特定条件下的试验结果推广到其他相类似的流动现象中去,从而通过一定量的试验掌握所有相似流动现象的规律,解决这些问题的理论基础之一就是相似原理和量纲分析[1]。

6.1 相 似 原 理

6.1.1 力学相似的基本概念

由于实物尺寸过大或过小,在实物上进行试验会耗费大量人力、物力,因此通常把要研究的对象制成一定比例的模型。为了能够在模型流动上表现出实物流动的现象和性能,必须使模型流动与实物流动之间保持力学相似关系[2]。所谓力学相似,是指模型流动与实物流动在对应点上对应物理量都应该有一定的比例关系。具体地说,力学相似包括下述3个方面。

1. 几何相似(geometric similarity)

几何相似即模型流动与实物流动有相似的边界形状,一切对应的线性尺寸成同一比例。线性尺寸包括物体的长度 L、直径 d 及任意空间对应点间的线段。因此

$$\frac{L_m}{L_p} = \frac{d_m}{d_p} = \cdots = C_L \tag{6-1}$$

式中:下标 p 表示实物;m 表示模型;C_L 为线性比例系数。因此,对于面积 A 和体积 V,有如下关系。

$$\frac{A_m}{A_p} = \left(\frac{L_m}{L_p}\right)^2 = C_L^2 \tag{6-2}$$

$$\frac{V_m}{V_p} = \left(\frac{L_m}{L_p}\right)^3 = C_L^3 \tag{6-3}$$

在线性尺寸成相同比例的情况下,对应的夹角都相等,如图 6-1 中 $\tau_m = \tau_p$。由此可知,如果已知一个流动的几何尺寸,就可以按线性比例系数求得另一个相似流动的几何尺寸。对于两个

几何相似的物体,如果知道了它们之间的线性比例系数,只要用一个线性尺寸就可以表示出另一个相似物体的对应尺寸。例如,圆球、圆柱、圆管,可以取它们的直径(圆管取内径)d;翼型可以取弦长。这些长度称为对应物体的特征长度。

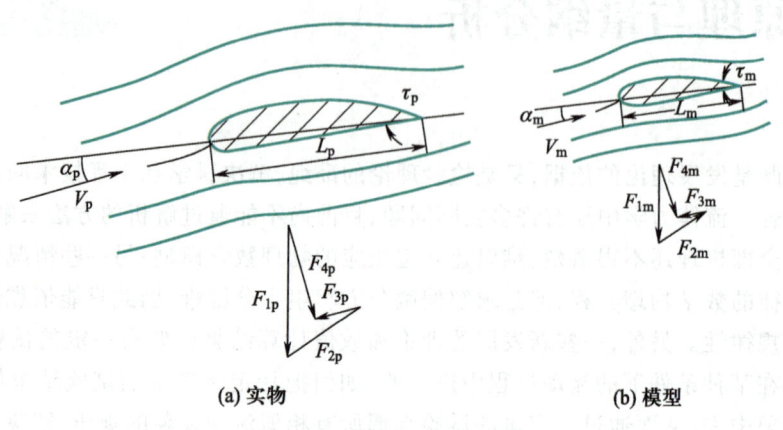

(a) 实物　　　　　　　　　　(b) 模型

图 6-1　模型与实物的相似

2. 运动相似(kinematic similarity)

运动相似即模型流动与实物流动的速度场相似。在满足几何相似的两个流动中,流场中对应瞬时和对应空间点处流体质点的速度方向相同且大小成同一比例。如图 6-1 所示,对应点的速度分别为 V_p 和 V_m,则

$$\frac{V_m}{V_p} = C_v \tag{6-4}$$

式中,C_v 为速度比例系数。其他的运动学比例系数可以由物理量的定义或量纲由 C_l 和 C_v 确定出来,如

$$C_t = \frac{t_m}{t_p} = \frac{L_m/V_m}{L_p/V_p} = \frac{C_L}{C_v} \tag{6-5}$$

式中,C_t 为时间比例系数。由此可知,运动相似意味着对应流体质点通过对应空间距离的时间间隔相似。类似地,可得出

$$C_a = \frac{a_m}{a_p} = \frac{V_m/t_m}{V_p/t_p} = \frac{C_v^2}{C_L} \tag{6-6}$$

式中,C_a 为加速度比例系数。运动相似则模型流动与实物流动的流线几何相似,参见图 6-1。

在圆管内的流动中,特征速度常选用管内的平均流速;对绕物体的流动,常选取物体远前方的来流速度作为特征速度。

3. 动力相似(dynamic similarity)

动力相似即模型流动与实物流动应受同种外力作用,而且在对应瞬时对应空间点上的同名力方向相同且大小成同一比例。在图 6-1 中,设作用在实物流动和模型流动对应流体质点上的外力分别为 F_{1p}、F_{2p}、F_{3p} 和 F_{1m}、F_{2m}、F_{3m},F_{1p} 与 F_{1m}、F_{2p} 与 F_{2m}、F_{3p} 与 F_{3m} 是相同性质的外力,且它们的作用方向相同,大小成同一比例,即

$$\frac{F_{1m}}{F_{1p}} = \frac{F_{2m}}{F_{2p}} = \frac{F_{3m}}{F_{3p}} = C_F \qquad (6\text{-}7)$$

式中，C_F 为作用力比例系数。根据牛顿第二定律，得

$$\boldsymbol{F}_{1p} + \boldsymbol{F}_{2p} + \boldsymbol{F}_{3p} = m_p \boldsymbol{a}_p$$

$$\boldsymbol{F}_{1m} + \boldsymbol{F}_{2m} + \boldsymbol{F}_{3m} = m_m \boldsymbol{a}_m$$

$-m_p \boldsymbol{a}_p$ 和 $-m_m \boldsymbol{a}_m$ 可以分别看作实物流动和模型流动对应流体质点上的惯性力，这样流体质点所受的外力和惯性力一起构成封闭的力多边形。动力相似对应流体质点的力多边形几何相似。因此

$$\frac{F_{1m}}{F_{1p}} = \frac{F_{2m}}{F_{2p}} = \frac{F_{3m}}{F_{3p}} = \frac{(ma)_m}{(ma)_p} \qquad (6\text{-}8)$$

也可表示为

$$\left(\frac{ma}{F_1}\right)_m = \left(\frac{ma}{F_1}\right)_p, \quad \left(\frac{ma}{F_2}\right)_m = \left(\frac{ma}{F_2}\right)_p, \quad \left(\frac{ma}{F_3}\right)_m = \left(\frac{ma}{F_3}\right)_p \qquad (6\text{-}9)$$

在流体力学问题中，作用在流体质点上的外力可能有压力、重力、摩擦力、弹性力、表面张力、惯性力等。

$$惯性力 = -质量 \times 加速度 \propto \rho L^3 \frac{V}{t} = \rho L^2 V^2$$

式中：L 为流动的特征长度；V 为特征速度；t 为特征时间；ρ 为流体的密度。
由于

$$重力 = 质量 \times 重力加速度 \propto \rho L^3 g$$

$$压力 = 压强 \times 面积 \propto p L^2$$

$$弹性力 = 压缩引起的压强的增量 \times 面积 \propto E_v L^2$$

$$摩擦力 = 摩擦应力 \times 面积 = \mu \frac{du}{dy} A \propto \mu V L$$

$$表面张力 = 表面张力系数 \times 长度 \propto \sigma L$$

因此

$$\frac{惯性力}{重力} \propto \frac{\rho L^2 V^2}{\rho L^3 g} = \frac{V^2}{Lg}$$

$$\frac{惯性力}{压力} \propto \frac{\rho L^2 V^2}{p L^2} = \frac{\rho V^2}{p}$$

$$\frac{惯性力}{摩擦力} \propto \frac{\rho L^2 V^2}{\mu V L} = \frac{\rho L V}{\mu}$$

$$\frac{惯性力}{弹性力} \propto \frac{\rho L^2 V^2}{E_v L^2} = \frac{\rho V^2}{E_v}$$

$$\frac{惯性力}{表面张力} \propto \frac{\rho L^2 V^2}{\sigma L} = \frac{\rho L V^2}{\sigma}$$

式中，$\dfrac{E_v}{\rho} = \dfrac{dp}{d\rho} = a^2$，其中 a 为微弱扰动传播的速度——声速。如果模型流动与实物流动动力相似，那么两个流动对应处作用在流体质点上的惯性力与其他各种力的比值应相等，即

$$\left(\frac{V^2}{Lg}\right)_m = \left(\frac{V^2}{Lg}\right)_p$$

$$\left(\frac{\rho V^2}{p}\right)_m = \left(\frac{\rho V^2}{p}\right)_p$$

$$\left(\frac{\rho LV}{\mu}\right)_m = \left(\frac{\rho LV}{\mu}\right)_p$$

$$\left(\frac{V^2}{a^2}\right)_m = \left(\frac{V^2}{a^2}\right)_p$$

$$\left(\frac{\rho LV^2}{\sigma}\right)_m = \left(\frac{\rho LV^2}{\sigma}\right)_p$$

以上各种组合量均为量纲为一的量,在相似原理中这些量纲为一的量称为相似准则或相似准则数。$\frac{V^2}{Lg} = Fr$ 称为弗劳德(Froude)准则,简称 Fr,它表示作用在流体质点上的惯性力与重力之比,习惯上采用它的二次方根形式,即 $Fr = \frac{V}{\sqrt{Lg}}$。$\frac{\rho LV}{\mu} = Re$,称为雷诺(Reynolds)准则或 Re,它表示惯性力与黏性力之比。$\frac{V}{a} = Ma$,称为马赫(Mach)准则或 Ma,它表示惯性力与弹性力之比。

$\frac{p}{\rho V^2} = Eu$,称为欧拉(Euler)准则或 Eu,它表示压力与惯性力之比。$\frac{\rho LV^2}{\sigma} = We$,称为韦伯(Weber)准则,或 We,表示惯性力与表面张力之比。因此,如果同时有重力、压力、弹性力、摩擦力、表面张力、惯性力作用在流体质点上,要两个流动动力相似,就应保证在对应点上 Fr、Re、Eu、Ma、We 分别相等。

以上 3 种相似条件是有联系的,几何相似是运动相似和动力相似的前提与依据,动力相似是决定两种流动运动相似的主导因素,运动相似则是几何相似和动力相似的表象。3 种相似是密切相关的一个整体,满足几何相似、运动相似和动力相似,则说明两个流场力学相似。

6.1.2 相似定理

1. 相似性质,相似第一定理

两个相似的流动现象都属于同一类物理现象,它们都应为同一种数学物理方程所描述。流动现象的几何条件(流场的边界形状和尺寸)、物性条件(流体密度、黏性等)和边界条件(boundary condition,流场边界上物理量的分布,如速度分布、压强分布等),还有非定常流动中的初始条件(选定研究的初始时刻流场中各点的物理量分布)都必定是相似的。这些条件又统称为单值条件。如前所述,两个流动现象力学相似,在空间对应点处,对应的瞬时物理量各自互成一定的比例,而这些物理量又必须满足同一微分方程组,因此各量的比例系数(相似倍数)不能是任意的,而是彼此制约的。下面以不可压缩黏性流体的运动为例加以说明。

设实物流动满足 N–S 方程,在直角坐标系下 x 轴方向的投影公式为

$$\left(\frac{\partial u}{\partial t}+u\frac{\partial u}{\partial x}+v\frac{\partial u}{\partial y}+w\frac{\partial u}{\partial z}\right)_{\mathrm{p}}=\left(X-\frac{1}{\rho}\frac{\partial p}{\partial x}+\nu\nabla^2 u\right)_{\mathrm{p}} \tag{6-10}$$

$$\left(\frac{\partial u}{\partial t}+u\frac{\partial u}{\partial x}+v\frac{\partial u}{\partial y}+w\frac{\partial u}{\partial z}\right)_{\mathrm{m}}=\left(X-\frac{1}{\rho}\frac{\partial p}{\partial x}+\nu\nabla^2 u\right)_{\mathrm{m}} \tag{6-11}$$

两个相似流动中各物理量存在一定的比例关系,即

$$\frac{u_{\mathrm{m}}}{u_{\mathrm{p}}}=\frac{v_{\mathrm{m}}}{v_{\mathrm{p}}}=\frac{w_{\mathrm{m}}}{w_{\mathrm{p}}}=C_v,\quad \frac{x_{\mathrm{m}}}{x_{\mathrm{p}}}=\frac{y_{\mathrm{m}}}{y_{\mathrm{p}}}=\frac{z_{\mathrm{m}}}{z_{\mathrm{p}}}=C_L,\quad \frac{t_{\mathrm{m}}}{t_{\mathrm{p}}}=C_t$$

$$\frac{X_{\mathrm{m}}}{X_{\mathrm{p}}}=\frac{C_F}{C_\rho C_L^3},\quad \frac{p_{\mathrm{m}}}{p_{\mathrm{p}}}=C_p,\quad \frac{\mu_{\mathrm{m}}}{\mu_{\mathrm{p}}}=C_\mu$$

利用以上关系式代入模型流动所满足的 N-S 方程式(6-11),整理后可得

$$\frac{c_v}{c_t}\left(\frac{\partial u}{\partial t}\right)_{\mathrm{p}}+\frac{c_v^2}{c_L}\left(u\frac{\partial u}{\partial x}+v\frac{\partial u}{\partial y}+w\frac{\partial u}{\partial z}\right)_{\mathrm{p}}=\frac{C_F}{C_\rho C_L^3}X_{\mathrm{p}}-\frac{C_p}{C_\rho C_L}\left(\frac{1}{\rho}\frac{\partial p}{\partial x}\right)_{\mathrm{p}}+\frac{C_\mu C_v}{C_\rho C_L^2}(\nu\nabla^2 u)_{\mathrm{p}} \tag{6-12}$$

显然,要使描述实物流动的方程与描述模型流动的方程完全一致,则必须有

$$\frac{C_v}{C_t}=\frac{C_v^2}{C_L}=\frac{C_F}{C_\rho C_L^3}=\frac{C_p}{C_\rho C_L}=\frac{C_\mu C_v}{C_\rho C_L^2}$$

上式等号两边同除以 C_v^2/C_L,得

$$\frac{C_L}{C_t C_v}=\frac{C_F}{C_v^2 C_\rho C_L^2}=\frac{C_p}{C_\rho C_v^2}=\frac{C_\mu}{C_v C_\rho C_L}=1 \tag{6-13}$$

式(6-13)说明了各比例系数不能任意选取,而要受到该式的制约。上述制约关系式还可以表示为相似准则的形式。若用流动的特征长度、特征速度等各种特征量来表示比例系数,则可得下列几个等式。

(1) $\dfrac{\dfrac{L_{\mathrm{m}}}{L_{\mathrm{p}}}}{\dfrac{t_{\mathrm{m}}}{t_{\mathrm{p}}}\dfrac{V_{\mathrm{m}}}{V_{\mathrm{p}}}}=1$ 或 $\left(\dfrac{L}{tV}\right)_{\mathrm{p}}=\left(\dfrac{L}{tV}\right)_{\mathrm{m}}$。容易看出,$\left(\dfrac{L}{tV}\right)$ 为量纲为一的综合量,$St=\dfrac{L}{tV}$,称为施特鲁

哈尔数或施特鲁哈尔准则或 St。该准则是在研究非定常流动时要用到的谐时性准则,该准则反映了流动的非定常性影响,它表示流动参数的局部变化率与迁移变化率的比值。当 $St\ll 1$,则可忽略非定常性影响。

(2) 在质量力只有重力的情况下,$C_F=C_\rho C_L^3 C_g$,其中 C_g 表示模型流动所受的重力加速度与实物流动所受的重力加速度之比,因此

$$\frac{C_F}{C_v^2 C_\rho C_L^2}=\frac{C_g C_L}{C_v^2}=\frac{\dfrac{g_{\mathrm{m}}}{g_{\mathrm{p}}}\dfrac{L_{\mathrm{m}}}{L_{\mathrm{p}}}}{\dfrac{V_{\mathrm{m}}^2}{V_{\mathrm{p}}^2}}=1$$

由此可得

$$\left(\frac{V^2}{gL}\right)_{\mathrm{p}}=\left(\frac{V^2}{gL}\right)_{\mathrm{m}},\quad 即\quad (Fr)_{\mathrm{p}}=(Fr)_{\mathrm{m}}$$

（3）$\dfrac{\dfrac{p_\mathrm{m}}{p_\mathrm{p}}}{\left(\dfrac{V_\mathrm{m}}{V_\mathrm{p}}\right)^2 \dfrac{\rho_\mathrm{m}}{\rho_\mathrm{p}}} = 1$。

由此可得

$$\left(\frac{p}{\rho V^2}\right)_\mathrm{p} = \left(\frac{p}{\rho V^2}\right)_\mathrm{m}, \quad 即 \quad (Eu)_\mathrm{p} = (Eu)_\mathrm{m}$$

（4）$\dfrac{\dfrac{\mu_\mathrm{m}}{\mu_\mathrm{p}}}{\dfrac{V_\mathrm{m}}{V_\mathrm{p}} \dfrac{\rho_\mathrm{m}}{\rho_\mathrm{p}} \dfrac{L_\mathrm{m}}{L_\mathrm{p}}} = 1$。

由此可得

$$\left(\frac{V\rho L}{\mu}\right)_\mathrm{p} = \left(\frac{V\rho L}{\mu}\right)_\mathrm{m}, \quad 即 \quad (Re)_\mathrm{p} = (Re)_\mathrm{m}$$

卡门涡街

综上所述，彼此相似的物理现象必须服从同样的客观规律，若该规律能用方程表示，则物理方程式必须完全相同，而且对应的相似准则必定数值相等。这就是相似第一定理。值得指出的是，一个物理现象中在不同的时刻和不同的空间位置相似准则具有不同的数值，而彼此相似的物理现象在对应时间和对应空间位置则有数值相等的相似准则，因此相似准则数不是常数。

2. 相似条件，相似第二定理

要使试验模型与它所模拟的研究对象相似，试验的结果才能应用到研究对象上。判断两个现象是否相似，不能用物理量在对应时间和空间的分布是否保持同一比值来判定。例如，风洞中模型飞机流场与实际飞行着的飞机流场相似问题，往往只知道飞机远前方的来流速度，飞机附近的流场分布却不知道，因此无法根据相似定义来判断二者是否相似。

风洞

两个物理现象相似，必定是同一类物理现象。因此，描述物理现象的微分方程组必定相同，这是现象相似的第一个必要条件。

单值条件（conditions for unique solution）相似是物理现象相似的第二个必要条件。因为服从同一微分方程组的同类现象有许多，单值条件可以将研究对象从无数多现象中单一地区分出来，数学上则是使微分方程组有唯一解的定解条件。

单值条件中的物理量所组成的相似准则相等是现象相似的第三个必要条件。

反过来说，属于同一类物理现象且单值条件相似时，两个现象才有时间和空间的对应关系以及与时间和空间联系的相同物理量，如果对应的相似准则相等，又保持了在对应的时间和空间点上物理量保持相同的比值，也就保证了两个物理现象的相似。

综上所述，相似条件可表述为：凡同一类物理现象，当单值条件相似且由单值条件中的物理量组成的相似准则对应相等时，则这些现象必定相似。这就是相似第二定理，它是判断两个物理现象是否相似的充分必要条件。

6.2 量 纲 分 析

6.2.1 量纲与单位

一种物理现象,不管它涉及的是单个物体还是一个系统,都可以通过物体或系统所具有的一些可识别的性质来描述。例如,运动物体可以通过它的质量、长度、面积和体积、速度和加速度来描述,而其他一些性质也是重要的,如物体运动空间的介质密度、黏性系数,它们将影响物体的运动。用来描述物体或系统物理状态的可测量性质称为它的量纲[3]。为了完整地对物理现象进行描述,还有必要知道每个物理量的数值。例如,知道物体具有长度量纲还不够,还需要知道这一长度的数值。为此,人们采用公认的测量单位,长度以标准的长度单位(如 m)来测量,类似地,用其他一些公认的单位来度量其他一些量纲。前文已指出,在实用中有多种单位制,本书采用国际单位制(SI)。

量纲分析
法的发展
与应用

本书采用基本量为质量、长度、时间、温度的 MLtT 量纲体系。表 6-1 给出了流体力学中常用物理量 MLtT 的量纲和国际单位制下的单位。

表 6-1　流体力学中常用物理量的量纲与单位

物理量	量纲	单位
质量	M	千克,kg
长度	L	米,m
时间	t	秒,s
热力学温度	T	开[尔文],K
角度	$M^0L^0t^0T^0$	径,弧度,rad
面积	L^2	平方米,m^2
体积	L^3	立方米,m^3
线速度	Lt^{-1}	米/秒,m/s
角速度	t^{-1}	径/秒,弧度/秒,rad/s
线加速度	Lt^{-2}	米/秒^2,m/s^2
体积流量	L^3t^{-1}	米^3/秒,m^3/s
力	MLt^{-2}	牛[顿],N 或 $kg \cdot m/s^2$
力矩	ML^2t^{-2}	牛·米;N·m
密度	ML^{-3}	千克/米^3,kg/m^3
压强,压力	$ML^{-1}t^{-2}$	牛[顿]/米^{2}或帕,N/m^2,Pa

续表

物理量	量纲	单位
体积模量	$ML^{-1}t^{-2}$	牛[顿]/米²或帕,N/m²,Pa
动量	MLt^{-1}	千克·米/秒,kg·m/s
动量矩	ML^2t^{-1}	千克·米²/秒,kg·m²/s
功、能量、热量	ML^2t^{-2}	焦[耳],J
功率	ML^2t^{-3}	瓦[特],W
动力黏度(动力黏性系数)	$ML^{-1}t^{-1}$	帕·秒,Pa·s
运动黏度(运动黏性系数)	L^2t^{-1}	米²/秒,m²/s
表面张力系数	Mt^{-2}	牛[顿]/米,N/m
气体常数、比热容	$L^2t^{-2}T^{-1}$	焦[耳]/千克·开,J/(kg·K)

6.2.2 量纲分析法

量纲分析
的应用

　　量纲分析法是热流科学及其他科学领域中研究问题的一种有用方法。在分析流动现象时,首先必须确定与流动现象有关的各种参数,然后建立各参数之间定量的关系式[4]。有关的影响参数是由观察、实验甚至是直觉来估计的。有时由于不能准确地定出流动现象存在的条件或各种参数相互依赖的方式,因此要精确地建立各种参数间的定量关系式是很困难的。对这样的问题可以通过量纲分析方法先得出定性的解,在此分析基础上再通过实验研究,就可得到实际问题完整的解。

　　在量纲分析中,所关心的是影响物理现象的各参数的属性而不是它的数值,采用 $\dim(x)$ 表示物理量 x 的量纲。例如,$\dim$(长度)或 L 表示长度的量纲,而不是指具有确定数值的某一长度。量纲分析所建立的关系是定性的,而不是定量的。

　　量纲分析的基础是量纲和谐原理:一个正确而完整地描述物理现象的方程式,其两边各项的量纲必须一致。一般而言,对于如下形式的方程

$$a_1^{m1} b_1^{n1} c_1^{p1} + a_2^{m2} b_2^{n2} c_2^{p2} + \cdots = X \tag{6-14}$$

若符合客观物理规律,则

$$\dim(a_1^{m1} b_1^{n1} c_1^{p1}) = \dim(a_2^{m2} b_2^{n2} c_2^{p2}) = \cdots = \dim(X) \tag{6-15}$$

　　现以确定螺旋桨的推力为例,来说明量纲分析中的瑞利(Rayleigh)法(也称为指数法)。

　　[例题6-1] 已知螺旋桨的推力与螺旋桨的直径 d、转速 n、前进速度 V、流体的密度 ρ 和动力黏度 μ 有关,试确定推力 F 的表达式。

　　分析:螺旋桨的推力受多种因素影响,包括螺旋桨的直径 d、转速 n、前进速度 V、流体的密度 ρ 和动力黏度 μ。通过使用量纲分析的方法,可以将这些变量组合成量纲为一的参数,进而确定推力 F 的表达式。

　　假设:(1)流体是均匀且不可压缩的;(2)螺旋桨在工作过程中保持恒定的转速;(3)温度恒定,不考虑温度对流体黏性的影响。

解:推力与各相关参数的函数关系可以写成如下一般形式。

$$F = f(d, n, V, \rho, \mu)$$

它可以展开为无穷级数的和,即

$$F = Ad^{\alpha'} n^{\beta'} V^{\gamma'} \rho^{\delta'} \mu^{\varepsilon'} + Bd^{\alpha''} n^{\beta''} V^{\gamma''} \rho^{\delta''} \mu^{\varepsilon''} + \cdots$$

式中:A、B、$\cdots$ 为常数;α'、β'、γ'、δ'、ε'、$\cdots$ 为未知的幂指数。根据量纲和谐原理,方程式中各项具有相同的量纲,因此上式可简化为

$$F = Kd^{\alpha} n^{\beta} V^{\gamma} \rho^{\delta} \mu^{\varepsilon} \tag{6-16}$$

式中:K 为常数;α、β、γ、δ、ε 为待定的幂指数。写出各变量的量纲为

$$\dim(F) = \dim(力) = MLt^{-2}$$
$$\dim(d) = \dim(直径) = L$$
$$\dim(n) = \dim(转速) = t^{-1}$$
$$\dim(V) = \dim(速度) = Lt^{-1}$$
$$\dim(\rho) = \dim(密度) = ML^{-3}$$
$$\dim(\mu) = \dim(动力黏度) = ML^{-1}t^{-1}$$

式(6-16)中代入量纲,得量纲关系式为

$$MLt^{-2} = (L)^{\alpha} (t^{-1})^{\beta} (Lt^{-1})^{\gamma} (ML^{-3})^{\delta} (ML^{-1}t^{-1})^{\varepsilon}$$

使 M、L、t 的幂指数相等,得到有关指数的方程组,即

$$M: \quad 1 = \delta + \varepsilon \tag{6-17}$$
$$L: \quad 1 = \alpha + \gamma - 3\delta - \varepsilon \tag{6-18}$$
$$t: \quad -2 = -\beta - \gamma - \varepsilon \tag{6-19}$$

方程组中包含 5 个待定指数,而仅有 3 个方程,因此不可能得到完整的解。若选取其中两个作为参变数(如 β、ε)并用它们表示其余 3 个量,则可得

$$\delta = 1 - \varepsilon$$
$$\gamma = 2 - \beta - \varepsilon$$
$$\alpha = 1 - \gamma + 3\delta + \varepsilon = 2 + \beta - \varepsilon$$

将以上结果代入式(6-16),得

$$F = Kd^{2+\beta-\varepsilon} n^{\beta} V^{2-\beta-\varepsilon} \rho^{1-\varepsilon} \mu^{\varepsilon} = Kd^{2} V^{2} \rho (dn/V)^{\beta} (dV\rho/\mu)^{-\varepsilon}$$

既然 β、ε 仍为未知数,上式又可表示为

$$F = \rho d^{2} V^{2} \varphi(dV\rho/\mu, dn/V) \tag{6-20}$$

或

$$\frac{F}{\rho d^{2} V^{2}} = \varphi\left(\frac{dV\rho}{\mu}, \frac{dn}{V}\right) \tag{6-21}$$

式中,$\varphi\left(\dfrac{dV\rho}{\mu}, \dfrac{dn}{V}\right)$ 表示组合量 $dV\rho/\mu$、dn/V 的函数,它的具体形式需要由实验来确定。

在实验研究时采用尺寸较小的模型,按模型流动的 $dV\rho/\mu$、dn/V 整理的实验曲线可以用于实际螺旋桨推力的计算。在保证模型与实物 $dV\rho/\mu$、dn/V 具有相等比值的情况下,二者对应的 $\varphi(dV\rho/\mu, dn/V)$ 也相等,因此

$$F_{\text{p}}/F_{\text{m}} = (\rho d^{2} V^{2})_{\text{p}} / (\rho d^{2} V^{2})_{\text{m}} \tag{6-22}$$

式中,下标 p 与 m 分别表示实物与模型。

讨论：使用量纲分析法，可将螺旋桨推力的相关变量变为量纲为一的量，进而推导出推力 F 的表达式。假设流体是均匀且不可压缩的，并且流动是稳定的，这简化了问题的分析过程。在实际情况中，湍流和温度变化可能会对结果产生影响。此外，实验数据的获取对于验证推导出的理论公式至关重要[5]。

通过例 6-1 可以了解瑞利法的一般步骤：对某一流动问题，首先列出可能影响该流动并将在关系式中出现的各种参数，用这些参数写出幂函数乘积形式的关系式，将各参数的量纲代入得到量纲关系。利用量纲和谐原理求解各参数的幂指数，并整理成较简单而明了的关系式。瑞利法适用于比较简单的问题，即作为变量的参数较少的流动问题。在一般的流体力学问题中，物理量的基本量纲为 dim(质量)＝M、dim(长度)＝L、dim(时间)＝t[若涉及传热学和热力学问题，基本量纲还包含 dim(热力学温度)＝T]，按量纲和谐原理在对每个基本量纲 M、L、t 建立指数方程时，可以得到 3 个方程，如果影响流动问题的参数多于 3 个，那么指数不能完全确定。因为上例中包含两个不定的参数，所以在参数较多的情况下，瑞利法存在确定幂指数的困难。

解决上述问题更普遍的方法是以 π 定理为基础的白金汉（Buckingham）法，白金汉法可将原来较多的变量改写为由量纲为一的值组成的较少的变量，从而使问题的处理更为方便[6]。

由于本书内容和篇幅所限，下面仅介绍定理的主要内容及其应用，对定理本身不做具体证明。

π 定理：某一物理现象有关的一组变量之间有函数关系式为

$$F(q_1, q_2, \cdots, q_n) = 0 \tag{6-23}$$

其中，函数 F 的具体形式可以是已知的或未知的。假设变量 $q_1, q_2, \cdots, q_n$ 中包含了 k 个独立变量（$k \le n$），则此函数关系式必能简化成以下形式。

$$f(\Pi_1, \Pi_2, \cdots, \Pi_{n-k}) = 0 \tag{6-24}$$

式中：f 表示与 F 不同的函数形式；$\Pi_1, \Pi_2, \cdots, \Pi_{n-k}$ 表示量纲为一的组合量。

$$\Pi_i = q_{k+i} q_1^{\lambda_{1i}} q_2^{\lambda_{2i}} \cdots q_k^{\lambda_{ki}}, \quad i = 1, 2, \cdots, n-k \tag{6-25}$$

式中，$q_1, q_2, \cdots, q_k$ 为选定的一组独立变量或量纲独立量，即它们彼此之间不能组成无量纲的形式，独立变量以外的任一物理量 q_i，都可用这 k 个物理量的乘积形式来表示；$\lambda_{1i}, \lambda_{2i}, \cdots, \lambda_{ki}$ 为待定幂指数。

π 定理的重要作用在于简化函数结构，使原先 n 个变量之间的函数关系简化为 $(n-k)$ 个量纲为一的值之间的函数关系（量纲为一的值以 Π 表示，故名 π 定理），其函数关系的具体形式不能由 π 定理得出，它需要由实验研究来确定。量纲为一的组合量 Π 的数目 $(n-k)$ 是唯一确定的，但 Π 的形式不是唯一的，Π 的任意次幂或几个 Π 的乘积、商仍可组成新的 Π。两个相似的流动现象，由 π 定理得到的量纲为一的值（相似准则）之间的函数关系式必定相同。因此，π 定理也称为相似第三定理。

［例题 6-2］　一细玻璃管插入水中，由于表面张力的作用产生毛细现象。管中水柱上升的高度 Δh 与水的密度 ρ、表面张力系数 σ、重力加速度 g 和细玻璃管内径 d 有关，试用白金汉法确定 Δh 的表达式。

分析：毛细现象是指液体的表面张力导致液体在细管内上升或下降的现象。在此问题中，细玻璃管内液体的上升高度 Δh 受多个因素影响，包括液体的密度 ρ、表面张力 σ、重力加速度 g 和管内径 d。利用 π 定理，可以将这些变量组合成量纲为一的参数，进而确定 Δh 的表达式。

假设:(1)液面高度影响忽略不计;(2)流体是均匀且不可压缩的;(3)细玻璃管内径足够小,毛细现象明显。

解:写出 Δh 与有关参数的一般函数关系式,即

$$\Delta h = f(\rho, g, \sigma, d)$$

列出诸变量的量纲,如表6-2所示。

表6-2 变量的量纲

	Δh	ρ	g	σ	d
M	0	1	0	1	0
L	1	-3	1	0	1
t	0	0	-2	-2	0

变量数 $n=5$,基本量纲数 $m=3$,量纲幂指数矩阵的秩等于非零子行列式的最大阶数。由此可见,$k=3=m$,子行列式不等于零对应的独立变量有多种组合,如 $(\Delta h, \rho, g)$、(ρ, g, σ)、(p, σ, d)、$\cdots$,因此选取独立变量也有多种可能。选取 ρ、σ、d 作为独立变量较为适当,它们更能反映问题的特点。可以建立 $5-3=2$ 个量纲为一的 Π,即

$$\Pi_1 = \Delta h \rho^\alpha \sigma^\beta d^\gamma$$

建立量纲关系式为

$$M^0 L^0 t^0 = L (ML^{-3})^\alpha (Mt^{-2})^\beta (L)^\gamma$$

$$M: \quad 0 = \alpha + \beta$$
$$L: \quad 0 = 1 - 3\alpha + \gamma$$
$$t: \quad 0 = -2\beta$$

由以上方程解得 $\alpha = 0, \beta = 0, \gamma = -1$,故

$$\Pi_1 = \frac{\Delta h}{d}$$

独立变量与另一变量 g 建立量纲为一的 Π_2,即

$$\Pi_2 = g \rho^\delta \sigma^\varepsilon d^\zeta$$

代入各量的量纲建立量纲关系式,即

$$M^0 L^0 t^0 = (Lt^{-2})(ML^{-3})^\delta (Mt^{-2})^\varepsilon (L)^\zeta$$

令基本量纲的幂指数相等,得指数方程组为

$$M: \quad 0 = \delta + \varepsilon$$
$$L: \quad 0 = 1 - 3\delta + \zeta$$
$$t: \quad 0 = -2 - 2\varepsilon$$

由以上方程组解得 $\delta = 1, \varepsilon = -1, \zeta = 2$,故

$$\Pi_2 = \frac{g \rho d^2}{\sigma}$$

由此得到

$$\frac{\Delta h}{d} = F\left(\frac{g \rho d^2}{\sigma}\right)$$

其中,函数 F 的具体形式由实验确定。

在该问题中,若选取重度(单位体积流体的重量,记作 γ,$\gamma = g\rho$)作为影响问题的变量,则一般函数关系式为

$$\Delta h = f(\gamma, \sigma, d)$$

讨论:本例利用 π 定理将与毛细现象相关的物理量归一化,得到量纲为一的参数 Π_1 和 Π_2,进而推导出 Δh 的表达式。通过将相关变量进行无量纲处理(量纲为一),可以更直观地理解这些变量对细玻璃管内液体上升高度的影响。具体的函数形式需通过实验确定。

在 MLtT 量纲体系下,$\gamma = ML^{-2}t^{-2}$,这时总变量数 $n = 4$,基本量纲数 $m = 3$,不难看出,独立变量数 $k = 2$。实际上,重度这一概念与工程单位制及(力、长度、时间)量纲体系相适应,在(力、长度、时间)量纲体系中,Δh、γ、σ、d 4 个变量中只包含 dim(长度)和 dim(力)两个基本量纲,因此仍有独立变量数等于基本量纲数,即 $k = m$。为了避免这方面的麻烦,本书不推荐使用"重度"这一概念。

6.3　相似与模型试验

相似原理与量纲分析法解决了模型试验中的一系列问题。

要进行模型试验,首先遇到如何设计模型、如何选择模型流动中的介质,才能保证与原型(实物)流动相似[7]。根据相似第二定理,设计模型和选择介质必须使单值条件相似,而且由单值条件中的物理量组成的相似准则在数值上相等。

试验过程中需要测定哪些物理量,试验数据如何处理,才能反映客观实质?相似第一定理表明,彼此相似的现象必定具有数值相等的相似准则。因此,在试验中应测定各相似准则中所包含的一些物理量,并把它们整理成相似准则。

离心压缩机模型级开发

模型试验结果如何整理才能找到规律性,以便推广应用到原型流动中?由 π 定理可知,描述某物理现象的各种变量的关系可以表示成数目较少的无量纲 Π 的关系式,各无量纲 Π 表示各种不同的相似准则,它们之间的函数关系式也称为准则方程式。彼此相似的现象,它们的准则方程式也相同。因此,试验结果应当整理成相似准则之间的关系式,便可推广应用到原型流动中。

6.3.1　完全相似与部分相似

按照上述原则安排试验,使模型流动与实物流动的全部相似准则分别相等,则说明模型流动与实物流动完全相似[8]。这种严格的完全相似的要求,只有在模型和实物尺寸相同的情况下才有可能。例如,在黏性不可压缩流体定常流动问题中,要使模型流动与实物流动完全相似,则应满足雷诺准则、欧拉准则、弗劳德准则分别相等,即

$$\left(\frac{VL}{\nu}\right)_m = \left(\frac{VL}{\nu}\right)_p, \quad \left(\frac{V}{\sqrt{gL}}\right)_m = \left(\frac{V}{\sqrt{gL}}\right)_p, \quad \left(\frac{p}{\rho V^2}\right)_m = \left(\frac{p}{\rho V^2}\right)_p$$

满足相似准则相等也意味着各物理量的比例系数存在下列制约的关系:

$$\begin{cases} C_\nu = C_V C_L \\ C_V^2 = C_g C_L \\ C_p = C_\rho C_V^2 \end{cases} \tag{6-26}$$

在设计模型流动时,如果选择 3 个基本比例系数(如 C_L、C_V、C_ρ)能满足这 3 个制约方程,那么模型流动与实物流动可实现完全相似。一般重力加速度的比例系数 $C_g = 1$,从式(6-26)中第 2 式可得

$$C_V^2 = C_L$$

代入式(6-26)中第 1 式,可得

$$C_\nu = C_L^{\frac{3}{2}}$$

线性比例系数 C_L 可以任意选择,但要使流体运动黏性系数的比例系数 C_ν 保持 $C_L^{\frac{3}{2}}$ 的数值不容易。一般情况下,模型试验多用水或空气作介质,如风洞、水洞、水槽等,上述要求通常难以满足。另外,模型流动与实物流动的流体往往采用同一种流体,此时 $C_\nu = 1$,于是从式(6-26)可得

$$C_V = \frac{1}{C_L}$$

$$C_V = C_L^{\frac{1}{2}}$$

显然,只有当 $C_L = 1$ 时,C_V 才可能同时满足以上两式。在这种情况下,模型试验失去了意义。对于包含更多相似准则的情况,各种量比例系数的制约关系更复杂,要实现模型流动与实物流动在力学上完全相似,最终导致模型流动与实物流动完全一样。事实上,在许多工程问题中,各种相似准则并不是同等重要的。例如,流动中若存在气体-液体交界面(如气泡在液体中运动),或者气液交界面与固壁接触,当液体的表面张力起显著作用时,We 相似准则才变得重要,而在一般流动问题中则不必考虑。

忽略一些对流动问题影响较小的相似准则,仅考虑起主要作用的相似准则,这种相似称为部分相似。保证模型流动与实物流动部分相似的试验方法便是近似模型法。

水洞(拖曳水槽)设备

6.3.2 近似模型法

1. 雷诺相似

有许多实际流动,它们主要受黏性力、压力和惯性力的作用。例如,流体充满截面的管道流动,由于不存在自由面,因此没有表面张力作用,即可不考虑 We 相似准则;重力不影响流场,故可不考虑 Fr 相似准则;若流速与声速相比很低,则压缩性影响也可以忽略不计,即不必考虑作用在流体上的弹性力及相应的 Ma 相似准则。对于绕物体的低速气流或绕深水中潜艇的水流(这时没有水面波浪形成)的情况,也是这样。

水面波实验

从力学相似的观点来看,若两个流场在对应点作用的同种力方向相同、大小成同一比例,则满足动力相似[9]。对于仅考虑黏性力、压力和惯性力这 3 种力的情况下,要使力三角形相似,只需满足两条边成比例且夹角相等。也就是说,在对应点上模型流动作用的惯性力和黏性力与实物流动作用的惯性力和黏性力成同一比例,因此只要在对应点满足雷诺(Reynolds number)相

等即可。从更具有普遍意义的相似定理来看,两个流动相似,则相似准则数对应相等,由 π 定理得出的相似准则方程式也相同。在 $(n-k)$ 个相似准则 (Π) 中,其中 $(n-k-1)$ 个是独立相似准则或称为决定性相似准则(相当于函数的自变量),一个为非独立相似准则或非决定性相似准则(相当于函数的因变量)。对于仅考虑黏性力、压力和惯性力作用的流动情况,将雷诺准则和其他几何尺寸有关的准则看作独立准则,欧拉准则为非独立相似准则。

在几何相似的前提下,流动现象相似的决定性相似准则仅为雷诺准则,则模型试验必须遵守的相似称为雷诺相似。

水工试验室的发展史

[例题 6-3] 在内径为 75 mm 的水平直管中,水流平均速度为 3 m/s,已知水的动力黏度 $\mu=1.139\times10^{-3}$ Pa·s,密度 $\rho=999.1$ kg/m³。若用相同的管道以空气为介质做模型试验,空气的动力黏度 $\mu=1.788\times10^{-5}$ Pa·s,密度 $\rho=1.225$ kg/m³,要使两种流动相似,气流平均速度为多少?若在管道 5 m 长范围测得气流压降为 906.4 Pa,与之相似的水流在相同长度压降为多少?

分析:在这个问题中,我们需要比较水流和空气流在相同管道与相同压力差下的流速。利用相似准则,将不同流体的流动情况进行对比。通过雷诺数的相似性,可以得到不同流体在相同条件下的流速关系。

假设:(1) 流体的物理性质均匀,不随空间和时间变化;(2) 流体的流动是稳定的,不考虑湍流影响。

解:要使两种流动相似,只需考虑雷诺相似,即

$$\left(\frac{d\bar{V}\rho}{\mu}\right)_m=\left(\frac{d\bar{V}\rho}{\mu}\right)_p$$

故相似流体的平均速度为

$$\bar{V}_m=\frac{d_p}{d_m}\frac{\rho_p}{\rho_m}\frac{\mu_m}{\mu_p}\bar{V}_p=\frac{0.075\ \text{m}}{0.075\ \text{m}}\times\frac{999.1\ \text{kg/m}^3}{1.225\ \text{kg/m}^3}\times\frac{1.788\times10^{-5}\ \text{Pa·s}}{1.139\times10^{-3}\ \text{Pa·s}}\times3\ \text{m/s}=38.43\ \text{m/s}$$

雷诺准则是决定性相似准则,两种流动若雷诺相似,则对应点的欧拉准则也相等,即

$$\left(\frac{\Delta p}{\rho\bar{V}^2}\right)_p=\left(\frac{\Delta p}{\rho\bar{V}^2}\right)_m$$

故相似流体的压降为

$$(\Delta p)_p=\frac{(\rho\bar{V}^2)_p}{(\rho\bar{V}^2)_m}(\Delta p)_m=\frac{999.1\ \text{kg/m}^3\times(3\ \text{m/s})^2}{1.225\ \text{kg/m}^3\times(38.43\ \text{m/s})^2}\times906.4\ \text{Pa}=4\ 505\ \text{Pa}$$

讨论:利用雷诺数相似性原则,我们能够确定不同流体在相同管道和相同压力差下的流速关系。本例展示了如何通过基本的流体力学原理,将不同流体在相似条件下的流动情况进行对比分析。在实际应用中,管壁粗糙度和其他环境因素会影响流速。因此,在进行类似的工程计算时,需要结合具体情况进行修正和实验验证。

[例题 6-4] 已知某物体在海平面标准大气压情况下做等速直线运动,速度为 20 m/s。用 1/5 缩尺模型在风洞中进行试验,测得阻力为 50 N。假设风洞试验段气流的压强、密度与海平面标准大气(standard atmosphere)情况相同,试求模型试验的风速和物体受到的阻力。

分析:在风洞试验中,为了保证试验结果与实际情况相似,需满足雷诺相似的条件。雷诺数的相似性保证了两种不同尺寸但相同形状物体在相似流动条件下的流体动力学相似性。因此,我们首先需要计算模型和实际物体的雷诺数,并根据雷诺数的相似性确定模型试验段的风速。

假设:(1) 试验中气流的压强、密度与海平面标准大气情况相同;(2) 物体在试验和实际中均为刚性体;(3) 流体为均匀不可压缩的流体。

解:根据题意,在标准大气情况下,声速 $a=340$ m/s,物体的马赫数 $Ma=\dfrac{V}{a}=\dfrac{20 \text{ m/s}}{340 \text{ m/s}}\approx$ 0.06,压缩性影响可以忽略不计,所以流体的黏性力起主要作用,雷诺准则是决定性相似准则,模型试验应按雷诺相似来考虑。因此

$$\left(\frac{VL\rho}{\mu}\right)_{\text{m}}=\left(\frac{VL\rho}{\mu}\right)_{\text{p}}$$

$$V_{\text{m}}=V_{\text{p}}\frac{L_{\text{p}}}{L_{\text{m}}}\frac{\rho_{\text{p}}}{\rho_{\text{m}}}\frac{\mu_{\text{m}}}{\mu_{\text{p}}}=20 \text{ m/s}\times\frac{5 \text{ m}}{1 \text{ m}}=100 \text{ m/s}$$

在本例情况下,物体所受的阻力可表示为

$$\frac{F}{\rho V^2 L^2}=\varphi(Re)$$

在流动相似的情况下,有

$$\left(\frac{F}{\rho V^2 L^2}\right)_{\text{p}}=\left(\frac{F}{\rho V^2 L^2}\right)_{\text{m}}$$

由此可得

$$F_{\text{p}}=F_{\text{m}}\frac{(\rho L^2 V^2)_{\text{p}}}{(\rho L^2 V^2)_{\text{m}}}=F_{\text{m}}=50 \text{ N}$$

讨论:通过雷诺数相似性原则,我们确定了风洞试验中模型试验段的风速,并进一步计算了物体在实际情况下受到的阻力。在缩尺模型实验中,保持雷诺数相似是保证实验结果准确性的关键。在本例中采用1/5缩尺模型时,风洞试验段气流马赫数接近0.3,这时模型流动的压缩性影响已比实物流动大。如果采用更小的缩尺模型,实验结果将带来较大的误差。

在满足雷诺相似的情况下,如果模型的缩放比例或介质选取不当,可能会出现模型流动的速度太大难以实施或模型流动的压缩性影响已显出其重要性,试验会带来大的误差甚至错误结果。试验表明,当 Re 大到一定程度时,惯性力与黏性力之比也大到一定程度,黏性力影响相对减弱,若继续提高 Re 将不会影响流动现象和流动性能,阻力的相似并不要求 Re 相等,即与 Re 无关,这种情形称为自动模化状态或自模化状态。例如,管道流动的机械能损失(或压降),当 Re 大到一定程度时,沿程损失(linear loss)阻力系数仅取决于管道的相对表面粗糙度,这时只要保证几何相似就能使流动相似,将为模型试验研究带来很大方便。

2. 弗劳德相似

在有自由面的流动现象中,如明渠流动、堰流和由孔口流入大气的液体射流,以及船驶过水面引起的波浪运动等,重力、压力和惯性力占重要的支配地位,液体的压缩性对这类流动现象没有多大影响;只要尺度不是十分小,表面张力也可以忽略不计;黏性力不起显著作用,或者反映惯

性力与黏性力之比的雷诺数很大。因此,黏性影响可以忽略,或者处于自动模化的雷诺数范围。这时,流动相似的主要决定性相似准则是弗劳德准则,满足弗劳德准则相等的模型试验称为弗劳德相似。弗劳德相似要求

$$\left(\frac{V}{\sqrt{gl}}\right)_{\mathrm{m}} = \left(\frac{V}{\sqrt{gl}}\right)_{\mathrm{p}} \tag{6-27}$$

一般情况下,模型流动与实物流动的重力加速度相等,即 $g_{\mathrm{m}} = g_{\mathrm{p}}$,因此式(6-27)成为

$$\frac{V_{\mathrm{m}}}{V_{\mathrm{p}}} = \sqrt{\frac{l_{\mathrm{m}}}{l_{\mathrm{p}}}} \tag{6-28}$$

由式(6-28)可见,对于 $l_{\mathrm{m}}/l_{\mathrm{p}}<1$ 的缩小模型试验,模型试验要求的速度比原型速度低,与雷诺相似的要求恰恰相反。对于采用与原型相同流动介质的模型试验,其对应的雷诺数也比原型的雷诺数要小,这就有可能导致黏性力在原型流动与模型流动中所起作用的重要程度不同,因此,在设计模型时,模型的几何尺寸不能太小。

[例题 6-5] 已知某船体长 122 m,航行速度为 15 m/s。现用船模在水池中试验,船模长 3.05 m。试求船模应以多大速度运动才能保证与原型现象相似? 若测得船模型运动时所受阻力为 20 N,它模拟的船上所受阻力将等于多少?

分析:在此问题中,我们需要确保船模在水池中的运动与实际船体在海上的运动相似。这种相似性主要通过弗劳德相似性来实现。弗劳德数相似性确保了重力和惯性力之间的比例保持一致,因此可以用来分析兴波阻力的相似性。

假设:(1) 船体和船模所受的主要阻力为兴波阻力;(2) 流体均匀不可压缩;(3) 忽略黏性阻力对结果的影响,只考虑兴波阻力。

解:假设船体所受阻力主要为兴波阻力,只按弗劳德相似来考虑。按题意,$g_{\mathrm{m}} = g_{\mathrm{p}}$,由式(6-28)得

$$V_{\mathrm{m}} = V_{\mathrm{p}}\sqrt{\frac{l_{\mathrm{m}}}{l_{\mathrm{p}}}} = 15 \text{ m/s} \times \sqrt{\frac{3.05 \text{ m}}{122 \text{ m}}} = 2.372 \text{ m/s}$$

模型流动与原型流动在弗劳德相似情况下,$\left(\dfrac{F}{\rho V^2 l^2}\right)_{\mathrm{p}} = \left(\dfrac{F}{\rho V^2 l^2}\right)_{\mathrm{m}}$。注意,$\rho_{\mathrm{m}} = \rho_{\mathrm{p}}$,由此可得

$$F_{\mathrm{p}} = F_{\mathrm{m}}\left(\frac{l_{\mathrm{p}}}{l_{\mathrm{m}}}\right)^3 = 20 \text{ N} \times \left(\frac{122 \text{ m}}{3.05 \text{ m}}\right)^3 = 1.28 \times 10^6 \text{ N}$$

讨论:在实际应用中,除了兴波阻力,还需考虑黏性阻力和其他因素的影响。因此,在设计和实验中应进行更加细致的分析与多次实验验证,以确保结果的准确性。此外,实验中的水池边界效应和自由面效应也可能对结果产生影响,需要适当修正。

3. 其他相似

当流体的压缩性起重要作用时就应考虑弹性力,与之有关的相似准则是马赫准则。例如,在可压缩气流中,一般情况下,决定性相似准则为马赫准则和雷诺准则,要使模型流动与实物流动相似,则应满足

$$\left(\frac{V}{a}\right)_{\mathrm{m}} = \left(\frac{V}{a}\right)_{\mathrm{p}} \quad \text{和} \quad \left(\frac{LV\rho}{\mu}\right)_{\mathrm{m}} = \left(\frac{LV\rho}{\mu}\right)_{\mathrm{p}}$$

同时满足以上两个条件,则要求

$$\frac{l_p}{l_m}\frac{\rho_p}{\rho_m}\frac{\mu_m}{\mu_p} = \frac{V_m}{V_p} = \frac{a_m}{a_p} = \frac{(E_\nu/\rho)_m^{\frac{1}{2}}}{(E_\nu/\rho)_p^{\frac{1}{2}}}$$

实用流体的 μ、ρ、E_ν 范围有限,难以由上式得出有实际意义的线性比例系数。如果黏性影响可以忽略不计,或者流动状态处于自模化的雷诺数范围,那么马赫准则是唯一的决定性准则,只要满足模型流动与实物流动的马赫数相等就能保证两种流动压缩性现象相似。因为马赫准则内不含特征长度,所以它对模型的尺寸没有任何限制。例如,模型流动介质可用于实物流动相同的介质,$a_m = a_p$,$V_m = V_p$。

当流体的黏性影响可以忽略或流动处于自模化的雷诺数范围,并设计模型试验时,其黏性可以不必考虑,即不考虑雷诺准则。如果是管道中的液体流动或气体的低速流动,重力、弹性力及表面张力也不必考虑,这时只需考虑代表压力与惯性力之比的欧拉准则就可以了。在此情况下应满足

$$\left(\frac{\Delta p}{\rho V^2}\right)_m = \left(\frac{\Delta p}{\rho V^2}\right)_p$$

式中,Δp 为流场内两点间的压强差。

在实际应用中,对于绕物体的流动,常选取无穷远处来流的压强 p_∞ 作为参考压强,$\Delta p = p - p_\infty$,并表示为 $\bar{p} = \dfrac{p - p_\infty}{\dfrac{1}{2}\rho V_\infty^2}$,称为压强系数。对于有气穴现象的液体流动,参考压强选为液体在该温度下的饱和蒸汽压强 p_v,表示为

$$\left(\frac{p - p_v}{\dfrac{1}{2}\rho V^2}\right)_m = \left(\frac{p - p_v}{\dfrac{1}{2}\rho V^2}\right)_p$$

该特殊形式的欧拉数称为气穴数,它是专门考虑气穴现象时的相似准则。

相似原理在对流传热试验关联式的获取中起重要作用,将在第 9 章做进一步介绍。

⚙ 思考题

6-1 风机的输入功率与叶轮直径 d、旋转角速度 ω 以及流体的密度 ρ 和体积流量 q_V 有关,试用量纲分析法确定功率与其他变量间的关系。

6-2 水力机械的功率与转动部件的旋转角速度、直径、表面粗糙高度以及流体的密度黏性流量有关。试用量纲分析法确定功率的表达式。

6-3 重量轻的物体,如昆虫,可能由于表面张力的作用而停留在液面。水面可支持的重量取决于物体的周长、液体的密度、表面张力系数和重力加速度。试确定与这一现象有关的量纲为 1 的组合量。

6-4 若模型流动与实物流动同时满足雷诺数相似和弗劳德数相似,试确定两种流动介质运动黏度的关系。

习题

6-1　经过孔口出流的流量 q_V 与孔口直径 d、流体密度 ρ 及压强差 Δp 有关。试用量纲分析法确定流量的表示式。

6-2　试用量纲分析法证明风洞运行时所需功率为

$$P = \rho L^2 V^3 f(\rho L V / \mu)$$

式中:P 为功率;ρ 为流体的密度;μ 为动力黏度;L 为风洞的特征长度。

6-3　一船体长 200 m,航行速度为 25 km/h。若用船模以 2.5 m/s 的速度在水池中拖动,试确定两种流动的弗劳德数和模型的长度。

6-4　一个潜艇的螺旋桨产生的推力 F_T 与螺旋桨叶的直径 d、旋转角速度 ω、船只前进速度 V、重力加速度 g、水的密度 ρ、动力黏度 μ 和压强 p 等因素有关。试利用量纲分析法确定与螺旋桨运行有关的量纲为 1 的准则数。

6-5　肥皂泡玩具产生的肥皂泡直径 d 与肥皂液的动力黏度 μ、密度 ρ、表面张力系数 σ、压强差 p 以及产生肥皂泡的圆环直径 d_0 等有关。试确定相关的量纲为 1 的组合量。

6-6　通过喷管进入炉膛的油射流束最终破碎为小油滴,油滴直径 d 与油的动力黏度 μ、密度 ρ、表面张力系数 σ 以及射流速度 V 和喷管直径 d_0 等有关。试判断与油滴形成过程相关的量纲为 1 的组合量有几个,并写出每个量纲为 1 的组合量。

6-7　试用量纲分析法证明风洞运行时所需功率为

$$P = \rho L^2 V^3 f(\mu / \rho L V)$$

式中,P 为功率;ρ 为流体的密度;μ 为动力黏度;L 为风洞的特征长度。

6-8　流体中缓慢运动的小球所受到的阻力与小球的直径 d、运动速度 V 及流体的动力黏度 μ 有关。试用量纲分析法确定阻力的表示式。

6-9　水轮机输出的转矩 T 与水头高度 H、水的密度 ρ、流量 q_V、水轮机的旋转角速度 ω 及效率 η 有关。试用量纲分析法确定转矩的表示式。

6-10　在内径为 200 mm 的管道内,20 ℃ 的水以 4 m/s 的速度流动。40 ℃ 的气流在内径 100 mm 的管道内以多大的速度流动可保证两种流动动力相似?

6-11　一大型文丘里流量计用 1/10 的模型进行校正,模型流动介质与实物流动相同。试确定在动力相似情况下模型与实物的体积流量之比。

6-12　气体管路直径为 1.2 m,气流平均速度为 23 m/s,密度为 41.68 kg/m³,动力黏度为 0.2×10^{-3} Pa·s,为了确定管路中的损失,模型流动拟采用流量为 327 m³/h 的水流(20 ℃)。试确定模型管路的直径。

6-13　某水洞在设计条件下试验段水流速度为 3 m/s,所需功率为 3.75 kW,若改用空气作流动介质,试确定试验段气流速度和所需功率。水的密度和运动黏度分别取 1 000 kg/m³ 和 1.14×10^{-6} m²/s,空气的密度和运动黏度分别取 1.28 kg/m³ 和 14.8×10^{-6} m²/s。

6-14　一飞机以 320 km/h 的速度在静止的大气中飞行,大气的温度为 15 ℃、压强为 101.3 kPa,机翼弦长 3 m。若以 1/20 的机翼模型在风洞中进行试验,需保证雷诺相似。

(1) 假设风洞试验段中气流的温度、压强与大气相同,气流速度应为多少?

(2) 若在变密度风洞中,气流压强为 1 400 kPa、温度为 15 ℃,气流速度应为多少?

（3）若在 15 ℃ 的水中进行模拟试验，模型的运动速度应为多少？

6-15　某物体在静水中以 1 m/s 的速度运动。若在风洞中以 1/5 缩尺的模型进行试验，测得其阻力为 20 N，试求动力相似条件下实物上所受到的阻力。$\rho_{水} = 1\ 000\ \text{kg/m}^3$，$\nu_{水} = 1.13 \times 10^{-6}\ \text{m}^2/\text{s}$；$\rho_{气} = 1.222\ \text{kg/m}^3$，$\nu_{气} = 1.468 \times 10^{-5}\ \text{m}^2/\text{s}$。

6-16　一机翼的弦长为 600 mm，在空气中运动速度为 20.2 m/s。若以弦长为 150 mm 的模型在风洞中进行试验，当保证雷诺数相似时，风洞试验段中的风速应为多少？

6-17　某气球在 20 ℃ 的空气中飞行，现用缩尺比为 1∶3 的模型在水中进行模拟试验，若水温为 15 ℃，模型直径为 1 m，模型以 1.2 m/s 的速度运动时测得阻力为 200 N，与之动力相似的气球上受到的阻力为多少？

6-18　利用一个 1/10 缩尺的货车模型在风洞内做测试，货车的迎风面积 $A_m = 0.1\ \text{m}^2$，当风速为 $V_m = 75\ \text{m/s}$ 时测得气动阻力为 $F = 350\ \text{N}$，计算实验条件下的阻力因数。如果假设模型与原型货车的阻力因数相同，试推算原型货车在高速公路上以 90 km/h 的速度行驶时的气动阻力。为保证动力相似，与 90 km/h 速度相应的风洞内模型试验速度应为多少？这样的速度是否合适，为什么？

6-19　一 1/16 的客车模型在风洞内做气动阻力测试。模型宽 152 mm、高 200 mm、长 762 mm，在试验风速 26.5 m/s 时，实测的阻力为 6.09 N。由于在风洞实验测试段沿流动方向存在 −11.8 Pa/m 的压强梯度，需要对上述阻力测量数据做修正。试估算阻力的修正值，然后计算模型的阻力因数，并推算原型客车在速度为 100 km/h 时的气动阻力。

6-20　水坝溢洪道模型流场中某点的速度为 1 m/s，若线性比例因数为 1/10，试计算实物流场中对应点上的速度。

6-21　一线性比例因数为 1/50 的船体模型在设计速度下在水池中测得兴波阻力为 30 N，试计算实物船体的兴波阻力。

6-22　采用两种方法对一个 1/30 缩尺的潜水艇模型做测试，一是在水面拖动模型，二是在水面下深水中拖动模型。已知原型潜艇水面航行速度为 20 kn（节），水下航行速度为 0.5 kn，

（1）试分别计算可保证动力相似的水面和水下实验速度。

（2）推算模型试验阻力与原型潜艇阻力的比例。（注：1 kn = 1.85 km/h。）

参考文献

[1] 景思睿,张鸣远. 流体力学[M]. 西安:西安交通大学出版社,2001:91-112.

[2] 孔珑. 工程流体力学[M]. 2 版. 北京:高等教育出版社,2014:84-89.

[3] WHITE F M,Fluid mechanics [M]. 8th ed. New York:McGraw-Hill Education,2015:304-312.

[4] DOUGLAS J F. Fluid mechanics [M]. 6th ed. New York:Prentice-Hall,2011:266-269.

[5] 丁祖荣. 流体力学:上册[M]. 北京:高等教育出版社,2018:166-170.

[6] 江宏俊. 流体力学:上册[M]. 北京:高等教育出版社,1985:95-103.

[7] 刘沛清. 流体力学通论[M]. 北京:科学出版社,2017:321-332.

[8] CENGEL Y A,CIMBALA J M. Fluid mechanics:fundamentals and applications [M]. 4th ed. New York:McGraw-Hill Education,2018:305-309.

[9] FOX R W,MCDONALD A T,MITCHELL J W. Fluid mechanics [M]. 10th ed. Hoboken:John Wiley & Sons,2020:214-224.

第 7 章
黏性流体的流动

在考虑流体黏性情况下,实际流体的流动问题可分为两大类:一类是流体在固体壁面所限定的空间范围内流动,如管道或通道内的流动,这类流动常称为内流,这是本章的第一部分内容;另一类是流体从物体的外部流过,如风吹过建筑物、水流过桥墩,或者物体在静止流体中运动,如飞机在大气中飞行、潜艇在水中航行,由运动的相对性原理可知,如果从固定在物体上的坐标系观察,那么物体静止不动,流体绕物体流过,这类流动常称为外流或绕流,这是本章的第二部分内容。研究绕流问题的着眼点常与内流问题不同,所关心的是物体周围流场的分布情况,物体受到的升力(lift force)和阻力(resistance),以及流体绕物体流过时黏性作用的特征。

可压缩性也是流体的基本属性。当流动速度高达一定程度时,流体的压缩性就显得重要,大的速度变化引起大的压强变化,同时伴随显著的密度和温度变化。因此,可压缩流动现象较不可压缩流动复杂得多。本章第三部分将介绍可压缩流动,重点限于考虑定常情况下在流动横截面上流动参数可视作均匀的一维流动(one-dimensional flow),分别就流动通道面积变化、摩擦等因素对可压缩气流特性的影响予以讨论。

7.1 通道内的黏性流动

7.1.1 起始段和充分发展流动

在研究管道内的流动时,必须区分起始段(entrance region)的流动和充分发展流动(fully developed flow)。图 7-1 表示一个圆管进口区域的层流(laminar flow)流动。均匀来流从一端流入管道,入口处圆滑过渡,此时在管道入口处整个断面上的速度分布是均匀的。当流体进入管道后,由于黏性影响,在管子壁面上的流体质点速度为零,近壁处很薄的一层流体内速度梯度(gradient)很大,称为边界层(boundary layer)[1]。在边界层内,流体速度由中心区域的最高值降至壁面处的零值。流体沿管道前进,邻近壁面的边界层内的流体速度变小了,但由于通过每个断面质量不变,因此中心区域速度逐渐增大,此时流动由两部分组成:一部分是核心区,是未受流体黏性影响的速度均匀分布区;另一部分是核心区外至管壁的环状边界层区域。边界层区域的厚度沿流动方向逐渐增加,黏性剪切效应不断向核心区扩展,直到截面②,此时边界层已增长到整个截面,速度分布呈抛物线形状。此后,管道截面上的速度分布随流动距离的增加不再变化,此时的流动称为充分发展流动,而从管道进口到截面②之间则称为起始段,其长度用 l_e 来表示。

量纲为一的起始段长度$\dfrac{l_e}{d}$是雷诺数的函数,对于层流,有

$$\frac{l_e}{d} = 0.06Re \tag{7-1}$$

若管内流动是湍流,则充分发展段的速度分布不再是抛物线形状,其速度分布曲线要平坦得多,而其起始段长度可表示为

$$\frac{l_e}{d} = 4.4Re^{1/6} \tag{7-2}$$

当 $Re = 2\,000$ 时,对于层流,$l_e = 120d$。对于湍流,起始段长度相对短一些,在工程实用范围内 l_e 为 $25d \sim 40d$。

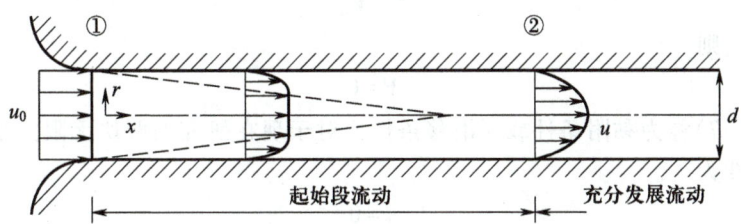

图 7-1　圆管起始段流动和充分发展流动

7.1.2　两块无限大平板间的充分发展层流

研究通道内的流动,需要首先求出速度场,从速度场进而计算剪切应力(shear stress)分布、流量及压降等,这就需要求解流体力学基本方程组。在第 5 章中曾经指出,N-S 方程是非线性的二阶偏微分方程,数学求解上存在困难,迄今仅对少数几种黏性流动问题可以给出精确的解析解。本节及以下两节给出几个可以得出精确解析解的实例,目的在于使读者了解和掌握从基本方程出发求解具体问题的思路与方法。

在以下的分析中都假定流道足够长,流动已处于充分发展区域,截面上的速度分布沿流动方向不再变化。对于起始段的理论分析要更复杂,有兴趣的读者可参阅有关著作。

考虑两块无限大平行固定平板之间的黏性流动。假设流动是定常的层流流动,流体均质不可压缩。若取 x 轴沿流动方向(见图 7-2),则速度只有 x 轴方向分量 u,而 y 轴和 z 轴方向分量 $v = w = 0$,由不可压缩流体连续方程 $\dfrac{\partial u}{\partial x} + \dfrac{\partial v}{\partial y} + \dfrac{\partial w}{\partial z} = 0$,可推得 $\dfrac{\partial u}{\partial x} = 0$。由于平板无

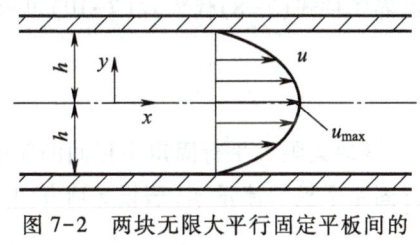

图 7-2　两块无限大平行固定平板间的
层流流动

限大,u 在 z 轴方向无变化,即 $\dfrac{\partial u}{\partial z} = 0$;又因为是定常流动,所以 $\dfrac{\partial u}{\partial t} = 0$。综上分析,$u$ 仅是 y 的函数,$u = u(y)$。设流体所受质量力仅为重力,在图 7-2 所示坐标系下,$g_y = -g$,$g_x = g_z = 0$,于是 N-S 方程式(5-47)可简化为

$$0 = -\frac{\partial p}{\partial x} + \mu \frac{\partial^2 u}{\partial y^2} \tag{7-3}$$

$$0 = -\frac{\partial p}{\partial y} + \rho g \tag{7-4}$$

$$0 = -\frac{\partial p}{\partial z} \tag{7-5}$$

流体力学的基本方程是对某类流动问题共性的描写,对于具体的流动问题还需给出相应的初始条件和边界条件才能得到适合该具体问题的确定解。对于定常流动,只需给出边界条件即可。对于黏性流体,通常认为固体壁面上的流体质点和该壁面相应点具有相同的速度,即黏性流体质点黏附在固体壁面上。

$$V = V_\omega \tag{7-6}$$

若固体壁面静止,则

$$V = 0 \tag{7-7}$$

式(7-6)或式(7-7)称为黏附条件或无滑移条件。对于现在研究的两块无限大平行固定平板间的流动,边界条件为

当 $y = \pm h$ 时, $\qquad\qquad\qquad u = 0$ $\qquad\qquad\qquad$ (7-8)

式(7-5)意味着 p 仅是 x 和 y 的函数, $p = p(x, y)$。积分式(7-4)得

$$p = -\rho g y + f_1(x) \tag{7-9}$$

由于 u 仅是 y 的函数,因此式(7-3)可改写为

$$\frac{\mathrm{d}^2 u}{\mathrm{d} y^2} = \frac{1}{\mu} \frac{\partial p}{\partial x}$$

上式左边是 y 的函数,由式(7-9)可知, $\dfrac{\partial p}{\partial x} = \dfrac{\mathrm{d} f_1(x)}{\mathrm{d} x}$ 是 x 的函数,要使上式恒等,两边均应为常数,令 $\dfrac{\partial p}{\partial x}$ 为常数,积分上式得

$$u = \frac{1}{2\mu} \frac{\partial p}{\partial x} y^2 + C_1 y + C_2 \tag{7-10}$$

将边界条件式(7-8)代入式(7-10)可求出 $C_1 = 0$、$C_2 = -\dfrac{1}{2\mu} \dfrac{\partial p}{\partial x} h^2$,于是

$$u = \frac{1}{2\mu} \frac{\partial p}{\partial x} (y^2 - h^2) \tag{7-11}$$

可见,两块无限大平行固定平板间的速度分布为抛物线。由式(7-11)容易求得通过两块无限大平行固定平板的流量 q_v(假设 z 轴方向宽度为 1),即

$$q_v = \int_{-h}^{h} u \mathrm{d} y = \int_{-h}^{h} \frac{1}{2\mu} \left(\frac{\partial p}{\partial x} \right) (y^2 - h^2) \mathrm{d} y = -\frac{2h^3}{3\mu} \frac{\partial p}{\partial x}$$

因为沿着流动方向压强是降低的,所以 $\dfrac{\partial p}{\partial x}$ 为负值。假设相距为 l 的两点间压降为 Δp,则

$$-\frac{\partial p}{\partial x} = \frac{\Delta p}{l}$$

代入上式得

$$q_v = \frac{2h^3 \Delta p}{3\mu l} \tag{7-12}$$

截面平均速度 $\bar{V} = \left(\frac{q_v}{2h}\right)$ 为

$$\bar{V} = \frac{h^2 \Delta p}{3\mu l} \tag{7-13}$$

由式(7-11)可知,当 $y=0$ 时,在两块无限大平行固定平板中央速度取最大值,即

$$u_{max} = -\frac{h^2}{2\mu}\frac{\partial p}{\partial x} = \frac{3}{2}\bar{V} \tag{7-14}$$

由式(7-9),并考虑到 $\dfrac{\partial p}{\partial x}$ 为常数,可推导得

$$f_1(x) = \frac{\partial p}{\partial x}x + p_0$$

式中,p_0 为坐标原点处($x=y=0$ 处)的压强。于是,流场内的压强分布可表示为

$$p = -\rho g y + \frac{\partial p}{\partial x}x + p_0 \tag{7-15}$$

当雷诺数 $Re = \dfrac{\rho \bar{V} 2h}{\mu}$ 小于 1 400 时,两块无限大平行固定平板间的流动是层流。在高雷诺数条件下,流动会转变为湍流,于是在 3 个坐标轴方向都会出现速度的随机脉动,对于这种复杂的三维非定常流动,上面的分析不再适用。

平板间流动的另一个例子是上面的平板以速度 u_0 等速运动,下面的平板静止不动,如图 7-3 所示。此时 N-S 方程仍可以简化成和上边例子相同的形式,速度场和压强场的解仍可用式(7-10)和式(7-9)来表示,只是两个问题的边界条件不同。若取坐标轴原点在下面平板上,以 b 表示两块无限大平行固定平板间距离,则边界条件为

$$y=0, \quad u=0; \quad y=b, \quad u=u_0 \tag{7-16}$$

于是,式(7-10)的两个积分常数 C_1、C_2 可以根据式(7-16)求出,得到量纲为一的形式的速度分布为

$$\frac{u}{u_0} = \frac{y}{b} - \frac{b^2}{2\mu u_0}\left(\frac{\partial p}{\partial x}\right)\frac{y}{b}\left(1 - \frac{y}{b}\right) \tag{7-17}$$

实际的速度分布曲线取决于无量纲(量纲为一)压强分布,即

$$p = -\frac{b^2}{2\mu u_0}\frac{\partial p}{\partial x}$$

其中,p 取不同值时的速度分布分别表示在图 7-3b 中。这种形式的流动称为库埃特流(Couette flow)。当压强梯度 $\dfrac{\partial p}{\partial x} = 0$ 时,$p=0$,两块无限大平行固定平板间的速度呈线性分布

$$u = u_0\frac{y}{b} \tag{7-18}$$

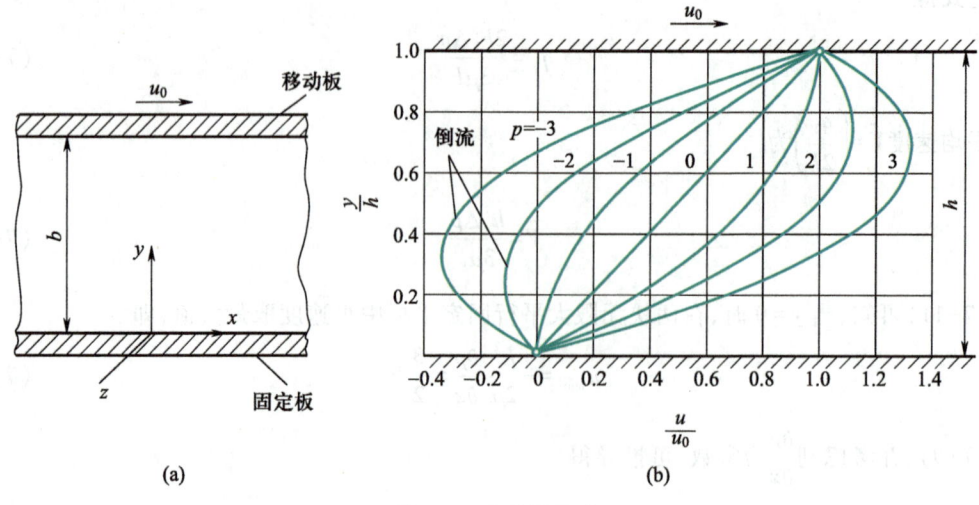

图 7-3   库埃特流动

此时流体的运动是由上面平板的拖动而引起的。

考虑图 7-4 所示的两个同心圆筒间的流动,其中一个圆筒静止,一个以恒定角速度 ω 旋转,当两个同心圆筒间距很小时($r_0 - r_i \ll r_i$),两个同心圆筒间的流动可近似为两块无限大平板间的库埃特流。这时 $u_0 = r_i\omega$,$b = r_0 - r_i$,阻止内圆筒转动的切应力 $\tau = \mu r_i\omega/(r_0 - r_i)$。这种流动相当于空载时轴和轴承间润滑油的流动。圆筒式旋转黏度仪就是利用两个同心圆筒间的库埃特流来测量液体黏度(viscosity)的。

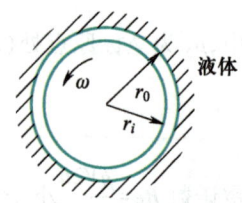

图 7-4   两个同心圆筒间的流动

7.1.3   圆管内的充分发展层流

本节研究水平均直管内不可压缩流体的定常层流流动。管半径为 r_0(见图 7-5),假设管子充分长,已处于充分发展流动区域,采用圆柱坐标。由于流体平行于管轴线流动,$V_r = 0$,$V_\theta = 0$,由连续方程可得 $\dfrac{\partial V_z}{\partial z} = 0$,考虑到流动是定常的,且关于 z 轴对称,于是 $\dfrac{\partial V_z}{\partial t} = \dfrac{\partial V_z}{\partial \theta} = 0$。因此,沿轴向的速度 V_z 只是 r 的函数,$V_z = V_z(r)$。在这些条件下,N-S 方程可简化为

$$0 = -\rho g\sin\theta - \frac{\partial p}{\partial r} \tag{7-19}$$

$$0 = -\rho g\cos\theta - \frac{1}{r}\frac{\partial p}{\partial \theta} \tag{7-20}$$

$$0 = -\frac{\partial p}{\partial z} + \mu\left[\frac{1}{r}\frac{\partial}{\partial r}\left(r\frac{\partial V_z}{\partial r}\right)\right] \tag{7-21}$$

对式(7-19)和式(7-20)积分可得

$$p = -\rho gr\sin\theta + f_1(z) \tag{7-22}$$

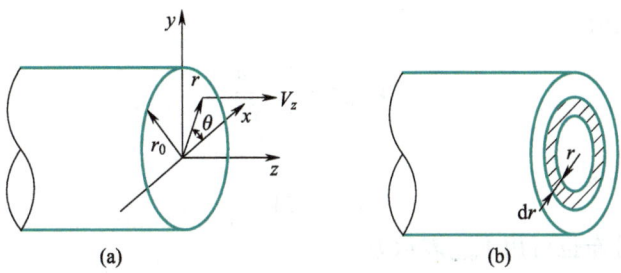

图 7-5 圆管内的充分发展层流流动

或

$$p = -\rho g y + f_1(z)$$

由上式可知，$\dfrac{\partial p}{\partial z} = \dfrac{\mathrm{d}f_1(z)}{\mathrm{d}z}$ 仅是 z 的函数。式（7-21）可整理为

$$\frac{1}{r} \frac{\mathrm{d}}{\mathrm{d}r}\left(r \frac{\mathrm{d}V_z}{\mathrm{d}r}\right) = \frac{1}{\mu} \frac{\partial p}{\partial z}$$

上式左边是 r 的函数，右边是 z 的函数，要使该式恒等，需使两边均为常数，积分上式得

$$V_z = \frac{1}{4\mu} \frac{\partial p}{\partial z} r^2 + C_1 \ln r + C_2 \tag{7-23}$$

式中，$\dfrac{\partial p}{\partial z}$ 为常量；C_1、C_2 均为积分常数，需由边界条件来确定。在圆管中心，即 $r=0$ 处，速度应为有限值，因此 $C_1 = 0$。当 $r = r_0$ 时，即在管壁面由黏附条件 $V_z = 0$，可求得 $C_2 = -\dfrac{1}{4\mu} \dfrac{\partial p}{\partial z} r_0^2$。代入式（7-23）得

$$V_z = \frac{1}{4\mu} \frac{\partial p}{\partial z}(r^2 - r_0^2) \tag{7-24}$$

速度分布曲线是抛物线。在圆管截面上取微元面积如图 7-5b 中阴影所示，则通过此微元面积的体积流量为

$$\mathrm{d}q_V = V_r 2\pi r \mathrm{d}r$$

积分上式可得通过截面的体积流量为

$$q_V = 2\pi \int_0^{r_0} V_z r \mathrm{d}r = 2\pi \int_0^{r_0} \frac{1}{4\mu} \frac{\partial p}{\partial z}(r^2 - r_0^2) r \mathrm{d}r = -\frac{\pi r_0^4}{8\mu} \frac{\partial p}{\partial z}$$

假设沿管轴线 l 长度上的压降为 Δp，$-\dfrac{\partial p}{\partial z} = \dfrac{\Delta p}{l}$，上式可写为

$$q_V = \frac{\pi r_0^4}{8\mu} \frac{\Delta p}{l} \tag{7-25}$$

可以看出，q_V 与 Δp 成正比，与 r_0 的 4 次方成正比，而与黏性系数和管长成反比，此式即为 Hagen-Poiseuille 方程。流量 q_V 除以圆管截面积 πr_0^2 可得平均速度，即

$$\overline{V} = \frac{r_0^2 \Delta p}{8\mu l} \tag{7-26}$$

在圆管中心 V_z 取最大值

$$V_{zmax} = -\frac{r_0^2}{4\mu}\frac{\partial p}{\partial z} \qquad (7-27)$$

或

$$V_{zmax} = 2\overline{V_z} \qquad (7-28)$$

于是,圆管内的速度分布也可用 V_{zmax} 表示为

$$\frac{V_z}{V_{zmax}} = 1 - \left(\frac{r}{r_0}\right)^2 \qquad (7-29)$$

由式(7-22)可得

$$f_1(z) = \frac{\partial p}{\partial z}z + p_0 \qquad (7-30)$$

式中,p_0 为当 $z = 0$ 及 $r = 0$ 时的参考压强。于是,流场内的压强分布可表示为

$$p = -\rho g r \sin\theta + \frac{\partial p}{\partial z}z + p_0 \qquad (7-31)$$

上文从 N-S 方程出发导出了圆管内的速度分布,也可以通过分析流场内流体元的受力平衡直接利用牛顿运动定律直观地导出上述结果,这种方法在一些简单问题中简便直观,且物理概念清晰。在圆管中取一半径为 r、长度为 l 的圆柱体形流体元,如图 7-6 所示。考虑该流体元在圆管轴线方向的

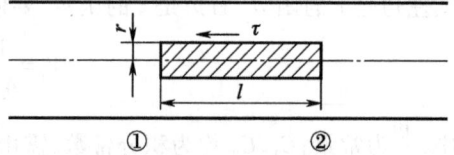

图 7-6　圆管内的圆柱体形流体元

受力平衡,因为速度分量 V_z 沿轴向不变且运动定常,因此流体元沿轴线方向无加速度,此时作用在圆柱体两端面的压强差和作用在圆柱体侧表面的黏性力平衡。假设圆柱体两端面压强差为 $\Delta p = p_1 - p_2$,圆柱体侧表面切应力为 τ,则管轴线方向力平衡式为

$$\pi r^2 \Delta p = 2\pi r l \tau$$

整理得

$$\tau = \frac{\Delta p}{l}\frac{r}{2} \qquad (7-32)$$

在推导式(7-32)时,假设圆柱体两端面压强差 Δp 为常数。考虑式(7-31),尽管在端面上压强有微小变化,但 $\frac{\partial p}{\partial z}$ 为常数,因此上述假设是合理的。根据层流切应力计算公式 $\tau = -\mu\dfrac{\mathrm{d}V_z}{\mathrm{d}r}$(注意,这里 $\dfrac{\mathrm{d}V_z}{\mathrm{d}r}$ 为负值,为使 τ 为正值在等式右边添加了一个负号),代入式(7-32)可得

$$\frac{\mathrm{d}V_z}{\mathrm{d}r} = -\frac{r\Delta p}{2\mu l}$$

积分上式并考虑相应边界条件,可得

$$V_z = \frac{1}{4\mu}\frac{\Delta p}{l}(r_0^2 - r^2)$$

上式与式(7-24)结果是相同的,只是以 $\dfrac{\Delta p}{l}$ 代替了 $-\dfrac{\partial p}{\partial z}$ 而已。

这是从普遍的牛顿运动定律出发推出式(7-32),因此对层流流动和湍流流动都适用。考虑到 $\dfrac{\Delta p}{l}$ 为常数,$r=d/2$ 时 $\tau=\tau_w$(τ_w 表示管壁面上的切应力),式(7-32)可改写为

$$\Delta p=\frac{4l\tau_w}{d} \tag{7-33}$$

或

$$\tau=\frac{2\tau_w r}{d} \tag{7-34}$$

血液中的
层流和湍
流

式(7-33)~式(7-34)与式(7-32)一样,既适用于层流流动,也适用于湍流流动。由式(7-34)可知,在圆管截面上切应力 τ 呈线性分布,在圆管中心处取零值,在圆管壁面处取最大值。

[例题7-1] 考虑不可压缩流体在毛细管内的定常层流流动,流量 $q_V=880\ \text{mm}^3/\text{s}$,测得 1 m 长管段压降 $\Delta p=1\ \text{MPa}$,管径 $d=0.5\ \text{mm}$(见图7-7),假设流动处于充分发展区域,求流体的黏性系数。

分析: 本例题涉及的是不可压缩流体在毛细管内定常层流流动的情况,流体的黏性系数可以通过测量一定长度管段的压降与流量的关系来计算。

假设:(1)一维;(2)层流;(3)不可压缩流体;(4)稳态问题。

解: 由式(7-25)可知

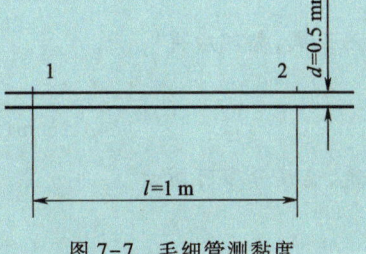

图7-7 毛细管测黏度

$$\mu=\frac{\pi r_0^4\Delta p}{8q_V l}=\frac{\pi\times\left[\dfrac{0.5\times10^{-3}\ \text{m}}{2}\right]^4\times1\times10^6\ \text{Pa}}{8\times880\times10^{-9}\ \text{m}^3/\text{s}\times1\ \text{m}}$$

$$=1.74\times10^{-3}\ \text{Pa}\cdot\text{s}$$

假设流体密度与水的密度相同,$\rho=999\ \text{kg/m}^3$,则平均速度为

$$\overline{V}=\frac{q_V}{A}=\frac{4q_V}{\pi d^2}=\frac{4}{\pi}\times\frac{880\times10^{-9}\ \text{m}^3/\text{s}}{(0.5\times10^{-3}\ \text{m})^2}=4.48\ \text{m/s}$$

$$Re=\frac{\rho\overline{V}d}{\mu}=\frac{999\ \text{kg/m}^3\times4.48\ \text{m/s}\times0.5\times10^{-3}\ \text{m}}{1.74\times10^{-3}\ \text{Pa}\cdot\text{s}}=1\ 290$$

$Re<2\ 100$ 是层流。

讨论: 本例题展示了毛细管式黏度计的工作原理,Hagen-Poiseuille 方程适用于圆管内不可压缩流体的层流情况,它关联了压降、流量、管径和黏性系数。通过测量压降和流量来确定流体的黏性系数。黏性系数是描述流体内部阻力的物理量,对于工程设计和科学研究具有重要意义。在实际测量中,可能存在由仪器精度、流体温度变化等引起的误差,这些都需要在实验设计时考虑。

[例题 7-2]　在内径为 r_2 的足够长的圆管内,有一外径为 r_1 的同轴圆管,不可压缩流体在两管之间的环形通道内沿轴向流动,流动是定常的,管子水平放置(图 7-8),试求环形通道中的速度分布和流量表达式。

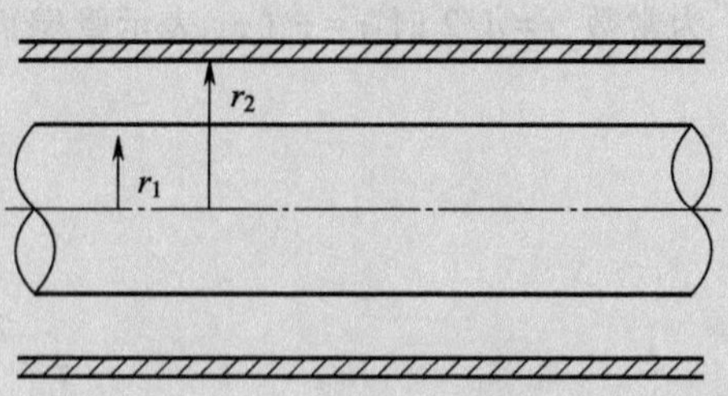

分析:本例题研究的是不可压缩流体在两个同轴圆管之间环形通道内的层流流动。由于流动是定常的,并且管道水平放置,可以利用流体力学中的一些基本方程来求解速度分布和流量。

图 7-8　环形通道内的层流流动

假设:(1) 二维;(2) 层流;(3) 不可压缩流体;(4) 稳态问题。

解:本例的流动特点与圆管内流动相同,因此微分方程式(7-19)~式(7-21),以及解式(7-23)也适用于本例。

$$V_z = \frac{1}{4\mu} \frac{\partial p}{\partial z} r^2 + C_1 \ln r + C_2$$

本例的边界条件可写为

$$r = r_1, \quad V_z = 0; \quad r = r_2, \quad V_z = 0$$

代入上式,整理后得

$$C_1 = -\frac{1}{4\mu} \frac{\partial p}{\partial z} \frac{r_2^2 - r_1^2}{\ln(r_2/r_1)}, \quad C_2 = -\frac{1}{4\mu} \frac{\partial p}{\partial z} \left[r_2^2 - \frac{r_2^2 - r_1^2}{\ln(r_2/r_1)} \ln r_2 \right]$$

于是,速度分布可写为

$$V_z = \frac{1}{4\mu} \frac{\partial p}{\partial z} \left[r^2 - r_2^2 - \frac{r_2^2 - r_1^2}{\ln(r_2/r_1)} \ln \frac{r}{r_2} \right]$$

由此可求出截面的体积流量为

$$q_V = \int_{r_1}^{r_2} V_z 2\pi r \, dr = -\frac{\pi}{8\mu} \frac{\partial p}{\partial z} \left[r_2^4 - r_1^4 - \frac{(r_2^2 - r_1^2)^2}{\ln(r_2/r_1)} \right]$$

讨论:速度分布公式表明,流体速度随着半径的增加而减小,通过积分速度分布,可以得到环形通道的体积流量,对于非牛顿流体或更复杂的流动条件,可能需要更高级的模型来描述速度分布和流量。

[例题 7-3]　不可压缩流体沿竖直壁面呈液膜状向下流动(图 7-9),液膜厚度 δ 不变,流动是定常层流流动。求液膜内的速度分布。

分析:本例题描述了一种液膜流动的情况,其中流体沿壁面流动形成一层薄膜。在本例中,通过分析液膜内的流体力学行为来求解液膜内的速度分布。

假设:(1) 层流;(2) 不可压缩流体;(3) 稳态问题;(4) 液膜下滑过程中速度不变;(5) 液膜厚度均匀。

解:若取 x 轴方向垂直向下,则根据题意 $v = w = 0$,由连续方程可知 $\dfrac{\partial u}{\partial x} = 0$。考虑流动是定常的,且流动沿 z 轴方向无变化,得 $\dfrac{\partial u}{\partial t}=\dfrac{\partial u}{\partial z}=0$,所以 $u=u(y)$。于是,N-S 方程可简化为

$$0=\frac{\partial p}{\partial y} \tag{7-35}$$

$$0=\frac{\partial p}{\partial z} \tag{7-36}$$

$$0=\rho g-\frac{\partial p}{\partial x}+\mu\frac{\mathrm{d}^2 u}{\mathrm{d} y^2} \tag{7-37}$$

边界条件为

$$y=0, \quad u=0 \tag{7-38}$$

$$y=\delta, \quad \frac{\mathrm{d} u}{\mathrm{d} y}=0 \tag{7-39}$$

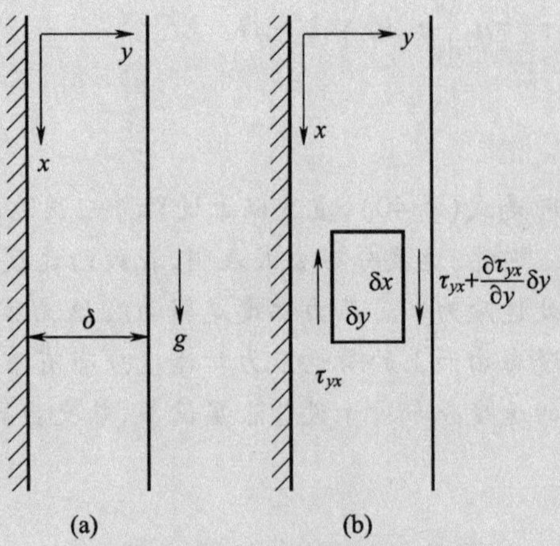

图 7-9 竖直壁面液膜流动

式(7-39)表示在液膜自由面上的切应力为零。由式(7-35)~式(7-36)可知,液膜内在水平面上压强无变化;而在液膜自由面上的压强为大气压强,因此在整个液膜内压强都等于大气压强,于是 $\dfrac{\partial p}{\partial x}=0$。式(7-37)可整理为

$$\frac{\mathrm{d}^2 u}{\mathrm{d} y^2}=-\frac{\rho g}{\mu} \tag{7-40}$$

积分得

$$u=-\frac{\rho g}{\mu}\frac{y^2}{2}+C_1 y+C_2 \tag{7-41}$$

由边界条件式(7-38)可得 $C_2=0$

由式(7-39)可得 $C_1=\dfrac{\rho g}{\mu}\delta$

于是

$$u=\frac{\rho g}{\mu}\delta^2\left[\frac{y}{\delta}-\frac{1}{2}\left(\frac{y}{\delta}\right)^2\right] \tag{7-42}$$

下面用另一种方法求解本例题。从液膜内取一正六面体流体微元(图 7-9b),边长分别为 δx、δy、δz,考虑微元体 x 轴方向受力平衡。由于流动是定常的,且 u 在 x 轴方向不变化,因此流体在 x 轴方向无加速度,其在 x 轴方向所受外力应该平衡。质量力垂直向下,为 $\rho g\delta x\delta y\delta z$,表面力有压力和切向力。假设六面体左表面切应力为 τ_{yx},右表面为 $\tau_{yx}+\dfrac{\partial \tau_{yx}}{\partial y}\delta y$;由于液膜内压强处处等于大气压,因此不需考虑压力影响。于是,在 x 轴方向受力平衡式为

$$-\tau_{yx}\delta x\delta z+\left(\tau_{yx}+\frac{\partial \tau_{yx}}{\partial y}\delta y\right)\delta x\delta z+\rho g\delta x\delta y\delta z=0$$

化简得

$$\frac{\partial \tau_{yx}}{\partial y}=-\rho g$$

而 $\tau_{yx}=\mu\dfrac{\mathrm{d}u}{\mathrm{d}y}\tau$，代入上式得

$$\frac{\mathrm{d}^2u}{\mathrm{d}y^2}=-\frac{\rho g}{\mu}$$

这即是式(7-40)，重复以上过程并应用边界条件式(7-38)和式(7-39)即可推得式(7-42)。

　　讨论：速度分布公式表明，液膜的速度随垂直距离 y 的增加而增大，在液膜与壁面的接触点处速度为零。压力梯度是驱动液膜流动的主要因素，它决定了速度分布的形状和最大速度。液膜自由面上的剪切应力对速度分布有重要影响，尤其是在考虑涂层或液滴形成时。液膜流动的速度分布对于设计涂层设备、热交换器和其他涉及液膜流动的工艺至关重要。

7.1.4　圆管内的充分发展湍流

1. 湍流概述

大自然的
艺术–湍流

　　前文已经指出，可以把黏性流动分为层流和湍流。对于圆管内的流动，当雷诺数（Reynolds number）小于 2 100 时，为层流；而当雷诺数大于 4 000 时，则为湍流。在其他流动场合也存在类似的层流向湍流的转变，如当黏性流体沿平板流动时，在贴近壁面的很薄的一层流体内（称为边界层），当 Re 较小时流动为层流，当 Re 超过 5×10^5 时则会转变为湍流，不过，此时计算 Re 所用的特征长度不再像在圆管中那样使用直径 d，而是采用从平板前缘至计算点沿流动方向的距离。

　　湍流和层流的基本区别是湍流的流动参数，如速度的 3 个分量，压强和温度等都随时间而发生随机的不规则的脉冲。图 7-10 给出了湍流场中某点速度 V 随时间脉动的情况。可以发现，流速虽然是脉动的随机量，但是在某一平均值上下变动，即具有某种规律的统计学特征。引进时均速度的概念，即

$$\overline{V}=\frac{1}{\Delta t}\int_{t_0}^{t_0+\Delta t}V\mathrm{d}t$$

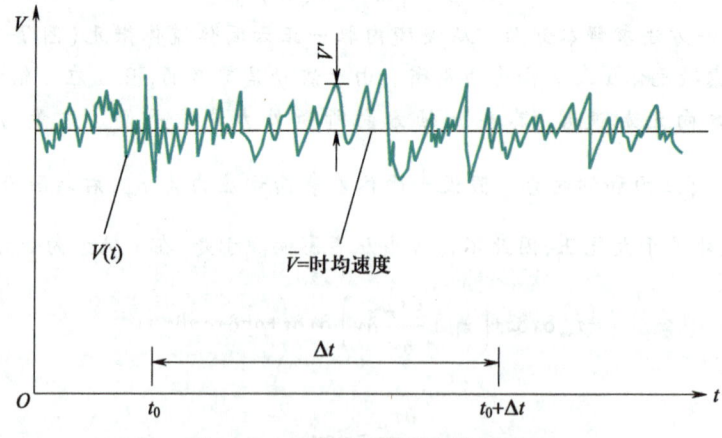

图 7-10　湍流时均速度和脉动速度

　　这里做平均计算的时间间隔 Δt 应比速度脉动的周期大得多,而相对于时均速度的非定常变化又非常小。

　　时均速度 $\overline{V}$ 与瞬时流速 V 之间的差值即为脉动速度,以 V' 表示,即

$$V' = V - \overline{V} \quad \text{或} \quad V = \overline{V} + V' \tag{7-43}$$

这样瞬时速度就可以表示为时均速度和脉动速度之和。显然,脉动速度的时间平均值等于零,因为

$$\overline{V'} = \frac{1}{\Delta t} \int_{t_0}^{t_0 + \Delta t} (V - \overline{V}) \, \mathrm{d}t = \frac{1}{\Delta t} \left(\int_{t_0}^{t_0 + \Delta t} V \mathrm{d}t - \overline{V} \int_{t_0}^{t_0 + \Delta t} \mathrm{d}t \right) = \frac{1}{\Delta t} (\Delta t \overline{V} - \overline{V} \Delta t) = 0 \tag{7-44}$$

所以式(7-44)意味着脉动在平均速度两侧的分布机会是均等的。

　　类似于速度,其他物理量如压强、密度和温度等也可以表示为时均量与脉动量之和的形式,如 $p = \overline{p} + p'$、$\rho = \overline{\rho} + \rho'$、$T = \overline{T} + T'$。

　　湍流由于存在流动参数的随机脉动,其流动特征与层流相比有巨大差异。下边讨论所谓的湍流附加应力,又称为雷诺应力(Reynolds stress)。

　　实际上,流体分子除作为整体沿流动方向以平均速度运动之外,各个流体分子还向四面八方做无规则的热运动,在流体层与层之间传递动量,当流场中存在速度梯度时,这种在流体层与层之间的分子热运动引起的动量交换便会导致剪切应力的产生。同时,流体间各个分子之间还存在吸引力。

　　在湍流条件下,单个分子的热运动依然存在,但另一种因素的影响更加显著。可以认为,湍流是由一系列三维的随机旋涡运动所组成的,这些旋涡的尺寸可以非常小,也可以相当大,湍流的这种旋涡结构导致流体内部剧烈混合。

　　图 7-11 所示曲线为流动平均速度曲线,$\overline{u} = \overline{u}(y)$,$y$ 轴和 z 轴方向的平均速度 $\overline{v} = \overline{w} = 0$,且 $\dfrac{\mathrm{d}\overline{u}}{\mathrm{d}y} > 0$。虽然平均速度沿着 x 轴方向,但在 3 个坐标轴方向上都存在脉动速度,即 u'、v' 和 w'。在 $A\text{-}A$ 平面上取一微元面积 δA,若旋涡运动把流体从 $A\text{-}A$ 下层输运到上层,则在 δt 时间内通过这一面积的流体质量为 $\rho v' \delta A \delta t$。假设流体在 x 轴

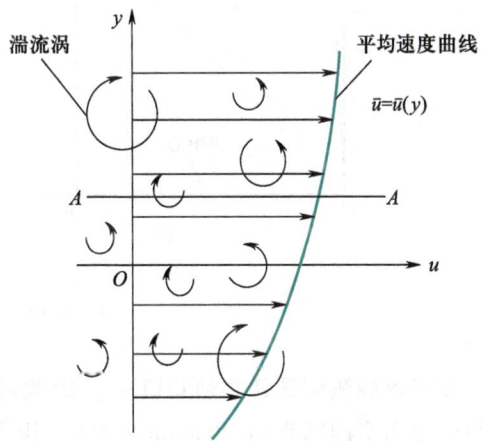

图 7-11　湍流中的三维随机旋涡运动

方向的速度为 $u = \overline{u} + u'$,则通过 δA 的 x 轴方向动量通量为 $\delta K_x = \rho u v' \delta A \delta t$。假设流体密度不变化,则单位时间内的动量通量的平均值为

$$\frac{\overline{\delta K_x}}{\delta t} = \overline{\rho u v'} \delta A = \rho \, \overline{(\overline{u} + u') v'} \delta A = \rho (\overline{\overline{u} v'} + \overline{u' v'}) \delta A = \rho \, \overline{u' v'} \delta A$$

式中:$\overline{\overline{u} v'} = \dfrac{1}{T} \int_{t_0}^{t_0 + \Delta t} \overline{u} v' \mathrm{d}t = \dfrac{\overline{u}}{T} \int_{t_0}^{t_0 + \Delta t} v' \mathrm{d}t = 0$;$\dfrac{\overline{\delta K_x}}{\delta t}$ 表示动量变化率,具有作用在面元 δA 上的力的量纲,用 δA 相除就得到单位面积的力,即应力。由于单位时间内通过某一面积的动量通量总是等

价于周围的流体作用于该面积的一个大小相等、方向相反的力,因此由湍流脉动而产生的 x 轴方向动量传递在 δA 面积上产生的切应力为 $-\rho\overline{u'v'}$。

当用时间平均的概念来处理湍流流动时,切应力由两部分组成。

$$\tau = \mu\frac{\mathrm{d}\overline{u}}{\mathrm{d}y} - \rho\overline{u'v'} = \tau_{\text{lam}} + \tau_{\text{turb}} \tag{7-45}$$

式中,下标 lam 和 turb 分别表示层流和湍流。当流动为层流时,$u' = v' = 0$,式(7-45)就简化为由分子热运动引起的层流切应力 $\tau_{\text{lam}} = \mu\dfrac{\mathrm{d}\overline{u}}{\mathrm{d}y}$。在湍流情形下,总的切应力还需要考虑由湍流脉动引起的附加项 $\tau_{\text{turb}} = -\rho\overline{u'v'}$,称为湍流附加应力或雷诺应力[2]。

图 7-12a 所示为圆管内充分发展湍流的剪切应力分布情况,由式(7-34)可知,剪切应力 τ 与距轴心的距离 r 成正比。在贴近壁面的薄层内(称为层流底层区),层流剪切应力是主要的,而在远离壁面的湍流核心区,湍流附加应力则处于主导地位。两层之间存在一个过渡区,相应的速度分布表示在图 7-12b 中。

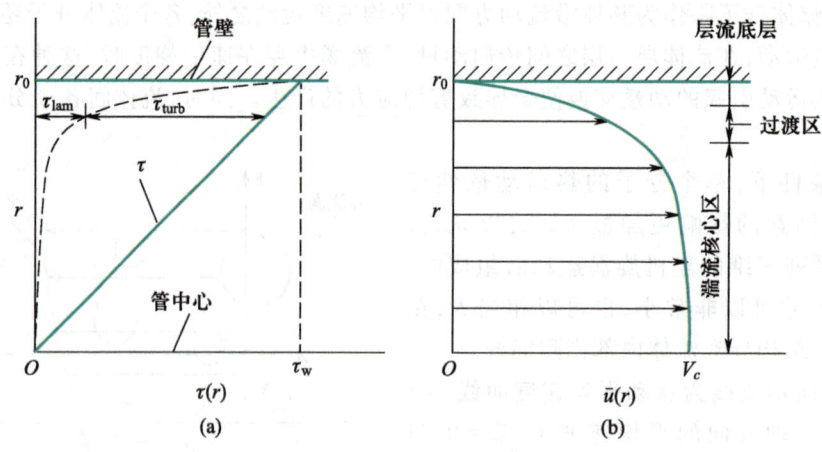

图 7-12　圆管内的湍流结构

要求解湍流问题就必须知道 τ_{turb},因此需要知道速度脉动量如 u'、v' 及其关联值 $\overline{u'v'}$ 等。法国科学家布辛涅斯克(J. Boussinesq)提出用涡黏性系数 ε_ν 来模拟雷诺应力,即

$$\tau_{\text{turb}} = \varepsilon_\nu\frac{\mathrm{d}\overline{u}}{\mathrm{d}y} \tag{7-46}$$

涡黏性系数 ε_ν 其实是一个很难确定的量,一些半经验的理论模型可用来确定 ε_ν。德国科学家普朗特(Prandtl)基于分子热运动和湍流脉动的相似性,参照分子动理论提出了混合长度(mixing length)模型[3]。

$$\varepsilon_\nu = \rho l_m^2\left|\frac{\mathrm{d}\overline{u}}{\mathrm{d}y}\right| \tag{7-47}$$

因此湍流附加应力可表示为

$$\tau_{\text{turb}} = \rho l_m^2\left(\frac{\mathrm{d}\overline{u}}{\mathrm{d}y}\right)^2 \tag{7-48}$$

式中，l_m 为混合长度，是假设的湍流旋涡从一个速度区域运动到另一个速度区域，在与其他流体相互撞击而改变其本身所具有的动量之前所移动的距离。详细情况可参阅有关专著。

2. 圆管内的湍流速度分布

湍流速度分布与剪切应力间没有普遍适用的函数关系可以遵循，因而主要依赖实验测量。

图 7-13 给出了光滑圆管内充分发展湍流的速度分布的实验测量结果。在贴近壁面的层流底层内，时均速度遵循线性规律

$$\frac{\bar{u}}{u_*} = \frac{yu_*}{\nu} \tag{7-49}$$

式中：y 为到壁面的距离（$y = r_0 - r$，r_0 是圆管半径）；$\bar{u}$ 为时均速度；$u_* = \sqrt{\dfrac{\tau_w}{\rho}}$，为摩擦速度（friction velocity）。式（7-49）在图 7-13 中用曲线①表示，它的适用范围为 $\dfrac{yu_*}{\nu} < 5$。

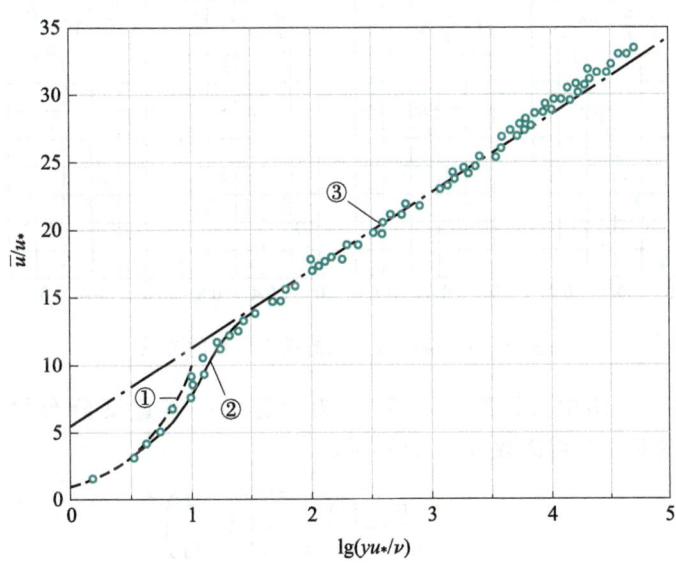

图 7-13 光滑圆管内充分发展湍流的速度分布

当 $5 < \dfrac{yu_*}{\nu} < 70$ 时，称为过渡区；当 $\dfrac{yu_*}{\nu} > 70$ 时，称为湍流核心区。

$$
\begin{cases}
\dfrac{yu_*}{\nu} < 5 & \text{层流底层} \\[2mm]
5 < \dfrac{yu_*}{\nu} < 70 & \text{过渡区} \\[2mm]
\dfrac{yu_*}{\nu} > 70 & \text{湍流核心区}
\end{cases}
\tag{7-50}
$$

假设层流底层厚度为 δ_s ,则由式(7-50)可知

$$\delta_s = \frac{5\nu}{u_*} \tag{7-51}$$

在湍流核心区,速度分布遵循对数规律

$$\frac{\bar{u}}{u_*} = 2.5\ln\frac{yu_*}{\nu} + 5.5 \tag{7-52}$$

如图 7-13 中曲线③所示,在圆管内该规律与实测数据有良好的吻合。图 7-13 中的曲线②则表示由层流底层到湍流核心区的过渡区。

光滑圆管内充分发展湍流的速度分布可用下述幂函数表示为

$$\frac{\bar{u}}{u_{\max}} = \left(\frac{y}{r_0}\right)^{1/n} = \left(1-\frac{r}{r_0}\right)^{1/n} \tag{7-53}$$

其中,幂函数 n 是雷诺数的函数。图 7-14 中的曲线表明,简单的 $1/n$ 次幂规律的假设与实验结果符合得很好。但需注意的是,幂次规律在管壁面处和管中心不能正确反映速度变化规律。

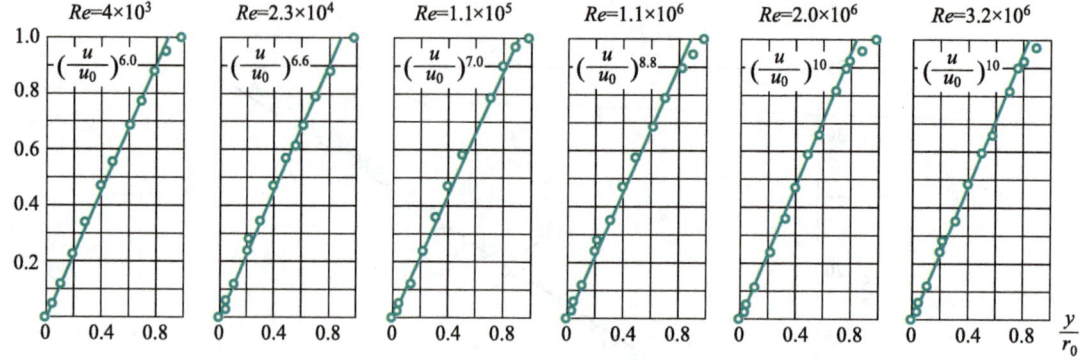

图 7-14　幂指数 n 和流动雷诺数的关系

在实际应用中,通常取 $n=7$,称为七分之一幂速度分布律(one-seventh power law),与其对应的雷诺数 $Re=1.1\times10^5$ 。

$$\frac{\bar{u}}{u_{\max}} = \left(\frac{y}{r_0}\right)^{1/7} = \left(1-\frac{r}{r_0}\right)^{1/7}$$

[例题 7-4]　20 ℃ 的水($\rho=998 \text{ kg/m}^3$, $\nu=1.004\times10^{-6}\text{m}^2/\text{s}$)沿直径 0.1 m 的圆管流动,流量 $q_V=4\times10^{-2}\text{m}^3/\text{s}$,压强梯度为 2.59 kPa/m。试求:(1)黏性底层的厚度 δ_s ;(2)管中心线处的速度 $u_{\max}$;(3)在管中心和管壁之间中点处($r=0.025$ m 处)的湍流和层流剪切应力之比, $\dfrac{\tau_{\text{turb}}}{\tau_{\text{lam}}}$ 。

分析:本例题研究了 20 ℃ 下水在圆管中的流动特性。水的物理性质(密度和黏性系数)和流动条件(流量和压强梯度)已知,要求解黏性底层厚度、管中心线处的速度以及特定位置的湍流和层流剪切应力之比。

假设：(1) 二维；(2) 黏性流体；(3) 稳态问题。

解：(1) 由式(7-51)

$$\delta_{\mathrm{s}} = \frac{5\nu}{u_*}$$

其中，

$$u_* = \sqrt{\frac{\tau_{\mathrm{w}}}{\rho}}$$

壁面切应力可由式(7-33)求出，即

$$\tau_{\mathrm{w}} = \frac{d\Delta p}{4l} = \frac{0.1\ \mathrm{m}}{4} \times 2.59 \times 10^3\ \mathrm{Pa/m} = 64.8\ \mathrm{N/m^2}$$

则

$$u_* = \sqrt{\frac{64.8\ \mathrm{N/m^2}}{998\ \mathrm{kg/m^3}}} = 0.255\ \mathrm{m/s}$$

于是

$$\delta_{\mathrm{s}} = \frac{5 \times 1.004 \times 10^{-6}\ \mathrm{m^2/s}}{0.255\ \mathrm{m/s}} = 1.97 \times 10^{-5}\ \mathrm{m}$$

$$\delta_{\mathrm{s}} \approx 0.02\ \mathrm{mm}$$

(2) 由幂次分布律公式可得

$$\frac{\overline{V}}{u_{\max}} = \frac{2n^2}{(n+1)(2n+1)}$$

其中，

$$\overline{V} = \frac{q_V}{\pi r_0^2} = \frac{0.04\ \mathrm{m^3/s}}{3.14 \times \left(\dfrac{0.1\ \mathrm{m}}{2}\right)^2} = 5.09\ \mathrm{m/s}$$

指数 n 由管流 Re 决定，即

$$Re = \frac{\overline{V}d}{\nu} = \frac{5.09\ \mathrm{m/s} \times 0.1\ \mathrm{m}}{1.004 \times 10^{-6}\ \mathrm{m^2/s}} = 5.07 \times 10^5$$

由图 7-14 可知，当 $Re = 1.1 \times 10^5$ 时，$n = 7$；当 $Re = 1.1 \times 10^6$ 时，$n = 8.8$。通过内插计算可得 $Re = 5.07 \times 10^5$ 时，$n = 7.61$。

所以

$$u_{\max} = \frac{(n+1)(2n+1)}{2n^2}\overline{V} = 1.206 \times 5.09\ \mathrm{m/s} = 6.14\ \mathrm{m/s}$$

(3) 由式(7-34)可求出 $r = 0.025\ \mathrm{m}$ 处的切应力，即

$$\tau = \frac{2\tau_{\mathrm{w}}r}{d} = \frac{2 \times 64.8\ \mathrm{N/m^2} \times 0.025\ \mathrm{m}}{0.1\ \mathrm{m}} = 32.4\ \mathrm{N/m^2}$$

或

$$\tau_{\mathrm{lam}} + \tau_{\mathrm{turb}} = 32.4\ \mathrm{N/m^2}$$

而
$$\tau_{\text{lam}} = \mu \frac{\mathrm{d}\overline{u}}{\mathrm{d}y}$$

由式(7-53)，可得

$$\frac{\mathrm{d}\overline{u}}{\mathrm{d}y} = \frac{u_{\max}}{nr_0} \left(\frac{y}{r_0} \right)^{(1-n)/n} = \frac{u_{\max}}{nr_0} \left(1 - \frac{r}{r_0} \right)^{(1-n)/n}$$

所以

$$\tau_{\text{lam}} = \rho\nu \frac{u_{\max}}{nr_0} \left(1 - \frac{r}{r_0} \right)^{(1-n)/n}$$

$$= 998 \text{ kg/m}^3 \times 1.004 \times 10^{-6} \text{ m}^2/\text{s} \times \frac{6.14 \text{ m/s}}{7.61 \times \frac{0.1}{2} \text{ m}} \times \left(1 - \frac{0.025 \text{ m}}{0.05 \text{ m}} \right)^{\frac{1-7.61}{7.61}}$$

$$= 0.029\ 5 \text{ N/m}^2$$

于是

$$\frac{\tau_{\text{turb}}}{\tau_{\text{lam}}} = \frac{\tau - \tau_{\text{lam}}}{\tau_{\text{lam}}} = \frac{32.4 \text{ N/m}^2 - 0.029\ 5 \text{ N/m}^2}{0.029\ 5 \text{ N/m}^2} = 1\ 097$$

可见，在 $r = 0.025$ 处，τ 主要由 τ_{turb} 决定，τ_{lam} 则可忽略。

讨论：黏性底层是理解流体与管壁之间相互作用的关键区域，其厚度对流动特性有显著影响。在管中心和管壁之间的中点处，湍流剪切应力远大于层流剪切应力，这表明在该区域主要受湍流影响。这些计算对于设计管道系统、预测压力损失和优化流体输送过程具有重要意义。

7.1.5 实际流体总流伯努利方程

在第 5 章中已经给出了沿流线的伯努利方程。本节研究适用于管道流动或适用于有限大小的流管（stream tube）内流动的伯努利方程——总流伯努利方程。

1. 实际流体的伯努利方程

对在同一流线上的两点 1、2，可写出伯努利方程如下。

$$\frac{V_1^2}{2g} + z_1 + \frac{p_1}{\rho g} = \frac{V_2^2}{2g} + z_2 + \frac{p_2}{\rho g} \tag{7-54}$$

上式的适用条件是：理想均质不可压缩流体，定常流动，质量力只有重力。当应用上述方程于实际流体时，则需加以修正，沿水平均直圆管轴线取一微元流束（图 7-15），假设管内流动处于充分发展区域，对于不可压缩流体，截面 1、2 上相应点的速度相等，且 $z_1 = z_2$。由式(7-54)可推得 $p_1 = p_2$。但实际测量中发现 $p_1 > p_2$，即沿着流动方向压强是不断降低的，其原因是实际流体流动时内部存在黏性阻力。

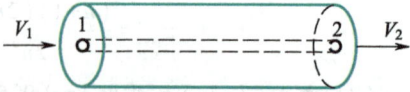

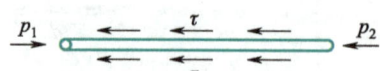

图 7-15 圆管内的微元流束

分析图 7-15 所示流束在流动方向的受力状况。除两端有压力作用之外,流束表面还受到周围流体的剪切力作用,其方向与运动方向相反。在充分发展流动条件下,流体没有加速度,因此压力和切向力应该平衡[4]。若流束直径和长度分别记为 d 和 l,则

$$(p_1-p_2)\frac{\pi}{4}d^2 = \tau l \pi d, \quad \text{即} \; p_1 > p_2$$

因此,对于实际流体,一般情况下,有

$$\frac{V_1^2}{2g} + z_1 + \frac{p_1}{\rho g} > \frac{V_2^2}{2g} + z_2 + \frac{p_2}{\rho g}$$

或者写成

$$\frac{V_1^2}{2g} + z_1 + \frac{p_1}{\rho g} = \frac{V_2^2}{2g} + z_2 + \frac{p_2}{\rho g} + h_w' \tag{7-55}$$

式中,h_w' 代表单位重量流体由截面 1 运动到截面 2 所损失的机械能,式(7-55)适用条件与式(7-54)相比,没有了理想流体的限制,其余条件相同。

2. 动能修正系数和缓变流

为了推导总流伯努利方程,需要首先介绍一下动能修正系数(correction factor of kinetic energy)和缓变流(gradually varying flow)的概念。

1) 动能修正系数

对于均质不可压缩流体,单位时间通过管道截面 A 的动能(或称为动能流率)为

$$\int_A \frac{V^2}{2} dq_m = \int_A \frac{V^2}{2} \rho V dA = \frac{\rho}{2} \int_A V^3 dA$$

式中,$dq_m = \rho V dA$,表示通过面元 δA 的质量流量。在写出上式时,假设流速垂直于截面 A。通过 A 的动能流率也可用截面平均流速 $\overline{V}$ 来表示。

$$q_m \frac{\overline{V}^2}{2} = \rho \overline{V} A \frac{\overline{V}^2}{2} = \frac{\rho}{2} \overline{V}^3 A$$

当截面 A 上速度不是均匀分布时,$\int_A V^3 dA \neq \overline{V}^3 A$,令

$$\alpha = \frac{\int_A V^3 dA}{\overline{V}^3 A} \tag{7-56}$$

α 称为截面 A 的动能修正系数,于是

$$\int_A \frac{V^2}{2} dq_m = \alpha q_m \frac{\overline{V}^2}{2} \tag{7-57}$$

对于圆管内的充分发展层流 $\alpha = 2.0$,圆管内湍流的速度型线更为平坦。在工程问题中,对于大雷诺数管内湍流,可近似取 $\alpha = 1$。

2) 缓变流

所谓缓变流,是指流道中流线之间的夹角很小,流线趋于平行;流线的曲率很小(曲率半径很大),流线近似为直线,也即缓变流动时流线近似为平行的直线;反之,则称为急变流。截面不变的直管道中(特别是圆管内)的流动可看作缓变流。

考虑水平层流缓变流动,假设流动是定常的,均质不可压缩流体,且质量力仅为重力。此时,

仅在流动方向存在黏性力,而在垂直于流动方向的截面上仅有重力和压力作用,即在此截面上压强分布应满足水静压强分布规律。

$$z + \frac{p}{\rho g} = C \tag{7-58}$$

式(7-58)说明在缓变流中,与流动方向垂直的截面上压强分布规律与水静压强分布是一致的。

对于工程实际流动问题,式(7-58)对层流缓变流动和湍流缓变流动均适用。

3. 总流伯努利方程

通过一个流道的流动是由许多流束组成的,每个流束的流动参数都有差异。对于总流,需用平均参数来描述其流动特征。在图7-16所示的流道上取缓变流截面1、2。取其中一条流束如图7-16所示,其端面分别为dA_1和dA_2,假设流动是定常的,流体均质不可压缩,质量力仅为重力,运用式(7-55)于此流束。

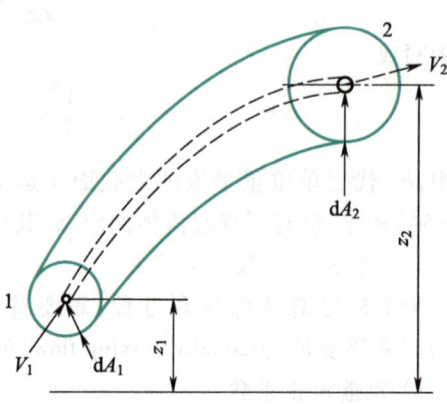

图 7-16　总流伯努利方程

$$\left(\frac{V_1^2}{2g} + z_1 + \frac{p_1}{\rho g} \right) \rho g \mathrm{d}q_V = \left(\frac{V_2^2}{2g} + z_2 + \frac{p_2}{\rho g} + h_w' \right) \rho g \mathrm{d}q_V$$

式中,$\mathrm{d}q_V$为该流束的体积流量。对于不可压缩流体,根据连续方程,$\mathrm{d}q_V = V_1 \mathrm{d}A_1 = V_2 \mathrm{d}A_2$,则

$$\left(\frac{V_1^2}{2g} + z_1 + \frac{p_1}{\rho g} \right) \rho g V_1 \mathrm{d}A_1 = \left(\frac{V_2^2}{2g} + z_2 + \frac{p_2}{\rho g} + h_w' \right) \rho g V_2 \mathrm{d}A_2$$

将上式左、右两边分别在截面1、2上积分可得

$$\int_{A_1} \left(\frac{V^2}{2g} + z + \frac{p}{\rho g} \right) \rho g V \mathrm{d}A = \int_{A_2} \left(\frac{V^2}{2g} + z + \frac{p}{\rho g} \right) \rho g V \mathrm{d}A + \int_{A_2} h_w' \rho g V \mathrm{d}A \tag{7-59}$$

在缓变流截面上$z + \frac{p}{\rho g} = C$,且有$\rho = C$,利用式(7-57),式(7-59)左边可以写为

$$\frac{\rho}{2} \int_{A_1} V^3 \mathrm{d}A + \rho g \int_{A_1} \left(z + \frac{p}{\rho g} \right) V \mathrm{d}A = \frac{\rho}{2} \alpha_1 \overline{V}_1^3 A_1 + \rho g \left(z_1 + \frac{p_1}{\rho g} \right) \int_{A_1} V \mathrm{d}A$$

$$= \frac{\rho}{2} \alpha_1 \overline{V}_1^2 q_{V1} + \rho g \left(z_1 + \frac{p_1}{\rho g} \right) q_{V1} = \left(\frac{\alpha_1 \overline{V}_1^2}{2g} + z_1 + \frac{p_1}{\rho g} \right) \rho g q_{V1}$$

同理,式(7-59)右边可写为

$$\left(\frac{\alpha_2 \overline{V}_2^2}{2g} + z_2 + \frac{p_2}{\rho g} \right) \rho g q_{V2} + \rho g \int_{A_2} h_w' V \mathrm{d}A$$

根据连续方程$q_{V1} = q_{V2} = q_V$,式(7-59)可改写为

$$\left(\frac{\alpha_1 \overline{V}_1^2}{2g} + z_1 + \frac{p_1}{\rho g} \right) \rho g q_V = \left(\frac{\alpha_2 \overline{V}_2^2}{2g} + z_2 + \frac{p_2}{\rho g} \right) \rho g q_V + \rho g \int_{A_2} h_w' V \mathrm{d}A$$

令$\frac{1}{q_V} \int_{A_2} h_w' V \mathrm{d}A = h_{\mathrm{LT}}$,则上式可化简为

$$\frac{\alpha_1 \overline{V}_1^2}{2g} + z_1 + \frac{p_1}{\rho g} = \frac{\alpha_2 \overline{V}_2^2}{2g} + z_2 + \frac{p_2}{\rho g} + h_{LT} \tag{7-60}$$

式（7-60）即为管道内实际流体的总流伯努利方程。

式中，h_{LT} 为液力损失（hydraulic losses），表示通过流道截面 1、2 时，单位重量流体的平均机械能损失[5]。

式（7-60）的适用条件是：定常流动，均质不可压缩流体，质量力仅有重力，所选取的两个截面是缓变流截面。在推导上式时，z 轴选铅垂向上方向为正方向，同时，在两个缓变流截面之间的流动不要求一定是缓变流，但不能有机械能的输入或输出。如果在截面 1 和截面 2 之间安装有流体机械，因为存在机械能的输入或输出，所以流动就不会是严格意义下的定常流动。此时，式（7-60）右边需要增加一项 $h_{轴}$ 以考虑轴功（旋转轴传递的功）对总能头的影响。

$$\frac{\alpha_1 \overline{V}_1^2}{2g} + z_1 + \frac{p_1}{\rho g} = \frac{\alpha_2 \overline{V}_2^2}{2g} + z_2 + \frac{p_2}{\rho g} + h_{LT} + h_{轴} \tag{7-61}$$

当流体机械向流体输入轴功时，$h_{轴} < 0$；从流体中吸取能量时，$h_{轴} > 0$。

7.1.6 管道内沿程和局部能量损失

1. 圆管内的沿程能量损失计算及穆迪图

工程上，管道被广泛用来输送液体、气体、气液混合物（如油气混输）、气固混合物（如煤粉气流）等。管道内的压降对于管路系统（piping system）的设计和运行是一个重要参数。对于单相流体，由式（7-60）可知，导致管道两个截面间静压头变化的原因有 3 个：流速变化或动压头变化（由管道截面变化引起）、高度变化或重位压头变化、水力损失。水力损失可分为沿程能量损失和局部能量损失，简称沿程损失（linear loss）和局部损失（localized loss）。由于黏性摩擦在均直管内的充分发展流动中产生的水力损失称为沿程损失；实际流体流经渐缩管（conical contraction）、渐扩管（conical expansion）、突扩管（sudden expansion）、突缩管（sudden contraction）以及弯头（elbow）、阀门（valve）等管道构件和连接件时的水力损失称为局部损失[6]。本节讨论均直圆管内的沿程损失。

湍流减阻效应

首先考虑水平均直圆管的压降。在 7.1.3 节中，通过求解 N-S 方程给出了充分发展层流的解析解，由式（7-26）可得

$$\Delta p = \frac{8\mu l \overline{V}}{r_0^2} \tag{7-62}$$

湍流则需要依赖实验测量和半经验公式，此处通过量纲分析和相似理论予以分析。

水平均直圆管的压降可以写成

$$\Delta p = F(\overline{V}, d, l, \mu, \rho, \Delta) \tag{7-63}$$

Δp 与管截面的平均速度 $\overline{V}$、管直径 d 及管长 l 有关，是显而易见的。管内存在剪切应力 $\tau = \tau_{lam} + \tau_{turb}$，而黏性应力正比于动力黏度 μ，湍流附加应力正比于密度 ρ，因此 Δp 也应是 μ 和 ρ 的函数。管壁表面粗糙度 Δ（可以看作管壁粗糙凸起的统计尺寸）的影响对层流和湍流有所不同，在湍流时管壁附近存在一层很薄的层流底层，如果 Δ 接近或大于黏性底层的厚度 δ_s，Δ 将会影响黏性底层的结构和特征，因此湍流的 Δp 也应是 Δ 的函数（图 7-17）。

运用量纲分析法,式(7-63)可写为量纲为一的准则数的关系式:

$$\frac{\Delta p}{\frac{1}{2}\rho \bar{V}^2}=\phi\left(\frac{\rho \bar{V}d}{\mu},\frac{l}{d},\frac{\Delta}{d}\right)$$

可以看出,量纲为一的压降是雷诺数 $Re=\dfrac{\rho \bar{V}d}{\mu}$,

长度管径比 $\dfrac{l}{d}$ 和相对表面粗糙度 $\dfrac{\Delta}{d}$ 的函数。根据

实验测量 Δp 与管长 l 成正比,因此可将 $\dfrac{l}{d}$ 从等式右

边括号中移至扩号外。

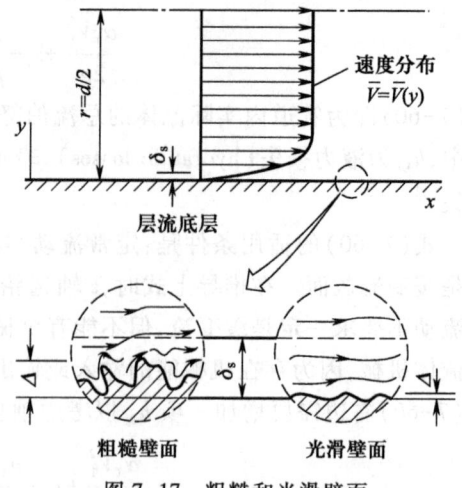

图 7-17 粗糙和光滑壁面

$$\frac{\Delta p}{\frac{1}{2}\rho \bar{V}^2}=\frac{l}{d}f\left(Re,\frac{\Delta}{d}\right)$$

对于水平均直圆管,有

$$\Delta p=f\frac{l}{d}\ \frac{1}{2}\rho \bar{V}^2 \tag{7-64}$$

其中,

$$f=f(Re,\Delta/d) \tag{7-65}$$

式中,f 为摩擦系数,也称为沿程损失的阻力系数。对定常的不可压缩流体在水平均直圆管内的流动,式(7-60)可写作

$$\frac{\alpha_1 \bar{V}_1^2}{2g}+z_1+\frac{p_1}{\rho g}=\frac{\alpha_2 \bar{V}_2^2}{2g}+z_2+\frac{p_2}{\rho g}+h_{\mathrm{L}}$$

式中,h_{L} 表示沿程损失。对于水平均直圆管,$z_1=z_2$,$\bar{V}_1=\bar{V}_2$;假设充分发展流动,则 $\alpha_1=\alpha_2$,于是上式可简化为

$$\frac{\Delta p}{\rho g}=\frac{p_1-p_2}{\rho g}=h_{\mathrm{L}} \tag{7-66}$$

即水平均直圆管内充分发展流动的沿程损失可用压降来表示,比较上式和式(7-65)可得

$$h_{\mathrm{L}}=f\frac{l}{d}\ \frac{\bar{V}^2}{2g} \tag{7-67}$$

式(7-67)虽然是从水平均值圆管的关系式推得的,但它也可以应用于倾斜管和垂直管。

对比式(7-62)和式(7-64),层流时的沿程损失可改写成如下形式。

$$h_{\mathrm{L}}=\frac{64}{Re}\frac{l}{d}\ \frac{\bar{V}^2}{2g}=f\frac{l}{d}\ \frac{\bar{V}^2}{2g} \tag{7-68}$$

因此层流时的摩擦系数为

$$f=\frac{64}{Re} \tag{7-69}$$

湍流时的 f 是 Re 和 $\dfrac{\Delta}{d}$ 的复杂函数,需通过实验来确定。

穆迪(L.F.Moody)用商品管进行了系统广泛的实验研究,将实验结果绘制成穆迪图(图 7-18)。穆迪图中采用了等效表面粗糙度的概念,并以此确定摩擦系数。为了方便计算,本章中也用 Δ 表示等效粗糙度。各种常用商品管的等效表面粗糙度值在表 7-1 中给出。

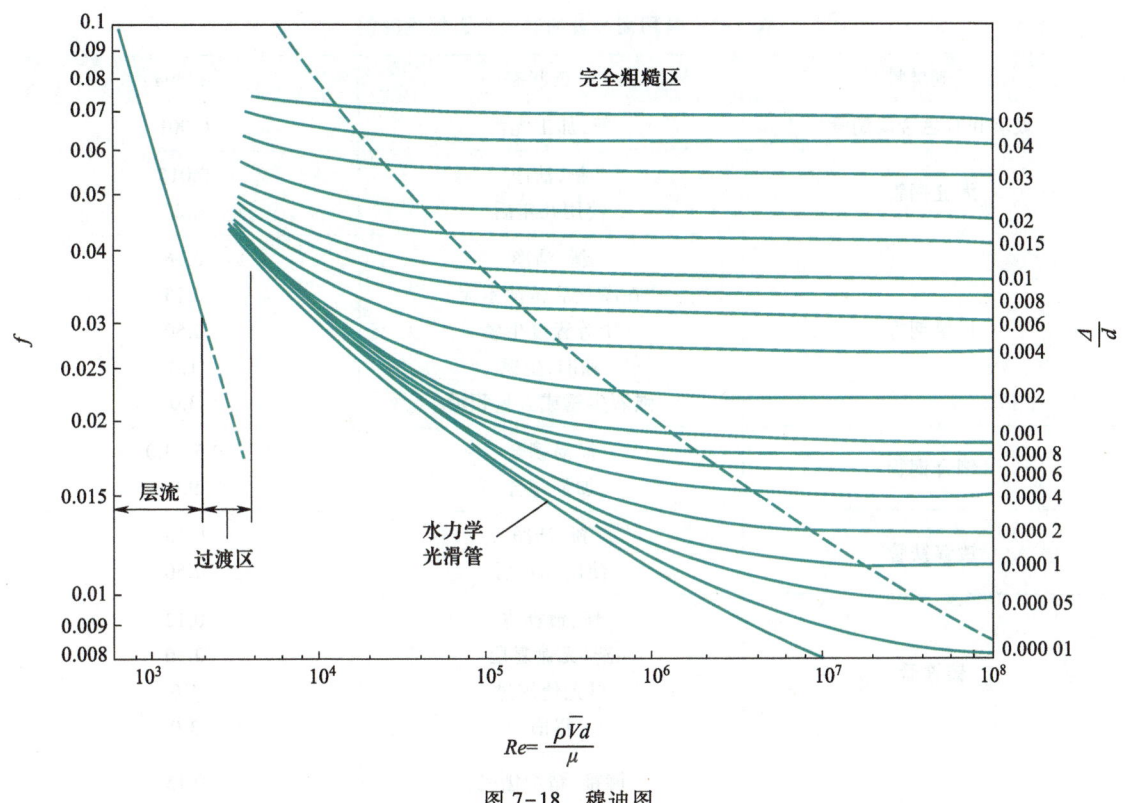

$$Re= \frac{\rho \overline{V} d}{\mu}$$

图 7-18 穆迪图

以穆迪图确定摩擦系数 f 的流程为:首先根据流动条件计算出雷诺数,再由表 7-1 查出所用管子的粗糙度;根据 Re 和相应的 $\dfrac{\Delta}{d}$ 即可从穆迪图中的相应曲线确定摩擦系数 f。

从图 7-18 中可以看出,在层流区域,f 随 Re 的增加而减小,层流曲线为一条直线,即 $f=\dfrac{64}{Re}$,与相对粗糙度无关,这与理论分析结果是一致的。

在层流向湍流的过渡区($2\,100<Re<4\,000$)内,穆迪图中没有给出相应的曲线。

在湍流区域中,当 Re 非常大时,$f=f\left(\dfrac{\Delta}{d}\right)$,$f$ 只取决于 $\dfrac{\Delta}{d}$。这是因为当雷诺数 Re 很大时,黏性底层非常薄,几乎所有的管壁粗糙凸起都伸出了黏性底层,黏性底层的特性完全取决于管壁状况,而与 Re 无关。此时的 f 曲线为一些水平直线段,占据图中的右上方区域,称为完全粗糙区(fully rough zone)。在此区域内,由于 f 与 Re 无关,沿程损失 h_{L} 就与流速的平方成正比,因此也称这一区域为阻力平方区。此外,从模型试验角度考虑,在此区域即使 Re 不相等也能保证实物流动与模型流动相似,于是此区域也称为自模化区。对于中等大小的雷诺数,f 则是 Re 和 $\dfrac{\Delta}{d}$ 两个变量的函数:$f=f\left(Re,\dfrac{\Delta}{d}\right)$。这部分曲线则占据了图中的左下方区域,在穆迪图中用一条倾斜虚线和完全粗糙区分开。

表 7-1 常用商品管的等效表面粗糙度值

管道材料	管道状态	Δ/mm
玻璃和有色金属制管	新,加工光滑	0.001
无缝钢管	新,洁净	0.015
	使用几年后	0.20
焊接钢管	新,洁净	0.06
	在净化后锈蚀不大	0.15
	中等程度生锈	0.50
	陈旧,生锈	1.0
	强烈生锈或大量积垢	3.0
铆合钢管	简易铆合	0.5~3.0
	加强铆合	9.0
镀锌铁管	新,洁净	0.15
	使用几年后	0.50
铸铁管	新,镀沥青	0.12
	新,无镀复层	0.30
	早先使用过	1.0
	很旧	3.0
木管	铆接,精细刨光	0.15
	一般铆接	0.5
	未刨光木板制管	2.0
胶木板管	新	0.03
石棉水泥管	新	0.085
水泥管	新,预应力混凝土制	0.03
	新,离心浇制	0.20
	早先使用过	0.50
	混凝土制成后未加工	1.0~3.0

如图 7-18 所示,即使 $\dfrac{\Delta}{d}$ 非常小,趋近于零时,f 也不为零,这是因为壁面满足无滑移边界条件,壁面上流体流速为零,壁面附近存在很大的速度梯度。穆迪图上与此种情况相应的曲线(湍流区左下方边缘曲线)为水力学光滑曲线。在这条曲线上,f 仅取决于 Re,而与 $\dfrac{\Delta}{d}$ 无关。

摩擦系数 f 除可以从穆迪图得到之外,还可以通过经验公式计算。对水力学光滑管可以应用布莱修斯公式(Blasius formula)。

$$f=\frac{0.316\,4}{Re^{0.25}}\tag{7-70}$$

式(7-70)适用范围为 $Re<1\times10^{5}$。

科尔布鲁克公式(Colebrook formula)则适用于穆迪图中的整个非层流区域,在工程计算中得到了广泛应用。

$$\frac{1}{\sqrt{f}}=-2.0\lg\left(\frac{\Delta/d}{3.7}+\frac{2.51}{Re\sqrt{f}}\right)\tag{7-71}$$

式(7-71)是 f 的隐函数,在具体运算时需要迭代求解。

为方便使用,以下显式格式公式也可使用

$$f=0.11\left(\frac{68}{Re}+\frac{\Delta}{d}\right)^{0.25}$$

穆迪图和式(7-71)是对大量实测数据的归纳与综合,精度约为10%。

[例题 7-5]　假设空气在直径为 4.0 mm 的无缝钢管内流动,平均速度 $\overline{V}=50$ m/s, $\rho=1.23$ kg/m³, $\mu=1.79\times10^{-5}$ Pa·s,已知管壁粗糙度 $\Delta=0.001\,5$ mm。在这样的条件下,流动一般为湍流,但如果仔细消除对气流的各种扰动,如管道进口非常光滑、气流中不包含尘粒、管子无振动等,那么流动为层流仍是可能的。试求:(1) 层流时 0.1 m 长管内的压降;(2) 湍流时的相应压降。

分析:本例题探讨了空气在无缝钢管内流动时的压降问题,特别区分了层流和湍流两种流动状态。通过计算雷诺数,可以判断流动类型,进而使用不同的公式计算压降。

假设:(1) 一维;(2) 不可压缩流体;(3) 稳态问题。

解:先求雷诺数。

$$Re=\frac{\rho\overline{V}d}{\mu}=\frac{1.23\ \text{kg/m}^{3}\times50\ \text{m/s}\times0.004\ \text{m}}{1.79\times10^{-5}\ \text{Pa·s}}=1.37\times10^{4}$$

(1) 层流压降

由式(7-69)可知

$$f=\frac{64}{Re}=\frac{64}{13\,700}=0.004\,67$$

由式(7-64)即可求得压降为

$$\Delta p=f\frac{l}{d}\frac{1}{2}\rho\overline{V}^{2}=0.004\,67\times\frac{0.1\ \text{m}}{0.004\ \text{m}}\times\frac{1}{2}\times1.23\ \text{kg/m}^{3}\times(50\ \text{m/s})^{2}=0.179\times10^{3}\ \text{Pa}$$

(2) 湍流压降

湍流摩擦系数 $f=f\left(Re,\dfrac{\Delta}{d}\right)$

$$\frac{\Delta}{d}=\frac{0.001\,5\ \text{mm}}{4.0\ \text{mm}}=0.000\,375$$

从穆迪图中可查到相应于 $Re=13\,700$, $\dfrac{\Delta}{d}=0.000\,375$ 的摩擦系数 $f=0.028$,于是

$$\Delta p = f \frac{l}{d} \frac{1}{2} \rho \overline{V}^2 = 0.028 \times \frac{0.1\ \text{m}}{0.004\ \text{m}} \times \frac{1}{2} \times 1.23\ \text{kg/m}^3 \times (50\ \text{m/s})^2 = 1.076 \times 10^3\ \text{Pa}$$

湍流摩擦系数也可通过科尔布鲁克公式求出

$$\frac{1}{\sqrt{f}} = -2.0 \lg \left(\frac{\Delta/d}{3.7} + \frac{2.51}{Re\sqrt{f}} \right) = -2.0 \lg \left(\frac{0.000\ 375}{3.7} + \frac{2.51}{1.37 \times 10^4 \sqrt{f}} \right)$$

或

$$\frac{1}{\sqrt{f}} = -2.0 \lg \left(1.01 \times 10^4 + \frac{1.83 \times 10^{-4}}{\sqrt{f}} \right)$$

上式迭代求解过程如下:先设一个初始 f 值,代入上式等号右边计算得到新的 f 值,若新值与假设值不符,则将新值再代入上式等号右边计算,重复以上过程直至代入值和计算值之差足够小为止。假设 $f = 0.02$,f 在迭代过程中的取值依次为:$f = 0.02$、$0.030\ 7$、$0.028\ 9$、$0.029\ 1$、$0.029\ 1$,所以 $f = 0.029\ 1$,与从穆迪图所得结果基本相符。如果应用水力光滑管的布莱修斯公式可得

$$f = \frac{0.316\ 4}{Re^{0.25}} = 0.316\ 4 \times (13\ 700)^{-0.25} = 0.029\ 2$$

在例题 7-5 给定条件下,即 $Re = 13\ 700$,$\dfrac{\Delta}{d} = 0.000\ 375$ 时,从图 7-18 可以看出,流动基本上处于水力光滑状态,因此布莱修斯公式计算结果与穆迪图或科尔布鲁克公式得到的数值基本相符。

讨论:湍流摩擦系数的确定可以通过穆迪图或科尔布鲁克公式进行,迭代方法是求解摩擦系数的一种有效手段。湍流压降 $\Delta p = 1.076 \times 10^3$ Pa 和气流绝对压强(absolute pressure)相比,所占份额很小。假设气流压强为 1.01×10^5 Pa,则气流压强在流动中仅改变了约 1%,可认为气体为不可压缩流体,因此上述计算是合理的(以上计算所应用公式仅适用于不可压缩流体)。在实际的流体输运过程中,保持层流状态可以减少能量损失,但由于湍流的存在,这种理想状态很难实现。流动类型(层流或湍流)对压降有显著影响,湍流的压降远大于层流压降。

2. 局部能量损失计算

黏性流体在管道中流动时不仅有沿程能量损失,在经过各种管道构件和管道连接件时还存在局部能量损失(简称局部损失)。局部损失主要是由流体的相互碰撞和形成旋涡等原因造成的。通常管流中单位重量流体的局部损失用 h_j 表示,可通过速度头来计算。

$$h_j = \zeta \frac{\overline{V}^2}{2g} \tag{7-72}$$

式中,ζ 为局部损失系数,是一个量纲为一的数,ζ 数值大小主要由管件的几何形状和尺寸决定,同时受流体流动特性的影响,因此也是管流雷诺数的函数。通常遇到的管道流动的雷诺数都非常大,实验测量发现流体流过管件的压降或水头损失与流体动能头成正比,即在绝大多数情况下,局部损失系数 ζ 仅由不同管件的几何形状和尺寸所决定,而与雷诺数无关,通常需要通过实验测定。下面介绍几种常用管件的局部损失。

1)管道截面突然扩大

如图 7-19 所示,流体从小直径的管道流向大直径的管道,由于流体有惯性,无法按照管道

的形状突然扩大,而是类似射流,离开小直径管道后流束截面逐渐扩大,经过几个管径距离后才重新充满整个管道截面,逐渐建立起充分发展流动,因此在突然扩大管壁拐角处与流束之间形成旋涡。旋涡靠主流束带动旋转,主流束把能量传递给旋涡,由于旋涡内存在黏性摩擦力,这部分能量最终以热量形式耗散掉。另外,从小直径管道中流出的流体有较高的速度,必然要碰撞大直径管道中流速较低的流体,还会产生碰撞损失。

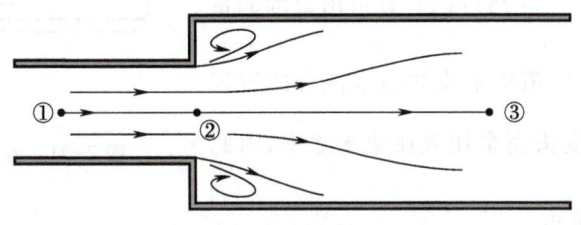

图 7-19 突扩管流动示意图

管道截面突然扩大是其局部损失可用分析方法求解的少数几种局部管件之一。在图 7-20 中取控制体如虚线所示,并假设横截面①~③上的流体速度均匀分布,控制体左端面上的压强为常量,即 $p_a = p_b = p_c = p_1$,对所取控制体分别写出连续方程、动量方程和能量方程。

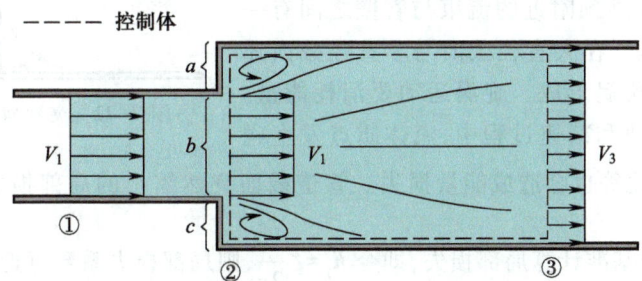

图 7-20 计算突扩管局部损失系数的控制体

$$A_1 \overline{V}_1 = A_3 \overline{V}_3$$

$$p_1 A_2 - p_3 A_3 = \rho A_3 \overline{V}_3 (\overline{V}_3 - \overline{V}_1)$$

$$\frac{p_1}{\rho g} + \frac{\overline{V}_1^2}{2g} = \frac{p_3}{\rho g} + \frac{\overline{V}_3^2}{2g} + h_j$$

考虑到 $A_2 = A_3$,从上面 3 个方程可以求出

$$h_j = \frac{1}{2g}(\overline{V}_1 - \overline{V}_3)^2 = \left(1 - \frac{A_1}{A_2}\right)^2 \frac{\overline{V}_1^2}{2g} = \left(\frac{A_2}{A_1} - 1\right)^2 \frac{\overline{V}_2^2}{2g} \tag{7-73}$$

可以看出,管道截面突然扩大的能量损失等于损失速度($\overline{V}_1 - \overline{V}_2$)的速度头。若按式(7-72)表示方式,则有

$$h_j = \zeta_1 \frac{V_1^2}{2g} = \zeta_2 \frac{V_2^2}{2g} \tag{7-74}$$

显然,按小截面流速计算的局部损失系数为

$$\zeta_1 = \left(1 - \frac{A_1}{A_2}\right)^2 \tag{7-75}$$

按大截面流速计算的局部损失系数为

$$\zeta_2 = \left(\frac{A_2}{A_1} - 1\right)^2 \qquad (7-76)$$

这个结果和实验测量数据符合得很好。

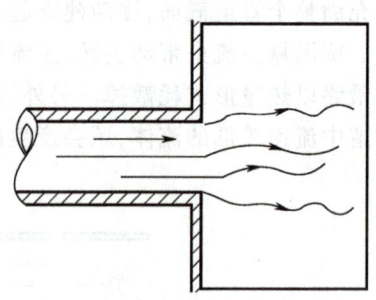

图 7-21　液体由管道流入水池

如图 7-21 所示,当管道与大面积的水池相连接时,$A_2 \gg A_1$,由式(7-74)和式(7-75)可知,管道出口的能量损失 $h_j = \frac{\overline{V_1^2}}{2g} \zeta_1 = 1$,即在管道中水流和池水混合的过程中,由于黏性影响其速度头完全耗散在池水之中,因此最后趋于静止。

2) 管道截面突然缩小

如图 7-22 所示,流体从大直径管道流向小直径管道时,流线要发生弯曲,流束截面会收缩。当流体进入小直径管道后,由于流体惯性影响,流束将继续收缩至最小截面 A_c(称为缩颈),而后又逐渐扩大,直至充满整个小直径截面 A_2。在缩颈附近的流束与管壁之间有一充满小旋涡的低压区。在大直径截面与小直径截面连接的凸肩处,也常有旋涡形成。旋涡运动要消耗能量。

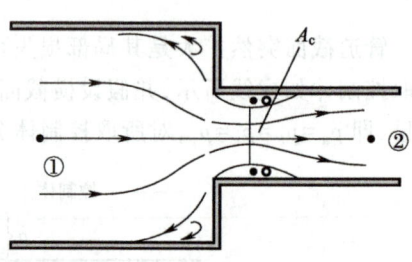

图 7-22　突然缩小管流动示意图

在流线弯曲、流体加速和减速过程中,流体质点发生碰撞,速度分布发生变化等也会造成能量损失。管道截面突然缩小的局部损失系数由实验确定。

若以小截面速度头为基准计算局部损失,即令 $h_j = \zeta \dfrac{\overline{V_2^2}}{2g}$,则局部损失系数可近似表示为

$$\zeta = 0.5\left(1 - \frac{A_2}{A_1}\right) \qquad (7-77)$$

管道截面突然缩小时的局部损失系数(见表 7-2)小于管道截面突然扩大的损失。

表 7-2　局部损失系数

类别	示意图	局部损失系数
截面突然扩大	A_1 V_1 → A_2 V_2	$\zeta' = \left(\dfrac{A_2}{A_1} - 1\right)^2 \ \left(h_j = \zeta' \dfrac{V_2^2}{2g}\right)$ $\zeta = \left(1 - \dfrac{A_1}{A_2}\right)^2 \ \left(h_j = \zeta \dfrac{V_1^2}{2g}\right)$
截面突然缩小	A_1 V_1 → A_2 V_2	$\zeta = 0.5\left(1 - \dfrac{A_2}{A_1}\right) \ \left(h_j = \zeta \dfrac{V_2^2}{2g}\right)$

续表

类别	示意图	局部损失系数
圆锥形渐扩管		（1）当扩大段较短时 $$\zeta = k_{扩}\left(\frac{A_2}{A_1}-1\right)^2 \quad \left(h_j = \zeta\frac{V_2^2}{2g}\right)$$ 式中，$k_{扩}$ 为与扩散角 α 有关的系数。 （2）当扩大段较长时 $$\zeta = k_{扩}\left(\frac{A_2}{A_1}-1\right)^2 + \frac{\lambda_{平均}}{8\tan\dfrac{\alpha}{2}}\left[\left(\frac{A_2}{A_1}\right)^2 - 1\right]\quad\left(h_j = \zeta\frac{V_2^2}{2g}\right)$$ 式中，$\lambda_{平均}=\dfrac{\lambda_1+\lambda_2}{2}$，$\lambda_1$ 与 λ_2 分别为小管和大管的沿程阻力系数

表中扩散角系数：

$\alpha/(°)$	8	10	12	15	20	25
$k_{扩}$	0.14	0.16	0.22	0.30	0.42	0.62

类别	示意图	局部损失系数
圆锥形渐缩管		（1）当收缩段较短时 $$\zeta = k_{缩}\left(\frac{1}{\varepsilon}-1\right)^2 \quad\left(h_j = \zeta\frac{V_2^2}{2g}\right)$$ 式中，$\varepsilon = 0.57 + \dfrac{0.043}{1.1-A}$，而 $A = \dfrac{A_2}{A_1}$。 （2）当收缩段较长时 $$\zeta = k_{缩}\left(\frac{1}{\varepsilon}-1\right)^2 + \frac{\lambda_{平均}}{8\tan\dfrac{\alpha}{2}}\left[1-\left(\frac{A_2}{A_1}\right)^2\right]\quad\left(h_j=\zeta\frac{V_2^2}{2g}\right)$$ 式中，$\lambda_{平均}=\dfrac{\lambda_1+\lambda_2}{2}$，$\lambda_1$ 与 λ_2 分别为大管和小管的沿程阻力系数

表中收缩角系数：

$\alpha/(°)$	10	20	40	60	80	100	140
$k_{缩}$	0.40	0.25	0.20	0.20	0.30	0.40	0.60

类别	示意图	局部损失系数
管道进口		内插进口　$\zeta = 0.8$
		直角进口　$\zeta = 0.5$

续表

类别	示意图	局部损失系数
管道进口	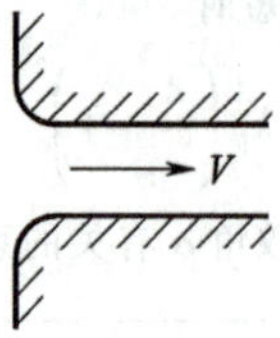	稍加修圆 $\zeta = 0.20$ 很好修圆 $\zeta = 0.04$
管道出口	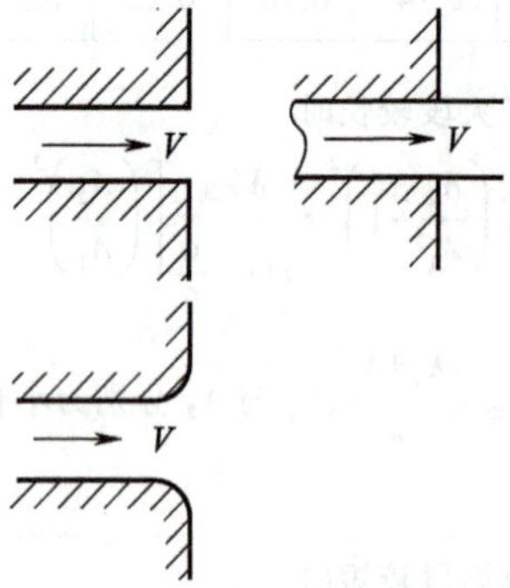	$\zeta = 1$

弯管

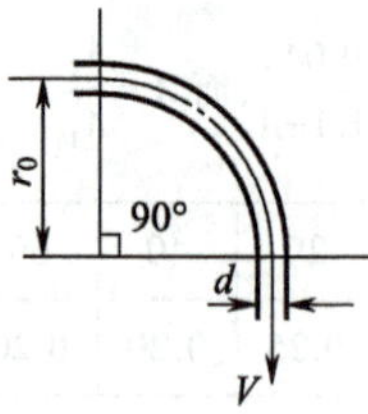

$\alpha = 90°$

d/r_0	0.2	0.4	0.6	0.8	1.0
$\zeta_{90°}$	0.132	0.138	0.158	0.206	0.294
d/r_0	1.2	1.4	1.6	1.8	2.0
$\zeta_{90°}$	0.440	0.660	0.976	1.406	1.975

缓弯管

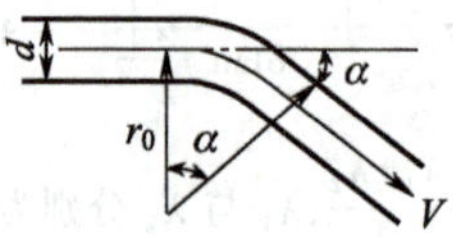

α 为任意角度, $\zeta = k\zeta_{90°}$

$\alpha/(°)$	20	40	60	90	120	140	160	180
k	0.47	0.60	0.82	1.00	1.16	1.25	1.33	1.41

折管

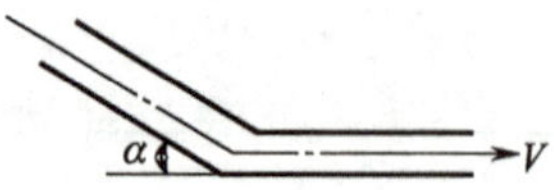

圆形	$\alpha/(°)$	10	20	30	40	50	60	70	80	90
	ζ	0.04	0.1	0.2	0.3	0.4	0.55	0.70	0.90	1.10

矩形	$\alpha/(°)$	15	30	45	60	90
	ζ	0.025	0.11	0.26	0.49	1.20

续表

类别	示意图	局部损失系数
斜分岔		$\zeta = 0.05$
		$\zeta = 0.15$
		$\zeta = 1.0$
		$\zeta = 0.5$
		$\zeta = 3.0$
直角分岔		$\zeta = 0.1$
		$\zeta = 1.5$
直角分流		$\zeta_{1\text{-}2} = 2$, $\quad h_{j_{1\text{-}2}} = 2\dfrac{V_2^2}{2g}$ $h_{j_{1\text{-}3}} = \dfrac{V_1^2 - V_3^2}{2g}$
截止阀		

截止阀数据表：

d/cm	15	20	25	30	35	40	50	>60
ζ	6.5	5.5	4.5	3.5	3.0	2.5	1.8	1.7

续表

类别	示意图	局部损失系数				

蝶阀

$\alpha/(°)$	5	10	15	20	25
ζ	0.24	0.52	0.90	1.54	2.51
$\alpha/(°)$	30	35	40	45	50
ζ	3.91	6.22	10.8	18.7	32.6
$\alpha/(°)$	55	60	65	70	90
ζ	58.8	118	256	751	∞

闸阀

全开时 $\left(\dfrac{a}{d}=0\right)$

d/mm	15	20~50	80	100	150
ζ	1.5	0.5	0.4	0.2	0.1
d/mm	200~250	300~450	500~800	900~1 000	
ζ	0.08	0.07	0.06	0.05	

各种开度时

d		开度 a/d					
mm	in	1/8	1/4	3/8	1/2	3/4	1
12.5	1/2	450	60	22	11	2.2	1.0
19	3/4	310	40	12	5.5	1.1	0.28
25	1	230	32	9.0	4.2	0.90	0.23
40	$1\frac{1}{2}$	170	23	7.2	3.3	0.75	0.18
50	2	140	20	6.5	3.0	0.68	0.16
100	4	91	16	5.6	2.6	0.55	0.14
150	6	74	14	5.3	2.4	0.49	0.12
200	8	66	13	5.2	2.3	0.47	0.10
300	12	56	12	5.1	2.2	0.47	0.07

　　流体由大面积水池流入管道是管道截面突然缩小的极限情形,此时 $\dfrac{A_2}{A_1}\approx0$(图 7-23b),由实验测得的局部损失系数 $\zeta=0.5$,与式(7-77)计算结果相符合。若管道入口处带有圆角,则损失系数会大大减小;若管道伸入水池中,则局部损失系数取 0.8。

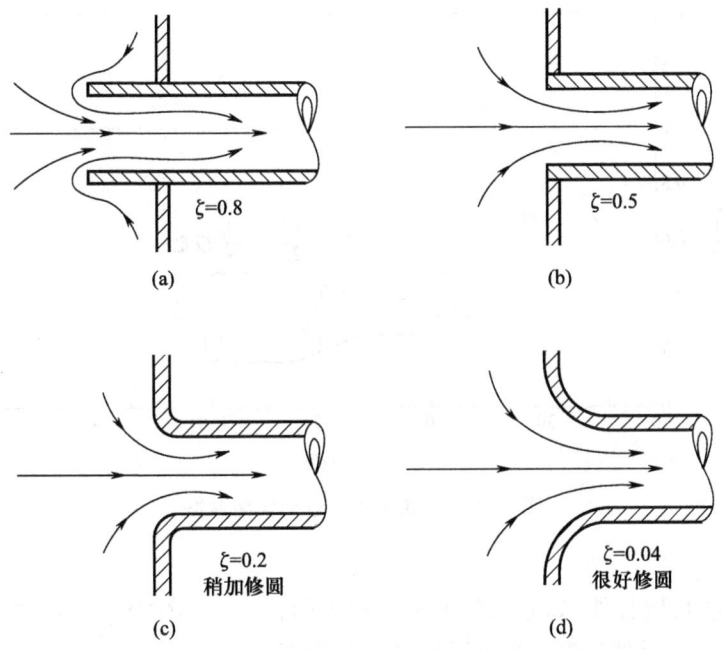

图 7-23 液体由水池流入圆管中

3）渐扩管和渐缩管

工程上为了减小局部损失,在管道截面突然扩大处常采用渐扩的管段。图 7-24 所示为截面积比为 $\dfrac{A_2}{A_1}$ 的圆锥形渐扩管的实测数据。显然,扩展角 θ 是一个重要参数。当 θ 很小时,渐扩管会特别长,于是大部分的水力损失,如同在充分发展流动中那样是由壁面剪切应力引起的。对于中等或比较大的 θ,渐扩管内的流体会和壁面发生分离,由此导致的旋涡和流体相互碰撞将会耗损更多的主流能量。在图 7-24 所示的情形下,当 $\theta>35°$ 时,渐扩管的局部损失甚至比突扩管的局部损失还要大,即 $\zeta>1$。存在一个最佳扩展角,在图 7-24 所示情形下,$\theta=8°$,此时损失系数最小。需要指出的是,渐扩管的局部损失系数还与管道截面比 $\dfrac{A_2}{A_1}$、渐扩管几何结构细节及雷诺数有关,读者可参阅表 7-2 及相关资料。

使图 7-24 中的流体做反方向流动就得到一个圆锥形渐缩管,也称为喷管(nozzle),若以下游管道中的速度头作基准,其局部损失系数为 $0.02(\theta=30°) \sim 0.07(\theta=60°)$。

4）弯管

弯管的水力损失大于直管。当流体流过弯管时,在弯管内侧会形成分离区,产生旋涡,造成损失。另外,在弯管区由于流体质点离心力的不平衡,会在横截面上形成一个双旋涡形的二次流动,叠加在沿轴线的主流流动上,流体质点运动呈螺旋形状(见图 7-25)。

弯管局部损失系数 ζ 随弯管的总弯角 α、弯管中心线的曲率半径与管径的比值 $\dfrac{r_0}{d}$ 而变化,具体数值列于表 7-2 中。流体流过弯管的总水力损失应该包括上述局部损失及沿管中心线长度的摩擦损失(沿程损失)两部分。

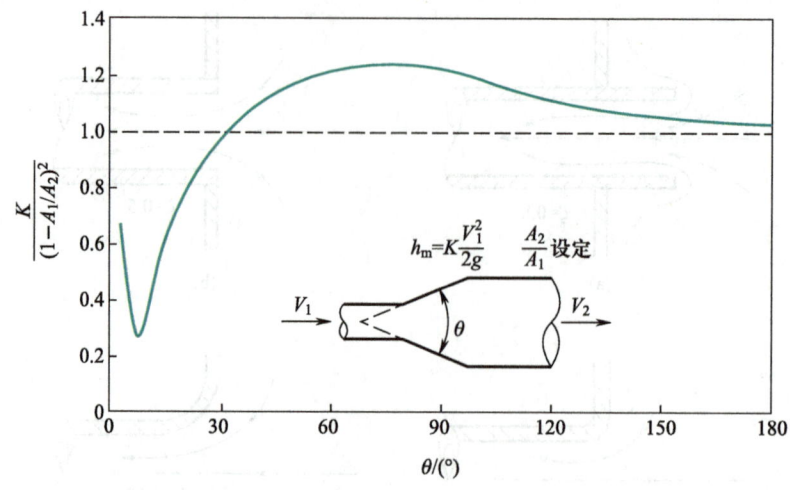

图 7-24　圆锥形渐扩管的实测数据

5）其他管件

黏性流体流经其他管件，如分叉管道和各种阀门，也会产生局部损失，其局部损失系数可以从表 7-2 中查出，或查阅有关流体阻力计算手册。

在管道系统的设计计算中，常常按照损失能量相等的观点把管件的局部损失折算成等值长度的沿程损失，以 l_e 表示等值长度。

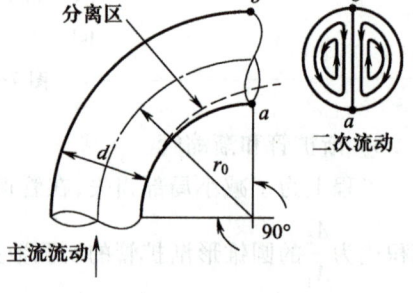

图 7-25　弯管流动的特点

$$l_e = \frac{\zeta}{f} d \qquad (7\text{-}78)$$

3. 非圆形通道沿程能量损失的计算

工程上用以输送流体的管道不一定都是圆形截面，也可能是矩形截面或圆环形截面等[7]。将上述圆形管道沿程损失计算公式中的直径 d 用当量直径 d_h 来代换，即可用来计算非圆形截面通道的沿程损失，当量直径 d_h 可用下式计算。

$$d_h = \frac{4A}{\chi} \qquad (7\text{-}79)$$

式中，A 为过流截面面积；χ 为流体与固体边界接触部分的周长，称为润湿周边。

非圆形截面通道的沿程损失为

$$h_L = f \frac{l}{d_h} \frac{\overline{V}^2}{2g} \qquad (7\text{-}80)$$

而雷诺数和相对表面粗糙度则分别为 $Re_h = \dfrac{\rho \overline{V} d_h}{\mu}$ 和 $\dfrac{\Delta}{d_h}$。

对于层流流动，非圆形截面通道摩擦系数可用下式计算。

$$f = \frac{C}{Re_h} \qquad (7\text{-}81)$$

式中,常数 C 的具体数值与截面形状有关,可通过理论求解或实验确定。一些典型非圆形截面通道的相关数值表示在表 7-3 中。

表 7-3 非圆形截面通道的相关数值

形状	参数	$C = fRe_{\mathrm{h}}$
同心圆环 $d_{\mathrm{h}} = d_2 - d_1$ d_1/d_2		
	0.000 1	71.8
	0.01	80.1
	0.1	89.4
	0.6	95.6
	1.00	96.0
圆缺 $d_{\mathrm{h}} = d\left[1 + \dfrac{\sin(2\alpha)}{2(\pi - \alpha)}\right]$ $\alpha/(°)$		
	0	64.0
	60	63.3
	90	63.1
	120	62.8
	180	62.2
矩形 $d_{\mathrm{h}} = \dfrac{2ab}{a+b}$ a/b		
	0	96.0
	0.05	89.9
	0.01	84.7
	0.25	72.9
	0.50	62.2
	0.75	57.9
	1.00	56.9
扇形 $d_{\mathrm{h}} = \dfrac{\alpha}{1+\alpha} d$ $\alpha/(°)$		
	0	48.0
	30	56.7
	60	60.8
	90	63.1

续表

形状	参数	$C=fRe_h$
直角三角形 $$d_h = \frac{2b\sin\alpha}{(1+\sin\alpha+\cos\alpha)}$$	$\alpha/(°)$	
	0	48.0
	10	49.9
	20	51.2
	30	52.0
	40	52.4
	45	52.5

如果非圆形截面通道内流动是充分发展湍流,那么摩擦系数可应用穆迪图或科尔布鲁克公式确定,但需用当量直径替换圆管直径,雷诺数也需用当量直径来计算,此时计算精度约为15%。

[例题 7-6] 长 30 m、截面面积为 0.3×0.5 m^2、用镀锌钢板制成的矩形风道,其内部风速 $\overline{V} = 14$ m/s,风温为 34 ℃,试求沿程损失。

分析:本例题关注的是矩形风道中空气流动的沿程损失。风道由镀锌钢板制成,具有一定的截面面积和长度,空气在其中以一定速度流动。本例的目的是计算在给定风速和风温下,空气流经风道时的压力损失。

假设:(1) 一维;(2) 不可压缩流体;(3) 稳态问题。

解:风道的当量直径为

$$d_h = \frac{2ab}{a+b} = \frac{2 \times 0.3 \text{ m} \times 0.5 \text{ m}}{0.3 \text{ m} + 0.5 \text{ m}} = 0.375 \text{ m}$$

34 ℃时的空气运动黏度为 $\nu = 1.63 \times 10^{-5}$ m^2/s,雷诺数为

$$Re_h = \frac{\overline{V}d_h}{\nu} = \frac{14 \text{ m/s} \times 0.375 \text{ m}}{1.63 \times 10^{-5} \text{ m}^2/\text{s}} = 32\ 200$$

风道内流动为湍流,镀锌钢板 $\Delta = 0.15$ mm,故相对表面粗糙度为

$$\frac{\Delta}{d_h} = \frac{0.15 \text{ mm}}{0.375 \times 10^3 \text{ mm}} = 0.000\ 4$$

由穆迪图可查得 $f = 0.017\ 6$,故沿程损失为

$$h_L = f \frac{l}{d_h} \frac{\overline{V}^2}{2g} = 0.017\ 6 \times \frac{30 \text{ m}}{0.375 \text{ m}} \times \frac{(14 \text{ m/s})^2}{2 \times 9.8 \text{ m/s}^2} = 14.1 \text{ m}$$

讨论:沿程损失受风速、风道长度、当量直径和摩擦系数的影响。湍流流动的假设基于雷诺数的计算结果,这对于理解流动特性和预测压力损失至关重要。穆迪图提供了一种快速确定湍流摩擦系数的方法,这对于工程设计和分析非常有用。沿程损失的计算对于风道设计、通风系统的性能评估和能源效率分析具有重要意义。

7.1.7　管道计算

在前面几节中分别讨论了水平均直圆管内的沿程损失和流体流过局部管件时的局部损失的计算方法。沿着某一管段的总的水力损失 h_{LT} 等于各段沿程损失和各种局部损失之和。

$$h_{LT} = \sum h_L + \sum h_j = \sum f \frac{l}{d} \frac{\overline{V}^2}{2g} + \sum \zeta \frac{\overline{V}^2}{2g} \tag{7-82}$$

两个缓变流断面间的水力损失根据总流伯努利方程又可以写为

$$h_{LT} = \left(\frac{p_1}{\rho g} + z_1 + \alpha_1 \frac{\overline{V}_1^2}{2g} \right) - \left(\frac{p_2}{\rho g} + z_2 + \alpha_2 \frac{\overline{V}_2^2}{2g} \right) \tag{7-83}$$

本节主要讨论如何应用以上两式进行各类管道的水力计算问题,对于较为复杂的管道系统,还需引用连续方程。在计算中,假定流体是不可压缩的,并且有关的物性参数,如密度 ρ 和动力黏度 μ 等都是常数。

首先讨论较简单的单管水力计算,然后讨论较为复杂的多管系统或管网的水力计算。

1. 单管

在管道水力计算中,通常会遇到以下 3 类典型情况。

1) 已知 l、d、q_V,求 h_{LT}。这是已知管道的布置和输送的流量,求管道系统中应具备的能头。对于给定的管道系统,在选择动力设备(如泵和压缩机等)的能头和功率时,要求解这类问题。

2) 已知 h_{LT}、l、d,求 q_V。这是已知管道的布置和断面尺寸及现有动力设备的能头,计算系统的输送能力。

3) 已知 h_{LT}、q_V、l,求 d。这是管道布置情况大体确定,动力设备也已给出的情况下,求管道直径。

第一类问题,相对简单,而求 q_V 和 d 的第二、第三类计算需要迭代计算。

[例题 7-7]　如图 7-26 所示,水从水箱中经弯管流出。(1) 当 $H_1 = 10$ m 时,试求通过弯管的流量;(2) 如果 $q_V = 60$ L/s,箱中水头 H_1 应为多少? 图中,$d = 15$ cm,$l_1 = 30$ m,$l_2 = 60$ m,$H_2 = 15$ m。已知管道中沿程摩擦系数 $f = 0.023$,弯头 $\zeta = 0.9$,40°开度蝶阀的 $\zeta = 10.8$。

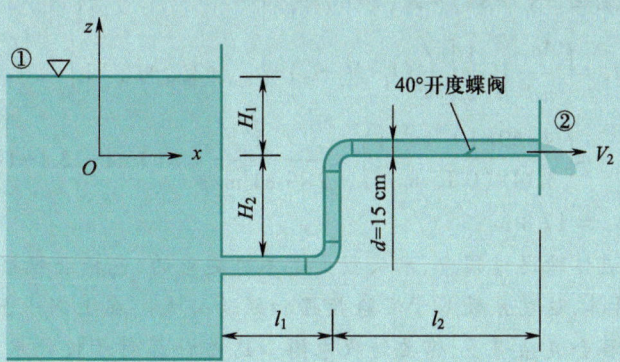

图 7-26　弯管水力计算

分析:本例题涉及水箱与弯管内水的流动问题,需要计算在特定条件下的流量和所需的水头。这涉及流体力学中的伯努利方程和水头损失的计算,包括沿程损失和局部损失。

假设:(1) 流动横截面上流动参数均匀的一维流动;(2) 不可压缩流体;(3) 稳态问题。

解:(1) 取缓变流断面①、②,则

$$h_{LT} = \left(\frac{p_1}{\rho g} + z_1 + \frac{\overline{V}_1^2}{2g} \right) - \left(\frac{p_2}{\rho g} + z_2 + \frac{\overline{V}_2^2}{2g} \right)$$

式中,p_1、p_2 均为大气压强,若取表压,则 $p_1 = p_2 = 0$、$\overline{V}_1 \approx 0$、$z_1 = H_1$、$z_2 = 0$。于是,上式可简化为

$$h_{LT} = H_1 - \frac{\overline{V}_2^2}{2g} \tag{7-84}$$

截面①、②间的总水力损失为

$$h_{LT} = \left(\sum f \frac{l}{d} + \sum \zeta \right) \frac{\overline{V}_2^2}{2g} = \left[\frac{f}{d}(l_1 + H_2 + l_2) + \zeta_{进口} + 2\zeta_{弯} + \zeta_{阀} \right] \frac{\overline{V}_2^2}{2g} \tag{7-85}$$

注意,在计算局部损失时应计入从水箱到管路的进口局部损失,$\zeta_{进口} = 0.5$。

$$q_V = \frac{1}{4} \pi d^2 \overline{V}_2 \tag{7-86}$$

由式(7-84)~式(7-86)容易求得

$$q_V = \frac{\pi}{4} d^2 \left[\frac{2gH_1}{\frac{f}{d}(l_1 + H_2 + l_2) + \zeta_{进口} + 2\zeta_{弯} + \zeta_{阀} + 1} \right]^{1/2}$$

$$= \frac{3.14}{4} \times (0.15 \text{ m})^2 \times \left[\frac{2 \times 9.81 \text{ m/s}^2 \times 10 \text{ m}}{\frac{0.023}{0.15 \text{ m}} \times (30 \text{ m} + 15 \text{ m} + 60 \text{ m}) + 0.5 + 2 \times 0.9 + 10.8 + 1} \right]^{1/2}$$

$$= 0.017 \, 6 \text{ m}^2 \times \left(\frac{2 \times 9.81 \text{ m/s}^2 \times 10 \text{ m}}{16.1 + 13.1 + 1} \right)^{1/2}$$

$$= 0.045 \text{ m}^3/\text{s}$$

(2) 若已知 q_V,则由式(7-84)~式(7-86)可得

$$H_1 = \left(\frac{4q_V}{\pi d^2} \right)^2 \frac{1}{2g} \left[\frac{f}{d}(l_1 + H_2 + l_2) + \zeta_{进口} + 2\zeta_{弯} + \zeta_{阀} + 1 \right]$$

$$= \left(\frac{4 \times 60 \times 10^{-3} \text{ m}^3/\text{s}}{3.14 \times (0.15 \text{ m})^2} \right)^2 \times \frac{1}{2 \times 9.81 \text{ m/s}^2} \times (16.1 + 13.1 + 1)$$

$$= 17.8 \text{ m}$$

讨论:在实际的流体输送过程中,水头损失是不可避免的,包括沿程损失和局部损失,需要通过特定的系数来计算,这些系数基于实验数据和经验公式。在上例中如果沿程摩擦系数不为常数,那么求解过程会复杂得多,需要迭代求解。这些计算对于设计水输送系统、泵站和水处理设施非常重要,有助于优化系统性能和能源效率。伯努利方程是解决此类问题的关键,它关联了流体的总能头,包括势能、动能和压力能。在实际应用中,还需要考虑管道材质、水流状态(如是否含气泡或悬浮物)等因素,这些都可能影响水头损失。

[例题 7-8] 如图 7-27 所示,利用虹吸管(siphon)将 20 ℃的水($\rho = 998$ kg/m³,$\mu = 1.00 \times 10^{-3}$ Pa·s)从一个灌溉渠抽取到另一个灌溉渠。虹吸管直径 $d = 50$ mm,长度 $l = 1.8$ m,内壁面粗糙度 $\Delta = 0.2$ mm,弯头的局部损失系数 $\zeta = 0.4$。求通过虹吸管的流量。

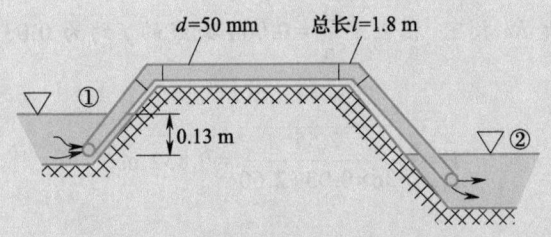

图 7-27 虹吸管水力计算

分析:本例题研究了虹吸管中的水流问题,虹吸管连接两个灌溉渠,计算通过虹吸管的流量。这涉及应用伯努利方程和考虑沿程损失和局部损失,以及利用穆迪图或科尔布鲁克公式进行雷诺数的迭代。

假设:(1) 流动横截面上流动参数均匀的一维流动;(2) 不可压缩流体;(3) 稳态问题。

解:在①、②两个自由表面间写出伯努利方程,即

$$\frac{p_1}{\rho g} + z_1 + \frac{\overline{V}_1^2}{2g} = \frac{p_2}{\rho g} + z_2 + \frac{\overline{V}_2^2}{2g} + h_{LT}$$

式中:$p_1 = p_2 = 0$;$V_1 = V_2 = 0$,而 $z_1 - z_2 = 0.13$ m。于是,上式可简化为

$$h_{LT} = 0.13 \text{ m} \tag{7-87}$$

考虑沿程损失和局部损失

$$h_{LT} = \left(f \frac{l}{d} + \zeta_{进口} + 2\zeta_{弯} + \zeta_{出口} \right) \frac{\overline{V}^2}{2g}$$

式中:$\overline{V}$ 为管内平均流速;$\zeta_{进口} = 0.8$(内插进口);$\zeta_{出口} = 1$。于是

$$h_{LT} = \left(f \frac{1.8 \text{ m}}{0.05 \text{ m}} + 0.8 + 2 \times 0.4 + 1 \right) \frac{\overline{V}^2}{2 \times 9.81 \text{ m/s}^2} \tag{7-88}$$

联立综合式(7-87)和式(7-88)可得

$$\overline{V} = \sqrt{\frac{2.55}{36f + 2.60}} \text{ m/s} \tag{7-89}$$

式中,f 是 Re 和相对粗糙度 $\frac{\Delta}{d}$ 的函数。

$$Re = \frac{\rho \overline{V} d}{\mu} = \frac{998 \text{ kg/m}^3 \cdot \overline{V} \cdot 0.05 \text{ m}}{1.00 \times 10^{-3} \text{ Pa·s}} \tag{7-90}$$

相对粗糙度 $\frac{\Delta}{d} = \frac{0.2}{50} = 0.004$,这意味着要求解的 f 落在穆迪图中一条特定的曲线上。现有式(7-89)、式(7-90)和穆迪图中的 $\frac{\Delta}{d} = 0.004$ 的曲线,未知量也是 3 个,即 f、$\overline{V}$ 和 Re。可求解如

下:先假设一个 f,然后由式(7-89)求得 $\overline{V}$,最后由式(7-90)求出 Re。根据 Re 即可从穆迪图查出一个新的 f,若新的 f 与原假设值相吻合,则为寻求的解;若不相符,则以新的查出值作为假设值。重复上述计算过程,直到两者相符为止。

由穆迪图可知,在大 Re 数下,相应于 $\dfrac{\Delta}{d}=0.004$ 曲线的 f 约为 0.03。假设 $f=0.03$,则由式(7-89)可得

$$\overline{V}=\sqrt{\frac{2.55}{36\times0.03+2.60}}=0.832\ \text{m/s}$$

由式(7-90)可得

$$Re=\frac{\rho\overline{V}d}{\mu}=\frac{998\ \text{kg/m}^3\times0.832\ \text{m/s}\times0.05\ \text{m}}{1.00\times10^{-3}\ \text{Pa}\cdot\text{s}}=41\ 400$$

由上述 Re 和 $\dfrac{\Delta}{d}$ 从穆迪图查出 $f=0.031$,与假设值不符,重复上述过程。

$$f=0.031\rightarrow\overline{V}=0.828\ \text{m/s}\rightarrow Re=41\ 300\rightarrow f=0.031$$

f 的新值与假设值相同,于是

$$q_v=\frac{\pi}{4}d^2\overline{V}=\frac{\pi}{4}\times(0.05\ \text{m})^2\times0.828\ \text{m/s}=1.63\times10^{-3}\ \text{m}^3/\text{s}$$

为便于实现计算机求解,也可用科尔布鲁克公式代替穆迪图求解 f。

$$\frac{1}{\sqrt{f}}=-2.0\lg\left(\frac{\Delta/d}{3.7}+\frac{2.51}{Re\sqrt{f}}\right) \tag{7-91}$$

考虑到 $\dfrac{\Delta}{d}=0.004$,并运用式(7-89)和式(7-90),式(7-91)可写为

$$\frac{1}{\sqrt{f}}=-2.0\lg\left(1.08\times10^{-3}+3.16\times10^{-5}\times\sqrt{36+\frac{2.6}{f}}\right) \tag{7-92}$$

简单的迭代计算很快可以从式(7-92)求得 $f=0.031$,与以上结果相同。

讨论:在实际应用中,摩擦系数可能需要通过迭代方法求解,特别是当无法直接从穆迪图获得准确值时。沿程损失和局部损失对虹吸管的流量有显著影响,需要准确计算以确保设计和操作的有效性。在实际应用中,还需要考虑管道材质、水流状态(如是否含气泡或悬浮物)等因素,这些都可能影响流量和水头损失。

[例题 7-9] 如图 7-28 所示,水轮机从水流获取功率 37.3 kW,水管直径为 0.305 m,长为 91.4 m,摩擦系数取常数 $f=0.02$,局部能量损失可以忽略。求通过水管和水轮机的水流量($\rho=998\ \text{kg/m}^3$)。

分析:水轮机的功率输出取决于水流的动能,这与沿程损失和水轮机能头有关。

假设:(1)流动横截面上流动参数均匀的一维流动;(2)稳态问题。

解:引用式(7-61)可知

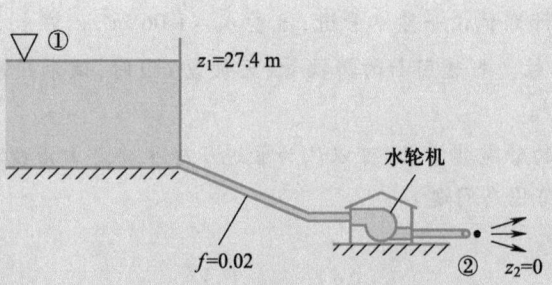

图 7-28 水轮机水力计算

$$\frac{\overline{V}_1^2}{2g}+z_1+\frac{p_1}{\rho g}=\frac{p_2}{\rho g}+z_2+\frac{\overline{V}_2^2}{2g}+h_{\mathrm{L}}+h_{轴} \tag{7-93}$$

式中：$p_1=\overline{V}_1=p_2=z_2=0$；$z_1=27.4\ \mathrm{m}$；$\overline{V}_2=\overline{V}$，沿程损失为

$$h_{\mathrm{L}}=f\frac{l}{d}\frac{\overline{V}^2}{2g}=0.02\times\frac{91.4\ \mathrm{m}}{0.305\ \mathrm{m}}\times\frac{\overline{V}^2}{2\times9.8\ \mathrm{m/s}^2}$$

水轮机能头

$$h_{轴}=\frac{P_{轴}}{\rho gq_V}=\frac{P_{轴}}{\rho g\frac{\pi}{4}d^2V}=\frac{37.3\times10^3\ \mathrm{W}}{998\ \mathrm{kg/m}^3\times9.8\ \mathrm{m/s}^2\times\frac{\pi}{4}\times(0.305\ \mathrm{m})^2\overline{V}}$$

于是式(7-93)可化简得

$$\overline{V}^3-76.75\ \overline{V}+146.2=0 \tag{7-94}$$

式(7-94)的求解方法可参阅有关数学手册。令人感兴趣的是式(7-94)有两个正实根：$\overline{V}_1=7.58\ \mathrm{m/s}$ 和 $\overline{V}_2=2.01\ \mathrm{m/s}$；而第三个是负根 $\overline{V}_3=-9.59\ \mathrm{m/s}$，没有物理意义，应舍去。相应的流量也有两个解：

$$q_V=\frac{\pi}{4}d^2\overline{V}_1=\frac{\pi}{4}\times(0.305\ \mathrm{m})^2\times7.58\ \mathrm{m/s}=0.554\ \mathrm{m}^3/\mathrm{s}$$

和

$$q_V=\frac{\pi}{4}d^2\overline{V}_2=\frac{\pi}{4}\times(0.305\ \mathrm{m})^2\times2.01\ \mathrm{m/s}=0.147\ \mathrm{m}^3/\mathrm{s}$$

讨论：以上任一流量都可以使水轮机获得相同的功率 $P_{轴}=\rho gq_Vh_{轴}$，这是因为当小流量时（$q_V=0.147\ \mathrm{m}^3/\mathrm{s}$）,管内水流速度低，所以沿程损失较小，$h_{\mathrm{L}}=1.24\ \mathrm{m}$，而水轮机能头较高，$h_{轴}=26.0\ \mathrm{m}$；当大流量时（$q_V=0.554\ \mathrm{m}^3/\mathrm{s}$）,由于管内水流速度高，沿程损失较大，$h_{\mathrm{L}}=17.6\ \mathrm{m}$，而水轮机能头较低，$h_{轴}=6.89\ \mathrm{m}$。但无论哪种情况，水轮机能头和质量流量的乘积，即水轮机获取的功率却是相同的。在工程实践中，取决于流量大小，水轮机的设计也不同。

例题 7-9 若没有给出摩擦系数 f，则求解过程将相当繁冗，除需求解一维三次代数方程之外，还需采用类似于例题 7-8 的试算和迭代求解过程。

[例题 7-10]　今计划铺设一输水管道,流量 $q_V = 1.06\ \text{m}^3/\text{s}$,在长为 2 438 m 的管道上给定压降为 63.53 m 的水柱。当选用新的铸铁管(无镀复层)时,试求应采用的管径。设水的运动黏度 $\nu = 1.0 \times 10^{-6}\ \text{m}^2/\text{s}$。

分析:因为所考虑的管道非常长,可以认为管道压降主要是由沿程损失引起的。

假设:(1)一维;(2)稳态问题。

解:

$$\frac{\Delta p}{\rho g} = h_L = f\frac{l}{d}\frac{\overline{V}^2}{2g} \tag{7-95}$$

管内水速度 $\overline{V}$ 可由流量 q_V 计算得到,即

$$\overline{V} = q_V / \frac{\pi}{4}d^2 \tag{7-96}$$

将式(2)代入式(1),并代入有关数值得

$$63.53\ \text{m} = f \times \frac{2\ 438\ \text{m}}{d} \times \left(\frac{1.06\ \text{m}^3/\text{s}}{\frac{\pi}{4}d^2}\right)^2 \times \frac{1}{2 \times 9.81\ \text{m/s}^2}$$

化简后得

$$d^5 = 3.57f \tag{7-97}$$

此时的 Re 为

$$Re = \frac{\overline{V}d}{\nu} = \left(\frac{1.06\ \text{m}^3/\text{s}}{\frac{\pi}{4}d^2}\right) \times \frac{d}{1.0 \times 10^{-6}\ \text{m}^2/\text{s}}$$

化简上式得

$$Re = \frac{1.35 \times 10^6\ \text{m}}{d} \tag{7-98}$$

由表 7-1 可查得,新铸铁管(无镀复层)管壁粗糙度 $\Delta = 0.3\ \text{mm}$。和例题 7-9 类似,这里有 3 个未知量:f、d 和 Re,可利用的关系式有式(7-97)、式(7-98)和科尔布鲁克公式或穆迪图。可以利用穆迪图做迭代求解,假设 $f = 0.02$,则

$$d = (3.57 \times 0.02)^{1/5} = 0.590\ \text{m}$$

$$Re = \frac{1.35 \times 10^6\ \text{m}}{0.590\ \text{m}} = 2.29 \times 10^6$$

$$\frac{\Delta}{d} = \frac{0.3\ \text{mm}}{590\ \text{mm}} = 0.000\ 51$$

根据计算所得 Re 和 $\dfrac{\Delta}{d}$,由穆迪图查得,$f = 0.016\ 5$,与原假设值相差较大,重复上述计算过程。

$$f = 0.016\ 5 \rightarrow d = 0.567\ \text{m} \rightarrow Re = 2.38 \times 10^6, \quad \frac{\Delta}{d} = 0.000\ 529 \rightarrow f = 0.016\ 5$$

最终从穆迪图查出的 f 值和第二次假设值相符,于是

$$d = 0.567\ \text{m} \tag{7-99}$$

实际的管径应选用稍大于上述计算值的标准管径。

讨论:由于存在多个未知量(雷诺数、管径和摩擦系数),需要通过迭代过程来求解。初始假设值的选取对最终结果有重要影响。科尔布鲁克公式提供了一种解析方法,而穆迪图提供了一种图形化的解决方案,两者都可以用于本例题。建议读者试用科尔布鲁克公式代替穆迪图求解本例题。

2. 串联和并联管道

如图 7-29a 所示,由不同直径或粗糙度的数段管子首尾相接连在一起的管道称为串联管道(pipes in series)[8]。通过串联管道各管段的流量是相同的,串联管道的损失应等于各管段损失的总和。

$$q_{V1} = q_{V2} = q_{V3} \tag{7-100}$$

$$h_{\text{LT } AB} = h_{\text{LT1}} + h_{\text{LT2}} + h_{\text{LT3}} \tag{7-101}$$

一般来说,串联管道各管段的摩擦系数都是不同的,因为它们各自的雷诺数和管壁粗糙度均不相同。串联管道有以下两类计算问题。

(1)已知流过串联管道的流量 q_V,求水力损失 h_{LT},这时的计算类似于单管第一类计算,分别求出各管段的水力损失,相加便得到串联管道的水力损失。

(2)已知水力损失,求流量 q_V,此时各分管道的摩擦系数都是未知的,于是便不得不采用繁冗的试算迭代过程。

并联管道(pipes in parallel)如图 7-29b 所示。与串联管道不同,并联管道的水力损失等于各分管道的损失,并联管道的总流量等于各分管流量之和。

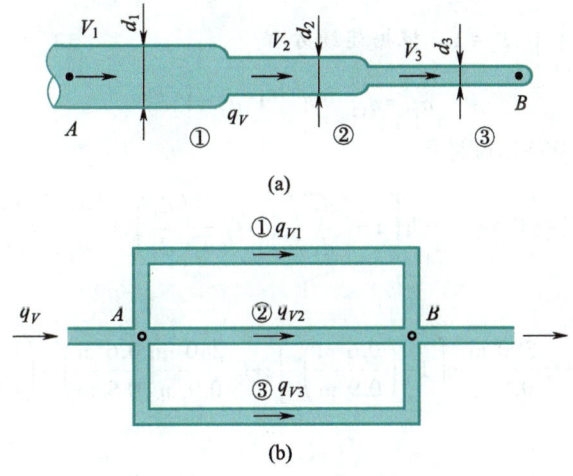

图 7-29　串联和并联管道

$$q_V = q_{V1} + q_{V2} + q_{V3} \tag{7-102}$$

$$h_{\text{LT1}} = h_{\text{LT2}} = h_{\text{LT3}} \tag{7-103}$$

并联管道也有以下两类计算问题。

(1)已知点 A 和点 B 间的水力损失,求总流量,此时可按照单管的第二类计算问题去推求各分管道内的流量,各分管道流量的总和便是总流量。

(2)已知总流量,求各分管道中的流量及水力损失,此时管道的损失和各分管道的流量都是不知道的,因此计算比较复杂。

[例题 7-11]　图 7-30 所示为一串联管道连接两个水箱,两个水箱水面高度差 $H = 6$ m,串联管道 $l_1 = 300$ m,$d_1 = 0.6$ m,$\Delta_1 = 0.001\ 5$ m,$l_2 = 240$ m,$d_2 = 0.9$ m,$\Delta_2 = 0.000\ 3$ m,水运动黏度 $\nu = 1\times10^{-6}$ m²/s,求通过该管道的流量 q_V。

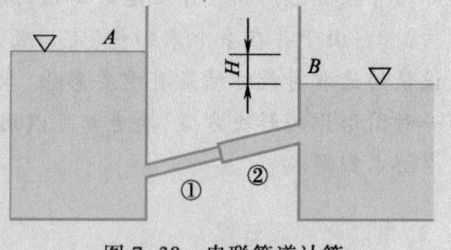

图 7-30　串联管道计算

分析:流体的能量和管道各处的流量守恒。

假设:(1)流动横截面上流动参数均匀的一维流动;(2)稳态问题;(3)流体不可压缩。

解:对两个水箱 A 和 B 自由水面写出伯努利方程,即

$$\frac{p_A}{\rho g} + z_A + \frac{V_A^2}{2g} = \frac{p_B}{\rho g} + z_B + \frac{V_B^2}{2g} + h_{LT}$$

$$0 + z_A + 0 = 0 + z_B + 0 + h_{LT}$$

化简上式得

$$H = h_{LT} \tag{7-104}$$

通过串联管道的水力损失 h_{LT} 可计算为

$$h_{LT} = \zeta_1 \frac{\overline{V}_1^2}{2g} + f_1 \frac{l_1}{d_1} \frac{\overline{V}_1^2}{2g} + \zeta_2 \frac{\overline{V}_1^2}{2g} + f_2 \frac{l_2}{d_2} \frac{\overline{V}_2^2}{2g} + \zeta_3 \frac{\overline{V}_2^2}{2g} \tag{7-105}$$

式中,ζ_1、ζ_2、ζ_3 分别表示串联管道进口、管截面突然扩大和出口的局部损失系数,$\zeta_1 = 0.5$,$\zeta_2 = \left(1 - \frac{A_1}{A_2}\right)^2 = \left[1 - \left(\frac{d_1}{d_2}\right)^2\right]^2$,$\zeta_3 = 1$。根据连续方程

$$q_{V1} = q_{V2} \quad 即 \quad \overline{V}_1 d_1^2 = \overline{V}_2 d_2^2 \tag{7-106}$$

由式(7-104)~式(7-106)化简得

$$H = \left\{0.5 + f_1 \frac{l_1}{d_1} + \left[1 - \left(\frac{d_1}{d_2}\right)^2\right]^2 + f_2 \frac{l_2}{d_2}\left(\frac{d_1}{d_2}\right)^4 + \left(\frac{d_1}{d_2}\right)^4\right\}\frac{\overline{V}_1^2}{2g}$$

代入有关数据得

$$6\text{ m} = \left\{0.5 + f_1 \frac{300\text{ m}}{0.6\text{ m}} + \left[1 - \left(\frac{0.6\text{ m}}{0.9\text{ m}}\right)^2\right]^2 + f_2 \frac{240\text{ m}}{0.9\text{ m}}\left(\frac{0.6\text{ m}}{0.9\text{ m}}\right)^4 + \left(\frac{0.6\text{ m}}{0.9\text{ m}}\right)^4\right\}\frac{\overline{V}_1^2}{2g}$$

化简得

$$6\text{ m} = (1.01 + 500 f_1 + 52.6 f_2)\frac{\overline{V}_1^2}{2g} \tag{7-107}$$

由于 $\frac{\Delta_1}{d_1} = 0.002\ 5$、$\frac{\Delta_2}{d_2} = 0.000\ 33$,参照穆迪图取 $f_1 = 0.025$、$f_2 = 0.015$,代入式(7-107)求得

$$\overline{V}_1 = 2.87\text{ m/s}$$

由式(7-106)可求得

$$\overline{V}_2 = \overline{V}_1\left(\frac{d_1}{d_2}\right)^2 = 2.87\text{ m/s}\times\left(\frac{0.6\text{ m}}{0.9\text{ m}}\right)^2 = 1.28\text{ m/s}$$

于是，$Re_1 = \dfrac{2.87 \text{ m/s} \times 0.6 \text{ m}}{1 \times 10^{-6} \text{ m}^2/\text{s}} = 1.72 \times 10^6$、$Re_2 = \dfrac{1.28 \text{ m/s} \times 0.9 \text{ m}}{1 \times 10^{-6} \text{ m}^2/\text{s}} = 1.15 \times 10^6$，由穆迪图可得，$f_1 =$

0.025、$f_2 = 0.016$，基本上与 f_1、f_2 假设值吻合，据此求得新的 $\overline{V}_1 = 2.86 \text{ m/s}$，于是

$$q_V = \frac{\pi}{4} d_1^2 \overline{V}_1 = \frac{\pi}{4} \times (0.6 \text{ m})^2 \times 2.86 \text{ m/s} = 0.080\ 8 \text{ m}^3/\text{s}$$

讨论：伯努利方程是描述流体能量守恒的重要方程，连续方程确保了管道各处的流量守恒。在串联管道中，水力损失包括沿程损失和局部损失，摩擦系数可以通过穆迪图来确定。

[例题 7-12] 设水塔中的水经过图 7-31 所示并联管道流出，已知 $l_1 = 300 \text{ m}$，$d_1 = 150 \text{ mm}$，$l_2 = 400 \text{ m}$，$d_2 = 100 \text{ mm}$，$q_V = 45 \text{ L/s}$。若管道中的摩擦系数 $f = 0.025$，忽略局部损失，求支管中的流量 q_{V1} 和 q_{V2} 以及并联管道中的水力损失。

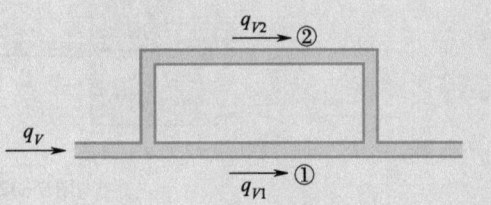

分析：并联管道的水力损失等于各分管道的损失，并联管道的总流量等于各分管流量之和。

图 7-31　并联管道计算

假设：(1) 流动横截面上流动参数均匀的一维流动；(2) 稳态问题；(3) 流体不可压缩。

解：由式(7-102)和式(7-103)得

$$f_1 \frac{l_1}{d_1} \frac{\overline{V}_1^2}{2g} = f_2 \frac{l_2}{d_2} \frac{\overline{V}_2^2}{2g} \tag{7-108}$$

$$\frac{1}{4} \pi d_1^2 \overline{V}_1 + \frac{1}{4} \pi d_2^2 \overline{V}_2 = q_V \tag{7-109}$$

由式(7-108)可得

$$\overline{V}_1 = \sqrt{\frac{l_2}{l_1} \frac{d_1}{d_2}} \overline{V}_2 = \sqrt{\frac{400 \text{ m}}{300 \text{ m}} \cdot \frac{0.15 \text{ m}}{0.10 \text{ m}}} \overline{V}_2 = \sqrt{2}\, \overline{V}_2$$

代入式(7-109)可得

$$\overline{V}_2 = q_V \bigg/ \left[\frac{\sqrt{2}}{4} \pi d_1^2 + \frac{\pi}{4} d_2^2 \right] = 45 \times 10^{-3} \bigg/ \left[\frac{\sqrt{2}}{4} \times \pi \times (0.15 \text{ m})^2 + \frac{1}{4} \times \pi \times (0.1 \text{ m})^2 \right] = 1.37 \text{ m/s}$$

$$\overline{V}_1 = \sqrt{2} \times 1.37 \text{ m/s} = 1.94 \text{ m/s}$$

于是

$$q_{V1} = \frac{\pi}{4} d_1^2 \overline{V}_1 = \frac{\pi}{4} \times (0.15 \text{ m})^2 \times 1.94 \text{ m/s} = 34.25 \times 10^{-3} \text{ m}^3/\text{s}$$

$$q_{V2} = \frac{\pi}{4} d_2^2 \overline{V}_2 = \frac{\pi}{4} \times (0.10 \text{ m})^2 \times 1.37 \text{ m/s} = 10.75 \times 10^{-3} \text{ m}^3/\text{s}$$

单位质量液体的水力损失为

$$h_{\text{LT}, f} = f_1 \frac{l_1}{d_1} \frac{\overline{V}_1^2}{2g} = 0.025 \times \frac{300 \text{ m}}{0.15 \text{ m}} \times \frac{(1.94 \text{ m/s})^2}{2 \times 9.81 \text{ m/s}^2} = 9.6 \text{ m(水柱)}$$

讨论:通过已知的管道参数和摩擦系数,可以求解每个支管中的流量。这涉及使用连续方程和管道的流动特性。在实际工程中,了解并联管道的流量分配和水力损失对于管道系统的设计与优化至关重要。

3. 分支管道

在图7-32所示的分支管道中,通过管道①的流量必然等于通过分支管道②、③的流量之和,即

$$q_{V1} = q_{V2} + q_{V3} \tag{7-110}$$

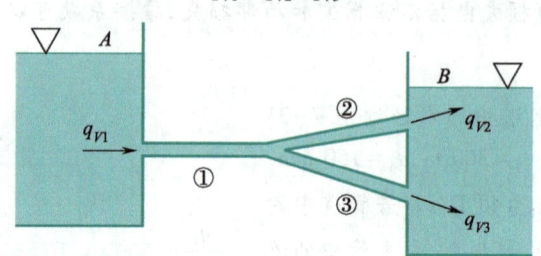

图7-32　分支管道(1)

而且分支管②和分支管③的水力损失也必然相等,尽管它们的尺寸和流量可能各不相同。

$$h_{LT2} = h_{LT3} \tag{7-111}$$

式(7-111)可简单证明如下:考虑一流体质点流经管道①和分支管②,对两个水箱 A 和 B 自由水面可写出能量方程如下。

$$\frac{p_A}{\rho g} + z_A + \frac{V_A^2}{2g} = \frac{p_B}{\rho g} + z_B + \frac{V_B^2}{2g} + h_{LT1} + h_{LT2}$$

若考虑另一流体质点流经①、③管,同样可以写出

$$\frac{p_A}{\rho g} + z_A + \frac{V_A^2}{2g} = \frac{p_B}{\rho g} + z_B + \frac{V_B^2}{2g} + h_{LT1} + h_{LT3}$$

比较以上两式即可得到式(7-111)。

图7-33所示的情形则稍微复杂一些。显然液体将从水箱 A 流出,因为其余两个水箱的水位都比水箱 A 低,至于液体是流入还是流出水箱 B,一下子还难于判断,因为它取决于水箱 B、C 的相对高度和3根连接管的长度、直径及粗糙度等因素,需要通过计算加以确定。

[例题 7-13]　假设图7-33中水箱 A、B、C 的水面高度分别为 100 m、20 m、0 m,$l_1 = 1\ 000$ m、$l_2 = 500$ m、$l_3 = 400$ m 为简单计取3根管子直径均为 1 m、摩擦系数均为 0.02,忽略局部损失。求流入或流出每个水箱的流量。

分析:系统由3根直径相同、摩阻系数相同的管道连接,且忽略局部损失。通过应用连续方程和伯努利方程,可以求解流量。

假设:(1)流动横截面上流动参数均匀的一维流动;(2)稳态问题;(3)流体不可压缩。

解:先假设液体流出水箱 B,于是连续方程可写为

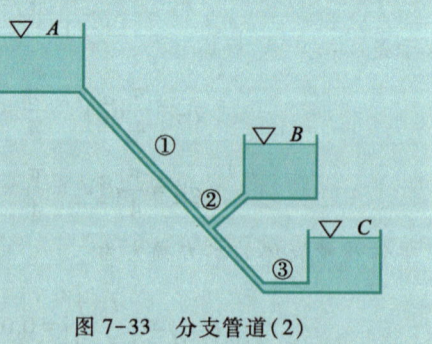

图7-33　分支管道(2)

$$q_{V1} + q_{V2} = q_{V3}$$

因为各管直径相同,上式又可写作

$$\overline{V}_1 + \overline{V}_2 = \overline{V}_3 \tag{7-112}$$

对于 A 至 C 截面,有如下能量方程。

$$\frac{p_A}{\rho g} + z_A + \frac{V_A^2}{2g} = \frac{p_C}{\rho g} + z_C + \frac{V_C^2}{2g} + f_1 \frac{l_1}{d_1} \frac{\overline{V}_1^2}{2g} + f_3 \frac{l_3}{d_3} \frac{\overline{V}_3^2}{2g}$$

考虑到 $p_A = p_C = 0, V_A = V_C = 0, z_C = 0$,上式简化为

$$z_A = f_1 \frac{l_1}{d_1} \frac{\overline{V}_1^2}{2g} + f_3 \frac{l_3}{d_3} \frac{\overline{V}_3^2}{2g} = \frac{f}{2gd}(l_1 \overline{V}_1^2 + l_3 \overline{V}_3^2)$$

代入有关数据得

$$100 \text{ m} = \frac{0.02}{2 \times 9.8 \text{ m/s}^2 \times 1 \text{ m}} \times (1\,000 \text{ m} \times \overline{V}_1^2 + 400 \text{ m} \times \overline{V}_3^2)$$

即

$$98 \text{ m}^2/\text{s}^2 = \overline{V}_1^2 + 0.4\,\overline{V}_3^2 \tag{7-113}$$

对于 B 至 C 截面,有

$$\frac{p_B}{\rho g} + z_B + \frac{V_B^2}{2g} = \frac{p_C}{\rho g} + z_C + \frac{V_C^2}{2g} + f_2 \frac{l_2}{d_2} \frac{\overline{V}_2^2}{2g} + f_3 \frac{l_3}{d_3} \frac{\overline{V}_3^2}{2g}$$

$$z_B = f_2 \frac{l_2}{d_2} \frac{\overline{V}_2^2}{2g} + f_3 \frac{l_3}{d_3} \frac{\overline{V}_3^2}{2g}$$

代入有关数据并化简可得

$$19.6 \text{ m}^2/\text{s}^2 = 0.5\,\overline{V}_2^2 + 0.4\,\overline{V}_3^2 \tag{7-114}$$

现在得到了 3 个方程式(7-112)~式(7-114),因此可求解出 3 个未知量 $\overline{V}_1$、$\overline{V}_2$、$\overline{V}_3$。可以先假定一个 $\overline{V}_1 > 0$,然后从式(7-113)求出 $\overline{V}_3$,再从式(7-114)求出 $\overline{V}_2$。但是无论假定 $\overline{V}_1$ 为何值,得到的 3 个数 $\overline{V}_1$、$\overline{V}_2$、$\overline{V}_3$ 都不满足式(7-112)。也就是说,方程(7-112)~式(7-114)不存在正实数解 $\overline{V}_1$、$\overline{V}_2$、$\overline{V}_3$。因此,最初假定液体流出水箱 B 是不正确的,必须重新假定液体从水箱 A 流出,分别流入水箱 B、C。于是,连续方程为

$$q_{V1} = q_{V2} + q_{V3}, \quad 即 \quad \overline{V}_1 = \overline{V}_2 + \overline{V}_3 \tag{7-115}$$

分别写出 A 与 B 和 A 与 C 自由水面间的伯努利方程,即

$$z_A = z_B + f_1 \frac{l_1}{d_1} \frac{\overline{V}_1^2}{2g} + f_2 \frac{l_2}{d_2} \frac{\overline{V}_2^2}{2g}$$

和

$$z_A = z_C + f_1 \frac{l_1}{d_1} \frac{\overline{V}_1^2}{2g} + f_3 \frac{l_3}{d_3} \frac{\overline{V}_3^2}{2g}$$

代入有关数据并化简得

$$78.4 \text{ m}^2/\text{s}^2 = \bar{V}_1^2 + 0.5 \bar{V}_2^2 \tag{7-116}$$

$$98 \text{ m}^2/\text{s}^2 = V_1^2 + 0.4 \bar{V}_3^2 \tag{7-117}$$

式(7-115)~式(7-117)可求解如下,从式(7-117)中减去式(7-116),得

$$\bar{V}_3 = \sqrt{49 \text{ m}^2/\text{s}^2 + 1.25 \bar{V}_2^2}$$

于是式(7-116)可写作

$$78.4 \text{ m}^2/\text{s}^2 = (\bar{V}_2^2 + \bar{V}_3^2)^2 + 0.5 \bar{V}_2^2 = \left(\bar{V}_2^2 + \sqrt{49 + 1.25 \bar{V}_2^2} \right)^2 + 0.5 \bar{V}_2^2$$

$$29.4 \text{ m}^2/\text{s}^2 - 2.75 \bar{V}_2^2 = 2\bar{V}_2 \sqrt{49 \text{ m}^2/\text{s}^2 + 1.25 \bar{V}_2^2} \tag{7-118}$$

上式两边平方并化简得

$$\bar{V}_2^4 - 139.6 \text{ m}^2/\text{s}^2 \times \bar{V}_2^2 + 337.3 \text{ m}^4/\text{s}^4 = 0 \tag{7-119}$$

解式(7-119)得 $\bar{V}_2^2 = 2.46 \text{ m}^2/\text{s}^2$ 和 $\bar{V}_2^2 = 137.1 \text{ m}^2/\text{s}^2$。将 $\bar{V}_2^2 = 137.1$ 代入式(7-118),左边为负值,右边则为正值,可见解出的根为增根是增根,不合题意舍去。于是

$$\bar{V}_2 = 1.57 \text{ m/s}$$

由式(7-116)可得

$$\bar{V}_1 = 8.78 \text{ m/s}$$

于是

$$q_{V1} = \frac{\pi}{4} d_1^2 \bar{V}_1 = \frac{\pi}{4} \times (1 \text{ m})^2 \times 8.78 \text{ m/s} = 6.89 \text{ m}^3/\text{s}$$

$$q_{V2} = \frac{\pi}{4} d_2^2 \bar{V}_2 = \frac{\pi}{4} \times (1 \text{ m})^2 \times 1.57 \text{ m/s} = 1.23 \text{ m}^3/\text{s}$$

$$q_{V3} = q_{V1} - q_{V2} = 6.89 \text{ m}^3/\text{s} - 1.24 \text{ m}^3/\text{s} = 5.65 \text{ m}^3/\text{s}$$

讨论:在分支管道系统中,连续方程是关键,确保了流入和流出的流量守恒。通过建立方程组并求解,可以找到满足所有条件的流量值,如果初步假设不成立,需要重新假设并求解。摩擦系数对沿程损失有直接影响,若摩擦系数没有给出,则需采用类似于单管水力计算中第二类问题那样的试算和迭代过程求解。

4. 管网

流体力学在天然气工程中的应用

管网是指由若干管道相互连接组成的一些环形回路,如图7-34所示。在管网内的某一管道中的流动方向是无法预先知道的,而且这一流动方向可能随着管网工作状况改变而改变。

管网计算类似于电学中的电路计算,需要用到节点的环路方程:在任一节点处流进节点的流量应等于流出同一节点的流量,即该节点处流量的代数和等于零;围绕任一环形回路的压差的代数和等于零。运用上述节点和环路方程,即可求解管网流动问题。管

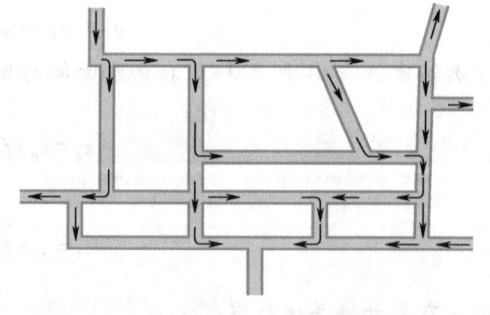

图 7-34 管网

网的水力计算比上述几类管道的水力计算都要复杂,常常需要反复进行迭代计算,因而适用于计算机求解。有兴趣的读者可参阅有关文献。

7.2　黏性不可压缩流体绕物体的流动

黏性流体的流动可分为内流和外流(绕流),7.1 节对通道内的黏性流动进行了讨论,本节着眼于黏性流体绕物体的流动,限于考虑不可压缩流体的绕流问题,介绍其一般的处理方法。

7.2.1　边界层

普朗特边
界层理论
提出前后

1904 年普朗特首先提出了边界层概念。通过实验观察,他发现对于空气、水等普通黏性的流体,在大雷诺数绕流情况下,黏性的影响仅局限在物体壁面附近的薄层及物体之后的尾迹流中,流动的其他区域速度梯度很小,黏性的影响很小,可以按理想流体(ideal fluid)的势流理论来处理。物体壁面附近的薄层存在很大的速度梯度和旋涡,黏性影响不能忽略,这一薄层称为边界层。

黏性流体的流动具有两个基本特征:一是在固体壁面上,流体与固体壁面的相对速度为零,这一特征称为流动的无滑移(黏附)条件;二是当流体之间发生相对运动(或角变形)时,流体之间存在剪切力(摩擦力)。现考察实际流体流过一半无限长平板的情况,假设平板固定不动,来流速度为 V_∞,方向与板面方向一致。当流体流过平板时,板面上流体质点的速度为零,与板面垂直的方向上存在很大的速度梯度 $\dfrac{\mathrm{d}u}{\mathrm{d}y}$,因此存在很大的摩擦应力,它将阻滞邻近的流体质点运动。从平板的前缘开始形成边界层,随着流动向下游发展越来越多的流体质点受到阻滞,边界层厚度(boundary layer thickness)也随着增加,如图 7-35 所示。起初,在边界层内流态为层流,当层流边界层(laminar boundary layer)发展到一定程度(对应于以平板前缘为坐标原点的坐标 x 达到一定值,或者边界层厚度增加到一定值),层流变为不稳定状态,流体质点的运动变得不规则,流动的不规则最终发展为湍流,这一变化发生在一段很短的长度范围,称为转捩区(或过渡区),转捩区的下游边界层内的流动就变为湍流状态。由于流体质点的随机脉动运动受到平板壁面的限制,因此靠近平板表面更薄的区域内,流动仍保持为层流状态,称为层流底层或黏性底层。在层流底层以外的湍流边界层内,流体质点之间的动量交换使得其时均速度分布更为均匀,同样,湍流边界层内流体质点更容易与外部流动进行动量交换,因此湍流边界层的厚度增长得更快。

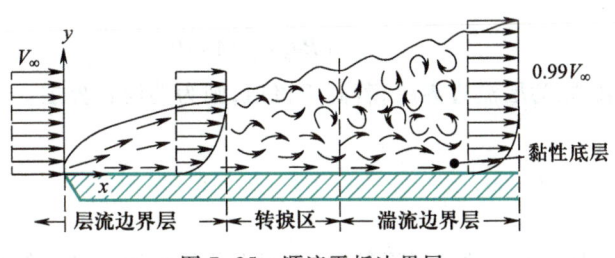

图 7-35　顺流平板边界层

图 7-36 表示了一典型的流线型物体绕流的情形,边界层内的黏性有旋流体离开物体流向下游,在物体后面形成尾迹流。在尾迹流中,起初速度梯度还相当显著,旋涡也有一定的强度,但是,由于没有固体壁面的阻滞作用,不能再产生新的旋涡,随着远离物体而去的过程,原有的旋涡将逐渐扩散和衰减,速度分布逐渐趋于均匀,直至在远下游尾迹流完全消失。

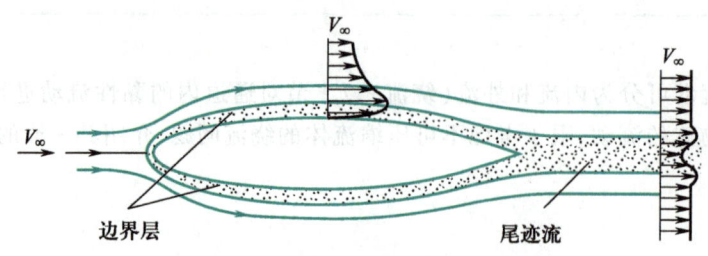

图 7-36 流线型物体的边界层与尾迹流

当黏性流体绕物体流动时,在边界层和尾迹流区域内的流动是黏性流体的有旋流动,在边界层和尾迹流区域以外的流动可视为理想流体的势流。因此,问题就归结为分别考虑这两种流动,然后把所得的解耦合起来,就可获得整个流场的解。

边界层与外部势流之间有着密切的关系,它们之间没有一个明显的分界线(或面)。边界层内的速度由固体壁面为零急剧地增加到外部势流速度是一个连续的变化过程,所谓边界层厚度或边界层的外边界,都是按一定条件人为规定的。通常,取物面到沿物体表面外法线上速度达到势流速度的 99% 处的距离作为边界层的厚度,以 δ 表示,这一厚度也称为名义边界层厚度。由于边界层很薄,作为初级近似,可按理想流体绕同一物体流动所得到的物体表面速度分布,作为边界层外部势流的速度分布。

在边界层流动问题中,经常用雷诺数来确定其流动特征。有两个不同定义的雷诺数,即

$$Re_x = \frac{V_\infty x}{\nu} \quad \text{或} \quad Re_\delta = \frac{V_\infty \delta}{\nu} \tag{7-120}$$

式中:V_∞ 为来流速度;x 为物面上一点到前缘或前驻点的距离;δ 为对应的边界层厚度;ν 为流体的运动黏性系数;下标 x 和 δ 分别表示所取的特征长度为 x 或 δ。

边界层特性应用——高尔夫球与鲨鱼皮仿生

一般来说,转捩区的长度与物体的特征长度相比很小,常常忽略其长度并把它看作一个点,认为转捩点之后边界层内的流态完全转变为湍流。层流边界层变为湍流边界层的转捩点的位置与许多因素有关,如流动雷诺数、管壁粗糙度、来流的湍流度、壁面上的压强梯度等,其中最主要的因素是边界层的流动雷诺数。对于顺流平板(零压强梯度),其临界雷诺数约为

$$(Re_x)_{cr} = 5 \times 10^5 \tag{7-121}$$

或

$$(Re_\delta)_{cr} = 4 \times 10^3 \tag{7-122}$$

若流动雷诺数低于该值,则为层流边界层;若高于该值,则为湍流边界层。

7.2.2　边界层动量积分方程

研究边界层流动所涉及的数学知识很复杂,工程上往往采用一种近似方法,这种方法以边界

层的动量积分方程(integral equation)为基础,再补充若干近似的关系式,从而求解边界层流动问题。

1. 动量积分方程

现考虑不可压缩流体的二维定常边界层流动,设物体表面型线的曲率很小。在边界层内取一微元控制面 $ABDC$,BD 为物面上的微段,其长度为 dx,BA 和 DC 分别为物面法线上的线段,AC 为边界层外边界上的微段,其长度为 ds,如图 7-37 所示。设壁面上作用的摩擦应力为 τ_w,由于物体表面型线的曲率很小,因此边界层内沿物面法线方向的压强可视为不变。假设 AB 上作用的压强为 p,DC 上作用的压强为 $p+\dfrac{dp}{dx}dx$,控制面 AC 为边界层的外边界,其外部为理想流体的势流,则 AC 上没有切向的黏性力作

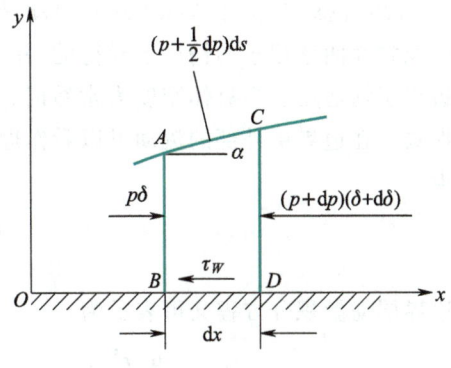

图 7-37 推导动量积分方程用图

用,只有与之垂直的压力,AC 上的压强取 A、C 两点的平均值 $p+\dfrac{1}{2}\dfrac{dp}{dx}dx$,故作用在控制面上所有外力沿 x 轴方向的分量为

$$p\delta-\left(p+\frac{dp}{dx}dx\right)\left(\delta+\frac{d\delta}{dx}dx\right)-\tau_w dx+\left(p+\frac{1}{2}\frac{dp}{dx}dx\right)ds\sin\alpha \tag{7-123}$$

式中,α 为边界外边界层 AC 与 x 轴方向的夹角,由几何关系可知,$ds\sin\alpha=d\delta$。上式经整理并略去高阶小量,得 x 轴方向的合力为

$$-\tau_w dx-\delta\frac{dp}{dx}dx \tag{7-124}$$

单位时间从控制面 AB 流入控制体的质量为 $\displaystyle\int_0^\delta \rho u\,dy$,其轴 x 方向的动量为 $\displaystyle\int_0^\delta \rho u^2\,dy$;

单位时间从控制面 CD 流出控制体的质量为 $\displaystyle\int_0^\delta \rho u\,dy+\frac{d}{dx}\left(\int_0^\delta \rho u\,dy\right)dx$。

其 x 轴方向的动量为

$$\int_0^\delta \rho u^2\,dy+\frac{d}{dx}\left(\int_0^\delta \rho u^2\,dy\right)dx$$

在定常流动条件下,控制体内流体的质量不随时间变化,故可知从控制面 AC 流入控制体中的质量流量为

$$\frac{d}{dx}\left(\int_0^\delta \rho u\,dy\right)dx$$

因此,单位时间从控制面 AC 流入控制体 x 轴方向的动量为 $u_0\dfrac{d}{dx}\left(\displaystyle\int_0^\delta \rho u\,dy\right)dx$,

其中 u_0 为边界层的外边界(AC)上的速度在 x 轴方向的分量。由此可得,控制体中 x 轴方向动量对时间的变化率为

$$\frac{d}{dx}\left(\int_0^\delta \rho u^2\,dy\right)dx-u_0\frac{d}{dx}\left(\int_0^\delta \rho u\,dy\right)dx \tag{7-125}$$

根据动量定理,使式(7-124)与式(7-125)相等,即得边界层动量积分方程如下。

$$\frac{d}{dx}\int_0^\delta \rho u^2 dy - u_0 \frac{d}{dx}\int_0^\delta \rho u dy = -\tau_w - \delta \frac{dp}{dx} \tag{7-126}$$

式(7-126)也称为卡门(Von Karman)动量积分关系式,该式是针对边界层流动在定常二维流动条件及物面曲率很小的情况下导得的,并未涉及边界层内的流态,所以该式对于层流边界层或湍流边界层均适用。当流体密度为常数时,ρ 可移出微积分号。式(7-126)还可以表示成其他几种形式。在边界层外部的流动可以看作理想流体的势流流动,由不可压缩流体势流的伯努利方程得

$$\frac{dp}{dx} = -\rho u_0 \frac{du_0}{dx} \tag{7-127}$$

故边界层动量积分方程又可表示为

$$\rho \frac{d}{dx}\int_0^\delta u^2 dy - \rho u_0 \frac{d}{dx}\int_0^\delta u dy = -\tau_w + \delta\rho u_0 \frac{du_0}{dx} \tag{7-128}$$

边界层外边界上的速度分量 u_0 仅是 x 的函数,即 $u_0 = u_0(x)$,因此

$$\rho u_0 \frac{d}{dx}\int_0^\delta u dy = \rho \frac{d}{dx}\left(u_0 \int_0^\delta u dy\right) - \rho \frac{du_0}{dx}\int_0^\delta u dy = \rho \frac{d}{dx}\int_0^\delta u_0 u dy - \rho \frac{du_0}{dx}\int_0^\delta u dy$$

将上式代入式(7-128),并注意到 $u_0\delta = \int_0^\delta u_0 dy$,得

$$\rho \frac{d}{dx}\int_0^\delta u^2 dy - \rho \frac{d}{dx}\int_0^\delta u_0 u dy + \rho \frac{du_0}{dx}\int_0^\delta u dy = -\tau_w + \rho \frac{du_0}{dx}\int_0^\delta u_0 dy$$

$$-\rho \frac{d}{dx}\int_0^\delta (u_0 u - u^2) dy - \rho \frac{du_0}{dx}\int_0^\delta (u_0 - u) dy = -\tau_w$$

$$\rho \frac{d}{dx}\int_0^\delta u(u_0 - u) dy + \rho \frac{du_0}{dx}\int_0^\delta (u_0 - u) dy = \tau_w$$

利用位移厚度(displacement thickness)和动量损失厚度的定义式[1],上式可表示为

$$\rho \frac{d}{dx}(u_0^2 \theta) + \rho u_0 \frac{du_0}{dx}\delta^* = \tau_w \tag{7-129}$$

或

$$\frac{d\theta}{dx} + \frac{1}{u_0}\frac{du_0}{dx}(2\theta + \delta^*) = \frac{\tau_w}{\rho u_0^2} \tag{7-130}$$

令 $H = \delta^*/\theta$,其中 H 为形状因子,上式又可表示为

$$\frac{d\theta}{dx} + \frac{\theta}{u_0}(2+H)\frac{du_0}{dx} = \frac{\tau_w}{\rho u_0^2} \tag{7-131}$$

若作用在边界层内的压强梯度 $\dfrac{dp}{dx} = 0$,由式(7-127)可知,$\dfrac{du_0}{dx} = 0$,这时动量积分方程便简化为

$$\frac{d\theta}{dx} = \frac{\tau_w}{\rho u_0^2} \tag{7-132}$$

在求解边界层流动问题时,所对应的外部势流解应为已知,这时在边界层动量积分方程中,

ρ、u_0、$\dfrac{\mathrm{d}p}{\mathrm{d}x}\left(\text{或}\dfrac{\mathrm{d}u_0}{\mathrm{d}x}\right)$ 作为已知量,而 u、δ 和 τ_w 为未知量(或 τ_w、δ^*、θ 为未知量)。显然,一个方程不可能解出 3 个未知量,为此还要另外补充关系式,通常补充关于边界层速度 u 和壁面摩擦应力 τ_w 的关系式。显而易见,这种解法的精确程度取决于所补充关系式的合理程度,鉴于边界层流动的复杂性,预先选定的速度分布只能使之满足主要边界条件,因而是近似的,由此而求得的其他流动物理量也是近似的。所以,以边界层动量积分方程为基础的积分方法是求解边界层流动问题的近似方法。

2. 速度分布在边界上应满足的条件

在选取速度分布时,为了尽可能地接近真实,就必须满足主要的边界条件。对于静止固体壁面,最基本的边界条件为壁面上的无滑移条件,边界层的外边界上与势流衔接条件,即

$$\begin{cases} y=0: & u=0, \quad v=0, \quad \tau=\tau_w \\ y\to\infty: & u=u_0, \quad \tau=0 \end{cases} \tag{7-133}$$

在实际应用中,以上基本边界条件往往不够用,还需加以补充一些相容的边界条件,然后根据需要加以选用。

在边界层的外边界上,边界层内的黏性有旋流动与外部的势流相衔接,除了速度分布连续,还应满足速度分布对 y 的各阶导数都相等,即

$$y\to\infty: \quad \frac{\partial^n u}{\partial y^n}=0 \quad n=1,2,\cdots \tag{7-134}$$

在黏性不可压缩流体二维定常流动情况下,N–S 方程在 x 轴方向的分量形式为

$$u\frac{\partial u}{\partial x}+v\frac{\partial u}{\partial y}=-\frac{1}{\rho}\frac{\partial p}{\partial x}+\nu\left(\frac{\partial^2 u}{\partial x^2}+\frac{\partial^2 u}{\partial y^2}\right)$$

将此方程用于边界层流动,由于边界层很薄,沿 y 轴方向速度由零急剧地增长到外部势流速度,因此 $\dfrac{\partial^2 u}{\partial y^2}\gg\dfrac{\partial^2 u}{\partial x^2}$,故 $\dfrac{\partial^2 u}{\partial x^2}$ 可以略去不计,并注意到物面曲率不大的情况下,边界层内压强仅是 x 的函数,可用外部势流速度表示。上式成为

$$u\frac{\partial u}{\partial x}+v\frac{\partial u}{\partial y}=u_0\frac{\partial u_0}{\partial x}+\nu\frac{\partial^2 u}{\partial y^2} \tag{7-135}$$

式(7-135)为不可压缩流体二维定常边界层的微分方程(differential equation)。在边界层的内边界,即固体壁面上,流动满足无滑移条件,$u=0$,$v=0$,故由式(7-135)可得到

$$y=0: \quad \frac{\partial^2 u}{\partial y^2}=-\frac{u_0}{\nu}\frac{\mathrm{d}u_0}{\mathrm{d}x} \tag{7-136}$$

该条件反映了物面形状对速度分布的影响,是一个重要的边界条件,应尽量设法满足。将式(7-135)对 y 求导,得

$$\frac{\partial u}{\partial y}\left(\frac{\partial u}{\partial x}+\frac{\partial v}{\partial y}\right)+u\frac{\partial^2 u}{\partial x\partial y}+v\frac{\partial^2 u}{\partial y^2}=\nu\frac{\partial^3 u}{\partial y^3}$$

根据不可压缩流体二维流动的连续方程及无滑移条件又可得

$$y=0: \quad \frac{\partial^3 u}{\partial y^3}=0 \tag{7-137}$$

类似地,可得 $y=0$ 时,u 对 y 的其他各阶导数应满足的条件。

在式(7-133)及式(7-134)中,$y \to \infty$ 是边界层的渐近理论中常用的记法,在边界层的有限厚度理论中,常常把 $y \to \infty$ 所对应的条件表示为 $y = \delta$ 时的条件。

7.2.3　顺流平板边界层

1. 顺流平板层流边界层

作为应用边界层动量积分方程解决实际问题的例子,现分析黏性不可压缩流体定常地流经平板的二维边界层问题。

假设来流速度为 V_∞,方向沿平板板面方向,板长为 L,假定黏性不可压缩流体流经平板形成的边界层称为层流边界层。将坐标原点取在平板前缘,x 轴沿平板表面与流动方向一致,y 轴与平板表面垂直。由于势流流过顺流放置平板的流场是均匀流场,各处速度均等于来流速度 V_∞,压强均等于来流压强 p_∞,因此,边界层的外边界上的速度也为 V_∞,压强也为 p_∞,这时压强梯度 $\dfrac{\mathrm{d}p}{\mathrm{d}x} = 0$,边界层动量积分方程为

$$\frac{\mathrm{d}}{\mathrm{d}x} \int_0^\delta \frac{u}{V_\infty} \left(1 - \frac{u}{V_\infty} \right) \mathrm{d}y = \frac{\tau_\mathrm{w}}{\rho V_\infty^2} \tag{7-138}$$

式中包含未知量为 u、δ 和 τ_w,因此需要补充两个关系式。

首先建立第一个补充关系式 $u = f(y)$。一般采用 y 的多项式来表示速度分布,经验表明,线性速度分布最为简单,但其精确度较低,现假设 u 用 y 的 3 次多项式来表示,则

$$u(y) = a + by + cy^2 + dy^3 \tag{7-139}$$

式中,a、b、c、d 均为待定系数,它们可由边界层的基本条件及相容性条件来确定。

(1) 由黏性流动的无滑移条件可知,在边界层的内边界,即平板壁面上,速度等于零。

$$y = 0: \quad u = 0$$

(2) 在边界层的外边界上,速度等于势流的流动速度(忽略 1% 的差别)。

$$y = \delta: \quad u = V_\infty$$

(3) 在边界层的外边界上,摩擦应力 $\tau = \mu \dfrac{\mathrm{d}u}{\mathrm{d}y} = 0$,故

$$y = \delta: \quad \frac{\partial u}{\partial y} = 0$$

(4) 在顺流平板的情况下,$\dfrac{\mathrm{d}p}{\mathrm{d}x} = \dfrac{\mathrm{d}u_0}{\mathrm{d}x} = 0$,由式(7-136)得

$$y = 0: \quad \frac{\partial^2 u}{\partial y^2} = 0$$

根据以上 4 个主要边界条件和相容性条件可定出速度分布的 4 个系数,即

$$\left. \begin{aligned} a &= 0 \\ b &= \frac{3}{2} \frac{V_\infty}{\delta} \\ c &= 0 \\ d &= -\frac{V_\infty}{2\delta^3} \end{aligned} \right\} \tag{7-140}$$

因此,速度分布关系式(7-139)具有如下形式。

$$u = \frac{V_\infty}{2\delta}\left(3y - \frac{y^3}{\delta^2}\right) \tag{7-141}$$

利用层流时满足牛顿内摩擦定律来建立第二个补充关系式,即

$$\tau_w = \mu\left(\frac{\mathrm{d}u}{\mathrm{d}y}\right)_{y=0} \tag{7-142}$$

由式(7-141)可得

$$\frac{\mathrm{d}u}{\mathrm{d}y} = \frac{V_\infty}{2\delta}\left(3 - 3\frac{y^2}{\delta^2}\right)$$

将上式代入式(7-142),得

$$\tau_w = \frac{3}{2}\mu\frac{V_\infty}{\delta} \tag{7-143}$$

利用速度分布关系式(7-141)计算动量损失厚度为

$$\theta = \int_0^\delta \frac{1}{2\delta}\left(3y - \frac{y^3}{\delta^2}\right)\left[1 - \frac{1}{2\delta}\left(3y - \frac{y^3}{\delta^2}\right)\right]\mathrm{d}y = \frac{39}{280}\delta$$

将 $\tau_w = \dfrac{3}{2}\mu\dfrac{V_\infty}{\delta}$ 和上式代入动量积分方程(7-138),得

$$\frac{39}{280}\frac{\mathrm{d}\delta}{\mathrm{d}x} = \frac{1}{\rho V_\infty^2}\frac{3}{2}\mu\frac{V_\infty}{\delta}$$

化简为

$$\delta\mathrm{d}\delta = \frac{140}{13}\frac{\mu}{\rho V_\infty}\mathrm{d}x$$

积分后得

$$\frac{1}{2}\delta^2 = \frac{140}{13}\frac{\mu}{\rho V_\infty}x + C$$

由于 $x=0$ 时 $\delta=0$,因此积分常数 $C=0$,故

$$\delta = \sqrt{\frac{280}{13}\frac{\mu x}{\rho V_\infty}} = 4.641\sqrt{\frac{\mu x}{\rho V_\infty}} \tag{7-144}$$

或

$$\delta = 4.641\frac{x}{\sqrt{Re_x}} \tag{7-145}$$

式中,Re_x 表示以坐标 x 为特征长度的雷诺数,称为当地雷诺数。式(7-144)给出了平板层流边界层厚度的变化规律,它与流体的性质、来流速度及距前缘的距离有关。在平板层流情况下,$\delta \propto x^{\frac{1}{2}}$。

平板壁面摩擦应力为

$$\tau_w = \frac{3}{2}\mu\frac{V_\infty}{\delta} = \frac{3}{2}\mu\frac{V_\infty}{\sqrt{\dfrac{280}{13}\dfrac{\mu x}{\rho V_\infty}}} = 0.323\,2\sqrt{\frac{\mu\rho V_\infty^3}{x}} \tag{7-146}$$

假设平板宽为 b、长度为 L，则平板一侧表面所受的摩擦力为

$$F = \int_0^L \tau_w b dx = \int_0^L 0.323\,2\sqrt{\frac{\mu \rho V_\infty^3}{x}} b dx = 0.646\,4\sqrt{\mu \rho V_\infty^3 L}\, b \tag{7-147}$$

阻力通常表示成用阻力系数与来流动压、参考面积三者乘积的形式，即

$$F = C_F \frac{1}{2}\rho V_\infty^2 A$$

在顺流平板情况下，参考面积 $A = Lb$，故得层流边界层平板阻力系数

$$C_F = \frac{F}{\frac{1}{2}\rho V_\infty^2 Lb} = \frac{0.646\,4\sqrt{\mu \rho V_\infty^3 L}}{\frac{1}{2}\rho V_\infty^2 Lb} = 1.293\sqrt{\frac{\mu}{\rho V_\infty L}} = \frac{1.293}{\sqrt{Re_L}} \tag{7-148}$$

式中，Re_L 表示以板长 L 为特征长度的雷诺数。

布莱修斯（Blasius）通过求解层流边界层的微分方程组，得到零压强梯度情况下平板层流边界层的精确解。当采用常规边界层厚度定义时（$u_\delta = 0.99V_\infty$），

$$\delta = 4.91\sqrt{\frac{\mu x}{\rho V_\infty}} \tag{7-149}$$

平板阻力系数为

$$C_F = \frac{1.328}{\sqrt{Re_L}} \tag{7-150}$$

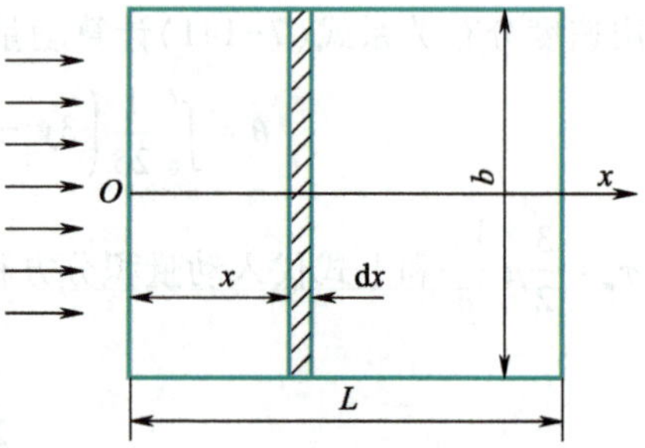

图 7-38　计算平板阻力用图

采用其他的近似速度分布所得的结果如表 7-4 所示。表 7-4 中给出了不同速度分布情况下对应的边界层厚度、位移厚度、动量损失厚度和壁面摩擦应力。

表 7-4　各种近似速度分布所得结果比较

$\dfrac{u}{u_0}$	$\dfrac{\delta\sqrt{Re_x}}{x}$	$\dfrac{\delta^*\sqrt{Re_x}}{x}$	$\dfrac{\theta\sqrt{Re_x}}{x}$	$\dfrac{\tau_w\sqrt{Re_x}}{\rho V_\infty^2}$
$2\left(\dfrac{y}{\delta}\right) - \left(\dfrac{y}{\delta}\right)^2$	5.48	1.826	0.730	0.365
$\dfrac{3}{2}\left(\dfrac{y}{\delta}\right) - \dfrac{1}{2}\left(\dfrac{y}{\delta}\right)^3$	4.64	1.740	0.646	0.323
$2\left(\dfrac{y}{\delta}\right) - 2\left(\dfrac{y}{\delta}\right)^2 + \left(\dfrac{y}{\delta}\right)^4$	5.84	1.751	0.685	0.343
$\sin\left(\dfrac{\pi}{2}\dfrac{y}{\delta}\right)$	4.8	1.743	0.655	0.328

[例题 7-14]　30 ℃的空气以 15 m/s 的速度流过长为 1 m、宽为 0.5 m 的矩形平板,气流方向与平板的长边方向平行。假定边界层全部为层流边界层,求平板受到的阻力。

分析:边界层全部为层流边界层,这涉及流体力学中的边界层理论和阻力计算。

假设:(1) 二维;(2) 稳态问题;(3) 层流边界层。

解:30 ℃的空气密度 $\rho = 1.165$ kg/m³,动力黏度 $\mu = 1.86 \times 10^{-5}$ Pa·s,空气从平板两侧流过,故

$$F = 2\frac{\rho V_\infty^2}{2} A C_F$$

以板长 L 为特征长度的雷诺数为

$$Re_L = \frac{L V_\infty \rho}{\mu} = \frac{1 \text{ m} \times 15 \text{ m/s} \times 1.165 \text{ kg/m}^3}{1.86 \times 10^{-5} \text{ Pa·s}} = 9.395 \times 10^5$$

按式(7-150)可得

$$C_F = \frac{1.328}{\sqrt{Re_L}} = \frac{1.328}{\sqrt{9.395 \times 10^5}} = 1.37 \times 10^{-3}$$

$$F = 2\frac{\rho V_\infty^2}{2} A C_F = 2 \times \frac{1.165 \text{ kg/m}^3 \times (15 \text{ m/s})^2}{2} \times (1.0 \text{ m} \times 0.5 \text{ m}) \times 1.37 \times 10^{-3} = 0.179\ 6 \text{ N}$$

讨论:阻力可以通过层流边界层的理论公式来计算。层流边界层意味着流动是有序的,没有湍流引起的混合。这影响了阻力的计算方法。

[例题 7-15]　三角形平板置于水流中,设水流方向与三角形的对称轴方向一致,水流速度为 V_∞,密度为 ρ,动力黏度为 μ,三角形平板几何尺寸如图 7-39 所示,假设边界层内流态为层流,试求平板所受阻力。

分析:势流绕三角形平板的解为 $u_0 = V_\infty$、$p = p_\infty$,流动的横向压强相等,速度分量为零,因此,绕三角形平板的流动具有局部二维流动性质。

假设:(1) 二维;(2) 稳态问题;(3) 层流边界层;(4) 局部二维流动。

解:将 xOy 坐标平面取在三角形所在平面,坐标原点取在三角形顶点,x 轴取在三角形对称轴上。在平板上取一条形微元面积 $\mathrm{d}A = l\mathrm{d}y$,微元面积所受的阻力可利用二维平板边界层的结果,即

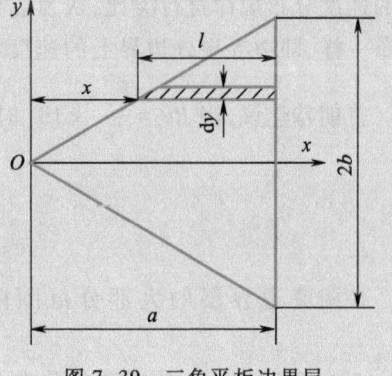

图 7-39　三角平板边界层

$$\mathrm{d}F = \frac{1}{2}\rho V_\infty^2 \mathrm{d}A \cdot C_F = \frac{1}{2}\rho V_\infty^2 l\mathrm{d}y \frac{1.328}{\sqrt{\dfrac{V_\infty \rho l}{\mu}}} \tag{7-151}$$

由几何关系可知

$$l = a - x = a - \frac{a}{b}y \tag{7-152}$$

将式 (7-152) 代入式 (7-151) ,得

$$dF = \frac{1}{2}\rho V_\infty^2 \left(a - \frac{a}{b}y\right)dy \frac{1.328}{\sqrt{\dfrac{V_\infty \rho}{\mu}\left(a - \dfrac{a}{b}y\right)}} = \frac{1.328}{2}\sqrt{\rho\mu V_\infty^3}\sqrt{\left(a - \frac{a}{b}y\right)}dy$$

因为流动的对称性及三角平板两侧均受阻力 ,所以

$$F = 4\int_0^b \frac{1.328}{2}\sqrt{\rho\mu V_\infty^3}\sqrt{\left(a - \frac{a}{b}y\right)}dy = 2 \times 1.328\sqrt{\rho\mu V_\infty^3}\left(-\frac{b}{a}\right)\frac{2}{3}\left(a - \frac{a}{b}y\right)^{\frac{3}{2}}\Bigg|_0^b$$

$$= 1.771\sqrt{\rho\mu a V_\infty^3}\, b$$

讨论: 由于三角形平板的对称性 ,流动可以视为局部二维流动 ,这简化了阻力的计算。在层流条件下 ,可以使用特定的公式来计算微元面积所受的阻力。

2. 顺流光滑平板湍流边界层

在工程实践中遇到的边界层问题中 ,在所涉及长度的大部分范围内是湍流边界层 ,因此研究湍流边界层具有特别重要的意义。一般来说 ,由于湍流边界层中流体质点的掺混 ,湍流边界层与层流边界层相比 ,它的厚度较大且增长较快 ,时均速度分布更为均匀 ,壁面处的速度梯度更陡。研究湍流边界层需要更多地依赖于试验数据。

现考虑顺流放置光滑平板的湍流边界层问题。在利用边界层动量积分方程求解边界层问题时 ,需要补充两个关系式。在湍流情况下 ,通常将边界层内的速度分布规律与圆管内充分发展湍流的速度分布规律进行类比 ,认为边界层内沿厚度方向的速度分布与圆管内沿半径方向的速度分布一样 ,即边界层外边界上的速度相当于圆管轴线上的最大速度 ,边界层厚度相当于圆管半径。普朗特建议 ,当 $Re_x = \dfrac{V_\infty x}{\nu} < 10^7$ 时 ,边界层内的时均速度分布可采用 $\dfrac{1}{7}$ 次方规律 ,即

$$\frac{u}{V_\infty} = \left(\frac{y}{\delta}\right)^{\frac{1}{7}} \tag{7-153}$$

在湍流边界层的大部分范围内 ,该关系式描述的速度分布较合适 ,但是 ,因 $\left.\dfrac{\partial u}{\partial y}\right|_{y=0} = V_\infty \dfrac{1}{7}\delta^{-\frac{1}{7}}y^{-\frac{6}{7}}\Big|_{y=0} \to \infty$,所以该关系式不能直接用于边界层的内边界。事实上 ,紧挨壁面存在黏性底层 ,由于这一层非常薄 ,通常认为黏性底层内速度分布为线性分布 ,在和湍流部分接壤处与 $\dfrac{1}{7}$ 次方速度分布相切。黏性底层的厚度及线性速度分布的斜率仍未知 ,因此无法利用 $\tau_w = \mu \left.\dfrac{du}{dy}\right|_{y=0}$ 来确定壁面摩擦应力。

在圆管中 ,壁面摩擦应力 $\tau_w = \dfrac{f}{8}\rho \overline{V}^2$,在中等雷诺数下 ,利用水力光滑管的布莱修斯公式

$f = \dfrac{0.316\,4}{Re^{1/4}} = \dfrac{0.316\,4}{\left(\dfrac{2r_0\,\overline{V}}{\nu}\right)^{1/4}}$，这时圆管内平均速度 $\overline{V}$ 约为轴线上最大速度 $u_{\max}$ 的 $\dfrac{4}{5}$，因此

$$\tau_w = \frac{1}{8} \times \frac{0.316\,4}{\left(\dfrac{2r_0 \times 0.8u_m}{\nu}\right)^{\frac{1}{4}}} \rho\,(0.8u_m)^2 = 0.022\,5\rho u_m^2 \left(\frac{\nu}{r_0 u_m}\right)^{\frac{1}{4}}$$

式中，r_0 为圆管的半径。若通过类比，r_0 等价于平板边界层的厚度 δ，u_m 等价于边界层外边界上的势流速度 V_∞，则可得平板壁面上的摩擦应力为

$$\tau_w = 0.022\,5\rho V_\infty^2 \left(\frac{\nu}{\delta V_\infty}\right)^{\frac{1}{4}} \tag{7-154}$$

在顺流放置平板的情况下，$\dfrac{\mathrm{d}p}{\mathrm{d}x} = 0$，考虑到黏性底层的厚度很小，湍流边界层中从 0 至 δ 的范围均以 $\dfrac{1}{7}$ 次方的速度分布近似。将式（7-153）和式（7-154）代入动量积分方程（7-132），得

$$\frac{\mathrm{d}}{\mathrm{d}x}\int_0^\delta \left(\frac{y}{\delta}\right)^{\frac{1}{7}}\left[1 - \left(\frac{y}{\delta}\right)^{\frac{1}{7}}\right]\mathrm{d}y = 0.022\,5\left(\frac{\nu}{\delta V_\infty}\right)^{\frac{1}{4}}$$

经整理后得

$$\delta^{\frac{1}{4}}\mathrm{d}\delta = 0.231\left(\frac{\nu}{V_\infty}\right)^{\frac{1}{4}}\mathrm{d}x$$

对上式积分，得

$$\frac{4}{5}\delta^{\frac{5}{4}} = 0.231\left(\frac{\nu}{V_\infty}\right)^{\frac{1}{4}}x + C \tag{7-155}$$

式中，C 为积分常数。由于湍流边界层是层流边界层经转捩后形成的，其发生位置和初始厚度均未知，确定积分常数仍存在困难。普朗特提出，假定从平板前缘 $x=0$ 处形成的边界层一开始就是湍流边界层，则容易定出积分常数 $C=0$。这一假定的好处在于处理问题简单，对于长平板上的边界层，层流边界层仅占很小部分的情况，这种近似带来的误差较小。如果平板边界层中层流部分不能忽略，这时就需用混合边界层（mixed boundary layer）的方法来处理，将在下一节中叙述。

利用普朗特假定，由式（7-155）得

$$\delta = 0.37\,(Re_x)^{-\frac{1}{5}}x \tag{7-156}$$

由式（7-156）可得，从平板前缘开始就形成湍流边界层的厚度 $\delta \propto x^{\frac{4}{5}}$。

对于宽为 b、长为 L 的平板，在湍流边界层情况下，平板一侧所受的摩擦力为

$$F = \int_0^L \tau_w b\,\mathrm{d}x$$

上式中代入式（7-154）和式（7-156），得

$$F = \int_0^L 0.022\,5\rho V_\infty^2 \left(\frac{\nu}{V_\infty}\right)^{\frac{1}{4}}\left[\frac{1}{0.37\left(\dfrac{\nu}{V_\infty}\right)^{\frac{1}{5}}x^{\frac{4}{5}}}\right]^{\frac{1}{4}}b\,\mathrm{d}x = 0.036\rho V_\infty^2\left(\frac{\nu}{V_\infty L}\right)^{\frac{1}{5}}Lb \tag{7-157}$$

表示为阻力系数的形式为

$$C_F = \frac{F}{\frac{1}{2}\rho V_\infty^2 A} = \frac{0.072}{(Re_L)^{1/5}} \tag{7-158}$$

通过平板阻力的实际测量,湍流情况下阻力系数应修正为

$$C_F = \frac{0.074}{(Re_L)^{1/5}} \tag{7-159}$$

顺流平板湍流边界层的阻力系数公式适用的雷诺数范围为 $5\times10^5 \leqslant Re_L \leqslant 10^7$。

对于平板湍流边界层雷诺数范围为 $10^7 < Re_L < 10^9$ 的情况,施里希廷(Schlichting)采用对数速度分布,得到以下阻力系数的半经验公式。

$$C_F = \frac{0.455}{(\lg Re_L)^{2.58}} \tag{7-160}$$

3. 顺流平板混合边界层

顺流放置的平板足够长,平板上形成的边界层就会由层流转捩为湍流。如果层流边界层部分和湍流边界层部分对平板总的阻力都起着明显的作用,就需结合二者一起考虑。

在层流向湍流转捩的影响因素中,最主要的是雷诺数 Re_x。平板边界层的临界雷诺数不像圆管中流态发生变化的临界雷诺数那样确定,一般情况下,转捩发生在 $3\times10^5 \sim 3\times10^6$ 的范围。通常转捩区的长度可以忽略,发生转捩所对应的 x 坐标为临界长度,表示为 x_{cr},所对应的雷诺数称为临界雷诺数,表示为 Re_{cr}。对一个具体的平板边界层,Re_{cr} 为定值,从平板前缘到临界长度 x_{cr} 流态为层流,临界长度 x_{cr} 之后流态为湍流。

计算混合边界层最简单的物理模型如图 7-40 所示。假设平板 x_{cr} 之后的湍流边界层情况相同,则平板总的阻力可以采用前一节中的方法。首先对整个平板按全部为湍流边界层算出阻力;然后减去从 $0 \sim x_{cr}$ 一段湍流边界层的阻力;最后加上 $0 \sim x_{cr}$ 一段层流边界层的阻力。

对于长度为 L、宽度为 b 的平板,若 $Re_L \leqslant 10^7$,则平板总的阻力为

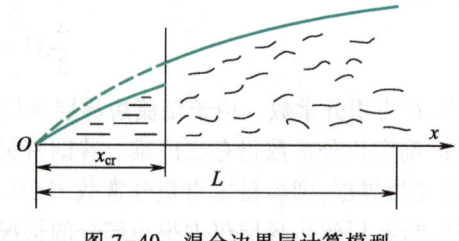

图 7-40   混合边界层计算模型

$$F = \frac{1}{2}\rho V_\infty^2 \cdot b \left[\frac{0.074}{Re_L^{1/5}}L - \frac{0.074}{Re_{cr}^{1/5}}x_{cr} + \frac{1.328}{Re_{cr}^{1/2}}x_{cr} \right] \tag{7-161}$$

若 $10^7 < Re_L < 10^9$,则平板总的阻力为

$$F = \frac{1}{2}\rho V_\infty^2 \cdot b \left[\frac{0.455}{(\lg Re_L)^{2.58}}L - \frac{0.074}{Re_{cr}^{1/5}}x_{cr} + \frac{1.328}{Re_{cr}^{1/2}}x_{cr} \right] \tag{7-162}$$

更精确一些的计算则应考虑在转捩点处,摩擦力和动量损失厚度都是连续的。仍然假定转捩区可缩为一点,转捩点之后流层立即变为完全湍流,并假定从假想的"前缘" $x = x_0$ 处开始形成湍流边界层外边界的形状,在转捩点 $x = x_{cr}$ 处,湍流边界层和层流边界层计算所得动量损失厚度相等,可得

$$x_0 = x_{cr} \left[1 - 36.9 \left(\frac{\nu}{V_\infty x_{cr}} \right)^{\frac{3}{8}} \right] \tag{7-163}$$

得整个平板的阻力系数为

$$C_F = \frac{0.074}{L} (L-x_0)^{\frac{4}{5}} \frac{\nu^{\frac{1}{5}}}{V_\infty^{1/5}} = \frac{0.074}{(Re_L)^{1/5}} \left[1 - \frac{x_0}{L} \right]^{\frac{4}{5}} \tag{7-164}$$

[例题 7-16] 在静止的水中以 6 m/s 的速度拖动一宽 1 m、长 3 m 的光滑平板。设水的密度为 1 000 kg/m³,动力黏度 $\mu = 1.0 \times 10^{-3}$ Pa·s,临界雷诺数 $Re_{cr} = 5 \times 10^5$,试求:(1) 整个平板所受的阻力;(2) 平板前 1 m 范围所受的阻力。

分析:这个问题需要考虑流动状态(层流或湍流)对阻力的影响。

假设:(1) 二维;(2) 稳态问题;(3) 光滑平板。

解:(1) 以板长为特征长度的雷诺数为

$$Re_L = \frac{L\rho V_\infty}{\mu} = \frac{3 \text{ m} \times 1\,000 \text{ kg/m}^3 \times 6 \text{ m/s}}{1 \times 10^{-3} \text{ Pa·s}} = 1.8 \times 10^7$$

临界长度为

$$x_{cr} = \frac{Re_{cr}\mu}{\rho V_\infty} = \frac{5 \times 10^5 \times 1.0 \times 10^{-3} \text{ Pa·s}}{1\,000 \text{ kg/m}^3 \times 6 \text{ m/s}} = 0.083\,3 \text{ m}$$

由以上计算可见,平板前部的层流边界层范围占整个平板的比例很小,故可采用从前缘开始就形成湍流边界层的阻力系数公式,即

$$C_F = \frac{0.455}{[\lg(1.8 \times 10^7)]^{2.58}} = 0.002\,74$$

平板两侧所受的总摩擦阻力为

$$F = 2 \times \frac{1}{2} \rho V_\infty^2 A C_F = 1\,000 \text{ kg/m}^3 \times (6 \text{ m/s})^2 \times (1 \text{ m} \times 3 \text{ m}) \times 0.002\,74 = 296 \text{ N}$$

(2) 对平板前 1 m 范围所受的阻力而言,其特征长度为 1 m,故

$$Re_L = \frac{L\rho V_\infty}{\mu} = \frac{1 \text{ m} \times 1\,000 \text{ kg/m}^3 \times 6 \text{ m/s}}{1.0 \times 10^{-3} \text{ Pa·s}} = 6 \times 10^6$$

可采用 3 种不同的算法来计算阻力

① 忽略临界长度为 0.083 3 m 范围内层流与湍流的差异,按平板前缘开始就形成湍流边界层计算。

$$F = 2 \times \frac{1}{2} \rho V_\infty^2 Lb C_F = \rho V_\infty^2 Lb \frac{0.074}{(Re_L)^{1/5}}$$

$$= 1\,000 \text{ kg/m}^3 \times (6 \text{ m/s})^2 \times 1 \text{ m} \times 1 \text{ m} \times \frac{0.074}{(6 \times 10^6)^{0.2}}$$

$$= 117 \text{ N}$$

② 考虑临界长度范围内层流与湍流的差异,采用简化混合边界层模型,按式(7-161)计算阻力。

$$F = 2 \times \frac{1}{2} \rho V_\infty^2 \, b \left[\frac{0.074}{Re_L^{0.2}} L - \frac{0.074}{Re_{cr}^{0.2}} x_{cr} + \frac{1.328}{Re_{cr}^{0.5}} x_{cr} \right]$$

$$= 1\,000 \ \mathrm{kg/m^3} \times (6 \ \mathrm{m/s})^2 \times 1 \ \mathrm{m} \times \left[\frac{0.074 \times 1 \ \mathrm{m}}{(6 \times 10^6)^{0.2}} - \frac{0.074 \times 0.083\,3 \ \mathrm{m}}{(5 \times 10^5)^{0.2}} + \frac{1.328 \times 0.083\,3 \ \mathrm{m}}{(5 \times 10^5)^{0.5}} \right]$$

$$= 107 \ \mathrm{N}$$

③ 计算湍流开始的假想位置 x_0，按式(7-163)计算阻力。

$$x_0 = x_{cr} \left[1 - 36.9 \left(\frac{\mu}{\rho V_\infty x_{cr}} \right)^{\frac{3}{8}} \right]$$

$$= 0.083\,3 \ \mathrm{m} \times \left[1 - 36.9 \left(\frac{1.0 \times 10^{-3} \ \mathrm{Pa \cdot s}}{1\,000 \ \mathrm{kg/m^3} \times 6 \ \mathrm{m/s} \times 0.083\,3 \ \mathrm{m}} \right)^{\frac{3}{8}} \right]$$

$$= 0.060\,9 \ \mathrm{m}$$

将 x_0 的值代入式(7-164)，则得平板前 1 m 范围的阻力系数为

$$C_F = \frac{0.074}{Re_L^{0.2}} \left[1 - \frac{x_0}{L} \right]^{0.8} = \frac{0.074}{(6 \times 10^6)^{0.2}} \times \left[1 - \frac{0.060\,9 \ \mathrm{m}}{1 \ \mathrm{m}} \right]^{0.8} = 0.003\,10$$

故所受的阻力为

$$F = 2 \times \frac{1}{2} \rho V_\infty^2 A C_F = 2 \times \frac{1}{2} \times 1\,000 \ \mathrm{kg/m^3} \times (6 \ \mathrm{m/s})^2 \times (1 \ \mathrm{m} \times 1 \ \mathrm{m}) \times 0.003\,10 = 112 \ \mathrm{N}$$

讨论： 雷诺数是判断流动状态的关键参数。在本例中，它用于确定流动是层流还是湍流。比较以上 3 种计算方法的结果可知，在不考虑平板前部的层流边界层时，对应的阻力值较大；在混合边界层中湍流边界层部分按从前缘开始就形成湍流边界层那样处理时，对应的阻力值较小，与考虑混合边界层在转捩点处连续性的结果相比误差约为 5%。

7.2.4 曲壁边界层及分离现象

前面几节考虑的顺流平板边界层问题，边界层以外流动的压强保持为常量。然而，当压强沿流动方向变化时，边界层内的流动会受到很大的影响。下面考虑绕曲壁面的流动情况，在曲壁面边界层问题中，通常采用正交曲线坐标系，坐标原点取在前驻点，x 轴沿物面选取，y 轴与物面垂直，如图 7-41 所示。图中虚线表示曲壁边界层的外边界，假定各处壁面的曲率半径与边界层厚度相比很大，当流体绕曲面流动时，边界层之外的流动可视为理想流体的势流，边界层内 $\frac{\partial p}{\partial y} \approx 0$。对于外部的势流而言，点 C 的左半部分流动是加速的，在点 C 处边界层之外的流速达到最大值，该处的压强达到最小值。从点 A 到点 C 压强梯度 $\frac{\partial p}{\partial x}$ 为负值，因此作用在边界层内流体质点上压力的合力与流动方向一致，它与边界层内阻滞流动的黏性影响起着相反作用。与相同 Re_x 情况的顺流平板相比，其边界层厚度的增长率要小一些。负的压强梯度又称为顺压梯度。过了点 C

之后，压强逐渐增大，$\frac{\partial p}{\partial x}>0$，所以作用在边界层内流体质点上压力的合力与流动方向相反。正的压强梯度又称为逆压梯度。在黏性力与逆压梯度的双重作用下，边界层内流体质点的速度逐渐减小。值得注意的是，在同一 x 截面上，越靠近壁面的流体质点其速度越小，因此，首先是靠近壁面的流体质点在某个位置上速度减小为零，如图 7-41 中的点 D，在该点上 $\frac{\partial u}{\partial y}=0$，在点 D 的下游，如图 7-41 中的点 E，靠近壁面的流动实际上变为回流或逆流。来流流体不能沿着物体外形流动而离开物体表面的现象即流动分离，分离现象首先发生在 $\left.\frac{\partial u}{\partial y}\right|_{y=0}=0$ 的点，即图 7-41 中的点 D，该点称为分离点，划分正向流动与回流的一系列速度为零的连线称为分离线，分离线起始于分离点，如图 7-41 中的虚线 DF 所示。由于回流的出现，形成大尺度的不规则的旋涡，在旋涡中流体的机械能部分地耗散并转化为热能，因此分离点下游的压强近似等于分离点处的压强。边界层分离（boundary layer separation）后，不断地卷起旋涡并流向下游形成尾迹，一般尾迹在物体下游延伸一段距离[9]。

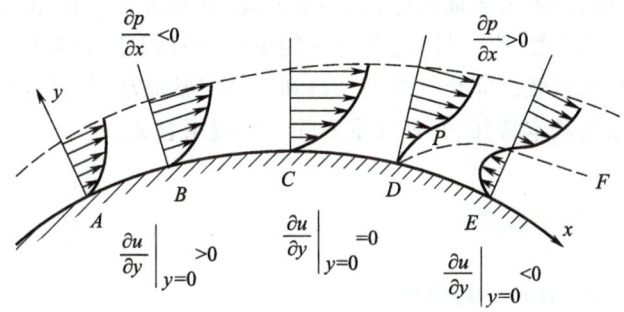

图 7-41 曲壁面边界层流动

在 $\frac{\partial p}{\partial x}\leqslant 0$ 的平板边界层中，不管平板有多长，流动都不会分离；同样，在理想流体绕物体的流动中，即使存在大的逆压梯度，也不会发生分离。可见，黏性作用与存在逆压梯度是流动分离的两个必要条件。

层流边界层与湍流边界层都会发生分离，但是在相同的逆压梯度作用下，层流边界层比湍流边界层更容易发生分离，这是由于层流边界层中近壁面处速度随 y 的增长度缓慢，逆压梯度更容易阻滞靠近壁面的低速流体质点。边界层分离后，黏性作用区域的厚度不再是小量，特别是下游分离后流体形成的尾迹，将会大大地改变整个流场，流动的有效边界不再是物体表面，而变为包括分离区在内的未知形状。由于流场的改变，最小压强点的位置也会改变，因此分离点有可能移至原为压强最小点的上游，如图 7-42 所示。

边界层分离对建筑的影响

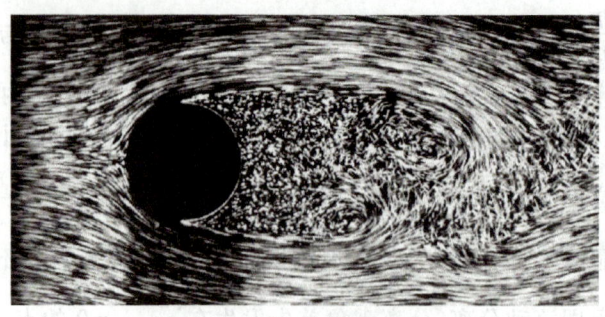

图 7-42　圆柱绕流的边界层分离

7.3　可压缩流动

可压缩流动一般与高流动速度相联系,与处理不可压缩流动问题不同,在研究可压缩流动时,除了质量和动量守恒,还需考虑能量守恒,连续方程、动量方程与能量方程的强耦合关系,增加了可压缩流动问题的复杂性[10]。另外,在考虑能量守恒过程中必然涉及流体的热力学性质,本节只限于讨论比热容为常数的完全气体的一维和二维定常流动,尽管这些流动相对简单,但它们可以显示可压缩流动的基本特征,并具有重要的工程应用意义。

7.3.1　可压缩流动的基本概念

1. 微弱扰动波的传播、声速和马赫数

凡具有可压缩性(或弹性)的介质,当受到扰动时,这种扰动就会自动地以波的形式在介质中传播。所谓扰动,泛指介质状态发生某种程度的变化。例如,音叉在空气中振动时引起紧贴音叉的空气质点做微小运动,由于空气具有压缩性,附近的空气团也产生微小位移和变形,其压强(密度、温度等)发生微小变化(增大或减小),这时并不是全部空气都经受到这一压强变化,在离音叉一定的距离存在压强的不连续面,在该面之前压强维持原先的值,该面之后压强发生了微小变化。这种不连续面是弱的间断面,称为微弱扰动波,即通常所谓的声波,它在空气中传播的速度称为声速(speed of sourd)。实际上,不管微弱扰动是怎样产生的,不管介质是否为空气或扰动能否听得到,声速都表示微弱扰动波在可压缩介质中传播的速度。

压缩空气
储能

下面具体说明微弱扰动传播的物理过程,并导出声速公式。

图 7-43 所示为推导微弱扰动波传播过程的理想化模型。假设等截面长直管内充满静止状态的可压缩气体,其状态参数分别为 p、ρ、T。管左端装一活塞,若使活塞以微小速度 dV 向右运动,则紧贴活塞的气体受到压缩后也伴随向右运动,并产生微小的压强增量 dp,向右运动的气体又推动它右侧的气体向右运动,同样产生微小的压强增量,如此继续下去,由活塞运动引起的微弱扰动不断地向右传播。受扰动气体与未受扰动气体的分界面称为扰动的波面,波面向右传播的速度 a 即为声速。微弱扰动波未到达之前,气体静止,压强为 p,密度为 ρ,波面通过之后,气体速度由 0 变为 dV,压强变为 $p+dp$,密度变为 $\rho+d\rho$。在这种情况下,对一个静止观察者来说,图

7-43a 中流场的流动是非定常的。为了研究方便,现将坐标系固定在波面上,在相对坐标系中观察,波面是静止不动的,波前的气体始终以速度 a 流向波面,其压强为 p,密度为 ρ,波后的气体始终以速度 $a-\mathrm{d}V$ 离开波面,其压强为 $p+\mathrm{d}p$,密度为 $\rho+\mathrm{d}\rho$,这样非定常流动问题就转化为定常流动问题(图 7-43b)。

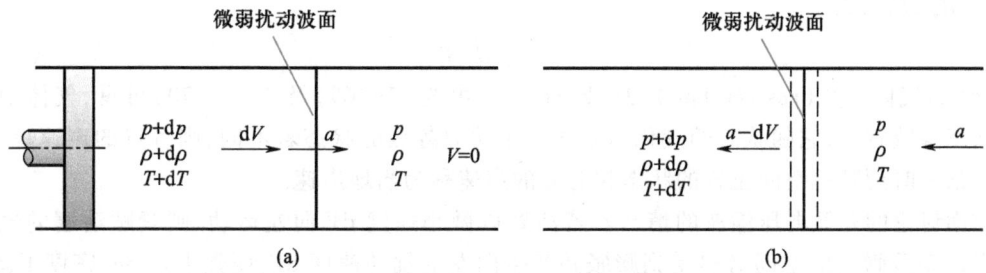

图 7-43 微弱扰动波的传播

在相对坐标系内取图 7-43(b)中虚线所示的控制体,假设管道截面面积为 A,对控制体应用连续方程

$$\rho a A = (\rho+\mathrm{d}\rho)(a-\mathrm{d}V)A$$

忽略二阶微量,经整理得

$$\mathrm{d}V = \frac{a}{\rho}\mathrm{d}\rho \tag{7-165}$$

对控制体应用动量方程

$$pA-(p+\mathrm{d}p)A = \rho a A[(a-\mathrm{d}V)-a]$$

经整理后可得

$$\mathrm{d}V = \frac{1}{\rho a}\mathrm{d}p \tag{7-166}$$

由式(7-165)和式(7-166)得

$$a^2 = \frac{\mathrm{d}p}{\mathrm{d}\rho}$$

或

$$a = \sqrt{\frac{\mathrm{d}p}{\mathrm{d}\rho}} \tag{7-167}$$

式(7-167)即为声速的基本公式。由流体的可压缩性可知,$\dfrac{\mathrm{d}p}{\mathrm{d}\rho} = \dfrac{E_\nu}{\rho}$,声速又可表示为

$$a = \sqrt{\frac{E_\nu}{\rho}} \tag{7-168}$$

式(7-168)说明,微弱扰动在可压缩流体中传播的速度与流体的压缩性有关,压缩性越小,体积模量越大,声速也越大。对于不可压缩流体,其体积模量 $E_\nu \to \infty$,故可得 $a \to \infty$。从理论上讲,在不可压缩流体中产生的微弱扰动会立即传遍全流场。

由于流体受到微弱扰动后,压强、密度和温度等参数的变化极为迅速,通过微弱扰动波的传热量极小,接近于绝热过程。因此,微弱扰动波传播的热力学过程可看作等熵过程[11]。对于气体,其等熵体积模量 $E_\nu = \kappa p$,因此

$$a = \sqrt{\kappa \frac{p}{\rho}} \qquad (7\text{-}169)$$

式中,比热比(specific heat ratio)$\kappa = \dfrac{c_p}{c_v}$;对于完全气体(perfect gas),由状态方程可知,气体的绝对压强 $p = R_g \rho T$,可得

$$a = \sqrt{\kappa R_g T} \qquad (7\text{-}170)$$

式中,R_g 为气体常数(gas constant)[J/(kg·K)]。由式(7-169)及式(7-170)可见,气体中的声速与状态参数有关,它随状态的变化而变化。流动中各点的状态若不同,则各点的声速也不同,所以与某一时刻某一空间位置的状态相对应的声速称为当地声速。

前面讨论的是微弱压缩波的情形。若活塞以微小速度 dV 向左运动,则紧贴活塞的气体填补活塞运动后腾出的空间必然受到膨胀并产生向左的扰动速度 dV,压强下降 dp,密度下降 dρ,这样又促使邻近的气体发生膨胀。经过膨胀的气体压强下降 dp 并产生向左的运动速度 dV 后,它们不再受到活塞的扰动,其状态维持不变。膨胀过程逐层进行下去产生了向右传播的扰动波,这种扰动波称为膨胀波。膨胀波与微弱压缩波都是微弱扰动波,都以声速传播,它们的区别在于:膨胀波经过之后,流体的压强下降 dp,密度下降 dρ,温度下降 dT,流体质点的运动方向与波的传播方向相反;而微弱压缩波经过之后,流体的压强上升 dp,密度上升 dρ,温度上升 dT,流体质点的运动方向与波的传播方向相同。

在流动问题中,某点的流动速度与当地声速之比称为马赫数,记为 Ma。

$$Ma = \frac{V}{a}$$

音爆

马赫数是判断流体压缩性影响的重要依据,也是高速流动问题重要的相似准则数。通常,按照马赫数小于 1、等于 1、大于 1 可把流动分为亚声速流(subsonic flow)、声速流(sonic flow)、超声速流(supersonic flow)。

2. 微弱扰动传播的区域

这里要讨论的是在流场中微弱扰动波的传播有无界限的问题。假定扰动源静止,而气流以某个速度流动,现分为以下 4 种情况进行分析。

(1)流速 $V = 0$。

(2)流速小于声速;即 $V < a$。

(3)流速等于声速,即 $V = a$。

(4)流速大于声速,即 $V > a$。

如前所述,任何弹性介质中的微弱扰动波,都会以声速从扰动源向四面八方传播。为了便于分析,假设扰动源为一点且每隔 1 s 发出 1 次微弱扰动波。图 7-44a 所示为 4 s 末的一瞬间,微弱扰动波的 4 个波面位置,这是 4 个同心球面,最大的球面半径为 $4a$,它是初始时刻产生的扰动波经历 4 s 后所到达的位置。最小的球面半径是 $1a$,它是第 3 s 末产生的扰动波经 1 s 后所到达的位置,以此类推。在气流速度为零的静止气体中,微弱扰动波以同心球面波的形式,从扰动源向各个方向传播。可见,只要时间足够长,扰动波会波及全流场。图 7-44b 所示为向右运动的气流速度小于声速的情况。这时,扰动源每次发出的扰动波在气流中以声速向各个方向传播的同时,随气流一同向右运动。例如,初始时刻发生的微弱扰动波,4 s 末时其球面半径为 $4a$,同时向右平移了 $4V$,气流运动相当于牵连运动,扰动波在气体中以声速向四周推进相当于相对运动。

从绝对坐标系来观察,微弱扰动波向下游(流动方向)传播的速度为 $V+a$,向上游(逆流动方向)传播的速度为 $a-V$。因为气流速度 V 小于声速 a,所以扰动波能够逆流向上传播。只要时间足够长,扰动波仍然可以波及全流场。图 7-44c 所示为向右运动的气流速度等于声速的情况。这时,扰动源每次发出的微弱扰动波仍以声速向四周传播,但微弱扰动波随气流向右运动的速度恰等于声速,所有的扰动波都在扰动源所在点 O 处相切,所以无论时间长久,微弱扰动波所波及的范围仅在过点 O 且垂直来流的平面的右半空间,该半空间称为扰动区。扰动不能逆流向上传播,其左半空间称为未扰动区(或者寂静区、禁讯区)。声速流动与亚声速流相比,本质的区别是:亚声速流动时,微弱扰动波可以传遍全流场;而声速流动时,存在扰动不能逾越的界限,全流场可划分为扰动区与未扰动区。图 7-44d 所示为向右运动的气流速度大于声速的情况。图中画出了扰动源在初始时刻、1 s 末、2 s 末和 3 s 末发出的扰动波,分别经历了 4 s、3 s、2 s 和 1 s 后到达的位置,这些球面的公切面(包络面)是一个以 OA 为母线的圆锥面,各扰动波面的公切圆锥称为马赫锥,母线 OA 称为马赫线。扰动只能波及该锥面以内的区域,以扰动源为顶点的马赫锥是扰动区,马赫锥以外的区域是未扰动区。母线 OA 与来流速度的夹角 μ 称为马赫角(angle of Mach cone),即马赫锥的半顶角。

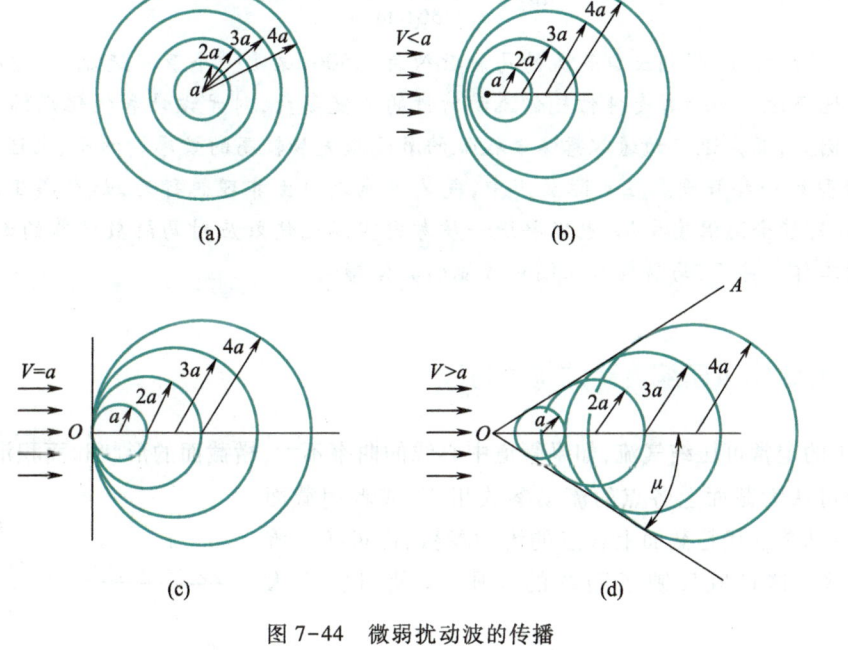

图 7-44 微弱扰动波的传播

$$\mu = \arcsin\left(\frac{a}{V}\right) = \arcsin\left(\frac{1}{Ma}\right) \tag{7-171}$$

由式(7-171)可见,马赫数越大,马赫角越小。当马赫数减小到 $Ma=1$ 时,马赫角 $\mu = \dfrac{\pi}{2}$;当 $Ma < 1$ 时,不存在马赫角,所以马赫线、马赫锥的概念只在超声速(包括声速)流场中才存在。

如果扰动源以速度 V 在静止的气体中运动,静止气体中的声速为 a,同样可以依照 $V=0$、$V<a$、$V=a$ 和 $V>a$ 的情况来区分微弱扰动波所能传播的范围。对于 $V=0$ 的情况,与图 7-44a 所示的情况完全相同。对于扰动源运动速度 $V<a$ 的情况,其产生的扰动波永远在扰动源之前到达,所以经过一定的时间,整个空间的静止气体都可以被扰动。对于扰动源以超声速(包括声速)运动的情况,扰动源产生的扰动波局限在它的马赫锥内,这时马赫锥随扰动源一起运动,在马赫锥之外的静止气体仍保持静止,称为未扰动区。

[**例题 7-17**] 已知某离心式压缩机第一级工作轮出口气流的绝对速度 $V_2=183$ m/s,出口温度 $t_2=50.8$ ℃,气体常数 $R_g=288$ J/(kg·K),比热比 $\kappa=1.4$,试求出口气流的马赫数 Ma_2 为多大?

分析:本例题涉及计算气体马赫数,可以利用给定的参数和理想气体状态方程计算,因速度 V_2 已知,求 Ma_2 只需求得当地声速 a_2 即可。

假设:(1) 一维;(2) 理想气体;(3) 恒定比热比;(4) 稳态流动。

解:因速度 V_2 已知,求 Ma_2 只需求得当地声速 a_2 即可。

$$a_2=\sqrt{\kappa R_g T}=\sqrt{1.4\times288\ \text{J/(kg·K)}\times(50.8+273)\ \text{K}}=361\ \text{m/s}$$

故

$$Ma_2=\frac{V_2}{a_2}=\frac{183\ \text{m/s}}{361\ \text{m/s}}\approx0.506$$

讨论:通过计算,得到出口气流的马赫数约为 0.506,这是一个亚声速流动,意味着气流速度低于当地声速。马赫数是评估气体流动特性的关键参数,对于设计和优化压缩机等设备至关重要。例如,亚声速流动通常意味着较低的激波损失和较高的效率。然而,上述计算基于理想气体模型和一些假设。在实际应用中,气体可能表现出非理想行为,如在高压或高温条件下,比热比可能会随温度变化;也需要进一步考虑实际气体效应对马赫数计算的影响,或者探讨在不同工作条件下,马赫数对压缩机性能的具体影响。

7.3.2　一维定常可压缩流动的基本方程

管道中的定常可压缩气流,如果管道中心线的曲率不大,横截面的形状和面积沿中心线无急剧变化,就可认为截面上各点的流动参数相等,或者用截面上的平均流动参数代替截面上各点的流动参数,即可按一维流动来处理。这样既反映了问题的本质,又使研究大大简化。

1. 连续方程

在管道中取一微元控制体,控制面由相距 dx 的两个截面和管壁组成,如图 7-45 所示。对于定常流动,采用一维流动模型,控制面上流动参数均匀,积分形式的连续方程为

$$-\rho VA+(\rho+d\rho)(V+dV)(A+dA)=0$$

忽略高阶小量并做整理得

$$d(\rho VA)=0 \tag{7-172}$$

或

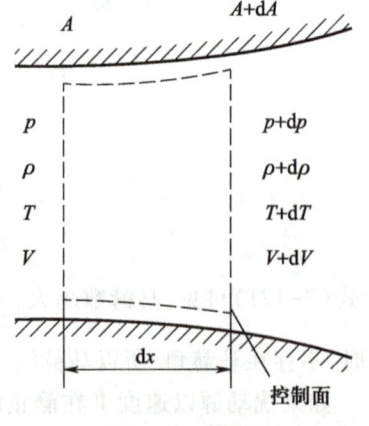

图 7-45　控制体

$$\frac{\mathrm{d}\rho}{\rho} + \frac{\mathrm{d}V}{V} + \frac{\mathrm{d}A}{A} = 0 \tag{7-173}$$

对式(7-172)积分,得

$$\rho V A = C(常数) = q_m \tag{7-174}$$

式(7-174)说明定常可压缩气流,单位时间流过任一截面的质量都相等。

2. 运动方程

对于气流而言,质量力可以忽略不计,作用在控制面的表面力有垂直于表面的压力和与表面相切的摩擦力。在定常流动情况下,按一维流动模型处理时,积分形式的动量方程仅需考虑流动方向(x 轴方向)上动量的变化率和各种外力。所取的任意形状管壁微段上,作用的摩擦力在 x 轴方向的分量可表示为 $-\tau_w \chi \mathrm{d}x$,其中 τ_w 为壁面摩擦应力,χ 为润湿周边。管壁上的压强取两个流动截面压强的平均值,壁面作用的压力在 x 轴方向的分量为 $\left(p + \dfrac{\mathrm{d}p}{2}\right)\mathrm{d}A$,因此动量方程为

$$\rho V A[(V+\mathrm{d}V) - V] = -(p+\mathrm{d}p)(A+\mathrm{d}A) + pA - \tau_w \chi \mathrm{d}x + \left(p + \frac{\mathrm{d}p}{2}\right)\mathrm{d}A$$

整理上式并略去高阶微量,得

$$V\mathrm{d}V = -\frac{\mathrm{d}p}{\rho} - \frac{4\tau_w}{\rho d_h}\mathrm{d}x \tag{7-175}$$

式中,d_h 为当量直径,$d_h = \dfrac{4A}{\chi}$。

式(7-175)是一维定常可压缩气流运动微分方程的一般形式,在一些特定的流动条件下,可对该式积分。

3. 能量方程

假定气流场中无热源,气流内部通过流动截面的热传导可以忽略不计,并且不计及质量力所做的功。管壁对与其接触部分控制面的作用力的做功率,可以分两种情况来考虑:一种是气体的黏性可以忽略,这时气流沿管壁滑移,壁面不存在切向摩擦力,而壁面上法向的压力与气流速度垂直,因此做功率为零;另一种是需要计及气体的黏性,这时紧贴管壁面的气体速度为零,因此虽有切向力和法向力的作用,但做功率依然为零。此外,设单位时间通过管壁面传给控制体中流体的热量为 P。由此,在定常流动条件下,采用一维流动模型,积分形式的能量方程为

$$\rho V A\left\{\left[\left(\tilde{u}+\frac{V^2}{2}\right)+\mathrm{d}\left(\tilde{u}+\frac{V^2}{2}\right)\right] - \left(\tilde{u}+\frac{V^2}{2}\right)\right\} = -(A+\mathrm{d}A)(V+\mathrm{d}V)(p+\mathrm{d}p) + pAV + P$$

整理上式并忽略高阶微量,得

$$\rho V A\mathrm{d}\left(\tilde{u}+\frac{V^2}{2}\right) = -\mathrm{d}(ApV) + P$$

注意,质量流量 $q_m = A\rho V = C(常数)$,$\mathrm{d}(ApV) = \mathrm{d}\left(A\rho V\dfrac{p}{\rho}\right) = A\rho V\mathrm{d}\left(\dfrac{p}{\rho}\right)$,因此,上式可表示为

$$\mathrm{d}\left(\tilde{u}+\frac{p}{\rho}+\frac{V^2}{2}\right) = \frac{P}{q_m} = q_H \tag{7-176}$$

式中,$\tilde{u}+\dfrac{p}{\rho} = h$,为单位质量流体的焓;$q_H$ 为管壁传给单位质量流体的热量。式(7-176)也可表

示为

$$d\left(h+\frac{V^2}{2}\right)=q_H \tag{7-177}$$

式(7-177)表明加给单位质量气体的热量等于单位质量气体焓和动能的增量,无论是否计及气体的黏性均适用。

4. 状态方程

如果气体距液化或离解、电离状态不很接近,也就是说,气体的压强和温度不是太高或太低,气体分子间的吸引力及分子自身的体积效应可以忽略不计,把气体近似看作完全气体(即热力学中的理想气体。因为"理想"这一术语在流体力学部分用于无黏性流体,所以称为完全气体)。完全气体的状态方程为

$$p=R_g\rho T \tag{7-178}$$

式中:R_g 为气体常数;T 为气体的绝对温度;p 为气体的绝对压强;ρ 为气体的密度。

对于空气而言,在下列温度和压强范围内可以用完全气体假设。

$$240\ K<T<2\ 000\ K,\quad p<9.8\times10^5\ Pa$$

在完全气体假设成立的范围内,如果温度不是十分高,比定压热容 c_p 和比定容热容 c_V 随温度的变化很微小,可以近似地当作常数来处理。例如,空气,在 $T<1\ 000\ K$ 时,$\dfrac{c_p}{R_g}$ 和 $\kappa=\dfrac{c_p}{c_V}$ 随温度的变化情形如表7-5所示。

表7-5 空气的比热容随温度变化情况

T/K	100	500	700	900	1 000
$\dfrac{c_p}{R_g}$	3.505 9	3.588 2	3.744 5	3.906	3.970
$\kappa=\dfrac{c_p}{c_V}$	1.401 7	1.387 1	1.364 6	1.345	1.336

在一般的计算中,这样的变化可以忽略不计。本章所涉及的气体流动问题,均按比热容为常数的完全气体来考虑。

7.3.3 一维定常等熵流动

在一些流动问题中,由于气流速度较快,气流与外界来不及进行热交换,或者不能充分进行热交换,因此可以近似地看作是绝热过程。在流动过程中,气流的各参数变化较为连续,黏性的影响较小,同时,由于流道较短,摩擦的累积效应也较小,因此可以忽略气体的黏性,把流体的热力学过程近似地看作可逆过程。可逆的绝热过程便是等熵过程。例如,在研究气体在喷管或喷气发动机(jet engine)进气道中的流动,便可以近似地看作等熵流动(isentropic flow)过程。本节讨论定常一维等熵流动。

1. 方程组

连续方程反映流动过程中质量守恒的普遍规律以及流动需满足连续性条件,它与流动的热力学过程无关。因此,一维定常等熵流动的连续方程仍为式(7-174)。

在绝热流动条件下，$q_H = 0$，能量方程(7-177)为

$$d\left(h + \frac{V^2}{2}\right) = 0$$

对上式积分得

$$h + \frac{V^2}{2} = C(\text{常数}) \tag{7-179}$$

式(7-179)适用于等熵流动，同样适用于绝热但非等熵过程的流动。

可逆过程流动意味着不存在气流微团之间的内摩擦以及气流与管壁之间的摩擦，即流动是理想流体的流动，这时一般形式的运动方程(7-175)为

$$VdV + \frac{dp}{\rho} = 0 \tag{7-180}$$

对上式积分可得

$$\frac{V^2}{2} + \int \frac{dp}{\rho} = C(\text{常数}) \tag{7-181}$$

由热力学可知，等熵过程方程为

$$\frac{p}{\rho^\kappa} = C(\text{常数}) \tag{7-182}$$

等熵气流仍按完全气体处理，故状态方程为(7-178)。

在运动方程(7-181)中，积分 $\int \dfrac{dp}{\rho}$ 有赖于确定 ρ 与 p 的关系，即确定流动的热力学过程。如果流动是等熵的，将式(7-182)代入式(7-181)得出积分形式的运动方程与能量方程完全相同。因此，上述的 5 个方程中只有 4 个方程是独立的。通常，选用连续方程、能量方程、等熵过程方程和状态方程构成定常一维等熵流动的基本方程组，即

$$\left.\begin{aligned} \rho VA = q_m = C(\text{常数}) \\ h + \frac{V^2}{2} = C(\text{常数}) \\ \frac{p}{\rho^\kappa} = C(\text{常数}) \\ p = R_g \rho T \end{aligned}\right\} \tag{7-183}$$

下面利用热力学关系式推导能量方程一些有用的其他形式，这将为求解定常一维等熵流动问题带来诸多方便。由热力学可知，$h = C_p T$，$R_g = C_p - C_\nu$，并利用式(7-178)和式(7-179)可得

$$h = C_p T = \frac{\kappa R_g}{\kappa - 1} T = \frac{\kappa}{\kappa - 1} \frac{p}{\rho} = \frac{a^2}{\kappa - 1}$$

因此，能量方程还可写成下列各种形式

$$C_p T + \frac{V^2}{2} = C(\text{常数}) \tag{7-184}$$

$$\frac{\kappa}{\kappa - 1} R_g T + \frac{V^2}{2} = C(\text{常数}) \tag{7-185}$$

$$\frac{\kappa}{\kappa - 1} \frac{p}{\rho} + \frac{V^2}{2} = C(\text{常数}) \tag{7-186}$$

$$\frac{a^2}{\kappa-1}+\frac{V^2}{2}=C(\text{常数}) \tag{7-187}$$

[例题 7-18] 已知管道中的定常等熵空气流砂在截面 1 处的下列参数：$t_1=62\ ℃$，$p_1=650\ \text{kPa}$，$A_1=0.001\ \text{m}^2$，以及 2 截面的参数：$A_2=5.12\times10^{-4}\ \text{m}^2$，$p_2=452\ \text{kPa}$。空气的 $R_g=287\ \text{J/(kg·K)}$，$\kappa=1.4$。试求：(1) V_1 和 Ma_1；(2) V_2、Ma_2、ρ_2 和 T_2。

分析：本例题研究的是管道中定常等熵空气流动的参数变化。已知 1 截面和 2 截面的面积、压力、温度，以及空气的物性参数，需要求解两个截面上的气流速度、马赫数、压力和温度。通过使用等熵流动的基本方程组，可以建立一个封闭的方程系统来求解这些未知量。

假设：(1) 一维；(2) 等熵流动；(3) 理想气体；(4) 定常流动。

解：利用定常一维等熵流动的基本方程组，对截面 1、2 的流动参数可列出下列方程式。

$$A_1\rho_1 V_1=A_2\rho_2 V_2 \tag{7-188}$$

$$\frac{\kappa}{\kappa-1}\frac{p_1}{\rho_1}+\frac{V_1^2}{2}=\frac{\kappa}{\kappa-1}\frac{p_2}{\rho_2}+\frac{V_2^2}{2} \tag{7-189}$$

$$\frac{p_1}{\rho_1^\kappa}=\frac{p_2}{\rho_2^\kappa} \tag{7-190}$$

$$p_1=R_g\rho_1 T_1 \tag{7-191}$$

$$p_2=R_g\rho_2 T_2 \tag{7-192}$$

几何参数 A_1、A_2 及物性参数 R_g、κ 均已知，以上方程式中包含两个截面上的运动参数 V_1、V_2 和状态参数 p_1、ρ_1、T_1 及 p_2、ρ_2、T_2 共 8 个量，已知 t_1、p_1 和 p_2，其余 5 个为未知量，未知量的个数恰好等于方程的个数，因此方程组是封闭的。先由式(7-191)得

$$\rho_1=\frac{p_1}{R_g T_1}=\frac{650\times10^3\ \text{Pa}}{287\ \text{J/(kg·K)}\times(62+273)\ \text{K}}=6.76\ \text{kg/m}^3$$

利用式(7-190)得

$$\rho_2=\rho_1\left(\frac{p_2}{p_1}\right)^{\frac{1}{\kappa}}=6.76\ \text{kg/m}^3\times\left(\frac{452\times10^3\ \text{Pa}}{650\times10^3\ \text{Pa}}\right)^{\frac{1}{1.4}}=5.21\ \text{kg/m}^3$$

将 ρ_1、ρ_2、A_1、A_2 代入式(7-188)，得

$$\frac{V_1}{V_2}=\frac{A_2\rho_2}{A_1\rho_1}=\frac{5.12\times10^{-6}\ \text{m}^2\times5.21\ \text{kg/m}^3}{1\times10^{-3}\ \text{m}^2\times6.76\ \text{kg/m}^3}=0.395$$

由式(7-189)可得

$$\frac{V_2^2}{2}\left(1-\frac{V_1^2}{V_2^2}\right)=\frac{\kappa}{\kappa-1}\left(\frac{p_1}{\rho_1}-\frac{p_2}{\rho_2}\right)$$

$$V_2=\sqrt{\frac{\frac{2\kappa}{\kappa-1}\left(\frac{p_1}{\rho_1}-\frac{p_2}{\rho_2}\right)}{1-\left(\frac{V_1}{V_2}\right)^2}}=\sqrt{\frac{\frac{2\times1.4}{1.4-1}\times\left(\frac{650\times10^3\ \text{Pa}}{6.70\ \text{kg/m}^3}-\frac{452\times10^3\ \text{Pa}}{5.21\ \text{kg/m}^3}\right)}{1-0.395^2}}=279\ \text{m/s}$$

故
$$V_1 = 0.395V_2 = 0.395 \times 279 \text{ m/s} = 110 \text{ m/s}$$

由式(7-170)得
$$a_1 = \sqrt{\kappa R_g T_1} = \sqrt{1.4 \times 287 \text{ J/(kg·K)} \times (62+273) \text{ K}} = 367 \text{ m/s}$$

$$Ma_1 = \frac{V_1}{a_1} = \frac{110 \text{ m/s}}{367 \text{ m/s}} = 0.300$$

由式(7-192)可得
$$T_2 = \frac{p_2}{R_g \rho_2} = \frac{452 \times 10^3 \text{ Pa}}{287 \text{ J/(kg·K)} \times 5.21 \text{ kg/m}^3} = 302 \text{ K}$$

故
$$a_2 = \sqrt{\kappa R_g T_2} = \sqrt{1.4 \times 287 \text{ J/(kg·K)} \times 302 \text{ K}} = 348 \text{ m/s}$$

$$Ma_2 = \frac{V_2}{a_2} = \frac{279 \text{ m/s}}{348 \text{ m/s}} = 0.802$$

所要求的参数如下。

（1）$V_1 = 110 \text{ m/s}, Ma_1 = 0.300$。

（2）$V_2 = 279 \text{ m/s}, Ma_2 = 0.802, \rho_2 = 5.2 \text{ kg/m}^3, T_2 = 302 \text{ K}$。

讨论：马赫数是描述气流速度与当地声速比值的量纲为一的数，它对于评估流动的压缩性和可能的激波形成非常重要。在本例中，截面1的马赫数为0.3，表明流动是亚声速的；而截面2的马赫数为0.802，接近声速，这可能意味着流动接近临界状态（critical condition），需要进一步分析以避免激波的产生。压力和温度的变化显示了气流在管道中的膨胀过程。通过分析这些变化，可以了解能量转化和流动特性。此例的解法基于一系列理想化的假设。在实际应用中，可能需要考虑管道的摩擦损失、局部阻力、壁面粗糙度、气流的湍流程度等因素，这些都可能影响流动参数。

2. 参考状态

1）等熵滞止状态

流动中速度为零的点称为驻点，该点的状态称为滞止状态，所对应的流动参数称为滞止参数或总参数[12]。在提及滞止状态或滞止参数时，需要知道流速滞止为零所经历的热力学过程，不同的过程对应的滞止参数也不同。例如，由式(7-177)可见，流动按绝热过程滞止下来所对应的滞止参数与流动有热量交换过程滞止下来所对应的滞止参数显然不同。这里所述的滞止状态是流动等熵地滞止为零所对应的状态。在研究某一具体流动问题时，流场中可能没有速度为零的滞止点，设某点（或截面）的流速为 V，压强为 p，密度为 ρ，温度为 T，可以设想让该点（或截面）的流速等熵地降低至零时所达到的状态，即滞止状态，所对应的压强为滞止压强（stagnation pressure，或总压），表示为 p_0，对应的温度称为滞止温度（stagnation temperature，或总温），表示为 T_0，等等。这些滞止参数有时称为当地滞止参数，它们可以反映出该点（或截面）的流动特征。于是，能量方程又可表示为

$$h + \frac{V^2}{2} = h_0 \tag{7-193}$$

$$C_p T + \frac{V^2}{2} = C_p T_0 \tag{7-194}$$

$$\frac{\kappa}{\kappa-1}R_g T + \frac{V^2}{2} = \frac{\kappa}{\kappa-1}R_g T_0 \qquad (7-195)$$

$$\frac{\kappa}{\kappa-1}\frac{p}{\rho} + \frac{V^2}{2} = \frac{\kappa}{\kappa-1}\frac{p_0}{\rho_0} \qquad (7-196)$$

$$\frac{a^2}{\kappa-1} + \frac{V^2}{2} = \frac{a_0^2}{\kappa-1} \qquad (7-197)$$

显然,在一维定常等熵流动中,h_0、T_0、p_0、ρ_0、a_0 等于常量,因此它们可以作为参考状态。

与滞止参数相对的是流动过程中任一点(或截面)处的当地参数 h、p、ρ、T 等,这些参数称为静参数。在一维定常等熵流动中,取滞止参数作为参考值来表示静参数比较方便,如式(7-194)可写成

$$\frac{T}{T_0} = 1 - \frac{V^2}{2C_p T_0} \qquad (7-198)$$

另外,状态方程 $p_0 = R_g \rho_0 T_0$,$p = R_g \rho T$,等熵过程 $\dfrac{p}{\rho^\kappa} = \dfrac{p_0}{\rho_0^\kappa}$,可导出

$$\frac{p}{p_0} = \left(\frac{T}{T_0}\right)^{\frac{\kappa}{\kappa-1}} = \left(1 - \frac{V^2}{2C_p T_0}\right)^{\frac{\kappa}{\kappa-1}} \qquad (7-199)$$

$$\frac{\rho}{\rho_0} = \left(\frac{T}{T_0}\right)^{\frac{1}{\kappa-1}} = \left(1 - \frac{V^2}{2C_p T_0}\right)^{\frac{1}{\kappa-1}} \qquad (7-200)$$

以上式(7-198)~式(7-200)反映出静参数 p、ρ、T 随速度 V 的变化关系,这种变化的依赖关系称为一维定常等熵流动的基本特征。图 7-46 表示出一维定常等熵流动基本特征的关系曲线。从该变化关系的公式或曲线可以看出,当速度 V 减小时,p、ρ、T 均增大,即减速使气流压缩;反之,当速度 V 增大时,p、ρ、T 均减小,即加速使气流膨胀。

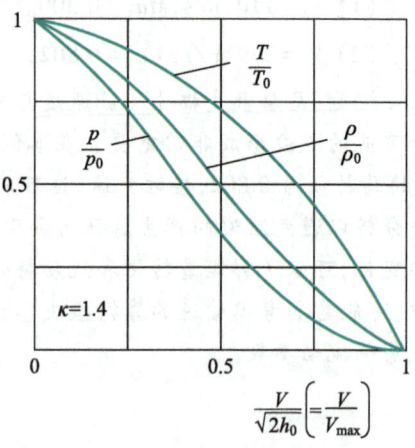

图 7-46　一维定常等熵流动的基本特征

[例题 7-19]　已知一维定常等熵流动某一截面上的速度为 142 m/s,温度为 17 ℃,压强为 1.3×10^5 Pa。求气流的滞止温度、滞止压强和滞止密度为多少?(空气的 $\kappa = 1.4$,$R_g = 287$ J/(kg·K))

分析:本例题探讨的是一维定常等熵流动在某一截面上的滞止状态参数,已知气流的速度、温度和压强,需要求解滞止温度、滞止压强和滞止密度,通过应用能量方程和理想气体状态方程,可以计算出气流的滞止状态参数。

假设:(1) 一维;(2) 等熵流动;(3) 理想气体;(4) 定常流动。

解:由式(7-195)可得

$$T_0 = T + \frac{V^2}{2R_g \dfrac{\kappa}{\kappa-1}} = (17+273)\,\mathrm{K} + \frac{(142\ \mathrm{m/s})^2}{2 \times 287\ \mathrm{J/(kg \cdot K)} \times \dfrac{1.4}{1.4-1}} = 300\ \mathrm{K}$$

由式(7-199)可得

$$p_0 = p \left(\frac{T_0}{T} \right)^{\frac{\kappa}{\kappa-1}} = 1.3 \times 10^5 \text{ Pa} \times \left[\frac{300 \text{ K}}{(17+273) \text{ K}} \right]^{3.5} = 1.46 \times 10^5 \text{ Pa}$$

于是,由状态方程可得

$$\rho_0 = \frac{p_0}{R_g T_0} = \frac{1.46 \times 10^5 \text{ Pa}}{287 \text{ J}/(\text{kg} \cdot \text{K}) \times 300 \text{ K}} = 1.70 \text{ kg/m}^3$$

讨论:滞止温度是气流在完全静止时的温度,它高于实际流动时的温度,这表明气流在流动过程中经历了膨胀和冷却。滞止压强和密度的计算结果提供了气流在静止状态下的参考值。这些参数对于设计和分析压缩系统、膨胀机和喷气发动机等设备非常重要。本例中的计算基于理想气体模型和等熵流动的假设。在实际应用中,可能需要考虑真实气体效应、流动的非等熵性及可能的湍流等因素,这些都可能对滞止状态参数产生影响;还可能需要进一步考虑在不同的流动条件下,滞止状态参数如何变化,以及这些变化对工程设计和性能的影响。

2) 临界状态

当流速等于当地声速时,或者马赫数等于 1 时,该状态称为临界状态,对应的参数称为临界参数,通常加下标 cr 表示,如 p_{cr}、ρ_{cr}、T_{cr} 等。由能量方程 $\frac{a^2}{\kappa-1} + \frac{V^2}{2} = h_0$ 可知,当流速增大时,当地声速减小,在临界状态下 $V = a$,记为 a_{cr},得

$$\frac{a_{cr}^2}{\kappa-1} + \frac{a_{cr}^2}{2} = h_0$$

因此

$$a_{cr}^2 = \frac{2(\kappa-1)}{\kappa+1} h_0 = \frac{2(\kappa-1)}{\kappa+1} \frac{\kappa R_g}{\kappa-1} T_0 = \frac{2}{\kappa+1} a_0^2 \tag{7-201}$$

在一维定常等熵流动中,滞止参数为不变的常量,因此 a_{cr} 也是不变的常量。类似地,可推知其他临界参数 p_{cr}、ρ_{cr} 等在流动过程中也为常量。

由式(7-201)直接可得

$$\frac{T_{cr}}{T_0} = \frac{2}{\kappa+1} \tag{7-202}$$

再由式(7-199)和式(7-200)可得

$$\frac{\rho_{cr}}{\rho_0} = \left(\frac{T_{cr}}{T_0} \right)^{\frac{1}{\kappa-1}} = \left(\frac{2}{\kappa+1} \right)^{\frac{1}{\kappa-1}}$$

$$\frac{p_{cr}}{p_0} = \left(\frac{T_{cr}}{T_0} \right)^{\frac{\kappa}{\kappa-1}} = \left(\frac{2}{\kappa+1} \right)^{\frac{\kappa}{\kappa-1}} \tag{7-203}$$

当 $\kappa = 1.4$ 时,可得

$$\left. \begin{aligned} \frac{T_{cr}}{T_0} &= 0.833 \\ \frac{\rho_{cr}}{\rho_0} &= 0.634 \\ \frac{p_{cr}}{p_0} &= 0.528 \end{aligned} \right\} \tag{7-204}$$

由一维定常等熵流动的基本特征可知,若流速增大,则 p、ρ、T 及 a 均减小,因此式(7-204)可用作判断气流是超声速流动还是亚声速流动的准则。对于空气等双原子气体的流动,$\kappa=1.4$,当 $\dfrac{T}{T_0}<0.833$、$\dfrac{\rho}{\rho_0}<0.634$、$\dfrac{p}{p_0}<0.528$ 时为超声速流动;当 $\dfrac{T}{T_0}>0.833$、$\dfrac{\rho}{\rho_0}>0.634$、$\dfrac{p}{p_0}>0.528$ 时为亚声速流动。

3）极限状态(最大速度状态)

当 $T=0$ 时,由式(7-193)可见,速度达到最大值,即

$$V_{\max}=\sqrt{2h_0}=\sqrt{2C_pT_0}=\sqrt{\frac{2\kappa}{\kappa-1}\frac{p_0}{\rho_0}} \tag{7-205}$$

这种状态称为极限状态或最大速度状态,它是一种假想的状态,其含义是气流的总能量全部转化为宏观动能,分子的热运动停止了,p、ρ、a 等参数均为零。极限状态参数只有一个,即最大(极限)速度 $V_{\max}$。由于 $V_{\max}$ 在一维定常等熵气流中为不变量,因此可作为一种参考状态参数。

3. 用马赫数或速度系数表示的气流参数关系式

气流参数随速度的变化关系还可以表示为 Ma 的关系式,以使计算更为方便。式(7-198)可以改写为

$$\frac{T}{T_0}=1-\frac{V^2}{2C_pT_0}=1-\frac{V^2}{2\left(\dfrac{V^2}{2}+C_pT\right)}=1-\frac{V^2}{2\left(\dfrac{V^2}{2}+\dfrac{\kappa R_g T}{\kappa-1}\right)}=\frac{2\dfrac{a^2}{\kappa-1}}{V^2+2\dfrac{a^2}{\kappa-1}}$$

$$=\frac{1}{1+\dfrac{\kappa-1}{2}Ma^2} \tag{7-206}$$

于是

$$\frac{\rho_{cr}}{\rho_0}=\left(\frac{T_{cr}}{T_0}\right)^{\frac{1}{\kappa-1}}=\left(1+\frac{\kappa-1}{2}Ma^2\right)^{-\frac{1}{\kappa-1}} \tag{7-207}$$

$$\frac{p_{cr}}{p_0}=\left(\frac{T_{cr}}{T_0}\right)^{\frac{\kappa}{\kappa-1}}=\left(1+\frac{\kappa-1}{2}Ma^2\right)^{-\frac{\kappa}{\kappa-1}} \tag{7-208}$$

在有些问题中,使用量纲为一的速度系数 λ 比使用马赫数 Ma 来得更方便些。速度系数定义为

$$\lambda=\frac{V}{a_{cr}} \tag{7-209}$$

它与 Ma 不同的点在于:其分母 a_{cr} 对于确定的一维定常等熵气流为常量,在极限状态下 λ 为有限值,而 Ma 趋于无穷大。

速度系数 λ 与马赫数 Ma 的关系可推导为

$$Ma^2=\frac{V^2}{a^2}=\frac{V^2}{a_{cr}^2}\frac{a_{cr}^2}{a_0^2}\frac{a_0^2}{a^2}=\lambda^2\frac{T_{cr}}{T_0}\frac{T_0}{T}$$

利用式(7-202)和式(7-206)得

$$Ma^2=\lambda^2\left(\frac{2}{\kappa+1}\right)\left(1+\frac{\kappa-1}{2}Ma^2\right)$$

整理上式,可得

$$\lambda^2 = \frac{\dfrac{\kappa+1}{2}Ma^2}{1+\dfrac{\kappa-1}{2}Ma^2} \tag{7-210}$$

或

$$Ma^2 = \frac{\dfrac{2}{\kappa+1}\lambda^2}{1-\dfrac{\kappa-1}{\kappa+1}\lambda^2} \tag{7-211}$$

从式(7-209)中可以看出,在极限状态下,$Ma\to\infty$,但 λ 趋于有限值 λ_{max},即

$$\lambda_{max} = \sqrt{\frac{\kappa+1}{\kappa-1}} \tag{7-212}$$

利用式(7-166),分别代入式(7-206)~式(7-208)得

$$\frac{T}{T_0} = 1 - \frac{\kappa-1}{\kappa+1}\lambda^2 \tag{7-213}$$

$$\frac{\rho}{\rho_0} = \left(1 - \frac{\kappa-1}{\kappa+1}\lambda^2\right)^{\frac{1}{\kappa-1}} \tag{7-214}$$

$$\frac{p}{p_0} = \left(1 - \frac{\kappa-1}{\kappa+1}\lambda^2\right)^{\frac{\kappa}{\kappa-1}} \tag{7-215}$$

在工程和科学研究中,通常把上述气流参数的关系式对一定的 κ 值按 Ma 或 λ 预先算好,制成表格,称为气体动力函数表,具体内容读者可查阅流体力学相关手册,利用气体动力函数表可以便捷地进行一维定常等熵气流的计算。

4. 气流参数与通道面积的关系

在一维定常等熵气流情况下,微分形式的连续方程和运动方程分别为

$$\frac{\mathrm{d}\rho}{\rho} + \frac{\mathrm{d}V}{V} + \frac{\mathrm{d}A}{A} = 0$$

$$V\mathrm{d}V + \frac{1}{\rho}\mathrm{d}p = 0$$

运动方程可改写为

$$V\mathrm{d}V = -\frac{1}{\rho}\mathrm{d}p = -\frac{\mathrm{d}p}{\mathrm{d}\rho}\frac{\mathrm{d}\rho}{\rho} = -a^2\frac{\mathrm{d}\rho}{\rho}$$

由此可得

$$\frac{\mathrm{d}\rho}{\rho} = -\frac{V^2}{a^2}\frac{\mathrm{d}V}{V} = -Ma^2\frac{\mathrm{d}V}{V} \tag{7-216}$$

将式(7-216)代入连续方程,得

$$(Ma^2-1)\frac{\mathrm{d}V}{V} = \frac{\mathrm{d}A}{A} \tag{7-217}$$

式(7-217)即为一维定常等熵气流通道面积与气流速度变化的关系式。下面分 3 种情况进行

讨论。

1）若 $Ma<1$，即亚声速流动，$(Ma^2-1)<0$，则 dV 与 dA 符号相反，说明通道面积减小时速度增大；反之，面积增大时速度减小。定性地看，亚声速流动的这一特征与不可压缩流动的规律相一致。

2）若 $Ma>1$，即超声速流动，$(Ma^2-1)>0$，则 dV 与 dA 符号相同，说明通道面积减小时速度减小；反之，面积增大时速度增大。这一特性恰恰与亚声速流动相反，通过分析式(7-216)可以认识产生这种现象的原因。在 $Ma>1$ 时，密度的下降率大于速度的上升率，这就导致在气流速度增大时为了通过相同的质量流量(ρVA)需要更大的截面面积 A。

3）若 $Ma=1$，即声速流动，由式(7-217)可见

$$\frac{dA}{A}=0$$

从数学概念来说，$dA=0$ 对应截面面积的极值，它可能是最大截面，也可能是最小截面。下面说明声速流动不可能在最大截面上出现。假如气流以超声速流入管道的扩张段，气流速度随着截面面积的增大而增大，到最大截面处达到最大值，则流速不会在最大截面处等于声速。假如气流以亚声速流入管道的扩张段，由于气流速度随着截面面积的增大而越来越小，这样速度只能保持为亚声速，永远达不到声速。当超声速气流流入管道的收缩段，流速随截面面积减小而减小，在最小截面处也有可能减为声速。因此，声速流只可能在最小截面处出现。如前所述，$Ma=1$ 的状态称为临界状态，故 $Ma=1$ 的截面称为临界截面。所以，只有在最小截面处才可能成为临界截面。表7-6概括了定常一维等熵气流参数随通道面积的变化关系。

表 7-6　一维定常等熵气流参数与通道面积的关系

	喷管 $dV>0, dp<0, \begin{matrix}d\rho<0\\dT<0\end{matrix}$	扩压器 $dV<0, dp>0, \begin{matrix}d\rho>0\\dT>0\end{matrix}$
亚音速 $Ma<1$	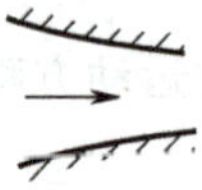	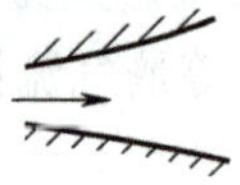
超音速 $Ma>1$	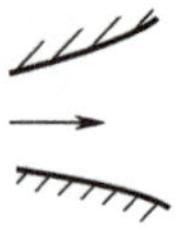	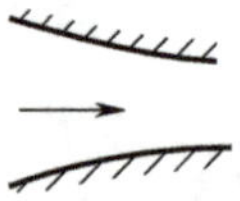

由以上讨论可知，入口为亚声速的气流流过收缩型管道时，在出口截面上流速最大，其极限也只可能达到声速。若要获得超声速气流，则应使亚声速气流先流经收缩型管道，使其在最小截面处达到声速，然后进入扩张型管道使气流继续膨胀加速，从而获得超声速气流。先收缩后扩张的管道是产生超音速气流的必要条件。

前面定性地讨论了流动通道面积对气流参数的影响，下面进一步考虑其定量关系。根据连续方程

$$\rho VA=\rho_{cr}a_{cr}A_{cr}$$

式中，A_{cr} 为临界面积。若管道内是纯亚声速流动，则 A_{cr} 表示假想流动达到临界状态时对应的截

面面积。上式可改写为

$$\frac{A}{A_{cr}}=\frac{\rho_{cr}}{\rho}\frac{a_{cr}}{V}=\frac{\rho_{cr}}{\rho_0}\frac{\rho_0}{\rho}\frac{a_{cr}}{a}\frac{a}{V}$$

利用下列关系式

$$\frac{\rho_{cr}}{\rho_0}=\left(\frac{2}{\kappa+1}\right)^{\frac{1}{\kappa-1}}$$

$$\frac{\rho_0}{\rho}=\left(1+\frac{\kappa-1}{2}Ma^2\right)^{\frac{1}{\kappa-1}}$$

$$\frac{a_{cr}}{a}=\left(\frac{T_{cr}}{T}\right)^{\frac{1}{2}}=\left(\frac{T_{cr}}{T_0}\frac{T_0}{T}\right)^{\frac{1}{2}}=\left[\frac{2}{\kappa+1}\left(1+\frac{\kappa-1}{2}Ma^2\right)\right]^{\frac{1}{2}}$$

$$\frac{a}{V}=\frac{1}{Ma}$$

代入式中,经整理后得

$$\frac{A}{A_{cr}}=\frac{1}{Ma}\left[\frac{2}{\kappa+1}\left(1+\frac{\kappa-1}{2}Ma^2\right)\right]^{\frac{\kappa+1}{2(\kappa-1)}} \tag{7-218}$$

式(7-218)为面积比与马赫数的关系式。由截面面积与临界面积的比值,可以确定该截面上的马赫数,从而确定其他流动参数。

当 $\kappa=1.4$ 时,式(7-218)简化为

$$\frac{A}{A_{cr}}=\frac{(1+0.2Ma^2)^3}{1.728Ma} \tag{7-219}$$

图 7-47 所示为面积比随马赫数的变化关系。由图 7-47 可见,对于某一给定的 $\frac{A}{A_{cr}}$,对应着两个 Ma 值,A 截面上的流速可能是亚声速,也可能是超声速,具体属于哪种流动情况,需视该截面所处的位置及管道上下游的压强比来确定。

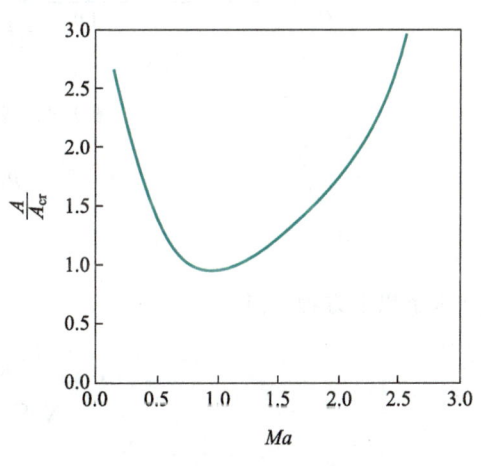

图 7-47 面积比与马赫数的关系

7.3.4 收缩型喷管中的流动

图 7-48a 所示为一贮气容器,器壁上连接收缩型喷管(converging nozzle)以加速气流[13]。由于容器很大,在流动过程中容器内气体的速度可看作等于零,相应的状态参数为滞止参数,分别为 p_0、ρ_0、T_0,并假设保持不变。外界压强称为背压(backpressure),设为 p_B。喷管出口截面为最小截面,该截面上的参数设为 V_e、p_e、T_e、A_e。由一维定常等熵流动方程组得

$$V_e\rho_e A_e=q_m$$

$$\frac{\kappa}{\kappa-1}\frac{p_e}{\rho_e}+\frac{V_e^2}{2}=\frac{\kappa}{\kappa-1}\frac{p_0}{\rho_0}$$

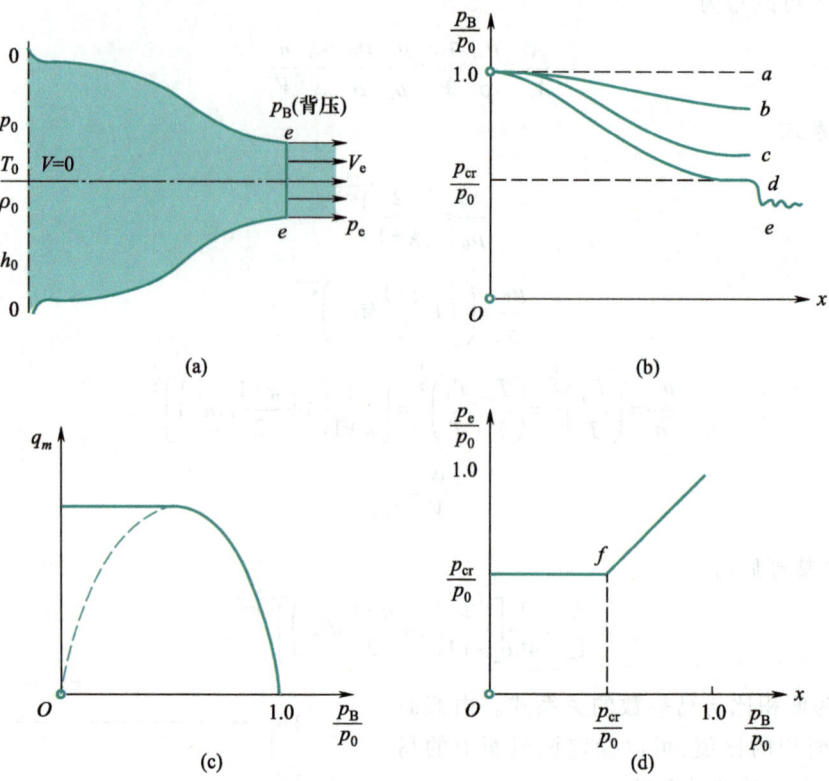

图 7-48 收缩型喷管中的流动

$$p_e = R_g \rho_e T_e$$

$$\frac{p_e}{\rho_e^{\kappa}} = \frac{p_0}{\rho_0^{\kappa}}$$

联立求解以上方程,可得

$$V_e = \sqrt{\frac{2\kappa}{\kappa-1}\frac{p_0}{\rho_0}\left[1-\left(\frac{p_e}{p_0}\right)^{\frac{\kappa-1}{\kappa}}\right]} \qquad (7-220)$$

$$\rho_e = \rho_0 \left(\frac{p_e}{p_0}\right)^{\frac{1}{\kappa}} \qquad (7-221)$$

$$T_e = \frac{p_e}{R_g \rho_e} = \frac{p_0^{\frac{1}{\kappa}} p_e^{\frac{\kappa-1}{\kappa}}}{R_g \rho_0} \qquad (7-222)$$

$$q_m = \rho_e V_e A_e = A_e \rho_0 \sqrt{\frac{2\kappa}{\kappa-1}\frac{p_0}{\rho_0}\left[\left(\frac{p_e}{p_0}\right)^{\frac{2}{\kappa}}-\left(\frac{p_e}{p_0}\right)^{\frac{\kappa+1}{\kappa}}\right]} \qquad (7-223)$$

在喷管流动计算问题中,一般喷管的几何形状是已知的,故出口截面面积 A_e 已知,气体的性质,如气体常数 R_g、比热比 κ 也已知。若气流的滞止参数已知,还需知道出口截面的一个参数(如压强 p_e),则可通过以上诸式求得喷管出口处的流速 V_e、密度 ρ_e、温度 T_e 及质量流量 q_m。

下面分析在不同的背压情况下确定出口压强 p_e。

（1）若 $p_B = p_0$ 时，喷管中不产生流动，沿喷管轴线压强分布为一水平直线，均等于滞止压强，如图 7-48b 中情况 a 所示。

（2）当背压 p_B 稍小于 p_0 时，喷管中就产生流动，由于沿轴线 x 方向截面面积逐渐变小，因此速度逐渐增加，气流加速对应膨胀过程，故压强轴线方向逐渐变小。这时喷管中的流动均为亚声速流动，在亚声速气流中扰动可以逆流向上传播。因此，背压 p_B 下降的扰动信息可以传至上游，流动便能自动地调节各参数以达到出口处与外界压强平衡，$p_e = p_B$，如图 7-48b 中情况 b 和 c 所示。

（3）当背压继续降低至临界压强时，出口压强仍等于背压，即 $p_e = p_B = p_{cr}$。这时在出口截面达到临界状态，$Ma_e = 1$，如图 7-48b 中情况 d 所示。

（4）当背压等于临界压强后，如果继续降低背压，这时出口截面上的扰动波向管内相对于流体的传播速度 a 恰好等于流体向管外流出的速度 V，压强降低产生的扰动波（膨胀波）已不能传入管内，管内和出口截面的流动状态不再受背压降低的影响，仍有 $p_e = p_{cr}$。如前所述，膨胀波不能形成突跃激波（shock wave），它在管口外形成发散的扇形波系，气流在管外经过膨胀波系连续地膨胀后达到与背压平衡，如图 7-48b 中情况 e 所示。管外的膨胀波系不能用一维流动模型来处理。

综上所述，根据背压确定出口压强可归纳为：当 $p_B > p_{cr}$ 时，$p_e = p_B$；当 $p_B \le p_{cr}$ 时，$p_e = p_{cr}$。

图 7-48d 表示了压强 p_e 与背压 p_B 的这种关系。

由 7.3.2 节中的分析可知，对于收缩型管道，气流的最大速度只可能等于声速，故

$$(V_e)_{max} = a_{cr} = \sqrt{\frac{2\kappa}{\kappa - 1} \frac{p_0}{\rho_0} \left[1 - \left(\frac{p_{cr}}{p_0} \right)^{\frac{\kappa-1}{\kappa}} \right]} = \sqrt{\frac{2\kappa}{\kappa+1} \frac{p_0}{\rho_0}} \tag{7-224}$$

在具体的喷管流动中，气体性质、滞止参数和出口截面面积 A_e 均确定，由式（7-223）可见，喷管的质量流量仅取决于 $\left[\left(\frac{p_e}{p_0} \right)^{\frac{2}{\kappa}} - \left(\frac{p_e}{p_0} \right)^{\frac{\kappa+1}{\kappa}} \right]$ 的值，由数学中的极值条件

$$\frac{d}{dp_e} \left[\left(\frac{p_e}{p_0} \right)^{\frac{2}{\kappa}} - \left(\frac{p_e}{p_0} \right)^{\frac{\kappa+1}{\kappa}} \right] = 0$$

可解得 $p_e = p_{cr}$ 时 $\left[\left(\frac{p_e}{p_0} \right)^{\frac{2}{\kappa}} - \left(\frac{p_e}{p_0} \right)^{\frac{\kappa+1}{\kappa}} \right]$ 取极值，又因为

$$\frac{d^2}{dp_e^2} \left[\left(\frac{p_e}{p_0} \right)^{\frac{2}{\kappa}} - \left(\frac{p_e}{p_0} \right)^{\frac{\kappa+1}{\kappa}} \right] = \left(\frac{\kappa+1}{p_0 \kappa} \right)^2 \frac{1-\kappa}{2} < 0$$

所以当出口压强 $p_e = p_{cr}$ 时，质量流量达到最大值，即

$$q_{mmax} = \rho_{cr} a_{cr} A_{cr} = \left(\frac{2}{\kappa+1} \right)^{\frac{\kappa+1}{2(\kappa-1)}} \rho_0 a_0 A_{cr} = \left(\frac{2}{\kappa+1} \right)^{\frac{\kappa+1}{2(\kappa-1)}} \sqrt{\kappa p_0 \rho_0} A_{cr}$$

$$= \left(\frac{2}{\kappa+1} \right)^{\frac{\kappa+1}{2(\kappa-1)}} p_0 \sqrt{\frac{\kappa}{R_g T_0}} A_{cr} \tag{7-225}$$

由式（7-225）可见，最大质量流量仅与气体的性质、滞止参数和临界面积有关，而与背压无关。式（7-225）给出了用不同滞止参数计算的表达式，以便在不同的已知条件下应用。

当 $p_e = p_{cr}$ 时，喷管内的流动称为阻塞（壅塞，choking）流动，意即再降低背压无法使质量流量

再增大。图 7-48c 表示了质量流量与背压的关系。

对于面积为 A 的任意截面上的流动参数 V、p、ρ、T 可采用以下步骤求解。先根据面积比 $\dfrac{A}{A_{cr}}$ 与 Ma 的关系式(7-218),求出该截面的 Ma(取 $Ma<1$ 的解);然后利用 $\dfrac{p}{p_0}$、$\dfrac{\rho}{\rho_0}$、$\dfrac{T}{T_0}$ 与 Ma 的关系式 及 $V=Ma \cdot a$,便可求得该截面的流动参数。值得注意的是,收缩型喷管的出口截面是最小截面, 但不一定是临界截面。对于出口截面尚未达到临界状态的情况,应首先由出口截面的马赫数 Ma_e 和 A_e 求出假想的临界面积 A_{cr},再按前述步骤求解其他截面的流动参数[14]。

[例题 7-20] 已知容器中空气的压强 $p_0 = 1.6 \times 10^5$ Pa,$T_0 = 330$ K,器壁上连接一收缩型 喷管(见图 7-49),出口面积 $A_e = 19.6$ cm^2,环境压 强,即背压,$p_B = 10^5$ Pa。求:(1)喷管出口流速 V_e 和通 过喷管的质量流量;(2)若容器中的 $p_0 = 2.5 \times 10^5$ Pa, $T_0 = 330$ K 时,V_e 及 q_m 又各等于多少?($\kappa = 1.4$,$R_g = 287$ J/(kg·K))

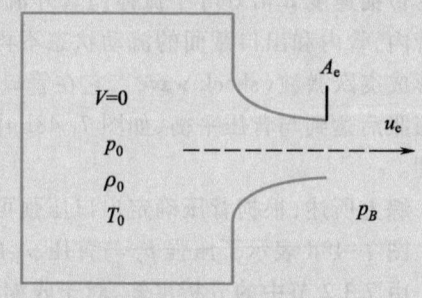

图 7-49 带收缩型喷管的容器

分析:本例涉及的是气体动力学中的喷管流动问 题,求解喷管出口的流速和通过喷管的质量流量。已 知喷管的喉部(throat)面积、环境压强(背压),以及容 器内的压强和温度。根据这些参数,通过应用气体动 力学的基本方程和理想气体物态方程,可以求解喷管出口的流动参数。

假设:(1)一维;(2)等熵流动;(3)理想气体;(4)定常流动。

解:首先判断 p_B 与 p_{cr} 的关系。对于空气,$\kappa = 1.4$,$\dfrac{p_{cr}}{p_0} = 0.528$,由已知条件

$$\frac{p_B}{p_0} = \frac{10^5 \text{ Pa}}{1.6 \times 10^5 \text{ Pa}} = 0.625 > 0.528$$

故出口压强等于背压,管内为亚声速流动。按式(7-220)和式(7-223)计算,注意到 $\rho_0 = \dfrac{p_0}{R_g T_0}$, 算得 V_e 和 q_m 如下。

$$V_e = \sqrt{\frac{2\kappa}{\kappa-1} R_g T_0 \left[1 - \left(\frac{p_B}{p_0} \right)^{\frac{\kappa-1}{\kappa}} \right]}$$

$$= \sqrt{\frac{2 \times 1.4}{1.4-1} \times 287 \text{ J/(kg·K)} \times 330 \text{ K} \times \left[1 - \left(\frac{10^5 \text{ Pa}}{1.6 \times 10^5 \text{ Pa}} \right)^{\frac{1.4-1}{1.4}} \right]}$$

$$= 289 \text{ m/s}$$

$$q_m = \frac{p_0}{R_g T_0} A_e \sqrt{\frac{2\kappa}{\kappa-1} R_g T_0 \left[\left(\frac{p_B}{p_0} \right)^{\frac{2}{\kappa}} - \left(\frac{p_B}{p_0} \right)^{\frac{\kappa+1}{\kappa}} \right]}$$

$$= \frac{1.6 \times 10^5 \text{ Pa}}{287 \text{ J/(kg·K)} \times 330 \text{ K}} \times 19.6 \times 10^{-4} \text{ m}^2 \times$$

$$\sqrt{\frac{2\times1.4}{1.4-1}\times287\ \text{J}/(\text{kg}\cdot\text{K})\times330\ \text{K}\times\left[\left(\frac{10^5\ \text{Pa}}{1.6\times10^5\ \text{Pa}}\right)^{\frac{2}{1.4}}-\left(\frac{10^5\ \text{Pa}}{1.6\times10^5\ \text{Pa}}\right)^{\frac{1.4+1}{1.4}}\right]}$$

$$=0.683\ \text{kg/s}$$

以上是利用公式计算的。该问题也可以利用气体动力函数表进行计算,较为便捷。

根据 $\dfrac{p_e}{p_0}=0.625$ 查气体动力函数表,可得

$$Ma_e\approx0.85,\qquad \frac{T_e}{T_0}\approx0.874,\qquad \frac{\rho_e}{\rho_0}\approx0.714$$

于是求得

$$T_e=0.874\times330\ \text{K}=288\ \text{K}$$

$$\rho_e=0.714\times\frac{p_0}{R_g T_0}=0.714\times\frac{1.6\times10^5\ \text{Pa}}{287\ \text{J}/(\text{kg}\cdot\text{K})\times330\ \text{K}}=1.21\ \text{kg/m}^3$$

$$V_e=a_e Ma_e=\sqrt{\kappa R_g T_e}Ma_e=\sqrt{1.4\times287\ \text{J}/(\text{kg}\cdot\text{K})\times330\ \text{K}}\times0.85=289\ \text{m/s}$$

$$q_m=\rho_e V_e A_e=1.21\ \text{kg/m}^3\times289\ \text{m/s}\times19.6\times10^{-4}\ \text{m}^2=0.685\ \text{kg/s}$$

当容器中空气压强 $p_0=2.5\times10^5\ \text{Pa}$ 时,则

$$\frac{p_B}{p_0}=\frac{10^5\ \text{Pa}}{2.5\times10^5\ \text{Pa}}=0.4<0.528$$

这时出口截面达到临界状态。按 $Ma_e=1$ 计算,查气体动力函数表可得

$$\frac{T_{cr}}{T_0}=0.833,\qquad \frac{\rho_{cr}}{\rho_0}=0.634$$

于是

$$T_{cr}=0.833\times330\ \text{K}=275\ \text{K}$$

$$\rho_{cr}=0.634\times\frac{p_0}{R_g T_0}=0.634\times\frac{2.5\times10^5\ \text{Pa}}{287\ \text{J}/(\text{kg}\cdot\text{K})\times330\ \text{K}}=1.67\ \text{kg/m}^3$$

$$V_e=a_{cr}=\sqrt{\kappa R_g T_{cr}}=\sqrt{1.4\times287\ \text{J}/(\text{kg}\cdot\text{K})\times275\ \text{K}}=332\ \text{m/s}$$

$$q_m=\rho_{cr}a_{cr}A_{cr}=1.67\ \text{kg/m}^3\times332\ \text{m/s}\times19.6\times10^{-4}\ \text{m}^2=1.09\ \text{kg/s}$$

讨论:通过比较两种情况下的计算结果,可以看到压强的变化对流速和质量流量有显著影响。这表明在设计喷管时,需要仔细选择操作条件以满足所需的性能要求。本例中还提到了使用气体动力函数表进行计算的方法,这是一种更为便捷的计算方法,尤其是在没有计算器或计算机辅助的情况下。然而,使用表格插值的方法可能会引入一定的误差,尤其是在表格数据的精度和插值方法上。因此,在需要高精度计算的情况下,直接使用公式计算可能更为可靠。

[例题 7-21] 空气等熵地流过一收缩型喷管,在某一截面面积为 $12.1\times10^{-4}\ \text{m}^2$ 处,当地流动参数分别为 $p=210\ \text{kPa}$,$T=277\ \text{K}$,$Ma=0.52$。若背压等于 $100\ \text{kPa}$,试求出口截面的马赫数,质量流量和出口截面面积。

　　分析：本例题研究的是空气在收缩型喷管中的等熵流动情况。在特定截面处，已知流动参数包括压强、温度和马赫数，同时给出了背压。通过应用等熵流动的基本关系式和连续方程，可以计算出出口截面的流动参数。

　　假设：(1) 一维；(2) 等熵流动；(3) 理想气体；(4) 定常流动。

　　解：由一维定常等熵流动的关系式

$$\frac{p_0}{p} = \left(1 + \frac{\kappa-1}{2}Ma^2\right)^{\frac{\kappa}{\kappa-1}}$$

得

$$p_0 = p\left(1 + \frac{\kappa-1}{2}Ma^2\right)^{\frac{\kappa}{\kappa-1}} = 210\times10^3 \text{ Pa}\times\left(1 + \frac{1.4-1}{2}\times0.52^2\right)^{\frac{1.4}{1.4-1}} = 252.5\times10^3 \text{ Pa}$$

背压与总压之比为

$$\frac{p_B}{p_0} = \frac{100\times10^3 \text{ Pa}}{252.5\times10^3 \text{ Pa}} = 0.396 < 0.528$$

故在出口截面达到临界状态。质量流量可由该截面的有关参数确定，即

$$V = Ma\cdot a = Ma\cdot\sqrt{\kappa R_g T} = 0.52\times\sqrt{1.4\times287 \text{ J/(kg}\cdot\text{K)}\times277 \text{ K}} = 173.5 \text{ m/s}$$

$$\rho = \frac{p}{R_g T} = \frac{210\times10^3 \text{ Pa}}{287 \text{ J/(kg}\cdot\text{K)}\times277 \text{ K}} = 2.642 \text{ kg/m}^3$$

$$q_m = \rho VA = 2.642 \text{ kg/m}^3\times173.5 \text{ m/s}\times12.1\times10^{-4} \text{ m}^2 = 0.554\ 6 \text{ kg/s}$$

在出口截面

$$T_{cr} = T_e = T_0\left(\frac{2}{\kappa+1}\right) = T\left(1 + \frac{\kappa-1}{2}Ma^2\right)\left(\frac{2}{\kappa+1}\right)$$

$$= 277 \text{ K}\times\left(1 + \frac{1.4-1}{2}\times0.52^2\right)\times\left(\frac{2}{1.4+1}\right)$$

$$= 243.3 \text{ K}$$

$$a_{cr} = \sqrt{\kappa R_g T_{cr}} = \sqrt{1.4\times287 \text{ J/(kg}\cdot\text{K)}\times243.3 \text{ K}} = 312.7 \text{ m/s}$$

$$\rho_{cr} = \rho_0\left(\frac{2}{\kappa+1}\right)^{\frac{1}{\kappa-1}} = \rho\left(1 + \frac{\kappa+1}{2}Ma^2\right)^{\frac{1}{\kappa-1}}\left(\frac{2}{\kappa+1}\right)^{\frac{1}{\kappa-1}}$$

$$= 2.642 \text{ kg/m}^3\times\left(1 + \frac{1.4-1}{2}\times0.52^2\right)^{\frac{1}{1.4-1}}\left(\frac{2}{1.4+1}\right)^{\frac{1}{1.4-1}}$$

$$= 1.911 \text{ kg/m}^3$$

由连续方程 $q_m = \rho VA = \rho_{cr}a_{cr}A_{cr}$ 可得

$$A_{cr} = \frac{q_m}{\rho_{cr}a_{cr}} = \frac{0.554\ 6 \text{ kg/s}}{1.911 \text{ kg/m}^3\times312.7 \text{ m/s}} = 9.281\times10^{-4} \text{ m}^2$$

出口截面面积也可由面积比与马赫数的关系式(7-219)算出，即

$$A_{cr} = \frac{1.728Ma}{(1+0.2Ma^2)^3}A = \frac{1.728\times0.52}{(1+0.2\times0.52^2)^3}\times12.1\times10^{-4} \text{ m}^2 = 9.283\times10^{-4} \text{ m}^2$$

讨论：在给定背压条件下，出口截面达到临界状态，在临界状态下，马赫数为1，这意味着气流在出口截面的速度达到了当地声速。需要注意的是，由于背压低于临界压力，实际的出口马赫数会小于1，这表明在出口截面处气流并未达到声速，这个结果与临界状态下的假设条件相矛盾，因此在实际应用中需要考虑背压对流动特性的影响。进一步地讨论不同的背压条件下，流动参数如何变化，以及这些变化对喷管性能的影响。此外，还可以探讨在实际应用中，如何通过调整喷管的几何形状或操作条件来控制流动特性，以达到所需的性能要求。

超声速的实现——拉瓦尔喷嘴

⚙ 思考题

7-1 对于一根圆形输水管道，如何测得其沿程阻力系数。

7-2 表面几何光滑的管道是否一定是"水力光滑"管，而表面几何粗糙的管道是否一定是"水力粗糙"管？为什么？

7-3 试讨论物体在实际流体中运动和在理想流体中运动，其边界条件有何差别。

7-4 边界层动量积分方程是否在边界层中处处成立？为什么？

7-5 为什么拉伐尔喷嘴能达到超声速？还有什么设备能达到超声速？

⚛ 习题

7-1 设中质柴油（$\nu_1 = 4.41 \times 10^{-6}$ m²/s）和水（$\nu_2 = 1.13 \times 10^{-6}$ m²/s）分别在直径为 152.4 mm 的管道里流动，求它们各自的临界速度（对应于临界雷诺数的速度）。

7-2 已知一内径为 10 mm 的圆管内流动雷诺数 $Re = 1\,500$，求起始段长度。

7-3 如图 7-50 所示，有两块平行的圆形板（半径为 r_0），其中一块置于另一块上方，使相隔一小段距离，再以流体充满平板之间的空间。假设上面的平板以速度 u_g 向下，使两块板互相靠拢。试求平板所受的阻力。

提示：假定流动是轴对称的，且 $u_g \ll u_r$，$\dfrac{\partial u_r}{\partial r} \ll \dfrac{\partial u_r}{\partial z}$。

7-4 如图 7-51 所示，轴套沿固定轴以速度 V_0 移动，间隙中有不可压缩流体做层流流动。若流体中压强为常数，求：(1) 间隙内流速分布；(2) 维持轴套移动所需的力（计算轴套单位长度受力）。

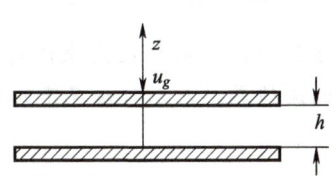

图 7-50 习题 7-3 附图

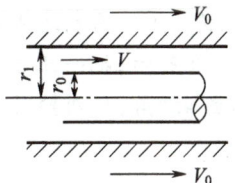

图 7-51 习题 7-4 附图

7-5 当 $Re=3\,500$ 时,光滑管内的流动可能是层流也可能是湍流,设 20 ℃ 的水流过内径为 50.8 mm、长为 1.3 m 的光滑管,求:(1) 湍流和层流时的平均流速比;(2) 湍流时的沿程损失;(3) 层流时管中心的流速。

7-6 流量为 60 m³/s 的水,由泵经直径为 20 cm、长度为 1 000 m 的新焊接钢管运输,试求水力损失的泵的输出功率。设水的 $\nu=1.0\times10^{-6}$ m²/s,$\rho=1\,000$ kg/m³。

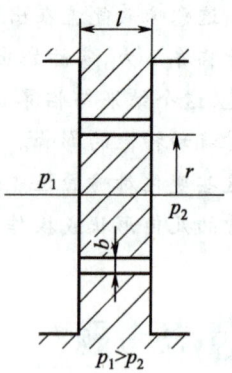

7-7 流体经过如图 7-52 所示的环状间隙,自左向右流动。间隙两边的压强为 p_1 和 p_2。设间隙通道的沿程损失系数为 f,进出间隙的局部损失系数为 ζ_1 和 ζ_2,求流过间隙的体积流量。

图 7-52 习题 7-7 图

7-8 有一供水系统由 3 种不同管径组成,如图 7-53 所示。已知管径 $d_1=0.3$ m,$d_2=0.2$ m,$d_3=0.15$ m,管长 $l_1=l_2=l_3=100$ m,管壁粗糙度 $\Delta=0.125$ mm,求当保证正常供水量 $q_V=50$ m³/s 时的水头 h,忽略局部阻力。

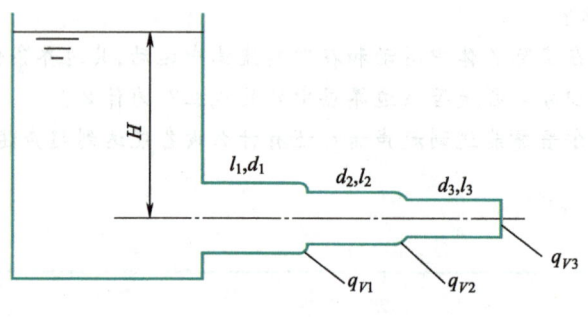

图 7-53 习题 7-8 图

7-9 甲乙两池相距 l m,自甲池用两根相同管径 d 的管道输送流量为 q_V 的水到乙池。现在如果改用一根管道来输送同一流量 q_V,问此管直径 d_1 与 d 之比应为多少?已知两池水头差为 h,f 为常数,不计局部损失。

7-10 设有一管道系统(见图 7-54),其长度 $l=100$ m,直径 $d=0.5$ m,流量 $q_V=0.2$ m³/s,$\zeta_{弯头}=0.5$,$\zeta_{阀门}=7.5$,$\Delta=0.2$ mm,试求水位差 h(设两个容器水面恒定,$v=1.0\times10^{-6}$ m²/s)。

7-11 计算层流边界内位移厚度和动量损失厚度。已知速度分布为:(1) $u=u_0 y/\delta$;(2) $u=u_0\sin\left(\dfrac{\pi}{2}\dfrac{u}{\delta}\right)$;(3) $u=u_0\left[\dfrac{3}{2}\left(\dfrac{y}{\delta}\right)-\dfrac{1}{2}\left(\dfrac{y}{\delta}\right)^3\right]$。

7-12 假定顺流平板层流边界层内的速度分布为 $u=u_0\sin\left(\dfrac{\pi}{2}\dfrac{y}{\delta}\right)$,试导出边界层厚度 $\delta(x)$ 和壁面摩擦应力 $\tau_w(x)$ 的表达式。

7-13 如图 7-55 所示,把一正方形平板放入水流中。一种情况是来流与一边平行,另一种情况是来流与边形成 45°角,分别按层流边界层和湍流边界层求两种情况下的阻力。

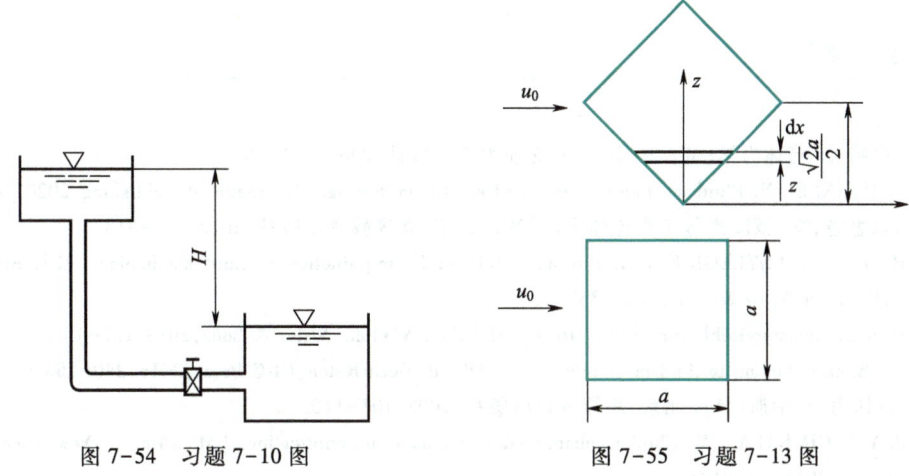

图 7-54　习题 7-10 图　　　　　图 7-55　习题 7-13 图

7-14　设计一用于边界层试验的平板模型,若模型在水槽中拖动的速度为 0.5 m/s,$\nu = 1.31 \times 10^{-6}$ m^2/s,要使整个平板上边界层为层流,且 $Re_{cr} = 3 \times 10^5$,问模型平板的临界长度 L_{cr} 等于多少?

7-15　一长为 2.4 m、宽为 0.9 m 的光滑矩形平板沿长边方向以 6 m/s 的速度在静止空气中运动,已知气的密度为 1.12 kg/m^3,运动黏度 $\nu = 149$ mm^2/s。假定平板边界层全为层流,试计算平板后缘处边界层的厚度以及使平板运动所需的功率。若平板边界层全为湍流,功率为多少?

7-16　空气的压强为 101.3 kPa,温度为 15 ℃。若通过某装置将其等熵地加速至 $Ma = 1$ 时,气流的速度和密度为多少? 理论上所能达到的最大速度为多少?

7-17　子弹以 300 m/s 的速度在空气中飞行,空气的压强为 1.013×10^5 Pa,温度为 15 ℃,试求子弹前端的压强。

7-18　一真空箱通过收缩型喷管从大气中吸气,喷管最小截面直径为 38 mm,若大气压强为 101.3 kPa,温度为 15 ℃,要使喷管出口为声速流动,真空箱的压强应保持为多少? 这时质量流量为多少? 若真空箱内压强为 254 mmHg,质量流量为多少? (760 mmHg = 1.013 25 × 10^5 Pa)

7-19　管内一维定常等熵空流动中某截面(其面积为 A)上的速度 $V = 150$ m/s,压强 $p = 70$ kPa,温度 $t = 15$ ℃。试求:(1) 由上述速度加速到声速时,管截面面积减小的相对百分数 $\left(\text{求 } 1 - \dfrac{A_{cr}}{A}\right)$,并计算滞止压强、滞止温度,以及临界截面上的压强、温度和速度。(2) 面积为 $0.85A$ 的截面上的压强、温度、速度和 Ma。

7-20　空气流等熵地通过收缩型喷管进入压强为 124 kN/m^2 的容器。假设空气进入喷管时的速度可忽略,其压强和温度分别为 200 kN/m^2 和 20 ℃,喷管出口面积为 78.5 cm^2。求通过喷管的质量流量。

7-21　空气绝热地流过直径 $d = 0.1$ m 的圆管,管道进口气流的温度为 300 K,压强为 3.0×10^5 Pa,马赫数 $Ma = 0.4$,平均摩擦系数 $f = 0.005$,试求:(1) 管道的临界长度;(2) 临界截面上的温度、压强和滞止压强。

7-22　在题 7-21 中,进口状态参数不变,若马赫数 $Ma = 0.8$,试求临界管长。

参考文献

[1] 景思睿,张鸣远. 流体力学[M]. 西安:西安交通大学出版社,2001,154-167.

[2] SPURK J H,AKSEL N. Fluid mechanics [M]. 3rd ed. Cham:Springer International Publishing,2020,247-250.

[3] 张鸣远,景思睿,李国君. 高等工程流体力学[M]. 北京:高等教育出版社,2012,307-318.

[4] PRITCHARD P J,LEYLEGIAN J C. Fox and McDonald's introduction to fluid mechanics [M]. 8th Edition. Hoboken,NJ:John Wiley & Sons,2011,353-355.

[5] PANTON R L. Incompressible flow [M]. 4th ed. Hoboken NJ:John Wiley & Sons,2013,132-135.

[6] JANNA W S. Introduction to fluid mechanics [M]. 5th ed. Boca Raton:CRC Press,2016,240-254.

[7] 丁祖荣. 流体力学:中册[M]. 北京:高等教育出版社,2003,108-110.

[8] CENGEL Y A,CIMBALA J M. Fluid mechanics:fundamentals and applications [M]. 4th ed. New York:McGraw-Hill Education,2018,386-395.

[9] CURRIE I G. Fundamental mechanics of fluids [M]. 4th ed. Boca Raton:Taylor & Francis,2013,360-362.

[10] DOUGLAS J F. Fluid mechanics [M]. 5th ed. New York:Prentice Hall,2005,94-95.

[11] WHITE F M.Fluid mechanics [M]. 8th ed. New York:McGraw-Hill Education,2015,600-605.

[12] SCHLICHTING H,GERSTEN K. Boundary layer theory [M]. 9th ed. New Delhi:Springer,2017,110-114.

[13] 雷娟棉,吴小胜,吴甲生. 空气动力学 [M]. 北京:北京理工大学出版社,2016,68-72.

[14] 江宏俊. 流体力学:下册[M]. 北京:高等教育出版社,1985,61-67.

第 8 章
导热

本章讨论导热问题。我们先引出导热基本定律的最一般的数学表达式,然后介绍导热微分方程及相应的初始条件与边界条件,它们构成了导热问题完整的数学描述。

在此基础上,对几个典型的一维稳态导热问题进行分析求解,以获得物体中的温度分布和热流量的计算式。肋片是工程技术中广泛采用的增加传热表面积的有效方法,本章中将分析肋片的稳态导热问题并给出几个应用实例。

许多工程实际问题需要确定物体内部的温度场随时间的变化,或者确定其内部温度到达某一限定值所需的时间。例如,钢制工件的热处理是一个典型的非稳态导热过程,掌握工件中温度变化的速率和加热时间是控制工件热处理质量的重要因素。对于非稳态导热,我们首先介绍基本概念,然后由简单到复杂依次介绍零维问题和一维问题的分析解法。

多维导热问题本书不做介绍,感兴趣的读者可查阅数理方程或传热学教材。

8.1　导　热　概　述

8.1.1　导热的定义

物体中或相互接触的物体间,仅依靠分子、原子及自由电子等微观粒子的热运动而传递热能的现象称为热传导(heat conduction),简称导热。例如,热量从固体内部温度较高的部分传递到温度较低的部分,以及从温度较高的固体传递给与之接触的温度较低的另一固体,这些都是导热现象。

8.1.2　导热的机理

从微观角度来看,气体、液体、导电固体和非导电固体的导热机理是不同的。气体中,导热是气体分子不规则热运动时相互碰撞的结果。气体的温度越高,其分子的运动动能越大。不同能量水平的分子相互碰撞的结果是热量从高温处传到低温处。导电固体中有相当多的自由电子,它们在晶格之间像气体分子那样运动(称为电子气)。自由电子的运动在导电固体的导热中起着主要作用。在非导电固体中,导热是通过晶格结构的振动,即原子、分子在其平衡位置附近的振动来实现的。晶格结构振动的传递在文献中常称为弹性声波,弹性波能量的量子化表示称为声子,与辐射能量的量子化表示——光子相类似。至于液体中的导热机理,还存在着不同的观点。有一种观点认为定性上类似于气体,只是情况更复杂,因为液体分子间的距离比较近,分子间的作用力对碰撞过程的影响远比气体大。另一种观点则认为液体的导热机理类似于非导电固体，主要靠弹性声波的作用。导热微观机理的进一步论述已超出本书的范围，有兴趣的读者可参阅有关专著[1]，本章的论述仅限于导热现象的宏观规律。

8.2　傅里叶导热定律

8.2.1　温度场

像重力场、速度场等一样，物体中存在温度的场，称为温度场（temperature field），它是各个时刻物体中各点温度所组成的集合，又称为温度分布（temperature distribution）。一般地，物体的温度场是坐标与时间的函数，即

$$t = f(x, y, z, \tau) \tag{8-1}$$

温度场可以分为两大类，一类是稳态工作条件下的温度场，此时物体中各点的温度不随时间而变，称为稳态温度场或定常温度场（steady temperature field）。另一类是工作条件变动时的温度场，温度分布随时间而变，如热机（如内燃机、蒸汽轮机、航空发动机等）的部件在启动、停机或工况变动时出现的温度场，这种温度场称为非稳态温度场（非定常温度场或瞬态温度场，unsteady or transient temperature field）。

稳态温度分布的表达式简化为

$$t = f(x, y, z) \tag{8-2}$$

在特殊情况下，物体的温度仅在一个坐标方向有变化，这种情况下的温度场称为一维稳态温度场。

温度场中同一瞬间相同温度各点连成的面称为等温面（isothermal surface）。在任何一个二维的截面上等温面表现为等温线（isotherm）。温度场常用等温面图或等温线图来表示，图 8-1 是用等温线图表示温度场的实例。

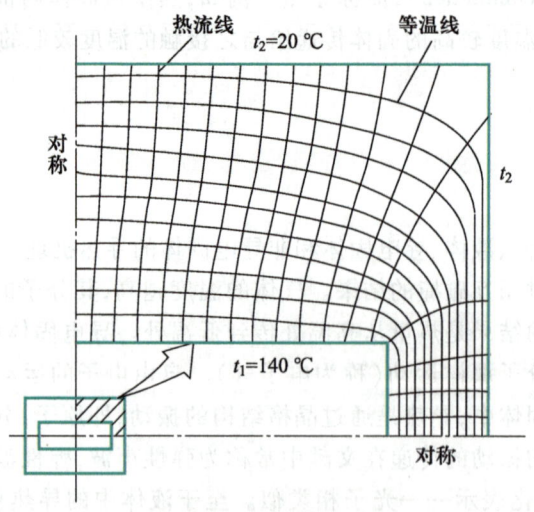

图 8-1　温度场的图示

根据等温线的上述定义,物体中的任一条等温线要么形成一个封闭的曲线,要么终止在物体表面上,它不会与另一条等温线相交。当等温线图上每两条相邻等温线间的温度间隔相等时,等温线的疏密可直观地反映出不同区域导热的强弱。

8.2.2 温度梯度

温度梯度表示一个方向,导热体中某点的温度在该点处的方向导数沿着该方向取得最大值,即该点处的温度沿着梯度方向变化最快、变化率最大。图 8-2 所示为微元面 dA 附近的温度分布,此处的温度梯度为

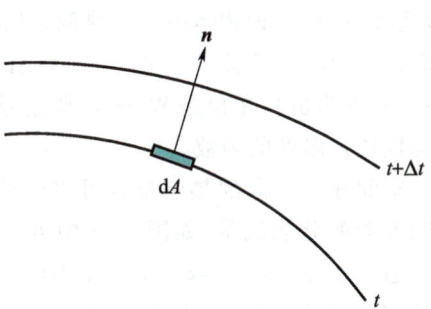

图 8-2 微元面 dA 附近的温度分布

$$\mathbf{grad}\ t = \frac{\partial t}{\partial n}\boldsymbol{n} \qquad (8\text{-}3)$$

方向与微元面 dA 的法向单位矢量 $\boldsymbol{n}$ 一致,指向温度升高的方向。

温度梯度是一个矢量,在直角坐标系中可表示为

$$\mathbf{grad}\ t = \frac{\partial t}{\partial n}\boldsymbol{n} = \frac{\partial t}{\partial x}\boldsymbol{i} + \frac{\partial t}{\partial y}\boldsymbol{j} + \frac{\partial t}{\partial z}\boldsymbol{k} \qquad (8\text{-}4)$$

8.2.3 傅里叶导热定律

大量实践经验证明,单位时间内、单位面积上的导热量正比于当地的温度梯度,即

$$q = \frac{\boldsymbol{\Phi}}{A} = -\lambda\,(\mathbf{grad}\ t) = -\lambda\,\frac{\partial t}{\partial x}\boldsymbol{n} \qquad (8\text{-}5)$$

式中:q 是热流密度,W/m^2;$\boldsymbol{\Phi}$ 是单位时间内传递的热(流)量,W;λ 是导热体的导热系数,是一个热物性量,W/(m·K),后面会进一步讨论;$\boldsymbol{n}$ 是通过该点的等温线上的法向单位矢量,指向温度升高的方向;式中负号表示热量传递的方向指向温度降低的方向,这是满足热力学第二定律所必需的。

傅里叶导热定律用文字来表达是:在导热过程中,单位时间内通过单位面积的导热量,正比于该截面法线方向上的温度变化率,而热量传递的方向则与温度升高的方向相反。显然,热量或热流密度矢量与等温线/面是垂直的,如图 8-1 所示的热流线。

8.3 导热问题的数学描述

为了获得导热物体温度场的数学表达式,必须根据能量守恒定律和傅里叶导热定律来建立物体中的温度场应当满足的变化关系式,称为导热微分方程(partial differential equation of heat conduction)。导热微分方程是所有导热物体的温度场都应该满足的通用方程,对于各个具体的问题,还必须规定相应的时间与边界的条件,称为定解条件(conditions for unique solution)。导热

微分方程及相应的定解条件构成一个导热问题的完整的数学描述（mathematical formulation）。

8.3.1 导热微分方程

我们在直角坐标系下从导热物体中任意取出一个微元平行六面体来做该微元体能量收支平衡的分析（见图 8-3）。设物体中有内热源，其值为 $\dot{\Phi}$，它代表单位时间内单位体积中产生或消耗的热能（产热为正，耗热为负），单位是 W/m^3。假定导热物体的热物理性质是温度的函数。

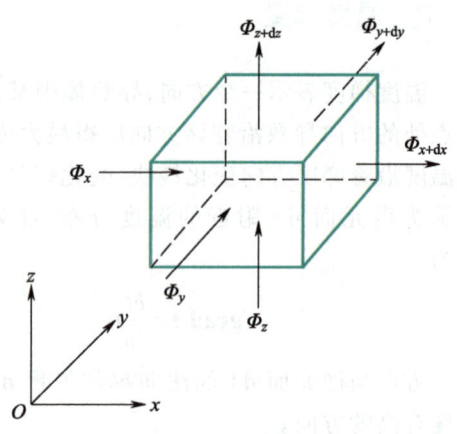

图 8-3 微元体的导热热平衡分析

空间任一方向的热流量也可以分解成 x、y、z 坐标轴方向的分热流量，如图 8-3 中 Φ_x、Φ_y 及 Φ_z 所示。通过 $x=x$、$y=y$、$z=z$ 3 个微元表面而导入微元体的热流量可根据傅里叶导热定律写出为

$$
\begin{cases}
(\Phi_x)_x = -\lambda \left(\dfrac{\partial t}{\partial x}\right)_x \mathrm{d}y\mathrm{d}z \\[2mm]
(\Phi_y)_y = -\lambda \left(\dfrac{\partial t}{\partial y}\right)_y \mathrm{d}x\mathrm{d}z \qquad (8\text{-}6a) \\[2mm]
(\Phi_z)_z = -\lambda \left(\dfrac{\partial t}{\partial z}\right)_z \mathrm{d}x\mathrm{d}y
\end{cases}
$$

上式中 $(\Phi_x)_x$ 表示热流量在 x 方向的分量 Φ_x 在 x 点的值，余类推。

通过 $x=x+\mathrm{d}x$、$y=y+\mathrm{d}y$、$z=z+\mathrm{d}z$ 3 个表面而导出微元体的热流量可根据泰勒（Taylor）级数展开及傅里叶导热定律写出为

$$
\begin{cases}
(\Phi_x)_{x+\mathrm{d}x} = (\Phi_x)_x + \dfrac{\partial \Phi_x}{\partial x}\mathrm{d}x = (\Phi_x)_x + \dfrac{\partial}{\partial x}\left[-\lambda \left(\dfrac{\partial t}{\partial x}\right)_x \mathrm{d}y\mathrm{d}z\right]\mathrm{d}x \\[2mm]
(\Phi_y)_{y+\mathrm{d}y} = (\Phi_y)_y + \dfrac{\partial \Phi_y}{\partial y}\mathrm{d}y = (\Phi_y)_y + \dfrac{\partial}{\partial y}\left[-\lambda \left(\dfrac{\partial t}{\partial y}\right)_y \mathrm{d}x\mathrm{d}z\right]\mathrm{d}y \qquad (8\text{-}6b)\\[2mm]
(\Phi_z)_{z+\mathrm{d}z} = (\Phi_z)_z + \dfrac{\partial \Phi_z}{\partial z}\mathrm{d}z = (\Phi_z)_z + \dfrac{\partial}{\partial z}\left[-\lambda \left(\dfrac{\partial t}{\partial z}\right)_z \mathrm{d}x\mathrm{d}y\right]\mathrm{d}z
\end{cases}
$$

对于微元体，按照能量守恒定律，在任一时间间隔内有以下热量守恒关系。

$$导入微元体的总热流量+微元体内热源的生成热 \qquad (8\text{-}6c)$$
$$=导出微元体的总热流量+微元体热力学能（内能）的增量$$

式（8-6c）中其他两项的表达式为

$$微元体热力学能的增量 = \rho c \frac{\partial t}{\partial \tau}\mathrm{d}x\mathrm{d}y\mathrm{d}z \qquad (8\text{-}6d)$$

$$微元体内热源的生成热 = \dot{\Phi}\mathrm{d}x\mathrm{d}y\mathrm{d}z \qquad (8\text{-}6e)$$

式中，ρ、c、$\dot{\Phi}$ 及 τ 分别为微元体的密度、比热容、单位时间内单位体积中内热源的生成热及时间。

将式(8-6a)、式(8-6b)、式(8-6d)及式(8-6e)代入式(8-6c),经整理得

$$\rho c \frac{\partial t}{\partial \tau} = \frac{\partial}{\partial x}\left(\lambda \frac{\partial t}{\partial x}\right) + \frac{\partial}{\partial y}\left(\lambda \frac{\partial t}{\partial y}\right) + \frac{\partial}{\partial z}\left(\lambda \frac{\partial t}{\partial z}\right) + \dot{\Phi} \tag{8-7}$$

这是直角坐标系中三维非稳态导热微分方程的一般形式,其中 ρ、c、λ 及 $\dot{\Phi}$ 均可以是变量。下面针对一系列具体情形来给出式(8-7)的相应简化形式。

(1) 导热系数为常数。此时式(8-7)简化为

$$\frac{\partial t}{\partial \tau} = a\left(\frac{\partial^2 t}{\partial x^2} + \frac{\partial^2 t}{\partial y^2} + \frac{\partial^2 t}{\partial z^2}\right) + \frac{\dot{\Phi}}{\rho c} \tag{8-8}$$

式中,$a = \lambda/\rho c$,称为热扩散率(热扩散系数,thermal diffusivity),是热物性量,在非稳态导热部分会进一步讨论。

(2) 导热系数为常数,物体无内热源。此时式(8-7)简化为

$$\frac{\partial t}{\partial \tau} = a\left(\frac{\partial^2 t}{\partial x^2} + \frac{\partial^2 t}{\partial^2 y} + \frac{\partial^2 t}{\partial z^2}\right) \tag{8-9}$$

(3) 常物性、稳态。此时式(8-7)简化为

$$\frac{\partial^2 t}{\partial x^2} + \frac{\partial^2 t}{\partial y^2} + \frac{\partial^2 t}{\partial z^2} + \frac{\dot{\Phi}}{\lambda} = 0 \tag{8-10}$$

数学上,该式称为泊松方程(Poisson equation),是常物性、稳态、三维且有内热源问题的温度场控制方程式。

(4) 常物性、无内热源、稳态。这时式(8-7)简化为以下拉普拉斯方程(Laplace equation)。

$$\frac{\partial^2 t}{\partial x^2} + \frac{\partial^2 t}{\partial y^2} + \frac{\partial^2 t}{\partial z^2} = 0 \tag{8-11}$$

(5) 一维、稳态、常物性、无内热源。这时式(8-7)简化为

$$\frac{d^2 t}{dx^2} = 0 \tag{8-12}$$

对于圆柱坐标系(cylindrical coordinates,图 8-4a)及球坐标系(spherical coordinates,图 8-4b)中的导热问题,采用类似的分析方法也可导出相应坐标系中的导热微分方程,分别为

$$\rho c \frac{\partial t}{\partial \tau} = \frac{1}{r}\frac{\partial}{\partial r}\left(\lambda r \frac{\partial t}{\partial r}\right) + \frac{1}{r^2}\frac{\partial}{\partial \phi}\left(\lambda \frac{\partial t}{\partial \phi}\right) + \frac{\partial}{\partial z}\left(\lambda \frac{\partial t}{\partial z}\right) + \dot{\Phi} \tag{8-13}$$

$$\rho c \frac{\partial t}{\partial \tau} = \frac{1}{r^2}\frac{\partial}{\partial r}\left(\lambda r^2 \frac{\partial t}{\partial r}\right) + \frac{1}{r^2 \sin^2 \theta}\frac{\partial}{\partial \phi}\left(\lambda \frac{\partial t}{\partial \phi}\right) + \frac{1}{r^2 \sin\theta}\frac{\partial}{\partial \theta}\left(\lambda \sin\theta \frac{\partial t}{\partial \theta}\right) + \dot{\Phi} \tag{8-14}$$

这里再一次指出,式(8-7)、式(8-13)、式(8-14)都是能量守恒定律应用于导热问题的表现形式。三式的等号左边是单位时间内微元体热力学能的增量(非稳态项,transient term),等号右边的前三项之和是通过界面导入微元体的净热量(扩散项,diffusion term),最后一项是源项(source term)。

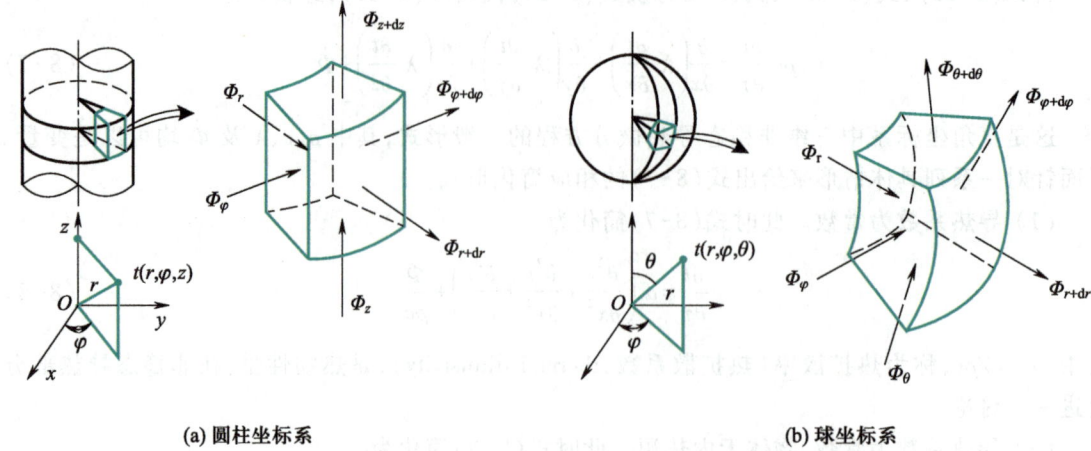

(a) 圆柱坐标系   (b) 球坐标系

图 8-4 圆柱坐标系与球坐标系中的微元体

8.3.2 定解条件

  导热微分方程式是描写导热过程共性的数学表达式。求解导热问题,实质上归结为对导热微分方程式的求解。为了获得满足某一具体导热问题的温度分布,还必须给出用以表征该特定问题的一些附加条件。这些使微分方程获得适合某一特定问题的解的附加条件,称为定解条件。定解条件包括初始条件(initial condition)和边界条件(boundary condition)。所谓初始条件,就是给定初始时刻导热体的温度分布,这仅在非稳态导热问题中存在;所谓边界条件,就是给定导热物体边界上的温度或与温度相关的条件。对于稳态导热问题,定解条件仅有边界条件。导热微分方程及定解条件构成了一个具体导热问题的完整的数学描述。

  导热问题的常见边界条件可归纳为以下 3 类。

  (1)规定了边界上的温度值,称为第一类边界条件。此类边界条件最简单的典型例子就是规定边界温度保持常数,即 t_w = 常量。对于非稳态导热,这类边界条件要求给出以下关系式。

$$\tau > 0 \text{ 时} \quad t_w = f_1(\tau)$$

  (2)规定了边界上的热流密度值,称为第二类边界条件。此类边界条件最简单的典型例子就是规定边界上的热流密度保持定值,即 q_w = 常数。对于非稳态导热,这类边界条件要求给出以下关系式。

$$\tau > 0 \text{ 时} \quad q_w = -\lambda \left(\frac{\partial t}{\partial n} \right)_w = f_2(\tau)$$

式中,n 为表面的外法线。

  (3)规定了边界上物体与周围流体间的表面传热系数 h 及周围流体的温度 t_f,称为第三类边界条件。以物体被冷却的场合为例,导热体边界与周围流体的对流传热量用牛顿冷却公式来计算(相关内容将在第 9 章中详细介绍),即

$$q_w = h(t_w - t_f) \tag{8-15}$$

根据能量守恒定律,导热体边界上的导热量就等于导热体边界与周围流体间的对流传热量,所以第三类边界条件可表示为

$$\tau > 0 \text{ 时} \quad -\lambda \left(\frac{\partial t}{\partial n}\right)_w = h(t_w - t_f) \tag{8-16}$$

第三类边界条件也称对流边界条件,上式中 h 及 t_f 均可为时间的已知函数,n 为换热表面的外法线,t_w 及 $\left(\frac{\partial t}{\partial n}\right)_w$ 都是未知的,但是它们之间的联系由式(8-16)所规定。该式对固体被加热还是被冷却都适用。

以上 3 种边界条件与数学物理方程中的 3 类边界条件相对应,又分别称为狄利克雷(Dirichlet)条件、诺依曼(Neumann)条件及罗宾(Robin)条件。

在处理复杂的实际工程问题时,还会遇到下列两种情形。

(1)辐射边界条件。若导热物体表面与温度为 T_e 的外界环境只发生辐射传热,则有

$$-\lambda \frac{\partial T}{\partial n} = \varepsilon \sigma (T_w^4 - T_e^4) \tag{8-17}$$

式中,n 为壁面的外法线;ε 为导热物体表面的发射率。式(8-17)右端是辐射传热的特例(相关内容将在第 10 章中详细介绍),当航天器在太空中飞行时,航天器上的发热元件向太空的散热就属于这类边界条件。

(2)界面连续条件。对于发生相互接触的物体间的导热问题,不同材料的区域分别满足导热微分方程。这时,在接触面(界面)处导热系数阶跃式变化,这时在两种材料的分界面上应该满足温度与热流密度连续的条件(图 8-5),即

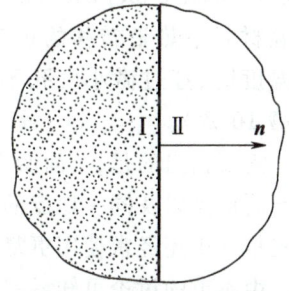

$$t_I = t_{II}, \quad \left(\lambda \frac{\partial t}{\partial n}\right)_I = \left(\lambda \frac{\partial t}{\partial n}\right)_{II} \tag{8-18}$$

这里我们假设两种材料接触良好。如果要考虑物体间的接触形态,那么涉及接触热阻的问题,后面会讨论。

图 8-5 导热体 I 和导热体 II 接触时的界面连续条件

8.3.3 导热系数

导热系数的定义式由傅里叶导热定律的数学表达式给出,即

$$\lambda = \frac{|\boldsymbol{q}|}{\left|\dfrac{\partial t}{\partial n}\boldsymbol{n}\right|} \tag{8-19}$$

数值上,它等于在单位温度梯度作用下物体内所产生的热流密度矢量的模。

工程计算采用的各种物质的导热系数的数值都是用专门实验测定的。测定导热系数的方法有稳态法与非稳态法两大类,傅里叶导热定律是稳态法测定的基础,有关测试方法可见

文献[2-5]。

导热系数的数值取决于物质的种类和温度等因素。金属的导热系数很高,常温(20 ℃)条件下金属导热系数的典型数值是:纯铜为 399 W/(m·K),碳钢(碳质量分数 $w_c \approx 1.5\%$)为 36.7 W/(m·K);气体的导热系数很小,如 20 ℃时干空气的导热系数为 0.025 9 W/(m·K);液体的数值介于金属和气体之间,如 20 ℃时水的导热系数为 0.599 W/(m·K);非金属固体的导热系数在很大范围内变化,数值高的与液体相近,如耐火黏土砖 20 ℃时的导热系数值为 0.71~0.85 W/(m·K),数值低的则接近甚至低于空气导热系数的数量级。图 8-6 所示为多种物质导热系数对温度的依变关系,可以看出:在一定的温度区间内,材料的 λ 随温度近似线性变化,即 $\lambda = \lambda_0(a+bt)$,其中 t 为温度,a、b 为常量,而 λ_0 是该温度区间的直线段的延长线在纵坐标上的截距。

习惯上把导热系数小的材料称为保温材料(又称隔热材料或绝热材料,insulating materials)。至于小到多少才算是保温材料则与各国保温材料生产和节能技术水平有关。20 世纪 70 年代,我国这一界定值取为 0.23 W/(m·K),到 20 世纪 80 年代规定为 0.14 W/(m·K)。在 1992 年的我国国家标准中规定凡平均温度不高于 350 ℃时,导热系数不大于 0.12 W/(m·K)的材料称为保温材料,在 2013 年的国家标准中保温材料导热系数的界定值已经减小到 70 ℃时不大于 0.08 W/(m·K)[6]。近年来,我国发展生产了岩棉板、岩棉玻璃布缝毡、膨胀珍珠岩、膨胀塑料及中空微珠等许多新型隔热材料,它们都有容积重量轻、隔热性能好和价格便宜、施工方便等优点,如岩棉玻璃布缝毡在 0 ℃时的导热系数仅为 0.031 W/(m·K)。这些效能高的保温材料多呈随机多孔结构。严格地说,多孔性结构的材料不再是均匀的连续介质。所谓导热系数,是指一种折算的导热系数,称为表观导热系数(apparent thermal conductivity)、等效导热系数(effective thermal conductivity)或当量导热系数(equivalent thermal conductivity)。这些保温材料中热量转移的机理包括蜂窝体结构的导热及穿过微小气孔的导热几种方式;在更高温度时,穿过微小气孔不仅有导热,还有辐射方式,可以采用多层遮热的方式来抑制(详见第 10 章)。

需要指出的是,上面所介绍材料的导热性能是均匀而且各向同性的,即在同一个温度下材料中不同地点以及同一地点的不同方向上导热系数之值都一样。由于各种复杂应用的需要,实际工程技术中还经常使用更复杂的材料和结构。

由本节的讨论可知,一旦物体中的温度分布已知,就可按傅里叶导热定律计算出所需的导热量或热流密度。因此,求解导热问题的关键是要获得物体中的温度分布,本章以下各节将主要按照这一思路展开讨论。这里要顺便说明,热量和热流密度本身是矢量,它们在各坐标轴上的分量为标量。为行文及书写之便,把热量和热流密度的分量简称为热量和热流密度,而且在不至于引起误解时简单地用符号 Φ 和 q 表示。

8.3.4　傅里叶导热定律及导热微分方程的适用范围

傅里叶导热定律实际上是基于热扰动的传递速度是无限大的假定的。对一般的工程技术中发生的非稳态导热问题,热流密度不是很高、过程作用的时间足够长、过程发生的尺度范围也足够大,傅里叶导热定律以及基于该定律而建立起来的导热微分方程是完全适用的。对于下列 3 种情形,傅里叶导热定律及导热微分方程是不适用的。

(1)当导热物体的温度接近绝对零度时(温度效应)。

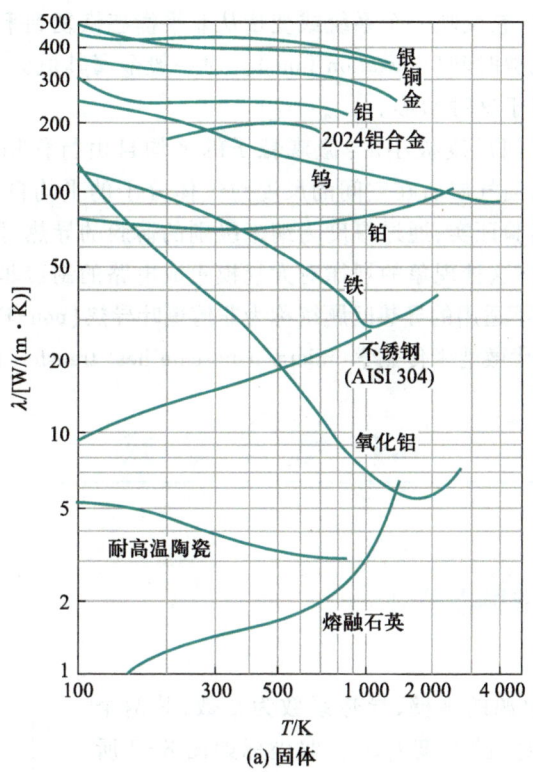

(a) 固体

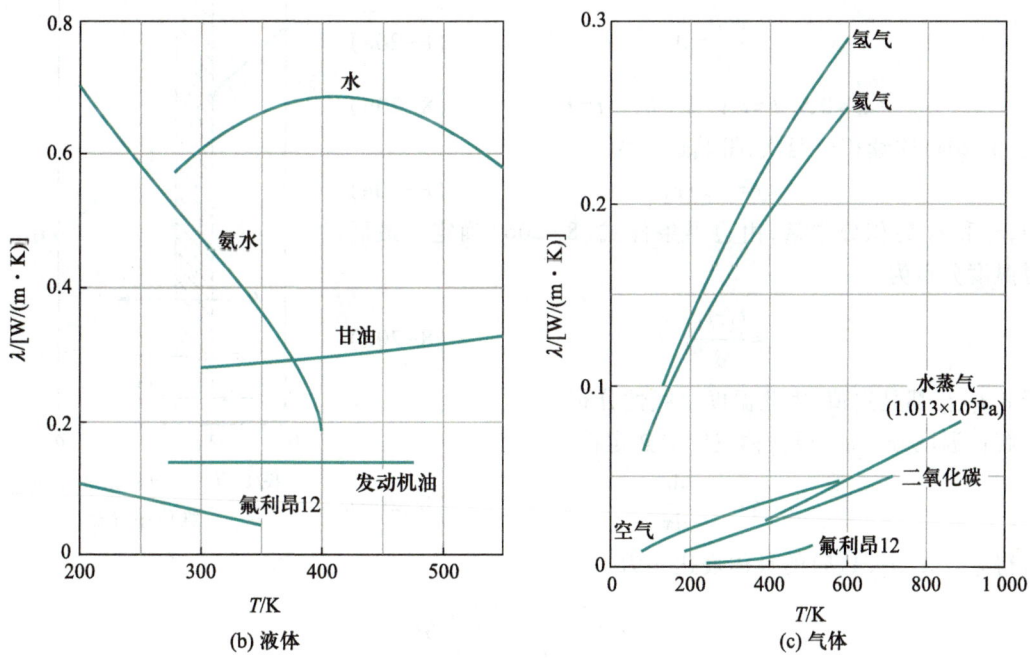

(b) 液体

(c) 气体

图 8-6 温度对导热系数的影响

（2）当过程的作用时间极短，与材料本身固有的时间尺度相接近时（时间效应）。每种材料都有一个固有的时间尺度，它反映一个系统或变量从非平衡态恢复到平衡态所需的时间，这个时间尺度称为松弛时间或弛豫时间（relaxation time）。对一般金属其值为 $10^{-13} \sim 10^{-12}$ s。极短时间的激光脉冲加工就可能属于这种情形。

（3）当过程发生的空间尺度极小，与微观粒子的平均自由行程相接近时（尺度效应）。例如，对于通过气层的导热，当气层所在空间的尺度与气体分子的平均自由行程接近时，傅里叶导热定律不再适用。大量实验证实，通过厚度为纳米级别的薄膜的导热，薄膜的导热系数明显低于常规尺度材料的数值，掌握这种现象的规律对大规模集成电路的制造非常重要。

凡是傅里叶导热定律不适用的导热问题统称为非傅里叶导热（non-Fourier heat conduction），对这类导热问题的研究是近代微纳米传热学（micro/nanoscale heat transfer）的一个重要内容。

8.4 稳 态 导 热

8.4.1 通过平壁的一维稳态导热

1. 单层平壁

已知厚为 δ、没有内热源的平壁，导热系数为常数，其两个表面分别维持在均匀而恒定的温度 t_1、t_2。取坐标如图 8-7 所示，则该导热问题的数学描述为

$$\frac{\mathrm{d}^2 t}{\mathrm{d}x^2} = 0 \tag{8-20a}$$

$$x = 0, \quad t = t_1; \quad x = \delta, \quad t = t_2 \tag{8-20b}$$

对式（8-20a）连续积分两次，得其通解为

$$t = c_1 x + c_2 \tag{8-20c}$$

式中，c_1 和 c_2 为积分常量，由边界条件式（8-20b）确定。最后解得温度分布为

$$t = \frac{t_2 - t_1}{\delta} x + t_1 \tag{8-20d}$$

由于 δ、t_1、t_2 都是定值，因此温度呈线性分布。

解得温度分布后，根据傅里叶导热定律

$$q = -\lambda \frac{\mathrm{d}t}{\mathrm{d}x} \tag{8-20e}$$

即可得 $q = f(t_1, t_2, \lambda, \delta)$ 的具体表达式为

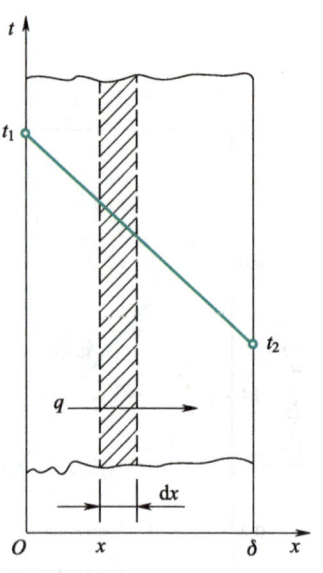

图 8-7 通过单层平壁的
一维稳态导热

$$q = \frac{\lambda(t_1 - t_2)}{\delta} = \frac{\lambda}{\delta} \Delta t \tag{8-20f}$$

对于表面积为 A 且两侧表面各自维持均匀温度的平板，则有

$$\Phi = A \frac{\lambda}{\delta} \Delta t \tag{8-21}$$

式(8-20f)、式(8-21)是通过平壁的一维稳态导热的计算公式,已知其中任意 3 个量,就可求出第四个量。例如,对于一块给定材料和厚度的平壁,施加已知的热流密度时,测定平壁两侧的温差 Δt 后,就可据此得出实验条件下材料的导热系数为

$$\lambda = \frac{q\delta}{\Delta t} \tag{8-22}$$

式(8-22)是稳态法测定导热系数的主要依据。

热量传递是自然界中的一种转移过程,与自然界中的其他转移过程,如电量的转移、动量的转移、质量的转移有类似之处。各种转移过程的共同规律性可归结为

$$过程中的转移量 = \frac{过程的动力}{过程的阻力}$$

在电学中,这种规律性就是众所周知的欧姆定律,即

$$I = \frac{U}{R}$$

在平板导热中,与之相对应的表达式可从式(8-21)的下列改写形式中得出。

$$\Phi = \frac{\Delta t}{\dfrac{\delta}{A\lambda}} \tag{8-23}$$

这种形式有助于更清楚地理解式中各项的物理意义。式中,热流量 Φ 为导热过程的转移量;温差(温压)Δt 为转移过程的动力;分母 $\delta/(A\lambda)$ 为转移过程的阻力。热转移过程的阻力称为热阻。对平板的单位面积而言,导热热阻为 δ/λ,称为面积热阻,以区别于整个平板的导热热阻 $\delta/(A\lambda)$。以后在不至于引起混淆时均简称为热阻。

类似地,通过式(8-15)也可以得到对流传热热阻,读者可先自行推导和理解。热阻概念的建立对复杂热传递过程的分析带来很大的便利。例如,可以借用比较熟悉的串联、并联电路电阻的计算公式来计算热传递过程的合成热阻(或称总热阻)。还应指出,上述关于热阻的概念本质上是对一维导热问题引出的。但在分析实际多维传热问题时,只要能将传热量与相关的温差写成式(8-23)的形式,位于分母中的部分就称为热阻。例如,在电子器件的热分析中,就广泛采用这样的热阻的表达方法。

2. 多层平壁

所谓多层平壁,就是由几层不同材料叠在一起组成的复合平壁。例如,采用耐火层、保温砖层和普通砖层叠合而成的锅炉炉墙就是一种多层壁。为讨论方便,下面以图 8-8 所示的一个 3 层的多层平壁作为讨论对象,但讨论的方法与结果并不只限于 3 层的多层平壁,对任意层的多层平壁同样适用。假定层与层之间接触良好,没有引入附加热阻(这种附加热阻称为接触热阻,contact thermal resistance),因此通过层间分界面就不存在温差。已知各层的厚度 δ_1、δ_2、δ_3 及各层的导热系数 λ_1、λ_2、λ_3,多层壁两外表面温度 t_1、t_4,要确定通过这个多

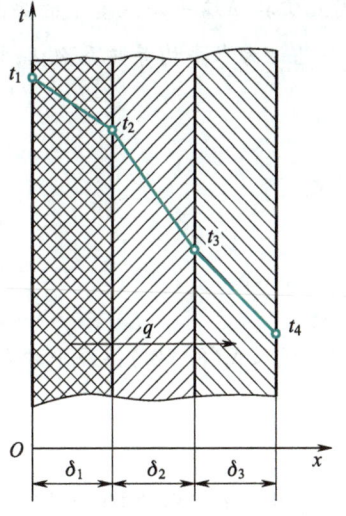

图 8-8　多层平壁导热

层壁的热流密度以及各层平壁的层间温度。

这个问题如果采用上面单层壁的求解方法就比较烦琐,因为 t_2、t_3 未知。其实,应用热阻的概念可以很方便地先导出通过多层平壁的导热量计算式,再确定 t_2、t_3,具体实施步骤如下。

应用串联过程的总热阻等于其分热阻的总和,即所谓串联热阻叠加原则,把各层热阻叠加就得到多层壁的总热阻,而总的驱动力为 $t_1 - t_4$。于是,可导得热流密度的计算公式为

$$q = \frac{t_1 - t_4}{\frac{\delta_1}{\lambda_1} + \frac{\delta_2}{\lambda_2} + \frac{\delta_3}{\lambda_3}} \tag{8-24}$$

依次类推,n 层多层壁的计算公式为

$$q = \frac{t_1 - t_{n+1}}{\sum_{i=1}^{n} \frac{\delta_i}{\lambda_i}} \tag{8-25}$$

解得热流密度后,层间分界面上的未知温度为

$$t_{i+1} = t_i - q \frac{\delta_i}{\lambda_i} \tag{8-26}$$

对于两侧都是第三类边界条件的情况,读者可考虑两侧的对流传热热阻自行推导。

导热系数对温度有依变关系的导热问题将在本章后面加以讨论,这里先把分析得出的结论提出:当导热系数是温度的线性函数,即 $\lambda = \lambda_0(1+bt)$,只要取计算区域平均温度下的 $\bar{\lambda}$ 值代入按 λ 等于常数时的计算公式,就可获得正确的结果。

> **[例题 8-1]** 一锅炉炉墙采用密度为 300 kg/m³ 的水泥珍珠岩制作,壁厚 $\delta = 120$ mm。已知内壁温度 $t_1 = 500$ ℃、外壁温度 $t_2 = 50$ ℃,试求每平方米炉墙每小时的热损失。
>
> **假设:**(1)一维问题;(2)稳态导热。
>
> **分析:**根据附录,密度为 300 kg/m³ 的水泥珍珠岩制品的导热系数为
>
> $$\{\bar{\lambda}\}_{W/(m \cdot K)} = 0.065\ 1 + 0.000\ 105\ \{\bar{t}\}_℃ \text{[①]}$$
>
> 因此需按炉墙平均温度下的导热系数计算热流量。
>
> **解:**为求平均导热系数 $\bar{\lambda}$,需先算出材料的平均温度。
>
> $$\bar{t} = \frac{500\ ℃ + 50\ ℃}{2} = 275\ ℃$$
>
> 于是
>
> $$\bar{\lambda} = (0.065\ 1 + 0.000\ 105 \times 275)\ W/(m \cdot K)$$
> $$= (0.065\ 1 + 0.028\ 9)\ W/(m \cdot K)$$
> $$= 0.094\ W/(m \cdot K)$$
>
> 代入式(8-20f)得每平方米炉墙的热损失为

---

① 国家标准中规定的数值方程式的表示方法:$\{\bar{\lambda}\}_{W/(m \cdot K)}$ 中的下标表示平均导热系数 $\bar{\lambda}$ 以 W/(m·K) 为单位,$\{\bar{t}\}_℃$ 表示平均温度 $\bar{t}$ 以 ℃ 为单位。

$$q = \frac{\lambda}{\delta}(t_1 - t_2) = \frac{0.094 \ \text{W/(m·K)}}{0.120 \ \text{m}} \times (500 \ ℃ - 50 \ ℃)$$

$$= 352.5 \ \text{W/m}^2$$

讨论：对水泥珍珠岩这类在一定的温度范围内导热系数与温度成线性关系的材料，工厂提供的导热系数计算式中 t 都是指计算范围内的平均值，使用时要注意其最高的允许使用温度。

[例题 8-2] 一台锅炉的炉墙由 3 层材料叠合组成。最里面是耐火黏土砖，厚 115 mm；中间是 B 级硅藻土砖，厚 125 mm；最外层为石棉板，厚 70 mm，已知炉墙内、外表面温度分别为 495 ℃ 和 60 ℃，试求每平方米炉墙每小时的热损失及耐火黏土砖与硅藻土砖分界面上的温度。

假设：(1) 一维问题；(2) 稳态导热；(3) 无接触热阻。

分析：根据附录，耐火黏土砖以及 B 级硅藻土砖的导热系数都是温度的函数，按平均温度计算其导热系数时需要知道层间温度，而层间温度本身是待求解的，因此需要采用迭代法 (iteration method)，即先估计各层的平均温度，算出导热量。第一次估计的平均温度不一定正确，待算得分界面温度时，若假定值与计算值的差别超过允许数值，则可重新假定每层的平均温度。经几次试算，逐步逼近，可得合理的数值。

解：采用图 8-8 的符号。$\delta_1 = 115 \ \text{mm}$、$\delta_2 = 125 \ \text{mm}$、$\delta_3 = 70 \ \text{mm}$。经过几次迭代，得出 3 层材料的导热系数为 $\lambda_1 = 1.12 \ \text{W/(m·K)}$、$\lambda_2 = 0.116 \ \text{W/(m·K)}$、$\lambda_3 = 0.116 \ \text{W/(m·K)}$。

代入式 (8-25) 得每平方米炉墙每小时的热损失为

$$q = \frac{t_1 - t_4}{\dfrac{\delta_1}{\lambda_1} + \dfrac{\delta_2}{\lambda_2} + \dfrac{\delta_3}{\lambda_3}}$$

$$= \frac{495 \ ℃ - 60 \ ℃}{\dfrac{0.115 \ \text{m}}{1.12 \ \text{W/(m·K)}} + \dfrac{0.125 \ \text{m}}{0.116 \ \text{W/(m·K)}} + \dfrac{0.115 \ \text{m}}{0.116 \ \text{W/(m·K)}}}$$

$$= \frac{435}{1.78} \ \text{W/m}^2 = 244 \ \text{W/m}^2$$

将此 q 值代入式 (8-26)，求出耐火黏土砖与硅藻土砖分界面的温度为

$$t_2 = t_1 - q\frac{\delta_1}{\lambda_1} = 495 \ ℃ - 244 \ \text{W/m}^2 \times \frac{0.115 \ \text{m}}{1.12 \ \text{W/(m·K)}} = 470 \ ℃$$

讨论：本题是一个非线性问题，其特点是要求解什么必须预先假定什么。工程计算中经常碰到这类问题。这时迭代法是一种行之有效的方法，即先估计一个所求量的数值进行计算，再用计算结果修正预估值，逐次逼近，一直到预估值与计算结果一致（在一定的允许偏差范围内），称为计算达到收敛。读者应掌握这种方法。

[例题 8-3] 已知钢板、水垢及灰垢的导热系数各为 46.4 W/(m·K)、1.16 W/(m·K) 及 0.016 W/(m·K)，试比较厚 1 mm 钢板、水垢及灰垢的面积热阻。

假设：（1）一维问题；（2）稳态导热。

解：平板的面积导热热阻 $R_A = \delta / \lambda$，故有

钢板
$$R_A = \frac{1 \times 10^{-3}\ \text{m}}{46.4\ \text{W}/(\text{m} \cdot \text{K})} = 2.16 \times 10^{-5}\ \text{m}^2 \cdot \text{K/W}$$

水垢
$$R_A = \frac{1 \times 10^{-3}\ \text{m}}{1.16\ \text{W}/(\text{m} \cdot \text{K})} = 8.62 \times 10^{-4}\ \text{m}^2 \cdot \text{K/W}$$

灰垢
$$R_A = \frac{1 \times 10^{-3}\ \text{m}}{0.116\ \text{W}/(\text{m} \cdot \text{K})} = 8.62 \times 10^{-3}\ \text{m}^2 \cdot \text{K/W}$$

讨论：由此可见，1 mm 厚水垢的热阻相当于 40 mm 厚钢板的热阻，而 1 mm 厚灰垢的热阻相当于 400 mm 厚钢板的热阻。因此，在换热器的运行过程中尽量保持换热表面的干净是十分重要的。

[例题 8-4] 在一个建筑物中，有如图 8-9 所示的结构。钢柱直径 $d = 30$ mm，长度 $l = 300$ mm，材料的导热系数 $\lambda = 50$ W/(m·K)，其两个端面分别维持在 60 ℃ 与 20 ℃，其四周为建筑保温材料。计算通过钢柱的导热量。

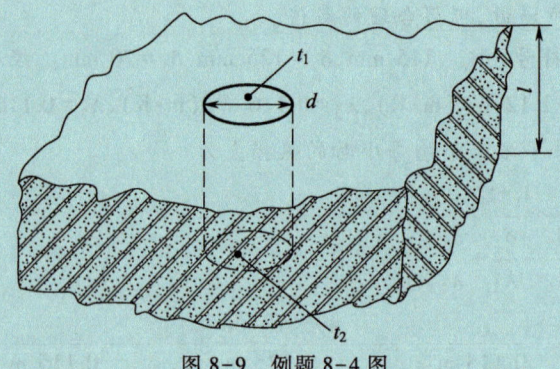

图 8-9 例题 8-4 图

分析：钢柱四周相当于绝热，温度仅沿着轴线方向变化，因此可按一维导热处理。

假设：（1）一维；（2）稳态导热。

解：$\Phi = \lambda A \dfrac{\Delta t}{\delta} = 50\ \text{W}/(\text{m} \cdot \text{K}) \times \dfrac{3.14 \times 0.025^2\ \text{m}^2}{4} \times (60 - 20)\ \text{K}/0.3\ \text{m}$

$\qquad = 3.27$ W

讨论：对通过一个等截面物体的导热，如果温度仅在厚度方向发生变化，就可以作为直角坐标中的一维导热问题，至于物体截面积则可大可小，截面也未必是方形的。以前文献中常有"通过无限大平板的导热"的提法，其实"无限大"只是为"一维"创造条件，并不十分确切。

8.4.2 通过圆筒壁的导热

1. 单层圆筒壁

考察一个内外半径分别为 r_1、r_2 的圆筒壁，其内、外表面温度分别维持均匀恒定的温度 t_1 和

t_2,如图 8-10 所示。采用圆柱坐标系(r,φ,z),这就成为沿半径方向的一维导热问题。为便于分析,先假设材料的导热系数 λ 等于常数。

导热微分方程与相应的边界条件为

$$\frac{d}{dr}\left(r\frac{dt}{dr}\right)=0 \qquad (8\text{-}27a)$$

$$r=r_1, \quad t=t_1 \qquad (8\text{-}27b)$$

$$r=r_2, \quad t=t_2 \qquad (8\text{-}27c)$$

对式(8-27a)连续积分两次,得其通解为

$$t=c_1\ln r+c_2 \qquad (8\text{-}27d)$$

式中,c_1 和 c_2 由边界条件式确定。将边界条件式(8-27b)、式(8-27c)分别代入式(8-27d),联解得

$$c_1=\frac{t_2-t_1}{\ln(r_2/r_1)} \qquad (8\text{-}27e)$$

$$c_2=t_1-\ln r_1\frac{t_2-t_1}{\ln(r_2/r_1)} \qquad (8\text{-}27f)$$

代入式(8-27d)得温度分布为

$$t=t_1+\frac{t_2-t_1}{\ln(r_2/r_1)}\ln(r/r_1) \qquad (8\text{-}27g)$$

由此可见,与平壁中的线性温度分布不同,圆筒壁中的温度分布呈对数曲线。对式(8-27g)求导可得

$$\frac{dt}{dr}=\frac{1}{r}\frac{t_2-t_1}{\ln(r_2/r_1)} \qquad (8\text{-}28)$$

代入傅里叶导热定律得

$$q=-\lambda\frac{dt}{dr}=\frac{\lambda}{r}\frac{t_1-t_2}{\ln(r_2/r_1)} \qquad (8\text{-}29)$$

由式(8-29)可见,在通过圆筒壁的稳态导热中,不同半径处的热流密度与半径成反比。但是,通过整个圆筒壁面的热流量 Φ 为常量,不随半径而异。对式(8-29)两边各乘以 $2\pi rl$(半径 r 处垂直于热流密度的面积)得

$$\Phi=2\pi rlq=\frac{2\pi\lambda l(t_1-t_2)}{\ln(r_2/r_1)} \qquad (8\text{-}30)$$

根据热阻的定义,通过整个圆筒壁的导热热阻为

$$R=\frac{\Delta t}{\Phi}=\frac{\ln(d_2/d_1)}{2\pi\lambda l} \qquad (8\text{-}31)$$

2. 多层圆筒壁

与分析多层平壁一样,运用串联热阻叠加的原则,可得通过图 8-11 所示的多层圆筒壁的导热热流量(假设层间接触良好)为

$$\Phi=\frac{2\pi l(t_1-t_r)}{\ln(d_2/d_1)/\lambda_1+\ln(d_3/d_2)/\lambda_2+\ln(d_4/d_3)/\lambda_3} \qquad (8\text{-}32)$$

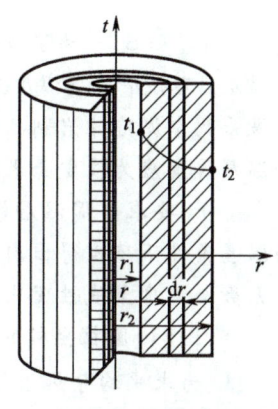

图 8-10 通过单层圆筒壁的导热

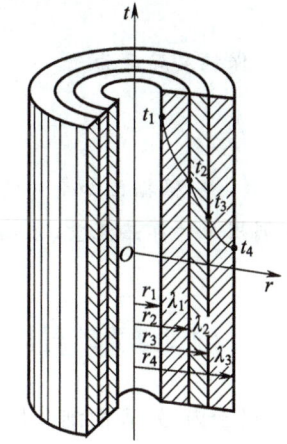

图 8-11 多层圆筒壁

[例题 8-5] 为了减少热损失和保证安全工作条件,在外径为 133 mm 的蒸汽管道外覆盖保温层。蒸汽管外壁温度为 400 ℃。按电厂安全操作规定,保温材料外侧温度不得超过 50 ℃。如果采用水泥珍珠岩制品作保温材料,并把每米长管道的热损失 Φ/l 控制在 465 W/m 之下,保温层厚度应为多少毫米?

分析:要求解保温层的厚度就要获得保温层圆筒壁的外径,根据式(8-30)在已知导热量与温差条件下可以得出内外半径之比。根据附录 14a,在计算的温度范围内水泥珍珠岩的导热系数与温度呈线性变化关系。

假设:(1)圆柱坐标的一维问题;(2)稳态导热;(3)导热系数为温度的线性函数。

解:为求平均导热系数 $\bar{\lambda}$,先算出材料的平均温度为

$$\bar{t} = \frac{400\ ℃ + 50\ ℃}{2} = 225\ ℃$$

从附录 14a 查得导热系数为

$$\{\bar{\lambda}\}_{W/(m\cdot K)} = 0.065\ 1 + 0.000\ 105\ \{\bar{t}\}_℃ = 0.065\ 1 + 0.000\ 105 \times 225$$

$$\bar{\lambda} = 0.088\ 7\ W/(m\cdot K)$$

因为 $d_1 = 133$ mm 是已知的,要确定保温层厚度 δ 须先求得 d_2。为求 d_2,将式(8-31)改写成

$$\ln(d_2/d_1) = \frac{2\pi\lambda}{\dfrac{\Phi}{l}}(t_1 - t_2)$$

即

$$\ln\{d_2\}_m = \frac{2\pi\lambda}{\dfrac{\Phi}{l}}(t_1 - t_2) + \ln\{d_1\}_m$$

于是

$$\ln\{d_2\}_m = \frac{2\pi \times 0.087}{465} \times (400 - 50) + \ln 0.133$$

$$= 0.419 - 2.02 = -1.601$$

$$d_2 = 0.202\ m$$

保温层厚度为

$$\delta = \frac{d_2 - d_1}{2} = \frac{0.202\ m - 0.133\ m}{2} = 34\ mm$$

讨论:根据已知条件的不同,导热热流量计算式(8-21)、式(8-30)及下面的式(8-34)可分别用来计算热流量、导热层厚度及表面温度(或温差),本题是计算导热层厚度的例子。

8.4.3 通过球壳的导热

对于内、外表面维持均匀恒定温度的空心球壁的导热,在球坐标系中也是一个一维导热问题。相应的计算公式为

温度分布
$$t=t_2+(t_1-t_2)\frac{1/r-1/r_2}{1/r_1-1/r_2} \qquad (8-33)$$

热流量
$$\Phi=\frac{4\pi\lambda(t_1-t_2)}{1/r_1-1/r_2} \qquad (8-34)$$

热阻
$$R=\frac{1}{4\pi\lambda}\left(\frac{1}{r_1}-\frac{1}{r2}\right) \qquad (8-35)$$

其求解过程以及多层球壳的导热量计算式留给读者去完成。化工厂球状储罐壁面中的导热问题是通过球壳导热的典型例子。

8.4.4 具有第二类、第三类边界条件的一维导热问题

上面 3 个例子求解的都是第一类边界条件的问题,下面以电熨斗金属底板的导热问题为例介绍具有第二类、第三类边界条件问题的求解方法。

如图 8-12 所示,一个电熨斗电功率为 1 200 W,底面竖直置于环境温度为 25 ℃ 的房间中,金属底板厚为 5 mm,导热系数 $\lambda=15$ W/(m·K)、底板面积 $A=300$ cm^2。考虑辐射作用在内的表面传热系数为 $h=80$ W/(m^2·K),现要确定稳态条件下底板两表面的温度。

首先假设电熨斗绝热层的性能良好,因而加热器的功率全部通过底板散到环境中去,再将这个问题近似处理为一维平板导热,底板右侧处理为对流边界条件,左侧为给定热流密度边界条件,其值为

$$q_0=\frac{1\ 200\ \text{W}}{0.03\ \text{m}^2}=40\ 000\ \text{W/m}^2$$

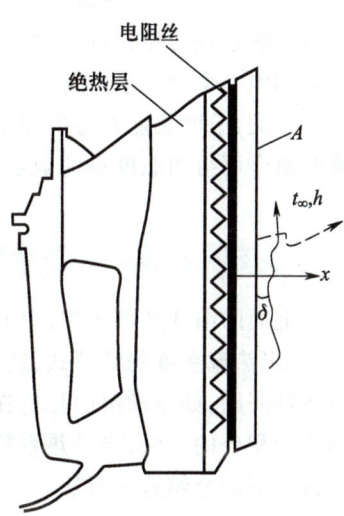

图 8-12 电熨斗底面散热示意图

温度场的数学描述为

$$\frac{\mathrm{d}^2 t}{\mathrm{d}x^2}=0 \qquad (8-36a)$$

$$x=0,\quad -\lambda\frac{\mathrm{d}t}{\mathrm{d}x}=q_0$$

$$x=\delta,\quad -\lambda\frac{\mathrm{d}t}{\mathrm{d}x}=h(t-t_\infty) \qquad (2-36b)$$

上述方程的通解为

$$t=c_1 x+c_2$$

由左侧边界条件得

$$-\lambda c_1=q_0,\quad c_1=-\frac{q_0}{\lambda}$$

由右侧边界条件得

$$-\lambda c_1=h\left[(c_1\delta+c_2)-t_\infty\right]$$

$$c_2 = t_\infty - \frac{c_1 \lambda}{h} - c_1 \delta = t_\infty + \frac{q_0}{h} + \frac{q_0}{\lambda} \delta$$

代入通解得

$$t = t_\infty + q_0 \left(\frac{\delta - x}{\lambda} + \frac{1}{h} \right) \qquad (8\text{-}36\mathrm{c})$$

代入给定的数值后可得

$$t_{x=0} = t_\infty + q_0 \left(\frac{\delta}{\lambda} + \frac{1}{h} \right) = 25\ ℃ + 40\ 000\ \mathrm{W/m^2} \left[\frac{0.005\ \mathrm{m}}{15\ \mathrm{W/(m \cdot K)}} + \frac{1}{80\ \mathrm{W/(m^2 \cdot K)}} \right]$$

$$= 538\ ℃$$

$$t_{x=\delta} = t_\infty + q_0 \left(0 + \frac{1}{h} \right) = 25\ ℃ + 40\ 000\ \mathrm{W/m^2} \times \frac{1}{80\ \mathrm{W/(m^2 \cdot K)}}$$

$$= 525\ ℃$$

由求解过程可见,与第一类边界条件求解的区别在于确定任意常数 c_1、c_2 所利用的条件不同。本例中一个边界条件为第二类,另一个边界条件为第三类。请读者考虑如果两个边界条件均为第二类,温度场能否得出确定的解;进一步,可以考虑对于一维问题,常见的三类边界条件中有哪些组合可得出温度场的确定的解?

8.4.5 变截面或变导热系数的一维问题

在上面的前 3 个例子中,我们首先求解了导热微分方程,获得温度分布,然后按傅里叶导热定律,得出热流密度的计算式,这是用分析法求解导热问题的一般顺序。对于一维导热的第一类边界条件问题,如果求解的目的在于获得热流量的计算式,那么也可采用直接对傅里叶导热定律表达式做积分的方法,当导热系数为变数或者导热面积沿热流密度矢量方向改变时,这一方法特别有效。下面介绍这一方法。

导热系数一般可表示为温度的函数 $\lambda(t)$。以一维问题为例,傅里叶导热定律的表达式为

$$\Phi = -A\lambda(t) \frac{\mathrm{d}t}{\mathrm{d}x} \qquad (8\text{-}37\mathrm{a})$$

分离变数后积分,并注意到热流量 Φ 与 x 无关,得

$$\Phi \int_{x_1}^{x_2} \frac{\mathrm{d}x}{A} = - \int_{t_1}^{t_2} \lambda(t)\,\mathrm{d}t \qquad (8\text{-}37\mathrm{b})$$

将式(8-37b)右端乘以 $(t_2 - t_1)/(t_2 - t_1)$ 得

$$\Phi \int_{x_1}^{x_2} \frac{\mathrm{d}x}{A} = - \frac{\int_{t_1}^{t_2} \lambda(t)\,\mathrm{d}t}{t_2 - t_1} (t_2 - t_1) \qquad (8\text{-}37\mathrm{c})$$

显然,式中 $\int_{t_1}^{t_2} \lambda(t)\,\mathrm{d}t / t_2 - t_1$ 项是 λ 在 t_1 至 t_2 范围内的积分平均值,可用 $\bar{\lambda}$ 来表示。于是式(8-37c)可写成

$$\Phi = \frac{\bar{\lambda}(t_1 - t_2)}{\int_{x_1}^{x_2} \frac{\mathrm{d}x}{A}} \qquad (8\text{-}37\mathrm{d})$$

只要把具体问题中的 A 与 x 的关系代入式(8-37d),就可得到适用于具体情况的计算公式。应

该注意:用 $\bar{\lambda}(t_1-t_2)$ 代替 $-\left(\int_{t_1}^{t_2}\lambda(t)\mathrm{d}t\right)$ 并不受到 A 与 x 的具体关系的约束,因此无论 A 与 x 的关系如何,式(8-37d)总是正确的。

在工程计算中,材料导热系数对温度的依变关系往往可表示成 $\lambda=\lambda_0(1+bt)$ 或 $\lambda=\lambda_0+at$,在这种情况下,式(8-37d)中的 $\bar{\lambda}$ 就是算术平均温度 $\bar{t}=\left(\dfrac{t_1+t_2}{2}\right)$ 下的 $\bar{\lambda}$ 值。

本节所讨论的 4 种一维导热问题有一个共同的特点,即在热量传递的方向上热流量 Φ 保持不变。工程技术中还经常遇到另一类一维导热问题,即在热量传递方向上热流量不断增加或不断降低,通过肋片的导热就属于这一类情况。

8.4.6 通过肋片的导热

由式(8-15)可见,要增加对流传热量(常称强化传热),可以通过增加温差、增加表面传热系数以及增加传热面积 3 种方法来达到。增加温差是以增加过程的不可逆损失为代价的,同时受到具体的工艺制约,很少采用;如何增加对流传热的表面传热系数将在第 9 章中讨论,这里先介绍增加传热面积的有效方法。所谓有效方法是指在材料消耗量增加较小条件下能较多地增大面积的方法。

采用肋片(又称翅片,fin)就是有效地增加传热面积的方法。所谓肋片是指依附于基础表面上的扩展表面,图 8-13 给出了 4 种典型的肋片结构。肋片可以由管子整体轧制或缠绕、嵌套金属薄片并经加工制成。加工的方法有焊接、浸镀(如镀锡)或胀管等。

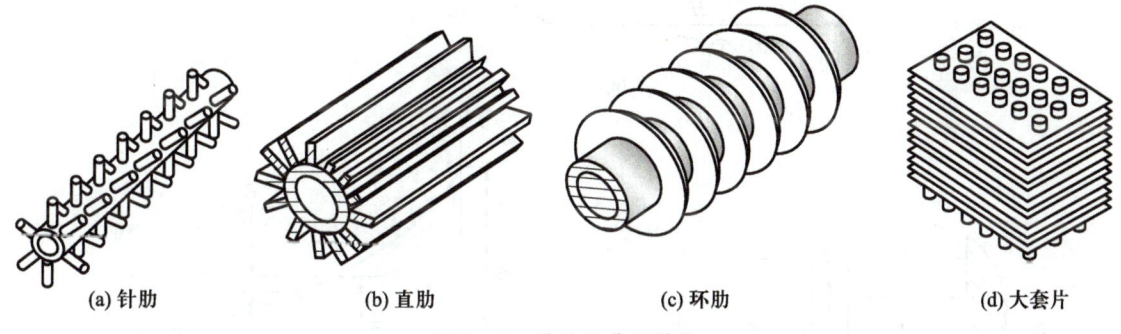

(a) 针肋	(b) 直肋	(c) 环肋	(d) 大套片

图 8-13　肋片的典型结构

通过肋片的导热有个特点,就是在肋片伸展的方向上有通过肋片表面的对流传热及辐射传热,因而肋片中沿导热热流传递的方向上热流量是不断变化的。分析肋片的导热要回答两个问题:从基础面伸出部分(肋片)的温度沿导热热量传递的方向是如何变化的,以及通过肋片的散热量有多少。本节仍将从导热微分方程出发来解决这些问题,但重点放在等截面直肋上(图 8-13a、b),对环肋只介绍分析的结果。

这里要特别指出,读者要重视对复杂的工程传热问题经过适当简化建立起合理的物理与数学模型,从而运用已有的数学及传热学知识进行求解的一整套分析方法。

1. 通过等截面直肋的导热

从图 8-13b 所示的结构中取出一个肋片来分析,如图 8-14a 所示。肋片与基础表面相交处

（称为肋根）的温度 t_0 为已知,设 t_0 大于周围流体温度 t_∞。该肋片与周围环境之间有热交换,并已知包括对流传热及辐射传热在内的复合传热的表面传热系数 h（辐射传热如何用表面传热系数的形式来表示将在第 10 章中介绍）。现在的任务是要确定肋片中的温度分布及通过该肋片的散热量。

1）物理模型

根据所给出问题的条件,我们可以做以下假定,既能使问题得到适当简化,便于数学处理,又能保持实际问题的基本特点:①材料的导热系数 λ、表面传热系数 h 以及沿肋高方向的横截面积 A_c 均各自为常数;②肋片温度在垂直于纸面方向（长度方向）不发生变化,因此可取一个截面（单位长度）来分析;③在任一横截面上肋片温度可认为是均匀的;④肋片顶端可视为绝热,即在肋的顶端$\dfrac{\mathrm{d}t}{\mathrm{d}x}=0$。

经过上述简化,所研究的问题就变成一维稳态导热问题,如图 8-14b 所示。很容易理解,肋片各截面的温度沿高度方向是逐步降低的（图 8-14c）。我们的任务就是要找出截面温度沿高度方向的变化规律。

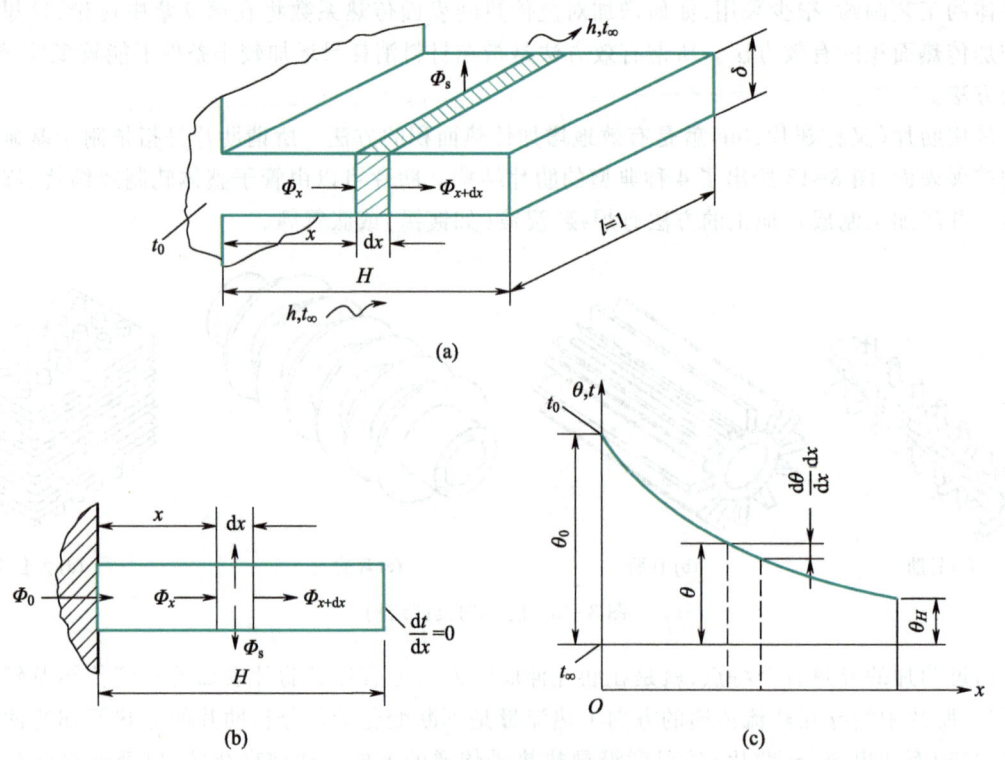

图 8-14   通过肋片的热量传递

2）数学描述

现在来建立肋片中温度场的数学描述。首先,导热微分方程式(8-7)可简化为

$$\frac{\mathrm{d}^2 t}{\mathrm{d}x^2} + \frac{\dot{\Phi}}{\lambda} = 0 \tag{8-38a}$$

现在需要进一步确定的是源项 $\dot{\Phi}$ 的表达式。

对于所研究的问题,肋片的两个侧面并不是计算区域的边界(计算区域的边界是 $x=0$ 和 $x=H$),但通过该两表面有热量的传递。在这种情况下,可以把通过边界所交换的热量折算成整个截面上的体积源项。取长度为 $\mathrm{d}x$ 的微元段来分析,设参与换热的截面周长为 P,则表面的总散热量为

$$\Phi_s = (P\mathrm{d}x)h(t-t_\infty) \tag{8-38b}$$

相应的微元体积为 $A_c\mathrm{d}x$,因而相应的折算源项为

$$\dot{\Phi} = -\frac{\Phi_s}{A_c\mathrm{d}x} = -\frac{hP(t-t_\infty)}{A_c} \tag{8-38c}$$

由于肋片向环境散热,相当于负的源项,因此取负号。将式(8-38c)代入式(8-38a)得

$$\frac{\mathrm{d}^2 t}{\mathrm{d}x^2} = \frac{hP(t-t_\infty)}{\lambda A_c} \tag{8-38d}$$

相应的两个边界条件为

$$x=0, \quad t=t; \quad x=H, \frac{\mathrm{d}t}{\mathrm{d}x}=0 \tag{8-38e}$$

式(8-38d)与式(8-38e)构成了肋片温度场的完整的数学描述。

3) 分析求解

式(8-38d)是关于温度的二阶非齐次常微分方程。为便于求解,引入过余温度(excess temperature)$\theta = t-t_\infty$,可得关于过余温度的齐次方程,即

$$\frac{\mathrm{d}^2\theta}{\mathrm{d}x^2} = m^2\theta \tag{8-38f}$$

$$x=0, \theta=\theta_0=t_0-t_\infty; \quad x=H, \frac{\mathrm{d}\theta}{\mathrm{d}x}=0 \tag{8-38g}$$

其中 $m=\sqrt{hP/(\lambda A_c)}$ 为一常量。

式(8-38f)是一个二阶线性齐次常微分方程,其通解为

$$\theta = c_1 e^{mx} + c_2 e^{-mx} \tag{8-38h}$$

其中 c_1、c_2 由两个边界条件式(8-38g)确定,即

$$c_1 + c_2 = \theta_0, \quad c_1 m e^{mH} - c_2 m e^{-mH} = 0 \tag{8-38i}$$

最后可得肋片中的温度分布为

$$\theta = \theta_0 \frac{e^{mx} + e^{2mH}e^{-mx}}{1 + e^{2mH}} = \theta_0 \frac{\mathrm{ch}\left[m(x-H)\right]}{\mathrm{ch}(mH)} \tag{8-38j}$$

令 $x=H$,即可从式(8-38j)得出肋端温度的计算式。因 $\mathrm{ch}(0)=1$,故得

$$\theta_H = \frac{\theta_0}{\mathrm{ch}(mH)} \tag{8-39}$$

由肋片散到外界的全部热流量都必须通过 $x=0$ 处的肋根截面,根据式(8-38j)和傅里叶导热定律即可得到此热流量为

$$\Phi_{x=0} = -\lambda A_c \left(\frac{\mathrm{d}\theta}{\mathrm{d}x} \right)_{x=0} = -\lambda A_c \theta_0 (-m) \frac{sh(mH)}{ch(mH)} \tag{8-40}$$

$$= \lambda A_c \theta_0 m \, th(mH) = \frac{aP}{m} \theta_0 \mathrm{th}(mH)$$

式(8-38j)、式(8-39)、式(8-40)中的双曲函数 $\mathrm{ch}(mH)$、$\mathrm{sh}(mH)$ 和 $\mathrm{th}(mH)$ 的数值可从数学手册中查出。

以上根据肋片末梢端面绝热的近似边界条件得到的理论解,应用于大量实际肋片可以获得实用上足够精确的结果。值得指出,在计算 Φ 时,有一种巧妙的简化处理方法可代替较复杂的理论解。以图 8-14 所示的直肋为例,假如肋厚度为 δ,则可以用 **无限长肋片的散热量** 假想高度 $H' = H + \frac{\delta}{2}$ 代替实际肋高 H,然后仍按式(8-40)计算 Φ。这种处理实质上是基于这样一种想法,即为了照顾末梢端面的散热而把端面面积铺展到侧面上去。

值得指出,实际上沿整个肋表面的表面传热系数常常是不均匀的,这时可以按其平均值来计算。如果出现严重的不均匀性,那么问题的求解可以采用第 14 章介绍的数值方法。

4)解的应用

在将上述分析解应用于分析肋片导热问题之前,我们先通过实例来分析温度计套管的测温误差。读者应注意是如何将表面上看来与肋片风马牛不相及的温度计套管和肋片导热问题联系起来的。

压气机设备的储气筒里的空气温度,用一支插入装油的铁套管中的玻璃水银温度计来测量,如图 8-15 所示。已知温度计的读数为 100 ℃,储气筒与温度计套管连接处的温度为 $t_0 = 50$ ℃,套管 $H = 140$ mm、壁厚 $\delta = 1$ mm、管材导热系数 $\lambda = 58.2$ W/(m·K),套管外表面的表面传热系数为 $h = 29.1$ W/(m²·K)。试分析:温度计的读数能否准确地代表被测点处的空气温度? 如果不能,分析其误差有多大。

由于温度计的感温泡与套管顶部直接接触,可以认为温度计的读数就是套管顶端的壁面温度 t_H。测温时,热量的传递包括从压缩空气向套管外表面的对流传热、沿套管壁向根部(储气筒与温度计套管连接处)的导热,以及从套管外表面向储气筒筒身的辐射传热。稳态时,套管从压缩空气获得的热量等于沿套管壁向根部的导热量以及套管外表面向储气筒筒身的辐射传热量之和。套管中每一横截面上的温度可认为是相等的,因而温度计套管可以看成是横截面积为 $\pi d\delta$ 的一等截面直肋(d 为套管直径)。而所谓测温误差,就是套管顶端的过余温度 $\theta_H = t_H - t_f$,此处 t_f 是筒内空气的温度。

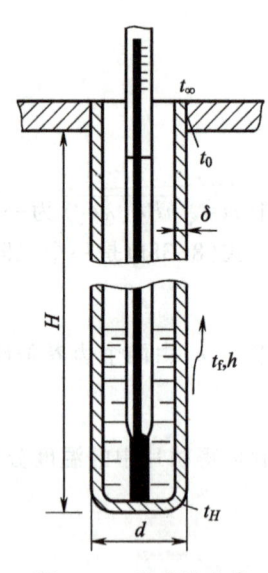

图 8-15 温度计套管

通过上述分析,可以将所研究的问题看成是一维稳态等截面直肋的导热问题,采用肋片分析中的各项假定。据式(8-39)有

$$t_H - t_f = \frac{t_0 - t_f}{ch(mH)} \tag{8-41}$$

换热周长 $P = \pi d$，套管截面积 $A_c = \pi d\delta$。于是，mH 的值可按定义求出，即

$$mH = \sqrt{\frac{hP}{\lambda A_c}} H = \sqrt{\frac{h}{\lambda \delta}} H = \sqrt{\frac{29.1 \text{ W}/(\text{m}^2 \cdot \text{K})}{58.2 \text{ W}/(\text{m} \cdot \text{K}) \times 0.001 \text{ m}}} = 3.13$$

由数学手册查出 $ch(3.13) = 11.5$，代入式（8-41）得

$$t_H - t_f = \frac{50 \text{ ℃} - 100 \text{ ℃}}{11.5} = -4.35 \text{ ℃}$$

也就是说，测量的绝对误差为 4.35 ℃，这样大的误差往往是不容许的。那么怎样才能减小测温误差呢？这可从两个角度来分析。首先，从温度计套管的一维导热过程来看，可以画出如图 8-16 所示的热阻定性分析图。图中 t_∞ 为储气筒外的环境温度，R_3 代表储气筒外侧与环境间的传热热阻，R_1、R_2 分别代表套管顶端与储气筒内环境间的传热热阻。显然，

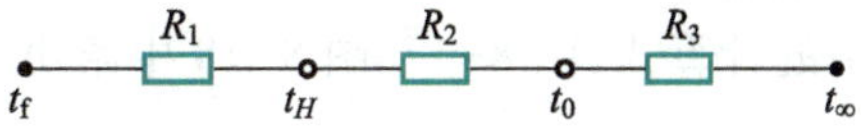

图 8-16 温度计套管测温误差
热阻定性分析图

要减小测温误差，应使 t_H 尽量接近 t_f，即应尽量减小 R_1 而增大 R_2 及 R_3。其次，从式（8-39）来看，要减少 θ_H，应增加 $ch(mH)$（增加 mH）以及减小 θ_0 之值。于是可以采用以下方法：①选用导热系数更小的材料作套管（增加热阻 R_2）；②尽量增加套管高度并减小壁厚（增加热阻 R_2）；③强化套管与被测流体的传热（减小 R_1）；④在储气筒外包以保温材料（增加 R_3）。最后一条措施对于储气筒虽不可取，然而对于测量管道中气流温度的情形是可以操作的。

这里需要注意的是，由于从储气筒内空气到外界环境的过程中各个环节所传递的热量并不相等，因此串联热阻叠加的原则在这里不适用，但是作为定性分析这样的图示还是很有用的。

2. 肋效率与肋面总效率

1）等截面直肋的效率

前面指出，采用肋片主要是为了增加传热量，我们自然很关心采用一个肋片能增加多少传热量。为了表征肋片散热的有效程度，引进肋效率（fin efficiency）η_f，它定义为

$$\eta_f = \frac{\text{实际散热量}}{\text{假设整个肋表面处于肋基温度下的散热量}} \tag{8-42}$$

已知肋效率 η_f，即可计算出肋片的实际散热量。对于等截面直肋，其肋效率为

$$\eta_f = \frac{\frac{hP}{m} \theta_0 th(mH)}{hPH\theta_0} = \frac{th(mH)}{mH} \tag{8-43a}$$

对于直肋，我们假定肋片长度 l 比其厚度 δ 要大得多。所以可取出单位长度来研究。其中参与传热的周界 $P = 2$，于是有

$$mH = \sqrt{\frac{hP}{\lambda A_c}} H = \sqrt{\frac{2h}{\lambda \delta \times 1}} H = \sqrt{\frac{2h}{\lambda \delta}} H \tag{8-43b}$$

对于环肋,理论分析表明,肋效率也是参数 mH 的单值函数。我们假定环的内半径远大于其厚度,则式(8-43b)同样成立。将上式的分子分母同乘以 $H^{1/2}$,得

$$mH = \sqrt{\frac{2h}{\lambda \delta H}} H^{3/2} = \sqrt{\frac{2h}{\lambda A_L}} H^{3/2} \tag{8-43c}$$

式中,$A_L = \delta h$,代表肋片的纵剖面积。实际上,往往采用以肋效率 η_f 与式(8-43c)所示的 mH 或 $H^{3/2}\left(\dfrac{h}{\lambda A_L}\right)^{1/2}$ 为坐标的曲线来表示各种肋片的结果。

2)其他形状肋片的效率

在工程领域中还广泛采用多种其他形状的肋片,除图 8-14a 所示的矩形截面直肋(rectangular straight fin)外,还有三角形截面直肋(triangle straight fin)、环肋(circular fin)、圆形截面的直肋,又称针肋(pin fin)以及三角形针肋(triangular pin fin)等,表 8-1 中列出了常见肋片肋效率的计算式,图 8-17、图 8-18 中给出一些变化曲线。

表 8-1 常见肋片的肋效率计算式

序号	肋片名称	几何形状	肋效率计算式
1	矩形截面直肋	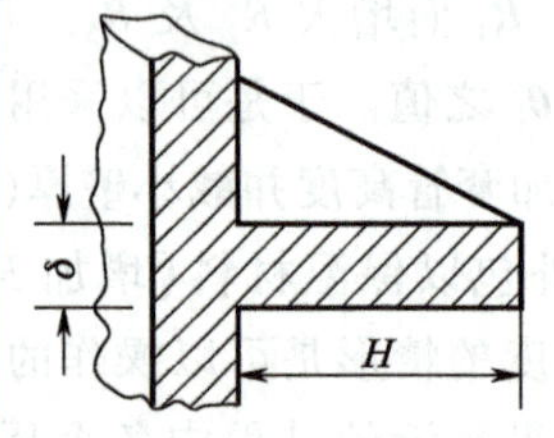	$\eta_f = \dfrac{\tanh(mH')}{mH'}, \quad m = \sqrt{\dfrac{2h}{\lambda \delta}},$ $H' = H + \delta/2$
2	三角形直肋	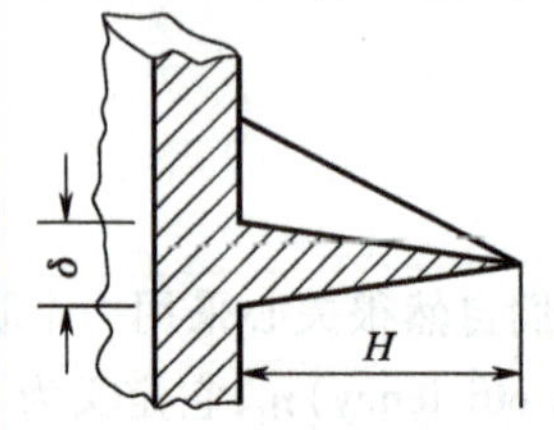	$\eta_f = \dfrac{1}{mH} \dfrac{I_1(2mH)}{I_0(2mH)}$ I_0, I_1 为第一类修正零阶与一阶 Bessel 函数
3	环肋	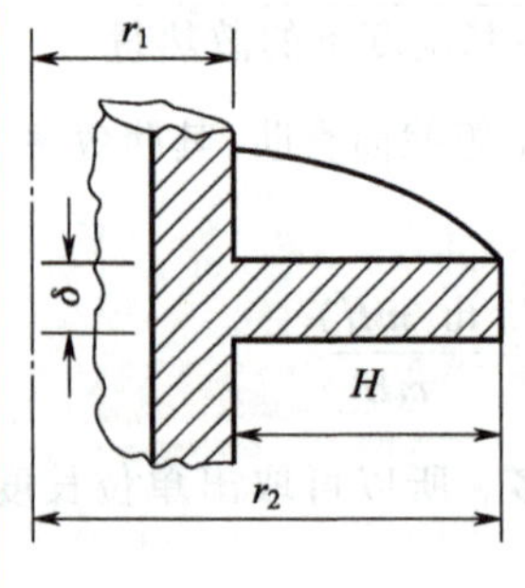	$\eta_f = C_2 \dfrac{K_1(mr_1) I_1(mr_2') - I_1(mr_1) K_1(mr_2')}{I_0(mr_1) K_1(mr_2') + K_0(mr_1) I_1(mr_2')},$ $C_2 = \dfrac{2r_1/m}{(r_2^2 - r_1^2)}$ K_0, K_1 为第二类修正零阶与一阶 Bessel 函数,$r_2' = r_2 + \delta/2$

续表

序号	肋片名称	几何形状	肋效率计算式
4	针肋	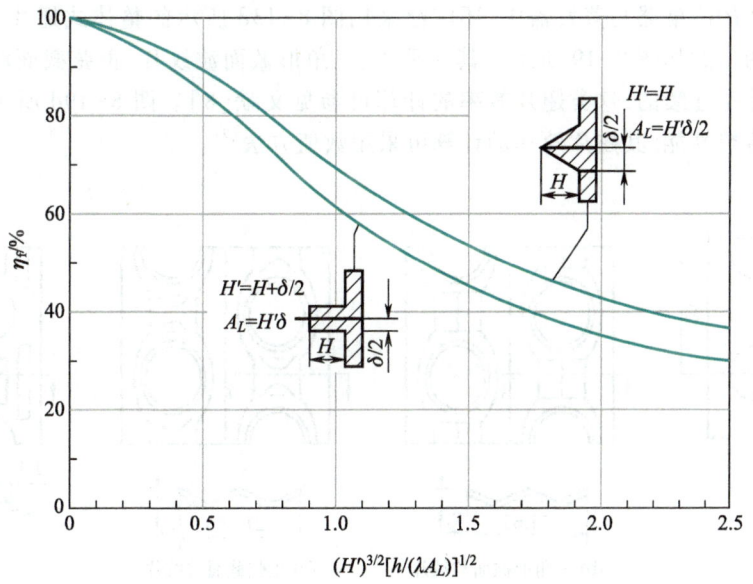	$\eta_f = \dfrac{\tanh(mH')}{mH'}, \quad m = \sqrt{\dfrac{4h}{\lambda d}},$ $H' = H + D/4$
5	三角形针肋		$\eta_f = \dfrac{2}{mH} \dfrac{I_2(2mH)}{I_1(2mH)}$ I_2 为第一类修正二阶 Bessel 函数 $I_2(x) = I_0(x) - (2/x)I_1(x), \quad x = 2mH, \quad m = \sqrt{\dfrac{4h}{\lambda D}}$

注:表 8-1 中涉及的特殊函数(如 Bessel 函数)可查阅有关数学手册,如文献[7]。

图 8-17 等截面直肋和三角形肋片的效率曲线

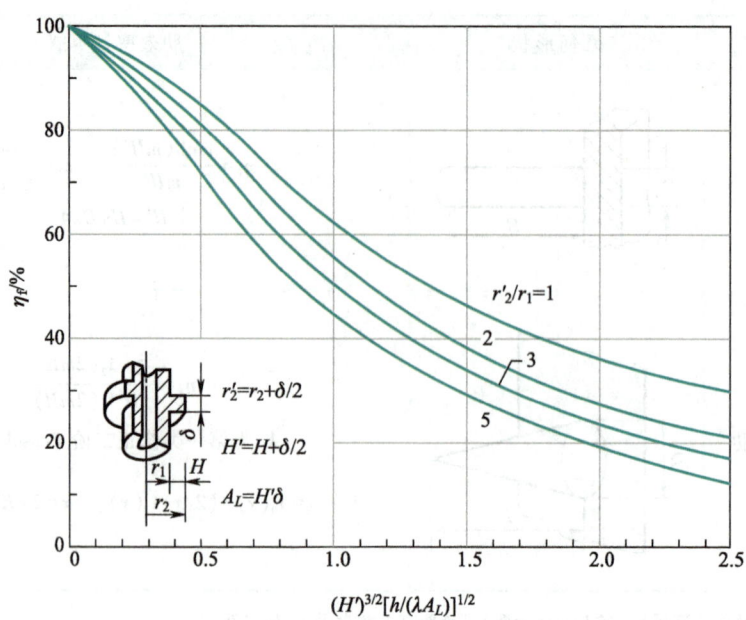

图 8-18 环肋片的效率曲线

在家用空调的冷凝器与蒸发器中,还广泛采用图 8-13d 所示的整体式翅片(大套片),常见的整体式翅片的形式如图 8-19 所示。其中平片、三角形截面波纹片、正弦截面波纹片除管子穿过处外整个翅片是连续的,这类翅片效率的计算可参见文献[8]。图 8-19d 所示的开缝翅片具有很好的强化传热性能,其翅片效率的计算可采用数值方法[9]。

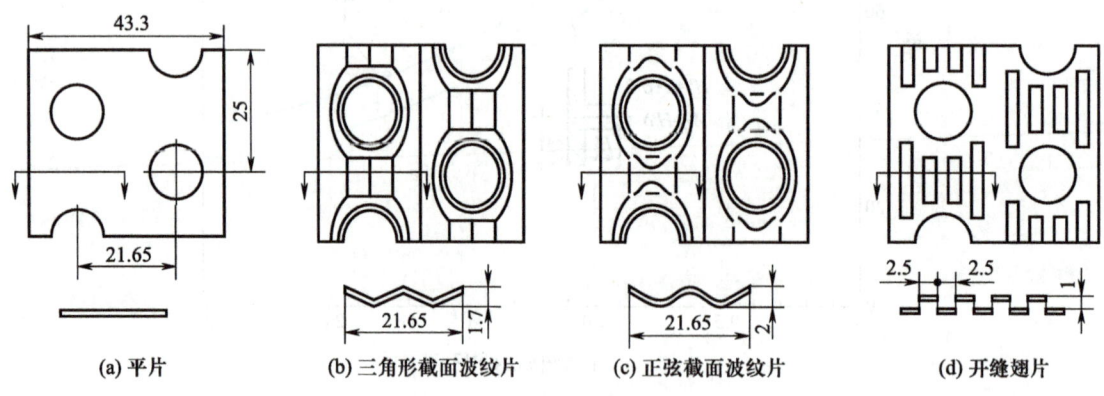

(a) 平片   (b) 三角形截面波纹片   (c) 正弦截面波纹片   (d) 开缝翅片

图 8-19 常见的整体式翅片

3)肋面总效率

表 8-1 以及图 8-17、图 8-18 所示的是单个肋片的效率。实际上肋片总是成组地被采用的,称为肋化表面,如图 8-20 所示。设流体的温度为 t_f,流体与整个表面的表面传热系数为 h,肋片的表面积为 A_f,两个肋片之间的根部表面积为 A_r,根部温度为 t_0,则所有肋片与根部面积之和为 $A_0 = A_f + A_r$。计算该表面的对流传热量时,若以 $t_0 - t_f$ 为温差,则有

$$\Phi = A_r h(t_0 - t_f) + A_f \eta_f h(t_0 - t_f) = h(t_0 - t_f)(A_r + \eta_f A_f)$$

(8-44)

$$= A_0 h(t_0 - t_f)\left(\frac{A_r + \eta_f A_f}{A_0}\right) = A_0 \eta_0 h(t_0 - t_f)$$

其中

$$\eta_0 = \frac{A_r + \eta_f A_f}{A_r + A_f}$$

(8-45)

称为肋面总效率(overall fin surface efficiency),显然肋片总效率高于肋片效率。

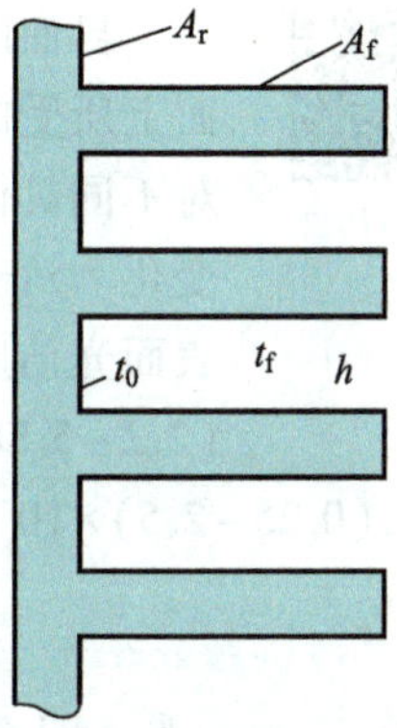

图 8-20　肋化表面示意图

3. 接触热阻

对于图 8-19 所示的整体式翅片,翅片与管子之间的接触是否良好非常重要。两个名义上互相接触的固体表面,实际上接触仅发生在一些离散的面积元上,如图 8-21 所示。在未接触的界面之间的间隙中常常充满了空气,热量将以导热的方式穿过这种空气间隙。这种情况与两固体表面真正完全接触相比,增加了附加的传递阻力,称为接触热阻。对于需要强化传热的情形,接触热阻是有害的。当采用在圆管上缠绕金属带以生成环肋或在管束间套以金属薄片形成管片式换热器时(图 8-13c、d),采用胀管或浸镀锡液的操作都是为了有效地减少接触热阻。在界面间敷设导热系数远较空气大的热界面材料也是电子器件生产中用以减小接触热阻的方法。图 8-21 中 A 示意性地表示界面处温度的变化情况,从接触面两侧的温度分布曲线延伸到界面位置上,温度是不相等的(不连续),这一温差由接触热阻所致;B 定性地表示了在接触点处热流传递的情况。因为接触点处热阻小,所以从该处传递的热流远大于通过空气间隙传递的热流。

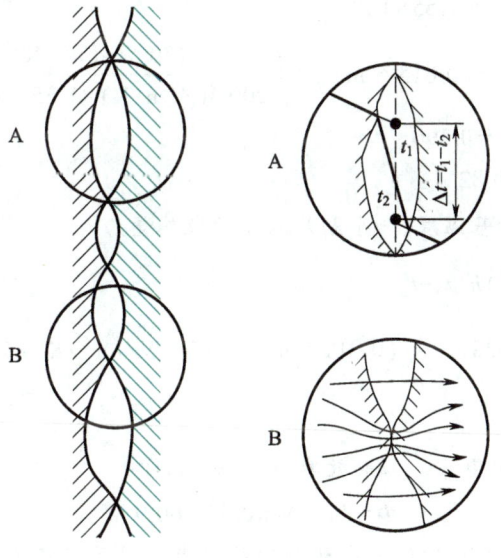

图 8-21　接触热阻示意图

界面间接触热阻的数值取决于许多因素,包括两种材料的性质、表面光洁度、界面上所受的正压力等。虽然已经进行了大量的研究,但无法总结出通用的计算规律,对不同具体情况必须通过实验来测定。接触界面上空气间隙的厚度也在较大幅度内变化。对于电子器件中的接触界面,气隙层的厚度为 $1 \sim 25$ μm[10]。在常规的压力与表面光洁度下,几个代表性的单位面积接触热阻(单位 $m^2 \cdot K/W$)为:不锈钢/不锈钢,$(2.2 \sim 5.88) \times 10^{-4}$;铝/铝,$(0.833 \sim 4.55) \times 10^{-4}$;不锈钢/铝,$(2.22 \sim 3.33) \times 10^{-4}$;铜/铜,$(0.25 \sim 2.5) \times 10^{-4}$。更多的信息可参阅文献[11]。

[例题 8-6] 为了强化换热,在外径为 25 mm 的管子上装有铝制矩形剖面的环肋,肋高 $H = 15$ mm、厚 $\delta = 1.0$ mm。肋基温度为 170 ℃,周围流体温度为 25 ℃。设铝的导热系数 $\lambda = 200$ W/(m·K),肋面的表面传热系数 $h = 130$ W/(m^2·K)。试计算每片肋的散热量。

假设:(1)一维、稳态、常物性的导热;(2)肋片顶端的散热用增加半个肋片厚度的方法来考虑。

解:采用图 8-18 所示的效率曲线计算。

$$H' = H + \frac{\delta}{2} = 15 \text{ mm} + 0.5 \text{ mm} = 15.5 \text{ mm}$$

$$r_1 = \frac{25 \text{ mm}}{2} = 12.5 \text{ mm}$$

$$r_2' = r_1' + H' = 12.5 \text{ mm} + 15.5 \text{ mm} = 28.0 \text{ mm}$$

$$\frac{r_2'}{r_1} = \frac{28.0 \text{ mm}}{12.5 \text{ mm}} = 2.24$$

$$A_L = \delta(r_2' - r_1) = 0.001 \text{ m} \times (0.028 \text{ m} - 0.012 \text{ 5 m})$$
$$= 1.55 \times 10^{-5} \text{ m}^2$$

$$H'\left(\frac{h}{\lambda A}\right)^{1/2} = (0.015 \text{ 5 m})^{3/2} \times \left(\frac{130 \text{ W}/(m^2 \cdot K)}{200 \text{ W}/(m \cdot K) \times 1.55 \times 10^{-5} \text{ m}^2}\right)^{1/2}$$
$$= 0.396$$

从图 8-18 查得 $\eta_f = 0.82$

如果整个肋面处于肋基温度,一个肋片两面的散热量为

$$\Phi_0 = 2\pi(r_2'^2 - r_1^2)h(t_0 - t_\infty)$$
$$= 2\pi \times \left[(0.028 \text{ m})^2 - (0.012 \text{ 5 m})^2\right] \times 130 \text{ W}/(m^2 \cdot K) \times (170 \text{ ℃} - 25 \text{ ℃})$$
$$= 74.3 \text{ W}$$

每个肋片的实际散热量为 Φ 中。与肋效率 η_f 的乘积,即

$$\Phi = 74.3 \text{ W} \times 0.82 = 60.9 \text{ W}$$

讨论:这样计算出的只是通过一个环肋的导热量。对于安装有环肋的一根管子而言(如图 8-13c 所示),总的散热量除了该管子上的所有环肋的散热量,还要考虑位于两相邻肋片间的管子基础表面的散热量。

例如,对一根长为 0.94 m 的肋片管,其上有 300 个肋片,肋片中心间距为 3 mm。两端各留有 20 mm 的安装段。在上述条件下,肋面总效率为

$$\eta_0 = (A_r + \eta_f A_t)/A_0 = [3.14 \times 0.025 \times 0.6 + 0.82 \times 300 \times 2 \times 3.14 \times (0.028^2 - 0.012\ 5^2)]\,\mathrm{m}^2 /$$
$$[(3.14 \times 0.025 \times 0.6 + 300 \times 2 \times 3.14 \times (0.028^2 - 0.012\ 5^2)]\,\mathrm{m}^2$$
$$= (0.047\ 1 + 0.82 \times 1.183) \div (0.047\ 1 + 1.183) = 0.827$$

所以肋片管的总散热量为

$$\Phi = A_0 \eta_0 h(t_0 - t_f) = 1.23\ \mathrm{m}^2 \times 0.827 \times 130\ \mathrm{W}/(\mathrm{m}^2 \cdot \mathrm{K}) \times (170 - 25)\ ℃$$
$$= 19.2\ \mathrm{kW}$$

[例题 8-7]　图 8-22 示出了平板式太阳能集热器的一种简单的吸热板结构。吸热板面向太阳的一面涂有一层对太阳辐射吸收比很高的材料,吸热板的背面设置了一组平行的管子,其内通以冷却水,管子之间则充满绝热材料。吸热板的正面在接受太阳辐射的同时受到环境的冷却,设净吸收的太阳辐射为 q_r,表面传热系数为 h,空气温度为 t_∞,管子与吸热板结合处的温度为 t_0。试写出确定吸热板中温度分布的数学描述并求解。

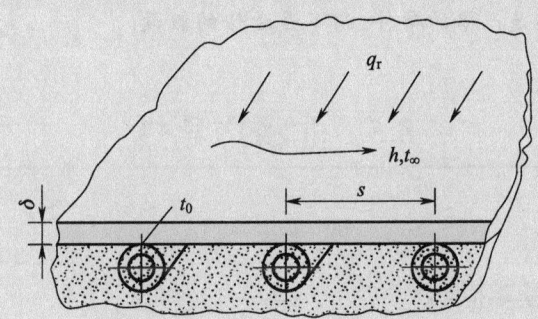

图 8-22　平板式太阳能集热器吸热板

分析:首先对这一问题做以下简化分析。在垂直于纸面方向上管板的长度远大于其厚度,因而可以取一个截面来研究;任意两根相邻冷却水管间的温度分布可以认为是一样的;吸热板背面绝热良好,因而背面相当于对称面;相邻两冷却水管间吸热板的温度分布显然关于中间截面对称,因而中间截面也是一个绝热面;$\delta/\lambda \ll 1/h$,因而任一 x 截面处沿厚度方向的温度变化可以不计。

假设:经过上述分析,太阳能集热器吸热板中的温度分布问题就成为如图 8-23 所示的等截面直肋中的导热问题,采用分析肋片导热时的前三个假设。

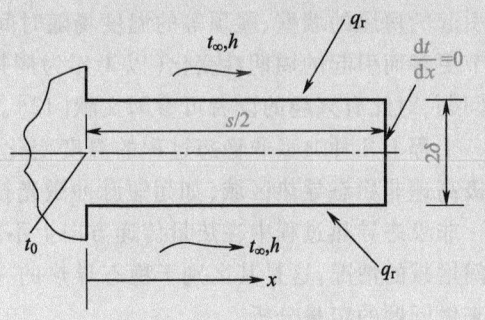

图 8-23　吸热板导热的简化模型

推导:肋片的导热微分方程与边界条件为

$$\frac{\mathrm{d}^2 t}{\mathrm{d}x^2} + \frac{\dot{\Phi}}{\lambda} = 0 \qquad (8\text{-}46\mathrm{a})$$

$$x = 0,\ t = t_0;\ x = \frac{s}{2},\ \frac{\mathrm{d}t}{\mathrm{d}x} = 0 \qquad (8\text{-}46\mathrm{b})$$

现在进一步推导式(8-46a)中源项 $\dot{\Phi}$ 的表达式。仿照前面的分析,可以写出

$$\dot{\Phi} = -\frac{hP(t-t_\infty)+q_{\mathrm{r}}P}{A_{\mathrm{c}}} = -\frac{hP}{A_{\mathrm{c}}}\left(t-t_\infty-\frac{q_{\mathrm{r}}}{h}\right) \qquad (8\text{-}46\mathrm{c})$$

代入式(8-46a)得

$$\frac{\mathrm{d}^2 t}{\mathrm{d}x^2} = \frac{hP}{\lambda A_{\mathrm{c}}}\left(t-t_\infty-\frac{q_{\mathrm{r}}}{h}\right) \qquad (8\text{-}46\mathrm{d})$$

为使式(8-46d)成为齐次方程,定义 $\theta = t-t_\infty-\dfrac{q_{\mathrm{r}}}{h}$。于是得

$$\frac{\mathrm{d}^2 t}{\mathrm{d}x^2} = m^2 \theta \qquad (8\text{-}46\mathrm{e})$$

$$x=0,\theta=\theta_0;x=\frac{s}{2},\frac{\mathrm{d}\theta}{\mathrm{d}x}=0 \qquad (8\text{-}46\mathrm{f})$$

式(8-38j)显然就是这一问题的解,只要将其中的 H 用 $s/2$ 来代替即可,此处不再列出。

讨论: 与本节前面分析的等截面直肋的不同在于增加了表面的辐射传热量,但引入过余温度使方程齐次化后,得到完全相同的数学描述,可见过余温度概念的重要性。另外,由于对称性,本例中肋片顶端绝热是严格的条件,而不是近似的假设。

8.5　非稳态导热

8.5.1　非稳态导热的基本概念

1. 非稳态导热过程的特点及类型

物体的温度随时间而变化的导热过程称为非稳态导热(transient heat conduction)。根据物体温度随着时间的推移而变化的特性可以区分为两类典型的非稳态导热:物体的温度随时间的推移逐渐趋近于恒定的值及物体的温度随时间而作周期性的变化。在周期性的非稳态导热过程中,物体中各点的温度及热流密度都随时间做周期性的变化。例如,由于太阳辐射的周期性变化而引起的房屋的墙壁、屋顶等的温度场随时间的变化(以 24 h 为周期),地球表面层的温度由于季节更替而引起的周期性变化(以 1 年为周期),等等。限于篇幅,本书不讨论周期性非稳态导热问题,对此有兴趣的读者可参阅文献[12]。

工程上几种典型非稳态过程的温度变化率的数量级示于图 8-24 中。在该图坐标的右端,即极高速非稳态导热区域(如超短脉冲激光技术)应当考虑非傅里叶导热的影响。

非稳态导热过程中在热量传递方向上不同位置处的导热量是不同的,因为存在物体内能随时间增减的情况,这是其区别于稳态导热的一个特点。因此对非稳态导热一般不能用热阻的方法来做问题的定量分析。

为定性说明非稳态导热过程中物体内各处温度变化的基本趋势,我们来考察一个简单的例子。图 8-25 中示出了一复合平壁,左侧为金属壁,右侧为保温层,层间接触良好,两种材料的导

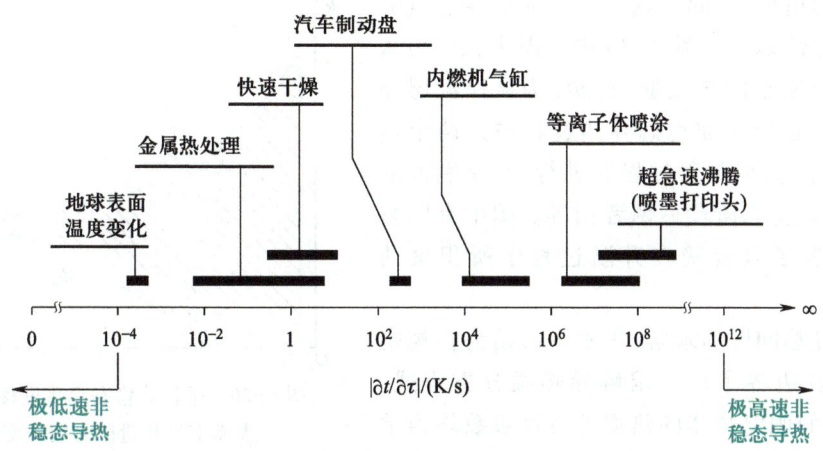

图 8-24 几种典型非稳态过程的温度变化率

热系数、密度及比热容各自为常数,初始温度为 t_0。然后复合壁左侧表面温度突然升高到 t_1 并保持不变,而右侧仍与温度为 t_0 的空气接触。这可以作为热机(如汽轮机)启动的一种简化分析模型。在这种条件下金属壁及保温层中的温度经历了以下变化过程:首先金属壁中紧挨高温表面部分的温度很快上升,而其余部分仍保持原来的温度 t_0,温度分布如图中曲线 $P-B-L$ 所示。随着时间的推移,温度上升所波及的范围不断扩大,经历了一段时间后金属壁与保温层界面的温度也受到影响,如图中曲线 $P-D-I$ 所示。随着过程的进一步深入,保温层中温度也缓慢地上升,图中曲线 $P-E-J$、$P-F-K$ 及 $P-G-L$ 表示了这种变化过程。最后到达稳态时,金属壁与保温层中的温度分布各自为直线($P-H$ 与 $H-M$)。图中金属壁与保温层的接触面的条件就是式(8-18)所示的界面连续条件,保温层的温度曲线 $H-M$ 的斜率大于金属壁中的 $P-H$,定性上反映了金属导热系数远大于保温层的这一事实。

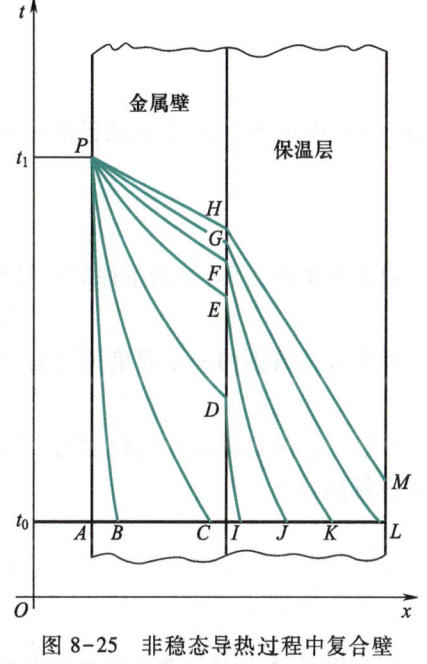

图 8-25 非稳态导热过程中复合壁温度的变化

进一步分析图 8-25 中的温度变化曲线可以看出,物体中温度的分布可以区分为两种类型(以金属壁中的温度分布为例):在初始阶段,金属壁中的温度分布主要受初始温度的影响,如图中曲线 $P-B-L$、$P-C-L$,也就是说,这一阶段中的温度分布主要受初始温度分布的控制,这一阶段称为非正规状况阶段(non-regular regime);当过程进行到一定深度时,物体初始温度分布的影响逐渐消失,此后不同时刻的温度分布主要受热边界条件的影响,如图中曲线 $P-D$、$P-E$、$P-F$、$P-G$ 及 $P-H$,这个阶段的非稳态导热称为正规状况阶段(regular regime)。存在有差别的两个不同的阶段是这一类非稳态导热区别于周期性非稳态导热的一个特点。

前文已指出,非稳态导热过程中,热量传递方向的不同位置上导热量是不同的。对于上面讨论的复合壁的情形,不同时刻左右表面的导热量随时间的变化定性地示于图 8-26 中。图中,Φ_1 为从左侧面导入金属壁的热流量,而 Φ_2 为从保温层导出的热流量。在整个非稳态导热过程中这两个热流量是不相等的,但随着过程的进行,其差别逐渐减小,直到进入稳态阶段后两者相等。图中有阴影线的部分代表了复合壁在升温过程中所积聚的能量。

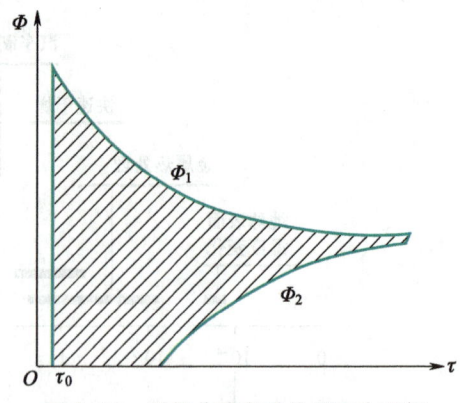

图 8-26   平板非稳态导热过程中两侧
表面上导热量随时间的变化

非稳态导热问题的求解,实质上归结为在规定的初始条件及边界条件下求解导热微分方程式。简单起见,我们假定物体的热物理特性参数均为常数,则 3 种坐标系中的导热微分方程可以统一表示为

$$\rho c \frac{\partial t}{\partial \tau} = \lambda \nabla^2 t + \dot{\Phi} \tag{8-47a}$$

在 ρc_p 为常数的条件下,引入热扩散率 $a = \dfrac{\lambda}{\rho c}$,于是有

$$\frac{\partial t}{\partial \tau} = a \nabla^2 t + \frac{\dot{\Phi}}{\rho c} \tag{8-47b}$$

以直角坐标为例,初始条件的一般形式是

$$t(x,y,z,0) = f(x,y,z) \tag{8-47c}$$

在实际中经常遇到的一个简单特例是初始温度均匀,即

$$t(x,y,z,0) = t_0 \tag{8-47d}$$

鉴于第三类边界条件比较常见,我们将着重讨论物体处于恒温介质中的第三类边界条件的非稳态导热,即

$$-\lambda \left(\frac{\partial t}{\partial n} \right)_w = h(t_w - t_f) \tag{8-48}$$

这里要再次强调,n 是导热体表面的外法线,h、t_f 是已知的,而 t_w、$\left(\dfrac{\partial t}{\partial n} \right)_w$ 是未知的;式 (8-48) 无论对物体被加热或被冷却均适用。

2. 热扩散率的物理意义

以物体受热升温的情况为例来做分析。在物体受热升温的非稳态导热过程中,进入物体的热量沿途不断地被吸收而使当前温度升高,此过程持续到物体内部各点温度全部均衡为止。由热扩散率的定义 $a = \lambda/(\rho c)$ 可知:分子 λ 是物体的导热系数,λ 越大,在相同的温度梯度下可以传导更多的热量;分母 ρc 是单位体积的物体温度升高 1 ℃所需的热量,ρc 越小,温度上升 1 ℃所吸收的热量越少,可以剩下更多的热量继续向物体内部传递,能使物体内各点的温度更快地随界面温度的升高而升高。热扩散率 a 是 λ 与 $1/(\rho c)$ 两个因子的结合。a 越大,表示物体内部温度均衡的能力越大,因此而有热扩散率的名称。这种物理上的意义还可以从另一个角度来加以说明,即从温度的角度看,a 越大,材料中温度变化传播得越迅速。可见 a 也是材料传播温度变化能力大小的指标,并因此而有导温系数之称。

3. 第三类边界条件下毕渥数对平板中温度分布的影响

为了说明第三类边界条件下非稳态导热时物体中的温度变化特性与边界条件参数的关系,我们来分析以下简单情形。

设有一块厚为 2δ 的金属平板,初始温度为 t_0,突然将它置于温度为 t_∞ 的流体中进行冷却,已知表面传热系数为 h、平板的导热系数为 λ。根据平板导热热阻 δ/λ 与表面对流传热热阻 $1/h$ 的相对大小的不同,平板中温度场的变化会出现图 8-27 所示的 3 种典型情形。

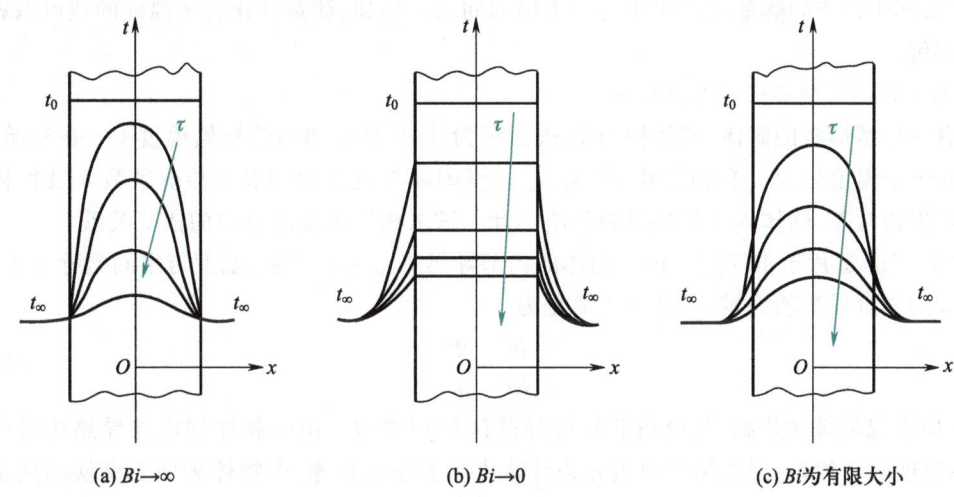

(a) $Bi\rightarrow\infty$ 　　　　(b) $Bi\rightarrow 0$ 　　　　(c) Bi 为有限大小

图 8-27　毕渥数对平板中温度分布的影响

(1) $1/h\ll\delta/\lambda$。这时,由于表面对流传热热阻 $1/h$ 几乎可以忽略,因而过程一开始平板的表面温度就被冷却到 t_∞,随着时间的推移,平板内部各点的温度逐渐下降而趋近于 t_∞,如图 8-27a 所示。

(2) $1/h\gg\delta/\lambda$。这时,平板内部导热热阻 δ/λ 几乎可以忽略,因而任一时刻平板中各点的温度接近均匀,并随着时间的推移,整体地下降,逐渐趋近于 t_∞,如图 8-27b 所示。

(3) $1/h$ 与 δ/λ 的数值比较接近。这时,平板中不同时刻的温度分布介于上述两种极端情况之间,如图 8-27c 所示。

由此可见,上述两个热阻的相对大小对于物体中非稳态导热的温度场的变化具有重要影响,表征这两个热阻比值的量纲为一的数就是毕渥(Biot)数,定义为

$$Bi = \frac{\delta/\lambda}{1/h} = \frac{\delta h}{\lambda} \tag{8-49}$$

毕渥

前已指出,像毕渥数、雷诺数这一类表征某一类物理现象或物理过程特征的量纲为一的数称为相似准则数,又称特征数(characteristic number)。出现在特征数定义式中的几何尺度称为特征长度(characteristic length),一般用符号 l 表示。在这里以平板的半厚作为特征长度,即取 $l=\delta$。在接触一个新的特征数时,读者除了应熟悉其定义还应掌握它的基本物理意义。

8.5.2 零维问题的分析法——集中参数法

当固体内部的导热热阻远小于其表面的对流传热热阻时,任何时刻固体内部的温度都趋于一致,以至于可以认为整个固体在同一瞬间均处于同一温度下。这时所要求解的温度仅是时间 τ 的一维函数,而与空间坐标无关,好像该固体原来连续分布的质量与热容量汇总到一点上,而只有一个温度值那样。这种忽略物体内部导热热阻的简化分析方法称为集中参数法(lumped parameter method)。显然,如果物体的导热系数相当大,或者几何尺寸很小,或者表面传热系数很小,那么其非稳态导热都可能属于这一类型的问题。例如,测量变化着的温度的热电偶就是个典型的实例。

1. 零维非稳态导热问题的分析解

设有一任意形状的固体,其体积为 V,表面积为 A,并具有均匀的初始温度 t_0。在初始时刻,突然将它置于温度恒为 t_∞ 的流体中,设 $t_0 > t_\infty$。设固体与流体间的表面传热系数 h 及固体的物性参数均保持常数,物体内部导热热阻忽略不计。试求物体温度随时间的依变关系。

式(8-47b)适用于本问题。由于物体的内部导热热阻可以忽略,温度与空间坐标无关,因此式中温度的二阶导数项为零,于是可以简化为

$$\frac{\partial t}{\partial \tau} = \frac{\dot\Phi}{\rho c} \tag{8-50a}$$

式中,$\dot\Phi$ 应看成是等效热源,与分析肋片的导热问题相类似。由于物体的内部导热热阻可以忽略,物体温度分布均匀,因此第三类边界条件转化成了等效热源,即物体表面上交换的热量折算成整个物体的体积热源,有

$$-\dot\Phi V = Ah(t - t_\infty) \tag{8-50b}$$

因物体被冷却,$t > t_\infty$,故 $\dot\Phi$ 应为负值,式(8-50b)中的负号是对这一事实的确认。将式(8-50b)代入式(8-50a),有

$$\rho c V \frac{\mathrm{d}t}{\mathrm{d}\tau} = -hA(t - t_\infty) \tag{8-50c}$$

这就是适用于本问题的导热微分方程式,读者也可以通过对物体做能量守恒得出上述结果。

引入过余温度 $\theta = t - t_\infty$,则式(8-50c)变成

$$\rho c V \frac{\mathrm{d}\theta}{\mathrm{d}\tau} = -hA\theta \tag{8-50d}$$

以过余温度表示的初始条件为

$$\theta(0) = t_0 - t_\infty = \theta_0 \tag{8-50e}$$

式(8-50d)、式(8-50e)构成对所研究问题完整的数学描述。

下面进行分析求解。将式(8-50d)分离变量,得

$$\frac{\mathrm{d}\theta}{\theta} = -\frac{hA}{\rho c V}\mathrm{d}\tau \tag{8-51}$$

将式(8-51)对 τ 从 0 到 τ 积分,有

$$\int_{\theta_0}^{\theta} \frac{\mathrm{d}\theta}{\theta} = -\int_0^\tau \frac{hA}{\rho c V}\mathrm{d}\tau$$

$$\ln \frac{\theta}{\theta_0} = -\frac{hA}{\rho cV}\tau$$

$$\frac{\theta}{\theta_0} = \frac{t-t_\infty}{t_0-t_\infty} = \exp\left(-\frac{hA}{\rho cV}\tau\right) \tag{8-52}$$

注意到 V/A 具有长度的量纲,定义

$$l_c = \frac{V}{A} \tag{8-53a}$$

则式(8-52)右端的指数项可做如下变化。

$$\frac{hA}{\rho cV}\tau = \frac{hl_c}{\lambda}\frac{\lambda}{\rho c}\frac{\tau}{l_c^2} = \left(\frac{hl_c}{\lambda}\right)\left(\frac{a\tau}{l_c^2}\right) = Bi \cdot Fo \tag{8-53b}$$

式中:Bi 是以 l_c 为特征长度的毕渥数;Fo 称为傅里叶数,这里也以 l_c 作为其特征长度。这样式(8-52)可以表示成

$$\frac{\theta}{\theta_0} = \exp(-Bi \cdot Fo) \tag{8-54}$$

2. 导热量计算

采用集中参数法分析时,从初始时刻到某一瞬间为止的时间间隔内,导热物体与流体间所交换的热量可由瞬时热流量对时间做积分而得。导热物体的瞬时热流量为

$$\begin{aligned}\Phi &= -\rho cV\frac{\mathrm{d}t}{\mathrm{d}\tau} = -\rho cV(t_0-t_\infty)\left(-\frac{hA}{\rho cV}\right)\exp\left(-\frac{hA}{\rho cV}\tau\right)\\ &= (t_0-t_\infty)hA\exp\left(-\frac{hA}{\rho cV}\tau\right)\end{aligned} \tag{8-55}$$

式中,负号是为了使 Φ 恒取正值而引入的。从 0 到 τ 时刻之间所交换的总热量为

$$\begin{aligned}Q_\tau &= \int_0^\tau \Phi \mathrm{d}\tau = (t_0-t_\infty)\int_0^\tau hA\exp\left(-\frac{hA}{\rho cV}\tau\right)\mathrm{d}\tau\\ &= (t_0-t_\infty)\rho cV\left[1-\exp\left(\frac{hA}{\rho cV}\tau\right)\right]\end{aligned} \tag{8-56}$$

虽然上述各式是对物体被冷却的情况而导出的,但同样适用于被加热的场合,只是为使换热量恒取正值而应将式中的 (t_0-t_∞) 改为 $(t_\infty-t_0)$。物体内部导热热阻可以忽略时的加热或冷却,有时又称牛顿加热或牛顿冷却。

3. 时间常数

式(8-52)表明,当采用集中参数法分析时,物体中的过余温度随时间成指数曲线关系变化,在过程的开始阶段温度变化很快,随后逐渐减慢,如图 8-28 所示。

式(8-52)的指数函数中的 $hA/\rho cV$ 具有与 $1/\tau$ 相同的量纲。若时间 $\tau=\rho cV/(hA)$,则有

$$\frac{\theta}{\theta_0} = \frac{t-t_\infty}{t_0-t_\infty} = \exp(-1) = 0.386 = 36.8\%$$

$\rho cV/(hA)$ 称为时间常数(time constant),记为 τ_c。当时间 $\tau=\tau_c$ 时。物体的过余温度已经降低到了初始过余温度值的 36.8%。在用热电偶测定流体温度的场合,热电偶的时间常数是说明

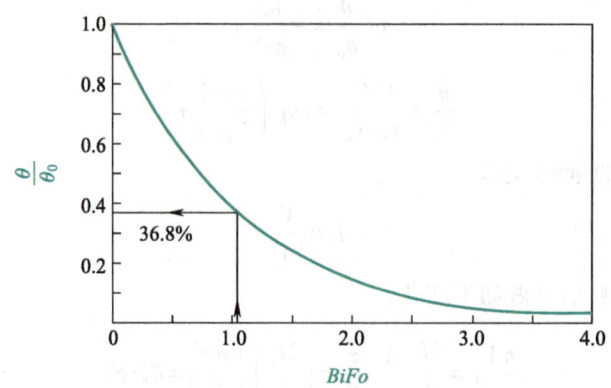

图 8-28　用集中参数法分析时物体无量纲(量纲为一)过余温度的
变化曲线

热电偶对流体温度变动响应快慢的指标。显然,时间常数越小,热电偶越能迅速反映出流体温度的变动。时间常数不仅取决于热电偶的几何参数 V/A、物理性质 ρ 和 c,还与换热条件 h 有关。从物理意义上来说,热电偶对流体温度变化反应的快慢取决于其自身的热容量($\rho c V$)及表面换热条件(hA)。热容量越大,温度变化得越慢;表面换热条件越好(hA 越大),单位时间内传递的热量越多,则越能使热电偶的温度迅速接近被测流体的温度。$\rho c V$ 与 hA 的比值反映了这两种影响的综合结果。

4. 傅里叶数的物理意义

前文已指出,Bi 具有固体内部单位导热面积上的导热热阻与固体外部单位表面积上的对流传热热阻之比的意义。Bi 越小,意味着内热阻越小或外热阻越大,这时采用集中参数法分析的结果就越接近实际情况。例如,对于用热电偶测定流体温度的场合,Bi 的值大概只有 0.001(或更小)这样一个数量级,实验证明这时式(8-52)与实测结果符合得很好。

现在来讨论 Fo 的物理意义。傅里叶数的物理意义可以理解为两个时间间隔相除所得量纲为一的时间,即 $Fo=\tau/(l_{c}^{2}/a)$,分子 τ 是从边界上开始发生热扰动的时刻起到所计算时刻为止的时间间隔,分母 l_{c}^{2}/a 可以视为使边界上发生的有限大小的热扰动穿过一定厚度的固体层扩散到 l_{c}^{2} 的面积上所需的时间。因此 Fo 可以看成是表征非稳态过程进行深度的量纲为一的时间。在非稳态导热过程中,这一量纲为一的时间越大,热扰动就越深入地传播到物体内部,因而物体内各点的温度越接近周围介质的温度。

5. 集中参数法适用范围及应用举例

前面的定性分析表明,当 $Bi \to 0$ 时可以采用集中参数法。那么究竟小到什么程度才适合采用集中参数法呢? 这取决于问题本身对计算精度的需要。由后面的一维无限大物体非稳态问题分析解可知,对于平板、圆柱与球中的一维非稳态第三类边界条件下的导热问题,当按下列特征长度定义的 Bi

$$l=\begin{cases} \delta,\text{厚度为 } 2\delta \text{ 的平板} \\ R,\text{圆柱} \\ R,\text{球} \end{cases} \tag{8-57}$$

满足

$$Bi = \frac{hl}{\lambda} \leqslant 0.1 \qquad (8-58)$$

时,物体中最大与最小的过余温度之差小于 5%,对于一般工程计算,已经足够精确地可以认为整个物体温度均匀。需要说明的是,由于 $l_c = \frac{V}{A}$ 对圆柱与球分别是半径的 1/2 与 1/3,因此如果以 l_c 作为 Bi 数的特征长度,那么该 Bi 数对平板、圆柱与球应该分别小于 0.1、0.05 以及 0.033。但是,考虑到对流传热表面传热系数计算中 20%~25% 的误差是很正常的(第 9 章会详细讨论),同时零维问题的分析方法简单,对许多工程问题都可以得出有用的结果,并且对于形状复杂的问题还没有分析解支撑,因此对某些情形也不妨将集中参数法的适用条件放宽到

$$Bi = \frac{hl_c}{\lambda} \leqslant 0.1 \qquad (8-59)$$

对于球,此时最大与最小的过余温度相差约 13%,对圆柱相差约 9%。当计算精度要求不是很高时,这样的结果也是可以接受的。这一情况说明分析工程问题时,要根据问题的实际情况灵活处理。

[例题 8-8] 一直径为 5 cm 的钢球,初始温度为 450 ℃,突然被置于温度为 30 ℃ 的空气中。设钢球表面与周围环境间的表面传热系数为 24 W/(m²·K),试计算钢球冷却到 300 ℃ 所需的时间。已知钢球的 $c = 0.48$ kJ/(kg·K),$\rho = 7\,753$ kg/m³,$\lambda = 33$ W/(m·K)。

假设:(1)钢球冷却过程中与空气及四周冷表面发生对流传热与辐射传热,随着表面温度的降低辐射传热量减少,这里的表面传热系数考虑了这两方面的贡献,为简单起见取一平均值且按常数处理;(2)常物性。

解:首先检验是否可用集中参数法。为此计算 Bi。

$$Bi = \frac{hl}{\lambda} = \frac{hR}{\lambda} = \frac{24 \text{ W/(m}^2 \cdot \text{K)} \times 0.025 \text{ m}}{33 \text{ W/(m} \cdot \text{K)}} = 0.006 < 0.1$$

可以采用集中参数法。

$$\frac{hA}{\rho cV} = \frac{24 \text{ W/(m}^2 \cdot \text{K)} \times 4\pi \times (0.025 \text{ m})^2}{7\,753 \text{ kg/m}^3 \times 480 \text{ J/(kg} \cdot \text{K)} \times (0.025 \text{ m})^3} = 7.74 \times 10^{-4} \text{ s}^{-1}$$

据式(8-52)有

$$\frac{t-t_\infty}{t_0-t_\infty} = \frac{300 \text{ ℃} - 30 \text{ ℃}}{450 \text{ ℃} - 30 \text{ ℃}} = \exp(-7.74 \times 10^{-4} \tau)$$

由此解得

$$\tau = 570 \text{ s} = 0.158 \text{ h}$$

讨论:本例是在已知表面传热系数的条件下来计算的。所设定数值的大小对计算结果影响很大。如果为了获得金属球与冷却液体间的表面传热系数,在已知 c、ρ 和几何尺寸的情况下,你能否设计出一种方法,以通过测定金属球非稳态导热过程中的温度变化而获得所需的表面传热系数之值?

[**例题8-9**] 一温度计的水银泡呈圆柱形,长20 mm,内径为4 mm,初始温度为t_0,今将其插入温度较高的储气罐中测量气体温度。设水银泡同气体间的对流传热表面传热系数为24 W/(m²·K),水银泡一层薄玻璃的作用可以忽略不计,试计算此条件下温度计的时间常数,并确定插入5 min后温度计读数的过余温度为初始过余温度的百分之几? 水银的物性参数为:$c = 0.138$ kJ/(kg·K),$\rho = 13\,110$ kg/m³,$\lambda = 10.36$ W/(m·K)。

假设:(1)以计算水银泡部分作为分析对象,略去玻璃柱体部分的影响;(2)常物性。

解:首先检验是否可用集中参数法。考虑到水银泡柱体的上端面不直接受热,故

$$\frac{V}{A} = \frac{\pi R^2 l}{2\pi R l + \pi R^2} = \frac{Rl}{2(l+0.5R)} = \frac{0.002 \text{ m} \times 0.02 \text{ m}}{2 \times (0.020 \text{ m} + 0.001 \text{ m})} = 0.953 \times 10^{-3} \text{ m}$$

$$Bi = \frac{h(V/A)}{\lambda} = \frac{11.63 \text{ W/(m}^2 \cdot \text{K)} \times 0.93 \times 10^{-3} \text{m}}{10.36 \text{ W/(m} \cdot \text{K)}} = 1.0 \times 10^{-3} < 0.1$$

可以采用集中参数法。时间常数为

$$\tau_c = \frac{\rho c V}{h A} = \frac{13\,110 \text{ kg/m}^3 \times 138 \text{ J/(kg} \cdot \text{K)} \times 0.953 \times 10^{-3} \text{m}}{10.36 \text{ W/(m}^2 \cdot \text{K)}} = 148 \text{ s}$$

$$Fo = \frac{a\tau}{(V/A)^2} = \frac{\lambda}{c\rho} \frac{\tau}{(V/A)^2}$$

$$= \frac{10.36 \text{ W/(m} \cdot \text{K)}}{13\,110 \text{ kg/m}^3 \times 138 \text{ J/(kg} \cdot \text{K)}} \times \frac{5 \times 60 \text{ s}}{(0.953 \times 10^{-3} \text{ m})^2}$$

$$= 1.89 \times 10^3$$

$$\frac{\theta}{\theta_0} = \exp(-Bi \cdot Fo) = \exp(-1.07 \times 10^{-3} \times 1.89 \times 10^3)$$

$$= \exp(-2.02) = 0.133$$

即经5 min后温度计读数的过余温度是初始过余温度的13.3%。也就是说,在这段时间内温度计的读数上升了这次测定中温度跃升(从t_0上升到流体温度t_∞)的86.7%。

讨论:由此可见,当用水银温度计测量流体温度时必须在被测流体中放置足够长的时间,以使温度计与流体之间基本达到热平衡。对于稳态的过程,这是允许的;但对于非稳态的流体温度场的测定,水银温度计的热容量过大时将无法跟上流体温度的变化,即其响应特性很差。这时需要采用时间常数很小的感温元件,直径很小的热电偶(如$d = 0.05$ mm)是常见的用于动态测量的感温元件。请读者进一步分析采用小直径热电偶能减小时间常数的原因。

8.5.3 无限大物体的非稳态导热

1. 无限大物体非稳态导热的分析解

以无限大平板为例来介绍分析求解过程。设有一块厚为2δ的无限大平板,初始温度为t_0,突然将它置于温度为t_∞的流体中,设平板两边对称冷却(或加热),板内温度分布必以其中心截面为对称面。因此,只要研究厚为δ的半块平板的情况即可。将x轴的原点置于板的中心截面上,如图8-29所示。对于$x \geq 0$的半块平板,可以列出下列导热微分方程式及定解条件。

$$\frac{\partial t}{\partial \tau} = a \frac{\partial^2 t}{\partial x^2} \quad (0<x<\delta, \tau>0) \quad (8-60a)$$

$$t(x,0) = t_0 \quad (0 \le x \le \delta) \quad (8-60b)$$

$$\left. \frac{\partial t(x,\tau)}{\partial x} \right|_{x=0} = 0 \quad (8-60c)$$

$$h\left[t(\delta,\tau) - t_\infty \right] = -\lambda \left. \frac{\partial t(x,\tau)}{\partial x} \right|_{x=\delta} \quad (8-60d)$$

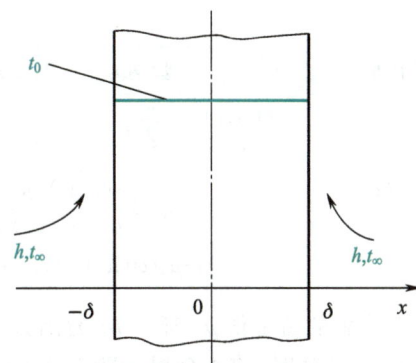

引入过余温度 $\theta = t(x,\tau) - t_\infty$，则以上四式化为

$$\frac{\partial \theta}{\partial \tau} = a \frac{\partial^2 \theta}{\partial x^2} \quad (0<x<\delta, \tau>0) \quad (8-61a)$$

$$\theta(x,0) = \theta_0 \quad (0 \le x \le \delta) \quad (8-61b)$$

$$\left. \frac{\partial \theta(x,\tau)}{\partial x} \right|_{x=0} = 0 \quad (8-61c)$$

图 8-29　第三类边界条件下无限
大平板非稳态导热示意

$$h\theta(\delta,\tau) = -\lambda \left. \frac{\partial \theta(x,\tau)}{\partial x} \right|_{x=\delta} \quad (8-61d)$$

式(8-61a)～式(8-61d)就是所研究问题的数学描述，对于无限长圆柱和球也可以类似写出。采用分离变量法，可得量纲为一的温度分析解，如表 8-2 所示。可见，平板、圆柱和球中的量纲为一的过余温度 θ/θ_0 与 Fo、Bi 及量纲为一的距离 η 有关，即

$$\frac{\theta_0}{\theta} = \frac{t(\eta,\tau) - t_\infty}{t_0 - t_\infty} = f(Fo, Bi, \eta) \quad (8-62)$$

需要说明的是，无限大平板（后面简称平板）、无限长圆柱（后面简称圆柱）实际上是不存在的，这里特指一维导热，及热量分别在厚度、半径方向传递。

一维无限
大平板非
稳态导热
分析解

2. 非稳态导热正规状况阶段分析解的简化

1）非稳态导热正规状况阶段的物理概念与数学含义

非周期性的非稳态导热过程在进行到一定深度后，初始条件的影响基本消失，温度分布主要取决于边界条件的影响。非稳态导热的这一阶段称为正规状况阶段，现在从分析解的数学表达式来揭示正规状况阶段的数学含义。

表 8-2　第三类边界条件下平板、圆柱和球非稳态导热量纲为一的温度分析解

几何形状	量纲为一的温度分析解	η	Fo	Bi
平板	$\dfrac{\theta(\eta,\tau)}{\theta_0} = \sum_{n=1}^{\infty} C_n \exp(-\mu_n^2 Fo)\cos(\mu_n \eta)$ $C_n = \dfrac{2\sin(\mu_n)}{\mu_n + \cos(\mu_n)\sin(\mu_n)}$ $\tan(\mu_n) = \dfrac{Bi}{\mu_n}, n=1,2,\cdots$	$\dfrac{x}{\delta}$	$\dfrac{a\tau}{\delta^2}$	$\dfrac{h\delta}{\lambda}$
圆柱	$\dfrac{\theta(\eta,\tau)}{\theta_0} = \sum_{n=1}^{\infty} C_n \exp(-\mu_n^2 Fo) J_0(\mu_n \eta)$ $C_n = \dfrac{2}{\mu_n} \dfrac{J_1(\mu_n)}{J_0^2(\mu_n) + J_1^2(\mu_n)}$ $\mu_n \dfrac{J_1(\mu_n)}{J_0(\mu_n)} = Bi, \quad n=1,2,\cdots$	$\dfrac{x}{R}$	$\dfrac{a\tau}{R^2}$	$\dfrac{hR}{\lambda}$

续表

几何形状	量纲为一的温度分析解	η	Fo	Bi
球	$\dfrac{\theta(\eta,\tau)}{\theta_0} = \sum_{n=1}^{\infty} C_n \exp(-\mu_n^2 Fo)\dfrac{1}{\mu_n \eta}\sin(\mu_n \eta)$ $C_n = 2\dfrac{\sin(\mu_n)-\mu_n\cos(\mu_n)}{\mu_n-\sin(\mu_n)\cos(\mu_n)}$ $1-\mu_n\cot(\mu_n)=Bi, \quad n=1,2,\cdots$	$\dfrac{x}{R}$	$\dfrac{a\tau}{R^2}$	$\dfrac{hR}{\lambda}$

3 个解的特征值 μ_n 都是 Bi 的函数,在一定的 Bi 下,μ_n 之值随 n 的增加而迅速增加,如对平板,在 $Bi=1.0$ 时,前 4 个根分别为 0.860 3、3.425 6、6.437 3、9.529 3。由 3 个分析解中反映时间影响的部分 $\exp(-\mu_n^2 Fo)$ 可见,无穷级数第一项以后的各项会随着 Fo 的增加而迅速衰减。计算表明,当 $Fo>0.2$ 时,略去无穷级数中第 2 项及以后各项所得的计算结果与按完整级数计算结果的偏差小于 1%[①]。这相当于将无穷级数的解中的系数 $C_n(n\geqslant 2)$ 取为零。因为 C_n 的无穷系列值是为了使分析解满足初始条件而引入的,这样的处理意味着初始条件的影响已经消失,所以 3 个分析解无穷级数的第一项就是正规状况阶段温度场的解。对于非周期性的非稳态导热过程,从过程的开始到温度分布趋近于稳态分布的时间间隔中,初始条件影响基本消失的阶段占了极大部分的比例,故称这一阶段为"正规状况"。

2) 正规状况阶段 3 个分析解的简化表达式

平板:

$$\frac{\theta}{\theta_0} = \frac{2\sin(\mu_1)}{\mu_1+\sin(\mu_1)\cos(\mu_1)}\exp(-\mu_1^2 Fo)\cos(\mu_1\eta) \tag{8-63}$$

圆柱:

$$\frac{\theta(\eta,\tau)}{\theta_0} = \frac{2}{\mu_1}\frac{J_1(\mu_1)}{J_0^2(\mu_1)+J_1^2(\mu_1)}\exp(-\mu_1^2 Fo)J_0(\mu_1\eta) \tag{8-64}$$

球:

$$\frac{\theta(\eta,\tau)}{\theta_0} = \frac{2[\sin(\mu_1)-\mu_1\cos(\mu_1)]}{\mu_1-\sin(\mu_1)}\exp(-\mu_1^2 Fo)\frac{\sin(\mu_1\eta)}{\mu_1\eta} \tag{8-65}$$

以平板的解式(8-63)为例,正规状况阶段的任何时刻,平板中任意处(η)与平板中心($\eta=0$)处的过余温度之比为

$$\frac{\theta(\eta,\tau)}{\theta(0,\tau)} = \frac{\theta(\eta,\tau)}{\theta_m(\tau)} = \cos(\mu_1\eta) \tag{8-66}$$

可见这一比值与时间无关,只取决于特征值 μ_1,即取决于边界条件,这是与"正规状况"4 个字的含义相一致的。

3) 一段时间间隔内所传导的热量计算式

从初始时刻到平板与周围介质处于热平衡这一过程中所传递的热量为

$$Q_0 = \rho c V(t_0-t_\infty) \tag{8-67}$$

这是非稳态导热过程中所能传递的最大热量,从初始时刻到某一时刻 τ 这一阶段中所传递的热量 Q 与 Q_0 之比为

$$\frac{Q}{Q_0} = \frac{\rho c \int_V [t_0-t(x,\tau)]\mathrm{d}V}{\rho c V(t_0-t_\infty)} = \frac{1}{V}\int_V \frac{(t_0-t_\infty)-(t-t_\infty)}{t_0-t_\infty}\mathrm{d}V$$

---

① 按文献[13]的分析,为使物体的中心温度及表面温度按无穷级数计算及按第一项计算所得之值相差小于 1%,对平板应 $Fo\geqslant 0.24$,对圆柱应 $Fo\geqslant 0.21$,对球应 $Fo\geqslant 0.18$。为简便与一致起见,文献中一般均以 $Fo=0.2$ 为界,本书也采用这一说法。

$$= 1 - \frac{1}{V} \int_V \frac{t - t_\infty}{t_0 - t_\infty} \mathrm{d}V = 1 - \frac{\overline{\theta}}{\theta_0} \tag{8-68}$$

对平板、圆柱与球,当 $Fo > 0.2$ 后,式(8-63)、式(8-64)、式(8-65)分别可得

平板:
$$\frac{Q}{Q_0} = 1 - \frac{\sin(\mu_1)}{\mu_1} \frac{2\sin(\mu_1)}{\mu_1 + \sin(\mu_1)\cos(\mu_1)} \exp(-\mu_1^2 Fo) \tag{8-69}$$

圆柱:
$$\frac{Q}{Q_0} = 1 - \frac{2J_1(\mu_1)}{\mu_1} \frac{2}{\mu_1} \frac{J_1(\mu_1)}{J_0^2(\mu_1) + J_1^2(\mu_1)} \exp(-\mu_1^2 Fo) \tag{8-70}$$

球:
$$\frac{Q}{Q_0} = 1 - \frac{3[\sin(\mu_1) - \mu_1\cos(\mu_1)]}{\mu_1^3} \frac{2[\sin(\mu_1) - \mu_1\cos(\mu_1)]}{\mu_1 - \sin(\mu_1)\cos(\mu_1)} \exp(-\mu_1^2 Fo) \tag{8-71}$$

仔细分析式(8-63)~式(8-65)以及式(8-69)~式(8-71)可见,3 种几何形状的正规状况阶段温度场与导热量的计算式可以统一表示为

$$\frac{\theta(\eta, \tau)}{\theta_0} = A\exp(-\mu_1^2 Fo) f(\mu_1 \eta) \tag{8-72a}$$

$$\frac{Q}{Q_0} = 1 - A\exp(-\mu_1^2 Fo) B \tag{8-72b}$$

3 种形状的 A、B、$f(\mu_1 \eta)$ 的表达式列于表 8-3 中。

表 8-3 A、B、$f(\mu_1\eta)$ 的表达式

几何形状	A	B	$f(\mu_1\eta)$
平板	$\dfrac{2\sin(\mu_1)}{\mu_1 + \sin(\mu_1)\cos(\mu_1)}$	$\dfrac{\sin(\mu_1)}{\mu_1}$	$\cos(\mu_1\eta)$
圆柱	$\dfrac{2}{\mu_1}\dfrac{J_1(\mu_1)}{J_0^2(\mu_1) + J_1^2(\mu_1)}$	$\dfrac{2J_1(\mu_1)}{\mu_1}$	$J_0(\mu_1\eta)$
球	$\dfrac{2[\sin(\mu_1) - \mu_1\cos(\mu_1)]}{\mu_1 - \sin(\mu_1)}$	$\dfrac{3[\sin(\mu_1) - \mu_1\cos(\mu_1)]}{\mu_1^3}$	$\dfrac{\sin(\mu_1\eta)}{\mu_1\eta}$

3. 非稳态导热正规状况阶段的工程计算方法

利用上述公式计算时,需要根据不同的 Bi 查出相应的特征值,并且要涉及贝塞尔函数等的计算,不甚方便。在传热学的发展史上先后提出了两种简化计算的方法,即由海斯勒(Heisler)等提出的诺谟图(nomogram)法[14-15]以及由 Campo 提出的近似拟合公式法[16],分别介绍如下。

1) 图线法

历史上曾广泛采用根据分析解级数的第一项绘制的用以确定温度分布的曲线,称为海斯勒图。以无限大平板为例,它首先据式(8-63)给出 θ_m/θ_0 随 Fo 及 Bi 变化的曲线(此时 $\eta = x/\delta = 0$),随后再据式(8-66)确定 θ/θ_m 之值,于是平板中任意一点的 θ/θ_0 值便为

$$\frac{\theta}{\theta_0} = \left(\frac{\theta_m}{\theta_0}\right)\left(\frac{\theta}{\theta_m}\right) \tag{8-73}$$

同样,对于 $0 \sim \tau$ 时间段内物体与环境间所交换的热量,可以利用式(8-69)~式(8-71)作出 $Q/Q_0 = f(Fo, Bi)$ 的图线。图 8-30~图 8-32 给出了一维平板的图线,圆柱与球的图线在附录 30、附录 31 中给出。

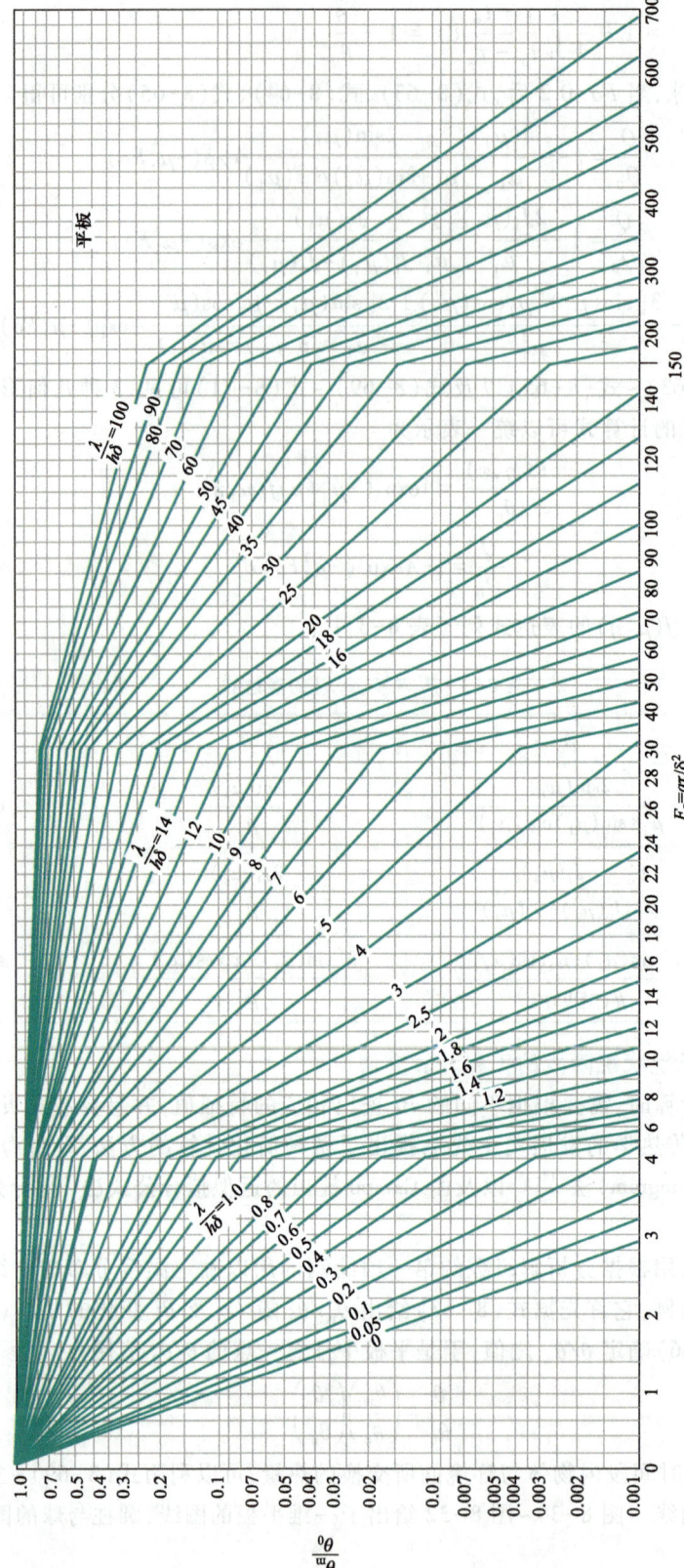

图 8-30 平板中心无量纲过余温度分布

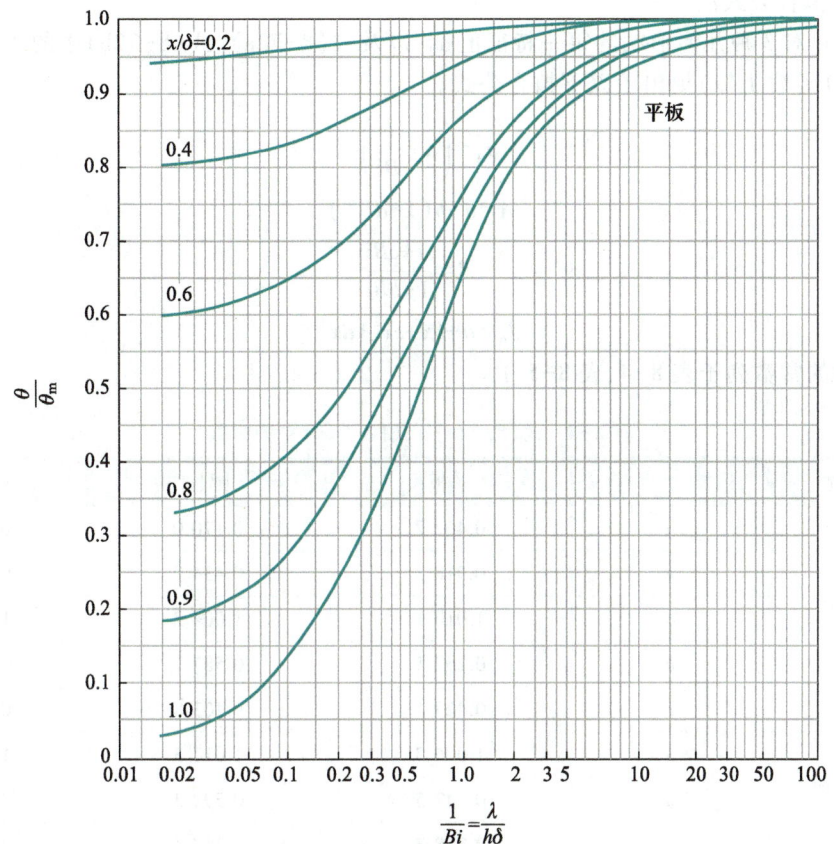

图 8-31 平板的 $\theta/\theta_{\mathrm{m}}$ 曲线

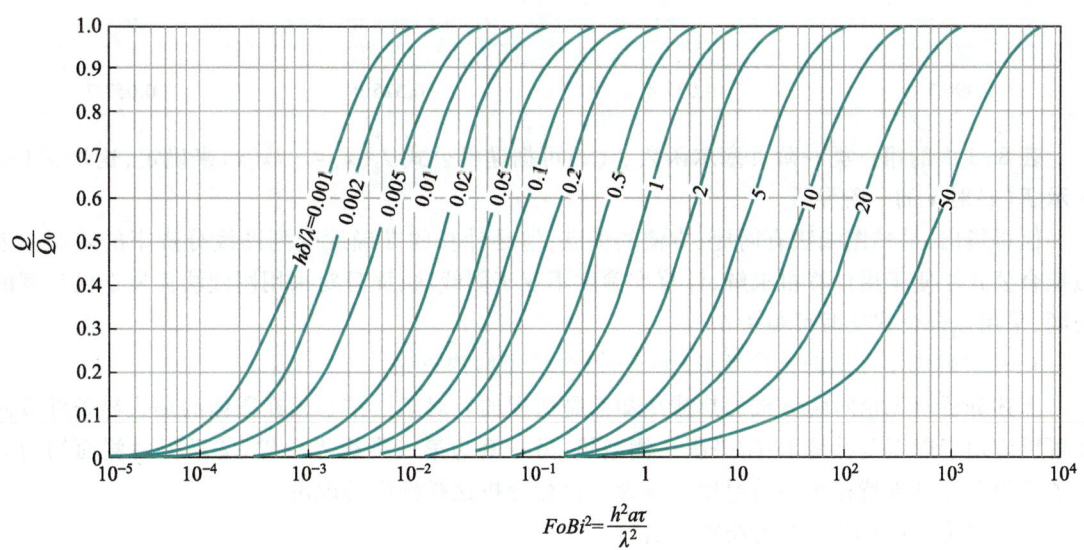

图 8-32 平板的 Q/Q_0 曲线

2) 近似拟合公式法

文献[16]对 3 种几何形状的第一特征值 μ_1，以及式(8-72a)、式(8-72b)中的 A、B 和零阶贝塞尔(Bessel)函数 $J_0(x)$ 提出了以下拟合公式。

$$\mu_1^2 = \left(a + \frac{b}{Bi} \right)^{-1} \qquad (8-74\text{a})$$

$$A = a + b(1 - d^{-cBi}) \qquad (8-74\text{b})$$

$$B = \frac{a + cBi}{1 + bBi} \qquad (8-74\text{c})$$

$$J_0 = a + bx + cx^2 + dx^3 \qquad (8-74\text{d})$$

式(8-74)中的常数列于表 8-4、表 8-5 中。

表 8-4 式(8-74a)～式(8-74d)中的常数

计算的量		平板	圆柱	球
特征值	a	0.402 2	0.170 0	0.098 8
	b	0.918 8	0.434 9	0.277 9
系数 A	a	1.010 1	1.004 2	1.000 3
	b	0.257 5	0.587 7	0.985 8
	c	0.427 1	0.403 8	0.319 1
系数 B	a	1.006 3	1.017 3	1.029 5
	b	0.547 5	0.598 3	0.648 1
	c	0.348 3	0.257 4	0.195 3

表 8-5 计算 $J_0(x)$ 的常数

a	b	c	d
0.996 7	0.035 4	−0.325 9	0.057 7

表 8-3 中的第一类一阶贝塞尔函数 $J_1(x)$ 可据递推公式 $J_1(x) = -J_0'(x)$ 来确定，这里 $J_0'(x)$ 表示 $J_0(x)$ 对 x 的一阶导数。

值得指出，虽然图线法有简捷、方便的优点，但是计算的准确度受到图线分辨率的限制。近似拟合公式法便于用计算机求解，计算准确度不亚于图线法，而且对采用图线法需要迭代计算的问题，采用拟合公式法时可免去迭代。

4. 分析解应用范围的推广及 Fo 和 Bi 对过程影响的讨论

上述分析解无论对物体被加热或冷却都是适用的。对于一维平板在固体的热边界条件方面还可以应用于以下两种情形：①平板一侧绝热，另一侧为第三类边界条件；②平板两侧面均为第一类边界条件且维持在相同的温度。读者可自行分析这样推广的理由。

下面讨论 Fo 及 Bi 对温度场的影响。

分析解及诺谟图清楚地表明，物体中各点的过余温度随时间 τ 的增加而减小。因为 Fo 与 τ 成正比，所以物体中各点的过余温度也随 Fo 的增加而减小。Bi 的影响则可以从两个方面来说明。一方面，从图 8-30 可以看出，在 Fo 相同的条件下，Bi 越大($1/Bi$ 越小)，$\theta_{\mathrm{m}}/\theta_0$ 的值越小。

因为 Bi 越大,意味着换热条件越强,导致物体的中心温度越能迅速地接近周围介质的温度。在极限情况下,$Bi \to \infty$,这相当于在过程开始瞬间物体表面就达到了周围介质的温度,物体中心温度的变化当然也最迅速。所以,诺谟图中 $1/Bi = 0$ 的线实质上就代表壁温保持恒定的第一类边界条件的解。另一方面,Bi 的大小还决定物体中温度趋于均匀的程度。例如对平板,从图 8-31 中可以看到:当 $1/Bi > 10(Bi < 0.1)$ 时,截面上的过余温度差值已小于 5%,这就是前面介绍的集中参数法的适用条件;为得到更高的计算准确度,Bi 的下限一直推到 0.01,这时分析解与集中参数法的解相差极微。由此可知,介质温度恒定的第三类边界条件下的分析解,在 $Bi \to \infty$ 的极限情况下转化为第一类边界条件下的解,而在 $Bi \to 0$ 的极限情况下则与集中参数法的解相同。

[**例题 8-10**] 一块厚 100 mm 的钢板放入温度为 1 000 ℃ 的炉中加热,钢板一面受热,另一面可近似地认为是绝热的。钢板初始温度 $t_0 = 20$ ℃。求钢板受热表面的温度达到 500 ℃ 时所需的时间,并计算此时钢板厚度方向最大温差。取加热过程中的平均表面传热系数 $h = 174$ W/(m²·K),钢板的 $\lambda = 33$ W/(m·K),$a = 0.555 \times 10^{-5}$ m²/s。

假设:(1)一维问题;(2)热物性为常数;(3)加热过程表面传热系数为常数。

分析:这一问题相当于厚为 200 mm 的平板对称受热的情形,故可以应用一维平板的分析解。

解:对于此平板

$$Bi = \frac{h\delta}{\lambda} = \frac{174 \text{ W}/(\text{m}^2 \cdot \text{K}) \times 0.1 \text{m}}{34.8 \text{ W}/(\text{m} \cdot \text{K})} = 0.5$$

$$\frac{x}{\delta} = 1.0$$

从图 8-31 查得,在平板表面上 $\theta_w/\theta_m = 0.8$。另外,根据已知条件,表面上的无量纲过余温度为

$$\frac{\theta_w}{\theta_0} = \frac{t_w - t_\infty}{t_0 - t_\infty} = \frac{500 \text{ ℃} - 1\,000 \text{ ℃}}{20 \text{ ℃} - 1\,000 \text{ ℃}} = 0.51$$

$$\frac{\theta_w}{\theta_0} = \frac{\theta_m}{\theta_0} \frac{\theta_w}{\theta_m}$$

故得

$$\frac{\theta_m}{\theta_0} = \frac{\theta_w}{\theta_0} \Big/ \frac{\theta_w}{\theta_m} = 0.51/0.8 = 0.637$$

据 θ_m/θ_0 及 Bi 数之值,从图 8-30 查得 $Fo = 1.2$,故得

$$\tau = 1.2 \frac{\delta^2}{a} = 1.2 \times \frac{(0.1 \text{ m})^2}{0.555 \times 10^{-5} \text{ m}^2/\text{s}} = 2.16 \times 10^3 \text{s} = 0.6 \text{ h}$$

另外由 $\theta_m = 0.637\theta_0$ 得

$$t_m = 0.637\theta_0 + t_\infty = 0.637 \times (20 \text{ ℃} - 1\,000 \text{ ℃}) + 1\,000 \text{ ℃} = 376 \text{ ℃}$$

故得平板厚度方向上最大温差为

$$\Delta t_{max} = 500 \text{ ℃} - 376 \text{ ℃} = 124 \text{ ℃}$$

讨论:下面利用式(8-63)计算 Fo。已知 $Bi = 0.5$ 时,$\mu_1 = 0.653\,3$ rad $= 37.43°$,故有

$$0.51 = \frac{2\sin 37.43°}{0.653\ 3 + \sin 37.43°\cos 37.43°}\exp(-0.653\ 3^2 Fo)\cos(37.43°\times 1)$$

$$0.51 = 1.070\ 1\exp(-0.426\ 8Fo)\times 0.798\ 1$$

得 $Fo = 1.196$。

由此例可见,当在诺谟图上有所需要的 Bi 的曲线时,查图得出的结果与分析解是一致的。

8.5.4 半无限大物体的非稳态导热

半无限大物体(semi-infinite body)可以看成是一维平板的一种特殊情况。所谓半无限大物体,几何尺度上是指如图 8-33 所示的物体,其特点是从 $x = 0$ 的界面开始可以向正向以及上下方向无限延伸,在每个与 x 坐标垂直的截面上,物体的温度都相等。现实世界中不存在这样的半无限大物体,但是在研究物体中非稳态导热的初始阶段,则有可能把实际物体当作半无限大的物体来处理。例如,假设有一块几何上为有限厚度的平板,起初具有均匀的温度,后其一侧表面突然受到热扰动,如壁温突然升高到一定值并保持不变,或者突然受到恒定的热流密度加热,或者受到温度恒定的流体的加热或冷却。当扰动的影响还局限在表面附近而尚未深入到平板内部中时,就可有条件地把该平板视为一"半无限大物体"。工程导热问题中有不少情形可按半无限大物体处理。本节将介绍 3 种边界条件下温度场的分析解,重点是解的应用及理解其所包含的物理概念。

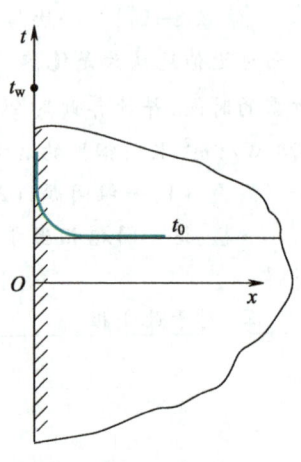

图 8-33 半无限大物体图示

1. 3 种边界条件下温度场的分析解

如图 8-34 所示,有一半无限大物体,初始温度均匀为 t_0。在 $\tau = 0$ 时刻,$x = 0$ 的侧面突然受到热扰动,可以归纳为 3 种边界条件:①表面温度突然变化到 t_w,并保持恒定(第一类);②表面受到恒定的热流密度加热(第二类);③表面与温度为 t_∞ 的流体进行热交换(第三类)。假定物体热物性为常数,没有内热源。

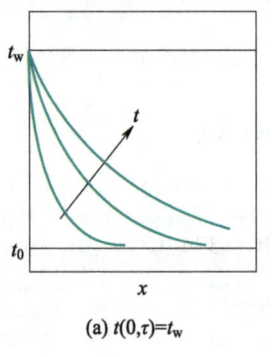 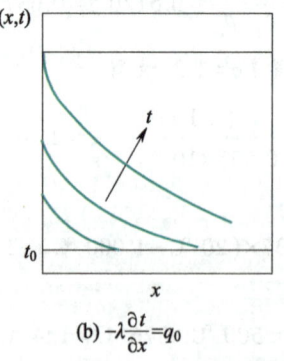 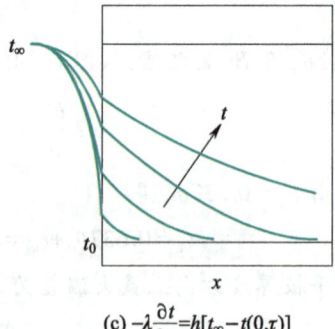

(a) $t(0,\tau) = t_w$ (b) $-\lambda\frac{\partial t}{\partial x} = q_0$ (c) $-\lambda\frac{\partial t}{\partial x} = h[t_\infty - t(0,\tau)]$

图 8-34 3 种边界条件的图示

上述条件下物体中温度的控制方程和定解条件为

$$\frac{\partial t}{\partial \tau} = a \frac{\partial^2 t}{\partial x^2}, \quad 0 < x < \infty \tag{8-75a}$$

$$\tau = 0, \quad t(x,\tau) = t_0 \tag{8-75b}$$

$$x = 0, \text{图 8-34 中 3 种边界条件之一} \tag{8-75c}$$

$$x \rightarrow \infty, \quad t \rightarrow t_0 \tag{8-75d}$$

温度场的分析解如下。

第一类边界条件：

$$\frac{t(x,\tau) - t_w}{t_0 - t_w} = \text{erf}\left(\frac{x}{2\sqrt{a\tau}}\right) \tag{8-76}$$

第二类边界条件：

$$t(x,\tau) - t_0 = \frac{2q_0 \sqrt{\dfrac{a\tau}{\pi}}}{\lambda} \exp\left(\frac{-x^2}{4a\tau}\right) - \frac{q_0 x}{\lambda} \text{erfc}\left(\frac{x}{2\sqrt{a\tau}}\right) \tag{8-77}$$

第三类边界条件：

$$\frac{t(x,\tau) - t_0}{t_\infty - t_0} = \text{erf}\left(\frac{x}{2\sqrt{a\tau}}\right) - \left[\exp\left(\frac{hx}{\lambda} + \frac{h^2 a\tau}{\lambda^2}\right)\right]\left[\text{erfc}\left(\frac{x}{2\sqrt{a\tau}} + \frac{h\sqrt{a\tau}}{\lambda}\right)\right] \tag{8-78}$$

式中，$\text{erf}\left(\dfrac{x}{2\sqrt{a\tau}}\right)$ 称为误差函数，$\text{erfc}\left(\dfrac{x}{2\sqrt{a\tau}}\right) = 1 - \text{erf}\left(\dfrac{x}{2\sqrt{a\tau}}\right)$，称为误差函数的余函数。误差函数的部分数值在书末的附录中给出。

2. 导热量的计算

这里以上述第一类边界条件的情况为例，来导出从初始时刻到某一指定时刻 τ 之间，即在时间间隔 $[0,\tau]$ 内半无限大物体表面与外界的换热量，也即半无限大物体内的导热量。

通过任意截面 x 处的热流密度为

$$q_x = -\lambda \frac{\partial t}{\partial x} = -\lambda (t_0 - t_w) \frac{\partial [\text{erf}(\eta)]}{\partial x} = \lambda \frac{t_w - t_0}{\sqrt{\pi a\tau}} \exp[-x^2/(4a\tau)] \tag{8-79}$$

任一时刻表面上的热流密度为

$$q_w = -\lambda \left.\frac{\partial t}{\partial x}\right|_{x=0} = \lambda \frac{t_w - t_0}{\sqrt{\pi a\tau}} \tag{8-80}$$

在时间间隔 $[0,\tau]$ 内表面上的导热量为

$$Q = A \int_0^\tau q_w \mathrm{d}\tau = A \int_0^\tau \frac{\lambda(t_w - t_0)}{\sqrt{\pi a\tau}} \mathrm{d}\tau = 2A\sqrt{\frac{\tau}{\pi}} \sqrt{\rho c\lambda}(t_w - t_0) \tag{8-81}$$

由以上两式可见，表面上的瞬时热流密度与时间的平方根成反比，而总的导热量则与时间的平方根成正比。此外，Q 还与物体的 $\sqrt{\rho c\lambda}$ 成正比（注意，在稳态导热中，导热量与 ρc 无关）。$\sqrt{\rho c\lambda}$ 为材料的吸热系数（thermal effusivity），它的大小代表了物体向与其接触的高温物体吸热的能力，在显热储热中很重要。

3. 分析解的讨论

上述 3 种边界条件下的解都包含有一个量纲为一的参数 $\eta = \dfrac{x}{2\sqrt{a\tau}}$ 以及误差函数 $\text{erf}(\eta)$，这

是半无限大物体分析解的一个共同特点。这里以第一类边界条件为例来进一步分析这一参数所代表的物理意义。

首先看误差函数 $\mathrm{erf}(\eta)$ 随 η 的变化趋势，如图 8-35 所示。由书末的附表可知当 $\eta = 2$ 时有 $\theta/\theta_0 = 0.995\,3$，这说明当 $\eta \geqslant 2\left(\dfrac{x}{2\sqrt{a\tau}} \geqslant 2\right)$ 时，该 x 处的温度可以认为仍等于 t_0（无量纲过余温度的变化小于 0.5%）。由此可以得出以下两个重要参数。

（1）从几何位置上说，当 $\dfrac{x}{2\sqrt{a\tau}} \geqslant 2$ 时，则在 τ 时刻，x 处的温度可以认为尚未发生变化。因而对一块初始温度均匀的厚 2δ 的平板，当其一个侧面的温度突然变化到另一恒定温度时，如果其半厚度 $\delta \geqslant 4\sqrt{a\tau}$，那么在 τ 时刻之前该平板中瞬时温度场的计算均可采用半无限大物体的模型。

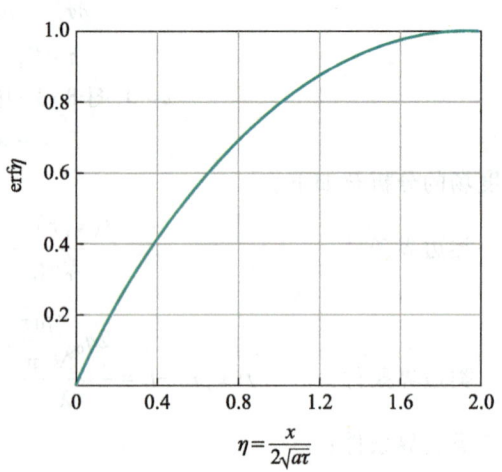

图 8-35　误差函数曲线

瞬态平面
热源法

（2）从时间上看，当 $\tau \leqslant \dfrac{x^2}{16a}$ 时，x 处的温度可认为完全不变，因而可以把 $\dfrac{x^2}{16a}$ 视为惰性时间，即当 $\tau < \dfrac{x^2}{16a}$ 时 x 处的温度可认为等于 t_0，或者说当它的局部 $Fo = \dfrac{a\tau}{x^2} < \dfrac{1}{16} \approx 0.06$ 时，物体中的非稳态导热可以作为半无限大物体处理。

[例题 8-11]　如图 8-36 所示，一块大平板型钢铸件在地坑中浇铸，浇铸前型砂温度为 20 ℃。设浇铸在很短时间内完成，并且浇铸后铸件表面温度一直维持在其凝固温度 1 450 ℃，试计算离铸件底面 80 mm 处浇铸后 2 h 的温度。型砂的热扩散率 $a = 0.89 \times 10^{-6}\ \mathrm{m^2/s}$。

假设：（1）将铸件底面以下型砂中的非稳态导热按第一类边界条件的半无限大物体处理；（2）物性为常数。

解：

$$\eta = \frac{x}{2\sqrt{a\tau}} = \frac{80 \times 10^{-3}\,\mathrm{m}}{2\sqrt{0.89 \times 10^{-6}\,\mathrm{m^2/s} \times 2 \times 3\,600\,\mathrm{s}}}$$

$$= 0.5$$

已知 $\mathrm{erf}(0.5) = 0.520\,5$，所以

$$
\begin{aligned}
t &= t_\mathrm{w} + \mathrm{erf}(0.5)(t_0 - t_\mathrm{w}) \\
&= 1\,450\ \text{℃} + 0.520\,5 \times (20\ \text{℃} - 1\,450\ \text{℃}) \\
&= 705.7\ \text{℃}
\end{aligned}
$$

图 8-36　大平板型钢铸件在地坑中浇铸示意图

讨论：物体表面与发生相变的物质紧密接触是形成第一类边界条件的常见例子。本例中，在铸件内部基本凝固之前，假设铸件表面仍处于相变温度不失为一个可接受的近似处理。

[例题 8-12] 地下埋管是常见的工程与生活设施。考虑埋管深度的一个重要因素是在当地的气候条件下,埋管处的温度不会导致管内流体冻结或凝固。以输送工业及民用水的埋管为例,埋管处的温度不能低于 0 ℃。设某地冬天地表温度为 10 ℃,后突然受冷空气侵袭,地表温度下降到 −15 ℃ 并维持 45 天不变。试确定此种条件下 45 天后地面下温度为 0 ℃ 处的位置。

假设:(1)采用第一类边界条件的半无限大物体非稳态导热模型;(2)物性为常数。

解:土壤的物性取 $c = 1\,840$ J/(kg·K)、$\rho = 2\,050$ kg/m³、$\lambda = 0.52$ W/(m·K),于是 $a = \lambda/\rho c = 0.138 \times 10^{-6}$ m²/s。利用式(8-79)

$$\frac{t - t_w}{t_0 - t_\infty} = \mathrm{erf}\left(\frac{x}{2\sqrt{a\tau}}\right)$$

即

$$\frac{0\ ℃ - (-15\ ℃)}{10\ ℃ - (-15\ ℃)} = 0.6 = \mathrm{erf}\left(\frac{x}{2\sqrt{a\tau}}\right)$$

又已知 $\dfrac{x}{2\sqrt{a\tau}} \approx 0.6$,所以

$$x = 1.2\sqrt{a\tau} = 1.2 \times (0.138 \times 10^{-6}\ \text{m}^2/\text{s} \times 3\,600\ \text{s} \times 45 \times 24)^{1/2} = 0.88\ \text{m}$$

讨论:土壤的热物性参数受许多因素的影响,也与各地的地质条件有关,而本例计算结果的准确性在很大程度上取决于热扩散率之值。例如,a 值增加一倍,将使所需最小埋管深度增加 41%。因此,与其他传热问题的计算一样,为了获得较准确的结果应尽量选用可靠的物性数据。还应指出,第一类边界条件下半无限大物体非稳态导热只是本问题的一个较粗略的模型,因为地表层的温度并不是均匀的,地表温度阶跃性的变化也只是一种理想化的处理。考虑这些复杂因素时分析解已无能为力,应求助于数值计算。但作为一种工程估算,本例的结果仍有其参考意义。

🞧 思考题

8-1 试写出导热傅里叶定律的一般形式,并说明其中各个符号的意义。

8-2 已知导热物体中某点在 x、y、z 这三个方向上的热流密度分别为 q_x、q_y、q_z,如何获得该点的热流密度矢量?

8-3 试说明得出导热微分方程所依据的基本定律。

8-4 试分别用数学语言及传热学术语说明导热问题三种类型的边界条件。

8-5 对于无限大平板内的一维稳态导热问题,试说明在三类边界条件中,两侧面边界条件的哪些组合可以使平板中的温度场获得确定的解。

8-6 试说明串联热阻叠加原则的内容及其使用条件。

8-7 发生在一个短圆柱中的导热问题,在哪些情形下可以按一维问题来处理。

8-8 扩展表面中的导热问题可以按一维问题处理的条件是什么?有人认为,只要扩展表面细长,就可按一维问题处理,你同意这种观点吗?

8-9 肋片高度增加引起两种效果:肋效率下降及散热表面积增加,因而有人认为,随着肋片高度的增加会出现一个临界高度,超过这个高度后,肋片导热量反而会下降。试分析这一观点。

8-10 试说明 Bi 的物理意义。$Bi \to 0$ 及 $Bi \to \infty$ 各代表什么样的工况?有人认为,$Bi \to 0$ 代表了绝热工况,你是否赞同这一观点,为什么?

8-11 试说明集中参数法的物理概念及数学上处理的特点。

8-12 在用热电偶测定气流的非稳态温度场时,怎样才能改善热电偶的温度响应特性?

8-13 举出一两个可以按一维平板处理的非稳态导热问题。

8-14 什么是非稳态导热的正规状况阶段或充分发展阶段?这一阶段在物理过程及数学处理上都有些什么特点?

8-15 有人认为,当非稳态导热过程经历时间很长时,采用图 8-31 计算所得的结果是错误的。理由是:这个图表明,物体中各点的过余温度的比值仅与几何位置及 Bi 有关,而与时间无关。但当时间趋于无限大时,物体中各点的温度应趋近流体温度,所以两者是有矛盾的。你是否同意这种看法?说明你的理由。

8-16 什么是半无限大物体?半无限大物体的非稳态导热存在正规状况阶段吗?

 习题

稳态导热

8-1 用平底锅烧水,与水相接触的锅底温度为 111 ℃,热流密度为 42 400 W/m²,使用一段时间后,锅底结了一层平均厚度为 1 mm 的水垢。假设此时与水相接触的水垢的表面温度及热流密度分别等于原来的值,试计算水垢与金属锅底接触面的温度。水垢的导热系数取为 1 W/(m·K)。

8-2 一冷藏室的墙由钢皮、矿渣棉及石棉板三层叠合构成,各层的厚度依次为 0.794 mm、152 mm 及 9.5 mm,导热系数分别为 45 W/(m·K)、0.07 W/(m·K) 及 0.1 W/(m·K)。冷藏室的有效传热面积为 37.2 m²,室内外气温分别为 -2 ℃、30 ℃,室内外壁面的表面传热系数可分别按 1.5 W/(m²·K) 及 2.5 W/(m·K) 计算。为维持冷藏室温度恒定,试确定冷藏室内的冷却排管每小时内需带走的热量。

8-3 有一厚为 20 mm 的平面墙,导热系数为 1.3 W/(m·K),为使每平方米墙的热损失不超过 1 500 W,在外表面覆盖了一层导热系数为 0.12 W/(m·K) 的保温材料。已知复合壁两侧的温度分别为 750 ℃ 及 55 ℃,试确定此时保温层的厚度。

8-4 一烘箱的炉门由两种保温材料 A 及 B 做成,且 $\delta_A = 2\delta_B$。已知 $\lambda_A = 0.1$ W/(m·K),$\lambda_B = 0.05$ W/(m·K),烘箱内空气温度 $t_{f1} = 400$ ℃,内壁面的表面传热系数 $h_1 = 50$ W/(m·K)。为安全起见,希望烘箱炉门的外表面温度不得高于 50 ℃。设可把炉门导热作为一维平板问题处理,试确定所需保温材料的厚度。环境温度 $t_{f2} = 25$ ℃,外壁面的表面传热系数 $h_2 = 9.5$ W/(m²·K)。

8-5 一双层玻璃窗系由两层厚为 6 mm 的玻璃及其间的空气间隙所组成,空气间隙厚度为 8 mm。假设面向室内的玻璃表面温度与面向室外的玻璃表面温度各为 20 ℃ 及 -20 ℃,试确定该双层玻璃窗的热损失。如果采用单层玻璃窗,其他条件不变,其热损失是双层玻璃的多少倍?玻璃窗的尺寸为 60 cm×60 cm。不考虑空气间隙中的自然对流,玻璃的导热系数为 0.78 W/(m·K)。

8-6 在某一产品的制造过程中,厚为 1.0 mm 的基板上紧贴了一层厚 0.2 mm 的透明薄膜,

薄膜表面有一股冷却气流流过,其温度为 20 ℃,对流传热表面传热系数为 40 W/(m²·K)。同时,有一股辐射能透过薄膜投射到薄膜与基板的结合面上,如图 8-37 所示。基板的另一面维持在温度 $t_1=30$ ℃。生产工艺要求薄膜与基板结合面的温度 t_0 应为 60 ℃,试确定辐射热流密度 q。薄膜的导热系数 $\lambda_f=0.02$ W/(m·K),基板的导热系数 $\lambda_s=0.06$ W/(m·K)。投射到结合面上的辐射热流全部为结合面所吸收,薄膜对 60 ℃ 的热辐射是不透明的。

8-7 在如图 8-38 所示的平板导热系数测定装置中,试件厚度 δ 远小于直径 d。由于安装制造不好,试件与冷、热表面之间平均存在着一层厚为 Δ=0.1 mm 的空气隙。设热表面温度 $t_1=$ 180 ℃,冷表面温度 $t_2=30$ ℃,两侧空气间隙的导热系数可分别按 t_1、t_2 查取。试计算空气间隙的存在给导热系数的测定带来的误差。忽略通过空气隙的辐射传热。

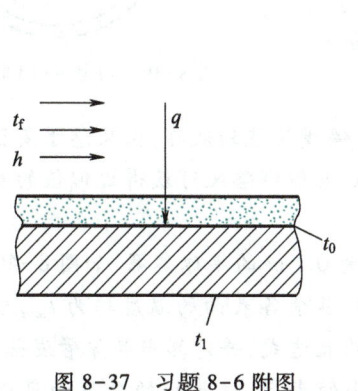

图 8-37 习题 8-6 附图

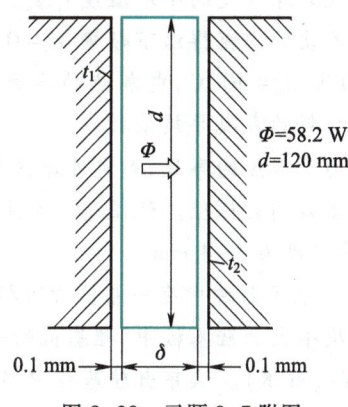

$\Phi=58.2$ W
$d=120$ mm

图 8-38 习题 8-7 附图

8-8 外径为 100 mm 的蒸汽管道,覆盖密度为 20 kg/m³ 的超细玻璃棉毡保温。已知蒸汽管道外壁温度为 400 ℃,希望保温层外表面温度不超过 50 ℃,且每米长管道上散热量小于 163 W,试确定所需的保温层厚度。

8-9 一根直径为 3 mm 的铜导线,每米长的电阻为 2.22×10⁻³ Ω。导线外包有厚 1 mm、导热系数为 0.15 W/(m·K) 的绝缘层。限定绝缘层的最高温度为 65 ℃,最低温度为 0 ℃,试确定在这种条件下导线中允许通过的最大电流。

8-10 一蒸汽锅炉炉膛中的蒸发受热面管壁受到温度为 1 000 ℃ 的烟气加热,管内沸水温度为 200 ℃,烟气与受热面管子外壁间的表面传热系数为 100 W/(m²·K),沸水与内壁间的表面传热系数为 5 000 W/(m²·K)。管壁外径为 52 mm、厚 6 mm、$\lambda=42$ W/(m·K)。试计算下列 3 种情况下受热面单位长度上的热负荷。

(1) 换热表面是干净的。

(2) 外表面结了一层厚为 1 mm 的烟灰,其 $\lambda=0.08$ W/(m·K)。

(3) 内表面上有一层厚为 2 mm 的水垢,其 $\lambda=1$ W/(m·K)。

8-11 在一根外径为 100 mm 的热力管道外拟包覆两层绝热材料,一种材料的导热系数为 0.06 W/(m·K),另一种材料的导热系数为 0.12 W/(m·K),两种材料的厚度都取为 75 mm。试比较把导热系数小的材料紧贴管壁以及把导热系数大的材料紧贴管壁这两种方法对保温效果的影响。这种影响对于平壁的情形是否存在? 假设在两种做法中,绝热层内、外表面的总温差保持不变。

8-12　一直径为 d、长为 l 的圆杆,两端分别与温度为 t_1 及 t_2 的表面接触,杆的导热系数 λ 为常数。试对下列两种稳态情形写出该问题的数学描述。

(1) 杆的侧面是绝热的。

(2) 杆的侧面与四周流体间有稳定的对流传热,平均表面传热系数为 h,流体温度 t_f 小于 t_1 及 t_2。

8-13　颗粒状散料的表观导热系数常用圆球导热仪来测定。如图 8-39 所示,内球内安置有一电加热器,被测材料安装在内、外球壳间的夹套中,外球外有一夹层,其中通以进口温度恒定的冷却水。用热电偶测定内球外壁及外球内壁的平均温度 t_i、t_o。

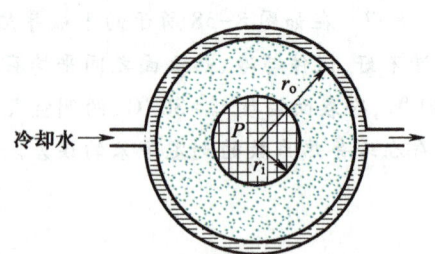

图 8-39　习题 8-13 附图

(1) 在一次实验中测得以下数据:$d_i = 0.15$ m、$d_o = 0.25$ m、$t_i = 200$ ℃、$t_o = 40$ ℃,电加热功率 $P = 56.5$ W。试确定此颗粒材料的表观导热系数。

(2) 如果由于偶然的事故,测定外球内壁的热电偶线路遭到破坏,但又急于要获得该颗粒材料的表观导热系数的近似值。试设想一个无须修复热电偶线路又可获得近似值的测试方法。球壳用铝制成,其厚度为 3~4 mm。

8-14　在一电子器件中有一晶体管可视为半径为 0.1 m 的半球热源,如图 8-40 所示。该晶体管被置于一块很大的硅基板中,硅基板的一侧绝热,其余各表面的温度均为 t_∞,硅基板的导热系数 $\lambda = 120$ W/(m·K)。试导出硅基板中温度分布的表达式,并计算当晶体管发热量为 $\Phi = 4$ W 时晶体管表面的温度值(提示:相对于 0.1 mm 这样小的半径,硅基板的外表面可以视为外半径趋于无穷大的球壳表面)。

8-15　某种平板材料厚 25 mm,两侧面分别维持在 40 ℃ 及 85 ℃。测得通过该平板的热流量为 1.82 kW,导热面积为 0.2 m^2。试:

(1) 确定在此条件下平板的平均导热系数。

(2) 设平板材料的导热系数按 $\lambda = \lambda_0 (1 + bt)$ 变化(其中 t 为局部温度)。为了确定上述温度范围内的 λ_0 及 b 值,还需要补充测定什么量?给出此时确定 λ 及 b 的计算式。

8-16　试建立具有内热源 $\dot\Phi(x)$、变截面、变导热系数的一维稳态导热问题的温度场微分方程式(参考图 8-41)。

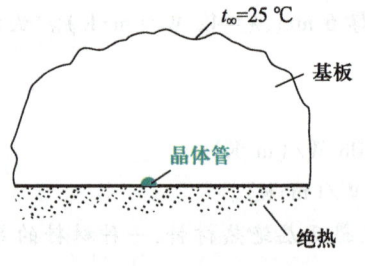

图 8-40　习题 8-14 附图

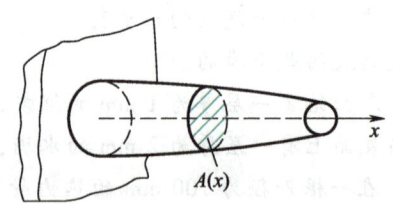

图 8-41　习题 8-16 附图

8-17　一半径为 r_1 的长导线具有均匀内热源 $\dot\Phi$,导热系数为 λ_1。导线外包有一层绝缘材料,其外半径为 r_2,导热系数为 λ_2。绝缘材料与周围环境间的表面传热系数为 h,环境温度为 t_∞。

若过程是稳态的,试列出导线与绝缘层中温度分布的微分方程式及边界条件并求解(提示:在导线与绝缘材料的界面上,热流密度及温度都是连续的)。

8-18 在温度为 260 ℃ 的壁面上伸出一根纯铝的圆柱形肋片,直径 $d=25$ mm、高 $H=150$ mm。该柱体表面受温度 $t_1=16$ ℃ 的气流冷却,表面传热系数 $h=15$ W/(m²·K),肋端绝热。试计算该柱体的散热量。如果其他条件不变,只把柱体的长度增加一倍,柱体的散热量是否也增加一倍?从充分利用金属的观点来看,是采用一个长的肋好还是采用两个长度为其一半的较短的肋好?

8-19 过热蒸汽在外径为 127 mm 的钢管内流过,测蒸汽温度套管的布置如图 8-42 所示。已知套管外径 $d=15$ mm、壁厚 $\delta=0.9$ mm、导热系数 $\lambda=49.1$ W/(m·K)。蒸汽与套管间的表面传热系数 $h=105$ W/(m²·K)。为使测温误差小于蒸汽与钢管壁温差的 0.6%,试确定套管应有的长度。若套管为 $\lambda=390$ W/(m·K) 的铜,其他条件不变,此时套管的长度是多少?

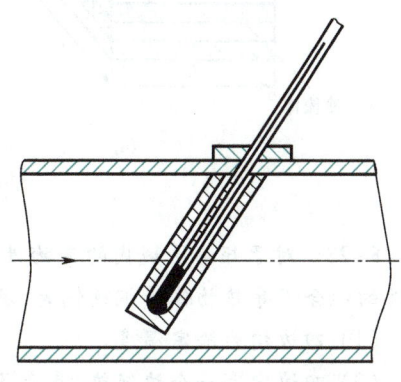

图 8-42 习题 8-19 附图

8-20 用一柱体模拟燃气轮机叶片的散热过程。柱体长 9 cm、周长为 7.6 cm、截面积为 1.95 cm²,柱体的一端被冷却到 305 ℃(见图 8-43)。815 ℃ 的高温燃气吹过该柱体,假设表面上各处的对流传热的表面传热系数是均匀的,为 28 W/(m²·K)。柱体导热系数 $\lambda=55$ W/(m·K),肋端绝热。试计算:

(1) 该柱体中间截面上的平均温度及柱体中的最高温度。

(2) 冷却介质所带走的热量。

8-21 一输送高压水的管道用法兰连接(见图 8-44),法兰厚 $\delta=15$ mm,管道的内外径分别为 $d_i=120$ mm、$d_o=140$ mm,高压法兰外径为 $d_f=250$ mm。管道与法兰的导热系数都为 $\lambda=45$ W/(m·K)。在正常工况下,管道内壁温度为 $t_i=300$ ℃,周围空气温度 $t_\infty=20$ ℃,法兰的表面传热系数 $h=10$ W/(m²·K)。试确定通过一对法兰损失的热量。

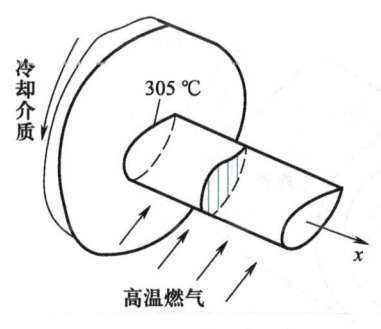

图 8-43 习题 8-20 附图

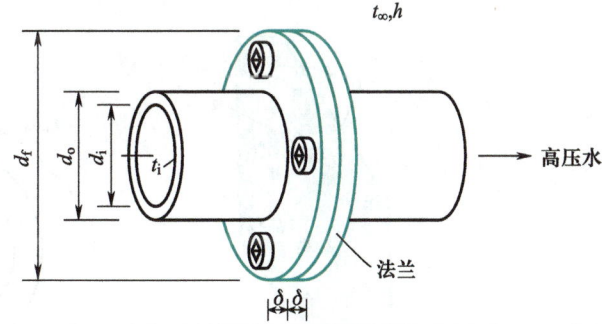

图 8-44 习题 8-21 附图

8-22 肋片在换热器中得到广泛采用,一种紧凑式换热器由基面与大量的肋片表面所组成,如图 8-45a 所示,图 8-45b 是将其中一种流体的通道放大的示意图。已知肋片的高度 $H=8$ mm,它分别与两块基面连接,两基面的温度相等,$t_0=t_L$。肋片与流体间的表面传热系数为 $h=100$ W/(m²·K),肋片的导热系数 $\lambda=200$ W/(m·K),肋片厚 $\delta=1$ mm。试确定肋片的面积热阻。

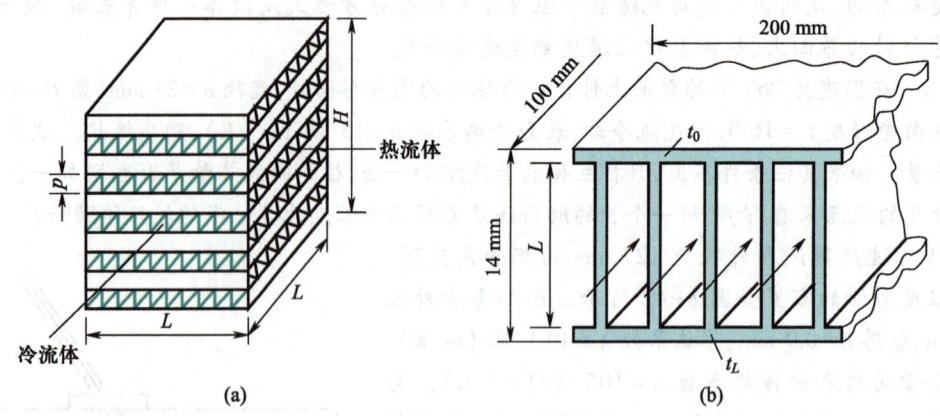

图 8-45 习题 8-22 附图

8-23 对于矩形区域内的常物性、二维、无内热源的稳态导热问题,试分析在下列 4 种边界条件的组合下导热物体为铜或钢时,物体中的温度分布是否一样。

(1) 四边均为给定温度。

(2) 四边中有一个边绝热,其余 3 个边均为给定温度。

(3) 四边中有一个边为给定热流(不等于零),其余 3 个边中至少有一个边为给定温度。

(4) 四边中有一个边为第三类边界条件。

8-24 两块不同材料的平板组成如图 8-46 所示的大平板。两板的面积分别为 A_1、A_2,导热系数分别为 λ_1、λ_2。如果该大平板的左右两个表面分别维持在均匀的温度 t_1 及 t_2,试导出通过该大平板的导热热量计算式。

8-25 在如图 8-47 所示的换热设备中,内外管之间有一夹层,其间置有电阻加热器,产生热流密度 q,该加热层温度为 t_h。内管被温度为 t_i 的流体冷却,表面传热系数为 h_i。内、外管壁的导热系数分别为 λ_i 及 λ_o。试画出这一热量传递过程的热阻分析图,并写出每一项热阻的表达式。

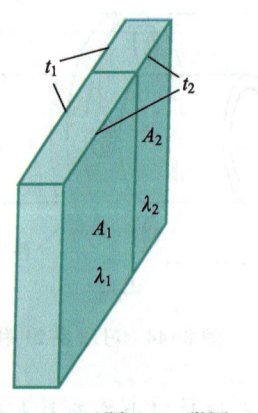

图 8-46 习题 8-24 附图

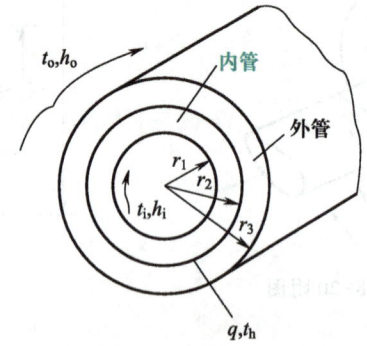

图 8-47 习题 8-25 附图

8-26 刚采摘下来的水果,由于其体内葡萄糖的分解而具有"呼吸"作用,结果会在其表面析出 CO_2、水蒸气,并在体内产生热量。设在通风的仓库中苹果以如图 8-48 所示的方式堆放,并有 5 ℃ 的空气以 0.6 m/s 的流速吹过。苹果每天的发热量为 4 000 J/kg、密度 $\rho = 840$ kg/m³、导热系数 $\lambda = 0.5$ W/(m·K)；空气与苹果间的表面传热系数 $h = 6$ W/(m²·K)。试计算稳态下苹果表面及中心的温度。假设每个苹果可按直径为 80mm 的圆球处理。

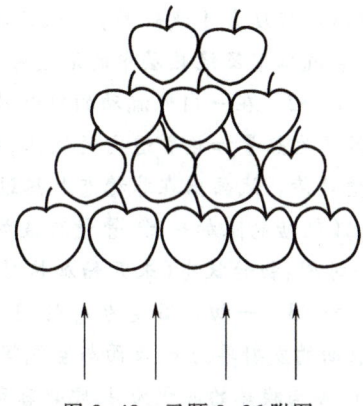

图 8-48　习题 8-26 附图

8-27　一种利用对比法测定材料导热系数的装置示意图如图 8-49 所示。用导热系数已知的材料 A 及待测导热系数的材料 B 制成相同尺寸的两个长圆柱体，并垂直地安置于温度为 t_s 的热源上。采用相同的方法冷却两个柱体，并在离开热源相同的距离 x_l 处测定两柱体的温度 t_A 及 t_B。已知 $\lambda_A = 200$ W/(m·K)，$t_A = 75$ ℃，$t_B = 65$ ℃，$t_s = 100$ ℃，$t_\infty = 25$ ℃。试确定 λ_B 之值。

8-28　有一用于冷却电子器件的散热器(又称热沉，heat sink)如图 8-50 所示，其中 L 为垂直于纸面方向的尺寸。热沉底面温度为 75 ℃。试计算：(1)肋片的效率；(2)肋面总效率；(3)该热沉能的散热量。热沉的材料为铝，导热系数为 180 W/(m·K)。

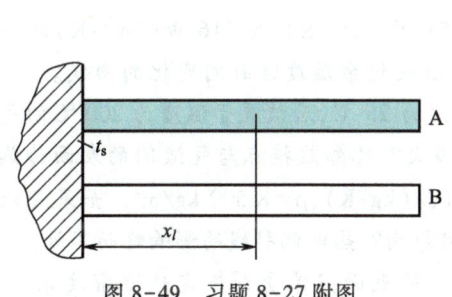

图 8-49　习题 8-27 附图

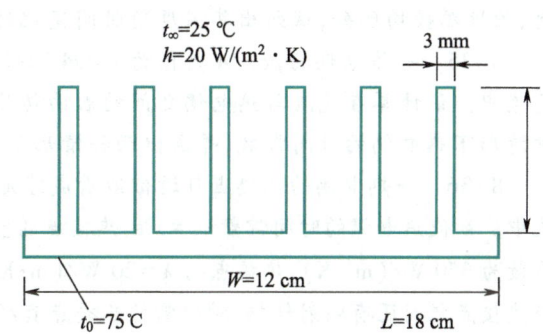

图 8-50　习题 8-28 附图

8-29　对于如图 8-51 所示的圆截面直肋，设肋端($x = H$ 处)是绝热的。按本书中的讨论，肋片中过余温度的分布满足

$$\frac{\theta}{\theta_0} = \frac{\mathrm{ch}[m(x-H)]}{\mathrm{ch}(mH)}, \quad m = \sqrt{\frac{hP}{\lambda A_c}}$$

在导出上式的几个假定条件下，试分析在一定的金属消耗量下，为使肋片的散热量达到最大，肋片的尺寸 H、d 与其导热系数 λ、表面传热系数 h 之间应满足怎样的关系？设 λ、h 均为常数。

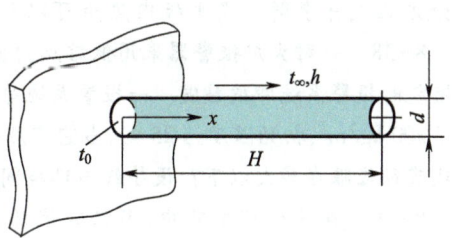

图 8-51　习题 8-29 附图

非稳态导热

8-30　设一根长为 l 的棒有均匀初始温度 t_0，此后使其两端各维持在恒定的温度 $t_1(x = 0)$ 及 $t_2(x = l)$，并且 $t_2 > t_1 > t_0$，棒的四周保持绝热。试画出棒中温度分布随时间变化的示意性曲线及最终的温度分布曲线。

8-31　假设把汽轮机的汽缸壁及其外的绝热层近似地看成是两块紧密接触的无限大平板

（绝热层厚度大于汽缸壁）。试定性地画出汽轮机从冷态启动（整个汽轮机均与环境处于热平衡）后汽缸壁及绝热层中的温度分布随时间的变化。

8-32 在一内部流动的对流传热实验中（见图 8-52），用电阻加热器产生热量加热管道内的流体，电加热功率为常数，管道可以当作平壁对待。试画出在非稳态加热过程中系统中的温度分布随时间的变化（包括电阻加热器、管壁及被加热的管内流体），要求画出典型的 4 个时刻：初始状态（未开始加热时）、稳定状态及两个中间状态。

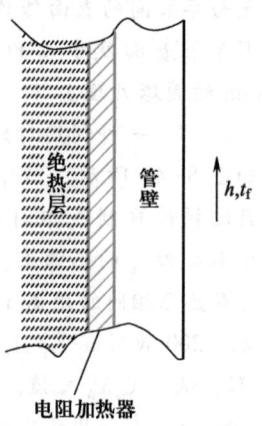

8-33 一初始温度为 t_0 的固体，被置于室温为 t_∞ 的房间中。物体表面的发射率为 ε，表面与空气间的表面传热系数为 h。物体的体积为 V，参与换热的面积为 A，比热容和密度分别为 c 及 ρ，物体的内部导热热阻可忽略不计，试列出物体温度随时间变化的微分方程式。提示：此时，物体单位面积上与周围环境间的辐射传热量为 $\varepsilon\sigma(T^4-T_\infty^4)$。

图 8-52 习题 8-32 附图

8-34 一具有内部加热装置的物体与空气处于热平衡。在某一瞬间，加热装置投入工作，其作用相当于强度为 $\dot{\Phi}$ 的内热源。设物体与周围环境的表面传热系数为 h（常数），内热阻可以忽略，其他几何、物性参数均已知，试列出其温度随时间变化的微分方程式并求解。

8-35 一热电偶的 $\rho c V/A$ 之值为 2.094 kJ/(m²·K)，初始温度为 20 ℃，后将其置于 320 ℃ 的气流中。试计算在气流与热电偶之间的表面传热系数为 58 W/(m²·K) 及 116 W/(m²·K) 的两种情形下热电偶的时间常数，并画出两种情形下热电偶读数的过余温度随时间变化的曲线。

8-36 一热电偶的热接点可近似地看成球形，初始温度为 25 ℃，后被置于温度为 200 ℃ 的气流中。欲使热电偶的时间常数 $\tau_c=1$ s，热接点的直径应为多大？已知热接点与气流间的表面传热系数为 350 W/(m²·K)，热接点的 $\lambda=20$ W/(m·K)、$c=400$ J/(kg·K)、$\rho=8\,500$ kg/m³。如果气流与热接点之间还有辐射传热，对所需的热接点直径之值有何影响？热电偶引线的影响略而不计。

8-37 一块单侧表面积为 A、初始温度为 t_0 的平板，一侧表面突然受到恒定热流密度 q_0 的加热，另一侧表面则受温度为 t_∞ 的气流冷却，表面传热系数为 h。试列出物体温度随时间变化的微分方程式并求解。设平板内热阻可以不计，其他的几何、物性参数均已知。

8-38 一种火焰报警器采用低熔点的金属丝作为传感元件，当该导线受火焰或高温烟气的作用而熔断时报警系统即被触发。一报警系统导线的熔点为 500 ℃、$\lambda=210$ W/(m·K)、$c=420$ J/(kg·K)、$\rho=7\,200$ kg/m³，初始温度为 25 ℃，当它突然受到 650 ℃ 烟气加热后，若要求在 1 min 内发出报警信号，导线直径应限在多大以下？设导线与环境间的考虑辐射传热在内的表面传热系数为 12 W/(m²·K)。

8-39 在热处理工艺中，用银球试样来测定淬火介质在不同条件下的冷却能力。今有两个直径为 20 mm 的银球，加热到 650 ℃ 后被分别置于 20 ℃ 的盛有静止水的大容器及 20 ℃ 的循环水中。用热电偶测得，当银球中心温度从 650 ℃ 变化到 450 ℃ 时，降温速率分别为 180 ℃/s 及 360 ℃/s。试确定两种情况下银球表面与水之间的表面传热系数。已知在上述温度范围内银的物性参数为 $\lambda=360$ W/(m·K)、$c=262$ J/(kg·K)、$\rho=10\,500$ kg/m³。

8-40 等离子喷镀是一种用以改善材料表面特性（耐腐蚀、耐磨等）的高新技术，陶瓷是常用的一种喷镀材料。喷镀过程大致为：把陶瓷粉末注入温度高达 10^4 K 的等离子体中，在到达被喷镀的表面之前，陶瓷粉末吸收等离子体的热量而迅速升温到熔点并完全熔化为液滴，然后冲击到被喷镀表面上后迅速凝固，形成一镀层。设三氧化二铝粉末的直径为 $D_p=50$ μm、密度 $\rho=3\,970$ kg/m³、导热

系数 $\lambda = 11$ W/(m·K)、比热容 $c = 1\,560$ J/(kg·K)、熔点为 2 350 K、熔化潜热为 3 580 kJ/kg,这些粉末颗粒与气流间的表面传热系数为 10 000 W/(m²·K)。试在不考虑辐射热损失时确定颗粒从 $t_0 = 300$ K 加热到其熔点所需的时间,以及从刚到达熔点直至全部熔为液滴所需的时间。

8-41 有两块同样材料的平板 A 及 B,A 的厚度为 B 的两倍,从同一高温炉中取出置于冷流体中淬火。流体与各表面间的表面传热系数均可视为无限大。已知板 B 中心点的过余温度下降到初值的一半需要 21 min,A 板达到同样温度工况需多少时间?

8-42 有一航天器,重返大气层时壳体表面温度为 1 000 ℃,随即落入温度为 5 ℃ 的海洋中。设海水与壳体外表面间的表面传热系数为 1 135 W/(m²·K)。试问:此航天器落入海洋后 5 min 时表面温度是多少?壳体壁面中最高温度是多少?壳体厚 $\delta = 50$ mm、$\lambda = 56.8$ W/(m·K)、$a = 4.13 \times 10^{-6}$ m²/s,其内侧面可认为是绝热的。

8-43 一初始温度为 t_0、厚为 2δ 的无限大平板,其两表面的温度突然降低到 t_w,此后平板中各点的温度按下式计算。

$$\frac{\theta}{\theta_0} = \frac{t(x,\tau) - t_w}{t_0 - t_w} = \frac{4}{\pi} \sum_{n=1}^{\infty} \frac{1}{n} e^{-[n\pi/(2\delta)]^2} \sin \frac{n\pi x}{2\delta}$$

今有一厚为 3 cm 的平板,$t_0 = 150℃$、$t_w = 30℃$、$a = 2 \times 10^{-6}$ m²/s,取上式中无穷级数的第一项计算 1 min 后平板中间截面上的温度。若取级数的前四项来计算,对结果有何影响?

8-44 火箭发动机的喷管在启动过程中受到 $t_\infty = 2\,300$ K 的高温燃气的加热,受材料的限制其局部壁温不得大于 1 500 K。为延长运行时间,在喷管内壁喷涂了一层厚 10 mm 的耐热陶瓷,其热物性参数为 $\lambda = 10$ W/(m·K)、$a = 6 \times 10^{-6}$ m²/s。设内表面与高温燃气间考虑辐射传热在内的表面传热系数为 2 500 W/(m²·K),喷管的初始温度 $t_0 = 300$ K,喷管壁及涂层可按平板处理,试计算此情况下喷管能承受的运行时间。

8-45 直径为 40 cm 的长轴在加热炉内加热到 600 ℃,然后从炉内移出用吊车运往热加工车间进行加工。但吊车突发故障,致使该轴不得不暂时搁置在 30 ℃ 的环境中等候。如果要求轴的最低温度不得低于 450 ℃,吊车必须在多长时间内修复?假设不计长轴和搁架之间的导热,轴表面与环境间考虑辐射传热在内的表面传热系数为 18.5 W/(m²·K)、轴的 $\lambda = 22.3$ W/(m·K)、$a = 8.8 \times 10^{-6}$ m²/s。

8-46 有一直径为 25 mm 的耐热玻璃棒,为改善其表面的机械特性,在表面上涂了一层极薄的导热系数很大的金属层。在此金属涂层与芯棒之间平均存在有 $R_l = 0.10$ m·K/W 的热阻(每米长度上的热阻)。该玻璃棒的初始温度为 800 K,然后突然被置于 300 K 的气流中冷却。考虑辐射传热在内的表面传热系数 $h = 120$ W/(m²·K),试确定将该棒的中心温度降到 500 K 时所需的时间。玻璃棒物性参数为:$\rho = 2\,600$ kg/m³、$c = 808$ J/(kg·K)、$\lambda = 3.98$ W/(m·K)。

8-47 由于寒潮入侵,使某地气温由 10 ℃ 突然下降到 -5 ℃。该地有一片橘子林,橘子表面一旦结霜就会损坏。假设橘子可近似当作直径为 6 cm 的圆球,其物性可按 5 ℃ 水来取。设此时橘子外表面与寒流间考虑辐射传热在内的表面传热系数为 7 W/(m²·K),试确定为使橘子免受损坏而允许的寒潮持续时间。

8-48 一石头蓄热器用来储存太阳能。所使用卵石的平均直径为 10 cm,初始温度为 20 ℃。从太阳能集热器来的平均温度为 80 ℃ 的热水连续地流过卵石,试计算半小时和两小时后卵石的中心温度以及每立方的卵石的储热量。水流与卵石表面的表面传热系数为 35 W/(m²·K),卵石的 $\lambda = 2.2$ W/(m·K)、$a = 1.13 \times 10^{-6}$ m²/s、$c = 780$ J/(kg·K)。

8-49 一种测量导热系数的瞬态法是基于半无限大物体的导热过程而设计的。设有一块厚金属,初始温度为 30 ℃,然后其一侧表面突然与温度为 100 ℃ 的沸水相接触。在离开此表面 10 mm 处由热电偶测得 2 min 后该处的温度为 65 ℃。已知材料的 $\rho = 2\,200$ kg/m^3、$c = 700$ J/(kg·K),试计算该材料的导热系数。

8-50 夏天高速公路的路面在日光长时间的曝晒下可达到 50 ℃。假设突然一阵雷雨把路面冷却到 20 ℃ 并保持不变,雷雨持续了 10 min。试计算在此降雨期间路面单位面积上所放出的热量。高速公路混凝土的物性可取为 $\rho = 2\,300$ kg/m^3、$c = 880$ J/(kg·K)、$\lambda = 1.4$ W/(m·K)。作为一种估算,假设雷雨前路面以下相当厚的一层混凝土均处于 50 ℃,分析这一假设对计算得到的放热量的影响。

8-51 在寒冷地区埋设地下水管时应考虑冬天地层下结冰的可能性。为使水管安全工作,水管应埋设在结冰层以下。设某处地层的热扩散率为 1.65×10^{-7} m^2/s,地球表面温度由原来均匀的 15 ℃ 突然下降到 -20 ℃,并达 50 天之久。试估算为使埋管上不出现冰冻而必须的最浅埋设深度。

8-52 人体组织的温度等于或高于 48 ℃ 的时间不能超过 10 s,否则该组织内的细胞就会死亡。若人体表面接触到 60 ℃、70 ℃、80 ℃、90 ℃ 及 100 ℃ 的热表面,试利用非稳态导热理论作出上述烧伤深度随时间变化的曲线。人体组织可看作是各向同性材料,物性可取为 37 ℃ 水的数值。计算的最大时间为 5 min。为简化分析,这里可假定一接触到热表面,人体表面温度就上升到了热表面的温度。

8-53 物体的非稳态导热进入正规状况阶段后,一般定义同一点上两个不同时刻的过余温度 θ_1、θ_2 与对应时刻 τ_1、τ_2 的关系

$$m = \frac{\ln \theta_1 - \ln \theta_2}{\tau_2 - \tau_1}$$

为冷却或加热速率。试对无限大平板导出 m 的表达式,并设计出一种测定非金属固体材料(如塑料板等)的导温系数的简易方法。

8-54 有两个很大的金属块,初始温度均匀且各为 t_h 及 t_c,然后突然将它们紧密接触,如图 8-53 所示。

(1)假设不存在接触热阻。试证明界面(接触面)温度为

$$t_s = \left(\sqrt{\frac{\lambda_1 \rho_1 c_1}{\lambda_2 \rho_2 c_2}} t_h + t_c \right) \bigg/ \left(1 + \sqrt{\frac{\lambda_1 \rho_1 c_1}{\lambda_2 \rho_2 c_2}} \right)$$

(2)若接触界面上存在恒定的接触热阻,试写出两个半无限大物体非稳态导热的数学描述。

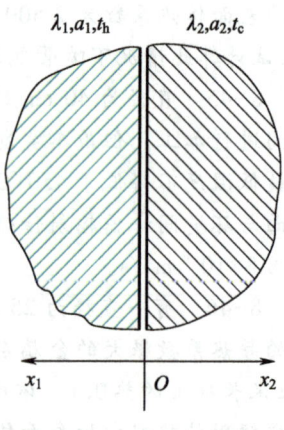

图 8-53 习题 8-54 附图

参考文献

[1] KAVIANY M. Heat transfer physics [M]. New York:Cambridge University Press,2008.

[2] 奥西波娃 B A. 传热学实验研究 [M]. 蒋章焰,王传院,译. 北京:高等教育出版社,1982.

[3] 陈则韶,葛新石,顾毓沁. 量热技术和热物性测定 [M]. 合肥:中国科学技术大学,1990.

[4] 施明恒,薛宗荣. 热工实验的原理和技术 [M]. 南京:东南大学出版社,1992.

[5] 曹玉璋,邱绪光. 实验传热学[M]. 北京:国防工业出版社,1998.

［6］工业设备及管道绝热工程设计规范:GB50264—2013［S］. 北京:中国标准出版社,2013.

［7］《数学手册》编写组. 数学手册［M］. 北京:高等教育出版社,1979.

［8］SPARROW E M,LIN S H. Heat transfer characteristics of polygonal and plate fins［J］. International Journal of Heat and Mass Transfer,1964,7:951-953.

［9］TAO W Q,LUE S S. Numerical method for calculation of slotted-fin efficiency in dry condition［J］. Numerical Heat Transfer,Part A,1994,26:351-362.

［10］KRAUS A D, BAR-COHEN A. Thermal analysis and control of electronic equipment［M］. Washington:Hemisphere Publishing Corporation,1983:201.

［11］FLETCHER L S. Recent development in contact heat transfer. ASME Journal of Heat transfer［J］. 1988,110(4):1059-1070.

［12］朱彤,安青松,刘晓华,等. 传热学［M］. 7 版. 北京:中国建筑工业出版社,2020.

［13］GRIGULL U,SANDNER H. Heat conduction［M］. Washington:Hemisphere Publishing Corporation,1984.

［14］SCHNEIDER P J. Conduction heat transfer［M］. Reading:Addison Wesley,1955.

［15］HEISLER M P. Temperature charts for induction and constant-temperature heating［J］. ASME Journal of Fluids Engineering,1947,69(3):227-236.

［16］CAMPO A. Rapid determination of spatio-temporal temperatures and heat transfer in simple bodies cooled by convection:usage of calculators in lieu of Heisler-Grober charts［J］. International Communications in Heat and Mass Transfer,1997,24(4):553-564.

第 9 章
对流传热

对流传热是工程上常见的一种热量传递现象。本章首先从对流传热物理过程的角度,定性地分析对流传热的影响因素,然后讨论对流传热过程的数学描述,在此基础上导出边界层类型问题的简化方程。对流传热问题比较复杂,能获得分析解的问题很少,所以实验测量就是一种主要的研究手段。为了通过有限次数实验测定而得出具有一定通用性的传热规律,在进行实验以及整理实验数据时,都必须遵循一定的原则,即相似原理。本章将介绍相似原理指导对流传热实验研究的基本思想,并给出基于相似原理获得的典型对流传热问题的实验关联式。蒸汽遇冷凝结、液体受热沸腾是伴随有相变的对流传热,其基本规律与单相对流传热有很大的区别,读者应当重点掌握凝结与沸腾传热的基本特点、计算以及强化的基本思想和主要的实现技术。

本章的内容繁多,读者在学习时要着重理解不同对流传热过程的物理本质,进而掌握对流传热问题的计算。

9.1　对流传热概述

9.1.1　热对流及对流传热

热对流是指由流体的宏观运动而引起的流体各部分之间发生相对位移,冷热流体相互掺混所引起的热量传递过程。热对流仅能发生在流体中,而且由于流体中的分子同时进行着不规则的热运动,因此热对流必然伴随有导热现象。工程上特别感兴趣的是流体流过物体表面时流体与物体表面间的热量传递过程,并称之为对流传热(convective heat transfer),以区别于一般意义上的热对流。本书只讨论对流传热。

对流传热的基本计算式是牛顿冷却公式,即

流体被加热时:
$$q = h(t_w - t_f) \tag{9-1a}$$

流体被冷却时:
$$q = h(t_f - t_w) \tag{9-1b}$$

式中,t_w、t_f 分别为壁面温度和流体温度。如果把温差(也称温压)记为 Δt,并约定永远取正值,那么牛顿冷却公式可表示为

$$q = h\Delta t \tag{9-1c}$$

$$\Phi = hA\Delta t \tag{9-1d}$$

式中,h 称为表面传热系数(convective heat transfer coefficient)(以前常称对流换热系数),单位是 $W/(m^2 \cdot K)$,式(9-1)是计算对流传热的速率方程。式(9-1c)、式(9-1d)可以改写成类似欧姆定律的形式,我们可以得到对流传热热阻 $1/h$ 或 $1/hA$,前者是基于单位对流传热面积的。

表面传热系数的大小与对流传热过程中的许多因素有关。它不仅取决于流体的物性以及换热表面的形状、大小与布置,还与流速有密切的关系。式(9-1)并不是揭示影响表面传热系数的种种复杂因素的具体关系式。研究对流传热的基本任务在于用理论分析或实验方法具体给出各种场合下 h 的计算关系式。

9.1.2　对流传热的影响因素

影响对流传热的因素就是影响流动的因素以及影响流体中热量传递的因素,归纳起来可以分为以下 5 个方面。

（1）流体流动的起因。由于流动起因的不同,对流传热可以区别为强制对流传热与自然对流传热两大类。前者是由泵、风机或其他外部动力源所造成的,而后者通常是由流体内部的密度差所引起的。两种流动的成因不同,流体中的速度场也有差别,所以传热规律就不一样。

（2）流体有无相变。在流体没有相变时对流传热中的热量交换是由流体显热的变化而实现的,而在有相变的传热过程(如沸腾或凝结)中,流体相变热(潜热)的释放或吸收常常起主要作用,因而传热规律与无相变时不同。

（3）流体的流动状态。流体力学的研究已经查明,黏性流体存在着两种不同的流态——层流及湍流。层流时流体微团沿着主流方向做有规则的分层流动,而湍流时流体各部分之间发生剧烈的混合,因而在其他条件相同时湍流传热的强度自然要较层流强烈。

（4）换热表面的几何因素。这里的几何因素是指换热表面的形状、大小、换热表面与流体运动方向的相对位置以及换热表面的状态(光滑或粗糙)。例如,图 9-1a 所示的管内强制对流流动与流体横掠圆管的强制对流流动是截然不同的。前一种是管内流动,属于内部流动(internal flow)的范围;后一种是外掠物体流动,属于外部流动(external flow)的范围。这两种不同流动条件下的传热规律必然是不相同的。在自然对流领域里,不仅几何形状,几何布置对流动也有决定性影响。例如,图 9-1b 所示的水平壁,热面朝上散热的流动与热面朝下散热的流动就截然不同,它们的传热规律也是不一样的。

(a) 圆管　　　　　　　　　　　　　　　(b) 平板

图 9-1　几何因素的影响

（5）流体的热物理性质。流体的热物理性质对于对流传热有很大的影响。例如,无相变的强制对流传热,流体的密度 ρ、动力黏度 μ、导热系数 λ 以及比定压热容 c_p 等都会影响流体中速度的分布及热量的传递,从而影响对流传热。对于凝结传热和沸腾传热,还需要考虑相变潜热和表面张力的影响。

显然,影响对流传热的因素很多。由于流动动力的不同、流动状态的区别、流体有否相变及换热表面几何形状的差别构成了多种类型的对流传热现象,因此表征对流传热强弱的表面传热系数取决于多种因素。以单相强制对流传热为例,在把高速流动排除在外时(高速流动一般只发生在与航空、航天飞行器有关的对流传热现象中),表面传热系数可表示为

$$h = f(u, l, \rho, \mu, \lambda, c_p) \tag{9-2}$$

式中,l 是换热表面的一个特征长度,后面会介绍。

9.1.3 对流传热的分类

为了获得适用于工程计算的对流传热表面传热系数的计算公式,有必要按其主要的影响因素分门别类地加以研究。图 9-2 给出了目前常见的对流传热的分类,原则上,图中每一类对流传热都可把流场(或边界层内的流动)区别为层流及湍流两种流态,但为了表达的简洁,图中未示出这种差别。读者在学习每种类型的对流传热时,要特别注意它与其他类型对流传热在物理特征方面的不同,从而更好地理解为什么表面传热系数的计算式会有这样或那样的差别。

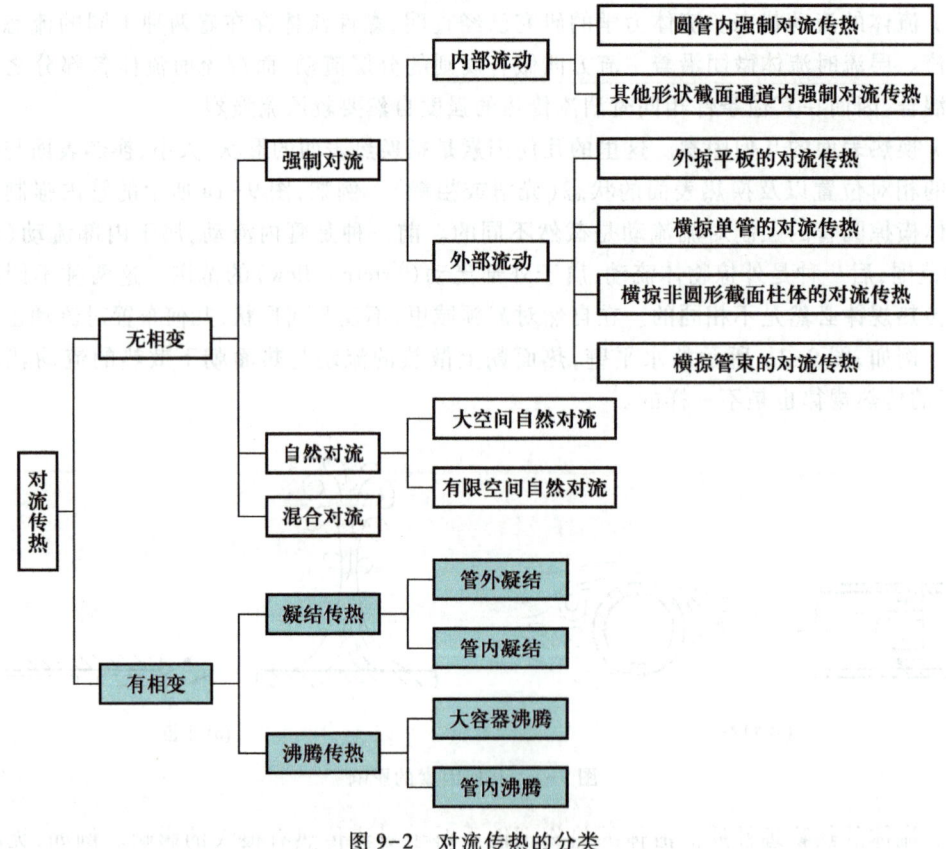

图 9-2 对流传热的分类

9.1.4　对流传热的研究方法

研究对流传热的方法,即获得表面传热系数 h 的表达式的方法大致有以下 4 种。

(1) 分析法(analytical method)。所谓分析法,是指对描写某一类对流传热问题的偏微分方程及相应的定解条件进行数学求解,从而获得速度场和温度场的分析解的方法。由于数学上的困难,虽然目前只能得到个别简单的对流传热问题的分析解,但分析解能深刻揭示各个物理量对表面传热系数的影响,而且是评价其他方法所得结果的标准与依据。

(2) 实验法(experimental method)。通过实验获得的表面传热系数的计算式仍是目前工程设计的主要依据,因此是初学者必须掌握的内容。为了减少实验次数、提高实验测定结果的通用性,实验测定应当在相似原理指导下进行。可以说,在相似原理指导下的实验研究是目前获得表面传热系数关系式的主要途径。

(3) 比拟法(analogy method)。所谓比拟法,是指通过研究动量传递及热量传递的共性或类似特性,以建立起表面传热系数与阻力系数间的相互关系的方法。应用比拟法,可通过与容易用实验测定的阻力系数作比较来获得相应的表面传热系数的计算公式。在传热学发展的早期,这一方法曾被广泛采用。随着实验测试技术及计算机技术的迅速发展,近年来这一方法已较少应用。但这一方法所依据的动量传递与热量传递在机理上的类似性,对理解与分析对流传热过程很有帮助。

(4) 数值法(numerical method)。所谓数值法,是指借助计算机和离散方法,把原来在时间、空间坐标系中连续的物理量的场,用有限个离散点上的值的集合来代替,通过求解按一定方法建立起来的关于这些值的代数方程,来获得离散点上被求物理量的值的方法。数值法已经成为求解热流问题的主要手段之一,第 14 章将做简要介绍。

9.1.5　如何从解得的温度场来计算表面传热系数

在分析法、实验法、数值法中,所得到的直接结果是流体中的温度分布。那么,如何从流体中的温度分布来进一步得到表面传热系数呢?下面我们来揭示表面传热系数 h 与流体温度场之间的关系。

当黏性流体在壁面上流动时,由于黏性的作用,在靠近壁面的地方流速逐渐减小,而在贴壁处流体将被滞止而处于无滑移状态。换句话说,在贴壁处流体没有相对于壁面的流动,称为贴壁处的无滑移边界条件。图 9-3 示意性地表示了这种近壁面处流速的变化。贴壁处这一极薄的流体层相对于壁面是不流动的,壁面与流体间的热量传递必须穿过这个流体层,而穿过不流动的流体层的热量传递方式只能是导热;当流体为空气这样一类不参与辐射传热的介质时,穿过流体层的热量传递方式还可能有辐射。这时,壁面的总传热量等于对流传热量及辐射传热量之和,其中对流部分的传热量计算式(9-1)仍然适用,而且辐射部分的传热量也常可表示成这种形式(见第 10 章)。这里不考虑辐射,对流传热量就等于贴壁流体层的导热量。将傅里叶导热定律应用于贴壁流体层,可得

$$q = -\lambda \left.\frac{\partial t}{\partial y}\right|_{y=0} \tag{9-3}$$

式中：$\partial t/\partial y\big|_{y=0}$ 为贴壁处壁面法线方向上的流体温度变化率；λ 为流体的导热系数。将牛顿冷却公式(9-1a)与上式联立，可得

$$h=-\frac{\lambda}{\Delta t}\frac{\partial t}{\partial y}\bigg|_{y=0} \tag{9-4}$$

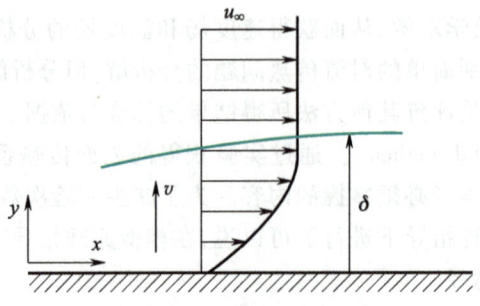

图 9-3　壁面附近速度分布示意图

式(9-4)把表面传热系数与流体的温度场联系了起来，不论是分析法、数值法还是实验法都要用到它。

　　在第一类边界条件的问题中，壁面温度是已知的，分析求解的目的是求壁面法向的温度变化率 $\partial t/\partial y\big|_{y=0}$。在第二类边界条件的问题中，壁面上的热流密度是已知的，相应地 $\partial t/\partial y\big|_{y=0}$ 是已知的，分析求解的目的是确定壁温 t_{w}。这两种边界条件问题的共同点就是要解出流体内的温度分布，即温度场。

　　应注意的是，式(9-4)与导热问题的第三类边界条件不同。前者中 h 是未知量，而后者中 h 是作为已知的边界条件给出的；此处 λ 为流体的导热系数，而后者中的 λ 为固体的导热系数。还应指出，式(9-4)中的 h 是局部表面传热系数，而整个换热表面的表面传热系数需把牛顿冷却公式应用于整个表面来得出。

9.2　对流传热问题的数学描述

　　对流传热问题完整的数学描述包括对流传热微分方程组及定解条件，前者包括质量守恒、动量守恒及能量守恒这三大守恒定律的数学表达式。读者已在第 7 章中学习了质量守恒、动量守恒微分方程的推导过程，这里只引出这些结果。下面着重介绍能量守恒微分方程的推导过程及对流传热完整的控制方程和定解条件。

9.2.1　对流传热能量方程的推导

1. 简化假设

　　为了简化分析，推导时做下列假设。①流动是二维的，该假设仅是为了书写的简洁，从二维推广到三维是很方便的。②流体为不可压缩的牛顿型流体。切应力服从牛顿黏性定律 $\tau=\mu\partial t/\partial y$ 的流体称牛顿型流体。空气、水以及许多工业用油类等流体都属牛顿型流体。少数高分子溶液

如油漆、泥浆等不遵守牛顿黏性定律,称非牛顿型流体。③流体物性为常数、无内热源。④忽略黏性耗散,除高速的气体流动及一部分化工用流体等的对流传热外,工程中常见的对流传热问题大都满足上述假设。

2. 微元体能量收支平衡的分析

与导热微分方程的推导类似,能量微分方程导出同样基于能量守恒定律及傅里叶导热定律,不同点仅在于这里要把流体流进、流出一个微元体时所带入或带出的能量考虑进去。

以图 9-4 所示笛卡儿坐标系中的流体微元作为分析对象,它是固定在空间一定位置的一个控制体,其界面上不断地有流体进、出,因而是热力学中的一个开口系统。根据热力学第一定律,有

$$\Phi = \frac{\partial U}{\partial \tau} + (q_m)_{out}\left(h+\frac{1}{2}v^2+gz\right)_{out} - (q_m)_{in}\left(h+\frac{1}{2}v^2+gz\right)_{in} + W_{net} \tag{9-5a}$$

式中:q_m 为质量流量;h 为流体的比焓;下标 in 和 out 表示进和出;U 为微元体的热力学能;Φ 为通过界面由外界净导入微元体的热流量;W_{net} 为流体所做的净功。考虑到流体流过微元体时位能及动能的变化均可以略而不计,流体也不做功,于是有

$$\Phi = \frac{\partial U}{\partial \tau} + (q_m)_{out}h_{out} - (q_m)_{in}h_{in} \tag{9-5b}$$

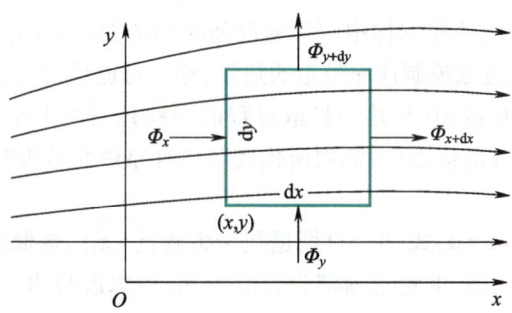

图 9-4　能量微分方程推导中的流体微元

净导入微元体的热量已经在第 8 章中推导过。对于二维问题,在 $d\tau$ 时间内这一热量为

$$\Phi d\tau = \lambda\left(\frac{\partial^2 t}{\partial x^2}+\frac{\partial^2 t}{\partial y^2}\right)dxdyd\tau \tag{9-5c}$$

在 $d\tau$ 时间内,微元体中流体温度改变了 $\frac{\partial t}{\partial \tau}d\tau$,其热力学能的增量为

$$\Delta U = \rho c_p dxdy\frac{\partial t}{\partial \tau}d\tau \tag{9-5d}$$

这里利用了流体不可压缩的条件。

流体流进、流出微元体所带入、带出的焓差可分别从 x 及 y 方向加以计算。以 x 方向为例,在 $d\tau$ 时间内由 x 处的截面进入微元体的焓为

$$H_x = \rho c_p ut dyd\tau \tag{9-5e}$$

而在相同的 $d\tau$ 内由 $x+dx$ 处的截面流出微元体的焓为

$$H_{x+dx} = \rho c_p\left(t+\frac{\partial t}{\partial x}dx\right)\left(u+\frac{\partial u}{\partial x}dx\right)dyd\tau \tag{9-5f}$$

式(9-5f)减去式(9-5e)可得 $\mathrm{d}\tau$ 时间内在 x 方向上由流体净带出微元体的热量,略去高阶小量后为

$$H_{x+\mathrm{d}x}-H_x=\rho c_p\left(u\frac{\partial t}{\partial x}+t\frac{\partial u}{\partial x}\right)\mathrm{d}x\mathrm{d}y\mathrm{d}\tau \tag{9-5g}$$

同理,y 方向上的相应表达式为

$$H_{y+\mathrm{d}y}-H_y=\rho c_p\left(v\frac{\partial t}{\partial y}+t\frac{\partial v}{\partial y}\right)\mathrm{d}x\mathrm{d}y\mathrm{d}\tau \tag{9-5h}$$

于是,在 $\mathrm{d}\tau$ 时间内由于流体的流动而带出微元体的净热量为

$$(q_m)_{\mathrm{out}}h_{\mathrm{out}}-(q_m)_{\mathrm{in}}h_{\mathrm{in}}=\rho c_p\left[\left(u\frac{\partial t}{\partial x}+v\frac{\partial t}{\partial y}\right)+\left(t\frac{\partial u}{\partial x}+t\frac{\partial v}{\partial y}\right)\right]\mathrm{d}x\mathrm{d}y\mathrm{d}\tau$$

$$=\rho c_p\left(u\frac{\partial t}{\partial x}+v\frac{\partial t}{\partial y}\right)\mathrm{d}x\mathrm{d}y\mathrm{d}\tau \tag{9-5i}$$

将式(9-5c)、(9-5d)、(9-5i)代入式(9-5b)并化简,即得二维、常物性、无内热源的对流传热的能量微分方程为

$$\rho c_p\left(\frac{\partial t}{\partial \tau}+u\frac{\partial t}{\partial x}+v\frac{\partial t}{\partial y}\right)=\lambda\left(\frac{\partial^2 t}{\partial x^2}+\frac{\partial^2 t}{\partial y^2}\right) \tag{9-5j}$$

式中:左端第1项表示所研究的控制体中流体温度随时间的变化,称为非稳态项;左端第2项和第3项表示由于流体流出与流进该控制体净带走的热量,称为对流项;等式右端项表示通过导热而净导入该控制体的热量,称为扩散项(导热是扩散过程的一种)。式(9-5j)表明,在流体的运动过程中,热量的传递除了依靠流体的流动(对流项所代表),还有导热引起的扩散作用(扩散项所代表)。

3. 几点讨论

(1)当流体静止时,$u=v=0$,式(9-5j)即退化为常物性、无内热源的导热微分方程。

(2)稳态的对流传热问题,非稳态项消失,式(9-5j)可以改写为

$$\rho c_p\left(u\frac{\partial t}{\partial x}+v\frac{\partial t}{\partial y}\right)=\lambda\left(\frac{\partial^2 t}{\partial x^2}+\frac{\partial^2 t}{\partial y^2}\right) \tag{9-6}$$

(3)如果流体中有内热源,如黏性耗散作用所产生的热量、化学反应的生成热等,那么不难证明,只要在式(9-5j)的右端加上 $\dot{\Phi}(x,y)$ 就得出有内热源时的能量方程,这里 $\dot{\Phi}(x,y)$ 为内热源强度,单位为 $\mathrm{W/m^3}$。对于二维常物性流体,黏性耗散所产生的内热源强度为

$$\dot{\Phi}(x,y)=\mu\left\{2\left[\left(\frac{\partial u}{\partial x}\right)^2+\left(\frac{\partial v}{\partial y}\right)^2\right]+\left(\frac{\partial u}{\partial y}+\frac{\partial v}{\partial x}\right)^2\right\} \tag{9-7}$$

(4)纳维-斯托克斯(Navier-Stokes)方程与能量方程式(9-5j),都是由非稳态项、对流项、扩散项与源项所构成的。

9.2.2 对流传热问题完整的数学描述

1. 控制方程式

至此,我们可以把描写对流传热的完整的微分方程组做一汇总。对于不可压缩、常物性、无内热源的二维问题,这一微分方程组如下。

质量守恒方程

$$\frac{\partial u}{\partial x}+\frac{\partial v}{\partial y}=0 \tag{9-8}$$

动量守恒方程

$$\rho\left(\frac{\partial u}{\partial \tau}+u\frac{\partial u}{\partial x}+v\frac{\partial u}{\partial y}\right)=F_x-\frac{\partial p}{\partial x}+\mu\left(\frac{\partial^2 u}{\partial x^2}+\frac{\partial^2 u}{\partial y^2}\right) \tag{9-9}$$

$$\rho\left(\frac{\partial v}{\partial \tau}+u\frac{\partial v}{\partial x}+v\frac{\partial v}{\partial y}\right)=F_y-\frac{\partial p}{\partial y}+\mu\left(\frac{\partial^2 v}{\partial x^2}+\frac{\partial^2 v}{\partial y^2}\right) \tag{9-10}$$

能量守恒方程

$$\rho c_p\left(\frac{\partial t}{\partial \tau}+u\frac{\partial t}{\partial x}+v\frac{\partial t}{\partial y}\right)=\lambda\left(\frac{\partial^2 t}{\partial x^2}+\frac{\partial^2 t}{\partial y^2}\right) \tag{9-11}$$

式中,F_x、F_y 是体积力在 x、y 方向的分量。

2. 定解条件

作为对流传热问题完整的数学描述还应该对定解条件作出规定,包括初始时刻及边界上与速度、压力及温度等有关的条件。以能量守恒方程为例,可以规定边界上流体的温度分布(第一类边界条件),或者给定边界上加热或冷却流体的热流密度(第二类边界条件)。由于获得表面传热系数是求解对流传热问题的最终目的,因此一般来说求解对流传热问题时没有第三类边界条件。

式(9-8)~式(9-11)4 个方程,共 4 个未知数 u、v、p、t。虽然方程组是封闭的,原则上可以求解,然而由于方程的复杂性和非线性的特点,要在数学上完整求解上述方程组是非常困难的。

9.3　边界层型对流传热问题

9.3.1　热边界层及热边界层能量方程

1. 热边界层及厚度定义

在对流传热条件下,主流与壁面之间存在着温度差。实验观察同样发现,在壁面附近的一个薄层内,流体温度在壁面的法线方向上发生剧烈的变化,而在此薄层之外,流体的温度梯度几乎等于零。普朗特的流动边界层的概念可以推广到对流传热中,固体表面附近流体温度发生剧烈变化的这一薄层称为温度边界层或热边界层,其厚度记为 δ_t。对于外掠平板的对流传热,一般以过余温度为来流过余温度的 99% 处定义为 δ_t 的外边界,而且除液态金属及高黏性的流体外,热边界层的厚度 δ_t 在数量级上是个与流动边界层厚度 δ 相当的小量。于是对流传热问题的温度场也可区分为两个区域:热边界层与主流区。在主流区,流体中的温度变化率可视为零,这样我们就可把要研究的热量传递的区域集中到热边界层内。图 9-5 示意性地画出了固体表面附近速度边界层及温度边界层的大致情况。

2. 热边界层能量方程

与导出流动边界层的动量方程一样,根据热边界层的特点,采用数量级分析的方法可以将上节中导出的能量方程进行简化,得出适用于热边界层的能量方程。

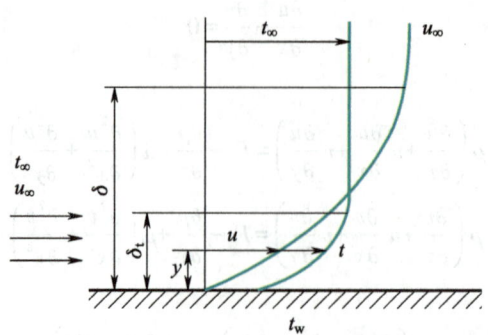

图 9-5 速度边界层与温度边界层

1）数量级的确定

方程中各个项的数量级的确定，可视分析问题的性质而不同，这里采用各量在作用区间的积分平均绝对值的确定方法。例如，在速度边界层内，从壁面到 $y=\delta$ 处，主流方向流速 u 的积分平均绝对值显然远远大于垂直主流方向的流速 v 的积分平均绝对值。因而，如果把边界层内 u 的数量级定为 1，那么 v 的数量级必定是个小量，数量级为 Δ。采用这样的方法可以对能量守恒方程中有关量的数量级作出如表 9-1 所示的分析。方程中导数的数量级则可将因变量及自变量的数量级代入导数的表达式而得出。例如，$\dfrac{\partial t}{\partial \tau}$ 的数量级为 $\dfrac{1}{1}=1$，而 $\dfrac{\partial}{\partial y}\left(\dfrac{\partial t}{\partial y}\right)$ 的数量级则为 $\dfrac{1}{\Delta}\left(\dfrac{1}{\Delta}\right)=\dfrac{1}{\Delta^2}$。

表 9-1　温度边界层中物理量的数量级

变量	x（主流方向坐标）	y	u	v	t
数量级	1	Δ	1	Δ	1

2）二维稳态能量方程的分析结果

利用表 9-1 中所示的数量级，边界层中二维稳态能量方程的各导数项的数量级可分析如下。

$$u\frac{\partial t}{\partial x}+v\frac{\partial t}{\partial y}=a\left[\frac{\partial}{\partial x}\left(\frac{\partial t}{\partial x}\right)+\frac{\partial}{\partial y}\left(\frac{\partial t}{\partial y}\right)\right]$$

数量级：$1\dfrac{1}{1}+\Delta\dfrac{1}{\Delta}=a\left[\left(\dfrac{1}{1}\right)\bigg/1+\left(\dfrac{1}{\Delta}\right)\bigg/\Delta\right]$

将扩散项中的热扩散率考虑在内有

$$1+1=a+\frac{a}{\Delta^2}$$

上述结果表明：①要使等号前后的项有相同的数量级，热扩散率 a 必须具有的数量级 Δ^2。实际上，除液态金属外的流体都满足这一分析；②在 a 与 Δ^2 有相同数量级的条件下，等号右端的两个项中，$\dfrac{\partial^2 t}{\partial x^2}\ll\dfrac{\partial^2 t}{\partial y^2}$，因而可以把主流方向的二阶导数项 $\dfrac{\partial^2 t}{\partial x^2}$ 略去。于是得到二维、稳态、无内热源的

热边界层能量方程为

$$u \frac{\partial t}{\partial x} + v \frac{\partial t}{\partial y} = a \frac{\partial^2 t}{\partial y^2}$$

9.3.2 二维、稳态边界层型对流传热问题的数学描述

这里所谓的边界层型问题,是指在主流方向上的二阶导数可以忽略的问题,这点在第 7 章黏性流体流动中已介绍过。对于二维、稳态、无内热源的边界层型问题,流场与温度场的控制方程式如下。

质量守恒方程

$$\frac{\partial u}{\partial x} + \frac{\partial v}{\partial y} = 0 \tag{9-12}$$

动量守恒方程

$$u \frac{\partial u}{\partial x} + v \frac{\partial u}{\partial y} = -\frac{1}{\rho} \frac{\mathrm{d}p}{\mathrm{d}x} + \nu \frac{\partial^2 u}{\partial y^2} \tag{9-13}$$

能量守恒方程

$$u \frac{\partial t}{\partial x} + v \frac{\partial t}{\partial y} = a \frac{\partial^2 t}{\partial y^2} \tag{9-14}$$

注意,式(9-13)中的 $\frac{\mathrm{d}p}{\mathrm{d}x}$ 是已知量,可由边界层外理想流体的伯努利方程确定。这样,3 个方程包括 3 个未知数 u、v 及 t,方程组是封闭的。

对上述微分方程组辅以定解条件即可求解。对于主流场是平均速度 u_∞、平均温度 t_∞,并给定恒壁温,即 $y=0$ 时 $t=t_\mathrm{w}$ 的问题,定解条件可表示为

$y=0$ 时,$u=0$,$v=0$,$t=t_\mathrm{w}$

$y=\infty$ 时,$u=u_\infty$,$t=t_\infty$

值得指出,对于这类边界层型问题,当存在由于黏性耗散而产生的内热源时,则由边界层型问题的特点及式(9-7)可见,此时内热源强度可简化为

$$\dot{\Phi}(x,y) = \mu \left(\frac{\partial u}{\partial y} \right)^2 \tag{9-15}$$

这里 y 为垂直于固体表面的坐标。当用高黏度的油类来润滑滚珠轴承时,油中的摩擦生热就属于这种情形。

9.3.3 流体外掠平板传热层流分析解

1. 流体外掠等温平板传热的层流分析解

对图 9-5 所示的情形,假设平板表面温度为常量,边界层动量方程中 $\mathrm{d}p/\mathrm{d}x=0$,可以解出层流时截面上速度场及温度场的分析解,进而得出以下结果[1-2]。

离开前缘 x 处的边界层厚度为

$$\delta = \frac{5.0}{\sqrt{Re_x}}x \tag{9-16}$$

范宁局部摩擦系数为

$$c_f = \frac{\tau_w}{\frac{1}{2}\rho u_\infty^2} = \frac{0.664}{\sqrt{Re_x}} \tag{9-17}$$

流动边界层与热边界层厚度之比为

$$\frac{\delta}{\delta_t} \cong Pr^{1/3} \tag{9-18}$$

局部表面传热系数为

$$h_x = 0.332\frac{\lambda}{x}Re_x^{1/2}Pr^{1/3} \tag{9-19}$$

以上 4 式中, Re_x 是以 x 为特征长度的雷诺数, $Pr = \nu/a$, 称为普朗特数。

2. 特征数方程

式(9-19)可以改写为

$$\frac{h_x x}{\lambda} = 0.332Re_x^{1/2}Pr^{1/3} \tag{9-20a}$$

此式等号右端是量纲为一的,显然等号左端必是量纲为一的。我们把等号左端的组合称为努塞尔数(Nusselt number),记为 Nu_x,下标 x 表示以该位置的几何尺度为特征长度。于是流体外掠等温平板层流传热的分析解可以表示为

$$Nu_x = 0.332Re_x^{1/2}Pr^{1/3} \tag{9-20b}$$

这种以特征数表示的对流传热计算关系式称为特征数方程(characteristic number equation),习惯上又称关联式或准则方程。获得不同传热条件下的特征数方程是研究对流传热的根本任务。

对上面所讨论的情形,计算不同 x 处的局部传热系数时所用的温差都是 (t_w-t_∞) (假定流体被加热)。若要得到整个平板的对流传热表面传热系数,可以直接对式(9-20b)在平板的全长 l 上做积分平均,可得

$$Nu_l = 0.664Re_l^{1/2}Pr^{1/3} \tag{9-20c}$$

式中, Nu_l、Re_l 表示该两个特征数中的特长度是平板的全长 l。在应用式(9-20c)进行具体计算时,由于流体的物理性质都与温度有关,因此会遇到采用什么温度确定流体的热物性的问题。这种用以确定特征数中流体热物性的温度称为定性温度。对于边界层型的对流传热,规定采用边界层中流体的平均温度 $t_m = (t_w+t_\infty)/2$ 作为定性温度。式(9-20c)在 $Re \leqslant 2\times10^5$ 的范围内与对空气进行的实验结果符合良好,如图 9-6 所示。值得指出,在一般的传热学文献中,都把 $Re = 5\times10^5$ 作为边界层流动进入湍流的标志(称为临界雷诺数,记为 Re_c)。

3. 普朗特数的物理意义

对于外掠平板的对流传热,式(9-18)表明,Pr 表征了流动边界层与热边界层的相对大小。下面我们进一步从控制方程的角度来分析得出这一结果的定性依据。为此,考虑一个掠过平板的强制对流传热问题。在这类强制对流中,重力场可忽略不计,且压力梯度为零,于是式(9-13)简化为

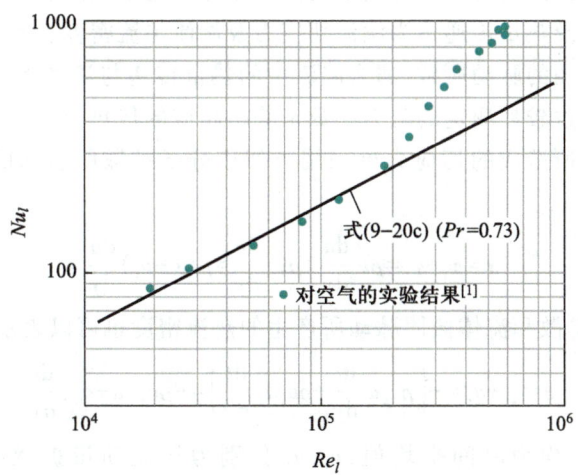

图 9-6 式(9-20c)与实验结果的对比

$$u\frac{\partial u}{\partial x}+v\frac{\partial u}{\partial y}=\nu\frac{\partial^2 u}{\partial y^2} \tag{9-21}$$

将此式与边界层能量微分方程式(9-14)相比较,发现它们在形式上是类似的。只要 $\nu=a$ 且 u 与 t 具有相同的边界条件,如 $y=0$ 时 $t=t_{\mathrm{w}}$,$u=u_{\mathrm{w}}$($u_{\mathrm{w}}=0$ 并不影响讨论),则式(9-14)与式(9-21)有相同形式的量纲为一的形式的解,即 $\dfrac{u-u_{\mathrm{w}}}{u_\infty-u_{\mathrm{w}}}$ 与 $\dfrac{t-t_{\mathrm{w}}}{t_\infty-t_{\mathrm{w}}}$ 的分布完全相同。换句话说,当 $\nu/a=1$ 时,如果热边界层的厚度的定义与流动边界层厚度的定义相同(例如均取来流过余温度或速度值的99%的位置作为边界层的外边界),则有 $\delta_{\mathrm{t}}=\delta$。可见比值 ν/a 可以表征热边界层与流动边界层的相对厚度,这一比值即 $\nu/a=c_p\mu/\lambda$ 即为 Pr。除液态金属的 Pr 为 0.01 的数量级外,常用流体的 Pr 数为 0.6~4 000,各种气体的 Pr 为 0.6~0.7。流体的运动黏性反映了流体中由于分子运动而扩散动量的能力,这一能力越大,黏性的影响传递得越远,因而流动边界层越厚。类似地,流体的热扩散率反映了流体中由于分子运动而扩散热量的能力,这一能力越大,热边界层越厚,因而 Pr 也反映了流体中动量扩散与热扩散能力的相对大小。

普朗特

9.3.4 比拟理论

1. 比拟理论的基本思想

所谓比拟理论(analogy theory),是指利用两个不同物理现象之间在控制方程方面的类似性,通过测定其中一种现象的规律而获得另一种现象基本关系的方法。例如,在湍流对流传热的研究过程中,就曾经通过比较容易测定的湍流流动阻力来反推湍流对流传热关联式。下面首先对湍流中由脉动产生的动量与热量交换做简要说明,然后以流体外掠平板为例从控制方程出发来说明比拟理论的依据。

当流体做湍流运动时,除了主流方向的运动,流体中的微团还做不规则的脉动。因此,当流体中一个微团从一个位置脉动到另一个位置时将产生两个作用:①不同流速层之间有附加的动量交换,产生了附加的切应力;②不同温度层之间的流体产生附加的热量交换。这种由于湍流脉动而产生的附加切应力及热量传递称为湍流切应力及湍流热流密度。既然湍流中的附加切应力及热流密度都由流体微团的脉动所致,那么湍流中的热量传递与流动阻力之间一定存在内在的联系。比拟理论试图通过较易测定的阻力系数来获得相应的传热 Nu 数的表达式。

假定由于微团脉动所造成的切应力可采用类似于分子扩散所引起的切应力那样的计算公式,则

$$\tau = \tau_l + \tau_t = \rho\nu\frac{du}{dy} + \rho\nu_t\frac{du}{dy} = \rho(\nu + \nu_t)\frac{du}{dy} \tag{9-22a}$$

类似地,由于分子扩散和流体微团脉动所产生的热流密度也可以表示为

$$q = q_l + q_t = -\left(\rho c_p a\frac{dt}{dy} + \rho c_p a_t\frac{dt}{dy}\right) = -\rho c_p(a + a_t)\frac{dt}{dy} \tag{9-22b}$$

在以上两式中,u、t 均为时间平均值,ν_t、a_t 分别为湍流动量扩散率(turbulent momentum diffusivity)又称湍流黏度(turbulent viscosity)、湍流热扩散率(turbulent thermal diffusivity),且其量纲分别与 ν 及 a 相同。

对于外掠等温平板层流边界层动量方程及能量方程,只要以时均值代替瞬时值,以 $(\nu + \nu_t)$ 及 $(a + a_t)$ 代替 ν 及 a,则它们也适用于湍流边界层的情形,即湍流边界层动量方程与能量方程为

$$u\frac{\partial u}{\partial x} + v\frac{\partial u}{\partial y} = (\nu + \nu_t)\frac{\partial^2 u}{\partial y^2} \tag{9-23a}$$

$$u\frac{\partial u}{\partial x} + v\frac{\partial u}{\partial y} = (a + a_t)\frac{\partial^2 t}{\partial y^2} \tag{9-23b}$$

引入下列量纲为一的量

$$x^* = x/l, \quad y^* = y/l, \quad u^* = u/u_\infty, \quad v^* = v/u_\infty, \quad \Theta = \frac{t - t_w}{t_\infty - t_w}$$

则有

$$u^*\frac{\partial u^*}{\partial x^*} + v^*\frac{\partial u^*}{\partial y^*} = \frac{1}{u_\infty l}(\nu + \nu_t)\frac{\partial^2 u^*}{\partial y^{*2}} \tag{9-24}$$

$$u^*\frac{\partial \Theta}{\partial x^*} + v^*\frac{\partial \Theta}{\partial y^*} = \frac{1}{u_\infty l}(a + a_t)\frac{\partial^2 \Theta}{\partial y^{*2}} \tag{9-25}$$

边界条件为

$$y^* = 0, \quad u^* = 0, \quad v^* = 0, \quad \Theta = 0 \tag{9-26}$$

$$y^* = y/\delta, \quad u^* = 1, \quad v^* = v_\delta/u_\infty, \quad \Theta = 1 \tag{9-27}$$

由于湍流附加切应力及热流密度均由湍流脉动所致,因此可以假定 $\nu_t = a_t$ 即 $\nu_t/a_t = Pr_t = 1$,这里 Pr_t 为湍流普朗特数。虽然实验测定表明,在实际流动与传热中 Pr_t 之值一般为 $1.0 \sim 1.6$,但 $Pr_t = 1$ 还是可以作为一个较好的近似假定。这样,$\delta = \delta_t$,于是,由式(9-24)~式(9-27)所描述的动量传递和能量传递完全等价,即 u^* 与 Θ 应有完全相同的解。显然,此时应有

$$\frac{\partial u^*}{\partial y^*}\bigg|_{y^*=0} = \frac{\partial \Theta}{\partial y^*}\bigg|_{y^*=0}$$

而

$$\frac{\partial u^*}{\partial y^*}\bigg|_{y^*=0} = \frac{\partial(u/u_\infty)}{\partial(y/l)}\bigg|_{y=0} = \left(\frac{\partial u}{\partial y}\right)_{y=0}\frac{l}{u_\infty} = \mu\left(\frac{\partial u}{\partial y}\right)_{y=0}\frac{l}{\mu u_\infty}$$

$$= \tau_{\text{w}}\frac{1}{\frac{1}{2}\rho u_\infty^2}\frac{\rho u_\infty l}{2\mu} = c_{\text{f}}\frac{Re}{2}$$

$$\left(\frac{\partial \Theta^*}{\partial y^*}\right)_{y^*=0} = \frac{\partial\left(\dfrac{t-t_{\text{w}}}{t_\infty-t_{\text{w}}}\right)}{\partial(y/l)}\bigg|_{y=0} = -\lambda\left(\frac{\partial t}{\partial y}\right)_{y=0}\left(-\frac{l}{t_\infty-t_w}\right)$$

$$= \frac{q}{t_{\text{w}}-t_\infty}\frac{l}{\lambda} = \frac{hl}{\lambda} = Nu$$

注意,在上述分析中,我们并未对长度 l 做任何限制。实际上,只要在平板上湍流边界层的范围内,上述分析均成立。因此,上述分析给出了任意的 $x=l$ 处的局部阻力系数及努塞尔数的关系。按我们以前采用的符号,有

$$Nu_x = \frac{c_{\text{f}}}{2}Re_x \tag{9-28}$$

这就是著名的雷诺比拟。

2. 比拟理论的应用

式(9-28)表明,如果能通过实验测定湍流阻力系数 c_{f} 的计算关联式,那么相应的传热关联式就可得出。

外掠平板流动湍流边界层阻力系数有以下计算关联式。

$$c_{\text{f}} = 0.059\,2Re_x^{-1/3}\quad(Re_x \leqslant 10^7) \tag{9-29}$$

将式(9-29)代入式(9-28)就得到外掠平板流动湍流传热的局部努塞尔数的计算关联式,即

$$Nu_x = 0.029\,6Re_x^{4/5} \tag{9-30}$$

式(9-28)仅在 $Pr_{\text{t}} = 1$ 时成立。此后,奇尔顿(Chilton)和科尔伯恩(Colburn)对式(9-28)进行了修正,提出了修正的雷诺比拟,又称奇尔顿-科尔伯恩比拟,其表达式为

$$\frac{c_{\text{f}}}{2} = StPr^{2/3} = j \quad(0.6 < Pr < 60) \tag{9-31}$$

式中,St 称为斯坦顿数(Stanton number),其定义为

$$St = \frac{Nu}{RePr} \tag{9-32}$$

j 称为 j 因子,在制冷、低温工业的换热器设计中应用较广。对流传热的特征数方程也常常表示成 j 因子的计算式。

当平板长度 l 大于临界长度 x_{c} 时,平板上的边界层就可看成由层流段($x \leqslant x_{\text{c}}$)及湍流段($x > x_{\text{c}}$)组成。因此,整个平板的平均表面传热系数 h_{m} 应按下式计算。

$$h_{\text{m}} = \frac{\lambda}{l}\left[0.332\left(\frac{u_\infty}{\nu}\right)^{1/2}\int_0^{x_{\text{c}}}\frac{\mathrm{d}x}{x^{1/2}} + 0.029\,6\left(\frac{u_\infty}{\nu}\right)^{4/5}\int_{x_{\text{c}}}^l\frac{\mathrm{d}x}{x^{1/5}}\right]Pr^{1/3}$$

积分后可得

$$Nu_{\text{m}} = \left[0.664Re_{\text{c}}^{1/2} + 0.037\left(Re^{4/5} - Re_{\text{c}}^{4/5}\right)\right]Pr^{1/3} \tag{9-33a}$$

取 $Re_{\text{c}} = 5\times10^5$,则上式化为

$$Nu_m = (0.037Re^{4/5} - 871)Pr^{1/3} \qquad (9-33b)$$

式(9-33)中的 Re 是以平板全长 l 为特征长度的雷诺数。

[例题 9-1] 压力为大气压的 20 ℃ 的空气,外掠流过一块长 320 mm、温度为 40 ℃ 的平板,流速为 10 m/s。求离平板前缘 50 mm、100 mm、150 mm、200 mm、250 mm、300 mm、320 mm 处的流动边界层和热边界层的厚度。

假设:流动处于稳态。

解:空气的物性参数按板表面温度和空气温度的平均值 30 ℃ 确定。30 ℃ 时空气的 $\nu = 1.6 \times 10^{-5}$ m²/s、$Pr = 0.701$。对长 320 mm 的平板而言

$$Re = \frac{u_\infty l}{\nu} = \frac{10 \text{ m/s} \times 0.32 \text{ m}}{16 \times 10^{-6} \text{ m}^2/\text{s}} = 2 \times 10^5$$

这一 Re 处于层流范围内。流动边界层厚度按式(9-16)计算为

$$\delta = 5.0 \sqrt{\frac{\nu}{u_\infty x}} x = 5.0 \sqrt{\frac{\nu}{u_\infty}} \sqrt{x}$$

$$= 5.0 \times \sqrt{\frac{1.6 \times 10^{-5} \text{ m}^2/\text{s}}{10 \text{ m/s}}} \sqrt{x} = 6.36 \times 10^{-3} \sqrt{x} \text{ m}$$

热边界层厚度可按式(9-18)计算,即

$$\delta_t = \frac{\delta}{Pr^{1/3}} = \frac{\delta}{0.701^{1/3}} = 1.13\delta$$

δ 及 δ_t 的计算结果示于图 9-7 中。

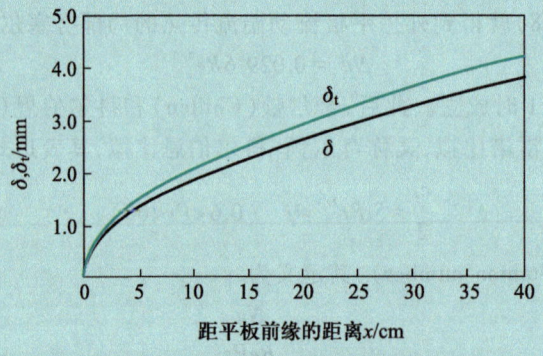

图 9-7 δ 与 δ_t 沿平板长度的变化

讨论:流动边界层的厚度 δ 只与 Re_x 有关,但 δ_t 还与 Pr 数有关。在相同的 Re_x 下水的热边界层厚度 δ_t 比空气的要小得多(30 ℃ 时水的 $Pr = 5.415$)。

[例题 9-2] 例题 9-1 中,如平板的宽度为 1 m,求平板与空气的对流传热量。

假设:流动处于稳态。

解:30 ℃ 时空气的 $\lambda = 2.67 \times 10^{-2}$ W/(m·K)。根据式(9-20c),

$$Nu = 0.664 Re^{1/2} Pr^{1/3} = 0.664 \times (2.0 \times 10^5) \times 0.701^{1/3} = 263.7$$

$$h = \frac{\lambda}{l} Nu = \frac{2.67 \times 10^{-2} \text{ W/(m} \cdot \text{K)}}{0.32 \text{ m}} \times 263.7$$

$$= 22.0 \text{ W/(m}^2 \cdot \text{K)}$$

平板与空气的对流传热量为

$$\Phi = hA\Delta t = 22.0 \text{ W/(m}^2 \cdot \text{K)} \times 1 \text{ m} \times 0.32 \text{ m} \times (40-20) \text{ K}$$

$$= 140.8 \text{ W}$$

讨论：在计算整个平板与流体的传热量时，首先要计算按整个平板长度为特征长度的 Re，以确认是否整个平板均在层流范围内。上面计算中已查明 $Re = 2.0 \times 10^5$，因而可以按层流公式计算。如果 $Re > 5.0 \times 10^5$，那么应分别按层流段及湍流段加以计算。

9.4 相似原理在指导对流传热实验研究中的应用

前已指出，相似原理在工程实验中应用很广，本节中结合它在对流传热实验研究中的应用展开讨论。

9.4.1 应用相似原理指导实验的安排及实验数据的整理

1. 按相似原理来安排与整理数据时，个别实验得出的结果已上升到代表整个相似组的地位

相似原理在对流传热研究中的一个重要的应用是指导实验的安排及实验数据的整理。按相似原理，对流传热的实验数据应当表示成相似准则数之间的函数关系，同时应当以相似准则数作为安排实验的依据。以单相强制对流传热为例，由前面的分析知道，Nu 与 Re 及 Pr 有关，即 $Nu = f(Re, Pr)$，因此应当以 Re 及 Pr 作为实验中区别不同工况的自变量，而以 Nu 作为因变量，这样，如果每个自变量改变 10 次，那么总共仅需做 10^2 次实验，而不是以单个物理量作变量时的 10^6 次。那么，为什么按相似准则数安排实验既能这样大幅度地减少实验次数，又能得出具有一定通用性的实验结果呢？这是因为按相似准则数来安排实验时，个别实验所得出的结果已上升到了代表整个相似组的地位，从而使实验次数可以大为减少，而所得的结果却有一定通用性（代表了该相似组），这是我国传热学研究的先驱学者杨世铭提出的高度凝练的解释与说明，读者应牢固掌握。例如，对空气（$Pr = 0.7$）在管内的强制对流传热进行实验测定得出了这样一个结果：对于流速 $u = 10.5$ m/s、直径 $d = 0.1$ m、运动黏度 $\nu = 16 \times 10^{-6}$ m²/s、平均表面传热系数 $h = 36.9$ W/(m² · K)、流体的导热系数 $\lambda = 0.025\ 9$ W/(m · K) 的工况，计算得

$$Re = \frac{ud}{\nu} = \frac{10.5 \text{ m/s} \times 0.1 \text{ m}}{16 \times 10^{-6} \text{ m}^2/\text{s}} = 6.56 \times 10^4$$

$$Nu = \frac{hd}{\lambda} = 142.5$$

因此，只要 $Pr = 0.7$、$Re = 6.56 \times 10^4$，圆管内湍流强制对流传热的 Nu 数总等于 142.5，而 $Re = 6.56 \times 10^4$ 一种工况可以由许多种不同的流速及直径的组合来达到，上述实验结果即代表了这样一个相似组。

2. 特征方程式(实验关联式)的常用形式

相似原理虽然原则上阐明了实验结果应整理成准则数间的关联式,但具体的函数形式以及定性温度和特征长度的确定,则带有经验的性质。

在对流传热研究中,以已定准则数的幂函数形式整理实验数据的实用方法取得很大的成功,如

$$Nu = CRe^n \tag{9-34a}$$

$$Nu = CRe^n Pr^m \tag{9-34b}$$

式中,C、n、m 等常数由实验数据确定。

这种关联式的形式有一个突出的优点,即它在纵、横坐标都是对数的双对数坐标图上会得到一条直线。对式(9-34a)取对数就得到直线方程的形式:

$$\lg Nu = \lg C + n\lg Re \tag{9-35}$$

其中,n 的数值是双对数图上直线的斜率(见图9-8),也是直线与横坐标夹角 φ 的正切。$\lg C$ 则是当 $\lg Re = 0$ 时直线在纵坐标轴上的截距。

在式(9-34b)中需要确定 C、n、m 3 个常数,实验数据的整理上可分两步进行。例如,对于管内湍流强制对流传热,第一步,得到同一 Re 下不同种类流体(就是改变 Pr)的实验数据,如式(9-36)及图9-9a 所示,可确定 m。

$$\lg Nu = \lg C' + m\lg Pr \tag{9-36}$$

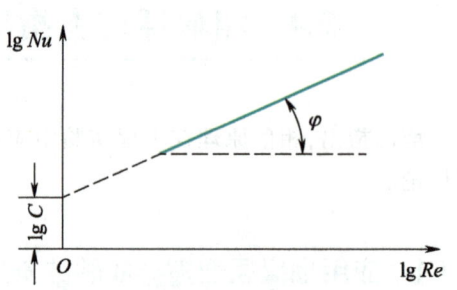

图 9-8　$Nu = CRe^n$ 双对数图图示

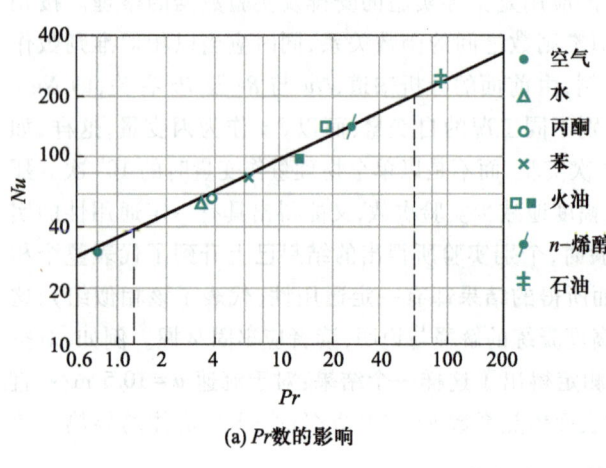

(a) Pr 数的影响

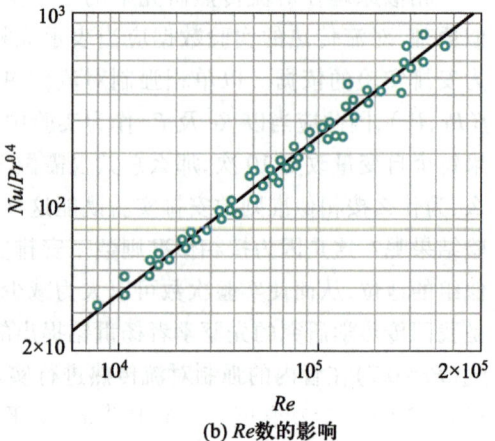

(b) Re 数的影响

图 9-9　管内湍流强制对流传热实验

指数 m 由图上直线的斜率确定,即

$$m = \frac{\lg 200 - \lg 40}{\lg 62 - \lg 1.15} \approx 0.4$$

第二步,以 $\lg(Nu/Pr^{0.4})$ 为纵坐标,用不同 Re 的实验数据确定 C 和 n,如图9-9b 所示。从图上可得 $C = 0.023$、$n = 0.8$。于是,对于管内湍流对流传热,当流体被加热时式(9-34b)可具体化为

$$Nu = 0.023Re^{0.8}Pr^{0.4} \tag{9-37}$$

对于有大量实验点的关联式的整理,可以采用最小二乘法、多维回归方法确定关联式中各常数值。实验点与关联式的符合程度可用大部分实验点与关联式偏差的正负百分数来表示。例如,90%的实验点偏差在±10%以内,或用全部实验点与关联式偏差绝对值的平均百分数以及最大偏差的百分数来表示。

9.4.2　应用特征数方程应注意的问题

在使用特征数方程时应注意以下 4 个问题。

(1) 特征长度应该按准则式规定的方式选取。前已指出,包含在相似准则数中的几何尺度称为特征长度,如 Re、Nu、Bi 及 Fo 中均包含特征长度。原则上,在整理实验数据时,应取所研究问题中具有代表性的尺度作为特征长度,如管内流动时取管内径、外掠平板时取平板长度或流体流过的距离等。在应用文献中已有的特征数方程时,应该按该准则式规定的方式计算特征数。对一些较复杂的几何系统,不同准则数方程可能会采用不同的特征长度,使用时应加以注意。

(2) 特征速度应该按规定方式计算。计算 Re 时用到的流速称为特征速度,一般取截面平均流速,不同的对流传热有不同选取方式。例如流体外掠平板传热取来流速度,管内对流传热取截面平均流速,等。在应用文献中已经有的特征数方程时,应该按该准则式规定的流速计算方式计算特征数。

(3) 定性温度应按该准则式规定的方式选取。定性温度用以计算流体的物性,对同一批实验数据,定性温度不同,所得的准则方程也可能不一样。整理实验数据时定性温度的选取除应考虑实验数据对拟合公式的偏离程度外,也应照顾到工程应用的方便。常用的选取方式有:通道内部流动取进出口截面的平均值;外部流动取边界层外的流体温度或取这一温度与壁面温度的平均值。

(4) 准则方程不能任意推广到得到该方程的实验参数的范围以外。这些参数范围主要有 Re 范围、Pr 范围、几何参数范围等。

9.5　单相对流传热的实验关联式

本节介绍单相对流传热的实验结果。根据图 9-2 的分类,我们将按内部流动、外部流动、自然对流的顺序展开。

9.5.1　内部强制对流传热的实验关联式

内部流动与外部流动的区别主要在于流动边界层与流道壁面之间的相对关系不同:在外部流动中换热壁面上的流体边界层可以自由地发展,不会受到流道壁面的阻碍或限制。因而在外部流动中往往存在着一个边界层外的区域,在那里无论速度梯度还是温度梯度都可以忽略;而在内部流动中换热壁面上边界层的发展受到流道壁面的限制,因此其传热规律就与外部流动有明显的区别。本节先介绍内部流动,即流体在圆管以及非圆形截面通道(槽道)内的传热规律。

1. 管槽内强制对流流动与传热的一些特点

1）两种流态

大家知道,流体在管道内的流动可以分为层流与湍流,其分界点为以管道直径为特征长度的雷诺数,称为临界雷诺数,记为 Re_c。其值为 2 300。一般认为,$Re > 10\ 000$ 后为旺盛湍流,而 $2\ 300 \leqslant Re \leqslant 10\ 000$ 的范围为过渡区。

2）入口段与充分发展段

当流体从大空间进入一根圆管时,流动边界层有一个从零开始增长直到汇合于管子中心线的过程。类似地,当流体与管壁之间有热交换时,管子壁面上的热边界层也有一个从零开始增长直到汇合于管子中心线的过程。当流动边界层及热边界汇合于管子中心线后称流动或传热已经充分发展,此后的传热强度将保持不变。从进口到充分发展段之间的区域称为入口段。入口段的热边界层较薄,局部表面传热系数比充分发展段的高,且沿着主流方向逐渐降低(见图 9-10a)。如果边界层中出现湍流,那么因湍流脉动又会使局部表面传热系数有所提高,再逐渐趋向于一个定值,如图 9-10b 所示。实验研究表明,层流时入口段长度由下式确定。

流动入口段: $$\frac{l}{d} = 0.05Re \tag{9-38a}$$

热入口段: $$\frac{l}{d} = 0.05RePr \tag{9-38b}$$

而湍流时入口段 $l/d \approx 10$。工程技术中常常利用入口段传热效果好这一特点来强化传热。

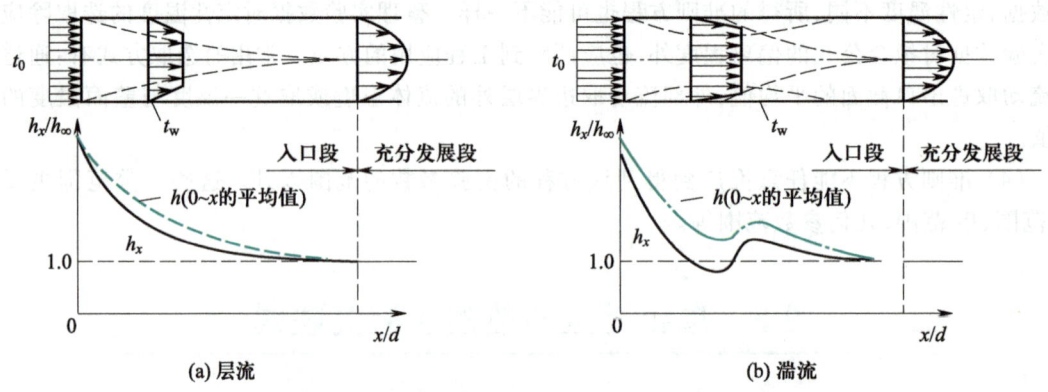

(a) 层流　　　　　　　　　　　　**(b) 湍流**

图 9-10　管内对流传热局部表面传热系数 h_x 的沿程变化

3）两种典型的热边界条件——均匀热流及均匀壁温

实际的工程传热情况是多种多样的,为便于研究与应用,从各种复杂情况中抽象出两类典型的条件:轴向与周向热流密度均匀(简称均匀热流,uniform heat flux)以及轴向与周向热流壁温均匀(简称均匀壁温,uniform wall temperature)。图 9-11 中示意性地给出了在这两种热边界条件下沿主流方向 x 流体截面平均温度 $t_f(x)$ 及管壁温度 $t_w(x)$ 的变化情况。在流体为湍流时,由于流体微团之间的掺混剧烈,除液态金属外,两种热边界条件对表面传热系数的影响可以不计。但对层流及低 Pr 介质的情况,两种边界条件下的差别是不容忽视的。

那么什么情况下能产生这样的热边界条件呢?采用蒸汽凝结来加热时或者液体沸腾来冷却时,壁面温度可以认为是均匀的。当采用均匀缠绕的电热丝来加热壁面时,就产生了接近均匀热流密度的条件。

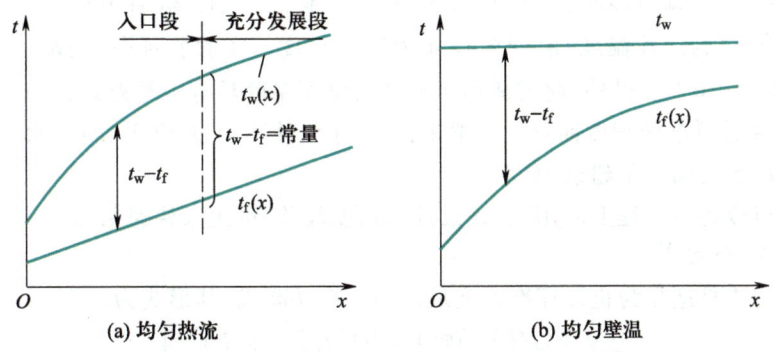

图 9-11 均匀热流与均匀壁温下流体平均温度与壁面温度的沿程变化

4）流体平均温度以及流体与壁面的平均温差

用以确定流体热物性的定性温度应为整个流体域的平均温度，它是流体截面平均温度在管长上的平均值。截面上流体的平均温度为

$$t_{\mathrm{f}} = \frac{\displaystyle\int_{A_c} \rho c_p u t \mathrm{d}A}{\displaystyle\int_{A_c} \rho c_p u \mathrm{d}A} \tag{9-39}$$

式中，A_c 为管道横截面积。

当采用实验方法来测定截面平均温度时，应在测温点之前设法将截面上各部分的流体充分混合，这样才能保证测到的温度是流体的截面平均温度，又称为主体温度（bulk temperature）。

如果要确定流体与一根长通道表面间的平均表面传热系数，在应用牛顿冷却公式（9-1）时要注意平均温差的确定方法。对于均匀热流的情形，如果其中充分发展段足够长，那么可取充分发展段的温差（$t_{\mathrm{w}} - t_{\mathrm{f}}$）作为 Δt_{m}（图 9-11a）。但对均匀壁温的情形，截面上的局部温差在整个传热面上是不断变化的（图 9-11b），严格来说，这时应利用以下的热平衡式确定平均的表面传热系数。

$$h_{\mathrm{m}} A \Delta t_{\mathrm{m}} = q_m c_p (t_{\mathrm{f}}'' - t_{\mathrm{f}}') \tag{9-40}$$

式中：q_m 为质量流量；t_{f}''、t_{f}' 分别为出口、进口截面上的平均温度；Δt_{m} 按对数平均温差（将在第 11 章详细讨论）计算。

$$\Delta t_{\mathrm{m}} = \frac{t_{\mathrm{f}}'' - t_{\mathrm{f}}'}{\ln\left(\dfrac{t_{\mathrm{w}} - t_{\mathrm{f}}'}{t_{\mathrm{w}} - t_{\mathrm{f}}''}\right)} \tag{9-41}$$

当进口截面与出口截面上的温差比 $(t_{\mathrm{w}} - t_{\mathrm{f}}'')/(t_{\mathrm{w}} - t_{\mathrm{f}}') < 2$ 时，算术平均温差 $\left(t_{\mathrm{w}} - \dfrac{t_{\mathrm{f}}'' + t_{\mathrm{f}}'}{2}\right)$ 与上述对数平均温差间的差别小 4%。简单起见，可以采用 $\left(t_{\mathrm{w}} - \dfrac{t_{\mathrm{f}}'' + t_{\mathrm{f}}'}{2}\right)$ 来计算。

2. 管槽内湍流强制对流传热关联式

1）Dittus-Boelter 公式

对于管道内强制对流传热，该公式是历史上应用时间最长也最普遍的关联式。

$$Nu_{\mathrm{f}} = 0.023 Re_{\mathrm{f}}^{0.8} Pr_{\mathrm{f}}^n \tag{9-42}$$

加热流体时，$n=0.4$；冷却流体时，$n=0.3$。式中采用流体平均温度 t_f（管道进、出口两个截面平均温度的算术平均值）为定性温度，取管内径 d 为特征长度。实验验证范围：$Re_f=10^4\sim 1.2\times 10^5$，$Pr_f=0.7\sim 120, l/d\geqslant 10^{[2]}$。另外，此式适用于流体与壁面温度具有中等温差的场合。所谓中等温差，其具体数字视计算准确程度而定。一般来说，对于气体不超过 50 ℃，对于水为 $20\sim 30$ ℃，对于 $(1/\mu)(\mathrm{d}\mu/\mathrm{d}t)$ 大的油类不超过 10 ℃。

式(9-42)至今还在工程上应用，但该式计算精度较差，可用来快速估算。

2）Gnielinski 公式[3]

Gnielinski 公式是迄今为止计算准确度最高的一个关联式，其形式为

$$Nu_f=\frac{(f/8)(Re-1\ 000)Pr_f}{1+12.7\sqrt{f/8}\,(Pr_f^{2/3}-1)}\left[1+\left(\frac{d}{l}\right)^{2/3}\right]\qquad(9\text{-}43)$$

式中，f 为管内湍流流动的达西（Darcy）阻力系数，按柯纳柯夫（Konakov）公式计算：

$$f=(1.8\lg Re-1.5)^{-2}\qquad(9\text{-}44)$$

式(9-40)的实验验证范围为：$Re_f=2\ 300\sim 10^6, Pr_f=0.6\sim 10^5$。

值得指出，Gnielinski 公式所依据的 800 多个实验数据中，90% 与关联式的最大偏差在 ±20% 以内，大部分在 ±10% 以内。同时关于长径比（入口效应）的影响已经体现在公式中。当需要较高的计算准确度时推荐使用这一公式。

3）关联式应用范围的拓宽

（1）入口段的影响。前面已定性地讨论过入口效应，即入口段由于热边界层较薄而具有比充分发展段高的表面传热系数。但究竟高出多少，式(9-43)中的右端项

$$c_l=1+\left(\frac{d}{l}\right)^{2/3}\qquad(9\text{-}45)$$

就是推荐的修正式，如式(9-45)所示。

（2）变物性影响的修正。所谓温差的影响，实际上是考虑流体的热物理性质随温度变化而引起的影响。那么为什么物性变化会影响到传热效果呢？式(9-42)中 Pr 的指数在流体被加热与被冷却时不同，就是考虑流体的热物理性质随温度变化而引起的对热量传递过程影响的一种最简单的方式。有传热存在时，管子截面上的温度是不均匀的。因为温度会影响黏度，所以截面上的速度分布与等温流动的分布有所不同。图 9-12 所示为管内速度分布随换热情况的畸变，图中曲线 1 为等温流的速度分布。先对液体作分析。因液体的黏度随温度的降低而升高，液体被冷却时，近壁处的黏度较管心处的高，近壁处流速低于等温情况下的，速度分布变成曲线 2。若液体被加热，近壁处黏度降低，近壁处流速高于等温曲线，则速度分布变成曲线 3。近壁处流速增强会加强传热，反之会减弱传热，这就说明了不均匀物性场对传热的影响。对于气体，由于黏度随温度增高而升高，与液体的情形相反。

综上所述，不均匀物性场对传热的影响，视液体还是气体、加热还是冷却以及温差的大小而异。较大温差时，可在式(9-42)及式(9-43)的右端乘以温差修正系数 c_t，其取值如下。

对式(9-42)（此时 n 恒取 0.4）：

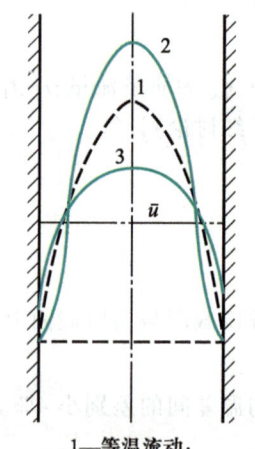

1—等温流动；
2—液体被冷却或气体被加热；
3—液体被加热或气体被冷却。

图 9-12　管内速度分布
随换热情况的畸变

气体被加热时，
$$c_t = \left(\frac{T_f}{T_w}\right)^{0.5}$$
(9-46a)

气体被冷却时，
$$c_t = 1.0$$
(9-46b)

液体被加热时，
$$c_t = \left(\frac{\mu_f}{\mu_w}\right)^{0.11}$$
(9-46c)

液体被冷却时，
$$c_t = \left(\frac{\mu_f}{\mu_w}\right)^{0.25}$$
(9-46d)

式中：T 为热力学温度，K；μ 为动力黏度，Pa·s；下标 f、w 表示分别以流体平均温度及壁面温度来计算的流体动力黏度。

对式(9-43)：

对气体，
$$c_t = \left(\frac{T_f}{T_w}\right)^{0.45} \quad \left(\frac{T_f}{T_w} = 0.5 \sim 1.5\right)$$
(9-46e)

对液体，
$$c_t = \left(\frac{Pr_f}{Pr_w}\right)^{0.11} \quad \left(\frac{Pr_f}{Pr_w} = 0.05 \sim 20\right)$$
(9-46f)

（3）非圆形截面的通道。对于非圆形截面通道，采用当量直径（equivalent diameter）作为特征长度，则对于圆管得出的湍流传热关联式就可近似地予以应用。

（4）螺旋管。螺旋管内的流体在向前运动过程中连续地改变方向，会在横截面上产生二次环流而强化传热。图 9-13 所示是二次环流的定性描述，其中图 9-13a 给出了螺旋管的外形及截面上二次环流，图 9-13b 则显示了二次环流与主流合成后的流体运动情况。对于流体在螺旋管内的对流传热的计算，工程上的一种实用做法是应用前述的准则式计算出平均 Nu 数后再乘以一个螺旋管修正系数 c_r，推荐用：

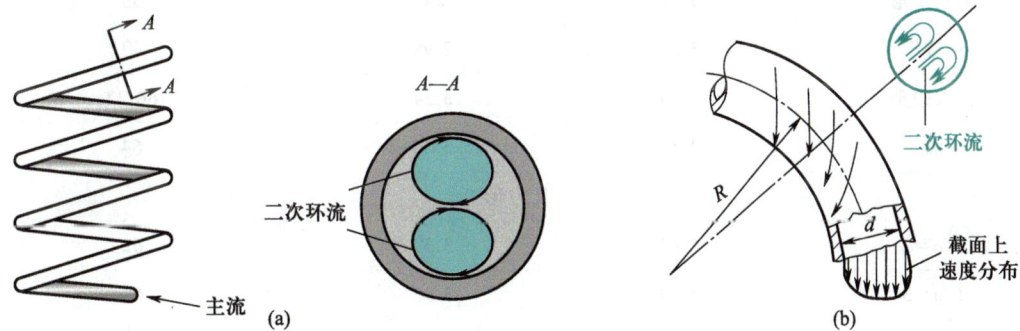

图 9-13　螺旋管中的流动

对于气体，
$$c_r = 1 + 1.77 \frac{d}{R}$$
(9-47a)

对于液体，
$$c_r = 1 + 10.3 \left(\frac{d}{R}\right)^3$$
(9-47b)

（5）内螺纹微肋管。内螺纹微肋管广泛应用于空调、制冷工业的冷凝器与蒸发器中以强化管内流体的传热。另有研究表明，只要将 Gnielinski 公式中分子上的阻力系数 f 替换为此类管子流动充分发展段的阻力系数值，则 Gnielinski 公式可用来预测此类管子的湍流传热系数，偏差在 ±20% 以内[4]。

管槽内湍流对流传热典型关联式的发展

以上是关于常规流体($Pr>0.6$)的讨论,对 Pr 数很小的液态金属($Pr=3\times10^{-3}\sim5\times10^{-2}$),由于速度边界层与温度边界层的相互关系与常规流体完全不同,使传热具有不同的规律。这里推荐适用于光滑圆管的充分发展湍流的实验关联式。

均匀热流: $$Nu_f=4.82+0.018\,5Pe_f^{0.8} \tag{9-48}$$

均匀壁温: $$Nu_f=5.0+0.025Pe_f^{0.8} \tag{9-49}$$

其中特征长度为内径、定性温度为流体平均温度。

式(9-48)的实验验证范围为 $Re_f=3.6\times10^3\sim9.05\times10^5$、$Pe_f=10^2\sim10^4$,式(9-49)的实验验证范围为 $Pe_f>100$。这里 $Pe=RePr$ 为佩克莱数。

3. 管槽内层流强制对流传热关联式

圆管内充分发展层流强制对流传热的定量特征

管槽内层流充分发展对流传热的理论分析工作做得比较充分,已经有许多结果可供选用,表9-2~表9-4 中给出了一些代表性的结果。可以看出以下特点:①对于同一截面形状的通道,均匀热流条件下的 Nu 总是高于均匀壁温下的 Nu(对圆管而言要高 19%)。可见层流条件下热边界条件的影响不能忽略。②对于表中所列的等截面直通道的情形,层流充分发展时的 Nu 与 Re 无关,这与湍流时有很大的不同。③即使用当量直径作特征长度,不同截面管道层流充分发展的 Nu 也不相等。这说明对于层流,当量直径仅仅是一几何参数,不能用它来统一不同截面通道的传热与阻力计算的表达式。

表 9-2 不同截面形状的管内层流充分发展传热的 Nu

截面形状	$Nu=hd_e/\lambda$		$fRe\left(Re=\dfrac{ud_e}{\nu}\right)$
	均匀热流	均匀壁温	
正三角形	3.11	2.47	53
正方形	3.61	2.98	57
正六边形	4.00	3.34	60.22
圆	4.36	3.66	64
长方形			
$b/a=2$	4.12	3.39	62
$b/a=3$	4.79	3.96	69
$b/a=4$	5.33	4.44	73
$b/a=8$	6.49	5.60	82
$b/a=\infty$	8.23	7.54	96

表 9-3 环形空间内层流充分发展传热的 Nu(一侧绝热,另一侧均匀壁温)

内外径之比 d_i/d_o	内壁 Nu_i(外壁绝热)	外壁 Nu_o(内壁绝热)
0	—	3.66
0.05	17.46	4.04
0.10	11.56	4.11

内外径之比 d_i/d_o	内壁 Nu_i(外壁绝热)	外壁 Nu_o(内壁绝热)
0.25	7.37	4.23
0.50	5.74	4.43
1.00	4.86	4.86

表 9-4 环形空间内层流充分发展对流传热 Nu（内外侧均维持均匀热流）

内外径之比 d_i/d_o	内壁 Nu_i	外壁 Nu_o
0	—	4.364
0.05	17.81	4.792
0.10	11.91	4.833
0.20	8.499	4.834
0.40	6.583	4.979
0.60	5.912	5.099
0.80	5.580	5.240
1.00	5.385	5.385

实际工程换热设备中，层流时的传热常常处于入口段的范围。对于这种情形，推荐采用下列齐德-泰特（Sieder-Tate）公式来计算长为 l 的管道的平均 Nu 数，即

$$Nu_f = 1.86\left(\frac{Re_f Pr_f}{l/d}\right)^{1/3}\left(\frac{\mu_f}{\mu_w}\right)^{0.14} \tag{9-50}$$

式中，定性温度为流体平均温度 t_f，但 η_w 按壁温计算；特征长度为管径。该式的实验验证范围为：$Pr_f = 0.48 \sim 16\ 700$，$\dfrac{\mu_f}{\mu_w} = 0.004\ 4 \sim 9.75$，$\left(\dfrac{Re_f Pr_f}{l/d}\right)^{1/3}\left(\dfrac{\mu_f}{\mu_w}\right)^{0.14} \geqslant 2$；管子处于均匀壁温。

值得指出，当以 $\left(\dfrac{Re_f Pr_f}{l/d}\right)^{1/3}\left(\dfrac{\mu_f}{\mu_w}\right)^{0.14} = 2$ 的条件代入式（9-50）时，得出 $Nu_f = 3.72$，比 3.66 仅高出 1.6%，所以也可以认为式（9-50）主要适用于均匀壁温的条件。

关于流体在管槽内层流与湍流范围内对流传热系数的计算关联式，这里仅介绍了有代表性的几个，在相关文献中还可以见到其他多种形式的实验关联式，有需要时读者可自行查阅。

[例题 9-3] 水流过长 $l = 5$ m、壁温均匀的直管时，从 $t'_f = 25.3$ ℃ 被加热到 $t''_f = 34.6$ ℃，管子的内径 $d = 20$ mm，水在管内的流速为 2 m/s，求表面传热系数。

分析： 本例题先采用式（9-42）计算，为此先假定传热处于小温差的范围。待计算得出表面传热系数以后，再推算平均壁温，并且校核假定条件是否成立。若不成立，则在第一次计算得到的初步结果基础上再行计算。

解： 水的平均温度为

$$t_f = \frac{t'_f + t''_f}{2} = \frac{25.3\ ℃ + 34.6\ ℃}{2} = 30\ ℃$$

以此为定性温度,从附录查得 $\rho = 995.7 \text{ kg/m}^3$、$c_p = 4.177 \text{ kJ/(kg·K)}$、$\lambda_f = 0.618 \text{ W/(m·K)}$、$\nu_f = 0.805 \times 10^{-6} \text{ m}^2/\text{s}$、$Pr_f = 5.42$。

由此得

$$Re_f = \frac{ud}{\nu_f} = \frac{2 \text{ m/s} \times 0.02 \text{ m}}{0.805 \times 10^{-6} \text{ m}^2/\text{s}} = 4.97 \times 10^4 > 10^4$$

流动处于旺盛湍流区。

采用式(9-42)求 h_m:

$$Nu_f = 0.023 Re_f^{0.8} Pr_f^{0.4} = 0.023 \times (4.97 \times 10^4)^{0.8} \times 5.42^{0.4} = 258.5$$

$$h_m = \frac{\lambda_f}{d} Nu_f = \frac{0.618 \text{ W/(m·K)}}{0.02 \text{ m}} \times 258.5 = 7\,988 \text{ W/(m}^2\text{·K)}$$

被加热水每秒内的吸热量为

$$\Phi = \rho u \frac{\pi d^2}{4} c_p (t_f'' - t_f')$$

$$= 995.7 \text{ kg/m}^3 \times 2 \text{ m/s} \times \frac{3.14 \times (0.02 \text{ m})^2}{4} \times 4\,174 \text{ J/(kg·K)} \times (34.6 \text{ ℃} - 25.3 \text{ ℃})$$

$$= 2.43 \times 10^4 \text{ W}$$

先用下式计算壁温。

$$t_w = t_f + \frac{\Phi}{hA} = 30 \text{ ℃} + \frac{2.43 \times 10^4 \text{ W}}{7\,988 \text{ W/(m}^2\text{·K)} \times 0.02 \text{ m} \times 3.14 \times 5 \text{ m}} \text{ ℃} = 39.7 \text{ ℃}$$

温差 $(t_w - t_f) = 9.7 \text{ ℃} < 20 \text{ ℃}$,$l/d = 5 \text{ m}/0.02 \text{ m} = 250 \gg 10$,在式(9-42)的适用范围内,故所求的 h_m 即为本题答案。

讨论:(1) 再按 Gnielinski 公式计算,先近似取 $t_w = 40 \text{ ℃}$。由附录得 $Pr_w = 4.31$,于是有

$$f = (1.8 \lg Re - 1.5)^{-2} = (1.8 \times \lg 49\,700 - 1.5)^{-2} = 0.020\,68$$

$$Nu_f = \frac{0.020\,68/8 \times (4.97 \times 10^3 - 1\,000) \times 5.42}{1 + 12.7 \times \sqrt{0.020\,68/8} \times (5.42^{3/2} - 1)} \times \left[1 + \left(\frac{1}{250}\right)^{2/3}\right] \times \left(\frac{5.42}{4.31}\right)^{0.11} = 305.7$$

由此可见,按两个关联式计算同一个问题的结果相差约 15.4%。对于一般工程计算,10% 的偏差是可以接受的;但 Gnielinski 公式计算结果的准确性更高,可以认为本题按 Dittus-Boelter 公式计算的结果偏低。

(2) 本题上面计算温差时采用了算术平均温差的方法。实际上,如本节前面所述,对均匀壁温的情形,对于整个传热面应用牛顿冷却公式时应该采用对数平均温差。按对数平均温差的表达式(9-41):

$$\Delta t_m = \frac{t_f'' - t_f'}{\ln \dfrac{t_w - t_f'}{t_w - t_f''}} = \frac{\Phi}{h_m A}$$

代入数据得

$$\frac{(34.6-25.3)\ ℃}{\ln\dfrac{t_w-25.3\ ℃}{t_w-34.6\ ℃}}=\frac{2.43\times10^4\ w}{7\ 988\ W/(m^2\cdot K)\times3.14\times0.02\ m\times5\ m}$$

由此得 $t_w=39.1\ ℃$。这一修正的计算结果并不影响本题的计算有效性,也说明当流体进、出口温差较小时,算术平均温差和对数平均温差的区别不大。

9.5.2 外部强制对流传热的实验关联式

所谓外部流动传热,是指这样一类流动与传热:换热壁面上的流动边界层与热边界层能自由发展,不会受到邻近通道壁面存在的限制。因而,在外部流动中存在着一个边界层外的区域,那里无论是速度梯度还是温度梯度都可以忽略。本节将分别按横掠单管及横掠管束来介绍对流传热的实验关联式。

1. 流体横掠单管的实验结果

1)流体横掠单管对流传热的特点

所谓横掠单管,就是流体沿着垂直于管子轴线的方向流过管子表面。流体横掠单管流动除了具有边界层特征(这点和外掠平板类似),还要发生绕流脱体(这点在第 7 章已有介绍)。流体横掠单管时边界层的发展和分离决定了外掠圆管传热的特征。图 9-14 是恒定热流壁面局部努

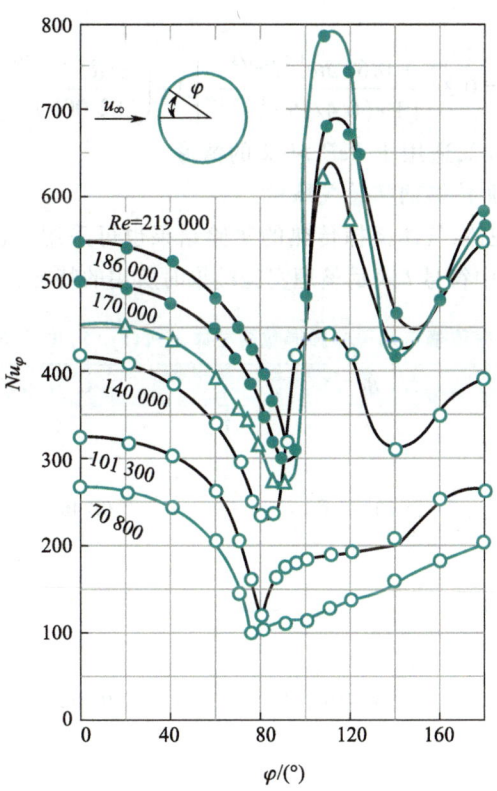

图 9-14 圆管表面局部表面传热系数的变化

塞尔数随角度 φ 的变化。这些曲线在 $\varphi = 0° \sim 80°$ 范围内随角度的增加而递降,是层流边界层不断增厚的缘故。低 Re 时,回升点反映了绕流脱体的起点,这是由于脱体区的扰动强化了传热。高 Re 时,第一次回升是因为转变成了湍流;第二次回升约在 $\varphi = 140°$,则是脱体的缘故。

2)圆管表面平均传热系数的关联式

流体横掠圆管的平均表面传热系数可以用下列关联式来计算。

$$Nu = C Re^n Pr^{1/3} \tag{9-51}$$

式中:C 及 n 的值如表9-5所示;定性温度为 $(t_w + t_\infty)/2$,t_∞ 为来流温度;特征长度为管外径;Re 中的特征速度为来流速度 u_∞。

表9-5 式(9-51)中 C 与 n 之值

Re	C	n
$0.4 \sim 4$	0.989	0.330
$4 \sim 40$	0.911	0.385
$40 \sim 4\,000$	0.683	0.466
$4\,000 \sim 40\,000$	0.193	0.618
$40\,000 \sim 400\,000$	0.026\,6	0.805

丘吉尔(Churchill)与伯恩斯坦(Bernstein)对流体横向外掠单管提出了以下在整个实验范围内都适用的关联式[5]。

$$Nu = 0.3 + \frac{0.62\,Re^{1/2}Pr^{1/3}}{\left[1 + (0.4/Pr)^{2/3}\right]^{1/4}} \left[1 + \left(\frac{Re}{282\,000}\right)^{5/8}\right]^{4/5} \tag{9-52}$$

此式的定性温度为 $(t_w + t_\infty)/2$,适用于 $RePr > 0.2$ 的情形。

2. 气体横掠非圆形截面柱体的实验关联式

对几种非圆形截面的柱体,气体横掠传热的实验结果也可采用式(9-51)的形式,其中 C 与 n 的值在表9-6中给出[6],图中符号 l 表示整理实验结果时所用的特征长度,定性温度为 $(t_\infty + t_w)/2$。

表9-6 气体横掠几种非圆形截面柱体时式(9-51)中 C 与 n 之值

	Re	C	n
正方形 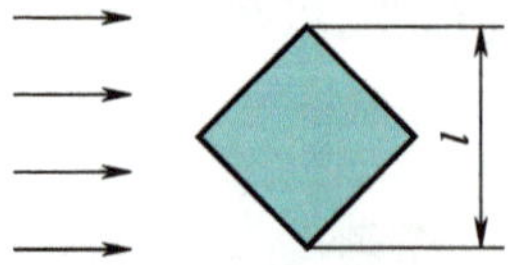	$5 \times 10^3 \sim 10^5$	0.246	0.588
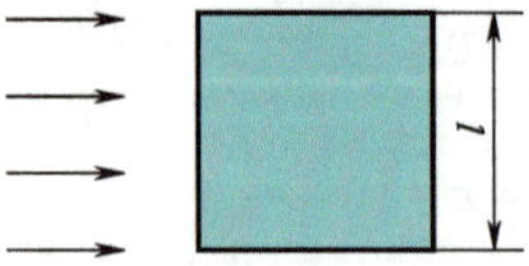	$5 \times 10^3 \sim 10^5$	0.102	0.675

续表

	Re	C	n
正六边形	$5\times10^3 \sim 1.95\times10^4$ $1.95\times10^4 \sim 10^5$	0.160 0.038 5	0.638 0.782
	$5\times10^3 \sim 10^5$	0.153	0.638
竖直平板	$4\times10^3 \sim 1.5\times10^4$	0.228	0.731

3. 流体外掠球体的实验关联式

流体外掠圆球的平均表面传热系数可以用以下关联式来确定[7]。

$$Nu = 2+\left(0.4Re^{1/2}+0.06Re^{2/3}\right)Pr^{0.4}\left(\frac{\mu_\infty}{\mu_w}\right)^{1/4} \tag{9-53}$$

该式定性温度为来流温度 t_∞,特征长度为球直径,适用范围为:$0.71<Pr<380,3.5<Re<7.6\times10^4$。

4. 流体横掠管束的实验关联式

1)两种管束的排列方式及其对流动与传热的影响

外掠管束对流传热在各种换热设备中最为常见。通常管子有叉排和顺排两种排列方式,如图 9-15 所示。流体冲刷叉排和顺排管束的特征是不同的,如图 9-16 所示。叉排时流体在管间

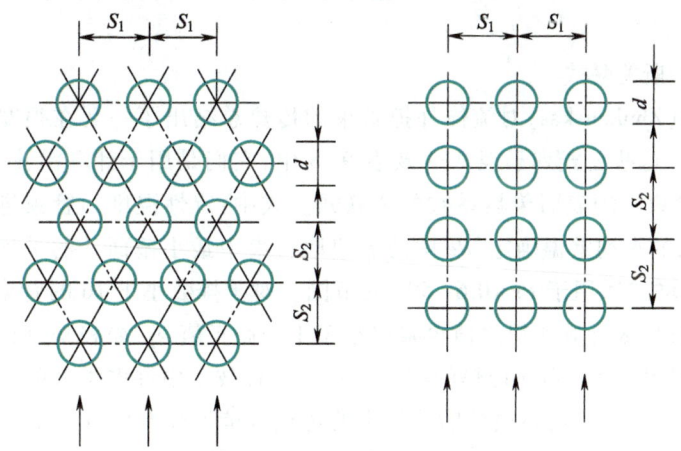

图 9-15 叉排与顺排管束

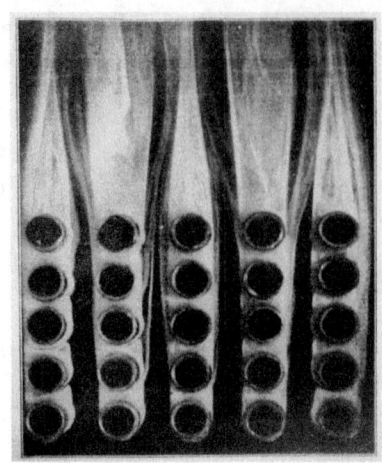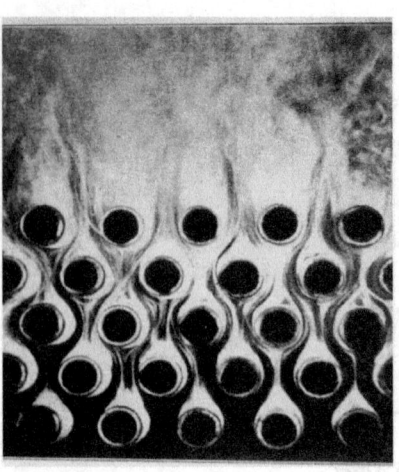

图 9-16 流体横掠管束的流动可视化图像[8]

交替收缩和扩张的弯曲通道中流动,比顺排时在管间通道的流动扰动剧烈,因此,一般地说叉排时的传热比顺排时强。然而,叉排管束的流动阻力要大于顺排的,但顺排管易于清洗,所以叉排、顺排的选择要全面权衡。

2) 影响管束平均传热性能的因素

影响管束平均传热性能的因素有流动 Re、流体的 Pr,由于沿着主流方向流体的平均流速不断地发生变化,因此要选定一个特征流速以计算 Re,一般取管束中最窄流通截面处的平均流速。管子排列方式以及横向管间距 s_1、纵向管间距 s_2 对传热也有影响,尤其是对叉排管束的情形,s_1、s_2 相对大小的不同会涉及特征流速的位置。此外,沿着主流方向流体流过每一排(对顺排)或每两排(对叉排)管子时,流体的运动周期性地重复,当流过主流方向的管排数达到一定数目后,流动与传热会进入周期性充分发展的阶段,这时每个周期的平均表面传热系数保持为常数。在进行实验研究时,一般先确定整个管束的平均表面传热系数与管排数无关时的实验关联式,然后引入考虑排数减少时的影响。当流体进出管束的温度变化比较大时,需要考虑物性变化的影响。作为考虑这种影响的一种实用方式,可采用物性修正因子 $(Pr_f/Pr_w)^{0.25}$。

3) 茹卡乌斯卡斯关联式

茹卡乌斯卡斯(Zhukauskas)对流体外掠管束的传热总结出了一套在很宽的 Pr 变化范围内便于使用的公式[9],这些公式列于表 9-7 及表 9-8 中,它们是用于计算沿流体流动方向管排数大于或等于 16 的管束平均表面传热系数的关联式。式中:定性温度为管束进、出口流体温度的平均值;Pr_w 按管束的平均壁温确定;Re 中的流速取管束中最小截面处的平均流速;特征长度为管子外径。这些关联式适用于 $Pr=0.6\sim500$ 的范围。对于排数小于 16 的管束,其平均表面传热系数为按表 9-7、表 9-8 计算所得之值再乘以小于 1 的修正值 ε_n,如表 9-9 所示。

采用肋片管(翅片管)是强化传热的有效途径。工程技术中许多类型的气-液换热器常在气侧采用不同形式的肋片管。流体横掠肋片管束的传热性能不仅与肋片管的结构参数(如肋片的高度、间距,肋片的形状等)有关,还与肋片管的制造工艺(影响肋片与基管间的接触热阻)有关。在文献[10-11]中汇总了多种肋片管的传热关联式,可供选用。

表 9-7　流体横掠顺排管束平均表面传热系数计算关联式(≥16 排)

关联式	适用 Re 范围
$Nu_f = 0.9 Re_f^{0.4} Pr_f^{0.36} (Pr_f/Pr_w)^{0.25}$	$1 \sim 10^2$
$Nu_f = 0.52 Re_f^{0.5} Pr_f^{0.36} (Pr_f/Pr_w)^{0.25}$	$10^2 \sim 10^3$
$Nu_f = 0.27 Re_f^{0.63} Pr_f^{0.36} (Pr_f/Pr_w)^{0.25}$	$10^3 \sim 2\times10^5$
$Nu_f = 0.033 Re_f^{0.8} Pr_f^{0.36} (Pr_f/Pr_w)^{0.25}$	$2\times10^5 \sim 2\times10^6$

表 9-8　流体横掠叉排管束平均表面传热系数计算关联式(≥16 排)

关联式	适用 Re 范围
$Nu_f = 1.04 Re_f^{0.4} Pr_f^{0.36} (Pr_f/Pr_w)^{0.25}$	$1 \sim 5\times10^2$
$Nu_f = 0.71 Re_f^{0.5} Pr_f^{0.36} (Pr_f/Pr_w)^{0.25}$	$5\times10^2 \sim 10^3$
$Nu_f = 0.35 \left(\dfrac{s_1}{s_2}\right)^{0.2} Re_f^{0.6} Pr_f^{0.36} (Pr_f/Pr_w)^{0.25}$	$10^3 \sim 2\times10^5$
$Nu_f = 0.031 \left(\dfrac{s_1}{s_2}\right)^{0.2} Re_f^{0.8} Pr_f^{0.36} (Pr_f/Pr_w)^{0.25}$	$2\times10^5 \sim 2\times10^6$

表 9-9　茹卡乌斯卡斯公式的管排修正系数 ε_n

管排数	1	2	3	4	5	7	11	13
顺排	0.70	0.80	0.86	0.90	0.93	0.96	0.98	0.99
叉排	0.64	0.76	0.84	0.89	0.93	0.96	0.98	0.99

　　球形颗粒堆积结构中的对流传热广泛存在于高温气冷堆、储能、化工、太阳能热利用等领域,与堆积结构的孔隙率、颗粒尺寸、堆积方式等息息相关,这点与外掠管束问题类似,实际上管束也可以看作是一种多孔介质,只不过它的几何结构比较简单。颗粒堆积结构中平均表面传热系数的计算可参阅文献[12]。

　　[例题 9-4]　在低速风洞中用电加热圆管的方法来进行空气横掠水平放置圆管的对流传热实验。实验管两端固定于风洞的两个侧壁上,暴露在空气中的部分长 100 mm、外径为 12 mm。实验测得来流气 $t_\infty = 15\ ℃$、传热表面平均温度 $t_w = 125\ ℃$、功率 $P = 40.5\ W$。由于传热管表面的辐射及传热管两端通过风洞侧壁的导热,估计约有 15% 的功率损失掉,试计算此时对流传热的表面传热系数。

　　分析:这是用实验方法测定横掠单管对流传热表面传热系数的例子。除掉 15% 的功率损失,剩余的就是对流传热量。

　　计算:由已知可得对流传热量为

$$\Phi = 0.85P = 0.85\times40.5\ W = 34.43\ W$$

实验管外表面积(对流传热面积)为

$$A = \pi dl = 3.14\times0.012\ m\times0.1\ m = 3.768\times10^{-3}\ m^2$$

按牛顿冷却公式,整个传热管的平均表面传热系数为

$$h = \frac{\Phi}{A(t_w - t_\infty)} = \frac{34.43 \text{ W}}{3.768 \times 10^{-3} \text{ m}^2 \times (125-15) \text{ ℃}} = 83.1 \text{ W}/(\text{m}^2 \cdot \text{K})$$

讨论:为了提高表面传热系数测定的精确度,在本实验中尽量减少传热管的辐射与两端导热损失很重要。为了减少辐射传热,可在传热管表面镀铬,这可使表面发射率下降到 0.05 ~ 0.1。为了减少两端导热损失,在传热管穿过风洞壁面处应该用绝热材料隔开。

[例题 9-5]　在一锅炉中,烟气横掠 4 排管组成的顺排管束。已知管外径 $d = 60$ mm、$s_1/d = 2$、$s_2/d = 2$,烟气平均温度 $t_f = 600$ ℃、$t_w = 120$ ℃。烟气在管束最窄截面处的平均流速 $u = 8$ m/s。试求管束平均表面传热系数。

分析:本题直接给出了为采用茹卡乌斯卡斯公式所需的一切参数,可采用书末附表中标准烟气成分的物性进行计算。

解:根据附录,$t_f = 600$ ℃ 是烟气的 $Pr_f = 0.62$、$Pr_w = 0.686$、$\nu = 93.61 \times 10^{-6}$ m²/s、$\lambda = 7.42 \times 10^{-2}$ W/(m·K)。

则

$$Re = \frac{u_m d}{\nu} = \frac{8 \text{ m/s} \times 0.06 \text{ m}}{93.61 \times 10^{-6} \text{ m}^2/\text{s}} = 5\ 128$$

按表 9-7 中的第 3 个关联式

$$Nu_f = 0.27 Re_f^{0.63} Pr_f^{0.36} (Pr_f/Pr_w)^{0.25}$$
$$= 0.27 \times 5\ 128^{0.63} \times 0.62^{0.36} \times (0.62/0.686)^{0.25} = 48.2$$
$$h = Nu \frac{\lambda}{d} = 48.2 \times 7.42 \times 10^{-2} \text{ W}/(\text{m} \cdot \text{K})/0.06 = 59.6 \text{ W}/(\text{m}^2 \cdot \text{K})$$

按表 9-9,管排修正系数 $\varepsilon_n = 0.90$,故平均表面传热系数为

$$h' = h\varepsilon_n = 59.6 \text{ W}/(\text{m}^2 \cdot \text{K}) \times 0.90 = 53.6 \text{ W}/(\text{m}^2 \cdot \text{K})$$

讨论:(1)与管内对流传热存在多个关联式的情形相类似,流体横掠管束也有不同的关联式,对同一个问题的计算结果相互间也有一定的差异。(2)作为例题,直接给出了为采用关联式所需的条件,但在工程实际中测定传热管子表面的平均温度是很困难的。比较接近实际应用条件的计算模型是:测定了流体进出管排处的平均温度、流体的流量、给出管排的几何条件,试分析在这种情形下如何确定管束的平均表面传热系数。

9.6　自然对流传热的实验关联式

不依靠泵或风机等外力推动,由流体自身温度场的不均匀所引起的流动称为自然对流。不均匀温度场造成了不均匀密度场,在重力场中产生的浮升力成为运动的动力。在各种对流传热方式中,自然对流传热的热流密度最低,一般为 $10 \sim 10^2$ W/m² 的量级,但是它安全、经济、无噪声,仍然被广泛地应用于多种工业技术中。例如,冰箱冷藏(冻)室中的对流传热、暖气管道的散

热、不用风扇强制冷却的电气元件的散热以及事故条件下核反应堆的散热都是自然对流传热的应用实例。

9.6.1 自然对流传热的特点

1. 速度与温度分布

我们以一块垂直地置于流体空间中的温度均匀的固体平壁附近形成的自然对流为例来分析。一般情况下,不均匀温度场仅发生在靠近传热壁面的薄层之内。在贴壁处,流体温度等于壁面温度 t_w,在离开壁面的方向上逐步降低,直至周围环境温度为 t_∞,如图 9-17a 所示。薄层内的速度分布则有两头小中间大的特点。贴壁处,由于黏性作用,速度为零;在薄层外缘温度不均匀作用消失,速度也等于零;在偏近热壁的中间处速度有一个峰值,如图 9-17b 所示。很显然,竖壁附近形成的自然对流传热,近壁区无论是流动还是传热,都具有边界层型的特征。

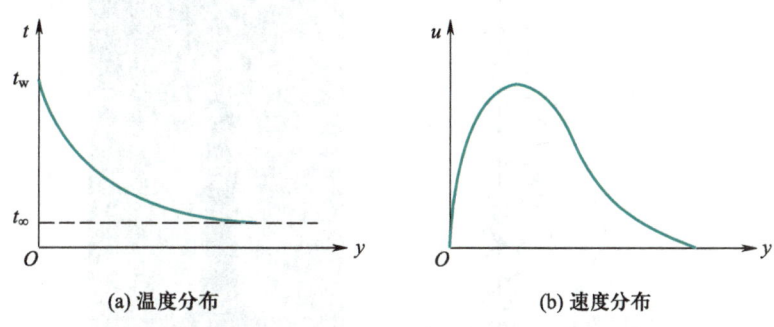

(a) 温度分布   (b) 速度分布

图 9-17　热竖壁附近流体中温度与速度分布的示意图

2. 层流与湍流

自然对流也有层流和湍流之分。以热竖壁附近形成的自然对流为例来讨论,其自下而上的流动图像如图 9-18 所示[8]。在壁的下部,流动刚开始形成,它是有规则的层流;若壁面足够高,

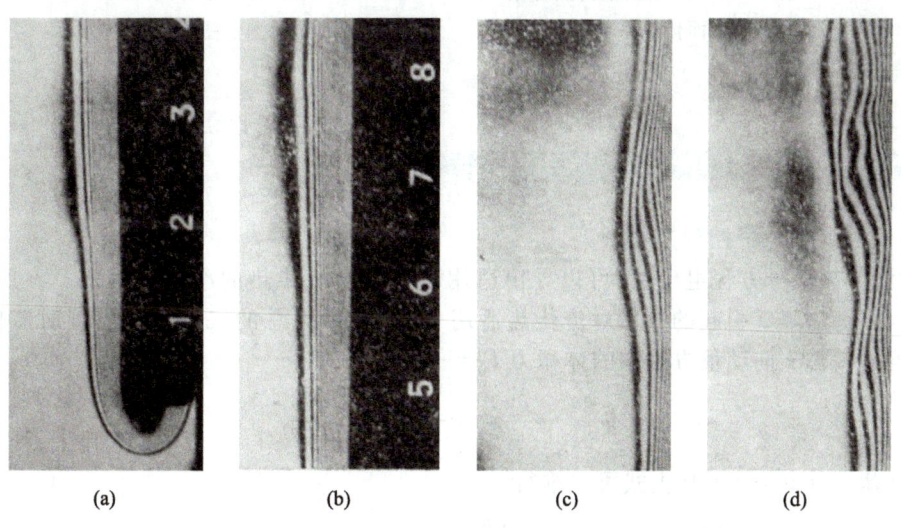

(a)   (b)   (c)   (d)

图 9-18　竖直热平板底端与上部的自然对流边界层[8]

则上部流动会转变为湍流。采用光学方法可以把这种流动图像揭示出来。图 9-18a 和 9-18b 中显示的与壁面平行的等温线条纹表明流动处于层流,而图 9-18c 所显示的条纹已出现不规则,表明流动已经开始向湍流转变,图 9-18d 更清楚地显示了这种转变过程。不同的流动状态对传热具有决定性影响。层流时,传热热阻完全取决于边界层的厚度。从壁面下端开始,随着高度的增加,边界层逐渐增加,与此相对应,局部表面传热系数 h_x 随高度增加而减小(图 9-19 中 A 处)。如果壁面足够高,流体的流动将逐渐转变为湍流。进入湍流时传热系数有所提高(图 9-19 中 B 处)。已经查明,旺盛湍流时的局部表面传热系数几乎是个常量(图 9-19 中 C 处)。

在被加热的水平圆柱体四周空气自然对流的光学测定图像示于图 9-20 中。图中白色的虚线为被加热圆柱体的轮廓,其外的黑圈为热边界层厚度,最外层的白色边框离开圆心的距离则反映了局部传热系数的大小。图中圆柱体上方光滑的尾迹是流动的层流部分,其上流动出现混乱的部分就是从层流向湍流的过渡。

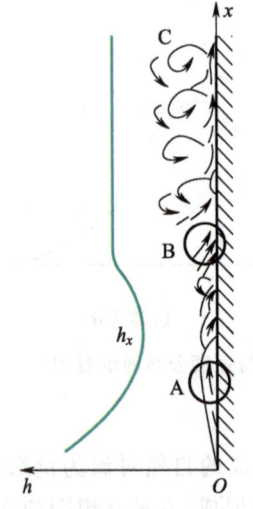

图 9-19 沿热竖壁自然对流
局部表面传热系数的变化

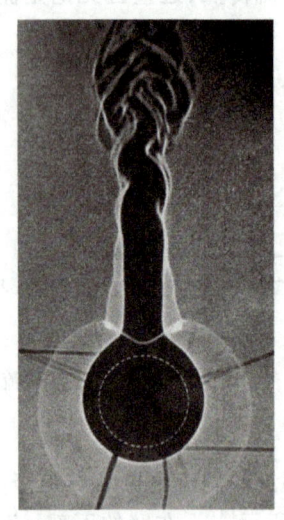

图 9-20 水平圆柱外空气自
然对流的光学测定图像[13]

9.6.2 自然对流传热的控制方程与相似特征数

1. 自然对流传热的控制方程

从对流传热微分方程组出发,可以导出适用于自然对流传热的准则方程式。参照图 9-19 所示的坐标系,热竖壁引起的自然对流传热适用 9.3.2 节中汇总的二维边界层型对流传热微分方程组,但需考虑 x 向动量方程中的体积力 $F_x = -\rho g$,于是有

$$u \frac{\partial u}{\partial x} + v \frac{\partial u}{\partial y} = -g - \frac{1}{\rho} \frac{\mathrm{d}p}{\mathrm{d}x} + \nu \frac{\partial^2 u}{\partial y^2} \tag{9-54a}$$

注意到,在薄层外 $u = v = 0$,从上式可以推得

$$\frac{\mathrm{d}p}{\mathrm{d}x} = -\rho_\infty g \tag{9-54b}$$

将此关系代入式(9-54a)得

$$u \frac{\partial u}{\partial x} + v \frac{\partial u}{\partial y} = \frac{g}{\rho}(\rho_\infty - \rho) + \nu \frac{\partial^2 u}{\partial y^2} \tag{9-54c}$$

式(9-54c)中等号右端第一项为浮升力,引入体积膨胀系数

$$\alpha_V = -\frac{1}{\rho} \left(\frac{\partial \rho}{\partial T} \right)_p \tag{9-54d}$$

它是定压下与温度变化相对应的密度相对变化的度量,可以近似地写成

$$\alpha_V \approx -\frac{1}{\rho} \frac{\rho_\infty - \rho}{T_\infty - T} \tag{9-54e}$$

由此可得

$$\rho_\infty - \rho \approx \rho \alpha_V (T - T_\infty) \tag{9-54f}$$

代入式(9-54c)并令 $\theta = T - T_\infty$ 即得

$$u \frac{\partial u}{\partial x} + v \frac{\partial u}{\partial y} = g \alpha_V \theta + \nu \frac{\partial^2 u}{\partial y^2} \tag{9-55}$$

上式中,浮升力已用它的推动力——温压表示了出来。自然对流传热的数学描述,除动量方程以外,其他所有方程均与强制对流传热问题的相同。于是,自然对流传热的新准则可以从动量方程的相似分析中导得。以 u_0、l 及 $\Delta t = T_w - T_\infty$ 分别作为流速、长度及过余温度的标尺,则式(9-55)可改写为

$$\frac{u_0^2}{l} \left(u^* \frac{\partial u^*}{\partial x^*} + v^* \frac{\partial u^*}{\partial y^*} \right) = g \alpha_V \Delta t \Theta^* + \frac{\nu u_0}{l^2} \frac{\partial^2 u^*}{\partial y^{*2}}$$

式中,带上标"$*$"的量为量纲为一的量,又 $\Theta^* = (T - T_\infty)/(T_w - T_\infty)$,两边同除以 $\frac{\nu u_0}{l^2}$ 可得

$$\frac{u_0 l}{\nu} \left(u^* \frac{\partial u^*}{\partial x^*} + v^* \frac{\partial u^*}{\partial y^*} \right) = \frac{g \alpha_V \Delta t l^2}{\nu u_0} \Theta^* + \frac{\partial^2 u^*}{\partial y^{*2}} \tag{9-56}$$

式中,组合量 $\frac{u_0 l}{\nu}$ 为 Re,它反映了两个相似的流动系统中 Re 应相等的原则。第二个组合量 $\frac{g \alpha_V \Delta t l^2}{\nu u_0}$ 可作如下变化

$$\frac{g \alpha_V \Delta t l^2}{\nu u_0} = \frac{g \alpha_V \Delta t l^3}{\nu^2} \frac{\nu}{u_0 l}$$

这样,得到一个新的量纲为一的量

$$Gr = \frac{g \alpha_V \Delta t l^3}{\nu^2} \tag{9-57}$$

Gr 称为格拉晓夫数(Grashof number),表示浮升力与黏性力的相对大小。Gr 越大表明浮升力作用越明显,在自然对流现象中的作用与雷诺数在强制对流现象中的作用相当。还需要指出,这里的 Re 实际上由 Gr 决定,不是一个独立的准则数。于是,自然对流传热准则方程式应为

$$Nu = f(Gr, Pr) \tag{9-58}$$

如果对自然对流的能量方程做类似于上面的推导,可以得出另外一个量纲为一的量,称为瑞利数(Rayleigh number):

$$Ra = Gr \cdot Pr = \frac{g\alpha_V \Delta t l^3}{\nu a} \tag{9-59}$$

2. 层流向湍流转变的判据

杨世铭先生根据博士学位论文写成的未发表的文章

不同流动形态的自然对流传热规律具有不同的关联式。应该用什么准则(判据)来反映自然对流时流动形态的转变呢?这个问题值得讨论。长期以来,由能量微分方程无量纲化得到的 Ra 准则被用来判断传热规律的转变,其效果并不理想,不同流体转变判据数值各异。从理论角度,反映流动形态转变的准则应由动量微分方程的无量纲化导出,而不能从能量微分方程导出。由动量微分方程导出的 Gr 才是正确的选择,正如强制对流中判别流态的特征数是 Re 一样。近年来的研究表明,采用 Gr 作为传热规律转变的判据可以克服原来用 Ra 准则作为判据带来的不足[14-17]。本书采用 Gr 作为判定传热规律转变的判据。

9.6.3 大空间自然对流传热的实验关联式

1. 大空间与有限空间自然对流

自然对流传热分为大空间自然对流(natural convection in infinite space)与有限空间自然对流(natural convection in confined spaces),又称为外部自然对流与内部自然对流。大空间自然对流是指热边界层的发展不受到干扰或阻碍的自然对流,不受限于几何上的很大或无限大。在有限空间自然对流中,会有边界层的发展受到干扰或者流体的流动受到限制的情况,使其传热规律有别于大空间自然对流。

2. 均匀壁温边界条件的大空间自然对流

设壁面温度为 t_w、环境温度(未受壁面温度影响的流体温度)为 t_∞,则此时牛顿冷却公式及 Gr 中的温差取为 $(t_w - t_\infty)$(流体被加热时)或 $(t_\infty - t_w)$(流体被冷却时)。工程计算中广泛采用以下形式的大空间自然对流实验关联式。

$$Nu_m = C(GrPr)_m^n \tag{9-60}$$

式中,Nu_m 为由平均表面传热系数组成的 Nu,下标 m 表示定性温度采用算术平均温度 $t_m = (t_\infty + t_w)/2$,其中 t_∞ 指未受壁面影响的远处的流体温度;对于理想气体,计算 Gr 的体积膨胀系数 $\alpha_V = 1/T_m$,否则需查热物性表;C 与 n 由实验确定,换热面形状与位置、热边界条件以及不同流态都影响 C 与 n 的值。

1)竖壁与水平圆柱

由大量实验数据确定的 C 和 n 的值引列于表 9-10 中,特征长度的选择方案为:竖壁和竖圆柱取高度;横圆柱取外径。如表所示,流态转变依 Gr 而定。计算前首先要确定 Gr 的大小,才能选定合适的 C 和 n 的值。还应指出,式(9-60)对气体工质完全适用,而对液态工质,为考虑物性与温度的依变关系,需要在式(9-60)的右端乘上一个反映物性变化的校正因子,推荐采用 $(Pr_f/Pr_w)^{0.11}$,其中下角码 f 与 w 分别表示流体平均温度与壁面温度。

应当指出,竖圆柱按表 9-10 与竖壁用同一个关联式只限于以下情况。

$$\frac{d}{H} \geqslant \frac{35}{Gr_H^{1/4}} \tag{9-61}$$

对于直径小而高的竖圆柱或竖丝,边界层厚度可与直径相比,所以不能忽略曲率的影响。对于不符合式(9-61)的竖圆柱的传热,推荐用文献[18]提供的实验关联式。

表 9-10　式(9-60)中 C 和 n 的值[14]

加热表面 形状与位置	流动图像示意	流态	C	n	Gr 范围
竖平板及竖圆柱		层流	0.59	1/4	$1.43\times10^4 \sim 3\times10^9$
		过渡流	0.029 2	0.39	$3\times10^9 \sim 2\times10^{10}$
		湍流	0.11	1/3	$>2\times10^{10}$
横圆柱		层流	0.48	1/4	$1.43\times10^4 \sim 5.76\times10^8$
		过渡流	0.016 5	0.42	$5.76\times10^8 \sim 4.65\times10^9$
		湍流	0.11	1/3	$>4.65\times10^9$

目前,关于其他几何形状/位置的自然对流问题流态的转变,还缺少以 Gr 为判断依据的关联式。为读者计算的方便,下面暂介绍仍以 Ra 为判据的实用关联式,有关以 Gr 为传热规律转变判据的研究工作需继续进行。

2)水平面

图 9-21 示意性地给出冷热水平面自然对流传热的流动图像,可分别将出热面向上(图 9-21a)和冷面向下(图 9-21b)、热面向下(图 9-21c)和冷面向上(图 9-21d)作为两种情形对待。

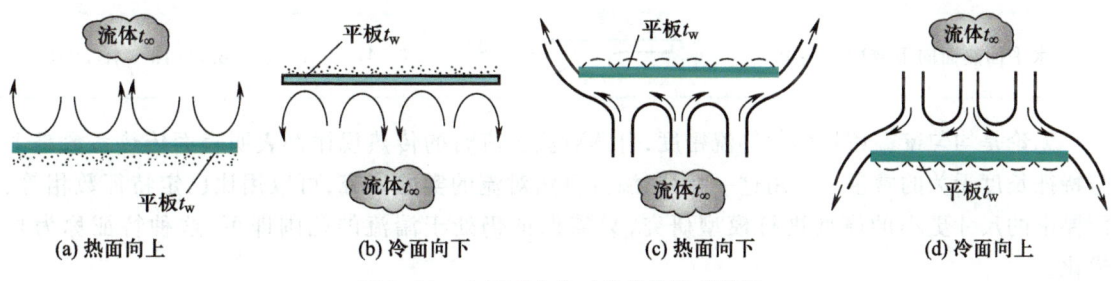

(a)热面向上　　(b)冷面向下　　(c)热面向下　　(d)冷面向上

图 9-21　水平面自然对流传热流动图像

对于水平热面向上(冷面向下)的情形[6]:

$$Nu = 0.54(GrPr)^{1/4}, \quad 10^4 \leqslant GrPr \leqslant 10^7$$

$$Nu = 0.15(GrPr)^{1/4}, \quad 10^7 \leqslant GrPr \leqslant 10^{11} \tag{9-62}$$

对于热面向下(冷面向上)的情形[19]:

$$Nu = 0.27(GrPr)^{1/4}, \quad 10^5 \leqslant GrPr \leqslant 10^{10} \tag{9-63}$$

以上两式中,定性温度为 $(t_w+t_\infty)/2$,特征长度为

$$l = \frac{A_p}{P} \tag{9-64}$$

式中,A_p、P 分别为平板的换热面积及其周界长度。

3) 球

球的自然对流实验关联式为[19]

$$Nu=2+\frac{0.589\ (GrPr)^{1/4}}{\left[1+(0.469/Pr)^{9/16}\right]^{4/9}} \qquad (9-65)$$

定性温度为$(t_w+t_\infty)/2$，特征长度为球的外径。上式使用范围为$Pr\geq 0.7$、$GrPr\leq 10^{11}$。

3. 均匀热流边界条件的大空间自然对流

在电子器件冷却问题中经常遇到均匀热流密度的加热条件。对水平板热面向上与向下的情形，文献[20-21]提供了均匀加热条件（壁面热流密度 q_w 为常数）下平均表面传热系数的计算式，即

$$Nu=B\ (Gr^*\ Pr)^m \qquad (9-66)$$

式中

$$Gr^*=GrNu=\frac{g\alpha_V q_w L^4}{\lambda\nu^2} \qquad (9-67)$$

式(9-66)中 B 和 m 的取值如表9-11所示。关联式的定性温度取流体平均温度，特征长度对矩形取短边长。由于以上结果是在保持二维条件下取得的，对于长边接近短边长度的矩形，其长边端部影响不可忽略，关联式计算的 Nu 将偏小。

表9-11 式(9-66)中 B 和 m 的值

加热表面形状与位置	流动图示	B	m	Gr^* 范围
水平面热面向上或冷面向下	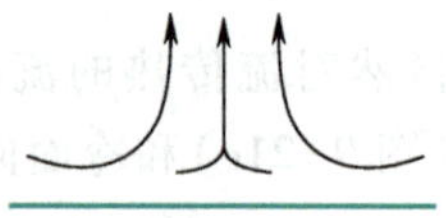	1.076	1/6	$6.37\times10^5\sim1.12\times10^8$
水平面热面向下或冷面向上		0.747	1/6	$6.37\times10^5\sim1.12\times10^8$

无论是均匀壁温还是均匀热流密度，自然对流湍流时的传热规律都表明表面传热系数是个与特征长度无关的常量。利用这一特征，湍流自然对流的实验研究，可以用比已定特征数相等、所要求的尺寸更小的模型进行模型研究，只需保证仍处于湍流的范围即可，这种特征称为自模化。

9.6.4　有限空间自然对流传热的实验关联式

当自然对流发生在有限空间中时，称为有限空间自然对流。此时，流体运动受到腔体的限制，流体的加热与冷却在腔体内同时进行，因此腔体的壁面必然有高温与低温部分，设温度分别为 t_h 与 t_c，如图9-22所示，图中未注明温度的另外两个壁面是绝热的。此时 Gr 与牛顿冷却公式中的温差自然取为(t_h-t_c)，流体的定性温度取为$(t_h+t_c)/2$，特征尺度取为冷热两个表面间的距离 δ。双层玻璃窗是竖直夹层的一个实例，水平放置的罩有顶盖玻璃的太阳能集热器则是水平夹层的一个实例。

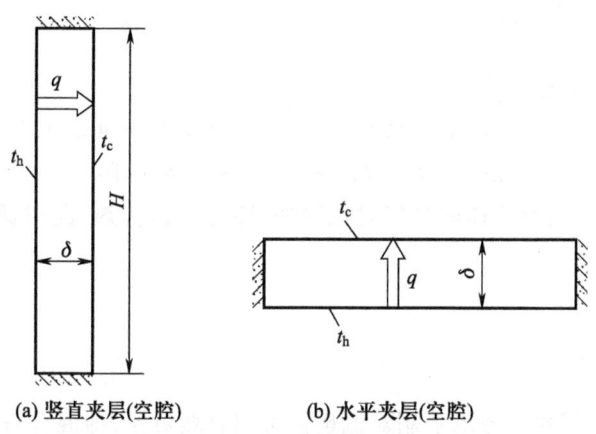

(a) 竖直夹层(空腔)　　　(b) 水平夹层(空腔)

图 9-22　封闭空腔图示

夹层内的流动主要取决于以夹层厚度 δ 为特征尺度的 Gr：

$$Gr_\delta = \frac{g\alpha_V(t_h - t_c)\delta^3}{\nu^2} \tag{9-68}$$

当竖直夹层满足 $Gr_\delta \leqslant 2\,860$、水平夹层(底面为热面)满足 $Gr_\delta \leqslant 2\,430$ 时，夹层内的热量传递依靠导热；当 Gr_δ 超过上述数值时，夹层内开始形成自然对流，并且随着 Gr_δ 数的增加，对流的展开越来越剧烈，当 Gr_δ 达到一定数值时，会出现从层流向湍流的转捩。在混沌理论中，著名的贝纳德(Benard)涡就出现在水平夹层的传热从导热进入到对流工况占优的阶段，图 9-23 中给出了贝纳德涡实验照片的可视化图[22]。

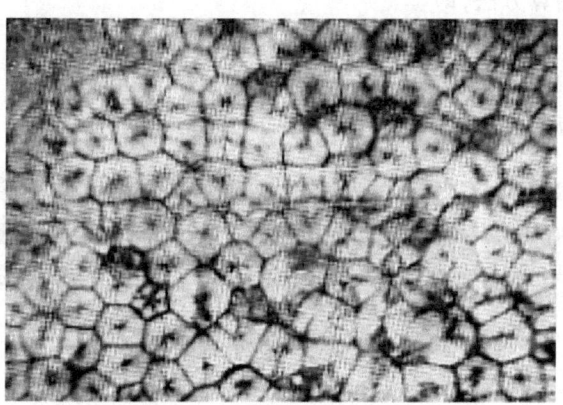

图 9-23　贝纳德涡顶面可视化图[22]

对空气在夹层内的自然对流传热，推荐以下计算关联式[22]。

1) 竖直夹层

$$Nu = 0.197\,(Gr_\delta Pr)^{1/4}\left(\frac{H}{\delta}\right)^{-1/9}, \quad 8.6\times10^3 \leqslant Gr_\delta \leqslant 2.9\times10^5 \tag{9-69a}$$

$$Nu = 0.073\,(Gr_\delta Pr)^{1/3}\left(\frac{H}{\delta}\right)^{-1/9}, \quad 2.9\times10^5 \leqslant Gr_\delta \leqslant 1.6\times10^7 \tag{9-69b}$$

上式的实验范围为 $11 \leqslant \dfrac{H}{\delta} \leqslant 42$。

2）水平夹层（底面为热面）

$$Nu = 0.212 \left(Gr_\delta Pr \right)^{1/4}, \quad 1.0 \times 10^4 \leqslant Gr_\delta \leqslant 4.6 \times 10^5 \tag{9-70a}$$

$$Nu = 0.061 \left(Gr_\delta Pr \right)^{1/3}, \quad Gr_\delta > 4.6 \times 10^5 \tag{9-70b}$$

值得指出，夹层中的热量传递除自然对流以外，还有辐射传热，此时通过夹层的热量传递应是两者之和。

9.6.5 混合对流简介

在对流传热中有时需要既考虑强制对流也要考虑自然对流，即混合对流（mixed convection）。判断能否忽略自然对流影响的判据是什么呢？对式（9-56）等号两端同除以组合量 $\dfrac{u_0 l}{\nu}$（Re），则可以得到

$$\frac{g \alpha_V \Delta t l^3}{\nu^2} \cdot \left(\frac{\nu}{u_0 l} \right)^2 = \frac{Gr}{Re^2} \tag{9-71}$$

这就是判断是否为混合对流的判据。显然，当 Gr/Re^2 很小时，意味着 Gr 很小或 Re 很大，浮升力可以忽略，这时为强制对流；反之，当 Gr/Re^2 很大时，意味着 Gr 很大或 Re 很小，惯性力可以忽略，这时为自然对流。那么，上下界到底是多少呢？一则与实际问题相关，二则也与计算所要求的误差相关。譬如对于流体外掠竖直平板，当 $0.1 \leqslant Gr/Re^2 \leqslant 10$ 时为混合对流。混合对流传热的计算，有一个简单的估算方法，即

$$Nu_M^n = Nu_F^n \pm Nu_N^n \tag{9-72}$$

式中：Nu_M 为混合对流时的 Nu 数；Nu_F 和 Nu_N 分别为按给定条件用强制对流和自然对流关联式计算的结果，两种流动方向相同时取正号，相反时取负号；n 可取为3。

[例题 9-6]　室温为 10 ℃的大房间中有一个直径为 15 cm 的烟筒，其竖直部分高1.5 m、水平部分长 15 m。求烟筒的平均壁温为 110 ℃时，每小时的对流散热量。

假设：整个烟筒由水平段与垂直段构成，不考虑相交部分的影响，分别按水平段与垂直段单独计算。

解：定性温度为

$$t_m = \frac{1}{2}(t_\infty + t_w) = \frac{1}{2} \times (10\ ℃ + 110\ ℃) = 60\ ℃$$

由附录16查得，60 ℃时空气的热物性为 $\lambda = 0.029\ \text{W}/(\text{m} \cdot \text{K})$、$\nu = 18.97 \times 10^{-6}\ \text{m}^2/\text{s}$、$Pr = 0.696$。空气可视为理想气体，所以

$$\alpha_V = \frac{1}{T_m} = \frac{1}{t_m + 273}$$

（1）竖直部分烟筒的散热：

$$Gr = \frac{g \alpha_V \Delta t l^3}{\nu^2} = \frac{9.8\ \text{m/s}^2 \times (110-10)\ ℃ \times (1.5\ \text{m})^3}{(18.97 \times 10^{-6}\ \text{m}^2/\text{s})^2 \times (273+60)\ \text{K}} = 2.76 \times 10^{10}$$

由表 9-10 可知为湍流, 其

$$Nu = 0.11 \, (GrPr)^{1/3} = 0.11 \times (2.76 \times 10^{10} \times 0.696)^{1/3} = 295$$

$$h = Nu \frac{\lambda}{l} = 295 \times \frac{0.029 \, \text{W}/(\text{m} \cdot \text{K})}{1.5 \, \text{m}} = 5.70 \, \text{W}/(\text{m}^2 \cdot \text{K})$$

所以

$$\varPhi_1 = h(\pi dH)(t_w - t_\infty) = 5.70 \, \text{W}/(\text{m}^2 \cdot \text{K}) \times 3.14 \times 0.15 \, \text{m} \times 1.5 \, \text{m} \times 100 \, \text{℃} = 403 \, \text{W}$$

（2）水平部分烟筒的散热：

$$Gr = \frac{g\alpha_V \Delta t l^3}{\nu^2} = \frac{9.8 \, \text{m/s}^2 \times 100 \, \text{℃} \times (0.15 \, \text{m})^3}{(18.97 \times 10^{-6} \, \text{m}^2/\text{s})^2 \times (273 + 60) \, \text{K}} = 2.76 \times 10^7$$

由表 9-10 可知为层流, 其

$$Nu = 0.48 \, (GrPr)^{1/4} = 0.48 \times (2.76 \times 10^7 \times 0.696)^{1/4} = 31.8$$

$$h = Nu \frac{\lambda}{l} = 31.8 \times \frac{0.029 \, \text{W}/(\text{m} \cdot \text{K})}{0.15 \, \text{m}} = 6.15 \, \text{W}/(\text{m}^2 \cdot \text{K})$$

所以

$$\varPhi_2 = h(\pi dl)(t_w - t_\infty) = 6.15 \, \text{W}/(\text{m}^2 \cdot \text{K}) \times 3.14 \times 0.15 \, \text{m} \times 15 \, \text{m} \times 100 \, \text{℃} = 4\,345 \, \text{W}$$

烟筒总的对流散热量为

$$\varPhi_c = \varPhi_1 + \varPhi_2 = (403 + 4\,345) \, \text{W} = 4\,748 \, \text{W}$$

讨论：烟筒的总散热量还应包括辐射传热。若取烟筒的发射率为 0.85, 周围环境温度为 10 ℃, 则烟筒的辐射传热量（参看第 10 章相关内容）为

$$\begin{aligned} \varPhi_r &= A\varepsilon\sigma(T_1^4 - T_2^4) = (\pi dH + \pi dl)\varepsilon\sigma(T_1^4 - T_2^4) \\ &= (0.707 + 7.065) \, \text{m}^2 \times 0.85 \times 5.67 \, \text{W}/(\text{m}^2 \cdot \text{K}^4) \times (3.83^4 - 2.83^4) \, \text{K}^4 \\ &= 5\,660 \, \text{W} \end{aligned}$$

这里我们又一次看到, 对这类表面温度不是很高的物体, 辐射传热量与自然对流传热量在数量级上是相当的。

[例题 9-7] 一个竖直封闭空腔夹层, 两侧壁为边长为 0.5 m 的方形、间距为 15 mm, 温度分别为 100 ℃ 和 40 ℃。试计算通过此空气夹层的自然对流传热量。

分析：这是竖直夹层自然对流问题。

计算：定性温度为

$$t_m = \frac{1}{2}(t_h + t_c) = \frac{1}{2} \times (100 \, \text{℃} + 40 \, \text{℃}) = 70 \, \text{℃}$$

由附录 16 查得, 70 ℃ 时空气的热物性为 $\lambda = 0.029\,6 \, \text{W}/(\text{m} \cdot \text{K})$、$\nu = 20.02 \times 10^{-6} \, \text{m}^2/\text{s}$、$Pr = 0.694$。空气可视为理想气体, 所以

$$\alpha_V = \frac{1}{T_m} = \frac{1}{t_m + 273}$$

$$Gr_\delta = \frac{g\alpha_V \Delta t \delta^3}{\nu^2} = \frac{9.8 \, \text{m/s}^2 \times (100 - 40) \, \text{℃} \times (0.015 \, \text{m})^3}{(20.02 \times 10^{-6} \, \text{m}^2/\text{s})^2 \times (273 + 70) \, \text{K}} = 1.44 \times 10^4$$

而 $\dfrac{H}{\delta}=\dfrac{0.5}{0.015}=\dfrac{100}{3}$，所以可以采用式(9-69a)计算 Nu 数，即

$$Nu = 0.197\,(Gr_\delta Pr)^{1/4}\left(\frac{H}{\delta}\right)^{-1/9}$$

$$= 0.197\times(1.44\times10^4\times0.694)^{1/4}\left(\frac{1.5}{0.015}\right)^{-1/9} = 1.34$$

$$h = Nu\,\frac{\lambda}{\delta} = 1.34\times\frac{0.029\ 6\ \text{W/(m}\cdot\text{K)}}{0.015\ \text{m}} = 2.64\ \text{W/(m}^2\cdot\text{K)}$$

所以自然对流传热量为

$$\varPhi = hA(t_h-t_c) = 2.64\ \text{W/(m}^2\cdot\text{K)}\times0.5\ \text{m}\times0.5\ \text{m}\times60\ ℃ = 39.6\ \text{W}$$

讨论：夹层中的总传热量还应包括辐射传热。由于夹层厚度远小于平板的边长，可以把封闭腔夹层近似按两互相平行的无限大平板处理，等学完第10章后，读者再来计算辐射传热量。这里先给出定性结果：辐射传热量和自然对流传热量在数量级上是相当的。

9.7 单相对流传热的强化

9.7.1 强化传热问题概述

由牛顿冷却公式可知，增加传热面积、增加传热温差以及增加表面传热系数都可以增加对流传热量。强化传热技术是指在一定的传热面积与温差下，增加对流传热表面传热系数的技术，这正是国际传热学界的热门课题，也是本节讨论的重点。

一般来说，就气体与液体而言，气体侧的热阻常常是最主要的，就水与油类等高黏度的液体相比，油类液体的热阻是主要的。因此单相对流传热的强化，尤其是气体与油类对流传热的强化，是强化传热技术研究中的重点内容。

9.7.2 强化对流传热的常用技术

在大多数工程换热设备中，液体多在管道内流动，而气体多在管外侧流动。以下分别介绍强化气体传热与液体传热的常用方法。

1. 强化气体对流传热的技术

1）各种翅片

强化气体传热最常用的技术是采用各种肋片（翅片），根据翅片与管子之间的连接关系又可分为两种，一种为翅片附着在单根管子上（如图8-13c），另一种为整张翅片与多根管子连接（又称大套片）（图8-13d），后一种翅片广泛用于制冷、空调的换热器中。图9-24中是板翅式换热器及管带式换热器中的常用翅片。

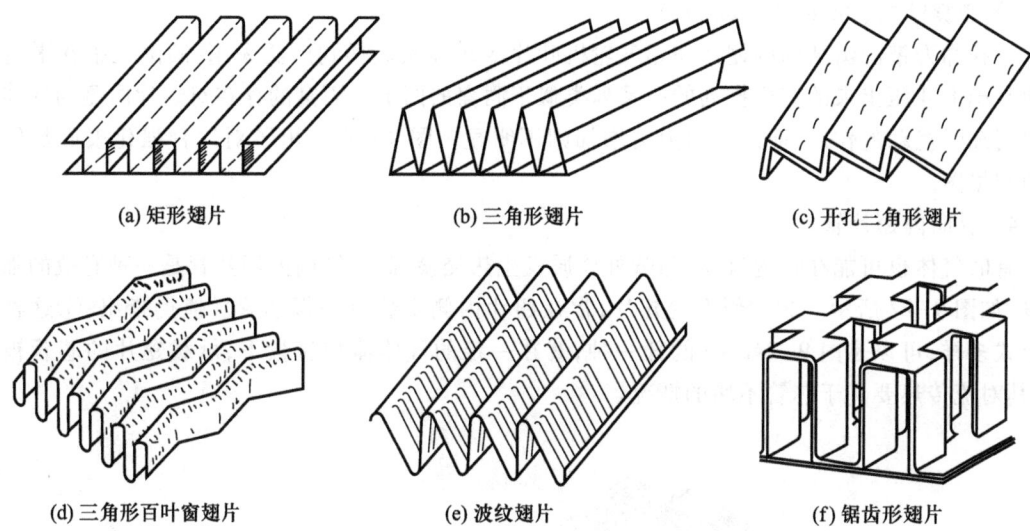

(a) 矩形翅片   (b) 三角形翅片   (c) 开孔三角形翅片

(d) 三角形百叶窗翅片   (e) 波纹翅片   (f) 锯齿形翅片

图 9-24　板翅式换热器及管带式换热器常用翅片

2）纵向涡发生器（longitudinal vortex generator，LVG）

20 世纪末以来，纵向涡发生器在强化传热技术中得到了广泛应用。所谓纵向涡发生器，就是图 9-25a 所示的突起的三角形片，又称小翼，它们对准来流方向设置，可以使流体绕流后产生沿主流方向前进的一对旋转的涡，称为纵向涡。实验与数值模拟均证明，这样的涡可以有效地强化纵向涡流经地区冷、热流体的混合，提高壁面附近的速度梯度，从而强化对流传热。图 9-25b、c 中给出了在平直翅片和波纹翅片上引入纵向涡发生器的情形。

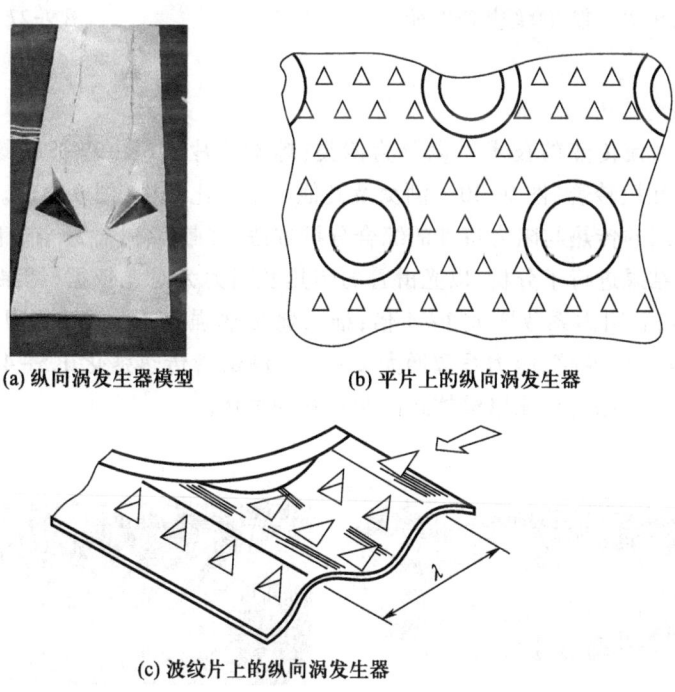

(a) 纵向涡发生器模型   (b) 平片上的纵向涡发生器

(c) 波纹片上的纵向涡发生器

图 9-25　纵向涡发生器

3）酒窝结构（dimpled structure）

一种称为带酒窝结构的翅片在燃气轮机叶片冷却等领域得到广泛采用,酒窝是指在平直翅片的基础上冲压出来的有序排列的一系列类似于酒窝的凹坑。酒窝的存在对翅片两侧的气体流动起到加强扰动的作用,而流动阻力的增加则不明显。图 9-26 示出了对这种强化表面数值仿真的网格图。

4）纵向内翅片管

有时气体也可能在管内流动,与管外介质发生热交换,此时纵向内翅片管是一种有效的强化手段,如图 9-27 所示。为方便安置翅片,常在翅片内侧安装有一根芯管。值得指出:①这种翅片形式多样,可以是图 9-24a～e 的任一种;②在一定的气体体积流量下,承载翅片的芯管被堵时,其对流传热要优于芯管不堵的情况。

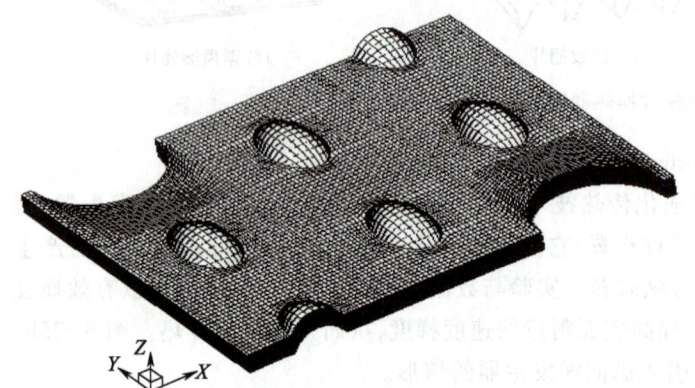

图 9-26　带酒窝结构的表面

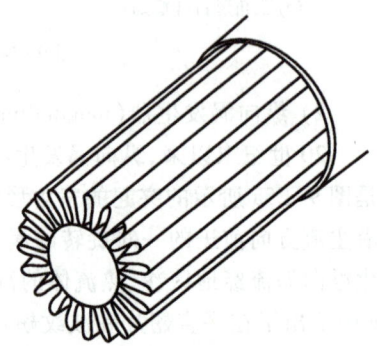

图 9-27　纵向内翅片

2. 强化液体对流传热的技术

强化管内液体对流传热的技术可以分为四类:螺旋肋片管（图 9-28）、螺旋纽带等插入物（图 9-29）、波纹管和扭转管（图 9-30）、酒窝及其他三维强化结构（图 9-31）。

根据下面要介绍的传热与阻力特性的综合分析方法,文献[23]对近半个世纪以来发表的多种强化结构的实验结果进行了分析,以光滑管的传热及阻力为对比依据,结果为:整体式内肋片管传热可强化 2～4 倍,阻力系数增大 1～4 倍;插入物传热强化 1.5～6 倍,阻力系数增大 2～13 倍;波纹管传热强化 1.5～4 倍,阻力系数增大 2～6 倍;酒窝管传热强化 1.5～4 倍,阻力系数增大 1～5 倍。传热与阻力的综合性能以整体式内肋片管为最优。

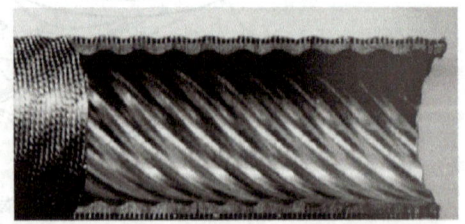

图 9-28　两种螺旋肋片管

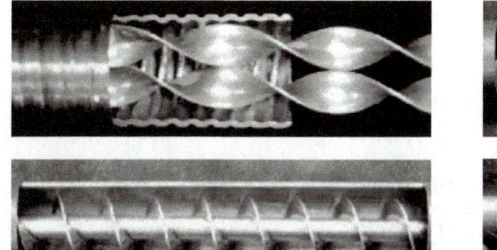

图 9-29 螺旋纽带等插入物

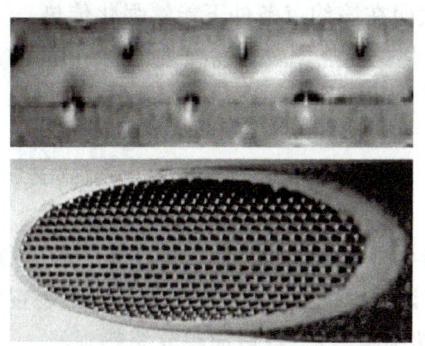

图 9-30 波纹管和扭转管　　　　图 9-31 酒窝及其他三维强化结构

强化传热的技术又可分为无源技术与有源技术两大类。所谓强化传热的无源技术(又称被动技术),是指除输送传热介质的功率外不再需要附加动力的技术,以上介绍的都属于无源技术。有源技术(又称主动技术)则是需要额外动力(机械力、电磁力等)的技术,包括:①对传热介质做机械搅拌;②使传热面发生振动;③使传热流体做振荡流动;④将电磁场作用于流体;⑤将异种或同种流体喷入或抽离换热表面。不少有源强化技术还处于实验研究阶段,工程应用还不广泛。

3. 强化单相对流传热的机理

综观强化单相对流传热技术,可以总结出以下基本观点:凡是能减薄边界层、增加流体的扰动、促使流体中各部分混合以及增大固体壁面上的速度梯度的措施都能强化传热。

9.7.3 强化对流传热技术的评价

凡是能强化单相介质对流传热的方法都不可避免地会引起流动阻力的增加。对于气体,阻力系数增加的倍数常常大于传热强化的倍数。因此,一种强化传热方式的综合评价,应当考虑传热效果、流动阻力和运行费用等综合因素。在做这样的比较时,一般以相对应的原有结构的传热与阻力特性作为比较依据,如以光滑管作为管内强化传热技术评价的参照物,以平直翅片作为各种新翅片评价的参照物。一般有相同的质量流量、相同的压降或相同的输送功率这样三种比较方式。可以证明,在一般工程分析的条件下,对上述三种比较方式(或者称为约束条件)可以得出以下性能比较指标 PEC(performance evaluation criterion)。

等流量：
$$PEC = \frac{Nu_e/Nu_r}{f_e/f_r}$$
（9-73a）

等压降：
$$PEC = \frac{Nu_e/Nu_r}{(f_e/f_r)^{1/2}}$$
（9-73b）

等泵功：
$$PEC = \frac{Nu_e/Nu_r}{(f_e/f_r)^{1/3}}$$
（9-73c）

式中，下标 e、r 表示强化结构及参考结构。

采用实验或数值模拟方法来研究强化结构的性能时，在相同的流量下对强化结构及参考结构进行测定或模拟计算，然后将获得的努塞尔数及阻力系数按照以上公式计算，如果 PEC 之值大于 1，表明在该约束条件下能够强化传热。一般来说，对于气体要达到在消耗相同的泵送流体的功率下强化传热比较容易实现，而在相同的流量下则比较困难。

9.8　相变对流传热

凝结与沸腾传热广泛地被应用于各种工程领域中，如电厂的凝汽器、锅炉炉膛中的水冷壁、冰箱与空调器中的冷凝器与蒸发器、化工装置中的再沸器等，都是应用实例。本节先介绍凝结传热，再介绍沸腾传热，最后简单介绍热管。

9.8.1　凝结传热的模式

1. 珠状凝结与膜状凝结

蒸汽与低于饱和温度的壁面接触时有两种不同的凝结形式。如果凝结液体能很好地润湿壁面，它就在壁面上铺展成膜，这种凝结形式称为膜状凝结（film condensation）。当凝结液体不能很好地润湿壁面时，它会在壁面上形成一个个小液珠，称为珠状凝结（dropwise condensation）。图 9-32 展示了液滴在壁面上存在的两种典型形态，其中 θ 为接触角。

根据液体与壁面接触角 θ 的大小把固体表面分为亲水表面（$\theta < 90°$，hydrophilic surface）与疏水表面（$\theta > 90°$，hydrophobic surface），其中 $\theta \leqslant 30°$ 的称为超亲水表面，而 $\theta \geqslant 150°$ 的称为超疏水表面。表面的亲、疏水特性对其上发生的蒸汽凝结有重要的影响，珠状凝结发生在（超）疏水表面上，图 9-33 中给出了水平管外珠状凝结的照片。

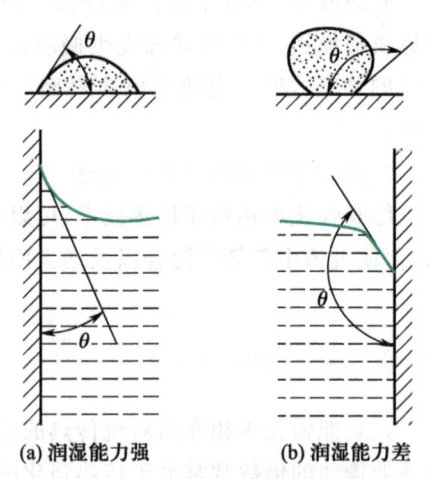

(a) 润湿能力强　　(b) 润湿能力差

图 9-32　不同润湿条件下壁面上
液膜形成的接触角

2. 凝结液构成了蒸汽与壁面间的主要热阻

在竖壁上膜状凝结与珠状凝结的定性示意如图 9-34 所示。蒸汽凝结成液体是在相界面上发生的，同时释放出相变热（潜热）。无论是膜状凝结还是珠状凝结，凝结液体都是构成蒸汽与壁面交换热量的热阻载体。显然将蒸汽与冷壁面隔开的液体层越厚、面积越大,热阻就越大。

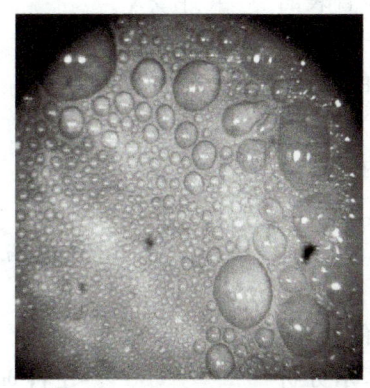

图 9-33 珠状凝结照片(大连理工大学马学虎教授提供)

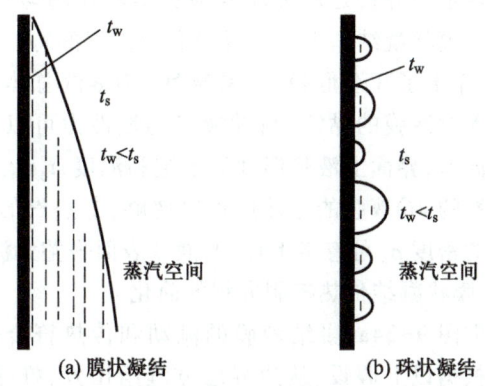

图 9-34 竖壁上的两种凝结模式示意

膜状凝结时,冷壁面上始终存在一层连续的液膜,其厚度沿着重力方向增加,凝结放出的相变热(潜热)必须穿过液膜才能传到冷却壁面上,这时液膜层就成为传热的主要热阻。珠状凝结时,产生的液珠的直径很小(在 100 μm 以下),空出了大量的壁面可与蒸汽直接接触;同时所形成的液珠不断发展长大,在非水平的壁面上因受重力作用会沿壁面滑落,在滑落过程中会与其他液珠合并成更大的液珠,同时扫清了沿途的液珠,使壁面能够重复液珠的形成和成长过程。从图 9-33 的照片中可清楚地看到珠状凝结时壁面上不同大小液滴的存在情况。所以,膜状凝结的热阻常常比珠状凝结大一个数量级以上。膜状凝结传热的表面传热系数可以"成千上万",珠状凝结传热的可高达几十万。例如,文献[24]中指出,当温度高于 100 ℃ 的水蒸气在经过处理的铜表面上形成珠状凝结时,平均表面传热系数可以达到 $2.55 \times 10^5 \ W/(m^2 \cdot K)$。

珠状凝结的关键问题是在常规金属表面上难以产生和长久维持,因此全世界的研究者一直在研究如何在工程常用的材料表面上长期维持珠状凝结,我国学者在珠状凝结研究方面成绩颇丰,相关研究成果可见文献[25-27]。

3. 膜状凝结是工程设计的依据

实践查明,几乎所有的常用蒸汽,包括水蒸气在内,在纯净的条件下均能在常见工程材料的洁净表面上得到膜状凝结。这种情况与我们清洗实验器皿的日常经验相符合:器皿表面上能形成一层液膜被认为是洗净的标志。在大多数工业冷凝器中,特别是动力冷凝器上,实际上都是膜状凝结。鉴于实际工业应用中大多是膜状凝结,所以从设计的观点出发,为保证传热效果,只能用膜状凝结作为设计的依据。以下的讨论也限于膜状凝结的分析和计算。

9.8.2 膜状凝结分析解及计算关联式

1916 年,努塞尔首先提出了纯净蒸汽层流膜状凝结的分析解[28]。他抓住了凝结液膜的导热热阻是凝结传热过程主要热阻这一点,忽略次要因素,从理论上揭示了有关物理参数对凝结传热的影响,长期来被公认为是运用理论分析求解复杂传热问题的一个典范。

1. 努塞尔的蒸汽层流膜状凝结分析解

1）对实际问题的简化假设

努塞尔的分析是对纯净的饱和蒸汽在均匀壁温的竖直表面上的层流膜状凝结作出的。根据实际过程的特点，为便于进行数学求解，作出了 8 个假设：①常物性；②蒸汽总体是静止的，汽液界面上无对液膜的黏滞力；③液膜的惯性力可以忽略；④汽液界面上无温差，界面上液膜温度等于饱和温度，$t_\delta = t_s$；⑤膜内温度分布是线性的；⑥液膜的过冷度可以忽略；⑦蒸汽的密度 ρ_v 相对于凝结液的密度 ρ_l 可忽略不计；⑧液膜表面平整无波动。

2）膜状凝结传热控制方程的简化

根据图 9-34a，凝结液膜的流动和传热符合边界层的性质。我们将根据以上假设，从边界层方程组出发，推导出努塞尔分析时所建立的简化方程，作为边界层理论应用的一个实例。以竖壁的膜状凝结为例，把坐标 x 取为重力方向，如图 9-35 所示。在稳态情况下，该问题可用 9.3.2 节中汇总的二维边界层型对流传热微分方程组来描述，但需考虑 x 向动量方程中的体积力，即

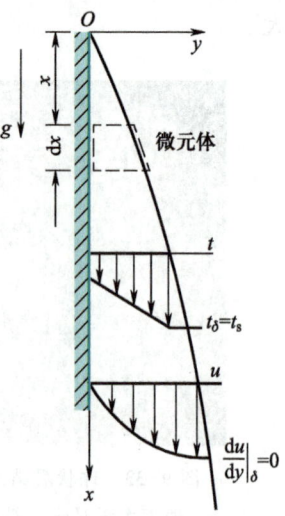

图 9-35　努塞尔理论分析的
坐标系与边界条件

$$\frac{\partial u}{\partial x} + \frac{\partial v}{\partial y} = 0 \tag{9-74a}$$

$$\rho_l \left(u\frac{\partial u}{\partial x} + v\frac{\partial u}{\partial y} \right) = -\frac{\mathrm{d}p}{\mathrm{d}x} + \rho_l g + \mu_l \frac{\partial^2 u}{\partial y^2} \tag{9-74b}$$

$$u\frac{\partial t}{\partial x} + v\frac{\partial t}{\partial y} = a_l \frac{\partial^2 t}{\partial y^2} \tag{9-74c}$$

式中，下标 l 表示液相，下同。

应用简化假设③，式（9-74b）等号左端可忽略。$\dfrac{\mathrm{d}p}{\mathrm{d}x}$ 为液膜在 x 方向的压力梯度，可按 $y = \delta$ 处液膜表面蒸汽的压力梯度计算。考虑到假设②中蒸汽总体是静止的，若以 ρ_v 表示蒸汽密度，则有 $\dfrac{\mathrm{d}p}{\mathrm{d}x} = \rho_v g$。按假设⑦，相对于 $\rho_l g$，$\rho_v g$ 可以忽略。按假设⑤，式（9-74c）等号左端可忽略。由此，微分方程组简化为

$$\mu_l \frac{\partial^2 u}{\partial y^2} + \rho_l g = 0 \tag{9-75a}$$

$$\frac{\partial^2 t}{\partial y^2} = 0 \tag{9-75b}$$

其边界条件为

$$y = 0, \quad u = 0, \quad t = t_w \tag{9-75c}$$

$$y = \delta, \quad \frac{\partial u}{\partial y} = 0, \quad t = t_s \tag{9-75d}$$

式（9-75d）中 $\dfrac{\partial u}{\partial y} = 0$ 利用了假设②中汽液界面上无对液膜的黏滞力。这一组简化了的方程组是

努塞尔理论分析的出发点。

上述简化过程中已经直接应用了假设①~⑤、⑦这6个假设,假设⑧也隐含于其中,因为上述分析只对液膜表面平整无波纹时才适用,如果表面起波纹,波纹处就会有垂直于壁面方向的流速,形成局部的回流,动量方程中的对流项就不能予以忽略。至于假设⑥将在下面的分析中用到。

3）主要求解过程与结果

求解式(9-75)可得

$$u = \frac{\rho_l g}{\mu_l}\left(\delta y - \frac{1}{2}y^2\right) \tag{9-76a}$$

$$t = t_w + (t_s - t_w)\frac{y}{\delta} \tag{9-76b}$$

以上两式中引入了未知的液膜厚度,因此求解的关键在于获得液膜厚度 δ 随 x 的变化规律。为此需要对 $\mathrm{d}x$ 的微元段液膜做质量守恒。如图9-36所示,通过 x 截面处单位宽度的壁面凝结液体的质量流量为

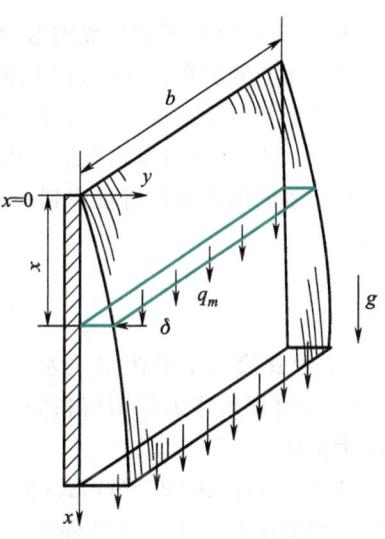

$$q_m = \int_0^\delta \rho_l u \mathrm{d}y = \int_0^\delta \frac{\rho_l g}{\mu_l}\left(\delta y - \frac{1}{2}y^2\right)\mathrm{d}y = \frac{g\rho_l^2\delta^3}{3\mu_l} \tag{9-76c}$$

在 $\mathrm{d}x$ 微元段上质量流量的增量为

$$\mathrm{d}q_m = \frac{g\rho_l^2\delta^2\mathrm{d}\delta}{\mu_l} \tag{9-76d}$$

上式又引入了未知量 q_m,所以再对如图9-37所示的 $\mathrm{d}x$ 微元段液膜做热量守衡。考虑假设⑥,则有通过厚为 δ 的液膜的导热量等于凝结液量 $\mathrm{d}q_m$ 所释放出来的潜热,于是

图9-36 确定凝结液截面流量的图示

$$\lambda_l \frac{t_s - t_w}{\delta}\mathrm{d}x = r\left(\frac{g\rho_l^2\delta^2\mathrm{d}\delta}{\mu_l}\right) \tag{9-76e}$$

式中,r 为相变潜热。

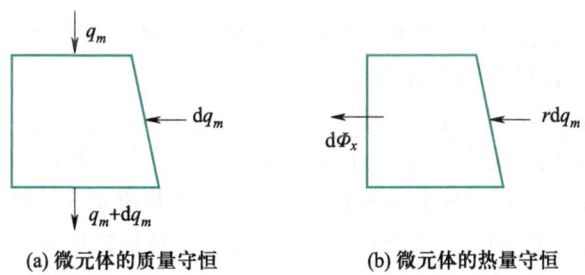

(a) 微元体的质量守恒   (b) 微元体的热量守恒

图9-37 液膜的质量与热量守恒分析

式(9-76e)是关于液膜厚度 δ 的一个常微分方程,积分可得

$$\delta = \left[\frac{4\mu_l\lambda_l(t_s-t_w)x}{g\rho_l^2 r}\right]^{\frac{1}{4}} \tag{9-76f}$$

从另一角度来看,通过厚为 δ 的液膜的导热量等于对流传热量,则有

$$\lambda_l\frac{t_s-t_w}{\delta}\mathrm{d}x = h_x(t_s-t_w) \tag{9-76g}$$

所以,局部表面传热系数为

$$h_x = \frac{\lambda_l}{\delta} = \left[\frac{gr\lambda_l^3\rho_l^2}{4\mu_l(t_s-t_w)x}\right]^{1/4} \tag{9-76h}$$

注意到,在高为 l 的整个竖壁上传热温差 $\Delta t = t_s - t_w$ 为常数,因而整个竖壁的平均表面传热系数为

$$h_V = \frac{1}{l}\int_0^l h_x\mathrm{d}x = \frac{4}{3}h_{x=l} = 0.943\left[\frac{gr\lambda_l^3\rho_l^2}{\mu_l(t_s-t_w)l}\right]^{1/4} \tag{9-76i}$$

式(9-76i)就是液膜层流时竖壁膜状凝结传热的努塞尔理论解,其中下标 V 表示竖壁。对于与水平面的倾斜角为 $\varphi(\varphi>0)$ 的倾斜壁,只需将式(9-76i)中的 g 改为 $g\sin\varphi$ 就可应用。

2. 垂直管与水平管的比较及实验验证

1)水平圆管外表面的凝结传热表面传热系数

努塞尔的理论分析可推广到水平圆管外表面上的层流膜状凝结,平均表面传热系数的计算式为[29]

$$h_H = 0.729\left[\frac{rg\lambda_l^3\rho_l^2}{\mu_l d(t_s-t_w)}\right]^{1/4} \tag{9-77}$$

式中:下标 H 表示水平管;d 为水平管的外径。以下在不引起误解时,下标 V 和 H 均略去。式(9-77)中努塞尔本人用图解积分法得出的系数值为 0.725,这里的 0.729 是文献[29]中得出的更准确的值。

式(9-76h)、式(9-76i)、式(9-77)中,除相变热 r 按蒸汽饱和温度 t_s 确定外,其他物性均取膜层平均温度 $t_m = (t_s+t_w)/2$ 确定。

2)水平管外凝结与竖直管外凝结的比较

适用横管外和竖壁外的平均表面传热系数的计算式有时要注意两点:特征长度横管用 d,而竖壁用 l;两式的系数不同。在其他条件相同时,横管平均表面传热系数 h_H 与竖壁平均表面传热系数 h_V 的比值为

$$\frac{h_H}{h_V} = 0.77\ (l/d)^{1/4} \tag{9-78}$$

当 $l/d = 50$ 时,横管的平均表面传热系数是竖管的 2 倍。工程上,管子的长径比一般都大于这个值,所以冷凝器通常都采用横管的布置方案。

3)分析解的实验验证和假设条件的影响

对于竖壁,水蒸气的实验是有代表性的,如图 9-38 所示[30]。图上实验数据与理论式的比较表明,$Re \leqslant 20$ 时,实验结果与理论解非常吻合;$Re>20$ 时,实验值越来越高于理论解,以至到层流湍流转捩点时高于理论解的 20%。已经查明,这种偏离主要是膜层表面有波动的结果。因此,工程上使用时将理论解增加 20%,即

$$h_V = 1.13\left[\frac{g\rho_l^2\lambda_l^3 r}{\mu_l(t_s-t_w)l}\right]^{1/4} \tag{9-79}$$

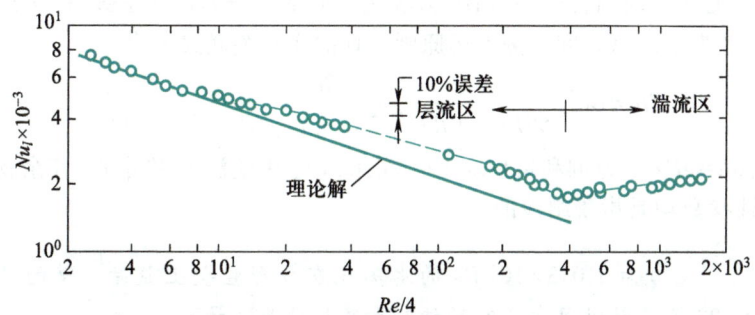

图 9-38 竖壁上水蒸气膜状凝结的理论解和实验结果的比较

同时，现有的实验测定结果还表明，水平单管外纯净蒸汽凝结的努塞尔分析解与多种流体（包括水及多种制冷剂）的实测值的偏差一般在 10% 以内。因而，实验研究中常常把单管外凝结传热的实验测定结果与式(9-77)是否基本一致作为考核测试系统准确性的一种方式。

除上述考虑表面波动影响的修正以外，努塞尔理论解中的其他一些假设，如不考虑惯性力（假设③）、不考虑液膜的过冷度（假设⑥）等，均有研究者做了关于舍弃这些假设对解的影响的研究。结果表明，对于 Pr 数接近于 1 或大于 1 的流体，只要量纲为一的参数 $\dfrac{r}{c_p(t_s-t_w)} \gg 1$，惯性力及液膜过冷度的影响均可略而不计。

3. 湍流膜状凝结

凝结液的流态也有层流与湍流之别。为了判别流态，需要采用液膜 Re。所谓液膜 Re，是取液膜的当量直径为特征长度的 Re。以竖壁为例，在离开液膜起始处为 $x=l$ 处的液膜 Re 为

$$Re = \frac{\rho u_l d_e}{\mu} \tag{9-80a}$$

式中：u_l 为壁底部 $x=l$ 处液膜层的平均流速；d_e 为该截面处液膜层的当量直径。参看图 9-36，当液膜宽为 b 时，润湿周边 $P=b$，截面积 $A_c=b\delta$，于是 $d_e=4A_c/P=4\delta$。代入式(9-80a)得

$$Re = \frac{4\rho u_l \delta}{\mu} = \frac{4q_{ml}}{\mu} \tag{9-80b}$$

式中，$q_{ml}=\delta\rho u_l$ 是 $x=l$ 处单位宽度的截面上凝结液的质量流量[kg/(m·s)]。q_{ml} 乘以凝结潜热 r 就等于高 l、宽 1 m 的整个竖壁的传热量，故有

$$h(t_s-t_w)l = rq_{ml} \tag{9-80c}$$

将式(9-80c)中的 q_{ml} 代入式(9-80b)得

$$Re = \frac{4hl(t_s-t_w)}{\mu r} \tag{9-80d}$$

需要指出，式(9-80)中的物性参数都是指液膜的，为书写简单略去了角码。对于水平管，只要用 πd 代替上式中的 l，即为其液膜 Re。

由图 9-38 实验结果可知，液膜由层流转变为湍流的临界雷诺数 Re_c 可定为 1 600。横管因直径较小，实践中大都在层流范围。对于 $Re>1\,600$ 部分的湍流液膜，传热比层流时大为增强，沿整个壁面的平均表面传热系数可按下式计算。

$$h = h_l \frac{x_c}{l} + h_t \left(1-\frac{x_c}{l}\right) \tag{9-81}$$

式中:h_l为层流段的平均表面传热系数;h_t为湍流段的平均表面传热系数;x_c为层流转变为湍流时转折点的高度;l为壁的总高度。按上述原则整理的实验关联式为[31]

$$Nu = Ga^{1/3} \frac{Re}{58Pr^{-1/2}(Re^{3/4}-253)(Pr_w/Pr_s)^{1/4}+9\,200}\qquad(9-82)$$

式中:$Nu=hl/\lambda$;$Ga=gl^3/\nu^2$为伽利略(Galileo)数;除Pr_w用壁温t_w确定外,其余物理量的定性温度均为t_s,且物性参数均是指凝结液的。

[例题 9-8] 压力为$1.013×10^5$ Pa的水蒸气在方形竖壁上凝结。壁的尺寸为30 cm×30 cm,壁温保持98 ℃。试计算每小时的传热量及凝结蒸汽量。

分析:应首先计算Re,判断液膜是层流还是湍流,然后选择相应的公式计算。由式(9-80d)可知,Re本身取决于平均表面传热系数h,因此不能简单地直接求解。我们可先假设液膜的流态,根据假设的流态选择相应的公式计算出h,然后用求得的h核算Re重新计算。

假设:液膜为层流。

解:$1.013×10^5$ Pa的水蒸气的饱和温度$t_s=100$ ℃,从附录查得$r=2\,257$ kJ/kg。其他物性按液膜平均温度$t_m=(t_w+t_s)/2=(98\,℃+100\,℃)/2=99\,℃$查得$\rho=958.4$ kg/m³、$\mu=2.825×10^{-4}$ kg/(m·s)、$\lambda=0.68$ W/(m·K)。

选用竖壁层流液膜平均表面传热系数计算式(9-79)计算。

$$h = 1.13\left[\frac{g\rho^2\lambda^3 r}{\mu l(t_s-t_w)}\right]^{1/4}$$

$$= 1.13×\left\{\frac{9.8\text{ m/s}^2×2\,257\text{ kJ/kg}×(958.4\text{ kg/m}^3)^2×[0.68\text{ W/(m·k)}]^3}{2.825×10^{-4}\text{ kg/(m·s)}×0.3\text{ m}×2\text{ K}}\right\}^{1/4}$$

$$= 1.57×10^4\text{ W/(m}^2\text{·K)}$$

按式(9-80d)核算Re,即

$$Re = \frac{4hl(t_s-t_w)}{\mu r} = \frac{4×1.57×10^4\text{ W/(m}^2\text{·K)}×0.3\text{ m}×2\text{ K}}{2.825×10^{-4}\text{ kg/(m·s)}×2.257×10^6\text{ J/kg}} = 59.1$$

说明原来假设液膜层流成立。

凝结传热量为

$$\Phi = hA(t_s-t_w)$$

$$= 1.57×10^4\text{ W/(m}^2\text{·K)}×(0.3\text{ m})^2×2\text{ K}=2.83×10^3\text{ W}$$

每小时的传热量为

$$Q = 3\,600\Phi = 3\,600\text{ s}×2.83×10^3\text{ W}=10.19\text{ MJ}$$

凝结蒸汽量为

$$q_m = \frac{\Phi}{r} = \frac{2.83×10^3\text{ W}}{2.257×10^6\text{ J/kg}} = 1.25×10^{-3}\text{ kg/s}=4.50\text{ kg/h}$$

讨论:在我们已学习过的热量传递方式中,自然对流与凝结传热这两种方式的表面传热系数计算式显然含有传热温差,自然对流层流时$h\sim\Delta t^{1/4}$,而凝结液膜为层流时$h\sim\Delta t^{-1/4}$。又由于凝结传热表面传热系数一般都很大,因此传热温差均比较小,这样,尽可能准确地确定温差对提高实验或计算结果的准确度都有重要意义。本例中若将t_w改为99 ℃,则传热强度要提高41%。

9.8.3 膜状凝结的影响因素及其传热强化

上面介绍了在一些比较理想的条件下饱和蒸汽膜状凝结传热的计算。工程实际中所发生的膜状凝结过程往往更为复杂。例如,蒸汽中可能有不凝结的成分,在竖直方向上水平管可能是叠层布置的,等等。这些因素对膜状凝结传热有什么影响呢?本节就讨论这些问题。这也是研究复杂传热问题的一种有效方法:先从比较简单的典型情况入手,设法获得这种情况下的关联式,然后逐一考虑其他因素,引入相应的修正。同时,本节中也要从凝结传热机理的角度开展一些讨论。

1. 膜状凝结的影响因素

1)不凝结气体

蒸汽中含有不可凝结的气体,如空气,即使含量极微,也会对凝结传热产生十分有害的影响。例如,水蒸气中质量含量占 1% 的空气能使膜状凝结传热的表面传热系数降低 60%,后果是很严重的。对此现象可做如下分析。在靠近液膜表面的蒸汽侧,随着蒸汽的凝结,蒸汽分压力减小而不凝结气体的分压力增大。蒸汽在抵达液膜表面进行凝结前,必须以扩散方式穿过聚积在界面附近的不凝结气体层。因此,不凝结气体层的存在增加了传递过程的阻力。同时蒸汽分压力的下降,使相应的饱和温度下降,减小了凝结的动力 Δt,也使凝结过程削弱。因此,在冷凝器的工作中,排出不凝结气体成为保证设计能力的关键。

2)管子排数

前面给出的横管凝结传热的公式只适用于单根横管。对于沿液流方向由 n 排横管组成的管束的传热,理论上只要将式(9-77)中的特征长度 d 换成 nd 即可计算。实际上,这是过分保守的估计,因为上排管凝结液并不是平静地落在下排管上,而在落下时要产生飞溅以及对液膜的冲击扰动。飞溅和扰动的程度取决于管束的几何布置、流体物性等,情况比较复杂,设计时最好参考适合设计条件的实验资料。

3)蒸汽流速

努塞尔的理论分析忽略了蒸汽流速的影响,因此只适用于流速较低的场合,如电站冷凝器等。蒸汽流速高时(对于水蒸气,流速大于 10 m/s 时),蒸汽流速对液膜表面会产生明显的黏滞力,其影响又随蒸汽流向与重力场同向或异向、流速大小以及是否撕破液膜等而不同。一般来说,当蒸汽流动方向与液膜向下的流动同方向时,使液膜拉薄,h 增大;反方向时则会阻滞液膜的流动使其增厚,从而使 h 减小。

4)蒸汽过热度

前面的讨论都是针对饱和蒸汽的凝结而言的。对于过热蒸汽,实验证实,只要把计算式中的潜热改用过热蒸汽与饱和液的焓差,也可用前述饱和蒸汽的实验关联式来计算过热蒸汽的凝结传热表面传热系数。

5)液膜过冷度及温度分布的非线性

努塞尔的理论分析忽略了液膜的过冷度的影响,并假定液膜中温度呈线性分布。分析表明,只要用下式确定的 r' 代替计算公式中的 r,就可以照顾到这两个因素的影响。

$$r' = r + 0.68c_p(t_s - t_w) \tag{9-83a}$$

上式也可表示为

$$r' = r(1 + 0.68Ja) \tag{9-83b}$$

式中，Ja 称为雅各布（Jakob）数，定义为

马克斯·
雅各布

$$Ja = \frac{c_p(t_s - t_w)}{r} \tag{9-84}$$

是衡量液膜过冷度相对大小的一个量纲为一的量。

6）管内冷凝

本章前面所介绍的是壁面外凝结，凝结液在重力作用下向下流动。在不少工业冷凝器（如冰箱中的制冷剂蒸汽冷凝器）中，蒸汽在压差作用下流经管子内部，同时产生凝结，此时传热的情形与蒸汽的流速有很大关系。以水平管中的凝结为例，当蒸汽流速低时，凝结液主要积聚在管子的底部，蒸汽则位于管子上半部，其截面形状如图 9-39a 所示。如果蒸汽流速比较高，那么形成所谓环状流动（annular flow），凝结液较均匀地铺展在管子四周，而中心则为蒸汽核。随着流动的进行，液膜不断增厚以至可能占据整个截面（图 9-39b）。管内凝结传热的计算式比较复杂，有兴趣的读者可参见文献[32-35]。

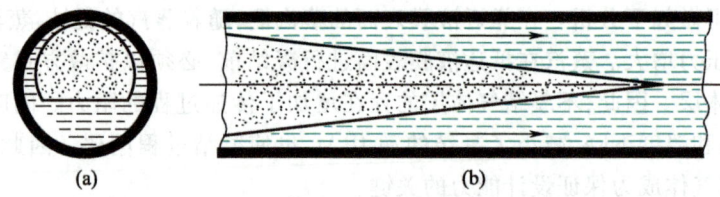

图 9-39　管内凝结时液膜与蒸汽核示意图

2. 膜状凝结的强化原则和技术

1）强化膜状凝结的基本原则

在制冷剂的冷凝器中，冷却水侧的热阻是次要的，主要热阻在制冷剂侧，强化凝结传热就特别有意义。通过前面的分析讨论可知，蒸汽膜状凝结时，热阻就在于通过液膜层的导热。因此尽量减薄液膜层的厚度是强化膜状凝结的基本原则。为此可以从两方面着手：一方面，减薄蒸汽凝结时直接黏滞在固体表面上的液膜；另一方面，及时地将冷壁面上产生的凝结液体排走，不使其积存在传热表面上而进一步使液膜加厚。那么有哪些技术手段呢？

2）强化技术简介

（1）减薄液膜厚度的技术。最简单的减薄液膜厚度的方法是：在工艺允许的情况下尽量降低竖壁或竖管的高度，或者将竖管改置为横管。这里着重介绍利用表面张力减薄液膜厚度的方法。如图 9-40 所示的尖峰固体表面，对位于尖峰上的液膜做力分析表明：液膜的表面张力可以使尖峰上的液膜厚度大大减薄。根据这个基本思想开发出了多种强化表面，整体低肋管是最早的一种，如图 9-41所示。最初，人们仅认为肋片只是增加了凝结的面积，但实际的强化效果要较面积增加的份额大得多，这是位于肋片上的液膜受表面张力的作用而变薄了的缘故。随后适用于强化管外蒸汽凝结的各种锯齿管相继问世（图 9-42）。一般地，三维锯齿管的性能优于低肋管。但是在实际的卧式冷凝器中管子水平

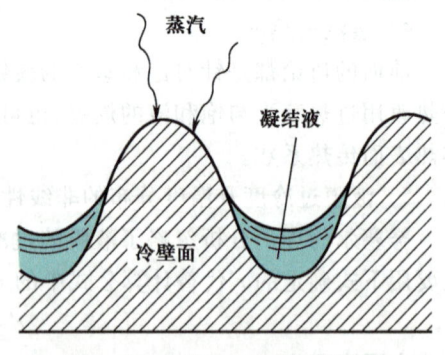

图 9-40　尖峰上表面张力的作用

  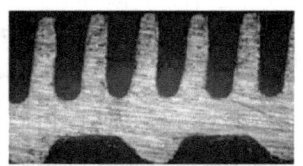

图 9-41 整体式低肋管

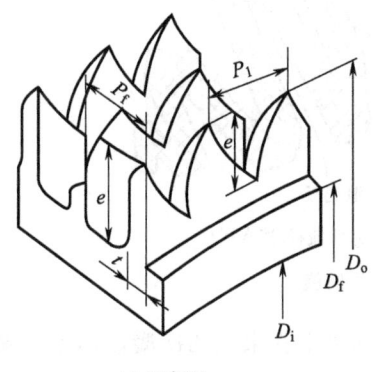

(a) 示意图

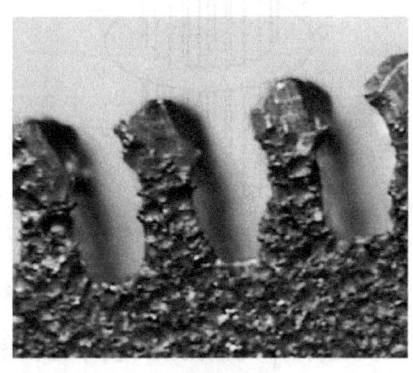

(b) 截面图

图 9-42 三维锯齿示意图

叠层布置,前文已指出,这时上排管子的冷凝液会落到下排管子上。这时,低肋管的传热性能不会因上排凝结液的加入而降低,但三维强化管的传热性能则下降比较明显。因此,冷凝器底部的管子可考虑采用整体式低肋管。家用空调的冷凝器中制冷剂蒸汽在管内凝结,强化凝结传热可减小冷凝器体积,已经成功地开发出二维与三维微肋管,如图 9-43 所示。二维微肋管中,微肋是连续的,而三维微肋管的微肋是间断的。工程技术中常以制造传热管的胚管(光管)的面积作为比较表面传热系数的依据。对于低肋管,凝结传热的表面传热系数可比光管提高 2~4 倍,锯齿管可以提高一个数量级,微肋管则一般可提高 2~3 倍。

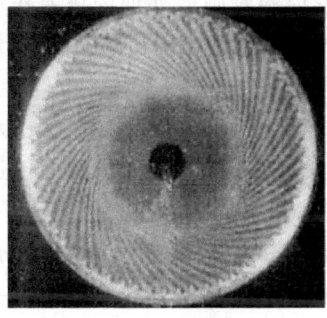

(a) 二维微肋管

(b) 三维微肋管

图 9-43 二维、三维微肋管照片

(2) 及时排液的方法。图 9-44 示出了两种常见的加速排出凝结液体的方法,其中:图 9-44a 所示的方法用于立式冷凝器,在凝结液向下流动的过程中分段排泄,有效地控制了液膜的厚度,图中管表面的沟槽又可以起到减薄液膜厚度的作用;图 9-44b 所示的方法用于卧式冷凝器,如

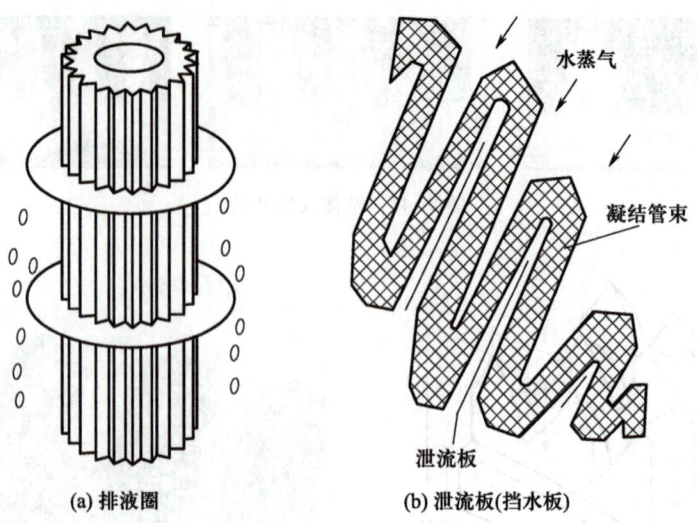

(a) 排液圈   (b) 泄流板(挡水板)

水蒸气

凝结管束

泄流板

图 9-44 及时排液的措施

大型电站的凝汽器,图中的泄流板可使布置在该板上部水平管束上的冷凝液体不会聚集到其下的其他管束上。

最后还要特别强调,在动力冷凝器中,如果系统密封良好,由于纯净水蒸气膜状凝结传热表面传热系数很大,凝结侧热阻不占主导地位。但实际运行中凝汽器的泄漏是不可避免的,空气的漏入使冷凝器平均表面传热系数明显下降,实践表明采用强化措施可以收到实际效益。在制冷剂的冷凝器中,主要热阻在凝结一侧,凝结传热的强化就有更大现实意义。

9.8.4 沸腾传热的模式

沸腾是指在液体内部以产生汽泡的形式进行的汽化过程。就流体运动的动力而言,沸腾过程又有大容器沸腾(又称池沸腾,pool boiling)和管内沸腾两种(in-tube boiling)。大容器沸腾时流体的运动是由温差和汽泡的扰动所引起的,而管内沸腾则需外加的压差作用才能维持。本节的重点是大容器饱和沸腾传热的机理、基本特点及沸腾传热表面传热系数的计算方法。

1. 大容器饱和沸腾曲线

我们来做一个观察沸腾传热现象的实验。大容器中盛有饱和水,在水中水平放置一尺寸比容器横向尺寸小很多的热壁面。假设加热壁面温度可控,这样在加热壁面上进行的沸腾称为饱和沸腾(saturation boiling)。随着加热壁面温度与饱和水温的差值 $\Delta t = t_w - t_s$(称为过热度)的增加,大容器中的水与加热壁面之间的传热会依次出现以下区域,如图 9-45 所示。

(1)自然对流区。当壁面过热度较小(对于水在一个大气压下的饱和沸腾为 $\Delta t < 4 ℃$)时,此时壁面上没有汽泡产生,传热属于自然对流工况。

(2)核态沸腾区(nucleate boiling)。随着壁面过热度的增大,壁面上个别地点(称为汽化核心,nucleation site)开始产生汽泡,此时产生的汽泡彼此互不干扰,称孤立汽泡区,如图 9-46a 所示。随着壁面过热度的进一步增大,汽化核心增加,汽泡互相影响,并会合成汽块及汽柱,如图 9-46b 所示。在这两区中,汽泡的扰动剧烈,传热系数和热流密度都急剧增大。由于汽化核心对传热起着决定性影响,这两区的沸腾统称为核态沸腾(或泡状沸腾)。核态沸腾有温压小、传热

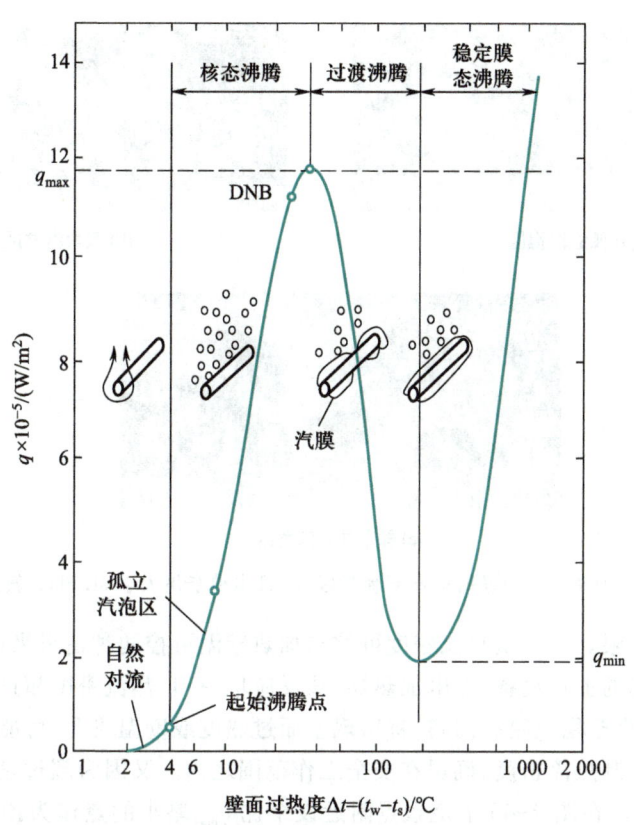

图 9-45　饱和水在水平加热面上的 $q \sim \Delta t$ 曲线 ($p = 101\ 325$ Pa)

强的特点,所以一般工业应用都设计在这个范围。核态沸腾区的终点为图 9-45 中热流密度的峰值点,即 q_{max} 那个点。

(3)过渡沸腾区(transition boiling)。进一步增加壁面过热度,传热规律出现异乎寻常的变化,热流密度不仅不增加反而减小。这是因为汽泡汇聚覆盖在加热面上,而蒸汽排出过程趋于恶化。这种情况持续到热流密度最低点,称为莱登佛罗斯特点(Leidenfrost point)[36]。这个阶段的沸腾称为过渡沸腾,很不稳定。

(4)稳定膜态沸腾区(film boiling)。进一步增加壁面过热度,传热规律再次发生转折。这时加热面上已形成稳定的蒸汽膜层,产生的气泡有规则地脱离膜层,q 随 Δt 的增加而增大。此段称为稳定膜态沸腾,如图 9-46c 所示。稳定膜态沸腾中热量必须穿过热阻较大的汽膜,所以表面传热系数要小得多。

实际上,在实验中壁面热流密度是比较容易控制的,只是为了便于介绍 4 个区域的传热现象而从壁温可控的角度来描述。习惯上将包含自然对流在内的图 9-45 所示的 $q - \Delta t$ 曲线称为大容器饱和沸腾曲线(saturated pool boiling curve),其中核态沸腾、过渡沸腾和稳定膜态沸腾 3 个区域属于沸腾传热的范围。由以上讨论可知,对于沸腾传热,过程进行的动力是壁面的过热度,所以牛顿冷却公式中的温差是 $\Delta t = t_w - t_s$。

2. 临界热流密度及其工程意义

上述热流密度的峰值 q_{max} 有重大实践意义,被称为临界热流密度(critical heat flux,CHF),也

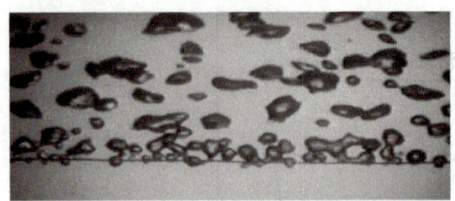
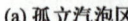

(a) 孤立汽泡区

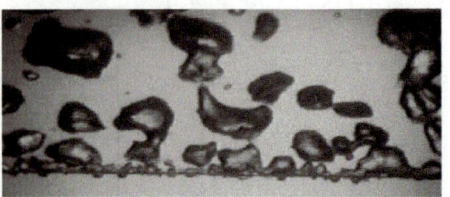

(b) 汽块汽柱区

(c) 稳定膜态沸腾区

图 9-46　加热面为钨丝时的不同沸腾区域（日本神奈川大学 M. Shoji 教授提供）

称沸腾危机或沸腾极限。下面从热流密度可控与加热壁温可控两种情形来讨论。对于依靠控制热流密度来改变工况的加热设备，如电加热器、核反应堆，一旦热流密度超过峰值，沸腾传热将沿 q_{max} 虚线从核态沸腾跳至稳定膜态沸腾，将出现壁面过热度或壁温飞升，可能导致设备的烧毁，所以必须严格监视并控制热流密度，确保在安全工作范围之内。又因为超过它可能导致设备烧毁，所以 q_{max} 也称烧毁点。在图 9-45 上烧毁点附近设个比 q_{max} 略小的点作为预警点，称为偏离核态沸腾（departure from nuclear boiling，DNB）点。对于蒸发器等壁温可控的设备，这种监视是重要的，因为壁温或壁面过热度一旦超过 q_{max} 对应之值，就会导致膜态沸腾，在相同的壁温下使传热量大大减少。

3. 汽泡动力学简介

1）为什么沸腾传热有那样高的传热强度

由图 9-45 可见，在核态沸腾的范围内，水沸腾时的热流密度可达 $10^5 \sim 10^6$ W/m^2 的量级，比相同温差变化范围内水的强制对流传热的热流密度至少高一个数量级。这样高的传热强度主要是由汽泡的形成、成长以及脱离加热壁面所引起的各种扰动所造成的。因此要进一步强化沸腾传热就要设法增加加热表面上能产生汽泡的地点——汽化核心。

2）加热表面上什么地点最容易成为汽化核心

在传热学的发展史上，曾经认为加热表面上的微小突起（类似于微肋）是产生汽化核心的有利地点。经过近几十年的研究和工程实践表明，壁面上的凹坑、细缝、空穴等（图 9-47）最可能成为汽化核心。这是因为：首先，在表面上的狭缝地带，处于狭缝中的液体所受到加热的影响比位于平直面上同样数量的液体要多得多（图 9-47a）；其次，细缝中容易残留气体，这种残留气体就自然成为产生汽泡的核心（图 9-47b）。所以增加表面上细缝、空穴与凹坑成为工程中开发强化沸腾传热的基本手段。

3）加热表面上要产生汽泡液体必须过热

即使是表面上的空穴地带，也不是其温度一上升到液体的饱和温度就会产生汽泡，而必须达到一定的过热度。为说明其理由，我们试着分析位于液体中的一个球形汽泡。如图 9-48 所示，

(a) 受热面积大的　　(b) 残存在空穴内气体是　　(c) 汽泡的长大过程
空穴内的液体　　　孕育汽泡的有利场所

图 9-47　加热面上最有利于成为汽化核心的地点及其上汽泡的成长

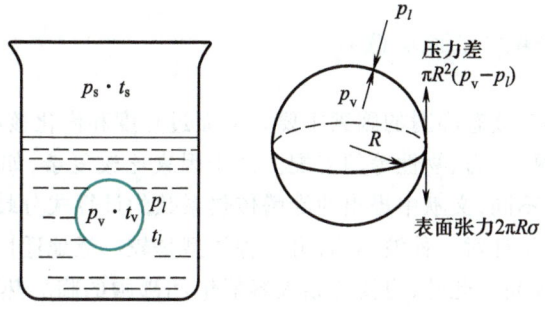

图 9-48　汽泡的力平衡

设在液体中存在一个球形汽泡,它与周围液体处于力平衡和热平衡条件下,这样汽泡才能存在。由于表面张力的作用,汽泡内的压力 p_v 必大于汽泡外液体的压力 p_l。根据力平衡条件,汽泡内外压差应被作用于气液相界面上的表面张力所平衡,即

$$\pi R^2(p_v - p_l) = 2\pi R\sigma \tag{9-85a}$$

式中,σ 为气液界面的表面张力系数。若忽略液柱静压的影响,则 p_l 可认为近似等于沸腾系统的环境压力,即 $p_l \approx p_s$。而热平衡则要求汽泡内蒸汽的温度为 p_v 压力下的饱和温度 t_v。界面内外温度相等,即 $t_l = t_v$,所以汽泡外的液体必然是过热的,过热度为 $t_l - t_s$。贴壁处液体具有最大过热度 $t_w - t_s$,壁面凹处最先能满足汽泡生成的条件:

$$R = \frac{2\sigma}{p_v - p_s} \tag{9-85b}$$

故汽泡都在壁面上产生。

式(9-85b)给出了对于半径为 R 的汽泡所必需的压力差,即液体的过热度。利用热力学中的克劳修斯-克拉佩龙方程,可得出产生半径为 R 的汽泡所需的过热度为

$$\Delta T = T_l - T_s = \frac{2\sigma T_s}{r\rho_v R} \tag{9-86}$$

平衡状态的汽泡是很不稳定的,汽泡半径稍微小于式(9-85b)所示半径,表面张力大于压差,则汽泡内蒸汽凝结,汽泡瓦解。只有半径大于式(9-85b)所示半径时,相界面上液体不断蒸发,汽泡才能成长。

综上所述,在一定壁面过热度条件下,壁面上只有满足式(9-85b)条件的那些地点才能成为汽化核心。随着壁面过热度的提高,压差 p_v-p_s 越来越高,式(9-85b)所示汽泡的平衡态半径 R 将减小。因此,壁温 t_w 提高时,壁面上越来越小的凹穴处将成为汽化核心,从而汽化核心数随壁面过热度的提高而增加。

关于加热表面上汽化核心的形成及关于汽泡在液体中的长大与运动规律的研究,无论对于掌握沸腾传热的基本机理以及开发强化沸腾传热的表面都具有十分重要的意义。现有的预测沸腾传热的各种物理模型都是基于对成核理论及气泡动力学的某种理解而建立起来的。正是 20世纪 50 年代末关于汽化核心首先是在表面上的一些微小凹坑上形成的这一基本观点的确立,才使 20 世纪 70 年代关于沸腾传热强化表面开发工作蓬勃开展。但迄今为止,有关沸腾传热机理及其物理数学模型仍然是沸腾传热的重要研究课题。

9.8.5　大容器沸腾传热的实验关联式

前面的分析表明,影响核态沸腾的因素主要是壁面过热度和汽化核心数,而汽化核心数又受到壁面材料及其表面状况、压力、物性等的支配。由于因素比较复杂,如壁面的表面状况需视表面污染、氧化程度而有所不同,文献中提出的沸腾传热系数的计算式分歧较大。在此仅介绍两种类型的计算式:一种类型是针对一种液体的;另一种类型是较广泛地适用于多种液体的。针对性强的计算式精确度往往较高。此外,也要介绍大容器饱和沸腾的临界热流密度以及膜态沸腾的传热系数计算式。

1. 大容器饱和核态沸腾的实验关联式

1) 罗斯瑙公式

罗斯瑙(Rohsenow)认为核态沸腾传热之所以强烈,主要是因为汽泡的产生与脱离造成强烈的扰动。基于这样的思想,他将实验数据整理成了以下量纲为一的关联式。

$$\begin{cases} Ja = C_{wl}Re^{0.33}Pr_l^s \\[2mm] Ja = \dfrac{c_{pl}(t_w-t_s)}{r} \\[2mm] Re = \dfrac{q}{\mu_l r}\sqrt{\dfrac{\sigma}{g(\rho_l-\rho_v)}} \end{cases} \tag{9-87}$$

式中:c_{pl} 为饱和液体的比定压热容,J/(kg·K);C_{wl} 为取决于加热表面-液体组合情况的经验常数;r 为汽化潜热,J/kg;g 为重力加速度,m/s^2;Pr_l 为饱和液体的普朗特数;q 为沸腾热流密度,W/m^2;$\Delta t=t_w-t_s$,为壁面过热度,℃;μ_l 为饱和液体的动力黏度,kg/(m·s);ρ_l 为饱和液体密度,kg/m^3;ρ_v 为饱和蒸汽的密度,kg/m^3;σ 为液体-蒸汽界面的表面张力系数,N/m;s 为经验指数,对于水 $s=1$,对于其他液体 $s=1.7$。

值得指出,式(9-87)中的 Re 是以单位面积蒸汽的质量流速 $\dfrac{q}{r}$ 为特征速度、$\sqrt{\dfrac{\sigma}{g(\rho_l-\rho_v)}}$ 为特

征长度的雷诺数。实验查明,汽泡脱离半径正比于 $\sqrt{\dfrac{\sigma}{g(\rho_l-\rho_v)}}$。由图 9-45 可见,沸腾传热中热流密度与传热温差之间有非常复杂的依变关系,可见沸腾传热的表面传热系数必然随温差发生

剧烈的变化。因此为便于使用,常常将实验数据整理成温差与热流密度之间的关系,但也可以改写成表面传热系数与温差的关系或表面传热系数与热流密度的关系。

应用式(9-87)的关键是系数 C_{wl} 的取值,取决于固体表面和液体的性质以及固体表面-液体的相互作用,由实验确定。表 9-12 中列出了某些表面与液体组合的 C_{wl} 取值[37-38]。

表 9-12 部分液体-固体表面组合的经验系数 C_{wl}

液体-固体表面组合情况	C_{wl}
水-铜	
烧焦的铜	0.006 8
抛光的铜	0.013 0
水-黄铜/水-镍	0.006 0
水-铂	0.013 0
水-不锈钢	
磨光并抛光的不锈钢	0.006 0
化学腐蚀的不锈钢	0.013 0
机械抛光的不锈钢	0.013 0
苯-铬	0.101
乙醇	0.002 7
正戊烷-抛光的铜	0.015 4

由于沸腾传热的复杂性,目前在各类对流传热的准则式中以沸腾传热准则式与实验数据的偏差程度最大。以实验关联式(9-87)为例,当已知 Δt 计算 q 时,计算值与实验值的偏差可达 ±100%(见图 9-49);而由于 $q \sim \Delta t^3$,因此已知 q 计算 Δt 时,则偏差可减小到±33%[2]。

2)库珀公式

对于制冷介质而言,库珀(Cooper)公式目前得到较广泛的应用[38]。

$$\begin{cases} h = Cq^{0.67} M_r^{-0.5} p_r^m (-\lg p_r)^{-0.55} \\ C = 90 \left[\mathrm{W}/(\mathrm{m}^2 \cdot \mathrm{K}^3) \right]^{1/3} \\ m = 0.12 - 0.21 \{ R_p \}_{\mu \mathrm{m}} \end{cases} \quad (9\text{-}88)$$

式中:M_r 为液体的相对分子质量(又称分子量);p_r 为对比压力(液体压力与该流体的临界压力之比);R_p 为加热壁面平均表面粗糙度,$\mu\mathrm{m}$,对一般工业用管材表面,$R_p = 0.3 \sim 0.4\ \mu\mathrm{m}$;$q$ 为热流密度,$\mathrm{W/m^2}$;h 为沸腾传热表面传热系数,$\mathrm{W}/(\mathrm{m}^2 \cdot \mathrm{K})$。

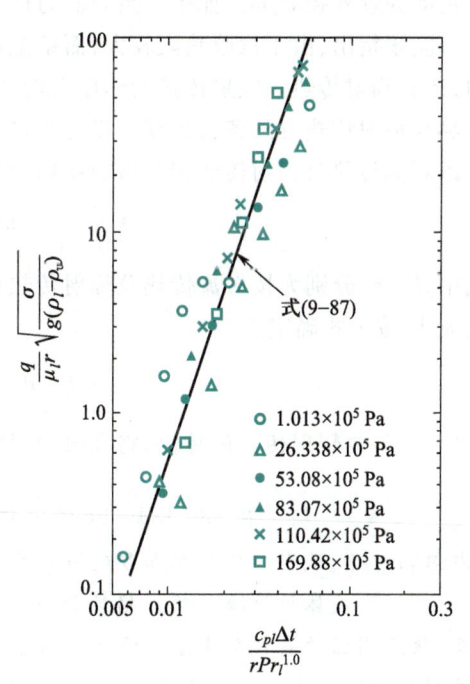

图 9-49 式(9-87)与实验值的对比

2. 大容器饱和沸腾临界热负荷计算式

文献[39]应用泰勒不稳定性原理于汽膜的运动,导出了饱和液体大容器沸腾的临界热流密度计算式:

$$q_{max} = \frac{\pi}{24} r \rho_v \left[\frac{\sigma g (\rho_l - \rho_v)}{\rho_v^2} \right]^{1/4} \left[\frac{\rho_l + \rho_v}{\rho_l} \right]^{1/2} \tag{9-89}$$

当压力离开临界压力比较远时,上式右端最后一项可取为 1,同时将理论分析得出的系数 $\pi/24 = 0.131$ 用实验值 0.149 代替[40],得到以下推荐公式。

$$q_{max} = 0.149 r \rho_v^{1/2} \left[\sigma g (\rho_l - \rho_v) \right]^{1/4} \tag{9-90}$$

上式中所有物性均按饱和温度查取。该式理论上只适用于加热面为无限大的水平壁的情形,式中没有特征长度。实际上当加热面的特征长度大于汽泡平均直径的 3 倍时,上式即可使用。

3. 大容器饱和液体膜态沸腾传热计算式

膜态沸腾中,汽膜的流动和传热在许多方面类似于膜状凝结中液膜的流动和传热。文献[41]对汽膜进行分析所得到的结果与膜状凝结的分析解十分相似。对于横管的膜态沸腾,仅需将膜状凝结式中的 λ 和 μ 改为蒸汽的物性、用 $\rho_v(\rho_l - \rho_v)$ 代替 ρ_l^2、用实验系数 0.62 代替 0.729,即可得膜态沸腾传热系数计算式:

$$h = 0.62 \left[\frac{g r \rho_v (\rho_l - \rho_v) \lambda_v^3}{\mu_v d (t_w - t_s)} \right]^{1/4} \tag{9-91}$$

式中,除 ρ_l 及 r 的值由饱和温度 t_s 决定外,其余物性均以平均温度 $t_m = (t_w + t_s)/2$ 为定性温度;特征长度为管外径 d,m。如果加热表面为球面,那么式中的系数为 0.67。

应该指出,由于汽膜热阻较大,而壁温在膜态沸腾时很高,壁面的净传热量除了按沸腾计算的,还有辐射传热。辐射传热的作用会增加汽膜的厚度,因此不能认为此时的总传热量是按对流传热与辐射传热方式各自计算所得之值的简单叠加。文献[41]建议采用以下超越方程来计算考虑对流传热与辐射传热相互影响在内的复合传热的表面传热系数。

$$h^{4/3} = h_c^{4/3} + h_r^{4/3} \tag{9-92}$$

式中,h_c、h_r 分别为按对流传热及辐射传热计算所得的表面传热系数,其中 h_c 按式(9-91)计算,而 h_r 则按下式确定。

$$h_r (T_w - T_s) = \varepsilon \sigma (T_w^4 - T_s^4) \tag{9-93}$$

式中,右端为辐射传热的特例,将在第 10 章深入学习。

[例题 9-9] 在 1.013×10^5 Pa 的绝对压力下,水在 $t_w = 113.9$ ℃ 的铂质加热面上做大容器内沸腾传热,试求单位加热面积的汽化率。

分析:液体的沸腾传热严格地说是一个非稳态过程,汽泡不断地在加热面产生、长大、脱离,然后周围的液体又来填补汽泡的位置,如此反复。前文给出的关联式实际上是一个准稳态过程的时间平均值。从本例的计算结果可以看出,由于汽泡的脱离在加热面上相当于形成了一股连续的上升气流运动。

解：壁面过热度 $\Delta t = t_w - t_s = 113.9 - 100 = 13.9 \ ^{\circ}\text{C}$，从图 9-45 可知处于核态沸腾区，因而可按式(9-87)进行求解。

从表 9-12 查得，对于水-铂组合，$C_{wl} = 0.013$。从附录查得，$t_s = 100 \ ^{\circ}\text{C}$ 时水和水蒸气的物性为

$$c_{pl} = 4.216 \ \text{kJ/(kg·K)}, \qquad \rho_l = 958.4 \ \text{kg/m}^3$$

$$r = 2\ 257 \ \text{kJ/kg}, \qquad \rho_v = 0.598 \ \text{kg/m}^3$$

$$\sigma = 58.9 \times 10^{-3} \ \text{N/m}, \qquad Pr_l = 1.748$$

$$\mu_l = 0.281\ 6 \times 10^{-3} \ \text{kg/(m·s)}$$

代入式(9-87)得

$$q = \mu_l r \left[\frac{c_{pl}(t_w - t_s)}{C_{wl} r Pr_l} \right]^3 \left[\frac{g(\rho_l - \rho_v)}{\sigma} \right]^{1/2}$$

$$= 0.218\ 6 \times 10^{-3} \times 2\ 257 \times 10^3 \times \left(\frac{4\ 216 \times 13.9}{0.013 \times 2\ 257 \times 10^3 \times 1.748} \right)^3 \times \left[\frac{9.8 \times (958.4 - 0.598)}{0.058\ 9} \right]^{1/2}$$

$$= 2.91 \times 10^5 \ \text{W/m}^2$$

单位加热面的汽化率为

$$\frac{q}{r} = \frac{2.91 \times 10^5 \ \text{W/m}^2}{2\ 257 \times 10^3 \ \text{J/kg}} = 0.129 \ \text{kg/(m}^2 \cdot \text{s)}$$

讨论：这是由汽泡的上升运动而形成的一股当量蒸汽流。正是由于这股蒸汽流所引起的对加热面附近液体的剧烈扰动，使沸腾传热的强烈程度远高于无相变的对流。如果以饱和蒸汽的密度来计算，这股质量流速相当于蒸汽以 0.216 m/s 的流速离开壁面向上流动。

[例题 9-10] 试计算水在 1.013×10^5 Pa 饱和池沸腾时的临界热流密度，并与图 9-45 做比较。

分析：1.013×10^5 Pa 的压力远小于水的临界压力，所以可采用式(9-90)计算。

解：水及水蒸气的热物性数值与例 9.9 相同。由式(9-90)，有

$$q_{max} = 0.149 r \rho_v^{1/2} \left[\sigma g (\rho_l - \rho_v) \right]^{1/4}$$

$$= 0.149 \times 2\ 257 \times 10^3 \ \text{J/kg} \times (0.598 \ \text{kg/m}^3)^{1/2} \times$$

$$\left[0.058\ 9 \ \text{N/m} \times 9.8 \ \text{m/s}^2 \times (958.4 - 0.598) \ \text{kg/m}^3 \right]^{1/4}$$

$$= 1.26 \times 10^6 \ \text{W/m}^2$$

从图 9-45 读得 $q_{max} \approx 1.17 \times 10^6$ W/m²，与上述计算值的偏差为 7.7%。

讨论：在沸腾传热的计算中，7.7% 的偏差已经算是很小了。

9.8.6 沸腾传热的影响因素及其强化

沸腾传热是对流传热现象中影响因素最多、最复杂的传热过程，实验关联式与所依据的实验数据间的离散度和不同关联式间的分歧也最为严重。本节主要讨论影响大容器沸腾的因素，着重介绍强化沸腾传热的机理与技术。

1. 影响沸腾传热的因素

1）表面结构与状态

前文已指出,加热表面上的空穴、细缝及凹坑最容易成为汽化核心,表面上这种微小结构越多沸腾传热越强烈。表 9-12 中,化学腐蚀的不锈钢表面的系数 C_{wl} 比抛光表面的大一倍多就是这个原因。但是迄今为止对于某种具体的液体在给定的工作条件下(饱和压力),什么样的空穴结构最利于沸腾传热,还主要依靠实验研究,缺少系统的分析理论。

2）过冷度

如果沸腾传热中液体主要部分的温度低于相应压力下的饱和温度,那么这种沸腾称为过冷沸腾(subcooled boiling)。对于大容器沸腾,除在核态沸腾起始点附近区域外,过冷度对沸腾传热的强度并无影响。在核态沸腾起始段,自然对流还占相当大的比例,而自然对流时 $h \sim \Delta t^{1/4}$,即 $h \sim (t_w - t_f)^{1/4}$,因而过冷会使该区域的传热有所增强。

3）液位高度

在大容器沸腾中,当传热表面上的液位足够高时,沸腾传热表面传热系数与液位高度无关。但当液位降低到一定值时,沸腾传热的表面传热系数会明显地随液位的降低而升高[42-43],这一特定的液位值称为临界液位。对于常压下的水,其值约为 5 mm。图 9-50 中给出了文献[43]中的 3 条实验曲线,实验介质为一个大气压下的水。

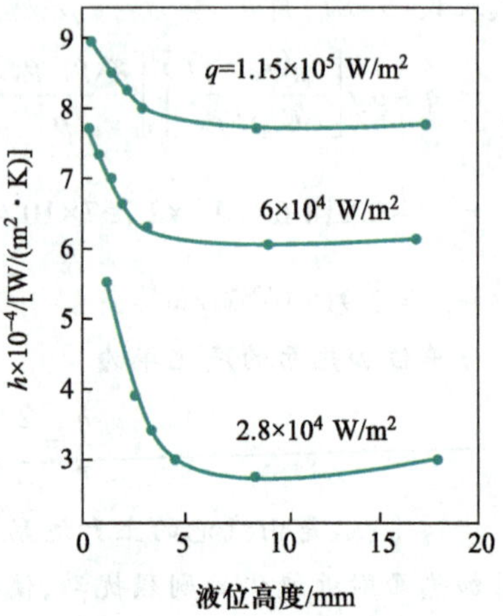

图 9-50　液位高度的影响

4）重力加速度

随着航空航天技术的发展,超重力及微重力情况下的传热规律的研究近几十年中得到很大的发展。现有的研究成果表明,在重力加速度很大的变化范围内(从 0.10 m/s² 到 100×9.8 m/s²)重力场几乎对核态沸腾的传热规律没有影响[44]。在零重力场(或接近于零重力场)的情况下,沸腾传热的规律还研究得不够。

5）管束

在制冷空调、化工工业中采用的卧式蒸发器中发生的沸腾传热也是大容器沸腾,其中若干根有序排列的管子水平浸没在液体中,管内流经高温流体,使管外液体沸腾。显然位于管排下端的管子产生的气泡在上升过程中会增加上面管子附近液体的扰动,使得管束的大容器沸腾变得十分复杂。本书介绍的库珀公式等只能用于最下端的管子,整个管束的沸腾传热,有兴趣的读者可参见文献[45]。

6）管内沸腾

液体在管内发生强制对流沸腾时,由于产生的蒸汽混入液流,出现多种不同形式的两相流结构,传热机理也很复杂。作为举例,图 9-51 示出了一根均匀加热的竖管内液体的强制对流沸腾可能出现的流动类型及传热类型。流入管内的过冷液体被管壁加热,到达一定地点时壁面上开始产生汽泡。此时液体主流尚未达到饱和温度,处于过冷状态,这时的沸腾为过冷沸腾。当液体达到饱和温度时,即进入饱和核态沸腾区。饱和核态沸腾区经历着泡状流和块状流(汽泡汇合成块,也称弹状流)。含汽量增 x 增加到一定程度,大汽块进一步合并,在管中心形成汽芯,把液体排挤到壁面,呈环状液膜,称为环状流。此时传热进入液膜对流沸腾区。环状液膜受热蒸发,

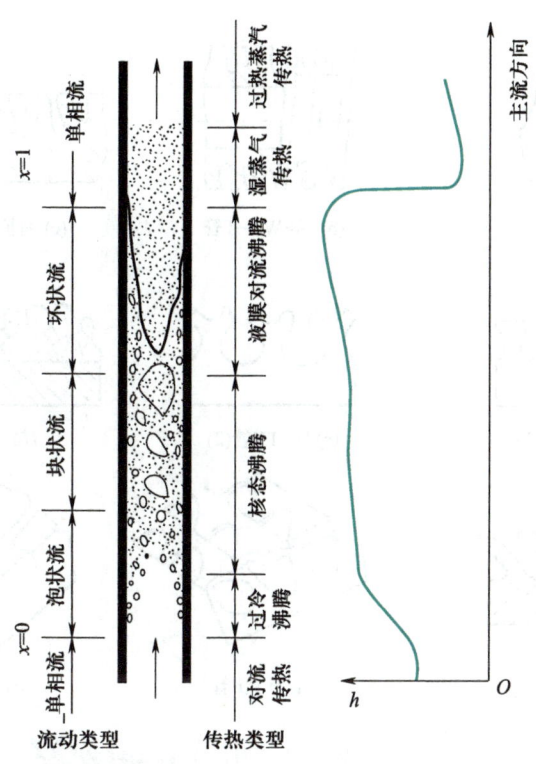

图 9-51 竖管管内沸腾示意

逐渐减薄,最终液膜消失,湿蒸汽直接与壁面接触,最后进入干蒸汽单相传热区。横管内沸腾时,重力场对两相结构有影响而出现新的特点,所以管的位置是影响管内沸腾的因素之一。在管内沸腾中,最主要的影响参数是含汽量(蒸汽干度)、质量流速和压力。有关管内沸腾传热的计算关联式可参见文献[46]。

2. 强化沸腾传热的原则和技术

无论大容器沸腾还是管内沸腾,在加热面上产生汽泡是其共同的特点,也是使对流传热比无相变的传热强烈的最基本原因。因此强化沸腾传热的基本原则是尽量增加加热面上的汽化核心。根据前面的分析,加热面上的微小凹坑最容易成为汽化核心,近几十年来强化沸腾传热表面的开发主要是按照这一思想进行的。

1)强化大容器沸腾的表面结构

工业界已经开发出两类增加表面凹坑的方法:①用烧结、钎焊、火焰喷涂、沉积等物理与化学的方法在传热表面上造成一层多孔结构;②采用机械加工方法在传热管表面上造成多孔结构。图 9-52 中示出了几种典型的结构与一根沸腾传热双侧强化管的纵截面照片。这种强化表面的传热强度与光滑管相比,常常要高一个数量级,已经在制冷、化工等领域得到广泛应用,有兴趣的读者可参见文献[47]。

2)强化管内沸腾的表面结构

为了防止管内沸腾蒸干区域管壁温度的飞升,电站锅炉中广泛采用图 9-53a 所示的内螺纹钢管,肋片的高度在 1 mm 左右。图 9-43 所示的二维、三维微肋管也广泛应用于制冷剂的管内沸腾传热。图 9-53b 中示意性地表示了展成平面的三维微肋结构,其中每个微小的几何凸体各个方向的几何尺度只有 0.1~0.3 mm。

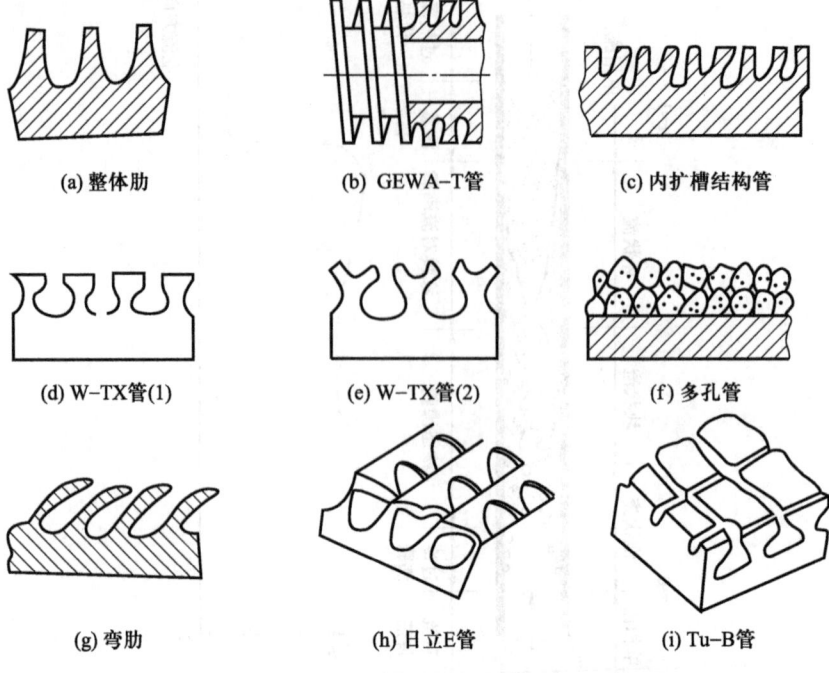

(a) 整体肋   (b) GEWA-T管   (c) 内扩槽结构管

(d) W-TX管(1)   (e) W-TX管(2)   (f) 多孔管

(g) 弯肋   (h) 日立E管   (i) Tu-B管

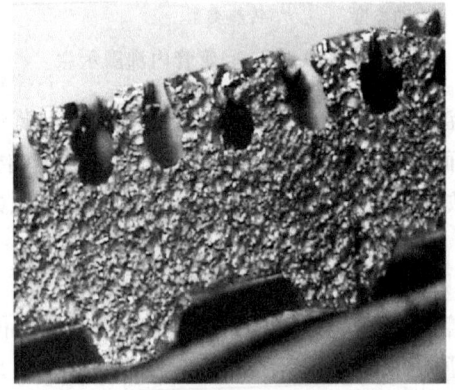

(j) 双侧强化沸腾传热管

图 9-52   沸腾传热强化表面结构与照片

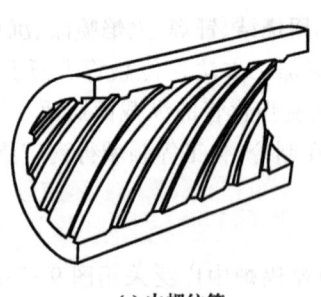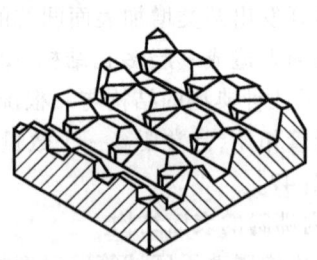

(a) 内螺纹管   (b) 三维微肋管肋柱展开图

图 9-53   内螺纹管与三维内肋管示意图

9.8.7 热管简介

1. 热管的工作原理

热管(heat pipe)是 20 世纪 60 年代发展起来的具有特别高的导热性能的传热元件,它的结构比较简单,图 9-54 为其工作原理示意图。管壳为金属管,其内壁贴附有吸液芯。管壳两端封死,在封死前先将管内抽真空,灌入适量的工作液。工作时,蒸发段(吸热段)的工作液被热管外的热流体或热源加热蒸发,蒸汽经绝热段(保温段)流向冷凝段(散热段),蒸汽在冷凝段凝结为液体,释放出来的潜热通过管壁传递给外面的冷流体。积聚在冷凝段吸液芯中的凝结液借助吸液芯毛细力的作用返回到蒸发段再吸热蒸发。工作液的这种循环就把热量从加热段传递到散热段。

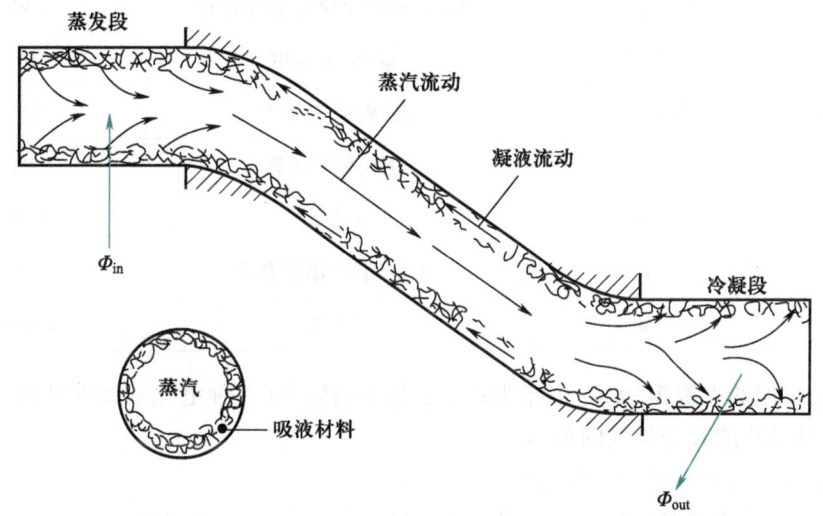

图 9-54 热管工作原理示意图

带有吸液芯的热管有突出的优点——对蒸发段与冷凝段的位置没有限制,但这种热管制造成本较高。如果依靠重力回流冷凝液,从而省去吸液材料,简化结构,这种热管称为重力热管(又称热虹吸管),这时冷凝段必须位于蒸发段之上,图 9-55 示意性地表明了重力热管的结构。重力热管的工作介质积聚在热管的底部,当该处工作介质受热蒸发,蒸汽上升到热管上半部被管外流体冷却而凝结成液体,凝结液在重力作用下沿内壁流下返回到蒸发段而完成一个循环。这样,通过工作液体的不断蒸发、凝结,把热管下半部热源的热量连续地传递到热管上半部的冷源中去。重力热管中应用最广的是钢-水热管。研究发现,钢-水热管在运行过程中会产生氢气,并最终聚集到冷凝段使凝结传热恶化,以致热管性能变差或失效。这种现象称为钢-水的不相容性。

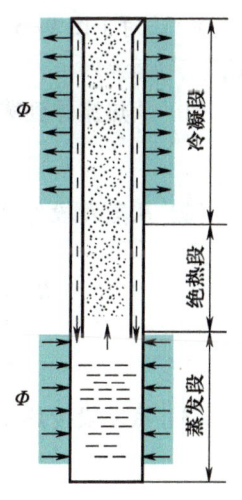

图 9-55 重力热管
结构示意图

2. 热管壳体材料与工质之间的相容性

热管中的工质选择除了需要满足所需的工作温度范围,还必须注意它与热管壳体材料之间的相容性问题。如上所述,所谓壳体材料与工质相容,是指壳体材料可以使该工质长时间(如 5~10 年)运行而不会在热管内产生不凝结气体或表面沉积物。如果两者不相容,那么经过不长时间的运行后,不凝结气体或表面沉积物会大大影响热管的导热能力。在常见的使用温度范围内,常用的工质及其相容的金属材料列在表 9-13 中。

表 9-13　热管的管壳-工作液组合及其工作特性[48]

热管种类	工作介质	相容材料	工作温度/℃
低温热管	氨	铝、低碳钢、不锈钢	−60~100
常温热管	丙酮	铝、铜、不锈钢	0~120
	甲醇	铜、碳钢、不锈钢	12~130
	水	铜、内壁经化学处理的碳钢	30~250
中温热管	联苯	碳钢、不锈钢	147~300
	导热姆 A	铜、碳钢、不锈钢	150~395
	汞	奥氏体不锈钢	250~650
高温热管	钾	不锈钢	400~1 000
	钠	不锈钢、因康镍合金	500~1 200
	银	钨、钽	1 800~2 300

目前广泛采用的克服钢-水不相容性的方法是表面钝化(一种电化学蚀腐处理)以及在水中加入缓蚀剂,以阻止或减缓氢气的析出。

3. 热管中各个传递环节的热阻分析

我们以钢-水重力热管为例来分析热管热传递过程中各个环节的热阻大小。设热管的外径 $d_o = 25$ mm,内径 $d_i = 21$ mm,蒸发段长度 l_e 及冷凝段长度 l_c 均为 1 m,碳钢导热系数 $\lambda = 43.2$ W/($m^2 \cdot K$)。对于图 9-55 所示的重力热管,热量从热流体传到冷流体的过程中各个环节的热阻如下。

(1) 从热流体到蒸发段外壁的传热热阻。设蒸发段外表面总表面传热系数为 $h_{o,e}$,则

$$R_1 = 1/\pi d_o l_e h_{o,e}$$

(2) 从蒸发段外壁到内壁的导热热阻。该热阻就是圆筒壁的导热热阻,即

$$R_2 = \frac{1}{2\pi\lambda l_e}\ln\left(\frac{d_o}{d_i}\right) = \frac{1}{2\times3.14\times43.2\ \text{W/(m·K)}\times1.0\ \text{m}}\ln\frac{25\ \text{mm}}{21\ \text{mm}}$$
$$= 6.4\times10^{-4}\ \text{K/W}$$

(3) 蒸发段传热热阻。设蒸发传热的表面传热系数 $h_{i,e} = 5\ 000$ W/($m^2 \cdot K$),则

$$R_3 = \frac{1}{\pi d_i l_e h_{i,e}} = \frac{1}{3.14\times0.021\ \text{m}\times1\ \text{m}\times5\ 000\ \text{W/(m}^2\cdot\text{K)}}$$
$$= 3\times10^{-3}\ \text{K/W}$$

（4）从蒸发段到冷凝段蒸汽流动的压降所引起的热阻。蒸汽的压降导致饱和温度下降,这等价于存在一个热阻。但实际上由于压降很小,因此所引起的相应的温差也很小,所以该热阻可忽略不计,即 $R_4 \approx 0$。

（5）冷凝段传热热阻。取凝结传热的表面传热系数为 $h_{i,c} = 6\ 000\ \text{W}/(\text{m}^2 \cdot \text{K})$,则

$$R_5 = \frac{1}{\pi d_i l_c h_{i,c}} = \frac{1}{3.14 \times 0.021\ \text{m} \times 1.0\ \text{m} \times 6\ 000\ \text{W}/(\text{m}^2 \cdot \text{K})}$$
$$= 2.5 \times 10^{-3}\ \text{K}/\text{W}$$

（6）从冷凝段内壁到外壁的导热热阻。该热阻与 R_2 相同,即

$$R_6 = R_2 = 6.4 \times 10^{-4}\ \text{K}/\text{W}$$

（7）冷凝段外管壁与冷流体间的传热热阻。设冷凝段外表面总表面传热系数为 $h_{o,c}$,则

$$R_7 = 1/\pi d_o l_c h_{o,c}$$

在上述热阻中,属于热管内部的热阻为 $R_2 \sim R_6$,其和为 $6.78 \times 10^{-3}\ \text{K}/\text{W}$,与同样尺寸的实心铜棒沿轴向的导热热阻相比是大还是小呢？取铜的导热系数为 $\lambda_{\text{Cu}} = 400\ \text{W}/(\text{m}^2 \cdot \text{K})$,则

$$R_{\text{Cu}} = \frac{l_e + l_c}{\frac{\pi d_o^2}{4}\lambda_{\text{Cu}}} = \frac{2\ \text{m}}{\frac{3.14 \times (0.025\ \text{m})^2}{4} \times 400\ \text{W}/(\text{m} \cdot \text{K})} = 10.19\ \text{K}/\text{W}$$

铜棒沿轴向的热阻是上述钢-水热管的 1 500 倍。也就是说,在所对比的情况下热管的导热能力是铜的 1 500 倍。热管的这种特别优良的导热性能又被称为超导热性,它实现了几乎没有温差的导热。

4. 热管的应用

上述分析表明,热管有优良的导热性及等温性。此外,热管还有以下重要的特性。

（1）可以在较大的范围内调整蒸发段与冷凝段的热流密度。处于稳态运行的热管本身并不产生或吸收热量,它只是把从蒸发段吸收的热量传到冷凝段并放出。因此,通过调整蒸发段与冷凝段的外表面面积,即可实现调整热流密度的作用。

（2）可以让热量沿着某个方向传递。热管可做成热二极管或热开关,所谓热二极管就是只允许热流向一个方向流动,而不允许向相反的方向流动;热开关则是当热源温度高于某一温度时,热管开始工作,当热源温度低于这一温度时,热管就不传热。

（3）蒸发段和冷凝段可以互换。有吸液芯的热管,由于其内部循环动力是毛细力,因此任意一端受热就可作为蒸发段,而另一端向外散热就成为冷凝段。

（4）热管的形状可随热源和冷源的条件而变化。在实际使用中带有吸液芯的热管未必均为平直的圆管,可以呈各种截面形式,沿轴线方向也可以折成所需的形状。

热管的这些特性使得它在工程技术中得到了广泛的应用。下面简单举例说明。

热管的超导热性以及等温性使它成为航空航天技术中控制温度的理想工具。热管在航天器中的应用主要有两方面[49]。

（1）用于卫星表面的等温化。美国一技术卫星为主体 1.5 m×1.5 m 的圆柱,在未装热管前,向阳面与背阳面的温差达 145 ℃,而安装了 8 根热管后温差减小到 17 ℃。由于温差的大幅度降

低,使太阳能电池的输出功率增加了 20%,而安装热管仅增重 5%。

（2）用于卫星内仪器设备的温度控制。我国 1976 年首次使用热管于卫星仪器的温度控制。在一返回卫星上使用了 16 根直径为 7 mm 的铝-氨热管,它们分别用于控制直流稳压电源等 4 个发热元件及舱内 3 块主电池的温度,使之位于适宜的温度范围内。

苏联首先将重力式热管换热器用于回收烟气的热量而加热进入炉内的空气,这种换热器称为热管式空气预热器。其时,热管的蒸发段置于烟道内,吸收烟气热量,在热管的冷凝段,冷空气吸收热量而温度升高然后进入锅炉的炉膛。

热管的热流密度可调节性使它可以用于高热流密度的电子元器件冷却。如图 9-56 所示,热管的蒸发段用来冷却高热流密度的大功率晶体管,而用扩大冷凝段面积的方法使冷凝段仍然可以采用常规的空气对流传热方式来冷却。图 9-57 是个人计算机中的热管式 CPU 散热器,同样利用扩大冷凝段面积的方法来利用空气的对流传热方式冷却。

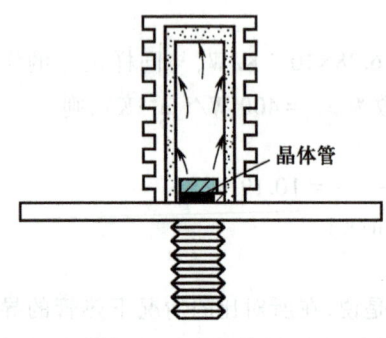

晶体管

图 9-56　热管用于大功率
晶体管的冷却

图 9-57　个人计算机的热管式 CPU 散热器

乘坐火车行驶在青藏铁路上,我们会看到铁路两旁插着许多"铁棒"。这些"铁棒"很高,有些地区斜插着,有些地区则笔直地插着。这些"铁棒"就是钢-氨热管,读者可以查阅相关资料并分析这些热管的作用。

💠 思考题

9-1　试用简明的语言说明热边界层的概念。

9-2　与完整的能量方程相比,边界层能量方程最重要的特点是什么?

9-3　式(9-4)与导热问题的第三类边界条件式有什么区别?

9-4　式(9-4)表明,在边界上垂直于壁面的热量传递完全依靠导热,那么在对流传热过程中流体的流动起什么作用?

9-5　既然对大多数实际对流传热问题尚无法求得精确解,那么建立对流传热问题的数学描述有什么意义?

9-6　外掠单管与管内流动这两个流动现象本质上有什么不同?

9-7　外掠管束的平均表面传热系数只有当流动方向的管排数大于一定数值后才与管排数

无关,试试分析其原因。

9-8 说明大空间自然对流与有限空间自然对流的区别,这与强制对流的外部流动和内部流动有什么异同?

9-9 对于新遇到的一种对流传热现象,要从参考资料中寻找传热的特征数方程时,要注意什么?

9-10 什么是膜状凝结和珠状凝结? 膜状凝结时热量传递过程的主要阻力是什么?

9-11 在努塞尔关于膜状凝结理论分析的 8 个假设中,你认为最主要的简化假设是哪几条?

9-12 有人说,在其他条件相同的情况下,水平管外的凝结传热一定比竖直管的强烈,这一说法一定成立吗?

9-13 常压下的水蒸气在 $\Delta t = t_s - t_w = 10\ ℃$ 的水平管外凝结,如果要使液膜中出现湍流,试近似地估计一下水平管的直径。

9-14 试说明大容器沸腾的 $q \sim \Delta t$ 曲线中各部分的传热机理。

9-15 强化凝结传热和沸腾传热的基本原则是什么?

9-16 在你学习过的对流传热中,表面传热系数计算式中显含传热温差的有哪些? 其他计算式中不显含温差是否意味着与温差没有任何关系?

 习题

单相对流传热

9-1 流体在两平行平板间做层流充分发展的对流传热(见图 9-58)。试画出下列 3 种情形下充分发展区域横截面上的流体温度分布曲线:(1) $q_{w1} = q_{w2}$;(2) $q_{w1} = 2q_{w2}$;(3) $q_{w1} = 0$。

9-2 在高速飞行部件中广泛采用的钝体是一个轴对称的物体(见图 9-59)。试根据你所掌握的流动与传热知识,画出钝体表面上沿 x 方向的局部表面传热系数的大致图像,并分析滞止点 S 附近边界层流动的状态(层流或湍流)。

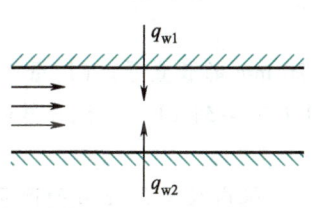

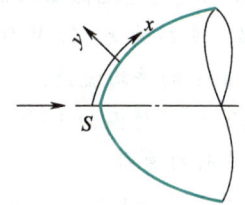

图 9-58 习题 9-1 附图   图 9-59 习题 9-2 附图

9-3 温度为 80 ℃的平板置于来流温度为 20 ℃的空气中。假设平板表面上某点在垂直于壁面方向的温度梯度为 40 ℃/mm,试确定该处的热流密度。

9-4 1.013×10^5 Pa、100 ℃的空气以 100 m/s 的速度流过一块平板,平板温度为 30 ℃。试计算离开平板前缘 3 cm 及 6 cm 处流动边界层及热边界层厚度、局部切应力和局部表面传热系

数、平均阻力系数和平均表面传热系数。

9-5 将一块尺寸为 0.2 m×0.2 m 的薄平板平行地置于由风洞造成的均匀气体流场中,在气体压力为 $1.013×10^5$ Pa、气流速度为 $u_\infty=40$ m/s 的情况下用测力仪测得,要使平板维持在气流中需对它施加 0.075 N 的力。此时气流温度 $t_\infty=20$ ℃,平板两表面的温度 $t_w=120$ ℃。试根据比拟理论,确定平板两个表面上的对流传热量。

9-6 一火车以 25 m/s 的速度前进,受到 1 400 N 的切应力。它由 1 节机车及 11 节客车车厢组成。将每节车厢都看成由 4 个平板所组成,车厢的尺寸为 9 m(长)×2.5 m(宽)×2 m(高)。不计各节车厢间的间隙,车外空气温度为 35 ℃,车厢外表面温度为 20 ℃。试估算该火车所需的制冷负荷。

9-7 一常物性的流体同时流经温度与之不同的两根直管 1 与 2,且 $d_1=2d_2$,流动与传热均已湍流充分发展。试确定在下列两种情形下两管内平均表面传热系数的相对大小:(1)流体以同样流速流经两管;(2)流体以同样的质量流量流经两管。

9-8 变压器油在内径为 30 mm、长为 2 m 的管内被冷却,流量为 0.313 kg/s。变压器油的平均物性可取为 $\rho=885$ kg/m³、$\nu=3.8×10^{-5}$ m²/s、$Pr=490$。试判断油的流动状态及传热是否已进入充分发展区。

9-9 水在内径 2.5 cm、长 15 m 的管内流动,质量流量为 0.5 kg/s,入口水温为 10 ℃。管子除入口处很短的一段距离外,其余部分每个截面上的壁温都比当地平均水温高 15 ℃。试计算水的出口温度,并判断此时的热边界条件。

9-10 发电机的冷却介质从空气改为氢气后可以提高冷却效率,试对氢气与空气的冷却效果进行比较。比较的条件是:管道内湍流对流传热,通道几何尺寸、流速均相同,定性温度为 50 ℃,气体均处于常压下,不考虑温差修正。50 ℃氢气的物性数据为 $\rho=0.075\ 5$ kg/m³、$\lambda=19.42×10^{-2}$ W/(m·K)、$\eta=9.41×10^{-6}$ kg/(m·s)、$c_p=14.36$ kJ/(kg·K)。

9-11 流体以 1.5 m/s 的平均速度流经内径为 16 mm 的直管,液体平均温度为 10 ℃,传热已进入充分发展阶段。试比较当流体分别为氟利昂 134a 及水时对流传热表面传热系数的相对大小。管壁平均温度与液体平均温度的差值小于 10 ℃,流体被加热。

9-12 在一次对流传热的实验中,10 ℃的水以 1.6 m/s 的速度流入内径为 28 mm、外径为 31 mm、长 1.5 m 的管子。管子外表面均匀缠绕着电阻带作为加热器,电阻带外包有绝热层。设加热器总功率为 42.05 W,通过绝热层的散热损失为 2%,试确定:(1)水的出口平均温度;(2)管子外表面的平均壁温。管材的 $\lambda=18$ W/(m·K)。

9-13 水以 1.2 m/s 的平均流速流过内径为 20 mm 的长直管。(1)管子壁温为 75 ℃,水从 20 ℃加热到 70 ℃;(2)管子壁温为 15 ℃,水从 70 ℃冷却到 20 ℃。试计算两种情形下的表面传热系数,并讨论造成差别的原因。

9-14 图 9-60 所示为一种储蓄热能的装置。一根内径为 25 mm 的圆管被置于一正方形截面的石蜡体中心,热水流过管内使石蜡熔化,从而把热水的显热转化成石蜡的潜热而储蓄起来。热水的入口温度为 60 ℃、流量为 0.15 kg/s。石蜡的熔点为 27.4 ℃、熔化潜热为 244 kJ/kg、固态密度 $\rho_s=770$ kg/m³。假设圆管表面温度在加热过程中一直处于石蜡的熔点,试计算把该单元中的石蜡全部熔化需多长时间,已知 b=0.25 m、l=3 m。

9-15 在管道中充分发展的传热区域,定义无量纲温度 $\Theta=\left(\dfrac{t_w-t}{t_w-t_b}\right)$,$t_w$ 或 t_b 均可以是轴向

坐标 x 的函数,但上述无量纲温度与 x 无关,即 $\partial\Theta/\partial x=0$。试从对流传热表面传热系数的定义出发,证明在圆管内充分发展传热区常物性流体的局部表面传热系数也与 x 无关。

9-16 电力变压器可视为直径为 300 mm、高 500 mm 的短柱体,在运行过程中它需散失热流量 1 000 W。为使其表面温度维持在 47 ℃,在其外壳上缠绕多圈内径为 20 mm 的管子(见图 9-61),管内通过甘油以吸收变压器产生的热量,管壁通过焊接与变压器外壳相连。设甘油入口温度为 24 ℃,螺旋管内的允许温升为 6 ℃,并设变压器的散热均被甘油所吸收。试确定所需甘油流量、换热管总长度以及缠绕在柱体上螺旋管的相邻两层之间的间距 S。47 ℃ 时甘油的 $\mu=20.95\times10^{-2}$ kg/(m·s),定性温度下甘油的物性参数为 $\rho=1\,259.9$ kg/m³、$c_p=2\,427$ kJ/(kg·K)、$\lambda=0.286$ W/(m·K)、$\mu=79.9\times10^{-2}$ kg/(m·s)、$Pr=6\,780$。

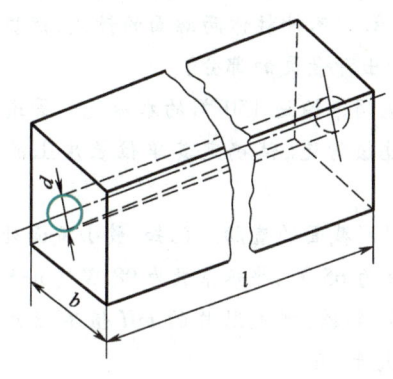

图 9-60 习题 9-14 附图

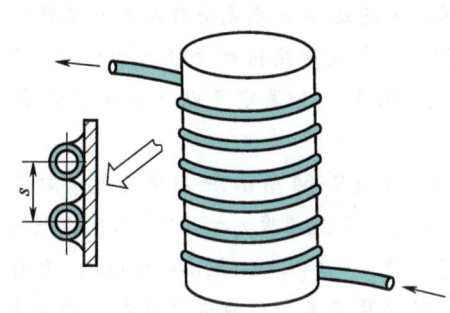

图 9-61 习题 9-16 附图

9-17 温度为 0 ℃ 的冷空气以 6 m/s 的流速平行地吹过一太阳能集热器的表面,该表面呈方形,尺寸为 1 m×1 m,其中一个边与来流方向相垂直。如果表面平均温度为 20 ℃,试计算该集热器由于对流而散失的热量。

9-18 为保证微处理器的正常工作,采用一个小风机将气流平行地吹过集成电路块表面,如图 9-62 所示。试分析:(1)如果每个集成电路块的散热量相同,在气流方向上不同编号的集成电路块的表面温度是否一样,为什么?(2)对温度要求较高的组件应当放在什么位置?(3)哪些量纲为一的量影响对流传热?

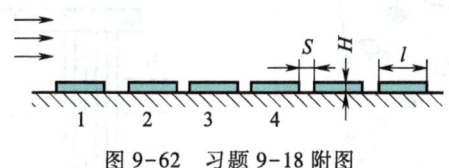

图 9-62 习题 9-18 附图

9-19 飞机的机翼可近似地看成是一块置于平行气流中的长 2.5 m 的平板,飞机的飞行速度为 400 km/h,空气压力为 0.7×10⁵ Pa、温度为 -10 ℃。机翼顶面吸收的太阳辐射为 800 W/m²,而其自身辐射略而不计。假设机翼表面温度均匀,试确定稳态时机翼的温度。如果考虑机翼的本身辐射,这一温度应上升还是下降?

9-20 一空气加热器由宽 20 mm 的薄电阻带并行排列组成(见图 9-63),其表面平整光滑,每条电阻带在垂直于空气流动方向上的长度为 200 mm,且各自单独通电加热。假设在稳态运行过程中每条电阻带的温度都相等。从第一条电阻带的功率表中读出功率为 80 W,第 14 条、第 24 条电阻带的功率表读数各为多少?假设其他热损失不计,流动为层流。

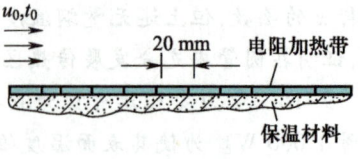

图 9-63 习题 9-20 附图

9-21 测定流速的热线风速仪是利用流速不同对圆柱体的冷却能力不同,从而导致电热丝温度及电阻值不同的原理制成的,用电桥测定电热丝的阻值可推得其温度。今有直径为 0.1 mm 的电热丝与气流方向垂直放置,来流温度为 20 ℃,电热丝温度为 40 ℃、加热功率为 17.8 W/m。试确定此时的流速(略去其他的热损失)。

9-22 一个马拉松长跑运动员用 2.5 h 跑完全程(41 842.8 m)。为了估计运动员在跑步过程中的散热损失,可以做这样的简化:把人体看成是高 1.75 m、直径为 0.35 m 的圆柱体,皮肤温度作为柱体表面温度,取为 35 ℃;无风,空气温度为 15 ℃。不计柱体两端面的散热,试据此估算一个马拉松长跑运动员跑完全程后的对流散热量(不计出汗散失的部分)。

9-23 一未包绝热材料外径为 500 mm 的蒸汽管道用来输送 150 ℃的水蒸气。管道置于室外,气温为 -10 ℃。如果空气以 5 m/s 的流速横向吹过该管道,试确定其单位长度上的对流散热量。

9-24 如图 9-64 所示,一股冷空气横向吹过一组圆形截面的直肋。已知:最小截面处的空气流速为 3.8 m/s,气流温度 $t_f = 35$ ℃;肋片的平均表面温度为 65 ℃,导热系数为 98 W/(m·K),肋根温度维持定值;$s_1/d = s_2/d = 2$,$d = 10$ mm。为有效地利用金属,规定肋片的 mH 值不应大于 1.5,试计算此时肋片应多高。假设肋片在流动方向上排数大于 16。

9-25 在锅炉的空气预热器中,空气横向掠过一组叉排管束,$s_1 = 80$ mm、$s_2 = 50$ mm、管子外径 $d = 40$ mm。空气在最小截面处的流速为 6 m/s,流体温度 $t_f = 133$ ℃。流动方向上的排数大于 16,管壁平均温度为 165 ℃。试确定空气与管束间的平均表面传热系数。

9-26 如图 9-65 所示,在两块安装有电子器件的等温平板之间安装了 25×25 根散热圆柱,圆柱直径 $d = 2$ mm、长度 $l = 100$ mm,顺排布置,$s_1 = s_2 = 4$ mm。设圆柱体表面的平均温度为 340 K,进入圆柱束的空气温度为 300 K,进入圆柱束前的流速为 10 m/s,试确定圆柱束所传递的对流传热量。

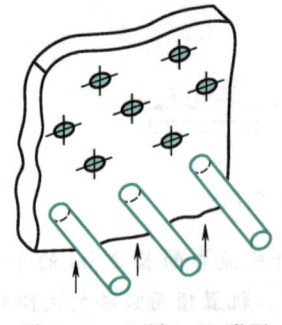

图 9-64 习题 9-24 附图

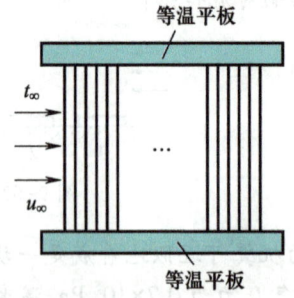

图 9-65 习题 9-26 附图

9-27 一直径为 25 mm、长 1.2 m 的竖直圆管,表面温度为 60 ℃,试比较把它置于下列两种大环境中的自然对流散热量:(1)15 ℃、1.013×10⁵ Pa 下的空气;(2)15 ℃、2.026×10⁵ Pa 下的空气。注:在从 $0.1×10^5$ Pa 到 $10×10^5$ Pa 的范围内,空气的 μ、c_p 及 λ 可认为与压力无关。

9-28 一根 $l/d=10$ 的金属柱体,从加热炉中取出置于静止空气中冷却。从加速冷却的观点,柱体应水平放置还是竖直放置(设两种情况下辐射散热相同)? 试估算开始冷却的瞬间在两种放置的情形下自然对流冷却散热量的比值。两种情形下流动均为层流,端面散热不计。

9-29 假设把人体简化成直径为 35 cm、高 1.75 cm 的等温竖圆柱,其表面温度比人体体内的正常温度低 2 ℃,试计算该模型位于静止空气中的自然对流散热量,并与人体每天的平均摄入热量(5 440 kJ)相比较。圆柱两端面的散热可不予考虑,人体正常体温按 37 ℃ 计算,环境温度为 25 ℃。

9-30 有人认为,一般房间的墙壁表面每平方米面积与室内空气间的自然对流传热量相当于一个家用白炽灯泡的功率。试对冬天与夏天的两种典型情况做估算,以判断这一说法是否有根据。设墙高 3.0 m;夏天墙表面温度为 35 ℃,室内温度为 25 ℃;冬天墙表面温度为 10 ℃,室内空气温度为 20 ℃。

9-31 电子器件的散热器系由一组相互平行的竖直放置的肋片所组成,如图 9-66 所示,$l=20$ mm,$H=150$ mm,$t=1.5$ mm。平板上的自然对流边界层厚度 $\delta(x)$ 可按下式计算。

$$\delta(x) = 5x\,(Gr_x/4)^{-1/4}$$

式中,x 为从平板底面起算的当地高度;Gr_x 以 x 为特征长度。散热片的温度可认为是几乎均匀的,并取为 $t_w=75$ ℃,环境温度 $t_\infty=25$ ℃。试确定:(1)使相邻两平板上的自然对流边界层不互相干扰的最小间距 s;(2)在上述间距下一个肋片的自然对流散热量。

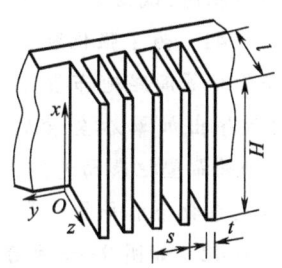

图 9-66 习题 9-31 附图

9-32 一输送冷空气的方形截面的管道,水平地穿过一室温为 28 ℃ 的房间,管道外表面平均温度为 12 ℃,截面尺寸为 0.3 m×0.3 m。试计算每米长管道上冷空气通过外表面的自然对流从房间内带走的热量。

9-33 一烘箱的顶部尺寸为 0.6 m×0.6 m,顶面温度为 70 ℃。为减少热损失及安全起见,在顶面上又加了一封闭夹层,夹层盖板与箱顶的间距为 50 mm。假设加夹层后原箱顶的温度仍为 70 ℃,试计算加夹层后的自然对流热损失是不加夹层时的百分之几。环境温度为 27 ℃。

9-34 与水平面成倾角 θ 的夹层中的自然对流传热,可以近似地以 $g\cos\theta$ 来代替 g 而计算 Gr。今有一个 $\theta=30$ ℃ 的太阳能集热器,吸热表面的温度 $t_{w1}=140$ ℃,吸热表面上的封闭空间内压力为 $0.2×10^5$ Pa。封闭空间的顶盖为一玻璃窗,其面向吸热表面侧的温度为 40 ℃。夹层厚 8 cm。试:(1)计算夹层单位面积的自然对流散热损失;(2)从热阻的角度分析,在其他条件均相同的情况下,夹层抽真空与不抽真空对玻璃窗温度的影响。

相变传热

9-35 试将努塞尔关于蒸汽在竖壁上做层流膜状凝结的理论解式表示成特征数间的函数形式,引入伽利略数 $Ga=gl^3/\nu^2$ 及雅各布数 $Ja=c_p(t_s-t_w)/r$。

9-36 饱和水蒸气在高度 $l=15$ m 的竖管外表面上做层流膜状凝结,水蒸气压力为 $1.013×10^5$ Pa,管子表面温度为 123 ℃。试计算离开管顶 0.1 m、0.2 m、0.4 m、0.6 m 及 1.0 m 处的液膜厚度和局部表面传热系数。

9-37 水蒸气在水平管外凝结。设管外径为 25.4 mm,壁温比饱和温度低 5 ℃。试计算在冷凝压力为 $5×10^3$ Pa、$5×10^4$ Pa、10^5 Pa 及 10^6 Pa 下的凝结传热表面传热系数。

9-38 饱和温度为30 ℃的氨蒸气在立式冷凝器中凝结。冷凝器中管束高3.5 m,冷凝温度比壁温高4.4 ℃。试问在冷凝器的设计计算中可否采用层流液膜的公式。

9-39 若饱和温度为30 ℃的水蒸气在恒定温度的竖壁上凝结,试估算使液膜进入湍流的$l\Delta t$之值。若变成压力为1.013×10^5 Pa的饱和水蒸气,情况又如何?在一般工业与民用水蒸气凝结的换热系统中,温差常为5~10 ℃,由本题的计算你可以得出什么看法?物性按饱和温度查取。

9-40 为估算位于同一竖直面内的N根管子的平均凝结传热表面传热系数,可采用下列偏于保守的公式。

$$\overline{h_{1-N}}=\overline{h_1}/\sqrt[4]{N}$$

式中,$\overline{h_1}$为由上往下第1排管子的凝结传热表面传热系数。今有一台由管径为20 mm的叉排管束所组成的卧式冷凝器,管排数为20,管壁温度为15 ℃,凝结压力为4.5×10^5 Pa。假设N根管子的壁温相同,试估算纯净水蒸气凝结时管束的平均表面传热系数。

9-41 为了强化竖管外的蒸汽凝结传热,有时可采用如图9-67所示的泄液罩。设在高为l的竖管外等间距地布置了n个泄液罩,且加罩前与加罩后管壁温度及其他条件都保持不变。(1)试导出加罩后全管的平均表面传热系数与未加罩时的平均表面传热系数间的关系式。(2)如果希望把表面传热系数提高2倍,应加多少个罩?(3)如果$l/d=100$,为使竖管的平均表面传热系数与水平管一样,需加多少个罩?

9-42 如图9-68所示,容器底部温度为$t_w(<t_s)$并保持恒定,容器侧壁绝热。假定蒸汽在凝结过程中压力保持不变,试导出凝结过程中每一时刻底部液膜厚度δ的计算式。在推导过程中,"容器侧壁绝热"这一条件起什么作用?

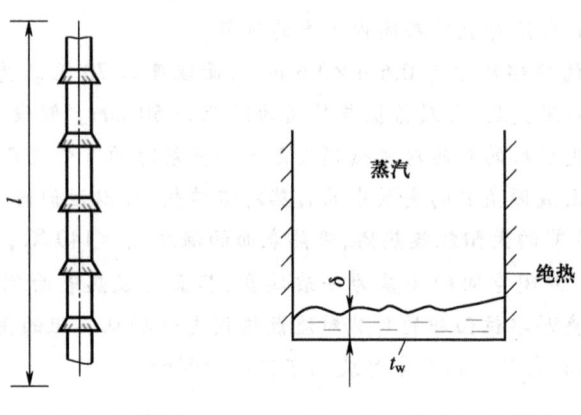

图 9-67 习题 9-41 附图   图 9-68 习题 9-42 附图

9-43 对于如图9-69所示的饱和蒸汽在竖管内的膜状凝结问题,试从圆柱坐标的纳维-斯托克斯方程式出发,对液膜x方向的动量方程进行数量级分析,并利用轴对称条件,导出稳态时液膜流动的动量方程

$$\eta\left(\frac{\partial^2 u}{\partial r^2}+\frac{1}{r}\frac{\partial u}{\partial r}\right)+(\rho_l-\rho_v)g=0$$

并进一步导出截面上的速度分布

$$u = \frac{1}{\eta}(\rho_l - \rho_v)g\left[\frac{1}{4}(R^2 - r^2) + \frac{1}{2}(R-\delta)^2\ln\frac{r}{R}\right]$$

式中,δ 为液膜边界层厚度。

9-44 当把一杯水倒在一块赤热的铁板上时,板面上立即会产生许多跳动着的小水滴,而且小水滴可以维持相当一段时间而不被汽化掉,试从传热学的观点来解释这一现象,并在沸腾传热曲线上找出开始形成这一状态的点。

9-45 直径为 6 mm 的合金钢元在 98 ℃ 水中淬火时的冷却曲线如图 9-70 所示,钢元初温为 800 ℃。试分析导致冷却曲线如此变化的原因。

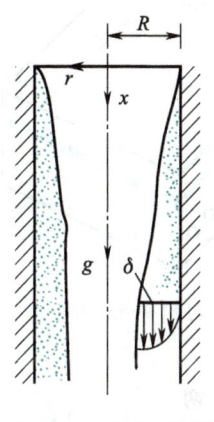

图 9-69 习题 9-43 附图

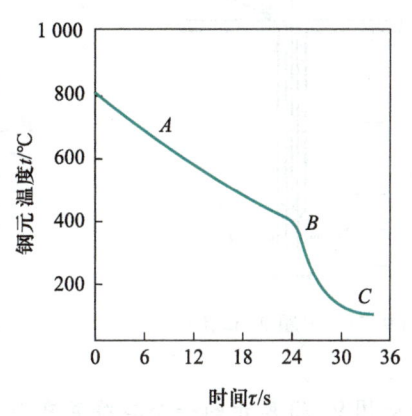

图 9-70 习题 9-45 附图

9-46 平均压力为 1.98×10^5 Pa 的水在内径为 15 m 的铜管内做充分发展的单相强制对流传热,水的平均温度为 100 ℃,壁温比水温高 5 ℃。试问当水流速多大时,管内单相对流传热的热流密度与同压力、同温差下的饱和水在铜表面上大容器核态沸腾时的热流密度相等。

9-47 当液体在一定压力下进行大容器饱和核态沸腾时,欲使表面传热系数增加 10 倍,温差 $t_w - t_s$ 应增加几倍? 如果同一液体在圆管内进行单相充分发展湍流传热,为使表面传热系数提高 10 倍,流速应增加多少倍? 为维持流体流动所消耗的功将增加多少倍? 设物性为常数。

9-48 直径为 5 mm 的电加热铜棒被用来产生压力为 3.61×10^5 Pa 的饱和水蒸气,铜棒表面温度比水的饱和温度高 5 ℃,需要多长的钢棒才能维持 90 kg/h 的产汽率?

9-49 直径为 30mm 的不锈钢棒在 100 ℃ 的饱和水中淬火。在冷却过程中的某一瞬间,棒表面温度为 110 ℃,试估算此时棒表面的温度梯度。

9-50 用直径为 1 mm、电阻率 1.1×10^{-6} Ω·m 的导线通过盛水容器作为加热元件,为使 $t_s =$ 100 ℃ 的水的饱和沸腾处于核态沸腾区,该导线所能允许的最大电流是多少?

9-51 在实验室内进行压力为 1.013×10^5 Pa 的大容器沸腾实验时,采用大电流通过小直径不锈钢管的方法加热。为了能在电压不高于 220 V 的情形下演示整个核态沸腾区域,试估算所需的不锈钢管的每米长电阻应为多少。设选定的不锈钢管的直径为 3 mm,长为 100 mm。

综合分析

9-52 用图 9-71 所示的热电偶温度计测定气流温度。热电偶置于内径 $d_i = 6$ mm、外径 $d_o = 10$ mm 的钢管中,钢管的高度 $H = 10$ cm、$\lambda = 35$ W/(m·K)。用另一热电偶测得了管道表面温度 t_2。测得 $t_1 = 180$ ℃、$t_2 = 100$ ℃、$u_\infty = 5$ m/s,试估计来流温度 t_∞(不考虑辐射传热的影响)。

9-53 一种冷却计算机芯片的有效方法,是在芯片的一侧表面上粘上一块"冷板",如图 9-72 所示。已知 $d = 1$ mm、$l = 12$ mm、$s/d = 2$。冷板中设置有一系列并行的小冷却通道,假设在每个小通道中的冷却水流量是均匀的,总流量 $q_m = 9.34 \times 10^{-4}$ kg/s,进口水温为 $t' = 33$ ℃。试确定冷板的热负荷。设冷却通道平均壁温 $t_w = 80$ ℃。

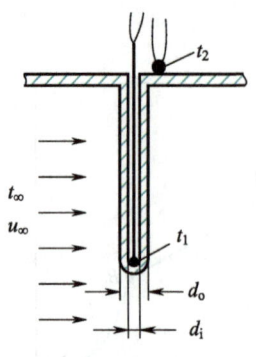

图 9-71 习题 9-52 附图

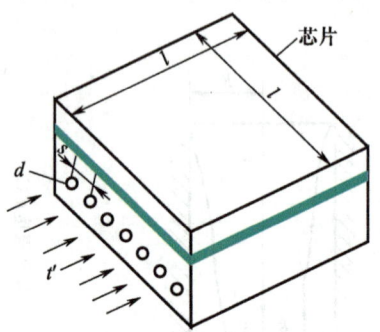

图 9-72 习题 9-53 附图

9-54 设有如图 9-73 所示的一个二维竖直平行板通道,两个表面的温度均匀,记为 t_w,高于环境温度 t_∞。假设通道长而窄,由于浮升力而引起的通道内的对流传热已经充分发展。试证明通道内气体的流量为

$$q_m = \frac{\rho g \alpha_V (t_w - t_\infty) \delta^3}{12 \nu}$$

式中,δ 为通道的宽度。

9-55 氟利昂 152a 是一种可能替代氟利昂 12 的绿色制冷剂,为了测定其相变传热性能进行了专门的凝结传热的实验研究。该冷凝器实验台系用两根布置在同一水平面内的黄铜管组成,管内用水冷却。为增加冷却水进出口温差以提高测定的准确性,水系统中两根黄铜管是串联的。冷却水由入口处的 15 ℃升高到出口处的 17 ℃。黄铜管的外径为 20 mm、壁厚为 2 mm、长为 1 m,氟利昂 152a 的冷凝温度为 30 ℃。试确定在该工况下冷却水的平均流速及管壁两侧按总面积计算的热阻的大小。

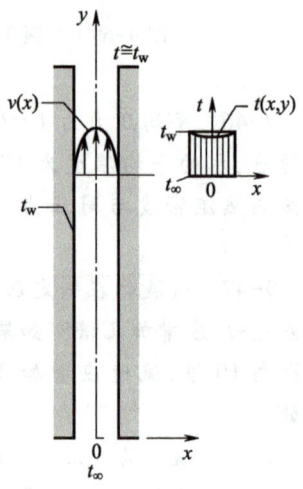

图 9-73 习题 9-54 附图

9-56 一根外径为 25 mm、外壁平均壁温为 14 ℃的水平管道,穿过室温为 30 ℃、相对湿度为 80% 的房间。在管壁外表面上水蒸气做膜状凝结,试估算管子每米长度上水蒸气的凝结量。与实际情况相比,这一估算值是偏高还是偏低了?

9-57 一种同时冷却多个芯片模块的方法如图 9-74 所示。已知冷凝管内径 $d_i = 10$ mm、外径 $d_o = 11$ mm,水平放置,进水温度为 15 ℃、出水温度为 45 ℃,管内冷却水的流动与传热已进入

充分发展阶段。芯片所产生的热量均通过尺寸为 100 mm×100 mm 的沸腾传热表面(抛光的铜表面)散失掉,其散热率为 10^5 W/m^2。芯片模块浸泡在饱和温度 $t_s = 57$ ℃的冷却剂中,冷却剂的 $\lambda_l = 0.053\ 5$ W/(m·K)、$c_{p,l} = 1\ 100$ J/(kg·K)、$r = 84\ 400$ J/kg、$\rho_l = 1\ 619$ kg/m^3、$\rho_v = 13.5$ kg/m^3、$\sigma = 8.2 \times 10^{-3}$ N/m、$\mu_l = 440 \times 10^{-6}$ kg/(m·s)、$Pr_l = 9$。试确定:(1)所需的冷却水量;(2)冷凝管壁面平均温度;(3)沸腾表面平均温度;(4)所需冷却水管的长度。假设:冷凝管壁很薄,导热热阻可以不计;$s = 1.7$。

9-58　一种测定大气压下沸腾传热表面传热系数的实验装置如图 9-75 所示。实验表面系一铜质圆柱的断面,$\lambda = 400$ W/(m·K),在 $x_1 = 10$ mm 及 $x_2 = 25$ mm 处安置了两个热电偶以测定该处的温度,柱体四周绝热良好。在一稳态工况下测得了以下数据:$t_1 = 133.7$ ℃,$t_2 = 158.7$ ℃。试确定:(1)系数 C_{wl};(2)传热表面的 R_p 值。

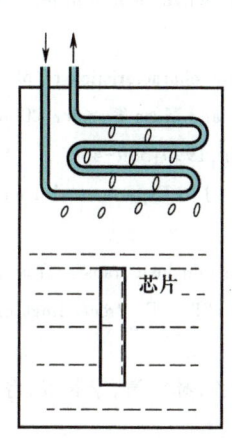

图 9-74　习题 9-57 附图

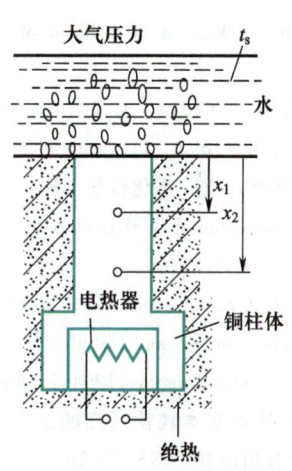

图 9-75　习题 9-58 附图

9-59　实验研究发现,沸腾传热的临界热流密度与液体的汽化潜热、蒸汽密度、表面张力及汽泡直径参数 $\sqrt{\sigma/[g(\rho_l-\rho_v)]}$ 有关。试用量纲分析法证明

$$q_{\max} = Cr\rho_v^{1/2} \left\{ \sqrt{\sigma/[g(\rho_l-\rho_v)]} \right\}^{-1/2} \sigma^{1/2}$$

9-60　有一尺寸为 10 mm×10 mm、发热量为 100 W 的大规模集成电路,其表面最高允许温度不能高于 75 ℃,环境温度为 25 ℃。试设计一台能采用自然对流冷却的该电子元件的热管冷却器。

参考文献

[1] PARMELEE G V,HUEBSCHER R G. Heat transfer by forced convection along a flat surface [J]. Heat Piping Air Cond. 1947,19(8):115-120.

[2] INCROPERA F P,DEWITT D P. Fundamentals of heat and mass transfer [M]. 5th ed. New York:John Wiley & Sons,2002.

［3］ GNIELINSKI V. On heat transfer in tube［J］. International journal of heat and mass transfer, 2013, 63: 134 – 140. (updated on 2015, 81: 638)

［4］ JI W T, ZHANG D C, HE Y L, et al. Prediction of fully developed turbulent heat transfer of internal helically ribbed tubes: An extension of Gnielinski equation ［J］. International Journal of Heat and Mass Transfer, 2012, 55: 1375–1384.

［5］ CHURCHILL S W, BERNSTEIN M. A correlating equation for forced convection from gases and liquids to a circular cylinder in cross flow ［J］. ASME J Heat Transfer, 1997, 99(1): 300–306.

［6］ Cengel Y A, Ghajar A J. Heat and mass transfer: fundamentals & applications［M］. 6th ed. New York: McGraw-Hill, 2020.

［7］ WHITAKER S. Forced convection heat transfer correlations for flow in pipes, past flat plates, single cylinders, single spheres, and flow in packed bids and tube bundles ［J］. AIChE J, 1972, 18: 361–372.

［8］ JAKOB M. heat transfer Vol.1［M］. New York: John Wiley & Sons, 1949: 562, 609–610.

［9］ KAKC S, SHAH R K, Wing A. Handbook of single phase convective heat transfer ［M］. New York: Wiley Interscience, 1987.

［10］ WANG C C, CHI K Y, CHANG C J. Heat transfer and friction characteristics of plain fin – and – tube heat exchangers, part II: Correlation ［J］. International Journal of Heat and Mass Transfer, 2000, 43: 2693–2700.

［11］ 顾维藻, 神家锐, 马重芳, 等. 强化传热 ［M］. 北京: 科学出版社, 1990: 399–450.

［12］ ACHENBACH E. Heat and flow characteristics of packed beds ［J］. Experimental Thermal and Fluid Science 1995, 10: 17–27.

［13］ YANG S M, ZHANG Z Z. An experimental study of natural convection heat transfer from a horizontal cylinder in high Rayleigh number laminar and turbulent region［C］. //HEWITT G F. Proceedings of the 10th International Heat Transfer Conference. Brighton, 1994, 7: 185–189.

［14］ 杨世铭. 自然对流换热基本规律研究的新进展 ［G］.//陶文铨, 林汉涛, 李长发, 等. 传热学的研究与进展. 北京: 高等教育出版社, 1995: 17–26.

［15］ YANG S M. Improvement of the basic correlating equations and transition criteria of natural convection heat transfer ［J］. Heat Transfer–Asian Research, 2001, 30(4): 293–299.

［16］ BEJAN A, LAGE J L. The Prandtl number effect on the transition in natural convection along a vertical surface ［J］. ASME J Heat Transfer, 1990, 112: 787–790.

［17］ 杨世铭. Progress on researches for physical laws of natural convection heat transfer in past decade［G］.//陶文铨, 何雅玲, 等. 对流换热及其强化的理论与实验研究最新进展. 北京: 高等教育出版社, 2005: 1–5.

［18］ 杨世铭. 细长圆柱体及竖圆管的自然对流传热 ［J］. 西安交通大学学报. 1980, 14(3): 115–131.

［19］ BERGMAN T L, LAVINE A S. Fundamentals of heat and mass transfer 8th ed ［M］. Hoboken: John Wily & Sons, 2017.

［20］ SPARROW E M, CARLSON L K. Local and average natural convection Nusselt numbers for a uniformly heated, shrouded or unshrouded horizontal plate ［J］. Int J Heat Mass transfer, 1986, 29: 369–380.

［21］ CHAMBER B, LEE T Y T. A numerical study of local and average natural convection Nusselt numbers for simultaneously convection above and below a uniformly heated horizontal thin plates ［J］. ASME J Heat Transfer, 1997. 119: 102–108.

［22］ HOLMAN J P. Heat transfer ［M］. 10th ed. Boston: McGraw-Hill Higher Education, 2010.

［23］ JI W T, JACOBI A M, HE Y L, et al. Review: Summary and evaluation on single–phase heat transfer enhancement techniques of liquid laminar and turbulent pipe flow ［J］. International Journal of Heat and Mass Transfer, 2015, 88: 735–754.

[24] GRIFFITH P. Dropwise condensation [J]. In: Schlunder EU, Ed-in-chief. Heat exchanger design book. New York: Hemisphere Publisher, 1983.

[25] 马学虎,徐敦顶,林纪芳. 实现滴状凝结的超薄聚合物表面冷凝传热的研究[J]. 化工学报,1993,44(3): 278-281.

[26] Ma X H, Rose J W, Xu D Q, et al. Advances in dropwise condensation heat transfer: Chinese research. Chemical Engineering Journal, 2000, 78: 87-93.

[27] Ma X H, Wang L, Chen J B, et al. Condensation heat transfer of steam on vertical dropwise and filmwise co-existing surfaces with a thick organic film promoting dropwise mode. Experimental Heat Transfer, 2003, 16: 239-253.

[28] Nusselt W. Die Oberflachencondensation des Wasserdampfes[J]. VDI, 1916, 60: 541-569.

[29] Dhir V K, Lienhard J H. Laminar film condensation on plane and axisymmetric bodies in nonuniform gravity. ASME J Heat Transfer, 1971, 93: 97-100.

[30] Gregorig R, Kern J, Turek K. Improved correlation of film condensation data based on a more rigorous application of similarity parameters. Warme-und Stoffubertrangung, 1974, 7: 1-13.

[31] Labuntzov D A. Heat transfer at film condensation of pure vapors on vertical surface and horizontal pipes. Thermal Energy (in Russian), 1957, (7): 72-82.

[32] Boyko L D, Kruzhilin G. Heat transfer and hydraulic resistance during condensation of steam in a horizontal tube and bundle of tubes [J]. Int J Heat Mass Transfer, 1967, 10(2): 361-373.

[33] Shah M M. A general correlation for heat transfer during film condensation inside pipes [J]. Int J Heat Mass Transfer, 1979, 22(4): 547-556.

[34] Thome J R, Hajal JEI, Cavallini A. Condensation in horizontal tubes, part 2: new heat transfer model based on flow regime [J]. Int J Heat Mass Transfer, 2003, 46: 3365-3387.

[35] Wang H S, Honda H. Condensation of refrigerants in horizontal microfin tubes: comparisons of prediction model for heat transfer [J]. Int J Refrigeration, 2003, 26: 452-460.

[36] JIANG M N, WANG Y, Liu F Y, et al. Inhibiting the Leidenfrost effect above 1,000 ℃ for sustained thermal cooling [J]. Nature, 2022, 601(7894): 568-572.

[37] ROHSENOW W M. Boiling [M]. In: Rohsenow WM, Hartnett JP, Ganic EN. eds. Handbook of heat transfer, fundamentals. 2nd ed [M]. 1985.

[38] COOPER M G. Saturation nucleate pool boiling-a simple correlation [C]. The Institution of Chemical Engineers Symposium Series, 1984, 2.86: 785-793.

[39] ZUBER N. On the stability of boiling heat transfer [J]. ASME Journal of Fluids Engineering, 1958, 80(3): 711-714.

[40] LIENHARD H J. DIHR V K, RIHERD D M. Peak pool boiling heat flux measurements on finite horizontal plates [J]. ASME Journal of Heat Transfer, 1973, 95(4): 477-482.

[41] BROMLEY L A. Heat transfer in stable film boiling [J]. Chemical Engineering Progress, 1950, 46(5): 221-226.

[42] KOPCHIKOV I A, VORONIN G I. Liquid boiling in a thin film [J]. Int J Heat Mass Transfer, 1969, 12(4): 791-796.

[43] 辛明道,童明伟. 液膜沸腾的临界液位和传热 [J]. 重庆大学学报,1984,7(2): 49-59.

[44] SIEGEL R. Effect of reduced gravity on heat transfer [J]. In: Hartnett JP, Irvine TF. eds. Advances in heat transfer, 1967, 4: 143-228.

[45] BROWNE M W, BANSAL P K. Heat transfer characteristics of boiling phenomenon in flooded refrigerant evaporators [J]. Applied Thermal Engineering, 1999, 19: 595-624.

[46] WEBB R L, GUPTE N S. A critical review of correlations for convective vaporization in tubes and tube banks [J]. Heat Transfer Engineering, 1992, 13:58-81.

[47] WEB R L, KIM N H. Principles of enhanced heat transfer 2nd ed. [M]. New York: John Wiley & Sons, 2005: 393-413, 479-522.

[48] 庄骏, 张红. 热管技术及其工程应用 [M]. 北京: 化学出版社, 2000.

[49] 闵桂荣, 郭舜. 航天器热控制 [M]. 2 版. 北京: 科学出版社, 1998.

第 **10** 章
辐射传热

导热中,我们研究的是仅仅由于微观粒子的热运动而传递热量的过程;对于对流传热,我们研究的是由于流体的宏观运动和微观粒子的热运动传递热量的过程。辐射传热涉及电磁波的传递,所以研究辐射传热的思路和方法与导热及对流传热有很大的不同。辐射传热在日常生活、各个工程技术领域以及高新科技中有着重要的应用。本章重点介绍热辐射基本定律、物体的辐射与吸收特性、辐射传热的计算以及辐射传热的控制。

近场辐射
知识简介

10.1　热辐射基本定律及辐射特性

10.1.1　热辐射概述

1. 热辐射的定义及区别于导热对流的特点

大家知道,物体通过电磁波来传递能量的方式称为辐射。物体会因各种原因发出辐射能,其中因热的原因而发出辐射能的现象称为热辐射(thermal radiation)。只要物体的温度高于"绝对零度"(0 K),物体总是不断地把热能变为辐射能,向外发出热辐射。同时,物体又不断地吸收其他物体发出的热辐射。辐射与吸收过程的综合结果就造成了以辐射方式进行的物体间的热量传递——辐射传热(radiative heat transfer)。当物体与周围环境处于热平衡时,辐射传热量等于零,但辐射与吸收过程仍在不停地进行。

与导热及热对流相比,热辐射这种传递能量的方式有两个特点:①热辐射的能量传递不需要其他介质存在,而且在真空中传递的效率最高;②在物体发射与吸收热辐射能量的过程中发生了电磁能与热能两种能量形式的转换。这两个特点都是由热辐射是电磁波的传递这个基本事实所决定的。

2. 从电磁波的角度描述热辐射的特性

1) 传播速率与波长、频率间的关系

热辐射具有一般辐射现象的共性。例如,各种电磁波都以光速在空间传播,这是电磁辐射的共性,热辐射也不例外。电磁波的速率、波长和频率存在如下关系。

$$c = \lambda f \tag{10-1}$$

式中:c 为电磁波的传播速率,在真空中 $c = 3.0 \times 10^8$ m/s,在大气中的传播速率略低于此值;λ 为电磁波的波长,m/μm;f 为电磁波的频率 s^{-1} 或 Hz。

2) 电磁波的波谱

电磁波的波长从零到无穷大,整个波谱范围内的电磁波命名示于图 10-1 中。从理论上说,物体热辐射的波长包括整个波谱,即波长从零到无穷大。然而,在工业上所遇到的温度范围内,即 2 000 K 以下,有实际意义的热辐射波长为 0.76~100 μm,且大部分能量位于红外线区段的 0.76~20 μm 范围内,而在可见光区段,即波长为 0.38~0.76 μm 的区段,热辐射能量的比重不大。红外线又有近红外与远红外之分,大体上以 25 μm 为界(有的文献中以 4 μm 为界线,25 μm 是国际照明委员会定的界限)。波长在 25 μm 以下的称为近红外线,25 μm 以上的为远红外线。如果我们把温度范围扩大到太阳辐射,情况就会有变化。太阳是温度约为 5 800 K 的热源,其温度比一般工业上遇到的温度高出很多。太阳辐射的主要能量集中在 0.2~3 μm 的波长范围,其中可见光区段占有很大比重。因此,如果把太阳辐射包括在内,热辐射的波长区段可放宽为 0.2~100 μm。

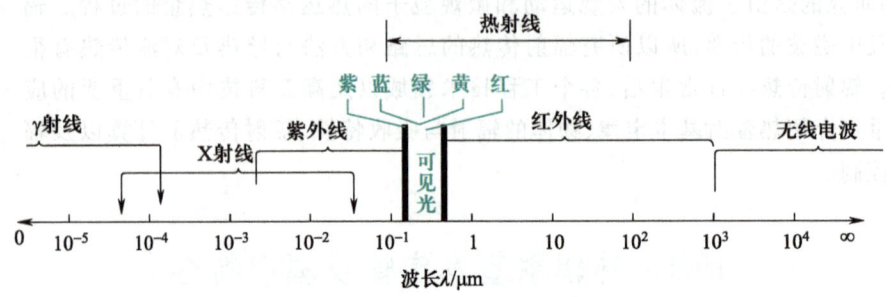

图 10-1   电磁波的波谱

3) 物体表面对电磁波的作用

当热辐射投射到物体表面上时,会发生吸收、反射和穿透现象。如图 10-2 所示,在外界投射到物体表面上的总能量 G 中,一部分 G_α 被物体吸收,另一部分 G_ρ 被物体反射,其余部分 G_τ 穿透过物体。按照能量守恒定律有

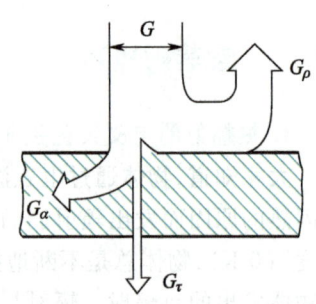

$$G = G_\alpha + G_\rho + G_\tau$$

或者

$$\frac{G_\alpha}{G} + \frac{G_\rho}{G} + \frac{G_\tau}{G} = 1$$

图 10-2   物体对热辐射的
吸收、反射和穿透

其中三部分能量的份额 G_α/G、G_ρ/G、G_τ/G 分别称为该物体对投入辐射的吸收比(absorptivity)、反射比(reflectivity)、透射比(transmissivity)(习惯上一般称为吸收率、反射率及透射率),记为 α、ρ、τ。于是有

$$\alpha + \rho + \tau = 1 \tag{10-2}$$

当红外热辐射能投射到固体或液体表面后,吸收是在很短的距离内完成的。对于金属导体,这一距离只有 1 μm 的数量级;对于大多数非导电体,这一距离也小于 1 mm。实用工程材料的厚度一般都大于这个数值,因此可以认为固体和液体不允许热辐射穿透,即 $\tau = 0$。于是,对于固体和液体,有

$$\alpha + \rho = 1 \tag{10-3}$$

因而,就固体和液体而言,吸收能力大的物体其反射本领就小。反之,吸收能力小的物体其反射本领就大。

辐射能投射到气体上时,情况与投射到固体或液体上不同。气体对辐射能几乎没有反射能力,可认为反射比,即 $\rho = 0$,所以

$$\alpha + \tau = 1 \tag{10-4}$$

显然,吸收性大的气体,其穿透性就差。

据上所述,固体和液体对投入辐射所呈现的吸收和反射特性,都具有在物体表面上进行的特点,而不涉及物体的内部,因此物体表面状况对这些辐射特性的影响是至关重要的。而对于气体,辐射和吸收在整个气体容积中进行。

辐射能投射到物体表面后的反射现象也和可见光一样,有镜面反镜和漫反射的区分,这取决于表面相对于入射波长的不平整度。当表面的不平整尺寸小于投入辐射的波长时,形成镜面反射,高度磨光的金属板就是镜面反射的实例。当表面的不平整尺寸大于投入辐射的波长时,形成漫反射,一般工程材料的表面都形成漫反射。

3. 黑体模型及其重要性

自然界不同物体的吸收比 α、反射比 ρ 和透射比 τ 因具体条件不同而千差万别,给热辐射的研究带来很大困难。为了方便起见,从理想物体入手进行研究,可理出一个处理复杂问题的头绪来。我们把吸收比 $\alpha = 1$ 的物体称为绝对黑体(简称黑体,black body),把反射比 $\rho = 1$ 的物体称为镜体(当为漫反射时称为绝对白体),把透射比 $\tau = 1$ 的物体称为绝对透明体(简称透明体)。显然,黑体、镜体(或白体)和透明体都是理想物体。

尽管在自然界并不存在黑体,但用人工的方法可以制造出十分接近于黑体的模型。黑体的吸收比 $\alpha = 1$,这就意味着黑体能够全部吸收各种波长的辐射能,黑体模型就要具备这一基本特性。选用吸收比较大的材料制造一个空腔,并在空腔壁面上开一个小孔(见图 10-3),再设法使空腔壁面保持均匀的温度,这时空腔上的小孔就具有黑体辐射的特性。这种带有小孔的温度均匀的空腔就是一个黑体模型。这是因为当辐射能经小孔射入空腔时,在空腔内要经历多次吸收和反射,而每经过一次吸收,辐射能就按照内壁吸收率的份额被减弱一次,最终能离开小孔的能量是微乎其微的,可以认为完全被吸收在空腔内部。值得指出,制造空腔材料本身的吸收比的大小原则

图 10-3 黑体模型

上对黑体模型没有影响。只是在一定的小孔面积与腔体总面积之比下,材料本身的吸收比越大,黑体模型的有效吸收比越大;小孔面积占空腔内壁总面积的份额越小,小孔的吸收比就越大。对图 10-3 所示球形空腔的黑体模型,若小孔占内壁面积小于 0.6%,当内壁吸收比为 0.6 时,小孔的吸收比可大于 0.996。

要进一步指出,在这样的等温空腔内部,辐射是均匀而且各向同性的,空腔内表面上的辐射(这里指包括该表面的自身辐射及反射辐射在内),就是同温度下的黑体辐射,不管腔体壁面的自身辐射特性如何[1-2]。

10.1.2 黑体热辐射的基本定律

黑体热辐射有 3 个基本定律,分别从不同的角度揭示了在一定的温度下黑体表面单位面积的辐射能的多少及分布特点。

1. 斯特藩-玻尔兹曼定律

1）辐射力

为了定量表述单位黑体表面在一定温度下向外界辐射能量的多少,需要引入辐射力的概念。单位时间内单位表面积向其上的半球空间的所有方向辐射出去的全部波长范围内的能量称为辐射力(emissive power),记为 E,单位为 W/m^2。

任意微元表面 dA 都将空间划分为对称的两部分,每一部分都是一个半球空间。微元面 dA 能向其上的半球空间发射辐射能,如图 10-4 所示,同时接受来自该半球空间的辐射能。

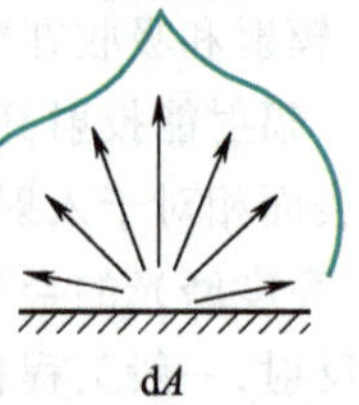

图 10-4 半球空间的图示

2）斯特藩-玻尔兹曼定律

黑体的辐射力与其热力学温度的关系由斯特藩-玻尔兹曼定律所描述,即

$$E_b = \sigma T^4 = C_0 \left(\frac{T}{100} \right)^4 \tag{10-5}$$

式中,σ 为斯特藩-玻尔兹曼常数,也称黑体辐射常数,其值为 $5.67 \times 10^{-8} \ W/(m \cdot K^4)$;$C_0$ 称为黑体辐射系数,其值为 $5.67 \ W/(m \cdot K^4)$;下标 b 表示黑体。

斯特藩-玻尔兹曼定律又称为辐射四次方定律,是热辐射工程计算的基础。四次方定律表明,随着温度的上升,辐射力急剧增加。

斯特藩

2. 普朗克定律

1）光谱辐射力

为了定量表述黑体辐射能按波长分布的规律,需要引入光谱辐射力的概念。单位时间内单位表面积向其上的半球空间的所有方向辐射出去的包含特定波长的单位波长内的能量称为光谱辐射力(spectral emissive power),记为 $E_{b\lambda}$,单位为 $W/(m^2 \cdot m)$ 或 $W/(m^2 \cdot \mu m)$。

2）普朗克定律

黑体的光谱辐射力随波长的变化由以下的 Planck 定律所描述,即

$$E_{b\lambda} = \frac{c_1 \lambda^{-5}}{e^{c_2/(\lambda T)} - 1} \tag{10-6}$$

式中,λ 为波长(m);T 为黑体的热力学温度(K);e 为自然对数的底;$c_1 = 3.741 \ 9 \times 10^{-16} \ W \cdot m^2$ 为第一辐射常数;$c_2 = 1.438 \ 8 \times 10^{-2} \ m \cdot K$ 为第二辐射常数。

从图 10-5 所示的光潜辐射力分布曲线可以发现:随着波长的增加,黑体的光谱辐射力先增大后减小;随着温度的增高,光谱辐射力最大值对应的波长 λ_{max} 减小,曲线的峰值向左移动,或者说向短波方向移动。值得指出,对普朗克定律在整个波长范围内积分就能得到斯特藩-玻耳兹曼定律。

3）维恩位移定律

最大光谱辐射力对应的波长 λ_{max} 与黑体温度 T 之间存在如下关系。

$$\lambda_{max} T = 2.897 \ 6 \times 10^{-3} \ m \cdot K \approx 2.9 \times 10^{-3} \ m \cdot K \tag{10-7}$$

此式表达的 λ_{max} 与黑体温度 T 之间成反比的规律称为维恩(Wien)位移定律。历史上,维恩位移定律的发现在普朗克定律之前,但式(10-7)可以通过将式(10-6)对 λ 求导并使其等于零而得出。

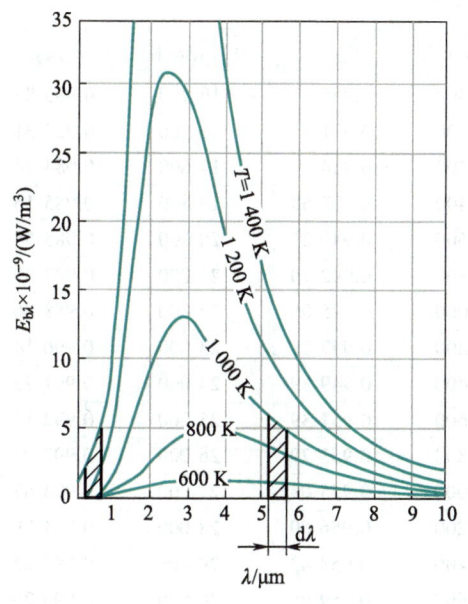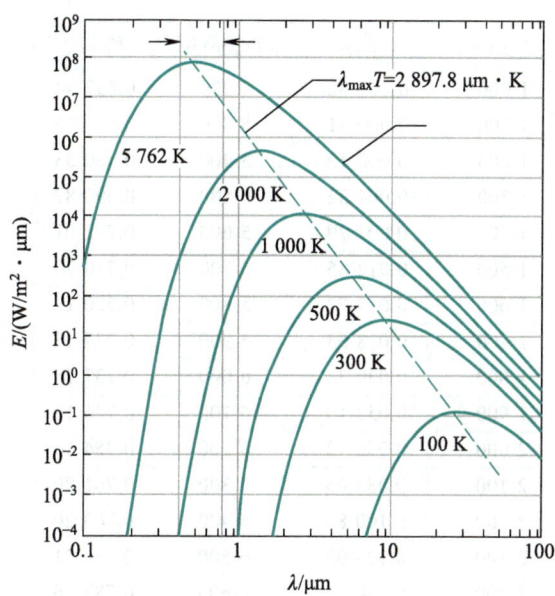

图 10-5 普朗克定律的图示

普朗克定律是基于普朗克的量子化假说推导得出的,在 20 世纪的科学发展史上具有里程碑的意义,这一全新的概念成为量子力学的基石之一。

4) 黑体辐射能按波段的分布

为了确定在某个特定的波段范围内黑体的辐射能,例如从波长为零到某个值 λ,可以进行如下积分。

$$E_{b(0-\lambda)} = \int_0^\lambda E_{b\lambda} d\lambda \tag{10-8}$$

这份能量在黑体辐射力中所占的份额为

$$F_{b(0-\lambda)} = \frac{\int_0^\lambda E_{b\lambda} d\lambda}{\sigma T^4} = \int_0^\lambda \frac{c_1 (\lambda T)^{-5}}{e^{c_2/\lambda T} - 1} \frac{1}{\sigma} d(\lambda T) = f(\lambda T) \tag{10-9}$$

式(10-9)表明这一份额仅是以 λT 为自变量的函数,称为黑体辐射函数。表 10-1 中给出了以 $\mu m \cdot K$ 为 λT 的单位的黑体辐射函数值。有了黑体辐射函数,则任意波长区间 $[\lambda_1, \lambda_2]$ 的黑体辐射能为

$$E_{b(\lambda_1-\lambda_2)} = F_{b(\lambda_1-\lambda_2)} E_b = (F_{b(0-\lambda_2)} - F_{b(0-\lambda_1)}) E_b \tag{10-10}$$

3. 兰贝特定律

兰贝特(Lambert)定律给出了黑体辐射能按空间方向的分布规律。为了说明辐射能按空间方向的分布,首先要弄清如何表示空间方向及其大小,这就涉及立体角和定向辐射强度的概念。

1) 立体角

在平面几何中用平面角来表示某一方向的空间所占的大小,其单位为弧度。类似地,可以用三维空间的立体角(solid angle)及微元立体角(图 10-6)来表示某一方向的空间所占的大小,它们分别定义为

表 10-1 黑体辐射函数表[3]

$\lambda T/\mu m \cdot K$	$F_{b(0-\lambda)}$	$\lambda T/\mu m \cdot K$	$F_{b(0-\lambda)}$	$\lambda T/\mu m \cdot K$	$F_{b(0-\lambda)}$	$\lambda T/\mu m \cdot K$	$F_{b(0-\lambda)}$
1 000	0.000 32	5 200	0.657 94	10 800	0.928 72	19 200	0.983 87
1 100	0.000 91	5 300	0.669 35	11 000	0.931 84	19 400	0.984 31
1 200	0.002 13	5 400	0.680 33	11 200	0.934 79	19 600	0.984 74
1 300	0.004 32	5 500	0.690 87	11 400	0.937 58	19 800	0.985 15
1 400	0.007 79	5 600	0.701 01	11 600	0.940 21	20 000	0.985 55
1 500	0.012 85	5 700	0.710 76	11 800	0.942 70	21 000	0.987 35
1 600	0.019 72	5 800	0.720 12	12 000	0.945 05	22 000	0.988 86
1 700	0.028 53	5 900	0.729 13	12 200	0.947 28	23 000	0.990 14
1 800	0.039 34	6 000	0.737 78	12 400	0.949 39	24 000	0.991 23
1 900	0.052 10	6 100	0.746 10	12 600	0.951 39	25 000	0.992 17
2 000	0.066 72	6 200	0.754 10	12 800	0.953 29	26 000	0.992 97
2 100	0.083 05	6 300	0.761 80	13 000	0.955 09	27 000	0.993 67
2 200	0.100 88	6 400	0.769 20	13 200	0.956 80	28 000	0.994 29
2 300	0.120 02	6 500	0.776 31	13 400	0.958 43	29 000	0.994 82
2 400	0.140 25	6 600	0.783 16	13 600	0.959 98	30 000	0.995 29
2 500	0.161 35	6 700	0.789 75	13 800	0.961 45	31 000	0.995 71
2 600	0.183 11	6 800	0.796 09	14 000	0.962 85	32 000	0.996 07
2 700	0.205 35	6 900	0.802 19	14 200	0.964 18	33 000	0.996 40
2 800	0.227 88	7 000	0.808 07	14 400	0.965 46	34 000	0.996 69
2 900	0.250 55	7 100	0.813 73	14 600	0.966 67	35 000	0.996 95
3 000	0.273 22	7 200	0.819 18	14 800	0.967 83	36 000	0.997 19
3 100	0.295 76	7 300	0.824 43	15 000	0.968 93	37 000	0.997 40
3 200	0.318 09	7 400	0.829 49	15 200	0.969 99	38 000	0.997 59
3 300	0.340 09	7 500	0.834 36	15 400	0.971 00	39 000	0.997 76
3 400	0.361 72	7 600	0.839 06	15 600	0.971 96	40 000	0.997 92
3 500	0.382 90	7 700	0.843 59	15 800	0.972 88	41 000	0.998 06
3 600	0.403 59	7 800	0.847 96	16 000	0.973 77	42 000	0.998 19
3 700	0.423 75	7 900	0.852 18	16 200	0.974 61	43 000	0.998 31
3 800	0.443 36	8 000	0.856 25	16 400	0.975 42	44 000	0.998 42
3 900	0.462 40	8 200	0.863 96	16 600	0.976 20	45 000	0.998 51
4 000	0.480 85	8 400	0.871 15	16 800	0.976 94	46 000	0.998 61
4 100	0.498 72	8 600	0.877 86	17 000	0.977 65	47 000	0.998 69
4 200	0.515 99	8 800	0.884 13	17 200	0.978 34	48 000	0.998 77
4 300	0.532 67	9 000	0.889 99	17 400	0.978 99	49 000	0.998 84
4 400	0.548 77	9 200	0.895 47	17 600	0.979 62	50 000	0.998 90
4 500	0.564 29	9 400	0.900 60	17 800	0.980 23	60 000	0.999 40
4 600	0.579 25	9 600	0.905 41	18 000	0.980 81	70 000	0.999 60
4 700	0.593 66	9 800	0.909 92	18 200	0.981 37	80 000	0.999 70
4 800	0.607 53	10 000	0.914 15	18 400	0.981 91	90 000	0.999 80
4 900	0.620 88	10 200	0.918 13	18 600	0.982 43	100 000	0.999 90
5 000	0.633 72	10 400	0.921 88	18 800	0.982 93		
5 100	0.646 06	10 600	0.925 40	19 000	0.983 40		

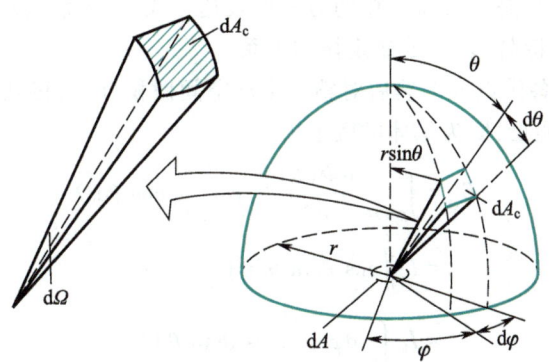

图 10-6　微元立体角与半球空间几何参数的关系

$$\Omega = \frac{A_{\mathrm{c}}}{r^2}, \quad \mathrm{d}\Omega = \frac{\mathrm{d}A_{\mathrm{c}}}{r^2} \tag{10-11}$$

在图 10-6 所示的球坐标系中，φ 称为经度角，θ 称为纬度角。空间的方向可以用该方向的经度角与纬度角来表示。显然，要说明黑体向半球空间辐射出去的能量按不同方向分布的规律，只有对不同方向的相等的立体角来比较才有意义。立体角的单位称为球面度，记为 sr。

由图 10-6 可得

$$\mathrm{d}A_{\mathrm{c}} = r\mathrm{d}\theta \cdot r\sin\theta \cdot \mathrm{d}\varphi \tag{10-12}$$

代入式（10-11），可得微元立体角为

$$\mathrm{d}\Omega = \sin\theta\mathrm{d}\theta\mathrm{d}\varphi \tag{10-13}$$

2）定向辐射强度

对于黑体辐射，由于对称性，在相同的纬度角下从微元黑体面积 $\mathrm{d}A$ 向空间不同经度角方向单位立体角中辐射出去的能量是相等的。因此研究黑体辐射在空间不同方向的分布只要查明辐射能按不同纬度角分布的规律就可以了。设面积为 $\mathrm{d}A$ 的黑体微元面积向围绕空间纬度角 θ 方向的微元立体角 $\mathrm{d}\Omega$ 内辐射出去的能量为 $\mathrm{d}\Phi(\theta)$，则实验测定表明

$$\frac{\mathrm{d}\Phi(\theta)}{\mathrm{d}A\mathrm{d}\Omega} = I\cos\theta \tag{10-14a}$$

这里 I 为常数，与 θ 方向无关。此式还可以表示为

$$\frac{\mathrm{d}\Phi(\theta)}{\mathrm{d}A\cos\theta\mathrm{d}\Omega} = I \tag{10-14b}$$

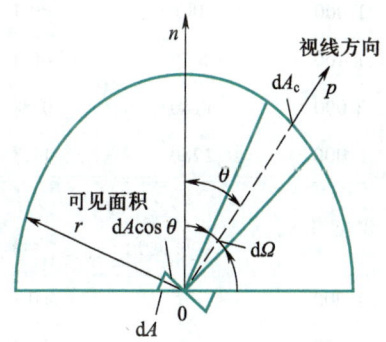

图 10-7　可见面积示意图

这里 $\mathrm{d}A\cos\theta$ 可以视为从 θ 方向看过去的面积，称为可见面积（图 10-7）。式（10-14b）可以理解为从黑体单位可见面积发射出去的落到空间任意方向的单位立体角中的能量，称为定向辐射强度（directional radiation intensity）。

3）兰贝特定律（余弦定律）

黑体的定向辐射强度是个常量，与空间方向无关，这就是黑体辐射的兰贝特定律。如果以单位实际辐射面积为度量依据，就是式（10-14b）所示的结果，意味着黑体单位面积辐射出去的能量在空间的分布是不均匀的，按空间纬度角 θ 的余弦规律变化：在垂直于该表面的方向最大，而

与表面平行的方向为零,这是兰贝特定律的另一种表达方式,称为余弦定律。

4) 兰贝特定律与斯特藩-玻尔兹曼定律的关系

将式(10-14a)两端各乘以 $\mathrm{d}\Omega$,然后对整个半球空间做积分,就得到从单位黑体表面发射出去落到整个半球空间的能量,即为黑体的辐射力:

$$
\begin{aligned}
E_{\mathrm{b}} &= \int_{\Omega=2\pi} \frac{\mathrm{d}\Phi(\theta)}{\mathrm{d}A} = I_{\mathrm{b}} \int_{\Omega=2\pi} \cos\theta\,\mathrm{d}\Omega \\
&= I_{\mathrm{b}} \iint \cos\theta\sin\theta\,\mathrm{d}\theta\,\mathrm{d}\varphi \\
&= I_{\mathrm{b}} \int_0^{2\pi} \mathrm{d}\varphi \int_0^{\pi/2} \cos\theta\sin\theta\,\mathrm{d}\theta \\
&= \pi I_{\mathrm{b}}
\end{aligned}
\tag{10-15}
$$

因此,遵守兰贝特定律的辐射,其辐射力等于定向辐射强度的 π 倍。

[例题 10-1]　试分别计算温度为 1 000 K、1 400 K、3 000 K、6 000 K 时可见光和红外线辐射在黑体总辐射中所占的份额。

分析:可见光和红外线的波长范围分别为 0.38~0.76 μm 和 0.76~1 000 μm。将给定温度各自乘以 0.38 μm、0.76 μm、1 000 μm,从而得到各个 $\lambda T/\mu\mathrm{m}\cdot\mathrm{K}$ 值。然后根据这些 λT 值,在表 10-1 中查得各自的能量份额 $F_{\mathrm{b}(0-\lambda)}$ 值,再据式(10-10)计算出可见光和红外线辐射各自所占的份额。

解:按上述方法计算得到的结果列于表 10-2 中。

表 10-2　例题 10-1 的计算结果

温度/K	$\lambda_1 = 0.38$ μm		$\lambda_2 = 0.76$ μm		$\lambda_3 = 1\,000$ μm	
	$\lambda T/\mu\mathrm{m}\cdot\mathrm{K}$	$F_{\mathrm{b}(0-\lambda)}/\%$	$\lambda T/\mu\mathrm{m}\cdot\mathrm{K}$	$F_{\mathrm{b}(0-\lambda)}/\%$	$\lambda T/\mu\mathrm{m}\cdot\mathrm{K}$	$F_{\mathrm{b}(0-\lambda)}/\%$
1 000	380	<0.1	760	<0.1	1×10^6	100
1 400	532	<0.1	1 064	0.07	1.4×10^6	100
3 000	1140	0.14	2 280	11.7	3×10^6	100
6 000	2280	11.3	4 560	57.3	6×10^6	100

温度/K	所占份额/%	
	可见光 $F_{\mathrm{b}(\lambda_1-\lambda_2)} = F_{\mathrm{b}(0-\lambda_2)} - F_{\mathrm{b}(0-\lambda_1)}$	红外线 $F_{\mathrm{b}(\lambda_2-\lambda_3)} = F_{\mathrm{b}(0-\lambda_3)} - F_{\mathrm{b}(0-\lambda_2)}$
1 000	<0.1	>99.9
1 400	0.07	99.93
3 000	11.6	88.3
6 000	46.0	42.6

讨论:可见,在 $T<1\,000$ K 时,黑体辐射中可见光的比例远不到 1‰;只有温度上升到 3 000 K 左右时可见光的比例才达 10% 以上。这一关于可见光在物体自身辐射中所占的比例,总体上对大多数实际物体的辐射也适用。

10.1.3　固体和液体的辐射特性

黑体是研究热辐射的标准物体,实际物体(包括固体、液体与气体)的辐射特性将在与黑体的辐射特性进行对比的基础上进行讨论。由于实际物体不能完全吸收投入其表面上的辐射能,因此它们的吸收特性还需要单独介绍。气体的辐射和吸收特性与固体和液体有较大的差别,我们将另行进行讨论,本节只介绍固体和液体的辐射特性。下面从总辐射能、辐射能按波长及按方向分布 3 个方面进行讨论。

1. 实际物体的辐射力

实际物体的辐射力 E 总是小于同温度下黑体的辐射力 E_b,两者的比值称为实际物体的发射率(emissivity,习惯上称黑度),记为 ε,即

$$\varepsilon = \frac{E}{E_b} \tag{10-16}$$

因此,实际物体的辐射力为

$$E = \varepsilon E_b = \varepsilon \sigma T^4 = \varepsilon C_0 \left(\frac{T}{100} \right)^4 \tag{10-17}$$

习惯上,式(10-17)也称为四次方定律,这是实际物体辐射传热计算的基础。物体的发射率一般通过实验测定,它仅取决于物体自身,而与周围外界无关。

2. 实际物体的光谱辐射力

实际物体的光谱辐射力往往随波长做不规则的变化,图 10-8 示出了同温度下某实际物体和黑体的 $E_\lambda = f(\lambda, T)$ 的代表性曲线。明显,实际物体的光谱辐射力按波长分布的规律与普朗克定律不同,但定性上可认为是一致的。在加热金属时可以观察到:当金属温度低于 500 ℃ 时,由

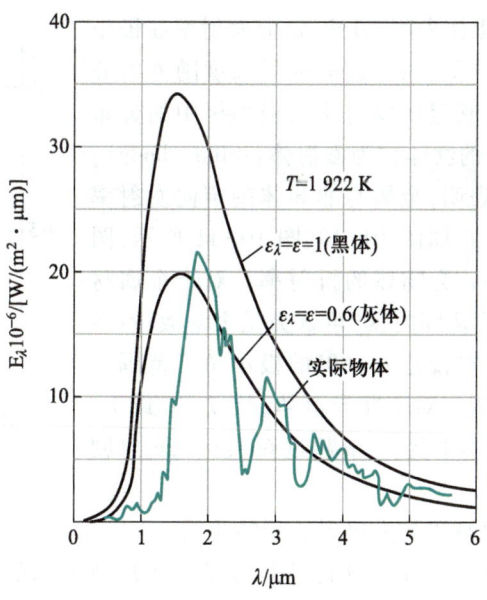

图 10-8　实际物体的光谱辐射力示意图

于实际上没有可见光辐射,我们不能觉察到金属颜色的变化;随着温度的不断升高,金属将相继呈现暗红、鲜红、橘黄等颜色;当温度超过 1 300 ℃时将出现所谓白炽。金属在不同温度下呈现的各种颜色,说明随着温度的升高,热辐射中可见光中短波的比例不断增加。

图 10-8 表明,实际物体的光谱辐射力小于同温度下黑体同一波长下的光谱辐射力,两者之比称为实际物体的光谱发射率(spectral emissivity),即

$$\varepsilon_\lambda = \frac{E_\lambda}{E_{b\lambda}} \tag{10-18}$$

显然,光谱发射率与实际物体的发射率之间有如下关系。

$$\varepsilon = \frac{E}{E_b} = \frac{\int_0^\lambda \varepsilon_\lambda E_{b\lambda}\, d\lambda}{\sigma T^4} \tag{10-19}$$

需要注意,实验结果发现,实际物体的辐射力并不严格地与热力学温度的 4 次方成正比,但要对不同物体采用不同的规律来计算,实用上很不方便。所以,在工程计算中仍认为一切实际物体的辐射力都与热力学温度的 4 次方成正比,而把由此引起的修正包含到用实验方法确定的发射率中,因此发射率还与温度有关。

3. 实际物体的定向辐射强度

1) 定向发射率

实际物体辐射在空间上的分布,也不尽符合兰贝特定律,也就是说,实际物体的定向辐射强度在不同方向上有所变化。为了说明不同方向上定向辐射强度的变化,下面给出定向发射率的定义,即

$$\varepsilon_\theta = \frac{I_\theta}{I_b} \tag{10-20}$$

式中:I_θ 为与辐射面法向成 θ 角的方向上的定向辐射强度;I_b 为同温度下黑体的定向辐射强度。

如图 10-9 所示,对于黑体表面,显然,定向发射率在极坐标中的分布是半径为 1 的半圆;对于定向辐射强度随 θ 的分布满足兰贝特定律的物体,其定向发射率在极坐标中的分布是半径小于 1 的半圆,这样的物体称为漫射体(diffuse body)。实验测定与电磁理论分析表明,金属与非导体的定向发射率随 θ 角的变化有明显的区别,如图 10-10、图 10-11 所示,图 10-10b 和图 10-11b 中的 n 为物体的折射率。对于金属材料,从 $\theta = 0°$ 开始的一定角度范围内,ε_θ 可认为是个常数;然后随角度 θ 的增加急剧增大,在接近 $\theta = 90°$ 的极小角度范围内 ε_θ 的值又急剧减小直至为零。对于非导电体,从 $\theta = 0°$ 到 $\theta = 60°$ 的范围内定向发射率基本不变;当 θ 超过 60°以后,ε_θ 急剧减小直至为零。

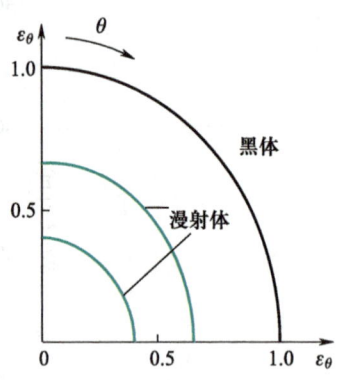

图 10-9 黑体与漫射体的定向发射率

2) 定向发射率 ε_θ 与半球平均发射率 ε 间的关系

式(10-16)所定义的 ε 实际上是实际物体在整个半球范围内的辐射力与黑体的辐射力之比,为了突出它与定向发射率的区别,这里特别加了"半球"这一定语。显然,从能量守恒原理可得出如下关系。

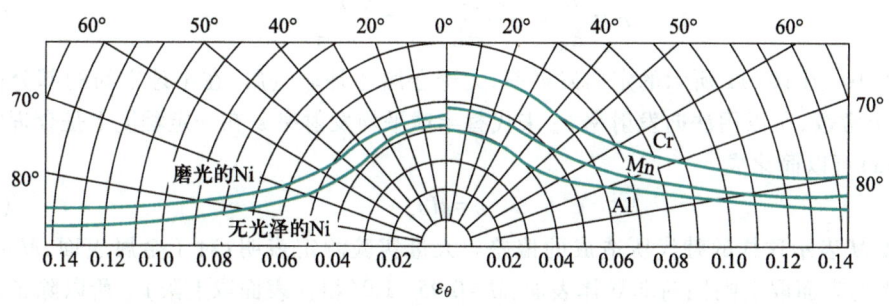

(a) 实验测定结果(150 ℃)

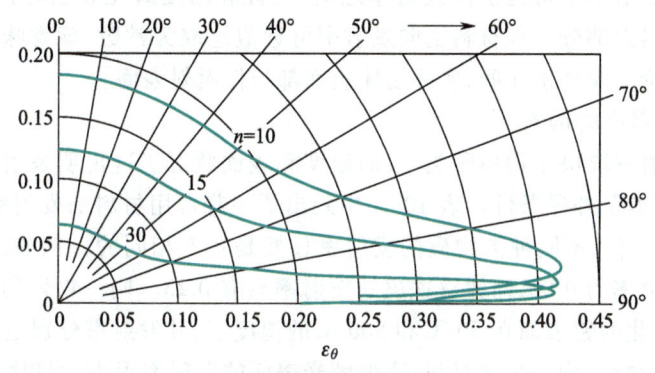

(b) 电磁理论分析结果[4]

图 10-10 金属的定向发射率举例

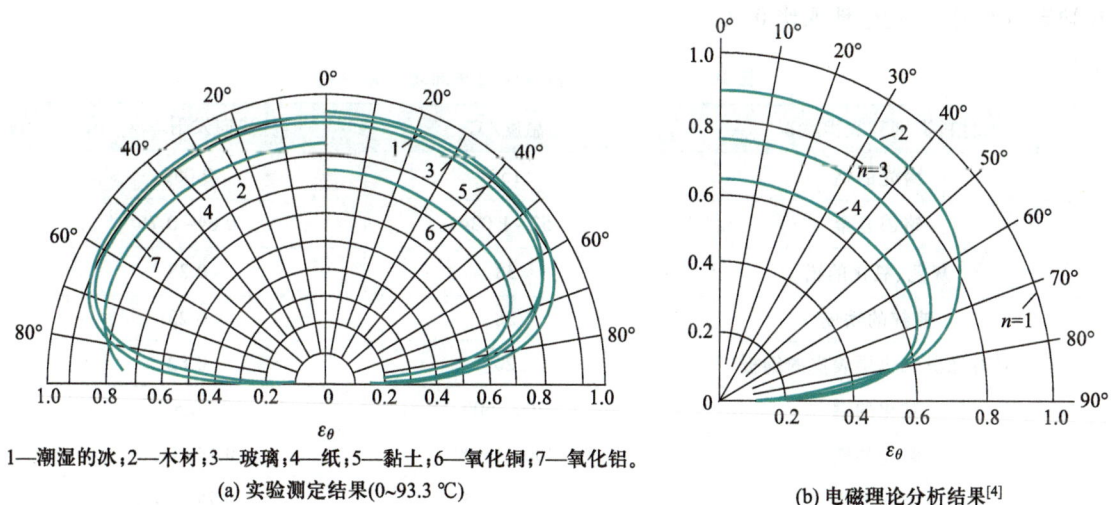

1—潮湿的冰；2—木材；3—玻璃；4—纸；5—黏土；6—氧化铜；7—氧化铝。

(a) 实验测定结果(0~93.3 ℃)

(b) 电磁理论分析结果[4]

图 10-11 非金属的定向发射率举例

$$\varepsilon = \frac{E}{E_b} = \frac{I_b \int\limits_{\Omega=2\pi} \varepsilon_\theta d\Omega}{\pi I_b} = \frac{\int\limits_{\Omega=2\pi} \varepsilon_\theta d\Omega}{\pi} \tag{10-21a}$$

图 10-10、图 10-11 所示的定向发射率,无论金属还是非金属,在半球空间的部分或大部分范围内是个常数,所以用法向发射率 ε_n 来代替半球平均发射率 ε 在一定程度上是合理的。于是式(10-21a)可以简化成

$$\varepsilon = M\varepsilon_n \tag{10-21b}$$

式中,系数 M 表示这样的替代所造成的偏差。大量实验测定表明:对于金属表面,$M = 1.0 \sim 1.3$(高度磨光的表面取上限);对非导体表面,$M = 0.95 \sim 1.0$(粗糙表面取上限)。所以除了高度磨光的表面,工程计算中一般取 $M \approx 1.0$,即 $\varepsilon = \varepsilon_n$[5]。这一简化处理带来两个结果。首先,一般工程手册中给出的物体发射率常常是法向发射率之值,当计算高度磨光表面时,应该考虑到 ε 与 ε_n 间的差别;其次,既然大部分工程材料定向发射率可近似地取为常数,就意味着可以将它们当作漫射体。后面的讨论除非特别注明,实际物体表面都当作漫射表面。

3) 影响物体发射率的因素

物体表面的发射率取决于物质种类、表面温度和表面状况。这说明发射率只与发射辐射的物体本身有关,而不涉及外界条件。表 10-3 中列出了一些常用材料的发射率的实验值,更多的资料可查阅文献[5-6]。不同种类物质的发射率显然是各不相同的。例如,常温下具有光滑氧化层表皮的钢板发射率为 0.82,而镀锌铁皮的发射率只有 0.23。同一物体的发射率又随温度而变化。例如,严重氧化的铝表面在 50 ℃ 和 500 ℃ 的温度下,其发射率分别是 0.2 和 0.3。表面状况对发射率有很大影响。同一金属材料,高度磨光表面的发射率很小,而粗糙表面和氧化后的表面的发射率常常为磨光表面的数倍。例如,在常温下无光泽黄铜的发射率为 0.22,而磨光后黄铜的发射率只有 0.05。因此在选用金属表面发射率数值时应对表面状况给予足够的关注。大部分非金属材料的发射率值都很高,一般为 0.85 ~ 0.95,且与表面状况(包括颜色在内)的关系不大,在缺乏资料时,可近似地取作 0.90。

表 10-3 部分常用材料表面法向发射率

材料类别和表面状况	温度/℃	法向发射率 ε_n
磨光的铬	150	0.058
铬镍合金	52 ~ 1 034	0.64 ~ 0.76
灰色、氧化的铅	38	0.28
镀锌的铁皮	38	0.23
具有光滑氧化层表皮的钢板	20	0.82
氧化的钢	200 ~ 600	0.8
磨光的铁	400 ~ 1 000	0.14 ~ 0.38
氧化的铁	125 ~ 525	0.78 ~ 0.82
磨光的铜	20	0.03
氧化的铜	50	0.6 ~ 0.7
磨光的黄铜	38	0.05

续表

材料类别和表面状况	温度/℃	法向发射率 ε_n
无光泽的黄铜	38	0.22
磨光的铝	50~500	0.04~0.06
严重氧化的铝	50~500	0.2~0.3
磨光的金	200~600	0.03~0.03
磨光的银	200~600	0.02~0.03
石棉纸	40~400	0.94~0.93
耐火砖	500~1 000	0.8~0.9
红砖(粗糙表面)	20	0.88~0.93
玻璃	38,85	0.94
木材	20	0.8~082
碳化硅涂料	1 010~1 400	0.82~0.92
上釉的瓷件	20	0.93
油毛毡	20	0.93
抹灰的墙	20	0.94
灯黑	20~400	0.95~0.97
锅炉炉渣	0~1 000	0.97~0.70
各种颜色的油漆	100	0.92~0.96
雪	0	0.8
水(厚度大于 0.1 mm)	0~100	0.96

[例题 10-2]　试计算温度处于 1 400 ℃ 的碳化硅涂料表面的辐射力。

分析:碳化硅涂料是非导体,可取 $\varepsilon = \varepsilon_n$。

解:由表 10-3 查得,碳化硅涂料在 1 400 ℃ 时的 $\varepsilon_n = 0.92$,也即 $\varepsilon = 0.92$。按照式(10-17),其辐射力为

$$E = \varepsilon C_0 \left(\frac{T_2}{100} \right)^4$$

$$= 0.92 \times 5.67 \ W/(m^2 \cdot K^4) \times \left(\frac{1\ 400 + 273}{100} \right) K^4$$

$$= 409 \times 10^3 \ W/m^2 = 409 \ kW/m^2$$

讨论:一般工程手册中给出的发射率常为法向发射率,选用时应注意表面温度、表面类型与状态。

[例题 10-3] 实验测得 2 500 K 钨丝的法向光谱发射率如图 10-12 所示,试计算其辐射力及发光效率。

分析:设钨丝表面为漫射表面,半球空间内的总辐射力可通过式(10-17)计算,所以得事先确定发射率 ε。所谓发光效率,实际上就是可见光所占的比例。

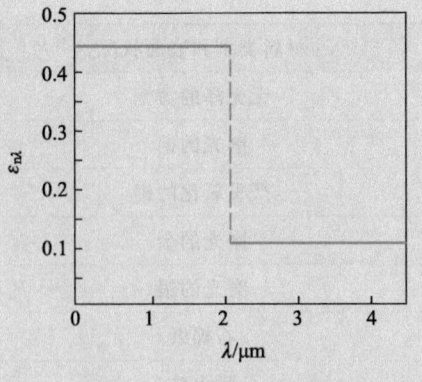

图 10-12 例题 10-3 附图

计算:(1) 钨丝表面的辐射力。

ε 与 ε_λ 有如下关系。

$$\varepsilon = \frac{\int_0^2 \varepsilon_\lambda E_{b\lambda} d\lambda + \int_2^\infty \varepsilon_\lambda E_{b\lambda} d\lambda}{E_b} = \varepsilon_{\lambda 1} \frac{\int_0^2 E_{b\lambda} d\lambda}{E_b} + \varepsilon_{\lambda 2} \frac{\int_2^\infty E_{b\lambda} d\lambda}{E_b}$$

$$= \varepsilon_{\lambda 1} F_{b(0-2)} + \varepsilon_{\lambda 2}(1 - F_{b(0-2)})$$

$$\lambda_1 T = 2 \ \mu m \times 2 \ 500 \ K = 5 \ 000 \ \mu m \cdot K, \quad F_{b(0-2)} = 0.633 \ 72$$

所以

$$\varepsilon = 0.45 F_{b(0-2)} + 0.1(1 - F_{b(0-2)})$$

$$= 0.45 \times 0.633 \ 72 + 0.1 \times 0.366 \ 28 = 0.322$$

钨丝表面辐射力为

$$E = \varepsilon E_b = \varepsilon c_0 \left(\frac{T}{100}\right)^4$$

$$= 0.322 \times 5.67 \ W/(m^2 \cdot K^4) \times \left(\frac{2 \ 500}{100}\right)^4 K^4 = 7.13 \times 10^5 \ W/m^2$$

(2) 钨丝表面的发光效率。

可见光的波长范围为 0.38~0.76 μm,则

$$\lambda_2 T = 0.38 \times 2 \ 500 \ \mu m \cdot K = 950 \ \mu m \cdot K, \quad F_{b(0-0.38)} = 0.000 \ 3$$

$$\lambda_3 T = 0.75 \times 2 \ 500 \ \mu m \cdot K = 1 \ 900 \ \mu m \cdot K, \quad F_{b(0-0.76)} = 0.052 \ 1$$

于是,在可见光范围内发出的能量为

$$\Delta E = (F_{b(0-0.76)} - F_{b(0-0.38)}) \varepsilon_{\lambda 1} c_0 \left(\frac{T}{100}\right)^4$$

$$= (0.052 \ 1 - 0.000 \ 3) \times 0.45 \times 5.67 \ W/(m^2 \cdot K^4) \times \left(\frac{2 \ 500}{100}\right)^4 K^4$$

$$= 5.16 \times 10^4 \ W/m^2$$

发光效率为

$$\eta = \frac{\Delta E}{E} = \frac{5.18 \times 10^4 \ W/m^2}{7.13 \times 10^5 \ W/m^2} = 0.072 \ 4 = 7.24\%$$

讨论:自从爱迪生发明第一只白炽灯以来,已经历了百余年。白炽灯由于灯丝的工作温度相对较低,热辐射中可见光的比例甚少,因此发光效率不高,大部分能量都作为不可见的红外辐射的能量而没有予以利用。新的固态光源如发光二极管作为白炽灯、荧光灯以后的第三代照明技术,具有明显的节能效果。

10.1.4　实际物体对辐射能的吸收与辐射的关系

黑体的吸收比为1,发射率也是1,吸收比等于发射比。实际物体的发射率小于1,也不能完全吸收投射到表面上的辐射能,也就是说,吸收比也小于1,那么实际物体的发射率与吸收比之间有什么关系呢?本节就来讨论这个问题。

1. 实际物体的吸收比

在10.1.1节中已经定义,物体对投入辐射所吸收的百分数称为该物体的吸收比。所谓投入辐射(irradiation),是指单位时间内从外界投入物体的单位表面积上的辐射能。实际物体的吸收比α的大小取决于两方面的因素:物体本身的情况和投入辐射的特性。所谓物体本身的情况,是指物质的种类、温度以及表面状况。这里α是指对投入到物体表面上所有波长辐射能的总的吸收比,是一个平均值。为了深入研究物体的吸收特性,有必要引进表征物体对某一波长辐射能吸收特性的物理量,即光谱吸收比。

物体吸收某一特定波长辐射能的百分数称为光谱吸收比(spectral absorptivity)。一般来说,物体的光谱吸收比与波长有关。图10-13、图10-14分别示出了一些金属导电体和非导电体材料室温下光谱吸收比随波长的变化情况。有些材料,如磨光的铝和磨光的铜,它们的光谱吸收比随波长的变化不大。但另一些材料如白瓷砖,在波长小于2 μm的范围α_λ小于0.2,而在波长大于6 μm的范围α_λ却高于0.9,α_λ随波长的变化很大。

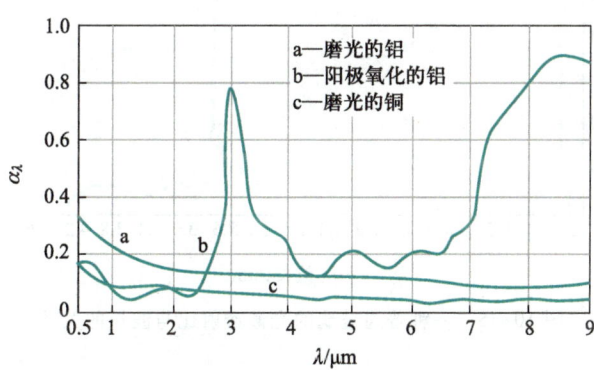

图10-13　铜与铝的光谱吸收比与波长的关系

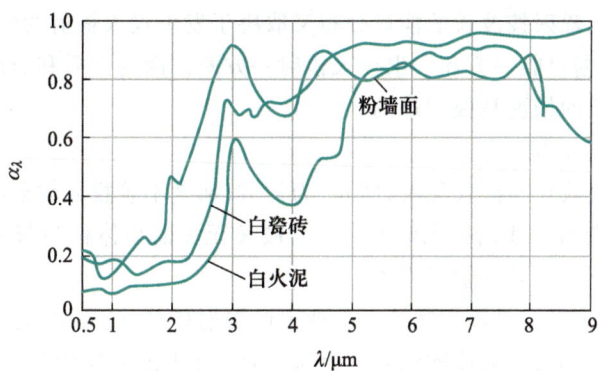

图10-14　部分非导体的光谱吸收比与波长的关系

　　物体的光谱吸收比随波长而异的这种特性称为物体的选择性吸收特性。在工农业生产中常常利用这种选择性的吸收来达到一定的目的,植物与蔬菜栽培过程中使用的暖房就利用了玻璃或类玻璃的塑料膜对辐射能吸收的选择性(见图 10-15):当太阳光照射到玻璃上时,由于玻璃对波长小于 3 μm 的辐射能的透射比很大,从而使大部分太阳能可以进入到暖房;暖房中的物体由于温度较低,其辐射能绝大部分位于波长大于 3 μm 的红外范围内,玻璃对于波长大于 3 μm 的辐射能的透射比很小,从而阻止了辐射能向暖房外的散失,这就是所谓的"温室效应"(greenhouse effect)。焊接工件时工人要戴上一副深色的眼镜,就是为了使对人体有害的紫外线能被特种玻璃所吸收。特别值得指出,世上万物呈现不同的颜色的主要原因也在于选择性吸收。当阳光照射到一个物体表面上时,如果该物体几乎全部吸收各种可见光,它就呈黑色;如果几乎全部反射可见光,它就呈白色;如果几乎均匀地吸收各色可见光并均匀地反射各色可见光,它就呈灰色;如果只反射了一种波长的可见光而几乎全部吸收了其他可见光,那么它呈现被反射的这种辐射线的颜色。

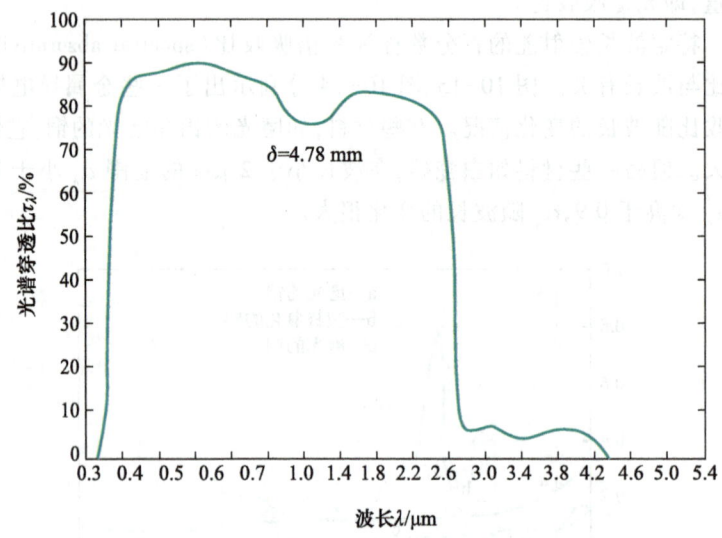

图 10-15　一种普通玻璃的光谱透射比与波长的关系

　　但是,实际物体的光谱吸收比对投入辐射的波长有选择性这一事实给辐射传热的工程计算带来很大的困难。这时,物体的吸收比除与自身表面的性质和温度有关外,还与投入辐射按波长的能量分布有关。投入辐射按波长的能量分布又取决于发出投入辐射的物体的性质和温度。因此,物体的吸收比要根据吸收一方和发出投入辐射一方两方面的性质和温度来确定,在实际工程计算中要顾及如此复杂的情况是很困难的。

2. 灰体的概念及其工程应用

　　如果物体的光谱吸收比与波长无关,即 α_λ 为常数,那么不管投入辐射的特性如何,物体的吸收比 α 也是同一个常数值。我们把光谱吸收比与波长无关的物体称为灰体(gray body),其吸收比只取决于本身的情况而与外界情况无关。

　　像黑体一样,灰体也是一种理想物体。工业上的辐射传热计算一般都按灰体来处理。但是,既然实际物体或多或少都对辐射能的吸收具有选择性,为什么工程计算又可假定灰体呢? 对工程计算而言,只要在所研究的波长范围内光谱吸收比基本上与波长无关,灰体的假定即可成立,而不必要求在全波段范围内 α_λ 为常数。在工程常见的温度范围($\leqslant 2\ 000\ \mathrm{K}$)内,许多工程材料都具有这一特点。在工程手册或教材中仅列出发射率之值而不给出吸收比,原因也在此。这种简化处理给辐射传热的分析计算带来很大的方便。

我们后面还要指出,对于漫射表面,光谱吸收比与光谱发射率是相等的,因此对于漫射的灰体(简称漫灰体),在一定温度下,光谱发射比 ε_λ 也与波长无关,是个常数。灰体的光谱辐射力随波长的变化定性地示于图 10-8 中。关于非灰体的辐射传热分析要复杂很多,本书不做讨论。

3. 吸收比与发射率的关系——基尔霍夫(Kirchhoff)定律

1)实际物体吸收比和发射率间的关系

实际物体的辐射和吸收之间有什么内在联系呢?我们来分析图 10-16 所示的问题。图中,两块平行平板相距很近,于是从一块板发出的辐射能全部落到另一块板上。若板 1 为黑体表面,其辐射力和表面温度分别为 E_b 和 T_1。板 2 为任意物体表面,其辐射力、吸收比和表面温度分别为 E、α 和 T_2。

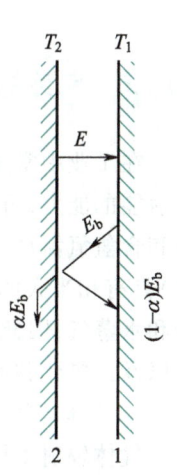

图 10-16 物体的辐射和吸收之间关系的图示

现在考察板 2 的辐射能量收支。板 2 自身单位面积在单位时间内发射出的能量为 E,投射在黑体表面 1 上时被全部吸收。同时,黑体表面 1 辐射出的能量为 E_b,落到板 2 上时只被吸收 αE_b,其余部分$(1-\alpha)E_b$ 反射回黑体表面 1 后被全部吸收。板 2 支出与收入的差额即为两板间辐射传热的热流密度,即

$$q = E - \alpha E_b \tag{10-22}$$

当体系处于热平衡时,$q=0$ 且 $T_1=T_2$,于是式(10-22)变为

$$\frac{E}{E_b} = \varepsilon \tag{10-23}$$

式(10-23)就是基尔霍夫定律的数学表达式,可以表述为:热平衡时,任意物体对黑体投入辐射的吸收比等于同温度下该物体的发射率。

2)漫射灰体吸收比和发射率间的关系

基尔霍夫定律告诉我们,物体的吸收比等于发射率,但这一结论是在"物体与黑体投入辐射处于热平衡"这样严格的条件下才成立的。进行工程辐射传热计算时,投入辐射既非黑体辐射,也不会处于热平衡。那么在什么前提下这两个条件可以去掉呢?

让我们来研究漫射灰体的情形。首先,按灰体的定义其光谱吸收比与波长无关,在一定温度下是一个常数;其次,物体的发射率是物性参数,与环境无关。假设在某一温度 T 下,一个灰体与黑体处于热平衡,据基尔霍夫定律有 $\alpha(T)=\varepsilon(T)$。然后,考虑改变该灰体的环境,使其所受到的辐射不是来自同温下的黑体辐射,但保持其自身温度不变,此时考虑到发射率及灰体吸收比的上述性质,显然仍应有 $\alpha(T)=\varepsilon(T)$。所以,对于漫灰表面,一定有 $\alpha=\varepsilon$。也就是说,对于漫灰体,不论投入辐射是否来自黑体,也不论是否处于热平衡,其吸收比恒等于同温度下的发射率。这个结论对辐射传热计算带来了实质性的简化,广泛应用于工程计算。在本书后面的讨论中,如无特别说明均假定辐射表面是具有漫射特性(包括辐射和反射)的灰体。

所以,物体的辐射能力越大,其吸收能力也越大。换句话说,善于辐射的物体必善于吸收,反之亦然。

3)3 个层次上的基尔霍夫定律

基尔霍夫定律有 3 个不同层次上的表达式,其适用条件不同,现归纳于表 10-4 中。对大多

数工程计算,主要应用"全波段、半球"这一层次上的表达式。

表 10-4　基尔霍夫定律的 3 个层次表达式

层次	数学表达式	成立条件
光谱,定向	$\varepsilon(\lambda,\varphi,\theta,T)=\alpha(\lambda,\varphi,\theta,T)$	无条件
光谱,半球	$\varepsilon(\lambda,T)=\alpha(\lambda,T)$	漫射表面
全波段,半球	$\varepsilon(T)=\alpha(T)$	与黑体辐射处于热平衡或对漫灰表面

10.1.5　气体的辐射特性

在工业中常见的温度范围内,单原子气体以及分子结构对称的双原子气体没有发射和吸收辐射能的能力,可认为是热辐射的透明体。但是,臭氧、二氧化碳、水蒸气、二氧化硫、甲烷、氯氟烃和含氢氯氟烃(两者俗称氟利昂)等三原子、多原子以及结构不对称的双原子气体(如一氧化碳)具有相当大的辐射本领。由于燃油、燃煤及燃气的燃烧产物中通常包含一定浓度的二氧化碳和水蒸气,因此这两种气体的辐射在动力工程计算上特别重要。本节重点介绍气体辐射的特点以及二氧化碳和水蒸气的辐射和吸收特性,相关定量本书不做讨论。

1. 气体辐射的特点

气体辐射不同于固体和液体辐射,具有以下两个典型的特点。

1) 气体辐射对波长有选择性

气体辐射对波长有强烈的选择性,它只在某些波长区段内具有辐射能力,相应地也只在同样的波长区段内才具有吸收能力。通常把这种有辐射能力的波长区段称为光带,在光带以外,气体既不辐射也不吸收,对热辐射呈现透明体的性质。例如,臭氧几乎能全部吸收波长小于 0.3 μm 的紫外线,对波长为 0.3~0.4 μm 的射线也有较强的吸收作用,因而大气层中的臭氧能保护人类不受紫外线的伤害。二氧化碳的主要光带有三段:2.65~2.80 μm、4.15~4.45 μm、13.0~17.0 μm。水蒸气的主要光带也有三段:2.55~2.84 μm、5.6~7.6 μm、12~30 μm。显然,这些光带均位于红外线的波长范围,而且二氧化碳和水蒸气的光带有两处是重叠的,图 10-17 示意性地标出了二氧化碳和水蒸气的主要光带。由于气体的辐射和吸收对波长具有强烈的选择性,因此气体不是灰体。

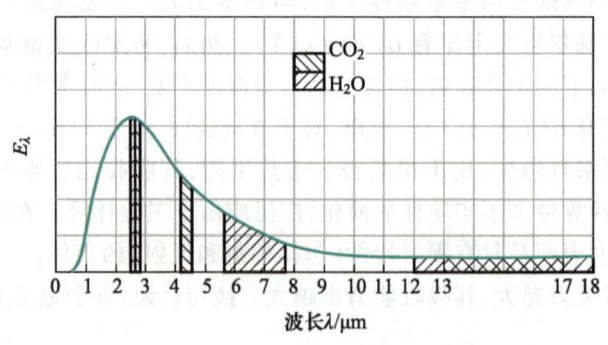

图 10-17　CO_2 和 H_2O 主要光带示意图

2）气体的辐射和吸收是在整个容积中进行的

前已述及,在一般工业温度范围内,固体和液体的辐射和吸收都具有在表面上进行的特点。但是,气体则不同:就吸收而言,投射到气体层界面上的辐射能会在辐射行程中被吸收减弱;就辐射而言,气体层界面上所感受到的辐射为到达界面上的整个容积气体的辐射。这都说明,气体的辐射和吸收是在整个容积中进行的,与气体空间的形状和容积有关。在论及气体的发射率和吸收比时,除其他条件外,还必须说明气体所处容器的形状和容积的大小。

2. 光谱辐射能在气体层中的定向传递

当辐射能通过吸收性气体层时,因沿途被气体吸收而削弱,削弱的程度取决于辐射强度及途中所碰到的气体分子数目。气体分子数目则与射线行程长度及气体密度 ρ 有关,而气体密度又取决于气体的压力和温度。参看图 10-18,考察波长为 λ 的光谱辐射的削弱。投射到气体界面 $x=0$ 处的光谱辐射强度为 $I_{\lambda,0}$,通过一段距离 x 后该辐射强度变为 $I_{\lambda,x}$。通过微元气体层 $\mathrm{d}x$ 后,光谱辐射强度 $I_{\lambda,x}$ 的减少量为 $\mathrm{d}I_{\lambda,x}$。光谱辐射强度的相对减少量 $\mathrm{d}I/I$ 正比于气体层厚度 $\mathrm{d}x$,于是有

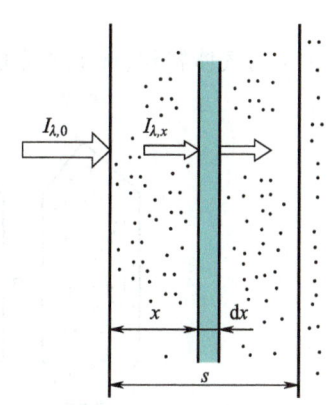

图 10-18 辐射能在气体层中的传递

$$\frac{\mathrm{d}I_{\lambda,x}}{I_{\lambda,x}} = -k_\lambda \mathrm{d}x \tag{10-24}$$

式中,k_λ 为光谱减弱系数,取决于气体的种类、密度和入射辐射的波长。当气体的压力和温度不变时,k_λ 不变。对上式积分可得

$$I_{\lambda,s} = I_{\lambda,0}\mathrm{e}^{-k_\lambda s} \tag{10-25}$$

式中,s 为气体层厚度或射线行程长度。式(10-25)的规律称为比尔(Beer)定律,表明光谱辐射强度在吸收性气体中传播时按指数规律衰减。

$I_{\lambda,s}/I_{\lambda,0}$ 正是厚度为 s 的气体层的光谱透射比 $\tau(\lambda,s)$,所以

$$\tau(\lambda,s) = \mathrm{e}^{-k_\lambda s} \tag{10-26}$$

对于气体,由于反射比 $\rho=0$,因此此气体层吸收比为

$$\alpha(\lambda,s) = 1-\mathrm{e}^{-k_\lambda s} \tag{10-27}$$

显然,当气体层厚度 s 很大时 $\alpha(\lambda,s)\to 1$,但工程实际中所能碰到的气体辐射达不到这种程度。根据光谱层次的基尔霍夫定律,有 $\varepsilon(\lambda)=\alpha(\lambda)$,则气体层的光谱发射率为

$$\varepsilon(\lambda,s) = 1-\mathrm{e}^{-k_\lambda s} \tag{10-28}$$

3. 平均射线程长的计算

上面我们讨论了某个特定波长的辐射能在某个特定方向上在气体中的传递过程。工程计算中重要的是确定气体在所有光带范围内辐射能的总和。这个总和是气体的辐射力 E_g,由实验测定。按发射率的定义,气体的发射率显然就是辐射力 E_g 与同温度下黑体辐射力之比,即 $\varepsilon_g = E_g/E_b$。气体的发射率取决于气体的种类,不同气体的发射率不同。对于同一种气体,它的发射率又受哪些因素支配呢?下面来分析这个问题。

由于气体容积辐射的特点,辐射力与射线行程的长度(简称射线程长)有关,而射线程长取决于气体容积的形状和尺寸。从图 10-19 可知,从不同方向辐射到 A 或 B 处的射线程长是各不相同的。只有如图 10-20 所示的半球气体容积对球心 $\mathrm{d}A$ 的辐射,各个方向上的射线程长都是

一样的,即半径 R。如果对其他气体形状采用当量半球的处理方法,就可以用当量半球的半径作为平均射线程长。所谓当量半球,是指半球内的气体具有与所研究的情况相同的温度、压力和成分时,该半球内气体对球心的辐射力,等于所研究情况下气体对指定地区的辐射力。实用上正是采用这种当量半球半径作为平均射线程长的方案。几种典型几何容积的气体对整个包壁或对某一指定地区的平均射线程长列于表 10-5 中。在缺少资料的情况下,任意几何形状气体对整个包壁辐射的平均射线程长可按下式计算。

$$s = 3.6 \frac{V}{A} \tag{10-29}$$

式中:V 为气体容积(m^3);A 为包壁面积(m^2)。

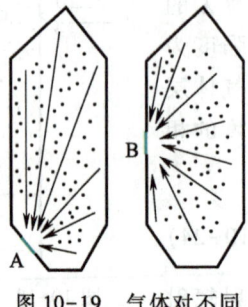

图 10-19　气体对不同
地区的辐射(1)

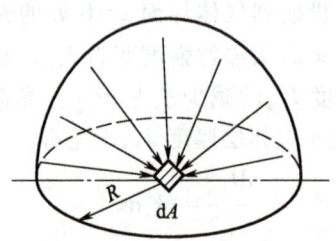

图 10-20　气体对不同地区
的辐射(2)

表 10-5　气体辐射的平均射线程长

气体容积的形状	特性尺度	受到气体辐射的位置	平均射线程长
球	直径 d	整个包壁或壁上的任何地方	$0.6d$
立方体	边长 b	整个包壁	$0.6b$
高度等于直径的圆柱体	直径 d	底面圆心	$0.77d$
		整个包壁	$0.6d$
两无限大平行平板之间	平板间距 H	平板	$1.8H$
无限长圆柱体	直径 d	整个包壁	$0.9d$
高度等于底圆直径两倍的圆柱体	直径 d	上下底面	$0.6d$
		侧面	$0.76d$
		整个包壁	$0.73d$
相对尺寸为 1×1×4 的正方体	短边 b	1×4 表面	$0.82b$
		1×1 表面	$0.78b$
		整个包壁	$0.81b$
位于叉排或顺排管束间的气体	节距 s_1、s_2 外直径 d	管束表面	0.9 $d\left(\dfrac{4s_1s_2}{\pi d^2} - 1\right)$

使用表 10-5 时应注意,平均射线程长的数值取决于所讨论容器的几何形状与大小,对同一几何形状,平均射线程长还与被辐射的表面在容器壁面上的位置有关。

[例题 10-4] 一火床炉的炉墙内表面温度为 500 K,其光谱发射率可近似地表示为:$\lambda \leqslant 1.5 \ \mu m$,$\varepsilon_\lambda = 0.1$;$\lambda = 1.5 \sim 10 \ \mu m$,$\varepsilon_\lambda = 0.5$;$\lambda > 10 \ \mu m$,$\varepsilon_\lambda = 0.8$。炉墙内壁接受来自燃烧着的煤层的辐射,煤层温度为 2 000 K。设煤层的辐射可以作为黑体辐射,炉墙为漫射表面,试计算炉墙的发射率及其对煤层辐射的吸收比。

分析:该问题涉及分波长区间的积分平均。

解:设 $\lambda_1 = 1.5 \ \mu m$、$\lambda_2 = 10 \ \mu m$。

(1) 按定义,炉墙的发射率为

$$\varepsilon = \varepsilon_{\lambda_1} \frac{\int_0^{\lambda_1} E_{b\lambda}(T_1) \, d\lambda}{E_b(T_1)} + \varepsilon_{\lambda_2} \frac{\int_{\lambda_1}^{\lambda_2} E_{b\lambda}(T_1) \, d\lambda}{E_b(T_1)} + \varepsilon_{\lambda_3} \frac{\int_{\lambda_2}^{\infty} E_{b\lambda}(T_1) \, d\lambda}{E_b(T_1)}$$

$$= \varepsilon_{\lambda_1} F_{b(0-\lambda_1)} + \varepsilon_{\lambda_2} F_{b(\lambda_1-\lambda_2)} + \varepsilon_{\lambda_3} F_{b(\lambda_1-\infty)}$$

据已知条件,有

$$\lambda_1 T_1 = 1.5 \ \mu m \times 500 \ K = 750 \ \mu m \cdot K, F_{b(0-\lambda_1)} = 0.000$$

$$\lambda_2 T_1 = 10 \ \mu m \times 500 \ K = 5 \ 000 \ \mu m \cdot K, F_{b(0-\lambda_2)} = 0.634$$

所以

$$\varepsilon = \varepsilon_{\lambda_1} F_{b(0-\lambda_1)} + \varepsilon_{\lambda_2} F_{b(\lambda_1-\lambda_2)} + \varepsilon_{\lambda_3} F_{b(\lambda_1-\infty)}$$

$$= 0.1 \times 0.000 + 0.5 \times 0.634 + 0.8 \times (1 - 0.634) = 0.61$$

(2) 炉墙对煤层辐射的吸收比。

由于炉墙为漫射体,所以根据基尔霍夫定律有 $\alpha(\lambda, T) = \varepsilon(\lambda, T)$,但炉墙吸收的是 2 000 K 的煤层辐射,据已知条件,有

$$\lambda_1 T_2 = 1.5 \ \mu m \times 2 \ 000 \ K = 3 \ 000 \ \mu m \cdot K, \quad F_{b(0-\lambda_1)} = 0.273$$

$$\lambda_2 T_2 = 10 \ \mu m \times 2 \ 000 \ K = 20 \ 000 \ \mu m \cdot K, \quad F_{b(0-\lambda_2)} = 0.986$$

所以,炉墙的吸收率为

$$\alpha = \varepsilon_{\lambda_1} F_{b(0-\lambda_1)} + \varepsilon_{\lambda_2} F_{b(\lambda_1-\lambda_2)} + \varepsilon_{\lambda_3} F_{b(\lambda_1-\infty)}$$

$$= 0.1 \times 0.273 + 0.5 \times (0.986 - 0.273) + 0.8 \times (1 - 0.986) = 0.40$$

讨论:由计算得 $\varepsilon(T_1) = 0.61$,而 $\alpha(T_1, T_2) = 0.40$,$\alpha \neq \varepsilon$。这主要是由于在所研究的波长范围内,$\alpha(\lambda)$ 不是常数。

10.1.6 太阳与环境辐射

太阳能是一种清洁能源,它的利用越来越受到世界各国的重视。虽然太阳发出的能量大约只有 22 亿分之一到达地球,但平均每秒照射到地球上的能量远远高于全球能源的总消费量。因此太阳能的合理利用将是解决世界能源问题的有效途径之一。与一般工程技术问题中所碰到的热辐射相比,太阳辐射有它的特点。为了更有效地利用太阳能,提高经济性,认识这些特点是十分必要的。

1. 太阳常数

太阳是个炽热的气团,它的内部不断地进行着核聚变反应,由此产生的巨大能量以辐射方式向宇宙空间发射出去。到达地球大气层外缘的能量(太阳的入射能),具有如图 10-21 中位置较高的实线所示的光谱特性,它近似于温度为 5 762 K 的黑体辐射,其 99% 的能量集中在 0.2~3 μm 的短波区域,最大能量位于 0.48 μm 的波长处。日地间的距离在一年中是有变化的。在日地平均距离处,据测定,大气层外缘与太阳射线相垂直的单位表面积所接受到的太阳辐射能为 1 370±6 W/m^2,此值称为太阳常数(solar constant),记为 S_c,它与地理位置或一天中的时间无关。实际上,大气层外缘水平面上每单位面积接受到的太阳投入辐射(solar irradiation)为

$$G_{s,o} = S_c f \cos \theta \tag{10-30}$$

由于地球绕太阳运行的轨道是椭圆的,因此引入日地距离修正系数 f。计算表明,在夏至日(远日点)到达大气层外缘的太阳辐射要比平均值小 3.27%,而冬至日(近日点)要大 3.42%,所以一般取 f 之值为 0.97~1.03。由于太阳和地球距离遥远,因此对地球大气层外缘任一表面得到的太阳辐射可以看成是从与该表面法线成 θ 角的平行辐射线,如图 10-22 所示。

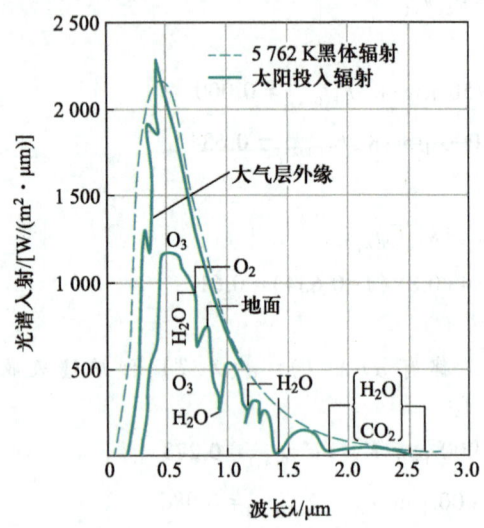

图 10-21　太阳辐射中的光谱分布

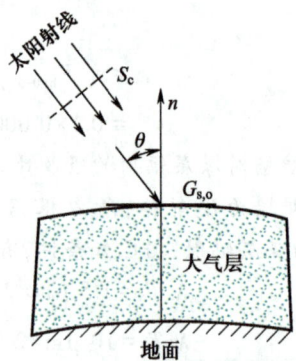

图 10-22　大气层外缘得到的太阳辐射

地球的直径为 $1.28×10^7 m$,按照上述太阳常数来近似地估算,照射到地球上的太阳辐射能约为 $\frac{\pi}{4} d^2 S_c = \frac{3.14}{4} × (1.28×10^7 \text{ m})^2 × 1\ 367 \text{ W/m}^2 = 1.76×10^{17} \text{ W}$。1 kg 标准煤的热值是 $29.3×10^6$ J,因此照射到地球的太阳能相当于每秒燃烧 600 万吨标准煤所发出的热量。这是地球上多种能量的来源,充分有效地利用太阳能对于能源的可持续发展、减少二氧化碳排放、保持地球的良好生态环境具有重要意义。

2. 太阳能穿过大气层时的削弱

太阳辐射在穿过大气层时要受到大气层的两种削弱作用。第一种削弱作用是包含在大气层中的具有部分吸收能力的气体的吸收,这些气体如臭氧、水蒸气、二氧化碳、各种 CFC 气体等。图 10-21 中标注有上述气体名称的位置就是该种气体能吸收的光谱范围。图中位置最低的实线就是考虑了气体吸收后到达地球表面的太阳能的光谱分布。第二种削弱作用称为散射

（scattering），可分为瑞利散射（又称分子散射）与米氏散射两种。如图 10-23 所示，瑞利散射基本上向整个空间均匀地进行，因此可以说大约一半射向宇宙空间，另一半则到达地面；而米氏散射是由大气层中的尘埃与悬浮微粒所造成的，它使得辐射能基本沿着投入的方向继续向前传递，因此这部分散射能量可以认为全部到达地球表面上。太阳辐射中没有受到吸收与散射的那部分能量则直接到达地球表面，称为太阳的直接辐射。我国太阳能资源丰富，全国有 2/3 的地区全年的日照在 2 200 h 以上，全年平均可以得到的太阳辐照能量约为 5.86×10^6 kJ/m^2。

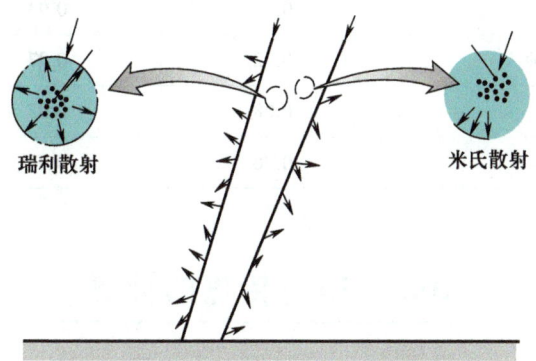

图 10-23　太阳辐射穿过大气层时被散射的情况

3. 环境辐射

所谓环境辐射（environmental radiation），是指地表以及大气的辐射，属于长波辐射。

我们先来看地球表面的辐射。地球表面的辐射力也可以用四次方公式表示，即

$$E_e = \varepsilon \sigma T^4 \tag{10-31}$$

式中：ε 为地表某种平均发射率；T 为地表温度。

地球表面大部分地区被水所覆盖，由表 10-3 知道厚度大于一定数值的水层其发射率很高，接近于黑体。至于地球表面的平均温度，我们可以做一个这样的近似估算：从总体上说，地球从太阳辐射得到的能量应该与地球自身向宇宙空间发出的辐射能相平衡，宇宙空间的平均温度只有 2.73 K，接近于绝对零度，则 $\left(\dfrac{\pi}{4}d^2\right)S_c = \pi d^2 \varepsilon \sigma T^4$。代入有关数据可得地表温度约为 279 K。地球表面的平均温度一年中在 $250 \sim 320$ K 之间变动，上述计算值与此是相符合的。如果以平均温度为 290 K 计算，那么按照维恩位移定律，地球的辐射能量中以波长为 10 μm 的红外线为最多。

宇宙热爆炸模型简介

气象学研究表明，大气层对地球表面的投入辐射可以表示成

$$G_{atm} = \sigma T_{sky}^4 \tag{10-32}$$

式中，T_{sky} 称为等效的天空温度，其值与天气条件有关：寒冷、晴朗的天空此值可能达 230 K，而暖和、有雾的天空可以达到 285 K。冬天晴朗的夜晚，天空有效辐射温度较低，使得地球表面向天空的辐射散热增加，地面温度下降较多，容易结霜。因而冬日有浓霜的夜晚，第二天常是大晴天，就是这个道理。

4. 部分物体对太阳能的吸收比

前面曾指出，在研究物体与太阳辐射的相互作用时不能把物体作为灰体，也即这时物体对太阳辐射的吸收比不等于自身的发射率。表 10-6 中列出了一部分材料的数据，可供参考。

表 10-6   部分材料 300 K 时的发射率与对太阳能的吸收比

表面	α_s	$\varepsilon(300\ K)$	α_s/ε
涂在金属底板上的白漆	0.21	0.96	0.22
涂在金属底板上的黑漆	0.97	0.97	1
无光泽的不锈钢	0.50	0.21	2.4
红砖	0.63	0.93	0.68
人的皮肤(某种白种人)	0.72	0.97	0.64
雪	0.28	0.97	0.29
玉米叶子	0.76	0.97	0.78

10.2   辐射传热的计算

10.2.1   辐射传热的角系数

两个表面之间的辐射传热量与两个表面之间的相对位置有很大关系。图 10-24 示出了两个等温表面间的两种极端布置情况:图 10-24a 中两表面无限接近,相互间的传热量最大;图 10-24b 中两表面位于同一平面上,相互间的辐射传热量为零。很明显,两个表面间的相对位置不同时,从一个表面发出而落到另一个表面上的辐射能的百分数随之而异,从而影响到传热量。这就涉及辐射传热的角系数。

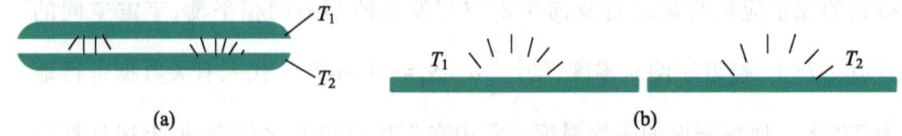

(a)   (b)

图 10-24   表面相对位置的影响

1. 角系数的定义及计算假定

离开表面 1 的辐射能落到表面 2 上的份额,称为表面 1 对表面 2 的角系数(angle factor),记为 $X_{1,2}$。同理,也可以定义表面 2 对表面 1 的角系数。

在讨论角系数时,我们假定:①所研究的表面是漫射的;②在所研究表面的不同地点上离开的辐射热流密度是均匀的。在这两个假定下,物体的表面温度及发射率的改变只影响到离开该物体的辐射能的大小而不影响在空间的相对分布,因而不影响辐射能落到其他表面上的份额。于是,角系数就是一个纯几何因子,与两个表面的温度及发射率没有关系,从而给其计算带来很大的方便。实际工程问题虽然不一定满足这些假定,但由此造成的偏差一般均在工程计算允许的范围之内,因此这种处理方法工程中广为采用。为方便起见,在讨论角系数时把物体作为黑体来处理,但所得到的结论对于漫灰表面均适合。

2. 角系数的性质

1）角系数的相对性（reciprocity rule）

首先我们来看一个微元表面 dA_1 对另一个微元表面 dA_2 的角系数（图 10-25），记为 $X_{d1,d2}$，下标"d1，d2"分别代表 dA_1、dA_2。按定义

$$X_{d1,d2} = \frac{\text{落到 } dA_2 \text{ 上由 } dA_1 \text{ 发出的辐射能}}{dA_1 \text{ 向外发出的总辐射能}}$$

$$= \frac{I_{b1}\cos\theta_1 dA_1 d\Omega_1}{E_{b1}dA_1} = \frac{dA_2\cos\theta_1\cos\theta_2}{\pi r^2}$$

（10-33a）

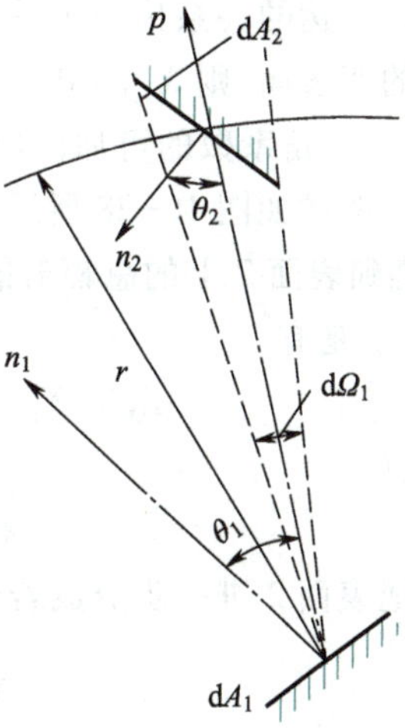

类似地有

$$X_{d2,d1} = \frac{dA_1\cos\theta_1\cos\theta_2}{\pi r^2}$$ （10-33b）

由此可见

$$dA_1 X_{d1,d2} = dA_2 X_{d2,d1}$$ （10-33c）

图 10-25 微元表面角系数
相对性的证明图示

这是两微元表面间角系数相对性的表达式，它表明 $X_{d1,d2}$ 与 $X_{d2,d1}$ 不是独立的，受式（10-33c）的制约。

两个有限大小表面 A_1、A_2 之间角系数的相对性，可以通过分析图 10-26 所示两黑体表面间的辐射传热量而获得。两个表面间的传热量记为 $\Phi_{1,2}$，则有

$$\Phi_{1,2} = A_1 E_{b1} X_{1,2} - A_2 E_{b2} X_{2,1}$$ （10-33d）

当 $T_1 = T_2$ 时，净辐射传热量为零，则有

$$A_1 X_{1,2} = A_2 X_{2,1}$$ （10-33e）

这是两有限大小表面间角系数的相对性的表达式。

有限大小
两表面间
角系数相
对性的积
分证明

2）角系数的完整性（summation rule）

对于由几个表面组成的封闭系统（见图 10-27），据能量守恒原理，从任何一个表面发射出的辐射能必全部落到封闭系统的各表面上。因此，任何一个表面对封闭腔中各表面的角系数之间存在下列关系（以表面 1 为例示出）。

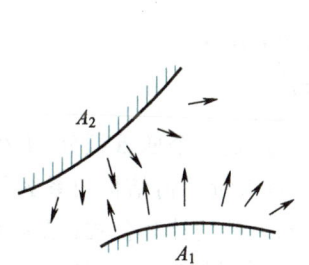

图 10-26 有限大小两表面间角
系数相对性的证明图示

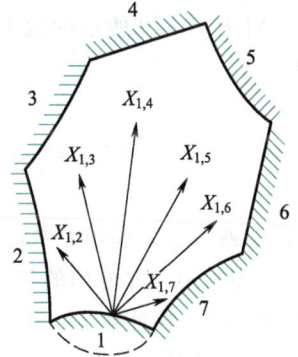

图 10-27 角系数完整性的
证明图示

$$X_{1,1} + X_{1,2} + X_{1,3} + \cdots + X_{1,n} = \sum_{i=1}^{n} X_{1,i} = 1 \qquad (10-34)$$

此式表达的关系称为角系数的完整性。表面 1 为非凹表面时, $X_{1,1} = 0$。若表面 1 为图中虚线所示的凹表面,则 $X_{1,1} \neq 0$。

3)角系数的可加性(superposition rule)

考虑如图 10-28 所示表面 1 对表面 2 的角系数。由于从表面 1 落到表面 2 上的总辐射能等于落到表面 2 上各部分的辐射能之和,于是有

$$A_1 E_{b1} X_{1,2} = A_1 E_{b1} X_{1,2a} + A_1 E_{b1} X_{1,2b} \qquad (10-35a)$$

故有

$$X_{1,2} = X_{1,2a} + X_{1,2b} \qquad (10-35b)$$

若把表面 2 进一步分成若干互相不重叠的小块,则有

$$X_{1,2} = \sum_{i=1}^{N} X_{1,2i} \qquad (10-35c)$$

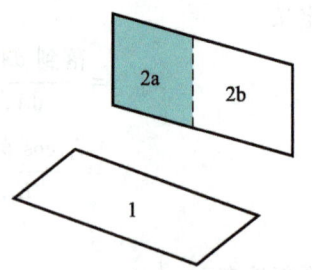

图 10-28 　 角系数的可加性
证明图示

注意,当考虑如图 10-28 所示表面 2 对表面 1 的角系数时,由于从表面 2 发出落到表面 1 上的总辐射能等于从表面 2 的各个组成部分发出而落到表面 1 上的辐射能之和,因此

$$A_2 E_{b2} X_{2,1} = A_{2a} E_{b2} X_{2a,1} + A_{2b} E_{b2} X_{2b,1} \qquad (10-36a)$$

则有

$$A_2 X_{2,1} = A_{2a} X_{2a,1} + A_{2b} X_{2b,1} \qquad (10-36b)$$

$$X_{2,1} = X_{2a,1} \left(\frac{A_{2a}}{A_2} \right) + X_{2b,1} \left(\frac{A_{2b}}{A_2} \right) \qquad (10-36c)$$

3. 角系数的计算方法

角系数是计算物体间辐射传热所需的基本参数。确定物体间角系数的方法主要有直接积分法与代数分析法两种,我们将重点放在代数分析法上。

1)直接积分法

直接积分法是按角系数的基本定义通过求解多重积分而获

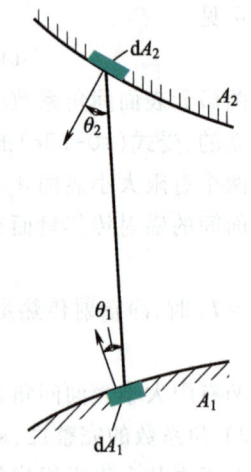

图 10-29 　 直接积分法
图示

得角系数的方法。对图 10-29 所示的两个有限大小的面积 A_1 和 A_2,基于式(10-33a),表面 A_1 对 A_2 的角系数为

$$X_{1,2} = \frac{1}{A_1} \int_{A_1} \int_{A_2} \frac{\cos \theta_1 \cos \theta_2 \mathrm{d}A_2 \mathrm{d}A_1}{\pi r^2} \qquad (10-37)$$

这就是求解任意两表面之间角系数的积分表达式。这是一个四重积分,不少情况下会遇到一些数学上的困难,需采用某些专门的技巧。工程上已将大量几何结构角系数的求解结果绘制成图线,可参阅文献[7]。下面给出一些二维几何结构角系数的计算公式(见表 10-7)以及 3 种典型三维几何结构角系数的计算式(见表 10-8)和工程计算图线(见图 10-30~图 10-32)。为扩大表示范围,这些图线常常采用对数坐标,查图时要注意对数坐标的特点以及下标 1、2 所指的表面。

表 10-7 4 种二维几何结构角系数的计算式

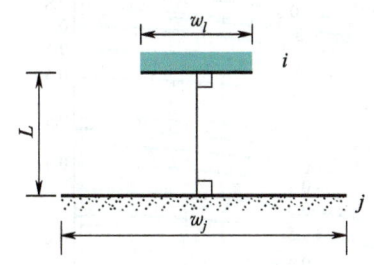	$$X_{i,j} = \frac{\left[\,(W_j+W_i)+4\,\right]^{1/2} - \left[\,(W_j-W_i)+4\,\right]^{1/2}}{2W_i}$$ $$W_i = w_i/L, \qquad W_j = w_j/L$$
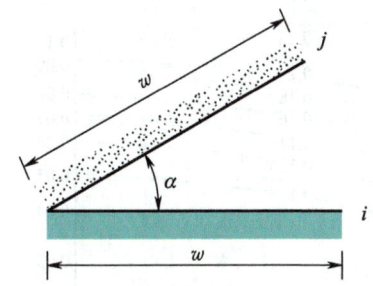	$$X_{i,j} = 1 - \sin(\alpha/2)$$
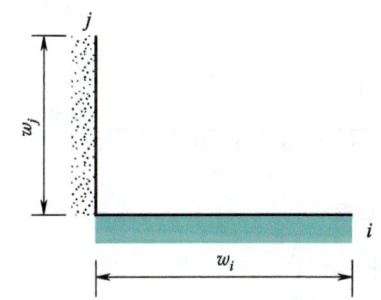	$$X_{i,j} = \frac{1 + (w_i/w_j) - \left[\,1+(w_i/w_j)^2\,\right]^{1/2}}{2}$$
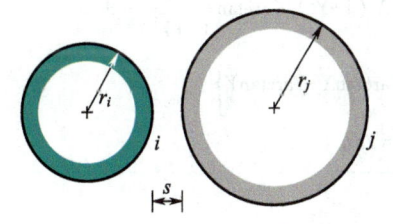	$$X_{i,j} = \frac{1}{2\pi}\left\{ \pi + \left[\,C^2 - (R+1)^2\,\right]^{1/2} - \left[\,C^2 - (R-1)^2\,\right]^{1/2}\right\} +$$ $$(R-1)\arccos\left(\frac{R}{C} - \frac{1}{C}\right) - (R+1)\arccos\left(\frac{R}{C} + \frac{1}{C}\right)$$ $$R = r_j/r_i, \qquad S = s/r_i, \qquad C = 1+R+S$$
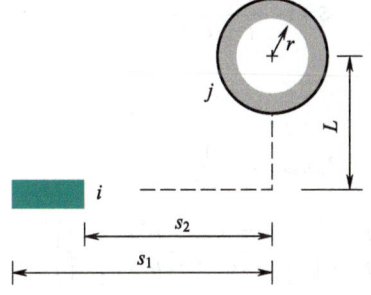	$$X_{i,j} = \frac{r}{s_1-s_2}\left[\arctan\left(\frac{s_1}{L}\right) - \arctan^{-1}\left(\frac{s_2}{L}\right)\right]$$

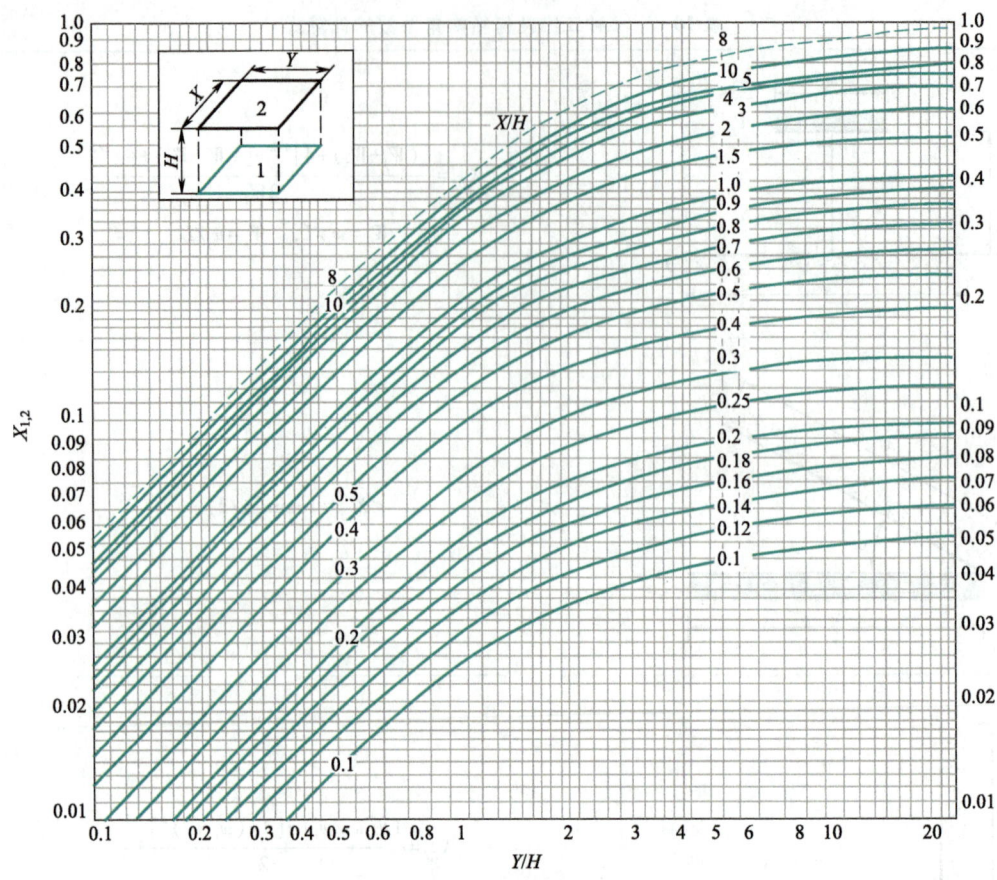

图 10-30 两平行长方形之间的角系数

表 10-8 3 种三维几何结构角系数计算式

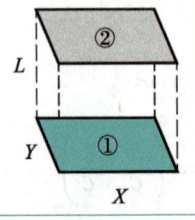

$$X_{1,2} = \frac{2}{\pi \overline{X}\,\overline{Y}} \left\{ \ln\left[\frac{(1+\overline{X}^2)(1+\overline{Y}^2)}{1+\overline{X}^2+\overline{Y}^2} \right]^{1/2} + \overline{X}(1+\overline{Y}^2)^{1/2} \arctan\frac{\overline{X}}{(1+\overline{Y}^2)^{1/2}} + \right.$$
$$\left. \overline{Y}(1+\overline{X}^2)^{1/2}\arctan\frac{\overline{Y}}{(1+\overline{X}^2)^{1/2}} - \overline{X}\arctan\overline{X} - \overline{Y}\arctan\overline{Y} \right\}$$
$$\overline{X} = X/L, \quad \overline{Y} = Y/L$$

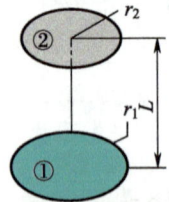

$$X_{1,2} = \frac{1}{2}\left\{ S - \left[S^2 - 4\left(\frac{r_2}{r_1}\right)^2 \right]^{1/2} \right\}, \quad S = 1 + \frac{1+(r_2/L)^2}{(r_1/L)^2}$$

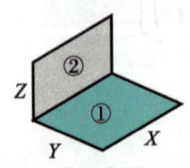

$$X_{1,2} = \frac{2}{\pi W}\left\{ W\arctan\frac{1}{W} + H\arctan\frac{1}{H} - (W^2+H^2)^{1/2}\arctan\frac{1}{(W^2+H^2)^{1/2}} + \right.$$
$$\left. \frac{1}{4}\ln\left\{ \frac{(1+W^2)(1+H^2)}{1+W^2+H^2} \left[\frac{W^2(1+W^2+H^2)}{(1+W^2(W^2+H^2))} \right]^{W^2} \left[\frac{H^2(1+W^2+H^2)}{(1+H^2(W^2+H^2))} \right]^{H^2} \right\} \right\}$$
$$H = Z/X, \quad W = Y/X$$

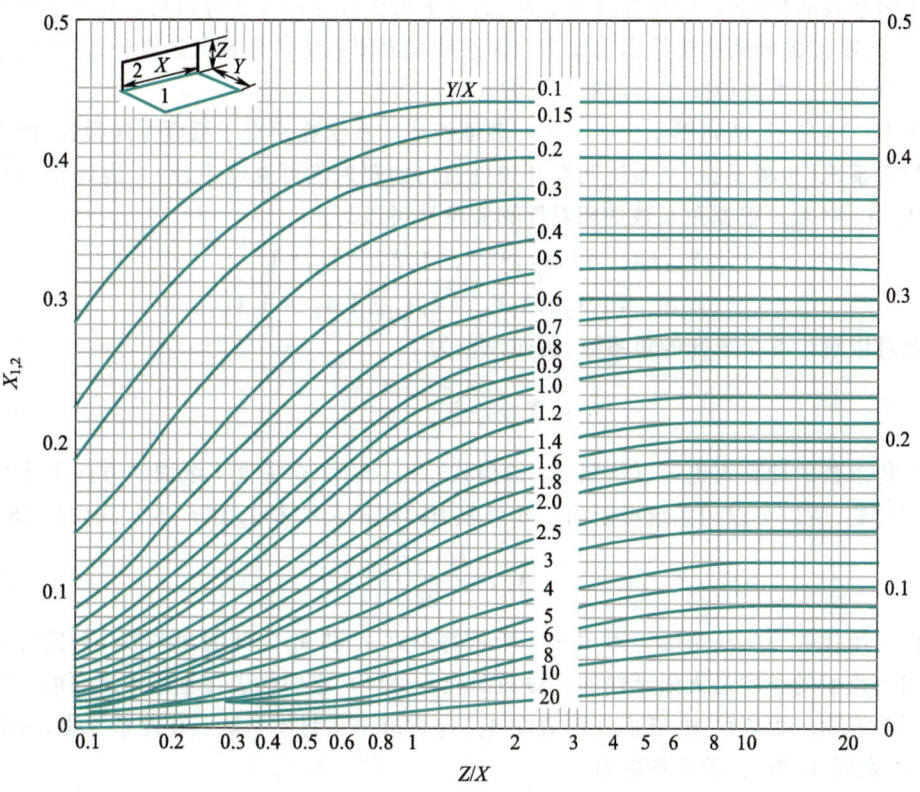

图 10-31 两垂直长方形表面间的角系数

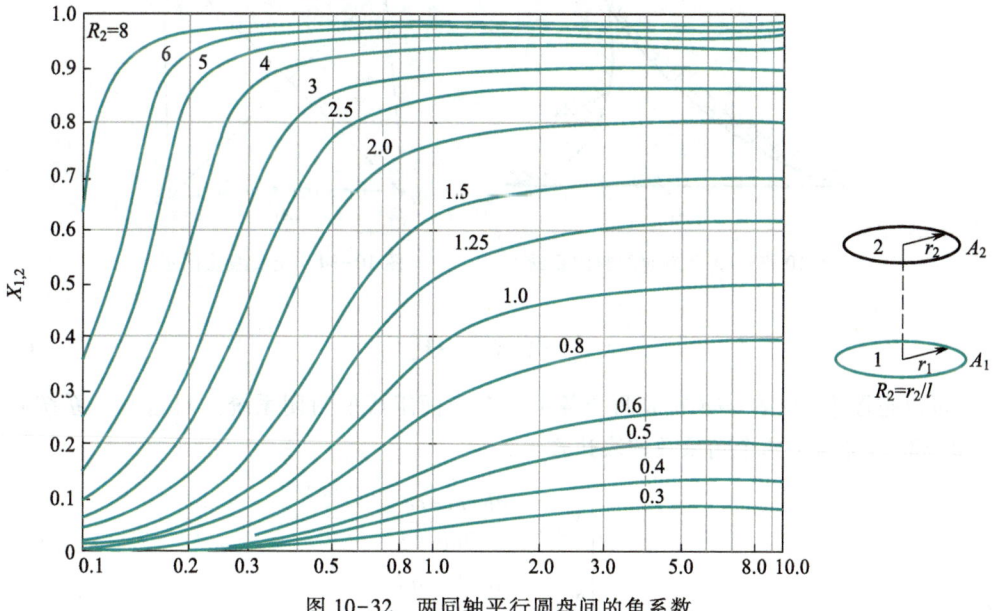

图 10-32 两同轴平行圆盘间的角系数

2）代数分析法

利用角系数的相对性、完整性及可加性，通过求解代数方程而获得角系数的方法称为代数分析法。下面，我们先利用此法导出由 3 个表面组成的封闭系统的角系数计算公式，然后进一步得出计算任意两个二维表面间角系数的交叉线法。

如图 10-33 所示，假定图示由 3 个非凹表面组成的系统在垂直于纸面方向很长，因而可认为它是个封闭系统（也就是说，从系统两端开口处逸出的辐射能可忽略不计）。设 3 个表面的面积分别为 A_1、A_2 和 A_3。根据角系数的相对性和完整性可以写出

$$X_{1,2}+X_{1,3}=1 , X_{2,1}+X_{2,3}=1 , X_{3,1}+X_{3,2}=1$$

$$A_1X_{1,2}=A_2X_{2,1} , A_1X_{1,3}=A_3X_{3,1} , A_1X_{2,3}=A_3X_{3,2}$$

据此可以解出 6 个未知的角系数，例如，$X_{1,2}$ 为

$$X_{1,2}=\frac{A_1+A_2-A_3}{2A_1} \qquad (10-38a)$$

其他 5 个角系数的计算式也可以仿照 $X_{1,2}$ 的模式写出。因为在垂直于纸面的方向上 3 个表面的长度是相同的，所以可以用系统横断面上 3 个表面的线段长度 l_1、l_2 和 l_3 改写式（10-38a）为

$$X_{1,2}=\frac{l_1+l_2-l_3}{2l_1} \qquad (10-38b)$$

下面应用代数分析法来确定图 10-34 所示的表面 A_1 和 A_2 之间的角系数。假定在垂直于纸面的方向上表面的长度是无限延伸的。做辅助线 ac 和 bd，它们代表在垂直于纸面的方向上无限延伸的两个表面。可以认为，它们连同表面 A_1、A_2 构成一个封闭系统。在此系统里，根据角系数的完整性，表面 A_1 对 A_2 的角系数为

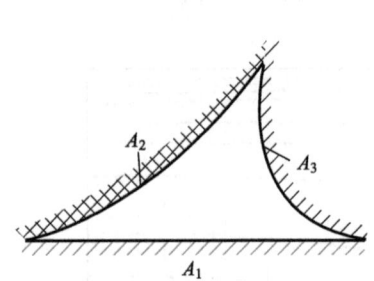

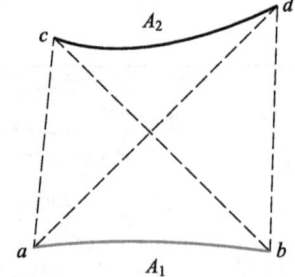

图 10-33　3 个表面的封闭系统　　　图 10-34　交叉线法图示

$$X_{ab,cd}=1-X_{ab,ac}-X_{ab,bd} \qquad (10-39a)$$

同时，也可以把图形 abc 和 abd 看成两个各由 3 个表面组成的封闭系统。对这两个系统直接应用式（10-38a），可写出两个角系数的表达式

$$\begin{cases} X_{ab,ac}=\dfrac{ab+ac-bc}{2ab} \\[2mm] X_{ab,bd}=\dfrac{ab+bd-ad}{2ab} \end{cases} \qquad (10-39b)$$

将式（10-39b）代入式（10-39a）可得

$$X_{ab,cd} = \frac{(bc+ad)-(ac+bd)}{2ab} \tag{10-39c}$$

由上式我们可以归纳出如下一般关系。

$$X_{1,2} = \frac{\text{交叉线之和}-\text{不交叉线之和}}{2\times\text{表面 } A_1 \text{ 的断面长度}} \tag{10-39d}$$

对于在一个方向上长度无限延伸的多个表面组成的系统,任意两个表面之间的角系数的计算式,都可以参照式(10-39d)的结构关系写出,其特点是根据线的交叉关系进行计算,因此又把这种方法称为交叉线法(cross string method)。

根据已知几何关系的角系数,可以推出其他几何关系的角系数。我们通过例题来做示例性说明。

[例题 10-5] 试确定图 10-35 所示的表面 1 对表面 2 的角系数 $X_{1,2}$。

分析:图中,表面 2 对表面 A、表面 2 对表面 $(1+A)$ 都是相互垂直的矩形,因此角系数 $X_{2,A}$ 与 $X_{2,(1+A)}$ 都可利用图 10-31 确定。然后再利用角系数的可加性即可解得 $X_{1,2}$。

解:由角系数的可加性,有

$$X_{2,(1+A)} = X_{2,1} + X_{2,A}$$

因此有

$$X_{2,1} = X_{2,(1+A)} - X_{2,A}$$

根据角系数的相对性 $A_1 X_{1,2} = A_2 X_{2,1}$ 可以得到

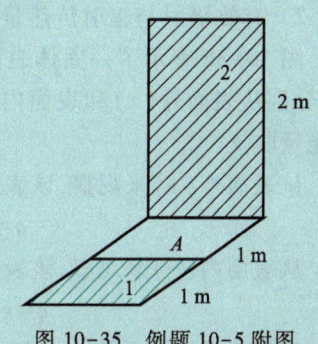

图 10-35 例题 10-5 附图

$$X_{1,2} = \frac{A_2 X_{2,1}}{A_1} = \frac{A_2 (X_{2,(1+A)} - X_{2,A})}{A_1}$$

由图 10-31 得 $X_{2,A} = 0.10$、$X_{2,(1+A)} = 0.15$,代入上式可得

$$X_{1,2} = \frac{2.5\times(0.15-0.10)}{1} = 0.125$$

讨论:利用这样的分析方法可以得出不少几何结构的角系数,读者应熟练掌握。

10.2.2 两表面封闭系统的辐射传热

如前所述,在热量传递的 3 种基本方式中,导热与对流都发生在直接接触的物体之间,而辐射传热则可以发生在两个被真空或透热介质隔开的表面之间。这里的透热介质指的是不参与热辐射的介质,如空气。本节所讨论的固体表面间的辐射传热是指表面之间不存在参与热辐射的介质的情形。

1. 封闭腔模型

热辐射是物体以电磁波方式向外界传递能量的过程,在计算任何一个表面与外界之间的辐射传热时,必须把由该表面向空间各个方向发射出去的辐射能考虑在内,也必须把由空间各个方向投入到该表面上的辐射能包括进去,因此在前面讨论热辐射特性时引入了半球空间的概念。当要计算一个表面通过热辐射与外界的净传热量时,为了确保这一点,计算的对象必须是包含所研究的表

面在内的一个封闭腔,称为封闭腔模型(enclosure model)[8]。这个辐射传热封闭腔的表面可以全部是物理上真实的,也可以部分是虚构的。最简单的封闭腔就是两块无限接近的平行平板。

2. 有效辐射

1）有效辐射的定义

前面已经指出,单位时间内投入单位表面积上的总辐射能称为该表面的投入辐射,记为 G。所谓有效辐射(radiosity),是指单位时间内离开表面单位面积的总辐射能,记为 J。有效辐射 J 不仅包括表面的自身辐射 E,还包括投入辐射 G 中被表面反射的部分 ρG。这里 ρ 为表面的反射比,可表示成 $1-\alpha$。考察表面温度均匀、表面辐射特性为常数的表面(见图 10-36),根据有效辐射的定义,该表面的有效辐射 J 有如下表达式。

$$J = E + \rho G = \varepsilon E_b + (1-\alpha) G \tag{10-40}$$

通俗地讲,在表面外能感受到的表面辐射就是有效辐射,它也是用辐射探测仪能测量到的单位表面积上的辐射功率($\mathrm{W/m^2}$)。

2）有效辐射与辐射传热量的关系

图 10-36 表示了一固体表面自身发射与吸收外界辐射的情形,分别从表面外(+)和表面内(-)两个位置来写出该表面的辐射能量收支。

从表面外(+)来观察,该表面的净辐射热流密度为

$$q = J - G \tag{10-41a}$$

从表面内(-)来观察,该表面的净辐射热流密度为

$$q = \varepsilon E_b - \alpha G \tag{10-41b}$$

根据能量守恒并消去上两式中的 G,并注意 $\varepsilon = \alpha$,即得有效辐射 J 与表面净辐射热流密度 q 之间的关系为

$$J = E_b - \left(\frac{1}{\varepsilon} - 1\right) q \tag{10-41c}$$

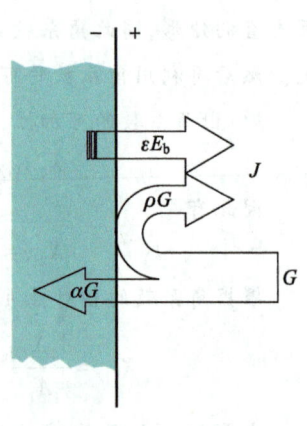

图 10-36　一个表面的辐射
能量收支示意

注意,该式中的各个量均是对同一表面而言的,而且以向外界的净放热量为正值。

3. 两表面组成的封闭腔的辐射传热

由两个等温的漫灰表面组成的二维封闭系统可抽象为图 10-37 所示的 4 种情形,其中 10-37a 所示情形既可代表二维的(A_1、A_2 为圆柱面),也可以是三维的(A_1、A_2 为球面)。无论对于哪种情形,我们都可以写出表面 1、2 间的辐射传热量为

$$\Phi_{1,2} = A_1 J_1 X_{1,2} - A_2 J_2 X_{2,1} \tag{10-42}$$

1）两黑体表面封闭系统的辐射传热

对于黑体表面,$\varepsilon = \alpha = 1$,根据式(10-41c),此时 $J = E_b$,所以式(10-42)变为

$$\begin{aligned}
\Phi_{1,2} &= A_1 E_{b1} X_{1,2} - A_2 E_{b2} X_{2,1} \\
&= A_1 X_{1,2} (E_{b1} - E_{b2}) \\
&= A_2 X_{2,1} (E_{b1} - E_{b2})
\end{aligned} \tag{10-43}$$

由式(10-43)可见,黑体系统辐射传热量计算的关键在于求得角系数。

2）两漫灰表面封闭系统的辐射传热

对两漫灰表面同时应用式(10-41c),有

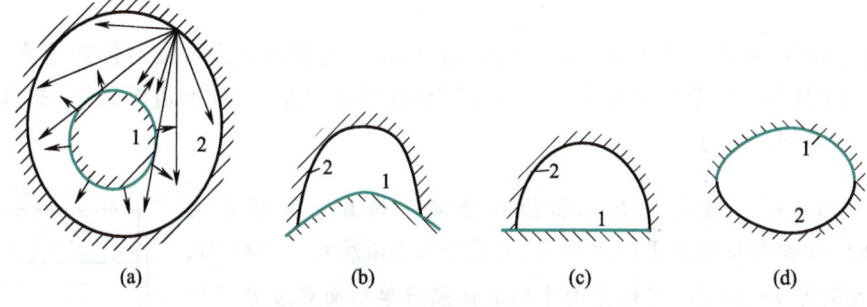

图 10-37 两表面组成的封闭系统

$$J_1 A_1 = A_1 E_{b1} - \left(\frac{1}{\varepsilon_1} - 1\right)\Phi_{1,2} \qquad (10\text{-}44\text{a})$$

$$J_2 A_2 = A_2 E_{b2} - \left(\frac{1}{\varepsilon_2} - 1\right)\Phi_{2,1} \qquad (10\text{-}44\text{b})$$

注意,根据能量守恒,两表面封闭系统中

$$\Phi_{1,2} = -\Phi_{2,1} \qquad (10\text{-}45)$$

将式(10-44a)、(10-44b)、(10-45)代入式(10-42)可得

$$\Phi_{1,2} = \frac{E_{b1} - E_{b2}}{\dfrac{1-\varepsilon_1}{\varepsilon_1 A_1} + \dfrac{1}{A_1 X_{1,2}} + \dfrac{1-\varepsilon_2}{\varepsilon_2 A_2}} \qquad (10\text{-}46)$$

若用 A_1 作为计算面积,上式可改写为

$$\Phi_{1,2} = \frac{A_1 X_{1,2}(E_{b1} - E_{b2})}{1 + X_{1,2}\left(\dfrac{1}{\varepsilon_1} - 1\right) + X_{2,1}\left(\dfrac{1}{\varepsilon_2} - 1\right)} = \varepsilon_s A_1 X_{1,2}(E_{b1} - E_{b2}) \qquad (10\text{-}47)$$

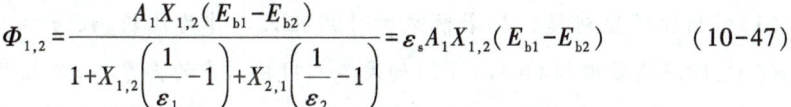

灰表面辐射传热的多次吸收模型

与黑体系统的计算式(10-43)相比,灰体系统的多了一个修正因子 ε_s,其值小于 1,它反映了灰体系统中多次的吸收与反射对辐射传热的影响,称为系统发射率(又称系统黑度)。对于下列 3 种情形,式(10-47)可以进一步简化。

(1)表面 1 为平面或凸表面(见图 10-37a~c)。此时 $X_{1,2} = 1$,式(10-43)简化为

$$\Phi_{1,2} = \frac{A_1(E_{b1} - E_{b2})}{\dfrac{1}{\varepsilon_1} + \dfrac{A_1}{A_2}\left(\dfrac{1}{\varepsilon_2} - 1\right)} \qquad (10\text{-}48)$$

(2)表面积 A_1 和 A_2 相差很小,即 $A_1/A_2 \to 1$,表面 1 为非凹表面。实用上,有重要意义的两无限大平行平板间的辐射传热就属于此特例(图 10-16、图 10-24a)。这时有

$$\Phi_{1,2} = \frac{A_1(E_{b1} - E_{b2})}{\dfrac{1}{\varepsilon_1} + \dfrac{1}{\varepsilon_2} - 1} \qquad (10\text{-}49)$$

(3)表面积 A_2 比 A_1 大得多,即 $A_1/A_2 \to 0$,表面 1 为非凹表面。大房间内的小物体(如高温管道间等)的辐射散热、气体容器内(或管道内)热电偶测温的辐射误差等实际问题的计算都属于这种情况。这时

$$\Phi_{1,2} = \varepsilon_1 A_1 (E_{b1} - E_{b2}) \tag{10-50}$$

对于这个特例,系统发射率 $\varepsilon_s = \varepsilon_1$。也就是说,在这种情况下进行辐射传热计算,不需要知道包壳物体 2 的面积 A_2 及其发射率 ε_2。这个特例在导热问题的"辐射边界条件"和自然对流问题的例题讨论中都出现过。

[例题 10-6] 液氧储存容器为双壁镀银的真空夹层结构(图 10-38),外壁内表面温度 $t_{w2} = 20\ ℃$,内壁外表面温度 $t_{w1} = -183\ ℃$,镀银壁的发射率 $\varepsilon = 0.02$。试计算由于辐射传热而单位面积容器壁的漏热量。

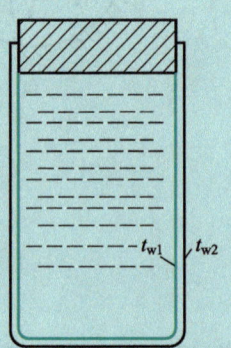
图 10-38 液氧储存
容器示意图

分析:因为容器夹层的间隙很小,可认为属于两无限大平行表面间的辐射传热问题,容器壁单位面积的辐射散热量可用式(10-49)计算。

解:

$$T_{w1} = t_{w1} + 273\ \text{K} = (-183 + 273)\ \text{K} = 90\ \text{K}$$

$$T_{w2} = t_{w2} + 273\ \text{K} = (20 + 273)\ \text{K} = 293\ \text{K}$$

单位面积容器壁的漏热量为

$$q_{1,2} = \frac{E_{b1} - E_{b2}}{\dfrac{1}{\varepsilon_1} + \dfrac{1}{\varepsilon_2} - 1} = \frac{5.67\ \text{W/(m}^2 \cdot \text{K}^4) \times [(0.9\ \text{K})^4 - (2.93\ \text{K})^4]}{\dfrac{1}{0.02} + \dfrac{1}{0.02} - 1} = -4.18\ \text{W/m}^2$$

负号表示向容器内漏热。

讨论:(1)采用镀银壁对降低辐射散热量作用极大。作为比较,设 $\varepsilon_1 = \varepsilon_2 = 0.8$,则将有 $q_{1,2} = 276\ \text{W/m}^2$,即漏热量增加 66 倍。(2)如果不采用抽真空的夹层,而是采用在容器外敷设隔热材料的方法,取隔热材料的导热系数为 $0.05\ \text{W/(m} \cdot \text{K)}$(这已经是相当好的隔热材料),那么按一维平板导热问题来估算,所需的隔热材料壁厚 δ 应满足

$$4.18\ \text{W/m}^2 = 0.05\ \text{W/(m} \cdot \text{K)} \times \frac{[20 - (-183)]\ \text{K}}{\delta} \Rightarrow \delta = 2.43\ \text{m}$$

[例题 10-7] 一根直径 $d = 50\ \text{m}$、长度 $l = 8\ \text{m}$ 的钢管,被置于横断面为 $0.2\ \text{m} \times 0.2\ \text{m}$ 的砖槽道内。若钢管温度和发射率分别为 $t_1 = 250\ ℃$、$\varepsilon_1 = 0.79$,砖槽壁面温度和发射率分别为 $t_2 = 27\ ℃$、$\varepsilon_2 = 0.93$,试计算该钢管的辐射热损失。

分析:虽然这是一个三维问题,但因为 l/d 很大,可以近似地按二维问题处理。又因为钢管外表面是凸表面,所以可直接应用式(10-48)来计算钢管的辐射散热损失。

解:

$$T_1 = t_1 + 273\ \text{K} = (250 + 273)\ \text{K} = 523\ \text{K}$$

$$T_2 = t_2 + 273\ \text{K} = (27 + 273)\ \text{K} = 300\ \text{K}$$

由式(10-48)可得

$$\Phi_{1,2}=\frac{A_1(E_{b1}-E_{b2})}{\dfrac{1}{\varepsilon_1}+\dfrac{A_1}{A_2}\left(\dfrac{1}{\varepsilon_2}-1\right)}=\frac{A_1c_0\left[\left(\dfrac{T_1}{100}\right)^4-\left(\dfrac{T_2}{100}\right)^4\right]}{\dfrac{1}{\varepsilon_1}+\dfrac{A_1}{A_2}\left(\dfrac{1}{\varepsilon_2}-1\right)}$$

$$=\frac{3.14\times0.05\ \mathrm{m}\times8\ \mathrm{m}\times5.67\ \mathrm{W/(m^2\cdot K^4)}\times[\,(5.23\ \mathrm{K})^4-(3.00\ \mathrm{K})^4\,]}{\dfrac{1}{0.79}+\dfrac{3.14\times0.05}{4\times0.2}\times\left(\dfrac{1}{0.93}-1\right)}$$

$$=3.71\ \mathrm{kW}$$

讨论:钢管外表面是凸表面且 $A_1/A_2\approx0$,可应用式(10-50)来计算,此时有

$$\Phi_{1,2}=\varepsilon_1A_1(E_{b1}-E_{b2})=\varepsilon_1A_1c_0\left(\left(\frac{T_1}{100}\right)^4-\left(\frac{T_2}{100}\right)^4\right)$$

$$=0.79\times3.14\times0.05\ \mathrm{m}\times8\ \mathrm{m}\times5.67\ \mathrm{W/(m^2\cdot K^4)}\times[\,(5.23\ \mathrm{K})^4-(3.00\ \mathrm{K})^4\,]$$

$$=3.75\ \mathrm{kW}$$

两种方法的计算结果相差约1%。

[例题 10-8] 一直径 $d=0.75$ m 的圆筒形埋地式加热炉采用电加热方法加热,如图 10-39 所示。在操作过程中需要将炉子顶盖移去一段时间,设此时筒身温度为 500 K,筒底温度为 650 K,环境温度为 300 K。若筒身及底面均可作为黑体,试计算顶盖移去期间单位时间内的热损失。

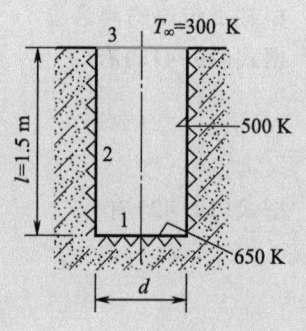

图 10-39 例题 10-8 图

分析:从加热炉的侧壁与底面通过顶部开口散失到厂房中的辐射热量几乎全部被厂房中的物体吸收,返回到加热炉内的比例几乎为零,因此可以把顶盖开口处当作一个假想的黑体表面,其温度则等于环境温度,这样就形成了由 3 个等温表面组成的黑体封闭腔。由于都是黑体表面,因此任两表面之间的辐射传热量是可以根据式(10-43)计算的。

解:根据题意,加热炉散失到厂房中的辐射能包括底面和侧面分别与开口面辐射传热量,即

$$\Phi=\Phi_{1,3}+\Phi_{2,3}$$
$$=A_1X_{1,3}(E_{b1}-E_{b3})+A_2X_{2,3}(E_{b2}-E_{b3})$$

根据角系数图 10-32,$r_2/l=0.375/1.5=0.25$、$l/r_1=1.5/0.375=4$ 得

$$X_{1,3}=0.06$$

根据角系数的完整性,有

$$X_{1,2}=1-X_{1,3}=1-0.06=0.94$$

根据对称性,有

$$X_{3,2}=X_{1,2}=0.94$$

所以

$$\Phi = A_1 X_{1,3}(E_{b1}-E_{b3})+A_3 X_{3,2}(E_{b2}-E_{b3})$$

$$= \frac{\pi d^2}{4}\big[X_{1,3}(E_{b1}-E_{b3})+X_{3,2}(E_{b2}-E_{b3})\big]$$

$$= \frac{3.14\times(0.75\ \mathrm{m})^2}{4}\times\{0.06\times5.67\ \mathrm{W/(m^2\cdot K^4)}\times[(6.5\ \mathrm{K})^4-(3\ \mathrm{K})^4]+$$

$$0.94\times5.67\ \mathrm{W/(m^2\cdot K^4)}\times[(5\ \mathrm{K})^4-(3\ \mathrm{K})^4]\}$$

$$= 1\ 536\ \mathrm{W}$$

讨论：这里要特别指出，只有对于黑体表面，不形成封闭腔的两表面之间的辐射传热计算才具有确定的结果。

10.2.3 多表面系统的辐射传热

在由两个表面组成的封闭系统中，一个表面的净辐射传热量也就是该表面与另一表面间的辐射传热量。而在多表面（3 个表面及以上）系统中，一个表面的净辐射传热量是它与其余各表面的传热量之和。工程计算的主要目的之一是获得一个表面的净辐射传热量，这是本节的讨论重点。

1. 辐射传热的网络法

据式（10-41c）有

$$\Phi = \frac{E_b-J}{\dfrac{1-\varepsilon}{A\varepsilon}} \tag{10-51}$$

据式（10-42）有

$$\Phi_{1,2} = \frac{J_1-J_2}{\dfrac{1}{A_1 X_{1,2}}} = \frac{J_1-J_2}{\dfrac{1}{A_2 X_{2,1}}} \tag{10-52}$$

式（10-51）、式（10-52）与电学中的欧姆定律类似：传热量 Φ 对应于电流强度，是过程中传递的量；E_b-J 或 J_1-J_2 相当于电势差；而 $\dfrac{1-\varepsilon}{\varepsilon A}$ 及 $\dfrac{1}{A_1 X_{1,2}}$ 则相当于电阻。$\dfrac{1-\varepsilon}{\varepsilon A}$ 分别取决于表面的辐射特性，称为表面辐射热阻；$\dfrac{1}{A_1 X_{1,2}}$ 取决于表面间的空间关系，称为空间辐射热阻。E_b 相当于电源电势，而 J 则相当于节点电势。

式（10-51）、式（10-52）对应的网络（等效电路）如图 10-40 所示。两漫灰表面组成的封闭系统，其辐射传热量的计算式（10-46）可以用图 10-41 所示的电路来等效，称为两表面封闭腔辐射传热网络图。这种把辐射传热热阻比拟成等效电阻，从而通过等效的网络图来求解辐射传热的方法称为辐射传热的网络法（network method）。

2. 多表面封闭系统网络法求解的实施步骤

应用网络法求解多表面封闭系统辐射传热问题的步骤如下。

1）画出等效的网络图

画图时应注意：①每个参与辐射传热的表面，均应有一段相应的电路，它包括源电势、与表面辐射热阻相应的电阻及节点电势；②各表面之间由节点电势出发通过空间辐射热阻连接。

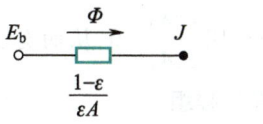

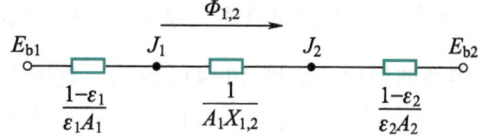

(a) 表面辐射热阻　(b) 空间辐射热阻

图 10-40　辐射传热单元等效网络图　　图 10-41　两表面封闭腔辐射传热网络图

2）列出节点电流方程

画出等效网络图后，辐射传热问题就可作为直流电路问题来求解。现以如图 10-42 所示的 3 表面的辐射传热问题为例画出等效网络图如图 10-43 所示。根据电学中的基尔霍夫定律，可列出 3 个节点的电流方程如下。

$$\frac{E_{b1}-J_1}{\frac{1-\varepsilon_1}{\varepsilon_1 A_1}}+\frac{J_2-J_1}{\frac{1}{A_1 X_{1,2}}}+\frac{J_3-J_1}{\frac{1}{A_1 X_{1,3}}}=0 \tag{10-53a}$$

$$\frac{E_{b2}-J_2}{\frac{1-\varepsilon_2}{\varepsilon_2 A_2}}+\frac{J_1-J_2}{\frac{1}{A_1 X_{1,2}}}+\frac{J_3-J_2}{\frac{1}{A_2 X_{2,3}}}=0 \tag{10-53b}$$

$$\frac{E_{b3}-J_3}{\frac{1-\varepsilon_3}{\varepsilon_3 A_3}}+\frac{J_1-J_3}{\frac{1}{A_1 X_{1,3}}}+\frac{J_2-J_3}{\frac{1}{A_2 X_{2,3}}}=0 \tag{10-53c}$$

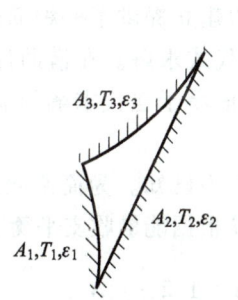

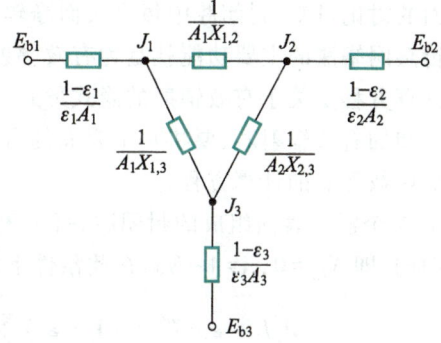

图 10-42　由 3 个表面组成的封闭腔　　图 10-43　3 表面封闭腔的等效网络图

3）求解节点电流方程

求解上述代数方程组，得到节点电势（表面有效辐射）J_1、J_2、J_3。

4）求解辐射传热量

任一表面的净辐射传热量为 $\Phi_i=\dfrac{E_{bi}-J_i}{\dfrac{1-\varepsilon_i}{A_i \varepsilon_i}}$，任意两表面间的辐射传热量为 $\Phi_{i,j}=\dfrac{J_i-J_j}{\dfrac{1}{A_i X_{i,j}}}$。

3. 三表面封闭系统的两种特殊情形

在三表面封闭系统中，有两个重要的特例，分别说明如下。

1) 有一个表面为黑体。设图 10-42 中表面 3 为黑体,此时其表面热阻 $\dfrac{1-\varepsilon_3}{\varepsilon_3 A_3} = 0$,从而有 $J_3 = E_{b3}$,网络图简化成如图 10-44a 所示。这时上述代数方程组简化为二维方程组。

2) 有一个表面绝热。设图 10-42 中表面 3 绝热,此时其净辐射传热量 $q_3 = 0$,根据 $J_3 = E_{b3} - \left(\dfrac{1}{\varepsilon}-1\right)q_3$ 有 $J_3 = E_{b3}$,网络图简化成如图 10-44b 所示。需要特别注意,与表面 3 为黑体的情形有所不同的是此时绝热表面的温度是未知的,此处 $J_3 = E_{b3}$ 是一个浮动的电势。辐射传热系统中,这种表面温度未知而净辐射传热量为零的表面称为重辐射面。在工程辐射传热计算中常会遇到有重辐射面的情形,电炉及加热炉中保温很好的耐火炉墙就是这种绝热表面。这时可以认为它把落在其表面上的辐射能又完全重新按照自身的特点辐射出去,因而被称为重辐射面。

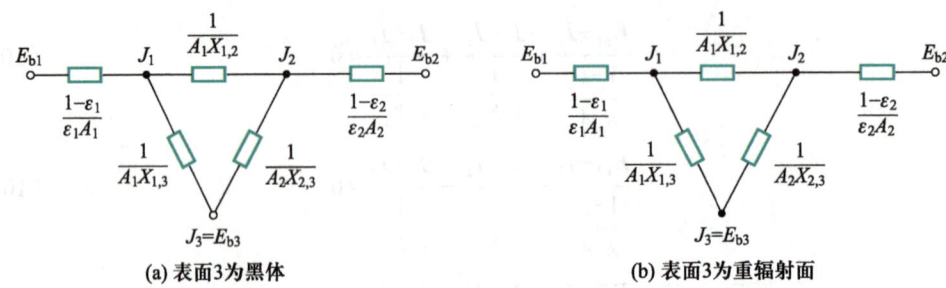

(a) 表面3为黑体　　　　　　　　　　(b) 表面3为重辐射面

图 10-44　三表面封闭系统的两个特例

4. 多表面封闭系统辐射传热计算的几点说明

1) 适合计算机求解的有效辐射计算表达式

由前面的讨论可知,封闭腔中每个表面净辐射传热量的计算关键是要获得该表面的有效辐射。辐射传热网络法的主要功能就是为有效辐射计算方程的建立提供了一种简便易行的方法。但这样的计算方程是关于有效辐射的隐式形式,不适宜于迭代式求解。在借助计算机迭代方法求解大量未知的有效辐射时,要将每个表面的有效辐射表达成易于迭代求解的显函数形式。下面来导出显函数形式的计算方程。

假设由 N 个漫灰表面组成的封闭腔,每个表面的温度 T_i 为已知。为简便起见,假定每个表面都是非凹的,即 $X_{i,i} = 0$,$i = 1 \sim N$。在此条件下对任意表面 i 根据能量收支平衡有

$$A_i J_i = \varepsilon_i \sigma T_i^4 + (1 - \varepsilon_i) \sum_{j=1}^N A_j J_j X_{j,i}, \quad i = 1, 2, \cdots, N \tag{10-54a}$$

利用角系数的相对性 $A_j X_{j,i} = A_i X_{i,j}$,上式可变为

$$J_i = \varepsilon_i \sigma T_i^4 + (1 - \varepsilon_i) \sum_{j=1}^N J_j X_{i,j}, \quad i = 1, 2, \cdots, N \tag{10-54b}$$

利用直接解法或迭代法求解代数方程式(10-54b),得出各个表面的有效辐射后即可计算出各个表面的净辐射传热量或任意两个表面间的辐射传热量。

2) 系统中表面数的划分以热边界条件为依据

对于多表面系统问题,表面的划分应以热边界条件为主要依据。例如,对于一个六面体,如果给定了顶面与底面的温度,而 4 个侧面是绝热的,那么 4 个侧面即可作为一个表面处理,从而使该问题成为一个三表面的封闭系统。进一步,如果顶面的温度不是均匀分布的,那么可根据需要将它分为几个子区域,在每个子区域中认为温度均

不组成封闭腔的两表面间的辐射传热

匀,子区域的数目就是顶面新的计算表面数。

[例题 10-9] 两块尺寸为 1 m×2 m、间距为 1 m 的平行平板置于室温 $t_3 = 27$ ℃ 的大厂房内。平板背面不参与传热。已知两板的温度和发射率分别为 $t_1 = 827$ ℃、$t_2 = 327$ ℃ 和 $\varepsilon_1 = 0.2$、$\varepsilon_2 = 0.5$,试计算每个板的净辐射散热量及厂房壁所得到的辐射热量。

分析:如图 10-45 所示,两平板与 4 个侧面组成了一个六面体,通过 4 个侧面散失到厂房中的辐射几乎全部被厂房中的物体吸收,返回的很少,因此可以把 4 个侧面当作一个假想的黑体表面,温度为厂房环境温度。从另一方面理解,因厂房壁表面积 A_3 很大,其表面热阻 $1-\varepsilon_3/(\varepsilon_3 A_3)$ 可取为零。因此,本题是一个三表面封闭系统的辐射传热问题,且表面 3 为黑体。

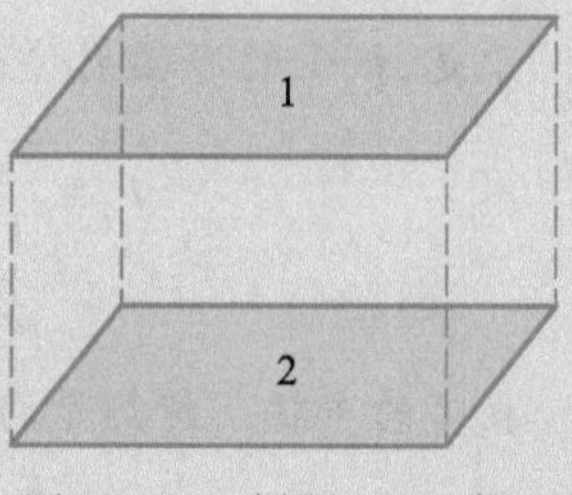

图 10-45 例题 10-9 附图

解:由图 10-30,根据已知的几何特性 $X/H = 2$、$Y/H = 1$ 可查得

$$X_{1,2} = X_{2,1} = 0.285$$

根据对称性及角系数的完整性,有

$$X_{1,3} = X_{2,3} = 1 - X_{1,2} = 1 - 0.285 = 0.715$$

画出对应的辐射网络图,如图 10-44a 所示,其中

$$\frac{1-\varepsilon_1}{\varepsilon_1 A_1} = \frac{1-0.2}{0.2 \times 2 \text{ m}^2} = 2.0 \text{ m}^{-2}$$

$$\frac{1-\varepsilon_2}{\varepsilon_2 A_2} = \frac{1-0.2}{0.5 \times 2 \text{ m}^2} = 0.5 \text{ m}^{-2}$$

$$\frac{1}{A_1 X_{1,2}} = \frac{1}{2 \text{ m}^2 \times 0.285} = 1.75 \text{ m}^{-2}$$

$$\frac{1}{A_1 X_{1,3}} = \frac{1}{2 \text{ m}^2 \times 0.715} = 0.699 \text{ m}^{-2}$$

$$\frac{1}{A_2 X_{2,3}} = \frac{1}{2 \text{ m}^2 \times 0.715} = 0.699 \text{ m}^{-2}$$

$$E_{b1} = C_0 \left(\frac{T_1}{100}\right)^4 = 5.67 \text{ W/(m}^2 \cdot \text{K}^4) \times \left(\frac{1\,100}{100} \text{ K}\right)^4 = 83.01 \text{ kW/m}^2$$

$$E_{b2} = C_0 \left(\frac{T_2}{100}\right)^4 = 5.67 \text{ W/(m}^2 \cdot \text{K}^4) \times \left(\frac{600}{100} \text{ K}\right)^4 = 7.348 \text{ kW/m}^2$$

$$E_{b3} = C_0 \left(\frac{T_3}{100}\right)^4 = 5.67 \text{ W/(m}^2 \cdot \text{K}^4) \times \left(\frac{300}{100} \text{ K}\right)^4 = 0.459 \text{ kW/m}^2$$

写出节点电流方程为

$$\frac{E_{b1} - J_1}{\dfrac{1-\varepsilon_1}{\varepsilon_1 A_1}} + \frac{J_2 - J_1}{\dfrac{1}{A_1 X_{1,2}}} + \frac{J_3 - J_1}{\dfrac{1}{A_1 X_{1,3}}} = 0$$

$$\frac{E_{b2}-J_2}{\dfrac{1-\varepsilon_2}{\varepsilon_2 A_2}}+\frac{J_1-J_2}{\dfrac{1}{A_1 X_{1,2}}}+\frac{J_3-J_2}{\dfrac{1}{A_2 X_{2,3}}}=0$$

$$J_3=E_{b3}$$

联立求解得 $J_1=18.33 \text{ kW/m}^2$，$J_2=6.347 \text{ kW/m}^2$

于是，板 1 的净辐射传热量为

$$\Phi_1=\frac{E_{b1}-J_1}{\dfrac{1-\varepsilon_1}{\varepsilon_1 A_1}}=\frac{83.01 \text{ kW/m}^2-18.33 \text{ kW/m}^2}{2 \text{ m}^{-2}}=32.34 \text{ kW}$$

板 2 的净辐射传热量为

$$\Phi_2=\frac{E_{b2}-J_2}{\dfrac{1-\varepsilon_2}{\varepsilon_2 A_2}}=\frac{7.348 \text{ kW/m}^2-6.437 \text{ kW/m}^2}{2 \text{ m}^{-2}}=1.822 \text{ kW}$$

厂房墙壁获得的辐射传热量为

$$\Phi_3=\frac{J_1-J_3}{\dfrac{1}{A_1 X_{1,3}}}+\frac{J_2-J_3}{\dfrac{1}{A_2 X_{2,3}}}$$

$$=\frac{18.33 \text{ kW/m}^2-0.459 \text{ kW/m}^2}{0.699 \text{ m}^{-2}}+\frac{6.347 \text{ kW/m}^2-0.459 \text{ kW/m}^2}{0.699 \text{ m}^{-2}}=34.16 \text{ kW}$$

讨论：如果平板 1、2 的背面参与辐射传热，设平板 1、2 的背面分别为表面 4、5，其温度及发射率分别与其正面的一样，试画出这时的等效网络图并分析。

[例题 10-10]　假定例题 10-9 中大房间的墙壁为重辐射表面，其他条件不变，试计算表面 1 的净辐射散热量。

分析：本题与例题 10-9 的区别在于把厂房壁看成是绝热表面，此时厂房壁的有效辐射未知。

解：为方便起见，记

$$R_1=\frac{1-\varepsilon_1}{\varepsilon_1 A_1}=2 \text{ m}^{-2}, \quad R_2=\frac{1-\varepsilon_2}{\varepsilon_2 A_2}=0.5 \text{ m}^{-2}, \quad R_{1,2}=\frac{1}{A_1 X_{1,2}}=1.75 \text{ m}^{-2}$$

$$R_{1,3}=\frac{1}{A_1 X_{1,3}}=0.699 \text{ m}^{-2}, \quad R_{2,3}=\frac{1}{A_2 X_{2,3}}=R_{1,3}$$

对应的辐射网络图如图 10-44b 所示，这是一个串、并联电路，其总的等效电阻为

$$\sum R=R_1+R_{1,2}//(R_{1,3}+R_{2,3})+R_2=R_1+\frac{1}{1/R_{1,2}+1/(R_{2,3}+R_{1,3})}+R_2$$

$$=2+\frac{1}{1/1.75+1/(0.699+0.699)}+0.5=(2+0.78+0.5) \text{ m}^{-2}=3.28 \text{ m}^{-2}$$

根据能量守恒，表面 1 的净辐射散热量等于表面 1、2 之间的辐射传热量，即

$$\Phi_{1,2} = \frac{E_{b1} - E_{b2}}{\sum R} = \frac{83.01 \text{ kW/m}^2 - 7.348 \text{ kW/m}^2}{3.28 \text{ m}^{-2}} = 23.06 \text{ kW}$$

讨论:表面 3 为重辐射面后辐射传热情况发生了重要变化。首先表面 1 的净传热量减少了约 29%;其次表面 2 在上例中也是一个净放热的表面,而这里则成为一个净吸热的表面。所以,重辐射面虽然其净辐射传热量为零,但它的存在影响整个系统的辐射传热。还有,在进行多表面系统辐射传热的计算时,是否确认其中某个表面为重辐射面必须谨慎,从数学、物理建模的角度看,这相当于要正确地给出热边界条件。

5. 辐射传热系数

对于同时存在辐射传热与对流传热的复合传热问题,常常引入辐射传热系数进行工程传热计算,其具体方法为:先计算辐射传热量 Φ_r,然后将它表示成牛顿冷却公式的形式,即

$$\Phi_r = h_r A \Delta t \tag{10-55}$$

式中:h_r 为辐射传热表面传热系数,习惯上称为辐射传热系数;A 为对流传热面积;Δt 为对流传热温差。于是复合传热的总传热量可以方便地表示成

$$\Phi_t = h_c A \Delta t + h_r A \Delta t = (h_c + h_r) A \Delta t = h_t A \Delta t \tag{10-56}$$

式中:下标 c 表示对流传热;h_t 为包括对流传热与辐射传热在内的复合传热表面传热系数。

10.3 辐射传热的控制(强化与削弱)

辐射传热与导热、对流传热的物理机制不同,其强化与削弱的原则和方法也会不一样,本节简单讨论这个问题。

10.3.1 控制物体表面间辐射传热的方法

在一定的冷、热表面温度下,控制(增强或削弱)表面间辐射传热量的方法,可以从计算辐射传热的网络法得到启示:控制表面辐射热阻以及空间辐射热阻。

1. 控制表面辐射热阻

根据表面辐射热阻的定义式$(1-\varepsilon)/A\varepsilon$,改变表面辐射热阻可以通过改变表面积 A 或改变发射率来实现,表面积一般由其他条件决定,控制表面发射率是一个有效的方法。值得指出,采用改变表面发射率的方法来控制辐射传热时,首先应当改变对传热影响最大的那个表面的发射率。以图 10-46 所示两无限长同心圆柱表面所组成的封闭系统为例,设 $\varepsilon_1 = \varepsilon_2 = 0.5$、$d_1 = 0.1 d_2$,则显然表面 1 的表面辐射热阻$(1-\varepsilon_1)/A_1\varepsilon_1$ 远大于表面 2 的表面辐射热阻$(1-\varepsilon_2)/A_2\varepsilon_2$,而两个表面辐射热阻是串联,见式(10-46),所以改变内圆柱面的表面辐射热阻所产生的影响远比改变 ε_2 要明显得多。这就意味着要控制传热首先应控制各串联环节中热阻最大的环节。

当物体的辐射传热涉及温度较低的红外辐射与温度很高的太

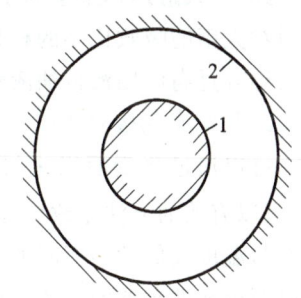

图 10-46 两同心圆柱表面间的辐射传热

阳辐射时,强化或削弱辐射传热需要从控制红外辐射的发射率与对太阳辐射的吸收比同时入手。以图 8-22 所示的平板型太阳能集热器为例,为了吸收尽可能多的太阳能,同时减少吸热板由于自身辐射而引起的热损失,吸热板对太阳能的吸收比要尽可能大,而自身的发射率则要尽量小。因为太阳辐射的主要能量集中在 $0.2 \sim 3 \ \mu m$ 之间,而常温下物体的红外辐射的主要能量在波长大于 $3 \ \mu m$ 的范围,所以在太阳能利用中吸热面材料理想的辐射特性应是:在 $0.2 \sim 3 \ \mu m$ 的波长范围内的光谱吸收比接近于 1,而在大于 $3 \ \mu m$ 的波长范围内的光谱吸收比接近于零。如图 10-47 中曲线 1 所示。换句话说,要求 α_s 尽可能大,而 ε 尽可能小,此处 ε 是常温下的发射率。因此,α_s / ε 比值是评价材料吸热性能的重要数据。用人工的方法改造表面,如对材料表面覆盖涂层是提高 α_s / ε 值的有效手段,近年来获得很大发展。这种涂层称为光谱选择性涂层,如在铜材上电镀黑镍镀层就是一个例子,其吸收比特性如图 10-47 中曲线 2 所示(图中曲线 1 是理想情况)。黑镍镀层的厚度对表面特性的影响示于表 10-9 中。由表中可以看出,黑镍镀层使 α_s / ε 值可以提高到 10 左右。采用光谱选择性涂层是提高太阳能集热器效率的重要措施。

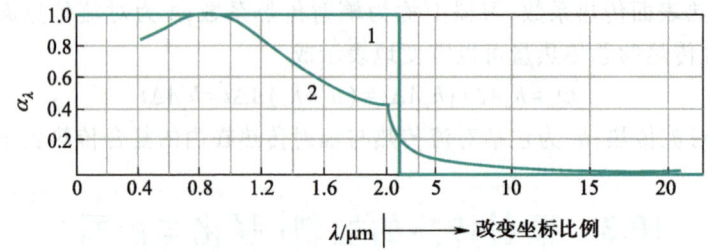

图 10-47　选择性吸收表面光谱吸收比随波长的变化举例

表 10-9　黑镍镀层厚度对辐射特性的影响

镀层厚度指标 mg/cm^2	0.055	0.077	0.080	0.098	0.13
α_s	0.83	0.97	0.93	0.89	0.91
ε	0.08	0.07	0.09	0.09	0.11
α_s / ε	10.0	14.0	10.0	9.9	8.3

这里要再次说明,不仅人工研制的涂层表面对太阳能的吸收比不等于其自身的发射率,而且一般材料也常是如此,见表 10-6。

此外,人造地球卫星为了减少迎阳面(直接受到阳光照射的表面)与背阳面之间的温差,需采用对太阳能吸收比小的材料作为表面涂层;置于室外的发热设备(如空调室外机),为了防止夏天温升过高而用浅色油漆作为涂层。这些都是用减少吸收比的方法来削弱传热的例子。

2. 控制空间辐射热阻

可以通过改变面积 A 与角系数来改变空间辐射热阻 $1/A_i X_{i,j}$,但面积 A 一般取决于工艺条件,所以有效的方法是改变辐射的角系数。例如,要增加一个发热表面的辐射散热量,应增加该表面与温度较低的表面间的辐射角系数。图 10-48 所示是一个综合应用的实例,送风式电子器件机箱中元件布置的一个一般原则是对温度特别敏感的元件应放置于冷风入口处:此时从对流传热的角度,该处流体温度最低,传热温差大;从辐射的角度,该处电子元件对冷表面的角系数远大于将元件置于印制板中间位置时的数值,因此也增加了辐射传热。

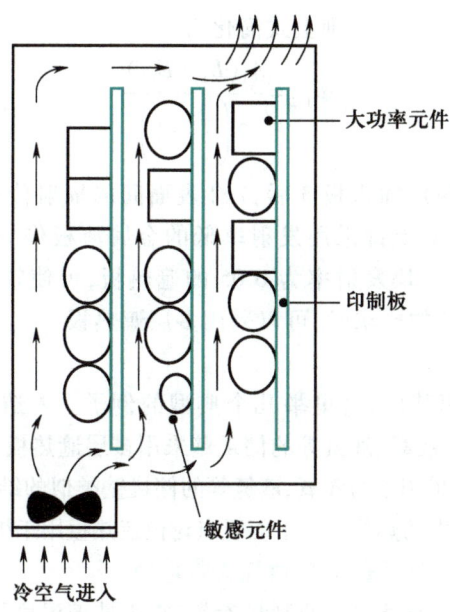

图 10-48 电子器件机箱布置示意图

3. 采用辐射遮热板

为了削弱两个表面间的辐射传热,采用遮热板是一种非常有效的方法,它能够使表面辐射热阻和空间辐射热阻同时得到大幅度的增加。下面我们重点讨论。

10.3.2 遮热板的原理及其应用

1. 遮热板削弱辐射传热的原理

所谓遮热板(radiation shield),是指插入两个辐射传热表面之间用以削弱辐射传热的薄板。为了说明遮热板的工作原理,我们来分析在两平行平板之间插入一块金属薄板所引起的辐射传热的变化。辐射表面和金属板的温度、吸收比如图 10-49 所示。为讨论方便起见,设平板和金属薄板都是灰体,并且 $\varepsilon_1 = \varepsilon_2 = \varepsilon_3 = \varepsilon$。

在 1、2 表面间插入金属薄板 3 后,增加了板 3 左右两个表面的表面辐射热阻,同时增加一个空间辐射热阻,定性上来说 1、2 表面间的辐射传热量会减小。当不存在板 3 时,1、2 表面间的辐射传热量可由式(10-49)计算,但 $\varepsilon_1 = \varepsilon_2 = \varepsilon$,有

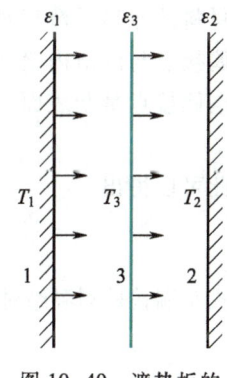

图 10-49 遮热板的
工作原理示意图

$$\Phi_{1,2} = \frac{A_1(E_{b1}-E_{b2})}{\dfrac{1}{\varepsilon_1}+\dfrac{1}{\varepsilon_2}-1} = \frac{A_1(E_{b1}-E_{b2})}{\dfrac{2}{\varepsilon}-1} \tag{10-57a}$$

当插入板 3 后,1、2 表面间的辐射传热量为

$$\Phi_{1,2} = \frac{A_1(E_{b1}-E_{b2})}{\dfrac{1-\varepsilon_1}{\varepsilon_1}+\dfrac{1}{X_{1,3}}+\dfrac{1-\varepsilon_3}{\varepsilon_3}+\dfrac{1-\varepsilon_3}{\varepsilon_3}+\dfrac{1}{X_{2,3}}+\dfrac{1-\varepsilon_2}{\varepsilon_2}} \tag{10-57b}$$

注意到 $X_{1,3}=X_{2,3}=1$ 且 $\varepsilon_1=\varepsilon_2=\varepsilon_3=\varepsilon$，则上式简化为

$$\Phi_{1,2}=\frac{A_1(E_{b1}-E_{b2})}{2\left(\dfrac{2}{\varepsilon}-1\right)} \tag{10-57c}$$

比较式(10-57a)和式(10-57c)，插入板 3 后，1、2 表面间的辐射传热量减小了一半。为使削弱辐射传热的效果更为显著，实际上都采用发射率低的金属薄板作为遮热板。例如，在发射率为 0.8 的两个平行表面之间插入一块发射率为 0.05 的遮热板，可使辐射热量减小到原来的 1/27。当一块遮热板达不到削弱传热的要求时，可以采用多层遮热板。

2. 遮热板的应用

遮热板在工程技术上应用甚广，这里举几个典型的例子。人造卫星或火星探测器的"金铠甲"，实际上就是镀膜遮热板。液氧、液氮等的储罐壁采用多层遮热板并抽真空的方法，以提高隔热效果。采油用的超级隔热油管采用了与液氧、液氮等的储罐壁类似的结构和方法，就是为了减小将蒸汽输送到地下数千米处的过程中的热损失。下面重点讨论遮热板用于提高温度测量准确度的问题。

3. 提高气体温度测量准确度的遮热罩抽气式热电偶

温度是工程技术测量中一个最常见的测量参数，常用玻璃温度计、热电偶等来测量气体或液体的温度。导热部分中我们讨论过套管式温度计的测温准确度问题，下面我们再来考虑由于辐射传热的存在对温度测量准确性的影响及其减小的方法。

首先我们来分析如图 10-50a 所示的情形。一支热电偶被置于高温气流的通道中，热电偶节点的温度（热电偶读数）为 t_1，气流温度为 t_f，流道内壁温度为 t_w，热电偶节点与气流间的对流传热表面传热系数为 h，其表面发射率为 ε_1。我们来分析热电偶节点的热量传递：一般说流道内壁温度总低于气流温度，因此热电偶节点与流道内壁面有辐射传热；热电偶节点从高温气流通过对流传热获得热量（假设气流本身没有辐射与吸收能力）；热电偶节点还有通过热电偶线的导热。在这 3 种热量传递中，热电偶线的导热相对甚小（因为热电偶线很长、很细，测高温的热电偶材料的导热系数相对较小，所以导热热阻很大），可以忽略。这样当热电偶读数稳定时，从热电偶接点与流道内壁间的辐射传热量应等于热电偶接点从高温气流通过对流传热获得的热量。热电偶接点是凸表面，且与流道内壁相比其面积很小，所以有

$$\varepsilon_1(E_{b1}-E_{bw})=h(t_f-t_1) \tag{10-58}$$

由此可以得出

$$t_f-t_1=\frac{\varepsilon_1(E_{b1}-E_{bw})}{h} \tag{10-59}$$

上式左端就是测温绝对误差，取 $t_1=792\ ℃$、$t_w=600\ ℃$、$h=58.2\text{W}/(\text{m}\cdot\text{K})$、$\varepsilon_1=0.3$ 进行计算，得

$$\begin{aligned}
t_f &= t_1+\frac{\varepsilon_1 C_0}{h}\left[\left(\frac{T_1}{100}\right)^4-\left(\frac{T_2}{100}\right)^4\right]\\
&= 792\ ℃+\frac{0.3\times5.67\ \text{W}/(\text{m}^2\cdot\text{K}^4)}{58.2\ \text{W}/(\text{m}^2\cdot℃)}\times\left[\left(\frac{1\ 065\ \text{K}}{100}\right)^4-\left(\frac{873\ \text{K}}{100}\right)^4\right]\\
&= 998.2\ ℃
\end{aligned}$$

绝对测温误差达 206.2 ℃、相对误差达 20%，这样大的误差是不允许的。那么如何减小测温误差呢？减少测温误差，实际上就是要减小式(10-59)的右端项，也就是说，应减小热电偶接点的发射率、减小 $(E_{b1}-E_{bw})$、增加对流传热表面传热系数。在热电偶外环围一层遮热板(遮热罩)并抽

气是同时实现上述措施的好方法。

如图 10-50b 所示,基于上面类似的分析,我们略去热电偶线的导热不计,而且假定气流与热电偶及气流与遮热罩间的对流传热表面传热系数相同,遮热罩的表面发射率为 ε_3、面积为 A_3、温度记为 t_3,则该系统的热量传递可分析如下。

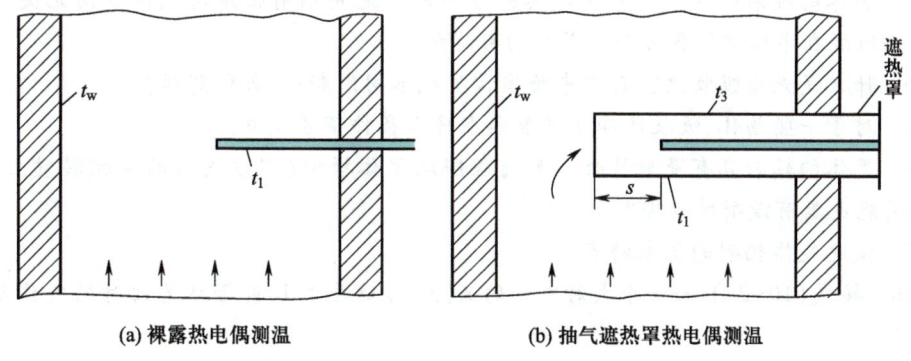

(a) 裸露热电偶测温   (b) 抽气遮热罩热电偶测温

图 10-50 热电偶测温误差分析图示

首先热电偶接点与遮热罩内壁有辐射传热(只要保证 $s/d>2.2$,遮热罩开口的影响就可以忽略),同时热电偶接点与气流间有对流传热。考虑到热电偶接点是凸表面且与遮热罩内壁相比其面积很小,所以有

$$\varepsilon_1(E_{b1}-E_{b3})=h(t_f-t_1) \tag{10-60}$$

上式中引入了一个未知量 E_{b3},它与遮热罩的温度相关,所以我们需针对遮热罩建立热量守恒关系式。遮热罩同时与流道内壁和热电偶接点之间存在辐射传热,其内外表面与气流之间存在对流传热,忽略遮热罩的导热,有

$$2h(t_f-t_3)=\varepsilon_3(E_{b3}-E_{bw})-\varepsilon_1 A_1(E_{b1}-E_{b3})/A_3 \tag{10-61}$$

由于 $A_1/A_3 \to 0$,因此有

$$2h(t_f-t_3)=\varepsilon_3(E_{b3}-E_{bw}) \tag{10-62}$$

于是在给定 t_f 的条件下,可以由式(10-62)解得 t_3,再由式(10-60)解得 t_1,即改进后的热电偶读数。取 $\varepsilon_1=\varepsilon_3=0.3$、$t_w=600\ ℃$,$t_f=1\ 000\ ℃$,对流传热表面传热系数增加为 118 W/(m²·K),解得 $t_3=903\ ℃$、$t_1=951\ ℃$。在所计算的条件下,改进后测温相对误差减小到 5% 以下,已经在可以接受的范围内。当然,就绝对误差而言仍然相当大。为进一步提高测温准确度,可增加遮热罩的数目,但一般不超过 4 层,有兴趣的读者不妨自行分析。

还需特别提醒,热电偶接点与遮热罩内壁之间的辐射传热对于热电偶接点来说,是主要的热量传递方式[式(10-60)],但对于遮热罩来讲就可忽略[式(10-62)],所以忽略什么不忽略什么,是相对于谁来说的,而不是基于其绝对值的大小。

⚙ 思考题

10-1 什么是黑体?在热辐射中为什么要引入这一概念?

10-2 温度均匀的空腔壁面上的小孔具有黑体辐射的特性,那么空腔内部壁面的辐射是否也为黑体辐射？

10-3　为什么在描述物体的辐射力时要加上"半球空间"及"全部波长"的限定？

10-4　黑体的光谱辐射力按波长是怎样分布的？光谱辐射力 $E_{b\lambda}$ 的单位中分母的"m³"是什么意思？

10-5　黑体的辐射能按空间方向是怎样分布的？定向辐射强度与空间方向无关是否意味着黑体的辐射能在半球空间各方向上是均匀分布的？

10-6　什么是光谱吸收比？日常中物体常呈现不同的颜色,如何解释？

10-7　对于一般物体,吸收比等于发射率在什么条件下才成立？

10-8　黑体的辐射具有漫射特性。如何理解从黑体模型(温度均匀的空腔器壁上的小孔)发出的辐射能也具有漫射特性呢？

10-9　试述气体辐射的基本特点。

10-10　按式(10-27),当 s 很大时气体的 $\alpha(\lambda,s)$ 趋近于 1,能否认为此时的气体层具有黑体的性质？

10-11　"角系数是一个纯几何因子"的结论是在什么前提下得出的？

10-12　角系数有哪些特性？这些特性的物理意义是什么？

10-13　对于组成封闭腔的 3 个表面,式(10-38)表明 1、2 表面间的角系数还与第三表面有关,这与"角系数就纯是一个几何因子,与两个表面的温度及发射率没有关系"这样的论断有无矛盾？

10-14　为什么计算一个表面与外界之间的净辐射传热量时要采用封闭腔的模型？

10-15　什么是有效辐射？有效辐射的引入对于灰体表面系统辐射换热的计算有什么作用？

10-16　什么是表面辐射热阻？什么是空间辐射热阻？

10-17　对于温度已知的多表面系统,试总结求解每一表面净辐射传热量的基本步骤。

10-18　什么是遮热板？试根据自己的切身经历举出几个应用遮热板的例子。

⚛ 习题

热辐射的基本定律和物体的辐射特性

10-1　一电炉的电功率为 1 kW,炉丝温度为 847 ℃,直径为 1 mm,电炉的效率(辐射功率与电功率之比)为 0.96。试确定所需炉丝的最短长度。

10-2　把太阳表面近似地看成 $T=5\,800$ K 的黑体,试确定太阳发出的辐射能中可见光所占的比例。

10-3　一炉膛内火焰的平均温度为 1 500 K,炉墙上有一看火孔。试计算:(1)看火孔打开时从孔单位面积向外辐射的功率;(2)该辐射能中波长为 2 μm 的光谱辐射力是多少？哪一种波长下的能量最多？

10-4　在一空间飞行物的外壳上有一块向阳的漫射面板,板背面可认为是绝热的,向阳面得到的太阳投入辐射 $G=1\,300$ W/m²。该表面 $0 \leqslant \lambda \leqslant 2$ μm 时 $\varepsilon_\lambda = 0.5$、$\lambda > 2$ μm 时 $\varepsilon_\lambda = 0.2$。试确定稳态时该板表面的温度。为简化计算,设太阳的辐射能均集中在 0~2 μm。

10-5　用特定的仪器测得一黑体炉发出的波长为 0.7 μm 的辐射能(在半球空间内)为 10^8 W/m³,试问该黑体炉工作在多高的温度下,在该工况下黑体炉的辐射力是多少？

10-6 钢制工件在炉内加热时,随着工件温度的升高,其颜色会逐渐由暗红变成白亮。假设钢件的表面可以作为黑体,试计算工件在温度为 1 400 K 时所发出的辐射能中的可见光是温度为 900 K 时的多少倍?($\lambda_1 T \leqslant 600\ \mu m \cdot K$ 时 $F_{b(0-\lambda)} = 0$,$\lambda_1 T \leqslant 800\ \mu m \cdot K$ 时 $F_{b(0-\lambda)} = 0.16 \times 10^{-4}$)

10-7 一等温空腔的内表面为漫射体,并维持在均匀的温度,其上有一个面积为 $0.02\ m^2$ 的小孔,小孔面积相对于空腔内表面积可以忽略。今测得小孔向外界辐射的能量为 70 W,试确定空腔内表面的温度。如果把空腔内表面全部抛光,而温度保持不变,这对小孔向外的辐射有何影响?

10-8 如图 10-51 所示,用一个运动的传感器来测定传送带上一个热试件的位置。设热试件的辐射具有黑体的特性,传感器与热试件之间的距离 x_1 多大时,传感器接收到的辐射能是传感器与热试件位于同一竖直线上时的 75%?

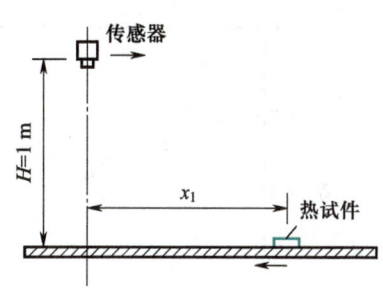

图 10-51 习题 10-8 附图

10-9 从太阳投射到地球大气层外表的辐射能量经准确测定为 1 375 W/m^2,太阳直径为 $1.39 \times 10^9\ m$,地球直径为 $1.29 \times 10^7\ m$,两者相距 $1.5 \times 10^{11}\ m$。若认为太阳是黑体,试估计其表面温度。

10-10 试证明下列论述:对于腔壁的吸收比为 0.6 的一等温球壳,当其上的小孔面积小于球的总表面面积的 60% 时,该小孔的吸收比可大于 99.6%。球壳腔壁为漫射体。

10-11 已知材料 A、B 的光谱发射率 ε_λ 与波长的关系如图 10-52 所示,试估计这两种材料的发射率 ε 随温度变化的特性,并说明理由。

10-12 一选择性吸收表面的光谱吸收比随 λ 变化的特性如图 10-53 所示,试计算当太阳投入辐射为 $G = 800\ W/m^2$ 时,该表面单位面积上所吸收的太阳能量及对太阳辐射的总吸收比。

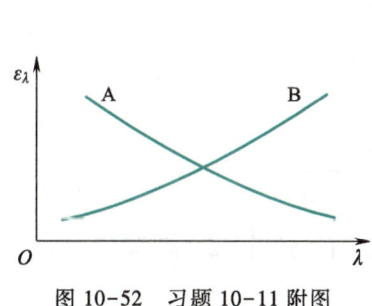

图 10-52 习题 10-11 附图

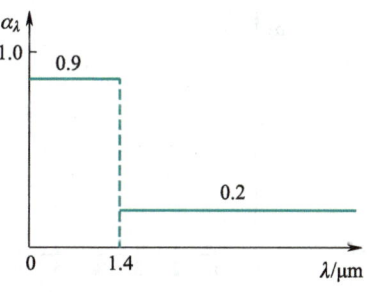

图 10-53 习题 10-12 附图

10-13 一漫射表面在某一温度下的光谱辐射力与波长的关系可以近似地用图 10-54 表示。试:(1) 计算此时的辐射力;(2) 计算此时法线方向的定向辐射强度及与法向成 60° 处的定向辐射强度。

10-14 一表面的定向发射率 ε_θ 随 θ 角的变化如图 10-55 所示,试确定该表面的发射率与法向发射率 ε_n 的比值。

10-15 暖房的升温作用可以从玻璃的光谱透射比变化特性得到解释。有一块厚为 3 mm 的玻璃,经测

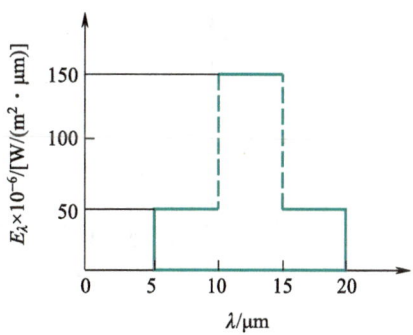

图 10-54 习题 10-13 附图

定,其对波长为 0.3~2.5 μm 的辐射能的透射比为 0.9,而对其他波长的辐射能可以认为完全不穿透。试据此计算温度为 5 000 K 时的黑体辐射及温度为 300 K 时的黑体辐射投射到该玻璃上时各自的总透射比。

10-16 一小块温度 $T_s = 400$ K 的漫射表面悬挂在温度 $T_1 = 2\,000$ K 的炉子中。炉子表面是漫灰的,且发射率为 0.25,小表面的光谱发射率如图 10-56 所示。试确定该小表面的发射率及对炉墙表面发出的辐射能的吸收比。

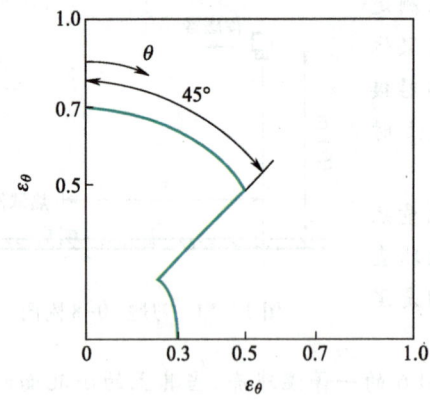 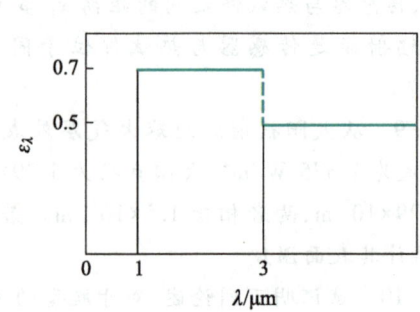

图 10-55　习题 10-14 附图 　　　　　　　　　　图 10-56　习题 10-16 附图

10-17 温度为 310 K 的 4 个表面置于太阳光的照射下,设此时各表面的光谱吸收比随波长的变化如图 10-57 所示。试分析,在计算与太阳能的交换时,哪些表面可以作为灰体处理? 为什么?

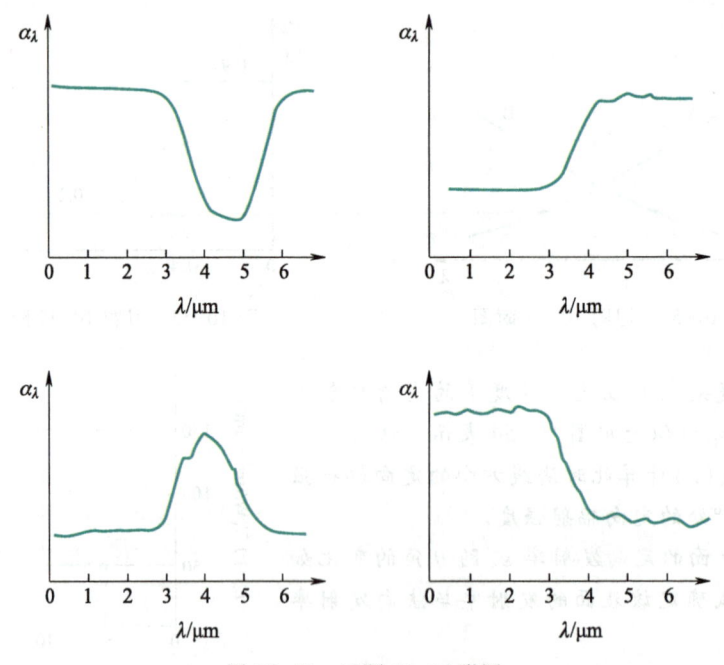

图 10-57　习题 10-17 附图

10-18 一直径为 20 mm 的热流计探头,用以测定一小表面积 A_1 的辐射热流,该表面的温度为 $T_1=1\,000$ K。环境温度很低,因而对探头的影响可以不计。因某些原因,探头只能安置在与 A_1 表面法线成 45°处,垂直距离 $l=0.5$ m(图 10-58)。探头测得的热量为 1.815×10^{-3} W。表面 A_1 是漫射的,而探头表面的吸收比可近似地取为 1。试确定表面 A_1 的发射率。已知表面 A_1 的面积为 4×10^{-4} m^2。

10-19 已知一表面的光谱吸收比与波长的关系如图 10-59a 所示。在某一瞬间,测得该表面温度为 1 100 K,投入辐射 G_λ 按波长分布的情形示于图 10-59b。试:(1)计算该表面单位表面积所吸收的辐射能。(2)计算该表面的发射率及辐射力。(3)确定在此条件下物体表面的温度随时间升高还是降低。设物体无内热源,没有其他形式的热量传递。

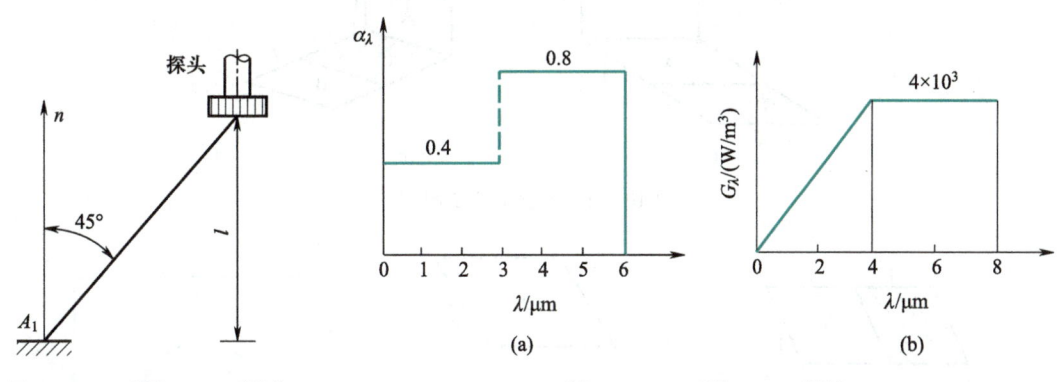

图 10-58 习题 10-18 附图   图 10-59 习题 10-19 附图

辐射传热的计算

10-20 如图 10-60 所示,已知一微元圆盘 dA_1 与有限大圆盘 A_2(直径为 D)相平行,两中心线之连线垂直于两圆盘,且长度为 s。试计算 $X_{d1,2}$。

10-21 试用简洁方法确定图 10-61 中的角系数 $X_{1,2}$。

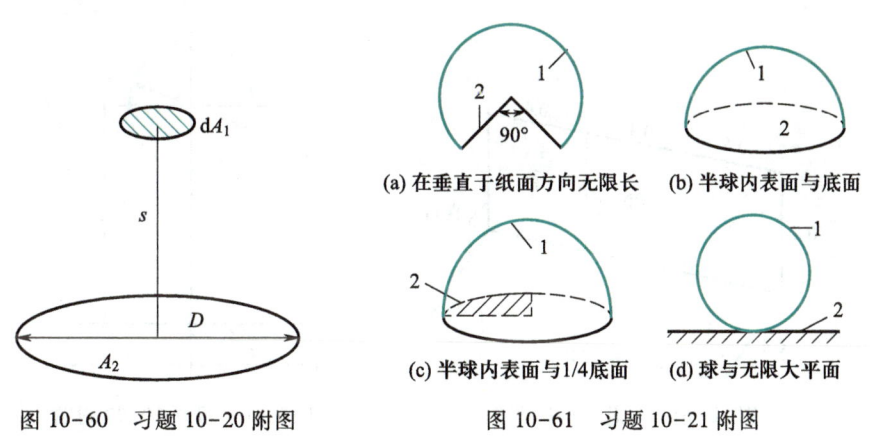

(a) 在垂直于纸面方向无限长 (b) 半球内表面与底面

(c) 半球内表面与1/4底面 (d) 球与无限大平面

图 10-60 习题 10-20 附图   图 10-61 习题 10-21 附图

10-22 试确定图 10-62a、b 中几何结构的角系数 $X_{1,2}$。

10-23 试确定图 10-63a、b 中几何结构的角系数 $X_{1,2}$。

10-24 3 根直径为 d 且互相平行的长管呈正三角形布置,中心距为 s。试计算其中任一根管子所发出的辐射能落到其余两管子以外区域的百分数。

10-25 一长圆管被置于方形通道的正中间,如图 10-64 所示。试确定每一对边的角系数、两邻边的角系数及任一边对管子的角系数。

10-26 对于如图 10-65 所示的情形,试确定 $X_{1,4}$。

10-27 试证:对于图 10-66 所示的几何结构,有

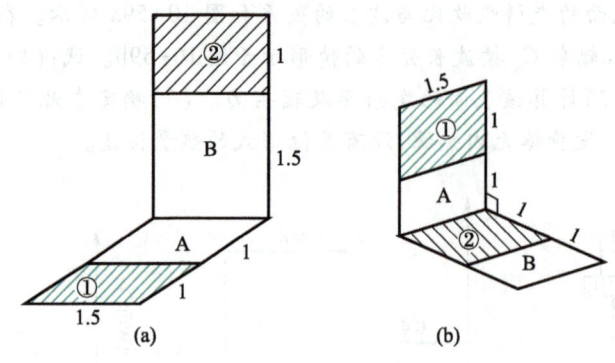

图 10-62 习题 10-22 附图

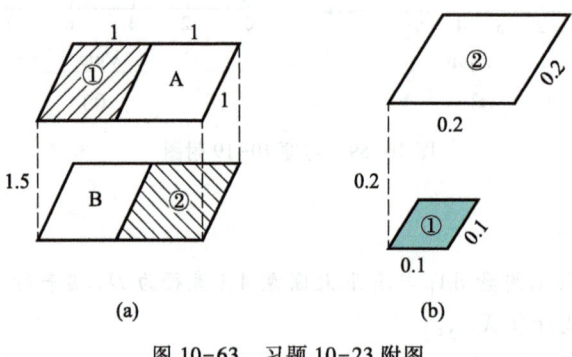

图 10-63 习题 10-23 附图

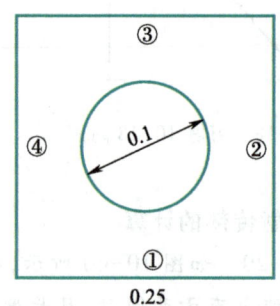

图 10-64 习题 10-25 附图

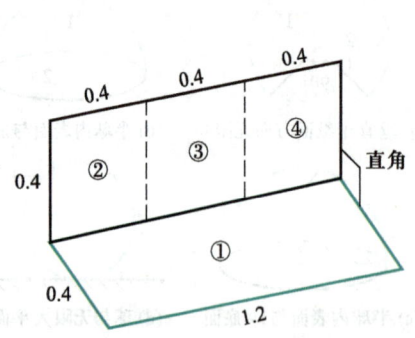

图 10-65 习题 10-26 附图

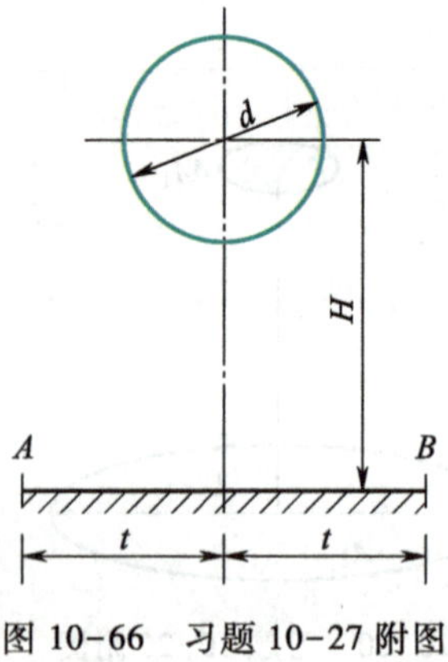

图 10-66 习题 10-27 附图

$$X_{AB,D} = \frac{d}{2t}\mathrm{arctan}(t/H)$$

圆柱表面 D 及平面 AB 在垂直于纸面的方向上为无限长。

10-28 对于图 10-67 所示的 3 种几何结构,试导出从沟槽表面发出的辐射能中落到沟槽外面的部分所占的百分数的计算式。设在垂直于纸面的方向上均为无限长。

10-29 对于图 10-68 所示的几何结构,试确定当 $H/r_2 \to 0$ 时的角系数 $X_{1,2}$。

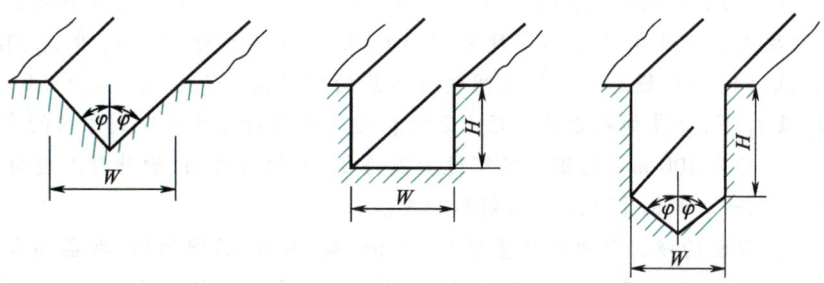

图 10-67 习题 10-28 附图

黑体表面的换热

10-30 如图 10-69 所示,一管状电加热器内表面温度 $T_w = 900$ K、$\varepsilon = 1$,试计算从加热表面投入圆盘上的总辐射能。

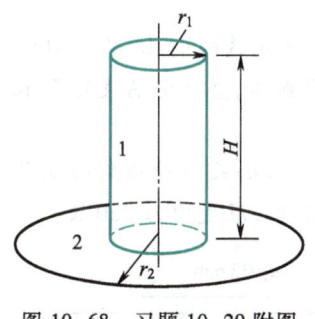

图 10-68 习题 10-29 附图

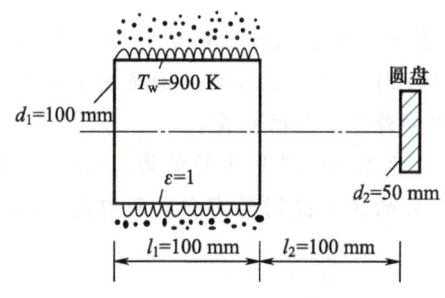

图 10-69 习题 10-30 附图

10-31 在两块平行的黑体表面 1、3 之间插入一块透明平板 2。板 1、3 的表面温度为已知,板 2 的温度维持在某个值 T_2,其发射率、反射比及透射比各为 ε_2、ρ_2 及 τ_2。试确定表面 1 单位面积上净辐射传热量的表达式。

10-32 一有涂层的长工件表面采用图 10-70 所示的方法予以加热烘干。设加热器表面温度 $T_s = 800$ K、$\varepsilon_s = 1$,工件表面温度维持在 $T_p = 500$ K、$\varepsilon_p = 1$。工件及加热表面在垂直于纸面方向均为无限长。已知 $b_s = 0.15$ m、$b_p = 0.3$ m、$l = 0.2$ m。试对下列两种情形确定施加在单位长度加热器上的电功率:(1)环境为 300 K 的大空间;(2)环境是绝热的。设工件的另一面绝热,不考虑对流传热。

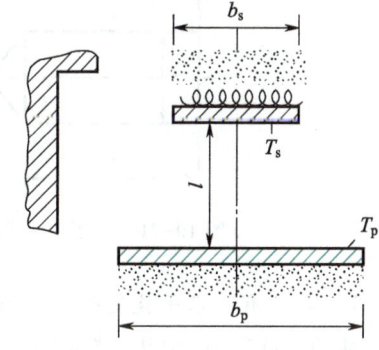

图 10-70 习题 10-32 附图

10-33 两个面积相等的黑体被置于一绝热的包壳中。假定两黑体的温度分别为 T_1 与 T_2,且相对位置是任意的,试画出该辐射传热系统的网络图,并导出绝热包壳表面温度 T_3 的表达式。

10-34 在习题 10-31 中,如果透明板的温度不是用外部方法维持在一定的值,而是受板 1 及板 3 的作用而趋于某一个稳定的值。试确定当板 2 的温度不变时,板 1 的净辐射传热量。设板 2 的两个表面温度相等。

10-35 两块平行放置的平板的表面发射率均为 0.8,温度分别为 $t_1 = 527\ ℃$ 及 $t_2 = 27\ ℃$,板间距远小于板的宽度与高度。试计算:(1)板 1 的自身辐射;(2)对板 1 的投入辐射;(3)板 1 的反射辐射;(4)板 1 的有效辐射;(5)板 2 的有效辐射;(6)板 1、2 间的辐射传热量。

10-36 两块无限大平板的表面温度分别为 t_1 及 t_2,发射率分别为 ε_1 及 ε_2,其间遮热板的发射率为 ε_3。试:(1)画出稳态时三板之间辐射传热的网络图;(2)取 $\varepsilon_1 = \varepsilon_2 = 0.8$、$\varepsilon_3 = 0.025$,在一定的温度 t_1 及 t_2 下,计算加入遮热板后 1、2 两表面间的辐射传热减少到原来的多少分之一。

10-37 一外径为 100 mm 的钢管横穿过室温为 27 ℃ 的大房间,管外壁温度为 100 ℃、表面发射率为 0.85。试确定单位管长上的辐射热损失。

10-38 设热水瓶的瓶胆可以看作直径为 10 cm、高 26 cm 的圆柱体,夹层抽真空,其表面发射率为 0.05。试估算沸水刚冲入水瓶后,初始时刻水温的平均下降速率。夹层两壁温可近似地取为 100 ℃ 及 20 ℃。

10-39 一平板表面接收到的太阳投入辐射为 1 262 W/m²,该表面对太阳能的吸收比为 α,自身辐射的发射率为 ε,平板的另一侧绝热。平板的向阳面对环境的散热相当于对一 $-50\ ℃$ 的表面进行辐射散热。试对 $\varepsilon = 0.5$、$\alpha = 0.5$ 及 $\varepsilon = 0.1$、$\alpha = 0.15$ 两种情形,确定平板表面处于稳态时的温度。

10-40 在一块厚金属板上钻了一个直径 $d = 2$ cm 的不穿透的小孔,孔深 $H = 4$ cm,锥顶角为 90°,如图 10-71 所示。设孔内表面是发射率为 0.6 的漫射体,整个金属块处于 500 ℃ 的温度。试确定从孔口向外界辐射的能量。

10-41 对于图 10-72 所示的结构,试计算下列情形下从小孔向外辐射的能量:(1)所有内表面均是 500 K 的黑体;(2)所有内表面均是 $\varepsilon = 0.6$ 的漫射体,温度均为 500 K。

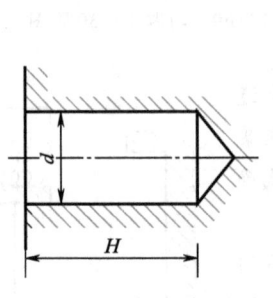

图 10-71　习题 10-40 附图

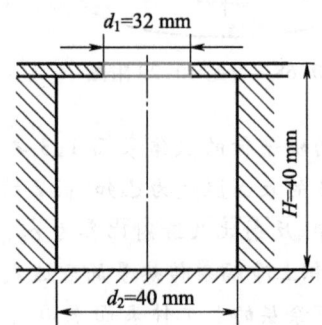

图 10-72　习题 10-41 附图

10-42 有一水平放置的正方形太阳能集热器,边长为 1.1 m,吸热表面的发射率 $\varepsilon = 0.2$,对太阳能的吸收比 $\alpha_s = 0.9$。当太阳的投入辐射 $G = 800$ W/m² 时,测得集热器吸热表面的温度为 90 ℃。此时环境温度为 30 ℃,天空可视为 23K 的黑体。试确定此集热器的效率。设吸热表面直接暴露于空气中,其上无夹层,集热器效率定义为集热器所吸收的太阳辐射能与太阳投入辐射之比。

10-43 假设在上题所述的太阳能集热器吸热面上加了一层厚 8 cm 的空气夹层(空气压力为 1.013×10^5 Pa),夹层顶盖玻璃内表面的平均温度为 40 ℃,玻璃对太阳辐射的透射比为 0.85,其他条件不变。试计算此情形下太阳能集热器的效率。

10-44　在一厚 200 mm 的炉墙上有一直径为 200 mm 的孔,孔的圆周侧面可以认为是绝热的。炉内温度为 1 400 ℃,室温为 30 ℃。试确定当该孔的盖板被移去时,室内物体所得到的净辐射热量。

10-45　一空间飞行器的散热装置应向 3 K 的环境通过辐射散失飞行器运行中内部产生的热量。如果该散热表面的最高允许温度为 2 500 K、发射率为 $\varepsilon=0.8$,试确定所允许的最大散热功率。

10-46　设有如图 10-73 所示的几何体,半球表面是绝热的,直径 $D=0.2$ m,底面被分为 1、2 两部分。表面 1 为灰体,$T_1=550$ K,$\varepsilon_1=0.8$;表面 2 为黑体,$T_2=330$ K。(1)试计算表面 1 的净辐射热损失及表面 3 的温度;(2)$X_{1,2}=0$,但为什么表面 1 与表面 2 间还存在辐射传热呢?

10-47　已知两个互相垂直的正方形表面(见图 10-74)的温度分别为 $T_1=1\,000$ K、$T_2=500$ K,发射率分别为 $\varepsilon_1=0.6$、$\varepsilon_2=0.8$,该两表面位于一绝热的房间内。试计算该两表面间的净辐射传热量。

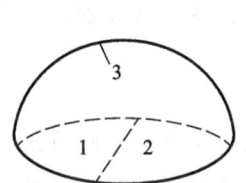

图 10-73　习题 10-46 附图

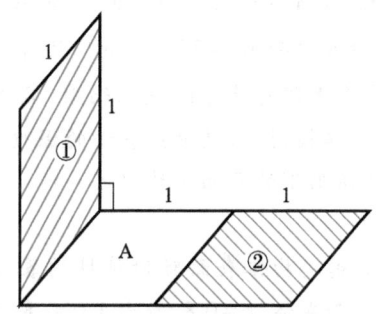

图 10-74　习题 10-47 附图

10-48　两个相距 1 m、直径 2 m 的平行放置的圆盘,相对表面的温度分别为 $t_1=500$ ℃ 及 $t_2=200$ ℃,发射率分别为 $\varepsilon_1=0.3$ 及 $\varepsilon_2=0.6$,圆盘的另外两个表面不参与传热。试确定下列两种情况下每个圆盘的净辐射传热量:(1)两圆盘被置于 $t_3=20$ ℃ 的大房间中;(2)两圆盘被置于一绝热空腔中。

10-49　有一内腔为 0.2 m×0.2 m×0.2 m 的正方形炉子,被置于室温为 27 ℃ 的大房间中。炉底电加热,底面温度为 247 ℃,$\varepsilon_1=0.8$。炉子顶部开口,内腔四周及炉子底面以下均敷设绝热材料。试确定在不计对流传热的情况下,为保持炉子恒定的底面温度所需的电功率。

10-50　宇宙飞船上的一肋片散热结构如图 10-75 所示。肋片的排数很多,在垂直于纸面的方向上可视为无限长。已知肋根温度为 330 K,肋片相当薄,肋片材料的导热系数很大,环境是 3 K 的宇宙空间,肋片表面发射率 $\varepsilon=0.83$。试计算肋片单位面积上的净辐射散热量。

10-51　在一如图 10-76 所示的传送带式的烘箱中,辐射加热表面与传送带上被加热工件间的距离 $H=0.35$ m,加热段长 3.5 m,在垂直于纸面方向上宽 1 m,传送带两侧面及前、后两端面均可以视为是绝热的,其余已知条件如图示。试:(1)确定辐射加热面所需的功率;(2)去掉两侧面 A、B 对于热损失及工件表面温度场均匀性的影响。

10-52　用裸露的热电偶测定圆管中气流的温度,热电偶的指示值 $t_1=170$ ℃,已知管壁温度 $t_w=90$ ℃,气流对热接点的表面传热系数为 $h=50$ W/($m^2\cdot$K),热接点表面的发射率 $\varepsilon=0.6$。试确定气流的真实温度及测温误差。

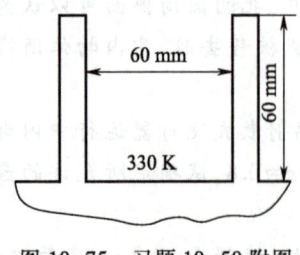

图 10-75 习题 10-50 附图

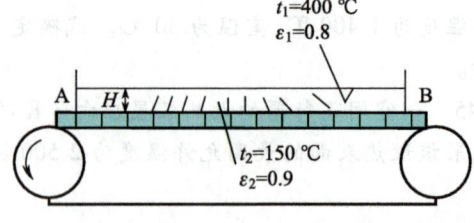

图 10-76 习题 10-51 附图

10-53 一热电偶被置于外径为 5 mm 的不锈钢套管中,套管的 $\varepsilon = 0.7$,热接点与套管底紧密地接触。该套管被水平地置于一电加热炉中,以测定炉内热空气的温度。已知炉壁的平均温度为 510 ℃,该热电偶读数为 500 ℃。试确定空气的真实温度。空气与套管间存在自然对流传热。

10-54 在直径为 D 的人造卫星外壳上涂了一层具有漫射性质的涂料,其光谱吸收特性为 $\alpha_\lambda = 0.6 (\lambda \leqslant 3\ \mu m)$ 及 $\alpha_\lambda = 0.3 (\lambda > 3\ \mu m)$。如图 10-77 所示,当它位于地球的阴面一侧时,仅可得到来自地球的投入辐射 $G_e = 340\ W/m^2$,且可以视为是平行入射线。而位于地球的阳面一侧时,可同时收到来自太阳与地球的投入辐射,且太阳的投入辐射 $G_s = 1\ 376\ W/m^2$。设地球辐射可视为 280 K 的黑体辐射,人造卫星表面的温度总在 500 K 以下。试分别计算它位于阴面与阳面位置时,在稳态情形下的表面平均温度。

综合分析

10-55 一个测定物体表面辐射特性的装置示于图 10-78 中。空腔内维持均匀温度 $T_f = 1\ 000\ K$,腔壁是漫射灰体,$\varepsilon = 0.8$,腔内 1 000 K 的热空气与试样表面间的对流传热表面传热系数 $h = 10\ W/(m^2 \cdot K)$,试样的表面温度用冷却水维持,恒为 300 ℃。试样表面的光谱反射比示于图中。试:(1)计算试样的吸收比;(2)确定试样的发射率;(3)计算冷却水带走的热量。试样表面积 $A = 5\ cm^2$。

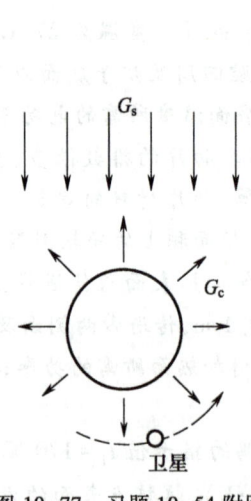

图 10-77 习题 10-54 附图

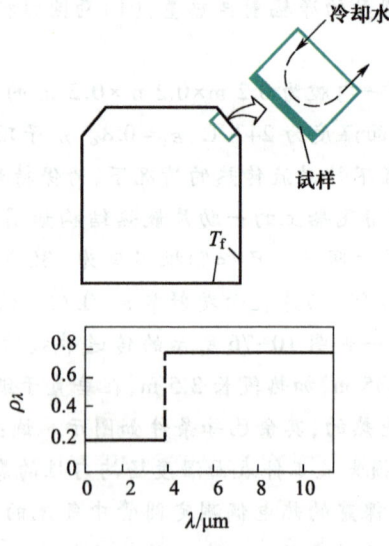

图 10-78 习题 10-55 附图

10-56 用一探头来测定从黑体模型中发出的辐射能,探头设置位置如图 10-79 所示。试对下列两种情况计算从黑体模型到达探头的辐射能:(1)黑体模型的小孔处未放置任何东西;(2)在小孔处放置了一半透明材料,其透射比为 $\lambda \leq 2\ \mu m$ 时 $\tau_\lambda = 0.8$,$\lambda > 2\ \mu m$ 时 $\tau_\lambda = 0$。

10-57 为了考验高温陶瓷涂层材料使用的可靠性,专门设计了一个实验,如图 10-80 所示。已知辐射探头表面积 $A_d = 10^{-5}\ m^2$,陶瓷涂层表面积 $A_c = 10^{-4}\ m^2$。金属基板底部通过电加热维持在 $T_1 = 1\ 500\ K$,腔壁温度均匀且 $T_w = 90\ K$。陶瓷厚 $\delta_1 = 5\ mm$、$\lambda_1 = 60\ W/(m \cdot K)$;基板厚 $\delta_2 = 8\ mm$,$\lambda_2 = 30\ W/(m \cdot K)$。陶瓷表面是漫灰的,$\varepsilon = 0.8$。陶瓷涂层与金属基板间无接触热阻。试确定:(1)陶瓷表面的温度 T_2 及表面热流密度;(2)置于空腔顶部的辐射能检测器(辐射探头)所接收到的由陶瓷表面发射出去的辐射能量;(3)经过多次试验后,在陶瓷涂层与基板之间产生了很多小裂纹,形成了接触热阻,但 T_w 及陶瓷涂层表面的辐射热流密度及发射率均保持不变,此时温度 T_1 及 T_2 是增加、降低还是不变?

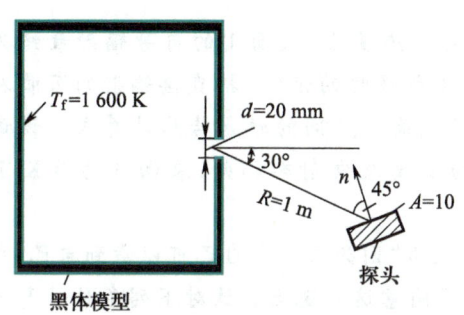

图 10-79 习题 10-56 附图

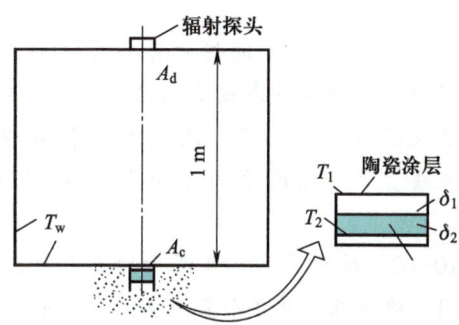

图 10-80 习题 10-57 附图

10-58 一排平行布置的圆柱状电加热元件用来使炉墙一个表面维持在 500 K,该墙的外侧面绝热良好,而内侧受温度 $T_f = 450\ K$ 的流体冷却,$h = 200\ W/(m^2 \cdot K)$。炉子的另一侧墙壁维持在均匀温度 300 K。该加热元件及两个墙表面均可作为黑体,试确定加热元件表面的工作温度。

10-59 一种利用半导体材料直接进行发电的设备的原理图如图 10-81 所示。位于中心的陶瓷管受内部燃气加热维持表面温度为 1 950 K,半导体材料制成 $d_o = 0.35\ m$ 的圆管,其外用导热性能极好的金属层围住,金属层外用 293 K 的冷却水冷却。陶瓷管与半导体表面之间为真空。已知陶瓷管表面为漫灰体,$d_i = 25\ mm$,$\varepsilon = 0.95$;半导体材料也可视为漫灰体,$\varepsilon = 0.45$。半导体材料输出的电功率是其所吸收的辐射能中 $\lambda = 0.6 \sim 25\ \mu m$ 范围内的辐射能的 10%。试确定单位长度设备所能输出的电功率。整个系统在垂直方向可以视为无限长。

10-60 一种测定高温下固体材料导热系数的示意性装置如图 10-82 所示。一厚为 δ、边长为 b 的正方形试件被置于一大加热炉的炉底,其侧边绝热良好,顶面受高温炉的辐射加热,底面被温度为 T_c 的冷却水冷却,且冷却水与底面间的对流传热相当强烈。试件顶面的发射率为 ε_s,表面温度 T_s 用光学高温计测定。炉壁温度均匀,且为 T_w。测定在稳态下进行,试:(1)导出试件平均导热系数计算式(设导热系数与温度呈线性关系);(2)计算 $T_w = 1\ 400\ K$、$T_s = 1\ 000\ K$、$T_c = 300\ K$、$\varepsilon_s = 0.85$、$\delta = 0.015\ m$ 时试件的导热系数。

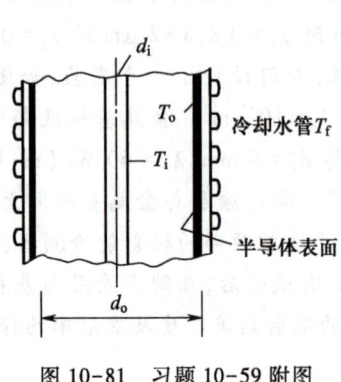

图 10-81   习题 10-59 附图

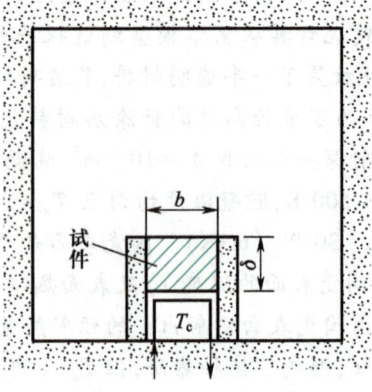

图 10-82   习题 10-60 附图

10-61   如定义空间任意两个表面 1、2 间的辐射传热量为"表面 1 的自身辐射最终为表面 2 所吸收的值减去表面 2 的自身辐射最终被表面 1 所吸收的值（包括直接辐射的吸收及经历各次反射后的吸收）"。试导出如图 10-83 所示的表面 1、2 间的辐射传热计算式。设该两表面在垂直于纸面的方向上为无限长，表面 1、2 的温度及发射率已知，表面 3 为 0 K 下的黑体。

10-62   对于图 10-84 所示的三表面系统，有人认为"因为表面 2 自己可以看到自己，所以不能用网络法来计算 3 个表面间的辐射传热"，你是否同意这一观点。试对下列条件计算各表面的净辐射传热量：$T_1 = 573$ K，$\varepsilon_1 = 0.6$；$T_2 = 293$ K，$\varepsilon_2 = 0.58$；$T_3 = 373$ K，$\varepsilon_3 = 0.6$。

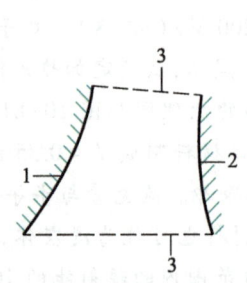

图 10-83   习题 10-61 附图

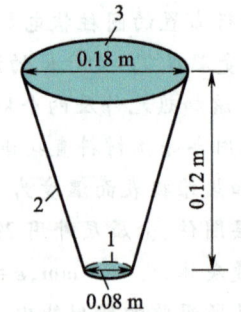

图 10-84   习题 10-62 附图

参考文献

[1] 陈钟颀. 传热学专题讲座 [M]. 北京：高等教育出版社，1989.

[2] HAGEN K D. Heat transfer with applications [M]. New Jersey：Prentice hall. 1999.

[3] MODEST M F，MAZUMDER S. Radiative heat transfer. [M]. 4th ed. San Diego：Academic Press，2021.

［4］BAEHR H D,STEPHAN K. Heat and mass transfer［M］. Berlin:Springer,1998.

［5］ROHSENOW W M,HARTNETT J P,GANIC E N, et al. Handbook of heat transfer:fundamentals. ［M］. 2nd ed. New York:McGraw-Hill,1985.

［6］葛绍岩,那鸿悦. 热辐射性质及其测量［M］. 北京:科学出版社,1989.

［7］杨贤荣,马庆芳. 辐射换热角系数手册［M］. 北京:国防工业出版社,1982. 44-353.

［8］TAO W Q,SPARROW E M. Ambiguities related to the calculation of radiant heat exchange between a pair of surfaces［J］. International Journal of Heat and Mass Transfer,1985,28(9):1788-1790.

第 11 章
传热过程分析与换热器的热计算

换热器(heat exchanger)是工程技术中广泛采用的冷热流体交换热量的设备,而换热器中的基本过程是"传热过程",本章将综合运用以前各章的知识来进行换热器的热计算,内容包括传热过程分析、换热器的类型、换热器中传热过程平均温差的计算、间壁式换热器的热计算。

11.1 传热过程分析

11.1.1 传热过程及传热过程方程式

工程上,热量由壁面一侧的流体通过壁面传到另一侧流体中去的过程广泛存在,我们把这种过程称为传热过程(overall heat transfer process)。例如,我们常见的家庭采暖,就是热水把热量通过壁面传给室内环境(包括室内空气和其他壁面)。注意,这里的"传热过程"这一术语有着明确的含义,它与一般性论述中把热量传递过程统称为传热过程不同。

由上述的定义可知,传热过程包括串联着的 3 个环节:①热流体侧的热量传递;②穿过固体壁面的导热;③冷流体侧的热量传递。若传热过程是稳态的,则这 3 个环节传递的热量相等,这样就可以利用"热阻串联"方法来分析传热过程。

虽然可以利用上述 3 个环节中的任一环节来计算传热过程的热量,但这样的处理方式无法全面反映 3 个环节的贡献。若定义一个总传热系数 k(overall heat transfer coefficient),我们可以仿照牛顿冷却公式的形式来计算传热过程的热量,即

$$\Phi = kA(t_{f1}-t_{f2}) = kA\Delta t_{m} \tag{11-1}$$

式(11-1)称为传热过程方程式,其中 t_{f1}、t_{f2} 分别为热、冷流体的平均温度,$\Delta t_{m} = (t_{f1}-t_{f2})$ 为传热过程的驱动力(温差)。显然,传热过程的分析,总传热系数和冷热流体间平均温差的计算是关键。本节先讨论稳态时不同形状传热表面的总传热系数的计算方法,平均温差的计算将在 11.3 节中讨论。

11.1.2 通过平壁的传热过程

下面来考察冷、热流体通过一块大平壁交换热量的传热过程。通过平壁的传热过程如图11-1 所示,平壁两侧分别有温度的不同的流体流过,设平壁表面积为 A、厚度为 δ,平壁两侧壁面

温度分别为 t_{w1} 和 t_{w2}，热流体温度为 t_{f1}、该侧表面传热系数为 h_1，冷流体温度为 t_{f2}、该侧表面传热系数为 h_2。稳态时，通过 3 个环节的热量 Φ 是相等的。利用热阻串联原理，可得

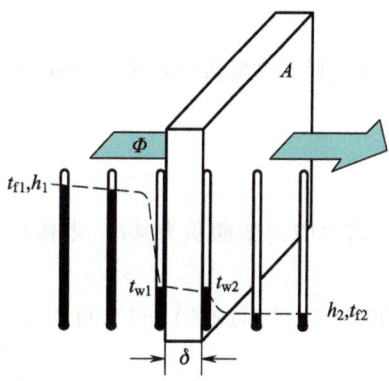

$$\Phi = \frac{t_{f1}-t_{f2}}{\dfrac{1}{h_1 A}+\dfrac{\delta}{\lambda A}+\dfrac{1}{h_2 A}} = \frac{t_{f1}-t_{f2}}{\dfrac{1}{kA}} \qquad (11-2)$$

式中，$\dfrac{1}{h_1 A}$、$\dfrac{\delta}{\lambda A}$、$\dfrac{1}{h_2 A}$ 分别对应热流体侧的对流传热热阻、平

壁的导热热阻、冷流体侧的对流传热热阻；$\dfrac{1}{kA}$ 为传热过程

总热阻。与式(11-1)对比，可得

图 11-1　通过平壁的传热过程

$$k = \frac{1}{\dfrac{1}{h_1}+\dfrac{\delta}{\lambda}+\dfrac{1}{h_2}} \qquad (11-3)$$

由于平壁两侧的面积是相等的，因此总传热系数不论对哪侧壁面来说都是一样的。式中的表面传热系数 h_1 和 h_2，可以根据具体情况选用以前相应的公式来确定。

这里补充说明一点：如果冷热流体侧存在辐射传热，这时上式中的表面传热系数应为复合传热表面传热系数，这种做法对后面的讨论都适用。

11.1.3　通过圆筒壁的传热过程

图 11-2 所示为通过圆筒壁的传热过程，圆筒壁内外分别有不同温度的流体流过，我们对管长为 l 的一段圆筒壁的传热过程来做分析。设管子内径为 d_i（内部半径为 r_i）、外径为 d_o（外部半径为 r_o），管壁材料的导热系数为 λ，管子内外侧的复合表面传热系数分别为 h_i 和 h_o，管子内外侧壁温分别为 t_{wi} 和 t_{wo}，管子内外流体的温度分别为 t_{fi} 和 t_{fo}。传热过程包括管内流体到管内侧壁面、管内侧壁面到外侧壁面、管外侧壁面到外侧流体 3 个环节。在稳态条件下，通过各环节的热流量 Φ 是不变的。利用热阻串联原理，有

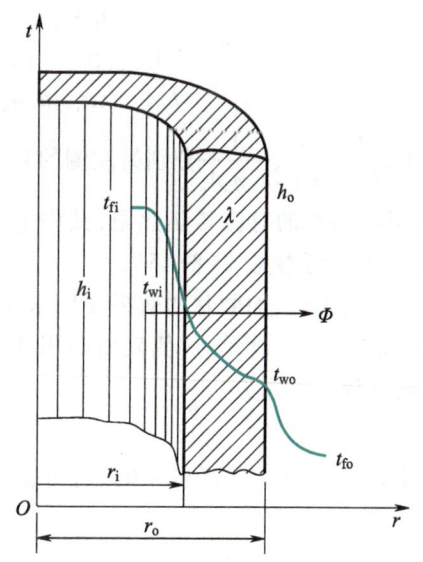

$$\Phi = \frac{t_{fi}-t_{fo}}{\dfrac{1}{h_i(\pi d_i l)}+\dfrac{1}{2\pi\lambda l}\ln\dfrac{d_o}{d_i}+\dfrac{1}{h_o(\pi d_o l)}} \qquad (11-4)$$

式中，$\dfrac{1}{h_i(\pi d_i l)}$、$\dfrac{1}{2\pi\lambda l}\ln\dfrac{d_o}{d_i}$、$\dfrac{1}{h_o(\pi d_o l)}$ 分别为热流体侧的

对流传热热阻、圆筒壁的导热热阻、冷流体侧的对流传热热阻。由于圆管内外壁的表面积不相等，因此对管内壁面积和对管外壁面积而言的总传热系数是不同的。

若以管外壁面积为基准，则传热过程方程式为

图 11-2　通过圆筒壁的传热过程

$$\Phi = k_{\mathrm{o}} (\pi d_{\mathrm{o}} l) (t_{\mathrm{fi}} - t_{\mathrm{fo}}) \tag{11-5}$$

对比式(11-5)与式(11-4),可得相应的总传热系数为

$$k_{\mathrm{o}} = \cfrac{1}{\cfrac{1}{h_{\mathrm{i}}} \cfrac{d_{\mathrm{o}}}{d_{\mathrm{i}}} + \cfrac{d_{\mathrm{o}}}{2\lambda} \ln \cfrac{d_{\mathrm{o}}}{d_{\mathrm{i}}} + \cfrac{1}{h_{\mathrm{o}}}} \tag{11-6}$$

若以管内壁面积为基准,则传热过程方程式为

$$\Phi = k_{\mathrm{i}} (\pi d_{\mathrm{i}} l) (t_{\mathrm{fi}} - t_{\mathrm{fo}}) \tag{11-7}$$

对比式(11-7)与式(11-4),可得相应的总传热系数为

$$k_{\mathrm{i}} = \cfrac{1}{\cfrac{1}{h_{\mathrm{i}}} \cfrac{d_{\mathrm{o}}}{d_{\mathrm{i}}} + \cfrac{d_{\mathrm{i}}}{2\lambda} \ln \cfrac{d_{\mathrm{o}}}{d_{\mathrm{i}}} + \cfrac{1}{h_{\mathrm{o}}} \cfrac{d_{\mathrm{i}}}{d_{\mathrm{o}}}} \tag{11-8}$$

无论以管哪侧壁面面积为基准,传热过程的总热阻都是不变的,即

$$\cfrac{1}{kA} = \cfrac{1}{h_{\mathrm{i}} (\pi d_{\mathrm{i}} l)} + \cfrac{1}{2\pi\lambda l} \ln \cfrac{d_{\mathrm{o}}}{d_{\mathrm{i}}} + \cfrac{1}{h_{\mathrm{o}} (\pi d_{\mathrm{o}} l)} \tag{11-9}$$

11.1.4   通过肋壁的传热过程

在表面上加装肋片是增加传热面积的有效手段,我们以平壁的一侧为肋壁的较简单的情况来分析通过肋壁的传热过程。

图 11-3 所示为通过肋壁的传热过程。无肋一侧的表面积为 A_{i},肋侧总表面积为 A_{o},它包括肋与肋之间的平壁部分的面积 A_1 与肋面突出部分的面积 A_2 两个部分,即 $A_{\mathrm{o}} = A_1 + A_2$,其他参数见图中标注。在稳态条件下,通过传热过程各环节的热流量 Φ 是一样的,于是有

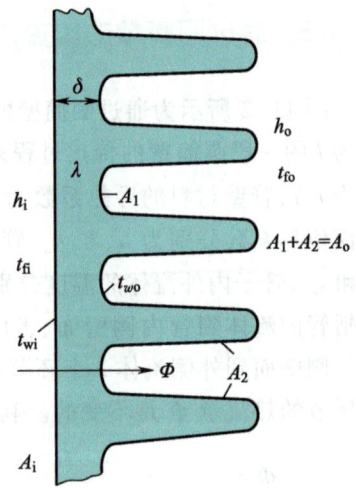

$$\Phi = \cfrac{t_{\mathrm{fi}} - t_{\mathrm{fo}}}{\cfrac{1}{h_{\mathrm{i}} A_{\mathrm{i}}} + \cfrac{\delta}{\lambda A_{\mathrm{i}}} + \cfrac{1}{h_{\mathrm{o}} \eta_{\mathrm{o}} A_{\mathrm{o}}}} \tag{11-10}$$

式中,$\cfrac{1}{h_{\mathrm{i}} A_{\mathrm{i}}}$、$\cfrac{\delta}{\lambda A_{\mathrm{i}}}$、$\cfrac{1}{h_{\mathrm{o}} \eta_{\mathrm{o}} A_{\mathrm{o}}}$ 分别为左侧的对流传热热阻、平壁的导热热阻、右侧的对流传热热阻,其中 $\eta_{\mathrm{o}} = (A_1 + \eta_{\mathrm{f}} A_2)/A_{\mathrm{o}}$ 为肋面总效率,可参见式(8-45)。

一般来说,加肋片的效果多以未加肋的平壁面积为基准来比较。所以,以无肋-侧表面面积 A_{i} 为基准的通过肋壁的传热过程方程式为

图 11-3   通过肋壁的传热过程

$$\Phi = k_{\mathrm{i}} A_{\mathrm{i}} (t_{\mathrm{fi}} - t_{\mathrm{fo}}) \tag{11-11}$$

对比式(11-11)与式(11-10),可得相应的总传热系数为

$$k_{\mathrm{i}} = \cfrac{1}{\cfrac{1}{h_{\mathrm{i}}} + \cfrac{\delta}{\lambda} + \cfrac{A_{\mathrm{i}}}{h_{\mathrm{o}} \eta_{\mathrm{o}} A_{\mathrm{o}}}} = \cfrac{1}{\cfrac{1}{h_{\mathrm{i}}} + \cfrac{\delta}{\lambda} + \cfrac{1}{h_{\mathrm{o}} \eta_{\mathrm{o}} \beta}} \tag{11-12}$$

式中,$\beta = A_o / A_i$,称为肋化系数,即加肋后的总表面积与内侧未加肋时的表面积之比。β 往往远大于 1,而且总可以使 $\eta_o \beta$ 远大于 1,使肋片表面这一侧的对流传热热阻从 $1/h_o$ 降低到 $1/h_o \eta_o \beta$。值得注意,增加肋片是否有利取决于肋片的导热热阻(用 δ/λ 表示)与表面对流传热热阻(用 $1/h$ 表示)之比,这一比值 $h\delta/\lambda$ 实际上就是毕渥(Biot)数。对等截面的直肋,当 $Bi \leqslant 0.25$ 时(δ 为肋片的半厚),加肋总是有利的。在一般工程应用中,肋片总是用导热系数高的金属做成的,当传热介质为空气时,采用肋片对强化传热总是有效的。例如,空调器的蒸发器、冷凝器中的整体式翅片。研究在一定的散热量下的最小质量的肋片具有重要意义。对直肋的理论分析表明,这种最优肋片的截面型线为抛物线,不便于制造,而截面为三角形的肋片性能与最优肋片很接近,质量仅比最优肋片增加百分之几,加工制造方便。

11.1.5 临界热绝缘直径

上面提到,圆管外加肋片增加了外表面积,减小了表面对流传热热阻,同时也增加了导热热阻,但总体上有利于增强传热。类似地,在圆管外敷设保温层也同时具有减小表面对流传热热阻及增加导热热阻两种相反的作用,但一般是传热被削弱了。有没有可能加肋片使传热过程削弱而加保温层反而使散热增加呢?

对这一问题的回答取决于增加表面积后所引起的对流传热热阻减小的程度及导热热阻增加的程度的相对大小。对于加肋片的情形,肋片都用金属做成,导热系数很大,而且肋片所增加的换热面积的倍数较高,因而使总的热阻明显降低。但是,保温材料的导热系数都很小,敷设保温层后换热面积的增加是由简单地扩大直径引起的,增加的幅度有限,因而一般使总热阻增加。所以,表面上看来截然相反的两件事——肋片强化传热、保温层削弱传热,其内部却有这样的辩证关系,而且在一定条件下肋片与保温层的作用还可能互相转化。下面来分析这种转化的情形。

重新审视图 11-2 所示的通过圆筒壁的传热过程。若增大圆筒壁的外径 d_o,那么管外对流传热热阻减小、管壁导热热阻增加,由式(11-4)可知,传热过程的总热阻可能存在极值,或者传热过程的传热量存在极值。式(11-4)的总热阻对 d_o 求导并令其等于零可得

$$d_{o,cr} = \frac{2\lambda}{h_o} \tag{11-13a}$$

式(11-13a)稍作变形,有

$$\frac{d_{o,cr} h_o}{\lambda} = Bi = 2 \tag{11-13b}$$

进一步考察此时式(11-4)的总热阻对 d_o 的二阶导数

$$\left. \frac{d^2 R}{d d_o^2} \right|_{d_o = d_{o,cr}} = \left. \left(\frac{2}{h_o \pi l d_o^3} - \frac{1}{2\pi \lambda l d_o^2} \right) \right|_{d_o = d_{o,cr}} = \frac{h_o^2}{8\pi \lambda^3 l} > 0$$

也就是说,传热过程的总热阻存在极小值,所以传热量存在极大值。这个 $d_{o,cr}$ 称为临界热绝缘直径(critical insulation diameter)。若圆管/柱 $d_o < d_{o,cr}$ 或 $Bi < 2$,则随着 d_o 的增加,散热量将增大;若圆管/柱 $d_o > d_{o,cr}$ 或 $Bi > 2$,则随着 d_o 的增加,散热量将减小。

对于一般动力保温管道来说,是否有必要考虑临界热绝缘直径的问题呢? 取代表性的数值来分析。取 $\lambda = 0.1 \ \text{W}/(\text{m} \cdot \text{K})$、$h_o = 9 \ \text{W}/(\text{m}^2 \cdot \text{K})$,算得 $d_{o,cr} = 22 \ \text{mm}$。一般动力保温管道的外径大于此值,所以很少考虑临界热绝缘直径的问题。

上述分析是在假定外表面的表面传热系数 h_o 为常数的情况下进行的,实际情况下 h_o 还可能与直径有关,读者在运用过程中需要注意。

11.1.6   强化传热的突破口

我们知道,传热过程包含 3 个环节,每个环节的热阻构成了传热过程的总热阻。如果要强化传热,应该从哪个环节入手呢?下面以一个示例来说明这个问题。

对一台冷凝器的稳态传热过程做初步测算得到以下数据:管内水的对流传热表面传热系数 $h_o = 8\ 700\ \text{W}/(\text{m}^2 \cdot \text{K})$,管外制冷剂蒸汽凝结传热表面传热系数 $h_o = 1\ 800\ \text{W}/(\text{m}^2 \cdot \text{K})$,管子材料为导热系数 $\lambda = 383\ \text{W}/(\text{m} \cdot \text{K})$ 的铜,内径 $d_i = 6\ \text{mm}$、壁厚 $\delta = 0.5\ \text{mm}$、管长 $l = 89\ \text{mm}$。试计算 3 个环节的热阻;欲强化传热应从哪个环节入手?

管内水的对流传热热阻为

$$\frac{1}{h_i(\pi d_i l)} = \frac{1}{8\ 700\ \text{W}/(\text{m}^2 \cdot \text{K}) \times (3.14 \times 0.006\ \text{m} \times 0.089\ \text{m})} = 6.86 \times 10^{-2}\ \text{K/W}$$

管壁的导热热阻为

$$\frac{1}{2\pi\lambda l}\ln\frac{d_o}{d_i} = \frac{\ln(7/6)}{2 \times 3.14 \times 383\ \text{W}/(\text{m} \cdot \text{K}) \times 0.089\ \text{m}} = 7.20 \times 10^{-4}\ \text{K/W}$$

管外制冷剂蒸汽凝结传热热阻为

$$\frac{1}{h_o(\pi d_o l)} = \frac{1}{1\ 800\ \text{W}/(\text{m}^2 \cdot \text{K}) \times (3.14 \times 0.007\ \text{m} \times 0.089\ \text{m})} = 0.284\ \text{K/W}$$

冷凝器的总热阻为

$$\frac{1}{kA} = \frac{1}{h_i(\pi d_i l)} + \frac{1}{2\pi\lambda l}\ln\frac{d_o}{d_i} + \frac{1}{h_o(\pi d_o l)}$$
$$= (6.86 \times 10^{-2} + 7.20 \times 10^{-2} + 0.284)\ \text{K/W} = 0.353\ \text{K/W}$$

水侧、管壁导热和蒸汽侧的热阻分别占总热阻的 19.4%、0.2% 和 80.4%。很显然,蒸汽凝结传热热阻在总热阻中占主要地位,它具有改变总热阻的最大潜力。因此,要强化该冷凝器的传热,应先从蒸汽凝结传热这一环节,即从热阻最大的环节入手才会有明显效果。

11.1.7   热阻与温差

由以上传热过程的分析可知,传热过程中 3 个环节各自的传热量可以表示为

$$\Phi = \frac{\Delta t_j}{R_j} \tag{11-14}$$

式中,下标 j 对应热流体侧、壁面中或冷流体侧。由于稳态时各环节传递的热量相等,因此从式 (11-14) 可以清楚地看出"热阻对应于温差",也即"热阻大的环节温差大,热阻小的环节温差小"。利用式(11-14)可以反推壁面两侧的壁温,也可以按照需要控制壁面的总体温度。读者可针对"纸杯烧开水"这个现象进行分析,加深理解。

[例题 11-1] 蒸汽管道的外径为 80 mm、壁厚为 3 mm、导热系数 $\lambda_1 = 46.2$ W/(m·K)，外侧包覆有厚 40 mm 的水泥珍珠岩保温层，其导热系数为 $\{\bar{\lambda}_2\}_{W/(m·K)} = 0.065\ 1 + 0.000\ 105\ \{\bar{t}\}_℃$ ($\bar{t}$ 为保温层的平均温度)。管内蒸汽温度 $t_{fi} = 150$ ℃，环境温度 $t_\infty = 20$ ℃，保温层外表面对环境的复合传热表面传热系数 $h_o = 7.6$ W/(m²·K)，管内蒸汽的表面传热系数 $h_i = 116$ W/(m²·K)。求每米管长的热损失。

分析：这道题的难点是导热系数 $\bar{\lambda}_2$ 与水泥珍珠岩的平均温度有关。要确定水泥珍珠岩的平均温度，必须知道两个表面的温度，但这两个温度预先并不知道，为了进行计算需要预先假定。保温层的内表面温度可以看成与管内的蒸汽温度相同，因为管内对流传热热阻和管壁的导热热阻都很小（从下面的数值对比中可以清楚地看到这一点）。保温层外表面的温度可以先假设为 30 ℃，以后再修正。经过数次迭代计算，就可以得到能满足一定要求的结果。这种"求解什么需假设什么"的问题就是一种典型的非线性问题(non-linear problem)。对于非线性问题，迭代法是一种行之有效的求解方法。

解：保温层外径

$$d_o = 80 \times 10^{-3}\ \text{m} + 40 \times 10^{-3} \times 2\ \text{m} = 0.16\ \text{m}$$

每米管长的热损失

$$\Phi = k \pi d_o l (t_{fi} - t_\infty) = k \pi \times 0.16\ \text{m} \times 1\ \text{m} \times (150-20)\ \text{K} = 65.3k\ \text{m}^2 \cdot \text{K}$$

管道内径

$$d_i = 80 \times 10^{-3}\ \text{m} - 3 \times 10^{-3}\ \text{m} \times 2 = 0.074\ \text{m}$$

由式(10-6)得

$$k = 1 \left/ \left[\frac{1}{116\ \text{W/(m}^2 \cdot ℃)} \times \frac{0.16\ \text{m}}{0.074\ \text{m}} + \frac{0.16\ \text{m}}{2 \times 46.2\ \text{W/(m} \cdot \text{K)}} \times \ln \frac{0.08}{0.074} + \right.\right.$$
$$\left.\left. \frac{0.16\ \text{m}}{2\lambda_2} \ln \frac{0.16\ \text{m}}{0.08\ \text{m}} + \frac{1}{7.6\ \text{W/(m}^2 \cdot \text{K)}} \right]\right.$$

保温层的平均温度

$$\bar{t} = \frac{1}{2} \times (150+30)\ ℃ = 90\ ℃$$

于是

$$\bar{\lambda}_2 = (0.065\ 1 + 0.000\ 105 \times 90)\ \text{W/(m} \cdot \text{K)} = 0.074\ 6\ \text{W/(m} \cdot \text{K)}$$

代入上式得

$$k = \frac{1}{0.018\ 6 + 0.000\ 027\ 9 + 0.743 + 0.132}\ \text{W/(m}^2 \cdot \text{K)}$$
$$= 1.119\ \text{W/(m}^2 \cdot \text{K)}$$

从分母中四项热阻的对比来看，管内对流传热热阻和管壁的导热热阻均很小，特别是管壁导热热阻完全可以忽略不计。这说明，将保温层内表面的温度取作 150 ℃ 是完全允许的。于是，每米管长的热损失为

$$\Phi = 65.3\ \text{m}^2 \cdot \text{K} \times 1.119\ \text{W/(m}^2 \cdot \text{K)} = 73.1\ \text{W}$$

这还不是最后的答案，因为保温层的外表面温度 30 ℃ 是假设，需要加以校核。保温层的外表面温度可按下式计算。

$$t_{wo} = \frac{\Phi}{\pi d_o l h_o} + t_\infty = \frac{73.1 \text{ W}}{3.14 \times 0.16 \text{ m} \times 1 \text{ m} \times 7.6 \text{ W}/(\text{m}^2 \cdot \text{K})} + 20 \text{ ℃} = 39.1 \text{ ℃}$$

再以此作为保温层外表面温度,重新计算,有

$$\bar{\lambda}_2 = \left(0.065\ 1 + 0.000\ 105 \times \frac{150 + 39.1}{2} \right) \text{ W}/(\text{m} \cdot \text{K}) = 0.075\ 0 \text{ W}/(\text{m} \cdot \text{K})$$

$$k = 1.124 \text{ W}/(\text{m}^2 \cdot \text{K})$$

$$\Phi = 73.4 \text{ W}$$

讨论:(1) 对于输送水或压力较高的水蒸气的保温管道,管内介质的对流传热热阻一般比保温层的热阻要小得多,因而常可取管壁温度等于管内介质的平均温度,这种做法对于工程传热问题的简捷分析特别有用。

(2) 由于导热系数是温度的函数,计算过程必是迭代性的。本例两次相邻计算中保温材料导热系数的相对偏差已小于 1%,作为工程计算,可以认为迭代已经收敛。

(3) 国家标准《设备及管道绝热技术通则》(GB/T 4272—2008)和《设备及管道绝热设计导则》(GB/T 8175—2008)规定了相关标准和规范,读者在解决实际问题时应遵循。

[例题 11-2]　铝电线外径为 5.1 mm,外包导热系数 $\lambda = 0.15$ W/(m·K)的聚氧乙烯作为绝缘层。环境温度为 40 ℃,铝线表面温度限制在 70 ℃ 以下,绝缘层表面与环境间的复合传热表面传热系数 $h = 10$ W/(m²·K)。求绝缘层厚度 δ 不同时每米电线的散热量。

分析:像式(11-4)这样的计算式可以进一步拓宽应用:只要分子上的温差与分母中的热阻对应即可。对于本题,给定了铝线表面温度的数值,相当于图 11-2 中的 t_{wi},环境温度相当于图 11-2 中的 t_{fo}。

解:根据以上分析,每米长电线的散热量为

$$\frac{\Phi}{l} = \frac{\pi(t_{wi} - t_{fo})}{\frac{1}{2\lambda} \ln \frac{d_o}{d_i} + \frac{1}{h_o d_o}}$$

将已知条件代入上式,得

$$\frac{\Phi}{l} = \frac{3.14 \times (70 - 40) \text{ K}}{\frac{1}{2 \times 0.15 \text{ W}/(\text{m} \cdot \text{K})} \ln \frac{d_o}{0.005\ 1 \text{ m}} + \frac{1}{10 \text{ W}/(\text{m}^2 \cdot \text{K}) d_o}}$$

$\frac{\Phi}{l}$ 是绝缘层外径(绝缘层厚度)的函数。取 d_o 为 10~70 mm,计算结果表示于图 11-4,图中横坐标为绝缘层外径 d_o,纵坐标分别为表征绝缘层导热热阻的 $\frac{1}{2\lambda} \ln \frac{d_o}{d_i}$、表征绝缘层外侧传热热阻的 $\frac{1}{h_o d_o}$ 和散热量 $\frac{\Phi}{l}$。

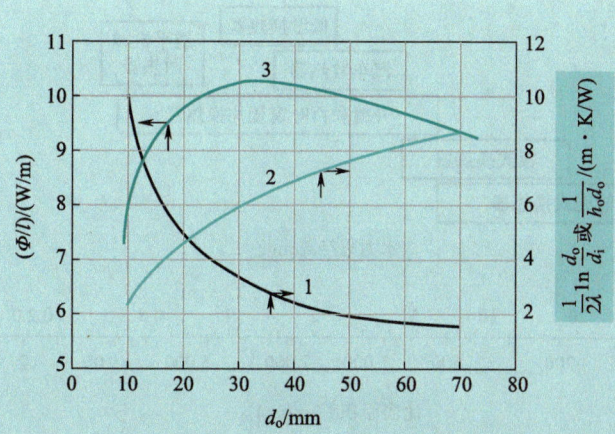

图 11-4　电线散热量与绝缘层外径的关系

从图 11-4 可以看出：$d_o = 32$ mm 时散热量达到最大值；当绝缘层外径小于 32 mm 时，增加绝缘层厚度非但不会削弱传热，反而会增加散热。对于电线来说，处于这种情况下是有利的，因为可以增加电流的通过能力。本题所述电线的实际产品所采用的绝缘层厚度约为 1 mm，处于对散热有利的范围之内。

讨论：本题就是临界热绝缘直径的概念在输电线中的应用，读者需要认真理解掌握。

11.2　换热器的类型

11.2.1　换热器的分类

用来使热量从热流体传递到冷流体，以满足规定的工艺要求的装置统称为换热器（或热交换器）。换热器可以按不同的方式分类。

按换热器操作过程可将其分为间壁式、混合式及蓄热式（或称回热式）三大类。在间壁式换热器中，冷、热流体由壁面间隔开来而分别位于壁面的两侧，这类换热器在工业中应用最广。混合式换热器中，冷、热流体通过直接接触、互相混合来实现换热，火力发电厂中的冷却塔、化工厂中的洗涤塔等都属于这一类，这种换热器在应用上常受到冷、热流体不能混合的限制。在蓄热式换热器中，冷、热流体依次交替地流过同一换热表面而实现热量交换，其中固体壁面除换热以外还起到蓄热的作用。当高温流体流过时，固体壁面吸收并积蓄热量，然后释放给接着流过的低温流体。显然，这种换热器的热量传递过程是非稳态的，在空气分离装置、炼铁高炉及炼钢平炉中常用这类换热器来预冷或预热空气。

换热器按紧凑程度可分为紧凑式换热器（compact heat exchanger）与非紧凑式换热器（non-compact heat exchanger）。紧凑程度可以用水力直径 d_h（hydraulic diameter，也称当量直径）或比表面积 β（每立方米体积中的传热面积）来衡量：当 $\beta \geqslant 700$ m²/m³ 或 $d_h \leqslant 6$ mm 时，称为紧凑式换热器，如图 10-5 所示[1]。当 $\beta > 3\,000$ m²/m³ 或 100 μm ≤ d_h ≤ 1 mm 时，通道内的流动一般为层流，故

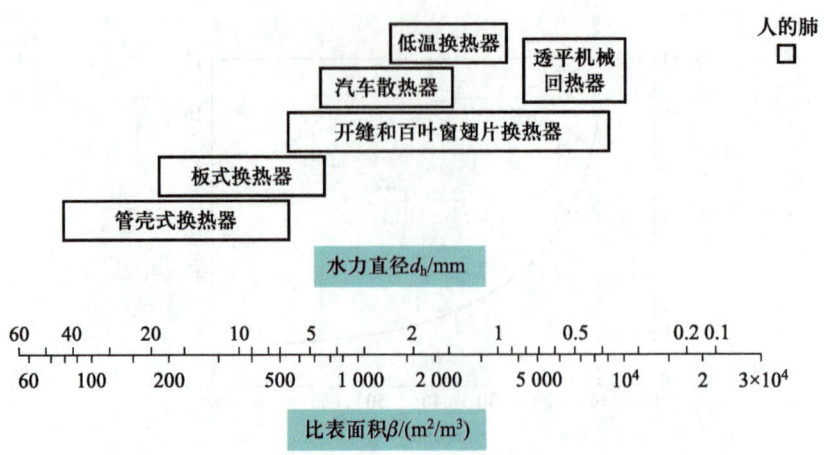

图 11-5　一些换热器的紧凑度

又称此类换热器为层流换热器;当 $\beta > 15\ 000\ \mathrm{m}^2/\mathrm{m}^3$ 或 $1\ \mu\mathrm{m} \leqslant d_\mathrm{h} \leqslant 100\ \mu\mathrm{m}$ 时属于微型换热器。

这里主要学习在工程技术中应用最广的间壁式换热器的主要结构、类型及其热计算方法。

11.2.2　间壁式换热器的主要形式

1. 套管式换热器(double-pipe heat exchanger)

套管式换热器是最简单的一种间壁式换热器,按两种流体的流动方向不同又有顺流布置和逆流布置之别(图 11-6a、b)。在实际使用时,为增加换热面积可采用图 11-6c 所示的结构。这类间壁式换热器承压能力强,适用于传热量不大或流体流量不大但压力高的情形。

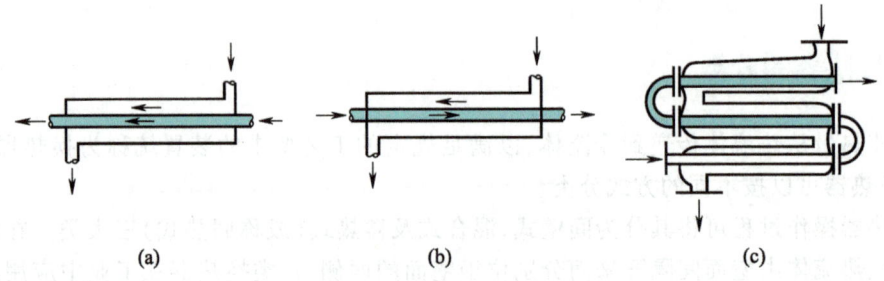

(a)　　　　　　　　　(b)　　　　　　　　　(c)

图 11-6　套管式换热器

2. 壳管式换热器(shell-and-tube heat exchanger)

壳管式换热器是间壁式换热器常见的一种形式,又称为管壳式换热器。图 11-7 为一种壳管式换热器示意图,它的传热面由管束构成,管子的两端固定在管板上,管束与管板再封装在外壳内,外壳两端有封头。在这种换热器中,一种流体(图中冷流体)从封头进口流进管子里,再经封头流出,这条路径称为管程;另一种流体从外壳上的连接管进入换热器,在壳体与管子之间流动,这条路径称为壳程。管程流体和壳程流体互不掺混,只是通过管壁交换热量。在同样流速下,流体横向掠过管子的传热效果要比顺着管面纵向流过时的好,因此外壳内一般装有折流挡板,来改善壳程的传热。

为了提高管程流体的流速,在图 11-7 中,一端的封头里加了一块隔板,构成两管程的结构,

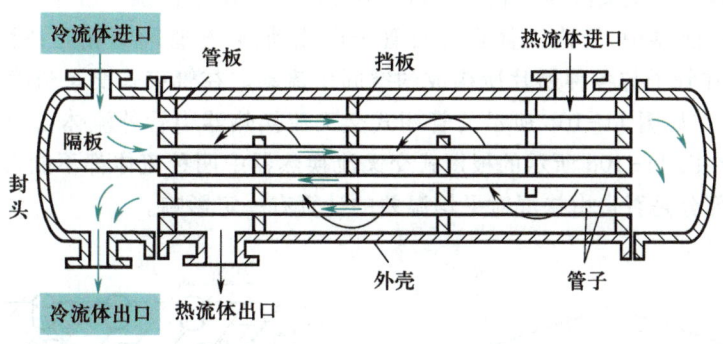

图 11-7　一种壳管式换热器示意图

称为 1-2 型换热器(此处 1 表示壳程数,2 表示管程数)。图 11-8 所示为 1-2 型换热器的透视图,管束采用 U 形管,这种结构形式的优点是可以避免因管子受热膨胀引起的热应力。在壳体两端封头里加装必要数量的隔板,还可以得到 4、6、8 等多管程的结构。把几个壳程串联起来也能得到多壳程结构。图 11-9 为由两个 1-2 型换热器串联组成的一个 2-4 型换热器剖面图。

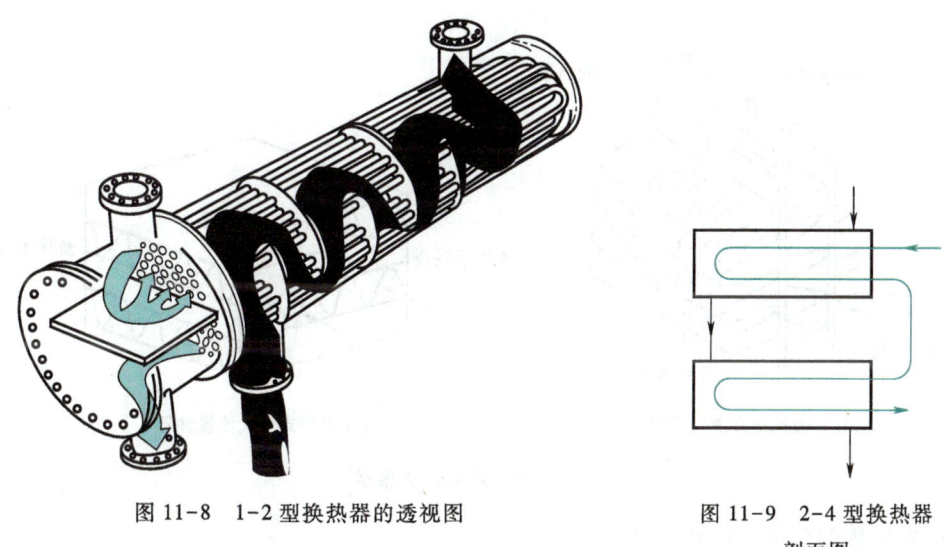

图 11-8　1-2 型换热器的透视图　　　　　图 11-9　2-4 型换热器
剖面图

　　除图 11-7、图 11-8 中的垂直折流挡板(常称为弓形折流板)以外,还有折流杆(纵横间隔布置的细杆)、螺旋折流板(可使壳侧流体沿轴向螺旋前进)等。此外,在壳管式换热器中,传热管也可以按照螺旋线形状正反交替缠绕而成。感兴趣的读者可按照关键词查阅相关资料。

3. 交叉流换热器(cross flow heat exchanger)

　　交叉流换热器是间壁式换热器的又一种主要形式。根据换热表面结构的不同,又有管束式、管翅式、管带式及板翅式等。图 11-10a 所示为锅炉装置中的蒸汽过热器、省煤器、空气预热器采用的管束式交叉流换热器。家用空调器中的冷凝器与蒸发器多采用管翅式交叉流换热器(图11-10b),汽车发动机的散热器采用管带式交叉流换热器(图 11-10c),也常应用于机车和坦克装甲车辆中作为冷却循环水之用,其中换热管一般为椭圆管或扁管,管外布置了多层翅片以强化空气侧的换热。板翅式交叉流换热器(图 11-10d)广泛应用于低温工程中。在管束式、管翅式及管带式交叉流换热器中,管内流体在各自管子内流动,管与管间不相互掺混,而管外的流体(一般为气体)则在管子与各种翅片所构成的空间中流动。在管束式交叉流换热器中管外流体可以自由掺混,而在如图 11-10b 所示的管翅式交叉流换热器中管外流体由于受翅片的分隔而不能自由掺混。在图 11-10d 所示的板翅式交叉流换热器中两种流体都不能自由掺混。交叉流换热器中流体各部分是否自由掺混对平均温差的计算有一定影响。

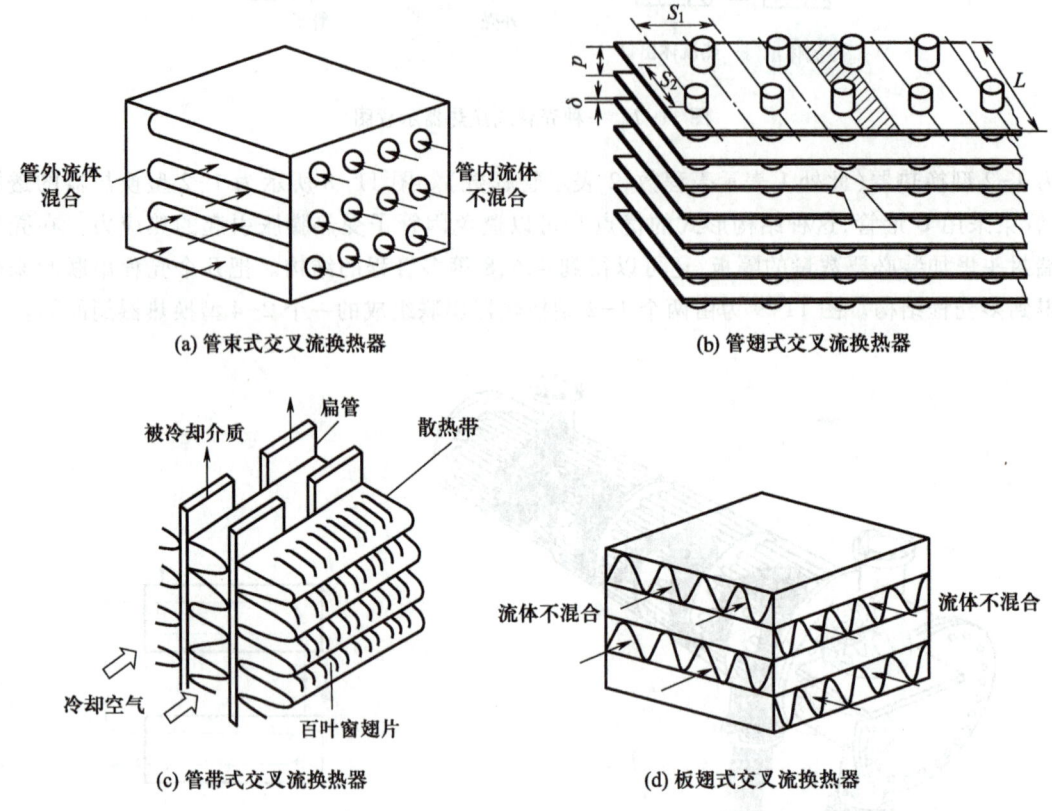

(a) 管束式交叉流换热器

(b) 管翅式交叉流换热器

(c) 管带式交叉流换热器

(d) 板翅式交叉流换热器

图 11-10 交叉流换热器

4. 板式换热器(plate heat exchanger)

板式换热器由一组几何结构相同的平行薄平板叠加所组成,两相邻平板之间用特殊设计的密封垫片隔开,形成流体通道,冷、热流体间隔地在每个通道中流动。为强化传热并增加板片的刚度,常在平板上压制出各种波纹。板式换热器中冷、热流体的流动有多种布置方式,图 11-11a 所示为 1-1 型板式换热器的逆流布置,这里的 1-1 型表示冷、热流体都只流过单程。图 11-11b 所示是板式换热器换热表面的排列情形;图 11-11c 是这种换热器的外形简图。板式换热器换热能力强、拆卸清洗方便。

板式换热器板片之间的密封对于换热器高效、安全的工作具有重要意义,如采用垫片密封,限制了板式换热器的承压能力与耐腐蚀程度。为了弥补这些缺点,发展出全焊接(如钎焊和扩散焊)板式换热器,就是整个板片周围采用焊接方式来密封,近年来的印刷电路板式换热器就是其中的典型代表。

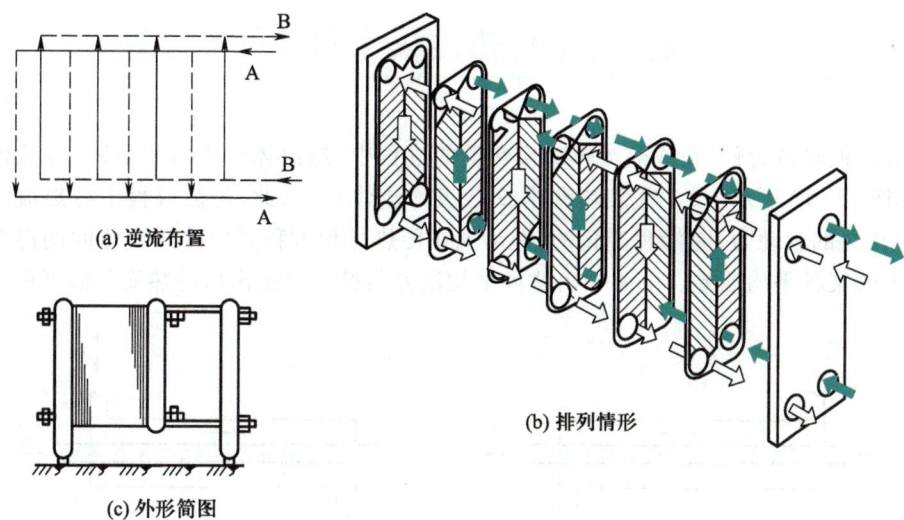

(a) 逆流布置

(c) 外形简图

(b) 排列情形

图 11-11 板式换热器

此外,还有非金属换热器,可以满足特殊的耐腐蚀要求;在某些情况下需要考虑换热器与主系统、设备或结构在形状上匹配,这种换热器称为共形换热器(conformal heat exchanger);3D 打印技术让很多传统加工技术无法实现的结构设计方案变成了现实,基于这种加工技术的换热器称为 3D 打印换热器。总之,换热器的形式多样,需要具体问题具体分析。

印刷电路板式换热器

3D 打印换热器

11.2.3 提高换热器紧凑度的途径

提高换热器的紧凑度以缩小体积、减轻质量是换热器研究中的一个重要目标。由前面介绍可知,提高紧凑度的途径有以下几种。

（1）减小管径。当管壳式换热器的圆管的直径小于 5 mm 时,β 可超过 660 m^2/m^3。

（2）采用板式结构。由多层薄板形成的流道可使水力直径降低,并且可以在板上压制出波纹以增加对流体的扰动。

（3）采用各种肋化表面(扩展表面)。这是最典型的提高紧凑度的方法,其中在翅片上开缝的翅片传热效率更高。

（4）采用丝网状材料等。这是实现紧凑性的重要方法,图 11-5 中的透平机械回热器就常用这种方法。

（5）借鉴仿生结构。各种高级动物的肺从换热角度来看是最紧凑的热、质(氧气与二氧化碳)交换设备,人的肺 β 高达 15 000 m^2/m^3 以上,是目前任何紧凑式换热器无法比拟的。

当然上面只是基于紧凑性的考虑,实际应用时还要考虑流动阻力、换热表面污垢、介质的腐蚀性与毒性、制造成本等一系列问题。

11.3　换热器中传热过程平均温差的计算

以套管式换热器为例,在冷热流体交换热量的过程中,热流体温度沿程下降、冷流体温度沿程升高,如图 11-12 所示(设 1 代表热流体、2 代表冷流体)。因此,传热过程中冷热流体间的温差(也就是传热的驱动力)是沿程变化的,即出现在传热过程方程式中冷热流体间的温差是整个换热表面上的某种平均温差。下面导出这种平均温差与换热器进出口冷热流体温度的关系。

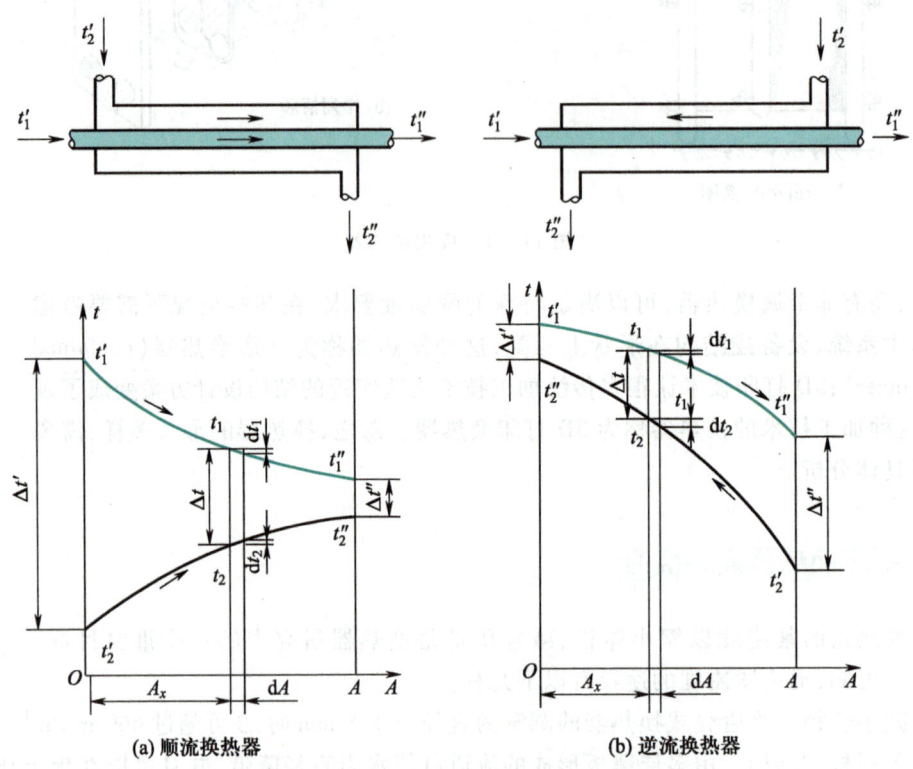

图 11-12　套管式换热器中流体温度沿程变化图

11.3.1　简单顺、逆流换热器平均温差的计算

1. 顺流换热器(parallel flow heat exchanger)

图 11-12a 定性地给出了顺流换热器中冷、热流体的温度沿换热面 A 的变化情况:热流体温度从进口处的 t_1' 下降到出口处的 t_1'',而冷流体温度则从进口处的 t_2' 上升到出口处的 t_2''。把整个传热面积上的平均温差记为 Δt_m,为了导出 Δt_m,我们对传热过程做以下假设:①冷、热流体的质量流量 q_{m2}、q_{m1} 及比热容 c_2、c_1 在整个换热面上都是常量;②总传热系数 k 在整个换热面上不变;③换热器无散热损失;④换热面沿流向(轴向)的导热忽略不计。应当指出,除了发生相变的换热器,上述 4 个假设适用于大多数间壁式换热器。如果一种介质在换热器的一部分表面上发生相变,那么在整个换热面上该流体的热容量为常数的假设将不再成立,此时无相变部分与有相变

部分应分别计算,即分段计算。

现在来研究通过图 11-12a 中微元换热面 dA 的传热。在 dA 两侧,冷、热流体的温度分别为 t_2、t_1,温差为 $\Delta t = t_1 - t_2$。考虑到 dA 微元段也是一换热器,则通过微元面 dA 的热流量为

$$d\Phi = k \cdot dA \cdot \Delta t \tag{11-15a}$$

热流体放出这份热流量后温度下降了 dt_1,于是

$$d\Phi = -q_{m1} c_1 dt_1 \tag{11-15b}$$

冷流体获得这份热流量后温度升高了 dt_2,有

$$d\Phi = q_{m2} c_2 dt_2 \tag{11-15c}$$

利用式(11-15b)、式(11-15c),有

$$d(\Delta t) = dt_1 - dt_2 = -\left(\frac{1}{q_{m1}c_1} + \frac{1}{q_{m2}c_2}\right) d\Phi = -\mu d\Phi \tag{11-15d}$$

式中,μ 是为计算简洁而引入的。将式(11-15a)代入式(11-15d)得

$$d(\Delta t) = -\mu k dA \Delta t \tag{11-15e}$$

分离变量得

$$\frac{d(\Delta t)}{\Delta t} = -\mu k dA \tag{11-15f}$$

对式(11-15f)积分,即 $\int_{\Delta t'}^{\Delta t_x} \frac{d(\Delta t)}{\Delta t} = -\mu k \int_0^{A_x} dA$,结果为

$$\ln \frac{\Delta t_x}{\Delta t'} = -\mu k A_x \tag{11-15g}$$

式中,$\Delta t'$、Δt_x 分别表示面积为 0 处、A_x 处的温差。上式变形得

$$\Delta t_x = \Delta t' e^{-\mu k A_x} \tag{11-15h}$$

整个换热面的平均温差可对式(11-15h)在整个换热面上做积分平均,即

$$\Delta t_m = \frac{1}{A} \int_0^A \Delta t_x dA = \frac{\Delta t'}{A} \int_0^A e^{-\mu k A_x} dA = -\frac{\Delta t'}{\mu k A} (e^{-\mu k A} - 1) \tag{11-15i}$$

注意,当 $A_x = A$ 时 $\Delta t_x = \Delta t''$,并结合式(11-15g)和式(11-15h),可得

$$\Delta t_m = \frac{\Delta t'}{\ln \frac{\Delta t''}{\Delta t'}} \left(\frac{\Delta t''}{\Delta t'} - 1\right) = \frac{\Delta t'' - \Delta t'}{\ln \frac{\Delta t''}{\Delta t'}} \tag{11-15j}$$

2. 逆流换热器(counter flow heat exchanger)

简单逆流换热器中冷、热流体温度的沿程变化示于图 11-12b 中,对于 Δt_m 可推导得出与式(11-15j)相同的结果。由于逆流时式(11-15c)右边出现负号,因此 μ 的形式为

$$\mu = \frac{1}{q_{m1}c_1} - \frac{1}{q_{m2}c_2} \tag{11-15k}$$

其余均不变。

3. 对数平均温差与算术平均温差

无论顺流还是逆流,平均温差都可以统一用下式表示。

$$\Delta t_{\mathrm{m}} = \frac{\Delta t_{\max} - \Delta t_{\min}}{\ln \dfrac{\Delta t_{\max}}{\Delta t_{\min}}} \tag{11-16}$$

式中,$\Delta t_{\max}$ 和 $\Delta t_{\min}$ 分别代表图 11-12 中 $\Delta t'$ 与 $\Delta t''$ 两者中之大者和小者。式(11-16)为确定平均温差 Δt_{m} 的基本计算式,由于出现了对数,因此常把用该式计算的温差称为对数平均温差(logarithmic mean temperature difference,LMTD)。

如果假定冷热流体的温度沿程线性变化,如图 11-13 虚线所示,那么我们可以得到算术平均温差,即($\Delta t_{\max} + \Delta t_{\min}$)/2。显然,其值总是大于相应的对数平均温差:对顺流,相当于多出了图 11-13a 中阴影部分这两块面积,对逆流则多出了图 11-13b 中两部分阴影面积之差。显然,$\Delta t_{\max}/\Delta t_{\min}$ 越小,两者的差别越小。当 $\Delta t_{\max}/\Delta t_{\min} \leqslant 2.0$ 时,两者的差别小于 4%。

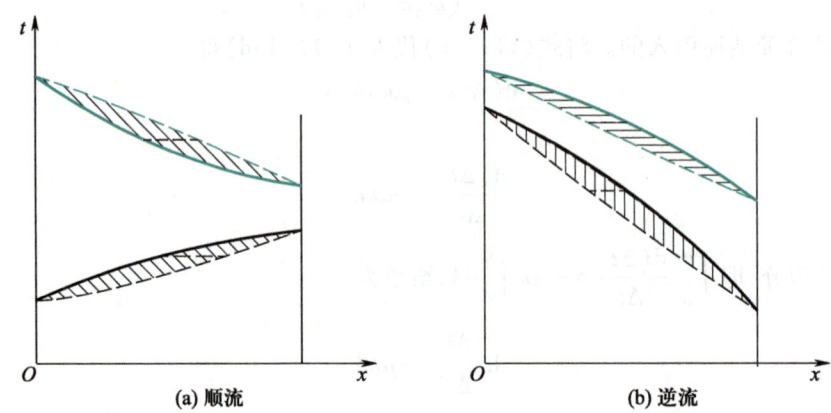

图 11-13　算术平均温差与对数平均温差的比较

这里要再次指出,推导对数平均温差时引入的 4 个假定,对一般的工业换热器是基本成立的,因此对数平均温差在换热器热计算中得到广泛应用。如果在整个换热器中,这些假定不能成立,那么可以将换热器分割成若干段,只要在每段中这些假设能基本成立,就可以分段应用对数平均温差的公式进行换热器的热计算。

11.3.2　其他复杂布置时平均温差的计算

分析表明,对各种布置的壳管式及交叉流式换热器,其平均温差都可以采用下式来计算。

$$\Delta t_{\mathrm{m}} = \psi \, (\Delta t_{\mathrm{m}})_{\mathrm{ctf}} \tag{11-17}$$

式中:$(\Delta t_{\mathrm{m}})_{\mathrm{ctf}}$ 是将给定的冷、热流体的进出口温度布置成逆流时的对数平均温差;ψ 是小于 1 的修正系数。这样,复杂布置时平均温差的计算就归结为获得修正系数 ψ。工程上为应用方便,关于不同流动布置下 ψ 的取值可查图 11-14 ~图 11-17 得到。下面着重说明利用这些曲线时的注意事项。

（1）ψ 值取决于两个量纲为一的参数 P 及 R,其定义为

$$P = \frac{t_2'' - t_2'}{t_1' - t_2'}, \quad R = \frac{t_1' - t_1''}{t_2'' - t_2'} \tag{11-18}$$

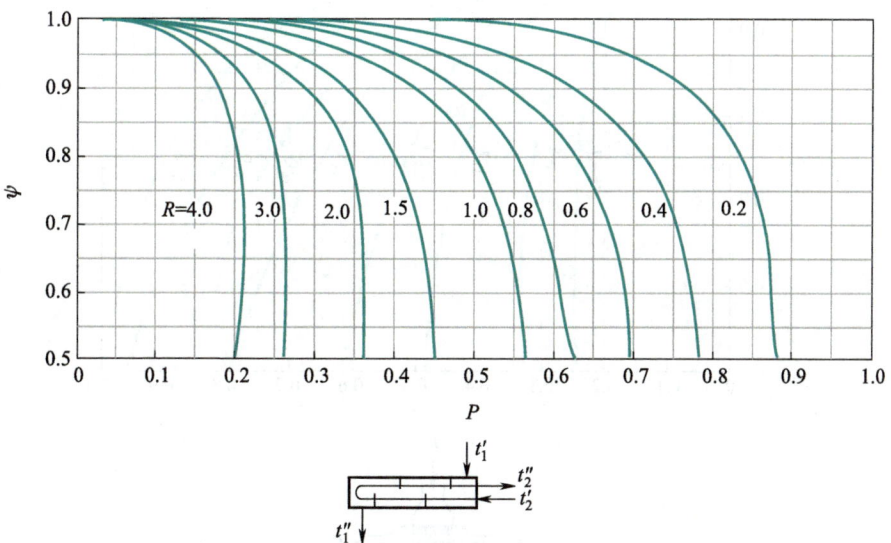

图 11-14　壳侧 1 程、管侧 2、4、6、8…程的 ψ 值

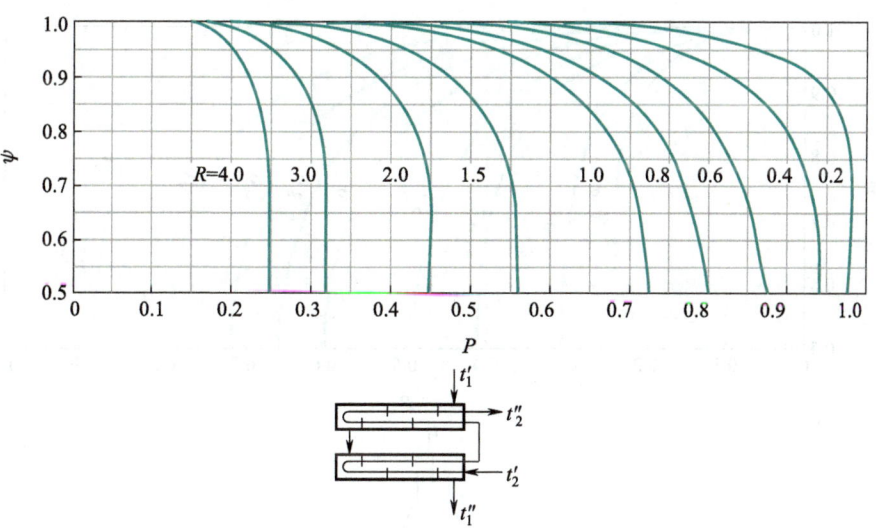

图 11-15　壳侧 2 程、管侧 4、6、8、16…程的 ψ 值

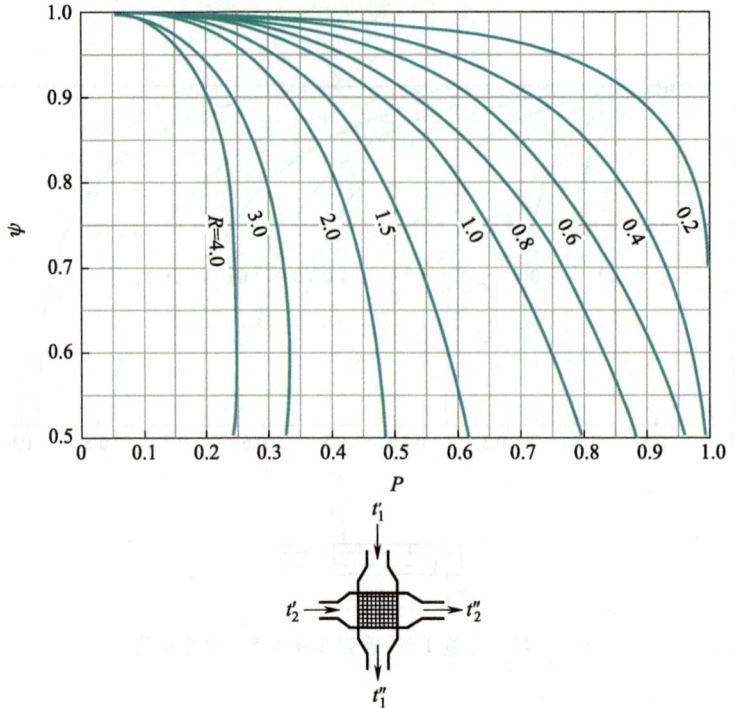

图 11-16 一次交叉流,两种流体各自都不混合时的 ψ 值

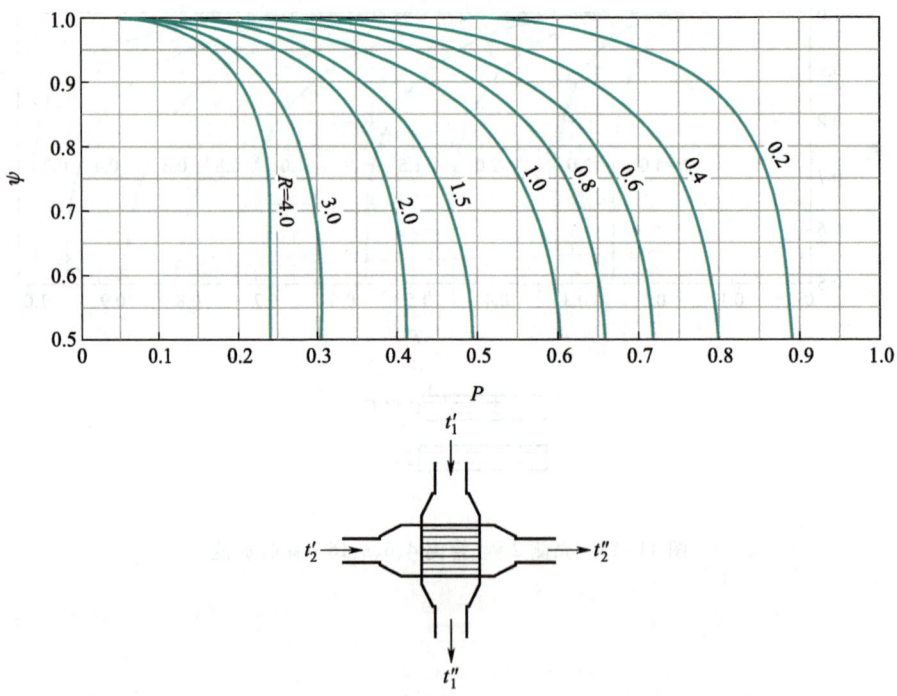

图 11-17 一次交叉流,一种流体混合、另一种流体不混合时的 ψ 值

式中:下标 1、2 分别表示两种流体;上标"'"与"''"分别表示进口与出口。为了方便起见,对壳管式换热器下标 1、2 可分别看成为壳侧与管侧(图 11-14、图 11-15),而对交叉流换热器则可分别看成是热流体与冷流体(图 11-16、图 11-17)。参数 R 具有两种流体热容量之比的物理意义,因为根据热量守恒有 $\dfrac{t_1'-t_1''}{t_2''-t_2'}=\dfrac{q_{m2}c_2}{q_{m1}c_1}$;参数 P 的分母表示换热器中流体 2 理论上所能达到的最大温升,因而 P 值代表该换热器中流体 2 的实际温升与理论上所能达到的最大温升之比。所以,R 的值可以大于、等于或小于 1,但 P 的值必小于 1。

(2)对于壳管式换热器,查图时应注意流动的"程"数。所谓"程",对壳侧流体,是指所流经的壳体的个数;对管侧流体,"程"数减 1 是其流动的总体方向改变的次数。例如,壳侧 2 程、管侧 4 程(简记为 2-4 型)表示壳侧流体流过 2 个壳体、管侧流体 3 次改变其总体的流动方向。对于交叉流换热器要注意冷、热流体各自的混合情况。

(3)由图 11-14~图 11-17 可以看出,当 R 接近于 4 时 P 的值趋近于 $1/R$。此时 ψ 的值随 P 的变动发生剧烈的变化,难以准确地查取 ψ 值。在这种情况下,可用 PR 和 $1/R$ 分别代表 P 及 R 查图。

11.3.3 不同流动布置形式的比较

在各种流动形式中,顺流和逆流可以看作是两种极端情况。在相同的进、出口温度条件下,逆流的平均温差最大,顺流的平均温差最小。顺流时冷流体的出口温度 t_2'' 总是低于热流体的出口温度 t_1'' 的,而逆流时 t_2'' 可大于 t_1''。从这些方面来看,换热器应当尽量布置成逆流。但逆流布置也有缺点,即热流体和冷流体的最高温度 t_1' 和 t_2'' 集中在换热器的同一端,对于高温换热器来说,这是应注意避免的。为了降低这里的壁温,有时甚至有意改用顺流,锅炉中的高温过热器就有这种布置。

在蒸发器或冷凝器中,冷、热流体之一发生相变。相变时,若忽略相变介质压力的沿程变化,则流体在整个换热面积上保持为饱和温度。在此种情形下,冷凝器和蒸发器中冷、热流体的温度变化分别示出于图 11-18a、b。由于一侧流体温度恒定不变,这类换热器无所谓顺流和逆流。

理论分析表明,对工程上常见的流经蛇形管束的传热(参看图 11-19),只要管束的曲折次数超过 4 次,就可按总体流动方向作为纯逆流或纯顺流来处理。对于曲折次数为 2、3、4,且两种流体均不混合的情形,ψ 的值可参见文献[2]。

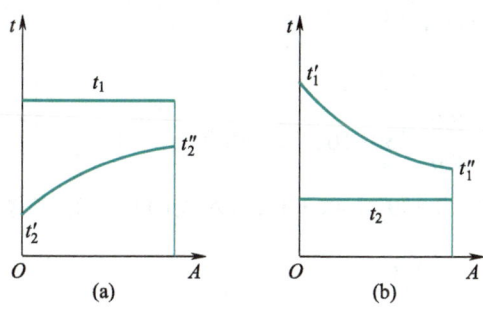

图 11-18 一种介质相变时的温度变化

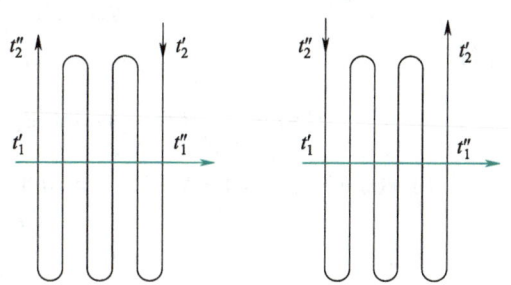

图 11-19 可作为逆流、顺流处理的情况

对于其他各种流动形式,都可以看作是介于顺流、逆流之间的情况。从前面的修正系数 ψ 值的线算图可以看出,其值总是小于 1 的。ψ 值实际上表示了特定流动形式在给定工况下接近逆流的程度。在换热器设计中,除非特殊要求,一般要求使 $\psi>0.9$,至少不小于 0.8。若达不到上述要求,则应改选变流动布置形式。

[例题 11-3]　对一台冷油器进行传热实验测得下列参数:进口油温 $t_1'=49.9\ \text{℃}$,进口水温 $t_2'=21.4\ \text{℃}$;出口油温 $t_1''=44.6\ \text{℃}$,出口水温 $t_2''=24\ \text{℃}$;水的质量流量 $q_m=21.5\times10^3\ \text{kg/h}$;传热面积 $A=2.85\ \text{m}^2$。冷、热流体的流动方向相反,试计算该工况下冷油器的平均温差。

分析:根据题意,该换热器为逆流换热器,油和水的温度的沿程变化如图 11-20 中的实线所示。

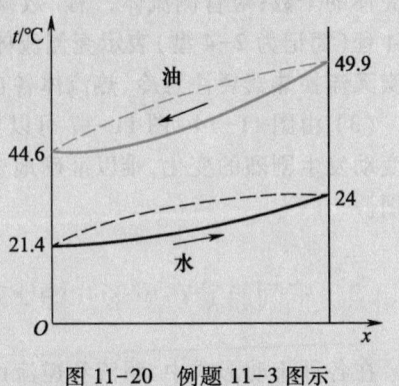

图 11-20　例题 11-3 图示

解:如图 11-20 中的实线所示,此时有

$$\Delta t_{\max}=49.9\ \text{℃}-24\ \text{℃}=25.9\ \text{℃}$$

$$\Delta t_{\min}=44.6\ \text{℃}-21.4\ \text{℃}=23.2\ \text{℃}$$

$$\frac{\Delta t_{\max}}{\Delta t_{\min}}=\frac{25.9\ \text{℃}}{23.2\ \text{℃}}=1.116<2$$

所以可以采用算术平均温差,则

$$\Delta t_{\text{m}}=\frac{\Delta t_{\max}+\Delta t_{\min}}{2}=\frac{25.9\ \text{℃}+23.2\ \text{℃}}{2}=24.6\ \text{℃}$$

讨论:图 11-20 中用实线示出了本题冷、热流体的温度变化曲线。试问,本题中的温度曲线可否画成如图 11-20 中虚线所示? 为什么图 11-12b 中逆流的温度分布曲线画成了向上凸的形式?

[例题 11-4]　在一台板式换热器中,热水流量为 2 000 kg/h,冷水流量为 3 000 kg/h;热水进口温度 $t_1'=80\ \text{℃}$,冷水进口温度 $t_2'=10\ \text{℃}$。如果要求将冷水加热到 $t_2''=30\ \text{℃}$,试求顺流和逆流时的平均温差。

分析:首先应根据热平衡关系算出热流体的出口温度,此时需要知道冷热流体的比热。严格来说,冷热流体的比热应该通过冷热流体各自的平均温度来确定,但该题主要考查顺流、逆流的差异,所以比热取定值。

解:在本题给定温度范围内,水的比热容 $c_1=c_2=4\ 200\ \text{J/(kg·K)}$。根据热平衡关系,有

$$q_{m1}c_1(t_1'-t_1'')=q_{m2}c_2(t_2''-t_2')$$

可得

$$t_1''=t_1'-\frac{q_{m2}c_2}{q_{m1}c_1}(t_2''-t_2')=80\ \text{℃}-\frac{3\ 000\times4\ 200}{2\ 000\times4\ 200}\times(30-10)\ \text{℃}=50\ \text{℃}$$

(1) 顺流时,$\Delta t_{\max}=80\ \text{℃}-10\ \text{℃}=70\ \text{℃}$,$\Delta t_{\min}=50\ \text{℃}-30\ \text{℃}=20\ \text{℃}$,代入式(11-16),可得

$$\Delta t_{\text{m}}=\frac{70\ \text{℃}-20\ \text{℃}}{\ln\dfrac{70\ \text{℃}}{20\ \text{℃}}}=39.9\ \text{℃}$$

（2）逆流时，$\Delta t_{max} = 80\ ℃ - 30\ ℃ = 50\ ℃$，$\Delta t_{min} = 50\ ℃ - 10\ ℃ = 40\ ℃$，代入式（10-16），可得

$$\Delta t_m = \frac{50\ ℃ - 40\ ℃}{\ln \dfrac{50\ ℃}{40\ ℃}} = 44.8\ ℃$$

讨论：逆流时的温差比顺流时的温差大 12.3%。也就是说，在同样的传热量和传热系数下，只要将顺流系统改成逆流系统，就可以减少 12.3% 的换热面积。

[例题 11-5]　上例中，如改用 1-2 型壳管式换热器，冷水走壳程、热水走管程，求该换热器的平均温差。

分析：这里把参数 P 和 R 计算中的下标 1、2 分别看成壳侧与管侧。

解：

$$P = \frac{t_2'' - t_2'}{t_1' - t_2'} = \frac{50\ ℃ - 80\ ℃}{10\ ℃ - 80\ ℃} = 0.428$$

$$R = \frac{t_1' - t_1''}{t_2'' - t_2'} = \frac{10\ ℃ - 30\ ℃}{50\ ℃ - 80\ ℃} = 0.667$$

由图 11-14 查得 $\psi = 0.95$，于是，该 1-2 型壳管式换热器的平均温差为

$$\Delta t_m = \psi\,(\Delta t_m)_{ctf} = 0.95 \times 44.8\ ℃ = 42.6\ ℃$$

讨论：若让冷水走管程，热水走壳程，则有

$$P = \frac{t_2'' - t_2'}{t_1' - t_2'} = \frac{30\ ℃ - 10\ ℃}{80\ ℃ - 10\ ℃} = 0.286$$

$$R = \frac{t_1' - t_1''}{t_2'' - t_2'} = \frac{80\ ℃ - 50\ ℃}{30\ ℃ - 10\ ℃} = 1.49$$

由图 11-14 查得 $\psi = 0.95$，还可以发现，这里的 P 值即为上述计算中的 PR，而此处的 R 则为上述计算中的 $1/R$。可见在 P、R 的定义式（11-18）中，下标 1、2 仅是指两种流体，对于管壳式换热器没有必要一定要把下标 1、2 与壳侧、管侧（或热流体、冷流体）对应起来，对交叉流换热器也没有必要一定要把 1、2 与流体的冷、热（或混合、不混合）联系起来。也就是说，前面对下标 1、2 的限定或说明仅是为了便于教学。

11.4　间壁式换热器的热计算

11.4.1　换热器的热计算方法

1. 两种类型的计算

有两种情况需要进行换热器的热计算：一种是设计一个新的换热器，以确定换热器所需的换热面积，这类计算称为设计计算（design calculation）；另一种是对已有的或已选定换热面积的换

热器,在非设计工况条件下核算它能否胜任规定的换热任务,这类计算称为校核计算(performance calculation)。

无论是设计计算还是校核计算,基本公式都是传热过程方程式及热平衡方程式,即

$$\Phi = kA\Delta t_{m} \tag{11-19}$$

$$\Phi = q_{m1}c_{1}(t_{1}'-t_{1}'') = q_{m2}c_{2}(t_{2}''-t_{2}') \tag{11-20}$$

在设计计算时,给定的是流体的水当量 $q_{m1}c_{1}$、$q_{m2}c_{2}$ 以及 4 个进、出口温度中的 3 个,需要求换热器的面积 A。在校核计算时,给定的是换热器的面积 A(包括换热器结构和流动布置)流体的水当量 $q_{m1}c_{1}$、$q_{m2}c_{2}$ 以及两个进口温度 t_{1}'、t_{2}',待求的是出口温度 t_{1}'' 或 t_{2}''。

2. 两种设计方法

换热器的
热计算方
法

换热器的热计算方法有多种,常用的两种是平均温差法与效能-传热单元数法。两种方法所依据的方程相同,但利用的具体途径不同。在平均温差法中,直接利用式(11-19)和式(11-20)来计算传热面积(设计计算)或传热量(校核计算);在效能传热单元数法中,不是直接利用式(11-19)和式(11-20),而是引入换热器的效能(effectiveness)和传热单元数(number of heat transfer unit,NTU)这两个参数来进行换热器的设计计算或校核计算。

11.4.2 换热器热计算的平均温差法

1. 设计计算步骤

平均温差法用作设计计算时,步骤如下。

(1)根据需求,布置换热面。

(2)计算出相应的总传热系数 k。

(3)由热平衡式(11-20)求出进、出口温度中的待定温度。

(4)由冷、热流体的 4 个进、出口温度以及换热器的形式确定平均温差 Δt_{m},要注意保持修正系数 ψ 具有合适的数值。

(5)由传热过程方程式(11-19)求出所需的换热面积 A,核算换热面两侧流体的流动阻力。

(6)若流动阻力过大,需重复步骤(1)~(5),直至满足传热和阻力要求。

2. 校核计算步骤

对已有的换热器或换热器的已有设计进行校核计算时,由于冷热流体出口温度未知,因此需要先假定 t_{1}'' 或 t_{2}'' 进行计算。假定的 t_{1}'' 或 t_{2}'' 会使得由式(11-19)和式(11-20)计算得到的换热量不相等,所以常常需要迭代计算,具体步骤如下。

(1)先假设一个流体的出口温度,按式(11-20)求出另一个流体的出口温度及换热量 Φ_{hb}。

(2)根据 4 个进、出口温度以及已有换热器的形式,求得平均温差 Δt_{m}。

(3)根据换热器的结构,计算出相应工作条件下的总传热系数 k。

(4)已知 kA 和 Δt_{m},按传热过程方程式(11-19)求出换热量 Φ_{ht}。

(5)比较 Φ_{hb} 和 Φ_{ht},若不相等,表明步骤(1)中假设的温度不符合实际,需重新假设并重复步骤(1)~(4),直到 Φ_{hb} 和 Φ_{ht} 相等为止。实际上只要保证 Φ_{hb} 和 Φ_{ht} 接近就行,至于两者接近到何种程度,则由所要求的计算精度而定,一般认为两者之差至少应小于 5%。

11.4.3   换热器热计算的效能−传热单元数法

1. 换热器的效能与传热单元数

换热器的效能 ε 定义为

$$\varepsilon = \frac{(t'-t'')_{\max}}{t_1'-t_2'} \tag{11-21}$$

式中:分母为流体在换热器中可能发生的最大温差;分子为冷流体或热流体在换热器中进、出口温度中的大者。所以,效能 ε 表示换热器的实际换热效果与最大可能的换热效果之比。已知 ε 后,换热器交换的热流量即可根据两种流体的进口温度确定,即

$$\Phi = (q_m c)_{\min}(t'-t'')_{\max} = \varepsilon(q_m c)_{\min}(t_1'-t_2') \tag{11-22}$$

实际上,换热器的换热量还可以用传热过程方程式来计算。也就是说,结合式(11-19)和式(11-22),换热器的效能可定义为

$$\varepsilon = \frac{kA\Delta t_m}{(q_m c)_{\min}(t_1'-t_2')} = \frac{kA}{(q_m c)_{\min}} \cdot \frac{\Delta t_m}{(t_1'-t_2')} \tag{11-23}$$

式中,定义

$$\text{NTU} = \frac{kA}{(q_m c)_{\min}} \tag{11-24}$$

为换热器的传热单元数,在一定意义上可看成换热器 kA 值大小的一种度量。

2. 顺流和逆流时换热器的效能

顺流时,假定 $q_{m1}c_1 < q_{m2}c_2$,于是按定义式(11-21)可写出

$$t_1'-t_1'' = \varepsilon(t_1'-t_2') \tag{11-25a}$$

根据式(11-20),有

$$t_2''-t_2' = \frac{q_{m1}c_1}{q_{m2}c_2}(t_1'-t_1'') \tag{11-25b}$$

将式(11-25a)、式(11-25b)相加,得

$$(t_1'-t_2') - (t_1''-t_2'') = \varepsilon\left(1 + \frac{q_{m1}c_1}{q_{m2}c_2}\right)(t_1'-t_2') \tag{11-25c}$$

即

$$1 - \frac{t_1''-t_2''}{t_1'-t_2'} = \varepsilon\left(1 + \frac{q_{m1}c_1}{q_{m2}c_2}\right) \tag{11-25d}$$

由式(11-15h)可知 $\dfrac{t_1''-t_2''}{t_1'-t_2'} = e^{-\mu kA}$,代入上式得

$$\varepsilon = \frac{1 - e^{-\mu kA}}{1 + \dfrac{q_{m1}c_1}{q_{m2}c_2}} \tag{11-25e}$$

将 μ 的定义式(11-15d)代入上式得

$$\varepsilon = \frac{1-\exp\left[-\dfrac{kA}{q_{m1}c_1}\left(1+\dfrac{q_{m1}c_1}{q_{m2}c_2}\right)\right]}{1+\dfrac{q_{m1}c_1}{q_{m2}c_2}} \tag{11-25f}$$

当 $q_{m1}c_1 > q_{m2}c_2$ 时,类似的推导可得

$$\varepsilon = \frac{1-\exp\left[-\dfrac{kA}{q_{m2}c_2}\left(1+\dfrac{q_{m2}c_2}{q_{m1}c_1}\right)\right]}{1+\dfrac{q_{m2}c_2}{q_{m1}c_1}} \tag{11-25g}$$

结合 NTU 的定义式(11-24),上两式可合并成

$$\varepsilon = \frac{1-\exp\left\{-NTU\left[1+\dfrac{(q_mc)_{\min}}{(q_mc)_{\max}}\right]\right\}}{1+\dfrac{(q_mc)_{\min}}{(q_mc)_{\max}}} \tag{11-26}$$

逆流时,类似的推导可得逆流换热器的效能为

$$\varepsilon = \frac{1-\exp\left\{-NTU\left[1-\dfrac{(q_mc)_{\min}}{(q_mc)_{\max}}\right]\right\}}{1-\dfrac{(q_mc)_{\min}}{(q_mc)_{\max}}\exp\left\{-NTU\left[1-\dfrac{(q_mc)_{\min}}{(q_mc)_{\max}}\right]\right\}} \tag{11-27}$$

3. 用传热单元数表示的效能计算公式与图线

对于比较复杂的流动形式,ε 的计算公式可参见文献[3]。为便于工程计算,ε 的计算式已被绘成线算图备查。图 11-21~图 11-26 给出了几种流动形式的 ε-NTU 图。图中的参变量为比值 $(q_mc)_{\min}/(q_mc)_{\max}$[在图 11-26 中参变量为比值 $(q_mc)_{混合}/(q_mc)_{不混合}$]。值得指出,图 11-23~图 11-26 所代表的换热器的结构与图 11-14~图 11-17 是一一对应的。

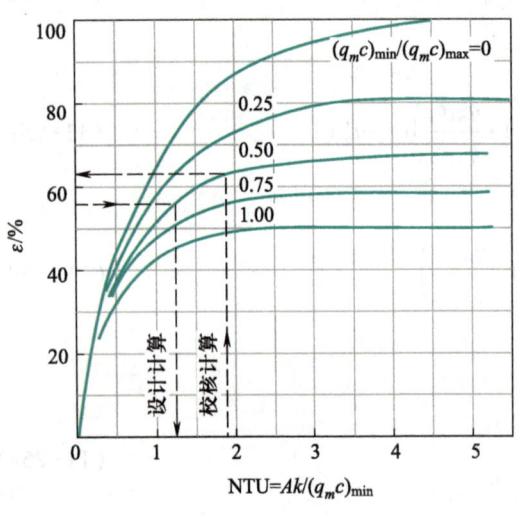

图 11-21   顺流换热器的 ε-NTU 关系图

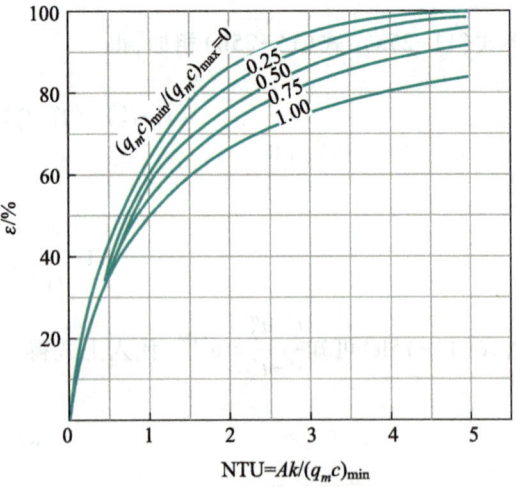

图 11-22   逆流换热器的 ε-NTU 关系图

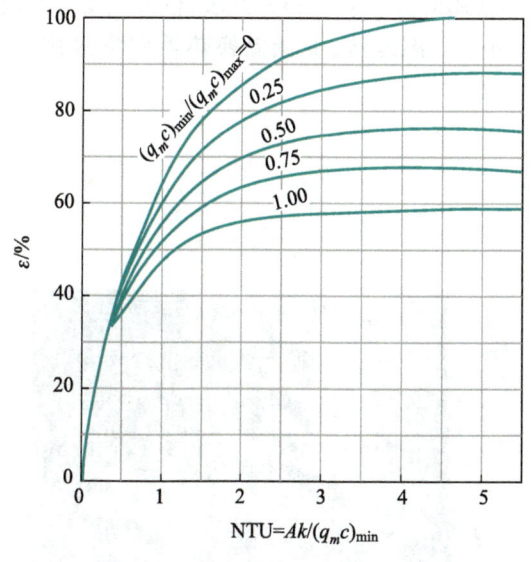

图 11-23 单壳程, 2、4、6 等管程换热器的
ε-NTU 关系图

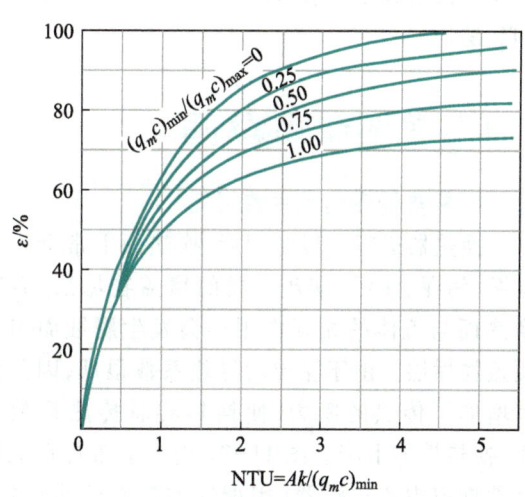

图 11-24 双壳程, 4、6、12 等管程换热器的
ε-NTU 关系图

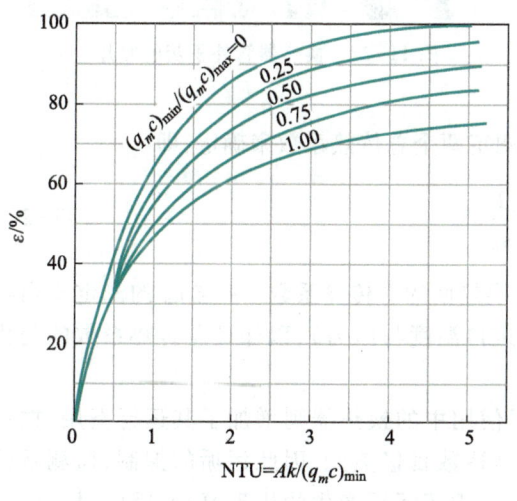

图 11-25 流体不混合的一次交叉流换热器的
ε-NTU 关系图

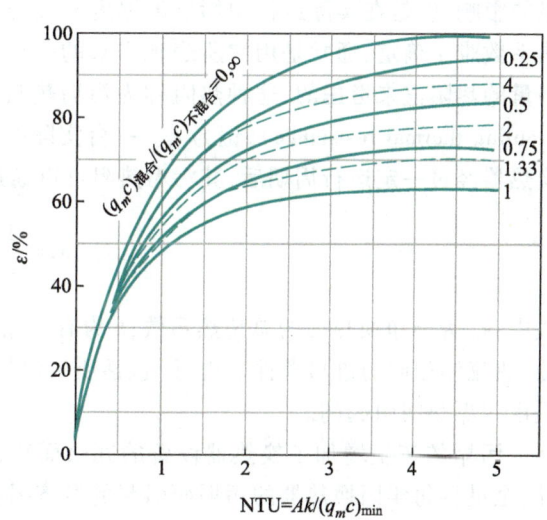

图 11-26 流体混合的一次交叉流换热器的
ε-NTU 关系图

4. 采用 ε-NTU 方法进行换热器热计算的步骤

由 ε 及 NTU 的定义及换热器两类热计算的任务可知,设计计算是已知 ε 求 NTU,而校核计算则是由 NTU 求取 ε 的,如图 11-20 中虚线所示,计算步骤都与平均温差法的相似,故不再细述。

这里需要指出,在校核计算中,为了算出 NTU,同样需要假定流体的出口温度以获得总传热系数 k,但流体出口温度对 k 的影响是通过定性温度来体现的,显然远不如对热平衡热量或平均温差影响那么大,在这一点上 ε-NTU 法有一定的优越性。采用平均温差法时,通过 ψ 值的大小可以看到流动布置与逆流的差距,这是其优点。实际使用时究竟采用哪种方法,很大程度上取决于该工程领域中的传统。我国锅炉工程界广泛采用平均温差法,而低温换热器则常采用 ε-NTU 法。

11.4.4 换热器的污垢热阻

1. 换热器在运行中的污垢

换热器运行一段时间后,换热面上常会积起水垢、污泥、油污、烟灰之类的覆盖物垢层,有时换热面与流体的相互作用还会发生腐蚀而引起覆盖物垢层。由于垢层的导热系数很低,因此大大增加了传热的阻力,使换热器总传热系数减小、换热性能下降。图 11-27 给出了布置在锅炉尾部烟道中的省媒器(用烟气加热水的换热器)管外积灰的照片。

图 11-27 换热器管外积灰的照片

在进行换热器的热计算时必须考虑污垢热阻的影响,但是在实际运行中垢层的厚度及其导热系数难于确定,通常是用它所表现出来的一个当量的热阻值来考虑的,这种热阻称为污垢热阻(fouling thermal resistance),记为 r_f。一台实际的换热器经过一定运行周期后,其污垢热阻可以通过测定两个总传热系数来确定,即

$$r_f = \frac{1}{k} - \frac{1}{k_0} \tag{11-28}$$

式中:k_0 为洁净换热面的总传热系数;k 为有污垢的换热面的总传热系数。k 与 k_0 的测定应当在冷、热流体相同的进口条件下进行(包括质量流量、进口温度与压力),以保证总传热系数的变化是由污垢热阻引起的。

污垢的产生增加了换热器设备的冗余面积,对使用中的换热器则增加了其运行费用,据估计,全世界每年因换热器的污垢而引起的经济损失高达数百亿美元,因此污垢的抑制、监测及清除的问题一直是传热学界与工业界所关心的课题[4]。由于污垢产生的机理复杂,因此目前尚未找出在换热设备中消除污垢的良策。工程界的一种实用做法是,一方面在设计时适当考虑污垢热阻,同时对运行中的换热器实行定期清洗,以保证污垢热阻不超过设计时的选定值。河水之类污垢热阻的值与各个国家、地区的水文地质条件有关,我国学者虽已在污垢热阻的研究方面开展了有效的工作[4],但尚未累积足够多的运行资料以对我国主要江河的河水污垢热阻提出一些推荐值。在设计这类换热器时,如无相关的实验资料作依据,可参考表 11-1~表 11-4 中的污垢热阻值。

表 11-1　水的污垢热阻(单位:$10^{-4}\text{m}^2\cdot\text{K}/\text{W}$)

加热介质的温度	<115 ℃		115~205 ℃	
水的温度	52 ℃ 或<52 ℃		>52 ℃	
水的类型	水的流速(m/s)		水的流速(m/s)	
	1 或<1	>1	1 或<1	>1
海水	0.88	0.88	1.76	1.76
含盐水	3.52	1.76	5.28	3.52
冷却塔和人造喷水池				
净化水	1.76	1.76	3.52	3.52
未净化水	5.28	5.28	8.8	7.04
自来水或井水	1.76	1.76	3.52	3.52
河水最小值	3.52	1.76	5.28	3.52
河水平均值	5.28	3.52	7.04	5.28
混浊或带有泥质的水	5.28	3.52	7.04	5.28
硬水(>256.8 mg/L)	5.28	5.28	8.8	8.8
冷凝液	1.76	0.88	1.76	1.76
净化的锅炉给水	1.76	0.88	1.76	1.76
锅炉排水	3.52	3.52	3.52	3.52

表 11-2　化工过程物料的污垢热阻(单位:$10^{-4}\text{m}^2\cdot\text{K}/\text{W}$)

流体种类	污垢热阻
气体和蒸汽	
酸性气体	3.52 ~5.28
溶剂蒸气	1.76
稳定的塔顶产品蒸气	1.76 ~3.52
液体	
单醇胺和二醇胺溶液	3.5
二甘醇和四甘醇溶液	3.5
稳定的侧线馏分及塔底产品	1.76 ~3.52
植物油	5.28

表 11-3　工业流体的污垢热阻(单位:$10^{-4}\text{m}^2\cdot\text{K}/\text{W}$)

流体种类	污垢热阻
油类	
2 号燃料油	3.52
6 号燃料油	8.80
变压器油	1.76
机械润滑油	1.76

续表

流体种类	污垢热阻
气体和蒸汽	
水蒸气(无油)	0.88
排放水蒸气(含油)	2.64~3.52
制冷剂蒸气(含油)	3.52
压缩空气	1.76
氨气	1.76
二氧化碳	1.76
氯气	3.52
燃煤烟气	17.6
天然气烟气	8.8
发动机排气	1.76
液体	
制冷液	1.76
液压流体	1.76
工业有机传热介质	3.52
氨	1.76
氨(含油)	5.28
乙醇溶液	3.52
乙二醇溶液	3.52
传热熔盐	8.80
二氧化碳	1.76
氯	3.52
木醇溶液	3.52

表 11-4 天然气-汽油加工过程物料流的污垢热阻(单位:$10^{-4} \mathrm{m}^2 \cdot \mathrm{K/W}$)

流体种类	污垢热阻
气体和蒸气	
天然气	1.76~3.52
塔顶产品蒸气	1.76~3.52
液体	
劣质油	3.52
富油	1.76~3.52
天然汽油和液化石油气	1.76~3.52

2. 有污垢热阻时传热系数的表达式

表 11-1 适用于管壳式换热器单侧污垢的面积热阻值。对于一台管壁两侧均已结垢的换热器,以管子外表面积为基准的总传热系数可表示为

$$k = \cfrac{1}{\left(\cfrac{1}{h_o} + r_o\right)\cfrac{1}{\eta_o} + r_w + r_i\left(\cfrac{A_o}{A_i}\right) + \cfrac{1}{h_i}\left(\cfrac{A_o}{A_i}\right)} \tag{11-29}$$

式中:h_i、h_o 分别为管子内、外侧的表面传热系数;r_i、r_o 分别为管子内、外侧的污垢热阻(面积热阻);r_w 为管壁导热热阻;η_o 为肋面总效率(若无肋片,则 $\eta_o = 1$)。

在工程设计中,除了采用污垢热阻来考虑结垢对壳管式换热器传热过程的影响,还采用换热面的清洁系数或富裕面积的百分数来考虑结垢影响。先按干净的换热面计算出总传热系数,再对这一传热系数打一个折扣,此折扣值(一般为 80%~90%)称为清洁系数(或类似的名称),这种做法在动力工程中应用较多;或者按清洁表面的总传热系数值计算出所需的传热面积,然后再增加一定百分数的富裕面积(一般为 20%~25%),这就是富裕面积百分数的方法。这两种方法不能揭示出管内与管外污垢热阻各自的影响,因此其在工程中的应用不如污垢热阻法广泛。

11.4.5 关于换热器设计的进一步说明

(1)本章介绍的是关于间壁式换热器热设计的一般方法。在各个工程领域中,以传热学的基本原理为依据,结合长期的工程实践和研究,常常总结出更为具体的、适用于某一类换热器的设计方法或规程。例如,关于垂直折流板壳管式换热器就有由美国特拉华大学历经 10 多年研究总结出来的方法,可参见文献[5]。

(2)随着计算机技术的发展,换热器的热计算、压降计算和综合技术经济指标比较计算等,都算得更准确,并在广阔的参数变动范围内进行多种方案的比较和筛选,从而大大提高了进行优化设计的能力。国内外不少研究与设计机构已经开发了不少这样的计算软件,其中比较著名的有英国传热及流体流动学会(HTFS)及美国传热技术研究公司(HTRI)所推出的计算软件,可参见文献[6]。

(3)随着信息技术和现代数理方法的迅速发展,人工智能(artificial intelligence,AI)技术在换热器的性能预测及优化设计中得到越来越多的应用,包括进化算法、神经网络、遗传算法、粒子群优化等,文献[7]对这些方法在换热器优化设计中的应用做了综述,可供参考。

总之,换热器设计是一个综合性的课题,还需考虑初投资、运行费用、安全可靠等因素,而以达到最佳的综合技术经济指标为目标。

[例题 11-6] 流量为 39 m^3/h 的机械润滑油,在冷油器中从 $t_1' = 56.9\ ℃$ 冷却到 $t_1'' = 45\ ℃$。冷油器采用 1-2 型壳管式结构,管子为铜管,外径为 15 mm、壁厚为 1 mm,每小时 47.7 t 的河水作为冷却水在管内流过,进口温度为 $t_2' = 33\ ℃$,油安排在壳侧。油侧的表面传热系数 $h_o = 450\ W/(m^2 \cdot K)$,水侧的表面传热系数 $h_i = 5\ 850\ W/(m^2 \cdot K)$。已知机械润滑油在运行温度下的物性为 $\rho_1 = 879\ kg/m^3$,$c_1 = 1.95\ kJ/(kg \cdot K)$。试求所需的传热面积。

分析:本题是一个设计计算,换热量可以从油侧得出。根据热平衡关系,计算出水的出口温度,进而得出对数平均温差。在计算总传热系数时,要明确是以哪侧面积为依据,还需考虑污垢热阻。

解:油的质量流量为

$$q_{m1} = \rho_1 q_{v1} = 879 \text{ kg/m}^3 \times \frac{39 \text{ m}^3}{3\ 600 \text{ s}} = 9.52 \text{ kg/s}$$

油侧的热流量为

$$\Phi = q_{m1} c_1 (t_1' - t_1'') = 9.52 \text{ kg/s} \times 1\ 950 \text{ J/(kg·K)} \times (56.9 - 45) \text{ K} = 2.21 \times 10^5 \text{ W}$$

水侧的质量流量为

$$q_{m2} = \frac{47.7 \text{ kg}}{3\ 600 \text{ s}} = 13.25 \text{ kg/s}$$

冷却水的出口温度为

$$t_2'' = t_2' + \frac{\Phi}{q_{m2} c_2} = 33 \text{ ℃} + \frac{2.21 \times 10^5 \text{ W}}{13.25 \text{ kg/s} \times 4.19 \times 10^3 \text{ J/(kg·K)}} = 37.0 \text{ ℃}$$

参量 P 和 R 为

$$P = \frac{t_2'' - t_2'}{t_1' - t_2'} = \frac{37 \text{ ℃} - 33 \text{ ℃}}{56.9 \text{ ℃} - 33 \text{ ℃}} = 0.17$$

$$R = \frac{t_1' - t_1''}{t_2'' - t_2'} = \frac{56.9 \text{ ℃} - 45 \text{ ℃}}{37 \text{ ℃} - 33 \text{ ℃}} = 3$$

查图 11-14 得 $\psi = 0.97$,所以该换热器的对数平均温差为

$$\Delta t_m = \psi (\Delta t_m)_{ctf} = 0.97 \times \frac{(56.9 \text{ ℃} - 37 \text{ ℃}) - (45 \text{ ℃} - 33 \text{ ℃})}{\ln \dfrac{56.9 \text{ ℃} - 37 \text{ ℃}}{45 \text{ ℃} - 33 \text{ ℃}}} = 15.15 \text{ ℃}$$

按表 11-1 和表 11-3,分别取管内、外侧污垢热阻为 0.000 352 m^2·K/W 和 0.000 176 m^2·K/W,于是忽略管壁导热热阻后总传热系数为

$$k = \frac{1}{\dfrac{1}{h_o} + r_o + \left(r_i + \dfrac{1}{h_i}\right) \dfrac{A_o}{A_i}}$$

$$= \frac{1}{\left[1/450 + 0.000\ 176 + (1/5\ 850 + 0.000\ 352) \times \dfrac{15}{13} \right] \text{m}^2 \cdot \text{K/W}}$$

$$= 333.2 \text{ W/(m}^2 \cdot \text{K)}$$

冷油器的计算面积为

$$A = \frac{\Phi}{k \Delta t_m} = \frac{2.21 \times 10^5 \text{ W}}{333.2 \text{ W/(m}^2 \cdot \text{K)} \times 15.1 \text{ ℃}} = 43.8 \text{ m}^2$$

讨论:在设计计算中已计及污垢热阻的影响,但在确定实际换热面积时还要考虑加 10% 的冗余面积,以便照顾某些未计及的因素(如获得总传热系数时可能的误差等)。

[例题 11-7] 上例中,如果冷油器的进口油温变为 58.7 ℃,而水的流量、进口温度及油的流量均不变,求出口油温和出口水温。

分析:换热器在运行中经常会发生运行条件的变化,这种变化称为变工况,进口油温的变化是一种可能的变工况。油和水的温度若升高很多,则需考虑物性变化对 k 的影响。现在变化甚少,可认为传热系数仍为 333.2 W/(m²·K)。这是校核计算,采用 ε-NTU 法计算。

解:

$$q_{m1}c_1 = 1.083 \times 10^{-2} \text{ m}^3/\text{s} \times 879 \text{ kg/m}^3 \times 1.95 \times 10^3 \text{ J/(kg·K)} = 1.856 \times 10^4 \text{ W/K}$$

$$q_{m2}c_2 = 13.25 \text{ kg/s} \times 4.19 \times 10^3 \text{ J/(kg·K)} = 5.552 \times 10^4 \text{ W/K}$$

$$\frac{(q_m c)_{min}}{(q_m c)_{max}} = \frac{1.856 \times 10^4 \text{ W/K}}{5.552 \times 10^4 \text{ W/K}} = 0.334$$

$$\text{NTU} = \frac{kA}{(q_m c)_{min}} = \frac{333.2 \text{ W/(m}^2\text{·K)} \times 43.8 \text{ m}^2}{1.856 \times 10^4 \text{ W/K}} = 0.79$$

查图 11-22 得 $\varepsilon = 0.54$,则换热器的换热量为

$$\Phi = \varepsilon (q_m c)_{min}(t_1' - t_2') = 0.54 \times 1.856 \times 10^4 \text{ W/K} \times (58.7 - 33) \text{ K} = 2.58 \times 10^5 \text{ W}$$

由热平衡式可求得油和水的出口温度

$$t_1'' = t_1' - \frac{\Phi}{q_{m1}c_1} = 58.7 \text{ ℃} - \frac{2.58 \times 10^5 \text{ W}}{1.856 \times 10^4 \text{ W/W}} = 44.8 \text{ ℃}$$

$$t_2'' = t_2' + \frac{\Phi}{q_{m2}c_2} = 33 \text{ ℃} + \frac{2.58 \times 10^5 \text{ W}}{5.552 \times 10^4 \text{ W/W}} = 37.6 \text{ ℃}$$

讨论:该题是采用 ε-NTU 法优于平均温差法的典型,如果采用后者,需先假定某一出口温度再迭代,计算量是比较大的。

11.5 热阻分离法

为了监视工业换热器的工作性能,需要确定传热过程各分热阻及污垢热阻的数值,应用热阻分离方法可以方便地解决此类问题,下面以壳管式换热器为例来说明该方法的要点。

总传热系数可表示为

$$\frac{1}{k_o} = \frac{1}{h_o} + r_w + r_f + \frac{1}{h_i}\frac{d_o}{d_i} \tag{11-30a}$$

式中,r_w 及 r_f 分别表示管壁导热热阻及污垢热阻。在工业换热器中,一般管内流体的流动总是处于旺盛湍流状态的,此时 h_i 与流速 $u^{0.8}$ 成正比,于是式(11-30a)可写成

$$\frac{1}{k_o} = \frac{1}{h_o} + r_w + r_f + \frac{1}{c_i u_i^{0.8}}\frac{d_o}{d_i} \tag{11-30b}$$

保持 h_o 不变(只要使壳侧流体流量及平均温度基本不变即可),改变管侧流速做一系列测定总传热系数 k_o 的实验,则可将式(11-30b)表示成

$$\frac{1}{k_o} = b + \frac{1}{c_i}\frac{d_o}{d_i}\frac{1}{u_i^{0.8}} \tag{11-30c}$$

式中, $b = 1/h_o + r_w + r_f$ 是一个定数, 因为污垢热阻不可能在短时间实验中发生实质性的变化。

式(11-30c)是一个 $Y = b + mX$ 型的直线方程, 其中 $Y = 1/k_o$、$X = 1/u_i^{0.8}$。将不同管内流速的实验点画在 $1/k_o - 1/u_i^{0.8}$ 图上(图11-28), 可求出通过这些实验点的直线的斜率 m 和截距 b, 即

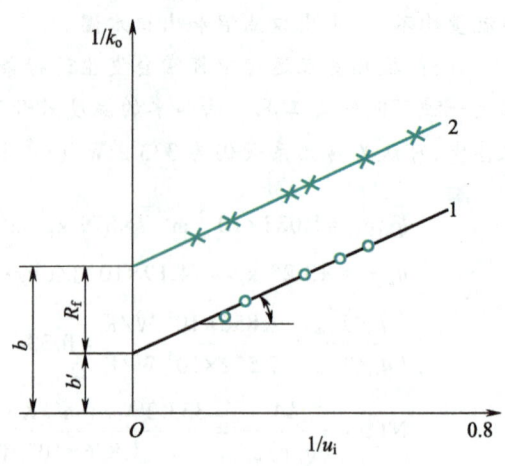

$$c_i = \frac{1}{m} \frac{d_o}{d_i} \qquad (11\text{-}30\text{d})$$

$$b = \frac{1}{h_o} + r_w + r_f \qquad (11\text{-}30\text{e})$$

管侧流体的表面传热系数即可从下式算出

$$h_i = c_i u_i^{0.8} \qquad (11\text{-}30\text{f})$$

若已知 r_w 和 r_f, 则壳侧流体的表面传热系数即可用式(11-30e)算出。

图11-28 威尔逊图解法图示

h_o 也可用实验方法确定。这时, 保持管侧 h_i 不变, 改变壳侧流量, 用类似于确定 h_i 的方法可获得 h_o。这种利用图解分离传热过程分热阻的方法称为威尔逊图解法(Wilson plot)[8]。

值得指出, 式(11-30a)、式(11-30b)、式(11-30e)中的 r_f 实际上包含了管壁内、外的污垢热阻及面积比 A_o/A_i 对管内污垢热阻的影响。由于要准确地获得 r_f 之值并不容易, 应当在换热器全新或经过清洗后进行上述实验, 此时可取 $r_f = 0$, 从而可以把 r_f 的取值不确定性所造成的对计算 h_i 或 h_o 的影响降低到最小。

威尔逊图解法还可用来确定污垢热阻。在换热器全新时或经过清洗后做上述试验, 并在图上(图11-28)作出直线1。经过一段时间运行后, 在保持壳侧工况与前次实验相同的条件下再做一系列实验, 在图上作出直线2。两条直线的截距之差即等于运行过程中增加的污垢热阻。

上述方法在使用时有一个重要的条件, 即换热器一侧的热阻基本保持不变。这一要求在不少情况下难以实现, 近些年来发展起来的修正威尔逊图解法则可不必满足这一要求。威尔逊图解法及其修正方案已广泛应用于冷凝器、蒸发器及各种管翅式换热器的对流传热平均热阻的测定工作, 有兴趣的读者可参考文献[8-11]。

[**例题11-8**] 有一台空气冷却器, 空气在管外横掠过管束, $h_o = 90 \text{ W}/(\text{m}^2 \cdot \text{K})$, 冷却水在管内流动, $h_i = 6\,000 \text{ W}/(\text{m}^2 \cdot \text{K})$, 换热管为外径16 mm、厚1.5 mm的黄铜管。求:(1) 空气冷却器的总传热系数;(2) 如果 h_o 增加1倍, 总传热系数如何变化? (3) 如果 h_i 增加1倍, 总传热系数如何变化?

分析:黄铜的导热系数由书末的附录26查取为 $111 \text{ W}/(\text{m}^2 \cdot \text{K})$。空气在管外流动, 应是主要热阻所在, 所以以外表面积作为基准。

解:

(1) 由式(11-6)可得

$$k_o = \cfrac{1}{\cfrac{1}{h_i}\cfrac{d_o}{d_i}+\cfrac{d_o}{2\lambda}\ln\cfrac{d_o}{d_i}+\cfrac{1}{h_o}}$$

$$= \cfrac{1}{\cfrac{1}{6\,000\ \text{W}/(\text{m}^2\cdot\text{K})}\cfrac{16\ \text{mm}}{13\ \text{mm}}+\cfrac{0.016\ \text{m}}{2\times111\ \text{W}/(\text{m}\cdot\text{K})}\ln\cfrac{16}{13}+\cfrac{1}{90\ \text{W}/(\text{m}^2\cdot\text{K})}}$$

$$= \cfrac{1}{2.05\times10^{-4}+1.50\times10^{-5}+1.11\times10^{-2}}\ \text{W}/(\text{m}^2\cdot\text{K})$$

$$= 88.4\ \text{W}/(\text{m}^2\cdot\text{K})$$

（2）由以上计算可见，管壁导热热阻要比管外对流传热热阻小 3 个数量级，可以忽略不计，如果 h_o 增加 1 倍，那么总传热系数为

$$k_o = \cfrac{1}{\cfrac{1}{h_i}\cfrac{d_o}{d_i}+\cfrac{1}{2h_o}} = \cfrac{1}{\cfrac{1}{6\,000\ \text{W}/(\text{m}^2\cdot\text{K})}\cfrac{16\ \text{mm}}{13\ \text{mm}}+\cfrac{1}{2\times90\ \text{W}/(\text{m}^2\cdot\text{K})}}$$

$$= \cfrac{1}{2.05\times10^{-4}+5.56\times10^{-3}}\ \text{W}/(\text{m}^2\cdot\text{K}) = 173.6\ \text{W}/(\text{m}^2\cdot\text{K})$$

增加了 96%。

（3）若 h_i 增加 1 倍，则总传热系数为

$$k_o = \cfrac{1}{\cfrac{1}{2h_i}\cfrac{d_o}{d_i}+\cfrac{1}{h_o}} = \cfrac{1}{\cfrac{1}{2\times6\,000\ \text{W}/(\text{m}^2\cdot\text{K})}\cfrac{16\ \text{mm}}{13\ \text{mm}}+\cfrac{1}{90\ \text{W}/(\text{m}^2\cdot\text{K})}}$$

$$= \cfrac{1}{1.03\times10^{-4}+1.11\times10^{-2}}\ \text{W}/(\text{m}^2\cdot\text{K}) = 89.2\ \text{W}/(\text{m}^2\cdot\text{K})$$

增加了不到 1%。

讨论：本例的计算表明，要强化一个传热过程，必须首先比较各个环节的热阻，找出分热阻最大的环节，并采用强化传热技术减小其热阻值，才能收到效果。

思考题

11-1 所谓双侧强化管，是指管内侧与管外侧均为强化表面的管子。设一双侧强化管用内径为 d_i、外径为 d_o 的光管加工而成，试给出其总传热系数的表达式。

11-2 不通过定量计算，如何才能找到强化传热的突破口？

11-3 如何控制管壁温度？

11-4 在圆管外敷设保温层与在圆管外侧设置肋片从热阻分析的角度有什么异同？

11-5 推导顺流或逆流换热器的对数平均温差计算式时做了一些什么假设，这些假设在推导的哪些环节中加以应用？

11-6 对于 $q_{m1}c_1 \geqslant q_{m2}c_2$，$q_{m1}c_1 < q_{m2}c_2$ 及 $q_{m1}c_1 = q_{m2}c_2$ 3 种情形，画出顺流与逆流时冷、热流体

温度沿流动方向的变化曲线,注意曲线的凹向与 $q_m c$ 相对大小的关系。

11-7   如何理解换热器效能的物理意义?你能用热量来定义换热器的效能吗?

11-8   在效能-传热单元数法中,是否用到推导对数平均温差时所做的基本假设,试以顺流换热器效能的计算式推导过程为例予以说明。

11-9   进行换热器热计算时所依据的基本方程有哪些?有人认为效能-传热单元数法不需要用到传热过程方程式,你同意吗?

11-10   什么是换热器的设计计算?什么是换热器的校核计算?

11-11   在进行换热器的校核计算时,无论采用平均温差法还是采用效能-传热单元数法都需要假设一种介质的出口温度,为什么此时使用效能-传热单元数法较为方便?

11-12   使用热阻分离法时,流体侧的两个热阻的相对大小对分离结果有什么影响?

 习题

传热过程分析

11-1   在一个气-气套管式换热器中,中心圆管的内外表面都设置了肋片,试用表 11-5 所列符号导出管内流体与环形夹层中流体之间总传热系数的表达式。基管的导热系数为 λ。

表 11-5   中心圆管的内外表面的名称及符号

名称	内表面	外表面
流体温度	t_{fi}	t_{fo}
表面传热系数	h_i	h_o
肋片部分面积	A_{fi}	A_{fo}
基管面积	A_{ri}	A_{ro}
总传热面积	A_{ti}	A_{to}
肋效率	η_i	η_o
基管半径	r_i	r_o

11-2   一个有环肋的肋片管,水蒸气在管内凝结,表面传热系数为 12 200 W/(m²·K)。空气横向掠过管外,按总外表面面积计算的表面传热系数为 72.3 W/(m²·K)。肋片管基管外径为 25.4 mm、壁厚 2 mm,肋高 15.8 mm、肋厚 0.381 mm,肋片中心线的间距为 2.5 mm。基管与肋片均用铝做成。试计算当表面洁净无垢时该肋片管的总传热系数(铝的导热系数取为 $\lambda = 169$ W/(m·K)。

11-3   一卧式冷凝器采用外径为 25 mm、壁厚 1.5 mm 的黄铜管做成换热表面。已知管外冷凝侧的平均表面传热系数 $h_o = 5\ 700$ W/(m²·K),管内水侧平均的表面传热系数 $h_i = 5\ 700$ W/(m²·K)。试计算下列两种情况下冷凝器按管子外表面面积计算的总传热系数:(1) 管子内外表面均是洁净的;(2) 管内为海水,流速大于 1 m/s,结水垢,平均温度小于 50 ℃;蒸汽侧有油。

11-4   一套管式换热器长度为 2m,外壳内径为 6 cm,内管外直径为 4 cm、厚 3 mm。内管中

流过冷却水,平均温度为 40 ℃,流量为 0.001 6 m³/s。14 号润滑油以平均温度 70 ℃流过环形空间,流量为 0.005 m³/s。试计算内外壁面均洁净及长时间运行结垢后的总传热系数。冷却水为经处理的冷却塔水,管壁材料为黄铜。

11-5 一种用于制冷剂凝结换热用的双侧强化管用直径为 19/16.4 mm 的坯管加工制造而成,长度为 1.0 m。在一次实验中测得冷却水进出口温度分别为 24.6 ℃、29.7 ℃,水的平均流速为 0.91 m/s 时,按坯管尺寸计算的管内平均表面传热系数为 1.82×10^4 W/(m²·K),管外凝结传热表面传热系数为 1.25×10^4 W/(m²·K),管材为铜,试计算按坯管外表面计算的总传热系数,并分析管内水侧采用强化表面后的强化效果。

11-6 有一台液-液换热器,甲、乙两种介质分别在管内、外做强制对流传热。实验测得的总传热系数与两种流体流速变化的关系如图 11-29 所示,试分析该换热器的主要热阻在哪一侧?

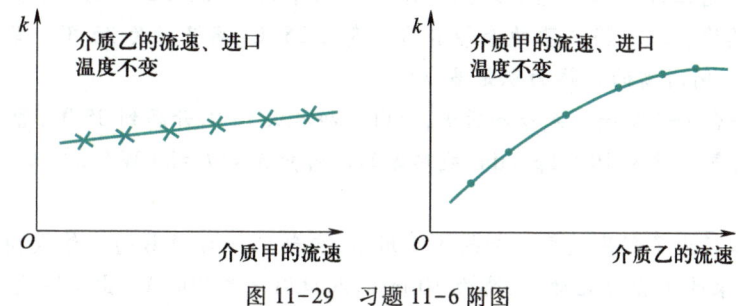

图 11-29 习题 11-6 附图

11-7 试证球状物体的临界热绝缘半径为 $r = 2\lambda/h$,其中 λ 为绝热材料的导热系数,h 为球外表面的表面传热系数,假定它们都为常数。

平均温差计算

11-8 对于顺流与逆流布置,分别按 $q_{m1}c_1 > q_{m2}c_2$ 及 $q_{m1}c_1 < q_{m2}c_2$ 两种情况,用温度分布曲线说明对数平均温差总是小于相应的算术平均温差。

11-9 对于逆流式套管换热器,在满足推导对数平均温差条件的前提下,试分析 $q_{m1}c_1 = q_{m2}c_2$ 时沿换热表面的局部热流密度的变化规律。

11-10 一加热器用过热水蒸气来加热给水(电厂中把送到锅炉中去的水称为给水)。过热蒸汽在加热器中先被冷却到饱和温度,再凝结成水,然后变成过冷水。设冷、热流体的总流向为逆流,热流体单相介质部分的 $q_{m1}c_1 < q_{m2}c_2$,试画出冷、热流体的温度变化曲线。

11-11 已知 $t_1' = 300$ ℃,$t_1'' = 210$ ℃,$t_2' = 100$ ℃,$t_2'' = 200$ ℃,试计算下列流动布置时换热器的对数平均温差:(1) 逆流布置;(2) 一次交叉,两种流体均不混合;(3) 1-2 型壳管式,热流体在壳侧;(4) 2-4 型壳管式,热流体在壳侧;(5) 顺流布置。

11-12 对于一定的布置方式及冷、热流体一定的进、出口温度,试分析热流体在管侧及在壳侧的两种对数平均温差值有无差别?以上题中第(3)、(4)种情形为例,设热流体在管侧,重新计算其对数平均温差。从这一计算中你可得出怎样的推断?

11-13 初始温度为 t_i 的流体流入壁温为 t_0 的平行平板通道,通道长为 l,流体质量流量为 q_m,比热容为 c_p。设流体与平板间对流传热的表面传热系数 h 为常数,试证明流经该通道后流体与平板间的传热量为 $\Phi = q_m c_p (t_0 - t_i) \left[1 - e^{-2hl/(q_m c_p)} \right]$

11-14　设在一顺流式换热器中总传热系数 k 与局部温差呈线性关系,即 $k=a+b\Delta t$,其中 a 为常量,Δt 为任一截面上的局部温差,试证明该换热器的总传热量为

$$\Phi = A\frac{k''\Delta t' - k'\Delta t''}{\ln\dfrac{k''\Delta t'}{k'\Delta t''}}$$

其中 k'、k'' 分别为入口端与出口端的总传热系数。

换热器的热计算

11-15　一台 1-2 型壳管式换热器用水来冷却 11 号润滑油。冷却水在管内流动,入口温度为 20 ℃,出口温度为 50 ℃,流量为 3 kg/s;热油入口温度为 100 ℃,出口温度为 60 ℃。若换热器的总传热系数 $k=350$ W/(m²·K),试计算:(1) 油的流量;(2) 换热器的换热量;(3) 所需的传热面积。

11-16　一个壳程为一程的壳管式换热器用水来冷凝 7 335 Pa 的饱和水蒸气,要求每小时内凝结 18 kg 的蒸汽。进入换热器的冷却水的温度为 25 ℃,离开时为 35 ℃。设总传热系数 $k=1\,800$ W/(m²·K),问所需的传热面积是多少?

11-17　在一台 1-2 型壳管式冷却器中,管内冷却水从 16 ℃升高到 35 ℃,管外空气从 119 ℃下降到 45 ℃。空气流量为 19.6 kg/min,换热器的总传热系数 $k=84$ W/(m²·K)。试计算所需的传热面积。

11-18　某工厂为了利用废气来加热生活用水,自制了一台简易的壳管式换热器,烟气在内径为 30 mm 的管束的钢管内流动,流速为 30 m/s,入口温度为 200 ℃、出口温度为 100 ℃。冷水在管束与外壳之间的空间内与烟气逆向地流动,要求把它从 20 ℃加热到 50 ℃,试估算所需的直管长度。烟气物性可按附录 17 中的标准烟气查取,水侧的表面传热系数远大于烟气侧的表面传热系数,忽略烟气的辐射传热。

11-19　在一逆流式水-水换热器中,管内为热水,进口温度 $t'_1=100$ ℃,出口温度 $t''_1=80$ ℃;管外流过冷水,进口温度 $t'_2=20$ ℃,出口温度 $t''_2=70$ ℃。换热器的换热量 $\Phi=350$ kW,$k=1\,500$ W/(m²·K),共有 53 根内径为 16 mm 壁厚为 1 mm 的管子,管壁导热系数 $\lambda=40$ W/(m·K),管内流体为一个流程。假设管子内外表面都是洁净的,试确定所需的管子长度。

11-20　压力为 1.5×10^5 Pa 的无油饱和水蒸气在卧式壳管式冷凝器的壳侧凝结。经过处理的循环水在外径为 20 mm 壁厚为 1 mm 的黄铜管内流过,流速为 1.4 m/s,其温度由进口处的 56 ℃升高到出口处的 94 ℃。黄铜管为叉排布置,在每一竖直排上平均布置 9 根,冷却水在管内的流动为一个流程,管内已积水垢。试确定所需的管长、管子数及冷却水量。换热器的换热量 $\Phi=1.2\times10^7$ kW。

11-21　一台 1-2 型壳管式换热器用 30 ℃的水来冷却 120 ℃的热油。油的流量为 2 kg/s,$c_p=2\,100$ J/(kg·K),冷却水流量为 1.2 kg/s。设总传热系数 $k=275$ W/(m²·K),传热面积 $A=20$ m²,试确定水与油各自的出口温度。

11-22　在一台逆流式的水-水换热器中,热水 $t'_1=87.5$ ℃、流量为 9 000 kg/h,冷水 $t'_2=32$ ℃,流量为 13 500 kg/h,总传热系数 $k=1\,740$ W/(m²·K),传热面积 $A=3.75$ m²。试确定热水的出口温度。

11-23　欲采用套管式换热器使热水与冷水进行热交换,并给出 $t'_1=200$ ℃,$q_{m1}=0.014\,4$ kg/s,$t'_2=35$ ℃,$q_{m2}=0.023\,3$ kg/s,取总传热系数 $k=980$ W/(m²·K),$A=0.25$ m²,试确定采用顺流与逆

流两种布置时换热器所交换的热量、冷却水出口温度及换热器的效能。

11-24 为利用燃气轮机的排气来加热高压水,采用 1-2 型肋片管壳管式换热器。在一次测定中得出燃气的质量流量为 2 kg/s,进口温度 $t_1' = 325\ ℃$;冷却水质量流量为 0.5 kg/s,$t_2' = 25\ ℃$,$t_2'' = 150\ ℃$。按气体侧基管直径计算的换热面积为 3.8 m²。试计算该条件下的总传热系数。燃气物性可近似地按附录 17 中标准烟气查取。

11-25 在习题 11-17 中,如果冷却水流量增加 50%,但冷却水和空气的进口温度、空气流量及传热面积均不变,传热系数也认为不变,问传热量可增加多少?1-2 型壳管式换热器的效能 ε 按下式计算。

$$\varepsilon = 2\left\{1 + W + (1 + W^2)^{1/2}\frac{1 + \exp[-NTU(1 + W^2)^{1/2}]}{1 - \exp[-NTU(1 + W^2)^{1/2}]}\right\}^{-1}, \qquad W = \frac{(q_m c)_{min}}{(q_m c)_{max}}$$

对于传热过程的机理来说,此时假定传热系数不变是否合理?传热量的增加主要是通过什么途径实现的?如果空气流量增加 50%,还可以假定 k 不变吗?

11-26 有一台逆流套管式冷油器,冷却水流量为 0.063 9 kg/s,进水温度 $t_1' = 35\ ℃$,热油进口温度为 120 ℃、油的比热容为 2.1 kJ/(kg·K),传热面积为 1.4 m²。总传热系数为 280 W/(m²·K)。如果油的出口温度不得低于 60 ℃,冷却水的出口温度不得高于 85 ℃,试计算该冷油器所能冷却的最大油流量。

热阻分离

11-27 一台逆流式换热器刚投入工作时在下列参数下运行:$t_1' = 360\ ℃$、$t_1'' = 300\ ℃$,$t_2' = 30\ ℃$,$t_2'' = 200\ ℃$,$q_{m1}c_1 = 2\ 500$ W/K,$k = 800$ W/(m²·K)。运行一年后发现,在 $q_{m1}c_1$、$q_{m2}c_2$ 及 t_1'、t_2' 保持不变的情形下,冷流体只能被加热到 162 ℃,而热流体的出口温度则高于 300 ℃,试确定此情况下的污垢热阻及热流体的出口温度。

11-28 为了查明汽轮机凝汽器在运行过程中结垢所引起的热阻,分别用洁净的铜管及经过运行已结垢的铜管进行了水蒸气在管外凝结的实验,测得了表 11-6 所列的数据,试确定已使用过的管子的水垢热阻(按管子外表面面积计算)。

表 11-6 测得的数据

管子	冷却水量(kg/s)	$t_2'/℃$	$t_2''/℃$	冷凝温度 $t_1'/℃$	管子外表面积 $A_1/m²$
清洁的	1.425	10.5	14.1	52.1	0.093
结垢的	1.425	10.3	13.1	52.6	0.093

11-29 在一台洁净的水冷式冷凝器中,保持换热量及冷凝温度不变而改变水速,测得了表 11-7 所列的数据:

表 11-7 测得的数据

水速 m/s	0.986	1.27	1.83	2.16
总传热系数 W/(m²·K)(以外表面面积计算)	2 700	2 980	3 365	3 530

设水侧 $h \sim u^{0.8}$(u 为流速),管壁厚 0.2cm,$\lambda = 111$W/(m·K)。管子外径与内径之比为 1.25。试用威尔逊图解法确定蒸汽凝结时的表面传热系数。

11-30 在图 11-30 所示的立式氨冷凝器的换热过程中,冷却水膜与壁面间的传热规律可近似地表示为 $h_i = c_i q_{m,L}^n$,这里 $q_{m,L}$ 为单位圆周长度上的质量流量;氨侧凝结传热的表面传热系数可表示为 $h_o = c_o q^{-1/3}$,这里 q 为热流密度。对于直径为 51 mm、厚 3 mm 的光滑洁净的钢管,实验测得了表 11-8 所列数据,试用威尔逊图解法确定系数 c_i、c_o 及指数 n(可参阅文献[8])。

表 11-8 实验测得的数据

序号	$q_{m,L}$ kg/(m·s)	冷却水平均温度 t_1/℃	氨凝结温度 t_2/℃	传热系数 W/(m²·K)	热流密度 W/m²
1	1.406	22.5	28.7	2 156	13 328
2	1.139	22.7	28.7	2 050	12 084
3	0.941	22.9	28.7	2 006	11 269
4	2.158	22.6	30.8	2 306	18 794
5	0.781	23.5	30.8	1 778	1 898
6	1.974	21.1	26.9	2 369	11 804
7	1.072	21.4	25.0	2 096	7 589
8	1.462	22.9	30.8	2 096	16 364
9	1.233	25.1	30.8	2 063	11 574

综合分析

11-31 一外径为 400 mm 的细长壳管式换热器水平地搁置于 20 ℃ 的房间内,外壳的平均壁温为 200 ℃。由于投产仓促,外壳尚未包保温材料,但涂有一层朱红漆。试估算在此条件下每平方米外壳上的散热量。

11-32 试分析保温瓶瓶胆(图 11-31)的热量散失途径,并指出在制造瓶胆时采用了哪些措施来减少热损失。

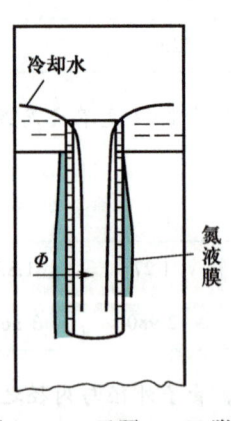

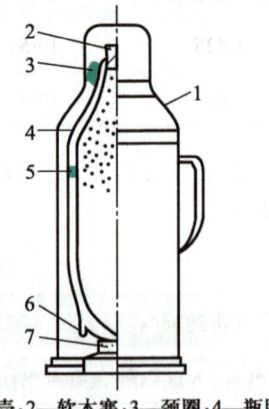

1—瓶壳;2—软木塞;3—颈圈;4—瓶胆;
5—石棉粒;6—抽气嘴;7—底垫。

图 11-30 习题 11-30 附图   图 11-31 习题 11-32 附图

11-33　直径为 $d_o=50$ mm、壁厚 $\delta=5$ mm 的锅炉水冷壁管中流过温度为 315 ℃的沸腾水，管壁导热系数 $\lambda=40$ W/(m·K)，炉膛中的火焰、烟气及炉墙对水冷壁管辐射传热的综合效果可用温度 $T_\infty=1\,500$ K 的环境来代替。试确定其内、外表面均洁净时单位长度上的传热量。水冷壁管外表面 $\varepsilon=0.8$，忽略对流传热。

11-34　上题中，如果水冷壁管外壁均匀地结了一层厚 2 mm 的灰垢，其 $\varepsilon=0.9$，其他条件不变，试重新计算单位长度上的传热量。

11-35　120 ℃的饱和水蒸气在管外表面凝结，以加热管内的冷水，总传热系数 $k=1\,800$ W/(m²·K)。试：(1) 确定把流量为 2 000 kg/h 的水从 20 ℃加热到 80 ℃所需的传热面积；(2) 若运行后产生了 0.000 4 m²·K/W 的污垢热阻(其计算面积与传热系数相同)，这时的出口水温是多少(进口水温及流量保持不变)?

11-36　图 11-32 所示为温室房顶玻璃所受的各种传热作用的示意图，图中 G_s 为太阳投入辐射，G_a 为大气的投入辐射($\lambda \geqslant 8$ μm)，G_i 为温室内物体的投入辐射，h_o 为外部对流传热的表面传热系数，t_∞ 为外部空气温度，h_i 为对流传热的表面传热系数，t_f 为温室内空气温度，t_g 为玻璃温度。该玻璃较薄，沿厚度方向的导热热阻可以不计。该玻璃对于 $\lambda<1$ μm 的辐射可认为是透明的，但对于 $\lambda>1$ μm 的辐射可认为全部吸收。假设辐射热流密度均匀地分布在玻璃表面上，玻璃温度也是均匀的。太阳辐射按 5 800 K 黑体辐射处理。(1) 试写出稳态条件下玻璃单位表面积上的能量平衡式；(2) 设 $t_g=27$ ℃，$t_\infty=24$ ℃，$h_i=10$ W/(m²·K)，$h_o=55$ W/(m²·K)，$G_s=1\,000$ W/m²，$G_a=250$ W/m²，$G_i=440$ W/m²，试估算温室内的温度 t_f。

11-37　温度为 150 ℃的热空气流入内径为 100 mm、壁厚为 6 mm、长度为 30 m 的钢管，流量为 0.407 kg/s。管外用 40 mm 厚的水泥泡沫砖保温，环境温度为 15 ℃，保温层外表面对环境的复合传热表面传热系数为 9.6 W/(m²·K)。求该管道出口处的热空气温度。

11-38　用初温为 35 ℃的冷却水来冷却流量为 1.82 kg/s、初温为 150 ℃的热油，要求把油冷却到 85 ℃，冷却水升温到 80 ℃。有人提出了如图 11-33 所示的两种方案。这两种方案都采用逆流式套管换热器，但图 11-33(b) 所示方案中采用两台大小相等的较小换热器来代替图中的一台大的换热器，水侧为串联，油侧为并联，油量均分。设油的平均比热容为 2.1 kJ/(kg·K)，水的平均比热容为 4.2 kJ/(kg·K)，大小换热器的总传热系数均为 850 W/(m²·K)，试确定哪种方案所需的传热面积较小。

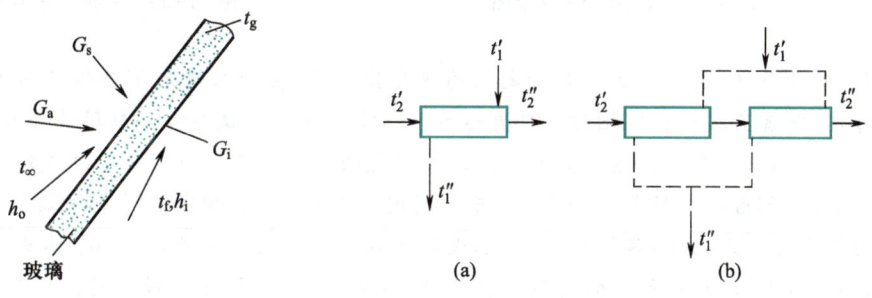

图 11-32　习题 11-36 附图　　　　图 11-33　习题 11-38 附图

11-39　如图 11-34 所示，一种存放液氮的钢制球形容器由两层同心钢制球壳和球外的隔热层组成，第一层的内、外半径分别为 R_0、R_1，第二层的内、外半径分别为 R_2、R_3，球外的保温层内、外

半径分别为 R_3、R_4。第一层球壳及第二层球壳之间为真空,半径为 R_1、R_2 的球面抛光良好而可作为理想的反射体。这两层球壳之间用对称布置的 4 个圆锥状实心柱体支撑,$\omega = 2.4 \times 10^{-2}$ sr,其导热系数为温度的线性函数,并已知 $T = 50$ K 时 $\lambda = 0.05$ W/(m·K)、$T = 300$ K 时 $\lambda = 0.05$ W/(m·K)。钢壳的导热系数也是温度的线性函数,$T = 50$ K 时 $\lambda = 5$ W/(m·K)、$T = 300$ K 时 $\lambda = 15$ W/(m·K)。保温材料为玻璃棉,$\lambda = 3 \times 10^{-2}$ W/(m·K) 可视为常数。77 K 的液氮储存于内球中,其汽化潜热 $r = 2 \times 10^2$ kg/m³、$\rho = 808$ kg/m³。环境温度 $T_\infty = 298$ K。已知 $R_0 = 0.149$ m、$R_1 = 0.150$ m、$R_2 = 0.200$ m、$R_3 = 0.201$ m、$R_4 = 0.400$ m,保温层外表面复合传热的表面传热系数 $h = 10$ W/(m²·K)。试计算该钢制球形容器中存放的 50% 容积的液氮经多少天可能全部蒸发掉。假定过程是稳态的。

11-40   为了进行竖直圆柱状环形空间(夹层)中空气自然对流传热的实验,专门设计了如图 11-35 所示的装置。内管壁是一组合壁,壁中有一层电加热丝,且加热丝与金属壁绝缘,内壁上同时装有侧壁温的热电偶若干对,其余结构如图 11-35 所示。试分析从内部发出的热量是通过哪些传热方式散发到周围环境中去的。为了计算环形夹层中自然对流传热的表面传热系数,需要把从内管发出、通过非自然对流方式传递的热量扣除。由于形状复杂及表面的发射率难以确定等因素,这部分热最无法用现有的经验公式通过计算扣除。请设计一种通过实验的方法来确定环形夹层中自然对流传热的表面传热系数的方案。实验时实验段的表面温度可通过热电偶来控制,并维持在 75~80 ℃。

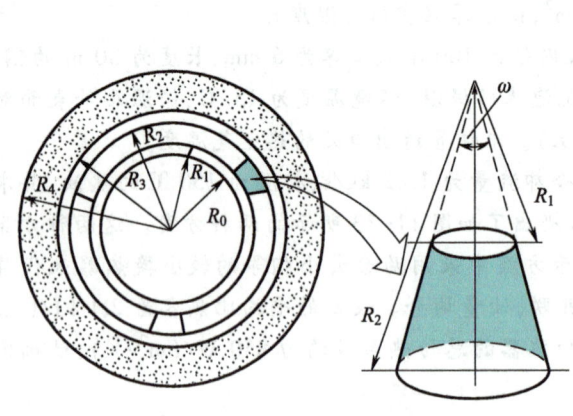

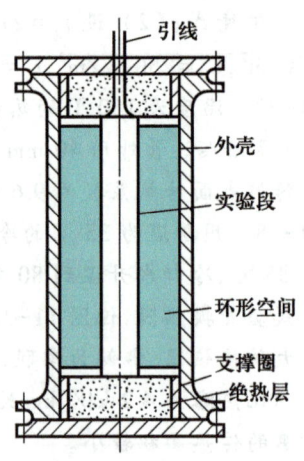

图 11-34   习题 11-39 附图   图 11-35   习题 11-40 附图

11-41   对于气体、液体与固体表面之间的热交换问题,在什么情形下流体与固体表面间不存在辐射传热,或者虽然存在但相对于对流传热可以略而不计。试对以下 9 种情形作出判断,并简要说明理由。(1)空气的自然对流传热。(2)空气的强制对流传热。(3)烟气的自然对流传热(如在一矩形封闭腔内的烟气一侧受热,另一侧被冷却)。(4)烟气的强制对流传热(如烟气流过锅炉的蒸汽过热器、再热器等)。(5)水或其他液体的自然对流传热。(6)水或其他液体的强制对流传热。(7)过热水蒸气的自然对流传热。(8)过热水蒸气的强制对流传热(如水蒸气在管内做湍流强制对流传热)。(9)锅炉炉膛中高温烟气、火焰(1 000 ℃以上)与四周水冷壁管之间的传热。

11-42   直径为 10 mm 的铜导线采用聚苯乙烯绝缘,其导热系数为 $\lambda = 0.14$ W/(m·K)。该导线常年处于风速为 0.2 m/s 的环境中。试计算气温为 20 ℃时能使散热量达到最大的绝缘层厚度及单位长度上的散热量。设导线表面温度维持在 80 ℃,计算中可采用假定 h 为常量,但应计及辐射传热(与 20 ℃ 的环境之间发生),聚苯乙烯塑料表面的发射率为 0.9。

11-43 冰球蓄冷是可以解决夏天用电时白天与夜间峰谷差的方法,即在夜间用电处于低谷时用电制冷让位于球内的水结冰,到白天用电高峰时用冰球来冷却水然后送去空调,从而节省一部分空调用电。今有直径为 10 cm 的球壳,壳体很薄并用铜制成,温度为 10 ℃ 的水从外部流过冰球,冰球内的融化过程可认为是一纯导热过程,并认为冰、水的导热系数相同。试分析:(1) 水的流速对冰球融化快慢的影响,是否水速越快冰球融化得越快? (2) 提出一个特征数,其大小可以反映边界上对流传热强烈程度对冰融化速度影响的重要性;(3) 估计此特征数的一个值,大于此值后,表面上对流传热的强弱对融化速度已无影响。

11-44 一般认为,传热过程中换热面上结垢会使总传热系数减小。但正如在小直径的管外包绝缘层可能反而导致传热强化一样,对于通过圆管的传热,管内结垢有可能反而会使传热强化。试分析有哪些因素会导致这种结果。

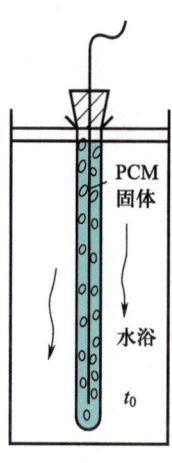

11-45 一种测定相变介质(phase change material,PCM)凝固点的方法如图 11-36 所示。将固态相变介质放入一根长试管中,试管内安置有一热电偶以测定其温度。将此试管置于温度为 t_0 的恒温水浴中,t_0 需比预计的凝固点 t_m 高。待试管中的 PCM 全部熔化且温度已十分接近 t_0 时,将它从恒温浴中取出置于空气中冷却。用数据采集系统记录试管中 PCM 物质的降温曲线,即可由该曲线确定该材料的凝固点。已知 PCM 的 $\lambda = 1$ W/(m·K),试管外表面传热系数 $h = 8$ W/(m²·K),试管外半径 $R = 6$ mm。试:(1) 分析热电偶所测得之值能否代表整个试管中 PCM 的温度? (2) 画出 PCM 的温度随时间变化的曲线,包含从温度 $t_0 (>t_m)$ 到环境温度 $t_\infty (<t_m)$。

图 11-36 习题 11-45 附图

参考文献

[1] SHAH R K,SEKULIC D P. Fundamentals of heat exchanger design [M]. Hoboken, John Wiley & Sons, Inc. 2003,10.

[2] TUCKER A S. The LMTD correction-factor for single pass crossflow heat exchanger [J]. ASME Journal of Heat Transfer, 1996, 118(2):488-490.

[3] KAYES W M,London A L. 紧凑式换热器 [M]. 宣益民,张后雷,译. 北京:科学出版社,1997.

[4] 杨善让,徐志明,孙灵芳. 换热器设备污垢与对策[M]. 2 版. 北京:科学出版社,2004.

[5] BELL K J. Delaware method for shell - side design [M]. In: Palen J W, ed. Heat exchanger source book. Washington D C: Hemisphere Publishing Corporation, 1980.

[6] 钱颂文. 换热器设计手册 [M]. 北京:中国化学工业出版社,2002.

[7] DU X P, ZENG M, XIE G N, et al. Thermal performance prediction and optimization of "heat exchangers" by artificial intelligence techniques [M] //Yan J Y. Handbook of Clean Energy Systems, New Jersey: John Wiley & Sons, Ltd., 2015.

[8] 西安交通大学热工教研室. 在换热器传热试验中用威尔逊图解法确定给热系数 [J]. 化工及通用机械, 1974,3(7):24-30.

[9] ROSE H, RADEMACHER R, MARZO M D. Horizontal flow boiling of pure and mixed refrigerants [J]. International Journal of Heat and Mass Transfer,1987. 30:979−992.

[10] CHENG B,TAO W Q. Experimental study 0f R−152a film condensation on single horizontal smooth and enhanced tube [J]. ASME Journal of Heat Transfer,1994,116(1):266−270.

[11] 陶文铨,康海军,辛容昌,等. 空冷器管组内湍流强制对流换热的热阻分离法测定[J]. 暖通空调,1997,27 (增刊):64−67.

第 12 章
流体机械概述

流体力学在工程领域的应用至关重要,对压缩机、汽轮机、阀门等设备的设计、性能分析、效率提升和安全运行都起着核心作用。在旋转机械设计中结合流体力学方程计算热力性能参数,确定叶片的最佳尺寸,以实现输出功率和热效率的提升;在阀门设计中基于流体力学知识实现阀门的流量特性分析及阀芯选型,确保流动控制的精确性。

流体机械技术与"双碳"

12.1 旋转机械基本知识

12.1.1 旋转机械概述

旋转机械是指主要功能由旋转运动完成的机械,尤其是指主要部件做旋转运动、转速较高的机械。旋转机械种类繁多,包括汽轮机、燃气轮机、离心式压缩机、水泵及水轮机等。旋转机械的主要部件有转子、轴承系统、定子和机组壳体、联轴器等。利用动量矩方程,能量方程(energy equation)等可以方便地计算力矩以及旋转机械传输给流体或从流体汲取的能量等参数,为旋转机械设计提供依据。图 12-1 和图 12-2 为两种典型的旋转机械结构。

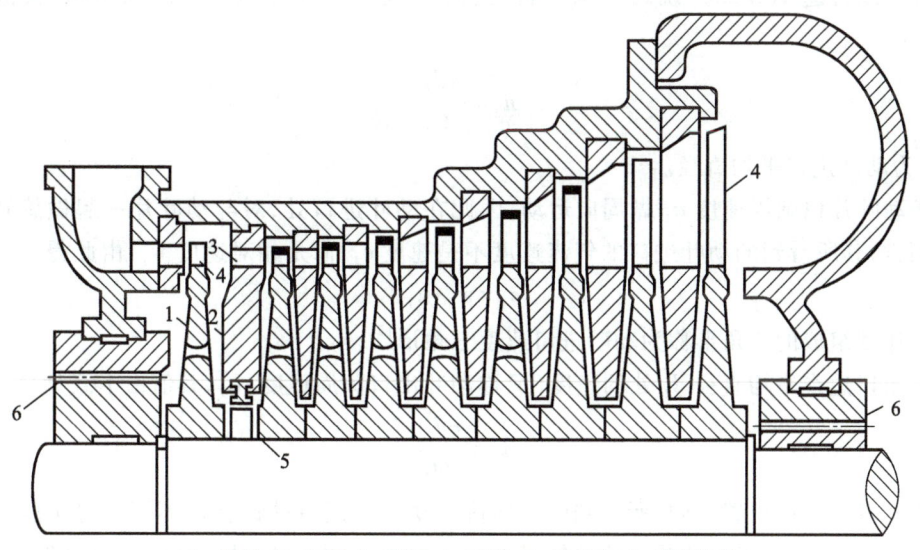

1—叶轮;2—隔板;3—喷嘴;4—动叶;5—轴封片;6—端部轴封。

图 12-1 多级冲动式汽轮机

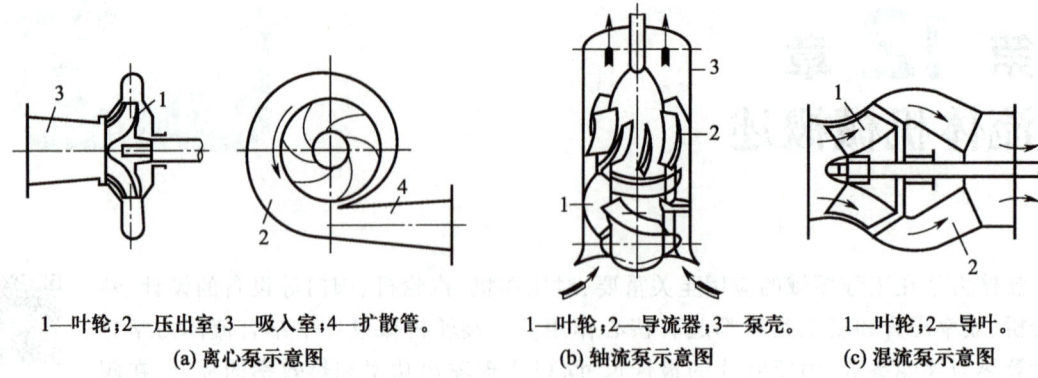

1—叶轮;2—压出室;3—吸入室;4—扩散管。　　　1—叶轮;2—导流器;3—泵壳。　　　1—叶轮;2—导叶。

(a) 离心泵示意图　　　　　　　　　　　(b) 轴流泵示意图　　　　　　　　　　　(c) 混流泵示意图

图 12-2　叶片式泵结构示意图

12.1.2　速度三角形

　　旋转机械,如汽轮机通常包含进气部分、通流部分和排气管路等。其中,通流部分为主体,交替排列着一系列静叶栅(或简称静叶、静叶片)和动叶栅(或简称动叶、动叶片,又称工作叶片),静叶栅安装在隔板上与气缸相连,在工作中静止不动;动叶栅安装在叶轮或轮毂上与主轴相连,工作时转动。一列静叶栅和一列动叶栅组成的通流部分以及相应的部件就构成了汽轮机做功的基本单元,称为级,通流部分由若干个级串联而成,实现气流流动和能量转化[1]。对一个级而言,从静叶栅流出的高速气流绝对速度为 c_1,高速气流进入动叶栅并推动动叶旋转,动叶进口沿圆周方向有圆周速度 u_1;从旋转的动叶栅来看,进入动叶通道的气流有相对速度 w_1。同样地,气流以相对速度 w_2 从动叶栅流出,动叶出口有圆周速度 u_2,从绝对坐标看,从动叶栅流出的气流有绝对速度 c_2。

　　动叶片以转速 n(r/min)绕透平轴旋转时,u_1 方向为动叶片运动的圆周方向,其值由下式计算。

$$u_1 = \frac{\pi d_1 n}{60} \tag{12-1}$$

式中,d_1 为动叶进口平均直径。

　　由于动叶片以圆周速度 u_1 做周向运动,因此在动叶进口处,对与动叶片一起做旋转运动的观察者而言,其所看到的动叶进口的气流速度不是速度 c_1,而是相对速度 w_1,由此得

$$c_1 = w_1 + u_1 \tag{12-2}$$

由此 3 个速度组成的三角形称为动叶进口速度三角形[2]。

　　动叶出口边在平均直径 d_2 处的速度(又称动叶出口圆周速度)u_2,其值由下式计算。

$$u_2 = \frac{\pi d_2 n}{60} \tag{12-3}$$

　　随观察者所处的位置不同,所看到的气体流出动叶片流道的速度也不同。对于静止的观察者而言,所看到的气体流出动叶片流道的速度为 c_2;而对于与动叶片一起运动的观察者而言,所看到气体流出动叶片流道的速度为 w_2。动叶片出口的气流绝对速度 c_2 可按下式求得。

$$c_2 = w_2 + u_2 \qquad (12-4)$$

由速度 c_2、w_2 和 u_2 组成的三角形称为动叶出口速度三角形。

如图 12-3 所示,通常将进口、出口速度三角形绘制在一起。绝对速度 c_1 和 c_2 的方向角分别用 α_1 和 α_2 表示,而相对速度 w_1 和 w_2 的方向角则分别用 β_1 和 β_2 表示。

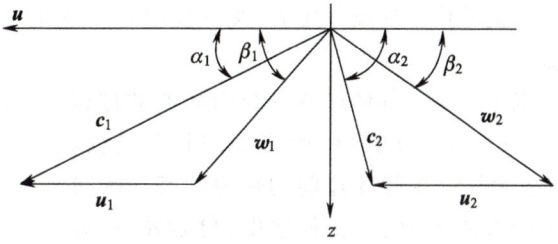

图 12-3　速度三角形

12.2　透　平　机　械

透平机械是将工质(蒸气或燃气)的热能转换为机械功的旋转式动力机械,具有功率大、速度高和经济性高的特点,被广泛应用于动力工业领域。"透平"一词来源于英文 Turbine 的音译,其含义是旋转式的流体动力机械[3]。用于使气体热能与机械功发生相互转化的透平称为热力透平或热力涡轮机。透平机械包括汽轮机、燃气轮机、透平压缩机等[4]。本节在一维理想不可压缩流动的假设下对轴流透平和向心透平的工作原理进行分析。

新型储能及储能透平

12.2.1　轴流透平

1. 透平级工作原理

蒸气透平和燃气透平的作用是将高温、高压的气体(蒸气或燃气)所具有的热能转换为机械功,以驱动发电机、压气机、螺旋桨等。在透平中,完成能量转化的基本单元是级,由若干级组成的透平称为多级透平。图 12-4 所示为透平的某一级,主要由静叶片和动叶片组成,静叶片安装在机壳隔板上,动叶片安装在叶轮上。其中,静叶片前截面用 0—0 表示,静叶片和动叶片之间的截面用 1—1 表示,而动叶片后截面用 2—2 表示,这 3 个截面通常称透平级的特征截面。

在静叶流道内,气体压力由 p_0 膨胀到 p_1,温度由 t_0 下降到 t_1,气流速度相应地由 c_0 升至 c_1,气流在静叶流道内从进口到出口完成了由热能向动能(kinetic energy)的转换[5]。一般情况下,动叶片流道内的气流一方面将其在静叶内所获得的动能转换为动叶上的机械功;另一方面继续膨胀,对动叶产生一个反作用力。这样,不仅具有一定动能的气流对动叶片产生冲击力,而且由于气流在动叶流道内继续膨胀,气

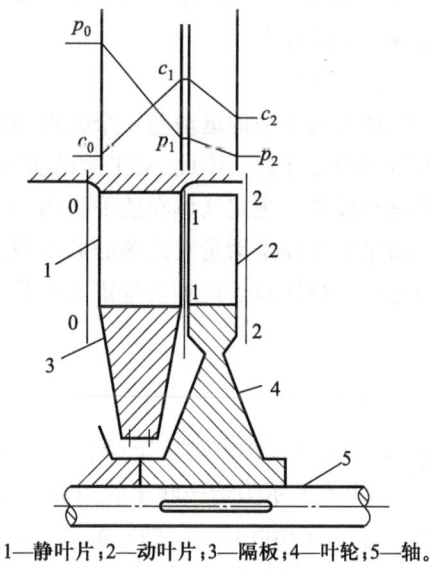

1—静叶片;2—动叶片;3—隔板;4—叶轮;5—轴。

图 12-4　透平示意图

流也对动叶片施加反作用力(又称反动力),在此二力的合力作用下,动叶片绕透平轴转动,产生机械功。

以上分析了气体在透平级内的流动过程。下面简单介绍气体在级内的热力膨胀过程。图 12-5 所示为气体在焓-熵图上的膨胀过程。0 点表示气流在静叶片前的热力状态。此状态下的气体压力、温度和速度,分别用 p_0、t_0 和 c_0 表示。0^* 表示气流在静叶片前的滞止状态,p_0^* 和 t_0^* 分别表示该状态下的气体压力和温度。

若气体在静叶流道内由压力 p_0 至压力 p_1 的膨胀过程是绝热等熵的(无能量损失),则这个过程在图 12-5 上用线段 01s 表示,相应的焓降用 h_{1s} 表示。但实际上,气体在静叶片内的膨胀过程能量是有损失的。因此,在绝热的条件下,气体在膨胀过程中的熵降增加。此时静叶片出口的气体状态用 1 表示。实际膨胀过程用线段 01 表示,静叶片中的有效焓降用 h_1 表示。等熵焓降与有效焓降之差表示气体在静叶片中的能量损失。

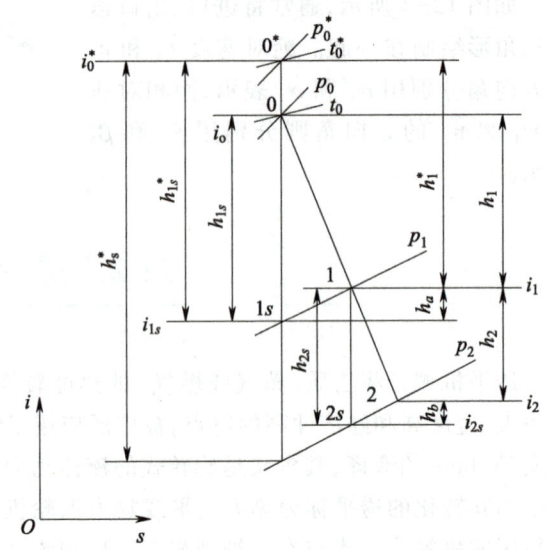

图 12-5　级内气体在焓-熵图上的膨胀过程

为了衡量气流在动叶栅内的膨胀程度,引入级的反动度(又称反力度),其定义为

$$\Omega = \frac{h_{2s}}{h_s^*} \approx \frac{h_{2s}}{h_{1s}^* + h_{2s}} \tag{12-5}$$

式中:Ω 为透平级的反动度;h_{2s} 为动叶栅的等熵焓降;h_s^* 为透平级的等熵滞止焓降;h_{1s}^* 为静叶内的等熵滞止焓降[6]。

2. 欧拉方程

气体在透平中的运动是一个黏性、非定常、三元的复杂运动。目前无法完全按照实际流动状况进行气动力计算。因此,对工质的实际流动状况以及工质本身的性质做某些假定,从而获得简化的流动模型。假定气体在透平级内的流动是轴对称的绝热定常。

动量矩方程是动量矩定理的数学表达式。动量矩定理:作用于物体上的外力对于某转动轴的力矩等于物体对于该轴动量矩的变化率,即

$$M_z' = \frac{\mathrm{d}K_z}{\mathrm{d}t} \tag{12-6}$$

式中:K_z 为对于 z 轴的动量矩;M_z' 为作用于气流上的力相对于转动轴 z 的力矩。

图 12-6 所示为透平转子的通流部分,进口截面的平均半径用 r_1 表示,出口截面的平均半径用 r_2 表示。在动叶片前后的特征截面 1—1 和 2—2 上,气流的实际绝对速度分别用 c_1 和 c_2 表示。在一维近似的条件下,认为在这两个平面上气流参数是均匀分布的。在微小时间间隔 $\mathrm{d}t$ 内,控制体积(control volume)$abdc$ 中的流体相对 z 轴的动量矩变化率为

$$\frac{dK_z}{dt} = \frac{dmc_{2u}r_2 - dmc_{1u}r_1}{dt}$$

式中，c_{1u}、c_{2u} 分别为速度 $\boldsymbol{c}_1$、$\boldsymbol{c}_2$ 在周向的投影；dm 为在时间间隔 dt 内通过截面 ac 的气体质量，在定常运动条件下，等于同一时间间隔内通过截面 bd 的气体质量。

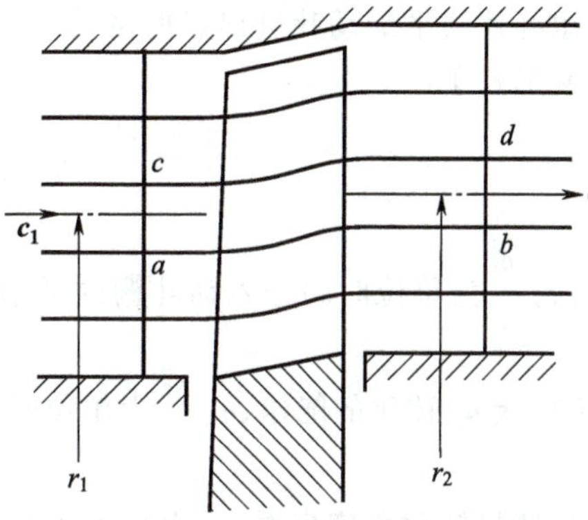

图 12-6 透平转子的通流部分

由于 dm/dt 表示单位时间内通过截面 ac（或 bd）的气体质量 q_m，因此上式改写为

$$\frac{dK_z}{dt} = q_m(c_{2u}r_2 - c_{1u}r_1)$$

将上式代入式(12-6)得

$$M'_z = q_m(c_{2u}r_2 - c_{1u}r_1) \tag{12-7}$$

下面分析作用于控制体 $abdc$ 中流体上的力以及这些力相对于 z 轴的力矩。截面 ac 和 bd 上的气体压力(pressure force)平行于 z 轴，所以不产生力矩；上下两圆环端面上的压力也通过 z 轴，因而对 z 轴也不产生力矩。在略去质量力和黏性力的条件下，只有动叶片表面对气流的反作用力对 z 轴产生力矩。所以，式(12-6)中的 M'_z 仅代表动叶片表面的反作用力相对于 z 轴的力矩。若用 M_z 代表单位时间内 q_m 千克质量的气体推动动叶片绕透平轴旋转产生的力矩，则有

$$M'_z = -M_z \tag{12-8}$$

3. 轮周功率 N_u 表达式的变换形式 I

级轮周功率 N_u 的定义是单位时间内气流对动叶片做的有效功。单位时间内，q_m 千克质量的气体推动叶片产生的轮周功 N_u 等于力矩 M_z 与动叶片的角速度 ω 的乘积：

$$N_u = \omega M_z \tag{12-9}$$

考虑到式(12-8)，由式(12-9)和(12-7)得

$$N_u = q_m \omega(c_{1u}r_1 - c_{2u}r_2) \tag{12-10}$$

每千克气体产生的轮周功称为比功，等于气体的有效焓降 h_u。这样式(12-9)可改写为

$$h_u = \omega(c_{1u}r_1 - c_{2u}r_2) \tag{12-11}$$

$$h_u = c_{1u}u_1 - c_{2u}u_2 \tag{12-12}$$

式(12-11)和式(12-12)称为透平机械的欧拉方程。在透平级内，周向分速 c_{1u} 的方向与动叶片的旋转方向一致（$c_{1u} > 0$），而周向分速 c_{2u} 的方向与动叶片的旋转方向相反（$c_{2u} < 0$）或 c_{2u} 的值很小，这样，h_u 总为正值。

根据余弦定理，由速度三角形得

$$w_1^2 = c_1^2 + u_1^2 - 2u_1 c_{1u}$$

$$w_2^2 = c_2^2 + u_2^2 - 2u_2 c_{2u}$$

式中，w_1、c_1、u_1 为对应矢量的值。两式相减

$$c_{1u}u_1 - c_{2u}u_2 = \frac{c_1^2 - c_2^2}{2} + \frac{w_2^2 - w_1^2}{2} + \frac{u_1^2 - u_2^2}{2}$$

将上式代入(12-12)，得

$$h_u = \frac{c_1^2 - c_2^2}{2} + \frac{w_2^2 - w_1^2}{2} + \frac{u_1^2 - u_2^2}{2}$$

短叶片透平级动叶进出口的圆周速度相同,即 $u_1=u_2=u$,代入上式可得轮周功率 N_u 表达式的变换形式 I:

$$N_u = q_m\left(\frac{c_1^2-c_2^2}{2}+\frac{w_2^2-w_1^2}{2}\right) \tag{12-13}$$

式中: $q_m\dfrac{c_1^2}{2}$ 为单位时间进入动叶栅时的气流动能; $q_m\dfrac{w_2^2-w_1^2}{2}$ 为单位时间气流在动叶栅中继续膨胀,从热能 h_{2s} 转化的能量; $q_m\dfrac{c_2^2}{2}$ 为单位时间气流离开动叶栅时所带走的能量。

从能量转化角度来看, $\dfrac{c_2^2}{2}$ 实际上也是一种能量损失,称为余速能量损失,用符号 h_{c_2} 表示,即

$$h_{c_2}=\frac{c_2^2}{2}。$$

式(12-13)中的每一项都代表能量,因此式(12-13)也是一种能量方程的表达形式。显然,级的轮周功率是三部分能量的代数和。

4. 轮周功率 N_u 表达式的变换形式 II

将式(12-13)中的各项再进行变换,轮周功率表达式可表示为

$$
\begin{aligned}
N_u &= q_m\left[\frac{c_1^2}{2}+\frac{w_2^2-w_1^2}{2}-\frac{c_2^2}{2}\right]\\
&= q_m\left[\frac{c_{1s}^2}{2}-\frac{c_{1s}^2}{2}+\frac{c_1^2}{2}+\frac{w_{2s}^2}{2}-\frac{w_{2s}^2}{2}+\frac{w_2^2-w_1^2}{2}-\frac{c_2^2}{2}\right]\\
&= q_m\left[\frac{c_{1s}^2}{2}+\frac{w_{2s}^2-w_1^2}{2}-\frac{c_{1s}^2-c_1^2}{2}-\frac{w_{2s}^2-w_2^2}{2}-\frac{c_2^2}{2}\right]\\
&= q_m\left[h_{1s}^*+h_{2s}-h_n-h_b-h_{c_2}\right]\\
&= q_m\left[h_s^*-h_n-h_b-h_{c_2}\right]=q_m h_u
\end{aligned}
\tag{12-14}
$$

式中: $\dfrac{c_{1s}^2}{2}=h_{1s}^*$ 为静叶栅的等熵滞止焓降; $\dfrac{w_{2s}^2-w_1^2}{2}=h_{2s}$ 为动叶栅的等熵焓降; $\dfrac{c_{1s}^2-c_1^2}{2}=h_n$ 为静叶栅中的能量损失; $\dfrac{w_{2s}^2-w_2^2}{2}=h_b$ 为动叶栅中的能量损失; $\dfrac{c_2^2}{2}=h_{c_2}$ 为级的余速能量损失(余速损失); $h_u=h_s^*-h_n-h_b-h_{c_2}$ 为单列级的有效焓降。

在透平的气动力计算中,常常通过静叶片的速度系数求实际速度 c_1,即

$$c_1=\varphi c_{1s} \tag{12-15}$$

式中, φ 为静叶片的速度系数,通常由实验确定,其值一般在 0.95~0.98 范围内。速度系数是衡量静叶片内能量损失大小的一个指标,不仅与静叶片的几何尺寸、流道形状以及叶片表面粗糙度有关,而且与工质的气动参数有关。

动叶片的实际相对速度为

$$w_2=\psi w_{2s} \tag{12-16}$$

式中, ψ 为动叶片速度系数,其值与诸多因素(如叶型、叶高、压比、冲角、速度等)有关,需要通过实验来确定。

5. 轮周效率 η_u

级的轮周效率 η_u 定义为单位时间内流过级的气流在叶轮上所做的轮周功与气流在级中所具有的理想能量 E_0 之比,即

$$\eta_u = \frac{N_u}{E_0} = \frac{N_u}{q_m h_s^*} \tag{12-17}$$

轮周效率反映了气流在叶栅中的能量损失与余速能量损失对级的能量转化效率的影响,是衡量级的设计热力性能的一个重要指标。将轮周功率的表达式(12-13)和式(12-14)分别代入式(12-17)中,可得单列级的轮周效率为

$$\eta_u = \frac{q_m(h_s^* - h_n - h_b - h_{c_2})}{q_m h_s^*} = 1 - \frac{h_n}{h_s^*} - \frac{h_b}{h_s^*} - \frac{h_{c_2}}{h_s^*} = 1 - \xi_n - \xi_b - \xi_{c_2} \tag{12-18}$$

式中:$\xi_n = \dfrac{h_n}{h_s^*}$ 为静叶栅的能量损失系数;$\xi_b = \dfrac{h_b}{h_s^*}$ 为动叶栅的能量损失系数;$\xi_{c_2} = \dfrac{h_{c_2}}{h_s^*}$ 为级的余速能量损失系数;$h_n + h_b + h_{c_2}$ 为单列级的轮周损失。

12.2.2 向心透平

1. 向心式级的结构与特点

在向心式级中,气流的运动方向主要沿半径方向,气流运动朝向中心。图 12-7 所示是向心式级的结构示意图,另外,还有一种径流-轴流混合级的结构,如图 12-8 所示。

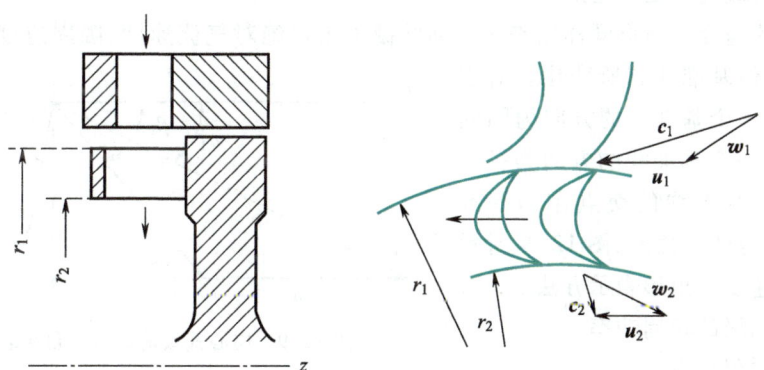

图 12-7 向心式级的结构示意图

与轴流式级相比,向心式级有以下几个主要特点。

(1) 静叶栅与动叶栅的相互配置不同。

(2) 由于实现多级结构困难,目前只能做成单级。

(3) 动叶进口、出口的半径 $r_1 \neq r_2$,因而圆周速度 $u_1 \neq u_2$,此处 u_1、u_2 为对应矢量的值。

向心式级的优点是可以利用较大的焓降,但为保证最佳速比,圆周速度较高,可达 $400 \sim 550$ m/s,叶片及整个叶轮都具有较好的强度和刚度;缺点是制造和加工相对复杂。向心式级常用于要求质量轻、尺寸小的燃气透平装置中。

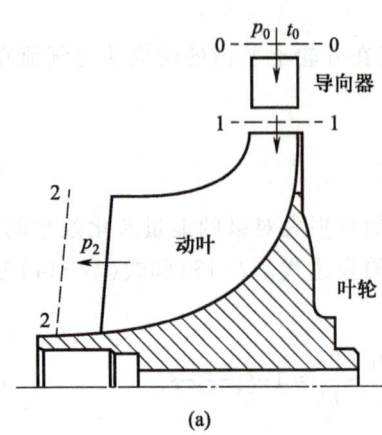

(a) (b)

图 12-8 径流-轴流混合级的结构示意图

汽轮机叶
片失效原
因及预防

2. 向心式级的速度三角形和轮周功率

如图 12-8 所示, 在向心式级中, 压力为 p_0、温度为 t_0 的气流以一定的初速度 c_0 流入透平的环形进气道, 然后再进入导向器(等同于静叶栅)流道中进行膨胀加速, 随后高速气流进入动叶栅对外做功。气流在级流道内的流动过程和能量转化过程同于轴流式级, 因此前面分析轴流式级时所用到的控制方程、推导过程以及给出的基本概念和定义也适用于向心式级, 但考虑向心式级的结构特点和流动特征, 级的速度三角形计算与画法、反动度含义等略有变化。

(1) 向心式级的速度三角形

向心式级的速度三角形同样用来表示动叶栅进出口绝对气流速度、圆周速度和相对气流速度之间的关系, 但基准线有所变化。对于向心式级来说, 一个基准线的方向为圆周速度 u 的方向, 一个基准线的方向为径向 r 的方向。将两基准线的交点作为基准点, 计算并画出速度三角形, 图 12-9 所示是向心式级的速度三角形表示方法。

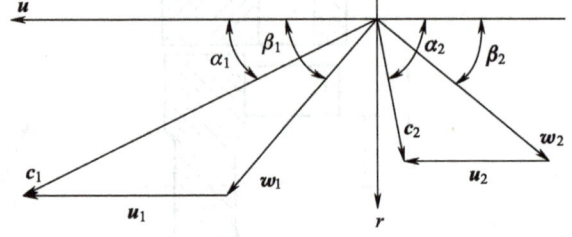

图 12-9 向心式级的速度三角形表示方法

(2) 向心式级的轮周功率

由动量矩方程可得

$$M' = \frac{\mathrm{d}K}{\mathrm{d}t} \tag{12-19}$$

式中, M' 为作用于控制体中气流上的力相对于转动轴 z 的力矩; K 为图 12-6 中控制体 $abdc$ 内的气流相对 z 轴的动量矩。

根据 12.2.1 节的分析并结合图 12-9 的速度三角形, 可得动叶栅进口、出口的气流动量矩沿周向的变化率(以圆周方向 u 为正值)为

$$\frac{dK}{dt} = -q_m(r_2 c_{2u} + r_1 c_{1u}) \tag{12-20}$$

根据动量矩方程, 作用于气流上的力矩大小为

$$M' = -q_m(r_1 c_{1u} + r_2 c_{2u}) \tag{12-21}$$

在圆周方向,作用在气流上的力只有叶片对气流的作用力,因此气流对动叶产生的力矩大小为

$$M = -M' = q_m(r_1 c_{1u} + r_2 c_{2u}) \tag{12-22}$$

式中,r_1、r_2 分别为动叶栅进口、出口截面的平均半径,c_{1u}、c_{2u} 分别为气流的周向分速度大小。

若级的旋转角速度为 ω,则级的轮周功率为

$$N_u = \boldsymbol{M} \cdot \boldsymbol{\omega} = q_m \omega(r_1 c_{1u} + r_2 c_{2u}) = q_m(u_1 c_{1u} + u_2 c_{2u}) \tag{12-23}$$

式中,$\omega = \dfrac{2\pi n}{60}$,$u_1 = r_1 \omega$,$u_2 = r_2 \omega$,且 $u_1 \neq u_2$。

由图 12-9 的速度三角形可得

$$w_1^2 = c_1^2 + u_1^2 - 2u_1 c_1 \cos \alpha_1$$

$$w_2^2 = c_2^2 + u_2^2 + 2u_2 c_2 \cos \alpha_2$$

有

$$u_1 c_{1u} + u_2 c_{2u} = \frac{1}{2}\left[c_1^2 - c_2^2 + w_2^2 - w_1^2 + u_1^2 - u_2^2 \right]$$

级的轮周功率为

$$N_u = q_m \left[\frac{c_1^2}{2} + \frac{w_2^2 - w_1^2}{2} + \frac{u_1^2 - u_2^2}{2} - \frac{c_2^2}{2} \right] \tag{12-24}$$

式中,$q_m \dfrac{c_1^2}{2}$ 为单位时间进入动叶栅的气流动能;$q_m \dfrac{w_2^2 - w_1^2}{2}$ 为单位时间气流热能在动叶栅中转化为动能的能量;$q_m \dfrac{c_2^2}{2}$ 为单位时间气流离开动叶栅时所带走的能量;$h_{c_2} = \dfrac{c_2^2}{2}$ 为余速能量损失;$q_m \dfrac{u_1^2 - u_2^2}{2}$ 为单位时间科氏力所做的功。

与轴流式级轮周功率的计算式(12-13)相比,式(12-24)多了一项 $q_m \dfrac{u_1^2 - u_2^2}{2}$,该项称为单位时间科氏力所做的功,它是气体在向心式级通道流动中,科氏力和离心力做功的结果。在向心式级中,科氏力所产生的功由气体传递给动叶栅,与相对速度和流动损失无关;而在离心式级中,这一能量由动叶栅传递给气体。图 12-10 所示是动叶栅系统科氏力做功示意图。图中的科氏加速度(acceleration)可表示为

$$\boldsymbol{j}_k = 2\boldsymbol{\omega} \times \boldsymbol{w}$$

式中:$\boldsymbol{\omega}$ 为动叶栅旋转的角速度;$\boldsymbol{w}$ 为气体的相对速度。科氏加速度的方向与相对速度矢量 $\boldsymbol{w}$ 及主轴 z 方向相垂直。

在轴流式级中(图 12-10a),科氏加速度方向为径向,相应的科氏力也为径向,与动叶栅转动方向垂直,故科氏力做功为 0。在向心式级中(图 12-10b),科氏加速度方向与动叶栅转动方向相反,相应的科氏力则与转动方向相同,科氏力做正功。

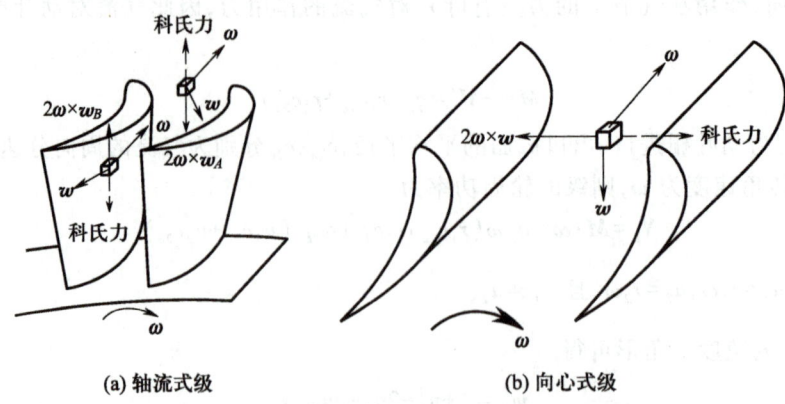

(a) 轴流式级　　　　　　　　(b) 向心式级

图 12-10　动叶栅气流的科氏力做功示意图

吴仲华与
叶轮机械

　　实际上,式(12-24)是级轮周功率的一般表达式,它适用于各种类型的级。假设向心式级和离心式级的动叶栅平均半径相同,叶片宽度也相同,则在其他相同的条件下,向心式级的轮周功比离心式级的轮周功大,说明向心式级的做功能力大于离心式级。因此,为了能够产生较大的功率,应该采用向心式级。

3. 反动度和气流速度

　　与轴流式级相比,向心式级的流动过程和计算公式既有相同点,又有不同点,不同的地方都是由 $u_1 \neq u_2$ 引起的主要表现在以下两点。

　　(1) 静叶栅内的流动过程和计算公式,与轴流式级的完全相同。

　　(2) 动叶栅通道内的流动过程,气流相对速度及反动度的含义与轴流式级略有不同,多了一项绝热焓降,其他形式相同。

　　下面内容涉及的符号,如果没有明确解释,就表明与轴流式级的含义相同。

　　轴流式级的反动度为 $\Omega = \dfrac{h_{2s}}{h_s^*}$,其中动叶栅等熵焓降 h_{2s} 全部用来加速气流和对外做功,表现形式为

$$\frac{w_2^2 - w_1^2}{2} = \frac{w_{2s}^2 - w_1^2}{2}\,(\text{理想做功部分}) - \frac{w_{2s}^2 - w_2^2}{2}\,(\text{流动损失})$$

　　向心式级的反动度也定义为 $\Omega = \dfrac{h_{2s}}{h_s^*}$,但其中动叶栅等熵焓降 h_{2s} 的用途分为两部分。一部分为科氏力做功对应的焓降(称为离心力绝热焓降)h_{sk},大小为

$$h_{sk} = \frac{u_1^2 - u_2^2}{2} > 0 \,(\text{科氏力做功})$$

另一部分焓降 $(h_{2s} - h_{sk})$ 则用来加速气流和对外做功,表现形式为

$$\frac{w_2^2 - w_1^2}{2} = \frac{w_{2s}^2 - w_1^2}{2}\,(\text{理想做功部分}) - \frac{w_{2s}^2 - w_2^2}{2}\,(\text{流动损失})$$

　　显然,在向心式级中,h_{sk} 没有使气流加速,w_2 相对较小,最终使余速 c_2 和余速损失 h_2 相对较小,从而增大了级的轮周功率,做功能力最大,且反动度 $\Omega > 0$;反之,离心式级的做功能力最小,反动度 Ω 可能小于 0。

4. 轮周效率 η_u

根据级轮周效率的定义,向心式级的轮周效率 η_u 的表达式可写为

$$\eta_u = \frac{N_u}{q_m h_s^*} = \frac{q_m(u_1 c_{1u} + u_2 c_{2u})}{q_m \dfrac{c_a^2}{2}} = \frac{2(u_1 c_{1u} + u_2 c_{2u})}{c_a^2} \tag{12-25}$$

式中,$c_a = \sqrt{2h_s^*}$,是与级的等熵滞止焓降相对应的假想理论速度。

除两个速度系数 φ 和 ψ 之外,还引入以下几个参数。

$B = \dfrac{r_2}{r_1} = \dfrac{u_2}{u_1}$,是动叶栅进口、出口半径比值的结构参数(向心级 $B<1$;轴流级 $B=1$)。

$x_a = \dfrac{u}{c_a}$,是与假想速度对应的速比。

$\Omega' = \dfrac{h_{2s} - h_{sk}}{h_s^*} = \Omega - \dfrac{h_{sk}}{h_s^*} = \Omega - \Omega''$,$\Omega'$ 称为气动反动度,Ω'' 称为惯性反动度。

在 $\beta_1 = \beta_2$ 和 $\Omega' = 0.2$ 条件下,推导可以得出向心式级的轮周效率为

$$\eta_u = 2\varphi(1 + \psi B) x_a \cos \alpha_1 \sqrt{1 - \Omega' - (1 - B^2) x_a^2} - 2B(\psi + B) x_a^2 \tag{12-26}$$

[例题 12-1] 已知某汽轮机级的转速为 3 000 r/min,绝热焓降 $h_s = 60$ kJ/kg,反动度 $\Omega = 0.07$,平均直径 $d_m = 1\ 000$ mm,静叶出口角 $\alpha_1 = 15°$,动叶出口角 $\beta_2 = \beta_1 - 2°$,静叶和动叶的速度系数分别为 $\varphi = 0.985$ 和 $\psi = 0.920$。试求该级的轮周效率,并大体按比例画出该级的速度三角形。

分析:本例涉及汽轮机级的轮周效率计算以及速度三角形的绘制。在给定条件下,结合汽轮机级的基本工作原理,包括蒸汽的等熵滞止焓降、静叶和动叶的作用以及速度三角形的组成进行解题。

假设:(1) 稳态问题;(2) 一维;(3) 忽略叶高损失、漏气损失等级外损失的影响。

解:认为初速度 $c_0 = 0$ m/s

级的等熵滞止焓降

$$h_s^* = h_s = 60 \text{ kJ/kg}$$

轮周速度

$$u_1 = u_2 = u = \frac{\pi dn}{60} = \frac{3.14 \times 1.0 \text{ m} \times 3\ 000 \text{ r/min}}{60} = 157.1 \text{ m/s}$$

静叶出口理想汽流速度

$$c_{1s} = \sqrt{2(1-\Omega)h_s^*} = \sqrt{2 \times (1-0.07) \times 6 \times 10^4 \text{ J/kg}} = 334.2 \text{ m/s}$$

静叶出口实际汽流速度

$$c_1 = \varphi c_{1s} = 0.985 \times 334.2 \text{ m/s} = 329.2 \text{ m/s}$$

静叶出口汽流角

$$\alpha_1 = 15°$$

静叶能量损失

$$h_n = \frac{c_{1s}^2}{2\ 000} - \frac{c_1^2}{2\ 000} = \frac{(334.2\ \text{m/s})^2}{2\ 000} - \frac{(329.2\ \text{m/s})^2}{2\ 000} = 1.66\ \text{kJ/kg}$$

动叶进口相对汽流速度

$$w_1 = \sqrt{c_1^2 + u_1^2 - 2c_1 u_1 \cos\ \alpha_1}$$

$$= \sqrt{(329.2\ \text{m/s})^2 + (157.1\ \text{m/s})^2 - 2 \times 329.2\ \text{m/s} \times 157.1\ \text{m/s} \times \cos 15°}$$

$$= 182.05\ \text{m/s}$$

动叶进口汽流角

$$\tan\ \beta_1 = \frac{c_1 \sin\ \alpha_1}{c_1 \cos\ \alpha_1 - u} = \frac{329.2\ \text{m/s} \times \sin 15°}{329.2\ \text{m/s} \times \cos 15° - 157.1\ \text{m/s}} = \frac{85.2\ \text{m/s}}{160.9\ \text{m/s}} = 0.529\ 5$$

$$\beta_1 = 27.9°$$

动叶出口汽流角

$$\beta_2 = \beta_1 - 2° = 27.9° - 2° = 25.9°$$

动叶出口理想汽流速度

$$w_{2s} = \sqrt{2\Omega h_s^* + w_1^2} = \sqrt{2 \times 0.07 \times 6 \times 10^4\ \text{J/kg} + (182.05\ \text{m/s})^2} = 203.8\ \text{m/s}$$

动叶出口实际汽流速度

$$w_2 = \psi w_{2s} = 0.920 \times 203.8\ \text{m/s} = 187.5\ \text{m/s}$$

动叶能量损失

$$h_b = \frac{w_{2s}^2}{2\ 000} - \frac{w_2^2}{2\ 000} = \frac{(203.8\ \text{m/s})^2}{2\ 000} - \frac{(187.5\ \text{m/s})^2}{2\ 000} = 3.18\ \text{kJ/kg}$$

动叶出口绝对汽流速度周向分速度

$$c_{2u} = w_2 \cos\ \beta_2 - u_2 = 187.5\ \text{m/s} \times \cos 25.9° - 157.1\ \text{m/s} = 11.57\ \text{m/s}$$

动叶出口绝对汽流速度轴向分速度

$$c_{2z} = w_2 \sin\ \beta_2 = 187.5\ \text{m/s} \times \sin 25.9° = 81.9\ \text{m/s}$$

动叶出口绝对汽流速度

$$c_2 = \sqrt{c_{2u}^2 + c_{2z}^2} = \sqrt{(11.56\ \text{m/s})^2 + (81.9\ \text{m/s})^2} = 82.7\ \text{m/s}$$

动叶出口绝对汽流角

$$\tan\ \alpha_2 = \frac{c_{2z}}{c_{2u}} = \frac{81.90\ \text{m/s}}{11.56\ \text{m/s}} = 7.085$$

解得

$$\alpha_2 = 81.96°$$

余速能量损失

$$h_{c2} = \frac{c_2^2}{2\ 000} = \frac{(82.7\ \text{m/s})^2}{2\ 000} = 3.42\ \text{kJ/kg}$$

级的速度三角形如图 12-11 所示。

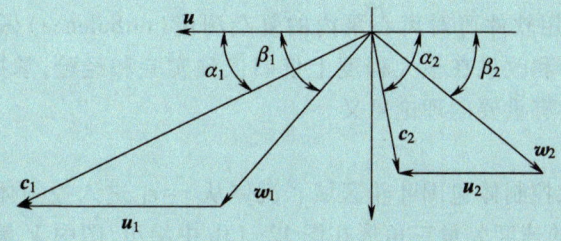

图 12-11　级的速度三角形

轮周功

$$h_u = h_s^* - h_n - h_b - h_{c2} = 60 \text{ kJ/kg} - 1.66 \text{ kJ/kg} - 3.18 \text{ kJ/kg} - 3.42 \text{ kJ/kg} = 51.74 \text{ kJ/kg}$$

轮周效率

$$\eta_u = \frac{h_u}{h_s^*} = \frac{51.74 \text{ kJ/kg}}{60 \text{ kJ/kg}} = 0.862\,3$$

讨论：轮周效率反映了实际转换效率与理想转换效率之间的差距。本例的轮周效率为 0.862 3，意味着在转换过程中损失了 13.77% 的能量，这与汽轮机的设计、制造精度和运行条件等有关，绘制速度三角形可以直观地了解蒸汽在汽轮机级中的流动路径和速度变化。

国产重型
燃气轮机

12.3　泵

12.3.1　离心泵

如图 12-12 所示，离心泵（centrifugal pump）基本上由一个旋转的叶轮和泵壳组成[7]。流体沿轴向进入泵体，在叶轮叶片的推动下做圆周运动，同时沿径向移动，离开叶轮外缘后进入涡室，最后流出泵体。流体在离心泵内高速旋转，为了提供流体质点的向心加速度（centripetal acceleration），离心泵内存在很高的径向压强梯度（pressure gradient），叶轮叶片做功推动流体沿径向移动，使流体压强得到提升[8]。

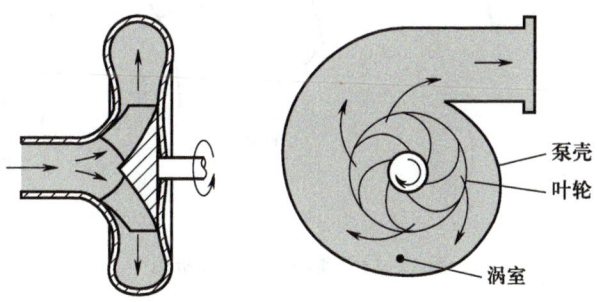

图 12-12　离心泵的结构

　　本节假设离心泵内的流动是一维的无黏性流动(inviscid flow),在此基础上建立离心泵内流动的基本方程。实际上离心泵内的真实流动是三维的黏性流动(viscous flow),已有商用软件可对离心泵内的复杂湍流(turbulence)做模拟计算。尽管如此,对水泵的设计和改进在很大程度上依旧依赖实验和经验,掌握离心泵内一维流动的基本理论仍然有重要的理论意义。

1. 欧拉方程

　　如图 12-13 所示,取控制体包围叶轮区域。流体从 $r=r_1$ 进入控制体,由 $r=r_2$ 离开控制体。流体在进口①和出口②的速度矢量三角形在图 12-13b 中给出,图中 V 是流体的绝对速度,即相对于静止坐标系(coordinates)的速度,V_t 和 V_n 分别是 V 在周向和径向的分量。叶片的周向线速度的值 u 可由旋转角速度 ω 与半径 r 的乘积计算,即 $u=\omega r$。V 与 u 之间的夹角为 α。在最佳工况下,期望流体对于叶轮的相对速度 w 与叶片相切,即 w 与叶轮切向之间夹角等于叶片角(blade angle,β)。作用于控制体内流体的力矩大小为

$$T=\rho q_V(r_2 V_{t2}-r_1 V_{t1})$$

式中,q_V 是通过泵体的流体体积流量。上式与角速度 ω 相乘,得离心泵传递给流体的功率

$$P=\omega T=\rho q_V(u_2 V_{t2}-u_1 V_{t1}) \tag{12-27}$$

理想情况下,即假定无任何损失,单位质量流体通过泵体后获得的能头增量为

$$H_t=\frac{P}{\rho g q_V}=\frac{1}{g}(u_2 V_{t2}-u_1 V_{t1}) \tag{12-28}$$

上式表示水泵能头的增加仅取决于叶轮端部的线速度和流体绝对速度的切向分量,而与流体的轴向速度无关。H_t 通常称为理论扬程(theoretical head)[9]。

　　应用余弦定理于图 12-13 中的速度三角形,得

$$V^2=u^2+w^2-2uw\cos\beta$$

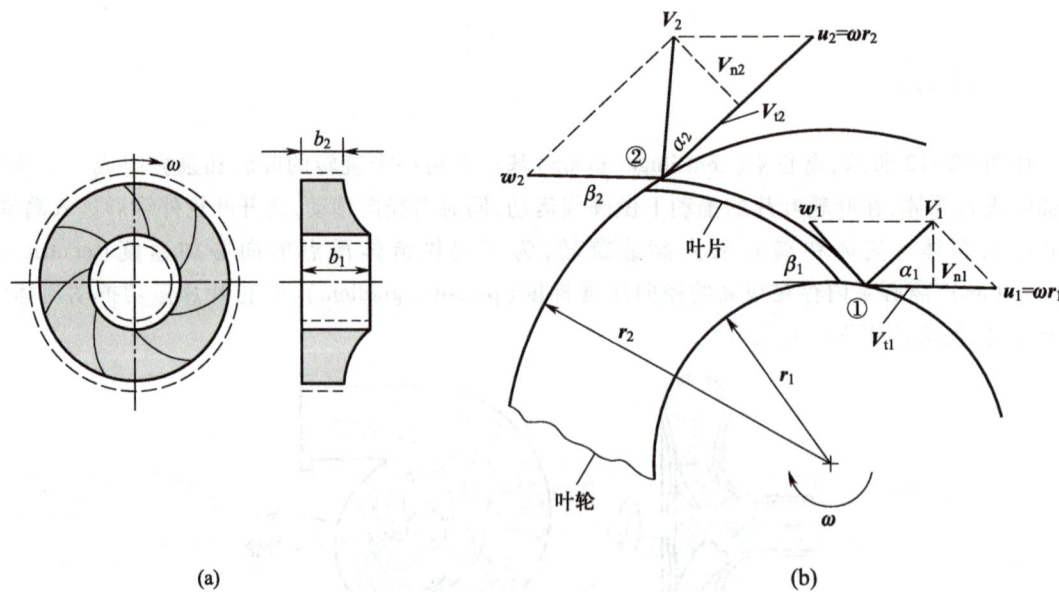

图 12-13　离心泵理论分析图

由几何关系又有 $w\cos\beta = u - V_t$，代入上式得

$$uV_t = \frac{1}{2}(V^2 + u^2 - w^2)$$

将以上两式代入式(12-28)，得

$$H_t = \frac{1}{2g}\left[(V_2^2 - V_1^2) + (u_2^2 - u_1^2) - (w_2^2 - w_1^2)\right]$$

应用能量方程于图 12-13a 的控制体，可得理论扬程的另一个计算式

$$H_t = \frac{V_2^2 - V_1^2}{2g} + z_2 - z_1 + \frac{p_2 - p_1}{\rho g}$$

令上述两式相等，得

$$\frac{p}{\rho g} + z + \frac{w^2}{2g} - \frac{r^2\omega^2}{2g} = \text{const} \qquad (12\text{-}29)$$

式(12.29)即在定常流动(steady flow)条件下适用于旋转坐标系的伯努利方程。

2. 叶片安装角对扬程的影响

考察式(12-28)可以发现，当进入叶轮的流体无旋，或者说进入叶轮的角动量流率等于 0 时，扬程最高，即

$$H_t = \frac{u_2 V_{t2}}{g}$$

由几何关系又有 $V_{t2} = u_2 - V_{n2}\cot\beta_2$，于是上式可写为

$$H_t = \frac{u_2^2 - u_2 V_{n2}\cot\beta_2}{g} \qquad (12\text{-}30)$$

注意到 $V_{n2} = q_V/(2\pi r_2 b_2)$，$b_2$ 是水泵出口的宽度，式(12-30)又可改写为

$$H_t = \frac{u_2^2}{g} - \frac{\omega\cot\beta_2}{2\pi b_2 g}q_V = a_0 - a_1 q_V \qquad (12\text{-}31)$$

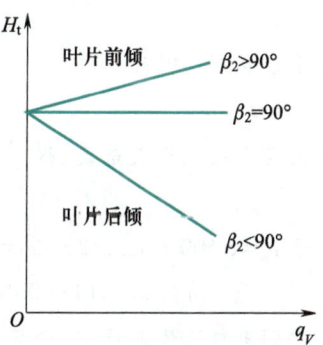

图 12-14 理论扬程与流量的关系曲线

可见水泵的理论扬程与流量呈线性关系，由于 a_1 的正负取决于 β 大于或小于 $\pi/2$，即叶片向后倾斜或向前倾斜，H_t 可能随 q_V 的增加而降低，也可能随 q_V 的增加而升高，这种关系表示在图 12-14 中。由于叶片向前倾斜时水泵工作处于不稳定状态，因此通常水泵都采用叶片向后倾斜的形式。

3. 效率

式(12-28)给出的是理论扬程，实际的扬程-流量曲线需要通过实验测定[10]。考虑黏性影响后，图 12-13a 中的控制体的能量方程可写为

$$H = \left(\frac{p_2}{\rho g} + \frac{\alpha}{2g}V_2^2 + z_2\right) - \left(\frac{p_1}{\rho g} + \frac{\alpha}{2g}V_1^2 + z_1\right) = H_t - h_f$$

式中：H 是实际的扬程；h_f 是水泵工作过程中存在的各种损失。通常 $V_1 = V_2$，$(z_2 - z_1)$ 的数值对普通的水泵来讲小于 1 m，因此动能头、位势头与静压头相比均可忽略，则有

离心式叶轮分类及叶片出口安装角选用原则

$$H \approx \frac{p_2 - p_1}{\rho g} = \frac{\Delta p}{\rho g}$$

水泵工作过程中流体获得的功率等于质量流量与实际扬程的乘积，即 $\rho g q_V H$；外界输入给水泵的功率为 ωT，则水泵的效率可计算为

$$\eta = \frac{\rho g q_V H}{\omega T} \qquad (12\text{-}32)$$

水泵设计的主要目的是在尽可能宽的流量范围内获得尽可能高的效率。水泵的实际扬程总低于理论扬程，$H < H_t$。一个水泵的实际扬程-流量曲线与理论扬程-流量曲线的比较表示在图 12-15 中。

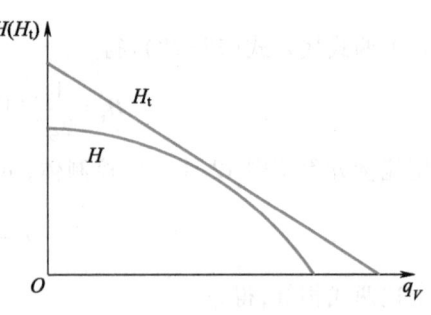

图 12-15　水泵的理论扬程和实际扬程

[例题 12-2]　一离心泵的相关结构数据为 $\beta_1 = 44°$，$r_1 = 21$ mm，$b_1 = 11$ mm；$\beta_2 = 30°$，$r_2 = 66$ mm，$b_2 = 5$ mm；旋转转速为 2 500 r/min；流体进入叶轮前无旋，即 $\alpha_1 = 90°$。试利用一维无黏性理论确定：(1) 流量、理论扬程和流体获得的功率；(2) 理论扬程-流量曲线。假设流体为水。

分析：离心泵中叶轮的旋转可将机械能传递给流体，从而实现对流体的输送和增压。本例通过利用离心泵的一维无黏性理论计算，求解流量、理论扬程和流体获得的功率，并绘制理论扬程-流量曲线。

假设：(1) 不可压缩且无黏性理想流体；(2) 一维；(3) 进口周向速度为零。

解：(1) 进口①和出口②的速度三角形表示在图 12-16a、b 中，由进口①处速度三角形，得通过泵的流量为

$$q_V = 2\pi r_1 b_1 V_{n1}$$

由于 $\alpha_1 = 90°$，因此

$$V_{n1} = V_1 = u_1 \tan \beta_1 = r_1 \omega \tan \beta_1$$

将上式代入流量表示式，得

$$q_V = 2\pi r_1^2 b_1 \omega \tan \beta_1$$

由于 $\omega = 2\ 500$ r/min$\times 2\pi/60 = 261.8$ rad/s，因此

$$q_V = 2\times 3.14\times (0.021\ \text{m})^2\times 0.011\ \text{m}\times 261.8\ \text{rad/s}\times \tan 44° = 0.007\ 7\ \text{m}^3/\text{s}$$

考虑到进口流体无旋，理论扬程为

$$H_t = \frac{u_2 V_{t2}}{g}$$

由出口②处速度三角形的几何关系，得

$$u_2 - V_{t2} = V_{n2}/\tan \beta_2, \quad V_{t2} = u_2 - V_{n2}/\tan \beta_2$$

考虑到 $V_{n2} = q_V/(2\pi r_2 b_2)$，$u_2 = r_2 \omega$，代入上式可得

$$V_{t2} = r_2 \omega - \frac{q_V}{2\pi r_2 b_2 \tan \beta_2}$$

于是理论扬程为

$$H_t = r_2\omega\left(r_2\omega - \frac{q_V}{2\pi r_2 b_2 \tan\beta_2}\right)\bigg/g$$

代入相关数据

$$H_t = 0.066\ \text{m}\times261.8\ \text{rad/s}\times\left(0.066\ \text{m}\times261.8\ \text{rad/s} - \frac{7.7\times10^{-3}\text{m}^3/\text{s}}{2\times3.14\times0.066\ \text{m}\times0.005\ \text{m}\times\tan30°}\right)\bigg/9.81\ \text{m/s}^2$$

$$= 19.1\ \text{m}$$

流体获得的功率为

$$P = \rho g q_V H_t = 1\ 000\ \text{kg/m}^3\times9.81\ \text{m/s}^2\times7.7\times10^{-3}\text{m}^3/\text{s}\times19.1\ \text{m} = 1\ 443\ \text{W}$$

（2）引用式（12-31），则有

$$H_t = \frac{(r_2\omega)^2}{g} - \frac{\omega\cot\beta_2}{2\pi b_2 g}q_V = \frac{(0.066\ \text{m}\times261.8\ \text{rad/s})^2}{9.81\ \text{m/s}^2} - \frac{261.8\ \text{rad/s}\times\cot30°}{2\times3.14\times0.005\ \text{m}\times9.81\ \text{m/s}^2}q_V$$

即

$$H_t = 30.4 - 1\ 472q_V$$

式中，H_t 单位为 m，q_V 单位为 m³/s。

理论扬程-流量曲线在图 12-16c 中示出。

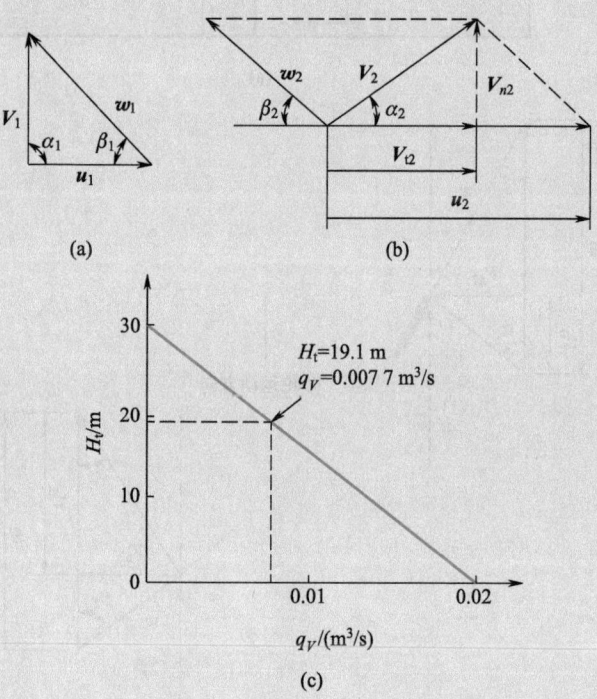

图 12-16　离心泵计算图

讨论：理论扬程-流量曲线的绘制有助于理解泵的性能。需要注意，在实际应用中泵的性能会受到多种因素的影响，包括流体的黏性、泵内部的摩擦损失、入口和出口条件等。因此，实际扬程和流量可能会与理论值有所偏差。

12.3.2　轴流泵和混流泵

　　轴流泵(axial-flow pump)主要由一个叶轮和一个圆柱状的泵壳组成[11]。与离心泵内流体沿着径向流动不同,轴流泵内流体沿着平行于旋转轴方向流动(图 12-17a)。叶轮通过旋转轴由马达驱动,叶轮旋转时流体即从进口端吸入,通过固定的导叶排出泵体。导叶的作用是消除流体的旋转,使之变为轴向流动,有时在旋转叶轮前还安装有一级固定导叶。轴流泵的速度三角形在图12-17(b)中给出。在轴流泵中没有径向流动,流体进入叶轮和离开叶轮的半径相同,因此 $u_1 = u_2 = u$;假设流动均匀,连续方程要求 $V_{n1} = V_{n2} = V_n$。应用方程(12-28),有

$$H_t = u(V_{t2} - V_{t1})/g$$

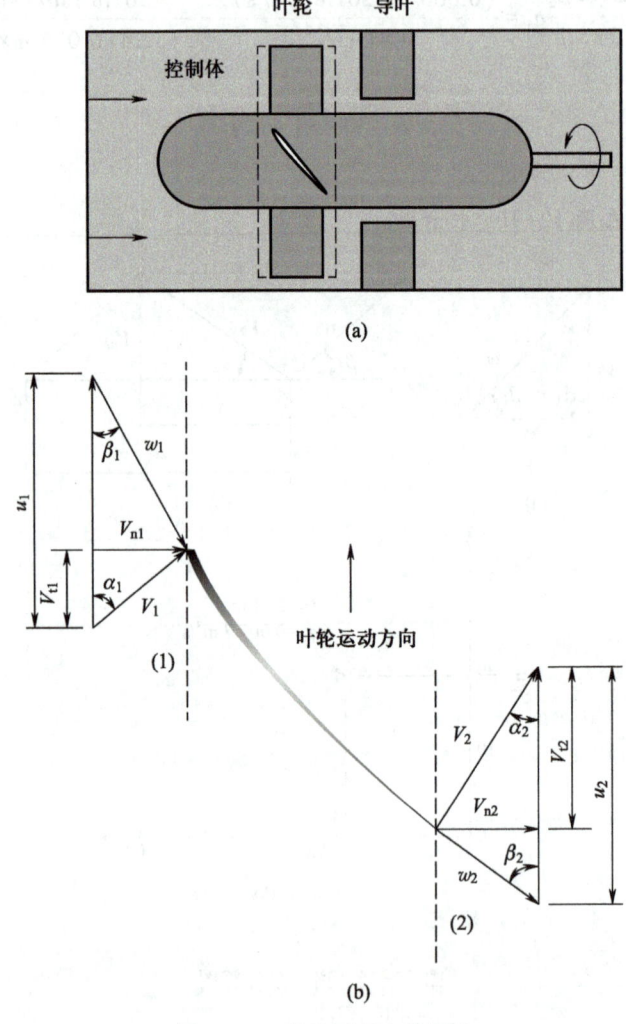

图 12-17　轴流泵理论分析图

考虑到 $V_{t2}=u-V_{n2}\cot\beta_2$，$V_{t1}=V_{n1}\cot\alpha_1$，$V_{n1}=V_{n2}$，上式可改写为

$$H_t=\frac{u^2}{g}-\frac{uV_n}{g}(\cot\alpha_1+\cot\beta_2) \tag{12-33}$$

当进入叶轮的流体无预旋时，$\alpha_1=0$，可获得最高的扬程，上式可简化为

$$H_t=\frac{u^2}{g}-\frac{uV_n}{g}\cot\beta_2 \tag{12-34}$$

式（12-34）等同于式（12-30），对于离心泵，式（12-30）适用于叶轮外沿，所有的流体质点都在该位置获得最高的扬程；而对于轴流泵，由于流体质点进入和离开叶轮的半径相同，因此式（12-34）适用于某一特定半径，流体质点获得的扬程随半径而变化，在轴线处扬程最低，在叶轮外缘扬程最高，总的扬程是截面的积分平均值。

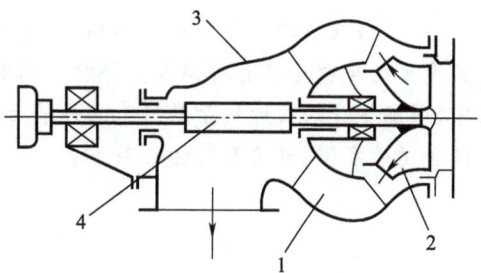

1—导叶；2—叶轮；3—泵体；4—泵轴。

图 12-18 混流泵的结构

一般来说，在叶轮区域流体存在两种流动，一是由于叶轮引起的旋转运动，二是通过叶轮的流动。在离心泵中旋转运动与流体的径向运动叠加，而在轴流泵中旋转运动与流体的轴向运动叠加。图 12-18 给出的是混流泵（mixed-flow pump）的结构图，混流泵中的流动介于离心泵与轴流泵之间[12]。离心泵的设计目的是提供相对高的扬程和相对低的流量，而轴流泵则是提供相对高的流量和相对低的扬程。混流泵的设计目的介于上述两种泵之间。

血液泵

[例题 12-3] 一轴流泵在叶轮上安装有固定导叶，使得流体进入叶轮的角度 $\alpha_1=75°$。叶轮旋转转速为 500 r/min，叶片出口角 $\beta_2=70°$。控制体外圆和内圆直径分别为 $d_o=300$ mm 和 $d_i=150$ mm。试确定理论扬程，当流量为 150 L/s 时所需的功率。流体密度为 850 kg/m³。

分析：本例探讨了轴流泵的理论扬程和所需功率的计算。轴流泵通过叶轮的旋转，使流体沿轴向流动，从而实现流体的输送。

假设：（1）不可压缩且密度恒定的理想流体；（2）一维。

解：绝对速度的垂直分量（即沿轴向的分量）

$$V_n=\frac{q_V}{A}=\frac{q_V}{\pi(d_o^2-d_i^2)/4}=\frac{0.15\ \text{m}^3/\text{s}}{3.14\times[(0.3\ \text{m})^2-(0.15\ \text{m})^2]/4}=2.83\ \text{m/s}$$

叶轮端部的平均线速度

$$u\approx\omega\frac{d_o+d_i}{4}=\left(500\times\frac{2\times3.14}{60}\right)\text{rad/s}\times\frac{0.3\ \text{m}+0.15\ \text{m}}{4}=5.89\ \text{m/s}$$

理论扬程

$$H_t = \frac{u}{g}\left[u - V_n(\cot\alpha_1 + \cot\beta_2)\right]$$

$$= \frac{5.89 \text{ m/s}}{9.81 \text{ m/s}^2} \times \left[5.89 \text{ m/s} - 2.83 \text{ m/s} \times (\cot 75° + \cot 70°)\right]$$

$$= 2.46 \text{ m}$$

当流量为 150 L/s 时所需的功率

$$P = \rho g q_V H_t = 850 \text{ kg/m}^3 \times 9.81 \text{ m/s}^2 \times 0.15 \text{ m}^3/\text{s} \times 2.46 \text{ m} = 3\ 077 \text{ W}$$

讨论：轴流泵的效率受到流体黏性、泵内摩擦损失等多种因素的影响，因此实际扬程和所需功率可能与理论值有所偏差。导叶可以有效地引导流体进入叶轮，减少能量损失，提高泵的效率，所以导叶的设计对于轴流泵的性能至关重要。流量和功率的计算结果可以帮助设计者选择合适的泵型，确定泵的运行条件。

12.4 阀　门

控制阀发展历程

流体力学在阀门设计、选择和应用中至关重要，常用于优化阀门的内部流动特性，以确保各工况下流体的流量、压力和方向的有效控制。通过精确计算阀门的压力损失和流量特性，工程师可以设计出在特定应用中最佳性能的阀门类型和尺寸。流体力学还用于帮助预测和降低操作中的噪声和振动，指导阀门的正确选型和配置，以满足工业的精确要求。此外，在开发节能高效的阀门解决方案、进行阀门性能测试和故障诊断环节，流体力学也扮演着重要角色。

12.4.1 阀门概述

1. 阀门的构成及分类

阀门（valve）是流体管路的控制装置，其基本功能是接通或切断管路介质的流通，改变介质的流动方向，调节介质的压力和流量，保护管路设备的正常运行的。阀门广泛应用于工业、建筑、管道系统和机械设备中，通常由阀体、阀盖、阀芯、阀杆、阀座、密封件、执行器等部件组成。阀门的分类方式众多，主流分类方式主要有以下 3 种。

（1）按功能分，有截止阀、止回阀、安全阀、控制阀、疏水阀等。

（2）按驱动方式分，有手动阀、电动阀、气动阀、液动阀等。

（3）按阀体材料分，有铸铁阀、钢阀、塑料阀、陶瓷阀等。

2. 控制阀

大型阀门控制

流量控制和压力调节是阀门工程应用中的关键用途之一，控制阀的工作原理是通过改变阀芯与阀座之间的开度来控制流体的流量和流向[13]。控制阀基于节流效应、连续性方程、伯努利方程、达西 - 维斯巴赫（Daroy - Weisbach）方程等流体力学原理，根据控制系统的信号精确调节流体流量、压力或温度，以满足工艺过程的精确要求。

　　阀门的固有流量特性是指在阀前、阀后压差保持不变时,介质流过阀门的相对流量与相对位移(阀门的相对开度)之间的关系。控制阀的流量特性,如直线、等百分比、抛物线和快开特性,这些特性决定了阀门开度与流量之间的关系。因此,流量特性决定了阀门对流体流量的控制能力,正确的流量特性可以确保阀门在不同的开度下提供所需的流量。

　　当阀芯种类、流量特性、阀门开度等要素发生改变时,阀门内压力损失也会受到显著影响。阀门的流量与压力损失通常成平方关系,即流量增加时,压力损失会显著增加。不同类型的阀门(如球阀、蝶阀、闸阀等)具有不同的压力损失特性。例如,蝶阀在全开位置的压力损失较低,而截止阀即使在部分开启时也可能有较高的压力损失。阀门开度不同程度地影响阀门的压力损失,阀门的开度越小,流体通过的面积越小,压力损失越大。如图 12-19 所示,阀芯(也称阀瓣或阀塞)可以是平板形、柱塞形、球形、针形、隔膜形等。

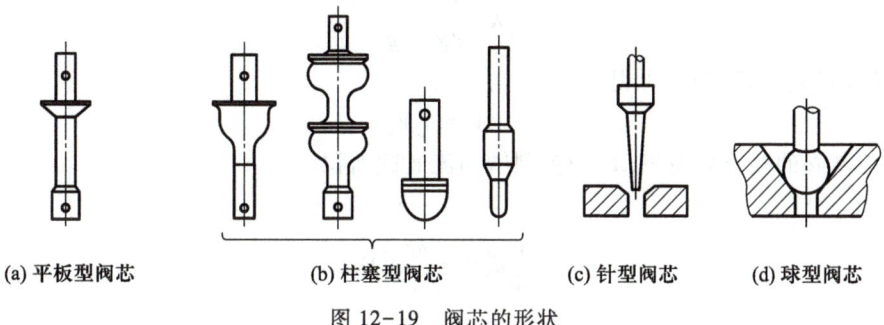

(a) 平板型阀芯　　　　(b) 柱塞型阀芯　　　　(c) 针型阀芯　　　(d) 球型阀芯

图 12-19　阀芯的形状

12.4.2　流量方程

1. 流量方程推导

　　首先推导控制阀的流量方程。如图 12-20 所示,在直径为 d_1 的管道 AB 中,接入一个控制阀,假设阀的孔径为 d_2,另外又在断面 C 和 D 处连接两个油压管 a 和 b。当流体流动时,测压管 a 中液柱的高度为 $\dfrac{p_1}{\rho g}$,b 中液柱的高度为 $\dfrac{p_2}{\rho g}$,水位差 h 为

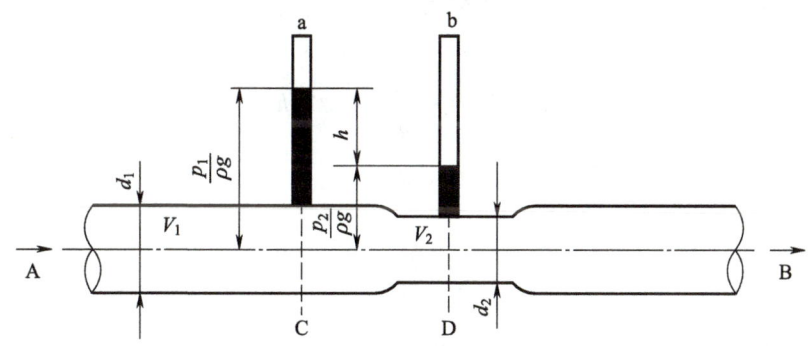

图 12-20　管道节流示意图

$$h = \frac{p_1}{\rho g} - \frac{p_2}{\rho g} \tag{12-35}$$

由于管道是水平的,因此管道中各处的几何压头相等,这样在断面 C 和 D 处,根据伯努利方程式可得到下式

$$\frac{p_1}{\rho g} + \frac{V_1^2}{2g} = \frac{p_2}{\rho g} + \frac{V_2^2}{2g} \tag{12-36}$$

即

$$\frac{p_1}{\rho g} - \frac{p_2}{\rho g} = \frac{V_2^2}{2g} - \frac{V_1^2}{2g}$$

把式(12-35)代入式(12-36)可得

$$h = \frac{V_2^2}{2g} - \frac{V_1^2}{2g} \tag{12-37}$$

根据流体流动的连续性方程,可得

$$AV_1 = A_2 V_2 \tag{12-38}$$

式中:A 为控制阀的接管截面积;A_2 为控制阀的流通截面积。

所以

$$\frac{\pi}{4} d_1^2 V_1 = \frac{\pi}{4} d_2^2 V_2 \tag{12-39}$$

即

$$V_2 = \frac{d_1^2}{d_2^2} V_1$$

将上式代入式(12-37)可得

$$h = \frac{V_1^2}{2g} \left(\frac{d_1^4}{d_2^4} - 1 \right)$$

所以

$$V_1 = \frac{1}{\sqrt{\dfrac{d_1^4}{d_2^4} - 1}} \sqrt{2gh} \tag{12-40}$$

所以

$$q_V = V_1 A = \frac{A}{\sqrt{\dfrac{d_1^4}{d_2^4} - 1}} \sqrt{2gh} \tag{12-41}$$

令

$$\xi = \frac{d_1^4}{d_2^4} - 1 \tag{12-42}$$

把式(12-42)和式(12-35)代入式(12-41),可得

$$q_V = \frac{A}{\sqrt{\xi}} \sqrt{\frac{p_1 - p_2}{\rho g} 2g} \tag{12-43}$$

式(12-43)为控制阀的流量方程式。从这个公式中可以看出,当控制阀口径一定,即控制阀接管截面积 A 一定,且控制阀两端压差(p_1-p_2)不变时,流量 q_V 随阻力系数 ξ 的变化而变化。ξ 减小,q_V 增大;反之,ξ 增大,q_V 减小。又从式(12-42)中可知,阻力系数 ξ 与阀的孔径 d_2 有关,即与阀的开度有关。由此可知,控制阀按照信号压力通过改变阀芯行程来改变阀的阻力系数,以达到调节流量的目的。

2. 流量系数 K_v

1)流量系数 K_v 的定义

采用单位制时,流量系数用 K_v 表示。K_v 的定义是:温度为 278~313 K(5~40 ℃)的水在 10^5 Pa 压强下,每小时内流过控制阀的立方米数,以 m³/h 表示。例如,有一个 $K_v=50$ 的控制阀,这表示当阀两端压差为 100 kPa 时,每小时通过的水量是 50 m³。

对式(12-43)各项参数若采用 m³/h 为单位则 A 为 cm²;(p_1-p_2)为 100 kgf/cm²(100 kgf/cm² ≈ 100 kPa);ρ 为 g/cm³;g 为加速度,981 cm/s²。有

$$q_V = \frac{A}{\sqrt{\xi}}\sqrt{2\times981\times\frac{1\,000\Delta p}{\rho g}}\,(\text{cm}^3/\text{s})$$

$$= \frac{A}{\sqrt{\xi}}\sqrt{2\times981\times\frac{1\,000\Delta p}{\rho g}\times\frac{3\,600}{10^6}}\,(\text{m}^3/\text{h}) \tag{12-44}$$

$$= 5.04\frac{A}{\sqrt{\xi}}\sqrt{\frac{\Delta p}{\rho g}}$$

再令流量 q_V 的系数 $5.04\dfrac{A}{\sqrt{\xi}}$ 为 K_v,即 $K_v=5.04\dfrac{A}{\sqrt{\xi}}$,于是有

$$q_V = K_v\sqrt{\frac{\Delta p}{\rho g}}\quad \text{或}\quad K_v = q_V\sqrt{\frac{\rho g}{\Delta p}}$$

这就是流量系数 K_v 的来历。

2)流量系数 K_v 的相关推论

(1)K_v 有两个表达式,即 $K_v=5.04\dfrac{A}{\sqrt{\xi}}$ 和 $K_v=q_V\sqrt{\dfrac{\rho g}{\Delta p}}$。

(2)用 K_v 表达式可求阀的阻力系数 $\xi=(5.04\,A/K_v)^2$。

(3)$K_v\propto 1/\sqrt{\xi}$,可见阀阻力越大,K_v 越小。

(4)$K_v\propto A=\dfrac{\pi}{4}(DN)^2$,$DN$ 表示阀的口径,所以口径越大,K_v 越大。

(5)$K_v\propto q_V$,即 K_v 的大小反映控制阀流量 q_V 的大小。

(6)流量系数 K_v 不表示阀的流量,唯有当介质为常温水、压差为 100 kPa 时,K_v 才为流量 q_V;在相同的 K_v 值下,液体的密度 ρ、压差 Δp 不同,通过阀的流量也不同。

12.4.3　流量特性

控制阀的流量特性是指被调介质流过控制阀的相对流量与控制阀的相对开度之间的关系。

其数学表达式为

$$\tilde{q} = \frac{q_V}{q_{V\max}} = f\left(\frac{L}{L_{\max}}\right) = f(l) \tag{12-45}$$

式中：q_V 为行程在 L 时的流量；$q_{V\max}$ 为阀的最大流量；L 为某开度时的行程；$L_{\max}$ 为最大流量时的行程。因此，$\dfrac{q_V}{q_{V\max}}$ 表示相对流量，量纲为一；$\dfrac{L}{L_{\max}}$ 表示相对行程，量纲为一。

根据控制阀两端的压降，控制阀流量特性分为固有流量特性和工作流量特性。工作流量特性是在工作状况下（压降变化）控制阀的流量特性；固有流量特性是控制阀两端压降恒定时的流量特性，也称为理想流量特性，包括线性、等百分比、抛物线及快开 4 种特性。图 12-21 所示为不同流量特性的阀芯曲面形状，曲面 1 为快开流量特性曲面，曲面 2 为线性流量特性曲面，曲面 3 为抛物线流量特性曲面，曲面 4 为等百分比流量特性曲面，图 12-22 所示为对应的流量特性曲线。

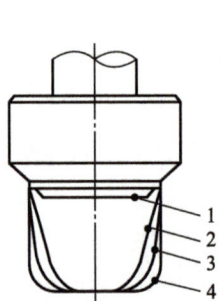

图 12-21 不同流量特性的阀芯曲面形状

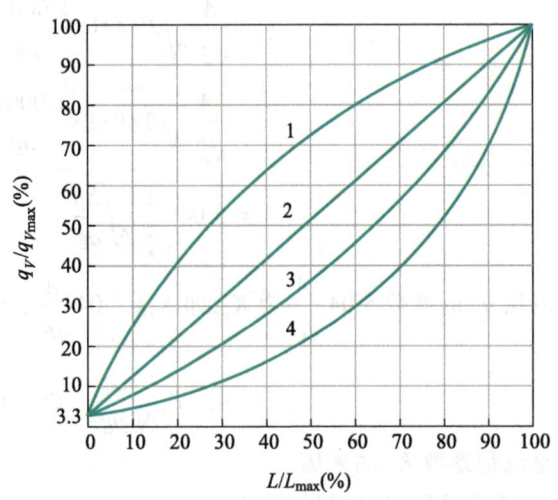

图 12-22 对应的流量特性曲线

1. 线性流量特性

线性流量特性控制阀相对流量与相对行程的函数关系用下式描述。

$$d\tilde{q} = K_{v2} dl \tag{12-46}$$

两边积分，并代入边界条件：$L = 0$ 时，$q_V = q_{V\min}$；$L = L_{\max}$ 时，$q_V = q_{V\max}$；定义控制阀的固有可调比 R 为

$$R = \frac{q_{V\max}}{q_{V\min}} \tag{12-47}$$

代入积分常数后，线性流量特性可表示为

$$\tilde{q} = \frac{q_V}{q_{V\max}} = \frac{1}{R}\left[1 + (R-1)\frac{L}{L_{\max}}\right] = \frac{R-1}{R}l + \frac{1}{R} \tag{12-48}$$

式（12.48）表明，线性流量特性控制阀相对流量与相对行程呈线性关系，直线的斜率是 $\dfrac{R-1}{R}$，截距

是$\frac{1}{R}$。因此,线性流量特性控制阀增益K_{v2}(直线方程的斜率)与可调比R有关,与最大流量$q_{V\max}$和流过控制阀的流量q_V无关。K_{v2}是常数,即线性流量特性控制阀增益

$$K_{v2} = 1 - \frac{1}{R} \tag{12-49}$$

可调比R不同,表示最大流量与最小流量之比不同。从相对流量坐标来看,表示相对行程为零时的起点不同,起点的相对流量是$\frac{1}{R}$;由于最大行程时获得最大流量,因此相对行程$l=1$时的相对流量$\tilde{q}=1$。

2. 等百分比流量特性

等百分比流量特性控制阀相对流量与相对行程的函数关系用下式描述。

$$\mathrm{d}\tilde{q} = K_{v2}\tilde{q}\mathrm{d}l \tag{12-50}$$

两边积分,并代入边界条件,得等百分比流量特性的函数关系是

$$\tilde{q} = \frac{q_V}{q_{V\max}} = R^{\frac{L}{L_{\max}}-1} = R^{l-1} \tag{12-51}$$

式(12-51)表明,等百分比流量特性控制阀的相对行程与相对流量的对数成比例关系,即在半对数坐标上,流量特性曲线呈直线,或者在直线坐标上流量特性曲线是条对数曲线。由式(12-51)可知,$\ln\tilde{q} \propto l$,即相对流量的对数与相对行程成正比。因此,等百分比流量特性也称为对数流量特性。

等百分比流量特性控制阀增益

$$K_{v2} = \frac{q_V}{L_{\max}}\ln R \tag{12-52}$$

等百分比流量特性控制阀增益K_{v2}与流量q_V成正比,因为$\frac{\Delta q_V}{q_V} = R^{\Delta l} - 1$,所以当相对行程变化量相同时,流量也变化相同的百分比,因此称为等百分比流量特性。

3. 快开流量特性

快开流量特性控制阀相对流量与相对行程的函数关系用下式描述。

$$\mathrm{d}\tilde{q} = K_{v2}\tilde{q}^{-1}\mathrm{d}l \tag{12-53}$$

代入边界条件,求解得到快开流量特性函数关系是

$$\tilde{q} = \frac{q_V}{q_{V\max}} = \frac{1}{R}\sqrt{1+(R^2-1)\frac{L}{L_{\max}}} = \frac{1}{R}\sqrt{1+(R^2-1)l} \tag{12-54}$$

快开流量特性控制阀增益K_{v2}与流量q_V的倒数成正比,或者$K_{v2} \propto 1/q_V$随流量增大,增益反而减小。

由于这种流量特性的控制阀在小开度时就有较大流量,再增大开度,流量变化也很小,因此称为理想快开流量特性。它与下述的抛物线流量特性十分接近。通常,有效调节的行程在1/4阀座直径。对于需要快速切断或位式控制的场合,常选用快开流量特性。

快开流量特性控制阀增益

$$K_{v2} = \frac{q_{V\max}^2 - q_{V\min}^2}{2L_{\max}} \times \frac{1}{q_V} \tag{12-55}$$

4. 抛物线流量特性

抛物线流量特性控制阀相对流量与相对行程的函数关系用下式描述。

$$\mathrm{d}\tilde{q} = K_{v2}\sqrt{\tilde{q}}\,\mathrm{d}l \tag{12-56}$$

代入边界条件,求解得到抛物线流量特性的函数关系是

$$\tilde{q} = \frac{q_V}{q_{V\max}} = \frac{1}{R}\left[1 + (\sqrt{R}-1)\frac{L}{L_{\max}}\right]^2 = \frac{1}{R}\left[1 + (\sqrt{R}-1)l\right]^2 \tag{12-57}$$

抛物线流量特性控制阀增益

$$K_{v2} = \frac{2(\sqrt{R}-1)\sqrt{q_{V\max}}}{L_{\max}\sqrt{R}}\sqrt{q_V} \tag{12-58}$$

抛物线流量特性的增益 K_{v2} 与流量 q_V 的开方成正比,或者 $q_V \propto K_{v2}^2$,即抛物线函数关系。

表 12-1 总结了控制阀 4 种理想流量特性的性质及特点。

表 12-1 理想流量特性的性质及特点

流量特性	性质	特点
直线	控制阀的相对流量与相对开度呈直线关系,即单位相对行程变化引起的相对流量变化是一个常数	① 小开度时,流量变化大,而大开度时流量变化小; ② 小负荷时,调节性能过于灵敏而产生振荡,大负荷时调节迟缓而不及时; ③ 适应能力较差
等百分比	单位相对行程的变化引起的相对流量变化与此点的相对流量成正比	① 单位行程变化引起流量变化的百分率是相等的; ② 在全行程范围内工作都较平稳,尤其是在大开度时,放大倍数也大,工作更为灵敏有效; ③ 应用广泛,适应性强
抛物线	特性介于直线特性和等百分比特性之间,使用上常以等百分比特性代之	① 特性介于直线特性与等百分比特性之间; ② 调节性能较理想,但阀瓣加工较困难
快开	在阀行程较小时,流量就有比较大的增加,可很快达最大	① 在小开度时流量已很大,随着行程的增大,流量很快达到最大; ② 一般用于双位调节和程序控制

从控制阀的流量特性可以看出,控制阀的流量特性对选用控制阀有非常重要的意义,直接影响自动控制系统的质量和稳定性,因此必须正确合理选择控制阀的流量特性。在工程应用中,选用最多的是等百分比流量特性的控制阀,对于压差变化小、可调范围小、开度变化小的场合,也可以选用直线流量特性的控制阀。

直行程控制阀可通过改变柱塞阀阀芯或套筒阀开孔形状来获得所需流量特性。旋转阀的流量特性与阀门类型有关,如与蝶阀阀板的形状、球阀的开口等有关。图 12-23 展示了部分旋转阀的流量特性。不同制造商的旋转阀产品由于阀板等形状的不同,会

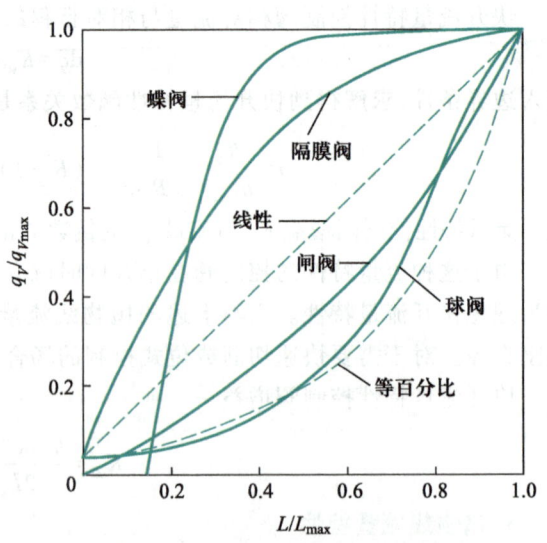

图 12-23 部分旋转阀的流量特性

有不同的流量特性,在选用时应注意。图 12-23 中还显示了线性和等百分比流量特性。由图 12-23 可见,隔膜阀和蝶阀的流量特性近似为快开流量特性,闸阀和球阀的流量特性近似为抛物线和等百分比流量特性。

12.4.4 阀门的选择

1. 控制阀流量特性的选择

流量特性的选择方法有两种:一种是通过数学计算的分析法,另一种是在实际工程中总结的经验法。由于分析法既复杂又费时,因此一般工程上都采用经验法。具体来说,应从调节质量、工况条件、负荷及特性几个方面考虑。

1)根据自动调节系统

根据自动控制原理中的特性补偿原理,为了使系统保持良好的调节质量,希望开环总放大系数与各环节放大系数之积保持不变。这样,适当选择阀的特性,以阀的放大系数变化来补偿对象放大系数的变化,从而使系统的总放大系数保持不变。

2)根据管道系统压降变化情况

控制阀的压降比 $\Delta \tilde{p}$ 定义为该控制阀可控制的最大流量所对应阀门进口、出口差压 Δp_{1m} 和系统差压 Δp 之比。

$$\Delta \tilde{p} = \frac{\Delta p_{1m}}{\Delta p} \tag{12-59}$$

控制阀流量特性与压降比 $\Delta \tilde{p}$ 的关系如表 12-2 所示。

表 12-2 管道系统压降比与控制阀特性关系

管道系统压降比 $\Delta \tilde{p}$	1~0.6	0.6~0.3	0.3~0
实际工作流量特性	直线、等百分比	直线、等百分比	调节不适宜
所选流量特性	直线、等百分比	等百分比、等百分比	

3)根据负荷变化

直线阀在小开度时,流量变化大,调节过于灵敏,易振荡;在大开度时,调节作用又显得微弱,造成调节不及时,不灵敏。因此,在压降比 $\Delta \tilde{p}$ 较小、负荷变化大的场合不宜采用直线阀。等百分比阀在接近关闭时工作缓和平稳,而接近全开状态时,放大系数大,工作灵敏有效,因此它适用于负荷变化幅度大的场合。快开特性阀在行程较小时,流量就较大,随着行程的增大,流量很快达到最大,它一般用于双位调节和程序控制的场合。

4)根据调节对象的特性

一般有自平衡能力的调节对象都可选择等百分比流量特性的控制阀,不具有自平衡能力的调节对象则选择直线流量特性的控制阀。

2. 控制阀口径的选定

控制阀口径是根据工艺要求的流通能力确定的,需要根据提供的工艺条件计算出控制阀的流通能力,再依据其流通能力选择控制阀的口径。流通能力是指当控制阀全开,阀两端压差为 9.81×10^4 Pa,流体的密度为 1 g/cm³ 时,每小时流经控制阀的流量值。控制阀的流通能力是合理选择阀门及阀门口径的一个重要参数,通过对控制阀流通能力的计算,对比厂家提供的技术参数确定阀门口径的大小。水是流经控制阀的常见介质之一,以水为例介绍控制阀的流通能力 C。

$$C = \frac{316q_V}{\sqrt{\dfrac{\Delta p}{\rho}}} \qquad (12\text{-}60)$$

阀门种类
及选型

在实际工程中,阀门口径是分级的,C 值通常也不是连续值(公式计算的 C 值是连续的)。不同厂商的同类型产品有不同的 C 值与口径对应表。在计算出期望的 C 值后就可以查阅生产商的相应产品数据表来决定所需的阀门口径。选取阀门口径的原则是尽可能接近或大于计算结果,不应小于计算结果。

思考题

12-1　级的反动度和平均反动度分别是什么?

12-2　轴流泵的扬程为什么远低于离心泵?

12-3　为什么离心泵的叶轮均采用后弯式叶片?

12-4　什么是控制阀的理想流量特性和工作流量特性,如何调节?

12-5　如何选择控制阀的口径?

习题

12-1　已知级的进口参数为 $p_0 = 3.43$ MPa,$t_0 = 435$ ℃,$c_0 \approx 0$ m/s,反动度 $\Omega = 0.38$,级后压力 $p_1 = 2.23$ MPa,喷管出口面积 $A_1 = 5.19 \times 10^{-3}$ m²,流量系数为 $\mu_1 = 0.97$。计算通过喷管的流量是多少。

12-2　已知某一汽轮机级的 $c_1 = 275$ m/s,$w_1 = 125$ m/s,$w_2 = 205$ m/s,$c_2 = 95$ m/s,$\alpha_2 = 90°$,喷管前的初速度不计,$d_{m1} = d_{m2}$,$\varphi = 0.95$,$\psi = 0.90$,计算该级的反动度 Ω 并按比例绘出速度三角形。

12-3　已知某一汽轮机级的反动度 $\Omega = 0.05$,等熵滞止焓降为 $h_s^* = 80$ kJ/kg,汽流角 $\alpha_1 = 12°$,$\beta_2 = \beta_1 - 2°$,蒸汽流量为 $q_m = 5.2$ kg/s,$\varphi = 0.98$,$\psi = 0.94$,设计时取速比为 $u/c_1 = 0.5$。试按比例绘出速度三角形,计算轮周功率和轮周效率,并分析速比选得是否合理。

12-4　如图 12-24 所示,一草坪洒水器总的水流量为 4 L/min,射流相对于转臂的速度为 17 m/s,洒水器喷嘴与水平面成 30°夹角,洒水器绕铅垂轴旋转。(1) 求使洒水器保持静止所需的转矩;(2) 如果轴承内的阻力矩为 0.18 N·m,试确定洒水器定常转动的角速度。

12-5　如图 12-25 所示,水沿旋转轴进入转子,流量为 5 L/s。3 个喷管出口垂直于相对水速的横截面面积均为 18 mm²。试求使转子保持静止所需的阻力矩。如果阻力矩减小到零,转子的稳定旋转角速度为多少? 设(1) $\theta = 0°$;(2) $\theta = 30°$;(3) $\theta = 60°$。

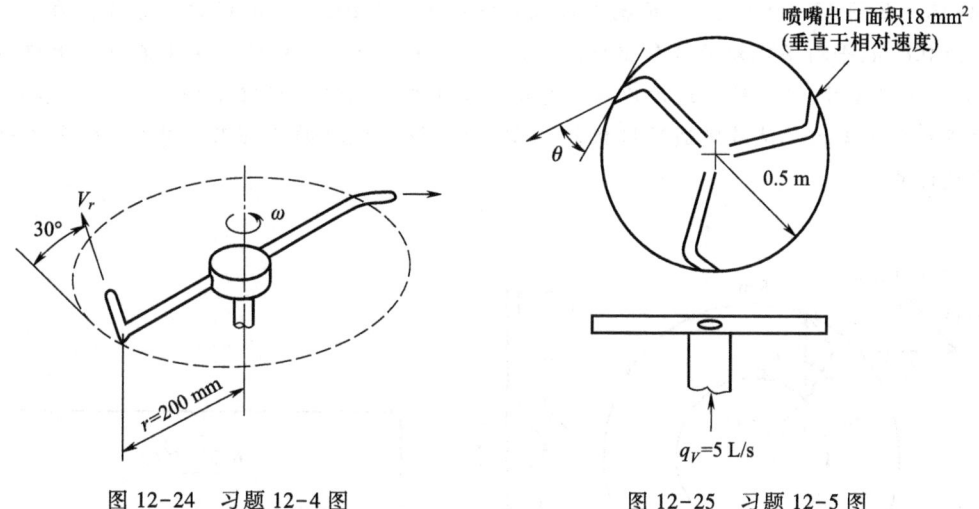

图 12-24 习题 12-4 图   图 12-25 习题 12-5 图

12-6 如图 12-26 所示,水从截面①进入水轮机转子,而从截面②离开,在进口处水流与转子切向成 100° 夹角,出口处夹角则为 50°,流经水轮机的水流量为 30 m³/s。在截面①处,$r_1 = 1.5$ m,在截面②处,$r_2 = 0.85$ m,转子叶片厚 0.45 m,转子转速 130 r/min,方向如图 12-26 所示。试求产生的轴功率。

12-7 如图 12-27 所示,离心泵水流量为 200 L/s,叶片出口与叶轮切向成 35° 夹角,水沿径向进入叶轮叶片组(绝对速度)。试求驱动水泵所需功率。

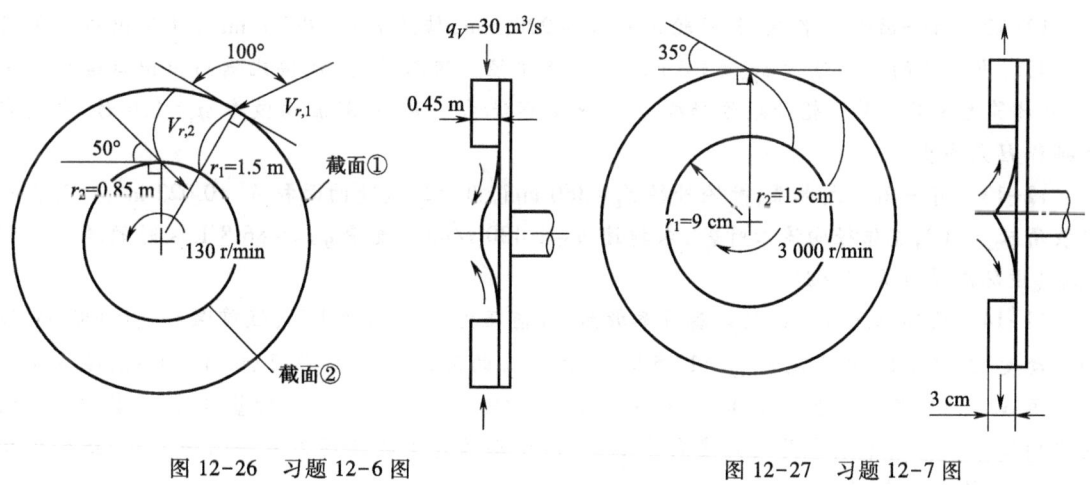

图 12-26 习题 12-6 图   图 12-27 习题 12-7 图

12-8 水流经水泵转子的速度三角形如图 12-28 所示。试求:(1) 当水流经转子时传递给单位质量水的能量;(2) 试画出叶片的大概形状。

12-9 一离心泵的旋转转速为 800 r/min,叶片宽度 $b_1 = 50$ mm,$b_2 = 25$ mm,叶片半径 $r_1 = 40$ mm,$r_1 = 125$ mm,叶片安装角 $\beta_1 = 45°$,$\beta_2 = 30°$,设流体进入叶轮前无旋。试确定(1) 流量和

理论扬程;(2) 理论力矩和所需功率。

12-10　如图 12-29 所示,一轴流式风机旋转转速为 1 200 r/min,叶片外缘直径为 1.1 m,轮毂直径为 0.8 m,平均半径处进口和出口角分别为 30° 和 60°。设相对速度在进口和出口与叶片相切;由于固定导叶,流体绝对速度以 30° 夹角进入叶片。流体是标准条件下(海平面)的空气,可视为不可压缩流体。试确定通过风机的体积流量,驱动风机的力矩及功率(按照平均叶片半径处参数计算)。

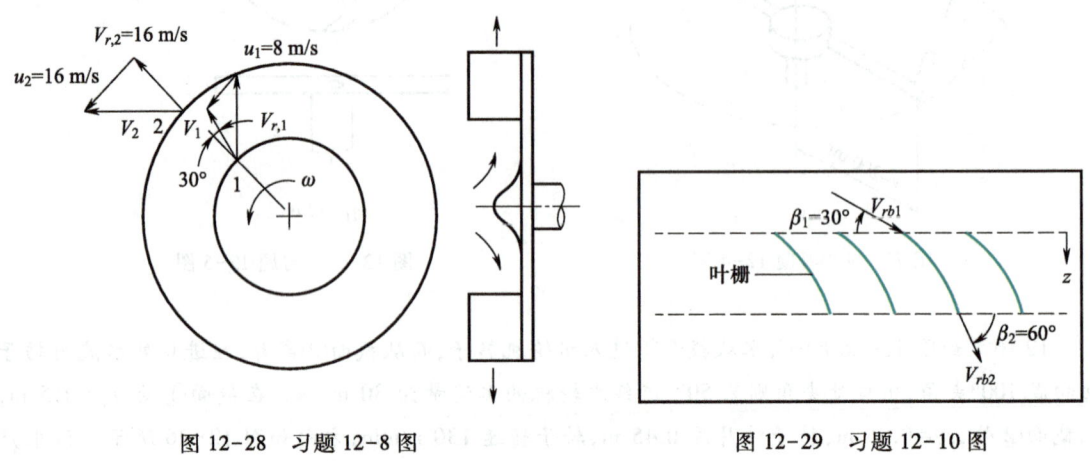

图 12-28　习题 12-8 图　　　　　　　　　图 12-29　习题 12-10 图

12-11　有一离心式水泵,其叶轮尺寸如下:$b_1 = 35$ mm,$b_2 = 19$ mm,$d_1 = 178$ mm,$d_2 = 381$ mm,$\beta_{1a} = 18°$,$\beta_{2a} = 20°$。设流体径向流入叶轮,如 $n = 1\,450$ r/min,试画出出口速度三角形,并计算理论流量 $q_{V,T}$ 和在该流量时的无限多叶片的理论扬程 $H_{T\infty}$。

12-12　有一离心式水泵,其叶轮外径 $d_2 = 220$ mm,转速 $n = 2\,980$ r/min,叶片出口安装角 $\beta_{2a} = 45°$,出口处的轴面速度 $v_{2m} = 3.6$ m/s。设流体径向流入叶轮,试按比例画出出口速度三角形,并计算无限多叶片叶轮的理论扬程 $H_{T\infty}$,又若环流系数 $K = 0.8$,流动效率 $\eta_h = 0.9$ 时,泵的实际扬程 H 是多少?

12-13　有一离心式水泵,叶轮外径 $d_2 = 360$ mm,出口过流断面面积 $A_2 = 0.023$ m²,叶片出口安装角 $\beta_{2a} = 30°$,流体径向流入叶轮,求转速 $n = 1\,480$ r/min,流量 $q_{V,T} = 86.8$ L/s 时的理论扬程 H_T。(设环流系数 $K = 0.82$)

12-14　已知蒸汽透平某级的蒸汽参数为:级前压力 $p_0 = 735.5$ kPa,级前温度 $t_0 = 300$ ℃,级的反动度 $\Omega_0 = 0.08$。蒸汽流量 $q_m = 12.5$ kg/s,上一级的余速动能 $\Delta h_0 = 2.09 \times 10^3$ J/kg,喷管出口气流角 $\alpha_1 = 14°$,透平转速 $n = 5\,000$ r/min,背压 $p_2 = 490.2$ kPa。计算:级的基本尺寸,其中包括级的平均直径 d,喷管和动叶片的高度 l_1 和 l_2;作用于动叶片上的圆周力 p 和轴向力 p_a;级的轮周效率 η_u 和轮周功率 N_u。

12-15　计算可调比 $R = 30$ 时线性流量特性控制阀,等百分比特性控制阀,快开流量特性控制阀和抛物线流量特性控制阀,行程变化量为 10% 时,不同行程位置的相对流量变化量。

参考文献

[1] 江宏俊. 流体力学：下册[M]. 北京：高等教育出版社，1985：182-187.

[2] 吴达人. 泵与风机[M]. 西安：西安交通大学出版社，1989：24-27.

[3] 丁祖荣. 流体力学：下册[M]. 北京：高等教育出版社，2003：41-55.

[4] 王新军. 汽轮机原理[M]. 西安：西安交通大学出版社，2013：1-9.

[5] SPURK JOSEPH H，AKSEL NURI. Fluid mechanics [M]. 3rd ed. Cham：Springer International Publishing，2020：58-68.

[6] 毛根海. 应用流体力学[M]. 北京：高等教育出版社，2006：281-287.

[7] 杨诗成，王喜魁. 泵与风机[M]. 北京：中国电力出版社，2016：7-52.

[8] 陈乃祥，吴玉林. 离心泵[M]. 北京：机械工业出版社，2003：26-58.

[9] 关醒凡. 现代泵理论与设计[M]. 北京：中国宇航出版社，2011：26-51.

[10] MUNSON B R，OKIISH T H. Fundamentals of fluid mechanics [M]. 7th ed. Hoboken，NJ：John Wiley & Sons，2013：675-684.

[11] WHITE F M. fluid mechanics [M]. 8th ed. New York：McGraw-Hill Education，2015：760-766.

[12] CENGEL YUNUS A，CIMBALA JOHN M. Fluid mechanics：fundamentals and applications [M]. 4th ed. New York：McGraw-Hill Education，2018：796-822.

[13] 何衍庆. 控制阀工程设计与应用[M]. 北京：化学工业出版社，2005：8-10.

第 **13** 章
热力循环

13.1　内燃机循环

13.1.1　分析循环的一般方法

分析循环的主要目的是在热力学基本定律的基础上,获得循环能量转化的经济性,并寻求提高经济性的方向及途径。然而,在实际的热力装置中工质经历的过程十分复杂,在进行热力学分析时,首先需要忽略一些次要因素,将实际循环抽象简化为可逆的理想循环;然后,对理想循环进行分析,探寻影响能量转化经济性的主要因素和可能的性能改进途径;最后,分析实际循环与理想循环的偏离程度,对理想循环的分析结果进行修正,进而找出实际损失的部位、大小、原因及改进方法。

分析循环的一般方法如下。

（1）分析实际循环的物理过程,经过合理假设,从中抽象和概括出与之对应的理想循环,画出理想循环的 $p\text{-}v$ 图和 $T\text{-}s$ 图,即物理建模过程。

（2）确定循环各主要状态点的状态参数,根据热力学基本定律,导出循环热量、功量和热效率的表达式,即数学建模过程。

（3）定性分析各特征参数对循环热量、功量及热效率的影响,获得提高循环性能的方法和途径。

（4）分析实际循环和理想循环的偏差,根据经验效率（系数）对理想循环分析结果进行修正,得到实际循环的工作特性,用以指导实际循环性能改进。

13.1.2　活塞式内燃机实际循环的抽象与概括

内燃机（internal combustion engine）一般指活塞式内燃机,其工作循环中的吸气、压缩、燃烧、膨胀、排气过程都是在同一个带有活塞的气缸中进行的。活塞式内燃机按所使用的燃料不同,可分为汽油机、柴油机和煤油机等;按点火方式不同,又可分为点燃式和压燃式两大类。点燃式内燃机吸入燃料和空气的混合物,经压缩后,由电火花点火燃烧;而压燃式内燃机吸入的只有空气,经压缩后,使空气的温度上升到燃料的自燃温度,再喷入燃料进行燃烧。煤油机、汽油机一般是点燃式内燃机,而柴油机通常是压燃式内燃机。按完成一个循环所需要的冲程数不同,内燃机又分为四冲程和二冲程两类。冲程是指活塞在气缸中从一端移到另一端的距离。如果工质在 4 个冲程中完成吸气、压缩、燃烧、膨胀、排气整个循环,就称为四冲程循环;如果工质在两个冲程中完成整个循环,就称为二冲程循环。详细的内燃机构造及工作原理可参见文献[1]。

汽油机和柴油机的结构示意图

下面以四冲程柴油机为例,讨论如何从实际循环中抽象和概括出理想循环。

四冲程柴油机的工作循环由 4 个冲程组成,气缸中工质压力随体积的变化可用示功器记录,如图 13-1 所示。

进气冲程:如图 13-1 中过程 0-1 所示,在此冲程中活塞从气缸顶端(上止点)向下移动,进气阀打开、排气阀关闭,空气被吸进气缸;直到活塞运动到下止点(1 点)后,进气阀关闭,完成进气冲程。由于进气阀的节流作用和管道阻力的影响,气缸内空气的压力略低于大气压。

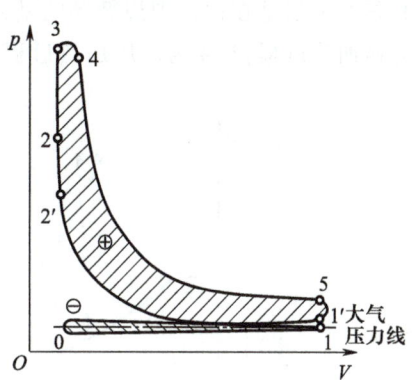

图 13-1 四冲程柴油机的示功图

压缩冲程:如图 13-1 中过程 1-3 所示,此冲程中活塞由下止点向上止点运行,空气被压缩,进、排气阀关闭,压力和温度都升高。在该过程中,由于空气与气缸壁的热交换(气缸壁夹层有冷却水套),因此这个过程不完全绝热。当活塞运行到 2' 点时,空气的压力可达 3.5~5.0 MPa,温度达 600~800 ℃,超过柴油的自燃温度(约 335 ℃)。此时,柴油经高压供油装置喷入气缸,由于柴油从喷入气缸到着火有一定时间间隔,又由于柴油机转速高,因此活塞运行到 2 点(接近上止点)时柴油才开始着火燃烧。由于柴油燃烧迅猛,气缸内气体压力迅速升至 5.0~9.0 MPa,而活塞移动并不明显,因此气体体积变化很小,接近定容加热,如图 13-1 中过程 2-3 所示。

做功冲程:如图 13-1 中 3-5 所示,活塞到达上止点 3 后,开始向下运动,油泵继续喷油,燃烧继续进行,此时气缸内气体压力变化较小,接近定压加热,如图 13-1 中 3-4 所示。到 4 点时喷油停止,此时气体温度可达 1 700~1 800 ℃。活塞继续下行,气缸中高温高压气体进行膨胀做功过程,如图 13-1 中 4-5 所示。由于该过程中气体向冷却水放热,因此也不完全是绝热过程。膨胀结束时(即状态点 5)的气体压力一般为 0.3~0.5 MPa,温度约为 500 ℃。

排气冲程:如图 13-1 中 1'-0 所示,当活塞到达 5 点时,排气阀打开,部分废气排入大气,气缸内工质压力突然下降,接近于定容降压过程,如图 13-1 中 5-1' 所示。随着活塞到达下止点再向上行,剩余废气的压力略高于环境压力,剩余废气被排至大气中,实现排气过程 1'-0。

这样,四冲程柴油机就完成了一个实际工作循环,该循环是开式的不可逆循环。为了便于分析,需要忽略一些次要因素,对实际循环加以合理的抽象和概括,具体如下。

(1)把实际工质简化为空气,且做理想气体处理,比热容取定值。

(2)忽略实际过程的摩擦阻力以及进排气阀的节流损失。忽略进排气的压差,认为进排气的压力都是大气压,进气所得的推进功与排气所耗的推进功互相抵消,图 13-1 中的 0-1 和 1'-0 与大气压力线重合。1' 点的废气与 1 点的新鲜空气状态相同,开式循环理想化为闭式循环。

(3)忽略压缩和膨胀过程中工质与缸壁之间的换热,1-2 和 4-5 理想化为可逆绝热过程。

(4)燃烧过程 2-3-4 理想化为可逆的定容吸热过程 2-3 和可逆的定压吸热过程 3-4。

(5)排气过程 5-1 理想化为向大气的可逆定容放热过程。

经过上述抽象和概括,四冲程柴油机的实际循环可被简化为混合加热理想循环。这种抽象和概括的方法同样适用于其他类型的活塞式内燃机。

13.1.3 活塞式内燃机的理想循环

1. 混合加热理想循环

混合加热理想循环,又称萨巴蒂循环(Sabathe cycle),其 p-v 图和 T-s 图如图 13-2 所示,现行的柴油机都是在这种理想循环的基础上设计和制造的。图 13-2 中 1-2 为定熵压缩过程,2-3 为定容加热过程,3-4 为定压加热过程,4-5 为定熵膨胀过程,5-1 为定容放热过程。

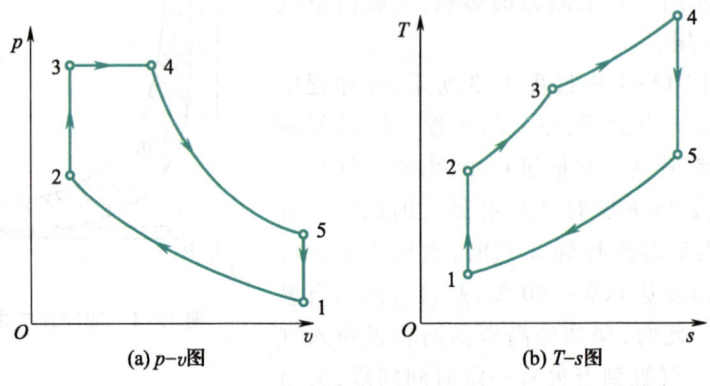

(a) p-v图   (b) T-s图

图 13-2 混合加热理想循环的 p-v 图和 T-s 图

循环吸热过程包括 2-3 的定容加热过程和 3-4 的定压加热过程,故循环吸热量为

$$q_1 = q_{1,V} + q_{1,p} = c_V(T_3 - T_2) + c_p(T_4 - T_3)$$

式中,$q_{1,V}$、$q_{1,p}$ 分别为定容加热过程 2-3 和定压加热过程 3-4 中工质的吸热量。

循环放热过程为定容过程 5-1,放热量为

$$q_2 = c_V(T_5 - T_1)$$

循环的热效率为

$$\eta_t = 1 - \frac{q_2}{q_1} = 1 - \frac{c_V(T_5 - T_1)}{c_V(T_3 - T_2) + c_p(T_4 - T_3)} = 1 - \frac{(T_5 - T_1)}{(T_3 - T_2) + \kappa(T_4 - T_3)} \tag{13-1}$$

为了分析影响循环热效率的因素,通常把气体动力循环的热效率表示为一些循环特征参数的函数。混合加热理想循环的特征参数有压缩比 $\varepsilon = v_1/v_2$、定容增压比 $\lambda = p_3/p_2$ 和定压预胀比 $\rho = v_4/v_3$。

由于 1-2 和 4-5 过程为定熵过程,因此有

$$p_1 v_1^\kappa = p_2 v_2^\kappa, \qquad p_4 v_4^\kappa = p_5 v_5^\kappa$$

注意到 $p_4 = p_3$,$v_1 = v_5$ 和 $v_2 = v_3$,可推导出

$$T_2 = T_1 \left(\frac{v_1}{v_2}\right)^{\kappa-1} = T_1 \varepsilon^{\kappa-1}$$

$$T_3 = T_2 \frac{p_3}{p_2} = T_1 \varepsilon^{\kappa-1} \lambda$$

$$T_4 = T_3 \frac{v_4}{v_3} = T_1 \varepsilon^{\kappa-1} \lambda \rho$$

$$T_5 = T_1 \frac{p_5}{p_1} = T_1 \lambda \rho^{\kappa}$$

将以上各式代入式(13-1),得

$$\eta_t = 1 - \frac{T_1(\lambda \rho^{\kappa} - 1)}{T_1 \varepsilon^{\kappa-1}[(\lambda-1) + \kappa\lambda(\rho-1)]}$$

$$= 1 - \frac{\lambda \rho^{\kappa} - 1}{\varepsilon^{\kappa-1}[(\lambda-1) + \kappa\lambda(\rho-1)]}$$

(13-2)

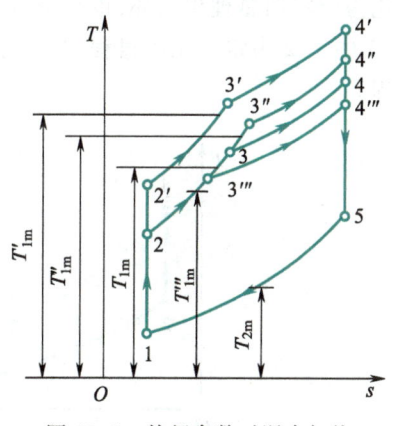

特征参数
表示热效
率的推导

可见,当 κ 一定时,热效率 η_t 是 ε、λ、ρ 的函数。由对式(13-2)进行分析可知,混合加热循环的热效率随着压缩比 ε、定容增压比 λ 的增大而提高。因为随着 ε 和 λ 的增大,循环的平均吸热温度升高,而平均放热温度不变,如图 13-3 所示。混合加热循环的热效率随着定压预胀比 ρ 的增大而降低,这是因为增大定压加热份额会造成平均吸热温度降低,而平均放热温度不变,所以热效率降低。

2. 定压加热理想循环

定压加热理想循环,又称狄塞尔循环(Diesel cycle),其 p-v 图和 T-s 图如图 13-4 所示。其中,1-2 是定熵压缩过程,2-3 是定压加热过程,3-4 是定熵膨胀过程,4-1 是定容放热过程。

循环吸热过程为定压过程 2-3,吸热量为

$$q_1 = c_p(T_3 - T_2)$$

图 13-3　特征参数对混合加热
理想循环热效率的影响

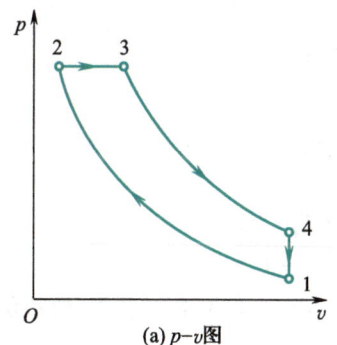

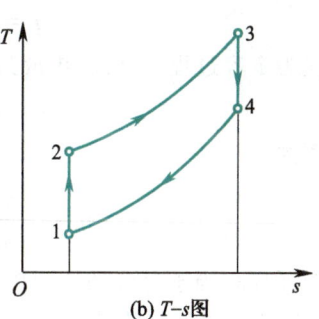

(a) p-v图　　　　　(b) T-s图

图 13-4　定压加热理想循环的 p-v 图和 T-s 图

循环放热过程为定容过程 4-1,放热量为

$$q_2 = c_V(T_4 - T_1)$$

循环的热效率为

$$\eta_t = 1 - \frac{q_2}{q_1} = 1 - \frac{(T_4 - T_1)}{\kappa (T_3 - T_2)} \tag{13-3}$$

定压加热理想循环相当于混合加热理想循环中 $\lambda = 1$ 的特例,将 $\lambda = 1$ 代入式(13-2),可得定压加热理想循环的热效率为

$$\eta_t = 1 - \frac{q_2}{q_1} = 1 - \frac{\rho^{\kappa} - 1}{\varepsilon^{\kappa-1} \kappa (\rho - 1)} \tag{13-4}$$

式(13-4)说明,定压加热理想循环热效率随压缩比 ε 的增大而提高,随定压预胀比 ρ 的增大而降低。

3. 定容加热理想循环

以汽油为燃料的内燃机,其工作过程的特点是:①吸入气缸的是汽油与空气的混合物;②由于汽油的自燃温度(约 427 ℃)较柴油高,因此在压缩结束时靠电火花点燃;③燃烧过程很快,几乎在一瞬间完成,其间活塞移动很少,可近似看作定容燃烧过程。因此,汽油机的实际循环可理想化为定容加热理想循环,也称奥托循环(Otto cycle),其 $p\text{-}v$ 图和 $T\text{-}s$ 图如图 13-5 所示。图 13-5 中 1-2 为定熵压缩过程,2-3 为可逆定容加热过程,3-4 为定熵膨胀过程,4-1 为定容放热过程。

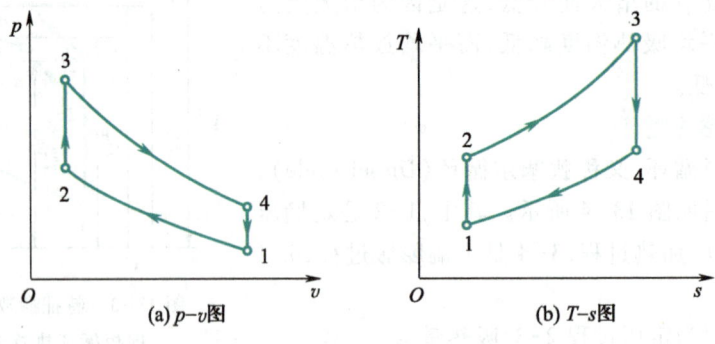

(a) $p\text{-}v$图　　　　(b) $T\text{-}s$图

图 13-5　定容加热理想循环的 $p\text{-}v$ 图和 $T\text{-}s$ 图

循环吸热过程为定容过程 2-3,吸热量为

$$q_1 = c_V (T_3 - T_2)$$

循环放热过程为定容过程 4-1,放热量为

$$q_2 = c_V (T_4 - T_1)$$

循环的热效率为

$$\eta_t = 1 - \frac{q_2}{q_1} = 1 - \frac{(T_4 - T_1)}{(T_3 - T_2)} \tag{13-5}$$

定容加热理想循环相当于混合加热理想循环中 $\rho = 1$(即3、4点重合)的特例,将 $\rho = 1$ 代入式(13-2),可得定容加热理想循环热效率为

$$\eta_t = 1 - \frac{q_2}{q_1} = 1 - \frac{1}{\varepsilon^{\kappa-1}} \tag{13-6}$$

式(13-6)说明,汽油机理想循环的热效率仅取决于压缩比 ε(κ 为定值),并随着 ε 的增大而升

高。汽油机的压缩比一般为 5~12,低于柴油机(14~20)的压缩比。这主要是因为气缸中压缩的是汽油和空气的混合物,若压缩比过高,压缩结束时混合物的温度接近或超过汽油的自燃温度将发生爆燃,使内燃机不能正常工作。

[例题 13-1]　压缩比 ε 为 15 的内燃机混合加热理想循环,已知 $p_1 = 97$ kPa、$t_1 = 28$ ℃、$V_1 = 0.084$ m³,循环最高压力 $p_3 = 6.2$ MPa,循环最高温度 $t_4 = 1\,320$ ℃。工质视为空气,设 $c_V = 0.717$ kJ/(kg·K),$c_p = 1.004$ kJ/(kg·K),$\kappa = 1.4$。试求:(1) 循环各状态点的压力、温度和体积;(2) 循环加热量和净功量;(3) 循环热效率。

解:(1) 画出循环坐标图,确定各点的状态参数。

循环坐标图参见图 13-2。

点 1:$p_1 = 97$ kPa、$t_1 = 28$ ℃、$V_1 = 0.084$ m³

$$m_1 = \frac{p_1 V_1}{R_g T_1} = \frac{97 \times 10^3 \text{ Pa} \times 0.084 \text{ m}^3}{287 \text{ J}/(\text{kg} \cdot \text{K}) \times 301 \text{ K}} = 0.094\,3 \text{ kg}$$

点 2:$V_2 = \dfrac{V_1}{\varepsilon} = \dfrac{0.084 \text{ m}^3}{15} = 0.005\,6 \text{ m}^3$

$$p_2 = p_1 \left(\frac{V_1}{V_2}\right)^\kappa = p_1 \varepsilon^\kappa = 97 \text{ kPa} \times 15^{1.4} = 4\,298 \text{ kPa}$$

$$T_2 = T_1 \left(\frac{V_1}{V_2}\right)^{\kappa-1} = T_1 \varepsilon^{\kappa-1} = 301 \text{ K} \times 15^{1.4-1} = 889.2 \text{ K}$$

点 3:$p_3 = 6.2$ MPa,$V_3 = V_2 = 0.005\,6$ m³

$$T_3 = T_2 \frac{p_3}{p_2} = 889.21 \text{ K} \times \frac{6.2 \times 10^3 \text{ kPa}}{4\,298 \text{ kPa}} = 1\,282.71 \text{ K}$$

点 4:$T_4 = 1\,593$ K,$p_4 = p_3 = 6.2$ MPa

$$V_4 = V_3 \frac{T_4}{T_3} = 0.005\,6 \text{ m}^3 \times \frac{1\,593 \text{ K}}{1\,282.71 \text{ K}} = 0.006\,955 \text{ m}^3$$

点 5:$p_5 = p_4 \left(\dfrac{V_4}{V_5}\right)^\kappa = 6.2 \text{ MPa} \times \left(\dfrac{0.006\,955 \text{ m}^3}{0.084 \text{ m}^3}\right)^{1.4} = 189.5 \text{ kPa}$

$$T_5 = T_4 \left(\frac{V_4}{V_5}\right)^{\kappa-1} = 1\,593 \text{ K} \times \left(\frac{0.006\,955 \text{ m}^3}{0.084 \text{ m}^3}\right)^{0.4} = 588.06 \text{ K}$$

$$V_5 = V_1 = 0.084 \text{ m}^3$$

(2) 循环加热量和净功量。

循环加热量

$$\begin{aligned}
Q_1 = Q_{1,V} + Q_{1,p} &= m[c_V(T_3 - T_2) + c_p(T_4 - T_3)] \\
&= 0.094\,3 \text{ kg} \times [0.717 \text{ kJ}/(\text{kg} \cdot \text{K}) \times (1\,282.71 \text{ K} - 889.21 \text{ K}) + \\
&\quad 1.004 \text{ kJ}/(\text{kg} \cdot \text{K}) \times (1\,593 \text{ K} - 1\,282.7 \text{ K})] \\
&= 55.99 \text{ kJ}
\end{aligned}$$

循环放热量

$$Q_2 = mc_V(T_5 - T_1) = 0.094\ 3\ \text{kg} \times 0.717\ \text{kJ/(kg·K)} \times (588.1\ \text{K} - 301\ \text{K}) = 19.41\ \text{kJ}$$

循环净功量

$$w_{\text{net}} = Q_1 - Q_2 = 55.99\ \text{kJ} - 19.41\ \text{kJ} = 36.58\ \text{kJ}$$

（3）循环热效率

$$\eta_t = \frac{w_{\text{net}}}{Q_1} = \frac{36.58\ \text{kJ}}{55.99\ \text{kJ}} = 65.33\%$$

讨论：对于理想气体热力循环分析，其关键在于根据过程特点通过过程方程和理想气体状态方程，由各点的已知状态参数确定未知状态参数（特别是温度）；循环功量的计算如果直接从可逆过程功量的计算式出发可能会比较复杂，这时可以通过热力学第一定律的能量方程式来计算。

13.1.4　活塞式内燃机 3 种理想循环的比较

1. 相同压缩比和吸热量下的比较

图 13-6 所示为压缩比和吸热量相同的条件下 3 种理想循环的比较。图中循环 12341 为定容加热理想循环，循环 122′3′4′1 为混合加热理想循环，循环 123″4″1 为定压加热理想循环。由 T-s 图可知，由于初始状态 1 相同，压缩比相同，因此 3 个循环的定熵压缩过程 1-2 相同。同时，定容放热过程都在通过状态点 1 的定容线上。

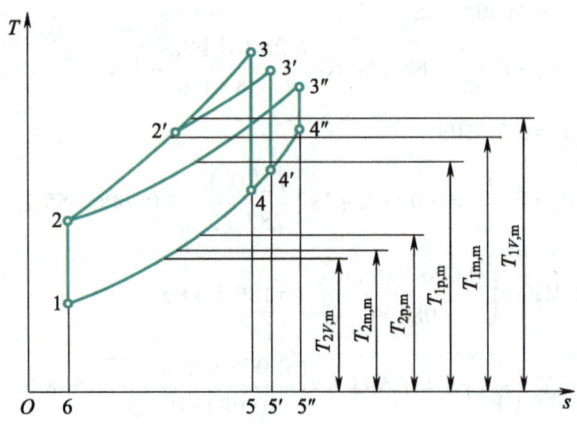

图 13-6　压缩比和吸热量相同下的 3 个理想循环

已知 3 个循环的吸热量相同，即

$$\text{面积 } 23562 = \text{面积 } 22′3′5′62 = \text{面积 } 23″5″62$$

从图 13-6 中可以看出，3 个循环的放热量不同，且

$$\text{面积 } 14561 < \text{面积 } 14′5′61 < \text{面积 } 14″5″61$$

即，定容加热理想循环的放热量 $q_{2,V}$ 最小，定压加热理想循环的放热量 $q_{2,p}$ 最大，混合加热理想循环放热量 $q_{2,m}$ 居中。据此可得 3 种理想循环热效率的关系为

$$\eta_{t,V} > \eta_{t,m} > \eta_{t,p} \tag{13-7}$$

式中，$\eta_{t,V}$、$\eta_{t,m}$ 和 $\eta_{t,p}$ 分别为定容、混合和定压加热理想循环的热效率。用比较平均吸热温度和平均放热温度大小的方法也可得到同样的结论。

需要说明的是上述结论是在各循环压缩比相同条件下分析得出的，在实际中不同机型可能有不同的压缩比，因此上述结论并不完全符合内燃机的实际情况。

2. 相同最高压力和最高温度下的比较

考虑到内燃机的工作都受到热负荷和机械负荷的限制，因而选用相同的最高压力和最高温度作为比较条件更为合理。这种比较实际上是在热力强度和机械强度相同情况下的比较。

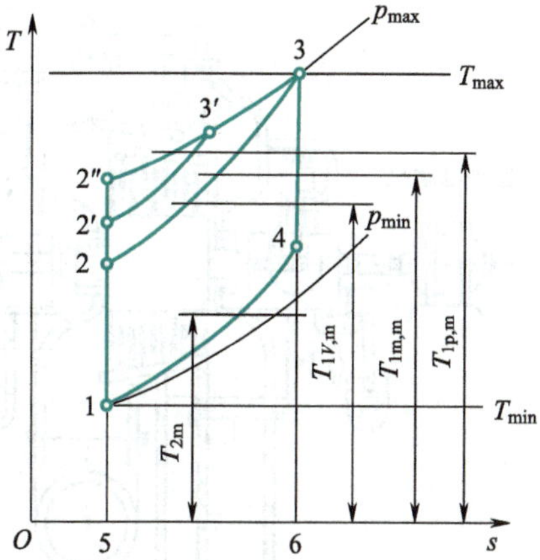

图 13-7 给出了最高压力 p_{max} 和最高温度 T_{max} 相同时 3 个理想循环的 T-s 图。图中 12341、$1 2'3'341$ 和 $12''341$ 分别为定容加热、混合加热和定压加热理想循环。3 个循环的放热量相同，在 T-s 图上比较其吸热过程，显然有

$$q_{1,p} > q_{1,m} > q_{1,V}$$

所以 3 种热循环热效率的关系为

$$\eta_{t,p} > \eta_{t,m} > \eta_{t,V} \tag{13-8}$$

从循环的平均吸热温度和平均放热温度来比较同样可得出上述结果，即在相同机械强度和热力强度下，定压加热理想循环的 $\eta_{t,p}$ 最高，定容加热理想循环的 $\eta_{t,V}$ 最低，混合加热理想循环的 $\eta_{t,m}$ 居中。

图 13-7 T_{max} 和 p_{max} 相同时 3 个理想循环的 T-s 图

相同最高压力和吸热量下三个理想循环的比较

13.2 燃气轮机装置循环

13.2.1 燃气轮机装置简介

燃气轮机动力装置（gas turbine engine）主要由压气机、燃烧室和燃气轮机 3 个基本部分组成，如图 13-8 所示。空气先进入叶轮式压气机增压，压缩后的空气进入燃烧室与燃油混合并燃烧，通常温度可达 1 800~2 300 K；之后，与二次冷却空气混合，适当降低混合气体温度后进入燃气轮机。燃气轮机是一种叶轮式热力发动机，在燃气轮机中高压、高温的燃气-空气混合物，先在静叶片组成的喷管中把部分热能转化为动能，即通过膨胀、降温、降压而速度大幅提高，形成高速气流；然后冲入固定在转子上的动叶片组成的通道，推动动叶片使转子转动而输出机械功。燃气轮机输出的功一部分用来驱动压气机，剩余部分（净功量）对外输出。从燃气轮机出来的废气排入大气环境，放热后恢复到大气状态而完成了一个循环。详细的燃气轮机工作原理，可参见参考文献[2]。

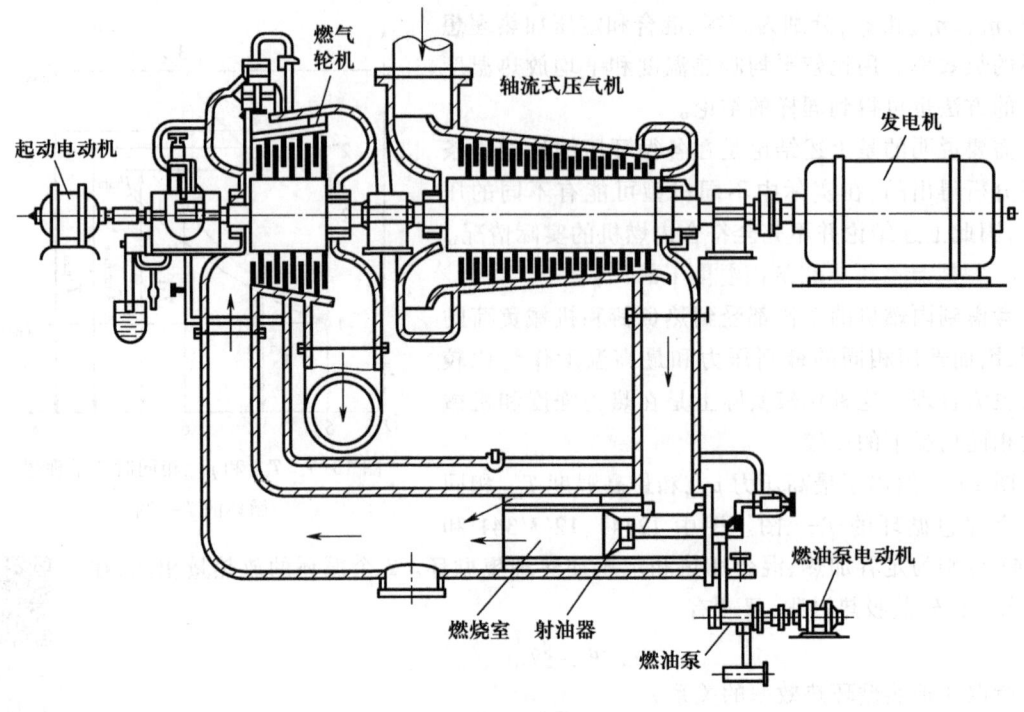

(a)燃气轮机装置简图

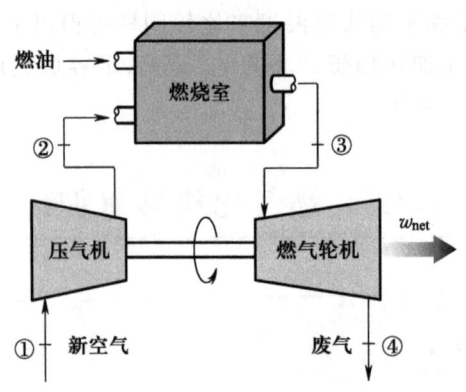

(b) 燃气轮机装置工作流程图

图 13-8 燃气轮机装置

　　燃气轮机是一种旋转式热力发动机,没有往复运动部件以及由此引起的不平衡惯性力,可以设计成很高的转速,且工作过程连续。燃气轮机装置功率可从几十千瓦到上百兆瓦。在分布式能源系统、航天器、舰船、机车等领域应用广泛。燃气轮机装置及其联合循环动力装置已经成为当今世界主要的动力设备之一。

13.2.2　燃气轮机装置的定压加热理想循环

为了进行理论分析,需要对实际的燃气轮机装置循环进行理想化简化,首先,把工质视为理想气体的空气,且比热容为定值,喷入的燃料质量忽略不计;其次,工质经历的都是可逆过程,即忽略工质在压气机和燃气轮机中对外界的散热,视为可逆的绝热过程;燃烧室中的燃烧过程,忽略流动引起的压力降低,视为可逆定压加热过程;从燃气轮机排出废气到压气机吸入空气之间认为是定压放热过程。这样就形成了封闭的燃气轮机装置定压加热理想循环,又称为布雷顿循环(Brayton cycle)。

布雷顿循环的 p–v 图和 T–s 图如图 13-9 所示。其中,1-2 为定熵压缩过程;2-3 是定压加热过程;3-4 是定熵膨胀过程;4-1 是定压放热过程。下面分析布雷顿循环的热效率。

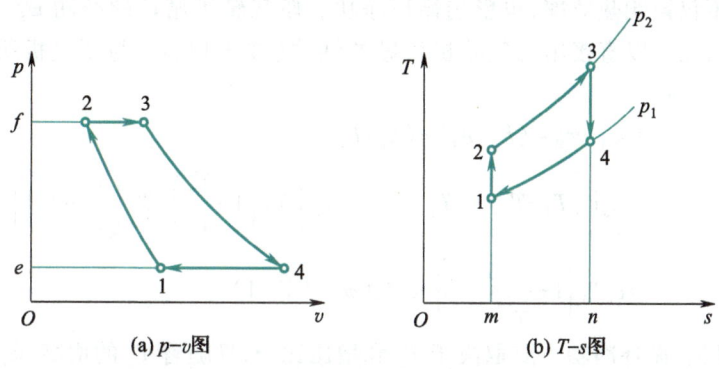

(a) p–v图　　　　　　(b) T–s图

图 13-9　定压加热理想循环的 p–v 图和 T–s 图

循环的吸热过程为定压过程 2-3,吸热量为

$$q_1 = h_3 - h_2 = c_p(T_3 - T_2)$$

循环的放热过程为定压过程 4-1,放热量为

$$q_2 = h_4 - h_1 = c_p(T_4 - T_1)$$

压缩机耗功过程为定熵过程 1-2,耗功量为

$$w_C = h_2 - h_1 = c_p(T_2 - T_1)$$

燃气轮机做功过程为定熵过程 3-4,做功量为

$$w_T = h_3 - h_4 = c_p(T_3 - T_4)$$

所以,其热效率为

$$\eta_t = 1 - \frac{q_2}{q_1} = 1 - \frac{c_p(T_4 - T_1)}{c_p(T_3 - T_2)} = 1 - \frac{T_4 - T_1}{T_3 - T_2} \tag{13-9}$$

由于过程 1-2 和 3-4 均为定熵过程,因此有

$$\frac{T_2}{T_1} = \left(\frac{p_2}{p_1}\right)^{(\kappa-1)/\kappa}, \qquad \frac{T_3}{T_4} = \left(\frac{p_3}{p_4}\right)^{(\kappa-1)/\kappa}$$

又由于过程 2-3 和 4-1 为定压过程,即 $p_2/p_1 = p_3/p_4$,因此有

$$\frac{T_1}{T_2} = \frac{T_4}{T_3} = \frac{T_4 - T_1}{T_3 - T_2}$$

故式(13-9)可改写为

$$\eta_t = 1 - \frac{T_1}{T_2}$$

定义循环增压比 π 为循环最高压力与最低压力之比,循环增温比 τ 为循环最高温度与最低温度之比,即

$$\pi = \frac{p_2}{p_1}, \quad \tau = \frac{T_3}{T_1} \tag{13-10}$$

式(13-9)可进一步改写为

$$\eta_t = 1 - \frac{T_1}{T_2} = 1 - \frac{1}{\pi^{(\kappa-1)/\kappa}} \tag{13-11}$$

式(13-11)表明,当 κ 值一定时,燃气轮机定压加热理想循环的热效率 η_t 仅随 π 的增大而提高。

循环增压比不仅影响热效率,也影响循环净功。燃气轮机循环的净功 w_{net} 等于加热量与放热量之差 $(q_1 - q_2)$,也可以直接用燃气轮机所做的轴功(技术功)w_T 与压气机所耗的轴功(技术功)w_C 之差来计算,即

特性参数对燃气轮机理想循环净功量的影响

$$\begin{aligned} w_{net} = w_T - w_C &= (h_3 - h_4) - (h_2 - h_1) \\ &= c_p \left[(T_3 - T_4) - (T_2 - T_1) \right] = c_p \left[T_3 \left(1 - \frac{T_4}{T_3} \right) - T_1 \left(\frac{T_2}{T_1} - 1 \right) \right] \\ &= c_p T_3 \left(1 - \frac{1}{\pi^{(\kappa-1)/\kappa}} \right) - c_p T_1 \left(\pi^{(\kappa-1)/\kappa} - 1 \right) \end{aligned} \tag{13-12}$$

可见,循环净功主要取决于 T_3 和增压比 π,且随着 T_3 的增高,w_{net} 增大;而热效率 η_t 仅与循环增压比 π 有关。

[例题13-2] 某燃气轮机装置按定压加热理想循环工作,已知压气机的进口参数为 $p_1 = 0.1$ MPa、$T_1 = 300$ K,循环增压比 $\pi = 6$,燃气轮机进口燃气温度 $T_3 = 1\,000$ K。取空气的 $c_p = 1.004$ kJ/(kg·K),$\kappa = 1.4$。试求:(1) 循环各点的温度和压力;(2) 循环的加热量、放热量、净功量;(3) 循环的热效率。

解:(1) 画出循环坐标图,确定各点的状态参数。

循环坐标图参见图13-9。

点1:$p_1 = 0.1$ MPa,$T_1 = 300$ K

点2:$p_2 = \pi p_1 = 6 \times 0.1$ MPa $= 0.6$ MPa

$$T_2 = T_1 \left(\frac{p_2}{p_1} \right)^{\frac{\kappa-1}{\kappa}} = 300 \text{ K} \times 6^{\frac{1.4-1}{1.4}} = 500.55 \text{ K}$$

点3:$p_3 = p_2 = 0.6$ MPa, $T_3 = 1\,000$ K

点4:$p_4 = p_1 = 0.1$ MPa

$$T_4 = T_3 \left(\frac{p_4}{p_3} \right)^{\frac{\kappa-1}{\kappa}} = 1\,000 \text{ K} \times \left(\frac{1}{6} \right)^{\frac{1.4-1}{1.4}} = 599.34 \text{ K}$$

(2) 循环的加热量、放热量、净功。

循环加热量
$$q_1 = c_p(T_3 - T_2) = 1.004 \text{ kJ}/(\text{kg} \cdot \text{K}) \times (1\,000 \text{ K} - 500.55 \text{ K}) = 501.45 \text{ kJ/kg}$$

循环放热量
$$q_2 = c_p(T_4 - T_1) = 1.004 \text{ kJ}/(\text{kg} \cdot \text{K}) \times (599.34 \text{ K} - 300 \text{ K}) = 300.54 \text{ kJ/kg}$$

循环净功量
$$w_{\text{net}} = q_{\text{net}} = q_1 - q_2 = 501.45 \text{ kJ/kg} - 300.54 \text{ kJ/kg} = 200.91 \text{ kJ/kg}$$

（3）循环的热效率。

循环热效率
$$\eta_t = \frac{w_{\text{net}}}{q_1} = \frac{200.91 \text{ kJ/kg}}{501.45 \text{ kJ/kg}} = 40.07\%$$

讨论：本例中如果是卡诺循环，那么相应的热效率为 70%，而布雷顿循环的热效率仅有 40.07%，远低于相同温限间卡诺循环的热效率。关键原因在于气体工质无法实现定温吸热和定温放热，使得布雷顿循环偏离卡诺循环较远，在实际使用时需要进一步提升布雷顿循环的热效率。

13.2.3　燃气轮机装置的实际循环

燃气轮机装置实际循环的各个过程都是不可逆的，这里主要考虑压缩和膨胀过程的不可逆性。叶轮式压气机和燃气轮机内的工质流速很高，工质内部及工质和流道之间的摩擦损失较大。尽管此时工质与外界的换热可忽略不计，但压缩和膨胀过程都属于不可逆的绝热过程。如图 13-10 所示，由于过程的不可逆性，工质在压气机和燃气轮机实际出口处的状态 2′ 和 4′ 与理想过程的出口状态 2 和 4 相比，熵均增加了。图 13-10 中实际过程 1-2′ 表示压气机中的不可逆绝热压缩过程，3-4′ 表示燃气轮机中的不可逆绝热膨胀过程。注意，所有不可逆过程在坐标图上只能用虚线表示。

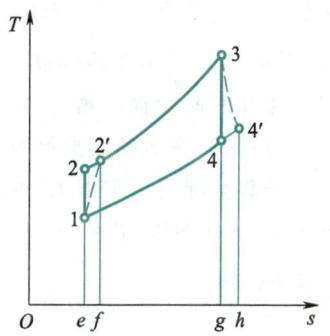

图 13-10　考虑摩擦损失的燃气轮机装置实际循环

引入压气机的绝热效率 $\eta_{C,s}$ 和燃气轮机的相对内效率 η_T 来分别描述两个过程不可逆性的影响。压气机的绝热效率是压气机理想耗功量与实际耗功量之比，即

$$\eta_{C,s} = \frac{h_2 - h_1}{h_{2'} - h_1} \tag{13-13}$$

燃气轮机的相对内效率是燃气轮机实际做功量与理想做功量之比，即

$$\eta_T = \frac{h_3 - h_{4'}}{h_3 - h_4} \tag{13-14}$$

实际循环的加热量为

$$q_1' = h_3 - h_{2'} = h_3 - \left(h_1 + \frac{h_2 - h_1}{\eta_{C,s}}\right) \tag{13-15}$$

实际循环做的净功量为

$$w'_{\text{net}} = w'_{\text{T}} - w'_{\text{C}} = (h_3 - h_{4'}) - (h_{2'} - h_1) = \eta_{\text{T}}(h_3 - h_4) - \frac{h_2 - h_1}{\eta_{\text{C,s}}} \quad (13-16)$$

所以,实际循环的热效率为

$$\eta'_{\text{t}} = \frac{w'_{\text{net}}}{q'_1} = \frac{\eta_{\text{T}}(h_3 - h_4) - \dfrac{h_2 - h_1}{\eta_{\text{C,s}}}}{h_3 - \left(h_1 + \dfrac{h_2 - h_1}{\eta_{\text{C,s}}}\right)} \quad (13-17)$$

如果取工质 c_p 为定值,并注意到 $\dfrac{T_2}{T_1} = \dfrac{T_3}{T_4} = \pi^{\frac{\kappa}{\kappa-1}}$ 和 $\tau = \dfrac{T_3}{T_1}$,那么式(13-17)可写成

燃气轮机
实际循环
热效率的
分析

$$\eta'_{\text{t}} = \frac{w'_{\text{net}}}{q'_1} = \frac{\eta_{\text{T}}(T_3 - T_4) - \dfrac{T_2 - T_1}{\eta_{\text{C,s}}}}{T_3 - \left(T_1 + \dfrac{T_2 - T_1}{\eta_{\text{C,s}}}\right)} = \frac{\dfrac{\tau}{\pi^{\frac{\kappa-1}{\kappa}}}\eta_{\text{T}} - \dfrac{1}{\eta_{\text{C,s}}}}{\dfrac{\tau - 1}{\pi^{\frac{\kappa-1}{\kappa}} - 1} - \dfrac{1}{\eta_{\text{C,s}}}} \quad (13-18)$$

由此看出,与燃气轮机装置的理想循环不同,实际循环的热效率不仅取决于 π 和 κ,还与 τ、$\eta_{\text{C,s}}$ 和 η_{T} 等有关。

[例题 13-3] 空气标准布雷顿循环,进入压气机的空气 $p_1 = 0.1\ \text{MPa}$、$t_1 = 20\ ℃$,离开压气机的空气压力 $p_2 = 0.5\ \text{MPa}$,循环最高温度 $t_3 = 1\ 000\ ℃$。试求:(1)循环各点状态参数(压力、温度);(2)压气机耗功 w_{C} 和燃气轮机做功 w_{T};(3)循环热效率;(4)若燃气轮机相对内效率为 0.9,此时循环热效率。

解:(1)画出循环坐标图,确定各点的状态参数。

循环坐标图参见图 13-9。

点 1:$p_1 = 0.1\ \text{MPa}$,$T_1 = 293\ \text{K}$

点 2:$p_2 = 0.5\ \text{MPa}$

$$T_2 = T_1 \left(\frac{p_2}{p_1}\right)^{\frac{\kappa-1}{\kappa}} = 293\ \text{K} \times 5^{\frac{1.4-1}{1.4}} = 464.06\ \text{K}$$

点 3:$p_3 = p_2 = 0.5\ \text{MPa}$,$T_3 = 1\ 273\ \text{K}$

点 4:$p_4 = p_1 = 0.1\ \text{MPa}$

$$T_4 = T_3 \left(\frac{p_4}{p_3}\right)^{\frac{\kappa-1}{\kappa}} = 1\ 273\ \text{K} \times \left(\frac{1}{5}\right)^{\frac{1.4-1}{1.4}} = 803.75\ \text{K}$$

(2)压气机耗功 w_{C} 和燃气轮机做功 w_{T}。

压气机耗功

$$w_{\text{C}} = h_2 - h_1 = c_p(T_2 - T_1) = 1.004\ \text{kJ/(kg·K)} \times (464.06\ \text{K} - 293\ \text{K}) = 171.74\ \text{kJ/kg}$$

燃气轮机做功

$$w_{\text{T}} = h_3 - h_4 = c_p(T_3 - T_4) = 1.004\ \text{kJ/(kg·K)} \times (1273\ \text{K} - 803.75\ \text{K}) = 471.13\ \text{kJ/kg}$$

(3)循环热效率。

循环净功量

$$w_{net} = w_T - w_C = 471.13 \text{ kJ/kg} - 171.74 \text{ kJ/kg} = 299.39 \text{ kJ/kg}$$

循环吸热量

$$q_1 = h_3 - h_2 = c_p(T_3 - T_2) = 1.004 \text{ kJ/(kg·K)} \times (1273 \text{ K} - 464.06 \text{ K}) = 812.18 \text{ kJ/kg}$$

循环热效率

$$\eta_t = \frac{w_{net}}{q_1} = \frac{299.39 \text{ kJ/kg}}{812.18 \text{ kJ/kg}} = 36.86\%$$

（4）若燃气轮机相对内效率为 0.9，此时循环热效率。

此时的燃气轮机做功量

$$w'_T = \eta_T w_T = 0.9 \times 471.13 \text{ kJ/kg} = 424.02 \text{ kJ/kg}$$

此时的净功量

$$w_{net} = w'_T - w_c = 424.02 \text{ kJ/kg} - 171.74 \text{ kJ/kg} = 252.28 \text{ kJ/kg}$$

此时循环热效率

$$\eta_t = \frac{w_{net}}{q_1} = \frac{252.28 \text{ kJ/kg}}{812.18 \text{ kJ/kg}} = 31.06\%$$

讨论：燃气轮机内摩阻的存在，造成燃气轮机做功量减小，循环热效率降低。因此，减小循环各环节的不可逆性，有助于提升循环的热效率。在分析任意不可逆循环时，都可先按照可逆循环进行分析，然后考虑不可逆因素的影响并进行修正，得到循环实际的工作性能。

[例题 13-4] 某燃气轮机装置定压加热循环，循环增压比 $\pi = 7$，增温比 $\tau = 4$，压气机吸入空气压力 $p_1 = 0.8 \text{ MPa}$，$t_1 = 17 \text{ ℃}$。压气机绝热效率 $\eta_{C,s} = 0.90$，燃气轮机相对内效率 $\eta_T = 0.92$。若空气取定值比热容，其 $c_p = 1.03 \text{ kJ/(kg·K)}$，$R_g = 0.287 \text{ kJ/(kg·K)}$，$\kappa = 1.3868$。求：循环吸热量 q_1、放热量 q_2、净功量 w_{net} 及热效率 η_t。

解：（1）画出循环坐标图，确定各点状态参数。

循环坐标图见图 13-10。

点 1：$p_1 = 0.8 \text{ MPa}$，$T_1 = 290 \text{ K}$

点 2：$p_2 = \pi p_1 = 7 \times 0.8 \text{ MPa} = 5.6 \text{ MPa}$

$$T_2 = T_1 \left(\frac{p_2}{p_1} \right)^{\frac{\kappa-1}{\kappa}} = T_1 \pi^{\frac{\kappa-1}{\kappa}} = 290 \text{ K} \times 7^{\frac{1.3868-1}{1.3868}} = 498.76 \text{ K}$$

点 2′：$p_{2'} = p_2 = 5.6 \text{ MPa}$，由 $h_{2'} = h_1 + \dfrac{1}{\eta_{C,s}}(h_2 - h_1)$，得

$$T_{2'} = T_1 + \frac{T_2 - T_1}{\eta_{C,s}} = 290 \text{ K} + \frac{(498.76 \text{ K} - 290 \text{ K})}{0.90} = 521.95 \text{ K}$$

点 3：$p_3 = p_2 = 5.6 \text{ MPa}$，$T_3 = \tau T_1 = 4 \times 290 \text{ K} = 1160 \text{ K}$

点 4：$p_4 = p_1 = 0.8 \text{ MPa}$，

$$T_4 = T_3 \left(\frac{p_4}{p_3} \right)^{\frac{\kappa-1}{\kappa}} = T_3 \left(\frac{1}{\pi} \right)^{\frac{\kappa-1}{\kappa}} = 1160 \text{ K} \times \left(\frac{1}{7} \right)^{\frac{1.3868-1}{1.3868}} = 674.48 \text{ K}$$

点 $4'$：$p_{4'} = p_4 = 0.8$ MPa，

$$T_{4'} = T_3 - \eta_T(T_3 - T_4) = 1\ 160\ \text{K} - 0.92 \times (1\ 160\ \text{K} - 674.48\ \text{K}) = 713.32\ \text{K}$$

（2）计算循环吸热量、放热量、净功量及热效率。

循环吸热量

$$q_1 = c_p(T_3 - T_2) = 1.03\ \text{kJ}/(\text{kg} \cdot \text{K}) \times (1\ 160\ \text{K} - 521.95\ \text{K}) = 657.19\ \text{kJ/kg}$$

循环放热量

$$q_2 = c_p(T_4 - T_1) = 1.03\ \text{kJ}/(\text{kg} \cdot \text{K}) \times (713.32\ \text{K} - 290\ \text{K}) = 436.02\ \text{kJ/kg}$$

循环净功量

$$w_{\text{net}} = q_{\text{net}} = q_1 - q_2 = 657.19\ \text{kJ/kg} - 436.02\ \text{kJ/kg} = 221.17\ \text{kJ/kg}$$

循环热效率

$$\eta_t = 1 - \frac{q_2}{q_1} = 1 - \frac{436.02\ \text{kJ/kg}}{657.19\ \text{kJ/kg}} = 33.65\%$$

讨论：通过上面的几个例题可以总结出关于热力循环分析的具体步骤，即①画出循环的坐标图（$T\text{-}s$ 图、$p\text{-}v$ 图、$\lg p\text{-}h$ 图）；②根据过程特点，由已知状态参数确定各状态点的未知状态参数（若工质为理想气体，则通过理想气体过程方程和状态方程求解状态参数；若工质为实际气体，则通过查表、查图的方法确定状态参数）；③计算循环中的热量、功量、热效率等参数。此外，对于实际的不可逆循环，都可先按照理想可逆循环进行分析，获得可逆情况下各点状态参数及工作性能，再结合表征不可逆性的效率或系数，对可逆过程进行修正，得到循环的实际状态参数和工作性能。

13.2.4　提高燃气轮机装置循环热效率的措施

提高燃气轮机装置循环热效率，除了上面讨论的通过改变循环特征参数的方法，还可以通过采用回热技术，以及在回热的基础上采用多级压缩中间冷却、多级膨胀中间再热的方式来实现。

1. 带回热的燃气轮机装置循环

图 13-11 所示为带有回热器的燃气轮机装置及其循环的 $T\text{-}s$ 图。只要燃气轮机的排气温度 T_4 高于压气机出口温度 T_2，理论上就可以利用温度较高的燃气轮机排气来加热压气机出口

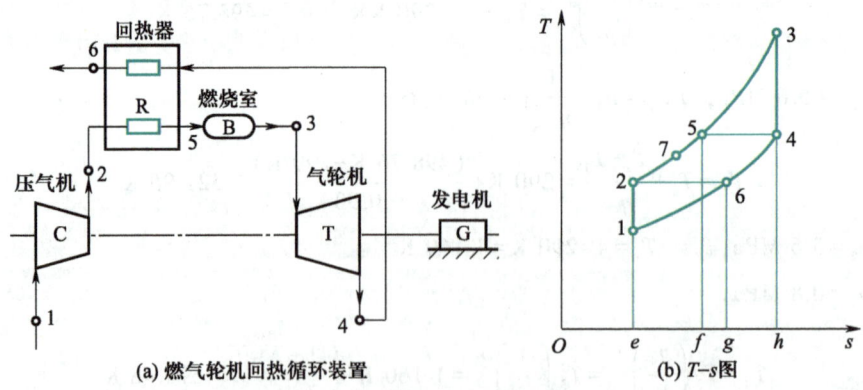

(a) 燃气轮机回热循环装置　　(b) $T\text{-}s$ 图

图 13-11　燃气轮机回热循环装置及其 $T\text{-}s$ 图

的空气,通过回热达到余热利用的目的。在极限情况下,回热过程可以把压缩后的空气加热到 $T_5 = T_4$,同时,燃气轮机的排气降温到 $T_6 = T_2$。这样,只有 5-3 过程工质从外界吸热,即循环吸热量 $q_1 = h_3 - h_5 =$ 面积 53hf5。与无回热循环的吸热过程 2-3 比较,吸热量减少,而循环净功 w_{net}(面积 12341)不变。显然,采用回热后循环热效率提高。当然,利用平均吸热、放热温度的方法(平均吸热温度提高、平均放热温度降低)也可以得到采用回热后循环热效率提高的结论。

在实际应用中,由于传热必有温差,极限回热无法实现,因此空气被加热后的温度 T_7 必小于 T_5。在回热过程中,实际利用的热量与理论上极限情况可利用的热量之比,称为回热度,用 σ 表示,其定义为

$$\sigma = \frac{h_7 - h_2}{h_4 - h_2} = \frac{T_7 - T_2}{T_4 - T_2} \tag{13-19}$$

回热度值越大,循环热效率提高得越多,但回热器的尺寸和造价也将随之增大。目前,σ 的值一般约为 $0.5 \sim 0.7$。

2. 在回热的基础上多级压缩中间冷却、多级膨胀中间再热循环

显然,燃气轮机的排气温度 T_4 与压气机出口温度 T_2 之差越大,采用回热的效果越显著。然而,在 T_1 和 T_3 一定时,随着增压比 π 的增大,压气机出口温度将提高,燃气轮机排气温度则下降,回热效果也将随之降低。为了扩大回热的温度范围,压气机可采用多级压缩中间冷却措施以降低压气机的排气温度,对燃气轮机则可采用多级膨胀中间再热的办法来提高燃气轮机的排气温度。这样,回热的效果更为显著,从而可进一步提高循环的热效率。图 13-12 所示为两级压缩中间冷却、两级膨胀中间再热的燃气轮机装置回热循环示意图。循环的 T-s 图,如图 13-13 所示。

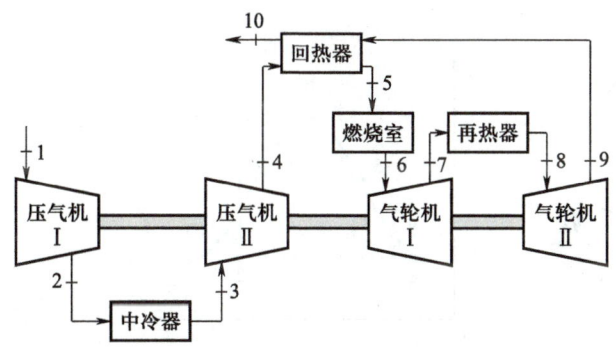

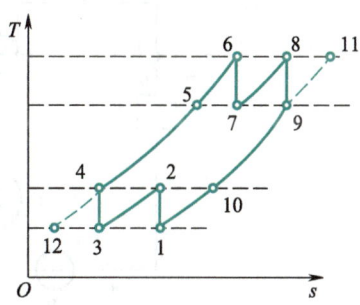

图 13-12　在回热基础上的两级压缩中间冷却、
两级膨胀中间再热循环示意图

图 13-13　在回热基础上的两级压缩中间
冷却、两级膨胀中间再热循环 T-s 图

由图 13-13 可见,在相同的压力范围内,原来的单级压缩改为两级压缩中间冷却后可降低压气机的出口温度,而用两级膨胀中间再热代替原来的单级膨胀,可提高燃气轮机的排气温度,因而循环可以在较大的温度范围(T_4 到 T_9)内进行回热,获得更好的回热效果,从而提高循环热效率。从平均吸放热温度的角度看,采用多级压缩中间冷却、多级膨胀中间再热及回热后,循环的平均放热温度降低、循环的平均加热温度提高,也能得到循环热效率提高的结论。在极限情况下,当级数趋于无限多并采用极限回热时,压缩过程接近等温过程 1-12,膨胀过程则接近等温过程 6-11。这种极限回热循环由两个定温和两个定压过程组成,其热效率与相同温度范围内的卡诺循环相等。在实际中,增加级数将增加装置复杂程度和制造成本等,因此要综合考虑。

以上主要介绍以燃气为工质的气体动力循环,近年来还出现了以超临界 CO_2 为工质的气体动力循环,感兴趣的读者可参考文献[3]。

13.3 蒸汽动力循环

蒸汽动力循环是指以蒸汽为工质的动力循环,工业上使用最早、最广泛的蒸汽工质是水蒸气。近年来,随着工业余热、太阳能、地热能等低品位热能开发利用技术的发展,其他一些工质也相继被研究和利用,如氨蒸气、烃类物质及其卤化物的蒸气等。无论是以水蒸气为工质,还是以其他蒸气为工质的动力循环,它们的原理都是相同的。因此,本节以水蒸气动力循环为例,介绍循环的构成和特点,分析循环的热力性能,探讨提升循环性能的途径。

13.3.1 朗肯循环

1. 朗肯循环及其热效率

朗肯循环(Rankine cycle)是最简单也是最基本的蒸汽动力循环(vapor power cycle),其装置示意图及循环 T-s 图如图 13-14 所示。水在水泵中被压缩增压后,进入锅炉被加热汽化成饱和蒸汽,在经过蒸汽过热器被加热成过热蒸汽(习惯上把锅炉和过热器放在一起,统称为锅炉),之后进入蒸汽轮机膨胀做功,做功后的蒸汽(乏汽)进入冷凝器被冷却凝结为水,再进入水泵,完成一个工作循环。

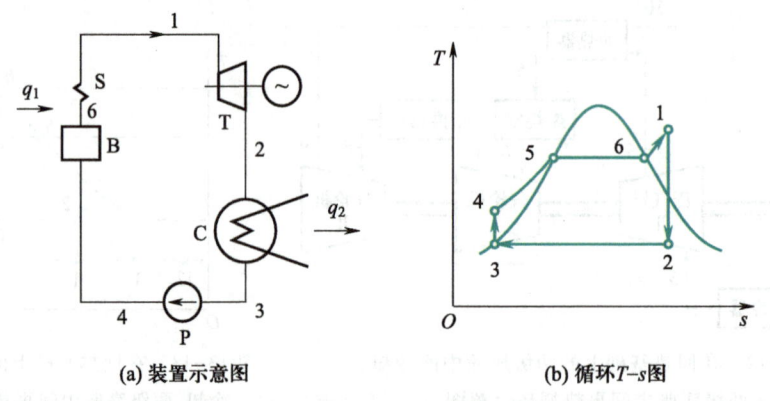

(a) 装置示意图   (b) 循环 T-s 图

图 13-14 朗肯循环装置示意图及循环 T-s 图

为了分析主要参数对循环性能的影响,首先对实际循环进行合理的理想化处理。

1-2:高温高压新蒸汽在汽轮机中绝热膨胀做功过程,当不考虑摩擦等不可逆因素时,可简化为定熵膨胀过程。

2-3:蒸汽在冷凝器中被冷却成饱和水,可简化为定压冷却过程。该过程在两相区内进行,工质为饱和水或饱和蒸汽,因此该过程也是定温过程,3 点工质是饱和水状态。

3-4:水在水泵中被压缩的过程,忽略不可逆因素,3-4 过程可简化为定熵压缩过程。

4-5-6-1:水在锅炉(包括过热器)中的实际吸热过程,忽略温差传热及摩擦阻力引起的不可逆损失,可简化为定压吸热过程。

上述 4 个基本过程组成的循环即为朗肯循环,其循环热效率的分析如下。

在锅炉中,水的吸热量为

$$q_1 = h_1 - h_4$$

在汽轮机中,对外所做技术功为

$$w_T = h_1 - h_2$$

在冷凝器中,向外界的放热量为

$$q_2 = h_2 - h_3$$

在水泵中,所消耗的泵功为

$$w_P = h_4 - h_3$$

或

$$w_P = \int_3^4 v \, dp$$

假设水在该过程中不可压缩,泵功可简化为

$$w_P = v_3(p_4 - p_3)$$

循环输出净功为

$$w_{net} = w_T - w_P = (h_1 - h_2) - (h_4 - h_3)$$

循环的热效率为

$$\eta_t = \frac{w_{net}}{q_1} = \frac{w_T - w_P}{q_1} = \frac{(h_1 - h_2) - (h_4 - h_3)}{h_1 - h_4} \qquad (13-20)$$

由于水的压缩性很小,极易升压,水泵耗功相对于汽轮机做功很小,在近似计算中通常忽略水泵耗功,取 $h_4 = h_3$,此时热效率可近似表示为

$$\eta_t = \frac{h_1 - h_2}{h_1 - h_3} \qquad (13-21)$$

对蒸汽动力循环进行定量计算时,可从水和水蒸气热力性质表或图上查取所需状态参数。对于蒸汽动力循环,除热效率之外,还常需计算循环的耗汽率 d。耗汽率涉及机组尺寸的大小,是度量动力装置经济性的又一重要指标。d 定义为装置每输出 1 kW·h,即 3 600 kJ 功量,所耗费的蒸汽量,其计算式为

$$d = \frac{3\ 600}{w_{net}} \ \text{kg/(kW·h)} \qquad (13-22)$$

[例题 13-5] 某蒸汽动力循环,已知新蒸汽压力和温度分别为 $p_1 = 20$ MPa、$t_1 = 550$ ℃,汽轮机排汽压力 $p_2 = 5$ kPa。若按朗肯循环运行,求:(1) 水泵耗功;(2) 汽轮机做功;(3) 循环吸热量和放热量;(4) 循环热效率;(5) 忽略水泵耗功对循环热效率的影响。

解:(1) 画出循环坐标图,确定各点状态参数。

循环坐标图参见图 13-14。

点 1:由 $p_1 = 20$ MPa、$t_1 = 550$ ℃,查未饱和水与过热蒸汽热力性质表,可得

$$h_1 = 3\ 393.7 \ \text{kJ/kg}、\quad s_1 = 6.335\ 2 \ \text{kJ/(kg·K)}$$

点 2:由 $p_2 = 5$ kPa,查饱和水与饱和蒸汽热力性质表,可得

$$h_2' = 137.72 \ \text{kJ/kg}、\quad s_2' = 0.476\ 1 \ \text{kJ/(kg·K)};$$

$$h_2'' = 2\ 560.55\ \text{kJ/kg}、\quad s_2'' = 8.393\ 0\ \text{kJ/(kg·K)}$$

由 $s_2 = s_1 = 6.335\ 2\ \text{kJ/(kg·K)}$，经过计算可得

$$x_2 = \frac{s_2 - s_2'}{s_2'' - s_2'} = \frac{6.335\ 2\ \text{kJ/(kg·K)} - 0.476\ 1\ \text{kJ/(kg·K)}}{8.393\ 0\ \text{kJ/(kg·K)} - 0.476\ 1\ \text{kJ/(kg·K)}} = 0.74$$

则

$$h_2 = x_2 h_2'' + (1 - x_2) h_2' = 0.74 \times 2\ 560.55\ \text{kJ/kg} - 0.26 \times 137.72\ \text{kJ/kg} = 1\ 930.81\ \text{kJ/kg}$$

点 3：该点为排汽压力对应的饱和液体，由 $p_2 = 5\ \text{kPa}$，查饱和水与饱和蒸汽热力性质表，可得

$$h_3 = h_2' = 137.72\ \text{kJ/kg}、v_3 = 0.001\ 005\ 3\ \text{m}^3/\text{kg}$$

点 4：$v_4 = v_3 = 0.001\ 005\ 3\ \text{m}^3/\text{kg}, p_4 = p_1 = 20\ \text{MPa}$

水泵耗功

$$w_p = v_3(p_4 - p_3) = 0.001\ 005\ 3\ \text{m}^3/\text{kg} \times (20 \times 10^6\ \text{Pa} - 5 \times 10^3\ \text{Pa}) = 20.1\ \text{kJ/kg}$$

由于 $w_p = h_4 - h_3$，因此

$$h_4 = w_p + h_3 = 20.1\ \text{kJ/kg} + 137.72\ \text{kJ/kg} = 157.82\ \text{kJ/kg}$$

（2）计算循环的热量、功量及热效率。

汽轮机做功量

$$w_T = h_1 - h_2 = 3\ 393.7\ \text{kJ/kg} - 1\ 930.81\ \text{kJ/kg} = 1\ 462.89\ \text{kJ/kg}$$

循环吸热量

$$q_1 = h_1 - h_4 = 3\ 393.7\ \text{kJ/kg} - 157.82\ \text{kJ/kg} = 3\ 235.88\ \text{kJ/kg}$$

循环放热量

$$q_2 = h_2 - h_3 = 1\ 930.81\ \text{kJ/kg} - 137.72\ \text{kJ/kg} = 1\ 793.09\ \text{kJ/kg}$$

循环热效率

$$\eta_t = 1 - \frac{q_2}{q_1} = \frac{3\ 235.88\ \text{kJ/kg} - 1\ 793.09\ \text{kJ/kg}}{3\ 235.88\ \text{kJ/kg}} = 44.6\%$$

若忽略水泵耗功，则循环热效率为

$$\eta_t' = \frac{w_T}{q_1'} = \frac{1\ 462.89\ \text{kJ/kg}}{3\ 393.7\ \text{kJ/kg} - 137.72\ \text{kJ/kg}} = 44.9\%$$

相对偏差为

$$\delta = \frac{\eta_t' - \eta_t}{\eta_t} = \frac{0.449 - 0.446}{0.446} = 0.67\%$$

讨论：求解实际气体热力循环问题的关键仍然是确定各状态点的状态参数（通过已知状态参数，查热力性质表或图获得），初学者要特别注意湿蒸汽状态参数的确定。此外，从本例可以看出水泵耗功仅占汽轮机做功量的 1.4%，忽略水泵耗功对循环热效率的影响仅为 0.67%。因此，在本书的蒸汽动力循环分析中，若无特殊说明，一般可以忽略水泵耗功。

2. 蒸汽参数对朗肯循环热效率的影响

从式（13-21）可以看出，朗肯循环热效率主要由 1 点、2 点和 3 点的焓值决定，而这 3 个状态点的焓值，又取决于新蒸汽的初温（T_1）、初压（p_1）和乏汽的压力（背压）（p_2）。

1）蒸汽初温的影响

保持初压 p_1 和背压 p_2 不变,将蒸汽初温从 T_1 提高到 $T_{1'}$,如图 13-15 所示。由图可以看出,提高蒸汽初温可提高循环的平均吸热温度,而平均放热温度保持不变,故可以提高循环的热效率。此外,提高蒸汽初温还可增大乏汽的干度,从而改善汽轮机的实际工作性能。初温的提高受到锅炉中过热器和汽轮机中叶片材料耐高温的限制,目前的蒸汽动力循环中蒸汽初温很少超过 620 ℃。

2）蒸汽初压的影响

保持背压 p_2、初温 T_1 不变,将蒸汽初压从 p_1 提升到 $p_{1'}$,如图 13-16 所示。显然,提高 p_1 可以提高平均吸热温度,从而提高循环的热效率。然而,提高蒸汽初压会对设备强度提出更高要求,同时会降低汽轮机排汽的干度。排汽干度的下降,意味着乏汽中含有更多的水,当超过一定限度时,将侵蚀汽轮机最后几级叶片,引起汽轮机的振动,危及汽轮机的安全,并且会降低汽轮机最后几级的工作效率。在工程上,乏汽的干度应不低于 85%,有时甚至不低于 88%。

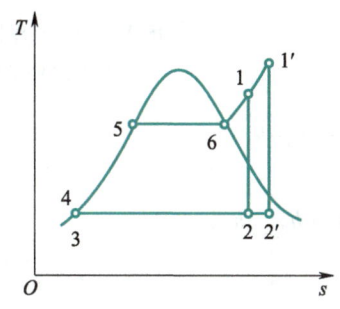

图 13-15　蒸汽初温对循环的影响

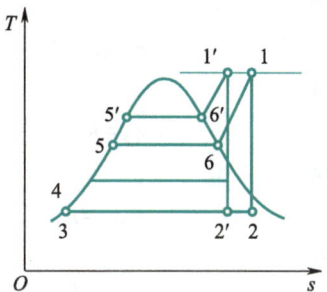

图 13-16　蒸汽初压对循环的影响

3）背压的影响

保持蒸汽初温 T_1 和初压 p_1 不变,将背压从 p_2 降低到 p_2',如图 13-17 所示。由图可以看出,降低背压有利于降低循环的平均放热温度,而循环的平均吸热温度保持不变。因此,降低蒸汽背压可以提高朗肯循环的热效率。然而,p_2 的降低将受到环境温度的限制,因为乏汽中的热能需要通过冷凝器传递给环境,所以工质的饱和温度不可能低于大气温度。目前,我国大型蒸汽动力装置的背压 p_2 为 0.003~0.004 MPa,其对应的饱和温度为 28 ℃ 左右,比冷凝器中冷却水的温度略高。此外,降低背压也会造成乏汽干度降低,对汽轮机安全不利。

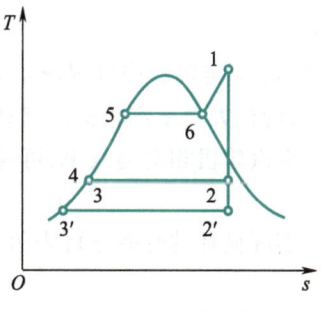

图 13-17　背压对循环的影响

蒸汽参数对循环热效率的影响可归纳如下。

（1）提高蒸汽初压 p_1、初温 T_1,降低背压 p_2 均可提高循环热效率。因此,现代蒸汽动力装置向着采用高参数的方向发展,但初参数的提高受到金属耐热性能和汽轮机出口乏汽干度要求等的限制。

（2）蒸汽动力循环的放热过程是等温过程,且放热温度接近环境温度,因而可改进的幅度不大。

（3）由于液体加热段和汽化段的存在,使其平均吸热温度不高,从而影响循环的热效率。因此,要提高循环热效率,除了改变循环参数,还应采用其他措施提高循环的平均吸热温度。

3. 有摩擦阻力的实际循环

以上讨论的都是理想的可逆朗肯循环,实际上蒸汽在动力装置中的各过程都是不可逆过程,特别是在汽轮机内的绝热膨胀过程。由于工质流速高、摩擦阻力(简称摩阻)大,因此汽轮机的实际工作过程与理想可逆过程(定熵膨胀过程)存在显著差别。为了抓住主要矛盾,这里仅讨论汽轮机中有摩阻存在的实际循环。

有摩阻的实际朗肯循环坐标图如图 13-18 所示,其中循环 1-2-3-4-5-6-1 为理想朗肯循环,循环 $1-2_{act}-3-4-5-6-1$ 为有摩阻的实际循环。考虑到汽轮机内摩阻引起的不可逆损失,理想循环中的定熵过程 1-2 被实际的不可逆绝热过程 $1-2_{act}$ 所取代。分析该循环可以发现,相比于理想循环,循环吸热量保持不变,均为过程 4-5-6-1 所吸收的热量;而循环放热量增加(放热过程从 2-3 变为 $2_{act}-3$),故循环的热效率降低。具体参数如下。

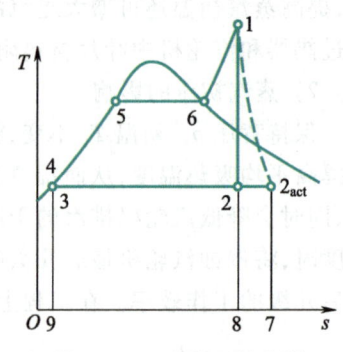

图 13-18　有摩阻的实际
朗肯循环坐标图

循环吸热量

$$q_1 = h_1 - h_3$$

循环放热量

$$q_2 = h_{2_{act}} - h_3 = (h_{2_{act}} - h_2) + (h_2 - h_3)$$

循环做功量

$$w_{T_{act}} = h_1 - h_{2_{act}} = (h_1 - h_2) - (h_{2_{act}} - h_2)$$

循环热效率

$$\eta_{t_{act}} = \frac{w_{net_{act}}}{q_1} = \frac{h_1 - h_{2_{act}}}{h_1 - h_3}$$

为了衡量汽轮机内不可逆性的影响,与燃气轮机相仿,引入汽轮机的相对内效率,简称汽轮机效率,用 η_T 表示,其定义如下。

$$\eta_T = \frac{w_{T_{act}}}{w_T} = \frac{h_1 - h_{2_{act}}}{h_1 - h_2}$$

式中:w_T 为定熵膨胀过程做功量;$w_{T_{act}}$ 为实际不可逆绝热膨胀过程做功量;η_T 为汽轮机的相对内效率,近代大功率汽轮机的相对内效率一般为 $0.85 \sim 0.92$。

由汽轮机相对内效率,可得汽轮机出口的实际焓值为

$$h_{2_{act}} = h_1 - \eta_T(h_1 - h_2) \tag{13-23}$$

实际循环的热效率可表示为

$$\eta_{t_{act}} = \frac{w_{net_{act}}}{q_1} = \frac{\eta_T w_{net}}{q_1} = \eta_T \eta_t \tag{13-24}$$

式中:$\eta_{t_{act}}$ 为有摩阻的实际循环的热效率;η_T 为汽轮机的相对内效率;η_t 为不考虑摩阻的理想循环的热效率。

13.3.2　再热循环

13.3.1 小节指出,提高蒸汽初压可提高朗肯循环的热效率,但会造成汽轮机排汽干度降低,从而使蒸汽压力的提高受到限制。为了解决这个矛盾,常采用蒸汽中间再热的方法,形成再热循环(reheat cycle)。再热循环是指过热蒸汽在高压汽轮机中膨胀到某一中间压力(p_b)后,进入锅

炉的再热器中再次定压加热到新蒸汽的初温,然后进入低压级汽轮机中膨胀到排汽压力 p_2 的蒸汽动力循环。再热循环装置简图及循环的 $T-s$ 图如图 13-19 所示。与简单朗肯循环相比,再热循环的其他过程都不变,只是将做功过程变成分级膨胀、中间再热过程,即 $1-b$ 过程是高压级汽轮机内的定熵膨胀过程; $b-a$ 过程是再热器内的定压再热过程,且再热温度 $T_a = T_1$; $a-2$ 过程是低压级汽轮机内的定熵膨胀过程。

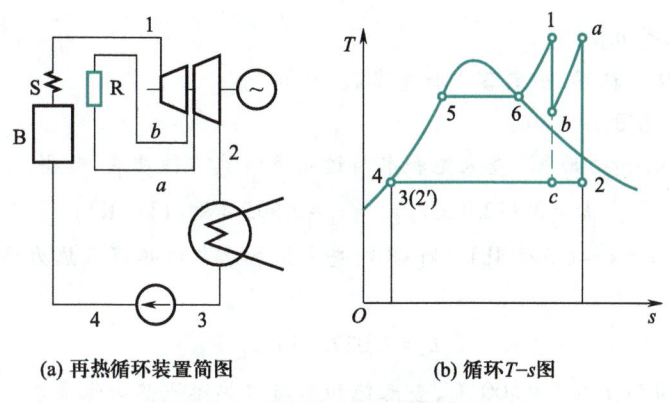

(a) 再热循环装置简图   (b) 循环$T-s$图

图 13-19   再热循环装置简图及 $T-s$ 图

由图 13-19b 可以看出,若不采用再热,则膨胀到排汽压力 p_2 时的状态为点 c;而采用再热后膨胀到相同排汽压力 p_2 时的状态为点 2。再热使蒸汽干度得到了提高,这就为进一步提高蒸汽初压 p_1 提供了可能,可避免由 p_1 提高带来的汽轮机出口干度降低的不利后果。下面分析再热循环的功和热效率(忽略泵功)。

再热循环的做功过程包括 $1-b$(高压级汽轮机)和 $a-1$(低压级汽轮机)两个过程,故总做功量为

$$w_{\mathrm{net}} = (h_1 - h_b) + (h_a - h_2)$$

循环吸热过程包括 $4-1$(锅炉)和 $b-a$(再热器)两个过程,故总吸热量为

$$q_1 = (h_1 - h_4) + (h_a - h_b)$$

循环热效率为

$$\eta_{\mathrm{t}} = \frac{w_{\mathrm{net}}}{q_1} = \frac{(h_1 - h_b) + (h_a - h_2)}{(h_1 - h_4) + (h_a - h_b)} \tag{13-25}$$

从式(13-25)无法直接看出再热循环的热效率较基本朗肯循环的热效率是提高还是降低,可以利用再热循环的 $T-s$ 图及平均吸放热温度法对再热循环进行定性分析,如图 13-19b 所示。当再热压力较高时,相当于循环多了一个高温吸热段,平均吸热温度升高,而平均放热温度不变,故循环热效率升高;当再热压力较低时,可能会引起循环的平均吸热温度降低,进而造成循环的热效率降低。但是,过高的再热压力对改善乏汽干度作用较小。此外,再热的主要目的也不在于提高循环热效率 η_{t},而在于使汽轮机低压段的干度提高到安全值的水平,为提高蒸汽初压提供可能性。因此,综合考虑再热压力对热效率和乏汽干度的影响,再热压力一般为蒸汽初压的 20%~30%。目前,大型动力循环装置向着高压方向发展,再热循环已成为保证乏汽干度、提高循环热效率的必要措施。

[例题 13-6]　有一蒸汽动力装置按一次再热理想循环工作,新蒸汽参数为 $p_1 = 10$ MPa, $t_1 = 500$ ℃,再热压力 $p_b = 3$ MPa,再热后温度 $t_a = t_1 = 500$ ℃,汽轮机的排汽压力 $p_2 = 0.004$ MPa。在忽略水泵耗功的情况下,试求:

(1) 循环吸热量 q_1 及放热量 q_2;

(2) 汽轮机输出功 w_T;

(3) 循环热效率 η_t。

解:先画出循环坐标图,确定各点状态参数(焓值)。

状态坐标图参见图 13-19b。

点 1:由 $p_1 = 10$ MPa, $t_1 = 500$ ℃,查未饱和水与过热蒸汽热力性质表,可得

$$h_1 = 3\,372.8 \text{ kJ/kg}, \quad s_1 = 6.595\,4 \text{ kJ/(kg·K)}$$

点 b:由 $p_b = 3$ MPa, $s_b = s_1 = 6.595\,4$ kJ/(kg·K),查未饱和水与过热蒸汽热力性质表,经过内插值计算可得

$$h_b = 3\,027.2 \text{ kJ/kg}$$

点 a:由 $p_a = p_b = 3$ MPa, $t_a = t_1 = 500$ ℃,查未饱和水与过热蒸汽热力性质表,可得

$$h_a = 3\,454.9 \text{ kJ/kg}, \quad s_a = 7.231\,4 \text{ kJ/(kg·K)}$$

点 2:由 $p_2 = 0.004$ MPa, $s_2 = s_a = 7.231\,4$ kJ/(kg·K),查饱和水与饱和蒸汽热力性质表,并计算可得

$$x_2 = \frac{s_2 - s_{2'}}{s_{2''} - s_{2'}} = \frac{7.231\,4 \text{ kJ/(kg·K)} - 0.422\,1 \text{ kJ/(kg·K)}}{8.472\,5 \text{ kJ/(kg·K)} - 0.422\,1 \text{ kJ/(kg·K)}} = 0.846$$

$$h_2 = h_2' + (h_2'' - h_2')x_2 = 121.3 \text{ kJ/kg} + (2\,553.45 \text{ kJ/kg} - 121.3 \text{ kJ/kg}) \times 0.846 = 2\,178.9 \text{ kJ/kg}$$

点 3:由于忽略水泵耗功, $h_3 = h_4 = h_2' = 121.3$ kJ/kg

(1) 循环吸热量 q_1 及放热量 q_2。

$q_1 = (h_1 - h_3) + (h_a - h_b)$

　　$= (3\,372.8 \text{ kJ/kg} - 121.3 \text{ kJ/kg}) + (3\,454.9 \text{ kJ/kg} - 3\,027.2 \text{ kJ/kg}) = 3\,679.2 \text{ kJ/kg}$

$q_2 = h_2 - h_3 = 2\,178.9 \text{ kJ/kg} - 121.3 \text{ kJ/kg} = 2\,057.6 \text{ kJ/kg}$

(2) 汽轮机输出功 w_T。

$$w_T = q_1 - q_2 = 3\,679.2 \text{ kJ/kg} - 2\,057.6 \text{ kJ/kg} = 1\,621.6 \text{ kJ/kg}$$

或

$w_T = (h_1 - h_b) + (h_a - h_2)$

　　$= (3\,372.8 \text{ kJ/kg} - 3\,027.2 \text{ kJ/kg}) + (3\,454.9 \text{ kJ/kg} - 2\,178.9 \text{ kJ/kg}) = 1\,621.6 \text{ kJ/kg}$

(3) 循环热效率 η_t。

$$\eta_t = \frac{w_T}{q_1} = \frac{1\,621.6 \text{ kJ/kg}}{3\,679.2 \text{ kJ/kg}} = 44.07\%$$

讨论:采用再热循环后,循环的吸热过程包括两个环节,即工质在锅炉内的吸热和在再热器内的吸热;而循环做功过程也包括高压级汽轮机做功和再热后低压级汽轮机做功两个环节。再热后工质的温度一般默认等于新蒸汽的温度 t_1。

13.3.3　回热循环

1. 抽汽回热循环

由前面的内容可知,概括性卡诺循环在采用极限回热的基础上,其热效率与同温限间卡诺热机效率相同;采用回热措施可以显著提升燃气轮机装置循环的热效率。但是在朗肯循环中,乏汽温度低于进入锅炉的未饱和水的温度(考虑水泵耗功时,$T_4 > T_2$,参见图 13-14b),因此无法用乏汽放给冷源的热量来加热锅炉中的水。目前工程上蒸汽动力循环采用的回热方式是从汽轮机中抽出少量的尚未完全膨胀、压力和温度仍较高的蒸汽,来加热低温的未饱和水。这部分抽出的蒸汽的热量没有放给冷源,而是用于加热工质,达到回热的目的。这种循环称为抽汽回热循环。

图 13-20 所示为一级抽汽回热循环示意图及 $T-s$ 图,图中忽略了水泵的耗功。1 kg 的新蒸汽进入汽轮机,膨胀到某一状态点 $a(p_a, T_a)$ 时,将 α kg 蒸汽抽出汽轮机并送入回热器;剩下的 $(1-\alpha)$ kg 蒸汽继续膨胀做功到乏汽压力 p_2,然后进入冷凝器,被冷却凝结成饱和水,并经水泵加压至 p_4 后进入回热器;在回热器内 α kg 抽汽与 $(1-\alpha)$ kg 未饱和水混合成为 1 kg 压力为 p_5 的饱和水($p_4 = p_5 = p_a$),然后经水泵加压后,再进入锅炉经历定压加热汽化过程形成新蒸汽,完成循环。由于回热器内发生抽汽和回水的混合过程,因此该类回热器称为混合式回热器。

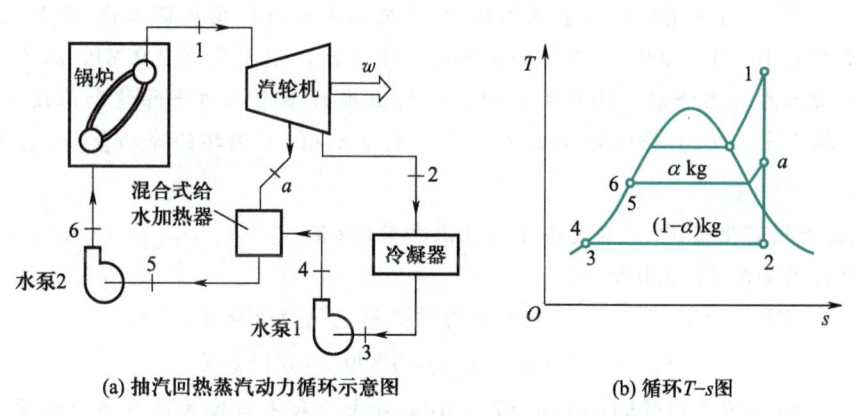

(a) 抽汽回热蒸汽动力循环示意图　　　　(b) 循环 $T-s$ 图

图 13-20　一级抽汽回热循环示意图及 $T-s$ 图

在回热循环中,工质经历不同过程时有质量的变化,因此在循环坐标图上,面积不能直接代表过程的功量与热量,坐标图只表示状态和过程的特点。尽管如此,只要注意各过程中工质质量、流量的不同,$T-s$ 图就仍是分析回热循环的有效工具。

2. 回热循环分析

回热循环的计算,首先要确定抽汽率 α(extraction fraction),混合式回热器示意图如图 13-21 所示。

根据热力学第一定律的一般关系式,列出回热器的能量守恒方程为

$$\alpha h_a + (1-\alpha) h_4 = h_5 \qquad (13-26)$$

由此可得抽汽率为

$$\alpha = \frac{h_5 - h_4}{h_a - h_4} \qquad (13-27)$$

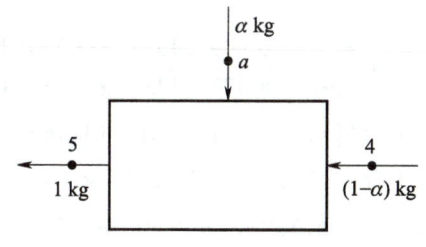

图 13-21　混合式回热器示意图

如果忽略泵功,有

$$h_4 \approx h_3 = h_{2'}, \quad h_5 = h_{a'}$$

式(13-27)可以写成

$$\alpha = \frac{h_{a'} - h_{2'}}{h_a - h_{2'}} \tag{13-28}$$

循环的吸热量为

$$q_1 = h_1 - h_5 = h_1 - h_{a'}$$

循环的净功量为

$$w_{net} = (h_1 - h_a) + (1 - \alpha)(h_a - h_2) = \alpha(h_1 - h_a) + (1 - \alpha)(h_1 - h_2)$$

则循环的热效率为

$$\eta_t = \frac{w_{net}}{q_1} = \frac{\alpha(h_1 - h_a) + (1 - \alpha)(h_1 - h_2)}{h_1 - h_{a'}} \tag{13-29}$$

有机朗肯
循环简介

　　本书主要介绍以水蒸气为工质的蒸汽动力循环,近年来随着工业余热回收利用技术的发展,还出现了以低沸点有机物为工质的有机朗肯循环。感兴趣的读者可参考文献[4]。

　　[例题 13-7]　有一蒸汽动力装置循环,按单级抽汽回热理想循环工作,水蒸气进入汽轮机的状态参数为 10 MPa、600 ℃,在 4 kPa 下排入冷凝器。水蒸气在 2.0 MPa 压力下被抽出,送入混合式回热器加热给水。给水离开回热器的温度为抽汽压力下的饱和温度。若忽略泵功,求:(1) 抽汽率 α;(2) 循环的吸热量 q_1 和放热量 q_2;(3) 循环的净功量 w_{net};(4) 循环的热效率 η_t。

　　解:先画出循环坐标图,并确定各点的状态参数(焓值)。

　　循环坐标图如图 13-20b 所示。

　　点 1:由 $p_1 = 10$ MPa、$t_1 = 600$ ℃,查未饱和水与过热蒸汽热力性质表,得到

$$h_1 = 3\ 622.5\ \text{kJ/kg}, \quad s_1 = 6.899\ 2\ \text{kJ/(kg·K)}$$

　　点 a:由 $s_a = s_1 = 6.899\ 2$ kJ/(kg·K)、$p_a = 2.0$ MPa,查未饱和水与过热蒸汽热力性质表,经内插值计算得

$$h_a = \frac{6.899\ 2\ \text{kJ/(kg·K)} - 6.764\ 8\ \text{kJ/(kg·K)}}{6.955\ \text{kJ/(kg·K)} - 6.764\ 8\ \text{kJ/(kg·K)}} \times (3\ 136.2\ \text{kJ/kg} - 3\ 022.6\ \text{kJ/kg}) + 3\ 022.6\ \text{kJ/kg}$$

$$= 3\ 102.87\ \text{kJ/kg}$$

　　点 2:由 $p_2 = 4$ kPa,查饱和水与饱和蒸汽热力性质表,并结合 $s_2 = s_1 = 6.899\ 2$ kJ/(kg·K),计算可得

$$x_2 = \frac{s_2 - s_2'}{s_2'' - s_2'} = \frac{6.899\ 2\ \text{kJ/(kg·K)} - 0.422\ 1\ \text{kJ/(kg·K)}}{8.472\ 5\ \text{kJ/(kg·K)} - 0.422\ 1\ \text{kJ/(kg·K)}} = 0.805$$

$$h_2 = h_2' + (h_2'' - h')x_2 = 121.3\ \text{kJ/kg} + (2\ 553.45\ \text{kJ/kg} - 121.3\ \text{kJ/kg}) \times 0.805 = 2\ 079.18\ \text{kJ/kg}$$

　　点 3 和点 4:$h_3 = h_4 = h_2' = 121.3$ kJ/kg

　　点 5 和点 6:$h_5 = h_6 = h_a' = 908.64$ kJ/kg

（1）抽汽率 α。

由混合式回热器的能量平衡方程可得抽汽率为

$$\alpha = \frac{h_5 - h_4}{h_a - h_4} = \frac{908.64 \text{ kJ/kg} - 121.3 \text{ kJ/kg}}{3\ 102.87 \text{ kJ/kg} - 121.3 \text{ kJ/kg}} = 0.264$$

（2）循环的吸热量 q_1 和放热量 q_2。

循环吸热量

$$q_1 = h_1 - h_6 = 3\ 622.5 \text{ kJ/kg} - 908.64 \text{ kJ/kg} = 2\ 713.86 \text{ kJ/kg}$$

循环放热量

$$q_2 = (1-\alpha) \times (h_2 - h_3) = (1-0.264) \times (2\ 079.18 \text{ kJ/kg} - 121.3 \text{ kJ/kg}) = 1\ 441 \text{ kJ/kg}$$

（3）循环的净功量 w_{net}。

$$w_{net} = q_1 - q_2 = 2\ 713.86 \text{ kJ/kg} - 1\ 441 \text{ kJ/kg} = 1\ 272.86 \text{ kJ/kg}$$

或

$$w_{net} = h_1 - h_a + (1-\alpha)(h_a - h_2)$$
$$= 3\ 622.5 \text{ kJ/kg} - 3\ 102.87 \text{ kJ/kg} + (1-0.264) \times (3\ 102.87 \text{ kJ/kg} - 2\ 079.18 \text{ kJ/kg})$$
$$= 1\ 273.07 \text{ kJ/kg}$$

（4）循环的热效率 η_t。

$$\eta_t = \frac{w_{net}}{q_1} = \frac{1\ 272.86 \text{ kJ/kg}}{2\ 713.86 \text{ kJ/kg}} = 46.9\%$$

讨论：通过上面几个关于蒸汽动力循环的例题，可以发现实际气体循环的分析步骤与理想气体循环类似，即①画出循环坐标图（T-s 图、p-v 图、$\lg p$-h 图）；②根据过程特点，由已知状态参数确定各状态点的未知状态参数（通过查表、查图的方法确定状态参数）；③计算循环中的热量、功量、热效率等。

13.4　制冷及热泵循环

13.4.1　压缩空气制冷循环

1. 制冷循环概述

制冷循环是逆向循环，其工作目的是不断地将热量从系统（低温物体）转移到环境（高温物体），以维持系统的低温。根据热力学第二定律，热量从低温物体向高温物体的传递是不能自动发生的，必须付出一定的代价。因此，制冷循环需要消耗机械能或其他能量作为补偿条件，以满足孤立系统熵增原理。

制冷循环的经济性指标，即制冷系数（coefficient of performance，COP）ε，工程上也称为制冷装置的工作性能系数，可表示为

$$\varepsilon = \frac{收益}{代价} = \frac{q_2}{w_{\text{net}}} = \frac{q_2}{q_1 - q_2} \tag{13-30}$$

式中:q_2 为循环从低温热源吸收的热量(制冷量);q_1 为循环向高温热源(环境)释放的热量;w_{net} 为循环的净功量。

2. 逆卡诺制冷循环

卡诺循环是理想的动力循环,相应的逆卡诺循环也是理想的制冷(热泵)循环。由卡诺定理可知,在温度为 T_{H} 的高温热源和温度为 T_{L} 的低温热源之间工作的一切逆循环,其制冷系数必然小于或等于同温限间逆卡诺循环的制冷系数,即

$$\varepsilon \leqslant \varepsilon_{\text{c}} = \frac{q_2}{q_1 - q_2} = \frac{T_{\text{L}}}{T_{\text{H}} - T_{\text{L}}} \tag{13-31}$$

从式(13-31)可以看出,制冷系数可以小于 1,也可以大于 1,还可以等于 1。当环境温度给定时,逆卡诺循环的制冷系数主要由制冷温度决定,制冷温度越低,制冷系数越小。因此,在使用制冷装置时,应按照实际需要设定合适的制冷温度,而不要把制冷温度定得过低。

3. 压缩空气制冷循环

压缩空气制冷循环以空气为制冷工质,其装置示意图如图 13-22a 所示,主要由压缩机、冷却器、膨胀机、吸热器构成。循环分析时空气当理想气体处理,取定值比热容,且忽略过程的不可逆性。其工作过程是:从吸热器出来的空气(状态 1,$T_1 = T_{\text{c}}$),首先进入压缩机被定熵压缩到状态 2,此时空气的温度 T_2 高于环境温度 T_0;然后进入冷却器被定压冷却到状态 3($T_3 = T_0$);再进入膨胀机定熵膨胀到状态 4,此时空气的温度低于制冷温度 T_{c};最后进入吸热器定压吸热到状态 1,完成整个循环。其理想循环的 T-s 图如图 13-22b 所示,图中 T_{c} 为低温热源需要维持的温度,也称为制冷温度;T_0 为环境温度。由此可以看出,压缩空气制冷循环由两个定压过程和两个定熵过程构成,因此也称为逆布雷顿循环。

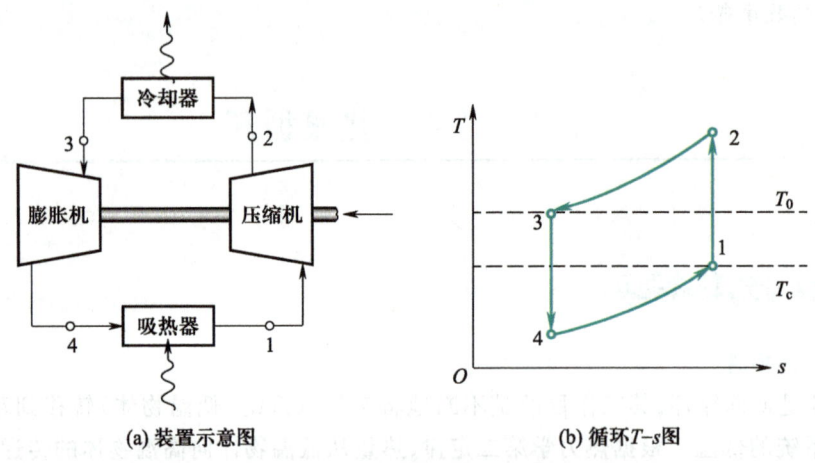

(a) 装置示意图　　　　　　(b) 循环 T-s 图

图 13-22　压缩空气制冷循环的装置示意图及 T-s 图

工质在吸热器中从低温热源吸收的热量,即制冷量为

$$q_2 = h_1 - h_4 = c_p(T_1 - T_4)$$

循环向高温环境释放的热量为

$$q_1 = h_2 - h_3 = c_p(T_2 - T_3)$$

压缩机的耗功量为

$$w_C = h_2 - h_1 = c_p(T_2 - T_1)$$

膨胀机的做功量为

$$w_T = h_3 - h_4 = c_p(T_3 - T_4)$$

循环的净功量为

$$w_{net} = w_C - w_T = c_p(T_2 - T_1) - c_p(T_3 - T_4)$$

或

$$w_{net} = q_{net} = q_1 - q_2 = c_p(T_2 - T_3) - c_p(T_1 - T_4)$$

循环的制冷系数为

$$\varepsilon = \frac{q_2}{w_{net}} = \frac{T_1 - T_4}{(T_2 - T_3) - (T_1 - T_4)} \qquad (13-32)$$

考虑到过程 1-2 和过程 3-4 均为定熵过程,因此

$$\frac{T_2}{T_1} = \left(\frac{p_2}{p_1}\right)^{\frac{\kappa-1}{\kappa}} = \frac{T_3}{T_4}$$

代入式(13-32),可得

$$\varepsilon = \frac{T_4}{T_3 - T_4} = \frac{T_1}{T_2 - T_1} = \frac{1}{\dfrac{T_2}{T_1} - 1} = \frac{1}{\left(\dfrac{p_2}{p_1}\right)^{\frac{\kappa-1}{\kappa}} - 1} = \frac{1}{\pi^{\frac{\kappa-1}{\kappa}} - 1} \qquad (13-33)$$

式中,$\pi = \dfrac{p_2}{p_1}$ 称为循环增压比。

式(13-33)表明,压缩空气制冷循环的制冷系数与循环增压比有关,增压比越小,制冷系数越大。但增压比减小,也会造成单位质量工质制冷量减小。

[例题 13-8] 某压缩空气制冷循环,空气进入压气机时的状态为 $p_1 = 0.1$ MPa,$t_1 = -5$ ℃;在压气机内定熵压缩到 $p_2 = 0.5$ MPa 后,进入冷却器;离开冷却器时空气的温度为 $t_3 = 25$ ℃。若 $t_c = -5$ ℃,$t_0 = 25$ ℃,空气视为定比热容的理想气体,$\kappa = 1.4$,$c_p = 1.004$ kJ/(kg·K)。试求:(1) 循环制冷量及制冷系数;(2) t_c、t_0 相同温限间逆卡诺循环的制冷系数。

解:先画出循环坐标图,确定各状态点的参数(温度)。

循环坐标图参见图 13-22b。

点 1:$p_1 = 0.1$ MPa,$T_1 = T_c = 268.15$ K

点 2:$p_2 = 0.5$ MPa

$$T_2 = T_1 \left(\frac{p_2}{p_1}\right)^{\frac{\kappa-1}{\kappa}} = 268.15 \text{ K} \times \left(\frac{0.5 \text{ MPa}}{0.1 \text{ MPa}}\right)^{\frac{1.4-1}{1.4}} = 425.08 \text{ K}$$

点 3:$p_3 = p_2 = 0.5$ MPa,$T_3 = T_0 = 298.15$ K

点 4:$p_4 = p_1 = 0.1$ MPa

$$T_4 = T_3 \left(\frac{p_4}{p_3}\right)^{\frac{\kappa-1}{\kappa}} = 298.15 \text{ K} \times \left(\frac{0.1 \text{ MPa}}{0.5 \text{ MPa}}\right)^{\frac{1.4-1}{1.4}} = 188.17 \text{ K}$$

（1）循环的制冷量及制冷系数

循环制冷量

$$q_2 = c_p(T_1 - T_4) = 1.004 \text{ kJ/(kg·K)} \times (268.15 \text{ K} - 188.17 \text{ K}) = 80.65 \text{ kJ/kg}$$

循环放热量

$$q_1 = c_p(T_2 - T_3) = 1.004 \text{ kJ/(kg·K)} \times (425.08 \text{ K} - 298.15 \text{ K}) = 127.44 \text{ kJ/kg}$$

循环净功量

$$w_{\text{net}} = q_{\text{net}} = q_1 - q_2 = 127.44 \text{ kJ/kg} - 80.65 \text{ kJ/kg} = 46.79 \text{ kJ/kg}$$

循环制冷系数

$$\varepsilon = \frac{q_2}{w_{\text{net}}} = \frac{80.65 \text{ kJ/kg}}{46.79 \text{ kJ/kg}} = 1.72$$

（2）相同温限间逆卡诺循环的制冷系数

$$\varepsilon_c = \frac{T_c}{T_0 - T_c} = \frac{268.15 \text{ K}}{298.15 \text{ K} - 268.15 \text{ K}} = 8.94$$

讨论：压缩空气制冷循环的制冷系数仅为 1.72，远小于相同温限间逆卡诺循环的制冷系数 8.94；虽然减小循环增压比可以提高制冷系数，但会造成制冷量减小。例如，若将循环增压比从 5 减小到 2，则制冷系数升高到 4.57，但此时单位质量工质的制冷量仅为 23.66 kJ/kg。

压缩空气制冷循环具有工质无毒、无味、不怕泄漏等优点，但也存在循环制冷系数低、单位质量工质制冷量小等缺点。由于空气无法实现定温吸热和定温放热，使得压缩空气制冷循环严重偏离逆卡诺循环，造成制冷系数远低于同温限间的逆卡诺循环。同时，由于空气的比定压热容较小，造成在给定吸热温差（T_1 和 T_4）下单位质量工质的制冷量小。虽然降低循环增压比，可以提高制冷系数，但同时也造成 T_4 升高，单位质量工质的制冷量进一步降低。因此，压缩空气制冷循环主要应用于制冷负荷小、制冷温度不太低的场合。实际上，除航空航天领域的空调系统以外，在其他方面很少应用。

4. 回热式压缩空气制冷循环

近年来，随着大流量叶轮式机械的发展，克服了传统活塞式机械流量小的缺点，再结合回热技术，使得压缩空气制冷循环在工业中重新得到应用。回热式压缩空气制冷循环的装置示意图如图 13-23 所示。从吸热器出来的空气（状态 6），先进入回热器定压加热到状态 1，然后进入压缩机定熵压缩到状态 2，再进入冷却器定压冷却到状态 3，之后进入回热器进一步定压冷却到状态 4，随后经过膨胀机定熵膨胀到状态 5，最后进入吸热器定压吸热到状态 6，完成循环。其理想循环的 T-s 图，如图 13-24 中的循环 1-2-3-4-5-6-1 所示，其中定压过程 3-4 和 6-1 是在回热器内进行的回热过程。在理想情况下，高温空气在回热器内放出的热量 q_{3-4} 等于低温空气在回热器内吸收的热量 q_{6-1}；低温工质在回热器内的出口温度 T_1 等于高温工质在回热器的入口温度 T_3，均等于环境温度 T_0；高温工质在回热器的出口温度 T_4 等于低温工质在回热器的进口温度 T_6，均等于制冷温度 T_c。

回热式压缩空气制冷循环的制冷量为

$$q_2 = h_6 - h_5 = c_p(T_6 - T_5)$$

放热量为

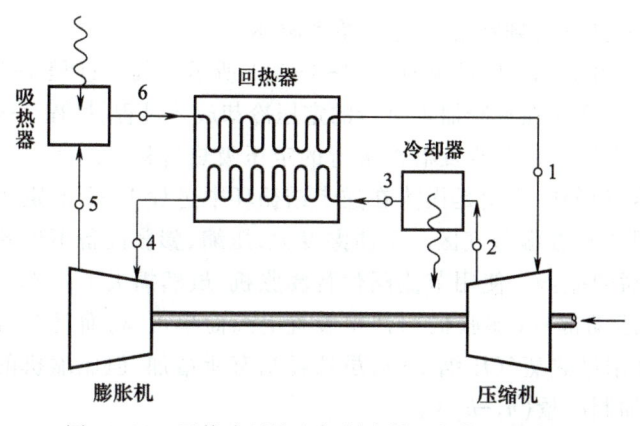

图 13-23　回热式压缩空气制冷循环的装置示意图

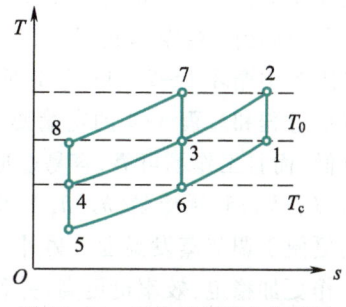

图 13-24　回热式压缩空气制冷
循环的 T-s 图

$$q_1 = h_2 - h_3 = c_p(T_2 - T_3)$$

图 13-24 中循环 6-7-8-5-6 为不采用回热的简单压缩空气制冷循环,其循环最高温度(冷却器的进口温度)等于回热循环的最高温度,即 $T_7 = T_2$。对比有无回热两个循环可以发现以下特点。

(1) 两个循环从低温热源吸收的热量(即制冷量)相同,均为定压过程 5-6 所吸收的热量,即 $q_{5-6} = h_6 - h_5 = c_p(T_6 - T_5)$。

(2) 两个循环的放热量也相同,即 $q_{2-3} = c_p(T_2 - T_3) = c_p(T_7 - T_8) = q_{7-8}$。
因此,两个循环的制冷系数相同。

但是回热式压缩空气制冷循环具有如下优点:循环增压比从 p_7/p_1 减小到 p_2/p_1,为采用小增压比、大流量的叶轮式压缩机和膨胀机创造了便利条件,从而使总制冷量显著提高;由于循环增压比减小,使得压缩机的压缩比和膨胀机的膨胀比均减小,可显著减少实际循环中压缩机和膨胀机的不可逆损失;进膨胀机的温度显著降低,引起小膨胀比下膨胀机出口温度大大降低,使得回热式压缩空气制冷循环在气体液化等低温工程中也得到广泛应用。

13.4.2　压缩蒸气制冷循环

1. 理想压缩蒸气制冷循环

从 13.4.1 小节中可以看出压缩空气制冷循环存在两个缺陷:①空气不能实现定温吸热和定温放热,使循环严重偏离逆卡诺循环,造成循环制冷系数低;②空气的比定压热容小,造成单位质量工质的制冷量低。这两个缺陷是由工质的热力性质引起的,采用回热循环虽然可以使之有所改善,但难于解决根本问题。采用低沸点工质作为制冷工质,利用其在两相区定压即定温的特性,有望实现定温吸热和定温放热,提高循环制冷系数,且工质以气化潜热的形式吸收热量,也可以显著提高单位质量工质的制冷量。

压缩蒸气制冷循环的装置示意图如图 13-25 所示,主要由压缩机、冷凝器、节流阀和蒸发器构成。其工作过程是:制冷工质从蒸发器定压吸热气化后达到状态 1(通常为蒸发压力对应的干饱和蒸气状态或接近干饱和蒸气状态),然后进入压缩机绝热压缩到过热蒸汽状态 2;再进入冷凝器经历定压冷却过程向环境放热,工质先被定压冷却到干饱和蒸气状态,然后继续定压冷凝到冷凝压力对应的饱和液体状态 3;之后进入节流阀,经绝热节流降温、降压后达到蒸发压力下的湿饱和蒸汽状态 4;最后进入蒸发器定压吸热气化到状态 1,完成整个循环。

理想的压缩蒸气制冷循环的 $T\text{-}s$ 图如图 13-26 中的循环 1-2-3-4-1 所示。其中过程 1-2 是在压缩机内进行的定熵压缩过程,过程 2-3 是在冷凝器内进行的定压冷却放热过程,过程 3-4 是节流阀内的绝热节流过程($h_3=h_4$),过程 4-1 是在蒸发器内进行的定压吸热过程。之所以不采用图中循环 $1'\text{-}2'\text{-}3\text{-}4'\text{-}1'$ 所示的逆卡诺循环,主要是因为在逆卡诺循环中过程 $1'\text{-}2'$ 的定熵压缩过程和过程 $3\text{-}4'$ 的定熵膨胀过程,都工作在湿蒸气区。工质湿度大,压缩、膨胀设备不仅效率低,而且工作不可靠,容易造成液滴的猛烈撞击。使用节流阀代替膨胀机,虽然损失了一部分功($h_3-h_{4'}$)和制冷量($h_4-h_{4'}$),但节省了运动部件(膨胀机),使得装置更加简单可靠,而且节流阀更便于调节蒸发温度。另外,压缩机采用过热蒸气压缩 1-2,虽然耗功有所增加,但压缩机的工作更加稳定,效率也更高,并且可以增加制冷量($h_1-h_{1'}$)。

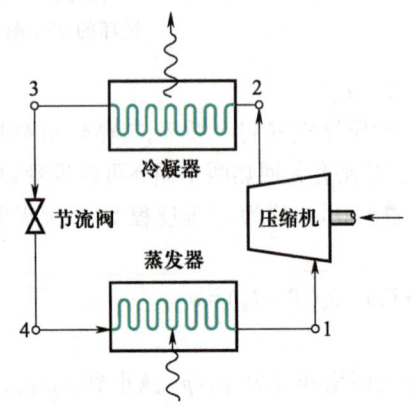

图 13-25 压缩蒸气制冷循环的装置示意图

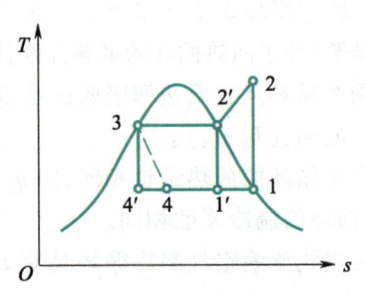

图 13-26 压缩蒸气制冷循环的 $T\text{-}s$ 图

压缩蒸气制冷循环的性能分析如下。

工质在蒸发器内的吸热量(制冷量)为

$$q_2 = h_1 - h_4 = h_1 - h_3$$

工质在冷凝器内的放热量为

$$q_1 = h_2 - h_3$$

压缩机的耗功(循环净功)为

$$w_C = w_{net} = h_2 - h_1$$

循环制冷系数为

$$\varepsilon = \frac{q_2}{w_{net}} = \frac{h_1 - h_3}{h_2 - h_1} \qquad (13\text{-}34)$$

以上各点的状态参数(焓值),可由工质的热力性质图、表或计算机程序获得。另外,从上述计算式可以看出,压缩蒸气制冷循环的制冷量、放热量和功量均取决于过程的焓差。因此,为了便于计算,常将压缩蒸气制冷循环表示在压焓图($\lg p\text{-}h$)上,如图 13-27 所示,此时可以通过各过程在横坐标上的投影长度表示相应的热量或功量。

在进行压缩蒸气制冷循环计算分析时,一般已知蒸发

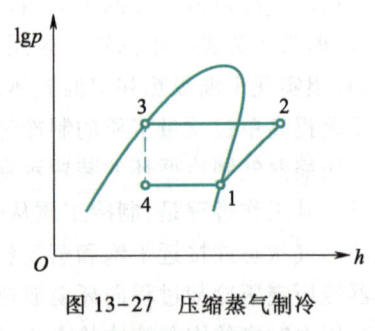

图 13-27 压缩蒸气制冷
循环的 $\lg p\text{-}h$ 图

温度 T_1(或蒸发压力 p_1)、冷凝温度 T_2(或冷凝压力 p_2),根据 T_1(或 p_1)可在饱和蒸汽线上($x=1$)确定状态 1;通过 1 点的定熵线与压力为 p_2 的定压线的交点确定状态 2;通过压力为 p_2 的定压线与饱和液体线($x=0$)的交点确定状态 3;通过点 3 作垂线与压力为 p_1 的定压线的交点确定状态 4。然后可以直接从横坐标读出各状态点的焓值。因此,在压缩蒸气制冷循环的工程计算中,制冷工质的压焓图非常实用。当然,上述各点的焓值也可以从制冷工质的热力性质表中获取。本书附录 9 给出了氨(NH_3)饱和液体与饱和蒸气的热力性质[5],附录 10 给出了过热氨(NH_3)蒸气的热力性质,附录 11、12 给出了氟利昂 134a 的饱和性质,附录 13 给出了过热氟利昂 134a 蒸气的热力性质[6],可供读者查用。

[例题 13-9]　某压缩蒸气制冷装置用氨作制冷剂,制冷功率 $1×10^5$ kJ/h,若已知冷凝温度为 25 ℃,蒸发温度为 -5 ℃。试求:(1)制冷工质的质量流量;(2)压缩机耗功率;(3)冷凝器放热量;(4)循环制冷系数。

解:先画出循环的坐标图,确定各状态点的参数(焓值)

循环坐标图如图 13-26 或图 13-27 所示。

点 1:为蒸发温度对应的饱和蒸汽状态,由 $t_1=-5$ ℃,查附录 9　氨(NH_3)饱和液体与饱和蒸气的热力性质可得

$$p_1=0.355 \text{ MPa}, \quad h_1=1\ 436.7 \text{ kJ/kg}, \quad s_1=5.399\ 7 \text{ kJ/(kg·K)}$$

点 3:为冷凝温度对应的饱和液体状态,由 $t_3=25$ ℃,查附录 9　氨(NH_3)饱和液体与饱和蒸气的热力性质可得

$$p_3=p_2=1.0 \text{ MPa}, \quad h_3=298.25 \text{ kJ/kg}$$

点 2:为过热蒸气状态,可由压力 $p_2=1.0$ MPa 和 $s_2=s_1=5.399\ 7$ kJ/(kg·K),查附录 10 并经过线性内插值可得

$$h_2=1\ 609.74 \text{ kJ/kg}$$

点 4:焓值等于 3 点的焓值,即

$$h_4=h_3=298.25 \text{ kJ/kg}$$

(1)制冷工质的质量流量

单位质量工质的制冷量为

$$q_2=h_1-h_4=h_1-h_3=1\ 436.7 \text{ kJ/kg}-298.25 \text{ kJ/kg}=1\ 138.45 \text{ kJ/kg}$$

工质的质量流量为

$$q_m=\frac{Q_2}{q_2}=\frac{10^5 \text{ kJ/h}}{1\ 138.45 \text{ kJ/kg}}=87.84 \text{ kg/h}=0.024\ 4 \text{ kg/s}$$

(2)压缩机耗功率

$$W=q_m w_C=q_m(h_2-h_1)=0.024\ 4 \text{ kg/s}×(1\ 609.74 \text{ kJ/kg}-1\ 436.7 \text{ kJ/kg})=4.22 \text{ kW}$$

(3)冷凝器的放热量

$$Q_1=q_m(h_2-h_3)=0.024\ 4 \text{ kg/s}×(1\ 609.74 \text{ kJ/kg}-298.25 \text{ kJ/kg})=32.0 \text{ kW}$$

(4)循环制冷系数

$$\varepsilon=\frac{Q_2}{W}=\frac{10^5 \text{ kJ/h}}{4.22 \text{ kW}}=\frac{10^5 \text{ kJ}}{4.22 \text{ kW}×3\ 600 \text{ s}}=6.58$$

讨论：对比例题 13-8 和例题 13-9 可以看出：在相同温度界限内，压缩空气制冷循环的制冷系数仅为 1.72，相应的压缩蒸气制冷循环的制冷系数为 6.58，更接近于相同温限间逆卡诺循环的制冷系数 8.94。压缩蒸气制冷装置比压缩空气制冷装置具有更高的制冷系数，因此，在实际的制冷装置中，大多采用压缩蒸气制冷装置。

[例题 13-10]　某压缩蒸气制冷循环，采用氟利昂 134a 作为制冷工质，若制冷工质在蒸发器内的蒸发温度为 -20 ℃，在冷凝器内的冷凝温度为 40 ℃。已知制冷剂的流量为 0.015 kg/s，环境温度为 25 ℃。试求：(1) 循环制冷量；(2) 循环净功量；(3) 循环制冷系数；(4) 节流过程的熵产及有效能损失。

解：先画出循环的坐标图（图 13-27），然后确定主要状态点的参数。

点 1：由 $t_1 = -20$ ℃，查附录 11 可得

$$p_1 = 133.2 \text{ kPa}, \quad h_1 = 385.89 \text{ kJ/kg}, \quad s_1 = 1.738\ 7 \text{ kJ/(kg·K)}$$

点 3：由 $t_3 = 40$ ℃，查附录 11 可得

$$p_3 = p_2 = 1\ 016.3 \text{ kPa}, \quad h_3 = 256.44 \text{ kJ/kg}, \quad s_3 = 1.190\ 6 \text{ kJ/(kg·K)}$$

点 2：由压力 $p_2 = 1\ 016.3$ kPa 和 $s_2 = s_1 = 1.738\ 7$ kJ/(kg·K)，查附录 13 并经过线性内插值可得

$$h_2 = 427.65 \text{ kJ/kg}。$$

点 4：焓值等于 3 点的焓值，即

$$h_4 = h_3 = 256.44 \text{ kJ/kg}$$

（1）循环制冷量

单位质量工质的制冷量为

$$q_2 = h_1 - h_4 = h_1 - h_3 = 385.89 \text{ kJ/kg} - 256.44 \text{ kJ/kg} = 129.45 \text{ kJ/kg}$$

循环总制冷量为

$$Q_2 = q_m q_2 = 0.015 \text{ kg/s} \times 129.45 \text{ kJ/kg} = 1.942 \text{ kW}$$

（2）循环净功量

单位制冷工质的净功量为

$$w_{net} = w_C = (h_2 - h_1) = 427.65 \text{ kJ/kg} - 385.89 \text{ kJ/kg} = 41.76 \text{ kJ/kg}$$

循环总净功量为

$$W = q_m w_C = 0.015 \text{ kg/s} \times 41.76 \text{ kJ/kg} = 0.626 \text{ kW}$$

（3）循环制冷系数为

$$\varepsilon = \frac{Q_2}{W} = \frac{1.942 \text{ kW}}{0.626 \text{ kW}} = 3.10$$

（4）节流过程的熵产及有效能损失

由 $h_4 = h_3 = 256.44$ kJ/kg，$p_4 = p_1 = 133.2$ kPa 查工质的热力性质图或由计算机程序可得 $s_4 = 1.242$ kJ/(kg·K)。因此，节流过程的熵产为

$$s_g = \Delta s = s_4 - s_3 = 1.242 \text{ kJ/(kg·K)} - 1.190\ 6 \text{ kJ/(kg·K)} = 0.051\ 4 \text{ kJ/(kg·K)}$$

节流过程的有效能损失为

$$I = q_m T_0 s_g = 0.015 \text{ kg/s} \times 298.15 \text{ K} \times 0.051\ 4 \text{ kJ/(kg·K)} = 0.23 \text{ kW}$$

> **讨论：** 由于节流过程是不可逆的绝热稳定流动过程,故熵变即为熵产;对于一般过程可以通过孤立系统熵增原理来计算熵产;节流过程的㶲损失,占总输入功的36.7%。可以通过工质优选来减小节流过程中的㶲损失。

2. 实际压缩蒸气制冷循环

在实际的压缩蒸气制冷循环中,由于传热温差和摩阻的存在,工质的冷凝温度高于环境温度,而蒸发温度低于制冷温度,且压缩过程也往往是不可逆的绝热压缩过程。因此,实际的压缩蒸气制冷循环如图 13-28 中循环 1-2-3-4-1 所示。图中 1-2 为压缩机内的不可逆绝热压缩过程,状态 2 的确定与压缩机的绝热效率 $\eta_{C,s}$ 有关,其他状态的确定和理想循环一样。

根据绝热效率的定义 $\eta_{C,s} = \dfrac{h_{2s}-h_1}{h_2-h_1}$,可得

$$h_2 = h_1 + \frac{h_{2s}-h_1}{\eta_{C,s}}$$

其中 h_{2s} 可由制冷剂的 $\lg p\text{-}h$ 图或热力性质表获得。

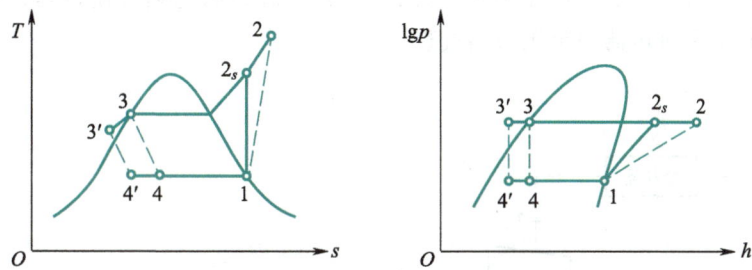

图 13-28 实际压缩蒸气制冷循环的 $T\text{-}s$ 图和 $\lg p\text{-}h$ 图

实际循环的制冷量为

$$q_2' = h_1 - h_4 = h_1 - h_3$$

实际循环的放热量为

$$q_1' = h_2 - h_3$$

压缩机的耗功(循环净功)为

$$w_C' = w_{net}' = h_2 - h_1 = \frac{h_{2s}-h_1}{\eta_{C,s}} = \frac{w_{C,s}}{\eta_{C,s}}$$

循环制冷系数为

$$\varepsilon' = \frac{q_2}{w_{net}'} = \frac{q_2}{w_{C,s}/\eta_{C,s}} = \varepsilon\eta_{C,s} \qquad (13-35)$$

3. 提高压缩蒸气制冷循环制冷系数的措施

从式(13-35)可以看出,提高实际压缩蒸气制冷循环的制冷系数主要有两个途径,一是提高理想循环的制冷系数 ε,另一个是提高压缩机的绝热效率 $\eta_{C,s}$。提高理想循环的制冷系数 ε,除前面提到的提高蒸发温度,降低冷凝温度以外,工程中常采用过冷措施,如图 13-28 中的 3-3' 为过冷过程。此时,制冷工质在冷凝器中不是被冷却到饱和液体状态 3,而是进一步冷却到过冷液体状态 3',节流后的状态为 4'。采用过冷后,制冷量由原来的 $h_1 - h_3$ 增加到 $h_1 - h_3{}'$,而循环净功

量没有变化,仍为 h_2-h_1。因此,采用过冷措施可以提高压缩蒸汽制冷装置的制冷系数。

13.4.3 跨临界 CO_2 制冷循环

随着传统制冷工质引起的环境问题日益加剧,制冷工质替代已迫在眉睫。CO_2 作为一种天然制冷工质,具有温室效应指数 GWP 低(仅为 1)、臭氧层破坏指数 ODP = 0、无毒、不燃、储量丰富、价格低等优点。在制冷剂替代过程中重新获得应用,特别是在汽车空调领域。

1. 采用节流阀的跨临界 CO_2 制冷循环

跨临界 CO_2 制冷循环的装置如图 13-29 所示,主要包括压缩机、冷却器、回热器、节流阀、蒸发器 5 个部件。其理想循环的工作过程如下:从蒸发器出来的干饱和蒸汽状态的 CO_2 制冷剂(状态 6),经过回热器定压加热到过热蒸汽状态 1;接着进入压缩机定熵压缩到状态 2,进入冷却器定压冷却到状态 3;之后经过回热器进一步定压冷却到状态 4,经过节流阀绝热节流后成为湿蒸气状态 5;最后进入蒸发器经历定压吸热气化过程,回到状态 6,完成一个循环。采用节流阀的跨临界 CO_2 循环的 T-s 图如图 13-30 所示,1-2 为压缩机的定熵压缩过程,2-3 为冷却器的定压冷却放热过程,3-4 为回热器的定压回热过程,4-5 为节流阀的绝热节流过程,5-6 为蒸发器的定压吸热过程,6-1 为回热器的定压回热过程。

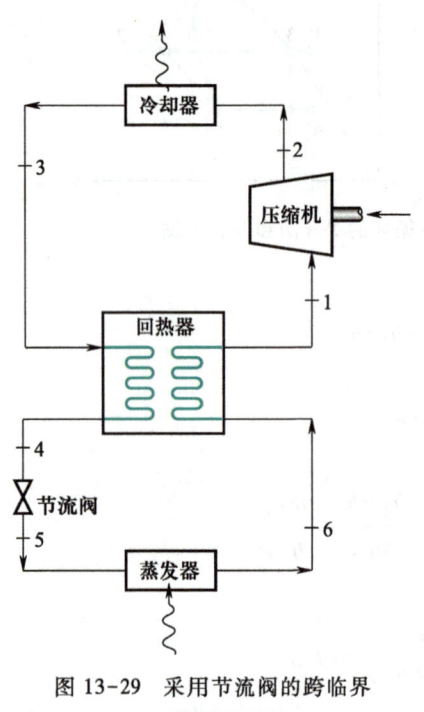

图 13-29 采用节流阀的跨临界
CO_2 制冷循环装置

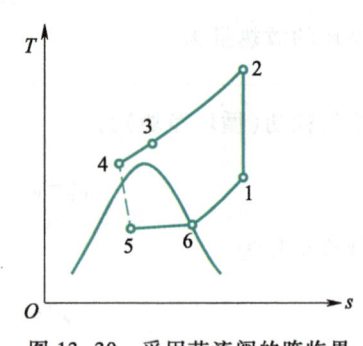

图 13-30 采用节流阀的跨临界
CO_2 循环的 T-s 图

CO_2 的临界温度为 31 ℃,临界压力为 7.39 MPa。从图 13-30 可以看出,工质在过程 5-6-1 中处于亚临界状态,在过程 1-2 中从亚临界状态变化到超临界状态,而在过程 2-3-4 中处于超临界状态,在过程 4-5 中从超临界状态变化到亚临界状态。因此,把该循环称为跨临界 CO_2 制冷循环。

循环制冷量为

$$q_2 = h_6 - h_5 = h_6 - h_4$$

循环放热量为

$$q_1 = h_2 - h_3$$

压缩机的耗功（循环净功）为

$$w_C = w_{net} = h_2 - h_1$$

回热量为

$$q_r = h_1 - h_6 = h_3 - h_4$$

循环制冷系数为

$$\varepsilon = \frac{q_2}{w_{net}} = \frac{h_6 - h_4}{h_2 - h_1} \tag{13-36}$$

以上各点的状态参数（焓值），可由工质的热力性质图、表或计算机程序获得。

2. 采用膨胀机的跨临界 CO_2 制冷循环

由于在跨临界 CO_2 制冷循环中，节流过程将工质从超临界状态节流到亚临界状态，状态变化剧烈，造成较高的节流过程能量损失。为了对节流过程的能量损失进行回收利用，进一步提出了采用 CO_2 膨胀机代替节流阀的改进方案，其装置如图 13-31 所示。

采用膨胀机的跨临界 CO_2 制冷循环的 $T-s$ 图如图 13-32 所示。与图 13-30 相比，区别主要在节流阀内的不可逆绝热节流过程，被膨胀机内的定熵膨胀过程所取代。

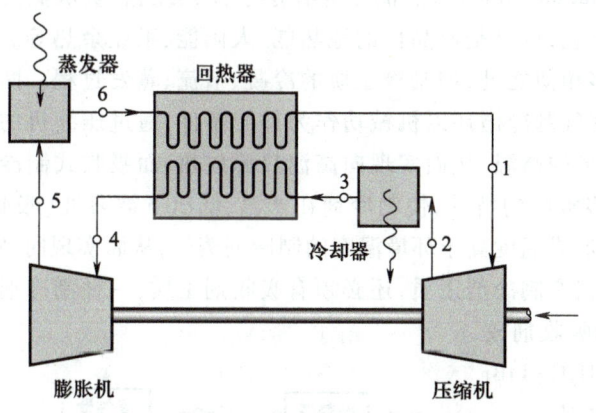

图 13-31 采用膨胀机的跨临界 CO_2 制冷循环装置

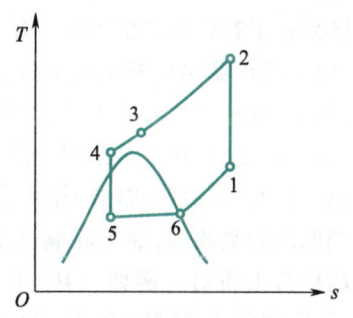

图 13-32 采用膨胀机的跨临界 CO_2 制冷循环的 $T-s$ 图

循环制冷量为

$$q_2 = h_6 - h_5$$

循环放热量为

$$q_1 = h_2 - h_3$$

压缩机的耗功为

$$w_C = h_2 - h_1$$

膨胀机做功量为

$$w_T = h_4 - h_5$$

循环净功量为

$$w_{net} = w_C - w_T = (h_2 - h_1) - (h_4 - h_5)$$

回热量为

$$q_r = h_1 - h_6 = h_3 - h_4$$

循环制冷系数为

$$\varepsilon = \frac{q_2}{w_{net}} = \frac{h_6 - h_5}{(h_2 - h_1) - (h_4 - h_5)} \tag{13-37}$$

通过采用膨胀机代替节流阀可以减少系统耗功量、增加制冷量,理论上可以显著提升系统的工作性能系数。但是,由于膨胀机内存在两相膨胀做功过程,且出口处的工质干度较低,对膨胀机的工作性能和安全性要求较高。因此,目前该系统很少应用在实际的制冷场合。

13.4.4 其他制冷循环

根据热力学第二定律,热量从低温物体向高温物体的传递是不能自动发生的,必须付出一定的代价作为补偿条件,前面介绍的压缩空气制冷循环、压缩蒸气制冷循环以及跨临界 CO_2 制冷循环,都是以机械功作为补偿条件。本节将介绍两种以其他形式的能量(热能和电能)作为补偿条件的制冷装置。

1. 吸收式制冷循环

吸收式制冷循环(absorption refrigeration cycle)以热能作为补偿条件,实现热量从低温物体向高温物体的传递。作为补偿条件的热能,可以是低品位的地热能、太阳能、工业余热等。吸收式制冷循环与压缩蒸气制冷循环有很多相似之处,如制冷工质的冷凝、节流、蒸发过程。两者的主要区别在于补偿条件的不同。压缩蒸气制冷循环以机械功作为补偿条件,通过压缩机的压缩过程,将工质从低温压缩到温度高于环境的高温,从而实现向高温热源放热;而吸收式制冷循环是利用制冷剂在不同温度下具有不同溶解度的特性,使制冷剂在低温、低压下被溶液(吸收剂)吸收,并在高温、高压下从溶液中蒸发,形成温度高于环境温度的制冷剂蒸气,从而实现向高温热源放热。因此,在吸收式制冷循环中不仅有制冷剂工质,还必须有吸收剂工质,一种制冷剂需要一种相匹配的吸收剂,通常将制冷剂和吸收剂放在一起称为工质对。例如,NH_3-H_2O、$H_2O-LiBr$ 工质对,其中前者是制冷剂,后者是吸收剂。

下面以使用氨-水工质的吸收式制冷循环为例,介绍其工作原理与工作过程。吸收式制冷循环的装置如图 13-33 所示。与压缩蒸气制冷循环相比,冷凝器内的定压冷却过程 2-3,节流阀的绝热节流过程 3-4 和蒸发器的定压吸热过程 4-1 均相同。主要区别将压缩蒸气制冷循环中的压缩机,取代为吸收器、蒸气发生器、溶液泵和节流阀。其工作过程:从蒸发器出来的饱和氨蒸气 1,进入吸收器被氨水的稀溶液吸收形成氨水浓溶液,该吸收过程是一个放热过程,放出的热

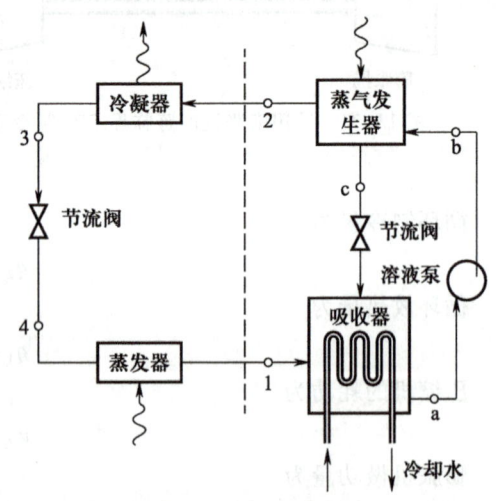

图 13-33 吸收式制冷循环的装置

量被冷却水带走,维持溶液保持在恒定的低温,提高氨蒸气的吸收速率。氨水浓溶液以状态 a 进入溶液泵,被压缩成高压浓溶液 b。然后进入蒸气发生器,在蒸气发生器内发生氨的脱离过程,该过程是一个吸热过程,通过外界热源提供热能,保持蒸汽发生器内维持恒定的高温,使氨快速从氨水溶液中脱离形成氨蒸气 2。与此同时,氨脱离后剩下的氨水稀溶液,被节流阀节流降压后回到吸收器,继续吸收从蒸发器出来的饱和氨蒸气。高温氨蒸气 2 进入冷凝器被定压冷却成饱和液体 3,然后经过节流阀的绝热节流后变成气液两相状态 4,之后进入蒸发器经过定压吸热后达到饱和状态 1,完成一个循环。

从上面的循环工作过程分析可以看出,吸收式制冷循环包括 2 个子循环系统:一个是制冷剂(氨)的循环系统;另一个是吸收剂(氨水溶液)的循环系统。虽然,系统中有溶液泵,需要消耗机械能,但是由于其压缩的是液态氨水溶液,液体的可压缩性非常小,溶液泵的耗功很低。主要的补偿条件是在蒸汽发生器内消耗的高温热源的热量。

循环的吸热量(制冷量)和放热量的计算与压缩蒸气制冷循环一样,这里不再重述。循环的收益为制冷量(Q_C),循环代价为蒸汽发生器内高温热源输入的热量(Q_H)和溶液泵的耗功(W_p)之和,因此循环的工作性能系数为

$$\varepsilon = \frac{Q_C}{Q_H + W_p} \tag{13-38}$$

由于溶液泵内的工质为液体,压缩耗功较小,通常可忽略,因此式(13-38)可简化为

$$\varepsilon = \frac{Q_C}{Q_H} \tag{13-39}$$

2. 热电制冷

前述的制冷装置,通常都含有运动部件,且结构庞大、复杂。相对来说,热电制冷装置具有结构简单、工作可靠、使用寿命长、无噪声等优点,近年来得到大量关注。

当有电流通过不同导体组成的回路时,除产生不可逆的焦耳热外,在不同导体的接头处,随着电流方向的不同会分别出现吸热和放热现象。这种现象称为珀尔帖效应(Peltier effect),是由法国科学家珀尔帖(Jean Charles Athanase Peltier)在 1834 年发现的。热电制冷基于半导体材料的珀尔帖效应,通过电能作为补偿条件实现热量从低温物体向高温物体的传递。

图 13-34 为典型的热电制冷装置,热电器件通常由 p-n 型半导体电偶构成。其工作原理:向热电器件输入电功量 W 作为代价,实现从低温空间吸收热量(制冷量)Q_2,并向高温环境释放热量 Q_1。

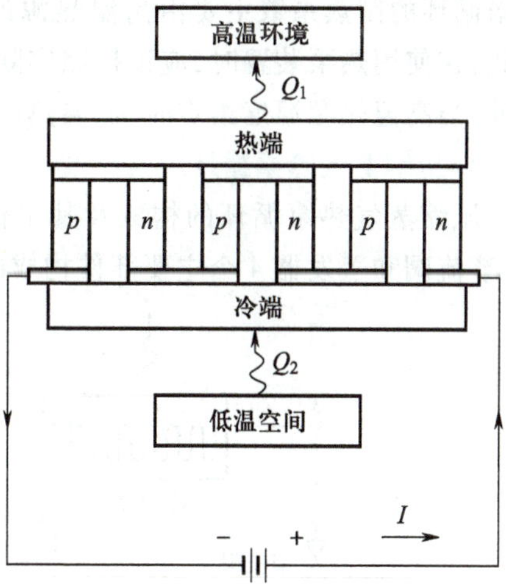

输入的电功量为

图 13-34 热电制冷循环装置

$$W = Q_1 - Q_2$$

制冷系数为

$$\varepsilon = \frac{Q_2}{W} \tag{13-40}$$

13.4.5 热泵循环

热泵装置与制冷装置的工作原理相同,都是通过消耗一定的代价(机械能、热能或其他形式的能量),实现热量从低温物体向高温物体的传递。主要区别在于制冷装置是将热量不断地从目标空间排向环境,以使目标空间维持低温;而热泵装置是将热量不断地输送给目标空间,以使其维持高温。因此,热泵循环的经济性指标,即制热系数 ε'(工程上也称为工作性能系数,COP),可表示为

$$\varepsilon' = \frac{收益}{代价} = \frac{q_1}{w_{net}} = \frac{q_1}{q_1 - q_2} \tag{13-41}$$

式中:q_2 为循环从低温热源吸收的热量;q_1 为循环向高温热源释放的热量(即制热量);w_{net} 为循环的净功量。

根据低温热源的种类不同,热泵技术通常可以分为空气源热泵、水源热泵、土壤源热泵和太阳能热泵。其中,空气源热泵以大气作为低温热源,水源热泵以地表水或地下水作为低温热源,土壤源热泵以土壤作为低温热源,太阳能热泵以集热装置收集的太阳能(热能)作为低温热源,详见文献[7]。

1. 逆卡诺热泵循环

由卡诺定理可知,在温度为 T_1 的高温热源和温度为 T_2 的低温热源之间工作的一切逆循环,其制热系数必然小于或等于同温限间逆卡诺循环的制热系数,即

$$\varepsilon' \leqslant \varepsilon'_c = \frac{q_1}{q_1 - q_2} = \frac{T_1}{T_1 - T_2} \tag{13-42}$$

从式(13-42)可以看出,热泵循环的制热系数恒大于1。当低温热源(环境)温度给定时,逆卡诺循环的制热系数主要由高温热源的温度(制热温度)决定,制热温度越高,制热系数越小。因此,在使用热泵装置时,应该按照实际需要设定合适的制热温度,而不要把制热温度定得过高。此外,当高温热源温度给定时,低温热源温度越低,热泵循环的制热系数越小。

2. 压缩蒸气热泵循环

压缩蒸气热泵循环的构成及其工作过程与压缩蒸气制冷循环一样,仍然是由压缩机、冷凝器、节流阀和蒸发器4个主要部件构成的,如图13-35所示。

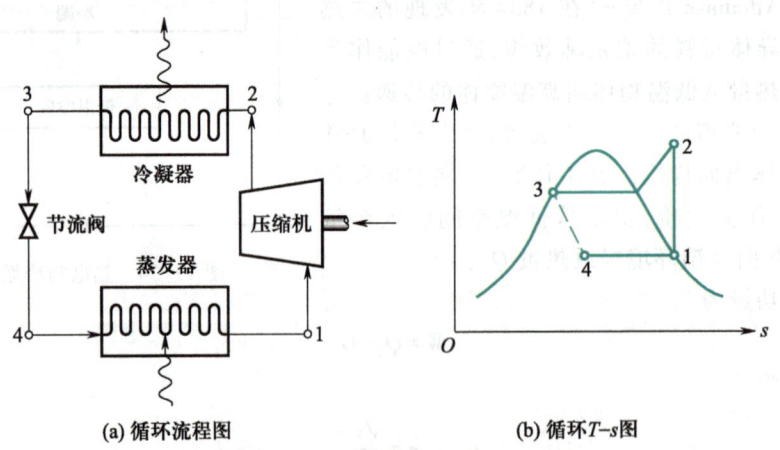

(a) 循环流程图　　　　　(b) 循环T-s图

图 13-35　压缩蒸气热泵循环装置

循环吸热量

$$q_2 = h_1 - h_4$$

循环放热量(制热量)

$$q_1 = h_2 - h_3$$

循环净功量

$$w_{net} = q_1 - q_2 = h_2 - h_1$$

循环制热系数

$$\varepsilon' = \frac{q_1}{w_{net}} = \frac{q_2 + w_{net}}{w_{net}} = \varepsilon + 1 \tag{13-43}$$

可见,在相同工况下,制热系数等于制冷系数加 1。

[例题 13-11] 某个以 R134a 为工质的压缩蒸气热泵装置,已知其冷凝温度为 30 ℃,蒸发温度为 -5 ℃。求:(1) 压缩机的耗功量;(2) 制热量;(3) 制热系数;(4) 如果是制冷装置,其制冷系数。

解:先画出循环坐标图(图 13-35b),并确定各点状态参数(焓值)。

点 1:由蒸发温度 -5 ℃,查氟利昂 134a 的饱和性质表可得

$$h_1 = 395.01 \text{ kJ/kg}, \quad s_1 = 1.727\ 6 \text{ kJ/(kg·K)};$$

点 3:由冷凝温度 30 ℃,查氟利昂 134a 的饱和性质表可得

$$h_3 = 241.80 \text{ kJ/kg}, \quad p_3 = 0.77 \text{ MPa};$$

点 2:由冷凝压力 $p_2 = p_3 = 0.77$ MPa 和 $s_2 = s_1 = 1.727\ 6$ kJ/(kg·K),查过热氟利昂 134a 蒸气热力性质表或图可得

$$h_2 = 425.37 \text{ kJ/kg}$$

点 4:$h_4 = h_3 = 241.80$ kJ/kg

(1) 压缩机的耗功量

$$w_c = w_{net} = h_2 - h_1 = 425.37 \text{ kJ/kg} - 395.01 \text{ kJ/kg} = 30.26 \text{ kJ/kg}$$

(2) 制热量

$$q_1 = h_2 - h_3 = 425.37 \text{ kJ/kg} - 241.80 \text{ kJ/kg} = 183.57 \text{ kJ/kg}$$

(3) 制热系数

$$\varepsilon' = \frac{q_1}{w_{net}} = \frac{183.57 \text{ kJ/kg}}{30.26 \text{ kJ/kg}} = 6.07$$

(4) 制冷系数

$$\varepsilon = \frac{q_2}{w_{net}} = \frac{q_1 - w_{net}}{w_{net}} = \frac{183.57 \text{ kJ/kg} - 30.26 \text{ kJ/kg}}{30.26 \text{ kJ/kg}} = 5.07$$

讨论:热泵循环的求解过程与制冷循环一样,区别在于热泵循环的收益是制热量(循环的放热量),制热系数为制热量除以循环净功量;而制冷循环的收益是制冷量(循环的吸热量),制冷系数为制冷量除以循环净功量;根据能量守恒,循环放热量等于循环吸热量加上循环净功量。因此,在相同工况下制热系数等于制冷系数加 1。

13.4.6　制冷剂的性质及其发展历程

1. 制冷剂的热力性质

制冷循环中的工质通常称为制冷剂,压缩蒸气制冷装置中采用的制冷剂一般为低沸点工质,常见的包括氨以及由不同化学成分构成的氟利昂类等。制冷剂的热力性质对实际制冷装置的性能和安全运行具有重要影响,在选择制冷剂时需要做全面评估。总体来说,对制冷剂的热力性质的要求如下。

（1）对应于冷凝温度（环境温度）的饱和压力（冷凝压力）不宜过高,以减小压缩机、冷凝器等部件对材料耐压强度、密封性等方面的要求,降低装置成本。

（2）对应于蒸发温度（制冷温度）的饱和压力（蒸发压力）不宜过低,最好稍高于环境压力,以便于实现密封和维修操作。

（3）临界温度显著高于环境温度,从而使冷却过程更接近定温放热,提高制冷系数。

（4）三相点温度应低于制冷循环的下限温度,以避免出现凝固现象,堵塞管路。

（5）在制冷温度下的汽化潜热要尽量大,以提高单位质量工质的制冷量,便于制冷装置小型化。

（6）蒸汽的比体积要小,传热性能要好,以使装置更加紧凑和小型化,降低成本。

（7）$T-s$ 图上两条饱和线尽可能陡峭,使冷凝过程更接近定温放热,且可以减小因节流引起的功量和制冷量损失。

从热力性质的角度来说,氨是一种性能良好的制冷剂,具有汽化潜热大、制冷能力强、工作压力适中、价格低廉、对环境影响小等优点;但也存在对人体有一定毒性和刺激性、对铜有腐蚀性、空气中含量高时遇火易发生爆炸等缺点。氟利昂类制冷剂具有性能稳定、汽化潜热适中、不具有腐蚀性、无毒、不可燃等优点。此外,氟利昂类工质通常都是多种烃类的混合物,通过成分、配比调控,可以获得适用不同温度范围的制冷剂。近几十年来,氟利昂类制冷工质得到了广泛应用,如 R11、R12、R22 等曾分别作为家用冰箱、汽车空调、热泵空调的制冷剂。

2. 制冷剂的发展历程

制冷剂的使用历史可以追溯到 1834 年,雅克布·帕金斯（Jacob Perkins）建造了世界第一套蒸气压缩制冷装置,该装置采用乙醚作为制冷剂。但是乙醚具有易燃、易爆、蒸发压力低于大气压等缺点。在 1866 年,威德豪森（Windhausen）提出使用二氧化碳作为制冷剂;1870 年,卡特·林德（Cart Linde）提出用氨作为制冷剂;1874 年,劳尔·皮克特（Raul Pictel）采用二氧化硫作为制冷剂。二氧化硫和二氧化碳在历史上曾经是比较重要的制冷剂,其中二氧化硫由于毒性大,二氧化碳虽然无毒、使用安全,但由于使用温度范围内压力高、制冷装置结构笨重等缺点,逐渐被氟利昂所取代。

1926 年,托马斯·米奇利（Thomas Midgely）开发了首台基于氯氟烃（CFC）类工质的制冷装置,采用 R12 作为制冷剂,具有不可燃、无毒、能效高等优点。随后,出现了一系列氯氟烃（CFCs）与含氢氯氟烃（HCFCs）的合成制冷剂。这些制冷剂性能优良、无毒、不可燃,能适应不同的温度区域,显著地改善了制冷机的性能。杜邦公司将其命名为氟利昂（Freon）,并开始规模化生产和应用,传统的制冷剂逐渐被氟利昂类制冷剂所取代。

直到 20 世纪 70 年代,两位美国科学家莫利纳（Molina）和罗兰（Rowland）发现,CFC 类制冷剂由于含有氯原子会对臭氧层产生严重破坏,还会引起温室效应,全世界范围内开始了 CFCs 和 HCFCs 的限制与替代工作。对新型制冷剂除了具有上述热力性质方面的要求,还要具有温室效应指数(Global Warming Potential,GWP)低、臭氧层破坏指数(Ozone Depletion Potential,ODP)小等优点。

氟利昂类制冷工质中的氢氟烃(HFCs)类物质,如 R134a、R152a 等,由于不含氯原子,对臭氧层没有显著影响,而且与传统 CFC 类工质具有接近的热力性质,被认为是 CFCs 和 HCFCs 类工质较好的替代者。除 HFCs 类合成制冷剂之外,采用天然工质替代传统 CFCs 和 HCFCs 类制冷剂也引起极大关注,常见的天然制冷工质包括氨、二氧化碳、丙烷等。关于制冷剂替代方面的详细阐述,请参阅相关专业文献,这里不再赘述。

13.5　能量综合利用

13.5.1　热电联产循环

现代蒸汽动力循环,即使采用超高蒸汽参数和再热、回热等措施,热效率最高也只有 50% 左右。燃料提供的热量中只有 50% 左右被利用,而其余一半的热量通过冷凝器散失到大气环境中。尽管这部分能量数量不少,但因其温度不高,而难以转化为机械能。另外,在人们的日常生活中,需要耗费大量的燃料来产生温度不太高的热能,以满足供热需求。为了充分利用能源,同时满足人类对电能和热能的需求,在生产电能的同时可将膨胀做功后的蒸汽部分或全部引出,用以向热用户提供热能。这类同时提供电能和热能的循环,称为热电联产(或热电联供)循环(cogeneration cycle)。

热电联产循环大体分为两类,一种是背压式热电联产循环(汽轮机排汽压力大于大气压力),其装置如图 13-36 所示。它与前面所述蒸汽动力循环原理几乎相同,只是为满足热用户端需求,汽轮机的排气压力要高于 0.1 MPa,这种汽轮机通常称为背压式汽轮机。同时,排汽不通过冷凝器向环境放热,而是直接供给热用户。

背压式汽轮机热电联产循环,供热与供电是互相影响的,不能随意调节热、电供应比例。工程实际中采用较多的是另一种热电联产循环,即抽汽调节式热电联产循环,其装置如图 13-37 所示。这种循环方式的供热与供电之间互相影响较小,且可以通过调节抽汽压力和温度,以满足不同用户的需求。

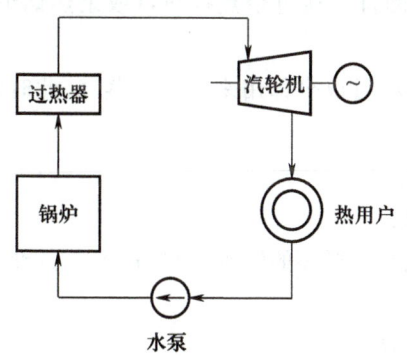

图 13-36　背压式热电联产循环装置

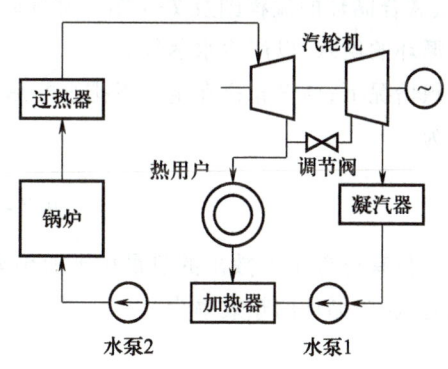

图 13-37　抽汽调节式热电联产循环装置

在热电联产循环中,提高背压或抽汽量会使循环做功减少,因此循环热效率一般低于常规蒸汽动力循环的热效率。但是,单纯用热效率作为经济性指标,来评价热电联产循环显然是不合理的。因为,对于热电联产循环来说,其收益不仅有循环输出的净功量 w_{net},还有给热用户提供的热量 q_2。因此,评价热电联产循环的性能,还有一个经济指标,即热量利用系数,用 ξ 表示,其表达式为

$$\xi = \frac{\text{已利用的热量}}{\text{工质从热源吸收的热量}} = \frac{q_2 + w_{net}}{q_1} \tag{13-44}$$

在理想情况下,ξ 可达 1,但实际上由于各种损失和热电负荷之间的不协调,一般 ξ 为 0.7 左右。

在实际应用中,热电厂的热量利用系数通常以燃料释放的总热量为计算基准,即

$$\xi = \frac{\text{已利用的热量}}{\text{耗费燃料的总发热量}} = \frac{q_2 + w_{net}}{q_1 / \eta_B} \tag{13-45}$$

式中,η_B 为锅炉效率;q_1 为工质的吸热量;w_{net} 为循环做的净功;q_2 为供给用户的热量。

需要说明的是,机械能与热能品质不同,并不等价,即使两个循环的 ξ 值相同,热经济性也不一定相同。所以,需要同时用循环热效率 η_t 和能量利用系数 ξ 这两个指标,或者进一步采用㶲效率来评价热电联产循环的经济性,才能更全面、更合理。

13.5.2 燃气–蒸汽联合循环

在燃气轮机循环中,燃气轮机的进口温度高达 1 200~1 600 ℃,而排气温度为 450~600 ℃。可见,如果只采用简单燃气轮机循环,其热效率必然较低。而对一般的蒸汽动力循环,其上限温度不超过 620 ℃。如将燃气轮机的排气作为蒸汽动力循环的加热热源,构成燃气–蒸汽联合装置循环,可以充分利用燃气轮机循环排出的余热,使联合循环的热效率有较大提高。这种通过余热利用设备将燃气动力循环和蒸汽动力循环联合在一起的循环,称为燃气–蒸汽联合循环(gas-steam combined cycle)。

由于燃气–蒸汽联合循环的高温热源温度(燃气温度)远高于一般蒸汽循环的主蒸汽温度,而联合循环的冷源温度(凝汽器温度)远低于一般燃气循环的排气温度,因此其热效率高于单纯的燃气动力循环及蒸汽动力循环的热效率。目前,如果采用回热和再热措施,这种联合循环的实际热效率可达 60% 左右。图 13-38 所示为燃气轮机定压加热理想循环和朗肯循环组合的简单燃气–蒸汽联合循环的流程图及 T-s 图。燃气轮机的排气通过余热换热器或余热锅炉,将余热传给蒸汽循环的给水,以产生水蒸气。

在理想情况下,燃气轮机在定压下排出的热量 Q_{41} 可以全部用来产生水蒸气,此时联合循环的热效率为

$$\eta_t = 1 - \frac{Q_{78}}{Q_{23}} \tag{13-46}$$

实际上只有过程 4–5 放出的热量用于加热蒸汽动力循环的给水,而过程 5–1 的热量仍排向大气。此时,联合循环的热效率为

$$\eta_t = 1 - \frac{Q_{78} + Q_{51}}{Q_{23}} \tag{13-47}$$

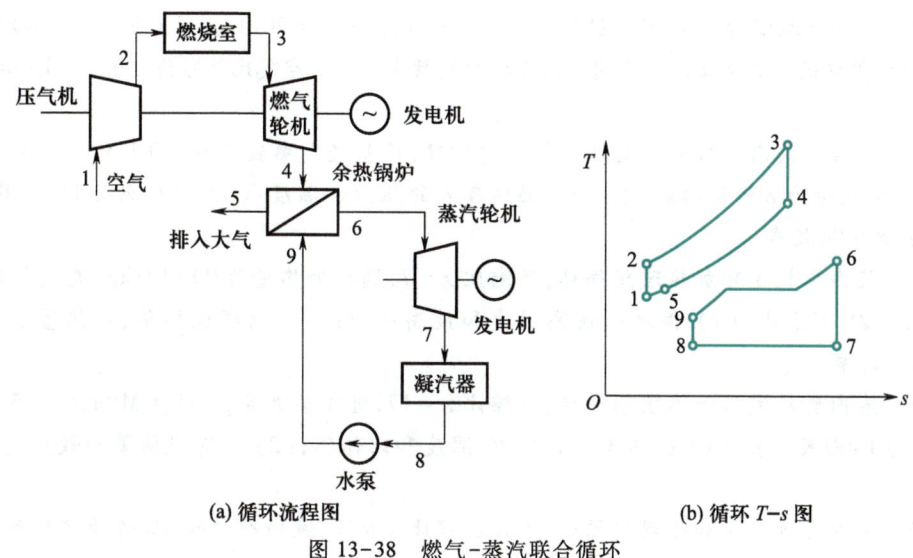

(a) 循环流程图   (b) 循环 $T-s$ 图

图 13-38 燃气-蒸汽联合循环

思考题

13-1 画出柴油机混合加热理想循环的 $p-v$ 图和 $T-s$ 图,写出该循环吸热量、放热量、净功量和热效率的计算式,并分析影响热效率的主要因素有哪些?

13-2 燃气轮机装置定压加热实际循环采用回热的条件是什么? 为什么采用回热可以提高循环热效率?

13-3 内燃机定容加热理想循环和燃气轮机定压加热理想循环的热效率分别为 $\eta_t = 1 - \dfrac{1}{\varepsilon^{\kappa-1}}$

和 $\eta_t = 1 - \dfrac{1}{\pi^{\frac{\kappa-1}{\kappa}}}$。若两者初态相同且压缩前后的压力之比也相同,则两者的热效率是否相同,为什么?

13-4 朗肯循环的主要部件有哪些? 各部件内分别进行的是什么过程?

13-5 再热循环是否一定可以提高循环热效率? 采用再热循环的主要目的是什么?

13-6 提高蒸汽动力循环热效率的措施主要有哪些?

13-7 为什么压缩蒸气制冷循环采用节流阀代替膨胀机,而压缩空气制冷循环不采用节流阀?

13-8 压缩空气制冷循环采用回热,是否提高了循环的制冷系数? 回热的目的是什么?

习题

13-1 已知内燃机混合加热理想循环的进气参数为 $p_1 = 100$ kPa,$t_1 = 28$ ℃,压缩比 $\varepsilon = 15$,循环最高压力为 7 MPa,循环最高温度为 1 327 ℃。假定空气比热容为定值 $c_p = 1.004$ kJ/kg,$\kappa = 1.4$。试求:(1) 画出循环的 $p-v$ 图和 $T-s$ 图;(2) 循环各点的压力和温度;(3) 循环吸热量、放热量和净功量;(4) 循环热效率。

13-2 某内燃机混合加热理想循环(见图 13-2),已知 $t_1 = 20\ ℃, t_2 = 360\ ℃, t_3 = 600\ ℃, t_5 = 300\ ℃$。求该循环的热效率及同温限间卡诺循环的热效率。假定空气比热容为定值 $c_p = 1.004\ kJ/kg$, $κ = 1.4$。

13-3 某活塞式内燃机采用定容加热理想循环,已知进气参数为 $p_1 = 0.1\ MPa, t_1 = 30\ ℃$,压缩比 $ε = 6$,加热量为 $800\ kJ/kg$。求:(1) 循环各点的压力和温度;(2) 循环吸热量、放热量和净功量;(3) 循环热效率。

13-4 某内燃机定容加热理想循环,压缩比 $ε = 7$,循环加热量为 $900\ kJ/kg$,进气参数为 $p_1 = 0.1\ MPa, t_1 = 25\ ℃$。求:(1) 循环的最高温度和最高压力;(2) 循环吸热量、放热量和净功量;(3) 循环热效率。

13-5 某内燃机定压加热理想循环,压缩比 $ε = 17$,进气参数为 $p_1 = 0.1\ MPa, t_1 = 15\ ℃$,循环最高温度为 $1800\ K$。求:(1) 循环各点的压力、温度和比体积;(2) 循环吸热量和放热量;(3) 循环热效率。

13-6 某内燃机定压加热理想循环,已知压缩比 $ε = 20$,做功冲程的 4% 作为定压加热过程,压缩过程的初始状态为 $p_1 = 0.1\ MPa、t_1 = 25\ ℃$。求:(1) 循环各点的状态参数;(2) 循环热效率。

13-7 已知柴油机混合加热理想循环 $p_1 = 0.17\ MPa、t_1 = 60\ ℃$,压缩比 $ε = 14.5$,气缸中气体最大压力 $10.3\ MPa$,循环加热量 $q_1 = 900\ kJ/kg$。环境温度 $t_0 = 20\ ℃$,压力 $p_0 = 0.1\ MPa$。求该循环的热效率及㶲效率。

13-8 某燃气轮机装置,按照定压加热理想循环工作。进入压气机的空气参数为 $p_1 = 0.1\ MPa、t_1 = 20\ ℃$,离开压气机的空气压力 $p_2 = 0.5\ MPa$,循环最高温度 $t_3 = 1\ 000\ ℃$。试求:(1) 循环各点的压力和温度;(2) 压气机耗功和燃气轮机做功;(3) 循环热效率;(4) 若燃气轮机相对内效率为 0.9,此时循环热效率。

13-9 某燃气轮机装置采用定压加热理想循环,已知空气进入压气机的温度 $t_1 = 27\ ℃$、压力 $p_1 = 0.1\ MPa$,压气机增压比 $π = 10$;燃气排出燃气轮机的理想设计温度为 $t_4 = 500\ ℃$,但由内部损耗导致燃气轮机相对内效率为 0.9。试求:(1) 画出该循环的 $T\text{-}s$ 图;(2) 循环吸热量、放热量和净功;(3) 循环热效率。

13-10 某燃气轮机装置,已知工质的质量流量为 $8.0\ kg/s$,循环增压比 $π = 8$,增温比 $τ = 4$,压气机吸入空气压力 $p_1 = 0.1\ MPa$,温度 $t_1 = 27\ ℃$。压气机绝热效率 $η_{Cs} = 0.85$,燃机轮机相对内效率 $η_T = 0.92$,环境温度为 $25\ ℃$。求:(1) 循环的净功率;(2) 循环热效率;(3) 压气机内的有效能损失。

13-11 某燃气轮机装置定压加热循环,循环增压比 $π = 7$,增温比 $τ = 4$,压气机吸入空气压力 $p_1 = 0.1\ MPa$,温度 $t_1 = 17\ ℃$。压气机绝热效率 $η_{Cs} = 0.85$,燃机轮机相对内效率 $η_T = 0.92$,环境温度为 $25\ ℃$。求:(1) 循环的吸热量和放热量;(2) 循环的净功量;(3) 循环的热效率;(4) 各部件及整个循环的有效能损失。

13-12 某燃气轮机装置定压加热循环,循环增压比 $π = 8$,增温比 $τ = 4$,压气机吸入空气压力 $p_1 = 0.1\ MPa$,温度 $t_1 = 27\ ℃$。如果采用极限回热循环,求:(1) 循环各点的压力和温度;(2) 循环净功量和热效率;(3) 若不采用回热,则循环的净功量和热效率。

13-13 在题 13-12 中,其他参数不变,如果回热器的回热度为 70%。求循环的净功量及热效率。

13-14 在朗肯循环中,蒸汽进入汽轮机的压力为 $14\ MPa$,温度为 $550\ ℃$,汽轮机排气压力为 5 kPa。忽略水泵耗功,求:(1) 循环各点的焓值;(2) 循环加热量、净功量和热效率。

13-15 某一次再热循环,已知蒸汽进入汽轮机的压力为 14 MPa,温度为 550 ℃,汽轮机排气压力为 5 kPa。当蒸汽在汽轮机中膨胀至 3 MPa 时,进入再热器,定压再热到 550 ℃。求:(1) 画出循环 T-s 图;(2) 循环各点的焓值;(3) 循环加热量、放热量、净功量和热效率。

13-16 某一次再热循环,已知蒸汽进入汽轮机的压力为 14 MPa,温度为 520 ℃,汽轮机排气压力为 5 kPa。当蒸汽在汽轮机中膨胀至 3 MPa 时,进入再热器,定压再热到 520 ℃。求:(1) 循环各点的焓值;(2) 循环的平均吸热和放热温度;(3) 循环加热量、放热量、净功量和热效率;(4) 若环境温度为 25 ℃,放热过程的有效能损失。

13-17 一单级抽汽回热蒸汽动力装置循环,水蒸气进入汽轮机的状态参数为 10 MPa、520 ℃,在 5 kPa 下排入冷凝器。水蒸气在 1 MPa 压力下抽出,送入混合式回热器加热给水。给水离开回热器的温度为抽气压力下的饱和温度。若忽略水泵功,求:(1) 画出循环 T-s 图;(2) 循环各点的焓值;(3) 抽汽率;(4) 循环吸热量、放热量和净功量;(5) 循环热效率。

13-18 某压缩空气制冷装置,已知空气进入压气机的状态为 $p_1 = 100$ kPa,$t_1 = -20$ ℃;进入膨胀机的状态为 $p_3 = 500$ kPa,$t_3 = 30$ ℃;空气的质量流量为 720 kg/h,求:(1) 制冷功率;(2) 循环净功率;(3) 循环制冷系数。

13-19 压缩空气制冷循环,空气进入压缩机的状态为 100 kPa 和 270 K,压缩机的增压比为 3,在膨胀机入口处的温度为 300 K。假设压缩机的绝热效率为 0.85,膨胀机的相对内效率为 0.9。求:(1) 压缩机的耗功量;(2) 膨胀机的做功量;(3) 制冷量和制冷系数。

13-20 某冰箱采用制冷剂 R134a 压缩蒸气制冷方式。已知蒸发器中蒸发温度为 -10 ℃,冷凝器中冷凝温度为 45 ℃。制冷剂离开蒸发器时是饱和蒸气,离开冷凝器时是饱和液体。设压缩机出口 R134a 蒸气焓 $h_2 = 437.97$ kJ/kg。试求:(1) 画出该制冷循环的 T-s 图;(2) 循环的制冷量;(3) 循环耗功;(4) 制冷系数。

13-21 以氨为工质的压缩蒸气制冷装置,蒸发器中温度为 -15 ℃,冷凝器中冷凝温度为 30 ℃。制冷剂离开蒸发器时是饱和蒸气,离开冷凝器时是饱和液体。设压缩机出口氨蒸气比焓 $h_2 = 1\ 887$ kJ/kg。环境温度 $t_0 = 25$ ℃。试求:(1) 画出制冷循环的 T-s 图;(2) 循环制冷量;(3) 循环耗功;(4) 制冷系数;(5) 节流过程的不可逆损失,并在 T-s 图上用面积表示。

13-22 以氨为工质的压缩蒸气制冷循环,蒸发温度为 -22 ℃,压缩机出口状态为 1.2 MPa 和 160 ℃,制冷功率为 150 kW,环境温度为 25 ℃。求:(1) 制冷剂的质量流量;(2) 压缩机的耗功量;(3) 循环的制冷系数;(4) 压缩机的绝热效率;(5) 压缩机的熵产;(6) 压缩机的㶲损失及㶲效率。

13-23 某压缩蒸气制冷循环采用 R134a 为制冷工质,蒸发温度为 -20 ℃,冷凝温度为 40 ℃,压缩机的绝热效率为 0.85。假设在压缩机入口处有 5 ℃ 的过热,在冷凝器出口有 5 ℃ 的过冷。试求:(1) 循环制冷量、净功量和制冷系数;(2) 没有过冷时的制冷系数;(3) 没有过热时的制冷系数。

参考文献

[1] 刘圣华,周龙保,韩永强,等. 内燃机学[M]. 4 版. 北京:机械工业出版社,2017.

［2］王新军,李亮,宋立明,等. 汽轮机原理［M］. 西安:西安交通大学出版社,2014.

［3］KLAUS B,PETER F,RICHARD D. 超临界二氧化碳(sCO$_2$)动力循环的基本原理及应用［M］. 夏庚磊,张元东,李韧,译. 北京:国防工业出版社,2023.

［4］王华,王辉涛. 低温余热发电有机朗肯循环技术［M］. 北京:科学出版社,2010.

［5］BORGNAKKE C,SONNTAG R E. Thermodynamic and transport properties［M］. New York:John Wiley & Sons Inc.,1997.

［6］朱明善,韩礼钟,李立,等. 绿色环保制冷剂 HFC-134a 热物理性质［M］. 北京:科学出版社,1995.

［7］张昌. 热泵技术与应用［M］. 3 版. 北京:机械工业出版社,2020.

第 **14** 章
热流问题的数值求解基础

在本书前面章节中多次遇到流动与对流传热问题,需要知道其中流体的速度分布、阻力系数、温度分布及对流传热系数等重要信息。这些关于速度分布、温度分布等的数学解只有对少数比较简单的导热与对流传热问题可以用数学分析的方法获得称为分析解(analytic solution);对于工程中遇到的大多数实际问题,目前还无法获得其分析解,通过实验测定及数值模拟(numerical simulation)是获得这些结果的另外两种重要方法。最近半个世纪随着计算机的发展,数值模拟方法的发展和应用十分迅速,已成为当代科学研究及工程设计的重要工具;特别是随着人工智能、大数据、算力的发展,对物理问题的数值模拟方法会得到更加深入的发展和越来越广泛的应用。本章将简要介绍热流问题数值求解的基本思想及其在求解导热问题中的应用。

14.1　热流问题数值求解的基本思想

14.1.1　物理问题数值求解的基本思想

对物理问题进行数值求解的基本思想可以概括为以下 5 个主要步骤。

第 1 步,建立所求解问题的控制方程及其初始与边界条件(合称为定解条件)。

第 2 步,在所求解问题的物理空间中确立一系列代表性的点,这些点称为节点(node),用来表示连续的空间,对非稳态问题从所计算的时段中确立若干个时刻,这两个部分分别称为空间离散与时间离散。

第 3 步,把原来在时间、空间坐标系中连续的物理量的场,如导热物体的温度场、流体的速度场,用节点及各个时刻上的值的集合来代替。

第 4 步,按一定方法建立关于这些离散节点和时刻上的值与其空间与时间邻点值之间关系的线性代数方程,这一步骤称为方程离散。

第 5 步,用计算机求解所建立的代数方程组来获得离散点上被求物理量的值。

这些离散点上被求物理量值的集合称为该物理问题的数值解。这一基本思想可用图 14-1 所示的框图来表示。

以下对这 5 个步骤以二维稳态导热问题为例,做进一步的说明。

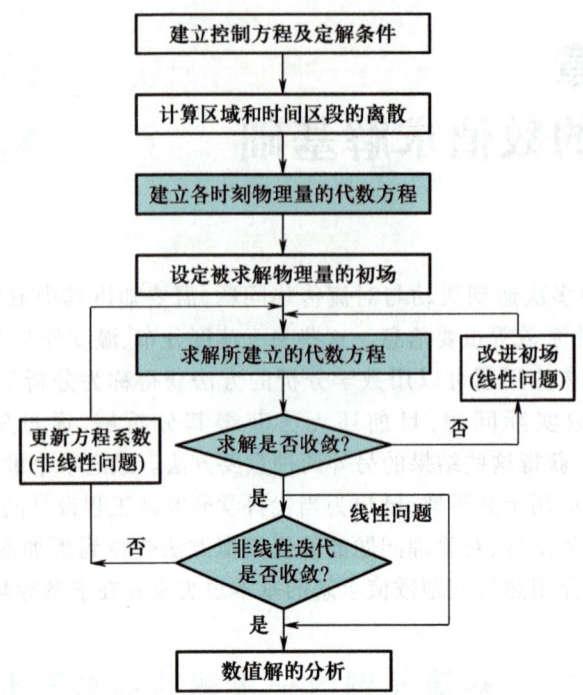

图 14-1 物理问题的数值求解过程

14.1.2 热流问题数值求解的基本步骤

1. 建立控制方程及定解条件

对图 14-2a 所示的二维矩形域内的稳态、无内热源、常物性的导热问题,其温度的控制方程为

$$\frac{\partial^2 t}{\partial x^2} + \frac{\partial^2 t}{\partial y^2} = 0 \tag{14-1}$$

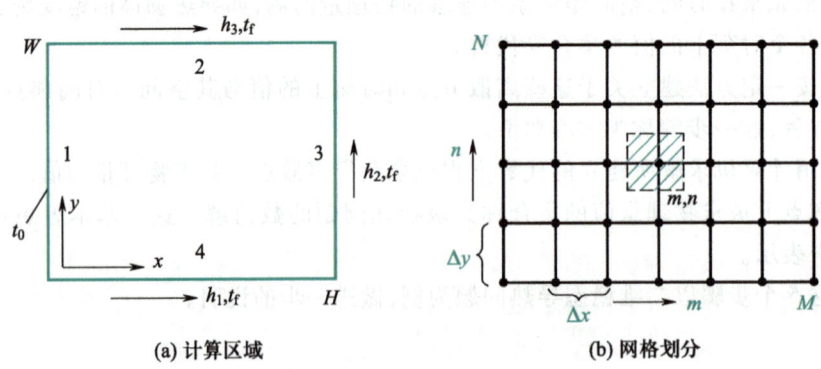

(a) 计算区域   (b) 网格划分

图 14-2 二维导热问题数值求解示例

其定解条件为:4 个边界分别为第一类(边界 1)及第三类边界条件(边界 2、3、4),稳态问题,不需要初始条件。导热问题的三类边界条件可以用以下的统一形式来表示。

$$At_b + B\left(\frac{\partial t}{\partial n}\right)_b = C \tag{14-2}$$

式中,下角 b 表示边界。当 $B=0$ 时为第一类边界条件,$A=0$ 时为第二类边界条件,A、B 都不等于零是第 3 类边界条件。

2. 计算区域与时间段的离散

对非稳态问题时间段的离散将在 14.4 节中讨论。这里只介绍简单计算区域的空间离散方法。如图 14-2b 所示,用一系列与坐标轴平行的网格线把求解区域划分成许多子区域,以网格线的交点作为需要确定温度值的空间位置,即节点。相邻两节点间的距离称为步长(step length),记为 Δx、Δy。图 14-2b 中 x 方向及 y 方向是各自均分的。根据实际问题的需要,网格的划分常常是不均匀的。这里为简便起见采用均分网格。节点的位置以该点在两个方向上的标号 m、n 来表示。

每个节点都可以看成是以它为中心的一个小区域的代表,图 14-2b 中有阴影线的小区域是节点 (m,n) 所代表的区域,它由相邻两节点连线的中垂线构成。我们把节点所代表的小区域称为元体(element),又称为控制体积(control volume)。

3. 建立物理量的代数方程

节点上物理量的代数方程称为离散方程(discretized equation)。它的建立是数值求解过程中的重要环节,将在下面予以详细介绍。这里仅列出节点 (m,n) 的温度代数方程作为示例。当 $\Delta x = \Delta y$ 时,对式(14-1)所示的问题有

$$t_{m,n} = \frac{1}{4}\left(t_{m+1,n} + t_{m-1,n} + t_{m,n+1} + t_{m,n-1}\right) \tag{14-3}$$

式(14-3)是位于计算区域内部的节点(内接点)的代数方程;同样对于位于 2、3、4 边界上温度未知的节点也要建立相应的方程,将在后面予以详细介绍。

4. 设定被求解物理场的初场

这里的初场(initial field)有两层含义:对于非稳态问题,就是问题给定的计算初始时刻被求解物理量的分布;对于稳态问题,在热流问题的数值计算中代数方程的求解主要采用迭代法。采用迭代法求解时需要对被求的物理场预先假定一个解,也称为初场,在求解过程中这一物理量的分布不断得到改进。

5. 求解所建立的代数方程组

代数方程组的求解方法有直接解法与迭代法两大类。在图 14-2b 的计算区域中,除边界 1($m=1$)上各节点的温度为已知之外,其余 2、3、4 这 3 个边界上的 $(M-1)\times N$ 个节点都需建立起类似于式(14-3)的离散方程,一共 $(M-1)\times N$ 个代数方程,构成了一个封闭的代数方程组,如何用迭代法求解,将在 14.3 节中详细讨论。对图 14-1 所示的常物性、无内热源(或具有均匀的内热源)的问题,代数方程一经建立,其中各项的系数在整个求解过程中不再变化,称为线性问题。图中是否收敛的判断,是指用迭代方法求解代数方程是否收敛,即本次迭代计算所得之解与上一次迭代计算所得之解的偏差是否小于允许值。如果物性为温度的函数,则式(14-3)右端 4 个邻点温度的系数不再是常量,而是温度的函数。这些系数在迭代过程中要相应地不断更新,是非线

性问题,图 14-1 中的"改进初场",是指用上一次迭代获得的解作为迭代初场,对于非线性问题,在代数方程迭代收敛后,还需要检查非线性的迭代是否收敛。所谓非线性的迭代收敛,是指代数方程的系数是否已经趋于不变了。如果代数方程系数还在改变,那么需更新代数方程的系数,再进行迭代,直至非线性迭代收敛。

6. 数值解的分析

对于数值计算所获得的温度场、速度场及其他一些物理量做仔细分析,以获得定性或定量上的一些新的结论。例如,把图 14-2a 看成一个二维肋片,则根据得到的温度分布及计算得出的肋效率,可以分析在何种条件下可以把肋片中的导热问题作为一维问题来处理。

14.1.3　热流问题数值求解的常用方法

上述数值计算的五大步骤适用于大部分基于连续介质假设的宏观数值模拟方法,这些方法主要有有限差分法(finite difference method,FDM)、有限容积法(finite volume method,FVM)、有限元法(finite element method,FEM)、边界元法(boundary element method,BEM)、有限分析法(finite analysis method,FAM)等。不同方法的主要区别在于第 2、3、4、5 这 4 个步骤。例如,在 FDM 中通过将控制方程的一、二阶导数用其差分的形式表示来导出离散方程,而在 FVM 中则通过将控制方程在控制容积上做积分来导出离散方程。本章主要介绍 FDM,但它与 FVM 有密切的联系,相关部分将会适当介绍。

数值求解过程的第 1 步已经在前述有关章节中介绍过,本章以下各节分别对其余各步介绍 FDM 的处理方法。热流问题数值求解最基础的是导热问题的数值求解,这里主要通过导热问题介绍数值求解方法。

14.2　导热问题控制方程的空间与时间的离散

14.2.1　计算空间的离散:网格生成

在所求解问题的物理空间中确立一系列节点及控制容积的过程称为空间离散(domain discretization),又称为网格生成(grid generation)。下面首先介绍规则区域的空间离散,然后简介不规则区域离散的处理方法。

1. 规则计算区域

图 14-3 给出了在 3 种二维坐标系中规则计算区域的离散示意图,所谓规则区域,就是计算区域的边界均与坐标系的坐标轴平行的区域:直角坐标系中是一个矩形;轴对称圆柱坐标系中是一个立体图形,其中 θ 角等于 1 个弧度;极坐标系中是一个扇形。图中打阴影线的区域即为控制容积。图中的网格线是均匀配置的,求解实际问题时,在变化剧烈的部分网格线应该稠密一些,如图 14-4 为矩形区域中两个方向都不均分的网格示意图。值得指出,对非均分网格相邻两个网格步长之比一般应限制在 0.9 : 1.1 的范围内,否则会引起附加的计算误差。

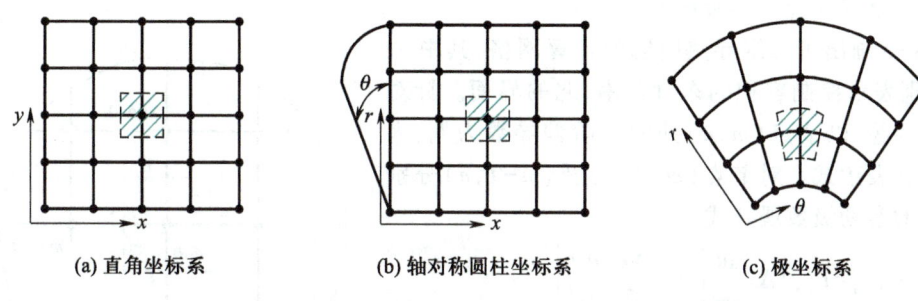

(a) 直角坐标系　　　　(b) 轴对称圆柱坐标系　　　　(c) 极坐标系

图 14-3　3 种二维坐标系中计算区域的离散示意图

在图 14-3 及图 14-4 所示的网格系统中节点排列有序、节点之间的关系固定不变,称为结构化网格(structured grid)。

2. 不规则的计算区域

图 14-5a 给出了一个不规则的计算区域,可以看作是两个 1/4 的圆管之间的流动区域的截面图。如果采用结构化网格,可以通过如图 14-5b 右上角所示的阶梯形逼近(stepwise approximation)的近似方法,该图的左下角显示了未做阶梯形逼近前的情形;若采用图 14-5c 所示

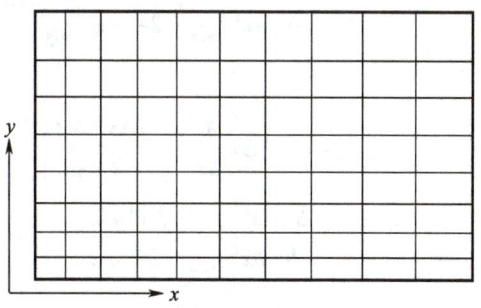

图 14-4　不均分网格示意图

的三角形单元则能很好地逼近圆形的边界。由图 14-5c 可见,该网格系统中节点排列无序、节点之间无固定的连接关系,称为非结构化网格(unstructured grid)。虽然非结构化网格的生成及在其上建立的离散方程数值求解远较结构化网格费时,但是由于其对不规则区域的良好适应能力,在工程数值计算中得到广泛的应用。这里仅介绍基于结构化网格的数值方法。

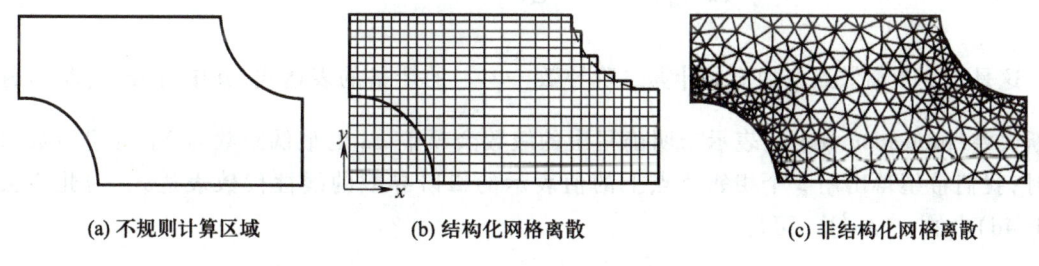

(a) 不规则计算区域　　　　(b) 结构化网格离散　　　　(c) 非结构化网格离散

图 14-5　不规则计算区域的离散

14.2.2　空间导数的离散

有限差分法建立节点离散方程的基本思想是将控制方程中的各阶导数分别用其差分形式来代替,导数的差分形式可以通过数学上的泰勒(Taylor)展开来获得,因此常把泰勒展开法作为建立 FDM 离散方程的方法;同时网格节点上的求解变量与其邻点之间的代数关系式还可以通过对该点的控制容积直接使用守恒定律(如对温度变量使用能量守恒定律)来获得。下面分别介绍这两种方法。

1. 泰勒展开法建立导数的差分表示式

图 14-6 画出了二维导热问题的计算网格,其中 e、w、s、n 分别表示控制容积的东、西、南、北的界面。针对二维导热问题,以节点 (m,n) 处的二阶偏导数为例,来导出其差分表达式。对节点 $(m+1,n)$ 及 $(m-1,n)$ 分别写出函数的泰勒级数展开式。

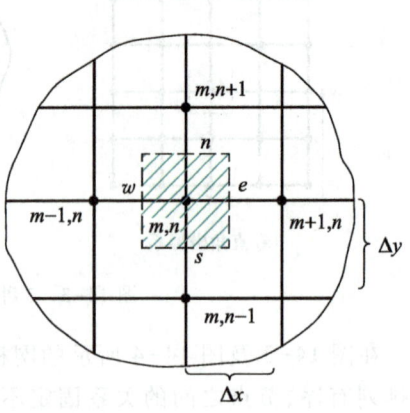

图 14-6 内节点离散方程的建立

$$t_{m+1,n} = t_{m,n} + \Delta x \left.\frac{\partial t}{\partial x}\right|_{m,n} + \frac{\Delta x^2}{2}\left.\frac{\partial^2 t}{\partial x^2}\right|_{m,n} +$$

$$\frac{\Delta x^3}{6}\left.\frac{\partial^3 t}{\partial x^3}\right|_{m,n} + \frac{\Delta x^4}{24}\left.\frac{\partial^4 t}{\partial x^4}\right|_{m,n} + \cdots$$

$$(14\text{-}4a)$$

$$t_{m-1,n} = t_{m,n} - \Delta x \left.\frac{\partial t}{\partial x}\right|_{m,n} + \frac{\Delta x^2}{2}\left.\frac{\partial^2 t}{\partial x^2}\right|_{m,n} -$$

$$\frac{\Delta x^3}{6}\left.\frac{\partial^3 t}{\partial x^3}\right|_{m,n} + \frac{\Delta x^4}{24}\left.\frac{\partial^4 t}{\partial x^4}\right|_{m,n} + \cdots \quad (14\text{-}4b)$$

将式(14-4a)、式(14-4b)相加得

$$t_{m+1,n} + t_{m-1,n} = 2t_{m,n} + \Delta x^2 \left.\frac{\partial^2 t}{\partial x^2}\right|_{m,n} + \frac{\Delta x^4}{12}\left.\frac{\partial^4 t}{\partial x^4}\right|_{m,n} + \cdots \qquad (14\text{-}4c)$$

将式(14-4c)改写成 $\left.\dfrac{\partial^2 t}{\partial x^2}\right|_{m,n}$ 的表示式,有

$$\left.\frac{\partial^2 t}{\partial x^2}\right|_{m,n} = \frac{t_{m+1,n} - 2t_{m,n} + t_{m-1,n}}{\Delta x^2} + O(\Delta x^2) \qquad (14\text{-}4d)$$

这是用 3 个离散点上的值来计算二阶导数 $\left.\dfrac{\partial^2 t}{\partial x^2}\right|_{m,n}$ 的严格的表达式,其中符号 $O(\Delta x^2)$ 称为截断误差(truncation error),表示未明确写出的级数余项中 Δx 的最低阶数为 2。在进行数值计算时,我们希望得出用 3 个相邻节点上的值表示的二阶导数的线性代数表达式,为此略去式(14-4d)中的 $O(\Delta x^2)$。可得

$$\left.\frac{\partial^2 t}{\partial x^2}\right|_{m,n} \approx \frac{t_{m+1,n} - 2t_{m,n} + t_{m-1,n}}{\Delta x^2} \qquad (14\text{-}5a)$$

这就是 x 方向二阶导数的差分表达式,称为中心差分(central difference)。同理可有

$$\left.\frac{\partial^2 t}{\partial y^2}\right|_{m,n} \approx \frac{t_{m,n+1} - 2t_{m,n} + t_{m,n-1}}{\Delta y^2} \qquad (14\text{-}5b)$$

注意:在以上两式中,为了表示右端是一种近似的表示式,采用了近似符号。以后均用等号代替。在热流科学问题的控制方程中,所遇到的是一阶与二阶导数,在均分网格中一、二阶导数的常见差分表达式列于表 14-1 中。

表 14-1　一阶、二阶导数的常用差分表达式

导数	差分表达式	截断误差	备 注
$\left(\dfrac{\partial t}{\partial x}\right)_i$	$\dfrac{t_{i+1}-t_i}{\Delta x}$	$O(\Delta x)$	称为点 i 的向前差分（forward difference）
	$\dfrac{t_i-t_{i-1}}{\Delta x}$	$O(\Delta x)$	称为点 i 的向后差分（backward difference）
	$\dfrac{t_{i+1}-t_{i-1}}{2\Delta x}$	$O(\Delta x^2)$	称为点 i 的中心差分
$\left(\dfrac{\partial^2 t}{\partial x^2}\right)_i$	$\dfrac{t_{i+1}-2t_i+t_{i-1}}{\Delta x^2}$	$O(\Delta x^2)$	称为点 i 的中心差分

将式（14-5a）、（14-5b）代入二维稳态、无内热源的导热方程，即式（14-1），得

$$\frac{t_{m+1,n}-2t_{m,n}+t_{m-1,n}}{\Delta x^2}+\frac{t_{m,n+1}-2t_{m,n}+t_{m,n-1}}{\Delta y^2}=0 \tag{14-6}$$

当 $\Delta x=\Delta y$ 时，即得式（14-3）。

值得指出，当给出一个导数的差分表达式时必须明确是对那点建立的，表 14-1 中导数的下标 i 就表示差分表达式是对点 i 建立的。另外上面的分析虽然是对直角坐标得出的，但表 14-1 所列出的导数差分表达式，对圆柱与极坐标中的一、二阶导数同样适用（但极坐标系中圆周角 θ 是量纲为一的量，圆周方向两相邻点间的距离要用 $r\Delta\theta$ 表示）。对于非均分网格，具有二阶截断误差的中心差分的表达式要比表 14-1 中列出的复杂，这时推荐使用热能平衡法来建立离散方程。

2. 边界节点导数的离散表达式

对于边界节点温度的离散表达式，我们通过对该节点所代表的控制容积应用能量守恒定律来导出。

1）平直边界上的节点（见图 14-7a）

这时边界节点 (m,n) 代表半个控制，如图 14-7a 阴影线的区域。设边界上有向该元体传递的热流密度 q_w，于是该控制容积的能量守恒定律可表示为

$$\lambda\frac{t_{m-1,n}-t_{m,n}}{\Delta x}\Delta y+\lambda\frac{t_{m,n+1}-t_{m,n}}{\Delta y}\frac{\Delta x}{2}+\lambda\frac{t_{m,n-1}-t_{m,n}}{\Delta y}\frac{\Delta x}{2}+\frac{\Delta x\Delta y}{2}\dot{\Phi}_{m,n}+\Delta yq_w=0 \tag{14-7a}$$

当 $\Delta x=\Delta y$ 时有

$$t_{m,n}=\frac{1}{4}\left(2t_{m-1,n}+t_{m+1,n}+t_{m-1,n}+\frac{\Delta x^2\dot{\Phi}_{m,n}}{\lambda}+\frac{2\Delta xq_w}{\lambda}\right) \tag{14-7b}$$

2）角边界上的节点（见图 14-7b）

图 14-7b 列出了二维矩形计算区域的 6 种角边界上的节点及其所代表的控制容积，采用能量平衡法得到的节点离散方程列于表 14-2 中。

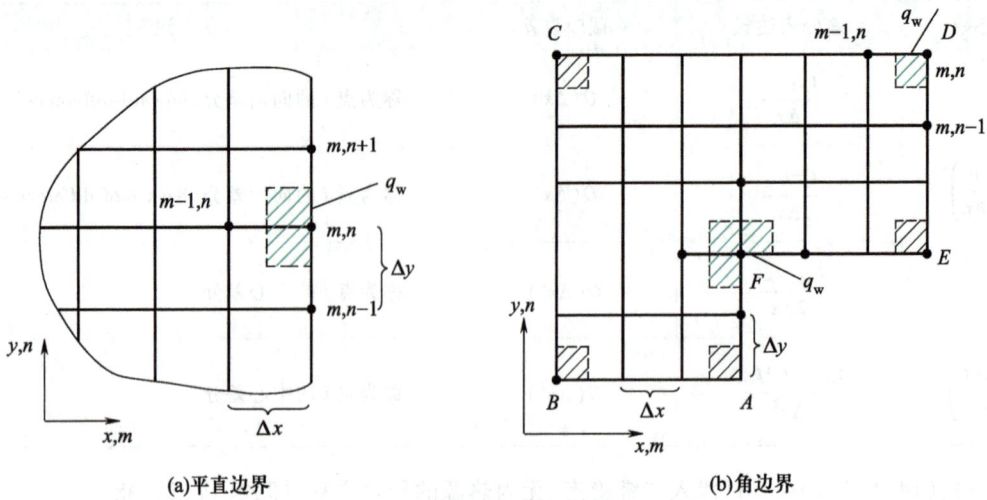

图 14-7 边界节点离散方程的建立

表 14-2 6 种角边界节点的离散方程

节点位置	网格	离散方程
外部角点 A、B、C、D、E 以 D 为例	非均分	$\lambda \dfrac{t_{m-1,n}-t_{m,n}}{\Delta x}\dfrac{\Delta y}{2}+\lambda \dfrac{t_{m,n-1}-t_{m,n}}{\Delta y}\dfrac{\Delta x}{2}+\dfrac{\Delta x \Delta y \dot{\Phi}_{m,n}}{4}+\dfrac{\Delta y+\Delta x}{2}q_{\mathrm w}=0$
	均分	$t_{m,n}=\dfrac{1}{2}(t_{m-1,n}+t_{m,n-1})+\dfrac{\Delta x^2 \dot{\Phi}_{m,n}}{4\lambda}+\dfrac{\Delta x q_{\mathrm w}}{\lambda}$
内部角点 F （设点 F 的角标 为 m,n）	非均分	$\lambda \dfrac{t_{m-1,n}-t_{m,n}}{\Delta x}\Delta y+\lambda \dfrac{t_{m,n+1}-t_{m,n}}{\Delta y}\Delta x+\lambda \dfrac{t_{m,n-1}-t_{m,n}}{\Delta y}\dfrac{\Delta x}{2}+$ $\lambda \dfrac{t_{m+1,n}-t_{m,n}}{\Delta x}\dfrac{\Delta y}{2}+\dfrac{3\Delta x \Delta y}{4}\dot{\Phi}_{m,n}+\dfrac{\Delta x+\Delta y}{2}q_{\mathrm w}=0$
	均分	$t_{m,n}=\dfrac{1}{6}\left(2t_{m-1,n}+2t_{m,n+1}+t_{m,n-1}+t_{m+1,n}+\dfrac{3\Delta x^2 \dot{\Phi}_{m,n}}{2\lambda}+\dfrac{2\Delta x q_{\mathrm w}}{\lambda}\right)$

3）边界节点热流密度的 3 种情形

在上述各表达式中，$q_{\mathrm w}$ 是流体传递给导热物体的边界热流密度，取进入物体为正。这个边界热流密度的计算有下列 3 种情况。

（1）绝热边界。令上述各式中的 $q_{\mathrm w}=0$ 即可。

（2）$q_{\mathrm w}$ 值不为零。以给定的 $q_{\mathrm w}$ 值代入上述方程即可（注意以传入计算区域的热量为正）。

（3）对流边界。此时 $q_{\mathrm w}=h(t_f-t_{m,n})$，将此表达式代入有关各式，并将此项中的 $t_{m,n}$ 与等号前的 $t_{m,n}$ 合并。对于 $\Delta x=\Delta y$ 的情形有

平直边界：
$$2\left(\frac{h\Delta x}{\lambda}+2\right)t_{m,n}=2t_{m-1,n}+t_{m,n+1}+t_{m,n-1}+\frac{\Delta x^2 \dot{\Phi}_{m,n}}{\lambda}+\frac{2h\Delta x}{\lambda}t_f \tag{14-8a}$$

外部角点：
$$2\left(\frac{h\Delta x}{\lambda}+1\right)t_{m,n}=t_{m-1,n}+t_{m,n-1}+\frac{\Delta x^{2}\dot{\Phi}_{m,n}}{2\lambda}+\frac{2h\Delta x}{\lambda}t_{f} \qquad (14-8\text{b})$$

内部角点：
$$2\left(\frac{h\Delta x}{\lambda}+3\right)t_{m,n}=2(t_{m-1,n}+t_{m,n+1})+t_{m+1,n}+t_{m,n-1}+\frac{3\Delta x^{2}\dot{\Phi}_{m,n}}{2\lambda}+\frac{2h\Delta x}{\lambda}t_{f} \qquad (14-8\text{c})$$

出现在式(14-8)中的量纲为一的量$\dfrac{h\Delta x}{\lambda}$是以网格步长 Δx 为特征长度的 Bi，称为网格 Bi，它是在对流边界条件的离散过程中引入的。

以上详细介绍了如何用热能平衡方法导出温度离散方程的过程，目的在于使读者能较好理解与掌握这一方法，这是本章的教学重点之一。值得指出，只要掌握了这一方法就不难推得上述各种计算式，不必强行记忆。此外，在上述推导中，控制体界面上的一阶导数采用界面两侧节点温差除以两节点的间距来计算，这相当于假定所求物体的温度分布呈分段线性形式。在这个假定下，将稳态导热微分方程对控制容积做积分［实施有限容积法（FVM）］，可以得出与上述讨论相同的结果，这也就是 FDM 与 FVM 之间的内在联系。

14.2.3 时间导数的离散

非稳态导热与稳态导热的主要差别在于控制方程中多了一个时间导数项，因此此处重点讨论时间导数项的离散问题。

首先对一维非稳态问题进行时间-空间区域的离散，如图 14-8 所示，将空间坐标 x 方向的计算区域划分为$(N-1)$等份，得到 N 个空间节点；将时间坐标 τ 上的计算区域划分为$(I-1)$等份，得到 I 个时间节点。从一个时间层到下一个时间层的间隔 $\Delta\tau$ 称为时间步长。空间网格线与时间网格线的交点，如(n,i)，代表了时间-空间区域中的一个节点的位置，相应的温度记为 $t_{n}^{(i)}$。

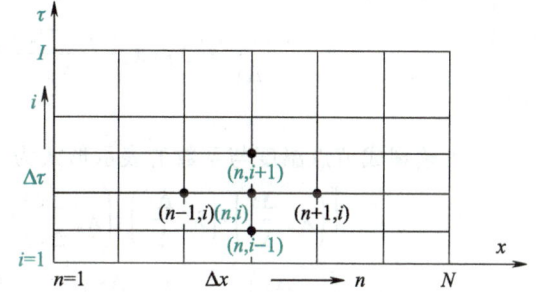

图 14-8 一维非稳态导热的时空坐标

采用类似于空间一阶导数离散的泰勒展开法，可以得到相应的时间一阶导数的下列表达式。

向前差分：
$$\left.\frac{\partial t}{\partial\tau}\right|_{n,i}=\frac{t_{n}^{i+1}-t_{n}^{i}}{\Delta\tau} \qquad (14-9\text{a})$$

向后差分：
$$\left.\frac{\partial t}{\partial\tau}\right|_{n,i}=\frac{t_{n}^{(i)}-t_{n}^{(i-1)}}{\Delta\tau} \qquad (14-9\text{b})$$

中心差分：
$$\left.\frac{\partial t}{\partial\tau}\right|_{n,i}=\frac{t_{n}^{(i+1)}-t_{n}^{(i-1)}}{2\Delta\tau} \qquad (14-9\text{c})$$

在非稳态导热问题的数值计算中，主要采用向前差分的格式。

在非稳态问题中，随着时间导数的离散，在时间坐标上引入了两个时间层的温度，于是便产生了这样的问题：相应的空间导数项采用哪个时间层的温度来计算呢？这就涉及显式、隐式问题，将在 14.4 节中介绍。

14.2.4 导热系数为温度函数的处理

我们知道,物体的导热系数常常是温度的函数,在数值计算中如何处理这样的变导热系数的问题呢? 这里要指出两点。首先导热系数是出现在前面各种离散表达式中的。既然真实的温度未知,就用假定的温度分布或上一次迭代得到的温度来确定离散表达式中的导热系数,这是处理非线性问题唯一方法。其次这时相邻两点间导热量的计算需要采用界面上的当量导热系数,对于均分网格,其确定方法如下。

第一种方法是采用线性平均(linear average)。例如,对图 14-6 所示的节点(m,n)与$(m+1,n)$之间界面 e 的当量导热系数为

$$\lambda_e = \frac{\lambda_{m,n} + \lambda_{m+1,n}}{2} \tag{14-10a}$$

第二种方法是调和平均(harmonic average):

$$\frac{1}{\lambda_e} = 0.5\left(\frac{1}{\lambda_{m,n}} + \frac{1}{\lambda_{m+1}}\right) \tag{14-10b}$$

界面当量导热系数的调和平均方法

由简单的分析可知,调和平均的计算结果比线性平均更加合理。

至此,对于二维、稳态、无内热源、变导热系数的导热问题,在图 14-3 所示的 x, y 方向网格各自均分的情形下,可得节点(m,n)的温度离散方程为

$$\lambda_w \frac{t_{m-1,n} - t_{m,n}}{\Delta x}\Delta y + \lambda_e \frac{t_{m+1,n} - t_{m,n}}{\Delta x}\Delta y + \lambda_s \frac{t_{m,n-1} - t_{m,n}}{\Delta y}\Delta x + \lambda_n \frac{t_{m,n+1} - t_{m,n}}{\Delta y}\Delta x = 0$$
$$\tag{14-11a}$$

整理成节点温度与系数的表示形式为

$$\left[\left(\lambda_w \frac{\Delta y}{\Delta x}\right) + \left(\lambda_e \frac{\Delta y}{\Delta x}\right) + \left(\lambda_n \frac{\Delta x}{\Delta y}\right) + \left(\lambda_s \frac{\Delta x}{\Delta y}\right)\right] t_{m,n} =$$
$$\left(\lambda_w \frac{\Delta y}{\Delta x}\right) t_{m-1,n} + \left(\lambda_e \frac{\Delta y}{\Delta x}\right) t_{m+1,n} + \left(\lambda_s \frac{\Delta x}{\Delta y}\right) t_{m,n-1} + \left(\lambda_n \frac{\Delta x}{\Delta y}\right) t_{m,n+1}$$
$$\tag{14-11b}$$

为表述的简洁,令

$$a_{m+1,n} = \left(\lambda_e \frac{\Delta y}{\Delta x}\right); \quad a_{m-1,n} = \left(\lambda_w \frac{\Delta y}{\Delta x}\right);$$

$$a_{m,n+1} = \left(\lambda_n \frac{\Delta x}{\Delta y}\right); \quad a_{m,n-1} = \left(\lambda_s \frac{\Delta x}{\Delta y}\right)$$

$$a_{m,n} = \left(\lambda_w \frac{\Delta y}{\Delta x}\right) + \left(\lambda_e \frac{\Delta y}{\Delta x}\right) + \left(\lambda_n \frac{\Delta x}{\Delta y}\right) + \left(\lambda_s \frac{\Delta x}{\Delta y}\right)$$

$$= a_{m+1,n} + a_{m-1,n} + a_{m,n+1} + a_{m,n-1}$$

则有
$$a_{m,n}t_{m,n} = a_{m+1,n}t_{m+1,n} + a_{m-1,n}t_{m-1,n} +$$
$$a_{m,n+1}t_{m,n+1} + a_{m,n-1}t_{m,n-1}$$
$$\tag{14-12a}$$

如果采用图 14-9 的节点命名方式,那么上述二维稳态无内热源导热问题的温度场离散方程可表示为

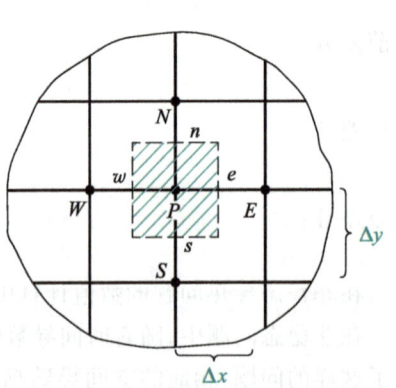

图 14-9 节点命名的另一种方式

$$a_P t_P = a_E t_E + a_W t_W + a_N t_N + a_S t_S \tag{14-12b}$$

不难证明,当物体具有已知的内热源 $\dot{\Phi}(x,y)$ 时,温度的离散方程为

$$a_P t_P = a_E t_E + a_W t_W + a_N t_N + a_S t_S + b \tag{14-13}$$

其中 $b = \dot{\Phi}_{m,n}\Delta V$, ΔV 为节点 P 控制容积的体积。式(14-13)是广泛采用的离散方程的表示方式。不同离散方法、不同问题之间的区别就在于系数 a_P、a_E、a_W、a_N、a_S 及 b 的确定方式的不同。

14.3 稳态导热问题离散方程的求解

代数方程的求解可分为直接解法(direct method)及迭代法(iterative method)两大类。所谓直接解法,是指通过有限步的数值计算可以获得代数方程真解的方法(设不考虑舍入误差)。直接求解的方法的计算次数,如高斯消元法(Gauss elimination)近似地正比于 N^3,当方程式个数 N 比较大时,计算所需的时间和内存都比较可观,因而限制了这一方法的应用。另外,描写传热问题的控制方程大多是非线性的,如导热系数与温度有关的导热问题。对非线性问题,离散方程中的系数都是未知量的函数。这样,整个问题的求解必然是迭代性质的:即先假定一个温度场,据此而计算离散方程的系数,然后求解方程而获得改进值。如此反复,直到获得收敛的解。在这一计算过程中,每次求解代数方程时,其系数都是临时的,如果采用直接方法求解,那么所得到的是关于这一组临时系数的解(姑且称其为真解)。既然代数方程本身的系数是有待改进的,就没有必要把相应的真解求出来。如果采用迭代法,那么可控制迭代次数,在改进代数方程系数后再求解。因而对非线性问题来说,直接解法也是不经济的。

14.3.1 高斯-赛德尔迭代法

下面以简单的三元方程组为例说明高斯-赛德尔迭代法(Gauss-Seidel iterative method)的实施步骤。

设有一个三元方程组,记为

$$\begin{cases} a_{1,1}t_1 + a_{1,2}t_2 + a_{1,3}t_3 = b_1 \\ a_{2,1}t_1 + a_{2,2}t_2 + a_{2,3}t_3 = b_2 \\ a_{3,1}t_1 + a_{3,2}t_2 + a_{3,3}t_3 = b_3 \end{cases} \tag{14-14a}$$

其中, $a_{i,j}(i=1,3,j=1,3)$ 是已知的系数(设均不为零), $b_i(i=1,3)$ 是常数。迭代求解的步骤如下。

(1)将式(14-14a)改写成关于 t_1,t_2,t_3 的显式形式(可称为迭代方程):

$$\begin{cases} t_1 = \dfrac{1}{a_{1,1}}(b_1 - a_{1,2}t_2 - a_{1,3}t_3) \\ t_2 = \dfrac{1}{a_{2,2}}(b_2 - a_{2,1}t_1 - a_{2,3}t_3) \\ t_3 = \dfrac{1}{a_{3,3}}(b_3 - a_{3,1}t_1 - a_{3,2}t_2) \end{cases} \tag{14-14b}$$

在此式中, t_1、t_2、t_3 是迭代求解的变量,其系数 $a_{1,1}$、$a_{2,2}$、$a_{3,3}$ 称为主对角元系数。

（2）假设一组解（迭代初场），记为 $t_1^{(0)}$、$t_2^{(0)}$ 及 $t_3^{(0)}$，则高斯-赛德尔迭代法可表示为

$$t_1^{(1)} = \frac{1}{a_{1,1}}(b_1 - a_{1,2}t_2^{(0)} - a_{1,3}t_3^{(0)})$$

$$t_2^{(1)} = \frac{1}{a_{2,2}}(b_2 - a_{2,1}t_1^{(1)} - a_{2,3}t_3^{(0)}) \tag{14-15}$$

$$t_3^{(1)} = \frac{1}{a_{3,3}}(b_3 - a_{3,1}t_1^{(1)} - a_{3,2}t_2^{(1)})$$

这里上标表示迭代的轮数。这里所谓的"轮"，是指代数方程系数固定不变的全部迭代计算。由式（14-15）可知，在此迭代法中，每次迭代计算均用 t_1、t_2、t_3 中的最新值代入。

（3）以各计算所得之值作为初场，重复上述计算，直到相邻两次迭代值之差小于允许值，此时认为本轮迭代计算已经收敛，终止迭代。若为线性问题，则整个问题求解结束；若为非线性问题（如导热系数随温度的变化的问题），则更新代数方程系数，开始下一轮的迭代。

14.3.2　雅可比迭代法

在高斯-赛德尔迭代法中每次迭代计算均用 t_1、t_2、t_3 中的最新值代入，因此迭代收敛较快，但是对于非线性强烈的问题，如导热系数随温度的变化很剧烈，则使得下一轮迭代的代数方程的系数与本轮迭代的系数变化较大，很容易引起迭代不收敛。所以对于非线性强烈的问题可以采用雅可比迭代法，仍以式（14-14b）表示的代数方程为例，迭代计算式如下：

$$t_1^{(1)} = \frac{1}{a_{1,1}}(b_1 - a_{1,2}t_2^{(0)} - a_{1,3}t_3^{(0)})$$

$$t_2^{(1)} = \frac{1}{a_{2,2}}(b_2 - a_{2,1}t_1^{(0)} - a_{2,3}t_3^{(0)}) \tag{14-16}$$

$$t_3^{(1)} = \frac{1}{a_{3,3}}(b_3 - a_{3,1}t_1^{(0)} - a_{3,2}t_2^{(0)})$$

式（14-16）表明雅可比迭代中永远用上一轮迭代的结果来计算下一轮的数值，所以收敛速度较慢，但有利于非线性强烈的问题所得出的离散方程计算收敛。

14.3.3　迭代法收敛的充分条件及收敛判据

学习迭代法除了要掌握如何实施迭代过程，还需要知道什么条件下这种迭代法能够得到收敛的解，以及如何判断迭代的收敛。这里介绍高斯-赛德尔及雅各比迭代法收敛的充分条件。

对于导热问题所组成的差分方程组，如果主对角元系数总是大于或等于该式中其他变量系数绝对值之和，此时用迭代法求解代数方程一定收敛，这一条件在数学上称为主对角线占优，简称对角占优（diagonal predominant）。对于式（14-14b）而言，这一条件可表示为

$$\frac{|a_{1,2}| + |a_{1,3}|}{|a_{1,1}|} \leqslant 1, \quad \frac{|a_{2,1}| + |a_{2,3}|}{|a_{2,2}|} \leqslant 1, \quad \frac{|a_{3,1}| + |a_{3,2}|}{|a_{3,3}|} \leqslant 1 \tag{14-17}$$

所以对于任意给定的一组代数方程组，当需要用迭代法来求解时，迭代变量的选择应满足对角占优的条件。值得指出，在用热能平衡法导出差分方程时，若每个方程都选用导出该方程的中

心节点的温度作为迭代变量,则上述条件必然满足。读者不妨自行择例检验之。

判断迭代计算是否收敛的常用判据有以下 3 种。

$$\max \left| t_i^{(k)} - t_i^{(k+1)} \right| \leqslant \varepsilon \qquad (14\text{-}18\text{a})$$

$$\max \frac{\left| t_i^{(k)} - t_i^{(k+1)} \right|}{t_i^{(k)}} \leqslant \varepsilon \qquad (14\text{-}18\text{b})$$

$$\max \frac{\left| t_i^{(k)} - t_i^{(k+1)} \right|}{t_{\max}^{(k)}} \leqslant \varepsilon \qquad (14\text{-}18\text{c})$$

其中,上标 k 及 $(k+1)$ 表示迭代轮数,$t_{\max}^{(k)}$ 为第 k 轮迭代计算所得的计算区域中的最大值。一般采用相对偏差小于规定数值的判据比较合理,而且当计算区域中变量有接近于零的数值时,宜采用式(14-18c)。允许的相对偏差 ε 的值为 $10^{-6} \sim 10^{-3}$,视具体情况而定。

[例题 14-1] 高斯-赛德尔迭代法的使用

用高斯-赛德尔迭代法求解下列方程组。

$$\begin{cases} 8t_1 + 2t_2 + t_3 = 29 \\ t_1 + 5t_2 + 2t_3 = 32 \\ 2t_1 + t_2 + 4t_3 = 28 \end{cases} \qquad (14\text{-}19\text{a})$$

分析:先将上式改写成以下迭代形式。

$$\begin{cases} t_1 = \dfrac{1}{8}(29 - 2t_2 - t_3) \\ t_2 = \dfrac{1}{5}(32 - t_1 - 2t_3) \\ t_3 = \dfrac{1}{4}(28 - 2t_1 - t_2) \end{cases} \qquad (14\text{-}19\text{b})$$

对上述改写后的方程组,迭代收敛的条件是满足的。然后假设一组初值,如取 $t_2^{(0)} = t_3^{(0)} = 0$,经过数次迭代后,就可获得所需的解。

解:经过 7 次迭代后,在 4 位有效数字内得到与精确解一致的结果。迭代过程的中间值列于表 14-3 中。

表 14-3 迭代过程的中间值

迭代次数	t_1	t_2	t_3	迭代次数	t_1	t_2	t_3
0	0	0	0	4	1.983	3.980	5.013
1	3.625	5.675	3.769	5	2.003	3.994	5.000
2	1.735	4.545	4.996	6	2.000	4.000	5.000
3	1.864	4.038	5.058	7	2.000	4.000	5.000

讨论:如果按下列方式来构造方程组[式(14-19a)]的迭代方程。

$$\begin{cases} t_1 = 32 - 5t_2 - 2t_3 \\ t_2 = 28 - 2t_1 - 4t_3 \\ t_3 = 29 - 8t_1 - 2t_2 \end{cases} \qquad (14\text{-}19\text{c})$$

则对代数方程组来说,式(14-19a)与式(14-19c)完全是等价的,但对迭代过程而言,却有天壤之别:式(14-19c)不能获得 t_1、t_2、t_3 的收敛解。仍以零场作为迭代初场,迭代 4 次的计算结果如表 14-4 所示。

表 14-4　迭代 4 次的计算结果

迭代次数	0	1	2	3	4
t_1	0	32	522	8 722	143 522
t_2	0	−36	−396	−3 996	−3 996
t_3	0	−155	−3 355	−61 755	−1 068 075

显然,按式(14-19c)的方式迭代得不到收敛的解,迭代过程是发散的(divergence)。这一示例说明,同一个代数方程组,如果选用的迭代变量不合适,那么可能导致迭代过程发散。

[例题 14-2]　雅各比迭代法的使用

用雅各比迭代法求解例题 14-1 的方程组。

分析:仍然将代数方程改写成以下迭代形式。

$$\begin{cases} t_1 = \dfrac{1}{8}(29 - 2t_2 - t_3) \\[2mm] t_2 = \dfrac{1}{5}(32 - t_1 - 2t_3) \\[2mm] t_3 = \dfrac{1}{4}(28 - 2t_1 - t_2) \end{cases}$$

仍然取 $t_2^{(0)} = t_3^{(0)} = 0$,需要经过 16 次迭代,才能获得在 4 位有效数字内与精确解一致的结果,如表 14-5 所示。

表 14-5　迭 代 结 果

迭代次数	t_1	t_2	t_3	迭代次数	t_1	t_2	t_3
0	0	0	0	9	2.015	4.021	5.022
1	3.625	6.400	7.000	10	1.992	3.988	4.987
2	1.150	2.875	3.588	11	2.005	4.007	5.007
3	2.458	4.735	5.706	12	1.997	3.996	4.996
4	1.728	3.626	4.587	13	2.001	4.002	5.002
5	2.145	4.219	5.230	14	1.999	3.999	4.999
6	1.916	3.879	4.873	15	2.000	4.001	5.001
7	2.046	4.068	5.072	16	2.000	4.000	5.000
8	1.974	3.962	4.960				

讨论:这一示例明确显示了同一个方程组采用不同的迭代方法收敛的速度相差甚远,当所求解代数方程数量增加到几百万甚至几千万的时候,就严重影响计算所需的时间。因此加速代数方程迭代求解收敛速度的研究具有重要意义。加速迭代收敛的方法的讨论已经超出本书的范围,有兴趣的读者可参阅文献[1]。

[例题 14-3] 二维稳态常物性导热问题温度分布

有一各向同性材料的方形物体,其导热系数为常量。已知各边界的温度如图 14-10 所示,试用高斯-赛德尔迭代求其内部网格节点 1、2、3 和 4 的温度。

分析:这是一个二维稳态导热问题。对于物体内部每个网格节点的温度,式(14-6)的关系均适用。从形式上看,式(14-6)中主对角元 $t_{m,n}$ 的系数正好等于 4 个邻点的系数之和。但注意对所需计算的问题,每个内节点都有两个邻点是边界节点,其温度值是已知的。在列出代数方程的通用形式时,温度值已知的项应该归入常数项 b 中,故主对角元的系数大于邻点系数之和的要求仍然满足,迭代法可以获得收敛的结果。

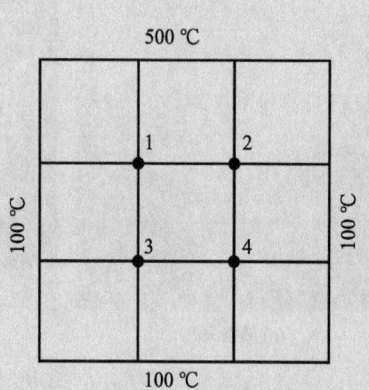

图 14-10 方形物体的网格示意图

解:假设 $t_1^{(0)}=t_2^{(0)}=300$ ℃,$t_3^{(0)}=t_4^{(0)}=200$ ℃。应用式(14-6),按 Gauss-Seidel 迭代得

$$t_1^{(1)} = \frac{1}{4}\times(500+100+t_2^{(0)}+t_3^{(0)}) = \frac{1}{4}\times(500+100+300+200) = 275 \text{ ℃}$$

$$t_2^{(1)} = \frac{1}{4}\times(500+100+t_1^{(1)}+t_4^{(0)}) = \frac{1}{4}\times(500+100+275+200) = 268.75 \text{ ℃}$$

$$t_3^{(1)} = \frac{1}{4}\times(100+100+t_1^{(1)}+t_4^{(0)}) = \frac{1}{4}\times(100+100+275+200) = 168.75 \text{ ℃}$$

$$t_4^{(1)} = \frac{1}{4}\times(100+100+t_2^{(1)}+t_3^{(1)}) = \frac{1}{4}\times(100+100+268.75+168.75) = 159.38 \text{ ℃}$$

以此类推,可得其他各次迭代值。第 1~6 次迭代值汇总于表 14-6。

表 14-6 各次迭代值

迭代次数	t_1/ ℃	T_2/ ℃	T_3/ ℃	T_4/ ℃
0	300	300	200	200
1	275	268.75	168.75	159.38
2	259.38	254.69	154.69	152.35
3	252.35	251.18	151.18	150.59
4	250.59	250.30	150.30	150.15
5	250.15	250.07	150.07	150.04
6	250.04	250.02	150.02	150.01

其中,第 5 次与第 6 次迭代的相对偏差[按式(14-18b)]已小于 2×10^{-4},迭代终止。

讨论:这里为了教学上的方便,只取 4 个内部节点。进行工程数值计算时,节点数的多少原则上应以下述条件为度:再进一步增加节点数目时对数值计算主要结果的影响已经小到可允许的范围之内,这称为网格独立解(grid-independent solution)。只有与网格无关的数值解才能作为数值计算的结果。我们将在 14.4 节中进一步举例说明这一问题。图 14-11 所示为采用 MHT 软件计算得到的 3 种不同网格数目的计算结果。

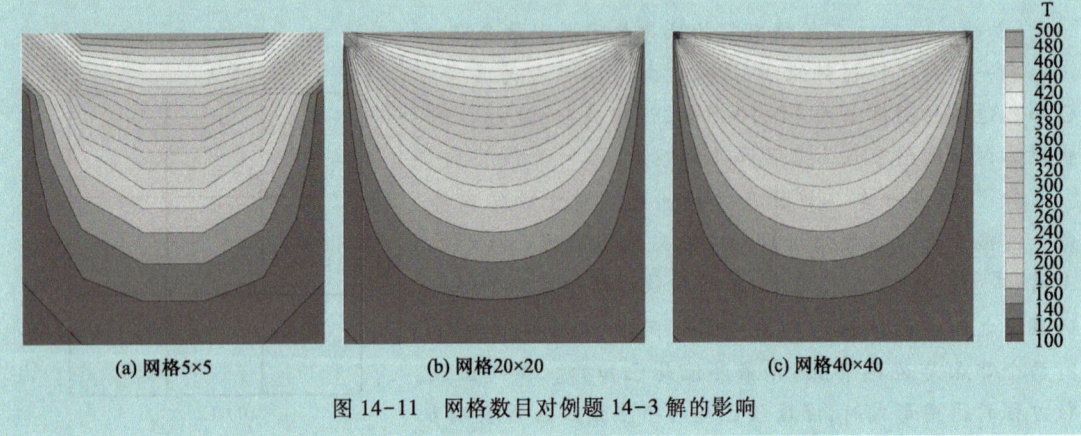

(a) 网格5×5   (b) 网格20×20   (c) 网格40×40

图 14-11   网格数目对例题 14-3 解的影响

[例题 14-4]   判断肋片可以按一维问题处理的主要依据

如图 14-12 所示,一粗而短的肋片的 3 个表面与温度为 t_f 的流体换热,且表面传热系数均为 h。试计算在如表 14-7 所示的两种条件下肋片的效率,并与一维分析解的结果相比较。

表 14-7   两种工况条件

工况	t_0/℃	t_f/℃	$h/[\mathrm{W/(m^2 \cdot ℃)}]$	$\lambda/[\mathrm{W/(m \cdot ℃)}]$	δ/m	H/m
1	100	20	50	100	0.02	0.04
2	100	20	400	8	0.02	0.08

假设:(1)流体的表面传热系数为常量;(2)一维稳态导热;(3)肋片物性为常数;(4)环肋顶端绝热。

分析:由于对称性,取一半区域研究即可,其网格划分如图 14-13 所示。$(M-1) \times N$ 个未知温度节点可以区分为 5 种类型,其节点离散方程列于表 14-8。这些节点方程都是按照热能平衡法得出的。取 $\Delta x = \Delta y$,以过余温度 θ 作为计算变量。

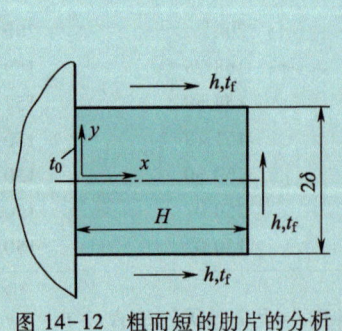

图 14-12   粗而短的肋片的分析

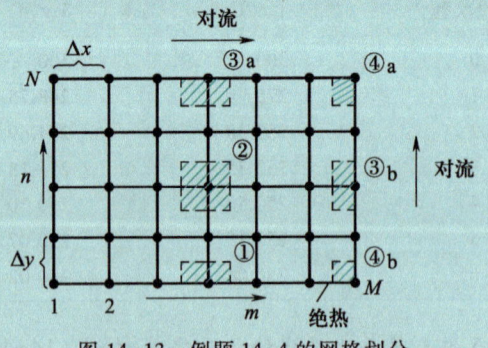

图 14-13   例题 14-4 的网格划分

表 14-8　例题 14-4 的节点离散方程

节点类别	下标变化范围	离散方程
①	$m = 2, \cdots, M-1$ $n = 1$	$\theta_{m,1} = \dfrac{1}{4} (\theta_{m-1,1} + \theta_{m+1,1} + 2\theta_{m,2})$
②	$m = 2, \cdots, M-1$ $n = 2, \cdots, N-1$	$\theta_{m,n} = \dfrac{1}{4} (\theta_{m+1,n} + \theta_{m-1,n} + \theta_{m,n+1} + \theta_{m,n-1})$
③a	$m = 2, \cdots, M-1$ $n = N$	$\theta_{m,N} = \dfrac{1}{4+2Bi_\Delta} (\theta_{m-1,N} + \theta_{m+1,N} + 2\theta_{m,N-1})$
③b	$m = M$ $n = 2, \cdots, N-1$	$\theta_{M,n} = \dfrac{1}{4+2Bi_\Delta} (\theta_{M,n-1} + \theta_{M,n+1} + 2\theta M_{-1,n})$
④a	$m = M$ $(n = N)$	$\theta_{M,N} = \dfrac{1}{2+2Bi_\Delta} (\theta_{M,N-1} + \theta_{M-1,N})$
④b	$m = M$ $n = 1$	$\theta_{M,1} = \dfrac{1}{2+Bi_\Delta} (\theta_{M-1,1} + \theta_{M,2})$

在获得了过余温度场的分布后需按定义计算肋效率。对于本例,肋效率的计算式为

$$\eta = \frac{0.5(\theta_{1,N} + \theta_{M,1}) + \sum_{m=2}^{M} \theta_{m,N} + \sum_{n=2}^{N-1} \theta_{M,n}}{[(M-1) + (N-1)] \theta_0} \tag{14-20}$$

解:肋效率的数值计算结果列于表 14-9 中。根据计算结果画出的等温线如图 14-14 所示。

表 14-9　肋效率的数值计算结果

工况	节点数 $M \times N$	Bi	二维数值计算的 η 值	一维数值计算的 η 值	相对偏差
1	9×5	0.01	0.973	0.971	0.21%
2	17×5	1.0	0.186	0.206	10.8%

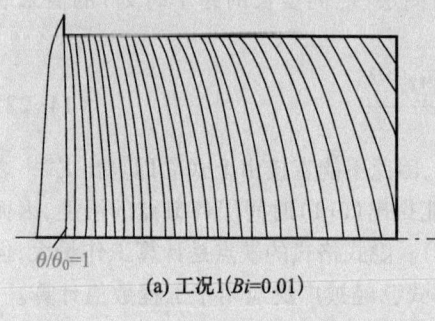

(a) 工况1(Bi=0.01)

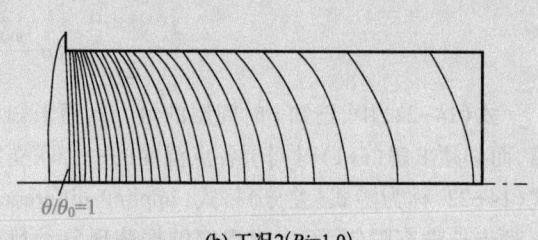

(b) 工况2(Bi=1.0)

图 14-14　两种肋片的等温线图

讨论:由图 14-14 可知,对于第一种情形,虽然 $H/(2\delta) = 1$,但因 $Bi = 0.01$,故肋片中的温度分布要比第二种情形 $[H/(2\delta) = 2$,但 $Bi = 0.01]$ 更接近于一维分布。由表 14-9 可知,对于

$Bi=0.01$ 的短肋,用二维数值计算得出的肋效率与一维公式计算结果的差别完全可以忽略;而对于 $Bi=1$ 的长肋片,这一差别则较明显。由此可见,判断肋片中导热可否按一维问题处理的综合指标应当是 Bi 数而不是 H/δ 的比值。

14.4 非稳态导热问题的离散方程及其求解

14.4.1 非稳态导热方程的显式与隐式格式

对于形如式(8-60)所示的一维非稳态导热方程,现在可以写出它的离散形式了。但是对非稳态问题,存在两个时间层,导热方程中的二阶空间导数表达式中的温度采用哪个时间层来计算呢? 这就涉及显式与隐式的问题。

1. 显式

如果二阶导数采用每个时间层的起始时刻的温度来计算,那么有

$$\frac{t_n^{(i+1)}-t_n^{(i)}}{\Delta \tau}=a\frac{t_{n+1}^{(i)}-2t_n^{(i)}+t_{n-1}^{(i)}}{\Delta x^2} \tag{14-21a}$$

此式可改写为

$$t_n^{(i+1)}=\frac{a\Delta \tau}{\Delta x^2}(t_{n+1}^{(i)}+t_{n-1}^{(i)})+\left(1-2\frac{a\Delta \tau}{\Delta x^2}\right)t_n^{(i)} \tag{14-21b}$$

由该式可知,一旦 i 时间层上各节点的温度已知,可立即算出 $(i+1)$ 时间层上各内点的温度,而不必求解各点该时间层终了温度的联立方程,因而式(14-21)所代表的计算格式称为显式差分格式(explicit scheme)。显式格式的优点是计算工作量小,缺点是对时间步长及空间步长有一定的限制,否则会出现不合理的振荡的解,称为稳定性问题。

2. 隐式

如果把一维非稳态导热方程中的扩散项也用 $(i+1)$ 时间层(时间步长的终了时刻)的值来表示,那么有

$$\frac{t_n^{(i+1)}-t_n^{(i)}}{\Delta \tau}=a\frac{t_{n+1}^{(i+1)}-2t_n^{(i+1)}+t_{n-1}^{(i+1)}}{\Delta x^2} \tag{14-22}$$

式(14-22)中,已知 i 时间层的值 $t_n^{(i)}$,而未知量有 3 个,因此不能直接由上式立即算出 $t_n^{(i+1)}$ 之值,而必须求解 $(i+1)$ 时间层各点温度的一个联立方程,才能得出 $(i+1)$ 时间层各节点的温度,因而式(14-22)称为隐式(差分)格式(implicit difference scheme)。隐式格式的缺点是计算工作量大,但它对步长没有限制,不会出现解的振荡现象。目前隐式格式已经被广泛应用于工程数值计算。

14.4.2 第二类、第三类边界条件的节点方程

以上得出的差分方程适用于内节点,对于第二类、第三类边界条件,边界温度也是未知值,需要补充其离散方程,一维非稳态导热问题的离散方程组才能封闭。我们仍然采用热能平衡法来

建立其计算式。

对图 14-15 所示的情形,假定右边界为给定对流传热系数及流体温度(h,t_f),图中阴影区域是节点 N 所代表的控制容积,其宽度为 $\Delta x/2$,故有

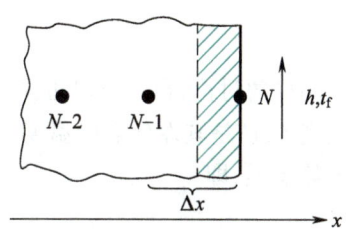

$$\lambda \frac{t_{N-1}^{(i)}-t_N^{(i)}}{\Delta x}+h(t_f-t_N^{(i)})=\rho c \frac{\Delta x}{2}\frac{t_N^{(i+1)}-t_N^{(i)}}{\Delta \tau} \qquad (14-23a)$$

经整理可得

图 14-15 边界节点离散方程的建立

$$t_N^{(i+1)}=t_N^{(i)}\left(1-\frac{2h\Delta \tau}{\rho c\Delta x}-\frac{2a\Delta \tau}{\Delta x^2}\right)+\frac{2a\Delta \tau}{\Delta x^2}t_{N-1}^{(i)}+\frac{2h\Delta \tau}{\rho c\Delta x}t_f$$
$$(14-23b)$$

其中,$\dfrac{2h\Delta \tau}{\rho c\Delta x}$ 一项可作如下变化。

$$\frac{h\Delta \tau}{\rho c\Delta x}=\frac{\lambda}{\rho c}\frac{\Delta \tau}{\Delta x^2}\frac{h\Delta x}{\lambda}=\frac{a\Delta \tau}{\Delta x^2}\frac{h\Delta x}{\lambda}=Fo_\Delta Bi_\Delta$$

式中:$\dfrac{a\Delta \tau}{\Delta x^2}$是以 Δx 为特征长度的 Fourier 数,称为网格 Fourier 数,记为 Fo_Δ;$\dfrac{h\Delta x}{\lambda}$中的对流传热系数是已知的,是网格 Biot 数,记为 Bi_Δ,这里下标 Δ 表示步长的意思。于是式(14-23b)可表示为

$$t_N^{(i+1)}=t_N^{(i)}(1-2Fo_\Delta \cdot Bi_\Delta-2Fo_\Delta)+2Fo_\Delta t_{N-1}^{(i)}+2Fo_\Delta \cdot Bi_\Delta t_f \qquad (14-23c)$$

对多维非稳态导热问题无论是内节点还是边界节点的离散方程均可采用上述方式建立,为节省篇幅这里不再介绍。

14.4.3 显式格式对步长的限制

以第三类边界条件下厚度为 2δ 的大平板的非稳态导热显式格式离散方程组的求解为例来讨论这一问题。由于问题的对称性,数值计算问题只要求解一半厚度即可。设将计算区域等分为 $N-1$ 等份(N 个节点,见图 14-16),节点 1 为绝热的对称面,节点 N 为对流边界,则与一维非稳态导热微分形式的数学描述相对应的显式离散形式为

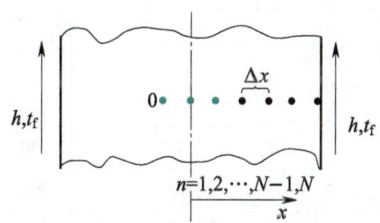

图 14-16 一维非稳态导热的网格系统

$$t_n^{(i+1)}=Fo_\Delta(t_{n+1}^{(i)}+t_{n-1}^{(i)})+(1-2Fo_\Delta)t_n^{(i)}, \quad n=1,2,3,\cdots,N-1 \qquad (14-24a)$$

$$t_n^{(1)}=t_0, \quad n=0,1,2,\cdots,N \qquad (14-24b)$$

$$t_N^{(i+1)}=(1-2Fo_\Delta Bi_\Delta-2Fo_\Delta)t_N^{(i)}+2Fo_\Delta t_{N-1}^{(i)}+2Fo_\Delta Bi_\Delta t_f \qquad (14-24c)$$

$$t_0^{(i)}=t_2^{(i)} \qquad (14-24d)$$

对式(14-24)做如下讨论。

首先式(14-24d)是绝热边界(图中的对称线)的一种离散表达式,根据对称性,$t_0^{(i)}=t_2^{(i)}$,因此虽然引入了 0 点,但没有引进新的变量;确认了这点后式(14-24a)就可以根据初始条件式(14-24b)及两个边界条件式(14-24c)、式(14-24d)逐一求解了。

其次式(14-24a)的物理意义:它表明 $t_n^{(i+1)}$ 由两侧邻点的初始时刻温度及其自身的初始时刻温度所决定的;显然初始时刻自身温度越高,该时间步长终了时刻的温度也越高。要满足这个

基本的物理规律,式(14-24a)中右端的 $t_n^{(i)}$ 前的系数必须大于零,即要求

$$Fo_\Delta = \frac{a\Delta\tau}{\Delta x^2} \leqslant \frac{1}{2} \qquad (14\text{-}25a)$$

同样的讨论,也可以对边界节点温度 $t_N^{(i+1)}$ 进行:显然无论是其初始时刻的温度 $t_N^{(i)}$,周边流体温度 t_f,还是其左邻点的温度 $t_{N-1}^{(i)}$ 都对其有正的影响,这就要求式(14-24c)中 $t_N^{(i)}$ 的系数必须大于等于零,即

$$Fo_\Delta \leqslant \frac{1}{2(1+Bi)} \qquad (14\text{-}25b)$$

式(14-25a)、式(14-25b)分别是内节点及对流边界节点取得合理结果的条件,数值计算中应取两个条件得出的最小值来决定时间步长及空间步长。当这个条件不满足时,数值计算结果就会得出振荡的解,以下举例说明。

[例题 14-5]　一维非稳态导热显示格式计算举例

一块厚 $2\delta = 0.6$ m 的无限大平板受对称的冷却,初始温度 $t_0 = 100$ ℃。在初始瞬间,平板突然被置于 $t = 0$ ℃ 的流体中。已知平板的 $\lambda = 40$ W/(m·K),$h = 1\ 000$ W/(m²·K)。试用显式格式求解其温度分布。取 $Fo_\Delta = 1$。

分析:如图 14-16 所示,取 $\Delta x = 0.01$ m,则

$$Bi_\Delta = \frac{h\Delta x}{\lambda} = \frac{1\ 000\ \text{W·m}^{-2}\text{·K}^{-1} \times 0.01\ \text{m}}{40\ \text{W·m}^{-1}\text{·K}^{-1}} = 0.25$$

网格应满足 $Fo_\Delta \leqslant \dfrac{1}{2(1+0.25)} \leqslant \dfrac{1}{2.5}$,所以取 $Fo_\Delta = 1$ 的计算结果将会振荡。部分计算结果如表 14-10 所示。

表 14-10　部分计算结果(单位:℃)

n	i					
	1	2	3	4	5	6
1	100	100	100	100	0	450
2	100	100	100	50	225	−437.5
3	100	100	50	175	−212.5	656.25
4	100	50	125	−87.5	218.75	−753.125

从表 14.10 可知,从 $i = 3$ 这一时刻起出现了这样的情况:各点温度随时间作忽高忽低的波动,并且波动幅度越来越大;某点温度越高反使其相继时刻的温度越低。这种现象是荒谬的,违反了热力学第二定律,因为这意味着:在该求解时段,某时刻开始热量会自动地由低温地区向高温地区传递。数值计算中出现的这种计算结果忽高忽低的波动现象,称为数值不稳定性,在本例中这是由式(14-24a)中 $t_n^{(i)}$ 的系数为负及式(14-24c)中 $t_N^{(i)}$ 的系数为负造成的。值得指出的是从数值上说表 14-10 中的各个时刻的值确实是式(14-24a)、(14-24c)的解,解的振荡是由 Fo_Δ 没有满足式(14-25a)及式(14-25b)引起的。显式格式的这种稳定性条件对空间步长及时间步长的取值提出了限制,特别是空间步长的细化必须伴随着时间步长的缩小,否则会得出振荡的解。由于显示格式的这一缺点,目前工程数值计算中大多采用隐式格式。

14.4.4 相变储能的非稳态导热近似模型及计算

相变储能在储能工程中得到广泛应用。以固液相变储能为例,在储能阶段固体吸收热量转变为液体,在放能阶段液体被冷却凝结成固体,这里储能与放能过程都是非稳态的热量传递过程。参与储能的相变材料一般具有较低的熔点及凝固点,无毒。例如,C14-18 的石蜡,凝固点为 32 ℃;棕榈酸,凝固点为 57.8 ℃;硝酸钾/硝酸锂无机共晶混合物,凝固点为 124 ℃。对固液相变储能过程的准确的数值模拟涉及许多专门知识,已经超越本书的范围,有兴趣的读者查阅相关文献[4]。这里介绍一种近似的处理模型及其数值计算方法。

1. 固液相变近似计算模型

固液相变近似计算模型假设如下。

（1）相变介质（phase change medium，PCM）的热物性与温度无关,而且固体与液体没有区别。

（2）PCM 初始状态为固体。

（3）PCM 材料均质。

（4）热量传递过程为导热过程所控制,对流作用可以忽略。

（5）相变在一个确定的相变温度 t_{melt} 下进行。

2. 相变过程的数值处理方法

随着加热过程的进行,PCM 固体温度随着时间而逐渐升高,当某个节点温度升高到熔点 t_{melt} 时,下一时刻计算将该节点温度仍然等于 t_{melt},一直到该节点的控制容积被扣去的温升等于融化潜热与比热容之商时,即扣去的总温升 $\Delta t = L_h / c_p$,才使该节点温度按照计算得到的数值上升。这样的处理就相当于实现了相变时 PCM 的温度保持在熔点的物理过程。这种简化模型在铸件冷却过程的预测中得到应用[5]。

[例题 14-6] 固液相变储能的一维非稳态导热计算

参照文献[6]中的设置,设有如图 14-17 所示的 PCM 储热装置,利用电价的峰谷差（白天贵,晚上便宜）,晚上对电加热板通电使得存于储热器内的 PCM 融化,白天通过换热器内的冷水吸收 PCM 的热量被加热而作为生活用热水,储热器内的 PCM 被凝固。整个储热器保温良好。

已知:储热器内垂直于电加热板方向的宽度为 5 cm,PCM 材料的热物性如下:密度 $\rho = 800$ kg/m³,导热系数 $\lambda = 0.25$ W/(m·K),热扩散率 $a = 9 \times 10^{-8}$ m²/s,熔点 $t_{melt} = 55$ ℃,融化潜热 $L_h = 100$ kJ/kg。PCM 初始温度为 25 ℃,初始时刻加热板通电加热,并维持在壁温等于 70 ℃。试确定使得整个容器内的 PCM 全部融化所需的时间,并研究时间步长对计算结果的影响。

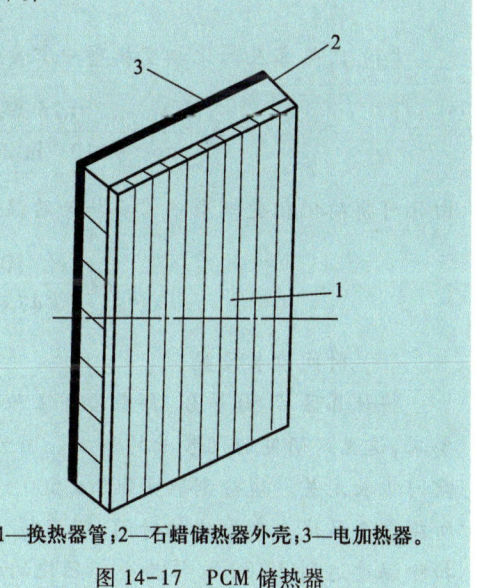

1—换热器管；2—石蜡储热器外壳；3—电加热器。

图 14-17 PCM 储热器

假设：除 14.4.4 节中的模型假设之外，进一步假定：①这是垂直于电加热板方向的一维非稳态；②PCM 介质空间另一端为绝热。

分析：(1) 计算区域及边界条件如图 14-18 所示。注意，图中网格步长 Δx 为常数，这个网格系统与图 14-3 所示的系统的区别在于，这里先设定 $(N-2)$ 个控制容积的边界（图中虚线），然后对每个控制容积取其中点作为节点，得 N 个节点，在文献[1,2]中称这种先界面后节点的划分方法为方法 B，相应的图 14-3 所示的划分方法为方法 A。

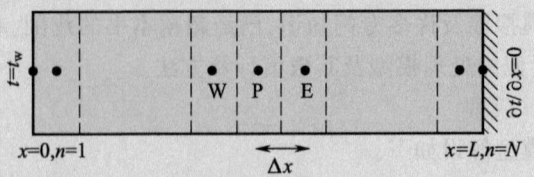

图 14-18 网格划分及边界条件

(2) 内节点的离散方程。内节点的离散方程为

$$\frac{t_n^{(i+1)}-t_n^{(i)}}{\Delta \tau}=a\frac{t_{n+1}^{(i+1)}-2t_n^{(i+1)}+t_{n-1}^{(i+1)}}{\Delta x^2}$$

此式可进一步改写为

$$\left(1+2\frac{a\Delta \tau}{\Delta x^2}\right)t_n^{(i+1)}=\frac{a\Delta \tau}{\Delta x^2}\left[t_{n+1}^{(i+1)}+t_{n-1}^{(i+1)}\right]+t_n^{(i)} \tag{14-26a}$$

或者

$$a_P t_P=a_E t_E+a_W t_W+b \tag{14-26b}$$

其中

$$a_P=1+2\frac{a\Delta \tau}{\Delta x^2};\quad a_E=a_W=\frac{a\Delta \tau}{\Delta x^2};b=t_n^{(i)} \tag{14-26c}$$

在式 (14-26b) 中取消了上标，表明所有的变量均为同一时间层上的值。

(3) 右端边界的代数方程根据绝热条件，有

$$t_N=t_{N-1}$$

(4) 比热容及简化相变模型中需要扣除的温差，根据已知数据可得 PCM 的比热容为

$$c_p=\frac{\lambda}{a\rho}=\frac{0.25 \text{ W/(m·K)}}{9\times10^{-8} \text{ m}^2/\text{s}\times800 \text{ kg/m}}=3.47\times10^3 \text{ J/(kg·K)}$$

由此可得简化相变模型中需要扣除的温差为

$$\Delta t=\frac{100\ 000 \text{ J/kg}}{3.47\times10^3 \text{ J/(kg·K)}}=28.82 \text{ K}$$

(5) 时间步长设置。

将计算区域 50 等分，每个控制容积的宽度为 0.1 cm，假设空间步长已达到网格独立性的要求，这里只研究时间步长的影响。因为采用隐式格式，计算步长只取决于步长的独立性，与空间步长无关。现分别取 1 000 s、500 s、100 s、50 s、10 s、5 s、1 s 及 0.5 s 进行计算，对比计算所得整个区域全部融化的时间，可获得能达到时间步长独立性的 $\Delta \tau$ 值。计算中以节点 N 的扣除温度达到 28.82 ℃作为全部融化的标志，计算结果如图 14-19 所示。

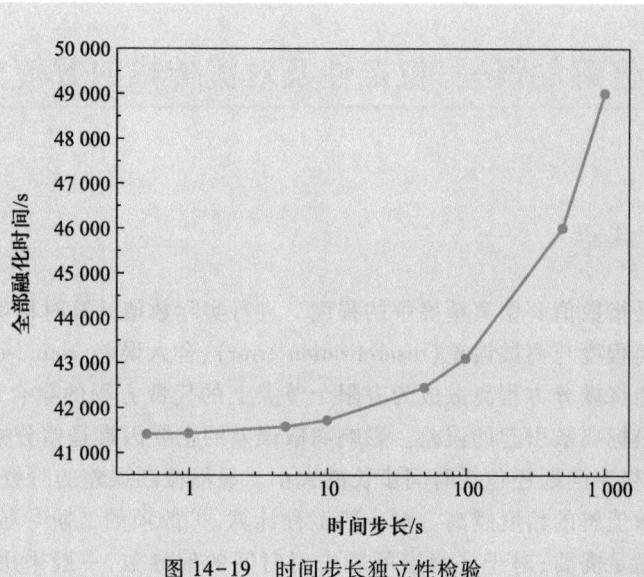

图 14-19 时间步长独立性检验

由图 14-19 可见,当时间步长为 1 s 时可认为满足时间步长独立性要求,与 0.5 s 时的计算偏差为 0.054%。

不同时间步长下达到全部融化时计算区域内的温度分布如图 14-20 所示。

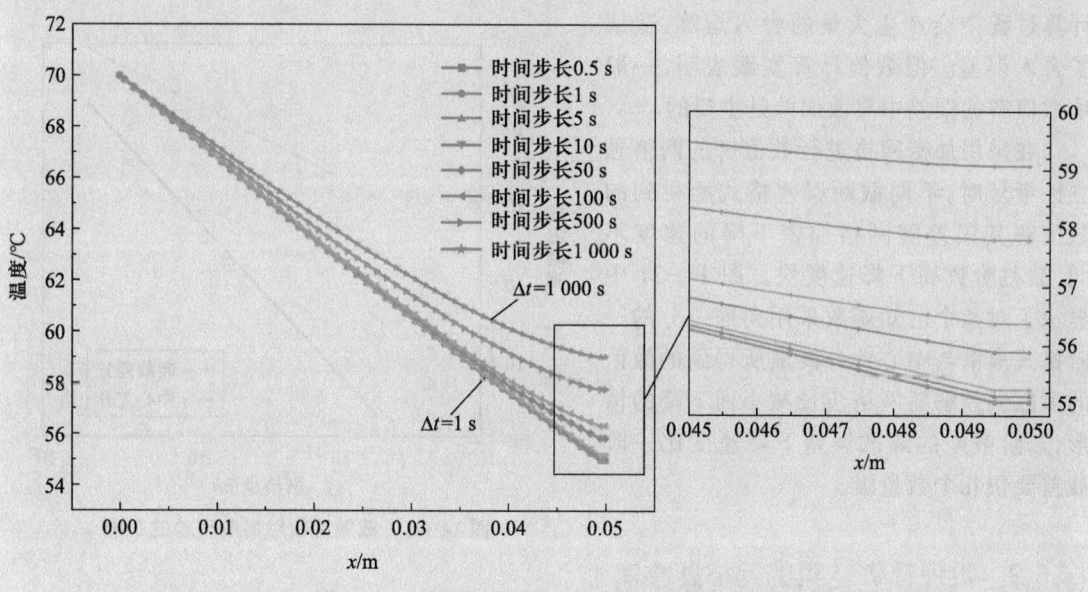

图 14-20 不同时间步长完全融化后温度分布

由图 14-20 可见,不同时间步长下完全融化后的温度分布差别较大,但随着时间步长的缩小,差别逐渐减小,时间步长为 10 s 与 1 s 的温度分布相差甚微,时间步长为 1 s 时可认为已经满足时间步长独立性的要求。

14.5 数值解的误差、稳定性及对流传热的数值求解简述

14.5.1 数值解的误差

数值解的误差是指数值解偏离精确解的程度。进行实际数值计算时精确解是不知道的。理论分析表明这一偏离程度与离散误差（discretization error）、舍入误差（round-off error）有关。

离散误差就是指将微分方程离散成为有限个节点上的代数方程的集合而引起的误差，对非稳态问题还有时间坐标离散引起的误差。影响离散误差的主要因素是差分格式的截断误差及网格节点数的多少，非稳态问题还包括时间步长的大小。显然截断误差的阶数越高，在相同的网格节点数下所得到的数值解的精度越高。对一般工程计算，扩散项的二阶导数项采用具有二阶截断误差格式就已能满足需要；对于非稳态问题中对时间的偏导数，一般采用一阶截断误差的格式，如果非稳态过程中的某些瞬间的温度分布也是需要求解的结果，那么时间步长的取值就应该足够小，以保证所需瞬间温度计算结果具有网格独立性，关于时间步长网格独立性的考核见例题14-6。下面提供关于数值解的空间网格独立性考核的示例。

数值解的舍入误差是由数值计算所用的计算机的字长都是有限的这一事实所造成，在数值计算过程中会产生大量的舍入运算，造成了舍入误差。但数值计算实践表明，一般地数值解的误差中离散误差是主要的。

在采用加密网格进行数值解的网格独立性考核时，不同截断误差格式所得到的数值解其误差随网格加密下降的速度不同，截差阶数高下降速度快。图14-21中显示了对某个已知函数采用向前差分的一阶格式离散与中心差分离散所得到的数值的离散误差解随网格步长减小而下降的情形，二阶截差的离散误差下降速度比一阶截差要快几个数量级。

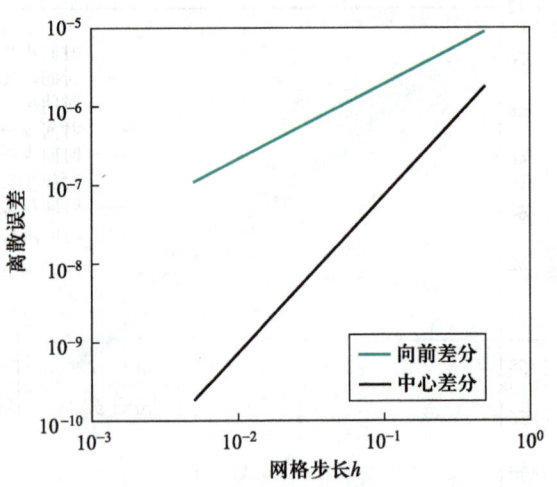

图14-21 截差阶数对离散误差的影响

14.5.2 数值计算结果的网格独立解

如上所述，无论时间步长还是空间步长，都存在网格独立性问题。一般地说，步长越小计算结果越精确，但是所需的计算资源（内存及时间）大大增加。同时计算次数的增加还会引起舍入误差的增加。因此，在进行实际问题的数值计算时，要进行数值解结果网格独立性的考核。一般采用3~5套不同节点数的网格，相邻两套网格节点数的变化至少在30%~50%，然后检查计算结果中部分有代表性的参数（如导热量或某些地点的温度）随网格节点数的变化，当网格再进一步细化，在工程允许的偏差范围内（如1%左右）数值解几乎不再变化，这样的结果就可以认为是

网格独立的解。图 14-22 中给出了对流传热计算网络独立解示例[3]，图中纵坐标是计算区域的对流传热平均努赛尔数，横坐标为网格节点总数。

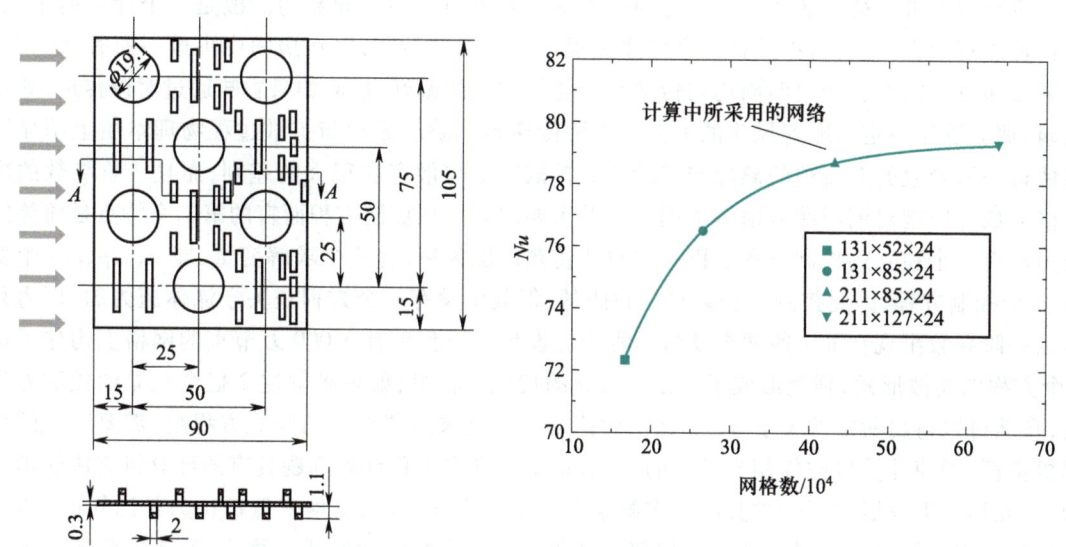

图 14-22　对流传热计算网格独立解示例

14.5.3　数值计算的稳定性问题

在本书讨论的范围内，有两种计算的稳定性问题，即非稳态问题显式格式的稳定性及代数方程求解的稳定性。

1. 显式格式的稳定性

在 14.4 节中已经以一维平板非稳态导热显式格式离散方程组的求解为例来讨论这一问题。讨论得出，内节点及对流边界节点的空间步长与时间步长的设置需要分别满足

$$Fo_\Delta = \frac{a\Delta\tau}{\Delta x^2} \leqslant \frac{1}{2}; \quad Fo_\Delta \leqslant \frac{1}{2(1+Bi)}$$

数值计算中应取两个条件得出的最小值来决定时间步长及空间步长。当这个条件不满足时数值计算结果就会得出振荡的解，这就是显式格式的稳定性问题。

2. 代数方程求解过程的稳定性

当采用迭代法来求解代数方程时，如果对角占优的条件不满足，迭代过程往往导致振荡的计算结果，这就是代数方程求解的稳定性问题，在例题 14-1 的讨论中我们已经见到过这种示例。

初值问题
显式格式
的不稳定
性举例

14.5.4　对流传热数值求解的难点

本章前述各节讨论了导热问题的数值解基本内容，与导热问题相比不可压缩流体的对流传热问题从控制方程而言有以下两大不同点。首先对流传热的控制方程包括了流体质量守恒（连续性）方程、流体动量守恒方程及流体能量守恒方程，求解变量包括流速、温度与流体的压力。从第 9 章

所介绍的对流传热的数学描述可知,在流体的动量、能量守恒方程中都存在如 $u\dfrac{\partial u}{\partial x}$、$u\dfrac{\partial t}{\partial x}$ 等的项,这些一阶导数前带有待求解速度的项称为对流项。对流项中一阶导数的离散是一个计算的难点。从物理过程而言,流动与扩散这两个传递过程存在很大的不同,以在房间中央放一瓶香水为例,扩散传递过程能将香味向四周均匀传递没有任何方向的偏好,然而如果香味通过对流传递,如用风扇,那么香味一定是顺着风吹的方向从上游传递到下游。流动与扩散过程物理本质上明显区别使得一阶导数的对流项的离散与二阶导数扩散项的离散存在很大的差别,而且一阶导数的离散格式成为影响对流问题数值解准确程度的重要因素。从控制方程而言的第二个特点是流体的压力没有一个独立的控制方程。以二维对流传热问题为例,有 4 个求解变量,即 u、v、p、t,4 个变量、4 个控制方程,因此控制方程数目是封闭的,但其中没有一个方程是关于流体压力的,压力只是以一阶导数出现在 u、v 的两个动量方程中。设想在一套具有 5 000 万节点的网格上构建了这4 个方程的离散形式,则就形成了 2 亿个联立的代数方程组,如果求解这 2 亿个联立的代数方程组,自然可以得出所需的关于 u、v、p、t 的数值解。但是求解那么大的联立方程组,需要巨大的计算机资源,即使计算机硬件相当发达的今天,也不是许多工程计算问题具有的计算机资源能承受的,因此历史上发展起了一种分离在求解某个变量的方程组时,其他变量都认为是已知的(用当前已经获得的结果),于是就产生了如何改进假定的压力场的问题式的算法:就是先假定一个压力场的分布,逐个求解 u 的代数方程组、v 的方程组及 t 的方程组,然后对假设的压力场进行改进,需要有改进压力的计算方法;另外,上述求解过程中连续方程还没被利用,因此需要设计一种算法,它能利用质量守恒的条件而改进压力,1972 年提出的著名的 SIMPLE 算法就是为解决这个问题而发展起来的[2]。

就计算网格而言,导热问题只有一个变量,而对流传热(二维)有 4 个变量,如果将 4 个变量都存储于同一套网格上,而且动量方程中的压力梯度采用中心差分离散,如方程在 (m,n) 的变量 $u_{m,n}$,其压力梯度就可离散得 $\dfrac{p_{m+1,n}-p_{m-1,n}}{2\Delta x}$。这样在关于 $u_{m,n}$ 的代数方程中就没有 (m,n) 点的压力,而是相隔两个网格步长的压力差 $(p_{m+1,n}-p_{m-1,n})$ 出现 (m,n) 点的 $u_{m,n}$ 方程中。只要保证这个压力差不变就不会影响 $u_{m,n}$ 的结果,这样使得全场的压力结果存在很大的不确定性,这就是如果在能满足动量离散方程的压力场基础上在其中一个局部区域加上一个常数或减去一个常数,并不影响这个局部区域离散的动量方程的成立,就导致计算可能得到波形压力场。解决这个问题的办法之一是采用交叉网格:将压力、温度存储在同一套网格上,而将速度存储在该套网格的界面上[2];另一种办法是采用同位网格,可参见文献[1]。

14.5.5　商业软件简介

由上述可知,对流传热的数值计算远较导热问题复杂。所幸,经过 60 余年各国研究者的努力,这些问题都已经得到较好的解决。从工程问题的数值计算来说,对流动与传热过程的数值模拟是国际上最早被研究的数值求解的领域,早在半个世纪前就提出了计算流体动力学(computational fluid dynamics,CFD),现在 CFD 已经拓宽成为对流动、传热传质、燃烧等热流科学领域进行数值求解的一个通用名词。数值模拟是多学科交叉领域,在探索未知、促进科技发展和国防安全等方面具有不可替代的作用。而且随着计算机技术的迅速发展,数值模拟技术的应用会越来越重要。特别是在实现教育数字化的进程中,对物理问题的数值仿真技术一定会得到广泛的应用和进一步的发展。

　　为适应能迅速求解工程实际问题的需要,从20世纪80年代开始,国外诸多知名CFD软件先后涌现,第一个投放市场的商业软件是PHEONICS,随后商业软件如雨后春笋般地迅速发展,比较著名的商业软件如ANSYS FLUENT、ANSYS CFX、COMSOL、STAR-CCM+等。早期的CFD软件受限于计算机性能及网格生成技术,数值仿真仅能针对简单几何外形问题,计算方法也较为简单。随着先进的网格生成技术、计算方法、离散格式、湍流模型等巨大进展,CFD仿真已经可以通过大规模计算机集群进行,网格数目可高达百亿级别。与实验研究相比,CFD技术具有成本低、可模拟复杂工况、可缩短设计周期等优越性。在航空航天设计中,CFD技术的广泛使用可以大幅缩短设计周期。另外,由于CFD技术可以提供详细的物理场细节,基于此可对关键部件进行精细化的过程分析。这些商业软件允许用户针对复杂流动与物理现象采用不同的数值方法和离散格式,实现计算稳定性、速度和精度的平衡,具备解决复杂流动传热问题的能力,且具有较好的人机交互前后处理功能。高性能的数值仿真软件的发展对一个国家的经济建设和国防事业具有重要意义。2020年6月,由于美国将我国哈尔滨工业大学与哈尔滨工程大学列入实体清单,MATLAB软件停止对该两所学校师生的服务。在工业软件的商业市场上,上述国外商业软件占据了绝大部分国内市场。这些严峻的情况给工业软件国产化带来极大挑战与机遇。在此背景下,国内多个高校和研究机构开始研发具有自主知识产权的CFD国产软件,而且取得了显著的成绩。例如,中国空气动力研究与发展中心研发的HyperFlow、PHengLEI软件已经可以采用百亿级别的网格系统对飞机的飞行过程进行仿真分析;作者所在团队参与研发的Mountain of Numerical Heat Transfer(简称MHT)软件也已在航空发动机的叶片冷却等多个领域取得了应用。

　　但重视工具软件的学习与应用绝不意味着就不需要学习数值模拟的基本方法。首先,掌握数值模拟基本方法能更加有效、合理地使用工具与商业软件,同时各种工具商业软件虽然具有一定的通用性,但是不可能包罗万象,常常需要用户自己开发适合所研究问题的模型和程序以与商业软件配合使用;其次,各种工具软件都是基于现有的物理模型及数值方法开发出来的,随着科学技术的发展需要建立新的模型和开发更加高效的数值方法,特别是在复杂的国际环境中,那些关系到国家经济命脉、重大国防科技的设计、计算软件并不都是在商业市场上可以获得的,作为国家各个技术领域的高端人才必须具备这样的开发能力。导热问题的数值模拟是热流问题数值模拟中最基本、最容易掌握的部分,读者应努力掌握其基本的思想,为深入学习打下良好的基础。

最早的流动与传热商业软件PHEONICS发展过程简介

思考题

14-1　试简要说明对导热问题进行数值计算的基本思想与步骤。

14-2　试说明用热能平衡法建立节点温度离散方程的基本思想。

14-3　推导导热微分方程的步骤和过程与用热能平衡法建立节点温度离散方程的过程十分相似,为什么前者得到的是对过程的精确描写,而由后者解出的却是近值表述。

14-4　什么是非稳态导热问题的显式格式?什么是显式格式计算中的稳定性问题?

14-5 用 Gauss-Seidel 迭代法求解代数方程时是否一定可以得到收敛的解？不能得出收敛的解时是否因为初场的假设不合适？

14-6 有人对一阶导数$\dfrac{\partial t}{\partial x}\Big|_{n,i}$提出了以下表达式：

$$\frac{\partial t}{\partial x}\Big|_{n,i} \approx \frac{-3t_n^{(i)}+5t_{n+1}^{(i)}-t_{n+2}^{(i)}}{2\Delta x^2}$$

您能否判断这一表达式是否正确，为什么？

14-7 对于例题14-6所述的问题，有人认为，根据储能容器所储存的PCM的数量及加热电流的电流密度与电压，就能推测全部融化所需的时间，不必进行数值仿真或实验研究，您怎么认为？

14-8 有人从非稳态方程出发求相应稳态问题的数值解，试问这时应当怎样设置非稳态离散方程中的时间步长？

习题

代数方程求解

14-1 试用数值计算证实，对方程组

$$\begin{cases} x_1+2x_2-2x_3=1 \\ x_1+x_2+x_3=3 \\ 2x_1+2x_2+x_3=5 \end{cases}$$

用高斯-赛德尔法求解，其结果是发散的，并分析其原因。

14-2 试用高斯-赛德尔法及雅各比迭代法求解下列代数方程，并比较收敛的快慢：

$$\begin{cases} 6t_1+t_2+3t_3=17 \\ t_1-10t_2+4t_3=-7 \\ t_1+t_2+3t_3=12 \end{cases}$$

14-3 使用高斯-赛德尔法求解下列代数方程

$$\begin{cases} 9t_1+2t_2-3t_3=12 \\ 2t_1-8t_2+2t_3=-8 \\ t_1+t_2+6t_3=32 \end{cases}$$

离散方程建立

14-4 试将直角坐标中的常物性、无内热源的二维非稳态导热微分方程化为显式差分格式，并指出其稳定性条件（$\Delta x=\Delta y$）。

14-5 极坐标（见图14-23）中常物性、无内热源的非稳态导热方程为

$$\frac{\partial t}{\partial \tau}=a\left(\frac{\partial^2 t}{\partial r^2}+\frac{1}{r}\frac{\partial t}{\partial r}+\frac{1}{r^2}\frac{\partial^2 t}{\partial \varphi^2}\right)$$

试利用本题附图中的符号，列出节点(i,j)的差分方程式。

14-6 一金属短圆柱在炉内受热后被竖直地移到空气中冷却，底面可认为是绝热的。为用数值法确定冷却过程中柱体温度的变化，取中心角为1 rad的区域来研究（图14-24）。已知柱体表

面发射率 ε、自然对流表面传热系数 h、环境温度 t_∞、金属的热扩散率 a，试列出图中节点 $(1,1)$、$(m,1)$、(M,n) 及 (M,N) 的离散方程式。在 r 及 z 方向上网格是各自均分的。

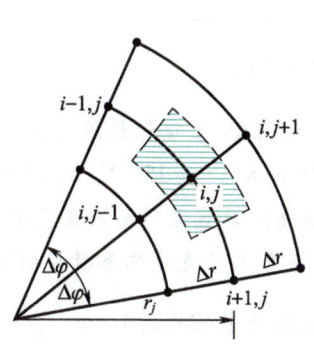

图 14-23　习题 14-5 附图

（极坐标中的网格）

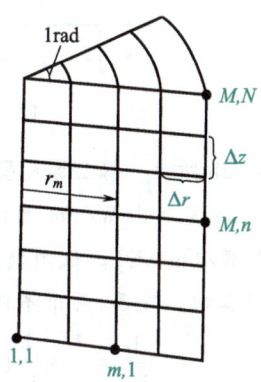

图 14-24　习题 14-6 附图

（柱坐标中的网格）

14-7　在如图 14-25 所示的有内热源的二维稳态导热区域中，一个界面绝热，一个界面等温（包括节点 4），其余两个界面与温度为 t_f 的流体发生对流换热，流体的 λ、h 均已知，内热源强度 Φ 与地点有关，试列出节点 1、2、5、6、9、10 的离散方程式。

14-8　假设左、右及上边界均为第 3 类边界条件（图 14-26），给定流体温度 t_∞ 及对流传热系数 h，底面给定热流密度 q_b。试列出内节点及代表性边界节点的温度离散方程。

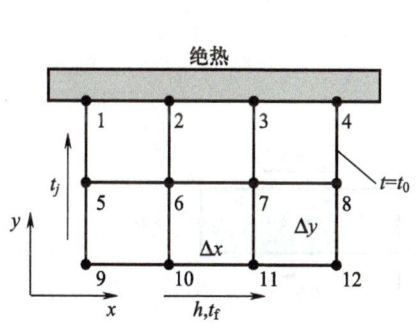

图 14-25　习题 14-7 附图

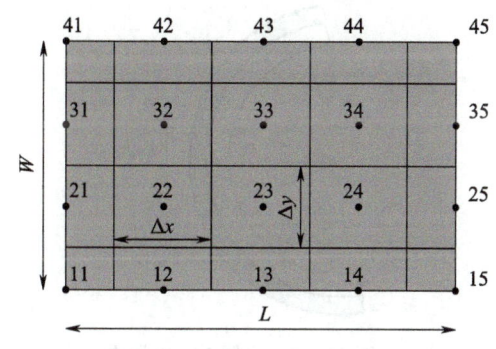

图 14-26　习题 14-8 附图

一维稳态导热计算

14-9　一等截面直肋，高度为 H，厚度为 δ，肋根温度为 t_0，流体温度为 t_f，表面传热系数为 h，肋片导热系数为 λ。将它均分成 4 个节点（图 14-27），并对肋端为绝热及对流边界条件（h 同侧面）的两种情况列出节点 2、3、4 的离散方程式。设 $H=45$ mm，$\delta=10$ mm，$h=50$ W·m^{-2}·K^{-1}，$\lambda=50$ W·m^{-1}·K^{-1}，$t_0=100$ ℃，$t_f=20$ ℃ 计算节点 2、3、4 的温度（对于肋端的两种边界条件）。

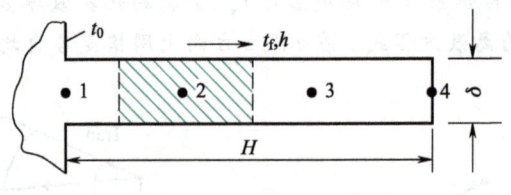

图 14-27 习题 14-9 附图

14-10 图 14-28 所示一双层圆筒壁,假设层间接触紧密,无接触热阻存在。已知 $r_1 = 12$ mm, $r_2 = 16$ mm, $r_3 = 20$ mm, $\lambda_1 = 40$ W/(m·K), $\lambda_2 = 120$ W/(m·K), $t_{f1} = 150$ ℃, $h_1 = 1\,000$ W/(m²·K), $t_{f2} = 60$ ℃, $h_2 = 380$ W/(m²·K)。试用数值方法确定稳态时双层圆筒壁截面上的温度分布。每层可均分成 3 个控制容积。提示,两个不同材料结合的界面上当量导热系数按照下式计算:

$$\frac{1}{\lambda_{eq}} = \frac{1}{\lambda_1} + \frac{1}{\lambda_2}(界面两侧的网格步长相同时)$$

14-11 有一水平放置的等截面直杆,根部温度 $t_0 = 100$ ℃,其表面上有自然对流散热 $h = c[(t-t_f)/d]^{1/4}$,其中:$c = 1.20$ W/(m¹·⁷⁵·℃¹·²⁵); d 为杆的直径(m)。杆高 $H = 10$ cm,直径 $d = 1$ cm, $\lambda = 50$ W/(m·K), $t_\infty = 25$ ℃,不计辐射换热。试用数值方法确定长杆的散热量(需得出与网格无关的解)。杆的顶端可认为是绝热的。

14-12 试对图 14-29 所示的等截面直肋的稳态导热问题,用数值方法求解节点 2、3 的温度,图中 $t_0 = 85$ ℃, $t_f = 25$ ℃, $h = 30$ W/(m²·K)。肋高 $H = 40$ cm,纵剖面面积 $A_L = 4$ cm²。导热系数 $\lambda = 20$ W/(m·K)。

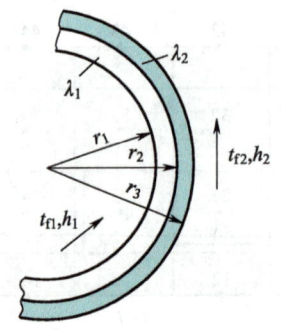

图 14-28 习题 14-10 附图

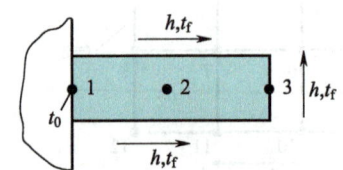

图 14-29 习题 14-12 附图

一维非稳态导热计算

14-13 一块厚为 10 cm 的大黄铜平板(图 14-30),初温 650 ℃,其顶面被高速气流冷却,气体温度 15 ℃,平均流传热系数 220 W/(m²·K),铜板底面绝热取 $\Delta x = 2.5$ cm,时间步长 10 s,试确定被冷却 10 min 后的节点温度。黄铜的热物性如下:$\rho = 8\,530$ kg/m³, $c_p = 380$ J/(kg·K), $\lambda = 110$ W/(m·K), $\alpha = 33.9 \times 10^{-6}$ m²/s。

14-14 一间房屋的屋顶(图 14-31)是厚 15cm 大块水泥板[$\lambda = 1.4$ W/(m·K), $\alpha = 0.69 \times 10^{-6}$ m²/s]。下午 6 点其温度为 20 ℃,当晚周围空气温度为 6 ℃,天空的等效温度为 260 K。水泥板外表面及室内表面均发生对流传热,对流传热系数分别为 12 W/(m²·K) 与 5 W/(m²·K)。

当晚房间内温度维持在 20 ℃,水泥板两表面发射率为 0.9。取 $\Delta t = 5$ min,$\Delta x = 3$ cm,试确定次日早上 6 点水泥板的内外表面温度。

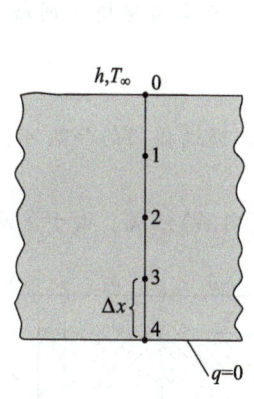

图 14-30 习题 14-13 附图

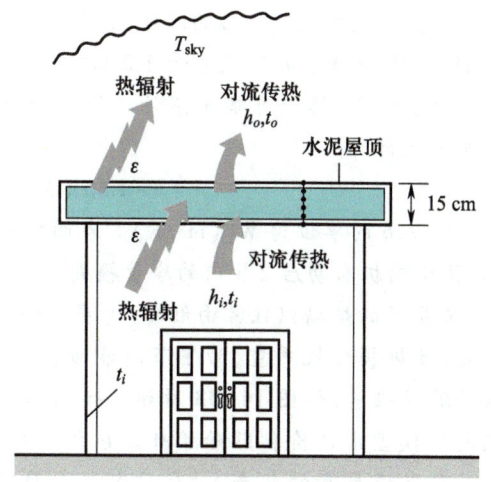

图 14-31 习题 14-14 附图

14-15 利用大面积水池吸收太阳能是一种长时间储能的方法。如图 14-32 所示,有一个大面积的深为 1 m 的水池,底面可视为黑体,初始温度为 15 ℃,后被太阳入照 4 h,入照热流密度为 500 W/m^2。据分析,其中 47.3% 被顶层吸收,6.1% 被上中层吸收,3.6% 被下中层吸收,2.4% 被底层吸收。取 $\Delta x = 0.25$ m,$\Delta t = 15$ min,试确定在最有利的条件下,被太阳入照 4 h 后各层水的温度。

14-16 一厚为 2.54 cm 的钢板,初始温度为 650 ℃。后置于水中淬火,其表面温度突然下降为 93.5 ℃并保持不变。试用数值方法计算中心温度下降到 450 ℃所需的时间。已知 $\alpha = 1.16 \times 10^{-5}$ m^2/s。将平板 8 等分,取 9 个节点,并把数值计算的结果与按 Campo 计算公式结果[式(8-7)]作比较。

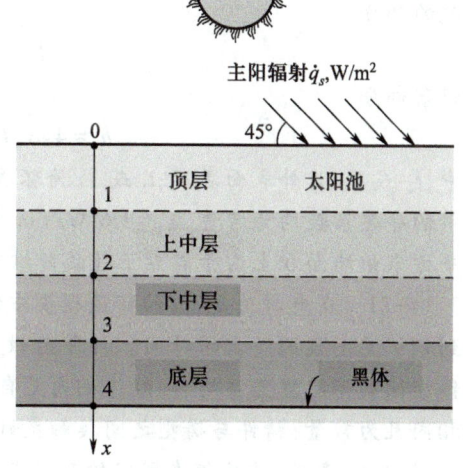

图 14-32 习题 14-15 附图

14-17 一火箭发动机的燃烧室,壳体内径为 40 mm,厚度为 10 mm,壳体内壁上涂了一层厚度为 2 mm 的包覆层。火箭发动时,推进剂燃烧生成的温度为 3 000 ℃的烟气,经燃烧器端部的喷管喷往大气。大气温度为 30 ℃。设包覆层内壁与燃气间的表面传热系数为 2 500 W/($m^2 \cdot$ K),外壳表面与大气间的表面传热系数为 350 W/($m^2 \cdot$ K),外壳材料的最高允许温度为 1 500 ℃。试用数值法确定:为使外壳免受损坏,燃烧过程应在多长时间内完成。包覆材料的 $\lambda = 0.3$ W/(m·K),$a = 2 \times 10^{-7}$ m^2/s;外壳的 $\lambda = 10$ W/(m·K),$a = 5 \times 10^{-6}$ m^2/s。

14-18 有一砖墙厚 $\delta = 0.3$ m,$\lambda = 0.85$ W/(m·K),$\rho_c = 1.05 \times 10^6$ J/($m^3 \cdot$ K),室内温度 $t_f =$

$20\ ℃, h=6\ W/(m^2\cdot K)$。起初该墙处于稳定状态,且内表面温度为 $15\ ℃$。后寒潮入侵,室外温度下降为 $t_{f2}=-10\ ℃$。外墙表面传热系数 $h=35\ W/(m^2\cdot K)$,如果认为内墙温度下降 $0.1\ ℃$ 是可感到外界温度起变化的一个定量判据,问寒潮入侵后多少时间内墙才感知到?

14-19 一冷柜,起初处于均匀的温度($20\ ℃$)。后开启压缩机,冷冻室及冷柜门的内表面温度以均匀速度 $18\ ℃/h$ 下降。柜门尺寸为 $1.2\ m\times1.2\ m$。保温材料厚 $8\ cm, \lambda=0.02\ W/(m^2\cdot K)$。冰箱外表面包覆层很薄,热阻可略而不计。柜门外受空气自然对流及与环境之间辐射的加热。自然对流可按下式计算。

$$h=1.55\ (\Delta t/H)^{1/4}$$

式中:H 为门高,m;h 的单位为 $W/(m^2\cdot K)$。表面发射率 $\varepsilon=0.8$。通过柜门的导热可作为一维问题处理,试计算压缩机启动后 $2\ h$ 内的冷量损失。

14-20 工业炉的炉墙以往常由红砖(外层)和耐火黏土砖(内层)组成。由于该两种材料的导热系数较大、散热损失较严重,为了节省能量,在耐火砖上贴一层硅酸纤维毡,如图 14-33 所示。今用以下的非稳态导热简化模型来评价粘贴硅酸纤维毡的收益:设炉墙原来处于与环境平衡的状态 $\tau=0$ 时内壁表面突然上升到 $550\ ℃$ 并保持不变。这一非稳态导热过程一直进行到炉墙外表面的对流、辐射热损失与通过墙壁的导热相等为止(其后进入稳态导热阶段)。在炉墙升温过程中外表面的总表面传热系数由两部分组成,即自然对流引起的部分

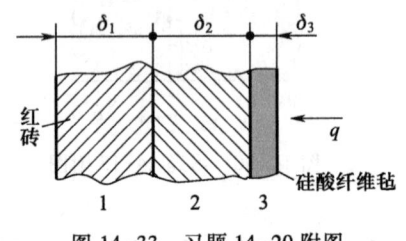

图 14-33 习题 14-20 附图

$$h_c=1.12\ (t_w-t_f)^{1/3}$$

及辐射部分

$$h_r=4\varepsilon\sigma_0 T_m^2,\quad T_m=(T_w+T_f)/2$$

其中,t_w 或 T_w 为外表面温度;t_f 或 T_f 为环境温度。$\delta_1=240\ mm, \delta_2=240\ mm, \delta_3=40\ mm$。设 3 种材料的导热系数均为常量,$\lambda_1=1.6\ W/(m\cdot K), \lambda_2=0.8\ W/(m\cdot K), \lambda_3=0.04\ W/(m\cdot K)$。试计算每平方米炉墙面积上由于粘贴了硅酸纤维毡而在炉子升温过程中节省的能量。

14-21 在壁厚为 $7\ cm$ 的铸铁模型中铸造 $14\ cm$ 厚的黄铜板。假定问题是一维的,试确定达到铜板完全凝固所需的时间。计算时做以下简化处理[5]:液体铜在瞬间内充满型腔;液体铜及铸型的初始温度各自均匀;液体铜内无自然对流,固、液体铜内均为导热;液体铜与固体铜的物性相同且为常量;铸件与铸型之间接触良好,不存在空气隙;铸型外表面与周围环境间的散热可用 $q=h(t-t_f)$ 表示;液体铜在固定的凝固点 t_s 下凝固,凝固过程中释放出的熔化潜热可折算成相当于使物体温度升高(L_h/c)所需的热量,但在潜热释放过程中该处温度应一直保持 t_s。经过这样一番简化后所计算的问题变为如图 14-34 所示的双层平板的一维导热问题。试:(1) 列出该问题的数学描述;(2) 在下列条件下计算铜板完全凝固所需要的时间。

已知:铸型初温 $t_0=20\ ℃$,液体铜初温 $1\ 100\ ℃, t_s=1\ 000\ ℃, h=4\ W/(m^2\cdot K), \lambda_1=126\ W/(m\cdot K)$,$\lambda_2=63\ W/(m\cdot K), c_1=419\ J/(kg\cdot K), c_2=502\ J/(kg\cdot K), \rho_1=8\ 000\ kg/m^3, \rho_2=7\ 000\ kg/m^3, L_h=167.5\ kJ/kg, t_f=20\ ℃$。

二维稳态导热计算

14-22 试对图 14-35 所示的常物性、无内热源的二维稳态导热问题,建立代数方程并用

Gauss-Seidel 迭代法计算 t_1、t_2、t_3、t_4 之值。

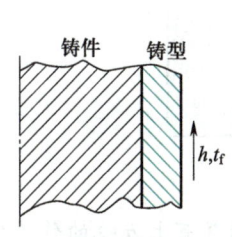

图 14-34　习题 14-21 附图

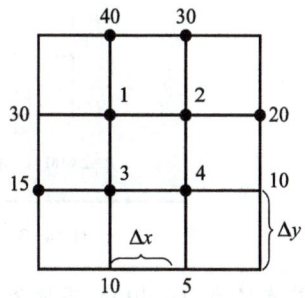

图 14-35　习题 14-22 附图（$\Delta x = \Delta y$）

14-23　如图 14-36 所示，一矩形截面的空心电流母线的内、外表面分别与温度为 t_{f1}、t_{f2} 的流体发生对流换热，表面传热系数分别为 h_1、h_2，且各自沿周界是均匀的。电流通过壁内产生均匀热源。今欲对母线中的稳态温度分布进行数值计算，试（1）画出计算区域；（2）对该区域内的温度分布列出微分方程式及边界条件；（3）对于图中内角顶、外角顶及任一内部节点列出离散方程式（$\Delta x \neq \Delta y$），设母线的导热系数 λ 为常数。

14-24　一个长方形截面的冷空气通道的尺寸如图 14-37 所示。假设在垂直于纸面的方向上冷空气及通道墙壁的温度变化很小，可以忽略。试用数值方法计算下列两种情况下通道壁面中的温度分布及每米长度上通过壁面的冷量损失：（1）内、外壁分别维持在 10 ℃ 及 30 ℃；（2）内、外壁与流体发生对流换热，且有 $t_{f1} = 10$ ℃，$h_1 = 20$ W/(m²·K)，$t_{f2} = 30$ ℃，$h_1 = 4$ W/(m²·K)。

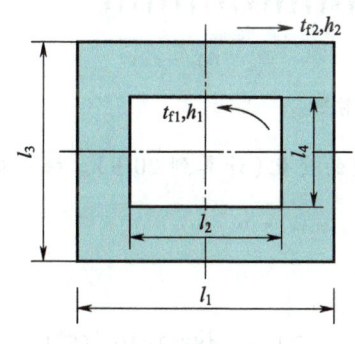

图 14-36　习题 14-23 附图

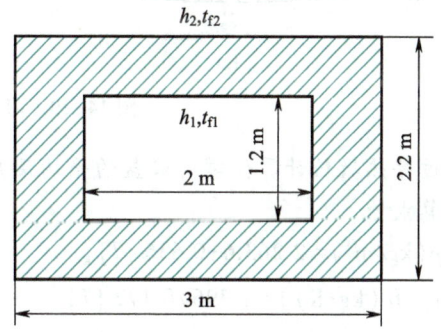

图 14-37　习题 14-24 附图

二维非稳态导热计算

14-25　一根高度、宽度分别为 20 cm 与 40 cm 的金属长柱体（$\lambda = 120$ W/(m·K)，$\alpha = 3.91 \times 10^{-6}$ m²/s），被加热到 800 ℃ 后，突然被置于温度为 25 ℃ 的大液冷池中热处理，液体的对流传热系数为 $h = 2\,000$ W/(m²·K)，但柱体顶面暴露于空气中（见图 14-38），空气温度为 15 ℃，平均综合散热系数（包括对流，辐射）为 10 W/(m²·K)。取 $\Delta t = 10$ s，$\Delta x = \Delta y = 10$ cm，计算 10 min 后各节点的温度。

14-26　熔融盐罐在太阳能电站、燃煤电站储能改建中都有广泛的应用。图 14-39 为融盐储

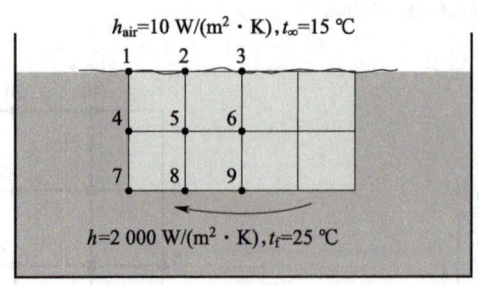

图 14-38　习题 14-25 附图

罐示意图[7]，一般其直径为 10~40 m，高度为 10~20 m。其内储存有上万吨的作为储热介质的盐类。所储熔盐通过温度变化，从高于其凝固点到低于其沸点的范围内（一般从 200 ℃ 到 600 ℃），即通过显热的变化存储或释放热能。

今有如图 14-39 所示直径为 38.5 m，熔盐高度为 11.7 m 的熔盐层，初始温度为 386 ℃，给定底部、顶部及侧面的散热量分别为 $\Phi_b = 62.0$ kW，$\Phi_t = 126.0$ kW，$\Phi_s = 109.0$ kW。假定（1）熔盐罐内热量传递导热占优，略去对流传热不计；（2）不考虑熔盐层内的诸如喷液器之类的金属结构；（3）不考虑圆周方向的不对称结构，可以作为轴对称问题计算。

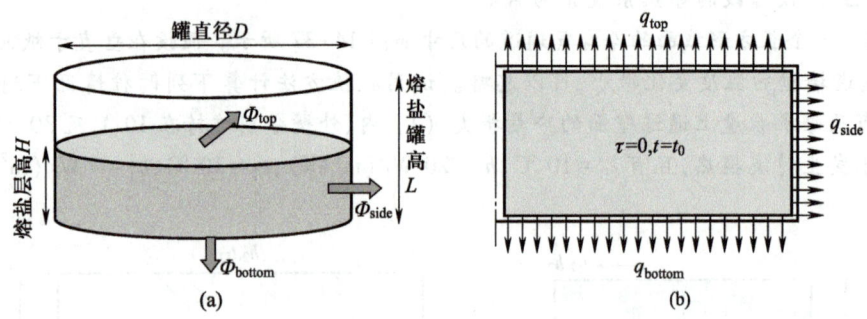

图 14-39　习题 14-26 附图

试通过导热数值计算储罐内熔盐的平均温度随时间的变化（计算到 20 h）。给定熔盐物性参数的计算式为

$$\rho(\text{kg/m}^3) = 2\,263.6 - 0.636\,\{T\}_\text{K}$$

$$c_p[\text{J/(kg·K)}] = 1\,396 + 0.172\,\{T\}_\text{K}$$

$$\mu[\text{kg/(m·s)}] = 7.547\,3 \times 10^{-2}\{T\}_\text{K} - 2.775\,0 \times 10^{-2}\{T^2\}_\text{K} + 3.488\,2 \times 10^{-7}\{T^3\}_\text{K} - 1.474 \times 10^{-10}\{T^4\}_\text{K}$$

$$\lambda[\text{W/(m·K)}] = 0.391\,1 + 0.000\,19\,\{T\}_\text{K}$$

参考文献

[1] 陶文铨. 数值传热学 [M]. 2 版. 西安: 西安交通大学出版社, 2001.

[2] PATANKAK S V. 传热与流体流动的数值计算[M]. 张政, 译. 北京: 科学出版社, 1980.

［3］ CHENG Y P,QU Z G,TAO W Q,et al. Numerical design of efficient slotted fin surface based on the field synergy principle［M］,Numer. Heal Transfer,Part A,2004,45:517-538.

［4］ MOBEDI M,HOOMAN K,TAO W Q. Solid-liquid thermal energy storage:modeling and application ［M］. Boca Raton:CRC Press,2022,Chapter 1,Chapter 5.

［5］ 李青春. 铸件形成理论基础［M］. 北京:机械工业出版社,1983:951-953.

［6］ COSTA M,BUDDHI D,OLIVA A. Numerical simulation of a latent heat thermal energy storage system with enhanced heat conduction［M］. Energy Covers. Mgmt,1998,39:319-330.

［7］ SUAREZ C,IRANZO A,PINO F J,et al. Transient analysis of the cooling process of molten salt thermal storage tanks due to standby heat loss ［J］. Applied Energy,2015,142:56-65.

《储能热流科学基础》
课程大作业

本大作业将对压缩空气储能系统中的主要设备，包括压缩机、透平、换热器进行热力计算。并对一段管道进行流动阻力计算。下面首先介绍一种典型的压缩空气储能系统，然后提出计算作业。

一、典型压缩空气储能系统工程背景介绍

1. 先进绝热压缩空气储能系统的流程图

压缩空气储能是一种高效的储能技术，它具有多条可行技术路线，此处以国家重点研发计划"西北村镇分布式压缩空气储能及微网安全供能关键技术研究与示范"项目涉及的先进绝热压缩空气储能系统为例，进行简要介绍，该储能系统如图1所示。

2. 先进绝热压缩空气储能系统的运行流程

先进绝热压缩空气储能系统包括压缩储能、导热油加热、膨胀释能、余热利用4个过程。

压缩储能过程：通过四级压缩将环境空气压缩并输送至空气储罐中，前三级压缩机处于恒压工作状态（压缩机的压比保持恒定），压缩热由气水换热器收集后储存在热水箱中，并用于后续的对外供热；末级压缩机处于滑压工作状态，压缩机的压比可根据需要不断变化，且压缩热通过冷水塔向环境释放，不回收利用。

导热油加热过程：来自低温油罐的导热油首先由光热集热器加热至140 ℃，然后再由电加热器进一步加热至200 ℃并储存在高温油罐中，用于预热进入透平的空气。

膨胀释能过程：高压空气通过两级膨胀排放至环境空气中，为了维持透平在设计工况下运行，采用节流阀调节空气储罐出口的空气压力。此外，在进入透平之前，高压空气被来自高温油罐的导热油加热以提高做功能力。随后导热油被输送至中温油罐。

余热利用过程：来自中温油罐的导热油流经油水换热器，用于对外供热，最后流入低温油罐。

对压缩机、气水换热器、透平、油气换热器和油水换热器等关键部件的设计参数将在后文的课程大作业中进行介绍。

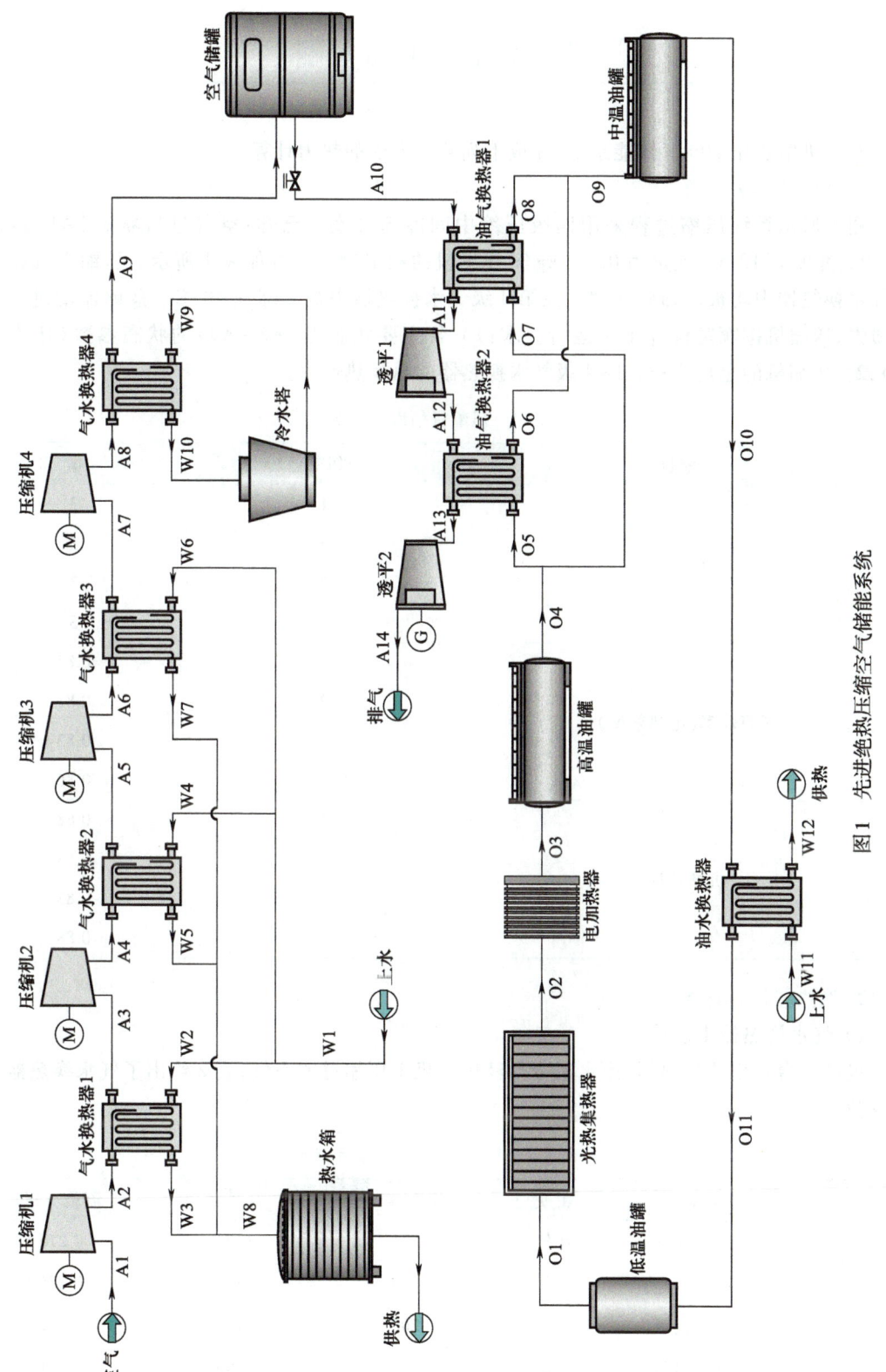

图 1 先进绝热压缩空气储能系统

二、课程大作业题目

对先进绝热压缩空气储能系统,完成下列 4 个方面的热力计算。

1. 压缩机热力计算

图 1 所示系统压缩过程采用四级压缩中间冷却方案。已知:空气进口状态(A1)压力为 77 kPa、温度为 10 ℃、流量为 0.277 kg/s,压缩机的额定设计参数如表 1 所示。压缩空气在 1~3 级气水换热器中均被冷却到 35 ℃,在第 4 级气水换热器中被冷却到 40 ℃。忽略流动过程的压力损失,压缩机按额定设计工况运行。求:1) 各主要状态点(A2~A9)的状态参数(压力和温度);2) 压缩机的总功率;3) 1~4 级气水换热器的总换热速率。

表 1　压缩机的设计参数

压缩机	级数	值
压比	1	3
	2	3
	3	3
	4	3
等熵效率(绝热效率)	1	0.83
	2	0.83
	3	0.83
	4	0.86
机械效率	1	0.88
	2	0.88
	3	0.88
	4	0.88

2. 换热器热力计算

1) 气水换热器 1 设计

设计一台管束式换热器,用水来冷却经压气机 1 压缩过的空气,表 2 给出了气水换热器 1 设计参数。

表 2　空气-水换热器 1 设计参数

	状态点	工质	压力/kPa	温度/℃	流量/(t/h)
热流体	A2:进口	空气	231	135.4	0.276 6
	A3:出口	空气	210	35.0	0.276 6
冷流体	W2:进口	水	200	15.0	0.171
	W3:出口	水	133	70.0	0.171

2）油水换热器设计

设计一台板式换热器，用来自中温油罐的导热油加热水实现对外供热，表3给出了油水换热器设计参数。导热油热物性随温度的变化如表4所示。

表3 油水换热器设计参数

	状态点	工质	压力/bar	温度/℃	流量/(t/h)
热流体	O10：进口	导热油	1.2	180	2.091
	O11：出口	导热油	1.176	85.62	2.091
冷流体	W11：进口	水	2.689	40.02	3.6
	W12：出口	水	1.345	70	3.6

表4 导热油热物性随温度的变化

温度/℃	密度 ρ/(kg/m³)	比热/[kJ/(kg·K)]	导热系数 λ/[W/(m·K)]	动力黏度/(Pa·s)
4	1 019	1.51	0.118 1	694.0×10^{-3}
16	1 011	1.55	0.117 7	188.0×10^{-3}
27	1 003	1.58	0.117 3	71.0×10^{-3}
38	997	1.62	0.116 8	33.6×10^{-3}
49	989	1.66	0.116 3	18.6×10^{-3}
60	982	1.70	0.115 8	11.5×10^{-3}
71	974	1.74	0.115 2	7.77×10^{-3}
82	967	1.78	0.114 5	5.57×10^{-3}
93	960	1.81	0.113 9	4.19×10^{-3}
104	952	1.85	0.113 2	3.27×10^{-3}
116	944	1.89	0.112 4	2.63×10^{-3}
127	937	1.93	0.111 7	2.16×10^{-3}
138	929	1.97	0.110 8	1.813×10^{-3}
149	921	2.01	0.110 0	1.545×10^{-3}
160	914	2.05	0.109 1	1.335×10^{-3}
171	906	2.09	0.108 2	1.167×10^{-3}
182	898	2.13	0.107 2	1.031×10^{-3}
193	890	2.17	0.106 2	0.918×10^{-3}
204	882	2.21	0.105 1	0.825×10^{-3}

3. 透平的热力计算

压缩空气储能系统的膨胀阶段压缩空气释放能量。在先进绝热压缩空气储能系统中的透平1的进口，空气速度为11 m/s，压力为888.3 kPa，温度为160 ℃；在空气透平的出口，空气速度为20 m/s，压力为317.2 kPa，温度为69.78 ℃。若空气流量为2.766 t/h，设透平中流动过程是绝热的,高度变化的影响可以忽略。针对上述释能过程,求:(1) 透平的输出功率;(2) 若透平总效率为 0.656(已考虑机械损失),求透平的额定功率。

4. 管道的阻力计算

在先进绝热压缩空气储能系统中,从中温油罐到油水换热器的管道总长为 50 m。从中温油罐流出的油经过 10 m 的流动后发生 90°的转弯,$d/R = 0.2$,在流经 20 m 后有一个闸阀,然后流入油水换热器。管道内径为 50 mm,相对表面粗糙度为 $\Delta/R = 0.001$,油的流量为 2.091 t/h,油的平均温度为 180 ℃,试确定在闸阀全部打开情形下油流经该段 50 m 长管道的总压降。油的热物性可参照表 4 确定。

三、进一步的自主训练

读者学完本书后应该对压缩空气储能系统热设计所需要的热流科学基本知识有了全面的了解与掌握。建议读者自行设计一个压缩空气储能系统,选择采用何种压缩机,确定各级参数,进行各个部件所需的热流科学数据的计算,并讨论提高压缩空气储能系统的能量利用效率的方法。

附录

附录 1　常用单位换算表

物理量名称	符号	换算系数		
		我国法定计量单位	工程单位	
压力	p	Pa	atm	
		1	$9.869\ 23 \times 10^{-6}$	
		$1.013\ 25 \times 10^{5}$	1	
运动黏度	ν	$\mathrm{m^2/s}$	$\mathrm{m^2/s}$	
		1	1	
动力黏度	η	$\mathrm{Pa \cdot s}$	$\mathrm{(kgf \cdot s)/m^2}$	
		1	0.101 972	
		9.806 65	1	
比热容	c	$\mathrm{kJ/(kg \cdot K)}$	$\mathrm{kcal/(kgf \cdot ℃)}$	
		1	0.238 846	
		4.186 8	1	
热流密度	q	$\mathrm{W/m^2}$	$\mathrm{kcal/(m^2 \cdot h)}$	
		1	0.859 845	
		1.163	1	
导热系数	λ	$\mathrm{W/(m \cdot K)}$	$\mathrm{kcal/(m \cdot h \cdot ℃)}$	
		1	0.859 845	
		1.163	1	
表面传热系数 总传热系数	h k	$\mathrm{W/(m^2 \cdot K)}$	$\mathrm{kcal/(m^2 \cdot h \cdot ℃)}$	
		1	0.859 845	
		1.163	1	
功率 热流量	P Φ	W	kcal/h	$\mathrm{(kgf \cdot m)/s}$
		1	0.859 845	0.101 972
		1.163	1	0.118 583
		9.806 65	8.433 719	1

附录 2　低压时一些常用气体的比热容

T/K	c_p kJ/ (kg·K)	c_V kJ/ (kg·K)	γ	c_p kJ/ (kg·K)	c_V kJ/ (kg·K)	γ	c_p kJ/ (kg·K)	c_V kJ/ (kg·K)	γ
	空气			二氧化碳			一氧化碳		
250	1.003	0.716	1.401	0.791	0.602	1.314	1.039	0.743	1.40
300	1.005	0.718	1.400	0.846	0.657	1.288	1.040	0.744	1.399
350	1.008	0.721	1.398	0.895	0.706	1.268	1.043	0.746	1.398
400	1.013	0.726	1.395	0.939	0.750	1.252	1.047	0.751	1.395
450	1.020	0.733	1.391	0.978	0.790	1.239	1.054	0.757	1.392
500	1.029	0.742	1.387	1.014	0.825	1.229	1.063	0.767	1.387
600	1.051	0.764	1.376	1.075	0.886	1.213	1.087	0.790	1.376
700	1.075	0.788	1.364	1.126	0.937	1.202	1.113	0.816	1.364
800	1.099	0.812	1.354	1.169	0.980	1.193	1.139	0.842	1.353
900	1.121	0.834	1.344	1.204	1.015	1.186	1.163	0.866	1.343
1 000	1.142	0.855	1.336	1.234	1.045	1.181	1.185	0.888	1.335
	氮气			氧气			氢气		
250	1.039	0.742	1.400	0.913	0.653	1.398	14.051	9.927	1.416
300	1.039	0.743	1.400	0.918	0.658	1.395	14.307	10.183	1.405
350	1.041	0.744	1.399	0.928	0.668	1.389	14.427	10.302	1.400
400	1.044	0.747	1.397	0.941	0.681	1.382	14.476	10.352	1.398
450	1.049	0.752	1.395	0.956	0.696	1.373	14.501	10.377	1.398
500	1.056	0.759	1.391	0.972	0.712	1.365	14.513	10.389	1.397
600	1.075	0.778	1.382	1.003	0.743	1.350	14.546	10.422	1.396
700	1.098	0.801	1.371	1.031	0.771	1.337	14.604	10.480	1.394
800	1.121	0.825	1.360	1.054	0.794	1.327	14.695	10.570	1.390
900	1.145	0.849	1.349	1.074	0.814	1.319	14.822	10.698	1.385
1 000	1.167	0.870	1.341	1.090	0.830	1.313	14.983	10.859	1.380

数据来源:MORAN M J,SHAPIRO H N. Fundamentals of engineering thermodynamics. 3rd ed. New York:John Wiley & Sons Inc.,1995.

附录 3　一些气体在理想气体状态时的比定压热容

$$c_p = c_0 + c_1\theta + c_1\theta^2 + c_3\theta^3 \text{ kJ/(kg·K)}, \theta = \{T\}_K/1\,000$$

适用范围为 250~1 200 K,带"*"的物质最高使用温度为 500 K

气体	分子式	c_0	c_1	c_2	c_3
空气	—	1.05	−0.365	0.85	−0.39
氦气	He	5.19	0	0	0
氩气	Ar	0.52	0	0	0
氢气	H_2	13.46	4.6	−6.85	3.79
氮气	N_2	1.11	−0.48	0.96	−0.42
氧气	O_2	0.88	−0.0001	0.54	−0.33
二氧化碳	CO_2	0.45	1.67	−1.27	0.39
一氧化碳	CO	1.10	−0.46	1.90	−0.454
二氧化硫	SO_2	0.37	1.05	−0.77	0.21
甲烷	CH_4	1.20	3.25	0.75	−0.71
乙烷	C_2H_6	0.18	5.92	−2.31	0.29
丙烷	C_3H_8	−0.096	6.95	−3.6	0.73
正丁烷	C_4H_{10}	0.163	5.70	−1.096	−0.049
正辛烷	C_8H_{18}	−0.053	6.75	−3.67	0.775
乙炔	C_2H_2	1.03	2.91	−1.92	0.54
乙烯	C_2H_4	1.36	5.58	−3.0	0.63
甲醇	CH_3OH	0.66	2.21	0.81	−0.89
乙醇	C_2H_5OH	0.2	−4.65	−1.82	0.03
氨	NH_3	1.60	1.5	1.0	−0.7
水蒸气	H_2O	1.79	0.107	0.586	−0.20
R22*	$CHClF_2$	0.2	1.87	−1.35	0.35
R134a*	CF_3CH_2F	0.165	2.81	−2.23	1.11

数据来源:SONNTAG R E,BORGNAKKE C,WYLEN G J V. Fundamentals of thermodynamics. 6th ed. New York:John Wiley & Sons Inc.,2003.

附录 4 理想气体的平均比定压热容

表中比热容单位:kJ/(kg·K)

温度/℃	空气	O_2	N_2	CO	CO_2	H_2O	SO_2
0	1.004	0.915	1.039	1.040	0.815	1.859	0.607
100	1.006	0.923	1.040	1.042	0.866	1.873	0.636
200	1.012	0.935	1.043	1.046	0.910	1.894	0.662
300	1.019	0.950	1.049	1.054	0.949	1.919	0.687
400	1.028	0.965	1.057	1.063	0.983	1.948	0.708
500	1.039	0.979	1.066	1.075	1.013	1.978	0.724
600	1.050	0.993	1.076	1.086	1.040	2.009	0.737
700	1.061	1.005	1.087	1.093	1.064	2.042	0.754
800	1.071	1.016	1.097	1.109	1.085	2.075	0.762
900	1.081	1.026	1.108	1.120	1.104	2.110	0.775
1 000	1.091	1.035	1.118	1.130	1.122	2.144	0.783
1 100	1.100	1.043	1.127	1.140	1.138	2.177	0.791
1 200	1.108	1.051	1.136	1.149	1.153	2.211	0.795
1 300	1.117	1.058	1.145	1.158	1.166	2.243	—
1 400	1.124	1.065	1.153	1.166	1.178	1.274	—
1 500	1.131	1.071	1.160	1.173	1.189	2.305	—
1 600	1.138	1.077	1.167	1.180	1.200	2.335	—
1 700	1.144	1.083	1.174	1.187	1.209	2.363	—
1 800	1.150	1.089	1.180	1.192	1.218	2.391	—
1 900	1.156	1.094	1.186	1.198	1.226	2.417	—
2 000	1.161	1.099	1.191	1.203	1.233	2.442	—

数据来源:沈维道,童钧耕. 工程热力学. 5 版. 北京:高等教育出版社,2016.

附录 5 理想气体的平均比热容直线关系式

表中比热容单位:kJ/(kg·K);温度 t 单位:℃

气体	平均比热容
空气	$c_V = 0.708\ 8+0.000\ 093t$ $c_p = 0.995\ 6+0.000\ 093t$
氢气	$c_V = 10.12+0.000\ 594t$ $c_p = 14.33+0.000\ 594t$
氮气	$c_V = 0.730\ 4+0.000\ 089\ 55t$ $c_p = 1.03+0.000\ 089\ 55t$
氧气	$c_V = 0.659+0.000\ 106\ 5t$ $c_p = 0.919+0.000\ 106\ 5t$
一氧化碳	$c_V = 0.733\ 1+0.000\ 096\ 81t$ $c_p = 1.035+0.000\ 096\ 81t$
二氧化碳	$c_V = 0.683\ 71+0.000\ 240\ 6t$ $c_p = 0.872\ 5+0.000\ 240\ 6t$
水蒸气	$c_V = 1.372\ 1+0.000\ 311\ 1t$ $c_p = 1.833+0.000\ 311\ 1t$

数据来源:沈维道,童钧耕. 工程热力学. 5 版. 北京:高等教育出版社,2016.

附录 6 饱和水与饱和蒸汽热力性质(按照温度排序)

温度	压力	比体积		比焓		潜热	比熵	
t/℃	p/kPa	v' m³/kg	v'' m³/kg	h' kJ/kg	h'' kJ/kg	r kJ/kg	s' kJ/(kg·K)	s'' kJ/(kg·K)
0.01	0.611 7	0.001 000	206.00	0.001	2 500.9	2 500.9	0.000 0	9.155 6
5	0.872 5	0.001 000	147.03	21.020	2 510.1	2 489.1	0.076 3	9.024 9
10	1.228 1	0.001 000	106.32	42.022	2 519.2	2 477.2	0.151 1	8.899 9
15	1.705 7	0.001 001	77.885	62.982	2 528.3	2 465.4	0.224 5	8.780 3
20	2.339 2	0.001 002	57.762	83.915	2 537.4	2 453.5	0.296 5	8.666 1
25	3.169 8	0.001 003	43.340	104.83	2 546.5	2 441.7	0.367 2	8.556 7

温度	压力	比体积		比焓		潜热	比熵	
		v'	v''	h'	h''	r	s'	s''
$t/℃$	p/kPa	m^3/kg	m^3/kg	kJ/kg	kJ/kg	kJ/kg	$kJ/(kg·K)$	$kJ/(kg·K)$
30	4.246 9	0.001 004	32.879	125.74	2 555.6	2 429.8	0.436 8	8.452 0
35	5.629 1	0.001 006	25.205	146.64	2 564.6	2 417.9	0.505 1	8.351 7
40	7.385 1	0.001 008	19.515	167.53	2 573.5	2 406.0	0.572 4	8.255 6
45	9.595 3	0.001 010	15.251	188.44	2 582.4	2 394.0	0.638 6	8.163 3
50	12.352	0.001 012	12.026	209.34	2 591.3	2 382.0	0.703 8	8.074 8
55	15.763	0.001 015	9.563 9	230.26	2 600.1	2 369.8	0.768 0	7.989 8
60	19.947	0.001 017	7.667 0	251.18	2 608.8	2 357.7	0.831 3	7.908 2
65	25.043	0.001 020	6.193 5	272.12	2 617.5	2 345.4	0.893 7	7.829 6
70	31.202	0.001 023	5.039 6	293.07	2 626.1	2 333.0	0.955 1	7.754 0
75	38.597	0.001 026	4.129 1	314.03	2 634.6	2 320.6	1.015 8	7.681 2
80	47.416	0.001 029	3.405 3	335.02	2 643.0	2 308.0	1.075 6	7.611 1
85	57.868	0.001 032	2.826 1	356.02	2 651.4	2 295.3	1.134 6	7.543 5
90	70.183	0.001 036	2.359 3	377.04	2 659.6	2 282.5	1.192 9	7.478 2
95	84.609	0.001 040	1.980 8	398.09	2 667.6	2 269.6	1.250 4	7.415 1
100	101.42	0.001 043	1.672 0	419.17	2 675.6	2 256.4	1.307 2	7.354 2
105	120.90	0.001 047	1.418 6	440.28	2 243.1	2 683.4	1.363 4	7.295 2
110	143.38	0.001 052	1.209 4	461.42	2 691.1	2 229.7	1.418 8	7.238 2
115	169.18	0.001 056	1.036 0	482.59	2 698.6	2 216.0	1.473 7	7.182 9
120	198.67	0.001 060	0.891 33	503.81	2 706.0	2 202.1	1.527 9	7.129 2
125	232.23	0.001 065	0.770 12	525.07	2 713.1	2 188.1	1.581 6	7.077 1
130	270.28	0.001 070	0.668 08	546.38	2 720.1	2 173.7	1.634 6	7.026 5
135	313.22	0.001 075	0.581 79	567.75	2 726.9	2 159.1	1.687 2	6.977 3
140	361.53	0.001 080	0.508 50	589.16	2 733.5	2 144.3	1.739 2	6.929 4
145	415.68	0.001 085	0.446 00	610.64	2 129.2	2 739.8	1.790 8	6.882 7
150	476.16	0.001 091	0.392 48	632.18	2 745.9	2 113.8	1.841 8	6.837 1
155	543.49	0.001 096	0.346 48	653.79	2 751.8	2 098.0	1.892 4	6.792 7
160	618.23	0.001 102	0.306 80	675.47	2 757.5	2 082.0	1.942 6	6.749 2
165	700.93	0.001 108	0.272 44	697.24	2 762.8	2 065.6	1.992 3	6.706 7
170	792.18	0.001 114	0.242 60	719.08	2 767.9	2 048.8	2.041 7	6.665 0
175	892.60	0.001 121	0.216 59	741.02	2 772.7	2 031.7	2.090 6	6.624 2

温度	压力	比体积		比焓		潜热	比熵	
		v'	v''	h'	h''	r	s'	s''
$t/℃$	p/kPa	m^3/kg	m^3/kg	kJ/kg	kJ/kg	kJ/kg	kJ/(kg·K)	kJ/(kg·K)
180	1 002.8	0.001 127	0.193 84	763.05	2 777.2	2 014.2	2.139 2	6.584 1
185	1 123.5	0.001 134	0.173 90	785.19	2 781.4	1 996.2	2.187 5	6.544 7
190	1 255.2	0.001 141	0.156 36	807.43	2 785.3	1 977.9	2.235 5	6.505 9
195	1 398.8	0.001 149	0.140 89	829.78	2 788.8	1 959.0	2.283 1	6.467 8
200	1 554.9	0.001 157	0.127 21	852.26	2 792.0	1 939.8	2.330 5	6.430 2
205	1 724.3	0.001 164	0.115 08	872.86	2 794.8	1 920.0	2.377 6	6.393 0
210	1 907.7	0.001 173	0.104 29	897.61	2 797.3	1 899.7	2.424 5	6.356 3
215	2 105.9	0.001 181	0.094 680	920.50	2 799.3	1 878.8	2.471 2	6.320 0
220	2 319.6	0.001 190	0.086 094	943.55	2 801.0	1 857.4	2.517 6	6.284 0
225	2 549.7	0.001 199	0.078 405	966.76	2 802.2	1 835.4	2.563 9	6.248 3
230	2 797.1	0.001 209	0.071 505	990.14	2 802.9	1 812.8	2.610 0	6.212 8
235	3 062.6	0.001 219	0.065 300	1 013.7	2 803.2	1 789.5	2.656 0	6.177 5
240	3 347.0	0.001 229	0.059 707	1 037.5	2 803.0	1 765.5	2.701 8	6.142 4
245	3 651.2	0.001 240	0.054 656	1 061.5	2 802.2	1 740.8	2.747 6	6.107 2
250	3 976.2	0.001 252	0.050 085	1 085.7	2 801.0	1 715.3	2.793 3	6.072 1
255	4 322.9	0.001 263	0.045 941	1 110.1	2 799.1	1 689.0	2.839 0	6.036 9
260	4 692.3	0.001 276	0.042 175	1 134.8	2 796.6	1 661.8	2.884 7	6.001 7
265	5 085.3	0.001 289	0.038 748	1 159.8	2 793.5	1 633.7	2.930 4	5.966 2
270	5 503.0	0.001 303	0.035 622	1 185.1	2 789.7	1 604.6	2.976 2	5.930 5
275	5 946.4	0.001 317	0.032 767	1 210.7	2 785.2	1 543.2	3.022 1	5.894 4
280	6 416.6	0.001 333	0.030 153	1 236.7	2 779.9	1 574.5	3.068 1	5.857 9
285	6 914.6	0.001 349	0.027 756	1 263.1	2 773.7	1 510.7	3.114 4	5.821 0
290	7 441.8	0.001 366	0.025 554	1 289.8	2 766.7	1 476.9	3.160 8	5.783 4
295	7 999.0	0.001 384	0.023 528	1 317.1	2 758.7	1 441.6	3.207 6	5.745 0
300	8 587.9	0.001 404	0.021 659	1 344.8	2 749.6	1 404.8	3.254 8	5.705 9
305	9 209.4	0.001 425	0.019 932	1 373.1	2 739.4	1 366.3	3.302 4	5.665 7
310	9 865.0	0.001 447	0.018 333	1 402.0	2 727.9	1 325.9	3.350 6	5.624 3
315	10 556	0.001 472	0.016 849	1 431.6	2 715.0	1 283.4	3.399 4	5.581 6
320	11 284	0.001 499	0.015 470	1 462.0	2 700.6	1 238.5	3.449 1	5.537 2
325	12 051	0.001 528	0.014 183	1 493.4	2 684.3	1 191.0	3.499 8	5.490 8

温度	压力	比体积		比焓		潜热	比熵	
$t/℃$	p/kPa	v'	v''	h'	h''	r	s'	s''
		m^3/kg	m^3/kg	kJ/kg	kJ/kg	kJ/kg	$\text{kJ}/(\text{kg·K})$	$\text{kJ}/(\text{kg·K})$
330	12 858	0.001 560	0.012 979	1 525.8	2 666.0	1 140.3	3.551 6	5.442 2
335	13 707	0.001 597	0.011 848	1 559.4	2 645.4	1 086.0	3.605 0	5.390 7
340	14 601	0.001 638	0.010 783	1 594.6	2 622.0	1 027.4	3.660 2	5.335 8
345	15 541	0.001 685	0.009 772	1 631.7	2 595.1	963.4	3.717 9	5.276 5
350	16 529	0.001 741	0.008 806	1 671.2	2 563.9	892.7	3.778 8	5.211 4
355	17 570	0.001 808	0.007 872	1 714.0	2 526.9	812.9	3.844 2	5.138 4
360	18 666	0.001 895	0.006 950	1 761.5	2 481.6	720.1	3.916 5	5.053 7
365	19 822	0.002 015	0.006 009	1 817.2	2 422.7	605.5	4.000 4	4.949 3
370	21 044	0.002 217	0.004 953	1 891.2	2 334.3	443.1	4.111 9	4.800 9
373.95	22 064	0.003 106	0.003 106	2 084.3	2 084.3	0	4.407 0	4.407 0

数据来源:CENGEL Y A,BOLES M A,KANOGLU M. Thermodynamics:an engineering approach. 9th ed. New York:McGraw-Hill Education,2019.

附录 7　饱和水与饱和蒸汽热力性质(按照压力排序)

压力	温度	比体积		比焓		潜热	比熵	
p/kPa	$t/℃$	v'	v''	h'	h''	r	s'	s''
		m^3/kg	m^3/kg	kJ/kg	kJ/kg	kJ/kg	$\text{kJ}/(\text{kg·K})$	$\text{kJ}/(\text{kg·K})$
1.0	6.97	0.001 000	129.19	29.303	2 513.7	2 484.4	0.105 9	8.974 9
1.5	13.02	0.001 001	87.964	54.688	2 524.7	2 470.1	0.195 6	8.827 0
2.0	17.50	0.001 001	66.990	73.433	2 532.9	2 459.5	0.260 6	8.722 7
2.5	21.08	0.001 002	54.242	88.424	2 539.4	2 451.0	0.311 8	8.642 1
3.0	24.08	0.001 003	45.654	100.98	2 544.8	2 443.9	0.354 3	8.576 5
4.0	28.96	0.001 004	34.791	121.39	2 553.7	2 432.3	0.422 4	8.473 4
5.0	32.87	0.001 005	28.185	137.75	2 560.7	2 423.0	0.476 2	8.393 8
7.5	40.29	0.001 008	19.233	168.75	2 574.0	2 405.3	0.576 3	8.250 1
10	45.81	0.001 010	14.670	191.81	2 583.9	2 392.1	0.649 2	8.148 8
15	53.97	0.001 014	10.020	225.94	2 598.3	2 372.3	0.754 9	8.007 1
20	60.06	0.001 017	7.6481	251.42	2 608.9	2 357.5	0.832 0	7.907 3
25	64.96	0.001 020	6.2034	271.96	2 617.5	2 345.5	0.893 2	7.830 2

续表

压力	温度	比体积		比焓		潜热	比熵	
		v'	v''	h'	h''	r	s'	s''
p/kPa	t/℃	m³/kg	m³/kg	kJ/kg	kJ/kg	kJ/kg	kJ/(kg·K)	kJ/(kg·K)
30	69.09	0.001 022	5.228 7	289.27	2 624.6	2 335.3	0.944 1	7.767 5
40	75.86	0.001 026	3.993 3	317.62	2 636.1	2 318.4	1.026 1	7.669 1
50	81.32	0.001 030	3.240 3	340.54	2 645.2	2 304.7	1.091 2	7.593 1
75	91.76	0.001 037	2.217 2	384.44	2 662.4	2 278.0	1.213 2	7.455 8
100	99.61	0.001 043	1.694 1	417.51	2 675.0	2 257.5	1.302 8	7.358 9
101.325	99.97	0.001 043	1.673 4	419.06	2 675.6	2 256.5	1.306 9	7.354 5
125	105.97	0.001 048	1.375 0	444.36	2 684.9	2 240.6	1.374 1	7.284 1
150	111.35	0.001 053	1.159 4	467.13	2 693.1	2 226.0	1.433 7	7.223 1
175	116.04	0.001 057	1.003 7	487.01	2 700.2	2 213.1	1.485 0	7.171 6
200	120.21	0.001 061	0.885 78	504.71	2 706.3	2 201.6	1.530 2	7.127 0
225	123.97	0.001 064	0.793 29	520.71	2 711.7	2 191.0	1.570 6	7.087 7
250	127.41	0.001 067	0.718 73	535.35	2 716.5	2 181.2	1.607 2	7.052 5
275	130.58	0.001 070	0.657 32	548.86	2 720.9	2 172.0	1.640 8	7.020 7
300	133.52	0.001 073	0.605 82	561.43	2 724.9	2 163.5	1.671 7	6.991 7
325	136.27	0.001 076	0.561 99	573.19	2 728.6	2 155.4	1.700 5	6.965 0
350	138.86	0.001 079	0.524 22	584.26	2 732.0	2 147.7	1.727 4	6.940 2
375	141.30	0.001 081	0.491 33	594.73	2 735.1	2 140.4	1.752 6	6.917 1
400	143.61	0.001 084	0.462 42	604.66	2 738.1	2 133.4	1.776 5	6.895 5
450	147.90	0.001 088	0.413 92	623.14	2 743.4	2 120.3	1.820 5	6.856 1
500	151.83	0.001 093	0.374 83	640.09	2 748.1	2 108.0	1.860 4	6.820 7
550	155.46	0.001 097	0.342 61	655.77	2 752.4	2 096.6	1.897 0	6.788 6
600	158.83	0.001 101	0.315 60	670.38	2 756.2	2 085.8	1.930 8	6.759 3
650	161.98	0.001 104	0.292 60	684.08	2 759.6	2 075.5	1.962 3	6.732 2
700	164.95	0.001 108	0.272 78	697.00	2 762.8	2 065.8	1.991 8	6.707 1
750	167.75	0.001 111	0.255 52	709.24	2 765.7	2 056.4	2.019 5	6.683 7
800	170.41	0.001 115	0.240 35	720.87	2 768.3	2 047.5	2.045 7	6.661 6
850	172.94	0.001 118	0.226 90	731.95	2 770.8	2 038.8	2.070 5	6.640 9
900	175.35	0.001 121	0.214 89	742.56	2 773.0	2 030.5	2.094 1	6.621 3
950	177.66	0.001 124	0.204 11	752.74	2 775.2	2 022.4	2.116 6	6.602 7
1 000	179.88	0.00 1127	0.194 36	762.51	2 777.1	2 014.6	2.138 1	6.585 0
1 100	184.06	0.001 133	0.177 45	781.03	2 780.7	1 999.6	2.178 5	6.552 0

续表

压力	温度	比体积		比焓		潜热	比熵	
		v'	v''	h'	h''	r	s'	s''
p/kPa	t/℃	m³/kg	m³/kg	kJ/kg	kJ/kg	kJ/kg	kJ/(kg·K)	kJ/(kg·K)
1 200	187.96	0.001 138	0.163 26	798.33	2 783.8	1 985.4	2.215 9	6.521 7
1 300	191.60	0.001 144	0.151 19	814.59	2 786.5	1 971.9	2.250 8	6.493 6
1 400	195.04	0.001 149	0.140 78	829.96	2 788.9	1 958.9	2.283 5	6.467 5
1 500	198.29	0.001 154	0.131 71	844.55	2 791.0	1 946.4	2.314 3	6.443 0
1 750	205.72	0.001 166	0.113 44	878.16	2 795.2	1 917.1	2.384 4	6.387 7
2 000	212.38	0.001 177	0.099 587	908.47	2 798.3	1 889.8	2.446 7	6.339 0
2 250	218.41	0.001 187	0.088 717	936.21	2 800.5	1 864.3	2.502 9	6.295 4
2 500	223.95	0.001 197	0.079 952	961.87	2 801.9	1 840.1	2.554 2	6.255 8
3 000	233.85	0.001 217	0.066 667	1 008.3	2 803.2	1 794.9	2.645 4	6.185 6
3 500	242.56	0.001 235	0.057 061	1 049.7	2 802.7	1 753.0	2.725 3	6.124 4
4 000	250.35	0.001 252	0.049 779	1 087.4	2 800.8	1 713.5	2.796 6	6.069 6
5 000	263.94	0.001 286	0.039 448	1 154.5	2 794.2	1 639.7	2.920 7	5.973 7
6 000	275.59	0.001 319	0.032 449	1 213.8	2 784.6	1 570.9	3.027 5	5.890 2
7 000	285.83	0.001 352	0.027 378	1 267.5	2 772.6	1 505.2	3.122 0	5.814 8
8 000	295.01	0.001 384	0.023 525	1 317.1	2 758.7	1 441.6	3.207 7	5.745 0
9 000	303.35	0.001 418	0.020 489	1 363.7	2 742.9	1 379.3	3.286 6	5.679 1
10 000	311.00	0.001 452	0.018 028	1 407.8	2 725.5	1 317.6	3.360 3	5.615 9
11 000	318.08	0.001 488	0.015 988	1 450.2	2 706.3	1 256.1	3.429 9	5.554 4
12 000	324.68	0.001 526	0.014 264	1 491.3	2 685.4	1 194.1	3.496 4	5.493 9
13 000	330.85	0.001 566	0.012 781	1 531.4	2 662.7	1 131.3	3.560 6	5.433 6
14 000	336.67	0.001 610	0.011 487	1 571.0	2 637.9	1 067.0	3.623 2	5.372 8
15 000	342.16	0.001 657	0.010 341	1 610.3	2 610.8	1 000.5	3.684 8	5.310 8
16 000	347.36	0.001 710	0.009 312	1 649.9	2 581.0	931.1	3.746 1	5.246 6
17 000	352.29	0.001 770	0.008 374	1 690.3	2 547.7	857.4	3.808 2	5.179 1
18 000	356.99	0.001 840	0.007 504	1 732.2	2 510.0	777.8	3.872 0	5.106 4
19 000	361.47	0.001 926	0.006 677	1 776.8	2 466.0	689.2	3.939 6	5.025 6
20 000	365.75	0.002 038	0.005 862	1 826.6	2 412.1	585.5	4.014 6	4.931 0
21 000	369.83	0.002 207	0.004 994	1 888.0	2 338.4	450.4	4.107 1	4.807 6
22 000	373.71	0.002 703	0.003 644	2 011.1	2 172.6	161.5	4.294 2	4.543 9
22 064	373.95	0.003 106	0.003 106	2 084.3	2 084.3	0	4.407 0	4.407 0

数据来源：CENGEL Y A，BOLES M A，KANOGLU M. Thermodynamics：an engineering approach. 9th ed. New York：McGraw-Hill Education，2019.

附录8　未饱和水与过热蒸汽热力性质

	$p = 0.001$ MPa			$p = 0.005$ MPa		
饱和参数	$t_s = 6.949$ ℃ $v' = 0.001\ 001$ m³/kg, $v'' = 0.001\ 001$ m³/kg $h' = 29.21$ kJ/kg, $h'' = 29.21$ kJ/kg $s' = 0.105\ 6$ kJ/(kg·K), $s'' = 0.105\ 6$ kJ/(kg·K)			$t_s = 6.949$ ℃ $v' = 0.001\ 053$ m³/kg, $v'' = 28.191$ m³/kg $h' = 137.72$ kJ/kg, $h'' = 2\ 560.6$ kJ/kg $s' = 0.476\ 1$ kJ/(kg·K), $s'' = 8.393\ 0$ kJ/(kg·K)		
t/℃	v/(m³/kg)	h/(kJ/kg)	s/[kJ/(kg·K)]	v/(m³/kg)	h/(kJ/kg)	s/[kJ/(kg·K)]
0	0.001 002	−0.05	−0.000 2	0.001 000 2	−0.05	−0.000 2
10	130.598	2 519.0	8.993 8	0.001 000 3	42.01	0.151 0
20	135.226	2 537.7	9.058 8	0.001 001 8	83.87	0.296 3
40	144.475	2 575.2	9.182 3	28.854	2 574.0	8.434 66
60	153.717	2 612.7	9.298 4	30.712	2 611.8	8.553 7
80	162.956	2 650.3	9.408 0	32.566	2 649.7	8.663 9
100	172.192	2 688.0	9.512 0	34.418	2 687.5	8.768 2
120	181.426	2 725.9	9.610 9	36.269	2 725.5	8.867 4
140	190.660	2 764.0	9.705 4	38.118	2 763.7	8.962 0
160	199.893	2 802.3	9.795 9	39.967	2 802.0	9.052 6
180	209.126	2 840.7	9.882 7	41.815	2 840.5	9.139 6
200	218.358	2 879.4	9.966 2	43.662	2 879.2	9.223 2
220	227.590	2 918.3	10.046 8	45.510	2 918.2	9.303 8
240	236.821	2 957.5	10.124 6	47.357	2 957.3	9.381 6
260	246.053	2 996.8	10.199 8	49.204	2 996.7	9.456 9
280	255.284	3 036.4	10.272 7	51.051	3 036.3	9.529 8
300	264.515	3 076.2	10.343 4	52.898	3 076.1	9.600 5
350	287.592	3 176.8	10.511 7	57.514	3 176.7	9.768 8
400	310.669	3 278.9	10.669 2	62.131	3 278.8	9.926 4
450	333.746	3 382.4	10.817 6	66.747	3 382.4	10.074 7
500	356.823	3 487.5	10.958 1	71.362	3 487.5	10.215 3
550	379.9	3 594.4	11.092 1	75.978	3 594.4	10.349 3
600	402.976	3 703.4	11.220 6	80.594	3 703.4	10.477 8

饱和参数	p=0.01 MPa t_s=45.799 ℃ v'=0.001 010 3 m³/kg，v''=14.673 m³/kg h'=191.76 kJ/kg，h''=2 583.7 kJ/kg s'=0.649 0 kJ/(kg·K)，s''=8.148 1 kJ/(kg·K)			p=0.1 MPa t_s=99.634 ℃ v'=0.001 043 1 m³/kg，v''=1.694 3 m³/kg h'=417.72 kJ/kg，h''=2 675.1 kJ/kg s'=1.302 8 kJ/(kg·K)，s''=7.358 9 kJ/(kg·K)		
t/℃	v/(m³/kg)	h/(kJ/kg)	s/[kJ/(kg·K)]	v/(m³/kg)	h/(kJ/kg)	s/[kJ/(kg·K)]
0	0.001 000 2	−0.04	−0.000 2	0.001 000 2	0.05	−0.000 2
10	0.001 000 3	42.01	0.151	0.001 000 3	42.1	0.151 0
20	0.001 001 8	83.87	0.296 3	0.001 001 8	83.96	0.296 3
40	0.001 007 9	167.51	0.572 3	0.001 007 8	167.59	0.572 3
60	15.336	2 610.8	8.231 3	0.001 017 1	251.22	0.831 2
80	16.268	2 648.9	8.342 2	0.001 029	334.97	1.075 3
100	17.196	2 686.9	8.447 1	1.696 1	2 675.9	7.360 9
120	18.124	2 725.1	8.546 6	1.793 1	2 716.3	7.466 5
140	19.050	2 763.3	8.641 4	1.888 9	2 756.2	7.565 4
160	19.976	2 801.7	8.732 2	1.983 8	2 795.8	7.659 0
180	20.901	2 840.2	8.819 2	2.078 3	2 835.3	7.748 2
200	21.826	2 879.0	8.902 9	2.172 3	2 874.8	7.833 4
220	22.750	2 918.0	8.983 5	2.265 9	2 914.3	7.915 2
240	23.674	2 957.1	9.061 4	2.359 4	2 953.9	7.994 0
260	24.598	2 996.5	9.136 7	2.452 7	2 993.7	8.070 1
280	25.522	3 036.2	9.209 7	2.545 8	3 033.6	8.143 6
300	26.446	3 076.0	9.280 5	2.638 8	3 073.8	8.214 8
350	28.755	3 176.6	9.448 8	2.870 9	3 174.9	8.384 0
400	31.063	3 278.7	9.606 4	3.102 7	3 277.3	8.542 2
450	33.372	3 382.3	9.754 8	3.334 2	3 381.2	8.690 9
500	35.680	3 487.4	9.895 3	3.565 6	3 486.5	8.831 7
550	37.988	3 594.3	10.029 3	3.796 8	3 593.5	8.965 9
600	40.296	3 703.4	10.157 9	4.027 9	3 702.7	9.094 6

	$p = 0.5$ MPa			$p = 1$ MPa		
饱和参数	$t_s = 151.867$ ℃ $v' = 0.001\ 092\ 5$ m³/kg, $v'' = 0.374\ 90$ m³/kg $h' = 640.35$ kJ/kg, $h'' = 2\ 748.6$ kJ/kg $s' = 1.861\ 0$ kJ/(kg·K), $s'' = 6.821\ 4$ kJ/(kg·K)			$t_s = 179.916$ ℃ $v' = 0.001\ 127\ 2$ m³/kg, $v'' = 0.191\ 440$ m³/kg $h' = 762.48$ kJ/kg, $h'' = 2\ 777.7$ kJ/kg $s' = 2.318\ 8$ kJ/(kg·K), $s'' = 6.585\ 9$ kJ/(kg·K)		
t/℃	v/(m³/kg)	h/(kJ/kg)	s/[kJ/(kg·K)]	v/(m³/kg)	h/(kJ/kg)	s/[kJ/(kg·K)]
0	0.001	0.46	−0.000 1	0.000 999 7	0.97	−0.000 1
10	0.001 000 1	42.49	0.151	0.000 999 9	42.98	0.150 9
20	0.001 001 6	84.33	0.296 2	0.001 001 4	84.8	0.296 1
40	0.001 007 7	167.94	0.572 1	0.001 007 4	168.38	0.571 9
60	0.001 016 9	251.56	0.831	0.001 016 7	251.98	0.830 7
80	0.001 028 8	335.29	1.075	0.001 028 6	335.69	1.074 7
100	0.001 043 2	419.36	1.306 6	0.001 043	419.74	1.306 2
120	0.001 060 1	503.97	1.527 5	0.001 059 9	504.32	1.527 0
140	0.001 079 6	589.30	1.739 2	0.001 078 3	589.62	1.738 6
160	0.383 58	2 767.2	6.864 7	0.001 101 7	675.84	1.942 4
180	0.404 50	2 811.7	6.965 1	0.194 43	2 777.9	6.586 4
200	0.424 87	2 854.9	7.058 5	0.205 90	2 827.3	6.693 1
220	0.444 85	2 897.3	7.146 2	0.216 86	2 874.2	6.790 3
240	0.464 55	2 939.2	7.229 5	0.227 45	2 919.6	6.880 4
260	0.484 04	2 980.8	7.309 1	0.237 79	2 963.8	6.965 0
280	0.503 36	3 022.2	7.385 3	0.247 93	3 007.3	7.045 1
300	0.522 55	3 063.6	7.458 8	0.257 93	3 050.4	7.121 6
350	0.570 12	3 167.0	7.631 9	0.282 47	3 157.0	7.299 9
400	0.617 29	3 271.1	7.792 4	0.306 58	3 263.1	7.463 8
420	0.636 08	3 312.9	7.853 7	0.316 15	3 305.6	7.526 0
440	0.654 83	3 354.9	7.913 5	0.325 68	3 348.2	7.586 6
450	0.664 20	3 376.0	7.942 8	0.330 43	3 369.6	7.616 3
460	0.673 56	3 397.2	7.971 9	0.335 18	3 390.9	7.645 6
480	0.692 26	3 439.6	8.028 9	0.344 65	3 433.8	7.703 3
500	0.710 94	3 482.2	8.084 8	0.354 10	3 476.8	7.759 7
550	0.757 55	3 589.9	8.219 8	0.377 64	3 585.4	7.895 8
600	0.804 08	3 699.6	8.349 1	0.401 09	3 695.7	8.025 9

饱和参数	$p = 3$ MPa $t_s = 233.893$ ℃ $v' = 0.001\ 216\ 6$ m³/kg, $v'' = 0.066\ 700$ m³/kg $h' = 1\ 008.2$ kJ/kg, $h'' = 2\ 803.2$ kJ/kg $s' = 2.645\ 4$ kJ/(kg·K), $s'' = 6.185\ 4$ kJ/(kg·K)			$p = 5$ MPa $t_s = 263.980$ ℃ $v' = 0.001\ 286\ 1$ m³/kg, $v'' = 0.039\ 400$ m³/kg $h' = 1\ 154.2$ kJ/kg, $h'' = 2\ 793.6$ kJ/kg $s' = 2.920\ 0$ kJ/(kg·K), $s'' = 5.972\ 4$ kJ/(kg·K)		
t/℃	v/(m³/kg)	h/(kJ/kg)	s/[kJ/(kg·K)]	v/(m³/kg)	h/(kJ/kg)	s/[kJ/(kg·K)]
0	0.000 998 7	3.01	0	0.000 997 7	5.04	0.000 2
10	0.000 998 9	44.92	0.150 7	0.000 997 9	46.87	0.150 6
20	0.001 000 5	86.68	0.295 7	0.000 999 6	88.55	0.295 2
40	0.001 006 6	170.15	0.571 1	0.001 005 7	171.92	0.570 4
60	0.001 015 8	253.66	0.829 6	0.001 014 9	255.34	0.828 6
80	0.001 027 6	377.28	1.073 4	0.001 026 7	338.87	1.072 1
100	0.001 042	421.24	1.304 7	0.001 041	422.75	1.303 1
120	0.001 058 7	505.73	1.525 2	0.001 057 6	507.14	1.523 4
140	0.001 078 1	590.92	1.736 6	0.001 076 8	592.23	1.734 5
160	0.001 100 2	677.01	1.940 0	0.001 098 8	678.19	1.937 7
180	0.001 125 6	764.23	2.136 9	0.001 124	765.25	2.134 2
200	0.001 154 9	852.93	2.328 4	0.001 152 9	853.75	2.325 3
220	0.001 189 1	943.65	2.516 2	0.001 186 7	944.21	2.512 5
240	0.068 184	2 823.4	6.225 0	0.001 226 6	1 037.3	2.697 6
260	0.072 828	2 884.4	6.341 7	0.001 275 1	1 134.3	2.882 9
280	0.077 101	2 940.1	6.444 3	0.042 228	2 855.8	6.086 4
300	0.084 191	2 992.4	6.537 1	0.045 301	2 923.3	6.206 4
350	0.090 520	3 114.4	6.741 4	0.051 932	3 067.4	6.447 7
400	0.099 352	3 230.1	6.919 9	0.057 804	3 194.9	6.644 6
420	0.102 787	3 275.4	6.986 4	0.060 033	3 243.6	6.715 9
440	0.106 180	3 320.5	7.050 5	0.062 216	3 291.5	6.784 0
450	0.107 864	3 343.0	7.081 7	0.063 291	3 315.2	6.817 0
460	0.109 540	3 365.4	7.112 5	0.064 358	3 338.8	6.849 4
480	0.112 870	3 410.1	7.172 8	0.066 469	3 385.6	6.912 5
500	0.116 174	3 454.9	7.231 4	0.068 552	3 432.2	6.973 5
550	0.124 349	3 566.9	7.371 8	0.073 664	3 548.0	7.118 7
600	0.132 427	3 679.9	7.505 1	0.078 675	3 663.9	7.255 3

续表

饱和参数	p = 7 MPa			p = 10 MPa		
	t_s = 285.869 ℃			t_s = 311.037 ℃		
	v' = 0.001 351 5 m³/kg, v'' = 0.027 400 m³/kg			v' = 0.001 452 2 m³/kg, v'' = 0.018 000 m³/kg		
	h' = 1 266.9 kJ/kg, h'' = 2 771.7 kJ/kg			h' = 1 407.2 kJ/kg, h'' = 2 724.5 kJ/kg		
	s' = 3.121 0 kJ/(kg·K), s'' = 5.815 9 kJ/(kg·K)			s' = 3.359 1 kJ/(kg·K), s'' = 5.613 9 kJ/(kg·K)		
t/℃	v/(m³/kg)	h/(kJ/kg)	s/[kJ/(kg·K)]	v/(m³/kg)	h/(kJ/kg)	s/[kJ/(kg·K)]
0	0.000 996 7	7.07	0.000 3	0.000 995 2	10.09	0.000 4
10	0.000 997	48.80	0.150 4	0.000 995 6	51.70	0.155
20	0.000 998 6	90.42	0.294 8	0.000 997 3	93.22	0.294 2
40	0.001 004 8	173.69	0.569 6	0.001 003 5	176.34	0.568 4
60	0.001 014 0	257.01	0.827 5	0.001 012 7	259.53	0.825 9
80	0.001 025 8	340.46	1.070 8	0.001 024 4	342.85	1.068 8
100	0.001 039 9	424.25	1.301 6	0.001 038 5	426.51	1.299 3
120	0.001 056 5	508.55	1.521 6	0.001 054 9	510.68	1.519
140	0.001 075 6	593.54	1.732 5	0.001 073 8	595.5	1.792 4
160	0.001 097 4	679.37	1.935 3	0.001 095 3	681.16	1.931 9
180	0.001 122 3	766.28	2.131 5	0.001 119 9	767.84	2.127 5
200	0.001 151 0	854.59	2.322 2	0.001 148 1	855.88	2.317 6
220	0.001 184 2	944.79	2.508 9	0.001 180 7	945.71	2.503 6
240	0.001 223 5	1 037.6	2.693 3	0.001 219 0	1 038.0	2.687 0
260	0.001 271 0	1 134.0	2.877 6	0.001 265 0	1 133.6	2.869 8
280	0.001 330 7	1 235.7	3.064 8	0.001 322 2	1 234.2	3.054 9
300	0.029 457	2 837.5	5.929 1	0.001 397 5	1 342.3	3.246 9
350	0.035 225	3 014.8	6.226 5	0.022 415	2 922.1	5.942 3
400	0.039 917	3 157.3	6.446 5	0.026 402	3 095.8	6.210 9
450	0.044 143	3 286.2	6.631 4	0.029 735	3 240.5	6.418 4
500	0.048 110	3 408.9	6.795 4	0.032 750	3 372.8	6.595 4
520	0.049 649	3 457.0	6.856 9	0.033 900	3 423.8	6.660 5
540	0.051 166	3 504.8	6.916 4	0.035 027	3 474.1	6.723 2
550	0.051 917	3 528.7	6.945 6	0.035 582	3 499.1	6.753 7
560	0.052 664	3 552.4	6.974 3	0.036 133	3 523.9	6.783 7
580	0.054 147	3 600.0	7.030 6	0.037 222	3 573.3	6.842 3
600	0.055 617	3 647.5	7.085 7	0.038 297	3 622.5	6.899 2

续表

饱和参数	$p=14$ MPa $t_s=336.707$ ℃ $v'=0.001\ 609\ 7$ m³/kg, $v''=0.011\ 500$ m³/kg $h'=1\ 570.4$ kJ/kg, $h''=2\ 637.1$ kJ/kg $s'=3.622\ 0$ kJ/(kg·K), $s''=4.933\ 2$ kJ/(kg·K)			$p=20$ MPa $t_s=365.789$ ℃ $v'=0.002\ 037$ m³/kg, $v''=0.058\ 702$ m³/kg $h'=1\ 827.2$ kJ/kg, $h''=2\ 413.1$ kJ/kg $s'=4.015\ 3$ kJ/(kg·K), $s''=4.932\ 2$ kJ/(kg·K)		
$t/℃$	$v/(\text{m}^3/\text{kg})$	$h/(\text{kJ/kg})$	$s/[\text{kJ}/(\text{kg·K})]$	$v/(\text{m}^3/\text{kg})$	$h/(\text{kJ/kg})$	$s/[\text{kJ}/(\text{kg·K})]$
0	0.000 993 3	14.10	0.000 5	0.000 990 4	20.08	0.000 6
10	0.000 993 8	55.55	0.149 6	0.000 991 1	61.29	0.148 8
20	0.000 995 5	96.95	0.293 2	0.000 992 9	102.5	0.291 9
40	0.001 001 8	179.86	0.566 9	0.000 999 2	185.13	0.564 5
60	0.001 010 9	262.88	0.823 9	0.001 008 4	267.90	0.820 7
80	0.001 022 6	346.04	1.066 3	0.001 019 9	350.82	1.062 4
100	0.001 036 5	429.53	1.296 2	0.001 033 6	434.06	1.291 7
120	0.001 052 7	513.52	1.515 5	0.001 049 6	517.79	1.510 3
140	0.001 071 4	598.14	1.725 4	0.001 067 9	602.12	1.719 5
160	0.001 092 6	683.56	1.927 3	0.001 088 6	687.20	1.920 6
180	0.001 116 7	769.96	2.122 3	0.001 112 1	773.19	2.114 7
200	0.001 144 3	857.63	2.311 6	0.001 138 2	860.36	2.302 9
220	0.001 176 1	947.00	2.496 6	0.001 169 5	949.07	2.486 5
240	0.001 213 2	1 038.6	2.678 8	0.001 205 1	1 039.8	2.667
260	0.001 257 4	1 133.4	2.859 9	0.001 246 9	1 133.4	2.845 7
280	0.001 311 7	1 232.5	3.042 4	0.001 297 4	1 230.7	3.024 9
300	0.001 381 4	1 338.2	3.230 0	0.001 360 5	1 333.4	3.207 2
350	0.013 218	2 751.2	5.556 4	0.001 664 5	1 645.3	3.727 5
400	0.017 218	3 001.1	5.943 6	0.009 945 8	2 816.8	5.552
450	0.020 074	3 174.2	6.191 9	0.012 701 3	3 060.7	5.902 5
500	0.022 512	3 322.3	6.390 0	0.014 768 1	3 239.3	6.141 5
520	0.023 418	3 377.9	6.461 0	0.015 504 6	3 303.0	6.222 9
540	0.024 295	3 432.1	6.528 5	0.016 206 7	3 364.0	6.298 9
550	0.024 724	3 458.7	6.561 1	0.016 547 1	3 393.7	6.335 2
560	0.025 147	3 485.2	6.593 1	0.016 881 1	3 422.9	6.370 5
580	0.025 978	3 537.5	6.655 1	0.017 532 8	3 480.3	6.438 5
600	0.026 792	3 589.1	6.714 9	0.018 165 5	3 536.3	6.503 5

续表

t/℃	p = 25 MPa			p = 30 MPa		
	v/(m³/kg)	h/(kJ/kg)	s/[kJ/(kg·K)]	v/(m³/kg)	h/(kJ/kg)	s/[kJ/(kg·K)]
0	0.000 988	25.01	0.000 6	0.000 985 7	29.92	0.000 5
10	0.000 988 8	66.04	0.148 1	0.000 986 6	70.77	0.147 4
20	0.000 990 8	107.11	0.290 7	0.000 988 7	111.71	0.289 5
40	0.000 997 2	189.51	0.562 6	0.000 995 1	193.87	0.560 6
60	0.001 006 3	272.08	0.818 2	0.001 004 2	276.25	0.815 6
80	0.001 017 7	354.80	1.059 3	0.001 015 5	358.78	1.056 2
100	0.001 031 3	437.85	1.288	0.001 029 0	441.64	1.284 4
120	0.001 047 0	521.36	1.506 1	0.001 044 5	524.95	1.501 9
140	0.001 065 0	605.46	1.714 7	0.001 062 2	608.82	1.710 0
160	0.001 085 4	690.27	1.915 2	0.001 082 5	693.36	1.909 8
180	0.001 108 4	775.94	2.108 5	0.001 104 8	778.72	2.102 4
200	0.001 134 5	862.71	2.295 9	0.001 130 3	865.12	2.289 0
220	0.001 164 3	950.91	2.478 5	0.001 159 3	952.85	2.470 6
240	0.001 198 6	1 041.0	2.657 5	0.001 192 5	1 042.3	2.648 5
260	0.001 238 7	1 133.6	2.834 6	0.001 231 1	1 134.1	2.823 9
280	0.001 286 6	1 229.6	3.011 3	0.001 276 6	1 229.0	2.998 5
300	0.001 345 3	1 330.3	3.190 1	0.001 331 7	1 327.9	3.174 2
350	0.001 598 1	1 623.1	3.678 8	0.001 552 2	1 608.0	3.642 0
400	0.006 001 4	2 578.0	5.138 6	0.002 792 9	2 150.6	4.472 1
450	0.009 166 6	2 950.5	5.675 4	0.006 736 3	2 822.1	5.443 3
500	0.011 122 9	3 164.1	5.961 4	0.008 676 1	3 083.3	5.793 4
520	0.011 789 7	3 236.1	6.053 4	0.009 303 3	3 165.4	5.898 2
540	0.012 415 6	3 303.8	6.137 7	0.009 882 5	3 240.8	5.992 1
550	0.012 716 1	3 336.4	6.177 5	0.010 158 0	3 276.6	6.035 9
560	0.013 009 5	3 368.2	6.216 0	0.010 425 4	3 311.4	6.078 0
580	0.013 577 8	3 430.2	6.289 5	0.010 939 7	3 378.5	6.157 6
600	0.014 124 9	3 490.2	6.359 1	0.011 431 0	3 442.9	6.232 1

数据来源:严家騄,余晓福,王永青,等. 水和水蒸气的热力性质图表. 4 版. 北京:高等教育出版社,2021.

附录9 氨(NH₃)饱和液体与饱和蒸气的热力性质

温度	压力	比体积		比焓		比熵	
		液体	蒸气	液体	蒸气	液体	蒸气
$t/℃$	p/kPa	$v_f/$ (m^2/kg)	$v_g/$ (m^3/kg)	$h_f/$ (kJ/kg)	$h_g/$ (kJ/kg)	$s_f/$ $[kJ/(kg·K)]$	$s_g/$ $[kJ/(kg·K)]$
−30	119.5	0.001 476	0.963 39	44.26	1 404.0	0.185 6	5.777 8
−25	151.6	0.001 490	0.771 19	66.58	1 411.2	0.276 3	5.694 7
−20	190.2	0.001 504	0.623 34	89.05	1 418.0	0.365 7	5.615 5
−15	236.3	0.001 519	0.508 38	111.66	1 424.6	0.453 8	5.539 7
−10	290.9	0.001 534	0.418 08	134.41	1 430.8	0.540 8	5.467 3
−5	354.9	0.001 550	0.346 48	157.31	1 436.7	0.626 6	5.399 7
0	429.6	0.001 556	0.289 20	180.36	1 442.2	0.711 4	5.330 9
5	515.9	0.001 583	0.242 99	203.58	1 447.3	0.795 1	5.266 6
10	615.2	0.001 600	0.205 04	226.97	1 452.0	0.877 9	5.204 5
15	728.6	0.001 600	0.174 62	250.54	1 456.3	0.959 8	5.144 4
20	857.5	0.001 638	0.149 22	274.30	1 460.2	1.040 8	5.086 0
25	1 003.2	0.001 658	0.128 13	298.25	1 463.5	1.121 0	5.029 3
30	1 167.0	0.001 680	0.110 49	322.42	1 466.3	1.200 5	4.973 8
35	1 350.4	0.001 702	0.095 67	346.80	1 468.6	1.279 2	4.916 9
40	1 554.9	0.001 725	0.083 13	371.43	1 470.2	1.357 4	4.866 2
45	1 782.0	0.001 750	0.074 28	396.31	1 471.2	1.435 0	4.813 6
50	2 033.1	0.001 777	0.063 37	421.48	1 471.5	1.512 1	4.761 4
55	2 310.1	0.001 804	0.055 55	446.96	1 471.0	1.588 8	4.709 5
60	2 614.4	0.001 834	0.048 80	472.79	1 469.7	1.665 2	4.657 7
65	2 947.8	0.001 866	0.042 96	499.01	1 467.5	1.741 5	4.605 7
70	3 312.0	0.001 900	0.037 87	525.69	1 464.4	1.817 8	4.553 3
75	3 709.0	0.001 937	0.033 41	552.88	1 460.1	1.894 3	4.500 1
80	4 140.5	0.001 978	0.029 51	580.69	1 454.6	1.971 2	4.445 8
90	5 115.3	0.002 071	0.023 00	638.59	1 439.4	2.127 3	4.332 5
100	6 253.7	0.002 188	0.017 84	700.64	1 416.9	2.289 3	4.208 8
110	7 757.7	0.002 347	0.013 63	769.15	1 383.7	2.462 5	4.066 5
120	9 107.2	0.002 589	0.010 03	849.36	1 331.7	2.659 3	3.886 1
132.3	11 333.2	0.004 255	0.004 26	1 085.85	1 085.9	3.231 6	3.231 6

数据来源：BORGNAKKE C,SONNTAG R E. Thermodynamic and transport properties. New York：John Wiley & Sons Inc,1997.

附录 10　过热氨(NH₃)蒸气的热力性质

t	$p=100$ kPa($t_s=-33.60$ ℃)			$p=150$ kPa($t_s=-25.22$ ℃)			$p=200$ kPa($t_s=-18.86$ ℃)		
	v	h	s	v	h	s	v	h	s
℃	m³/kg	kJ/kg	kJ/(kg·K)	m³/kg	kJ/kg	kJ/(kg·K)	m³/kg	kJ/kg	kJ/(kg·K)
−20	1.210 07	1 428.8	5.962 6	0.797 74	1 422.9	5.746 5	—	—	—
−10	1.262 13	1 450.8	6.047 7	0.833 64	1 445.7	5.834 9	0.619 26	1 440.6	5.679 1
0	1.313 62	1 472.6	6.129 1	0.868 92	1 468.3	5.918 9	0.646 48	1 463.8	5.765 9
10	1.364 65	1 494.4	6.207 3	0.903 73	1 490.6	5.999 2	0.673 19	1 486.8	5.848 4
20	1.415 32	1 516.1	6.282 6	0.938 15	1 512.8	6.076 1	0.699 51	1 509.4	5.927 0
30	1.465 69	1 537.7	6.355 3	0.972 27	1 534.8	6.150 2	0.725 53	1 531.9	6.002 5
40	1.515 82	1 559.5	6.425 8	1.006 15	1 556.9	6.221 7	0.751 29	1 554.3	6.075 1
50	1.565 77	1 581.2	6.494 3	1.039 84	1 578.9	6.291 0	0.776 85	1 576.6	6.145 3
60	1.615 57	1 603.1	6.560 9	1.073 38	1 601.0	6.358 3	0.802 26	1 598.9	6.213 3
70	1.665 25	1 625.1	6.625 8	1.106 78	1 623.2	6.423 8	0.827 54	1 621.3	6.279 4
80	1.714 82	1 647.1	6.689 2	1.140 09	1 645.4	6.487 7	0.852 71	1 643.7	6.343 7
100	1.813 73	1 691.7	6.812 0	1.206 46	1 690.2	6.611 2	0.902 82	1 688.8	6.467 9
120	1.912 40	1 736.9	6.930 0	1.272 59	1 735.6	6.729 7	0.952 68	1 734.4	6.586 9
140	2.010 91	1 782.8	7.043 9	1.338 55	1 781.7	6.843 9	1.002 37	1 780.6	6.701 5
160	2.109 27	1 829.4	7.154 0	1.404 37	1 828.4	6.954 4	1.051 92	1 827.4	6.812 3
180	2.207 54	1 876.8	7.260 9	1.470 09	1 875.9	7.061 5	1.101 36	1 875.0	6.919 6

t	$p=250$ kPa($t_s=-13.66$ ℃)			$p=300$ kPa($t_s=-9.24$ ℃)			$p=350$ kPa($t_s=-5.36$ ℃)		
	v	h	s	v	h	s	v	h	s
℃	m³/kg	kJ/kg	kJ/(kg·K)	m³/kg	kJ/kg	kJ/(kg·K)	m³/kg	kJ/kg	kJ/(kg·K)
0	0.512 93	1 459.3	5.644 1	0.423 82	1 454.7	5.542 0	0.360 11	1 449.9	5.453 2
10	0.534 81	1 482.9	5.728 8	0.442 51	1 478.9	5.629 0	0.376 54	1 474.9	5.542 7
20	0.556 29	1 506.0	5.809 3	0.460 77	1 502.6	5.711 3	0.392 51	1 499.1	5.627 0
30	0.577 45	1 529.0	5.886 1	0.478 70	1 525.9	5.789 6	0.408 14	1 522.9	5.706 8
40	0.598 35	1 551.7	5.959 7	0.496 36	1 549.0	5.864 5	0.423 50	1 546.3	5.782 8
50	0.619 04	1 574.3	6.030 9	0.513 82	1 571.9	5.936 5	0.438 65	1 569.5	5.855 7
60	0.639 58	1 596.8	6.099 7	0.531 11	1 594.7	6.006 0	0.453 62	1 592.6	5.925 9
70	0.659 98	1 619.4	6.166 3	0.548 27	1 617.5	6.073 2	0.468 46	1 615.5	5.993 8
80	0.680 28	1 641.9	6.231 2	0.565 32	1 640.2	6.138 5	0.483 19	1 638.4	6.059 6
100	0.720 63	1 687.3	6.356 1	0.599 16	1 685.8	6.264 2	0.512 40	1 684.3	6.186 0
120	0.760 73	1 733.1	6.475 6	0.632 76	1 731.8	6.384 2	0.541 35	1 730.5	6.306 6
140	0.800 65	1 779.4	6.590 6	0.666 18	1 778.3	6.499 6	0.570 12	1 777.2	6.422 3
160	0.840 44	1 826.4	6.701 6	0.699 46	1 825.4	6.610 9	0.598 76	1 824.4	6.534 0
180	0.880 12	1 874.1	6.809 3	0.732 63	1 873.2	6.718 8	0.627 28	1 872.3	6.642 1
200	0.919 72	1 922.5	6.913 8	0.765 72	1 921.7	6.823 5	0.655 71	1 920.9	6.747 0
220	0.959 23	1 971.6	7.015 5	0.798 72	1 970.9	6.925 4	0.684 07	1 970.2	6.849 1

续表

t	$p=400$ kPa($t_s=-1.89$ ℃)			$p=500$ kPa($t_s=4.13$ ℃)			$p=600$ kPa($t_s=9.28$ ℃)		
	v	h	s	v	h	s	v	h	s
℃	m³/kg	kJ/kg	kJ/(kg·K)	m³/kg	kJ/kg	kJ/(kg·K)	m³/kg	kJ/kg	kJ/(kg·K)
10	0.327 01	1 470.7	5.466 3	0.257 57	1 462.3	5.334 0	0.211 15	1 453.4	5.220 5
20	0.341 29	1 495.6	5.552 5	0.269 49	1 488.3	5.424 4	0.221 54	1 480.8	5.315 6
30	0.355 20	1 519.8	5.633 8	0.281 03	1 513.5	5.509 0	0.231 52	1 507.1	5.403 7
40	0.368 84	1 543.6	5.711 1	0.292 27	1 538.1	5.588 9	0.241 18	1 532.5	5.486 2
50	0.382 26	1 567.1	5.785 0	0.303 28	1 562.3	5.664 7	0.250 59	1 557.3	5.564 1
60	0.395 50	1 590.4	5.856 0	0.314 10	1 586.1	5.737 3	0.259 81	1 581.6	5.638 3
70	0.408 60	1 613.6	5.924 4	0.324 78	1 609.6	5.807 0	0.268 88	1 605.7	5.709 4
80	0.421 60	1 636.7	5.990 7	0.335 35	1 633.1	5.874 4	0.277 83	1 629.5	5.777 8
100	0.447 32	1 682.8	6.117 9	0.356 21	1 679.8	6.003 1	0.295 45	1 676.8	5.908 1
120	0.472 79	1 729.2	6.239 0	0.376 81	1 726.6	6.125 3	0.312 81	1 724.0	6.031 4
140	0.498 08	1 776.0	6.355 2	0.397 22	1 773.8	6.242 2	0.329 97	1 771.5	6.149 1
160	0.523 23	1 823.4	6.467 1	0.417 48	1 821.4	6.354 8	0.346 99	1 819.4	6.262 3
180	0.548 27	1 871.4	6.575 5	0.437 64	1 869.6	6.463 6	0.363 89	1 867.8	6.371 7
200	0.573 21	1 920.1	6.680 6	0.457 71	1 918.5	6.569 1	0.380 71	1 916.9	6.477 6
220	0.598 09	1 969.5	6.782 8	0.477 70	1 968.1	6.671 7	0.397 45	1 966.6	6.580 6
240	0.622 89	2 019.6	6.882 5	0.497 63	2 018.3	6.771 7	0.414 12	2 017.1	6.680 8
260	0.647 64	2 070.5	6.979 7	0.517 49	2 069.3	6.869 2	0.430 73	2 068.2	6.778 6
280	0.672 34	2 122.1	7.074 7	0.537 31	2 121.1	6.964 4	0.447 29	2 120.1	6.874 1
t	$p=800$ kPa($t_s=17.85$ ℃)			$p=1\,000$ kPa($t_s=24.90$ ℃)			$p=1\,200$ kPa($t_s=30.94$ ℃)		
	v	h	s	v	h	s	v	h	s
℃	m³/kg	kJ/kg	kJ/(kg·K)	m³/kg	kJ/kg	kJ/(kg·K)	m³/kg	kJ/kg	kJ/(kg·K)
20	0.161 38	1 464.9	5.132 8	—	—	—	—	—	—
30	6.169 47	1 493.5	5.228 7	0.132 06	1 479.1	5.082 6	—	—	—
40	0.177 20	1 520.8	5.317 1	0.138 68	1 508.5	5.177 8	0.112 87	1 495.4	5.056 4
50	0.184 65	1 547.0	3.399 6	0.144 99	1 536.3	5.265 4	0.118 46	1 525.1	5.149 7
60	0.191 89	1 572.5	5.477 4	0.151 06	1 563.1	5.347 1	0.123 78	1 553.3	5.235 7
70	0.198 96	1 597.5	5.551 3	0.156 95	1 589.1	5.424 0	0.128 90	1 580.5	5.315 9
80	0.205 90	1 622.1	5.621 9	0.162 70	1 614.6	5.497 1	0.133 87	1 606.8	5.391 6
100	0.219 49	1 670.6	5.755 5	0.173 89	1 664.3	5.634 2	0.143 47	1 658.0	5.532 5
120	0.232 80	1 718.7	5.881 1	0.184 77	1 713.4	5.762 2	0.152 75	1 708.0	5.663 1
140	0.245 90	1 766.9	6.000 6	0.195 45	1 762.2	5.883 4	0.161 81	1 757.5	5.786 0
160	0.258 86	1 815.3	6.115 0	0.205 97	1 811.2	5.999 2	0.170 71	1 807.1	5.903 1
180	0.271 70	1 864.2	6.225 4	0.216 38	1 860.5	6.110 5	0.179 50	1 856.9	6.015 6
200	0.284 45	1 913.6	6.332 2	0.226 69	1 910.4	6.218 2	0.188 19	1 907.1	6.124 1
220	0.297 12	1 963.7	6.435 8	0.236 93	1 960.8	6.322 6	0.196 80	1 957.9	6.229 2
240	0.309 73	2 014.5	6.536 7	0.247 10	2 011.9	6.424 1	0.205 34	2 009.3	6.331 3
260	0.322 28	2 065.9	6.635 0	0.257 20	2 063.6	6.522 9	0.213 82	2 061.3	6.430 8
280	—	—	—	0.457 26	2 116.0	6.619 4	0.222 25	2 114.0	6.527 8

数据来源：BORGNAKKE C，SONNTAG R E. Thermodynamic and transport properties. New York：John Wiley & Sons Inc，1997.

附录 11 氟利昂 134a 的饱和性质(按照温度排序)

t	P_s	v''	v'	h''	h'	s''	s'	e_x''	e_x'
℃	kPa	m³/kg×10⁻³		kJ/kg		kJ/(kg·K)		kJ/kg	
−85.00	2.56	5 889.997	0.648 84	345.37	94.12	1.870 2	0.534 8	−112.877	34.014
−80.00	3.87	4 045.366	0.655 01	348.41	99.89	1.853 5	0.566 8	−104.855	30.243
−75.00	5.72	2 816.477	0.661 06	351.48	105.68	1.837 9	0.597 4	−97.131	26.914
−70.00	8.27	2 004.070	0.667 19	354.57	111.46	1.823 9	0.627 2	−89.867	23.818
−65.00	11.72	1 442.296	0.673 27	357.68	117.38	1.810 7	0.656 2	−82.815	21.091
−60.00	16.29	1 055.363	0.679 47	360.81	123.37	1.798 7	0.648 7	−76.104	18.584
−55.00	22.24	785.161	0.685 83	363.95	129.42	1.787 8	0.712 7	−69.740	16.266
−50.00	29.90	593.412	0.692 38	367.10	135.54	1.778 2	0.740 5	−63.706	14.122
−45.00	39.58	454.926	0.699 16	370.25	141.72	1.769 5	0.767 8	−57.971	12.145
−40.00	51.69	353.529	0.706 19	373.40	147.96	1.761 8	0.794 9	−52.521	10.329
−35.00	66.63	278.087	0.713 48	376.54	154.26	1.754 9	0.821 6	−47.328	8.671
−30.00	84.85	221.302	0.721 05	379.67	160.62	1.748 8	0.847 9	−42.382	7.168
−25.00	106.86	177.937	0.728 92	382.79	167.04	1.743 4	0.874 0	−37.656	5.815
−20.00	133.18	144.450	0.737 12	385.89	173.52	1.738 7	0.899 7	−33.138	4.611
−15.00	164.36	118.481	0.745 72	388.97	180.04	1.734 6	0.925 3	−28.847	3.528
−10.00	201.00	97.832	0.754 63	392.01	186.63	1.730 9	0.950 4	−24.704	2.614
−5.00	243.71	81.304	0.763 88	395.01	193.29	1.727 6	0.975 3	−20.709	1.858
0.00	293.14	68.164	0.773 65	397.98	200.00	1.724 8	1.000 0	−16.915	1.203
5.00	349.96	57.470	0.783 84	400.90	206.78	1.722 3	1.024 4	−13.258	0.701
10.00	414.88	48.721	0.794 53	403.76	213.63	1.720 1	1.048 6	−9.740	0.331
15.00	486.60	41.532	0.805 77	406.57	220.55	1.718 2	1.072 7	−6.363	0.091
20.00	571.88	35.576	0.817 62	409.30	227.55	1.716 5	1.096 5	−3.120	0.018
25.00	665.49	30.603	0.830 17	411.96	234.63	1.714 9	1.120 2	−0.001	0.000
30.00	770.21	26.424	0.843 47	414.52	241.80	1.713 5	1.143 7	2.995	1.148
35.00	886.87	22.899	0.857 68	416.99	249.07	1.712 1	1.167 2	5.868	0.419
40.00	1 016.32	19.983	0.872 84	419.34	256.44	1.710 8	1.190 6	8.629	0.828
45.00	1 159.45	17.320	0.889 19	421.55	263.94	1.709 3	1.213 9	11.274	1.364
50.00	1 317.19	15.112	0.906 94	423.62	271.57	1.707 8	1.237 3	13.795	2.031

t	P_s	v''	v'	h''	h'	s''	s'	e_x''	e_x'
℃	kPa	m³/kg×10⁻³		kJ/kg		kJ/(kg·K)		kJ/kg	
55.00	1 490.52	13.203	0.926 34	425.51	279.36	1.706 1	1.260 7	16.195	2.834
60.00	1 680.47	11.538	0.947 75	427.18	287.33	1.704 1	1.284 2	18.471	3.780
65.00	1 888.17	10.080	0.971 75	428.61	295.51	1.701 6	1.308 0	20.612	4.869
70.00	2 114.81	8.788	0.999 02	429.70	303.94	1.698 6	1.332 1	22.609	6.119
75.00	2 361.75	7.638	1.030 73	430.38	312.71	1.694 8	1.356 8	24.440	7.539
80.00	2 630.48	6.601	1.068 69	430.53	321.92	1.689 8	1.382 2	26.073	9.158
85.00	2 922.80	5.467	1.116 21	429.86	331.74	1.682 9	1.408 9	27.454	11.014
90.00	3 240.89	4.751	1.180 24	427.99	342.54	1.673 2	1.437 9	28.483	13.189
95.00	3 587.80	3.851	1.279 26	423.70	355.23	1.657 4	1.471 4	28.900	15.883
100.00	3 969.25	2.779	1.534 10	412.19	375.04	1.623 0	1.523 4	27.656	20.192
101.00	4 051.31	2.382	1.986 10	404.50	392.88	1.601 8	1.570 7	26.276	23.917
101.15	4 064.00	1.969	1.968 50	393.07	393.07	1.571 2	1.571 2	23.976	23.976

数据来源:朱明善,韩礼钟,李立,等. 绿色环保制冷剂 HFC-134a 热物理性质. 北京:科学出版社,1995.

附录 12　氟利昂 134a 的饱和性质(按照压力排序)

P_s	t	v''	v'	h''	h'	s''	s'	e_x''	e_x'
kPa	℃	m³/kg×10⁻³		kJ/kg		kJ/(kg·K)		kJ/kg	
10.00	−67.32	1 676.284	0.670 44	356.24	114.63	1.816 6	0.642 8	−86.039	22.331
20.00	−56.74	868.908	0.683 530	362.86	127.30	1.719 5	0.703 0	−71.922	17.053
30.00	−49.94	591.338	0.692 47	367.14	135.62	1.778 0	0.740 8	−63.631	14.095
40.00	−44.81	450.539	0.699 42	370.37	141.95	1.769 2	0.768 8	−57.762	12.074
50.00	−40.64	364.782	0.705 27	373.00	147.16	1.762 7	0.791 4	−53.199	10.553
60.00	−37.08	306.836	0.710 41	375.24	151.64	1.757 7	0.810 5	−49.457	9.342
80.00	−31.52	234.033	0.719 13	378.90	159.04	1.750 3	0.841 4	−43.593	7.528
100.00	−26.45	189.737	0.726 67	381.89	165.15	1.745 1	0.866 5	−39.050	6.157
120.00	−22.37	159.324	0.733 19	384.42	170.43	1.740 9	0.887 5	−35.262	5.165
140.00	−18.82	137.932	0.739 20	386.63	175.04	1.737 8	0.905 9	−32.146	4.306
160.00	−15.64	121.490	0.744 61	388.58	179.20	1.735 1	0.922 0	−29.390	3.654
180.00	−12.79	108.637	0.749 55	390.31	182.95	1.732 8	0.936 4	−26.969	3.130

续表

p_s	t	v''	v'	h''	h'	s''	s'	e_x''	e_x'
kPa	℃	$\mathrm{m^3/kg \times 10^{-3}}$		kJ/kg		kJ/(kg·K)		kJ/kg	
200.00	−10.14	98.326	0.754 38	391.93	186.45	1.731 0	0.949 7	−24.813	2.636
250.00	−4.35	79.485	0.765 17	395.41	194.16	1.727 3	0.978 6	−20.221	1.750
300.00	0.63	66.694	0.774 92	398.36	200.85	1.724 5	1.003 1	−16.447	1.132
350.00	5.00	57.477	0.783 83	400.90	206.77	1.722 3	1.024 4	−13.260	0.701
400.00	8.93	50.444	0.792 20	403.16	212.16	1.720 6	1.043 5	−10.478	0.399
450.00	12.44	45.016	0.799 92	405.14	217.00	1.719 1	1.060 4	−8.064	0.205
500.00	15.72	40.612	0.807 44	406.96	221.55	1.718 0	1.076 1	−5.892	0.006
550.00	18.75	36.955	0.814 64	408.62	225.79	1.716 9	1.090 6	−3.914	−0.003
600.00	21.55	33.870	0.821 29	410.11	229.74	1.715 8	1.103 8	−2.104	0.006
650.00	24.21	31.327	0.828 13	411.54	233.50	1.715 2	1.116 4	−0.483	−0.012
700.00	26.72	29.081	0.834 65	412.85	237.09	1.714 4	1.128 3	1.045	0.038
800.00	31.32	25.428	0.847 14	415.18	243.71	1.713 1	1.150 0	3.771	0.208
900.00	35.50	22.569	0.859 11	417.22	249.80	1.712 0	1.169 5	6.154	0.459
1 000.00	39.39	20.228	0.870 91	419.05	255.53	1.710 9	1.187 7	8.303	0.773
1 200.00	46.31	16.708	0.893 71	422.11	265.93	1.708 9	1.220 1	11.948	1.526
1 400.00	52.48	14.130	0.916 33	424.58	275.42	1.706 9	1.248 9	15.002	2.413
1 600.00	57.94	12.198	0.938 64	426.52	284.01	1.704 9	1.274 5	17.547	3.371
1 800.00	62.92	10.664	0.961 40	428.04	292.07	1.702 7	1.298 1	19.737	4.396
2 000.00	67.56	9.398	0.985 26	429.21	299.80	1.700 2	1.320 3	21.656	5.490
2 200.00	71.74	8.375	1.009 48	429.99	306.95	1.697 4	1.340 6	23.265	6.592
2 400.00	75.72	7.482	1.035 76	430.45	314.01	1.694 1	1.360 4	24.689	7.761
2 600.00	79.42	6.714	1.063 91	430.54	320.83	1.690 4	1.379 2	25.896	8.960
2 800.00	82.93	6.036	1.095 10	430.28	327.59	1.686 1	1.397 7	26.919	10.214
3 000.00	86.25	5.421	1.130 32	429.55	334.34	1.680 9	1.415 9	27.752	11.525
3 200.00	89.39	4.860	1.171 07	428.32	341.14	1.674 6	1.434 2	28.381	12.900
3 400.00	92.33	4.340	1.219 92	426.45	348.12	1.667 0	1.452 7	28.784	14.357
4 064.00	101.15	1.969	1.968 50	393.07	393.07	1.571 2	1.571 2	23.976	23.976

数据来源：朱明善，韩礼钟，李立，等. 绿色环保制冷剂 HFC–134a 热物理性质. 北京：科学出版社，1995.

附录 13　过热氟利昂 134a 蒸气的热力学性质

t	p = 0.05 MPa (t_s = −40.64 ℃)			p = 0.10 MPa (t_s = −26.45 ℃)			p = 0.15 MPa (t_s = −17.20 ℃)		
	v	h	s	v	h	s	v	h	s
℃	m³/kg	kJ/kg	kJ/(kg·K)	m³/kg	kJ/kg	kJ/(kg·K)	m³/kg	kJ/kg	kJ/(kg·K)
−20.0	0.404 77	388.69	1.828 2	0.193 79	383.10	1.751 0	—	—	—
−10.0	0.421 95	396.49	1.858 4	0.207 42	395.08	1.797 5	0.135 84	393.63	1.760 7
0.0	0.438 98	404.43	1.888 0	0.216 33	403.20	1.828 2	0.142 03	401.93	1.791 6
10.0	0.455 86	412.53	1.917 1	0.225 08	411.44	1.857 8	0.148 13	410.32	1.821 8
20.0	0.472 73	420.79	1.945 8	0.233 79	419.81	1.886 8	0.154 10	418.81	1.851 2
30.0	0.489 45	429.21	1.974 0	0.242 42	428.32	1.915 4	0.160 02	427.42	1.880 1
40.0	0.506 17	437.79	2.001 9	0.250 94	436.98	1.943 5	0.165 86	436.17	1.908 5
50.0	0.522 81	446.53	2.029 4	0.259 45	445.79	1.971 2	0.171 68	445.05	1.936 5
60.0	0.539 45	455.43	2.056 5	0.267 93	454.76	1.998 5	0.177 42	454.08	1.964 0
70.0	0.556 02	464.50	2.083 3	0.276 37	463.88	2.095 5	0.183 13	463.25	1.991 1
80.0	0.572 58	473.73	2.109 8	0.284 77	473.15	2.052 1	0.188 83	472.57	2.017 9
90.0	0.589 06	483.12	2.136 0	0.293 13	482.58	2.078 4	0.194 49	482.04	2.044 3
100.0	—	—	—	—	—	—	0.200 16	491.66	2.070 4

t	p = 0.20 MPa (t_s = −10.14 ℃)			p = 0.30 MPa (t_s = 0.63 ℃)			p = 0.40 MPa (t_s = 8.93 ℃)		
	v	h	s	v	h	s	v	h	s
℃	m³/kg	kJ/kg	kJ/(kg·K)	m³/kg	kJ/kg	kJ/(kg·K)	m³/kg	kJ/kg	kJ/(kg·K)
−10.0	0.099 98	392.14	1.732 9	—	—	—	—	—	—
0.0	0.104 86	400.63	1.764 6	—	—	—	—	—	—
10.0	0.109 61	409.17	1.795 3	0.071 03	406.81	1.756 0	—	—	—
20.0	0.114 26	417.79	1.825 2	0.074 34	415.70	1.786 8	0.054 33	413.51	1.757 8
30.0	0.118 81	426.51	1.854 5	0.077 56	424.64	1.816 3	0.056 89	422.70	1.788 6
40.0	0.123 32	435.34	1.883 1	0.080 72	433.66	1.846 1	0.059 39	431.92	1.818 5
50.0	0.127 75	444.30	1.911 3	0.083 81	442.77	1.874 7	0.061 83	441.20	1.847 7
60.0	0.132 15	453.39	1.939 0	0.086 88	451.99	1.902 8	0.064 20	450.56	1.876 2
70.0	0.136 52	462.62	1.966 3	0.089 89	461.33	1.930 5	0.066 55	460.02	1.904 2
80.0	0.140 86	471.98	1.993 2	0.092 88	470.80	1.957 6	0.068 86	469.59	1.931 6
90.0	0.145 16	481.50	2.019 7	0.095 83	480.40	1.984 4	0.071 14	479.28	1.958 7
100.0	0.149 45	491.15	2.046 0	0.098 75	490.13	2.010 9	0.073 41	489.09	1.985 4
110.0	—	—	—	0.101 68	500.00	2.037 0	0.075 64	499.03	2.011 7
120.0	—	—	—	—	—	—	0.077 86	509.11	2.037 6
130.0	—	—	—	—	—	—	0.080 06	519.31	2.063 2

续表

t	$p=0.50$ MPa($t_s=15.72$ ℃)			$p=0.70$ MPa($t_s=26.72$ ℃)			$p=0.90$ MPa($t_s=35.50$ ℃)		
	v	h	s	v	h	s	v	h	s
℃	m³/kg	kJ/kg	kJ/(kg·K)	m³/kg	kJ/kg	kJ/(kg·K)	m³/kg	kJ/kg	kJ/(kg·K)
20.0	0.042 27	411.22	1.733 6	—	—	—	—	—	—
30.0	0.044 45	420.68	1.765 3	0.030 13	416.37	1.720 7	—	—	—
40.0	0.046 56	430.12	1.796 0	0.031 83	426.32	1.759 3	0.023 55	422.19	1.728 7
50.0	0.048 60	439.58	1.825 7	0.033 44	436.19	1.790 4	0.024 94	432.57	1.761 3
60.0	0.050 59	449.09	1.854 7	0.034 98	446.04	1.820 4	0.026 26	442.81	1.792 5
70.0	0.052 53	458.68	1.883 0	0.036 48	455.91	1.849 6	0.027 52	453.00	1.822 7
80.0	0.054 44	468.36	1.910 8	0.037 94	465.82	1.878 0	0.028 74	463.19	1.851 9
90.0	0.056 32	478.14	1.983 2	0.039 36	475.81	1.905 9	0.029 92	473.40	1.880 4
100.0	0.058 17	488.04	1.965 1	0.040 76	486.89	1.933 3	0.031 06	483.67	1.908 3
110.0	0.060 00	498.05	1.991 5	0.042 13	496.06	1.960 2	0.032 19	494.01	1.937 5
120.0	0.061 83	508.19	2.017 7	0.043 48	506.33	1.986 7	0.033 29	504.43	1.962 5
130.0	0.063 63	518.46	2.043 5	0.044 83	516.72	2.012 8	0.034 38	514.95	1.988 9
140.0	—	—	—	0.046 15	527.23	2.038 5	0.035 44	525.57	2.015 0

t	$p=1.00$ MPa($t_s=39.39$ ℃)			$p=1.20$ MPa($t_s=46.31$ ℃)			$p=1.40$ MPa($t_s=52.48$ ℃)		
	v	h	s	v	h	s	v	h	s
℃	m³/kg	kJ/kg	kJ/(kg·K)	m³/kg	kJ/kg	kJ/(kg·K)	m³/kg	kJ/kg	kJ/(kg·K)
40.0	0.020 61	419.97	1.714 5	—	—	—	—	—	—
50.0	0.021 94	430.64	1.748 1	0.017 39	426.53	1.723 3	—	—	—
60.0	0.023 19	441.12	1.780 0	0.018 54	437.55	1.756 9	0.015 16	433.66	1.735 1
70.0	0.024 37	451.49	1.810 7	0.019 62	448.33	1.788 8	0.016 18	444.96	1.768 5
80.0	0.025 51	461.82	1.840 4	0.020 64	458.99	1.891 4	0.017 13	456.01	1.800 3
90.0	0.026 60	472.16	1.869 2	0.021 61	469.60	1.849 0	0.018 02	466.92	1.830 8
100.0	0.027 66	482.53	1.897 4	0.022 55	480.19	1.877 8	0.018 88	477.77	1.860 2
110.0	0.028 70	492.96	1.925 0	0.023 46	490.81	1.905 9	0.019 70	488.60	1.888 9
120.0	0.029 71	503.46	1.952 0	0.024 34	501.48	1.933 4	0.020 50	499.45	1.916 8
130.0	0.030 71	514.05	1.978 7	0.025 21	512.21	1.960 3	0.021 27	510.34	1.944 2
140.0	0.031 69	524.73	2.004 8	0.026 06	523.02	1.986 8	0.022 02	521.28	1.971 0
150.0	0.032 65	535.52	2.030 6	0.026 89	533.92	2.012 9	0.022 76	532.30	1.977 3

数据来源:朱明善,韩礼钟,李立,等. 绿色环保制冷剂 HFC-134a 热物理性质. 北京:科学出版社,1995.

附录 14a 保温、建筑及其他材料的密度和导热系数

材料	温度/℃	密度 ρ/(kg/m³)	导热系数 λ/[W/(m·K)]
膨胀珍珠岩散料	25	60~300	0.021~0.062
沥青膨胀珍珠岩	31	233~282	0.069~0.076
磷酸盐膨胀珍珠岩制品	20	200~250	0.044~0.052
水玻璃膨胀珍珠岩制品	20	200~300	0.056~0.065
岩棉制品	20	80~150	0.035~0.038
膨胀蛭石	20	100~130	0.051~0.07
沥青蛭石板管	20	350~400	0.081~0.10
石棉粉	22	744~1 400	0.099~0.19
石棉砖	21	384	0.099
石棉绳		590~730	0.10~0.21
石棉绒		35~230	0.055~0.077
石棉板	30	770~1 045	0.10~0.14
碳酸镁石棉灰		240~490	0.077~0.086
硅藻土石棉灰		280~380	0.085~0.11
粉煤灰砖	27	458~589	0.12~0.22
矿渣棉	30	207	0.058
玻璃丝	35	120~492	0.058~0.07
玻璃棉毡	28	18.4~38.3	0.043
软木板	20	105~437	0.044~0.079
木丝纤维板	25	245	0.048
稻草浆板	20	325~365	0.068~0.084
麻秆板	25	108~147	0.056~0.11
甘蔗板	20	282	0.067~0.072
葵芯板	20	95.5	0.05
玉米梗板	22	25.2	0.065
棉花	20	117	0.049
丝	20	57.7	0.036
锯木屑	20	179	0.083
硬泡沫塑料	30	29.5~56.3	0.041~0.048
软泡沫塑料	30	41~162	0.043~0.056
铝箔间隔层(5层)	21		0.042
红砖(营造状态)	25	1 860	0.87
红砖	35	1 560	0.49
松木(垂直)	15	496	0.15
松木(平行)	21	527	0.35

续表

材料	温度/℃	密度 ρ/(kg/m³)	导热系数 λ/[W/(m·K)]
水泥	30	1 900	0.30
混凝土板	35	1 930	0.79
耐酸混凝土板	30	2 250	1.5~1.6
黄沙	30	1 580~1 700	0.28~0.34
泥土	20		0.83
瓷砖	37	2 090	1.1
玻璃	45	2 500	0.65~0.71
聚苯乙烯	30	24.7~37.8	0.04~0.043
花岗石		2 643	1.73~3.98
大理石		2 499~2 707	2.70
云母		290	0.58
水垢	65		1.31~3.14
冰	0	913	2.22
黏土	27	1 460	1.3

附录 14b　聚氨酯发泡材料与气凝胶

材料	温度/℃	密度 ρ/(kg/m³)	导热系数 λ/[W/(m·K)]
聚氨酯发泡材料	25	29.5~33.6	0.022 9~0.026 6
	25	33.6 环戊烷发泡剂	0.026 6
	0		0.026 0
	−25		0.024 8
	25	30.5 异戊烷发泡剂	0.024 7
	0		0.025 0
	−25		0.023 4
	25	30.4 环戊烷发泡剂+五氟丙烷发泡剂	0.024 1
	0		0.023 5
	−25		0.022 3
	25	31.3 环戊烷+五氟丙烷发泡剂低压发泡剂	0.023 3
	0		0.023 2
	−25		0.021 3
	25	29.5 环戊烷发泡剂+五氟丙烷发泡剂+ LBA 发泡剂	0.022 9
	0		0.022 1
	−25		0.021 3

续表

材料	温度/℃	密度 $\rho/(kg/m^3)$	导热系数 $\lambda/[W/(m\cdot K)]$
氧化铝气凝胶	30	37	0.029
	400		0.098
	800		0.298
	室温~400	450	0.029~0.035
	400~800		0.035~0.055
	800~1 200		0.055~0.08
氧化硅气凝胶	27	120	0.013
	25	160	0.014
	100		0.015
	200		0.019
	0	200	0.020
	200		0.028
	400		0.045
	600		0.090
	27	80~300	0.018~0.03
	室温~800	185	0.02~0.035
	800~1 200	185	0.035~0.065
炭气凝胶	2 000	52	0.601

附录 14c 编织类复合材料

材料	温度/℃	密度 $\rho/(kg/m^3)$	面内导热系数 $\lambda/[W/(m\cdot K)]$	面外导热系数 $\lambda/[W/(m\cdot K)]$
C-C-SiC 二维穿刺复合材料	室温	1 600~2 100	10.0~20.0	5.0~10.0
C-C-SiC 三维针刺复合材料	室温	1 600~2 100	10.0~20.0	5.0~10.0
三维四向编制材料 （C 纤维增强，环氧树脂基）	室温	1 300~1 700	0.40~1.60	1.50~4.50

附录 15 几种保温、耐火材料的导热系数与温度的关系

材料	材料最高允许温度/℃	密度 $\rho/(kg/m^3)$	导热系数 $\lambda/[W/(m\cdot K)]$
超细玻璃棉毡、管	400	18~20	$0.033+0.000\,23\{t\}_℃$
矿渣棉	550~600	350	$0.067\,4+0.000\,215\{t\}_℃$

续表

材料	材料最高允许温度/℃	密度 ρ/(kg/m³)	导热系数 λ/[W/(m·K)]
水泥蛭石制品	800	400~450	$0.103 + 0.000\,198\{t\}_℃$
水泥珍珠岩制品	600	300~400	$0.065\,1 + 0.000\,105\{t\}_℃$
粉煤灰泡沫砖	300	500	$0.099 + 0.000\,2\{t\}_℃$
岩棉玻璃布缝板	600	100	$0.031\,4 + 0.000\,198\{t\}_℃$
A 级硅藻土制品	900	500	$0.039\,5 + 0.000\,19\{t\}_℃$
B 级硅藻土制品	900	550	$0.047\,7 + 0.000\,2\{t\}_℃$
膨胀珍珠岩	1 000	55	$0.042\,4 + 0.000\,137\{t\}_℃$
微孔硅酸钙制品	650	≤ 250	$0.041 + 0.000\,2\{t\}_℃$
耐火黏土砖	1 350~1 450	1 800~2 040	$(0.7~0.84) + 0.000\,58\{t\}_℃$
轻质耐火黏土砖	1 250~1 300	800~1 300	$(0.29~0.41) + 0.000\,26\{t\}_℃$
超轻质耐火黏土砖	1 150~1 300	540~610	$0.093 + 0.000\,16\{t\}_℃$
超轻质耐火黏土砖	1 100	270~330	$0.058 + 0.000\,17\{t\}_℃$
硅砖	1 700	1 900~1 950	$0.93 + 0.000\,7\{t\}_℃$
镁砖	1 600~1 700	2 300~2 600	$2.1 + 0.000\,19\{t\}_℃$
铬砖	1 600~1 700	2 600~2 800	$4.7 + 0.000\,17\{t\}_℃$

注：$\{t\}_℃$ 表示以℃为单位的材料的平均温度值。

附录 16　大气压力($p = 1.013\,25 \times 10^5$ Pa)下干空气的热物理性质

$\dfrac{t}{℃}$	$\dfrac{\rho}{\text{kg/m}^3}$	$\dfrac{c_p}{\text{kJ/(kg·K)}}$	$\dfrac{\lambda \times 10^2}{\text{W/(m·K)}}$	$\dfrac{a \times 10^6}{\text{m}^2/\text{s}}$	$\dfrac{\mu \times 10^6}{\text{Pa·s}}$	$\dfrac{\nu \times 10^6}{\text{m}^2/\text{s}}$	Pr
−50	1.584	1.013	2.04	12.7	14.6	9.23	0.728
−40	1.515	1.013	2.12	13.8	15.2	10.04	0.728
−30	1.453	1.013	2.20	14.9	15.7	10.80	0.723
−20	1.395	1.009	2.28	16.2	16.2	11.61	0.716
−10	1.342	1.009	2.36	17.4	16.7	12.43	0.712
0	1.293	1.005	2.44	18.8	17.2	13.28	0.707
10	1.247	1.005	2.51	20.0	17.6	14.16	0.705
20	1.205	1.005	2.59	21.4	18.1	15.06	0.703
30	1.165	1.005	2.67	22.9	18.6	16.00	0.701
40	1.128	1.005	2.76	24.3	19.1	16.96	0.699

续表

$\dfrac{t}{\text{℃}}$	$\dfrac{\rho}{\text{kg/m}^3}$	$\dfrac{c_p}{\text{kJ/(kg·K)}}$	$\dfrac{\lambda \times 10^2}{\text{W/(m·K)}}$	$\dfrac{a \times 10^6}{\text{m}^2/\text{s}}$	$\dfrac{\mu \times 10^6}{\text{Pa·s}}$	$\dfrac{\nu \times 10^6}{\text{m}^2/\text{s}}$	Pr
50	1.093	1.005	2.83	25.7	19.6	17.95	0.698
60	1.060	1.005	2.90	27.2	20.1	18.97	0.696
70	1.029	1.009	2.96	28.6	20.6	20.02	0.694
80	1.000	1.009	3.05	30.2	21.1	21.09	0.692
90	0.972	1.009	3.13	31.9	21.5	22.10	0.690
100	0.946	1.009	3.21	33.6	21.9	23.13	0.688
120	0.898	1.009	3.34	36.8	22.8	25.45	0.686
140	0.854	1.013	3.49	40.3	23.7	27.80	0.684
160	0.815	1.017	3.64	43.9	24.5	30.09	0.682
180	0.779	1.022	3.78	47.5	25.3	32.49	0.681
200	0.746	1.026	3.93	51.4	26.0	34.85	0.680
250	0.674	1.038	4.27	61.0	27.4	40.61	0.677
300	0.615	1.047	4.60	71.6	29.7	48.33	0.674
350	0.566	1.059	4.91	81.9	31.4	55.46	0.676
400	0.524	1.068	5.21	93.1	33.0	63.09	0.678
500	0.456	1.093	5.74	115.3	36.2	79.38	0.687
600	0.404	1.114	6.22	138.3	39.1	96.89	0.699
700	0.362	1.135	6.71	163.4	41.8	115.4	0.706
800	0.329	1.156	7.18	188.8	44.3	134.8	0.713
900	0.301	1.172	7.63	216.2	46.7	155.1	0.717
1 000	0.277	1.185	8.07	245.9	49.0	177.1	0.719
1 100	0.257	1.197	8.50	276.2	51.2	199.3	0.722
1 200	0.239	1.121 0	9.15	316.5	53.5	233.7	0.724

附录 17 大气压力（$p = 1.013\ 25 \times 10^5$ Pa）下标准烟气的热物理性质

$\dfrac{t}{\text{℃}}$	$\dfrac{\rho}{\text{kg/m}^3}$	$\dfrac{c_p}{\text{kJ/(kg·K)}}$	$\dfrac{\lambda \times 10^2}{\text{W/(m·K)}}$	$\dfrac{a \times 10^6}{\text{m}^2/\text{s}}$	$\dfrac{\mu \times 10^6}{\text{Pa·s}}$	$\dfrac{\nu \times 10^6}{\text{m}^2/\text{s}}$	Pr
0	1.295	1.042	2.28	16.9	15.8	12.20	0.72
100	0.950	1.068	3.13	30.8	20.4	21.54	0.69

续表

$\dfrac{t}{℃}$	$\dfrac{\rho}{\text{kg/m}^3}$	$\dfrac{c_p}{\text{kJ/(kg·K)}}$	$\dfrac{\lambda \times 10^2}{\text{W/(m·K)}}$	$\dfrac{a \times 10^6}{\text{m}^2/\text{s}}$	$\dfrac{\mu \times 10^6}{\text{Pa·s}}$	$\dfrac{\nu \times 10^6}{\text{m}^2/\text{s}}$	Pr
200	0.748	1.097	4.01	48.9	24.5	32.80	0.67
300	0.617	1.122	4.84	69.9	28.2	45.81	0.65
400	0.525	1.151	5.70	94.3	31.7	60.38	0.64
500	0.457	1.185	6.56	121.1	34.8	76.30	0.63
600	0.405	1.214	7.42	150.9	37.9	93.61	0.62
700	0.363	1.239	8.27	183.8	40.7	112.1	0.61
800	0.330	1.264	9.15	219.7	43.4	131.8	0.60
900	0.301	1.290	10.00	258.0	45.9	152.5	0.59
1 000	0.275	1.306	10.90	303.4	48.4	174.3	0.58
1 100	0.257	1.323	11.75	345.5	50.7	197.1	0.57
1 200	0.240	1.340	12.62	392.4	53.0	221.0	0.56

附录 18　大气压力（$p = 1.013\ 25 \times 10^5$ Pa）下过热水蒸气的热物理性质

$\dfrac{t}{℃}$	$\dfrac{\rho}{\text{kg/m}^3}$	$\dfrac{c_p}{\text{kJ/(kg·K)}}$	$\dfrac{\lambda \times 10^2}{\text{W/(m·K)}}$	$\dfrac{a \times 10^6}{\text{m}^2/\text{s}}$	$\dfrac{\mu \times 10^6}{\text{Pa·s}}$	$\dfrac{\nu \times 10^6}{\text{m}^2/\text{s}}$	Pr
380	0.586 0	2.053	2.56	21.25	1.250	2.133	1.004
400	0.554 9	2.009	2.70	24.23	1.328	2.392	0.987
450	0.491 1	1.976	3.12	32.13	1.527	3.109	0.968
500	0.440 9	1.982	3.59	41.05	1.730	3.923	0.956
550	0.400 3	2.001	4.00	51.12	1.936	4.835	0.946
600	0.366 7	2.027	4.64	62.39	2.142	5.843	0.937
650	0.338 3	2.056	5.21	74.85	2.350	6.946	0.928
700	0.314 0	2.087	5.80	88.47	2.556	8.141	0.920
750	0.293 0	2.119	6.41	94.26	2.762	9.426	0.913
800	0.274 6	2.153	7.04	119.1	2.966	10.80	0.907
850	0.258 4	2.187	7.69	136.0	3.168	12.26	0.901

附录 19　几种饱和液体的热物理性质

液体	$\dfrac{t}{℃}$	$\dfrac{\rho}{kg/m^3}$	$\dfrac{c_p}{kJ/(kg·K)}$	$\dfrac{\lambda}{W/(m·K)}$	$\dfrac{a×10^8}{m^2/s}$	$\dfrac{\nu×10^6}{m^2/s}$	$\dfrac{a_V×10^3}{K^{-1}}$	$\dfrac{r/}{kJ/kg}$	Pr
NH$_3$	−50	702.1	4.360	0.722 3	23.60	0.468 4	1.673	1 415.9	1.985
	−40	690.2	4.414	0.688 1	22.59	0.407 5	1.760	1 388.6	1.804
	−30	677.8	4.465	0.654 6	21.63	0.360 1	1.850	1 359.7	1.665
	−20	665.1	4.514	0.622 0	20.72	0.322 4	1.944	1 329.1	1.556
	−10	652.1	4.564	0.590 1	19.83	0.291 7	2.048	1 296.7	1.471
	0	638.6	4.617	0.559 2	18.97	0.266 4	2.163	1 262.2	1.404
	10	624.6	4.676	0.529 1	18.12	0.245 0	2.296	1 225.5	1.352
	20	610.2	4.745	0.499 9	17.27	0.226 7	2.452	1 186.4	1.313
	30	595.2	4.828	0.471 4	16.40	0.210 8	2.640	1 144.4	1.285
	40	579.4	4.932	0.443 5	15.52	0.196 8	2.871	1 099.3	1.268
	50	562.9	5.064	0.416 3	14.61	0.184 4	3.161	1 050.5	1.262
R12	−50	1 544.7	0.861	0.094 70	7.121	0.285 6	1.808	174.21	4.011
	−40	1 516.5	0.873	0.090 72	6.852	0.255 5	1.883	170.32	3.728
	−30	1 487.7	0.886	0.086 86	6.588	0.230 5	1.970	166.27	3.499
	−20	1 458.1	0.901	0.083 10	6.327	0.209 4	2.072	162.04	3.310
	−10	1 427.6	0.917	0.079 43	6.070	0.191 4	2.192	157.56	3.152
	0	1 396.1	0.934	0.075 84	5.816	0.175 7	2.335	152.81	3.020
	10	1 363.2	0.954	0.072 31	5.562	0.161 8	2.508	147.71	2.910
	20	1 328.9	0.976	0.068 83	5.307	0.149 5	2.719	142.22	2.817
	30	1 292.7	1.002	0.065 39	5.048	0.138 3	2.983	136.26	2.740
	40	1 254.3	1.033	0.061 98	4.782	0.128 2	3.322	129.74	2.680
	50	1 213.0	1.072	0.058 56	4.504	0.1186	3.774	122.53	2.637
R22	−50	1 435.6	1.079	0.117 7	7.599	0.270 8	1.984	239.39	3.564
	−40	1 406.8	1.091	0.113 0	7.365	0.243 1	2.083	233.24	3.301
	−30	1 377.2	1.105	0.108 4	7.121	0.219 9	2.200	226.81	3.089
	−20	1 346.5	1.123	0.103 8	6.865	0.200 3	2.338	220.02	2.918
	−10	1 314.7	1.144	0.099 3	6.599	0.183 4	2.503	212.79	2.779
	0	1 281.5	1.169	0.094 7	6.323	0.168 5	2.701	205.05	2.665
	10	1 246.7	1.199	0.090 2	6.036	0.155 4	2.945	196.69	2.574
	20	1 209.9	1.236	0.085 7	5.735	0.143 6	3.250	187.60	2.503
	30	1 170.7	1.281	0.081 2	5.416	0.132 8	3.647	177.64	2.452
	40	1 128.5	1.339	0.076 6	5.070	0.122 9	4.187	166.60	2.424
	50	1 082.3	1.419	0.071 9	4.681	0.113 6	4.970	154.19	2.427

续表

液体	$\dfrac{t}{\text{℃}}$	$\dfrac{\rho}{\text{kg/m}^3}$	$\dfrac{c_p}{\text{kJ/(kg·K)}}$	$\dfrac{\lambda}{\text{W/(m·K)}}$	$\dfrac{a\times10^8}{\text{m}^2/\text{s}}$	$\dfrac{\nu\times10^6}{\text{m}^2/\text{s}}$	$\dfrac{a_V\times10^3}{\text{K}^{-1}}$	$\dfrac{r/}{\text{kJ/kg}}$	Pr
R152a	−50	1 063.7	1.567	0.133 5	8.009	0.404 8	1.851	351.78	5.054
	−40	1 043.8	1.587	0.128 3	7.742	0.355 3	1.926	343.62	4.589
	−30	1 023.5	1.610	0.123 2	7.474	0.314 8	2.014	335.15	4.211
	−20	1 002.7	1.636	0.118 2	7.208	0.281 1	2.116	326.30	3.899
	−10	981.28	1.665	0.113 5	6.950	0.252 6	2.236	316.98	3.635
	0	959.11	1.697	0.108 9	6.692	0.228 4	2.380	307.11	3.413
	10	936.07	1.734	0.104 5	6.436	0.207 6	2.554	296.60	3.225
	20	911.97	1.777	0.100 1	6.180	0.189 4	2.767	285.32	3.066
	30	886.61	1.826	0.095 9	5.921	0.173 6	3.035	273.16	2.931
	40	859.67	1.885	0.091 7	5.657	0.159 6	3.378	256.93	2.821
	50	830.78	1.957	0.087 5	5.382	0.147 1	3.833	245.43	2.733
R135a	−50	1 446.3	1.238	0.115 6	6.454	0.380 9	1.959	231.98	5.902
	−40	1 417.7	1.255	0.110 6	6.218	0.329 4	2.045	225.86	5.298
	−30	1 388.4	1.273	0.105 8	5.985	0.288 8	2.146	219.53	4.826
	−20	1 358.3	1.293	0.101 1	5.755	0.255 9	2.266	212.92	4.447
	−10	1 327.1	1.316	0.096 5	5.527	0.228 7	2.409	205.97	4.139
	0	1 294.8	1.341	0.092 0	5.299	0.205 9	2.584	198.60	3.885
	10	1 261.0	1.370	0.087 6	5.071	0.186 3	2.800	190.74	3.673
	20	1 225.3	1.405	0.083 3	4.838	0.169 2	3.072	182.28	3.498
	30	1 187.5	1.447	0.079 0	4.599	0.154 2	3.425	173.10	3.353
	40	1 146.7	1.498	0.074 7	4.348	0.140 8	3.898	163.02	3.238
	50	1 102.3	1.566	0.070 4	4.080	0.128 6	4.562	151.81	3.153
11 号润滑油	0	905.0	1.834	0.144 9	8.73	1 336			15 310
	10	898.8	1.872	0.144 1	8.56	564.2			6 591
	20	892.7	1.909	0.143 2	8.40	280.2	0.69		3 335
	30	886.6	1.947	0.142 3	8.24	153.2			1 859
	40	880.6	1.985	0.141 4	8.09	90.7			1 121
	50	874.6	2.022	0.140 5	7.94	57.4			723
	60	868.8	2.064	0.139 6	7.78	38.4			493
	70	863.1	2.106	0.138 7	7.63	27.0			354
	80	857.4	2.148	0.137 9	7.49	19.7			263
	90	851.8	2.190	0.137 0	7.34	14.9			203
	100	846.2	2.236	0.136 1	7.19	11.5			160

液体	$\dfrac{t}{℃}$	$\dfrac{\rho}{kg/m^3}$	$\dfrac{c_p}{kJ/(kg \cdot K)}$	$\dfrac{\lambda}{W/(m \cdot K)}$	$\dfrac{a \times 10^8}{m^2/s}$	$\dfrac{\nu \times 10^6}{m^2/s}$	$\dfrac{a_V \times 10^3}{K^{-1}}$	$\dfrac{r/}{kJ/kg}$	Pr
	0	905.2	1.866	0.149 3	8.84	2 237			25 310
	10	899.0	1.909	0.148 5	8.65	863.2			9 979
	20	892.8	1.915	0.147 7	8.48	410.9	0.69		4 846
	30	886.7	1.993	0.147 0	8.32	216.5			2 603
	40	880.7	2.035	0.146 2	8.16	124.2			1 522
14 号润滑油	50	874.8	2.077	0.145 4	8.00	76.5			956
	60	869.0	2.114	0.144 6	7.87	50.5			462
	70	863.2	2.156	0.143 9	7.73	34.3			444
	80	857.5	2.194	0.143 1	7.61	24.6			323
	90	851.9	2.227	0.142 4	7.51	18.3			244
	100	846.4	2.265	0.141 6	7.39	14.0			190

液体	$\dfrac{T}{K}$	$\dfrac{\rho}{kg/m^3}$	$\dfrac{c_p}{kJ/(kg \cdot K)}$	$\dfrac{\lambda}{W/(m \cdot K)}$	$\dfrac{a \times 10^8}{m^2/s}$	$\dfrac{\nu \times 10^6}{m^2/s}$	$\dfrac{a_V \times 10^3}{K^{-1}}$	$\dfrac{r/}{kJ/kg}$	Pr
	220	1 166.1	1.962	0.176 2	7.700	0.207 5			2.695
	230	1 128.7	1.997	0.163 3	7.244	0.180 9			2.498
	240	1 088.9	2.051	0.150 8	6.750	0.158 9			2.353
二氧化碳	250	1 046.0	2.132	0.138 5	6.209	0.140 3			2.259
沸点 194.7 K	260	998.89	2.255	0.126 4	5.609	0.124 5			2.221
$r = 591$ kJ/kg	270	945.83	2.453	0.114 3	4.924	0.111 0			2.255
	280	883.58	2.814	0.120 2	4.103	0.099 29			2.420
	290	804.67	3.676	0.089 55	3.028	0.088 74			2.931
	300	679.24	8.698	0.080 59	1.364	0.078 19			5.732
	60	1 282.0	1.673	0.193 9	9.040	0.450 9			4.988
液氧	70	1 237.0	1.678	0.179 7	8.657	0.300 6			3.472
沸点 90.2 K	80	1 190.5	1.682	0.165 4	8.264	0.219 4			2.655
$r = 211$ kJ/kg	90	1 142.1	1.699	0.151 1	7.785	0.171 3			2.200
	100	1 090.9	1.738	0.136 6	7.204	0.139 9			1.941
	14	76.969	7.031	0.076 67	1.417	0.331 7		453.85	2.341
	16	75.264	7.721	0.090 23	1.553	0.265 7		456.69	1.711
	18	73.375	8.579	0.098 64	1.567	0.222 7		455.82	1.421
	20	71.265	9.570	0.103 3	1.515	0.192 6		450.31	1.272
液氢	22	68.893	10.77	0.105 2	1.418	0.170 4		439.19	1.202
沸点 20.28 K	24	66.199	12.32	0.105 0	1.288	0.153 3		421.24	1.191
$r = 591$ kJ/kg	26	63.079	14.49	0.103 1	1.128	0.139 7		394.75	1.239
	28	59.339	17.98	0.099 43	0.932 1	0.128 6		356.75	1.379
	30	54.538	25.28	0.093 74	0.679 8	0.119 3		300.89	1.755
	32	47.085	57.29	0.084 26	0.312 4	0.111 4		205.57	3.567

附录 20　几种液体的体胀系数

液体	$\dfrac{T}{\text{K}}$	$\dfrac{a_v \times 10^3}{\text{K}^{-1}}$	液体	$\dfrac{T}{\text{K}}$	$\dfrac{a_v \times 10^3}{\text{K}^{-1}}$
（SAE50）乙二醇	273	0.65	机油	273	0.70
R113	260	1.392	液氢	20.3	16.59
	280	1.454	水银	273	0.18
	300	1.537	液氮	70	5.129
	320	1.648	液氧	77.4	3.899
	340	1.795		80	3.978
	360	1.995		90	4.363
	380	2.276		100	4.920
	400	2.693		110	5.751
	420	3.373	甘油	280	0.47
	440	4.674		300	0.48
	460	8.100		320	0.50

附录 21　几种液态金属的热物理性质

金属名称	$\dfrac{t}{\text{℃}}$	$\dfrac{\rho}{\text{kg/m}^3}$	$\dfrac{c_p}{\text{kJ/(kg·K)}}$	$\dfrac{\lambda}{\text{W/(m·K)}}$	$\dfrac{a \times 10^6}{\text{m}^2/\text{s}}$	$\dfrac{\nu \times 10^8}{\text{m}^2/\text{s}}$	$Pr \times 10^2$
水银 熔点 −38.9 ℃ 沸点 357 ℃	20	13 550	0.139 0	7.90	4.36	11.4	2.72
	100	13 350	0.137 3	8.95	4.89	9.4	1.92
	150	13 230	0.137 3	9.65	5.30	8.6	1.62
	200	13 120	0.137 3	10.3	5.72	8.0	1.40
	300	12 880	0.137 3	11.7	6.64	7.1	1.07
锡 熔点 231.9 ℃ 沸点 2 270 ℃	250	6 980	0.255	34.1	19.2	27.0	1.41
	300	6 940	0.255	33.7	19.0	24.0	1.26
	400	6 865	0.255	33.1	18.9	20.0	1.06
	500	6 790	0.255	32.6	18.8	17.3	0.92

续表

金属名称	$\dfrac{t}{℃}$	$\dfrac{\rho}{\text{kg/m}^3}$	$\dfrac{c_p}{\text{kJ/(kg·K)}}$	$\dfrac{\lambda}{\text{W/(m·K)}}$	$\dfrac{a\times10^6}{\text{m}^2/\text{s}}$	$\dfrac{\nu\times10^8}{\text{m}^2/\text{s}}$	$Pr\times10^2$
铋 熔点 271 ℃ 沸点 1 477 ℃	300	10 030	0.151	13.0	8.61	17.1	1.98
	400	9 910	0.151	14.4	9.72	14.2	1.46
	500	9 785	0.151	15.8	10.8	12.2	1.13
	600	9 660	0.151	17.2	11.9	10.8	0.91
锂 熔点 179 ℃ 沸点 1 317 ℃	200	515	4.187	37.2	17.2	111.0	6.43
	300	505	4.187	39.0	18.3	92.7	5.03
	400	495	4.187	41.9	20.3	81.7	4.04
	500	434	4.187	45.3	22.3	73.4	3.28
铅铋(56.5%Bi) 熔点 123.5 ℃ 沸点 1 670 ℃	150	10 550	0.146	9.8	6.39	28.9	4.50
	200	10 490	0.146	10.3	6.67	24.3	3.64
	300	10 360	0.146	11.4	7.50	18.7	2.50
	400	10 240	0.146	12.6	8.33	15.7	1.87
	500	10 120	0.146	14.0	9.44	13.6	1.44
钠钾(25%Na) 熔点 −11 ℃ 沸点 784 ℃	100	852	1.143	23.2	26.9	60.7	2.51
	200	828	1.072	24.5	27.6	45.2	1.64
	300	808	1.038	25.8	31.0	36.6	1.18
	400	778	1.005	27.1	34.7	30.8	0.89
	500	753	0.967	28.4	39.0	26.7	0.69
	600	729	0.934	29.6	43.6	23.7	0.54
	700	704	0.900	30.9	48.8	21.4	0.44
钠 熔点 97.8 ℃ 沸点 883 ℃	150	916	84.9	1.356	68.3	59.4	0.87
	200	903	81.4	1.327	67.8	50.6	0.75
	300	878	70.9	1.281	63.0	39.4	0.63
	400	854	63.9	1.273	58.9	33.0	0.56
	500	829	57.0	1.273	54.2	28.9	0.53
钾 熔点 64 ℃ 沸点 760 ℃	100	819	46.6	0.805	70.7	55	0.78
	250	783	44.8	0.783	73.1	38.5	0.53
	400	747	39.4	0.769	68.6	29.6	0.43
	750	678	28.4	0.775	54.2	20.2	0.37
铅 熔点 327.5 ℃ 沸点 1 749 ℃	350	10 644	16.0	0.147	10.2	23.8	2.32
	400	10 580	16.6	0.147	10.7	21.0	1.97
	500	10 452	17.7	0.145	11.7	17.4	1.49
	600	10 324	18.8	0.144	12.7	15.0	1.18
	700	10 196	19.9	0.142	13.7	13.4	0.97
	800	10 068	21.0	0.141	14.8	12.2	0.83
	900	9 940	22.1	0.140	15.9	11.4	0.72
	1 000	9 812	23.2	0.139	17.0	10.7	0.63

附录 22　几种导热油的热物理性质

液体	$\dfrac{t}{^\circ\text{C}}$	$\dfrac{\rho}{\text{kg/m}^3}$	$\dfrac{c_p}{\text{kJ/(kg·K)}}$	$\dfrac{\lambda}{\text{W/(m·K)}}$	$\dfrac{a\times10^8}{\text{m}^2/\text{s}}$	$\dfrac{\nu\times10^6}{\text{m}^2/\text{s}}$	$\dfrac{a_V\times10^3}{\text{K}^{-1}}$	Pr
Therminol D12	20	762	2.108	0.127 9	7.962 4	1.697		21.312 6
	50	740	2.235	0.122 1	7.382 6	1.087		14.723 9
	100	702	2.445	0.111 6	6.502 0	0.642		9.873 9
	150	662	2.645	0.101 2	5.779 6	0.437		7.561 1
	200	615	2.857	0.088 4	5.031 1	0.327		6.499 5
	230	585	2.971	0.081 4	4.683 4	0.277		5.914 4
	260	550	3.100	0.073 3	4.299 1	0.25		5.815 1
Therminol 55	16	875	1.896 2	0.127 9	7.708 7	60.7		787.427 1
	49	852	2.009 2	0.125 1	7.307 9	13.57		185.688 6
	82	830	2.130 6	0.121 3	6.859 3	5.15		75.080 4
	116	807	2.247 8	0.117 3	6.466 5	2.67		41.290 0
	149	784	2.402 6	0.112 2	5.956 6	1.471		24.695 5
	182	761	2.482 2	0.109 5	5.796 9	1.173		20.235 1
	216	737	2.599 4	0.105 7	5.517 4	0.882		15.985 8
	249	712	2.716 6	0.101 7	5.257 9	0.691		13.142 0
	288	682	2.854 7	0.097 1	4.987 4	0.536		10.747 1
DY-300	20	1 005	1.809 1	0.122 7	6.748 6	15.6	—	231.157 9
	50	990	1.900 8	0.121 2	6.440 7	5.54		86.015 9
	100	953	2.084 6	0.117 3	5.904 5	1.951		33.042 7
	150	916	2.259 2	0.111 8	5.402 5	1.010		18.695 2
	200	889	2.433 8	0.110 7	5.116 4	0.663		12.958 4
	250	855	2.608 0	0.107 3	4.812 0	0.5		10.390 7
	300	822	2.782 5	0.104 0	4.547 0	0.45		9.896 6
	340	797	2.922 0	0.101 3	4.349 8	0.4		9.195 8
DY-325	20	1 022	1.788 9	0.120 6	6.596 5	20		303.193 3
	50	1 007	1.884 1	0.118 6	6.251 0	6.6		105.582 7
	100	972	2.066 6	0.115 4	5.744 9	2.1		36.554 1
	150	936	2.239 5	0.112 0	5.343 1	1.08		20.213 1

续表

液体	$\dfrac{t}{\text{℃}}$	$\dfrac{\rho}{\text{kg/m}^3}$	$\dfrac{c_p}{\text{kJ/(kg·K)}}$	$\dfrac{\lambda}{\text{W/(m·K)}}$	$\dfrac{a\times10^8}{\text{m}^2/\text{s}}$	$\dfrac{\nu\times10^6}{\text{m}^2/\text{s}}$	$\dfrac{a_V\times10^3}{\text{K}^{-1}}$	Pr
DY-325	200	910	2.412 4	0.108 8	4.956 1	0.67		13.518 8
	250	874	2.585 3	0.105 5	4.669 1	0.5		10.708 8
	300	845	2.758 3	0.102 2	4.384 8	0.45		10.262 7
	340	821	2.896 4	0.099 6	4.188 5	0.4		9.550 0
DY-340	20	962	1.851 4	0.129 0	7.242 9	5.8		80.078 1
	50	949	1.951 0	0.126 8	6.848 5	2.7		39.424 7
	100	912	2.137 8	0.123 4	6.329 3	1.27		20.065 5
	150	878	2.316 6	0.119 9	5.894 9	0.73		12.383 7
	200	848	2.498 5	0.116 4	5.493 9	0.5		9.101 1
	250	812	2.674 1	0.112 8	5.194 9	0.45		8.662 4
	300	783	2.853 3	0.109 3	4.892 3	0.4		8.176 2
	340	760	2.996 5	0.106 5	4.676 5	0.35		7.484 2

附录 23 几种熔盐的热物理性质

熔盐名称	$\dfrac{t}{\text{℃}}$	$\dfrac{\rho}{\text{kg/m}^3}$	$\dfrac{\lambda}{\text{W/(m·K)}}$	$\dfrac{c_p}{\text{kJ/(kg·K)}}$	$\dfrac{a\times10^8}{\text{m}^2/\text{s}}$	$\dfrac{\nu\times10^7}{\text{m}^2/\text{s}}$	Pr
三元氯化盐 Mg/K/Na （质量分数为 45.98%/38.91%/ 15.11%）	450	1 705	0.465	1.076	25.34	21.90	8.64
	500	1 677	0.452	1.051	25.65	19.99	7.80
	550	1 649	0.439	1.026	25.95	18.50	7.13
	600	1 621	0.426	1.001	26.26	17.31	6.59
	650	1 593	0.413	0.976	26.57	16.35	6.15
	700	1 564	0.400	0.951	26.89	15.56	5.79
	750	1 536	0.387	0.926	27.21	14.92	5.48
	800	1 508	0.374	0.901	27.53	14.39	5.23
二元氯化盐 Mg/K （质量体积百分比 32%/68%）	450	1 655	0.460	0.992	28.00	33.12	11.83
	500	1 628	0.455	0.997	28.02	29.95	10.69
	550	1 600	0.450	1.002	28.04	27.23	9.71
	600	1 573	0.445	1.007	28.07	24.98	8.90

熔盐名称	$\dfrac{t}{℃}$	$\dfrac{\rho}{kg/m^3}$	$\dfrac{\lambda}{W/(m\cdot K)}$	$\dfrac{c_p}{kJ/(kg\cdot K)}$	$\dfrac{a\times10^8}{m^2/s}$	$\dfrac{\nu\times10^7}{m^2/s}$	Pr
二元氯化盐 Mg/K （质量体积百分比 32%/68%）	650	1 545	0.440	1.013	28.11	23.22	8.26
	700	1 517	0.435	1.018	28.15	21.99	7.81
	750	1 490	0.430	1.023	28.19	21.31	7.56
	800	1 462	0.425	1.028	28.25	21.22	7.51
FLiNaK	500	2 097	0.793	1.880	20.11	38.81	19.29
	550	2 066	0.821	1.880	21.14	27.71	13.11
	600	2 035	0.849	1.880	22.19	20.60	9.28
	650	2 003	0.877	1.880	23.28	15.85	6.81
	700	1 972	0.905	1.880	24.41	12.55	5.14
	750	1 941	0.933	1.880	25.57	10.18	3.98
	800	1 910	0.961	1.880	26.76	8.44	3.15
太阳盐	300	1 899	0.500	1.495	17.61	17.11	9.71
	350	1 867	0.509	1.503	18.15	12.43	6.85
	400	1 836	0.519	1.512	18.70	9.59	5.13
	450	1 804	0.528	1.520	19.27	8.07	4.19
	500	1 772	0.538	1.529	19.86	7.32	3.69
	550	1 740	0.547	1.538	20.46	6.74	3.30
	600	1 708	0.557	1.546	21.09	5.71	2.71
HITEC	200	1 934	0.436	1.560	14.46	38.00	26.29
	250	1 897	0.425	1.560	14.36	24.62	17.15
	300	1 860	0.396	1.560	13.63	17.19	12.61
	350	1 824	0.363	1.560	12.77	12.84	10.06
	400	1 787	0.331	1.560	11.87	10.08	8.49
	450	1 750	0.299	1.560	10.93	8.03	7.34
	500	1 714	0.266	1.560	9.96	6.49	6.51

附录 24　第一类贝塞尔函数选摘

x	$J_0(x)$	$J_1(x)$	x	$J_0(x)$	$J_1(x)$	x	$J_0(x)$	$J_1(x)$
0.0	1.000 0	0.000 0	0.9	0.807 5	0.405 9	1.8	0.340 0	0.581 5
0.1	0.997 5	0.049 9	1.0	0.765 2	0.440 0	1.9	0.281 8	0.581 2
0.2	0.990 0	0.099 5	1.1	0.719 6	0.470 9	2.0	0.223 9	0.576 7
0.3	0.977 6	0.148 3	1.2	0.671 1	0.498 3	2.1	0.166 6	0.568 3
0.4	0.960 4	0.196 0	1.3	0.620 1	0.522 0	2.2	0.110 4	0.556 0
0.5	0.938 5	0.242 3	1.4	0.566 9	0.541 9	2.3	0.055 5	0.539 9
0.6	0.912 0	0.286 7	1.5	0.511 8	0.557 9	2.4	0.002 5	0.520 2
0.7	0.881 2	0.329 0	1.6	0.455 4	0.569 9			
0.8	0.846 3	0.368 8	1.7	0.398 0	0.577 8			

附录 25　误差函数选摘

x	$\mathrm{erf}(x)$	x	$\mathrm{erf}(x)$	x	$\mathrm{erf}(x)$
0.00	0.000 00	0.36	0.389 33	1.04	0.858 65
0.02	0.022 56	0.38	0.409 01	1.08	0.873 33
0.04	0.045 11	0.40	0.428 39	1.12	0.886 79
0.06	0.067 62	0.44	0.466 22	1.16	0.899 10
0.08	0.090 08	0.48	0.502 75	1.20	0.910 31
0.10	0.112 46	0.52	0.537 90	1.30	0.934 01
0.12	0.134 76	0.56	0.571 62	1.40	0.952 28
0.14	0.156 95	0.60	0.603 86	1.50	0.966 11
0.16	0.179 01	0.64	0.634 59	1.60	0.976 35
0.18	0.200 94	0.68	0.663 78	1.70	0.983 79
0.20	0.222 70	0.72	0.691 43	1.80	0.989 09
0.22	0.244 30	0.76	0.717 54	1.90	0.992 79
0.24	0.265 70	0.80	0.742 10	2.00	0.995 32
0.26	0.286 90	0.84	0.765 14	2.20	0.998 14
0.28	0.307 88	0.88	0.786 69	2.40	0.999 31
0.30	0.328 63	0.92	0.806 77	2.60	0.999 76
0.32	0.349 13	0.96	0.825 42	2.80	0.999 92
0.34	0.369 36	1.00	0.842 70	3.00	0.999 98

注：$\mathrm{erf}(x) = \dfrac{2}{\sqrt{\pi}}\int_0^x \mathrm{e}^{-t^2}\mathrm{d}t$；$\mathrm{erfc}(x) = 1 - \mathrm{erf}(x)$。

附录 26　金属材料的密度、比热容和导热系数

材料名称	密度 ρ kg/m³	比热容 c J/(kg·K)	导热系数 λ [W/(m·K)]	导热系数 λ/[W/(m·K)]　温度/℃									
				−100	0	100	200	300	400	600	800	1 000	1 200
纯铝	2 710	902	236	243	236	240	238	234	228	215			
杜拉铝（96Al−4Cu，微量 Mg）	2 790	881	169	124	160	188	188	193					
铝合金（92Al−8Mg）	2 610	904	107	86	102	123	148						
铝合金（87Al−13Si）	2 660	871	162	139	158	173	176	180					
铍	1 850	1 758	219	382	218	170	145	129	118				
纯铜	8 930	386	398	421	401	393	389	384	379	366	352		
铝青铜（90Cu−10Al）	8 360	420	56	49	57	66							
青铜（89Cu−11Sn）	8 800	343	24.8	24	28.4	33.2							
黄铜（70Cu−30Zn）	8 440	377	109	90	106	131	143	145	148				
铜合金（60Cu−40Ni）	8 920	410	22.2	19	22.2	23.4							
黄金	19 300	127	315	331	318	313	310	305	300	287			
纯铁	7 870	455	81.1	96.7	83.5	72.1	63.5	56.5	50.3	39.4	29.6	29.4	31.6
阿姆口铁	7 860	455	73.2	82.9	74.7	67.5	61.0	54.8	49.9	38.6	29.3	29.3	31.1

材料名称	温度/℃			导热系数 λ/[W/(m·K)]									
	密度 ρ kg/m³	比热容 c J/(kg·K)	导热系数 λ [W/(m·K)]	温度/℃									
				−100	0	100	200	300	400	600	800	1 000	1 200
灰铸铁 ($w_c \approx 3\%$)	7 570	470	39.2		28.5	32.4	35.8	37.2	36.6	20.8	19.2		
碳钢 ($w_c \approx 0.5\%$)	7 840	465	49.8		50.5	47.5	44.8	42.0	39.4	34.0	29.0		
碳钢 ($w_c \approx 1.0\%$)	7 790	470	43.2		43.0	42.8	42.2	41.5	40.6	36.7	32.2		
碳钢 ($w_c \approx 1.5\%$)	7 750	470	36.7		36.8	36.6	36.2	35.7	34.7	31.7	27.8		
铬钢 ($w_{Cr} \approx 5\%$)	7 830	460	36.1		36.3	35.2	34.7	33.5	31.4	28.0	27.2	27.2	27.2
铬钢 ($w_{Cr} \approx 13\%$)	7 740	460	26.8		26.5	27.0	27.0	27.0	27.6	28.4	29.0	29.0	
铬钢 ($w_{Cr} \approx 17\%$)	7 710	460	22		22	22.2	22.6	22.6	23.3	24.0	24.8	25.5	
铬钢 ($w_{Cr} \approx 26\%$)	7 650	460	22.6		22.6	23.8	25.5	27.2	28.5	31.8	35.1	38	
铬镍钢 (18−20Cr/8−12Ni)	7 820	460	15.2	12.2	14.7	16.6	18.0	19.4	20.8	23.5	26.3		
铬镍钢 (17−19Cr/9−13Ni)	7 830	460	14.7	11.8	14.3	16.1	17.5	18.8	20.2	22.8	25.5	28.2	30.9
镍钢 ($w_{Ni} \approx 1\%$)	7 900	460	45.5	40.8	45.2	46.8	46.1	44.1	41.2	35.7			
镍钢 ($w_{Ni} \approx 3.5\%$)	7 910	460	36.5	30.7	36.0	38.8	39.7	39.2	37.8				
镍钢 ($w_{Ni} \approx 25\%$)	8 030	460	13.0										
镍钢 ($w_{Ni} \approx 35\%$)	8 110	460	13.8	10.9	13.4	15.4	17.1	18.6	20.1	23.1			
镍钢 ($w_{Ni} \approx 44\%$)	8 190	460	15.8		15.7	16.1	16.5	16.9	17.1	17.8	18.4		

续表

材料名称	密度 ρ kg/m³	比热容 c J/(kg·K)	导热系数 λ [W/(m·K)]	导热系数 λ/[W/(m·K)] 温度/℃									
				−100	0	100	200	300	400	600	800	1 000	1 200
镍钢($w_{Ni} \approx 50\%$)	8 260	460	19.6	17.3	19.4	20.5	21.0	21.1	21.3	22.5			
锰钢($w_{Mn} \approx 12\% \sim 13\%, w_{Ni} \approx 3\%$)	7 800	487	13.6			14.8	16.0	17.1	18.3				
锰钢($w_{Mn} \approx 0.4\%$)	7 860	440	51.2			51.0	50.0	47.0	43.5	35.5	27		
钨钢($w_W \approx 5\% \sim 6\%$)	8 070	436	18.7	18.4		19.7	21.0	22.3	23.6	24.9	26.3		
铝	11 340	128	35.3	37.2	35.5	34.3	32.8	31.5					
镁	1 730	1 020	156	160	157	154	152	150					
钼	9 590	255	138	146	139	135	131	127	123	116	109	103	93.7
镍	8 900	444	91.4	144	94	82.8	74.2	67.3	64.6	69.0	73.3	77.6	81.9
铂	21 450	133	71.4	73.3	71.5	71.6	72.0	72.8	73.6	76.6	80.0	84.2	88.9
银	10 500	234	427	431	428	422	415	407	399	384			
锡	7 310	228	67	75	68.2	63.2	60.9						
钛	4 500	520	22	23.3	22.4	20.7	19.9	19.5	19.4	19.9			
铀	19 070	116	27.4	24.3	27	29.1	31.1	33.4	35.7	40.6	45.6		
锌	7 140	388	121	123	122	117	112						
锆	6 570	276	22.9	26.5	23.2	21.8	21.2	20.9	21.4	22.3	24.5	26.4	28.0
钨	19 350	134	179	204	182	166	153	142	134	125	119	114	110

附录 27　大气压力($p = 1.013\ 25 \times 10^5$ Pa)下二氧化碳、氢气、氧气、氮气、氦气的热物理性质

	T/K	$\rho/$ [kg/m³]	$c_p/$ [kJ/(kg·K)]	$\lambda/$ [W/(m·K)]	$a \times 10^6/$ (m²/s)	$\nu \times 10^6/$ (m²/s)	$\mu \times 10^6/$ (Pa·s)	Pr
二氧化碳气体 沸点 195 K	250	2.165	0.806	0.012 95	7.429	5.804	12.56	0.781 2
	300	1.797	0.853	0.016 79	10.962	8.361	15.02	0.762 7
	400	1.343	0.942	0.025 14	19.875	14.66	19.70	0.737 7
	500	1.074	1.016	0.033 49	30.724	22.37	24.02	0.728 2
	600	0.894 1	1.076	0.041 56	43.183	31.31	28.00	0.725 2
	800	0.670 4	1.169	0.056 71	72.355	52.34	35.09	0.723 4
	1 000	0.536 2	1.234	0.070 57	106.63	76.95	41.26	0.721 7
	1 500	0.357 5	1.327	1.002 9	211.51	151.4	54.14	0.716 0
	2 000	0.268 1	1.370	1.248 4	339.80	242.4	65.00	0.713 5
氢气 沸点 20.4 K	20	71.28	9.565	0.103 3	0.151 5	0.192 7	13.74	1.272
	40	0.623 8	10.57	0.031 89	4.835	3.269	2.039	0.676 1
	60	0.411 3	10.49	0.044 61	10.34	6.968	2.867	0.673 7
	80	0.307 5	10.74	0.056 48	17.11	11.60	3.566	0.678 1
	100	0.245 7	11.23	0.068 34	24.77	17.05	4.190	0.688 4
	150	0.163 7	12.61	0.101 0	48.94	33.97	5.561	0.694 2
	200	0.122 8	13.54	0.132 4	79.69	55.23	6.780	0.693 1
	250	0.098 20	14.05	0.160 6	116.4	80.47	7.903	0.691 6
	300	0.081 84	14.31	0.185 8	158.6	109.4	8.953	0.689 8
	400	0.061 39	14.48	0.234 1	263.3	177.4	10.89	0.673 8
	500	0.049 11	14.51	0.280 5	393.5	258.0	12.67	0.655 6
	600	0.040 93	14.55	0.328 1	550.9	350.3	14.34	0.635 8
	800	0.030 70	14.71	0.425 2	941.5	567.9	17.44	0.603 2
	1 000	0.024 56	14.99	0.524 8	1 425	826.3	20.30	0.579 8
	1 500	0.016 4	16.02	0.785 0	2 992	1 616	26.46	0.540 2

续表

	T/K	$\rho/$ [kg/m³]	$c_p/$ [kJ/(kg·K)]	$\lambda/$ [W/(m·K)]	$a\times10^6/$ (m²/s)	$\nu\times10^6/$ (m²/s)	$\mu\times10^6/$ (Pa·s)	Pr
	150	2.619	0.920	0.013 78	5.721	4.343	11.38	0.759 1
	200	1.956	0.915	0.018 24	10.20	7.525	14.72	0.738 1
	250	1.562	0.915	0.022 46	15.72	11.39	17.80	0.724 9
	300	1.301	0.920	0.026 49	22.14	15.88	20.65	0.717 3
	400	0.975	0.942	0.034 03	37.07	26.50	25.84	0.715 1
氧气 沸点 90.2 K	500	0.780	0.972	0.041 05	54.15	39.10	30.49	0.722 1
	600	0.650	1.003	0.047 66	73.12	53.45	34.73	0.731 0
	800	0.487	1.055	0.060 0	116.8	86.87	42.33	0.743 7
	1 000	0.390	1.090	0.071 55	168.4	126.0	49.12	0.748 3
	1 500	0.260	1.143	0.098 19	330.6	246.1	63.97	0.744 6
	2 000	0.195	1.180	0.123 1	534.9	395.9	77.17	0.740 1
	80	4.440	1.113	0.007 445	1.507	1.267	5.624	0.840 8
	90	3.899	1.086	0.008 418	1.987	1.615	6.297	0.812 7
	100	3.483	1.072	0.009 382	2.513	1.998	6.959	0.795 0
	150	2.289	1.049	0.014 01	5.834	4.403	10.08	0.754 7
	200	1.711	1.044	0.018 28	10.24	7.547	12.91	0.737 0
	250	1.367	1.042	0.022 25	15.63	11.34	15.50	0.725 7
氮气 沸点 77.4 K	300	1.138	1.041	0.025 97	21.91	15.72	17.89	0.717 4
	400	0.853 3	1.045	0.032 81	36.79	26.03	22.21	0.707 4
	500	0.682 5	1.056	0.039 04	54.15	38.19	26.06	0.705 2
	600	0.568 8	1.075	0.044 84	73.33	52.00	29.58	0.709 2
	800	0.426 6	1.122	0.055 51	116.0	84.13	35.89	0.725 5
	1 000	0.341 3	1.167	0.065 36	164.1	121.7	41.54	0.742 0
	1 500	0.227 5	1.244	0.088 02	311.0	237.6	54.07	0.764 1
	2 000	0.170 7	1.284	0.109 3	498.8	383.1	65.39	0.768 1

	T/K	$\rho/$ [kg/m³]	$c_p/$ [kJ/(kg·K)]	$\lambda/$ [W/(m·K)]	$a\times10^6/$ (m²/s)	$\nu\times10^6/$ (m²/s)	$\mu\times10^6/$ (Pa·s)	Pr
	5	11.89	6.724 3	0.010 22	0.127 9	0.117 0	1.390	0.914 2
	10	5.014	5.415 0	0.016 89	0.622 2	0.450 6	2.259	0.724 2
	15	3.275	5.285 7	0.021 91	1.266	0.906 4	2.969	0.716 1
	20	2.442	5.244 2	0.026 20	2.046	1.467	3.582	0.717 0
	40	1.217	5.205 4	0.040 45	6.385	4.554	5.542	0.713 3
	60	0.811 4	5.198 4	0.052 55	12.46	8.771	7.117	0.704 0
	80	0.608 8	5.195 9	0.063 52	20.08	13.97	8.503	0.695 6
	100	0.487 1	5.194 8	0.073 71	29.13	20.07	9.778	0.689 1
氦气 沸点 4.2 K	150	0.324 9	5.193 8	0.096 94	57.45	38.48	12.50	0.669 8
	200	0.243 7	5.193 4	0.118 0	93.21	62.13	15.14	0.666 5
	250	0.195 0	5.193 3	0.137 5	135.8	90.26	17.60	0.664 7
	300	0.162 5	5.193 2	0.156 0	184.8	122.6	19.93	0.663 6
	400	0.121 9	5.193 1	0.190 4	300.7	199.3	24.29	0.662 7
	500	0.097 54	5.193 1	0.222 3	438.9	290.8	28.36	0.662 6
	600	0.081 28	5.193 1	0.252 4	597.9	396.3	32.22	0.662 8
	800	0.060 97	5.193 1	0.308 5	974.5	646.8	39.43	0.663 7
	1 000	0.048 78	5.193 1	0.360 6	1 424	946.4	46.16	0.664 8
	1 500	0.032 52	5.193 1	0.479 0	2 837	1 893	61.55	0.667 3
	2 000	0.024 39	5.193 1	0.586 1	4 627	3 098	75.55	0.669 4

附录 28　饱和水的热物理性质

$t/\mathrm{^\circ C}$	$\dfrac{p\times10^{-5}}{\mathrm{Pa}}$	$\dfrac{\rho}{\mathrm{kg/m^3}}$	$\dfrac{h'}{\mathrm{kJ/kg}}$	$\dfrac{c_p}{\mathrm{kJ/(kg\cdot K)}}$	$\dfrac{\lambda\times10^2}{\mathrm{W/(m\cdot K)}}$	$\dfrac{a\times10^8}{\mathrm{m^2/s}}$	$\dfrac{\mu\times10^6}{\mathrm{Pa\cdot s}}$	$\dfrac{\nu\times10^6}{\mathrm{m^2/s}}$	$\dfrac{a_v\times10^4}{\mathrm{/K}}$	$\dfrac{\sigma\times10^4}{\mathrm{N/m}}$	Pr
0.01	0.006 117	999.8	0.000 6	4.220	56.1	13.3	1 791	1.792	−0.679 7	756.5	13.47
10	0.012 28	999.7	42.02	4.196	58.0	13.8	1 306	1.306	0.876 9	742.2	9.447
20	0.023 39	998.2	83.91	4.184	59.8	14.3	1 002	1.003	2.067	727.4	7.004
30	0.042 47	995.6	125.7	4.180	61.5	14.8	797.2	0.801	3.033	711.9	5.415
40	0.073 85	992.2	167.5	4.180	63.1	15.2	652.7	0.658	3.855	696.0	4.326
50	0.123 5	988.0	209.3	4.182	64.4	15.6	546.5	0.553	4.578	679.4	3.551
60	0.199 5	983.2	251.2	4.185	65.4	15.9	466.0	0.474	5.233	662.4	2.981
70	0.312 0	977.7	293.1	4.190	66.3	16.2	403.5	0.413	5.840	644.8	2.550
80	0.474 1	971.8	355.0	4.197	67.0	16.4	354.0	0.364	6.414	626.7	2.218
90	0.701 8	965.3	377.0	4.205	67.5	16.6	314.2	0.325	6.967	608.2	1.957
100	1.014	958.4	419.2	4.216	67.9	16.8	281.6	0.294	7.506	589.1	1.748
110	1.434	951.0	461.4	4.228	68.2	17.1	254.6	0.268	8.041	569.1	1.579
120	1.987	943.1	503.8	4.244	68.4	17.2	232.0	0.246	8.578	549.7	1.441
130	2.703	934.8	546.4	4.262	68.2	17.2	212.9	0.228	9.123	529.3	1.327
140	3.615	926.1	589.2	4.283	68.0	17.3	196.6	0.212	9.684	508.6	1.233
150	4.762	917.0	632.2	4.307	68.2	17.3	182.6	0.199	10.27	487.4	1.153
160	6.182	907.4	675.5	4.335	68.0	17.3	170.4	0.188	10.88	466.0	1.087
170	7.923	897.5	719.1	4.368	67.7	17.3	159.8	0.178	11.53	444.1	1.031

续表

$t/^\circ\mathrm{C}$	$\dfrac{p\times10^{-5}}{\mathrm{Pa}}$	$\dfrac{\rho}{\mathrm{kg/m^3}}$	$\dfrac{h'}{\mathrm{kJ/kg}}$	$\dfrac{c_p}{\mathrm{kJ/(kg\cdot K)}}$	$\dfrac{\lambda\times10^2}{\mathrm{W/(m\cdot K)}}$	$\dfrac{a\times10^8}{\mathrm{m^2/s}}$	$\dfrac{\mu\times10^6}{\mathrm{Pa\cdot s}}$	$\dfrac{\nu\times10^6}{\mathrm{m^2/s}}$	$\dfrac{a_v\times10^4}{\mathrm{K}}$	$\dfrac{\sigma\times10^4}{\mathrm{N/m}}$	Pr
180	10.03	887.0	763.1	4.405	67.3	17.2	150.4	0.170	12.20	421.9	0.983 8
190	12.55	876.1	807.4	4.447	66.9	17.2	142.0	0.162	12.97	399.5	0.944 6
200	15.55	864.7	852.3	4.496	66.3	17.1	134.6	0.156	13.79	376.8	0.912 2
210	19.08	852.7	897.6	4.551	65.7	16.9	127.9	0.150	14.69	353.8	0.885 8
220	23.20	840.2	943.6	4.615	65.0	16.8	121.8	0.145	15.69	330.7	0.865 0
230	27.97	827.1	990.2	4.688	64.1	16.5	116.2	0.140	16.82	307.4	0.849 3
240	33.47	813.4	1 037.6	4.772	63.2	16.3	111.1	0.137	18.10	283.9	0.838 7
250	39.76	798.9	1 085.8	4.870	62.1	16.0	106.3	0.133	19.58	260.4	0.833 3
260	46.92	783.6	1 135.0	4.986	60.9	15.6	101.8	0.130	21.30	236.9	0.833 2
270	55.03	767.5	1 185.3	5.123	59.6	15.2	97.59	0.127	23.34	213.4	0.838 9
280	64.17	750.3	1 236.8	5.289	58.1	14.6	93.55	0.125	25.81	189.9	0.851 4
290	74.42	731.9	1 290.0	5.493	56.5	14.0	89.66	0.123	28.86	166.6	0.871 7
300	85.88	712.1	1 345.0	5.750	54.7	13.4	85.86	0.121	32.74	143.6	0.901 9
310	98.65	690.7	1 402.2	6.085	52.9	12.6	82.09	0.119	37.84	120.9	0.944 7
320	112.84	667.1	1 462.2	6.537	50.9	11.7	78.31	0.117	44.86	98.64	1.005
330	128.58	640.8	1 525.9	7.186	48.9	10.6	74.43	0.116	55.13	77.03	1.094
340	146.01	610.7	1 594.5	8.208	46.9	9.35	70.33	0.115	72.75	56.26	1.232
350	165.29	574.7	1 670.9	10.116	44.7	7.70	65.80	0.115	103.4	36.65	1.488
360	186.66	527.6	1 761.7	15.004	42.6	5.38	60.31	0.114	191.2	18.77	2.125
370	210.44	451.4	1 890.7	45.155	42.5	2.09	52.26	0.116	763.8	3.882	5.552

附录 29 干饱和水蒸气的热物理性质

$t/℃$	$\dfrac{p\times10^{-5}}{\text{Pa}}$	$\dfrac{\rho''}{\text{kg/m}^3}$	$\dfrac{h''}{\text{kJ/kg}}$	$\dfrac{r}{\text{kJ/kg}}$	$\dfrac{c_p}{\text{kJ/(kg·K)}}$	$\dfrac{\lambda\times10^2}{\text{W/(m·K)}}$	$\dfrac{a\times10^8}{\text{m}^2/\text{s}}$	$\dfrac{\mu\times10^6}{\text{Pa·s}}$	$\dfrac{\nu\times10^6}{\text{m}^2/\text{s}}$	Pr
0.01	0.006 117	0.004 855	2 500.9	2 500.9	1.884	1.71	186 620	8.946	1 843.1	0.987 5
10	0.012 28	0.009 407	2 519.2	2 477.2	1.895	1.76	98 865	9.238	982.1	0.993 3
20	0.023 39	0.017 31	2 537.4	2 453.5	1.906	1.83	55 236	9.544	551.2	0.998 0
30	0.042 47	0.030 42	2 555.5	2 429.8	1.918	1.89	32 375	9.860	324.2	1.001
40	0.073 85	0.051 24	2 573.5	2 406.0	1.931	1.96	19 802	10.19	198.8	1.004
50	0.123 5	0.083 15	2 591.3	2 381.9	1.947	2.04	12 581	10.52	126.5	1.005
60	0.199 5	0.130 4	2 608.8	2 357.7	1.965	2.12	8 267	10.85	83.2	1.007
70	0.312 0	0.198 4	2 626.1	2 333.0	1.986	2.21	5 599	11.20	56.4	1.008
80	0.474 1	0.293 7	2 643.0	2 308.0	2.012	2.30	3 895	11.54	39.3	1.009
90	0.701 8	0.423 9	2 659.5	2 282.5	2.043	2.40	2 774	11.89	28.0	1.011
100	1.014	0.598 2	2 675.6	2 256.4	2.080	2.51	2 017	12.23	20.4	1.014
110	1.434	0.826 9	2 691.1	2 229.6	2.124	2.62	1 494	12.58	15.2	1.018
120	1.987	1.122	2 705.9	2 202.1	2.177	2.75	1 124	12.93	11.5	1.025
130	2.703	1.497	2 720.1	2 173.8	2.239	2.88	858.3	13.27	8.87	1.033
140	3.615	1.967	2 733.4	2 144.1	2.311	3.01	663.2	13.62	6.92	1.044
150	4.762	2.548	2 745.9	2 113.7	2.394	3.16	518.0	13.96	5.48	1.058
160	6.182	3.260	2 757.4	2 082.0	2.488	3.31	408.5	14.30	4.39	1.074

续表

$t/℃$	$p\times10^{-5}$ Pa	ρ'' $\mathrm{kg/m^3}$	h'' $\mathrm{kJ/kg}$	r $\mathrm{kJ/kg}$	c_p $\mathrm{kJ/(kg\cdot K)}$	$\lambda\times10^2$ $\mathrm{W/(m\cdot K)}$	$a\times10^8$ $\mathrm{m^2/s}$	$\mu\times10^6$ $\mathrm{Pa\cdot s}$	$\nu\times10^6$ $\mathrm{m^2/s}$	Pr
170	7.923	4.122	2 767.9	2 048.8	2.594	3.47	324.9	14.65	3.55	1.093
180	10.03	5.159	2 777.2	2 014.2	2.713	3.64	260.4	14.99	2.90	1.115
190	12.55	6.395	2 785.3	1 977.9	2.844	3.82	210.2	15.33	2.40	1.140
200	15.55	7.861	2 792.0	1 939.7	2.990	4.01	170.7	15.67	1.99	1.168
210	19.08	9.589	2 797.3	1 899.6	3.150	4.21	139.3	16.01	1.67	1.198
220	23.20	11.62	2 800.9	1 857.4	3.329	4.42	114.2	16.35	1.41	1.233
230	27.97	14.00	2 802.9	1 812.7	3.529	4.64	93.98	16.71	1.19	1.271
240	33.47	16.75	2 803.0	1 765.4	3.754	4.87	77.51	17.06	1.02	1.314
250	39.76	19.97	2 800.9	1 715.2	4.011	5.13	64.02	17.43	0.873	1.364
260	46.92	23.71	2 796.6	1 661.6	4.308	5.40	52.90	17.81	0.751	1.420
270	55.03	28.07	2 789.7	1 604.4	4.656	5.71	43.70	18.21	0.649	1.484
280	64.17	33.17	2 779.9	1543.0	5.073	6.06	36.03	18.63	0.562	1.559
290	74.42	39.13	2 766.7	1 476.7	5.582	6.47	29.63	19.08	0.488	1.646
300	85.88	46.17	2 749.6	1 404.6	6.220	6.97	24.26	19.58	0.424	1.748
310	98.65	54.54	2 727.9	1 325.7	7.045	7.59	19.74	20.14	0.369	1.870
320	112.84	64.64	2 700.6	1 238.4	8.159	8.39	15.92	20.77	0.321	2.019
330	128.58	77.05	2 666.0	1 140.2	9.753	9.50	12.64	21.52	0.279	2.211
340	146.01	92.76	2 621.8	1 027.3	12.236	11.10	9.780	22.48	0.242	2.478
350	165.29	113.6	2 563.6	892.75	16.692	13.61	7.176	23.74	0.209	2.912
360	186.66	143.9	2 481.5	719.83	27.356	18.18	4.617	25.64	0.178	3.859
370	210.44	201.8	2 334.5	443.83	96.598	32.45	1.664	29.66	0.147	8.829

附录 30　长圆柱的非稳态导热线算图

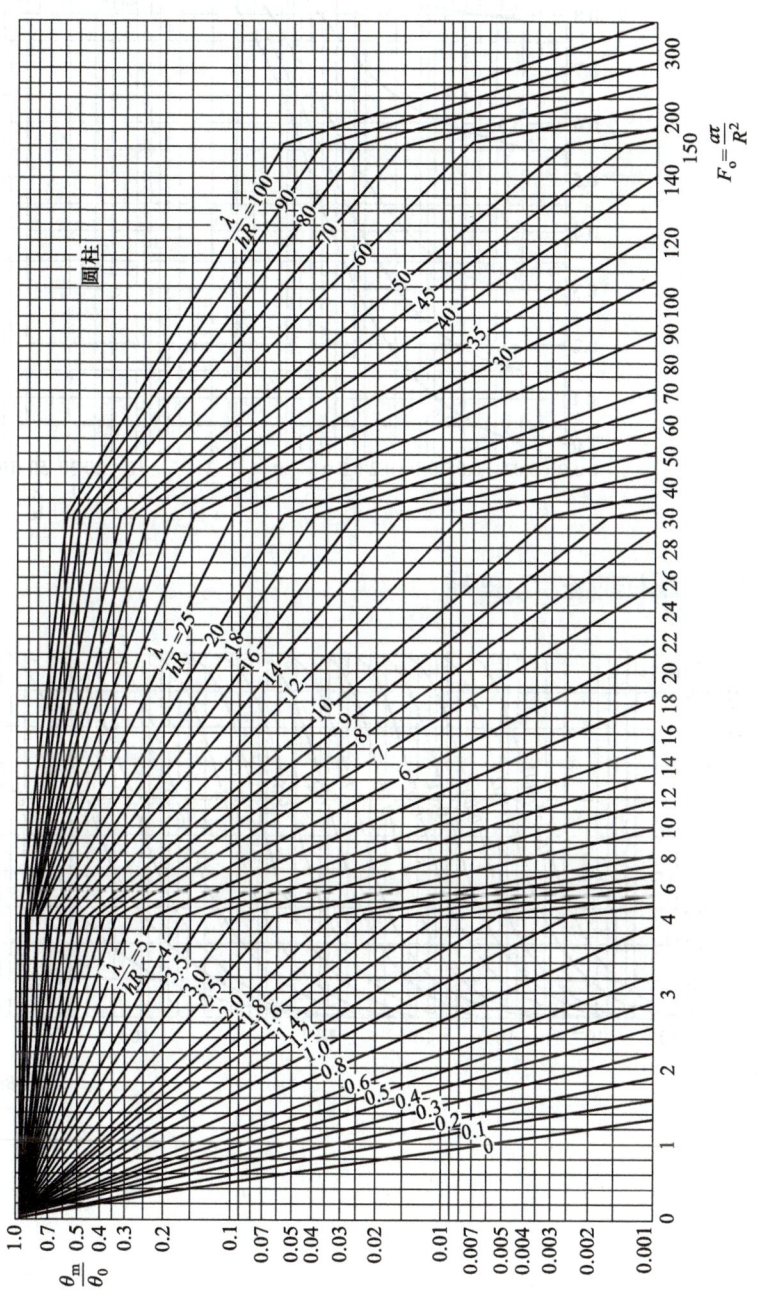

附录 30a　长圆柱中心温度诺莫图

附录 30b 长圆柱的 θ/θ_m 曲线

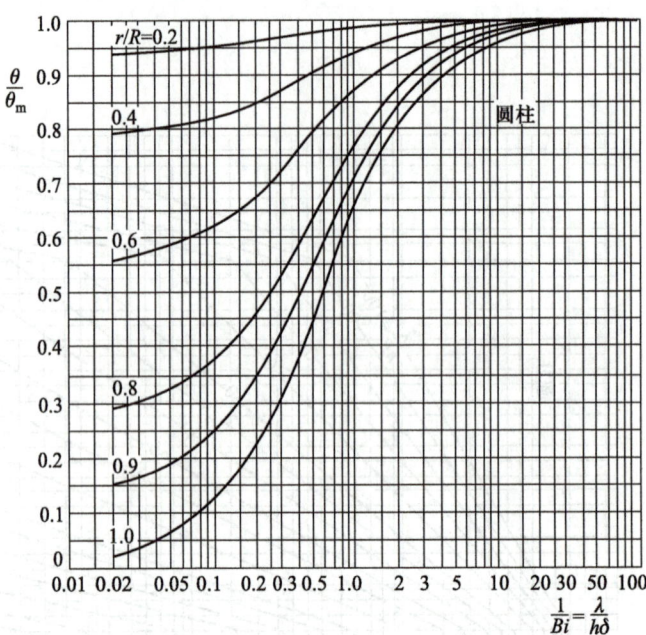

附录 30c 长圆柱的 Q/Q_0 曲线

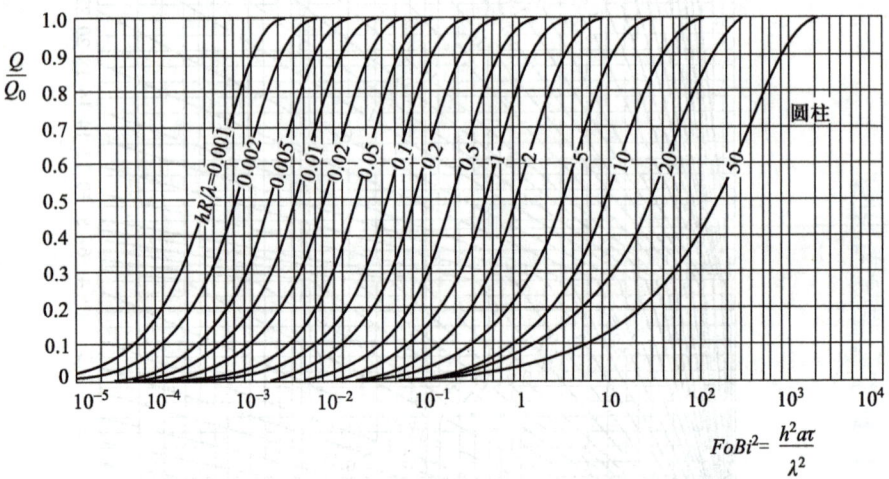

附录 31　球的非稳态导热线算图

附录 31a　球的中心温度诺谟图

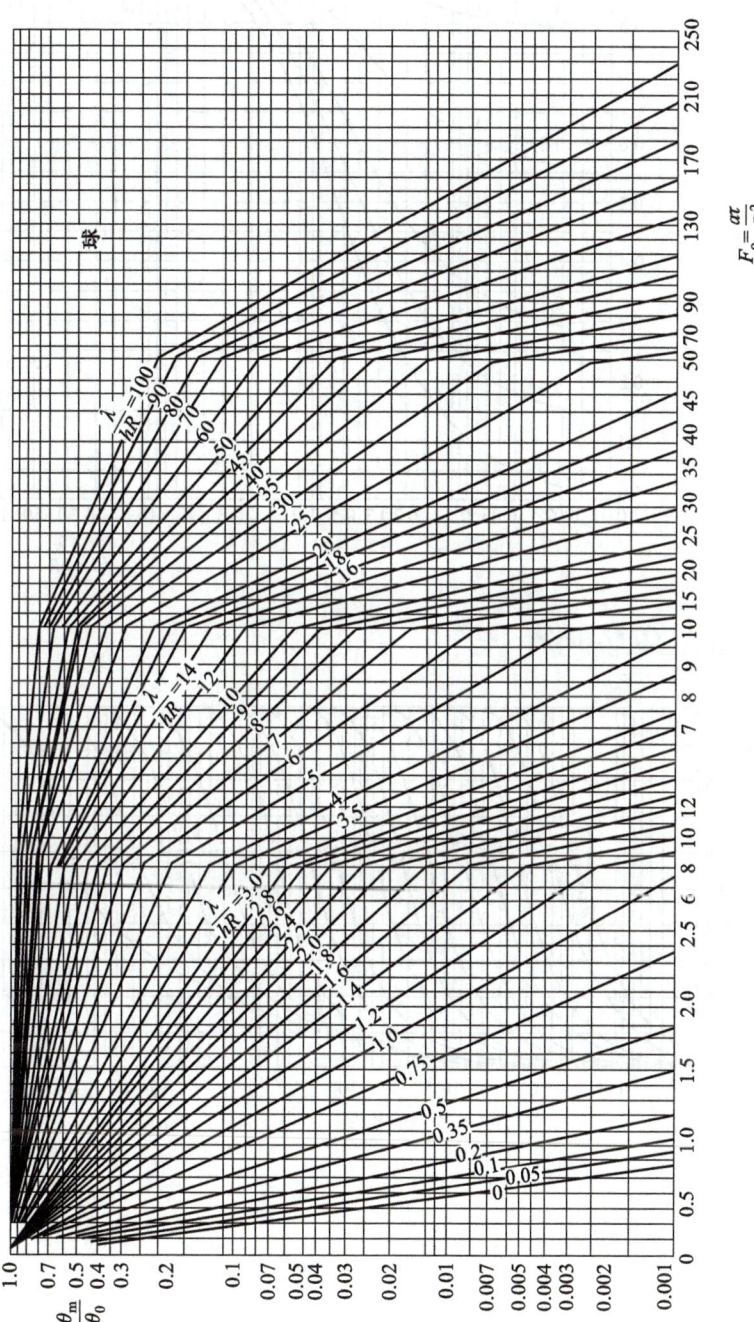

附录 31b 球的 θ/θ_m 曲线

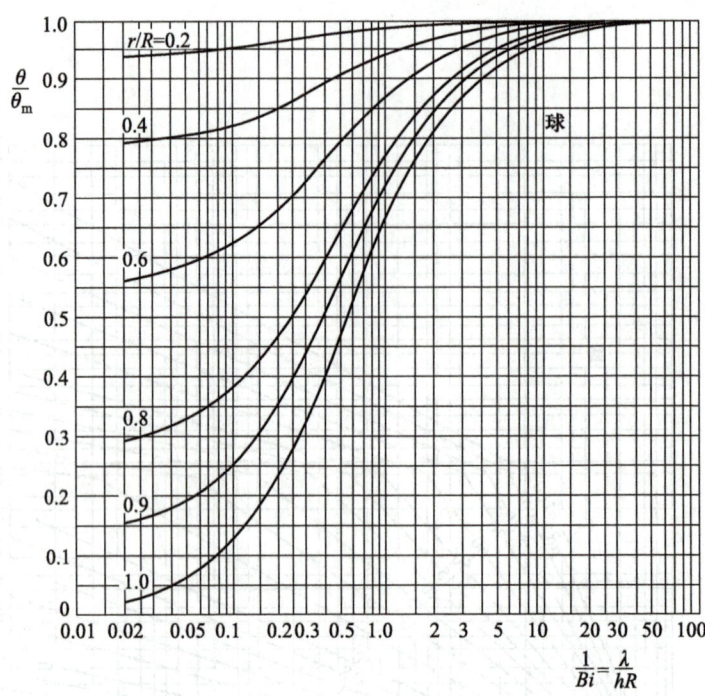

附录 31c 球的 Q/Q_0 曲线

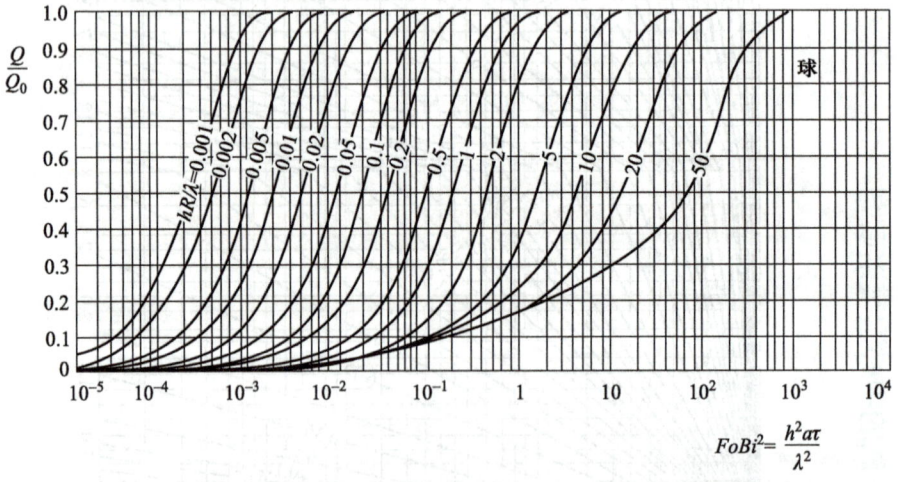

A

奥托循环（Otto cycle）

B

板式换热器（plate heat exchanger）

半无限大物体（semi-infinite body）

饱和沸腾（saturation boiling）

饱和液体（saturated liquid）

饱和蒸汽（saturated steam）

饱和状态（saturation state）

保温材料（绝热材料、隔热材料）（insulating materials）

背压（backpressure）

本构方程（constitutive equation）

比定容热容（specific heat capacity at constant volume）

比定压热容（specific heat capacity at constant pressure）

比焓（specific enthalpy）

比热比（specific heat ratio）

比热容（specific heat capacity）

比体积（specific volume）

比尔定律（Beer's law）

闭口系统（closed system）

毕渥数（Biot number）

边界（boundary）

边界层（boundary layer）

边界层分离（boundary layer separation）

边界层厚度（boundary layer thickness）

边界层微分方程（boundary layer differential equations）

边界节点（boundary nodes）

边界条件（boundary condition）

边界元法（boundary element method, BEM）

变形（deformation）

表观导热系数（apparent thermal conductivity）

表面力（surface force）

表面张力（surface tension）

表压强（gauge pressure）

标准大气（standard atmosphere）

标准和规范（standards and codes）

并联（in parallel）

勃拉修斯公式（Blasius formula）

伯努利方程（Bernoulli equation）

步长（step length）

不规则区域（irregular domain）

不可压缩流动（incompressible flow）

布雷顿循环（Brayton cycle）

C

测压计（manometer）

层流（laminar flow）

层流边界层（laminar boundary layer）

差分（finite difference）

超临界流体（supercritical fluid）

超声速流（supersonic flow）

翅片（fin）

弛豫时间（relaxation time）

充分发展（fully developed）

充分发展流动（fully developed flow）

重辐射面（reradiating surface）

抽汽率（extraction fraction）

初场（initial field）

储能（energy storage）

初始条件（initial condition）

初始温度（initial temperature）

串联（in series）

串联热阻叠加原则（superimposition of thermal resistances in series）

传热单元数（number of heat transfer unit）

传热过程（overall heat transfer process）

垂直折流板换热器（vertical baffle heat exchanger）

粗糙度（roughness）

粗糙管（rough pipes）

D

大空间自然对流(natural convection in infinite space)

大容器饱和沸腾曲线(saturated pool boiling curve)

大容器沸腾(池沸腾,pool boiling)

单位矢量(unit vector)

单相(single-phase)

当量导热系数(equivalent thermal conductivity)

当量直径(equivalent diameter)

导热热阻(thermal resistance for conduction)

导热微分方程(partial differential equation of heat conduction)

导热问题数值解(numerical solution of heat conduction)

导热系数(thermal conductivity)

导数(derivative)

等熵流动(isentropic flow)

等温面(isothermal surface)

等温线(isotherm)

等效导热系数(effective thermal conductivity)

狄利克雷(Dirichlet)

狄塞尔循环(Diesel cycle)

电子(electron)

迭代法(iterative method)

定常流动(steady flow)

定解条件(conditions for unique solution)

定向辐射强度(directional radiation intensity)

定性温度(reference temperature)

动力循环(power cycle)

动力黏度(dynamic viscosity)

动量定理(theorem of momentum)

动量方程(momentum equation)

动能(kinetic energy)

动能修正系数(correction factor of kinetic energy)

对角占优(diagonal predominant)

对流层(troposphere)

对流传热(convective heat transfer)

对流表面传热系数(convective heat transfer coefficient)

对流导数(convective derivative)

对流项(convective term)

对数平均温差(logarithmic mean temperature difference, LMTD)

多表面系统辐射传热(radiative heat transfer of multiple-surface system)

多孔材料(porous materials)

多孔介质(porous medium)

惰性时间(inertia time)

E

二次流(secondary flow)

二维的(two-dimensional)

F

阀门(valve)

发射率(emissivity)

范宁摩擦系数(Fanning friction factor)

反射比(reflectivity)

非定常流动(unsteady flow)

非傅里叶导热(non-Fourier heat conduction)

非结构化网格(unstructured grid)

非金属换热器(nonmetallic heat exchanger)

非紧凑式换热器(non-compact heat exchanger)

非牛顿流体(non-Newtonian fluid)

沸腾(boiling)

沸腾传热(boiling heat transfer)

非稳态导热(transient heat conduction)

非稳态温度场(unsteady temperature field)

非稳态项(transient term)

非线性问题(non-linear problem)

非正规状况(non-regular regime)

分离变量法(method of separation of variables)

分析解(analytic solution)

分子(molecule)

封闭腔模型(enclosure model)

福勒(Ralph Howard Fowler)

傅里叶导热定律(Fourier's law of heat conduction)

傅里叶数(Fourier number)

辐射传热(radiative heat transfer)

辐射传热的网络法(network method of radiation heat transfer)

辐射传热系数(radiation heat transfer coefficient)

辐射力(emissive power)

G

高斯-赛德尔迭代法(Gauss-Seidel iterative method)

干度(quality)

高斯消元法(Gauss elimination)

格拉晓夫数(Grashof number)

各向同性材料(isotropic materials)

各向异性材料(anisotropic materials)

工程热力学(engineering thermodynamics)

共形换热器(conformal heat exchanger)

工质(working substance)

工作性能系数(coefficient of performance, COP)

孤立系统(简称孤立系, isolated system)

管壳式换热器(shell-and-tube heat exchanger)

管路系统(pipe system)

管内沸腾(in-tube boiling)

管内沸腾传热(boiling heat transfer in tube)

管网(pipe network)

关联式(correlation)

光滑管(smooth pipe)

光谱发射率(spectral emissivity)

光谱辐射力(spectral emissive power)

光谱吸收比(spectral absorptivity)

光子(photon)

过渡沸腾(transition boiling)

过渡区(transition region)

过冷沸腾(subcooled boiling)

过余温度(excess temperature)

H

海斯勒图(Heisler chart)

焓(enthalpy)

耗散效应(dissipative effect)

核态沸腾(nucleate boiling)

黑度(emissivity)

黑体(black body)

黑体辐射函数(blackbody radiation function)

横掠单管(flow across single tube)

横掠非圆形截面柱体(flow across non-circular cylinder)

横掠管束(flow across tube bank)

红外辐射(infrared radiation)

虹吸管(siphon)

喉部(throat)

缓变流(gradually varying flows)

环境辐射(environmental radiation)

环肋(circular fin)

换热器(heat exchanger)

换热器的热计算(thermal calculation of heat exchanger)

换热器的效能(effectiveness of heat exchanger)

灰体(gray body)

混合边界层(mixed boundary layer)

混合长度(mixing length)

混合对流(mixed convection)

混合式换热器(direct contact heat exchanger)

混流泵(mixed-flow pump)

J

j 因子(j factor)

基本量纲(primary dimension)

激波(shock wave)

积分方程(integral equation)

计算流体动力学(computational fluid dynamics, CFD)

迹线(pathline)

集中参数法(lumped parameter method)

伽利略数(Galileo number)

加速度(acceleration)

间壁式换热器(surface heat exchanger)

简单可压缩系统(simple compressible system)

渐扩管(conical expansion)

渐缩管(conical contraction)

交叉流换热器(cross flow heat exchanger)

交叉线法(cross string method)

校核计算(performance calculation)

角系数(angle factor)

接触热阻(contact thermal resistance)

节点(nodc)

截断误差(truncation error)

结构化网格(structured grid)

截面平均温度(mean temperature of cross-section)

界面连续条件(interface continuum condition)

阶梯形逼近(stepwise approximation)

紧凑式换热器(compact heat exchanger)

近红外线(near-infrared ray)

镜面反射(specular reflection)

精确度(precision)

静压强(static pressure)

酒窝结构(dimpled structure)

局部导数(local derivative)

局部损失(localized loss)

矩形截面直肋（rectangular straight fin）

绝对压强（absolute pressure）

绝功系统（简称绝功系，absolute power system）

绝热边界（adiabatic boundary）

绝热材料（insulating materials）

绝热系统（简称绝热系，adiabatic system）

均分网格（uniform grid）

均匀壁温（uniform wall temperature）

均匀热流（uniform heat flux）

K

开尔文勋爵（Lord Kelvin）

开缝翅片（slotted fin）

开口系统（open system）

科尔布鲁克公式（Colebrook formula）

壳管式换热器（shell and tube heat exchanger）

可加性（superposition rule）

可逆过程（reversible process）

可压缩流动（compressible flow）

控制方程（governing equation）

控制面（control surface）

控制体积（control volume）

库埃特流动（Couette flow）

扩散项（diffusion term）

L

拉格朗日法（Lagrangian method）

拉普拉斯方程（Laplace equation）

拉普拉斯算子（Laplace operator）

莱登佛罗斯特点（Leidenfrost point）

莱登佛罗斯现象（Leidenfrost phenomenon）

兰贝特定律（Lambert's law）

朗肯循环（Rankine cycle）

肋化系数（finning coefficient）

肋面总效率（overall fin surface efficiency）

类比法（analogy method）

雷诺比拟（Reynolds analogy）

雷诺数（Reynolds number）

雷诺输运定理（Reynolds' transport theorem）

雷诺应力（Reynolds stress）

肋片（fin）

肋效率（fin efficiency）

理论扬程（theoretical head）

离散方程（discretized equation）

离散误差（discretization error）

立体角（solid angle）

理想流体（ideal fluid）

理想气体（ideal gas）

理想气体状态方程（ideal gas equation of state）

离心泵（centrifugal pump）

连续方程（continuity equation）

连续介质（continuous medium）

两表面封闭系统辐射传热（radiative heat transfer of two-surface enclosure）

量纲（dimension）

量纲分析（dimensional analysis）

量纲和谐原理（principle of dimensional consistency）

量纲为一的（dimension less）

临界雷诺数（critical Reynolds number）

临界截面（critical area）

临界热绝缘直径（critical insulation diameter）

临界热流密度（critical heat flux，CHF）

临界状态（critical condition）

流动边界层（flow boundary layer）

流管（stream tube）

流线（streamline）

流型（flow pattern）

罗宾条件（Robin condition）

螺旋管（helically coiled tube）

螺旋折流板（helical baffle）

M

马赫角（angle of Mach cone）

马赫数（Mach number）

脉线（streak line）

迈耶公式（Meyer formula）

漫反射（diffuse reflection）

漫射体（diffuse body）

密度（density）

摩擦速度（friction velocity）

摩擦阻力（friction drag）

膜态沸腾（film boiling）

膜状凝结（film condensation）

N

纳维-斯托克斯方程（Navier-Stokes equations）

内部流动(internal flow)

内节点(inner node)

内能(internal energy)

内燃机(internal combustion engine)

内热源(inner heat source)

能量方程(energy equation)

能量载子(energy carriers)

逆流(counter flow)

逆流换热器(counter flow heat exchanger)

黏度(viscosity)

黏性底层(viscous sublayer)

黏性流动(viscous flow)

黏性流体(viscous fluid)

黏性耗散(viscous dissipation)

黏性应力(viscous stress)

凝结(condensation)

凝结传热(condensation heat transfer)

牛顿冷却公式(Newton's law of cooling)

牛顿流体(Newtonian fluid)

牛顿黏性定律(Newton's law of viscosity)

努塞尔分析解(Nusselt analytical solution)

努塞尔数(Nusselt number)

诺模图(nomogram)

O

欧拉方程(Euler's equations)

欧拉法(Eulerian method)

P

π 定律(π law)

佩克莱数(Peclet number)

喷管(nozzle)

喷气发动机(jet engine)

偏离核态沸腾点(departure from nuclear boiling, DNB)

平衡状态(equilibrium state)

平均射线程长(mean beam length)

平均自由程(mean free path)

平直翅片(straight fin)

泊桑方程(Poisson equation)

珀尔帖效应(Peltier effect)

普朗克定律(Planck's law)

普朗特数(Prandtl number)

Q

七分之一幂次律(one-seventh power law)

汽化核心(nucleation site)

起始段(entrance region)

气体常数(gas constant)

气体辐射(gaseous radiation)

气压计(barometer)

潜热(latent heat)

强化传热(heat transfer enhancement)

强制对流(forced convection)

切应力(shear stress)

亲水表面(hydrophilic surface)

亲水性(hydrophilicity)

球坐标系(spherical coordinates)

区域离散(domain discretization)

R

燃气轮机动力装置(gas turbine engine)

燃气-蒸汽联合循环(gas-steam combined cycle)

热泵循环(heat pump cycle)

热边界层(thermal boundary layer)

热传导(heat conduction)

热电联产循环(cogeneration cycle)

热电偶(thermocouple)

热对流(heat convection)

热防护(thermal protection)

热辐射(thermal radiation)

热管(heat pipe)

热计算(thermal calculation)

热绝缘(thermal insulation)

热扩散率(热扩散系数,thermal diffusivity)

热力系(thermodynamic system)

热力学第一定律(First law of thermodynamics)

热力学能(thermodynamic energy)

热力学温标(thermodynamic temperature scale)

热力学状态(thermodynamic state)

热力循环(thermodynamic cycle)

热流量(heat transfer rate)

热流密度(heat flux)

热能(thermal energy)

热平衡法(heat balance method)

热容量(thermal capacity)

热物性参数（thermo-physical property）

热效率（thermal efficiency）

热阻（thermal resistance）

人工智能（artificial intelligence，AI）

熔点（melting point）

熔化（melting）

入口段（entrance region）

瑞利数（Rayleigh number）

润湿周边（wetted perimeter）

S

3D 打印（3D printing）

萨巴蒂循环（Sabathe cycle）

散度（divergence）

三角形截面直肋（triangle straight fin）

三角形针肋（triangular pin fin）

三维的（three-dimensional）

散热损失（heat loss）

散射（scattering）

熵（entropy）

烧毁点（burnout point）

设计计算（design calculation）

舍入误差（round-off error）

升力（lift force）

声子（phonon）

湿饱和蒸汽（wet saturation vapor）

时间常数（time constant）

势能（potential energy）

收敛判据（convergence criterion）

收敛性（convergence）

收缩形喷管（converging nozzle）

数量级分析方法（order of magnitude analysis）

疏水表面（hydrophobic surface）

疏水性（hydrophobicity）

数学描述（mathematical formulation）

数值不稳定性（numerical instability）

数值传热学（numerical heat transfer）

数值精度（numerical accuracy）

数值模拟（numerical simulation）

水力损失（head loss）

水力直径（hydraulic diameter）

顺流（parallel flow）

顺流换热器（parallel flow heat exchanger）

斯坦顿数（Stanton number）

斯特藩−玻尔兹曼定律（Stefen-Boltzmann's law）

速度边界层（velocity boundary layer）

速度场（velocity field）

速率方程（rate equation）

算术平均温差（arithmetic mean temperature difference）

缩放形喷管（converging-diverging nozzle）

T

泰勒级数展开法（Taylor series expansion method）

太阳常数（solar constant）

太阳辐射（solar radiation）

套管式换热器（double-pipe heat exchanger）

特征长度（reference length）

特征数（characteristic number）

特征数方程（characteristic equation）

梯度（gradient）

体积模量（bulk modulus）

调和平均（harmonic average）

同温层（stratosphere）

通用气体常数（universal gas constant）

投入辐射（irradiation）

透射比（transmissivity）

突扩管（sudden expansion）

突缩管（sudden contraction）

湍流（turbulent flow）

湍流边界层（turbulent boundary layer）

湍流传热（turbulent heat transfer）

湍流动量扩散率（turbulent momentum diffusivity）

湍流黏度（turbulent viscosity）

湍流热扩散率（turbulent thermal diffusivity）

W

外部流动（external flow）

外界（surroundings）

弯管（bend）

弯头（elbow）

完全粗糙区（fully rough zone）

完全气体（perfect gas）

完全气体状态方程（equation of state of perfect gas）

完整性（summation rule）

网格 Fourier 数

网格独立解（grid-independent solution）

网络法(network method)

网格生成(grid generation)

网格线(grid line)

维恩位移定律(Wien's displacement law)

威尔逊图解法(Wilson plot)

微分方程(differential equation)

微肋管(micro-fin tube)

微纳机电系统(MEMS/NEMS, micro-/nano-
electromechanical system)

微纳米传热学(micro/nanoscale heat transfer)

位移厚度(displacement thickness).

温标(temperature scale)

温差(temperature difference)

温度(temperature)

温度场(temperature field)

温度分布(temperature distribution)

温度计套管(thermometer shell)

温度梯度(temperature gradient)

文丘里流量计(Venturi)

温室效应(greenhouse effect)

稳态(steady state)

稳态导热(steady heat transfer)

稳态温度场(steady temperature field)

误差函数(error function)

污垢热阻(fouling thermal resistance)

无黏流动(inviscid flow)

无限大平板(infinite plate)

无源技术(passive techniques)

物质导数(material derivative)

X

吸热系数(thermal effusivity)

吸收比(absorbtivity)

吸收式制冷循环(absorption refrigeration cycle)

系统(system)

线变形(linear deformation)

显式格式(explicit scheme)

线性平均(linear average)

线性问题(liner problem)

相对粗糙度(relative roughness)

相变潜热(latent heat of phase transition)

相变介质(phase change material, PCM)

相对体积膨胀率(volumetric dilatation rate)

相对性(reciprocity rule)

向后差分(backward difference)

向前差分(forward difference)

相似原理(similarity principle)

向心加速度(centripetal acceleration)

响应特性(response characteristic)

斜激波(oblique shock wave)

性能评价指标(performance evaluation criterion)

蓄热式换热器(cyclic regenerative heat exchanger)

旋度(curl)

选择性涂层(spectrally selective coatings)

旋转(rotation)

削弱传热(heat transfer reduction)

Y

雅各布数(Jakob number)

压力(pressure)

压强(pressure)

亚声速流(subsonic flow)

沿程损失(linear loss)

扬程(head)

叶片安装角(blade angle)

液态金属(liquid metal)

一维的(one-dimensional)

一维流动(one-dimensional flow)

隐式(差分)格式(implicit difference scheme)

印刷电路换热器(printed circuit heat exchanger,
PCHE)

音速(sound speed)

应力张量(stress tensor)

壅塞(choking)

有限差分法(finite difference method, FDM)

有限分析法(finite analysis method, FAM)

有限空间自然对流(natural convection in confined
spaces)

有限容积法(finite volume method, FVM)

有限元法(finite element method, FEM)

有效辐射(radiosity)

有效数字(significant figure)

圆管(circular conduit)

远红外线(far-infrared ray)

源项(source term)

圆形截面的直肋(circular pin fin)

圆柱坐标系(cylindrical coordinates)

运动控制体(moving control volume)

运动黏度(kinematic viscosity)

Z

茹考斯卡斯公式(Zhukauskas equation)

再热循环(reheat cycle)

憎水表面(hydrophobic surface)

折流板(baffles)

折流杆换热器(rod-baffle heat exchanger)

遮热板(radiation shield)

折射率(refractive index)

针肋(pin fin)

真空压强(vacuum pressure)

蒸发(evaporation)

正规状况(regular regime)

正激波(normal shock wave)

蒸汽动力循环(vapor power cycle)

整体式翅片(integrated fin)

整体温度(bulk temperature)

直角坐标系(Cartesian coordinates)

直接解法(direct method)

制冷系数(coefficient of performance, COP)

制冷循环(refrigeration cycle)

滞止焓(stagnation enthalpy)

滞止温度(stagnation temperature)

滞止压强(stagnation pressure)

重力加速度(acceleration of gravity)

重力热管(gravitational heat pipe)

中心差分(central difference)

轴流泵(axial-flow pump)

周期性的(periodic)

主流区(main flow field)

珠状凝结(dropwise condensation)

状态参数(state parameters)

状态方程式(equation of state)

状态公理(state postulate)

准平衡过程(quasi-equilibrium process)

准确度(accuracy)

自模化(self modelling)

子区域(subdomain)

自然对流(natural convection)

自由电子(free electron)

总传热系数(overall heat transfer coefficient)

纵向涡发生器(longitudinal vortex generator)

阻力(resistance)

坐标系(coordinates)

郑重声明

高等教育出版社依法对本书享有专有出版权。任何未经许可的复制、销售行为均违反《中华人民共和国著作权法》，其行为人将承担相应的民事责任和行政责任；构成犯罪的，将被依法追究刑事责任。为了维护市场秩序，保护读者的合法权益，避免读者误用盗版书造成不良后果，我社将配合行政执法部门和司法机关对违法犯罪的单位和个人进行严厉打击。社会各界人士如发现上述侵权行为，希望及时举报，我社将奖励举报有功人员。

反盗版举报电话　（010）58581999　58582371

反盗版举报邮箱　dd@hep.com.cn

通信地址　北京市西城区德外大街 4 号
　　　　　高等教育出版社知识产权与法律事务部

邮政编码　100120

防伪查询说明

用户购书后刮开封底防伪涂层，使用手机微信等软件扫描二维码，会跳转至防伪查询网页，获得所购图书详细信息。

防伪客服电话　（010）58582300